Handbuch der

Ernährung und des Stoffwechsels der landwirtschaftlichen Nutztiere

als Grundlagen der Fütterungslehre

Inhalt der folgenden Bände.

Zweiter Band: Verdauung und Ausscheidung.

IV. Die Verdauung der landwirtschaftlichen Nutztiere.

1. Aufgaben und Werkzeuge der Verdauung. Von Prof. Dr. E. MANGOLD, Berlin.
2. Die Verdauung des Geflügels. Von Prof. Dr. E. MANGOLD, Berlin.
3. Die Verdauung der Wiederkäuer. Von Prof. Dr. E. MANGOLD, Berlin.
4. Die Verdauung des Pferdes. Von Prof. Dr. A. SCHEUNERT und Privatdozent Dr. F. W. KRZYWANEK, Leipzig.
5. Die Verdauung des Schweines. Von Privatdozent Dr. F. W. KRZYWANEK, Leipzig.
6. Die Mitwirkung der Bakterien bei der Verdauung. Von Privatdozent Dr. M. SCHIEBLICH, Leipzig.

V. Die Ausscheidungen der landwirtschaftlichen Nutztiere.

1. Die Faeces. Von Privatdozent Dr. F. W. KRZYWANEK, Leipzig.
2. Die Niere als harnbereitendes Organ. Von Prof. Dr. K. PETER, Greifswald.
3. Der Harn. Von Dr. C. BRAHM, Berlin.

Dritter Band: Stoffwechsel.

VI. Der Stoffwechsel der landwirtschaftlichen Nutztiere.

1. Der Eiweißstoffwechsel der landwirtschaftlichen Nutztiere. Von Prof. Dr. W. VÖLTZ †, unter Mitwirkung von Privatdozent Dr. W. KIRSCH, Königsberg i. Pr.
2. Der Kohlenhydrat-Stoffwechsel der landwirtschaftlichen Nutztiere.
   a. Der Stärke- und Zuckerstoffwechsel. Von Prof. Dr. SEUFFERT, Berlin.
   b. Ausnutzung der Rohfaser. Von Prof. Dr. HONCAMP, Rostock.
3. Der Fettstoffwechsel. Von Geh.-Rat Prof. Dr. F. LEHMANN, Göttingen.
4. Der Mineralstoffwechsel. Von Privatdozent Dr. W. LINTZEL, Berlin.
5. Der Wasserhaushalt. Von Privatdozent Dr. W. LINTZEL, Berlin.
6. Der Gaswechsel. Von Prof. Dr. J. PAECHTNER, München.
7. Der Stärkewert und andere Futtereinheiten. Von Prof. Dr. E. MANGOLD, Berlin.

VII. Nahrung, Verdauung und Stoffwechsel der Fische. Von Prof. Dr. H. WUNDSCH, Berlin-Friedrichshagen.

VIII. Nahrung, Verdauung und Stoffwechsel der Bienen. Von Prof. Dr. L. ARMBRUSTER, Berlin-Dahlem.

Vierter Band: Energiehaushalt und besondere Einflüsse auf Ernährung und Stoffwechsel.

IX. Der Energiewechsel.

1. Der Wärmehaushalt. Von Prof. Dr. R. STIGLER, Wien.
2. Der Grundumsatz. Von MARIA STEUBER, Berlin.
3. Der Arbeitsstoffwechsel. Von MARIA STEUBER, Berlin.

X. Besondere Einflüsse auf Ernährung und Stoffwechsel der landwirtschaftlichen Nutztiere.

1. Der Einfluß der Vererbung. Von Prof. Dr. PAULA HERTWIG, Berlin-Dahlem.
2. Der Einfluß der inneren Sekretion.
   a. Allgemeine Beziehungen der Drüsen mit innerer Sekretion zu Ernährung und Stoffwechsel der Tiere. Von Privatdozent Dr. W. RAAB, Wien.
   b. Bisherige Erfahrungen über den Einfluß der inneren Sekretion auf Ernährung und Stoffwechsel der landwirtschaftlichen Nutztiere. Von Prof. Dr. W. KLEIN, Bonn.
3. Der Einfluß des Wachstums. Von Privatdozent Dr. W. WÖHLBIER, Rostock.
4. Der Einfluß der Vitamine. Von Privatdozent Dr. F. W. KRZYWANEK, Leipzig.
5. Der Einfluß des Lichtes. Von Prof. Dr. E. MANGOLD, Berlin.

Verlag von Julius Springer in Berlin W 9

HANDBUCH DER ERNÄHRUNG UND DES STOFFWECHSELS DER LANDWIRTSCHAFTLICHEN NUTZTIERE

ALS GRUNDLAGEN
DER FÜTTERUNGSLEHRE

HERAUSGEGEBEN VON

ERNST MANGOLD

DR. MED. · DR. PHIL. · O. PROFESSOR DER TIERPHYSIOLOGIE
DIREKTOR DES TIERPHYSIOLOGISCHEN INSTITUTS DER
LANDWIRTSCHAFTLICHEN HOCHSCHULE BERLIN

ERSTER BAND

NÄHRSTOFFE UND FUTTERMITTEL

BERLIN
VERLAG VON JULIUS SPRINGER
1929

NÄHRSTOFFE UND FUTTERMITTEL

BEARBEITET VON

C. BRAHM-BERLIN · K. FELIX-MÜNCHEN · F. HAYDUCK-BERLIN · F. HONCAMP-ROSTOCK · F. LEHMANN-GÖTTINGEN W. LENKEIT-BERLIN · W. LINTZEL-BERLIN · M. LÜDTKE-BERLIN/DAHLEM · E. MANGOLD-BERLIN · K. MOHS-BERLIN C. NEUBERG-BERLIN/DAHLEM · M. SCHIEBLICH-LEIPZIG O. SPENGLER-BERLIN · G. STAIGER-BERLIN

MIT 11 ABBILDUNGEN

BERLIN
VERLAG VON JULIUS SPRINGER
1929

ISBN-13:978-3-540-01084-5 e-ISBN-13:978-3-642-92490-3
DOI: 10.1007/978-3-642-92490-3

Vorwort.

Der Gedanke zu diesem neuen Handbuche ist der Erkenntnis und Überzeugung entsprungen, daß es nicht nur zeitgemäß und nützlich, sondern für den Fortschritt in der Theorie und Praxis der Tierernährung heute auch unbedingt notwendig sei, neben den zahlreichen Büchern über Fütterungslehre ein Werk zu schaffen, das die chemischen, physiologischen und biologischen Grundlagen der Fütterungslehre zusammenfassend darstellt. Etwas Derartiges fehlte bisher vollkommen und ist doch zweifellos ein Bedürfnis für die vielen Landwirte und Tierärzte, Physiologen und Chemiker, die sich jetzt in allen Ländern der Welt wissenschaftlich mit der Ernährung und Fütterung der landwirtschaftlichen Nutztiere befassen. Insbesondere besteht zur Zeit für die Versuchsstationen und Forschungsinstitute dieser Richtung keine Möglichkeit, ihren Mitgliedern ein Werk an die Hand zu geben, das ihnen die physiologischen Grundlagen der Fütterungslehre vermittelt, ohne die ihre Arbeit des tieferen Verständnisses ermangeln und großenteils Empirie bleiben muß. In den meisten Lehr- und Handbüchern der Physiologie finden sich Angaben über die Lebensfunktionen und besonders die Ernährung der landwirtschaftlichen Tiere nur kurz zusammengefaßt oder weit verstreut; in den Werken über Tierzucht wird Ernährung und Stoffwechsel auf wenigen Seiten und nur die spezielle Fütterungspraxis für die einzelnen Tierarten ausführlicher behandelt.

Ganz allgemein muß auch einmal ausgesprochen werden, daß unsere Nutztiere in der gesamten landwirtschaftlich-wissenschaftlichen Literatur im Vergleich zum Boden und den Pflanzen bisher, rein quantitativ betrachtet, nur eine sehr geringe Berücksichtigung gefunden haben, die weder der Tatsache gerecht wird, daß die Tiere die wertvolleren Objekte darstellen, noch auch der dringenden Notwendigkeit entspricht, gerade für die Haltung, Züchtung und Ernährung der gegenüber den Pflanzen so viel komplizierteren Organismen, wie unsere Tiere es sind, die wissenschaftlichen Grundlagen zu schaffen und durch gesteigerte unermüdliche Forschung zu erweitern.

Diese offensichtliche Lücke soll das neue Handbuch ausfüllen helfen. Es soll in didaktisch zweckmäßigem Aufbau, ausgehend von den Nährstoffen und Futtermitteln, über Verdauungsphysiologie und Stoffwechsel zum Energiewechsel fortschreiten und zuletzt einige besondere Einflüsse auf Ernährung und Stoffwechsel behandeln, deren Bedeutung erst in neuester Zeit erkannt und noch niemals in bezug auf die landwirtschaftlichen Nutztiere zusammenhängend gewürdigt wurde.

Auch diejenigen Abschnitte, die dem Titel nach schon mehrfach in anderen, besonders in medizinischen Werken behandelt wurden, wie Nährstoffe und Stoffwechsel, sollen hier ausschließlich im steten Hinblick auf die landwirtschaftlichen Nutztiere dargestellt werden.

Daß die Herausgabe dieses Werkes möglich wurde, verdanke ich dem außerordentlichen Entgegenkommen des Herrn Dr. h. c. FERDINAND SPRINGER, der den Plan von vornherein mit vollstem Verständnis aufnahm und ihn mit bereitwilligster Unterstützung jeder Art zur Durchführung brachte. Dieser Dank sei auch hier ganz besonders betont.

Herausgeber und Verlag hoffen mit diesem Werke der heute ständig wachsenden Kette von Unternehmungen, die zur Hebung der Landwirtschaft und damit der Volkskraft überall durchgeführt werden, ein nützliches Glied einfügen zu können.

Berlin, im Oktober 1929.

ERNST MANGOLD.

Inhaltsverzeichnis.

I. Die physiologische Bedeutung der Ernährung und des Stoffwechsels für die landwirtschaftlichen Nutztiere.

Von

Professor Dr. Ernst Mangold

Direktor des Tierphysiologischen Instituts der Landwirtschaftlichen Hochschule Berlin.

Leben ist Stoffwechsel und Ernährung zum Leben notwendig. Dieser Satz gilt für alle lebenden Organismen, für Pflanzen und Tiere, den Menschen und die Bakterien in gleichem Maße. Alles Lebendige ist im Gegensatz zum Unlebendigen, Unorganisierten, und auch zum Toten, das vorher lebendig war, dadurch ausgezeichnet, daß sich in ihm ein beständiger Wechsel von Stoffen vollzieht, der ununterbrochen selbsttätig abläuft. Ein Stillstand bedeutet hier nicht Rückschritt, sondern den Tod. Der Schauplatz dieses Stoffaustausches ist die lebendige Substanz, die alle die mikroskopisch kleinen Zellen erfüllt, aus denen die einzelnen Teile der Lebewesen sich aufbauen; deren ganzer *Organismus ist nur Durchgangsstätte für chemische Stoffe* verschiedenster Art. Zugleich ist er aber auch der *Ort ihrer Umwandlung.* Andere Stoffe sind es, die die Zellen des Körpers verlassen, als die, welche sie vorher aufnahmen. Denn die Lebenstätigkeit der Zellen besteht auf der einen Seite darin, daß sie die aufgenommenen Stoffe zu ihrem *Aufbau,* zur Synthese der Leibessubstanz, verwenden. Dieser Aufbau erfolgt aber nicht nur in der Zeit des Wachstums der Tiere. Er muß auch weiter während des ganzen Lebens stattfinden. Denn alles Leben und jede Funktionsbetätigung der Organe ist auf der anderen Seite mit einem Verbrauch von lebender Substanz verbunden. Die Flamme des Lebens verbrennt, verzehrt das Lebendige selbst. Und diese beständige *Selbstzersetzung,* dieser *Abbau* muß, um das Leben zu erhalten, ebenso unaufhörlich durch neuen Aufbau ersetzt und ausgeglichen werden. Daher stehen die Teile eines lebenden Organismus und so auch des Tierkörpers in fortdauerndem *Wechselspiel von Aufbau und Abbau, von Assimilation und Dissimilation der lebenden Substanz,* wie der Physiologe es nennt.

Die Stoffe zum Aufbau kann das Tier aber nur aus dem Futter entnehmen, das es bei seiner *Ernährung* sich zuführt.

Dabei ist es keineswegs so anspruchslos wie die Pflanzen es sind, die den ganzen Aufbau ihres Organismus aus unorganischen Substanzen zu vollziehen vermögen. Aus Wasser und der spärlichen Kohlensäure der Luft können sie durch die ihren Chlorophyllkörpern eigene chemisch-synthetische Fähigkeit Stärke und Zuckerstoffe bilden und bedürfen dazu nur noch der strahlenden

Energie des Sonnenlichtes. Aus diesen Assimilaten im Verein mit den dem Boden entnommenen, Stickstoff enthaltenden Mineralien baut dann die Pflanze alle ihre Organe und ihr lebendiges Zelleiweiß auf.

Der *tierische Organismus* dagegen weiß mit diesen anorganischen Stoffen für den Aufbau seiner spezifischen Leibessubstanzen kaum etwas anzufangen. Auch er ist in hohem Maße zur Synthese befähigt, er begnügt sich aber nicht mit jenen einfachen Bausteinen, sondern bedarf als solcher bereits der von der Pflanze aufgebauten organischen Verbindungen, der Eiweißstoffe, Kohlenhydrate und Fette. So sind die Tiere in ihrer Ernährung in letzter Linie völlig abhängig vom Pflanzenleben.

Im Gegensatz zur Pflanze sind daher die Nährstoffe beim Tier qualitativ bereits der gleichen Art wie seine Körperstoffe, und wir können in diesem Sinne von einer *Identität der Nährstoffe und Körperstoffe des tierischen Organismus* sprechen.

Allerdings muß das Tier die Nährstoffe, um sie für seine Ernährung auszunutzen, fast alle zunächst wieder durch seine *Verdauungsfunktionen* auflösen und in Spaltprodukte zerlegen, die in das Blut übergehen; erst diese vermag es zum Aufbau seiner Körperstoffe zu verwerten oder im Zellstoffwechsel der Organe zu verbrennen.

Die *Produkte des Abbaues*, die als Schlacken dieses Stoffwechsels im Tierkörper entstehen, sind weiter für ihn nichts nütze; sie sind sogar meist schädlich und würden bei ihrem Zurückbleiben zur Selbstvergiftung des Tieres führen. Daher werden diese unbrauchbaren Reste rechtzeitig durch besondere Organe der *Ausscheidung* abgestoßen.

Wohl aber enthalten diese tierischen Ausscheidungsprodukte dann wieder alle für die Pflanzen notwendigen Nährstoffe, Kohlensäure, Wasser und niedere stickstoffhaltige Verbindungen.

Dieser große *Kreislauf der Stoffe in der Natur*, der sich so vom Anorganischen zur Pflanze, von dieser zum Tier und von diesem wieder zur Pflanze vollzieht, kommt in der Landwirtschaft durch die Verwendung der tierischen Ausscheidungen als Dünger für die Pflanzen zur Geltung.

Es ist klar, daß sich *Ernährung und Ausscheidung* im Stoffhaushalt der Tiere zum mindesten immer die Wage halten müssen. Denn sonst würde ja die Dissimilation über die Assimilation vorherrschen, das Tier beständig an Körpergewicht abnehmen, und schließlich auch die lebenswichtigsten Organe der notwendigen Stoffe entbehren. Denn diese können nun einmal nicht sparsam leben, wenn sie ihre Funktionen in Gang halten und ihre Aufgaben im Dienste des Gesamtorganismus erfüllen sollen; sie können ihre Umsetzungen und ihren Stoffverbrauch nicht einschränken, das würde ein Niedrigerbrennen des Lebens bedeuten; noch weniger können sie ihn auch nur vorübergehend ganz einstellen, denn das wäre der Tod.

Daher läßt sich der *Hunger*, die Nahrungsentziehung oder schon eine *unzureichende Ernährung* nur so lange vertragen, als die im Körper aufgestapelten Nahrungsreserven den lebenswichtigen Organen noch genügend Aufbau- und Brennmaterial für ihre lebende Substanz liefern, und solange keine besonderen Leistungen von dem Tiere verlangt werden. Mehr und mehr lebt es dann aber vom eigenen Bestande seiner Organe, von denen diejenigen am stärksten eingeschmolzen werden, deren Funktion wohl für den Arbeitszustand wichtig, doch bei der Ruhe des schwächer werdenden Körpers entbehrlich wird. Auf Kosten dieser können das Herz und besonders das Nervensystem, deren ununterbrochene Tätigkeit für das Leben notwendig ist, noch eine Zeitlang ihren dissimilatorischen Stoffwechsel durch neuen Aufbau ausgleichen. Dann aber werden auch sie in die Unterbilanz mit einbezogen, in der sich das ganze Tier infolge der mangelnden Nahrungszufuhr und des fehlenden Ersatzes der abgebauten Leibessubstanz befindet.

Wollen wir aber ein Tier bei dauernder Gesundheit am Leben erhalten, so zeigt die einfache physiologische Überlegung, daß wir seine Ernährung ausreichend gestalten und ihm so viel Futter geben müssen, um durch die Ernährung seine Stoffwechselverluste auszugleichen. Ein solches Futter nennen wir *Erhaltungsfutter*. Es soll zur Erhaltung des Lebens, des Bestandes an Körpergewicht, und der Gesundheit dienen. Dafür muß es nicht nur an Menge genug sein; neben den quantitativen sind auch die qualitativen Verhältnisse des Futters von größter Bedeutung. Hierauf soll an dieser Stelle nur vom allgemeinen Standpunkte aus eingegangen werden. Es ist ja die Aufgabe der folgenden Abschnitte dieses Handbuches, im einzelnen nach dem neuesten Stande der Ernährungsforschung darzustellen, welche Nährstoffe die Futtermittel enthalten, wie sich diese aus jenen zusammensetzen, und welche Bedeutung sie für Ernährung und Stoffwechsel unserer landwirtschaftlichen Nutztiere besitzen. Da wird denn auch davon die Rede sein, welche Mengen an Eiweiß, Fett, Kohlenhydraten, an Wasser und Salzen und Vitaminen für die verschiedenen Tierarten erforderlich sind und ausreichen, um ihren *Erhaltungsstoffwechsel* zu decken.

Im Erhaltungsfutter, das auch gelegentlich als Beharrungsfutter bezeichnet wird, spielt jede Art von Nährstoffen ihre besondere Rolle. Eiweiß ist unentbehrlich, um die stickstoffhaltigen Bausteine zu liefern, aus denen sich das lebendige Eiweiß wieder aufbaut, das sich bei der Lebenstätigkeit der Zellen in den Organen selbst zersetzt; es ist der wichtigste *Ersatz- und Baustoff*. Aber auch *Wasser und Salze* sind als Ersatz- und Baustoffe unentbehrlich. Denn *ohne Wasser gibt es kein Leben*. Selbst die trockensten Organismen, bei denen alles Leben abgestellt erscheint, wie die im Staube der Dachrinne oder im verdorrten Moose eingetrockneten Tierchen oder aber die Getreidekörner, die durch neue Befeuchtung wieder zu neuer Bewegung erwachen oder zu keimenden Pflänzchen werden, sind nur scheintot und setzen auch in diesem lufttrocknen Zustande ein minimales Leben fort, das durch die ihnen verbliebenen Reste von Wasser ermöglicht wird. Wird ihnen auch dieses durch künstliche völlige Wasserentziehung genommen, so erlischt ihre Fähigkeit zu neuem Vegetieren, und ihr Scheintod geht unmerklich in den physiologischen Tod über, aus dem es keine Wiederbelebung gibt. Das Wasser, und mit ihm die salzartigen Mineralstoffe, ist für die Säfteströmungen, durch die allein der Austausch der Stoffe in den Lebewesen sich vollziehen kann und reguliert wird, so daß man von einem Regelungsstoffwechsel (v. WENDT) gesprochen hat, ebenso unentbehrlich zum Leben wie die Ergänzung des Eiweißes in den Zellen und wie der *Sauerstoff* der Atmungsluft für die Verbrennungen, die das Leben begleiten und erhalten.

Alle diese Stoffe, Eiweiß, Wasser und Salze müssen also von den Tieren zum Ersatz verlorengegangener Substanz, zur Ergänzung der Bestände in den Organen des Körpers, zum neuen *Ansatz und Aufbau* des im Stoffwechsel sich selbst zersetzenden lebendigen Inhaltes der Körperzellen aufgenommen werden, um dadurch zugleich die *Aufrechterhaltung des ganzen Lebensbetriebes* im Organismus zu ermöglichen. Sie sind alle zugleich *Ersatz-* und *Ansatz-*, *Bau- und Betriebsstoffe*.

Man findet oft in Büchern und auch in wissenschaftlichen Einzelarbeiten, die sich mit dem Stoffwechsel beschäftigen, die scharfe Gegenüberstellung von Ersatz- und Ansatzstoffen und besonders vom *Bau- und Betriebsstoffwechsel*, Bau- und Betriebsstoffen. Derartige Unterscheidungen besitzen wohl historische

Bedeutung und konnten zum Ausgangspunkte wichtiger Darlegungen über den Stoffwechsel und seine verschiedenen Phasen und Ziele genommen werden (z. B. PFEFFER). Heute hat die Einteilung in Bau-, Betriebs- und Kraftstoffwechsel nur noch bedingten didaktischen Wert. Sie ist zwar bequem für den Autor, doch leicht irreführend für den Leser, und kann nur ein primitives Bedürfnis nach Aufklärung befriedigen, indem sie diese durch Schlagworte ersetzt und dadurch ein näheres Verständnis für das Ineinandergreifen der vielseitigen Aufgaben des Stoffwechsels verhindert.

Gerade beim Stoffwechsel und der Ernährung sollte man sich aber vor einseitigen und zu schematischen Auffassungen hüten. Die Natur ist nicht so einseitig, daß sie jedem einzelnen der Nährstoffe nur eine einzige Rolle zuwiese, sie benutzt fast jeden für den tierischen Haushalt zu vielfachen Zwecken. Selbst der unscheinbarste kann tiefgreifende Bedeutung gewinnen. So bestehen auch zwischen allen jenen künstlich abgeteilten Gruppen von Bau-usw.-Stoffen alle fließenden Übergänge und Überschneidungen.

Wenn z. B. das *Eiweiß* als Baustoff und der Eiweißstoffwechsel einfach als Baustoffwechsel bezeichnet und einem Betriebsstoffwechsel gegenübergestellt wird, so darf darüber nicht vergessen werden, daß die lebende Substanz in den Zellen des Tierkörpers nicht nur aus Eiweiß besteht, daß sie vielmehr in ihrem höchst komplizierten kolloidchemischen System auch sämtliche anderen Klassen von Nährstoffen enthält, die daher alle auch zugleich Baustoffe sind. So kennen wir heute die besondere Bedeutung der fettartigen Stoffe (Lipoide) für den Aufbau des Zellinhaltes und besonders in der Zellmembran für den Stoffaustausch der Zellen und wissen, daß zum ständig neuen Aufbau der Organsubstanz auch Wasser und Mineralstoffe nötig sind, die im Säftestrom des Körpers kreisen und von denen fortdauernd ein Teil durch die Ausscheidung verlorengeht.

Wie *Wasser und Salze* in diesem Sinne *zugleich Betriebs- und Baustoffe* sind, so ist nun auch das *Eiweiß* nicht einseitig nur Baustoff; denn es bleibt in den lebenden Zellen nicht unverändert, sondern zersetzt sich in deren Tätigkeitsstoffwechsel, so daß wir es *auch zugleich als Betriebsstoff* betrachten müssen, von dem ein Teil durch die Lebensfunktionen verbraucht wird und so dem Leben selbst zum Opfer fällt. Hierin liegt ja der tiefgreifende Unterschied begründet, der bei dem häufig gebrauchten Vergleich des Tierkörpers mit einer Kraftmaschine zwischen beiden besteht. Denn bei dieser bleibt die eigene Substanz der Maschinenteile im Betriebe unverändert und nur die energieliefernden Betriebsstoffe werden umgesetzt und verbrannt. Bei jenem aber spielen nicht die in den Hohlräumen und Körpersäften stattfindenden geringfügigen Umsetzungen für den Kraft- und Stoffwechsel die ausschlaggebende Rolle, sondern nur die Stoffe, die zuvor Fleisch von seinem Fleisch geworden sind, denn nur in den Zellen der Organe laufen die eigentlichen Lebensvorgänge ab. Der lebende Zellinhalt, das lebendige Eiweiß, wie es genannt wird, ist demnach selbst der wichtigste Betriebsstoff im Haushalt des Tierkörpers.

Als Betriebsstoff werden aber oft nur die Stärke- und Zuckerstoffe bezeichnet. Doch sind auch diese zugleich Baustoffe, denn um als Energiequellen zur Kraftentfaltung des Tieres zu dienen, müssen auch sie zuerst in die Zellsubstanz der die Arbeit leistenden Organe übergehen, und auch mit ihrer Verbrennung geht ein Teil der lebenden Materie selbst verloren, der wieder aufgebaut werden muß; daher die *Kohlenhydrate zugleich Ersatz-, Bau- und Betriebsstoffe* sind.

Die *Kohlenhydrate* sind unter den Nährstoffen der Futtermittel dadurch ausgezeichnet, daß sie der Arbeitsleistung der Tiere, ihrer Muskelkraft, dienen;

für sie sollten wir daher die Bezeichnung als *Kraftstoffe* vorbehalten, neben ihrer Bedeutung, die sie durch ihren Umsatz zu Fetten besonders auch als *Ansatzstoffe* für die landwirtschaftliche Tierproduktion besitzen. Ich meine Kraftstoffe hier nicht im Sinne derjenigen Futtermittel, die der Landwirt nach üblichem Herkommen als *Kraftfutter* bezeichnet; hiermit wird bekanntlich, wenn auch nach verschiedensten Definitionen, meist ein Futtermittel gemeint, das reich ist an leicht verdaulichen Nährstoffen, die es in konzentrierter Form enthält, wobei gewöhnlich besonders auch ein gewisser Eiweißreichtum vorausgesetzt wird, der für den Ansatz und das Wachstum des Tieres dienen soll; beim Kraftfutter in diesem Sinne handelt es sich also durchaus nicht nur um eigentliche Kraftstoffe, und wir können als solche physiologisch nur diejenigen verstehen, die dem Tiere zur Quelle der Muskelkraft bei seiner Arbeitsleistung werden. Einem ganz ähnlichen, dem physiologischen Sinne widersprechenden Ausdruck, wie der der Kraftfuttermittel es ist, begegnen wir auch bei der menschlichen Ernährung in der Bezeichnung Kraftbrühe, da dieses Produkt unserer Kochkunst lediglich Extraktstoffe des Muskelfleisches enthält, die auf die Nerven anregend wirken, während ihm eigentliche Kraftstoffe im Sinne von Energiequellen völlig fehlen.

Wir wissen heute, daß für Mensch und Tier in allererster Linie die Stärke- und Zuckerstoffe (Kohlenhydrate) solche *physiologischen Kraftstoffe* sind. Sie sind es, die den Muskeln als den Arbeitsorganen die Spannkraft oder potentielle Energie zuführen, welche diese in die lebendige Energie der Bewegung und der mechanischen Arbeit umsetzen.

Hiermit kommen wir zu den *Energieumwandlungen im Tierkörper*. Auch für ihn gilt das Gesetz von der Erhaltung der Energie. Auch der lebende Organismus kann keine Energie neu erschaffen, er kann sie nur umformen, wie ein Kraftwerk die Wasserkraft in elektrische Energie umsetzt und diese in Licht und Wärme übergeführt werden kann. Für seine Arbeitsmaschinen, die Muskeln, ist es die *chemische Energie der Nährstoffe* und hauptsächlich der Kohlenhydrate, die sie in andere Energieformen, und zwar in Arbeit und Wärme verwandeln. Der Muskel ist aber keine thermodynamische Maschine, bei der die entstehende Wärme in Arbeit übergeführt wird. Er ist vielmehr eine chemodynamische Maschine, die die chemische Energie direkt in andere umsetzt, zum Teil eben in Arbeit und zum Teil in Wärme. Und wenn auch die mechanische Energieproduktion zunächst allein die physiologische Aufgabe der Muskeln zu sein scheint, so ist es doch nicht möglich, daß der Muskel bei seiner Funktion nur solche liefert. Auch er hat, wie alle Kraftmaschinen, nur einen bestimmten Nutzeffekt, und neben der funktionell im Vordergrunde stehenden mechanischen Arbeit wird Wärme frei, wenn der Muskel die Zuckerstoffe in seinem Stoffwechsel verbrennt. Der *Nutzeffekt* wird durch den *ökonomischen Quotienten* ausgedrückt, der das Verhältnis zwischen der mechanischen Arbeit zur gelieferten — oder verbrauchten — Gesamtenergie bezeichnet: $\frac{\text{Arbeit}}{\text{Arbeit} + \text{Wärme}}$. Dieser Quotient ist von ZUNTZ für die tierische Muskelmaschine zu $^1/_5$—$^1/_3$ berechnet worden. Der Nutzeffekt ist demnach äußerst günstig, und erst seit der Zeit der Dieselmotoren gibt es von Menschenhand geschaffene Maschinen, die einen besseren Nutzeffekt aufweisen als der Muskel, während die älteren Dampfmaschinen und Beleuchtungskörper darin noch weit hinter ihm zurückbleiben.

Der Muskel verdankt dies seiner von Natur aus äußerst rationell gestalteten Energetik, die es ihm gestattet, einen gewissen Anteil der bei seiner Funktion durch den Abbau von Zuckerstoffen entstehenden Produkte sogleich wieder zu neuen Energiequellen aufzubauen. Die Eigentümlichkeiten des Stoffwechsels im Muskel sind es also, die ihm seine Arbeitsleistungen mit so hohem Nutzeffekt ermöglichen.

Wir sehen hier — und darum wurden diese Beziehungen etwas näher angedeutet — den *Energiewechsel vollkommen im Stoffwechsel begründet* und beide unzertrennlich miteinander verbunden. Wir erkennen *Kraft und Stoff als die Grundlagen des Lebens und der Leistungen des Tierkörpers.*

Diese *Verbundenheit des Stoffwechsels mit den Energieumwandlungen* bringt es mit sich, daß auch im völlig untätigen Organismus, in dem nur der *Ruhestoffwechsel* abläuft, ohne den das Leben nicht weitergehen kann, noch Energien frei werden. Wenn die Muskeln, die sonst die willkürlichen Bewegungen ausführen, dann keine äußere Arbeit leisten, so bilden sie doch noch Wärme durch ihren Stoffumsatz. Diese Wärmebildung ist für die warmblütigen Tiere, zu denen sämtliche landwirtschaftlichen Nutztiere gehören, zugleich eine Notwendigkeit; denn nur so können sie auch bei Körperruhe ihre *hohe Eigenwärme* oder Körpertemperatur stets auf gleicher Höhe halten, gegen deren selbst geringfügige Veränderungen sie bekanntlich außerordentlich empfindlich sind. So schützt sie auch im Schlaf der Muskelstoffwechsel vor schädlicher Abkühlung.

Doch selbst bei völliger Ruhe und im Schlafe gibt es im Tierkörper noch Muskeln, die fortdauernd mechanische Arbeit leisten. Die Ruhe bezieht sich ja nur auf die Skelettmuskeln, deren Betätigung dabei aufhört; sie bilden dann nur noch Wärme. Für die Fortdauer des Lebens und des lebensnotwendigen Stoffwechsels müssen aber die Bewegungsmuskeln der sämtlichen *vegetativen Organe, die der Ernährung* dienen, wach und bei der Arbeit bleiben. So darf das *Herz* keinen Augenblick stille stehen; es muß ja den Kreislauf des Blutes und der Körpersäfte in Gang halten und stets aufs neue antreiben, damit allen Organen der für die Verbrennungsvorgänge in ihren Zellen notwendige Sauerstoff im gleichen Schritt mit diesen Oxydationen ohne Unterbrechung zuströmt. Ebenso muß unaufhörlich die in der Zellatmung entstehende Kohlensäure durch das Blut aufgenommen und den Lungen als Atmungsorganen zur Ausscheidung zugeführt werden. Um zugleich auch neuen Sauerstoff aus der Luft aufzunehmen, müssen die *Atembewegungen* ohne Stillstand weitergehen; sie werden durch das Zwerchfell und zahlreiche Brust- und Bauchmuskeln ausgeführt. Endlich dürfen auch die Muskeln in den Wänden der *Verdauungsorgane*, die ihren Inhalt durchzumischen und weiterzubewegen haben, niemals ruhen, besonders bei unseren Pflanzenfressern, die auch die Ruhepausen des Körpers dazu benutzen müssen, um ihre schwer verdauliche Nahrung so weit aufzuschließen, daß deren löslich gemachte Bestandteile in das Blut und den Körper übergehen können.

Aus alledem ergibt sich deutlich, daß auch der *Ruhestoffwechsel* mit sehr beträchtlichen Energieleistungen der Tiere verbunden ist, die in Wärmebildung und Muskelarbeit bestehen.

Der ununterbrochene Fortgang des Ruhestoffwechsels ist aber die Voraussetzung und zugleich nur ein Teil des *Erhaltungsstoffwechsels.*

Das Erhaltungsfutter muß demnach den Energiebedarf nicht nur für die zur Nahrungsaufnahme und Gesunderhaltung notwendigen Körperbewegungen, sondern auch für alle die unwillkürlichen Muskelfunktionen der vegetativen Organe und für die gesamte Wärmebildung des Ruhestoffwechsels decken.

Auch das Erhaltungsfutter hat also „Leistungen" des Tierkörpers zu berücksichtigen. Denn mit dem *Erhaltungsstoffwechsel* ist schon ein reger, energieliefernder *Betriebsstoffwechsel* verbunden, der die Zufuhr von Ersatz-, Bau-,

Betriebs- und Kraftstoffen notwendig macht. Alle diese Stoffe könnten wir demnach als *Erhaltungsstoffe* zusammenfassen, wobei aber auch schon *Produktionsstoffe* im weiteren Sinne mit einbegriffen sind.

So sehen wir hier wieder einen fließenden Übergang zwischen zwei Begriffen, die einander meist als gegensätzlich gegenübergestellt werden: *Erhaltungs- und Produktionsfutter* bzw. -stoffwechsel. Denn wir finden schon bei der Erhaltung Vorgänge beteiligt, die sonst bereits zu den Produktionen gerechnet werden, nämlich Aufbau- und Kraftleistung.

Die physiologische Betrachtung einiger grundlegender Begriffe der Fütterungslehre läßt uns somit erkennen, daß wir bei der häufig angewendeten Unterscheidung von *Produktions- oder Leistungsfutter* und *Erhaltungsfutter* nicht außer acht lassen dürfen, daß stoffliche und energetische Leistungen und Produktionen auch schon bei der Erhaltung der Tiere eine lebenswichtige Rolle spielen.

Als *Produktionsfutter im engeren Sinne* wären dann alle Stoffe zu bezeichnen, die das Tier für diejenigen Produktionen braucht, die es *über seine bloße Erhaltung hinaus* zu leisten hat.

Meist wird der Ausdruck *Produktionsfutter im weiteren Sinne* nach KELLNER für die Summe der beiden Komponenten gebraucht, deren eine das Erhaltungsfutter und deren andere das eben bezeichnete Produktionsfutter im engeren Sinne darstellt.

Die *Produktionen*, die wir von unseren landwirtschaftlichen Nutztieren erwarten, und auf denen für uns und unsere eigene Ernährung wie für die gesamte Volkswirtschaft und Völkerernährung ihr Nutzen beruht, sind mannigfaltiger Art. Sie entspringen verschiedenem Ablauf und Ausmaß des Stoffwechsels der Tiere und können nur geleistet werden, wenn für jede Produktionsart entsprechend auch die Ernährung die geeigneten Grundlagen schafft, um den Stoffwechsel in der jeweils erforderlichen Richtung zu lenken.

Die *Leistungen der tierischen Produktionen* können stofflicher und energetischer Natur sein.

Die *stofflichen Produktionen* zielen in hervorragendem Maße auf solche hinaus, die dem Menschen selbst seine Nahrung liefern. Sie sind nur durch Aufbau und Wachstum oder durch Abgaben des Tierkörpers zu erreichen.

Die erste Voraussetzung hierfür ist die *Zuchtfähigkeit*, die bei geschlechtsreifen Tieren durch gute und rationelle Ernährung gewährleistet wird, denn nur eine ausreichende Ernährung und der normale Ablauf der Stoffwechselvorgänge in allen Organen befähigt die Zuchttiere dazu, einen zahlreichen und gesunden Nachwuchs zu liefern.

Hieran schließt sich das *Wachstum der Jungen*, das sämtliche Nährstoffe im richtigen Verhältnis zum Aufbau der Körperorgane erfordert und sich in einem beständigen Ansatz von Eiweiß, Fett, Kohlenhydraten, Wasser und Mineralstoffen äußert, die als Fleisch, Knochen und sonstige Organe, sowie auch als Fett, zum Ansatz kommen. Dabei kann aber zugleich mit dem Wachstum, über die normale Gewichtszunahme hinaus, eine *Fleisch- und Fettmast* erstrebt werden, die wieder besondere Kenntnisse über die Wirkung der Nährstoffe in den Futtermitteln, ihre Verdaulichkeit und Ausnutzung im Tierkörper und über die Möglichkeiten, den Stoffwechsel in dieser Richtung zu beeinflussen, verlangen. Hier ist also neben dem Wachstum, ebenso wie später nach dessen Vollendung, der Ansatz von Reservestoffen (Thesaurierungsstoffwechsel, C. OPPENHEIMER) von besonderer Bedeutung, und es stehen die *Ansatz- und Baustoffe* weitaus im Vordergrunde; doch auch Betriebs- und Kraftstoffe müssen die Futtermittel dann schon liefern. Je mehr die Tiere wachsen, um so stärker tritt die Bedeutung der *Betriebs- und aller Erhaltungsstoffe* hervor, und um so weniger sind die Tiere imstande, ihr Futter auch noch zum Ansatz zu verwerten. Um so weniger rationell wird es auch, sie zur Erzeugung von Mastprodukten zu verwenden.

Sind es bei wachsenden und zur Mast aufgestellten Tieren die aus den Futterbestandteilen der Nahrung umgewandelten und als Leibessubstanz *aufgespeicherten Ansatzstoffe*, die das Ziel ihrer Ernährung bilden, um uns selbst als Nahrungsquellen zu dienen, so sind es *bei den erwachsenen Tieren die Abgabestoffe* verschiedener Art, die wir als regelmäßige Produktionen von ihnen gewinnen. Hierher gehören die *Milch* der Kühe und die *Eier* der Hühner, die *Wolle* der Schafe. Dies alles sind aber wieder Produkte des tierischen Stoffwechsels, und wir können diese Leistungen nur bei entsprechender Ernährung von unseren Nutztieren erwarten.

Zu diesen stofflichen kommen nun als Produktionen der Tiere noch die *energetischen Leistungen, die Kraft und Arbeit,* die sie uns, vermöge des Stoffwechsels ihrer Muskeln, liefern. Mit Rücksicht auf die dabei zugleich gesteigerte Wärmebildung müssen wir im *Arbeitsfutter*, das den Arbeitsstoffwechsel bestreiten soll und als welches wir Kohlenhydrate verfüttern, den Tieren nicht nur die Energien zur Verfügung stellen, die sie für die reine mechanische Arbeit brauchen, sondern auch so viel, als sie je nach dem Nutzeffekt ihrer Arbeit dabei an Wärme produzieren und in ihrem Körperhaushalt verwenden oder nach außen verlieren. Außerdem müssen wir dabei noch daran denken, daß jede derartige Steigerung des allgemeinen Stoffwechsels erhöhte Ansprüche an die lebendige Substanz des Körpers stellt, und daß daher auch sonstiges Zellmaterial verbraucht wird, das ersetzt werden muß.

Im *Produktionsfutter* werden somit, wenn es sich um Ansatz von Körpersubstanz oder um Abgaben eiweißreicher Produkte handelt, neben den übrigen notwendigen Nahrungsbestandteilen besonders das Eiweiß, bei Fettbildung die Stärke- und Zuckerstoffe und auch, wenn es sich um äußere Arbeitsleistungen handelt, besonders die Kohlenhydrate als Quelle der Muskelkraft die Hauptrolle spielen.

Um unseren Nutztieren nun sowohl für ihre Erhaltung wie für ihren Produktionsstoffwechsel die geeignete Ernährung zu gewähren, ist das *Ziel des Landwirts stets die rationelle Fütterung,* so wie es auch für den Menschen ein rationelles Kostmaß und eine rationelle Ernährung gibt. Das Futter soll ausreichend und möglichst billig sein. Die rationelle Fütterung soll die größten Leistungen des Futters bei geringstem Aufwand und bei geringsten Mengen erzielen. Hierfür muß der Landwirt umfassende Kenntnisse haben von der Zusammensetzung seiner Futtermittel und von den Energien, die in den darin enthaltenen Nährstoffen schlummern; aber auch von deren physiologischen Wirkungen und ihren Umwandlungen im Tierkörper und von ihrer Bedeutung für seinen Erhaltungs- und Produktionsstoffwechsel.

Denn er darf ja nicht erst an den Folgen bemerken, daß ein Futter unzulänglich war; er muß seine Wirkung im voraus beurteilen können, muß wissen, daß es nicht nur auf die gesamte Menge, sondern auf die der einzelnen Futterbestandteile ankommt und was diese für besondere Bedeutungen haben, die für die Tiere nicht entbehrt werden können. Bei einem unzureichenden Futter werden die Leistungen der Tiere, sei es an Zuchtfähigkeit, an Wachstum und Ansatz oder in der Produktion von Abgabestoffen, oder in der Arbeitsleistung, zurückgehen und die Tierhaltung unrentabel gestalten.

Aber auch eine *Überfütterung* muß sowohl bei dem Erhaltungs- wie beim Produktionsstoffwechsel vermieden werden. Denn diese würde zu unnützer

Belastung und Verdauungsarbeit, zu Futterverschwendung und unnötigen Verdauungsverlusten oder bei Arbeitstieren zu unerwünschter Verfettung und Trägheit, führen.

Die rationelle Fütterung muß daher auf alle diese Dinge bedacht sein. Deren Bedeutung im einzelnen und ihre Beziehungen zueinander zu erforschen und die dabei gewonnenen Ergebnisse zu verbreiten, ist Aufgabe der physiologischen Wissenschaft von der Ernährung und dem Stoffwechsel unserer Nutztiere. Diese Grundlagen zur Fütterungslehre sollen im vorliegenden Handbuche erstmalig zusammenhängend dargestellt werden. Die Futtermittel und ihre Grundstoffe, die physiologische Wirkung der verschiedenen Nährstoffe, die tiefgreifenden Veränderungen und Umsetzungen, die sie im Tierkörper erfahren, dann aber auch die Vorgänge des Stoff- und Kraftwechsels, die sich bei der Lebend- und Gesunderhaltung unserer Nutztiere und darüber hinaus bei allen Produktionen, die wir von ihnen verlangen, in ihrem Organismus abspielen, das alles sollen die folgenden Kapitel und Bände eingehend behandeln.

II. Die in den Futtermitteln enthaltenen Nährstoffe.

1. Kohlenhydrate.

Von

Professor Dr. Carl Neuberg und Dr. Max Lüdtke

Direktor des Kaiser Wilhelm-Instituts für Biochemie, Berlin-Dahlem

Assistent am Kaiser Wilhelm-Institut für Biochemie, Berlin-Dahlem.

a. Zucker.

Von Dr. Max Lüdtke.

A. Allgemeines.

Man versteht unter Zuckern oder einfachen Kohlenhydraten eine Gruppe von farb- und geruchlosen, mehr oder weniger süß schmeckenden, nicht flüchtigen, beim Erhitzen zersetzlichen Stoffen, die krystallisierbar und in Wasser löslich sind und in ihrer Lösung neutral reagieren. Sie haben die Bruttozusammensetzung $C_x(H_2O)_y$ (worin $y \overset{=}{<} x$). Wir scheiden von diesen Krystalloiden jene aus ihnen hervorgehenden „hochmolekularen", „komplexen" oder „micellaren" Kohlenhydrate, die wie z. B. Stärke Kolloide sind, und deren chemischer Aufbau mit den Vorstellungen der klassischen Strukturlehre allein nicht erklärt werden kann.

Zur vollständigen Festlegung des Begriffs „Zucker" genügt indes die Bruttoformel allein nicht, da es einerseits Saccharide gibt, die ihr nicht ganz entsprechen, andererseits Nichtzucker mit gleicher Zusammensetzung existieren.

Um der Definition völlig zu genügen, ist noch nötig, daß in einem nichtcarbocyclischen Polyoxyaldehyd I oder -keton II benachbart zur Carbonylgruppe (I 1 bzw. II 2) eine Oxygruppe (I 2 bzw. II 1 und 3) steht.

```
     1. CHO            1. CH2OH           1. CHO
        |                 |                  |
     2. CHOH           2. CO              2. CHOH
        |                 |                  |
     3. CHOH           3. CHOH            3. CHOH
I.      |         II.     |         III.     |
     4. CHOH           4. CHOH            4. CHOH
        |                 |                  |
     5. CH2OH          5. CHOH            5. CHOH
                          |                  |
                       6. CH2OH              CH3
    Aldopentose       Ketohexose       Methyl-Aldopentose
```

Je nach der Zahl der zur Kette vereinigten Kohlenstoffatome mit Carbonyl- oder Oxygruppen unterscheidet man Diosen, Triosen, Tetrosen, Pentosen I, Hexosen II usw. III stellt also z. B. eine Methylaldopentose dar.

Der Beweis, daß den Zuckern eine solche Struktur zukommen muß, gründet sich für das Beispiel des Traubenzuckers (Glucose) auf folgende Tatsachen:

Die Glucose muß eine gerade Kette von 6 C-Atomen haben, da sie zu einem Polyalkohol reduzierbar ist. Durch Verätherung oder Veresterung lassen sich 5 Hydroxylgruppen nachweisen. Sie besitzt eine aldehydische Carbonylgruppe, da sie sich mit hierauf ansprechenden Reagenzien (z. B. Hydrazinen S. 15 u. 19ff.) vereinigt und nach der Blausäureaddition (S. 18) zu einer Hexa-oxy-heptylsäure mit gerader Kette verseifbar ist. Für andere Aldosen gelten fast ausnahmslos die gleichen Überlegungen. Ketosen liefern bei der Blausäureaddition Säuren mit verzweigter Kette.

Fast gleichzeitig mit der Aufstellung der „Oxo“-Formel durch KILIANI und E. FISCHER machte TOLLENS den Vorschlag, sie als Halbacetale oder Lactole (HELFERICH[45]) aufzufassen. Und in der Tat sind im Laufe der Zeit Beobachtungen gemacht worden, die zu einer solchen Formulierung geradezu zwingen. IV gibt die gegenwärtig angenommene Formel mit amylenoxydischer Bindung (Pyranring

IV. 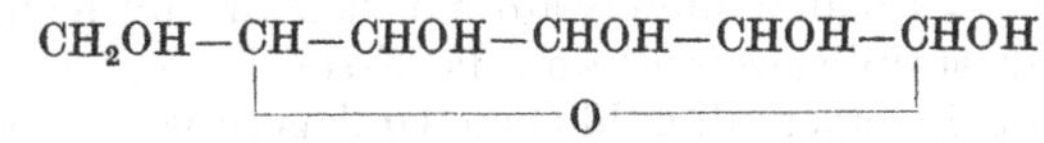

⟨1,5⟩-Sauerstoff) wieder, während TOLLENS die Glucose und andere Zucker mit ⟨1,4⟩-Sauerstoff (Furanring, butylenoxydisch) schrieb.

Trotz dieser Verfeinerung der Anschauung dürfte hiermit das Konstitutionsproblem noch nicht endgültig gelöst sein. Es ist bekannt, daß der Übergang von der offenen Aldehyd- I zur cyclischen Lactolform IV reversibel ist (Oxo-Cyclo-Desmotropie), und es ist anzunehmen, daß der Zustand (in Lösung, Höhe der Temperatur, Wasserstoffionenkonzentration), in dem sich der „normale“ Zucker befindet, nicht ohne Einfluß auf seine Konstitution ist und zur Ausbildung von Gleichgewichten zwischen verschiedenen struktur- und stereoisomeren Formen führt. Außerdem liegen Beobachtungen vor, welche die Annahme rechtfertigen, daß die Zucker in gebundenem Zustand anders konstituiert sind als im freien (γ-Zucker, am-[alloiomorph] und *h*-[hetero]-Zucker, NEUBERG[87], SCHLUBACH[116]).

Auch Formelbild IV gibt die Glucose sowie die anderen Zucker noch nicht vollständig wieder. Wie man sieht, sind bei Aldosen (z. B. I) sämtliche C-Atome außer den endständigen (und bei Ketosen auch dem Carbonyl-Kohlenstoffatom) asymmetrisch. Das hat zur Folge, daß die betreffenden Körper optisch aktiv werden und um so mehr verschiedene raumisomere Formen bilden können, je mehr asymmetrische C-Atome im Molekül vorhanden sind. So haben z. B. Aldopentosen und Ketohexosen je 8, Aldohexosen, Hexonsäuren u. a. je 16 verschiedene aktive Formen. Da je 2 von ihnen Spiegelbildisomere darstellen und durch Vereinigung der d- und l-Verbindung zu Racemkörpern werden, erhöht sich die Zahl z. B. bei den Aldohexosen um 8 auf 24 verschiedene Formen. In nachfolgender Tabelle sind die 8 möglichen d-Aldohexosen zusammengestellt:

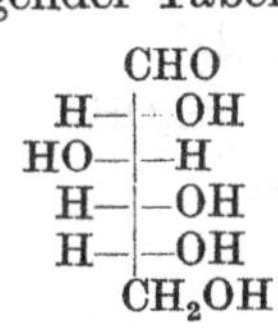
d-Glucose

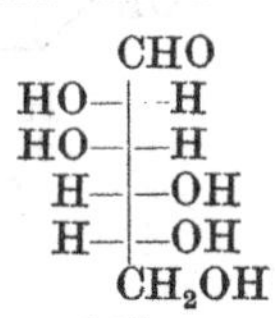
d-Mannose

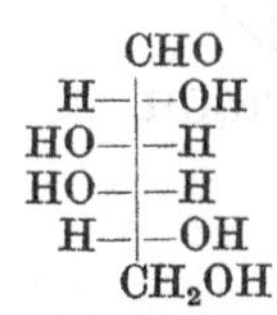
d-Galaktose

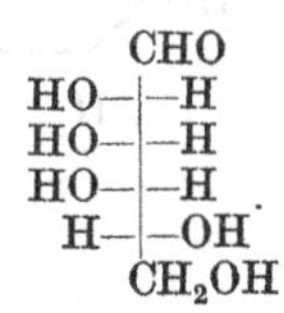
d-Talose

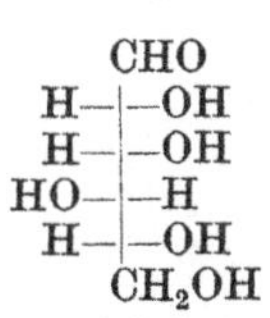
d-Gulose

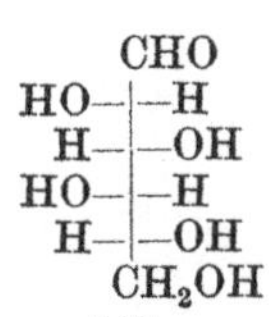
d-Idose

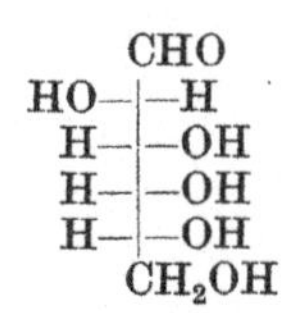
d-Altrose

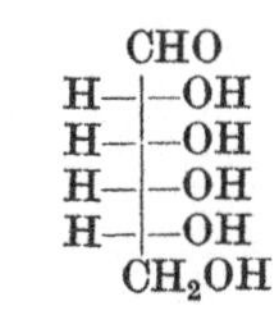
d-Allose

Diese 24 Möglichkeiten sind zu berücksichtigen, wenn wir nur die asymmetrischen Kohlenstoffatome der alten Formel von KILIANI und FISCHER I—III betrachten. Nehmen wir die Lactolformel an — und das müssen wir heute unbedingt —, so wird auch das Carbonylkohlenstoffatom asymmetrisch und damit optisch aktiv, und die hierdurch entstehenden beiden Formen bezeichnet man als α- und β-Form.

Die Hervorhebung dieser Formen unter besonderer Bezeichnung rührt daher, daß es sich hier nicht um Spiegelbilder (d- und l-Verbindung) handelt — da ja nur ein Asymmetriezentrum eine Umlagerung erfahren hat —, sondern um Diastereoisomerie. Sie sind also keine optischen Antipoden, und das ist der Grund dafür, daß sich diese Formen in ihren spezifischen Drehwerten (nicht nur ihrem Drehungssinn), ihren Schmelzpunkten und anderen physikalischen und chemischen Eigenschaften unterscheiden, in Lösungen ein bestimmtes Mengenverhältnis von $C_\beta : C_\alpha \sim 1{,}6$ ausbilden (während sich die übrigen asymmetrischen Kohlenstoffatome als stabil erweisen) und die Erscheinung der Muta- oder Multirotation auftritt, die in einer allmählichen Umlagerung der α- in die β-Form oder umgekehrt und damit verbundener Änderung des Drehungsvermögens besteht. Diese Umlagerung ist indessen auf die freien Zucker beschränkt; Substituenten am 1-Kohlenstoffatom heben die Drehbarkeit auf, weshalb zwei Reihen diastereoisomerer Derivate vorkommen.

In den Formelbildern S. 19 ist die Arabinose als l-Arabinose bezeichnet worden. Ihr Drehwert $[\alpha]_D$ ist $+ 174^0$, während die d-Fructose oder Lävulose (S. 22) linksdrehend ist. Dieser scheinbare Widerspruch hat seine Ursache darin, daß nach dem Vorgang E. FISCHERS[18] genetisch — sei es durch Abbau, Aufbau oder Substitution — mit der d- resp. l-Glucose verknüpfte Körper von dieser ihre Benennung herleiten. Die l-Arabinose läßt sich also auf l-Glucose, die d-Fructose auf die d-Glucose zurückführen, und dieses Prinzip wird ohne Rücksicht auf den wahren Drehungssinn der einzelnen Zucker für die meisten von ihnen durchgeführt — wenn auch infolge seiner nicht zu leugnenden Willkür andere Vorschläge nicht ausblieben (SALKOWSKI und NEUBERG[112], WOHL[146, 147], HUDSON[54], LEVENE[71], FREUDENBERG[34a], BÖESEKEN[7] u. a.).

Alle obigen Formelbilder sind in der Zeichenebene wiedergegeben. Da aber das Molekül ein räumliches Gebilde ist, sucht HAWORTH auch diesem Umstand gerecht zu werden. Er schreibt z. B. Glucose so (die vorn und oben liegenden Valenzen sind stark ausgezogen):

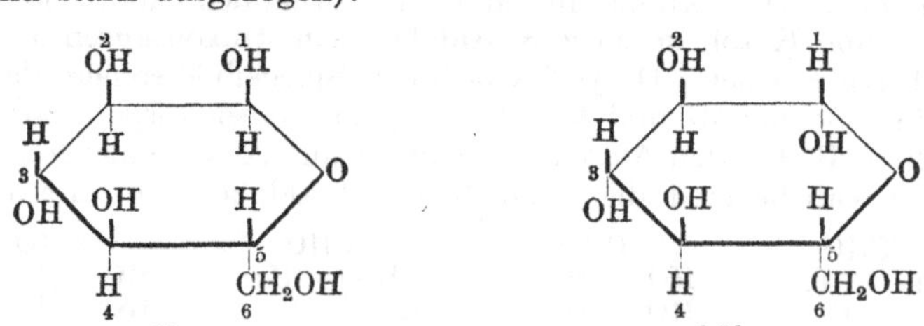

α-Glucose β-Glucose

B. Nachweis und Bestimmung (s. Anm. 1).

α-Naphtholreaktion nach MOLISCH[85] resp. PINOFF[104]. Unterschichtet man eine mit einem Tropfen alkoholischer α-Naphthollösung versetzte Zuckerlösung mit konzentrierter Schwefelsäure, so entsteht ein violetter Ring.

Orcinreaktion nach ALLEN und TOLLENS[142] auf Pentosen. Orcin in 25proz. Salzsäure gibt beim Erhitzen mit Pentosen eine blaugrüne Färbung. Die Reaktion fällt nach NEUBERG[94] auch mit Triosen, nach WOHLGEMUTH[151] mit Heptosen positiv aus.

Phloroglucinreaktion nach WHEELER und TOLLENS[135] auf Pentosen. Phloroglucin in 25proz. Salzsäure wird zur Pentosenlösung gegeben und das Gemisch einige Minuten erhitzt: Rotfärbung.

Diese Farbreaktionen (siehe auch ROSENTHALER[108] und SCHIFF[113]) lassen sich verfeinern, wenn man die Farbstoffe mit einem Lösungsmittel (Äther, Amylalkohol, Chloroform) ausschüttelt und spektroskopisch untersucht.

Die *Naphthoresorcinreaktion* (Erhitzen der Zuckerlösung mit 1,3-Dioxynaphthalin und konzentrierter Salzsäure) ist besonders für Uronsäuren (S. 22) gebräuchlich.

Resorcinreaktion auf Ketosen nach SELIWANOFF[124]. Man erhitzt das Saccharid mit Salzsäure und *Resorcin in siedendem Wasserbad: Rotfärbung.*

Die Hydrazine haben die Eigenschaft, mit Aldehyden und Ketonen Verbindungen einzugehen (S.15 u. 16), die oft sehr charakteristisch sind. Die Vereinigung erfolgt in essigsaurer oder alkoholischer Lösung. Die Produkte sind Hydrazone oder Osazone. Besonders leicht bilden sich das Xylose- und Glucosephenylosazon, das Phenylhydrazon und Para-brom-phenylhydrazon der Mannose (auch quantitativ), das Diphenylhydrazon der Arabinose und Glucose, das Methylphenylhydrazon der Galaktose u. a.

Schließlich sind noch einige Reaktionen zu erwähnen, wie das Erhitzen in 25proz. Salpetersäure, wobei sich aus Galaktose und Galakturonsäure Schleimsäure bildet (TOLLENS[138]), aus Glucose und Glucuronsäure Zuckersäure, die als Kaliumsalz isoliert werden kann (TOLLENS[139]). Die Xylose hat die Eigenschaft, mit Brom und Cadmiumcarbonat xylonsaures Cadmiumbromcadmium zu bilden (BERTRAND[5]).

Die *quantitative Bestimmung* der Zucker kann allgemein durch Messung des Reduktionsvermögens oder der optischen Aktivität erfolgen.

Das *Reduktionsvermögen* wird gewöhnlich mit Hilfe einer alkalischen Kupferlösung ermittelt, deren Kupferoxyd durch den Zucker zum Teil in Kupferoxydul umgewandelt wird. Man mißt entweder

nach BERTRAND[6]: die Menge des gebildeten Cu_2O, indem dieses eine äquivalente Menge Fe^3-Salz zu Fe^2-Salz reduziert, das manganometrisch bestimmt wird,

oder nach BANG[3] das unveränderte CuO durch Zurücktitrieren mit Hydroxylamin, während das Cu_2O durch Rhodankalium in Lösung gehalten wird,

oder nach LEHMANN-MAQUENNE-RUPP das unveränderte CuO durch Zurücktitrieren mit Jodkali.

Zur Bestimmung von Aldosen neben Ketosen dient die *Hypojoditmethode* (WILLSTÄTTER[145] u. SCHUDEL, AUERBACH[1] u. BODLÄNDER, KUHN[67] u. HECKSCHER, LÜDTKE[79]). Man bringt den Zucker in eine Sodalösung bestimmter Konzentration, setzt Jodlösung zu und titriert das unverbrauchte Jod nach einer gewissen Zeit zurück.

---

[1] Siehe z. B. VAN DER HAAR: Anleitung zum Nachweis und zur Bestimmung der Monosaccharide und Aldehydsäuren. Berlin 1920.

Polarimetrie. Die spezifische Drehung wird angegeben durch die Formel

$$[\alpha] = \frac{\alpha \cdot v}{p \cdot l} \text{ oder } \frac{\alpha \cdot g}{p \cdot d \cdot l},$$

worin α = beobachter Drehungswinkel, v = Volumen der zu polarisierenden Lösung in Kubikzentimeter, p = Substanzmenge in Gramm, l = Länge des Polarisationsrohres in Dezimeter, g = Gewicht der zu polarisierenden Lösung in Gramm und d = spezifisches Gewicht der zu polarisierenden Flüssigkeit. Die spezifische Drehung hängt von Lichtart und Temperatur ab, weshalb diese dazugesetzt werden, z. B. $[\alpha]_D^{20}$. Frisch bereitete Lösungen zeigen oft Mutarotation (siehe oben). Die Gegenwart anderer Stoffe kann den Drehwert erheblich beeinflussen.

Für die Pentosen und Uronsäuren (für letztere auch CO_2-Bestimmung nach LEFÈVRE und TOLLENS[137]) kommt weiterhin die Furfuroldestillation nach WHEELER und TOLLENS[135] in Betracht, bei der die Pentosen durch 12proz. Salzsäure in Furfurol umgewandelt werden und dieses durch Phloroglucin oder Barbitursäure ausgefällt wird. Die Zuckermenge läßt sich aus diesen Niederschlägen an Hand empirisch aufgestellter Tabellen ermitteln (KRÖBER[66], ELLET[17], KLINGSTEDT[64], GIERISCH[35]).

C. Reduktion und Oxydation.

Reduktion. Bei der Einwirkung von nascierendem Wasserstoff auf Zucker werden zwei Atome H von der Aldehyd- resp. Ketongruppe addiert, und es entstehen die Zuckeralkohole I.

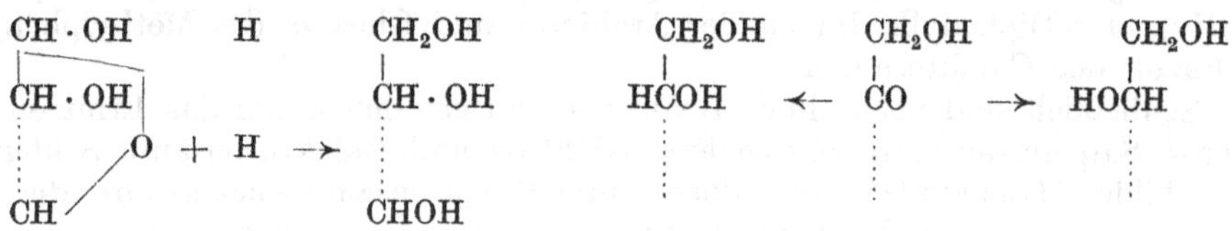

I. II.

Während eine Aldose hierbei nur *einen* Alkohol liefern kann, entstehen aus einer Ketose infolge Bildung eines neuen Asymmetriezentrums zwei stereoisomere Körper II.

Die Zuckeralkohole, deren einfachste Vertreter im Glykol und Glycerin bekannt sind, werden als Tetrite (aus Tetrosen), Pentite (aus Pentosen), Hexite usw. bezeichnet. Sie sind in der Natur relativ verbreitet, wie z. B. der i-Erytrit, Mannit, Sorbit (S. 23).

Bei der *Oxydation* der Aldosen führen gelinde Oxydationsmittel, z. B. Chlor- oder Bromwasser, unter Übertragung von 1 Atom O zu Aldonsäuren IV. Stärkere

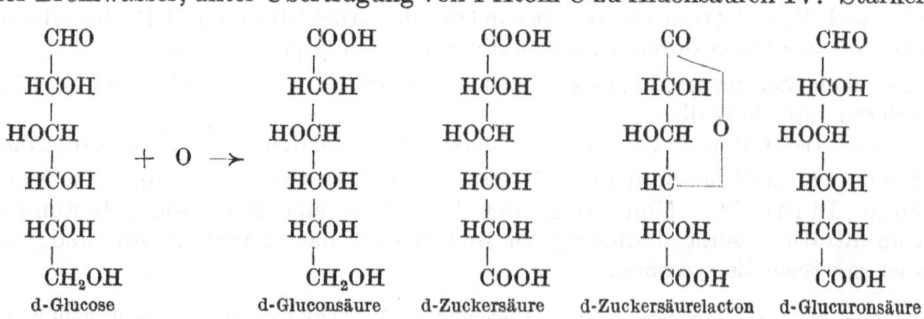

d-Glucose III. d-Gluconsäure IV. d-Zuckersäure V. d-Zuckersäurelacton VI. d-Glucuronsäure VII.

Oxydantia wie Salpetersäure greifen auch die endständigen Alkoholgruppen an, wodurch Dicarbonsäuren entstehen V. Aldon- und Dicarbonsäuren geben leicht ein Mol Wasser ab und gehen dabei in die sog. Lactone, wahrscheinlich Gleichgewichtsgemische von 1,4- und 1,5-Anhydriden, γ- und δ-Lactonen, über (LEVENE[71]). Letztere werden durch Natriumamalgam zu Aldehydsäuren, den Uronsäuren VII, reduziert.

Analog den Oxydationsprodukten aus Glucose bilden sich aus Mannose Mannonsäure, Mannozuckersäure und Mannuronsäure; aus Galaktose Galaktonsäure, Schleimsäure und Galakturonsäure.

Ketosen werden von Oxydationsmitteln zu Säuren mit kürzerer Kohlenstoffkette zersprengt.

Ebenso wirken alkalische Oxydationsmittel, auch Alkali und Luftsauerstoff, auf Aldosen zerstörend.

Erdalkalien erzeugen Säuren gleicher Bruttozusammensetzung, jedoch mit verzweigter Kohlenstoffkette, die Saccharinsäuren und ihre Lactone, die Saccharine. Z. B. entsteht aus Glucose und Fructose

$$CH_2 \cdot OH{-}CH \cdot OH{-}CH \cdot OH{-}\overset{\displaystyle CH_3}{\underset{\displaystyle COOH}{C}} \cdot OH \quad = \text{Saccharinsäure.}$$

D. Kondensationsreaktionen der Zucker.

I. Kondensationen am glucosidischen C-Atom.

Phenylhydrazone entstehen beim Zusammenbringen der Komponenten in wäßrig alkoholischer oder essigsaurer Lösung nach folgendem Schema:

Für Aldosen

$$\ldots CH \cdot OH{-}CHO + H_2N \cdot NHC_6H_5 = \ldots CH \cdot OH{-}CH{=}N{-}NHC_6H_5 + H_2O$$

Für Ketosen

$$\ldots CH \cdot OH{-}CO{-}CH_2 \cdot OH + H_2N{-}NHC_6H_5 = \ldots CH \cdot OH{-}\underset{\displaystyle \overset{\|}{N}{-}NHC_6H_5}{C}{-}CH_2 \cdot OH + H_2O$$

Durch Salzsäure läßt sich der Hydrazinrest abspalten und der Zucker regenerieren; Benz- oder Formaldehyd treten für den Zucker in den Hydrazinrest ein, so daß auch auf diese Weise das Saccharid frei gemacht werden kann (E. FISCHER[19], HERZFELD[50], RUFF[109]).

Läßt man mindestens 3 Mol Hydrazin auf einen Zucker in essigsaurer Lösung unter erhöhter Temperatur einwirken, so entstehen die *Osazone*.

$$\begin{array}{c} CHO \\ | \\ HCOH \\ | \\ HCOH \\ \vdots \end{array} + \begin{array}{c} H_2N{-}NHC_6H_5 \\ \\ H_2N{-}NHC_6H_5 \end{array} = \begin{array}{c} CH{=}N{-}NHC_6H_5 \\ | \\ C{=}N{-}NHC_6H_5 \\ | \\ HCOH \\ \vdots \end{array} + \begin{array}{c} 2\,H_2O \\ H_2 \end{array}$$

I.

$$NH_2{-}NHC_6H_5 + H_2 = NH_3 + C_6H_5NH_2$$

II.

Die beiden H-Atome des Formelbildes I treten nicht frei auf, sondern bewirken den Zerfall eines dritten Hydrazinmoleküls zu Ammoniak und Anilin II. In Wirklichkeit dürfte der Vorgang komplizierter über labile Zwischenprodukte verlaufen (WIELAND[144]).

Da einige der Kondensationsverbindungen des Phenylhydrazins und seiner Substitutionsprodukte wie p-Bromphenylhydrazin, p-Nitrophenylhydrazin, Methylphenyl-, Diphenyl-, Benzylphenylhydrazin, β-Naphthylhydrazin u. a. sehr charakteristische Eigenschaften (hohes Krystallisationsvermögen, Krystallform, Schmelzpunkt, Drehwert) haben, werden sie mit Erfolg zur Erkennung vieler Zucker verwendet (S. 19ff.). Auch erlaubt der Stickstoffgehalt einen sicheren Schluß auf die Molekülgröße, und da zahlreiche Synthesen mit Hilfe der Osazone bewerkstelligt wurden, wird der Leser selbst ihre Bedeutung für die Zuckerchemie ermessen können.

Nachteilig ist indessen, daß Zucker, die sich nur in ihren Gruppen an den ersten beiden Kohlenstoffatomen unterscheiden wie Glucose, Mannose, Fructose und Glucosamin das gleiche Osazon liefern, und daß eine Regenerierung der Zucker aus den Osazonen nicht möglich ist, da es sich hier nicht um eine einfache Anhydrisierung, sondern gleichzeitige Oxydation bei der Kondensation handelt. Daher führt die Hydrolyse mit Salzsäure zu sog. Osonen (E. FISCHER[20], KITASATO und NEUBERG[69b]).

$$CH_2 \cdot OH-(CH \cdot OH)_n-CO-CHO$$

Erwähnt sei noch die Kondensation mit Hydroxylamin zu Oximen, mit Hydrazin zu Aldoxim, mit Semicarbazid zu Semicarbazonen, mit Thioalkoholen zu Mercaptalen und mit Aceton zu sog. Acetonzuckern.

Glucoside entstehen durch Vereinigung von Alkohol mit Zuckern, und zwar tritt die Alkoholgruppe halbacetalisch intramolekular an die Carbonylgruppe:

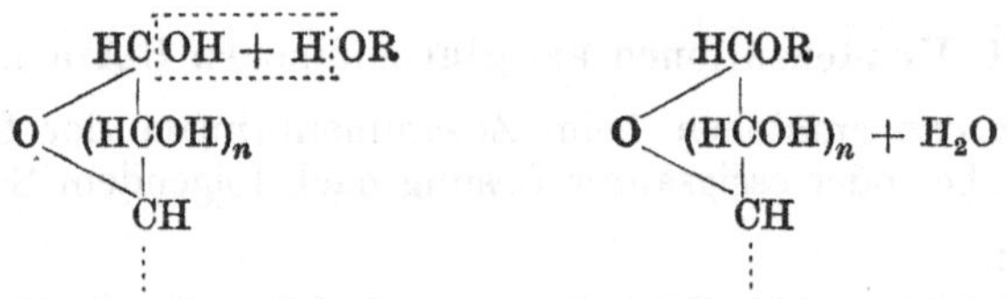

Man stellt sie durch Erhitzen der Zucker mit chlorwasserstoffhaltigen Alkoholen dar. Es entstehen dabei zwei diastereoisomere Formen (S. 12).

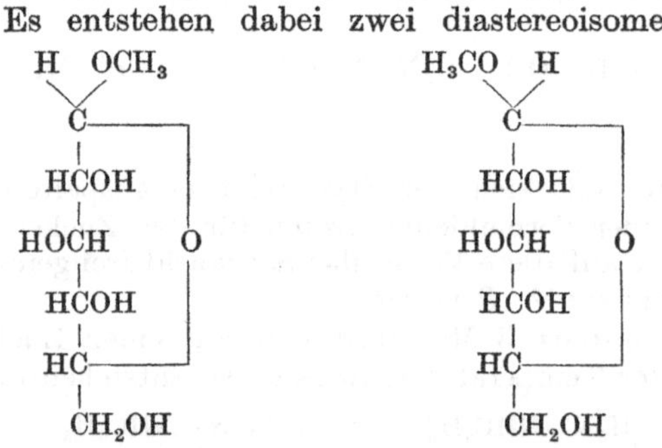

α-Methylglucosid β-Methylglucosid

Der acetalische, nicht ätherische Charakter dokumentiert sich in der Stabilität gegenüber Alkalien. In der Natur kommen Glucoside vor, in denen die verschiedensten OH- oder auch NH-Gruppen enthaltende Körper als Alkohole fungieren. Besonders häufig ist der Fall, daß ein zweiter Zucker als Alkohol in glucosidische Bindung tritt, was meistens in der β-Form geschieht: *Polysaccharide.*

II. Zuckeräther und -ester.

Als mehrwertige Alkohole vermögen die Zucker mit Alkoholen Äther, mit Säuren Ester zu bilden, und da sämtliche Hydroxyle verätherbar bzw. veresterbar sind, vermögen z. B. Hexosen fünf Alkyl- oder Acylreste aufzunehmen:

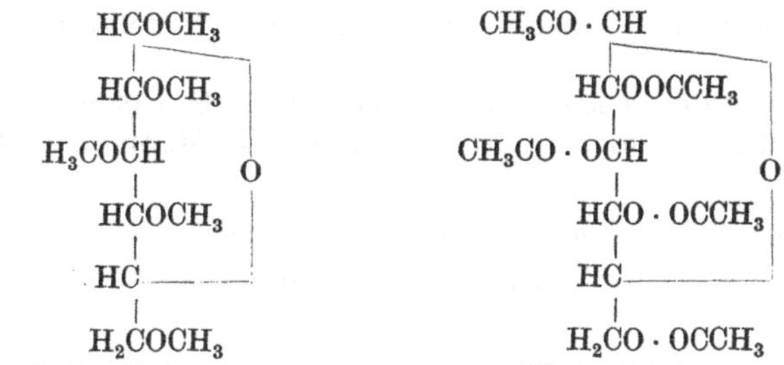

α-Pentamethyl-glucose
Tetramethyl-α-methyl-glucosid

β-Pentacetyl-glucose

Die Zucker reagieren allgemein in ihrer Lactolform (siehe aber LEVENE[72]). Die an alkoholische Hydroxyle gebundenen Alkylreste — nicht der glucosidische — haften sehr fest und werden unter gewissen Bedingungen weder durch sauer noch alkalisch wirkende Mittel abgespalten, worauf die Bedeutung methylierter Zucker für Konstitutionsfragen beruht.

Die esterartig gebundenen Acetylreste dagegen lassen sich durch alkalische Verseifung beseitigen, nicht aber der glucosidische. Dieser ist vielmehr durch saure Einwirkung abzuspalten und durch Austausch des Acetylrestes in der β-Pentacetylglucose gegen Brom (mit Bromwasserstoff und Eisessig, E. FISCHER[21]) kommt man zur wichtigen Acetobromglucose, mit deren Hilfe zahlreiche Synthesen möglich waren:

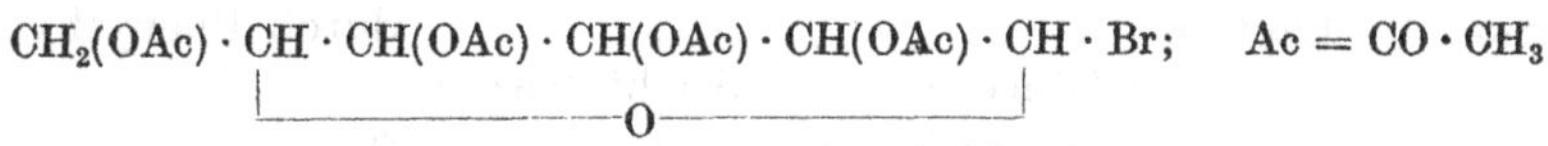

2, 3, 4, 6-Tetracetyl-glucose⟨1,5⟩-1-bromhydrin

So gelangte HELFERICH[45, 49] durch Kuppelung von Tetraacetylzuckern mit freiem C_6-Hydroxyl, die er aus Acetotriphenylmethyl-Zuckern (Tritylläthern) gewann und Acetobromglucose zu Di- und Trisacchariden.

Von Bedeutung sind auch die Verbindungen der Phosphorsäure mit Hexosen, da sie im Kohlenhydratstoffwechsel der Zellen eine große Rolle spielen. So kann man aus Glucose, Fructose und Mannose das gleiche Zymophosphat, eine *Hexose-di-phosphorsäure,* bei der Einwirkung von Hefe auf Zucker und Alkaliphosphat erhalten. Auch Hexose-mono-phosphorsäureester entstehen auf diesem Wege aus Hexosen, aber bemerkenswerterweise auch aus Dioxyaceton (NEUBERG und KOBEL[95]). (S. Abschnitt „Gärung“ S. 75.)

Schließlich sind noch viele der natürlichen *Gerbstoffe* zu den Zuckerestern zu rechnen, da in ihnen Phenolcarbonsäuren mit Glucose verbunden sind (E. FISCHER[22]).

E. Aufbau und Abbau der Monosaccharide.

Bei der Einwirkung von Kalkwasser auf Formaldehyd oder Trioxymethylen entstehen süß schmeckende Produkte, aus denen sich zwei Hexosen als Osazone isolieren lassen: α- und β-Acrose. FISCHER[23] und TAFEL erhielten die gleichen Produkte, indem sie Barytwasser auf Acroleindibromid wirken ließen:

$$\begin{array}{l} CH_2Br \\ | \\ CHBr \\ | \\ CHO \end{array} + Ba(OH)_2 = \begin{array}{l} CH_2OH \\ | \\ CHOH \\ | \\ CHO \end{array} + BaBr_2$$

2 Mol des gebildeten Glycerinaldehyds gehen unter Aldolkondensation in die genannten Zucker über, von denen die α-Acrose als d,l-Fructose, β-Acrose

als d,l-Sorbose erkannt wurden (E. FISCHER[24, 25], NEUBERG[89], KÜSTER[69], SCHMITZ[121]).

Von der α-Acrose ausgehend, synthetisierte E. FISCHER nach folgendem Schema sowohl die d- und l-Fructose als auch die Mannose und Glucose:

α-Acrose
(d,l-Fructose) — nach Vergärung l-Fructose
↓ Reduktion mit Natriumamalgam
α-Acrit
(d,l-Mannit)
↓ Oxydation mit verdünnter Salpetersäure
d,l-Mannose
↓ Oxydation mit Brom
d,l-Mannonsäure
↓ Fraktionierte Krystallisation der Strychnin- oder Morphinsalze

l-Mannonsäure → (Umlagerung durch Erhitzen mit Chinolin) → d-Mannonsäure

d-Mannonsäure
→ d-Gluconsäure ↓ Reduktion des Lactons → d-Glucose
→ (Reduktion) d-Mannose ↓ durch Phenylhydrazin → d-Glucosazon ↓ Salzsäurespaltung → d-Glucoson ↓ Reduktion → d-Fructose.

Einen schrittweisen Aufbau höherer Zucker aus niederen gestattet die Cyanhydrinreaktion (KILIANI[61, 62]). Die Zucker vermögen nämlich (besonders in Gegenwart von etwas Ammoniak) Blausäure anzulagern:

$$\ldots CH\cdot OH\cdot CHO + HCN = \ldots CH\cdot OH{-}C\begin{cases}H\\OH\\CN\end{cases}$$

Die gebildeten Nitrile (gewöhnlich zwei diastereoisomere Formen) werden durch Alkalien zu Aldonsäuren verseift, die ein C-Atom mehr enthalten, als die Ausgangssubstanz:

$$\ldots CH\cdot OH\cdot CN + 2\,H_2O = CH\cdot OH{-}COOH + NH_3$$

Sie können in Form ihrer Lactone zu Zuckern reduziert werden. So ist man bis zu Sacchariden mit 10 Kohlenstoffatomen gelangt.

Die Möglichkeit, umgekehrt höhere zu niederen Homologen abzubauen, ist durch die Methode von WOHL[148, 149, 150] gegeben. Sie verwandelt die freien Zucker zunächst mit Hydroxylamin in ein Oxim

$$\ldots CH\cdot OH{-}CHO + NH_2OH \rightarrow \ldots CH\cdot OH{-}CH{:}NOH$$

überführt dieses durch Essigsäureanhydrid und Natriumacetat unter Wasserabspaltung in ein acetyliertes Nitril

$$\ldots CH\cdot OH{-}CH{:}NOH = CH\cdot OH{-}CN + H_2O$$

das mit ammoniakalischer Silberoxydlösung behandelt, die Acetylgruppen verliert und die Nitrilgruppe unter Cyansilberbildung abgibt.

Bei Behandlung von Aldonsäuren mit Wasserstoffperoxyd bei Gegenwart eines Ferriacetatkatalysators nach RUFF[111] wird CO_2 abgespalten und die Alkohol- zur Aldehydgruppe oxydiert:

$$\ldots CH \cdot OH{-}CH \cdot O\boxed{H{-}COO\,H + O} = \ldots CH \cdot OH{-}CHO + CO_2 + H_2O$$

Auch durch Elektrolyse oder Belichtung der Carbonsäuren ist nach NEUBERG[98a] ein Abbau möglich.

Über den Zuckerzerfall bei der Gärung s. S. 73.

F. Vorkommen, Darstellung und besondere Eigenschaften der wichtigsten Zucker.

I. Monosaccharide.

1. Der Formaldehyd, HCHO, strenggenommen nicht zu den Zuckern gehörend, wird als erstes Produkt der Kohlensäureassimilation angesprochen und wäre als solches der Grundbaustein aller Kohlenhydrate.

2. Der Glykolaldehyd, $HC_2OH \cdot CHO$, besitzt als erster wirklicher Zucker süßen Geschmack und die Fähigkeit zur Osazonbildung und Aldolkondensation. Er ist in der Natur nicht beobachtet worden.

3. Auch die Kohlenhydrate der C_3- und C_4-Reihe kommen nicht natürlich vor, wohl aber die entsprechenden Alkohole *Glycerin* und i-Erythrit; ersteres ist Bestandteil der tierischen Fette, letzterer wurde in Pilzen und Algen gefunden.

4. *Pentosen* kommen in freiem Zustande nur selten natürlich vor. Weit verbreitet sind dagegen ihre höher molekularen Abkömmlinge von der Bruttoformel $C_5H_8O_4$, ein Mol weniger Wasser enthaltend als die Pentosen $C_5H_{10}O_5$, und deshalb als Pentosenanhydride oder *Pentosane* bezeichnet. Sie sind hervorragend am Aufbau der pflanzlichen Zellmembran beteiligt (S. 44). In glucosidischer Form ist eine Pentose Konstituent der Nucleinsäuren und einiger Disaccharide.

Beim Erhitzen mit Säuren geben die Pentosen 3 Mol Wasser ab und gehen in Furfurol über, dessen Menge sich exakt bestimmen läßt (S. 13). Da Glucuron- und Galakturonsäure ebenfalls unter CO_2-Abspaltung Furfurol liefern, ist in Naturprodukten hierauf zu achten, ebenso auf ω-Oxymethylfurfurol (aus Hexosen stammend), das in geringer Menge entsteht, und Methylfurfurol (aus Methylpentosen). Die Trennung des letzteren vom Furfurol auf Grund verschiedener Alkohollöslichkeit liefert keine exakten Resultate (KLINGSTEDT[64], GIERISCH[35]).

l-Arabinose, $C_5H_{10}O_5$,

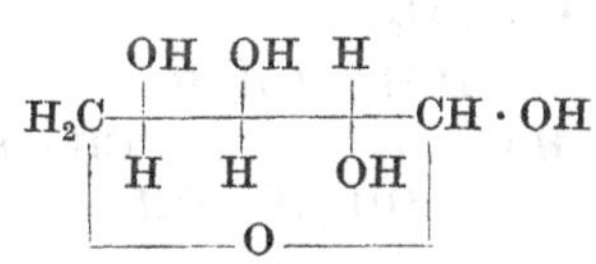

ist in Form von *Arabanen* Bestandteil pflanzlicher Gummen, Schleime und Pektinstoffe; auch kommt sie in Fruchtschalen, Roggen- und Weizenkleie und anderem vor. Sie entsteht hieraus durch Hydrolyse mit verdünnten Säuren (KILIANI[62, 63], TOLLENS[139], HARDING[36]) und krystallisiert in Nadeln oder Prismen vom Schmelzpunkt 164°; $[\alpha]_D = 174°$. Sie liefert ein Phenylosazon vom Schmelzpunkt 166°, ein l-Arabinose-p-Bromphenylhydrazon (E. FISCHER[26]), Schmelzpunkt 165°, und ein auch zur quantitativen Bestimmung geeignetes Diphenylhydrazon, Schmelzpunkt 214° (NEUBERG[90]).

d,l-Arabinose kommt im Harn bei der Pentosurie vor.

d-Xylose, $C_5H_{10}O_5$,

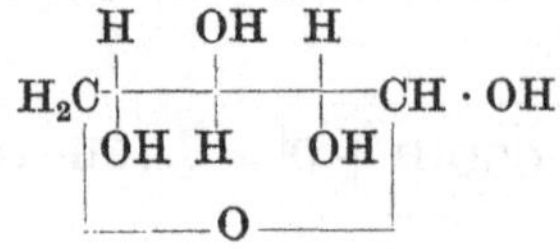

baut die in der Natur sehr verbreiteten *Xylane* auf, die z. B. als Holzgummi aus Hölzern isoliert wurden, in Gramineenhalmen und besonders reichlich in Maiskolben vorkommen, aus denen die Xylose in guter Ausbeute gewonnen werden kann (HUDSON[57], LING[77], HARDING[37]). Nadeln vom Schmelzpunkt 153°, $[\alpha]_D + 92°$. Charakteristisch sind das acetonlösliche (Unterschied von Glucosazon) Phenylosazon, Schmelzpunkt 163°, und das Bromcadmiumdoppelsalz der Xylonsäure.

Erwähnt sei noch die *d-Ribose*,

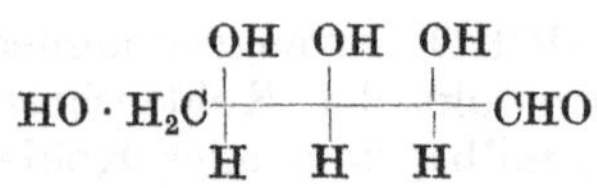

und der dazugehörige Alkohol Adonit.

Von den *Methylpentosen* ist die *l-Rhamnose*, $C_6H_{12}O_5$,

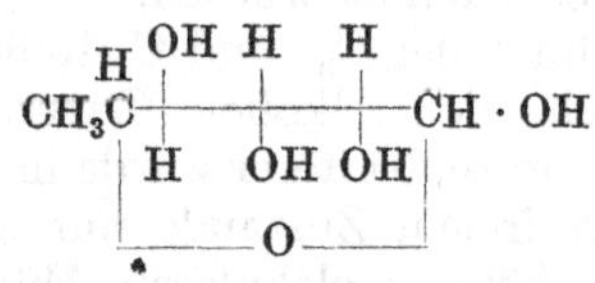

in Form von Glucosiden im Pflanzenreich weit verbreitet, z. B. in Verbindung mit Flavonabkömmlingen im Hesperidin der Apfelsinenschalen im Quercetrin u. a. Aus letzterem kann sie durch Hydrolyse gewonnen werden. Rhamnose krystallisiert in Form eines Monohydrats vom Schmelzpunkt 94° (wasserfrei 122—126°), $[\alpha]_D = -8°$, und liefert ein Phenylosazon vom Schmelzpunkt 182°.

Die *Fucose*, $C_6H_{12}O_5$,

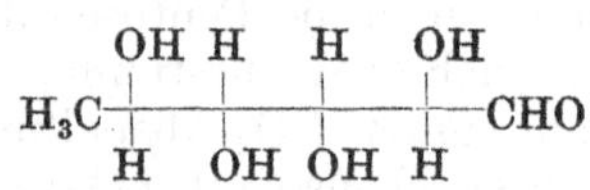

baut das Fucosan der Tange auf. Sie bildet ein schwer lösliches Phenylosazon, $[\alpha]_D$ ist $+ 75°$.

Der optische Antipode $[\alpha]_D = - 75°$ ist die *Rhodeose*.

5. Hexosen. *d-Glucose*, $C_6H_{12}O_6$,

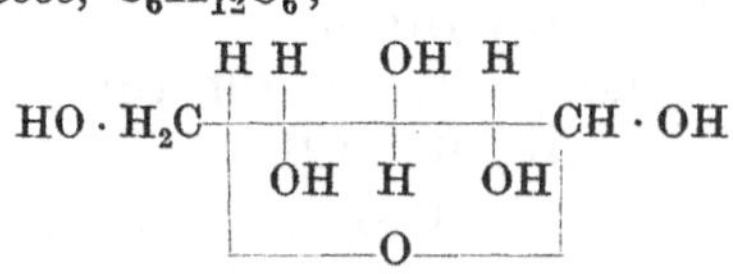

Dextrose, kommt frei als *Traubenzucker* in süßen Früchten, besonders Weintrauben, vor, im Gemisch mit Fructose als Invertzucker in Bienenhonig, außerdem im Blut und pathologischen Harn. Verbreiteter ist sie gebunden in den Disacchariden Rohr- und Milchzucker, in der Raffinose, vielen Glucosiden und Dextranen resp. Glucanen, deren bekannteste Stärke, Cellulose, Glucogen und Lichenin sind (S. 30, 34, 55 und 57).

Glucose wird in großen Mengen aus Stärke gewonnen (Stärkezucker) und ist Handelsprodukt (PAROW[102]).

Aus wäßriger Lösung krystallisiert sie mit 1 Mol Wasser, aus mindestens 70proz. Alkohol wasserfrei in der α-Form mit einem Schmelzpunkt von 146°, $[\alpha]_D + 111°$ (NELSON[86]). β-Glucose läßt sich durch Umkrystallisieren aus Pyridin oder heißem Eisessig erhalten mit einem Schmelzpunkt von 148—150° und $[\alpha]_D + 17{,}5°$. Gewöhnlich liegt die Gleichgewichtsglucose mit $[\alpha]_D + 52{,}5°$ vor.

Die Süßkraft ist halb so stark wie die des Rohrzuckers (TÄUFEL[130]).

Charakteristisch sind das Glucosephenylosazon vom Schmelzpunkt 206 bis 210° und das Diphenylhydrazon.

d-Mannose, $C_6H_{12}O_6$,

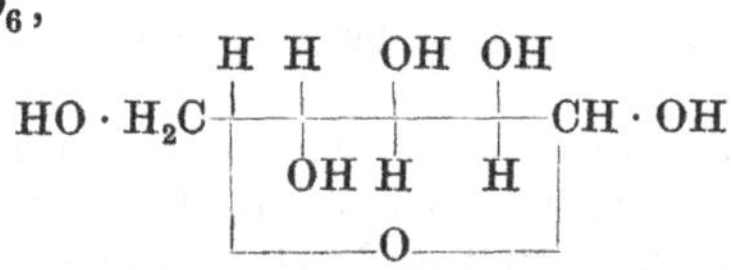

kommt in Form von Mannanen in vielen Zellmembranen harter Samen, von Coniferentracheiden und Knollen (Tubera salep, Hydrosme Rivieri) vor (S. 54). Von FRÄNKEL und JELLINEK[34] erstmalig als Bestandteil des Tierkörpers aufgefunden (siehe auch DISCHE[14]).

Sie läßt sich besonders vorteilhaft durch Hydrolyse von Steinnußspänen gewinnen (REISS[107], E. FISCHER[27], HUDSON[58], HORTON[53], CLARK[11]).

Der Schmelzpunkt ist 132°, $[\alpha]_D = -17°$ für die β-Form (HUDSON[59]). Charakteristisch ist das Phenylhydrazon; es scheidet sich bereits bei gewöhnlicher Temperatur aus der wäßrig-essigsauren Lösung der Komponenten nahezu quantitativ ab und unterscheidet sich hierdurch von den übrigen Hexosehydrazonen. Schmelzpunkt 199—204°, $[\alpha]_D$ in Pyridin $+ 28°$ (HOFFMANN[52]).

d-Galaktose, $C_6H_{12}O_6$,

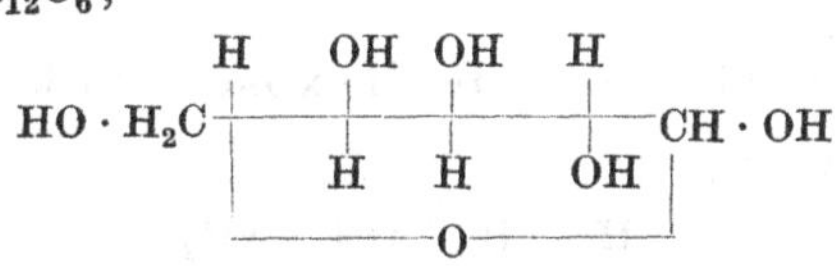

ist Konstituent des Milchzuckers (Lactose), der Raffinose, der Stachyose und einiger Glucoside. Sie bildet die Galaktane und kommt außerdem in Pektinstoffen und den Cerebrosiden des Gehirns vor.

Zur Gewinnung hydrolysiert man Milchzucker nach den Vorschriften von CLARK[12] oder HARDING[38]. Sie krystallisiert leicht, und zwar in der α-Form aus konzentrierter wäßriger Lösung in sechsseitigen Tafeln vom Schmelzpunkt 168° (E. FISCHER[28]) und $[\alpha]_D + 144°$ (HUDSON[59]). Die β-Form gewinnt man aus heißer wäßriger Lösung durch Alkoholzusatz (TANRET[131]) mit $[\alpha]_D + 52°$. Zur Identifizierung können das Methylphenylhydrazon (A. v. ECKENSTEIN u. LOBRY DE BRUYN[14a], NEUBERG[91]), Schmelzpunkt 191°, und das Phenylhydrazon, Schmelzpunkt 186° (E. FISCHER[29], LEVENE[73]), gebraucht werden. Durch Erhitzen mit 25proz. Salpetersäure wird sie zu Schleimsäure oxydiert:

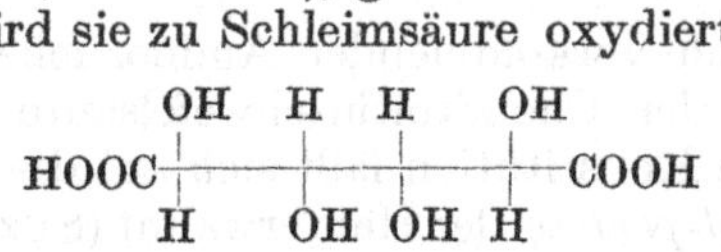

Schmelzpunkt 213°, infolge innerer Kompensation optisch inaktiv, schwer löslich in Salpetersäure und deshalb zur quantitativen Bestimmung geeignet (S. 13).

Die Galaktose wird im Gegensatz zu den Zymohexosen Glucose, Mannose und Fructose nur von einigen Heferassen vergoren, ein Verhalten, das seit langem ebenfalls zur Bestimmung herangezogen wurde.

d-Fructose, $C_6H_{12}O_6$,

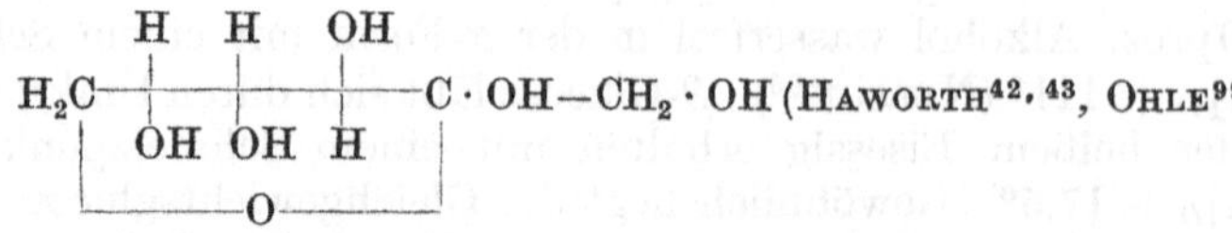

Fruchtzucker, Lävulose findet sich in freiem Zustand in Fruchtsäften neben Traubenzucker. Gebunden ist sie Bestandteil des Rohrzuckers, der Raffinose, Gentianose und Stachyose sowie des Inulins, eines polymeren Kohlenhydrats aus Zichorien- und Dahlienknollen (S. 35). Sie soll hier als γ-Form vorliegen (SCHLUBACH[118]).

Die Gewinnung erfolgt durch Hydrolyse des Inulins oder des Rohrzuckers (HARDING[39]). Sie krystallisiert aus Wasser als Hydrat oder Halbhydrat in der β-Form vom Schmelzpunkt 95—100° und $[\alpha]_D$ —130,8°. Ihre Süßkraft ist größer als die des Rohrzuckers (TÄUFEL[130], SPENGLER[126]).

l-Sorbose, $C_6H_{12}O_6$,

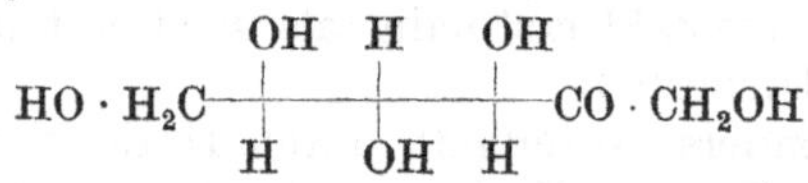

wurde im Vogelbeersaft gefunden, wo sie durch Oxydation des Mannits durch das Sorbosebacterium entsteht. Es hat sich herausgestellt, daß dieses Bacterium nur bei Zuckeralkoholen wirksam sein kann, die das zweiständige Hydroxyl nicht in Antistellung zum dreiständigen tragen. So oxydiert es Glycerin zu Dioxyaceton, Sorbit zu Sorbose, Mannit zu Fructose, während der Dulcit unangegriffen bleibt.

Natürlich vorkommende Hexosen-Abkömmlinge.

Glucosamin, Chitosamin,

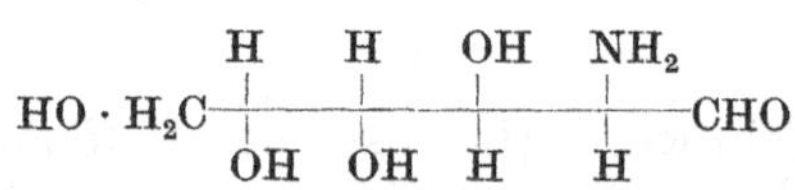

ein Baustein des Chitins der niederen Tiere und der Zellwand vieler Pilze, ist eine Base, die leicht Salzsäure anlagert und ein Chlorhydrat bildet. Sie leitet sich von der Mannose ab. Mit Phenylhydrazin gibt sie beim Erhitzen Glucosazon. Phenylisocyanat, Phenylsenföl und Naphthylisocyanat werden leicht addiert. Diese Produkte können zur Isolierung dienen (STEUDEL[128], NEUBERG, WOLF, NEIMANN[96], NEUBERG und ROSENBERG[97]), ebenso das Pentabenzoat (LEVENE[76]). Die Synthese wurde von E. FISCHER[31] und H. LEUCHS aus d-Arabinosimin durchgeführt. Der Schmelzpunkt des Glucosamins ist 110°, $[\alpha]_D + 48°$.

Ein zweiter natürlich vorkommender Aminozucker ist das *Chondrosamin*, das bei der Hydrolyse der Chondroitinschwefelsäure aus tierischer Knorpelsubstanz entsteht. Seine Konstitution läßt sich auf die Galaktose zurückführen. Ferner sei die *Thiomethyl-pentose* der Hefe erwähnt (SUZUKI[129a], ODAKE u. MORI, LEVENE[70]).

Hexuronsäuren kommen sowohl im Tier- wie Pflanzenorganismus vor. Sie sind leicht an der rotvioletten Naphthoresorcinreaktion (S. 13) (TOLLENS[140], NEUBERG[92]) kenntlich und zerfallen beim Erhitzen mit Säuren in Kohlensäure und eine Pentose, die des weiteren in Furfurol übergeht.

d-Glucuronsäure, $C_6H_{10}O_7$,

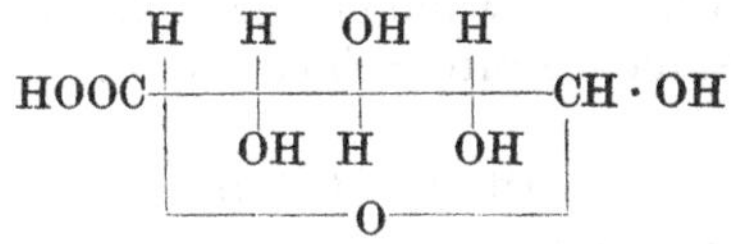

findet sich gebunden im Harn (besonders im pathologischen) als „gepaarte“ Glucuronsäure (MAYER, NEUBERG[81]), ferner im Blut (MAYER[82], STEPP[127]) und Chondrosin (LEVENE[74]). Weit verbreitet ist sie nach neueren Feststellungen auch im Pflanzenreich (R. KOBERT[65], TSCHIRCH und CEDERBERG[66a], SMOLENSKY[66b], ZEISEL[156], SCHWALBE[123], EHRLICH[15], E. SCHMIDT[120]), WEINMANN (s. S. 36), wo sie in Gummen und Schleimen vorkommt und vielleicht die Primärlamelle vieler Zellmembranen bildet (LÜDTKE[80]). Die freie Säure ist erst jüngst erhalten (EHRLICH[15]). Leichter entsteht ihr Lacton, das Glucuron (3,6-Anhydrid). Sie reduziert FEHLINGsche Lösung schon in der Kälte. Durch biologische Decarboxylierung geht sie in d-Xylose über.

Besondere Bedeutung gewinnt sie durch die Fähigkeit, für den Organismus giftige Stoffe zu binden und so unschädlich zu machen. So werden z. B. Phenol und Chloral als Phenolglucuronsäure bzw. Urochloralsäure im Harn ausgeschieden.

d-Galakturonsäure, $C_6H_{10}O_7$,

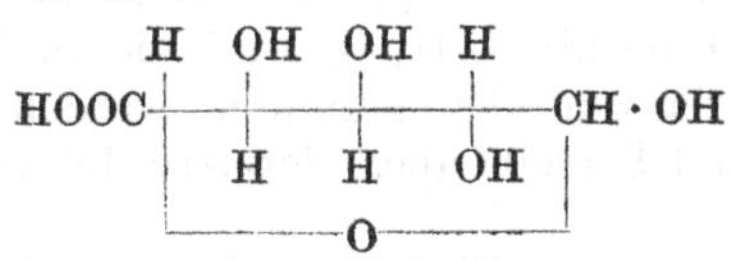

ist nach M. L. SUAREZ[129] sowie nach den grundlegenden Befunden von F. EHRLICH[16] ein charakteristischer Baustein der Pektinsubstanzen, aus denen sie durch Hydrolyse gewonnen werden kann. Sie gibt die Naphthoresorcinreaktion, spaltet beim Erhitzen mit Salzsäure CO_2 ab und geht gleich der Galaktose bei der Oxydation mit Salpetersäure in Schleimsäure über, als welche sie auch bestimmt werden kann.

Nachstehende *Zuckeralkohole* wurden in der Natur gefunden; sie haben süßen Geschmack und bilden oft charakteristische Verbindungen mit Benzaldehyd.

Adonit,

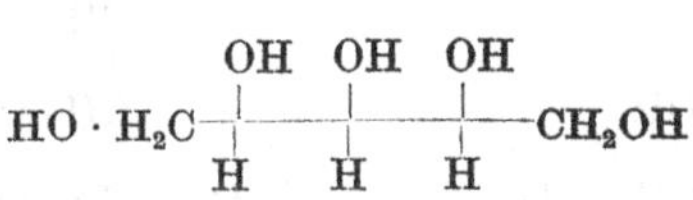

kommt in Adonis Vernalis vor, Schmelzpunkt 102°, ist auch aus Ribose durch Reduktion zu erhalten und infolge innerer Kompensation optisch inaktiv. Bildet ein Dibenzalderivat.

d-Mannit,

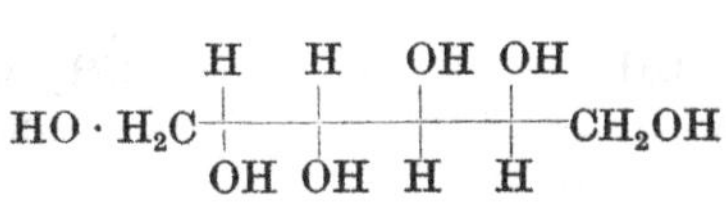

sehr verbreitet im Pflanzenreich, in den verschiedenen Mannaarten, in Pilzen, Fucusarten, in vielen Blättern, auch im Roggenbrot. Läßt sich durch Reduktion von Mannose und Fructose mit Natriumamalgam erhalten. Krystallisiert aus Wasser in rhombischen Prismen, Schmelzpunkt 165°, und siedet unter 1 mm Druck bei 276—280°.

d-Sorbit,

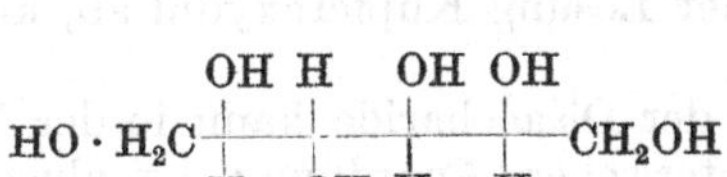

kommt im Saft der Vogelbeeren und anderer Früchte vor. Er wird durch das Sorbosebacterium in d-Sorbose verwandelt. Schmilzt wasserfrei bei 110°. Liefert bei der Oxydation mit Salpetersäure Schleimsäure.

d-Idit,

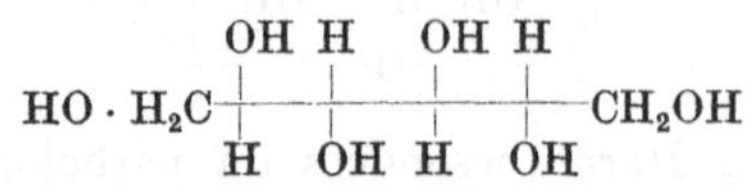

findet sich ebenfalls im Saft der Vogelbeeren, wird aber im Gegensatz zum Sorbit nicht durch Bacterium xylinum oxydiert. Schmelzpunkt 73°.

Dulcit,

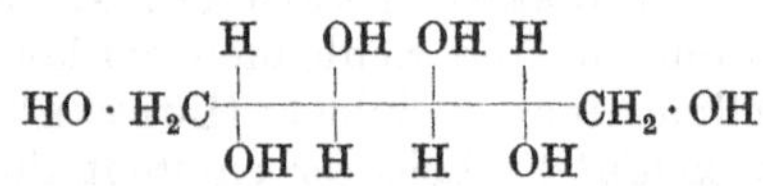

läßt sich leicht aus der Manna von Madagaskar gewinnen, die großenteils daraus besteht. Ist im Cambialsaft und der Rinde von Evonymus europäus und anderen Pflanzen enthalten. Entsteht durch Reduktion der beiden optisch entgegengesetzten Galaktosen, krystallisiert in monoklinen Säulen vom Schmelzpunkt 188,5°, inaktiv.

Von den Zuckern der *7-Kohlenstoffreihe* seien die natürlich vorkommende Manno-keto-heptose (La Forge[32]) $C_7H_{14}O_7$ und die Sedo-heptose (La Forge[33]) genannt, die beide in Pflanzenteilen gefunden werden. Erstere geht bei der Reduktion in den Alkohol Perseit über, letztere bildet den Alkohol Volemit.

II. Disaccharide.

In den *Disacchariden* sind zwei Monosen unter Verlust 1 Mol Wassers zusammengetreten. Die Bindung erfolgt durch eine Sauerstoffbrücke: ...C-O-C... Diese verläuft entweder zwischen den beiden Glucosidgruppen (Glucosido-glucosid, Trehalosetyp I) oder zwischen einer Glucosido- und einer Alkoholgruppe: Glucosido-glucose, Maltosetyp II. Die dritte Möglichkeit, Bindung zweier Alkoholgruppen, ist vorläufig nur theoretisch zu berücksichtigen.

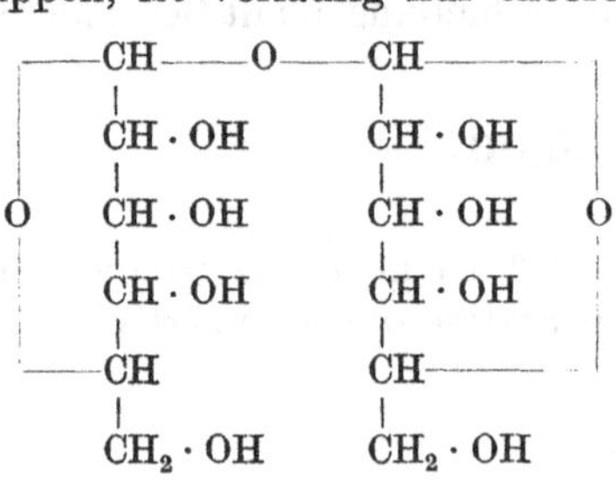

Glucosido-glucosid
Trehalosetyp
I

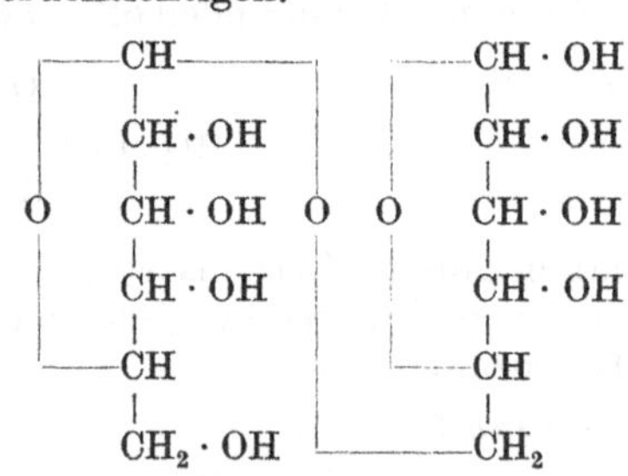

Glucosido-glucose
Maltosetyp
II

Der Trehalosetyp kann nicht als Oxoverbindung reagieren; er reduziert nicht Fehlingsche Lösung, läßt sich dagegen veräthern und verestern. Der Maltosetyp liefert Hydrazone und Osazone (falls neben dem 1- auch das 2-Kohlenstoffatom des Glucoserestes frei ist), kann Glucosidifizierung und Alkoholreduktion erleiden, scheidet aus Fehlingscher Lösung Kupferoxydul ab, kurz gibt alle Reaktionen der Aldosen.

Die Verschiedenheit der Disaccharide kann in der Natur der Komponenten begründet sein, in der sterischen Anordnung der glucosidischen Bindung und beim Maltosetyp auch in der Lage der Sauerstoffbrücke, wozu noch die Ringspannweite der einzelnen Lactolformeln kommt, da diese im Disaccharid nicht dieselbe zu sein braucht, wie in den einzelnen freien Zuckern.

Die Hydrolyse durch Säuren wird als Inversion bezeichnet (siehe unter Rohrzucker); sie verläuft verschieden schnell in der Reihenfolge Trehalose, Maltose, Rohrzucker. Letzterer wird gegen tausendmal schneller gespalten als der Malzzucker, was auf am-Struktur zurückgeführt wird. Die Hydrolyse durch Enzyme fällt durch ausgeprägte Spezifität auf.

Bei der Ermittlung der Konstitution ist in der Maltosegruppe 1. festzustellen, welcher Konstituent reduzierend wirksam ist, und 2., welches Kohlenstoffatom des Glucoserestes die Sauerstoffbrücke trägt. Die erste Frage läßt sich durch Veränderung der Aldehydgruppe, Spaltung und Identifizierung der Bruchstücke beantworten. Der zweite Punkt kann nach dem Vorgang der englischen Forscher IRVINE, HAWORTH und Mitarbeiter durch vollständige Methylierung, saure Verseifung und Ermittlung der Lage der freien Hydroxyle in den Spaltzuckern geklärt werden. Denn bei der Hydrolyse bildet der Glucosidrest einen vierfach methylierten, der Glucoserest infolge gleichzeitiger Abspaltung der gegen Säuren empfindlichen Methylgruppe am 1-Kohlenstoffatom einen dreifach methylierten Zucker. Diesen gilt es in seiner Konstitution aufzuklären, was in allerdings nicht ganz einfacher Weise in vielen Fällen erreicht worden ist, wie am Beispiel der Cellobiose (siehe unten) gezeigt werden wird.

ZEMPLÉN[152] hat eine andere Methode angegeben, die unter Verwendung des WOHLschen Verfahrens den Abbau der reduzierenden Komponente so lange fortsetzt, bis diese kein Osazon zu bilden mehr imstande ist, also Aldehydgruppe und Haftstelle des Glucosidorestes benachbart sind (siehe aber CHARLTON[10], HAWORTH und HICKINBOTTOM).

a) *Maltose*, $C_{12}H_{22}O_{11}$, α-4-Glucosido⟨1,5⟩-glucose⟨1,5⟩

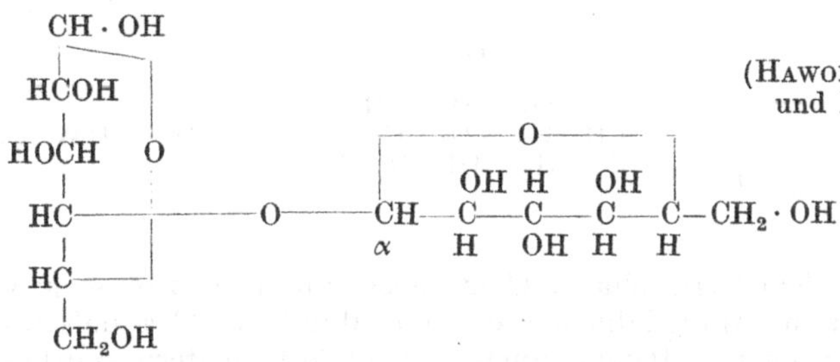

(HAWORTH[41a, 42a] und Mitarbeiter)

entsteht durch Verzuckerung der Stärke durch pflanzliche oder tierische Amylase, worauf auch ihre Gewinnung beruht (Einwirkung von Gerstenmalzauszug). Sie krystallisiert in der β-Form mit Krystallwasser, ist leicht löslich in Alkohol und Methanol und bildet ein Phenylosazon, Schmelzpunkt 206° (E. FISCHER[30]).

b) *Cellobiose*, $C_{12}H_{22}O_{11}$, β-4-Glucosido⟨1,5⟩-glucose⟨1,5⟩.

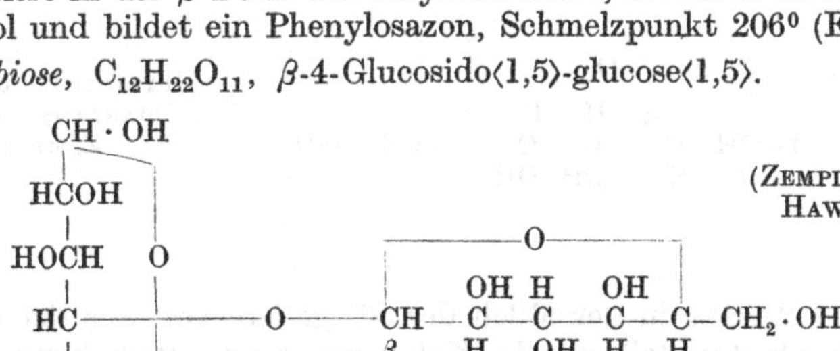

(ZEMPLÉN[152], HAWORTH[43a])

Man erhält sie durch acetolytischen Abbau (Einwirkung von Essigsäureanhydrid und Schwefelsäure, wobei Hydrolyse unter gleichzeitiger Aufnahme von Acetylgruppen erfolgt) von Cellulose oder Lichenin als β-Octacetat, das verseift wird. Ob sie im Ausgangsmaterial vorgebildet ist oder erst sekundär entsteht, kann mit Sicherheit nicht gesagt werden; die Meinungen schwanken (OST[100], HESS[51], K. H. MEYER[83]).

Cellobiose geht mit Dimethylsulfat und Alkali in Octamethylcellobiose über, die mit 5proz. Salzsäure hydrolysiert Tetra- und Trimethylglucose liefert (S. 17). Die Konstitution der letzteren ergibt sich aus folgenden Überlegungen:

1. Sie liefert kein Phenylosazon (DENHAM[13]), muß also am 2-Kohlenstoffatom besetzt sein.

2. Durch Oxydation mit Salpetersäure bildet sich eine Dimethylzuckersäure (IRVINE[60]); die verlorengegangene Methylgruppe muß also am C_6-Atom gestanden haben und der Oxydation anheimgefallen sein.

3. HAWORTH[41] und LEITCH hatten denselben Trimethylzucker aus Milchzucker (Galaktosidoglucose) erhalten. Dieser war von RUFF[110] und OLLENDORF durch Abspalten der Aldehydgruppe in eine Galaktosidoarabinose umgewandelt worden, die ein Osazon gab. Hieraus ist zu folgern, daß das Hydroxyl am C_2-Atom des Arabinoserestes, das dem des C_3-Atoms vom Glucoserest des Milchzuckers entspricht, nicht besetzt ist. Der Glucoseteil der methylierten Cellobiose ist also als eine 2,3,6-Trimethylglucose anzusprechen.

Cellobiose ist ein krystallinisches Pulver, Schmelzpunkt 225°, $[\alpha]_D + 16°$ (HUDSON[59]), schwer wasserlöslich, kaum süß (OST[101]); sie bildet ein Osazon vom Schmelzpunkt 198° (SKRAUP und KÖNIG[125]).

c) *Gentiobiose*, $C_{12}H_{22}O_{11}$, 6-β-Glucosido⟨1,5⟩-glucose⟨1,5⟩

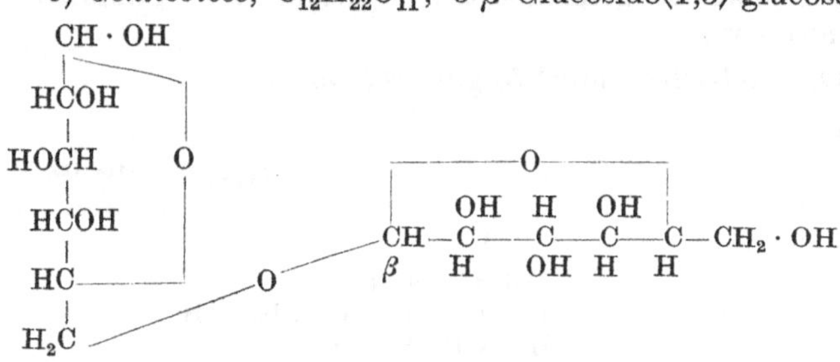

(HAWORTH[44] u. WYLAM)

läßt sich aus dem Trisaccharid Gentianose durch Hydrolyse gewinnen (BOURQUELOT[8]). Ist im Amygdalin der bitteren Mandeln (l-Mandelsäurenitrilgucosid) enthalten. Wurde von HELFERICH[46, 47] und Mitarbeitern synthetisiert.

d) *Milchzucker, Lactose*, $C_{12}H_{22}O_{11}$, 4-β-Galaktosido⟨1,5⟩-glucose⟨1,5⟩

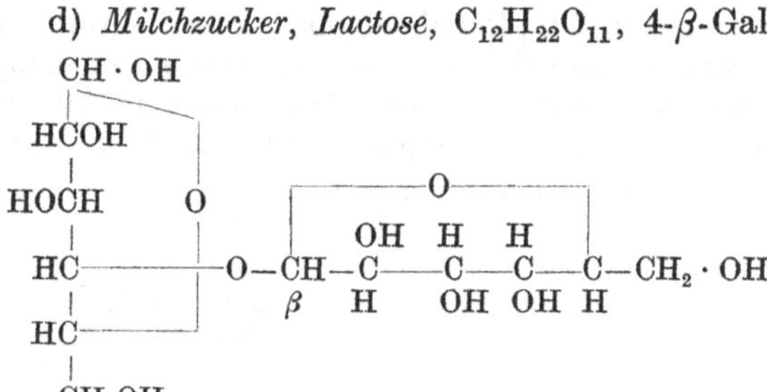

(HAWORTH[41] und LEITCH, CHARLTON und PEAT[9], ZEMPLÉN[153]).

Kommt zu 2—8% in der Milch der Säugetiere vor, aus der er nach Entfernung der Käsebestandteile aus der Molke gewonnen werden kann (AUFSBERG[2]). Die Süßkraft ist gering. Er bildet ein Phenylosazon, Lactosazon, Schmelzpunkt 200° (E. FISCHER[30]).

Melibiose, eine Galaktosido-glucose ist Bestandteil des Trisaccharids Raffinose (Scheibler und Mittelmeier[114, 115], Charlton[10], Zemplén[154], Levene[75], Helferich[48a]).

e) *Rohrzucker, Saccharose*, $C_{12}H_{22}O_{11}$, α-Glucosido⟨1,5⟩-β-fructosid⟨2,5⟩

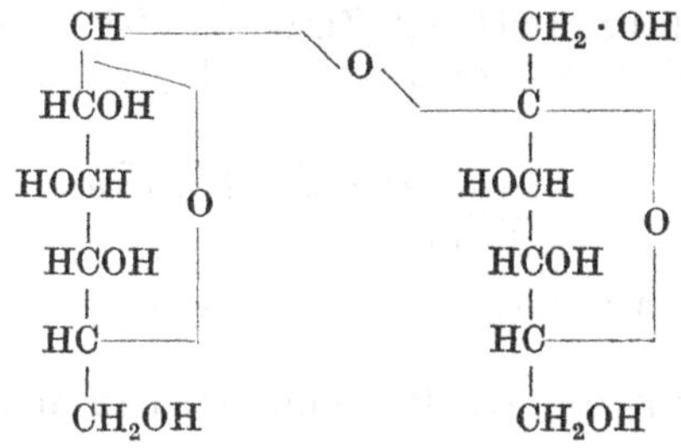

(Haworth[43, 44a, 2a] u. Mitarbeiter)

fabrikmäßig aus dem Saft der Zuckerrübe und des Zuckerrohrs gewonnen, krystallisiert in monoklinen Krystallen, Schmelzpunkt 160—165°, $[\alpha]_D + 66{,}5°$; löst sich bei 0° zu 64,2%, bei 100° zu 83% in Wasser. Wurde zuerst von Neuberg[98] als Spaltungsprodukt eines höheren Zuckers, der Raffinose, isoliert. Bei der Hydrolyse wird der Drehungssinn negativ, da Fructose stärker links dreht als Glucose rechts. Daher die Bezeichnung Invertzucker für das Gemisch.

Von Bedeutung sind die *Saccharate*, Verbindungen mit Basen, besonders der Erdalkalien Calcium (Tricalciumsaccharat $C_{12}H_{22}O_{11} \cdot 3CaO + 3H_2O$) und Strontium (Distrontiumsaccharat $C_{12}H_{22}O_{11} \cdot 2SrO$), die in Wasser schwer löslich zur Entzuckerung der Melasse dienen.

Eine *Synthese des Rohrzuckers* wird von Pictet[103, 103a] und Vogel angegeben.

Die Turanose, 6-Glucosido⟨1,5⟩fructose⟨2,5⟩ ist ein reduzierendes fructosehaltiges Disaccharid (Zemplén[155a], Leitch[69a]). Siehe auch unter Melezitose.

Die seltenen Disaccharide Primverose 6-Xylosidoglucose und Vicianose, 6-β-l-Arabinosido-d-glucose, wurden kürzlich von Helferich[48, 49] und Mitarbeitern synthetisch hergestellt.

Trehalose, Glucosido⟨1,5⟩-glucosid⟨1,5⟩. Findet sich im Mutterkorn (Mitscherlich[84]) und der *Trehala Manna* (Berthelot[4]) sowie in der Hefe (Koch, Robison). Bildet ein Dihydrat vom Schmelzpunkt 97° (Schukow[122]).

III. Tri- und Tetrasaccharide.

Das verbreitetste Trisaccharid ist die *Raffinose*. Sie kommt in Zuckerrübensaft und Baumwollsamen vor, woraus sie auch gewonnen wird. Krystallisiert als Pentahydrat vom Schmelzpunkt 118° und $[\alpha]_D + 104°$ und hat keine Reduktionskraft.

Die Aufspaltung ergab Rohrzucker und Galaktose (Neuberg[98]) oder Melibiose und Fruchtzucker (Scheibler und Mittelmeier[114, 115],

Rohrzucker
Galaktose—Glucose—Fructose
Melibiose

so daß sie als Galaktosido⟨1,5⟩-glucosido⟨1,5⟩-fructosid⟨2,5⟩ anzusprechen ist (Charlton[10]).

Die *Melezitose*, ebenfalls ohne Reduktionswirkung, in verschiedenen Mannaarten gefunden, bildet unter der Einwirkung hydrolysierender Agenzien Turanose und Glucose oder Rohrzucker und Glucose, wonach folgende Anordnung anzunehmen ist:

Rohrzucker
Glucose—Fructose—Glucose (KUHN[68] und v. GRUNDHERR.)
Turanose

Eine genaue Strukturformel hat ZEMPLÉN[155, 155a] angegeben.

Gentianose, ebenfalls nicht reduzierend, $C_{18}H_{32}O_{16}$, hat die Zusammensetzung:

Rohrzucker
Glucose—Glucose—Fructose
Gentiobiose

und wird durch Invertase oder verdünnte Säure in Gentiobiose und Fruchtzucker gespalten.

Rhamninose (TANRET[132]) aus Rhamnusarten (2 Mol Rhamnose und 2 Mol Galaktose),

Manninotriose (TANRET[133]) aus Eschenmanna (2 Mol Galaktose und 1 Mol Glucose),

Amylotriose (LING[78], PRINGSHEIM[106]) aus Stärke sind reduzierende Trisaccharide.

Als *Tetrasaccharid* sei die *Stachyose* genannt, die aus Stachysarten, Bohnen und Lupinensamen isoliert wurde (v. PLANTA[105], NEUBERG[93], TANRET[134]). Bei der Hydrolyse zerfällt sie in 2 Mol Galaktose und je 1 Mol Glucose und Fructose. Unter besonders milden Bedingungen konnte man Rohrzucker und Manninotriose erhalten, so daß sich als Aufbauschema ergibt:

Rohrzucker
Galaktosido—galaktosido—glucosido—fructosid
Manninotriose

Literatur zum Kapitel: Zucker.

(*1*) AUERBACH, R., u. E. BODLÄNDER: Z. angew. Chem. **36**, 602 (1923). — (*2*) AUFSBERG: Chemiker-Ztg **34**, 885 (1910). — (*2a*) AVERY, HAWORTH u. HIRST: Journ. Chem. Soc. **1927, 2308**.

(*3*) BANG, J.: Biochem. Z. **2**, 271 (1906). — (*4*) BERTHELOT: An. Chim. **55**, 272, 291 (1859). — (*5*) BERTRAND, G.: Bl. [3] **5.** 546, 554 (1891). — (*6*) [4] 35, 1285 (1906). — (*7*) BÖESEKEN u. COUVERT: R. **40**, 354 (1921). — (*8*) BOURQUELOT u. HÉRISSEY: An. Chim. [7] **27**, 397 (1902).

(*9*) CHARLTON, HAWORTH u. PEAT: Soc. **1926**, 89. — (*10*) CHARLTON, HAWORTH u. HICKINBOTTOM: Soc. **1927**, 1527. — (*11*) CLARK: J. of biol. Chem. **57**, 1 (1922). — (*12*) Ders.: Ebenda **47**, 1 (1921).

(*13*) DENHAM, W. S., u. H. WOODHOUSE: Soc. **1917, 111,** 244. — (*14*) DISCHE, Z.: Biochem. Z. **201**, 74 (1928).

(*14a*) ECKENSTEIN, A. v. u. LOBRY DE BRUYN: Rec. **15.** 97. 225 (1896). — (*15*) EHRLICH, F., u. REHORST: B. **58**, 1989 (1925). — (*16*) EHRLICH, F.: Chemiker-Ztg **41**, 197 (1917). — (*17*) ELLET, W. B.: Dissert., Göttingen 1904.

(*18*) FISCHER, E.: B. **23**, 371, 2132 (1890). — (*19*) B. **21**, 1805, 2531 (1888). — (*20*) B. **22**, 87 (1889). — (*21*) B. **44**, 1898 (1911). — (*22*) FISCHER, E., u. FREUNDENBERG: B. **45**, 915 (1912). — (*23*) FISCHER, E., u. TAFEL: B. **20**, 1093, 2566 (1887). — (*24*) FISCHER, E.: B. **21**, 989 (1888). — (*25*) FISCHER, E., u. PASSMORE: B. **22**, 359 (1889). — (*26*) FISCHER, E.: B. **27**, 2490 (1894). — (*27*) FISCHER, E., u. HIRSCHBERGER: B. **22**, 3218 (1889). — (*28*) FISCHER, E., u. PILOTY: B. **23**, 3102 (1890). — (*29*) FISCHER, E.: B. **41**, 73 (1908). — (*30*) B. **20**, 831 (1887). — (*31*) FISCHER, E., u. H. LEUCHS: B. **36**, 24 (1903). — (*32*) LA FORGE: J. of biol. Chem. **28**, 511 (1917). — (*33*) LA FORGE u. HUDSON: Ebenda **30**, 61 (1917). — (*34*) FRÄNKEL u. C. JELLINEK: Biochem. Z. **185**, 392 (1928). — (*34a*) FREUDENBERG, K. u. BRAUNS: B. **55.** 1339 (1922).

(*35*) GIERISCH, W.: Cellulosechemie **6**, 68 (1925).

(*36*) HARDING: Sugar **24**, 656 (1922); C. **1923 IV**, 833. — (*37*) Ebenda **25**, 124 (1923). — (*38*) Ebenda **25**, 175 (1923); C. **1923 IV**, 1008. — (*39*) Amer. Soc. **44**,

1765 (1922). — (*40*) HÄGGLUND u. ROSENQUIST: Biochem. Z. **179**, 376 (1926). — (*41*) HAWORTH, W. N., u. G. C. LEITCH: Soc. **1918**, **115**, 191. — (*41a*) HAWORTH u. PEAT: Ebenda **1926**, 3094. — (*42*) HAWORTH, W. N., u. HIRST: Ebenda **1926**, 1858. — (*42a*) HAWORTH, LOACH u. LONG: Ebenda **1927**, 3146. — (*43*) HAWORTH, W. N., HIRST u. LEARNER: Ebenda **1927**, 1040. — (*43a*) HAWORTH, LONG u. PLANT: Ebenda **1927**, 2809. — (*44*) HAWORTH, W. N., u. WYLAM: Ebenda **1923**, **123**, 3120. — (*44a*) HAWORTH, HIRST u. NICHOLSON: Ebenda **1927**, 1513. — (*45*) HELFERICH, B., u. FRIES: B. **58**, 1246 (1925). — (*46*) HELFERICH, B., K. BÄUERLEIN u. FR. WIEGAND: A. **447**, 27 (1926). — (*47*) HELFERICH, B., u. W. KLEIN: A. **450**, 219 (1926). — (*48*) HELFERICH, B., u. H. RAUCH: A. **455**, 168 (1927). – (*48a*) B. **59**, 2655 (1926). – (*49*) HELFERICH, B.: Z. angew. Chem. **41**, 874 (1928). — (*50*) HERZFELD: B. **28**, 442 (1895). — (*51*) HESS, K.: Die Chemie der Cellulose S. 494. Leipzig 1928. — (*52*) HOFFMANN: A. **366**, 286 (1909). — (*53*) HORTON: Ind. Chem. **13**, 1040 (1921). — (*54*) HUDSON: Amer. Soc. **31**, 66 (1909). — (*55*) Ders.: Ebenda **46**, 462 (1924). — (*56*) HUDSON u. PHELPS: Ebenda **46**, 2591 (1924). — (*57*) HUDSON u. HARDING: Ebenda **40**, 1601 (1918). — (*58*) HUDSON u. SAWYER: Ebenda **34**, 470 (1917). — (*59*) HUDSON u. YANOWSKI: Ebenda **39**, 1013 (1917).

(*60*) IRVINE, J. C., u. G. L. HIRST: Soc. **121**, 1213 (1917).

(*61*) KILIANI: B. **18**, 3066 (1885). — (*62*) B. **19**, 3033 (1886). — (*63*) KILIANI u. KÖHLER: B. **37**, 1204 (1904). — (*64*) KLINGSTEDT, F. W.: Z. anal. Chem. **66**, 129 (1925). — (*65*) KOBERT, R.: Schmidts Jb. **185**, 113 (1880). — (*66*) KRÖBER, E.: J. Landw. **48**, 357 (1900). — (*66 a* u. *66 b*) Lit. s. bei NEUBERG, C., „Der Harn" **1911**, **447**. — (*67*) KUHN, R., u. R. HECKSCHER: H. **160**, 132 (1926). — (*68*) KUHN, R., u. v. GRUNDHERR: B. **59**, 1655 (1926). — (*69*) KÜSTER u. SCHODER: H. **141**, 110 (1924). — (*69b*) KITASATO, T., u. C. NEUBERG: Biochem. Z. **207**, 230 (1929).

(*69a*) LEITCH, Journ. chem. Soc. **1927**, 588. — (*70*) LEVENE u. SOBOTKA: J. of biol. Chem. **65**, 551 (1925). — (*71*) LEVENE u. SIMMS: Ebenda **65**, 31 (1925). — (*72*) LEVENE u. MEYER: Ebenda **69**, 176 (1926). — (*73*) LEVENE u. LA FORGE: Ebenda **20**, 429 (1915). — (*74*) Ebenda **15**, 155 (1913). — (*75*) LEVENE u. WINTERSTEIN: Ebenda **75**, 315 (1927). — (*76*) LEVENE: Ebenda **26**, 159 (1916). — (*77*) LING u. NANJI: Soc. **123**, 620 (1923). — (*78*) Ebenda **123**, 2666 (1923). — (*79*) LÜDTKE, M.: A. **456**, 219 (1927). — (*80*) A. **466**, 27 (1928).

(*81*) MAYER, P., u. C. NEUBERG: H. **24**, 256 (1900). — (*82*) MAYER, P.: H. **32**, 518 (1901). — (*83*) MEYER, K. H., u. H. MARK: B. **61**, 611 (1928). — (*84*) MITSCHERLICH: J. pr. Chem. **73**, 65 (1858). — (*85*) MOLISCH: Mh. Chem. **7**, 198 (1886); v. UDRÁNSZKY: H. **12**, 358, 5 (1888).

(*86*) NELSON u. BEAGLE: Amer. Soc. **41**, 559 (1919). — (*87*) NEUBERG, C., u. M. KOBEL: Z. angew. Chem. **38**, 761 (1925). — (*88*) NEUBERG, C., u. S. SANEYOSHI: Biochem. Z. **36**, 56 (1911). — (*89*) NEUBERG, C.: B. **35**, 2631 (1902). — (*90*) B. **33**, 2254 (1900). — (*91*) Biochem. Z. **3**, 519 (1907). — (*92*) NEUBERG, C., u. MANDEL: Ebenda **13**, 148 (1908). — (*93*) NEUBERG, C., u. LACHMANN: Ebenda **24**, 173 (1910). — (*94*) NEUBERG, C.: H. **31**, 564 (1901). — (*95*) NEUBERG, C., u. M. KOBEL: Biochem. Z. **203**, 452 (1928). — (*96*) NEUBERG, C., H. WOLF u. W. NEIMANN: Ber. **35**, 4009 (1902). — (*97*) NEUBERG, C., u. E. ROSENBERG: Biochem. Z. **5**, 456 (1907). — (*98*) NEUBERG, C.: Ebenda **7**, 519 (1907). — (*98a*) Ebenda **7**, 527 (1908); **27**, 327 (1910); **13**, 305 (1908); **29**, 279 (1910).

(*99*) OHLE, H.: B. **60**, 1168 (1927). — (*100*) OST: A. **398**, 332 (1913). — (*101*) Chemiker-Ztg **19**, 1784, 1829 (1895).

(*102*) PAROW, E.: Handbuch der Stärkefabrikation, 2. Aufl. Berlin 1928. — (*103*) PICTET u. VOGEL: Helvet. **11**, 436 (1928). — (*103a*) B. **62**. 1418 (1929). — (*104*) PINOFF, E.: B. **38**, 3308 (1905). — (*105*) PLANTA, A. v., u. SCHULZE: B. **23**, 1692 (1890); B. **24**, 2705 (1891). — (*106*) PRINGSHEIM: B. **57**, 1581 (1924).

(*107*) REISS, R.: B. **22**, 609 (1889). — (*108*) ROSENTHALER, L.: Anal. Chem. **48**, 169 (1909). — (*109*) RUFF u. OLLENDORF: B. **32**, 3234 (1899). — (*110*) B. **33**, 1798 (1900). — (*111*) RUFF: B. **31**, 1573 (1898); **32**, 550, 3672 (1899); **34**, 1362 (1901).

(*112*) SALKOWSKI, E., u. C. NEUBERG: H. **37**, 464 (1903). — (*113*) SCHIFF, H.: B. **20**, 540 (1887). — (*114*) SCHEIBLER u. MITTELMEIER: Ber. **22**, 1678 (1889). — (*115*) Ebenda **23**, 1438 (1890). — (*116*) SCHLUBACH u. RAUCHALLES: B. **58**, 1842 (1925). — (*117*) SCHLUBACH: B. **59**, 840 (1926). — (*118*) B. **61**, 2358 (1928). — (*119*) SCHMIDT, E., F. TREFZ u. H. SCHNEGG: B. **59**, 2635 (1926). — (*120*) SCHMIDT, E., R. MEINEL u. E. ZINTL: B. **60**, 503 (1927). — (*121*) SCHMITZ: B. **46**, 2327 (1913). — (*122*) SCHUKOW: C. **1900**, 11, 948. — (*123*) SCHWALBE, C. G., u. G. A. FELDTMANN: B. **58**, 1534 (1925). — (*124*) SELIWANOFF, TH.: B. **20**, 181 (1887). — (*125*) SKRAUP u. KÖNIG: Monatsh. f. Chem. **22**, 1021 (1901). — (*126*) SPENGLER u. TRAEGEL: Z. Zuckerind. **77**, 1 (1927). — (*127*) STEPP: H. **107**, 264 1919). — (*128*) STEUDEL, H.: H. **34**, 353 (1902). — (*129*) SUAREZ, M. L.: Chemiker-Ztg, **41**, 87 (1917). — (*129a*) SUZUKI, N., S. ODAKE, T. MORI: Biochem. Z. **154**, 278 (1924).

(*130*) TÄUFEL: Biochem. Z. **165**, 96 (1925). — (*131*) TANRET: Bull. Soc. Chim. [3] **15**, 5, 195, 337 (1896). — (*132*) Ebenda **21**, 1065, 1073 (1899). — (*133*) Ebenda **279**, 47

(1902). — (134) Ebenda 29, 888 (1903). — (135) Tollens u. Wheeler: A. 254, 329 (1889). — (136) Tollens, B.: Ber. 29, 1202 (1896). — (137) Tollens, B., u. Lefèvre: Ebenda 40, 4513 (1907). — (138) Tollens, B., u. W. H. Kent: A. 227, 227 (1885). — (139) Tollens, B., u. R. Gans: A. 249, 217 (1888); B. 21, 2148 (1888). — (140) Tollens, B., Handbuch der Kohlenhydrate, 3. Aufl., S. 108. 1914. — (141) Tollens, B., u. Rorive: B. 41, 1783 (1908). — (142) Tollens, B., u. Allen: A. 260, 305 (1890). — (143) Tollens, B., u. W. B. Ellet: Z. Rüb. 42, 19 (1905).

(144) Wieland, H.: Die Hydrazine, S. 129. Stuttgart 1913. — (145) Willstätter, R., u. G. Schudel: B. 51, 780 (1918). — (146) Wohl u. Momber: B. 50, 455 (1917). (147) Wohl u. Freudenberg: B. 56, 309 (1923). — (148) Wohl: B. 26, 770 (1893). — (149) B. 30, 3101 (1897). — (150) B. 32, 3666 (1899). — (151) Wohlgemuth, J.: H. 35, 568 (1902).

(152) Zemplén, G.: B. 59, 1254 (1926). — (153) B. 59, 2402 (1926). — (154) B. 60, 923 (1927). — (155) Zemplén, G., u. Braun: B. 59, 2230 (1926). — (155a) Zemplén: Ebenda 59, 2539 (1926). — (156) Zeisel, S., u. A. v. Konschegg in J. v. Wiesner: Die Rohstoffe des Pflanzenreiches 1, S. 67. Leipzig 1921.

b. Stickstoffreie Extraktstoffe.

Von Dr. Max Lüdtke.

Unter diesen Begriff fallen alle jene Stoffe, die außer Wasser, Fett, Protein, „Rohfaser“ und Mineralstoffen in Futtermitteln vorkommen.

Die stickstoffreien Extraktstoffe setzen sich also chemisch aus sehr verschiedenartigen Substanzen zusammen. Besonders sind es die im vorigen Kapitel beschriebenen Zucker nebst ihren Derivaten, einige der polymeren Kohlenhydrate, wie die zum Zellinhalt gehörenden Polysaccharide Stärke, Inulin und Glucogen, während von den die Zellmembran aufbauenden nur einige, und diese auch nur teilweise, analytisch als stickstoffreie Extraktstoffe erfaßt werden. Wir haben sie deshalb im nächsten Kapitel, das den Substanzen der Zellmembran gewidmet ist, behandelt. Ferner fallen hierunter die Pflanzenschleime und -gummen, Zuckeralkohole und Cyclohexosen, Bitter-, Farb- und Gerbstoffe, sowie organische Säuren u. a.

Die Summe aller dieser verschiedenen Gruppen von Individuen wird indirekt aus der Differenz ermittelt, die nach Bestimmung der übrigen Substanzen bleibt. Hierbei wird so vorgegangen, daß die Wassermenge durch Trocknen des Analysenmaterials bis zur Konstanz, das Fett durch Ätherextraktion des trockenen Rückstandes und das Protein oder richtiger Rohprotein durch Bestimmung des Stickstoffs nach Kjehldahl und Multiplikation dieser Zahl mit 6,25 (da Proteine durchschnittlich 16% Stickstoff enthalten) festgestellt wird. Die „Rohfaser“menge findet man nach dem Weender-Verfahren oder einer anderen Methode (siehe unter Cellulose S. 57), und der Mineralstoffgehalt ergibt sich aus der Asche, die nach der Verbrennung zurückbleibt.

Es ist klar, daß alle Fehler und Mängel der Analyse, und das gilt besonders für die Bestimmung des Rohproteins und der Rohfaser, sich bei den stickstofffreien Extraktstoffen auswirken müssen.

Da indessen dieser Begriff in der Nahrungs- und Futtermittelanalyse konventionell ist, sei er hier beibehalten.

A. Polysaccharide.

I. Stärke.

Bildung. Über die Entstehung der Stärke in den Pflanzen ist nichts Sicheres bekannt. Man weiß nur, daß sie schon früh im Chloroplasten grüner Gewebe zu finden ist (autochthone Stärke). Sie soll durch Enzyme in lösliche Produkte verwandelt, zu den Reservestoffbehältern überführt (transitorische Stärke) und hier in Stärke zurückverwandelt werden. Andere Forscher nehmen indessen an, daß die Stärke erst in den Speicherorganen selbst aus anderen Assimilationsprodukten, etwa Zuckern, gebildet wird. Hierfür spricht, daß die Stärkebildung in geringerem Maße auch im Dunklen stattfindet, und daß nicht nur die Selbstassimilate der Pflanzen, sondern auch andere Substrate wie Glucose, Fructose, Galaktose, Rohrzucker, Maltose und Zuckeralkohole (TREBOUX[76]) zu ihrer Erzeugung dienen können.

Die Ablagerung der Stärke findet in Form geschichteter Sphärokrystalle statt (C. VON NÄGELI[37], A. MEYER[35]). Die Schichtung soll nach MEYER durch Appositionswachstum entstanden sein. Die Stärke verschiedener Pflanzen erhält hierdurch ein charakteristisches Aussehen, so daß man ihre Herkunft mikroskopisch bestimmen kann.

Vorkommen. Stärke ist im Pflanzenreich außerordentlich verbreitet; besonders reich daran sind die Samen und unterirdischen Organe, so enthalten Kartoffeln 15—22%, Getreidesamen 50—80%, Kassawaknollen 80—88% des Trockengewichts an Stärke (über weitere Vorkommen siehe ABDERHALDEN: Biochemisches Handlexikon).

Darstellung. Das Fabrikationsverfahren der Kartoffelstärke ist einfach. Es besteht im wesentlichen darin, daß die Rohstoffe zerrieben oder zerquetscht und die Zellwandbestandteile aus der wäßrigen Aufschwemmung durch Siebe abgetrennt werden. Die sog. Stärkemilch läßt man sich absetzen oder reinigt durch Schlämmen auf schiefer Ebene, zentrifugiert die feuchte Stärkemasse ab und trocknet in Trockenkammern. Zur Gewinnung von Weizen-, Mais- und Reisstärke sind das Gärungs-, Säure- und Alkaliverfahren in Gebrauch (PAROW[42]).

Bestimmung. Es ist vorgeschlagen worden,

1. die vorbereitete Substanz mit 1proz. Milchsäure $2^1/_2$ Stunden bei 3,5 Atmosphären zu erhitzen und im Filtrat Glucose nach Hydrolyse zu bestimmen (REINKE, MAERKER).

2. die Substanz 1 Stunde in 2proz. Salzsäure zu hydrolysieren und den Reduktionswert zu bestimmen; von diesem ist der Pentosanwert abzuziehen (LINTNER, KÖNIG).

3. die Substanz eine bestimmte Zeit mit Salzsäure 1,19 in Berührung zu lassen, mit 20proz. Natronlauge im Überschuß zu erhitzen, zu filtrieren und die Stärke im Filtrat durch Alkohol zu fällen. Nach einigen Reinigungsoperationen wird ihre Menge durch Verbrennung bestimmt (BAUMERT, WITTE).

4. die Stärkemenge polarimetrisch durch Messen des Drehungswinkels der mittels Salzsäure hergestellten Stärkezuckerlösung zu bestimmen (LINTNER, EWERS).

Zu diesen Bestimmungsverfahren, von denen es übrigens zahlreiche Varianten gibt, ist zu sagen, daß keines allgemein eine quantitative Bestimmung der Stärke erreichen dürfte. Man wird genötigt sein — und das gilt allgemein für Stoffe dieser Art —, die Methodik individuell auf bestimmte Pflanzengruppen einzustellen.

Chemisches und physikalisches Verhalten. Schon frühzeitig wurden im Stärkekorn zwei Komponenten festgestellt, die, unter verschiedenen Namen gehend, heute als *Amylopektin und Amylose* unterschieden werden. Die Gewinnung des Amylopektins erfolgt nach GATIN-GRUCZEWSKA durch fraktioniertes Fällen der alkalischen Lösung, nach M. SAMEC[56, 57, 58] durch ein ähnliches Verfahren oder Elektrodialyse. Die Menge beträgt 40—80%. Das *Amylopektin* ist die verkleisternde Komponente und durch einen geringen Phosphorgehalt von ca. 0,2% ausgezeichnet. Mit Jod färbt es sich violett bis braun.

Die Phosphorsäure des Amylopektins läßt sich erst durch Kochen mit Wasser, besser mit Säuren, frei machen. Sie muß also organisch gebunden sein. Das phosphorfreie Produkt wird mit SAMEC als Erythroamylose bezeichnet. Vergl. hierzu auch E. PEISER[52a].

Die *Amylose* kann als weißes, aschenfreies Pulver gewonnen werden. Sie kleistert nicht, gibt kolloide wäßrige Lösungen, die sich mit Jod blau färben. Beim Altern scheidet sie sich aus der Wasserlösung ab.

Beim Erhitzen der Stärke mit Säuren werden zunächst *Dextrine* erhalten, die weiter in Glucose zerfallen. Maltose wurde hierbei nicht gefunden. H. PRINGSHEIM[44] gewann durch Salzsäureeinwirkung aus Diamylose, Tetra- und β-Hexamylose (S. 33) ein Disaccharid, Amylobiose benannt, aus Amylopektin eine Amylotriose. Das Grenzdextrin (S. 33) bezeichnet dieser Autor als ein Trihexosan. Die Dextrine stellen Substanzgemische dar, die nicht scharf definiert sind. Man hat sie in folgende Gruppen geteilt:

1. Amylodextrin, Jodreaktion blau, in kaltem Wasser schwer löslich, Molatgröße über 10000, Reduktionswert (auf Maltose bezogen) ca. 1%.

2. Erythrodextrine, Jodreaktion rötlichbraun, löslich in Wasser, fällbar durch 65proz. Alkohol, Molatgröße 6200—7000, Reduktionswert (auf Maltose bezogen) 1—8%.

3. Achroodextrine, keine Jodreaktion, fällbar durch konzentrierten Alkohol, Molatgewicht 3700, Reduktionswert (auf Maltose bezogen) ca. 10%.

4. Maltosedextrine, alkohollöslich, Reduktionswert (auf Maltose bezogen) 26—43%.

Eine andere Einteilung gibt SAMEC[59].

Derivate. Beim Lösen von Stärke in 10proz. Natronlauge und Fällen mit Alkohol entsteht das Stärkenatrium (KARRER[19]).

Mit Formaldehyd behandelt bildet sich Formaldehydstärke, die in heißem Wasser unlöslich ist. Sie geht, mit Alkali erhitzt, nicht in Kleister über und enthält 1 Mol Formaldehyd auf 1 Mol Stärke ($C_6H_{10}O_5$).

„Lösliche" Stärke entsteht beim Erhitzen in Glycerin auf 190° (ZULKOWSKY[82]); auch Behandeln mit Salzsäure oder Oxydationsmitteln und Umfällen führt zu dieser Form.

Essigsäureanhydrid und Katalysatoren acetylieren native Stärke sehr schwer; nach FRIESE[8a] und SMITH läßt sich die Acetylierung dagegen leicht in Pyridin durchführen (s. auch BRIGL[3a] und SCHINLE). Sie nimmt hierbei drei Acetylgruppen je Traubenzuckerrest auf. Leicht veresterbar ist lösliche Stärke.

J. KERB[30] phosphorylierte Stärke künstlich nach dem NEUBERGschen Verfahren. Das erhaltene Produkt zeigte gute Kleisterbildung, verhielt sich also wie das phosphorhaltige Amylopektin, mit dem es SAMEC für identisch hält.

Bei der Methylierung, z. B. mit Dimethylsulfat und Natronlauge, lassen sich nach KARRER[20] und NÄGELI zwei, nach IRVINE[18a] und MACDONALD drei Methylgruppen einführen (s. auch HAWORTH[9a] und Mitarbeiter).

Bei längerem Stehen einer Stärkelösung flockt ein Teil aus. Diese als Altern bezeichnete Erscheinung wird auf Wasseraustritt aus dem hydratisierten Stärkemicell zurückgeführt. Die blaue Farbe, die bei Zugabe von Jod entsteht, verschwindet beim Erhitzen, kehrt aber beim Abkühlen wieder. Heute neigt man mehr dahin, in der Jodstärke keine chemische Verbindung, sondern eine Lösung des Jods in der Stärke oder eine Adsorptionsverbindung zu sehen (siehe KARRER[21], M. SAMEC[59]).

Das Stärkekorn zeigt unter dem Polarisationsmikroskop Doppelbrechung. Es ist ein Sphärokrystall. R. O. HERZOG[10] und W. JANCKE nahmen das Röntgenspektrum auf und fanden ebenfalls krystallinischen Aufbau.

Die Verbrennungswärme für Stärke ist 4183 cal pro Gramm.

Physiologisches Verhalten. Bereits PAYEN und PERSOZ beobachteten, daß Stärke unter der Wirkung keimender Gerste abgebaut wird. O'SULLIVAN[39, 40] und SCHULZE[69] machten nähere Angaben über den entstehenden als Maltose bezeichneten Körper. Später wollte man noch ein zweites ähnliches, als Isomaltose bezeichnetes Produkt gefunden haben, das indes bis heute umstritten ist.

Der diastatische oder amylolytische Abbau der Stärke zu Maltose erfolgt bis zu etwa 76%. Der nicht gespaltene Anteil wird als Grenzdextrin bezeichnet. Der Stillstand kann durch Vorbehandlung mit Säuren oder kombinierter Einwirkung von Amylase und verflüssigter Hefe (H. PRINGSHEIM[45] und W. FUCHS) aufgehoben werden. Er dürfte auf den hemmenden Einfluß der entstehenden Produkte zurückzuführen sein, denn nach Abtrennung dieser durch Gärung, Extraktion oder Dialyse konnte die Amylolyse weitergetrieben werden (SHERIDAN LEA[70]).

Die einzelnen Stärkesorten werden durch dieselbe Amylase nicht gleich weit gespalten. Eine Vorbehandlung hebt diese Unterschiede weitgehend auf. Ebenso unterscheidet sich die *Amylase verschiedener Herkunft* (Speichel-, Pankreas-, Leber-, Aspergillus-, Malzamylase u. a.) in ihrer Wirkungsweise und ihrer optimalen Wirkung, die bei p_H 4—7 liegt, voneinander.

Der diastatische Stärkeabbau zu Maltose ist kein einfacher Prozeß, sondern stellt die Summe verschiedener Teilreaktionen dar. Seine genaue Verfolgung ist deshalb schwierig; die Messung der Geschwindigkeit geschieht meistens durch Bestimmung der reduzierenden Wirkung auf FEHLINGsche Lösung. Die Reaktion ist in den Anfängen monomolekular.

Einen anderen Abbau bewirkt der Bacillus macerans. Wie zuerst von SCHARDINGER[61, 62, 63, 64] gezeigt wurde, vermag er bis 25% der Stärke in krystallisierte Dextrine, oder nach H. PRINGSHEIM Polyamylosen, überzuführen. Diese Substanz läßt sich durch Fraktionierung in eine Reihe gut krystallisierender und unterscheidbarer Körper aufteilen:

α-Reihe.

$(C_6H_{10}O_5)_2 + 2H_2O$	Diamylose.	auf Jodzusatz Blaufärbung
$(C_6H_{10}O_5)_4 + 2C_2H_5OH$	Tetramylose	
$(C_6H_{10}O_5)_x + 4C_2H_5OH$	Oktamylose oder α-Hexamylose	

β-Reihe.

$(C_6H_{10}O_5)_3 + 4H_2O$	Triamylose	auf Jodzusatz Braunfärbung,
$(C_6H_{10}O_5)_6 + 9H_2O$	β-Hexamylose	

Die Octamylose wird von PRINGSHEIM[46] und DERNIKOS als α-Hexamylose angesprochen. Die PRINGSHEIMsche Triamylose wird von KARRER[21] und Mitarbeitern als identisch mit β-Hexamylose bezeichnet.

Sowohl die Tetra- als die Okta- und β-Hexamylose lassen sich nach KARRER[22] und NÄGELI mittels Acetylchlorid und Bromwasserstoff oder Eisessig in die gleiche Acetobrommaltose bzw. krystallisierte Heptacetylmaltose überführen. Auf Grund dieser Ergebnisse und Berücksichtigung konstitutionschemischer Untersuchungen über die Maltose und Glucose sprechen die schweizerischen Forscher die Diamylose als ein Maltoseanhydrid an.

Nach PRINGSHEIM[47] und EISSLER soll die Tetramylose eine polymere, durch Nebenvalenzen zusammengehaltene Diamylose sein; in demselben Verhältnis soll die β-Hexamylose zur Triamylose stehen (H. PRINGSHEIM[48]). KARRER und Mitarbeiter sehen dagegen sowohl in der Tetra- und Okta- als auch der β-Hexamylose Polymere der Diamylose.

Konstitutionsfragen. Die Polyamylosen geben der Stärke analoge Jodfärbungen. Bei normaler Methylierung nehmen sie ebenfalls ca. 32,5% Methyl auf, und dieses Produkt ist ultrafiltrierbar bei einem „Molekulargewicht" von 1000 bis 2000. Die Verbrennungswärme ist ungefähr gleich der der Stärke und höher, als sich für ein Polysaccharid mit offener Kette errechnen läßt. Diese Tatsachen führen KARRER[21] zu der Auffassung, daß auch die Stärke eine polymere Form eines Maltoseanhydrids sei.

PRINGSHEIM[48] hält „Stärke für einen Assoziationskomplex aus polymeren Komplexen eines Elementar- oder Grundkörpers. Der Assoziationszustand ist im KARRERschen, der polymere im HESSschen Sinne zu deuten (siehe unter Cellulose). Der Assoziationszustand ist relativ labil, von wechselnder Größenordnung", „dem Wechsel des Dispersionsgrades jeder kolloiden Substanz unterworfen". „Der polymere Zustand des Grundkörpers bleibt beim Lösungsprozeß erhalten." Er kann selbst bei chemischen Eingriffen bestehen bleiben (Polysaccharide, S. 203/204).

Der Polymerisationsgrad ist für jedes Polysaccharid charakteristisch, er gibt an, wie oft der Grundkörper im Molekül sich wiederholt, ist also für die Ermittlung der molekularen Größe von besonderer Wichtigkeit.

Da die Stärke aus einer Hüllsubstanz, dem Amylopektin, und einer Inhaltssubstanz, der Amylose, besteht, nimmt derselbe Autor einen genetischen und konstitutionellen Zusammenhang zwischen diesen und der β- bzw. α-Amylose an. Der Grundkörper des Amylopektins ist hiernach die Triamylose, der der Inhaltssubstanz die Diamylose. Diese Anschauung wird durch Hinweis auf die Jodfärbung, die für α-Amylose und Inhaltssubstanz blau, für β-Amylosen und Hüllsubstanz braun ist, gestützt, sowie durch Angaben von IRVINE, wonach ein Trisaccharid in der Stärke vorkommt. Das Molekulargewicht wurde von Methylostärke zu 900—1200 gefunden, so daß beide Substanzen dimer angenommen werden, also $(C_{12}H_{20}O_{10})_2$ resp. $(C_{18}H_{30}O_{15})_2$ (PRINGSHEIM: Polysaccharide, S. 210ff.). Siehe hierzu auch R. KUHN[32a].

Neuerdings wird sowohl für Stärke wie für andere hochpolymere Kolloide wieder ein Aufbau aus langen Hauptvalenzketten befürwortet, die durch Nebenvalenzen zu den Micellen zusammengeschlossen sind (K. H. MEYER u. MARK[36]; siehe auch unter Cellulose). Die Besonderheit der Stärke gegenüber der Cellulose soll darin bestehen, daß hier Maltosereste beteiligt sind, die außerdem zickzackförmige Lagerung aufweisen.

II. Glycogen.

Vorkommen. Glycogen wurde 1850 von CLAUDE BERNARD und, unabhängig davon, ziemlich gleichzeitig von V. HENSEN aufgefunden. Es kommt als Reservestoff besonders in der Leber und den Muskeln der Säugetiere vor, fehlt aber auch niederen Tieren nicht. Identisch hiermit ist das Glycogen pflanzlicher Organismen (Pilze, Hefezellen).

Bildung. Sicher ist die Glycogenbildung aus Hexosen, Stärke und ihren Abbauprodukten. Ob auch Pentosen, Zuckeralkohole und Fette hierfür in Betracht kommen, ist umstritten.

Zur *Darstellung* empfiehlt sich, Leber von Tieren zu nehmen, die vorher mit Zucker gefüttert worden waren. Die zerkleinerte Leber wird mit heißem Wasser ausgezogen, das Filtrat mit 10proz. Jodkalilösung, 60proz. Kalilauge und 96proz. Alkohol versetzt und das ausgefällte Glycogen durch Lösen in Wasser und erneutes Ausfällen gereinigt. Erhitzen in 30proz. Kalilauge, Neutralisieren der Lösung mit Essigsäure und Umfällen mittels Alkohol erhöht den Reinheitsgrad.

Der *Nachweis* geschieht gewöhnlich mit Jodlösung, die Glycogen braun bis rotbraun färbt. Zur quantitativen *Bestimmung* kocht man die glycogenhaltige

Substanz mit 60proz. Kalilauge, wobei das Glycogen nicht zersetzt wird, löst es durch Verdünnen und fällt mit Alkohol. Der spezifische Drehwert von 195 bis 199° kann zur Identifizierung herangezogen werden.

Chemische und physikalische Eigenschaften. Glycogen löst sich in Wasser zu einer kolloidalen, opalisierenden Flüssigkeit, die FEHLINGsche Lösung nicht reduziert.

Säuren hydrolysieren das Glycogen zu Glucose, wobei sich auch hier als Zwischenprodukt Dextrine bilden. Überhaupt zeigt sich beim Abbau eine große Ähnlichkeit mit Stärke. Auch einen Phosphorgehalt von 0,7 % P_2O_1 hat es mit dieser gemeinsam. PRINGSHEIM[45, 48] beschreibt, daß man durch Glycerinabbau zu einem Trisaccharid, Trihexosan benannt, kommen kann.

Bei der Methylierung werden zwei Methylgruppen auf einen Glucoserest aufgenommen (KARRER[23]). Mit Acetylbromid und wenig Bromwasserstoff erhielt derselbe Autor Acetobrommaltose (P. KARRER[24] und C. NÄGELI, M. BERGMANN[1] und BECK). H. PRINGSHEIM[49] und LASSMANN gelangten beim Acetylieren mit Essigsäureanhydrid und Pyridin zu einem Triacetat, $[\alpha]_D = +159°$.

Während ältere Autoren dem Glycogen ein großes Molekül zuschreiben, spricht PRINGSHEIM[48] es als Assoziationsprodukt eines polymeren Grundkörpers an, KARRER[21] als polymeres Maltoseanhydrid. K. HESS[12] und R. STAHN fanden für das Triacetat nach der BECKMANN-Methode je nach Bedingungen Molekulargewichte von 200—1000. L. SCHMID[67], G. LUDWIG, K. PIETSCH erhielten in flüssigem Ammoniak Werte von 300—400. Messungen von SAMEC[60] und ISAJEVIČ ergaben mittlere Molekulargewichte von ca. 114000.

Bei röntgenologischen Untersuchungen erwies sich Glycogen als amorph.

Physiologische Eigenschaften. Amylase spaltet das Glycogen über eine Dextrinstufe wie Stärke zu Maltose. Auch Hefepreßsaft enthält schwach-glycogenspaltende Fermente; andererseits bewirkt glycogenfreier Saft einen Aufbau dieser Substanz (CREMER[4]). Die Kinetik der Spaltung und der Einfluß verschiedener Salze wurden von WOHLGEMUTH[80a] und NORRIS[38] studiert; K. LOHMANN[33] beschrieb den Verlauf der Glycogenhydrolyse durch Muskelsaft. Der Glycogenabbau im Muskel führt nach EMBDEN[6, 7] über eine Hexosephosphorsäure, „Lactacidogen", zu Milchsäure. Über Glycolyse s. S. 78.

III. Inulin.

Vorkommen. Inulin ist 1805 von ROSE in Pflanzen gefunden worden. Es ist ein Reservekohlenhydrat, das hauptsächlich in unterirdischen Speicherorganen, z. B. von Compositen (Topinambur, Georginen usw.), Campanulaceen, Lobeliaceen vorkommt, aber auch in oberirdischen Teilen nicht völlig fehlt. Im Herbst sind die Pflanzen am reichsten daran. Es bildet Sphärite mit radialstrahligem Bau, findet sich aber auch kolloidal gelöst.

Die *Darstellung* geschieht nach DRAGENDORFF[5] oder KILIANI[31] (siehe auch WILLAMAN[77]), wonach die wäßrigen Auszüge durch Calciumcarbonat neutralisiert und ausgefroren werden. Das abgeschiedene Inulin wird mehrmals in Wasser gelöst und mit Alkohol gefällt.

Chemisches und physikalisches Verhalten. Die spezifische Drehung des wasserfreien Kohlenhydrates beträgt 35—40°. Es wird durch Jod nicht gefärbt und reduziert nicht FEHLINGsche Lösung. Bei der Säurehydrolyse zerfällt es sehr leicht in d-Fructose. Mit Bariumhydroxyd bildet sich Inulinbarium (TANRET[72]). Mit Natron- und Kalilauge werden analoge Körper erhalten (PFEIFFER und TOLLENS[75], KARRER[25], STAUB, WÄLTI, PRINGSHEIM[50] und ARONOWSKY). Von den letztgenannten Autoren wurde mit Essigsäureanhydrid und Pyridin ein Triacetat hergestellt. Über Methylinulin berichteten I. C. IRVINE[17] und Steele sowie Karrer[26] und Lang. Die Hydrolyse dieses Produktes wurde eingehender von Irvine[18], Steele und Shannon studiert. Das Molekulargewicht des Grundkörpers wird von H. Pringsheim[51] zu neun Fructoseresten angegeben, von M. Bergmann[2] und E. Knehe für Acetylinulin zu zwei Fructoseresten; ebenso von L. Schmid[68] und B. Becker und Th. Reihlen[54] und Nestle für Inulin. K. Hess[13] und R. Stahn fanden beim Triacetat die Größe eines Triacetylfructosans. Auch H. Schlubach[66, 66a] und Elsner nehmen ein Fructosan als Grundkörper an; nach ihnen ist Inulin ein Gemisch verschiedener polymerer aus h-Fructose aufgebauter Fructosane. Nach E. Ott[41] folgt aus Röntgenuntersuchungen, daß sechs Fructosereste die obere Grenze bilden. Neuerdings kommen einige Forscher (siehe bei Stärke) wieder zu der alten Anschauung langer Ketten zurück. Man ersieht hieraus, daß die Frage nach der Konstitution polymerer Kohlenhydrate noch keineswegs geklärt ist. R. O. Herzog[11] wies durch Röntgenspektroskopie krystalline Struktur nach. Die Verbrennungswärme für 1 g Inulin wurde zu 4190 cal bestimmt (P. Karrer[29]).

Physiologisches Verhalten. Von der *Inulase*, einem im Pflanzenreich ziemlich verbreiteten Enzym, wird Inulin in reduzierenden Zucker gespalten. Hierbei sollen als Zwischenprodukte sog. Inulide, die ebenfalls im Pflanzenorganismus gefunden wurden, gebildet werden. Das Enzym kommt auch in Schimmelpilzen und im Pankreassaft der Weinbergschnecke vor, ist dagegen im Verdauungstractus höherer Lebewesen bisher noch nicht beobachtet worden, obwohl auch diese Inulin verdauen können.

IV. Gummen.

Gummen sind Absonderungsprodukte insonderheit von kranken und verwundeten Zellpartien. Sie entstammen hauptsächlich den Gewebskomplexen des Mark-, Holz- und Rindenparenchyms, und hier wieder nach Tschirch[73] der resinogenen Schicht der Zellmembran. Oft unterliegen ganze Gewebsteile der Umwandlung, Gummosis (P. Sorauer[71]), man sieht daher oft noch Zellen im Gummi eingeschlossen. Vereinzelt finden sich indessen auch Angaben, die als Entstehungsort das Zellinnere bezeichnen (v. Höhnel[14]). Als eigentümlich betrachtet man ihre klebrige und fadenziehende Beschaffenheit, sie haben meistens Kohlenhydratcharakter. Eine exakte Definition und Einteilung ist zur Zeit noch nicht möglich.

Vorkommen. Die Gummen finden sich besonders als Sekret an Steinobstbäumen, an Linden und vor allem an Akazienarten (Gummi arabicum). Rüben-, Holz- und Hefegummi werden besser zu den Pektinen resp. Hemicellulosen gestellt.

Chemische und physikalische Eigenschaften. Man hat aus den Gummen bei der Hydrolyse hauptsächlich Arabinose und Galaktose erhalten; daneben Glucose, Xylose und andere Substanzen, teils saurer Natur. Formeln und polarimetrische Angaben schwanken. Ob es sich hierbei um chemische Verbindungen oder Gemische handelt, ist unentschieden. Das letztere dürfte eher der Fall sein. Man hat auch versucht, auf Grund verschiedener Löslichkeit eine Einteilung, z. B. in Arabin, Cerasin, Bassorin zu geben.

Von all diesen wenig durchforschten Substanzen ist das *arabische Gummi* am besten untersucht. Bei der Hydrolyse liefert es Arabinose, Galaktose und eine Säure (Geddinsäure). Neuere Untersuchungen stellten Rhamnose, l-Arabinose, d-Galaktose und d-Glucuronsäure fest (Butler[3b] u. Cretcher, Weinmann[76a]). Die Drehwerte schwanken je nach der Sorte. Fehlingsche Lösung wird kaum reduziert.

Die Gummibildung wird auf Fermente zurückgeführt. Nach RUHLAND[55] soll eine Oxydase hierbei beteiligt sein. Über die verschiedenen Ansichten der Gummibildung siehe A. RAUX[53].

V. Schleime.

Die Substanzen sind, wie die Gummen, völlig unzureichend erforscht. Sie stehen einerseits den eben genannten Stoffen, andererseits den Pektinen nahe (siehe diese S. 51). Ihre Entstehung ist indes nicht auf pathologische Zustände zurückzuführen, sondern findet sich im normalen Entwicklungsgang. Teils sind Schleime als Überzüge der Oberflächen von Organen, teils in Sekretbehältern (Schleimzellen, Schleimgänge) oder als Absonderung gewisser Partien der Zellmembran beobachtet worden.

Die Schleime sind in Wasser kolloidlöslich und lassen sich aus dieser Lösung durch Ammonsulfat und andere Salze zum Teil ausfällen. Sie stellen Gemische verschiedener Substanzen dar. Hierauf beruht es, daß einige durch Chlorzinkjod gefärbt werden, andere Pektinreaktionen geben, was zur Einteilung in Cellulose-, Pektin-, Calloseschleim u. a. geführt hat.

Bei der Hydrolyse geben sie Arabinose und Galaktose, hin und wieder Xylose, Glucose und andere Zucker sowie nach ZEISEL[83] Uronsäuren. Sie bilden z. T. Gallerte wie Pektin. Im Kupferoxydammoniak sind sie gewöhnlich unlöslich. Da man auch hier fast immer vom Prinzip der Löslichkeit ausgegangen ist, kann es nicht wundernehmen, daß dieser Gruppe in funktioneller und chemischer Hinsicht recht verschiedenartige Körper zugehören. So die Bakterienschleime, Absonderungen vieler Bakterienarten, der als Agar-Agar bekannte Wasserauszug von Florideen, die Extrakte von Carragheenmoos, von Algen und Flechten, von Plantago Psillium (Flohsamenschleim), Leinsamen, Orchideenknollen (Salepschleim), Misteln und Quitten. Einige dieser Substanzen werden bei den Pektinen und Hemicellulosen Erwähnung finden.

VI. Weitere stickstoffreie Extraktstoffe.

1. Cyclohexanole.

Quercit, Cyclohexanpentol,

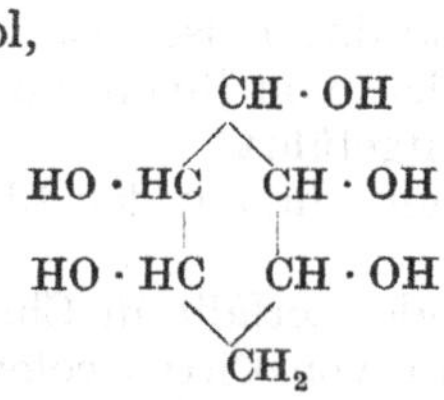

wurde von BRACONNOT[3] in den Eicheln gefunden. PRUNIER erschloß seine Konstitution aus dem Verhalten beim Erhitzen und bei der Reduktion. Im ersten Falle entstehen Hydrochinon, Chinon und Pyrogallol, im zweiten Benzolabkömmlinge. Bei der Oxydation liefert er Schleimsäure.

Krystallisiert in farblosen monoklinen Prismen. Schmelzpunkt 234°, $[\alpha]_D + 24°$. Der Geschmack ist süß, Hefe vergärt ihn nicht.

i-Inosit, Meso-Inosit,

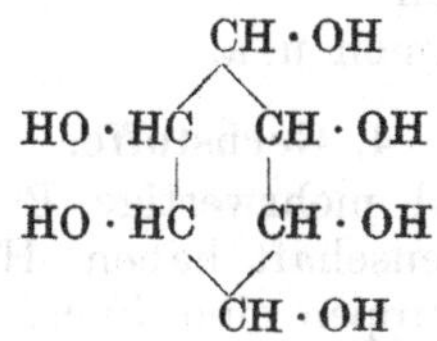

wurde von SCHERER[65] im Muskelfleisch gefunden. Ist auch im Pflanzenreich sehr verbreitet, z. B. in Blättern, Samen, Säften. Die ringförmige Struktur wurde von MAQUENNE[34] erkannt.

Bildet süß schmeckende Krystalle, die wasserfrei bei 225° schmelzen. Gibt nach NEUBERG[37a] gleich den echten Zuckern beim trocknen Erhitzen Furfurol. Wird von Saccharomyceten nicht vergoren, verbindet sich nicht mit Phenylhydrazin und reduziert nicht FEHLINGsche Lösung. Der Mono- und der Dimethyläther finden sich als Bornesit und Dambonit im Kautschuk. Eine Inositphosphorsäure ist im Phytin.

d-Inosit kommt in Form seines Methyläthers, des Pinits, im Cambialsaft von Coniferen (TIEMANN[74], HAARMANN), in Sennesblättern und anderem Pflanzenmaterial vor.

l-Inosit ist in der Quebrachorinde als Monomethyläther, Quebrachit, enthalten, der ebenfalls süß schmeckt und im Vakuum destillierbar ist.

2. Saponine.

Saponine sind Glucoside, in denen als Zuckerrest sowohl Pentosen, Methylpentosen, Hexosen als auch Glucuron- und Galakturonsäure fungieren können. Über das Aglucon ist sehr wenig Sicheres bekannt.

Genannt seien die Vorkommen in der Panamarinde (Quillajarinde), in Seifenwurzeln, in der Roßkastanie und im Efeu.

Die Saponine haben die Eigenschaft, in Wasser gelöst oder suspendiert wie Seife zu schäumen. Sie wirken hämolytisch; diese Wirkung kann durch Cholesterin aufgehoben werden. Sie sind farblos bis braun, neutral oder schwach sauer. Ihre Zusammensetzung entspricht der allgemeinen Formel $C_nH_{2n-10}O_{18}$ (FLÜCKIGER) oder $C_nH_{2n-8}O_{10}$ (KOBERT).

Zur Darstellung wird das zerkleinerte Pflanzenmaterial nach Entfettung mit Wasser oder Alkohol extrahiert, der Extrakt eingedampft und der Rückstand zermahlen. Das Rohsaponin kann durch Umfällen und Entfärben weiter gereinigt werden. Es dient als schaumkrafterhöhender Zusatz zu Waschmitteln aller Art.

3. Bitterstoffe.

so benannt nach dem bitteren Geschmack, den sie besitzen und der für viele Nahrungs- und Genußmittel charakteristisch ist. Sie bestehen aus Kohlenstoff, Wasserstoff und Sauerstoff. Viele von ihnen sind Glucoside.

Einige bekanntere seien aufgeführt:

Digitonin, Digitalin und Digitoxin, aus den Blättern von Digitalis purpurea, sind Glucoside.

Chinovin, aus der Chinarinde, zerfällt in Chinovose und Chinovasäure.

Colocenthin, aus der Frucht von Citrus colocynthis.

Absynthiin, in den Blättern von Arthemisia absynthium.

Hopfenbitter, im Hopfen.

Gentiopikrin, in Gentiana lutea.

Aloin, in verschiedenen Aloesorten.

Quassiin, im Holz von Quassia amara.

Santonin, ein Naphthalinderivat in Wurmsamen.

Helenin, in Inulia helenium.

Bitterstoffe der Lupinensamen u. a.

4. Gerbstoffe.

Natürliche Gerbstoffe sind mehrwertige Phenolderivate, die, mehr oder weniger wasserlöslich, die Eigenschaft haben, Haut in Leder zu verwandeln. Sie lassen sich in folgende Gruppen einordnen:

a) *Gerbstoffe vom Estertypus.* Hierher gehören 1. Depside, das sind Phenolcarbonsäuren, die mit ihresgleichen oder anderen Oxysäuren esterartig verbunden sind, z. B. Flechtendepside und Digallussäuren; 2. die Tannine. Sie bilden die große Gruppe der technisch verwendeten Ester aromatischer Säuren mit mehrwertigen Alkoholen, Zuckern und Glucosiden. Gallussäure, Benzoe- und Zimtsäure sind häufige Komponenten.

b) Die *Ellagengerbstoffe.* Sie enthalten Ellagsäure in Verbindung mit Zuckern.

c) *Catechingerbstoffe.* Sie sind Verwandte der Flavonfarbstoffe; Phloroglucin und Brenzcatechin spielen in ihrem Molekül eine große Rolle.

d) *Gerbstoffe unbekannter Zugehörigkeit.* Quebrachogerbstoff, Gerbstoff der Eichenrinde, Roßkastanien u. a.

Für den Nachweis sind die Leimfällung, Alkaloidfällung und die Fällung mit Metallsalzen im Gebrauch, ferner die Färbungen mit Ferrisalzen, Ammoniummolybdat, Vanadinsäure. Die Adsorption, besonders an Tonerde und Hautpulver, spielt in der Analyse eine große Rolle. Auf dem letztgenannten Reagens basiert ein in der quantitativen Gerbstoffbestimmung als „internationale Hautpulvermethode" bekanntes Verfahren.

5. Farbstoffe.

Unter den stickstoffreien Pflanzenfarbstoffen sind in erster Linie die *Carotinoide* zu nennen.

Carotin und Xanthophyll sind Begleiter des Chlorophylls. Ihre Kenntnis wurde besonders durch R. WILLSTÄTTER[78] und Mitarbeiter gefördert. Dem Carotin wird die Formel $C_{40}H_{56}$ zugeschrieben. Es ist in Petroläther löslich. Man kann es auf diese Weise z. B. aus Brennesseln ausziehen. WILLSTÄTTER[79] und MIEG isolierten aus 100 kg 3,1 g Carotin. Xanthophyll mit der Bruttoformel $C_{40}H_{56}O_2$ ist als oxydiertes Carotin aufzufassen. Es ist im Gegensatz zu diesem nicht in Petroläther löslich, wohl aber in Alkohol. Beide Körper sind stark ungesättigt. ZECHMEISTER[81] und CHOLNOCKI konnten durch katalytische Hydrierung 22 Mol Wasserstoff einführen, was auf überwiegend aliphatische Struktur hinweist.

Von denselben Autoren wurde das Capsanthin aus Paprika isoliert; es ist ebenfalls ungesättigt.

Bixin, aus der subtropischen Pflanze Bixa orellana, wird zum Färben der Butter verwandt. Es hat neun Doppelbindungen.

Lycopin aus Hagebutten und Tomaten erfuhr eine Bearbeitung durch WILLSTÄTTER[80] und ESCHER[8] sowie KARRER[27] und WIDMER.

Die Safranfarbstoffe gehören ebenfalls hierher. Sie wurden neuerdings von KARRER[28] und SALOMON untersucht.

Die bisher aufgeführten Farbstoffe lassen sich auf das Prinzip offener Ketten mit konjugierten Doppelbindungen zurückführen. KUHN[32] und WINTERSTEIN zeigten am Beispiel synthetischer Polyene, daß tatsächlich solche Systeme für die Farbgebung verantwortlich sind.

Größer noch ist die Gruppe der *Anthocyane.* Sie sind durchweg Glucoside und zerfallen unter dem Einfluß von Säuren und Fermenten in Zucker und Anthocyanidine. Letztere haben den Charakter von Pyryliumsalzen:

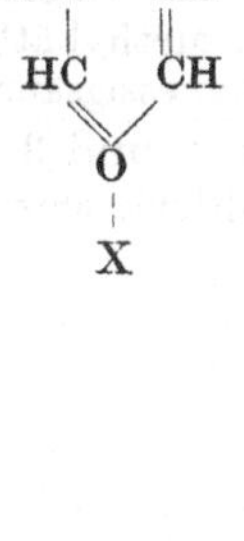

Man unterscheidet drei Grundtypen:

Pelargonidin, Bestandteil von Astern und Goldmelissen;

Cyanidin, in der roten Rose, der Kornblume, im roten Mohn, ferner als Bestandteil des Farbstoffs der schwarzen Kirsche, der Pflaume, Preiselbeere u. a.;

Delphinidin, im Rittersporn und Stiefmütterchen.

Die Konstitutionsermittlung konnte mit Hilfe der Alkalischmelze weitgehend gefördert werden. Viele andere Farbstoffe dieser Gruppe sind Methyläther, so das

Päonin, ein Diglucosid des Päonidins;

Malvin, der Farbstoff der Waldmalve, ist ein Delphinidindimethyläther mit 2 Mol Glucose;

Oenin, der Weinfarbstoff, ist ähnlich konstituiert.

Das Blauholz oder Campecheholz aus Südamerika enthält Hämatoxylin, das Rotholz von verschiedenen Cäsalpiniaarten Brasilin. Beide Verbindungen gehen durch Oxydation in zwei rote, chinoide Farbstoffe über: Hämatein und Brasilein. Sie stehen den Flavonfarbstoffen nahe.

6. Organische Säuren.

Zu den stickstoffreien Extraktstoffen werden auch die in Organismen vorkommenden organischen Säuren, soweit sie nicht gebunden sind, gerechnet. Hier können nur die hauptsächlichsten aufgeführt werden.

Ameisensäure, HCOOH, findet sich frei in Ameisen, in Brennhaaren der Nesseln, in Fichtennadeln, Schweiß u. a. Sie entsteht bei vielen unter Oxydation organischer Substanz verlaufenden Prozessen. Farblose Flüssigkeit mit stechendem Geruch, die bei 101° siedet und bei 0° fest wird. Sie hat die Eigenschaft, Metalloxyde zu reduzieren, worauf ihr Nachweis beruht, und findet als Äthylester Verwendung zur Bereitung von Essenzen.

Essigsäure, CH_3COOH, ist im Pflanzenreich weit verbreitet, kommt aber stets nur in geringer Menge vor. Wird technisch durch trockene Destillation des Holzes gewonnen (Holzessig) oder durch Essiggärung des Alkohols (Weinessig), wasserfrei als Eisessig bezeichnet, der bei 16,7° schmilzt und bei 118° siedet. Der für Genußzwecke bestimmte Essig enthält 3,5—4% Essigsäure. Der Nachweis gelingt durch Erhitzen mit Alkohol und etwas Schwefelsäure, wobei sich Äthylacetat (Essigester) bildet, der am schönen, fruchtähnlichen Geruch erkannt werden kann. Weitere Reaktionen sind die Kakodylprobe und das Auftreten von Essigsäure beim Verreiben mit Kaliumbisulfat. Die quantitative Bestimmung erfolgt durch Destillation mit Schwefel- oder Phosphorsäure und Titration.

Buttersäure, $CH_3CH_2CH_2COOH$, und Isobuttersäure $\begin{matrix}CH_3\\CH_3\end{matrix}\!\!>\!CHCOOH$. Erstere kommt frei in Fleischflüssigkeit und in der Butter vor. Sie bildet sich bei der Buttersäuregärung pflanzlicher Stoffe durch verschiedene Bakterien (z. B. Bacillus subtilis); ihre Menge in der Butter wird durch die Reichert-Meisslsche Zahl festgelegt. Die Isobuttersäure kommt frei im Johannisbrot und als Ester in einigen Ölen vor.

Valeriansäure kann in vier Isomeren erscheinen:

1. $CH_3(CH_2)_3COOH$, n-Valeriansäure oder n-Propylessigsäure.
2. $(CH_3)_2 \cdot CH \cdot CH_2 \cdot COOH$, Iso-Valeriansäure.
3. $(CH_3)(C_2H_5) \cdot CH \cdot COOH$, Methyl-äthyl-essigsäure, optisch aktiv.
4. $(CH_3)_3C \cdot COOH$, Trimethyl-essigsäure.

Von diesen vier Säuren kommen 2. und 3. frei und in der Form von Estern im Tier- und Pflanzenreich vor (Baldrianwurzel).

Sämtliche Fettsäuren bis zur Capronsäure entstehen in reichlicher Menge in der Natur durch Eiweißfäulnis. Wie NEUBERG[37b] und ROSENBERG zeigten, ist die Glutaminsäure die Muttersubstanz der Buttersäure (proteinogene Buttersäurebildung). Die optisch aktive Valeriansäure und Capronsäure gehen nach NEUBERG[37c] und REWALD aus dem Isoleucin hervor.

Oxalsäure, Kleesäure, COOH-COOH. Findet sich in vielen Pflanzen, besonders als Kalium- oder Calciumsalz, wird gewonnen durch schnelles Erhitzen von ameisensaurem Natrium auf 440° oder Überleiten von Kohlensäure über Natrium oder Schmelzen von Sägespänen mit Natron. Zu ihrer Erkennung dient das Calciumsalz, das in Wasser und verdünnter Essigsäure so gut wie unlöslich ist. Quantitativ ist sie durch Titration mit Kaliumpermanganat bestimmbar; sie wird hierbei zu Kohlensäure und Wasser oxydiert. Oxalsäure wirkt giftig.

Glykolsäure, Oxyessigsäure, $CH_2OH \cdot COOH$, kommt in unreifen Weintrauben und in Blättern des wilden Weines vor. Sie entsteht bei der Oxydation von Glycerin und Glucosen durch Silberoxyd, der Oxydation von Glykol, CHO-CHO, oder der Reduktion von Oxalsäure unter besonderen Bedingungen.

Milchsäure. Man unterscheidet die α-Säure oder α-Oxypropionsäure, $CH_3 \cdot CHOH \cdot COOH$, und die β-Milchsäure oder β-Oxypropionsäure $CH_2OH \cdot CH_2 \cdot COOH$. Erstere ist optisch aktiv. Die inaktive (d,l)-Form, als Gärungsmilchsäure bezeichnet, von syrupöser Beschaffenheit, hat unser besonderes Interesse, da sie sich in saurer Milch, im Sauerkraut, in der Silage, in sauren Gurken, in Bier, Wein und in Magensaft findet. Sie entsteht unter dem Einfluß des Milchsäurebacillus (Bacillus acidi lactici) bei der Gärung verschiedener Kohlenhydrate (S. 76). Sie läßt sich über ihr Strychninsalz in die optischen Antipoden zerlegen. Ihr Verhalten, sich in Äther zu lösen, dient der Isolierung; sie kann als Bariumsalz bestimmt werden. Die d-Form kommt besonders im Fleischextrakt vor, weshalb sie auch Fleischmilchsäure heißt.

Malonsäure, $HOOC \cdot CH_2 \cdot COOH$, findet sich als Calciumsalz in Zuckerrüben, entsteht bei der Oxydation mancher Substanzen, z. B. der Apfelsäure,

$$HOOC \cdot CHOH \cdot CH_2 \cdot COOH\,,$$

durch Kaliumbichromat. Sie krystallisiert in Tafeln, schmilzt bei 132° und zerfällt bei höherem Erhitzen in Essigsäure und Kohlensäure.

Fumarsäure, $HOOC \cdot CH = CH \cdot COOH$, kommt frei in einigen Pilzen und im isländischen Moos vor. Sie krystallisiert in kleinen Nadeln, die in kaltem Wasser schwer löslich sind, sublimiert gegen 200° und wandelt sich bei höherer Temperatur unter Wasserabspaltung in Maleinsäureanhydrid um.

Bernsteinsäure, $HOOC \cdot CH_2 \cdot CH_2 \cdot COOH$, ist im Bernstein, in Harzen, Terpentinöl, Braunkohlen, einigen Pflanzen und tierischen Säften vorhanden. Sie entsteht bei der Gärung von weinsaurem Ammonium und apfelsaurem Calcium und läßt sich auch in Wein- und Apfelsäure überführen.

Monokline Prismen, die bei 185° schmelzen. Bei der Destillation erfolgt Umwandlung in Bernsteinsäureanhydrid. Mit Ferrisalzen gibt sie einen rötlichbraunen Niederschlag.

Apfelsäure, $HOOC \cdot CHOH \cdot CH_2 \cdot COOH$. Infolge des asymmetrischen Kohlenstoffatoms tritt sie als d-,l- und (d,l-)Apfelsäure auf. Die linksdrehende Form findet sich in vielen unreifen Früchten: Äpfeln, Weintrauben, Vogelbeeren u. a. und als Calcium- oder Kaliumsalz in vielen Blättern. Sie bildet sich aus Asparagin oder Asparaginsäure beim Behandeln mit salpetriger Säure oder aus Monobrombernsteinsäure mit Silberoxyd. Krystallisiert in Drusen, die aus feinen Nadeln bestehen und leicht zerfließen.

Die inaktive Apfelsäure geht durch Reduktion aus der d,l-Weinsäure hervor; sie läßt sich mit Hilfe des Cinchoninsalzes zu d- und l-Säure spalten. Letztere beiden sind durch Phosphorpentachlorid und Silberchlorid ineinander überführbar (WALDENsche Umkehrung).

Weinsäure.

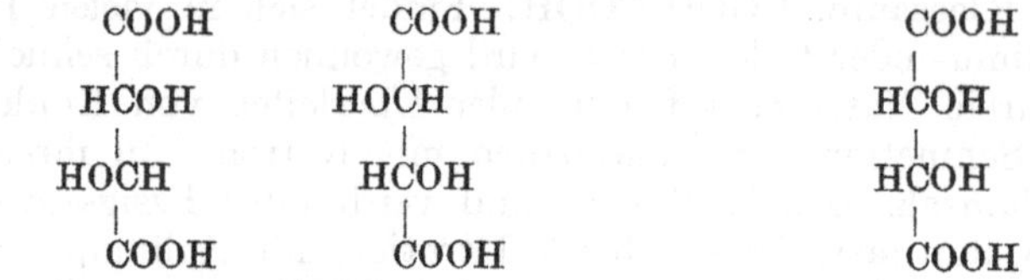

(d-)Rechtsweinsäure (l-)Linksweinsäure (i-)Mesoweinsäure

d, l-Weinsäure = Traubensäure

In der Natur wurden bisher nur die Traubensäure und die d-Weinsäure beobachtet. Beide finden sich gemeinsam im Traubensaft. Erstere entsteht oft bei der Oxydation von Zuckeralkoholen oder Schleimsäure. Sie krystallisiert in rhombischen Prismen. Läßt man nach PASTEUR in einer Traubensäurelösung Penicillium glaucum wachsen, so wird das Racemat in die Komponenten zerlegt; die d-Säure wird zerstört, während die l-Säure übrigbleibt. Eine solche asymmetrische Spaltung läßt sich allgemein durch fraktionierte Krystallisation der Alkaloidsalze, z. B. des Cinchonin- oder Chinidinsalzes, bewerkstelligen. Durch Zusammenbringen gleicher Teile der d- und l-Säure läßt sich wieder Traubensäure gewinnen.

Die Rechtsweinsäure kommt besonders als saures weinsaures Kalium (Weinstein, $KC_4H_5O_6$) vor, das sich beim Lagern des Weines abscheidet. Man gewinnt hieraus das Calciumsalz, das mit Schwefelsäure behandelt die freie Säure gibt. Diese bildet monokline Prismen, die im Wasser, je nach den Bedingungen der Temperatur und Konzentration, zwischen $+6$ und $+13^0$ drehen. Beim Kochen mit Laugen racemisiert sie sich. Die Salze werden Tartrate genannt. Bekannt sind das Kalium-Natrium-Tartrat oder Seignettesalz ($KNaC_4H_4O_6 + 4\,H_2O$) und der Brechweinstein, weinsaures Antimonylkalium, $KOOC \cdot CHOH \cdot CHOH \cdot COO(SbO) + {}^1/_2 H_2O$. Weinsäure und Weinstein sind Zusätze in Backpulvern und finden Anwendung in der Färberei.

Citronensäure, $HOOC \cdot CH_2 \cdot C(OH)COOH \cdot CH_2 \cdot COOH$, ist Bestandteil vieler Fruchtsäfte (Citronen, Orangen, Johannis- und Stachelbeeren), kommt aber auch an Calcium gebunden im Pflanzenorganismus und ferner in der Milch vor. Die Darstellung findet fast ausschließlich aus Citronensaft statt, aus dem die Säure durch Calciumcarbonat gefällt und mittels Schwefelsäure frei gemacht wird. Vergärung von Zuckerlösung durch Citromyces pfefferiani und glaber konnte sich als technisches Verfahren nicht durchsetzen. Die Krystalle verwittern leicht. Der Schmelzpunkt ist wasserfrei bei 153^0. Beim Erhitzen auf 175^0 geht sie in Aconitsäure, $HOOC \cdot CH = C(COOH) \cdot CH_2 \cdot COOH$, über. Das Calciumcitrat hat die Eigenschaft, beim Erhitzen aus seiner wäßrigen Lösung auszufallen.

Literatur zum Kapitel: Stickstoffreie Extraktstoffe.

(*1*) BERGMANN, M., u. BECK: B. **54**, 1574 (1921). — (*2*) BERGMANN, M., u. G. KNEHE: A. **449**, 309 (1926). — (*3*) BRACONNOT: An. Chim. [3] **27**, 392 (1849). — (*3a*) BRIGL, P., u. SCHINLE, B. **62**, 101 (1929). — (*3b*) BUTLER, C. L., u. L. H. CRETCHER, J. Amer. chem. Soc. **51**, 1519 (1929).

(*4*) CREMER: B. **32**, 2062 (1899).

(*5*) DRAGENDORFF: Material zu einer Monographie des Inulins. St. Petersburg 1870.

(6) Embden: H. 98, 181 (1917). — (7) H. 113, 10 (1921). — (8) Escher, H. H.: Helvet. 11, 752 (1928).

(8a) Friese, H., u. F. A. Smith, B. 61, 1975 (1928).

(9) Gatin-Gruzewska: C. r. 146, 540 (1908).

(9a) Haworth, Hirst u. Webb: J. chem. Soc. 130, 2681 (1928). — (10) Herzog, R. O., u. W. Jancke: B. 53, 2162 (1920). — (11) Herzog, R. O.: B. 54, 1283 (1921). — (12) Hess, K., u. R. Stahn: A. 455, 115 (1927). — (13) A. 455, 204 1927). — (14) Höhnel, F. v.: Ber. dtsch. bot. Ges. 2, 321 (1884).

(15) Irvine: J. chem. Soc. 103, 1735 (1913). — (16) Ebenda 105, 2357 (1914). — (17) Irvine u. Steele: Soc. 117, 1474 (1920). — (18) Irvine, Steele u. Shannon: Ebenda, 121, 1060 (1922). — (18a) Irvine u. MacDonald; J. chem. Soc. 128, 1502 (1926).

(19) Karrer, P.: Helvet. 4, 811 (1921). — (20) Karrer, P., u. Nägeli: Ebenda 4, 185 (1921). — (21) Karrer, P.: Polymere Kohlenhydrate. Leipzig 1925. — (22) Karrer, P., u. Nägeli: Helvet. 4, 169, 679 (1921). — (23) Karrer, P.: Ebenda 4, 994 (1921). — (24) Karrer, P., u. Nägeli: Ebenda 4, 263 (1921). — (25) Karrer, P., Staub u. Wälti: Ebenda 5, 130 (1922). — (26) Karrer, P., u. Lang: Ebenda 4, 249 (1921). — (27) Karrer, P., u. Widmer: Ebenda 11, 751 (1928). — (28) Karrer, P., u. Salomon: Ebenda 11, 711 (1928); 10, 397 (1927). — (29) Karrer, P.: B. 55, 2854 (1922). — (30) Kerb, J.: Biochem. Z. 100, 3 (1919). — (31) Kiliani: A. 205, 147 (1880). — (32) Kuhn u. Winterstein: Helvet. 11, 87 (1928). — (32a) Kuhn, R.: A. 443, 1 (1925).

(33) Lohmann, K.: Biochem. Z. 178, 444 (1926).

(34) Maquenne: An. Chim. [6] 12, 570 (1887). — (35) Meyer, A.: Untersuchungen über die Stärkekörner. Jena 1895. — (36) Meyer, K. H.: Z. angew. Chem. 41, 942 (1928). — (36a) Meyer, K. H., H. Hopff u. H. Mark: B. 62, 1103 (1929).

(37) Nägeli, C. v.: Die Stärkekörner. Zürich 1858. — (37a) Neuberg, C.: Biochem. Z. 9, 551 (1908). — (37b) Neuberg, C., u. Rosenberg: Ebenda 7, 178 (1907). — (37c) Neuberg, C., u. Rewald: Ebenda 9, 403 (1908). — (38) Norris: Biochemic. J. 7, 622 (1913).

(39) O'Sullivan: Soc. 10 (25), 579 (1872). — (40) Ebenda 30, 479 (1876). — (41) Ott, E., siehe P. Karrer (21): Polymere Kohlenhydrate, S. 247. Leipzig 1925. —

(42) Parow, E.: Handbuch der Stärkefabrikation, 2. Aufl. Berlin 1928. — (43) Payen u. Persoz: An. Chim. et Phys. 53, 73 (1833). — (44) Pringsheim, H.: B. 57, 1581 (1924).— (45) Pringsheim, H., u. W. Fuchs: B. 56, 1762 (1924). — (46) Pringsheim, H., u. Dernikos: B. 55, 1433 (1922). — (47) Pringsheim, H., u. Eissler: B. 46, 2595 (1913). — (48) Pringsheim, H.: Die Polysaccharide, S. 166, 203. Berlin 1923. — (49) Pringsheim, H., u. Lassmann: B. 55, 1409 (1922). — (50) Pringsheim, H., u. Aronowsky: B. 55, 1414 (1922). — (51) Pringsheim, H.: B. 54, 1281 (1921). — (52) Prunier: An. Chim. [5] 15, 1 (1878). — (52a) Peiser, E.: Z. physiol. Chem. 161, 210 (1926); 167, 88 (1927).

(53) Raux, A.: Bot. Zbl. 105, 626 (1907). — (54) Reihlen, Th., u. Nestle: B. 59, 1159 (1926). — (55) Ruhland, W.: Ber. dtsch. bot. Ges. 25, 302 (1907).

(56) Samec, M.: Kolloidchem. Beih. 6, 23 (1914). — (57) Ebenda 12, 280 (1920). — (58) Ebenda 13, 272 (1921). — (59) Kolloidchemie der Stärke, S. 448. Leipzig 1927. — (60) Samec, M., u. Isajevič: C. r. 176, 1419 (1923). — (61) Schardinger: Zbl. Bakter. II 14, 772 (1905). — (62) Ebenda II 19, 161 (1907). — (63) Ebenda II 22, 98 (1909). — (64) Ebenda II 29, 188 (1911). — (65) Scherer: A. 73, 322 (1850). — (66) Schlubach, H., u. Elsner: B. 61, 2358 (1928). — (66a) B. 62, 1493 (1929). — (67) Schmidt, L., G. Ludwig u. K. Pietsch: Mh. Chem. 137, 118 (1928). — (68) Schmid, L., u. B. Becker: B. 58, 1968 (1925). — (69) Schulze: B. 7, 1047 (1874). — (70) Sheridan, Lea: J. chem. Soc. Abstr. 58, 536 (1890); J. Phys. 11, 226. — (71) Sorauer, P.: Landw. Jb. 39, 259 (1910).

(72) Tanret: Bull. Soc. Chim. [3] 9, 200, 227, 625 (1893). — (73) Tschirch: Chemie und Biologie der pflanzlichen Sekrete. Leipzig 1908. — (74) Tiemann u. Haarmann: B. 7, 609 (1874). — (75) Tollens u. Pfeiffer: A. 210, 285 (1882). — (76) Treboux: Ber. dtsch. bot. Ges. 27, 428, 507 (1909).

(76a) Weinmann, F.: B. 62, 1637 (1929). — (77) Willaman: J. of biol. Chem. 51, 275 (1922). — (78) Willstätter, R., u. Stoll: Untersuchungen über Chlorophyll. Berlin 1913. — (79) Willstätter, R., u. Mieg: A. 355, 1 (1907). — (80) Willstätter, R., u. Escher: H. 64, 47 (1910). — (80a) Wohlgemuth, J.: Biochem. Z. 9, 1 u. 10 (1908).

(81) Zechmeister u. Cholnocky: A. 454, 54 (1928). — (82) Zeisel u. A. v. Konschegg in J. v. Wiesner: Die Rohstoffe des Pflanzenreiches 1. Leipzig 1921. — (83) Zulkowsky: B. 13, 1398 (1880).

c. Die Substanzen der pflanzlichen Zellmembran.

Von Dr. MAX LÜDTKE.

Mit einer Abbildung.

A. Allgemeines.

Die Membran pflanzlicher Zellen ist kein einheitliches Gebilde. Sie baut sich aus verschiedenen Lamellen auf, die schalenartig das Lumen umgeben. Man unterscheidet gewöhnlich von innen nach außen: die tertiäre Lamelle, die oft verdickte und dann aus mehreren Schichten gebildete sekundäre und die primäre Lamelle. Hieran schließt sich, sofern die Zelle noch einem Gewebeverbande angehört, die *Mittellamelle* (s. Abb. 1).

Während die erstgenannten drei Lamellen aus polymeren Kohlenhydraten oder diesen doch sehr nahestehenden Substanzen bestehen, ist die Mittellamelle substantiell oft weitgehend hiervon verschieden. In ihr findet man Lignin- und pektinartige Körper abgelagert. Ihr chemisches Verhalten ist daher ein anderes, und dieser Umstand ermöglicht den sog. Aufschluß. Man versteht hierunter eine Behandlung, sei sie chemischer oder enzymatischer Natur, die dahin zielt, die Mittellamelle zu zerstören und so eine Isolierung der einzelnen Zellen zu erreichen. Man kommt auf diese Weise zur Rohfaser oder zum Zellstoff.

Die verschiedenen in der Mittellamelle abgelagerten Substanzen bedingen natürlich eine verschiedene Behandlungsweise. Das hat dahin geführt, daß man zunächst rein empirisch die Aufschlußverfahren bestimmten Pflanzengruppen anpaßte; so ist es nötig, Holz anders zu behandeln als Stroh oder Bastfaserpflanzen. Sulfitkochprozeß, Natronverfahren, Röste bezeichnen einige der hier geübten Methoden.

Seit langem standen sich zwei Ansichten über den Zusammenhalt der einzelnen Substanzen in der Membran gegenüber. Während die einen von *Inkrustation,* also Durchwachsung der Cellulose und überhaupt der Kohlenhydrate mit Lignin, Pektin oder noch anderen Substanzen sprechen, nehmen andere *chemische Bindung* zwischen den verschiedenen chemischen Individuen an und unterscheiden demgemäß Ester, Äther oder Acetale. Die Namen Ligno-, Cuto-, Pekto-, Muco-, Adipocellulose u. a. sind hierfür bezeichnend. Beide Richtungen konnten triftige Gründe für ihre Ansicht vorbringen. Die Inkrustationstheorie machte anatomische und physiologische Befunde geltend. Die chemische Theorie führte an, daß Farbreaktionen oft ausbleiben, und die Herauslösung z. B. der Cellulose aus dem rohen Pflanzengewebe nur unvollkommen sei und beide Reaktionen erst nach chemischer Behandlung eindeutig werden.

LÜDTKE[142] konnte nun zeigen, daß die Cellulosereaktionen stets auftreten, wenn man das Material, etwa auf der Kugelmühle, genügend zerkleinert. Die Gründe für das Nichterscheinen der Reaktionen sind darin zu suchen, daß 1. die inneren Lamellen durch die äußeren schalenartig umhüllt werden; 2. die Cellulose hauptsächlich in den inneren Schichten der sekundären Lamelle abgelagert ist, in Schichten also, die 3. durch bloße mechanische Zerspaltung — z. B. von Holz — noch nicht freigelegt werden, da dieses entlang den Mittellamellen aufspaltet. Erst nach Verletzen der umhüllenden Schichten kann die Cellulose auf färbende oder lösende Reagenzien ansprechen. Chemische Bindung der Cellulose und anderer sich analog verhaltender Kohlenhydrate (Mannan, Xylan) mit Lignin und Pektin ist hiernach auszuschließen.

Aber auch die Inkrustationstheorie in ihrer ursprünglichen Form konnte er nicht bestätigen. Mikroskopische Beobachtungen, verbunden mit Farb- und

Quellungsreaktionen, zeigten nämlich, daß das Lignin und Pektin gar nicht in die Celluloseschichten eindringt, sondern auf die Mittellamelle beschränkt bleibt. Denn diese wird von den Cellulose- resp. Hemicelluloseschichten durch die Primärlamelle, deren Substanz nicht Lignin, sondern bei Holz- und Bastfaserzellen ein anderer, noch nicht völlig erforschter, Stoff ist, getrennt. Diese räumliche Trennung schließt sowohl chemische Bindung als auch Inkrustation mit den eben genannten Körpern aus.

Die oben bezeichnete Schichtung der Sekundärlamelle kommt dadurch zustande, daß zwischen den einzelnen Schichten dünne Häute, wahrscheinlich von der Substanz der Primärlamelle, abgelagert sind. Zu diesen Häuten in tangentialer Richtung treten noch solche mit radialem Verlauf; sie sind die Ursache der als Streifung bezeichneten Erscheinung (s. Abb. 1). Und auch horizontal haben die Fasern ein nicht aus Cellulose oder analog gebauten Kohlenhydraten bestehendes Querelement eingebaut. Dieses ist die Ursache für den seit langem bekannten Effekt der Perlschnurbildung, der beim Einbringen der Faser in ein Quellungsmittel entsteht. Die Erscheinung der Schichtung und Streifung auf verschiedenen Wassergehalt zurückzuführen, wie C. von Nägeli[159] es tat, oder auf das direkte Aneinandergrenzen der Schichten und Streifen (Kontaktflächentheorie Strasburgers[228]), geht daher nicht an (Lüdtke[143, 143a]).

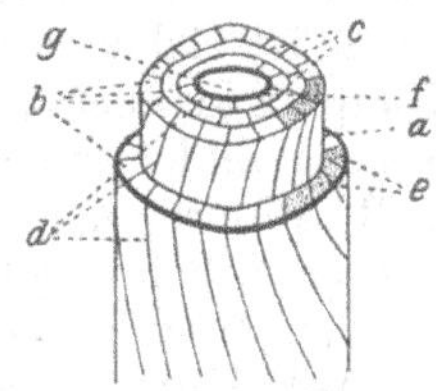

Abb. 1. Aufbau einer pflanzlichen Faserzelle.

a Primärlamelle. *b* Vier Schichten der Sekundärlamelle (Ort der Celluloseablagerung). *c* Tangentiale Längshäute zwischen den Schichten, die Ursache der „Schichtung". *d* radiale Längshäute, die „Streifung" verursachend. *e* Fibrillen oder Primitivfasern. *f* Tertiärlamelle. *g* Lumen.

In den so von Häuten umgrenzten Streifen ist die Cellulose nicht in Form von derben Massen, sondern in Fibrillen abgelagert, die ebenfalls von dünnen Häuten umgeben sind. Dieses Hautsystem hat eine große Bedeutung für den Auflösevorgang der Faser, sei es durch chemische Mittel oder durch Enzyme (siehe auch S. 69).

Man sieht also, daß kein wirres Durcheinander, keine Inkrustation im ursprünglichen Sinne statthat, sondern ein *organisierter Aufbau.*

Pflanzenhaare sind prinzipiell ebenso gebaut, nur daß bei ihnen die als Cuticula bezeichnete, der Primärlamelle analoge Haut aus einer anderen Substanz besteht.

Auch die Parenchymzellen zeigen, soweit es sich um Schichtung und vielleicht auch Streifung handelt, den gleichen Bau.

In substantieller Hinsicht nimmt bei Faserzellen die *Cellulose* den größten Teil der sekundären Membran ein, während *Hemicellulosen* nur eine geringere Rolle spielen. Umgekehrt ist das Verhältnis bei den Parenchymzellen.

Diese Betrachtungen beziehen sich in erster Linie auf die ihrer Menge nach überwiegenden Parenchym- und Faserzellen verholzter Gewebe. Eine ganze Reihe von Zellen, die speziellen Zwecken dienen, weisen Verschiedenheiten auf. So führen die Epidermiszellen als wesentlichen Baustein das *Cutin.* Die Korkzellen der Rinden haben auf ihrer Cellulosegrundlage eine aus Korksäuren aufgebaute Substanz, Pilzzellen enthalten Chitin, die Siebröhren sollen einen als Callose bezeichneten Stoff beherbergen. Die systematische Durchforschung dürfte noch manchen neuen Körper ans Licht fördern.

Um die verschiedenen Substanzgruppen des pflanzlichen Zellgewebes voneinander zu trennen, wird etwa so vorgegangen, daß nach Extraktion der Fette, Öle und Harze durch Äther, Alkohol oder Benzol die im vorigen Kapitel genannten Körper durch heißes Wasser ausgezogen werden, das Lignin durch oxydierende Mittel wie Chlor, Chlordioxyd, Wasserstoffsuperoxyd und Ammoniak zerstört wird und die Kohlenhydrate durch Kupferammin herausgelöst werden. Den Rest stellen Substanzen wie Cutin und Kork dar. Legt man Wert auf das Lignin, so kann es von den Kohlenhydraten durch Zerstörung dieser mit 70proz. Schwefelsäure befreit werden. Hierbei bleibt das Cutin der Epidermiszellen beim Lignin, was für Pflanzenmaterial mit großer Oberfläche, wie Blätter und Gräser, zu beachten ist.

B. Einzelne Bestandteile.

I. Lignin.

Von diesem Stoff, der von Payen[183–186] als Holzsubstanz neben die Cellulose gesetzt wurde, und der von de Candolle[22] und Schulze[214] seinen Namen erhielt, wissen wir heute noch nicht seine chemische Zusammensetzung und Zugehörigkeit anzugeben. Man hat hin und wieder Substanzen aromatischer Natur wie Protocatechusäure, Brenzcatechin, Vanillin u. a. bei der Analyse gefunden und hieraus auf eine aromatische Struktur geschlossen. Aber die Menge ist bisher so gering, daß man nicht gut den ganzen als Lignin bezeichneten Komplex als hieraus bestehend ansehen kann. So hat sich denn die Gewohnheit herausgebildet, alles das als Lignin anzusprechen, was gewisse Farbreaktionen (z. B. Phloroglucin-, Anilin-, Pyrrolreaktion und die Reaktion nach Mäule) gibt oder beim Behandeln mit 72proz. Schwefelsäure, 41proz. Salzsäure und anderen Mitteln nicht gelöst wird.

Mit Hilfe genannter Farbreaktionen ließ sich feststellen, daß pflanzenphysiologisch betrachtet *Lignin ein Bestandteil der Mittellamelle* vieler Gewebe ist. Zwar sollen nach alten Angaben auch die anderen Partien der Zellmembran mehr oder weniger mit Lignin angefüllt sein, doch konnte dies nicht bestätigt werden (siehe auch S. 44). Lignin fehlt den Algen und Pilzen. Bei den Moosen sind hin und wieder Andeutungen dafür gefunden worden. Flechten führen ebenfalls Lignin. Ebenso ist es für manche Farne, Schachtelhalme und Bärlappgewächse nachgewiesen. Ganz allgemein tritt es in den verholzten Geweben höherer Pflanzen auf und findet sich hier sowohl in der Wurzel wie im Stamm und Blatt.

Es enthielten nach der Salzsäuremethode von Willstätter[252] und Zechmeister bestimmt, auf trockenes Pflanzenmaterial berechnet:

Fichte	25—30 %	Birke	19—22 %	Pappel	18—20 %
Kiefer	27—29 %	Buche	20—24 %	Jute	19 %
Tanne	28—29 %	Eiche	29 %	Baumwolle	0 %
Ahorn	24 %	Erle	23—26 %		

Nach König und Rump[131] mit 72proz. Schwefelsäure bestimmt:

Tanne	28—29 %	Flachs	1,4 %	Flachsschäben	23 %
Bambus	25—29 %	Hanf	0,8 %	Hanfschäben	30 %

Die Bildung des Lignins erfolgt schon früh noch während des Wachstums der jungen Zellen in der Cambiumschicht. Man sieht hier, wie die Mittellamelle sich allmählich differenziert, gegen Anfärbung empfänglich wird (König und Rump[131], Sanio[204]) und mehr und mehr den Zustand erkennen läßt, den wir als verholzt bezeichnen. Hand in Hand mit diesem Wachstum geht ein Umbau der gesamten Membran, so daß man die Verholzung nicht auf das Entstehen des Lignins allein zurückführen kann, sondern dafür die Gesamtheit der morphologischen, funktionellen, chemischen und physikalischen Wandlungen während der Dauer der Entwicklung des Gewebes verantwortlich machen muß. Dieser Umbau geschieht nicht auf Kosten der Cellulose, da jugendliche Zellen hiervon ebenfalls nur wenig enthalten (Lüdtke[143]).

Die *Methoden zur Isolierung* oder Entfernung des Lignins von den übrigen Zellwandbestandteilen scheiden sich in solche, die darauf abzielen, das Lignin selbst zu gewinnen oder das Zellmaterial lediglich hiervon zu befreien.

a) Alkalilignin. Behandelt man Holz mit heißen Kalilaugen, so wird neben anderen Substanzen, vornehmlich Hemicellulosen, auch das Lignin gelöst. Es läßt sich aus der Lauge durch Ansäuern ausfällen und durch Umlösen in Alkohol oder Essigäther reinigen. Unter sehr milden Bedingungen arbeiteten BECKMANN[7–8a] und LIESCHE. Sie extrahierten mit kalter wäßriger $1^1/_2$proz. oder alkoholischer 2proz. Natronlauge und gewannen ein Lignin mit 62,5% C, 5,64% H und 15,2% Methoxyl.

Diese Alkalibehandlung von Pflanzenmaterial hat auch große technische Bedeutung, denn einmal werden Materialien, die sich für das Sulfitverfahren nicht eignen, hiermit aufgeschlossen, wonach sich das Lignin in den sog. Schwarzlaugen befindet, zum anderen läßt sich Getreidestroh durch Alkalibehandlung besser verdaulich machen, was darauf beruht, daß das wenig- oder unverdauliche Lignin entfernt wird und die freigelegten Kohlenhydrate den Verdauungssäften zugänglich werden.

b) Lignosulfonsäure. Durch Einwirkung von schwefliger Säure oder sauren Sulfiten auf verholztes Material geht das Lignin mehr oder weniger vollkommen in Lösung. Diese Reaktion, die für die Sulfitzellstoffindustrie von grundlegender Bedeutung ist, beruht darauf, daß schon bei niedriger Temperatur das Lignin mit den HSO_3-Ionen die zunächst feste Lignosulfonsäure bildet, die bei erhöhter Temperatur und unter der Wirkung der Wasserstoffionen in Lösung geht (HÄGGLUND[62]). TOLLENS[236] und LINDSEY isolierten als erste aus der Kochflüssigkeit eine Lignosulfonsäure, die sie über das Bleisalz oder durch Fällung mit Alkohol und Salzsäure reinigten.

c) Lignin, erhalten durch Zerstörung des Kohlenhydratanteils mit starken Säuren. WILLSTÄTTER[252] und ZECHMEISTER fanden, daß ca. 41proz. Salzsäure ein geeignetes Mittel ist, Kohlenhydrate bei Raumtemperatur schnell und vollständig zu verzuckern. Man hat hiervon in der Folgezeit häufig Gebrauch gemacht, um umgekehrt Lignin zu isolieren. E. UNGAR[241], J. KÖNIG[131] und E. RUMP sowie WILLSTÄTTER[253] und KALB behandeln z. B. 200 g Fichtensägemehl mit 4 l 41proz. Salzsäure 4 Stunden, geben 1300 g Eis zu, lassen 18 Stunden stehen und filtrieren. Eine Nachbehandlung mit Sodalösung schafft ein chlorfreies Produkt von gelber bis brauner Farbe.

P. KLASON[121] sowie KÖNIG[131] und RUMP wandten 72proz. Schwefelsäure an, mit der das Material bis zum Verschwinden der Cellulosereaktion vereinigt blieb.

d) Phenollignin. F. BÜHLER[21] zeigte, daß sich Lignin durch verschiedene Phenole auflösen läßt. KALB[105] und SCHOELLER sowie HILLMER[95] verbesserten diese Methodik; durch Ätherfällung erhielten sie ein braunes Produkt mit 64 bis 65% C, 5% H, 30% O und 12% Methoxyl. Es dürfte gegenüber dem natürlichen Produkt verändert sein.

e) Verhalten des Lignins zu Halogenen. Bei der Einwirkung von Chlor auf Lignin (CROSS[25] und BEVAN) entsteht zunächst durch Addition oder Substitution ein Halogenprodukt, das die Eigenschaft hat, in warmer Natriumsulfitlösung und in Alkalien löslich zu sein. Durch abwechselnde Behandlung läßt es sich erreichen, daß das Lignin der Zellmembran völlig entzogen wird. Den gleichen Effekt haben Brom (H. MÜLLER[57]), Chlordioxyd (E. SCHMIDT[206] und E. GRAUMANN) und andere Oxydantia (siehe auch unter Cellulose, S. 58).

Nachweis und Bestimmung. Der Nachweis wird meistens mit Hilfe von Farbreaktionen geführt. Besonders charakteristisch sind die Reaktionen mit einigen Phenolen und aromatischen Aminen. Da wir aber noch nicht genau wissen, was Lignin ist, läßt sich auch nicht angeben, worauf die Farbbildung eigentlich beruht, und da die Reagenzien überdies einen verschiedenen Wirkungsbereich haben, das eine also versagt, wo das andere „Verholzung" anzeigt, ergibt sich, daß das, was mit Lignin bezeichnet wird, ein Komplex chemisch verschiedener Substanzen sein muß, der sich außerdem durch die einzelnen Pflanzenfamilien differenziert.

Farbreaktionen verschiedener Phenole und Amine auf Lignin.

Phenol	blaugrün	Orcin	dunkelrot, violett
Kresol	grünlich	Resorcindiäthyläther	grün, dann blau
Anisol	grünlichgelb	Phloroglucin (Wiesner)	rotviolett
Anethol	„	Phloroglucindimethyläther	blauviolett
Brenzcatechin	grünlichblau	Pyrogallol	blaugrün
Guajacol	gelbgrün	Pyrogalloldimethyläther	„
Resorcin	blauviolett	α-Naphthol	„
Anilin	gelb	Diphenylamin	grün
p-Nitroanilin	ziegelrot	Benzidin	gelb bis orange
p-Toluidin	gelb	α- und β-Naphthylamin	rot
Xylidin	„	Pyrrol	„
p-Phenylendiamin	ziegelrot	Indol	kirschrot

Die Anwendung geschieht in 1proz. wäßriger und alkoholischer Lösung unter Zusatz von 12—20proz. Salzsäure.

Die Mäule-Reaktion (Rotfärbung) tritt auf, wenn das verholzte Gewebe einige Minuten in Kaliumpermanganat, darauf nacheinander in Wasser, in Salzsäure und Ammoniak gebracht wird.

Bei der Einwirkung von Chlor und nachheriger Behandlung mit Natriumsulfit erfolgt ein Farbenumschlag von Gelb nach Rot (Cross[30] und Bevan). Man hat versucht, wenigstens die Gruppe zu bestimmen, die für die Verbindung mit dem Farbreagens in Frage kommt. Wahrscheinlich spielen Carbonylgruppen dabei eine Rolle, denn nach Behandlung mit bekannten Carbonylreagenzien, wie Hydroxylamin, Phenylhydrazin, Semicarbacid und Bisulfit, ist das Farbbildungsvermögen verschwunden. Die Menge der Carbonylgruppen kann, am aufgenommenen Stickstoff gemessen, nur gering sein. Man glaubt nun weiter, daß Aldehyde aromatischer Natur in Betracht kommen, und es ist Czapek[31] auch gelungen, einen als Hadromal bezeichneten Körper zu isolieren, der die Phloroglucinsalzsäurereaktion gibt. Dieser Körper soll nach C. Hoffmeister[96] Coniferylaldehyd sein, was von H. Pauly[182] und K. Feuerstein bestritten wird. (Siehe auch M. Hillmer[95a] u. Hellriegel sowie Herzog[65a] u. Hillmer.)

Die *quantitative Bestimmung* erfolgt entweder nach einigen der bereits angegebenen Darstellungsmethoden durch Messung der Farbstoffbildung oder Bestimmung des Methoxylgehaltes.

Nach König[131] und Rump bringt man eine Probe des entfetteten Zellmaterials bei Zimmertemperatur in 72proz. Schwefelsäure und digeriert so lange, bis die Cellulosefärbung mit Jod und Schwefelsäure ausbleibt, wäscht aus und trocknet.

Nach Ungar[241] wird ebenso vorbehandeltes Material mit 41proz. Salzsäure verzuckert und das Lignin nach Verdünnen abfiltriert.

Benedikt[10] und Bamberger machten darauf aufmerksam, daß heiße Jodwasserstoffsäure aus Holz Methylgruppen abspaltet. Es zeigte sich, daß der Methyloxydgehalt mit dem nach den damaligen Methoden bestimmten Ligningehalt ungefähr parallel läuft. Sie bezeichneten die auf 1000 g Substanz erhaltene Menge Methyl in Gramm als Methylzahl. Da wir heute wissen, daß

z. B. Pektine ebenfalls Methylgruppen besitzen, kann diese Methode unter Umständen mit großen Fehlern behaftet sein. Da die Pektine indessen Methylester darstellen, die sich durch 10proz. Natronlauge leicht verseifen lassen (TH. VON FELLENBERG[45]), so bietet sich die Möglichkeit, diese Methylmenge von der Gesamtmethylzahl in Abzug zu bringen und das Ligninmethyl zu korrigieren.

Weiterhin sind die Aufnahme von Phloroglucin (CROSS[26], BEVAN, BRIGGS), von Chlorwasserstoff (UNGAR[241]) und von Chlor (WAENTIG[246] und GIERISCH) zur quantitativen Bestimmung des Lignins herangezogen worden.

Sonstige *chemische und physikalische Eigenschaften.* Die eben beschriebenen Ligninpräparate stimmen in ihrer Zusammensetzung nicht völlig überein. So pflegen Salzsäurelignine einige Prozente Pentosen zu enthalten, das der Lignosulfonsäure fehlt. Die prozentuale Zusammensetzung schwankt je nach Ausgangsmaterial und Methode. Salzsäurelignine enthalten bei Hölzern ca. 60 bis 65% C, 4,5—6,5% H und 11,5—14,5% OCH_3. Höhere Werte erhielten KÖNIG und RUMP bei Gras, Kleien, Flachs, Hanf, Kartoffelschalen bei Bestimmung mit 1proz. Salzsäure unter Druck. Die Werte waren: 67—71% C, 4—7,5% H und 1,7—8% OCH_3. Alkalilignine von Hölzern hatten gewöhnlich 59—62% C, 5—6,5% H und 13—15% OCH_3. (Eine Übersicht findet sich bei W. FUCHS[55].)

Primärlignin ist ein mit Alkohol aus Fichtenholz, das mit Salzsäure angefeuchtet war, extrahiertes Produkt (KLASON[122], GRÜSS[61], FRIEDRICH[54] und DIWALD). Unter genuinem und nativem Lignin ist ein unverändertes Lignin zu verstehen, wie es sich im Gewebe vorfindet.

Lignin vermag FEHLINGsche Lösung etwas zu reduzieren. Halogene werden aufgenommen; nach KLASON z. B. von ligninsulfonsaurem Barium 23,9% Jod.

Die *Löslichkeitsverhältnisse* schwanken. Die meisten Lignine werden von Aceton und Alkohol, auch Alkali, gelöst. Äther und Benzol lösen nicht. Von Wasser wird nur die Ligninsulfonsäure aufgenommen (Näheres siehe A. HILLMER[95]).

Sowohl die alkalische als auch die saure Hydrolyse lieferte etwas Essigsäure und Ameisensäure. Daneben wurden bei saurer Behandlung einige Prozente Pentosen resp. Zucker erhalten.

Bei der Behandlung mit Ozon wird das Lignin bei Gegenwart von Wasser zerstört. Es bilden sich besonders Kohlensäure, Essigsäure, Ameisensäure. Ozonide wurden nicht beobachtet (F. KÖNIG[130]). Wasserstoffperoxyd zerlegt Lignin in niedere Säuren. Außer den eben genannten wurden Malonsäure, Bernsteinsäure und Oxalsäure gefunden (ANDERSEN[2] und HOLMBERG). Saure Oxydantia, wie Salpetersäure und Chromsäure, auch Chlordioxyd (E. SCHMIDT[206]), bauen etwa zu denselben Säuren ab. Essigsäure und Oxalsäure sind vorherrschend. Diese Produkte werden auch bei Behandlung mit Wasserstoffperoxyd und Ammoniak gewonnen.

Alkalische Druckoxydationen nach F. FISCHER[47] und Mitarbeitern führen zunächst zu Huminsäuren, bei längerer Einwirkung entstehen neben den einfachen aliphatischen Säuren besonders Benzolcarbonsäuren in einer Ausbeute von 3%.

Die Reduktion mit Jodwasserstoffsäure und Phosphor nach WILLSTÄTTER[253] und KALB ergibt ein Gemisch teils flüssiger, teils fester Kohlenwasserstoffe. Durch Zinkstaubdestillation erhielten KARRER[106] und BODDING-WIGER ein Öl, das ein Gemisch verschiedener Substanzen darstellte.

Nach der Kalischmelze isolierten FREUDENBERG[52, 52a] und Mitarbeiter Protocatechusäure und Brenzcatechin.

Mit Dimethylsulfat und Alkali erhält man Methylderivate, mit Essigsäureanhydrid Acetylderivate, mit Benzoylchlorid bezoylierte Produkte.

Der Einführung schwefliger Säure ist bereits oben gedacht. P. KLASON[123–125] beschrieb die Fällung der Ligninsulfonsäure durch β-Naphthylamin. Die Fällung ist wenig wasserlöslich. Durch Alkalibehandlung läßt sich das Naphthylamin zum Teil abspalten.

Konstitutionsfragen. P. KLASON[123] ist der Ansicht, daß das genuine Lignin aus zwei Komponenten besteht, α- und β-Lignin. Auf Grund der Umsetzungen mit β-Naphthylamin nimmt er im α-Lignin bzw. seiner Sulfonsäure einen Akroleinkomplex, CH : CH · CHO, an. Die β-Säure soll an Stelle der Aldehydgruppe eine Carboxylgruppe enthalten, CH : CH · COOH. Andere Forscher, wie DORÉE[36] und HALL, glauben, daß das Lignin einheitlich sei.

KLASON vertritt weiterhin die Ansicht, daß im Lignin ein Kondensationsprodukt von Coniferyl- und Oxyconiferylalkohol vorliegt. Dieser Ansicht stehen auch R. O. HERZOG[65a] und A. HILLMER sowie FREUDENBERG[52a] und Mitarbeiter nahe. CROSS[27] und BEVAN legen dem Lignin ein cyclisches Keton zugrunde, nach SCHRAUTH[211] ist es ein hydroaromatischer Komplex; nach JONAS[104] sollen drei Zucker, die durch Wasserabspaltung zum Oxymethylfurfurol geworden sind, sich zu einem Ringgebilde kondensiert haben, wobei die Doppelbindungen teilweise aufgelöst wurden.

Alles in allem gelang es bisher nicht, Licht in die verwickelte Konstitution dieses Körpers zu bringen.

Physiologisches Verhalten. Aus Versuchen von SONNTAG[222] geht hervor, daß verholzte Membranen weniger quellbar sind; Druck- und Biegungsfestigkeit sind dagegen erhöht. Bei der Röntgenanalyse pflanzlichen Gewebes tritt das Lignin nicht in Erscheinung (HESS[73], LÜDTKE, REIN).

Beim Absterben eines Pflanzenorganismus widersteht das Lignin noch relativ lange der Zersetzung. Während die Kohlenhydrate einschließlich der Cellulose alsbald Mikroorganismen anheimfallen, konnte das Lignin noch nach Jahren in praktisch derselben Menge wiedergefunden werden. Diese Verhältnisse sind von WEHMER[247], ROSE[200] und LISSE, BRAY[16] und ANDREWS sowie FALCK[44] und HAAG studiert worden.

Wenn das Lignin auch beim Angriff der Bakterien kaum an Menge abnimmt, so ist es doch infolge seiner leichten chemischen Angreifbarkeit nicht ganz unverändert geblieben, wie größere Alkalilöslichkeit und höherer Säuregehalt zeigen.

TH. VON FELLENBERG[45] untersuchte das Verhalten bei der Heugärung. Er fand, daß der aus Pektinen stammende Methylalkohol schnell verschwindet, während der Ligninmethylalkohol zunimmt.

Untersuchungen über die *Verdaulichkeit pflanzlicher Substanzen im Tierkörper* ergaben, daß Cellulose recht gut ausgenutzt werden kann. Daß diese Ausnutzung aber in dem Grade herabgesetzt wird, wie das Futtermittel Lignin enthält. Wie eingangs dargelegt wurde, bilden die Kohlenhydrate die inneren Lamellen der Zellwand und sind schalenartig von der ligninhaltigen Mittellamelle umhüllt. Da das *Lignin so gut wie unverdaulich* ist, hindert es den Zutritt der Verdauungssäfte zu den Kohlenhydraten und damit die Verwertung dieser. Eine starke Zerkleinerung der Nahrungsmittel muß der besseren Ausnutzung der pflanzlichen Substanz günstig sein, ebenso eine Entfernung des Lignins. Hierauf beruht der Aufschluß des Strohes zu Futterzwecken, der nach BECKMANN mit 1,5proz. Natronlauge in der Kälte oder nach PRINGSHEIM mit 1proz. Lauge bei 50° erfolgt und während des Krieges einige Bedeutung hatte. In dem so gewonnenen Kraftstroh waren 70—75% verdaulich gegen 32—37% im Ursprungsprodukt.

Das bei der Verdauung, bei Fäulnis- und Vermoderungsprozessen zunächst übrigbleibende Lignin reichert sich in der oberen Bodenschicht an und bildet hier, mehr oder weniger verändert und im Verein mit anderen Substanzen, den Humus. Auch bei der Vertorfung und Verkohlung spielt es nach einigen Forschern eine hervorragende Rolle (siehe z. B. F. FISCHER[48, 49], MARCUSSON[148, 149], GROSSKOPF[60], BRANDL[15]).

II. Pektin.

Vorkommen. Pektinsubstanzen finden sich im Fleisch vieler Früchte, in Wurzeln und nicht verholzten Geweben. Es enthalten z. B. Obstfrüchte 20—30% der Trockensubstanz an Pektin; Orangenschalen und Rübenmark sogar bis 50%. Es ist in der Pektinlamelle (Mittellamelle) abgelagert.

Darstellung. Man extrahiert den Rohstoff zunächst mit kaltem Wasser, kocht ihn dann mehrere Stunden mit Wasser aus und dampft den erhaltenen Auszug auf dem Wasserbade zur Trockne ein. Das Herauslösen des Pektins läßt sich beim Arbeiten im Autoklaven beschleunigen.

Chemisches Verhalten. Das so gewonnene Pektin ist in Wasser ziemlich löslich. F. EHRLICH[37] bezeichnet es als Hydratopektin. Es stellt ein Gemisch von Araban und dem Calciummagnesiumsalz der Pektinsäure dar. Ersteres läßt sich durch 70proz. Alkohol in der Kälte herauslösen, seine Menge beträgt ca. 30%, $[\alpha]_D = -170^0$. Im nativen Pektin soll es mit der Pektinsäure chemisch verbunden sein.

Das pektinsaure Salz kann durch Lösen in Wasser und Fällen mit Alkohol gereinigt werden. Das Calcium ist gegenüber dem Magnesium in doppelter Menge vorhanden. Die Pektinsäure läßt sich mit Hilfe von Salzsäure in Freiheit setzen und mit Alkohol ausfällen. Diese freie Säure wurde von früheren Forschern (z. B. TOLLENS[230, 231], BOURQUELOT[18, 19] und HERISSEY) gewöhnlich als Pektin angesprochen. Sie ist mit Alkali titrierbar und gibt unlösliche Schwermetallverbindungen; $[\alpha]_D$ liegt zwischen $+110^0$ und $+160^0$.

EHRLICH[38–40] gelang es, neben den bekannten Bestandteilen Galaktose und Essigsäure als wesentlichsten und charakteristischsten Baustein d-Galakturonsäure aufzufinden. VON FELLENBERG[45] hatte den Methylalkohol und SMOLENSKI[221] die Essigsäure als ständige Komponenten festgestellt.

Die Pektinsäure der Zuckerrübe zerfällt bei der Hydrolyse in folgende Bruchstücke:

$$\underset{\text{Rübenpektinsäure}}{C_{43}H_{62}O_{37}} + 10\,H_2O = \underset{\text{d-Galakturonsäure}}{4\,C_6H_{10}O_7} + \underset{\text{Methylalkohol}}{2\,CH_3OH}$$

$$+ \underset{\text{Essigsäure}}{3\,CH_3 \cdot COOH} + \underset{\text{d-Galaktose}}{C_6H_{12}O_6} + \underset{\text{l-Arabinose}}{C_5H_{10}O_5}$$

Aus der Pektinsäure läßt sich beim Digerieren mit 2—5proz. Salzsäure auf dem Wasserbade der Galakturonsäurebaustein in Form einer Polygalakturonsäure herausspalten. Er reduziert nicht FEHLINGsche Lösung, zeigt aber saure Eigenschaften, $[\alpha]_D = +275^0$. Nach stärkerer Hydrolyse erhält man d-Galakturonsäure. Diese Verbindung ist es, auf die sowohl bei dem Pektin als auch seinen Bruchstücken der positive Ausfall der Naphthoresorcinreaktion zurückzuführen ist. Die gleichen Bruchstücke geben die Pektine der Orangenschalen, der Johannis- und Erdbeeren. Die letztgenannten Früchte zeigen einen hohen Gehalt an wasserlöslichem Hydratopektin, woraus sich die leichte Gelatinierungsfähigkeit ihrer Säfte erklärt.

Im Flachspektin wurde von EHRLICH und Mitarbeitern außer den obigen Bausteinen noch l-Xylose gefunden.

Physiologisches Verhalten. Über die Veränderungen der Pektinstoffe bei der Flachsröste hat J. BEHRENS[9] berichtet. C. NEUBERG[162, 163], KOBEL und OTTENSTEIN studierten ihr Verhalten bei der Tabakfermentation. Bei dieser sinkt der Gehalt des Tabaks an esterförmigem Methoxyl von ursprünglich 7 bis 9 Promille, bei den hellen Zigarettentabaken auf etwa 5 Promille, bei den Zigarrentabaken auf etwa 1 Promille. Der Quotient „entestertes Pektin" zu noch estermäßig gebundenem Methanol steigt also durch die Fermentation in allen Fällen. Aus den Arbeiten zahlreicher Forscher ist eine Pektase bekanntgeworden, die Pektinlösungen zum Gelieren bringt, und eine Pektinase, die sie weiter abbaut. In der Takadiastase kommen beide Fermente zugleich vor, wie EHRLICH[41] zeigte.

Einige Autoren (F. EHRLICH[37], W. FUCHS[55]) sind der Ansicht, daß das Pektin vom Pflanzenorganismus zu Lignin umgewandelt werden kann.

III. Hemicellulosen.

Unter Hemicellulosen werden hier alle Stoffe verstanden, die außer Cellulose am Aufbau der Pflanzenmembran beteiligt sind und ihren Kohlenhydratcharakter dadurch dokumentieren, daß sie wie Cellulose zu 100% aus einem Zucker aufgebaut sind.

Die Zusammenfassung unter diesem Namen hat ihre Berechtigung in anatomischen und physiologischen, weniger chemischen Gründen. Von den im vorigen Kapitel abgehandelten Kohlenhydraten, Stärke, Inulin, Glucogen unterscheiden sie sich dadurch, daß erstere nicht Membranbestandteile sind und als wirkliche Reservestoffe zu gelten haben, während die Hemicellulosen nur bedingt als Reservestoffe anzusprechen sind, da bei ihrer Mobilisierung oft ein Zerfall der Zellen oder des ganzen Organes eintritt. Durch diesen Charakter als bedingte Reservekohlenhydrate sind sie auch von der Cellulose geschieden.

a) Pentosane.

Xylane kommen besonders in den Holzkörpern von Laub- und Nadelhölzern sowie Gramineenhalmen vor, aus denen sie als sog. Gummipräparate isoliert wurden; ferner im Zuckerrohr, in den Schalen von Nüssen, in Lupinen, Erbsen, Rotklee und anderen. Es existieren mehrere Xylane. In den meisten Fällen ist nicht Xylan als solches, sondern Xylose festgestellt, und hiervon auf das Xylan geschlossen worden, was nicht ganz einwandfrei ist.

Darstellung. Nach SALKOWSKI[202, 203] wird Stroh mit 6proz. Natronlauge 45 Minuten gekocht, das Filtrat mit FEHLINGscher Lösung versetzt, die ausfallende Kupferalkaliverbindung mit Salzsäure zerlegt und das Xylan durch Alkohol ausgefällt und säurefrei gewaschen.

LÜDTKE[143] ging vom Bambus aus, schloß diesen mit Chlordioxyd und Natriumsulfit (E. SCHMIDT[206] und GRAUMANN) auf und extrahierte das Xylan mit 5—6proz. kalter Natronlauge auf der Schüttelmaschine, fällte es durch Ansäuern mit Essigsäure und Alkohol und wusch es mit Alkohol säurefrei. Dieses Rohprodukt wurde in einer Konzentration von 1% in Kupferammin gelöst, die Cellulose mit Essigsäure abgeschieden und das Xylan durch Alkohol gefällt und frei von Kupfer und Essigsäure gewaschen. Auf diese Weise wurden die reinsten Xylanpräparate erhalten.

Natürlich kann man statt von rohem Pflanzenmaterial von bereits aufgeschlossenem ausgehen und etwa gebleichten Strohzellstoff verwenden, wie HEUSER[88] es tat.

HESS[70] und LÜDTKE isolierten ein zweites Xylan aus Sulfitzellstoff. Dieser wurde mit 8proz. Natronlauge ausgezogen, das zentrifugierte Filtrat mit Essigsäure neutralisiert und mit Methanol versetzt, wodurch ein Rohprodukt ausfällt. Die Kupferamminlösung dieser Substanz läßt auf Zusatz von 2-n-Natronlauge bis zur Gesamtkonzentration von 0,2-normal das Mannan fallen und durch Zusatz von Essigsäure die Cellulose. Im Restzentrifugat ist das Xylan durch Alkohol fällbar.

Chemisches und physikalisches Verhalten. Xylane geben bei der Hydrolyse Xylose. Über die quantitative Ermittlung dieser siehe HEUSER[89, 90], LÜDTKE[143].

Bei der Destillation mit 12proz. Salzsäure bei 160° geht Furfurol über, dessen Menge eine quantitative Bestimmung des Xylans ermöglicht (S. 14).

Reines Xylan ist ein amorphes weißes Pulver, das 1—2 % Asche enthält. Feuchte Präparate lösen sich in Wasser; getrocknete dagegen nur unvollkommen.

Bambusxylan gibt eine positive Chlorzinkjodreaktion. Es löst sich in trockenem Zustand in 2-n-Alkali nur trübe. 0,6484 g Substanz und 10 mg Mol. Kupferhydroxyd in 100 cm^3 25proz. Ammoniak geben im 5-cm-Rohr einen Drehwert $\alpha^{20}_{435,8} = -4,85^0$. Es läßt sich aus dieser Lösung durch Natronlauge, Natriumacetat und -carbonat abscheiden, ebenso durch Essigsäure (LÜDTKE).

Fichtenholzxylan gibt negative Chlorzinkjodreaktion; $[\alpha]_D$ in 2-n-Natronlauge — 87,4°.

Beide Xylane zeigen im Röntgendiagramm nur einen breiten Ring.

Strohxylan hat nach SALKOWSKI einen Drehwert bis zu $[\alpha]_D - 85^0$.

FEHLINGsches Reagens fällt, zu einer Lösung des Xylans gegeben, dieses als Kupferalkaliverbindung. Mit Natronlauge bildet sich eine Additionsverbindung. Bei der Behandlung mit Essigsäureanhydrid und Pyridin werden zwei Acetylreste aufgenommen (E. HEUSER[91] und P. SCHLOSSER), durch Nitrierung hat BADER[4] Mono- und Dinitrate hergestellt. Die Oxydation mit Salpetersäure führt zu Trioxyglutarsäure. Methyläther wurden zuerst von E. HEUSER[92] und W. RUPPEL synthetisiert, die Xanthogenatbildung studierten HEUSER[93a] und SCHORSCH.

Über den bakteriellen und fermentativen Abbau ist nur wenig bekannt. Xylan soll der Methangärung fähig sein. Nach SEILLERE[204a] produzieren Schnecken, holzfressende Käferlarven und Darmbakterien xylanspaltende Fermente. M. EHRENSTEIN[36a] fand, daß Schneckensaft Xylan bis zu 69 % zu Xylose hydrolysieren kann. BAKER[5a] und HULTON sowie LÜERS[144a] und VOLKAMER untersuchten das Verhalten der Malzenzyme gegenüber Xylan.

Arabane finden sich besonders in den Zellmembranen saftiger Früchte, in Samen und unterirdischen Speicherorganen, z. B. der Zuckerrübe, in Pflanzensekreten, Gummen und Schleimen (S. 36). Es scheint, daß sie besonders mit Pektinen vereint sind und als Substanzen der Mittellamelle zu gelten haben.

Darstellung. R. HAUERS und B. TOLLENS[231] stellten Arabanpräparate aus Kirschgummi dar, die von SALKOWSKI[202, 203] über die Kupferverbindung gereinigt wurden.

Bei der Hydrolyse geben sie Arabinose, die direkt oder mittels Diphenylhydrazin (NEUBERG[164] und WOHLGEMUTH) isoliert werden kann. Durch Überführen in Furfurol läßt sie sich indirekt quantitativ bestimmen.

F. EHRLICH[39] und VON SOMMERFELD gewannen ein Araban aus Zuckerrübenpektin. Die ausgelaugten Rübenschnitzel wurden mit Wasser gekocht, die Filtrate zur Trockne eingedampft. Aus dem Rückstand läßt sich mit 70 proz. Alkohol Araban ausziehen und durch das gleiche Volumen 96proz. Alkohol niederschlagen. $[\alpha]_D - 170^0$.

Methylpentosane. Fucose wurde von TOLLENS[230, 232–234] und Mitarbeitern im Seetang und Traganthgummi nachgewiesen. Ein Fucosan in Substanz ist bisher nicht isoliert worden. Noch weniger ist über die Rhamnose als polymeres Zuckeranhydrid bekannt.

b) Hexosane.

Galaktane. *Vorkommen.* Galaktane finden sich in Hölzern (SCHORGER[208] und SMITH), in vielen Samen, besonders der Leguminose (MUNTZ[158], MAXWELL[152]), in Fucusarten (R. W. BAUER[6], J. KÖNIG[132] und BETTELS), in vielen

Knollen und Wurzeln (E. O. VON LIPPMANN[140]). Sie scheinen oft in Begleitung oder als Komponenten von Pektinen vorzukommen (F. EHRLICH[38]), sind aber auch für sich in Pflanzenschleimen und Gummen zu beobachten.

Das Vorkommen ist nicht immer völlig sichergestellt, da viele Untersucher nicht das Galaktan als solches isoliert haben, sondern sich mit dem Nachweis der Galaktose in Form von Schleimsäure begnügten. Da wir indes bis heute noch nicht über eine einwandfreie quantitative Bestimmung der Galaktose verfügen (vielleicht mit Ausnahme der Methode von E. SCHMIDT[207] und Mitarbeitern), liegt die Chemie dieser Substanzen ziemlich im argen.

Man kann im wesentlichen fünf Galaktane unterscheiden, die am besten mit E. O. VON LIPPMANN[140] als α-, β-, γ-, δ-, ε-Galaktan bezeichnet werden.

Das α-Galaktan wurde von MUNTZ aus Leguminosen gewonnen; $[\alpha]_D = +84{,}6^0$. Es ist vielleicht mit dem aus Bohnen und Gerste gewonnenen (W. MAXWELL[152], LINDET[139]) identisch. Es ist wasserlöslich.

β-Galaktan wurde das von STEIGER[226] aus Lupinensamen isolierte Produkt genannt. Es ist später von E. SCHULZE[212, 213] als Trisaccharid angesprochen worden und erhielt die Bezeichnung Lupeose, fällt also nicht in die vorgenannte Körperklasse.

γ-Galaktan nennt E. O. VON LIPPMANN[140] einen Stoff, der beim Absüßen des Kalkschlammes der Rübenzuckerfabrikation anfällt und aus der wäßrigen Lösung nach völligem Entkalken und Einengen gewonnen werden kann. Er hat die Zusammensetzung $C_6H_{10}O_5$, dreht in Wasser $[\alpha]_D = +238^0$ und gibt bei der Hydrolyse nur Galaktose.

Als δ-Galaktan müßte das von R. W. BAUER[6] in Tangen (Agar) gefundene Galaktan bezeichnet werden, das erneut von J. KÖNIG[132] und BETTELS untersucht worden ist. Es ist in kaltem Wasser sehr wenig löslich und gelatiniert stark (Gelose), liegt aber bisher noch nicht rein vor.

ε-Galaktan haben A. W. SCHORGER[208] und D. F. SMITH ein aus Larix oxidentalis und anderen Coniferen durch Wasserauszug erhaltenes Produkt genannt. Es läßt sich der wäßrigen Lösung durch Bleiacetat entziehen und dreht in Wasser $[\alpha]_D + 12{,}1^0$. Es enthält noch 10,5% Pentosan. Bei der Acetylierung ließen sich drei Essigsäurereste einführen.

Mannane. *Vorkommen.* Mannane sind sehr zahlreich im Pflanzenreich verbreitet. SCHORGER[209] fand sie im Holz von 22 Gymnospermen, aber nicht in Angiospermen. Besonders reich daran sind Samen und Samenschalen. Bekannt sind die als vegetabilisches Elfenbein bezeichneten Steinnußsamen, ebenso beherbergen Getreidesamen reichlich Mannan. Viele Knollengewächse geben einen mannanhaltigen Wasserauszug, der z. B. als Salepschleim und Konjakmannan (Conophallus Konjaku) bekannt ist. Letzteres bildet in Japan ein Nahrungsmittel. Hefe und andere Bakterien führen ebenfalls Mannane. In den meisten Fällen sind die Mannane nicht als solche gewonnen worden, sondern man hat das Vorliegen von Mannose als genügend erachtet, um auf ihre Anwesenheit zu schließen. In reiner Form liegen drei Mannane vor: Mannan A, B und das Salepmannan.

Mannan A (BAKER[5] und POPE, H. PRINGSHEIM[188] und K. SEIFERT, M. LÜDTKE[144]). Zur Darstellung wird Steinnußsamenmehl mit Chlordioxyd und Natriumsulfit aufgeschlossen und mit 5proz. Natronlauge extrahiert. Beim Neutralisieren der Auszüge mit Essigsäure fällt das Mannan nahezu rein aus.

Um es aus Fichtenholz zu gewinnen, wird Zellstoff mit 8proz. Natronlauge ausgezogen und die extrahierte Lösung mit Essigsäure neutralisiert, der ausgewaschene Niederschlag in Kupferoxydammoniak gelöst und das Mannan A durch Zusatz von 2-n-Natronlauge bis zur Gesamtkonzentration von 0,2-normal gefällt. Nach Zersetzen der Kupferalkaliverbindung mit Essigsäure und Auswaschen mit Methanol wird das Produkt in Alkali gelöst, mit Essigsäure gefällt und wie vor ausgewaschen (HESS[70] und LÜDTKE).

Es zerfällt bei der Hydrolyse in Mannose, die auf diese Weise aus Steinnüssen gewonnen wird (CLARK[23], HORTON[99]). Das Mannan löst sich leicht in normaler Natronlauge, $[\alpha]_D = -44,8^0$, und in Kupferamminlösung. Durch Acetylierung entsteht ein Triacetylderivat. Mit Dimethylsulfat und Alkali lassen sich annähernd drei Methylreste einführen (J. PATTERSON[181]). Das Trimethylmannan zerfällt bei der Hydrolyse in Trimethylmannose. Röntgenaufnahmen des Mannans A siehe bei K. HESS[70] und M. LÜDTKE.

Der bakterielle Abbau wurde von H. PRINGSHEIM[189] studiert. BIERRY[14] und GIAJA ließen verschiedene pflanzliche und tierische Fermente einwirken und konstatierten einen Abbau. Sehr schöne Untersuchungen stellte REISS[198, 199] an. Er verfolgte das Verhalten der Mannane des Steinnußsamens beim Keimen und beobachtete eine Auflösung der Sekundärmembran. Hier mußten diese Substanzen also abgelagert sein; eine Ansicht, die von LÜDTKE[144] bestätigt wurde.

Mannan B. Aufgeschlossenes Steinnußmehl wird mit 5- und 10proz. Natronlauge erschöpfend extrahiert, der Rückstand in Kupferoxydammoniak gelöst und das Mannan B mit 2-n-Natronlauge (bis zur Gesamtkonzentration von 0,2-normal an Natronlauge) gefällt. Nach Zersetzen der Kupferalkaliverbindung durch Essigsäure und Auswaschen mit Methanol ist das Produkt rein.

Mannan B ist ebenfalls quantitativ zur Mannose aufspaltbar. In Natronlauge ist es nur unvollkommen löslich, wohl aber in Kupferammin unter Beachtung gewisser Kautelen: $\alpha = +0,51^0$. Mit Essigsäureanhydrid und Schwefelsäure läßt es sich acetylieren. Das erhaltene Triacetylmannan dreht in Chloroform $[\alpha]_D = -25,2^0$ (LÜDTKE[144]). Das Röntgenbild siehe bei K. HESS[70] und LÜDTKE.

Salepmannan, Mannan C. (H. PRINGSHEIM[190, 191], mit GENIN und PEREWOSKY). Salepknollen werden mit kaltem Wasser ausgezogen. Auf Zusatz von Alkohol fällt das Mannan aus. Es zeigt in Wasser keine optische Aktivität. Mit Essigsäureanhydrid und Pyridin wurde ein Triacetat erhalten, $[\alpha]_D$ in Chloroform $-28,9^0$ (H. PRINGSHEIM[192] und G. LISS). Malzauszug spaltet es quantitativ zu Mannose. Mit gealtertem und Kaolin behandeltem Malzauszug gelang PRINGSHEIM und Mitarbeitern die Aufspaltung zu einer Mannobiose.

Ein als Konjakmannan bezeichnetes Produkt aus Conophallus Konjaku gibt bei der Hydrolyse Mannose und Glucose (Literatur: T. OHTSUKI[168]).

Glucane. Lichenin. *Vorkommen.* Es ist in vielen Flechten aufgefunden worden und befindet sich nach KARRER[107] und Mitarbeitern wahrscheinlich auch in vielen anderen Pflanzen, da sich in diesen licheninspaltende Enzyme nachweisen lassen.

Darstellung. Das Lichenin wird dem isländischen Moos nach Vorbehandlung mit Alkohol und Sodalösung durch heißes Wasser entzogen. Beim Erkalten scheidet es sich aus dem Filtrat ab und wird durch mehrmaliges Umfällen aus heißem Wasser gereinigt.

Chemisches und physikalisches Verhalten. Der Drehwert in Wasser ist ungefähr 0^0. In Kupferamminlösung beträgt $\alpha = 2,33^0$ gegen $3,45^0$ der Cellulose. In 2-n-Natronlauge wurde $[\alpha]_D = 8,3^0$ gemessen. Das Lichenin ist mit Cellulose nicht identisch (HESS[71] und MESSMER). Die Hydrolyse führt ausschließlich zu Traubenzucker. Die Acetylierung ergibt ein Triacetat, $[\alpha]_D$ in Chloroform $= -38,5^0$ (HESS[72] und FRIESE). Bei der Acetolyse erhält man Octacetylcellobiose (KARRER[108] und JOOS). Die Vakuumdestillation führt zu

Lävoglucosan. Durch Methylierung ist ein Methylprodukt mit ca. 42% Methyl zu erhalten (P. KARRER[109] und NISHIDA). Bei der Hydrolyse wird dieses zu 2,3,6-Trimethylglucosid gespalten. R. O. HERZOG[65] und GONELL nahmen das Röntgendiagramm des Lichenins auf.

Physiologisches Verhalten. SAIKI[201] fand, daß Fermente der Takadiastase Lichenin spalten. JEWETT und LEWIS wiesen das gleiche für die Säfte vieler Invertebraten nach. Näher studiert wurde der biologische Abbau von PRINGSHEIM[193] und SEIFERT sowie KARRER[108, 110, 111] und Mitarbeitern. Letztere arbeiteten besonders mit der aus dem Hepatopankreassaft der Schnecken gewonnenen Schneckenlichenase und stellten deren Kinetik klar. In allen Fällen wurde Glucose als Spaltprodukt gefunden. PRINGSHEIM[194] und LEIBOWITZ erhielten bei Einwirkung gealterter Malzauszüge Cellobiose. KARRER[112] und LIER isolierten eine Triose, Lichotriose genannt, bei Verwendung besonders behandelter Schneckenlichenase.

Glucan. Weitere Glucane, auch Glucosane oder Dextrane genannt, sind zahlreich in Pflanzen beobachtet worden, aber kaum eines wurde rein dargestellt. So sind die Hefendextrane und andere aus Schleimstoffen isolierte Produkte als Gemische anzusprechen.

Neuerdings wurde von K. HESS[73], LÜDTKE und REIN aus Buchenzellstoff durch Extraktion mit 5proz. Natronlauge ein Glucan erhalten, das nach Ausfällung mit Essigsäure und Alkohol und Trennung vom begleitenden Xylan eine Zusammensetzung von $C_6H_{10}O_5$ hatte, bei der Hydrolyse nur Glucose gab und in Kupferamminlösung einen Drehwert von $\alpha = -1{,}0^0$ besaß (0,0648 g Substanz und 0,095 g $CuOH_2$ in 10 cm³ 25proz. Ammoniak, im 5-cm-Rohr gemessen).

IV. Chitin.

Vorkommen. Chitin wurde als pflanzlicher Baustoff von GILSON[58] und WINTERSTEIN[254] in Pilzen aufgefunden. Auch in Flechten und einigen Bakterien ist es nachgewiesen. (Siehe hierzu F. v. WETTSTEIN[250b].) Weit verbreitet ist es als Gerüstsubstanz in tierischen Organismen.

Darstellung. Man gewinnt Chitin am besten aus Krebs- oder Hummerschalen durch mehrtägiges Behandeln mit verdünnter Salzsäure, Auskochen mit 10proz. Kalilauge, Bleichen und Auswaschen.

Chemisches und physikalisches Verhalten. LEDDERHOSE[135] zeigte, daß man bei der Hydrolyse 85,5% Glucosamin und 22,5% Essigsäure erhalten kann. Daraus folgt, daß auf einen Glucosaminrest eine Essigsäuregruppe kommt. Durch partielle Verseifung gelangten S. FRÄNKEL[51] und A. KELLY zum N-Acetylglucosamin. Die komplette Hydrolyse mit HCl zu Glucosaminchlorhydrat wird am einfachsten durch Erwärmen auf dem Wasserbade erreicht (NEUBERG[166]). Bei der Alkalischmelze entstehen Essigsäure und Chitosan (T. Araki[3], E. LÖWY[141]). O. v. FÜRTH[56] und M. RUSSO, E. LÖWY[141], H. BRUNSWIK[20] beschreiben krystallisierte Salze des Chitosans mit Chlor- und Bromwasserstoffsäure, Schwefelsäure, Phosphorsäure, Salpeter- und Chromsäure. Jodjodkalium erzeugt nach v. WISSELINGH[256] eine typische Färbung, die indirekt zum Nachweis des Chitins dienen kann. Chitosan reduziert FEHLINGsche Lösung nicht. Bei der Hydrolyse geht es in Glucosamin über, das von salpetriger Säure in einen reduzierenden Zucker, Chitose, verwandelt wird. Die Zinkstaubdestillation liefert neben Ammoniak verschiedene Pyrolkörper, besonders „Chitopyrrol" (2-Methyl-1-n-Hexylpyrrol) (P. KARRER[119] und A. P. SMIRNOFF).

R. O. HERZOG[66] zeigte durch röntgenspektroskopische Untersuchungen, daß Chitin krystallin ist.

Physiologisches Verhalten. Chitin ist außerordentlich widerstandsfähig. Es wird als nichtverdaulich bezeichnet (WOLFF[256a] und HAITSCHEK, J. STRASBURGER[228a], H. D. WESTER[250a]). M. MIYOSHI[156a], K. SHIBATA[219a], W. BENECKE[10a] beschrieben chitinzersetzende Schmarotzerzellen und Spaltpilze.

V. Cellulose.

Vorkommen. Cellulose findet sich in der Zellmembran aller höheren Pflanzen. Der Gehalt hieran wechselt mit den einzelnen Zellarten. Während Faser- und Parenchymzellen reichlich Cellulose enthalten, sind in Korkzellen nur 1—2% feststellbar. Ob auch cutinisierte Zellen (Epidermis) cellulosehaltig sind, ist noch ungewiß.

Von den niederen Lebewesen führen Bakterien im allgemeinen keine Cellulose. Nur das Bacterium xylinum ist in der Lage, Cellulose zu bilden (A. J. BROWN[17]). In Myxomyceten soll Cellulose bei einigen Formen auftreten. Sproßpilze wurden frei davon gefunden. Höhere Pilze beherbergen sie hin und wieder. Häufiger ist der Nachweis bei Algen und Flechten geglückt. Allgemein scheint sie bei Moosen und Farnen zu sein. In einem Falle ist ihr Vorkommen auch im Tierreich nachgewiesen, nämlich in den Mänteln der Tunicaten.

Es ist zu beachten, daß der Nachweis bei den niederen Organismen fast ausschließlich durch die Anfärbung mit Chlorzinkjod geführt worden ist. Ein Reagens, das nach LÜDTKE[143, 144] nicht nur mit Cellulose Violettfärbung gibt, sondern auch mit Mannan B und einem Xylan aus Bambus.

Gewinnung von Zellstoff und Cellulose; **Bestimmung der „Rohfaser“.** Man muß sich bei allem von der Natur gegebenen cellulosehaltigen Material klar sein, daß in den Fasern nicht chemische, sondern morphologische Einheiten vorliegen. Demgemäß stellt kein natürliches aufgeschlossenes Zellmaterial reine Cellulose dar. Über den Aufbau von Pflanzenzellen und Geweben siehe S. 44 ff.

Als relativ reine Cellulose ist Baumwolle, das sind die Samenhaare verschiedener Gossipiumarten, anzusprechen. Nach Entfettung und Bleichung mit Hypochloritlösung läßt sich ein Cellulosegehalt von ca. 95% ermitteln.

Bastfasern von Flachs, Hanf, Ramie und anderen werden durch mechanische Behandlung des Stengelmaterials und darauffolgende Röste gewonnen. Diese kann eine biologische Röste sein, bei der durch Einlegen des Materials in Wasser Bakterien gezüchtet werden, welche die Pektinlamellen und damit die Verbindung des Bastfaserbündels mit dem Gewebe zerstören, oder eine chemische Röste (z. B. Behandeln mit 0,5proz. Schwefelsäure während 3—4 Stunden bei 90°), die denselben Effekt hat. Durch weitere mechanische Bearbeitung werden die Faserbündel von den umgebenden Bestandteilen befreit. Der Cellulosegehalt von Bastfasern liegt zwischen 70 und 90%.

Für die Gewinnung der Fasern aus verholzten Geweben ist die wichtigste Methode das *Sulfitverfahren.* Hierbei werden Holzspäne mit einer sauren Calciumsulfitlösung erhitzt. Man hat zwei Arbeitsweisen: nach MITSCHERLICH und nach RITTER-KELLNER.

	Kalk %	Schwefl. Säure %	Freie schwefl. Säure %	Temperatur °	Druck Atm.	Kochdauer Std.
MITSCHERLICH	ca. 1	ca. 2,8	ca. 1,7	110—125	3—4	30—48
RITTER-KELLNER . . .	ca. 1	ca. 4—5	ca. 2,8—3,8	125—140	4—6	15—20

Die aus den Kochern hervorgehende Masse hat noch die Form der ursprünglichen Holzstückchen. Sie wird zerquetscht und macht eine Chlorbleiche im Holländer durch, wonach sie zu den bekannten Zellstoffpappen geformt wird.

Für den Sulfitaufschluß ist besonders Fichtenholz geeignet. Der Zellstoff hat einen Cellulosegehalt von 80—94%. Die Kochflüssigkeit, als Sulfitablauge bekannt (S. 47), wird zuweilen auf Sulfitsprit verarbeitet. Die Ausbeute an Stoff beträgt 44—48% vom Holzgewicht.

Nach dem *Natronverfahren* werden besonders Stroh, Bambus und harzreiche Hölzer aufgeschlossen. Das Kochgut erfährt eine sechsstündige Behandlung mit ca. 6—8proz. Natronlauge bei 150—180° (6—8 Atm.). Die Ablauge, als Schwarzlauge bezeichnet, wird regeneriert, indem sie eingedampft und von den organischen Substanzen durch Glühen befreit wird.

Das *Sulfatverfahren* ist als Abart des Natronverfahrens zu bezeichnen, da das verbrauchte Natriumhydroxyd durch das billigere Natriumsulfat ersetzt wird, das beim Calcinieren in Natriumsulfid übergeht. Da im Holz Methylgruppen vorhanden sind, bilden diese mit dem Sulfid das übelriechende Methylmercaptan, weshalb das Verfahren nicht überall anwendbar ist.

Durch abwechselnde Einwirkung von kaltem Chlorwasser und heißer, wäßriger 2proz. Natriumbisulfitlösung läßt sich ein schön weißer Zellstoff erzeugen. Bei zu hoher Chlorkonzentration kann die Cellulose mit angegriffen werden. Die Bemühungen, dies Verfahren in die Technik einzuführen, sind zahlreich (siehe z. B. H. WENZL[250]).

Ähnlich wie Chlor wirkt nach E. SCHMIDT[206] und E. GRAUMANN Chlordioxyd im Verein mit Natriumbisulfitlösung. Es greift, unter bestimmten Bedingungen angewandt, Kohlenhydrate nicht an.

Die mittels dieser Verfahren gewonnenen Zellstoffe sind noch nicht rein. Sie enthalten mehr oder weniger Pentosane, Hexosane, Stickstoffsubstanzen (wahrscheinlich aus den Plasmaresten stammend), Asche und andere unbekannte Beimengungen. Durch Alkalibehandlung, Bleiche, Erhitzen mit schwachen Säuren läßt sich der Zellstoff oft weitgehend reinigen, so daß derart behandeltes Material, wie z. B. Filtrierpapier, relativ reine Cellulose darstellt. Indessen ist der anatomische Aufbau der Faser ein derartiger (S. 44ff.), daß durch eine Extraktion allein völlig reine Cellulose nicht erhalten werden kann. Erst Auflösung, z. B. in Kupferamminlösung, und Ausfällung durch bestimmte Mittel läßt reine Cellulose gewinnen (HESS[70], LÜDTKE[144]). Solche umgefällte Cellulose (Hydratcellulose), die chemisch keinen Unterschied von der nativen erkennen läßt, gibt bei der Röntgenanalyse Effekte, die auf gewisse physikalische Veränderungen schließen lassen, die sie mit der mercerisierten Cellulose gemeinsam hat (S. 62).

Unter **Rohfaser** *versteht man den nach einer bestimmten Behandlung der Futter- und Nahrungsmittel mit verdünnten Säuren und Alkalien verbleibenden Rückstand.*

1. *Bestimmung nach* HENNEBERG[64] *und* STOHMANN. *Das sog.* WEENDER-*Verfahren* hat nach der Vereinbarung des Verbandes landwirtschaftlicher Versuchsstationen folgende Ausführungsform:

3 g der lufttrockenen Probe, die so fein gemahlen ist, daß sie leicht restlos durch ein 1-mm-Sieb fällt, werden in einem Becherglase — Porzellanschale ist nicht so gut geeignet —, das bei 200 cm³ eine Marke trägt, mit 50 cm³ einer 5proz. Schwefelsäure und 150 cm³ Wasser genau 30 Minuten über freier Flamme unter Ersatz des verdampfenden Wassers gekocht. Danach wird filtriert und der Rückstand bis zum Verschwinden der sauren Reaktion mit heißem Wasser ausgewaschen. Das Filtrat muß vollkommen klar und frei von suspendierten Substanzteilchen sein. Dann wird der Rückstand in das Becherglas zurückgegeben und nunmehr genau 30 Minuten in gleicher Weise mit 50 cm³ einer 5proz. Kalilauge und 150 cm³ Wasser gekocht; darauf wird filtriert, der Rückstand zunächst bis zur neutralen Reaktion mit heißem Wasser und dann mit

Aceton ausgewaschen. Danach wird der Rückstand in eine ausgeglühte Platinschale gebracht, 3 Minuten bei 105° getrocknet, nach dem Erkalten im Exsiccator gewogen, auf freier Flamme geglüht und nach vollständigem Verbrennen der organischen Substanz wieder gewogen. Der Gewichtsverlust zeigt den Gehalt an Rohfaser an.

2. Verfahren nach J. König[133]. 3 g der Substanz werden mit 200 cm^3 Glycerin (spezifisches Gewicht 1,23), das 20 g konzentrierte Schwefelsäure im Liter enthält, am Rückflußkühler 1 Stunde bei 133—135° gekocht. Nach dem Erkalten wird verdünnt, aufgekocht und heiß durch ein gewogenes Goochfilter filtriert. Der Filterrückstand wird mit 400 cm^3 siedendem Wasser, dann mit 80—90proz. Alkohol und zuletzt mit heißem Alkoholäther gewaschen, bis letzterer farblos abläuft. Der quantitativ in eine Platinschale gebrachte Rückstand wird bei 105—110° bis zur Gewichtsbeständigkeit getrocknet, gewogen, vollständig verascht und zurückgewogen. Der Unterschied zwischen beiden Wägungen gibt die Menge Rohfaser an.

a) Chemisches Verhalten. *Einwirkung von Säuren auf Cellulose.* Bei der Einwirkung anorganischer als auch organischer Säuren lassen sich mehrere Stufen des Abbaues, je nach der Dauer der Wirkung und der Säurekonzentration, unterscheiden. Zeitlich kurze Behandlung oder Einwirkung schwacher Säuren und saurer Salze wie Aluminiumsulfat, Magnesiumchlorid, Zinkchlorid führen zu einem Produkt, das als Hydrocellulose bezeichnet wird. Während man früher glaubte, daß diese Substanz einheitlich sei und infolge partieller Hydrolyse Wasser chemisch gebunden enthalte, konnten Hess[74, 75], Weltzien und Messmer zeigen, daß sie unveränderte Cellulose neben einer in Alkali löslichen, aber chemisch unveränderten, nur physikalisch veränderten Cellulose A und reduzierenden Abbauprodukten enthalte. Unter diesen letzteren ist Glucose nachgewiesen worden. Hieraus erklären sich verschiedene Eigenschaften der Hydrocellulose, so das Reduktionsvermögen, die Gelbfärbung beim Erhitzen mit verdünnten Alkalien und der erhöhte Wasser- und Sauerstoffgehalt.

Läßt man Schwefelsäure von 72% auf Cellulose einwirken, bis die Masse gerade gelöst ist, und verdünnt mit Eiswasser, so fällt eine gallertige Masse aus, die sich nach ihrem Verhalten noch als Cellulose $(C_6H_{10}O_5)_x$ erweist. Sie erscheint lediglich physikalisch verändert und zeigt die Eigenschaften der mercerisierten Cellulose, weswegen sie auch als Hydratcellulose bezeichnet worden ist. Flechsig[50] gab dieser Masse den Namen Amyloid, weil sie sich mit Jod und Schwefelsäure blau färbt. Man macht von dieser Schwefelsäurewirkung bei der technischen Herstellung des Pergamentpapiers Gebrauch; indessen ist das „Butterbrotpapier“ nicht auf diese Weise, sondern durch „Schmierig“-Mahlen von Zellstoff im Holländer hergestellt (Pergamyn).

Ebenfalls zu einer lediglich physikalisch veränderten Cellulose kommt man nach Lieser[138] durch Lösen in überkonzentrierter Salzsäure und sofortiges Verdünnen mit Eiswasser. Dieses Produkt reduziert kaum und ist in 8proz. Alkali löslich, verhält sich also wie Cellulose A.

Ist die Säureeinwirkung intensiver, so treten als Abbauprodukte die Cellulosedextrine hervor, Gemische chemisch nicht genau bekannter Substanzen, vielleicht Polyosen, denn Willstätter[252a] und Zechmeister gelang die Isolierung einer Triose und einer Tetraose. Hierneben tritt Glucose als letzter Baustein hervor. Dieser Dextrinbildung geht eine Veresterung der Cellulose mit der Säure voraus, doch zerfallen die Ester infolge Verseifung durch überschüssige Säure alsbald wieder. Hönig und Schubert[97], A. L. Stern[227] sowie Ost[175] und Mühlmeister fällten die Schwefelsäureester mittels Alkohol aus der schwefelsauren Celluloselösung aus; auch als Bariumsalz ist dieses Produkt gewonnen worden. W. TRAUBE[237], B. BLASER und C. GRUNERT gelang die Herstellung und Isolierung reiner Celluloseschwefelsäureester auf anderem Wege.

Bei vollständiger Hydrolyse läßt sich nur Glucose in einer Ausbeute von ca. 95 % erhalten, z. B. wenn man nach FLECHSIG[50] Cellulose in 75proz. Schwefelsäure ca. 10 Stunden stehenläßt, dann auf 5 % Schwefelsäure verdünnt und einige Stunden in siedendem Wasserbade erhitzt. Oder indem man nach WILLSTÄTTER[252] und ZECHMEISTER Cellulose 1—2 Tage in 41proz. Salzsäure bringt. Eine höhere Ausbeute an Glucose ist nicht zu erreichen, da sich ein geringer Anteil in ω-Oxymethylfurfurol, färbende und andere Produkte umzuwandeln pflegt.

Etwas anders verläuft die Bromwasserstoffeinwirkung in indifferenten Lösungsmitteln wie Chloroform oder Äther (FENTON[46] und GOSTLING), indem sich hierbei 33 % ω-Brommethylfurfurol isolieren lassen, die aus Glucose bzw. ω-Oxymethylfurfurol entstanden sind.

Mehr Erfolg war der sog. *Acetolyse* beschieden. Das ist die Einwirkung von Essigsäureanhydrid oder Anhydrid und Eisessig bei Gegenwart katalytisch wirkender Substanzen, besonders von Schwefelsäuren oder Chlorzink. Werden beispielsweise 2 g Cellulose mit 18 cm^3 Essigsäureanhydrid, 18 cm^3 Eisessig und 2 cm^3 konzentrierter Schwefelsäure bei —15° zusammengegeben, allmählich auf Zimmertemperatur gebracht und ca. 2 Wochen bei 30° aufbewahrt, so spielt sich folgender Vorgang ab: Die sich zunächst bildende Acetylschwefelsäure wirkt auf die Cellulose und verestert diese zu Triacetat und anderen Produkten. Durch die gleichzeitig wirksame Hydrolyse bilden sich hieraus acetylierte Dextrine, die schließlich in Octacetylcellobiose und Pentacetylglucose zerfallen. Das Disaccharid wurde zuerst von SKRAUP[220] und KÖNIG durch Eingießen des Acetolysengemisches in kaltes Wasser erhalten, wobei die acetylierte Biose krystallinisch ausfällt. Sie liefert bei weiterer Acetolyse α- und β-Pentacetylglucose.

Die Ausbeute an Cellobioseacetat konnte von HESS[76] und FRIESE auf 51 % der Theorie gesteigert werden, nachdem zuvor schon OST und Mitarbeiter, FREUDENBERG[53] und andere wichtige Arbeit zur Kenntnis der Acetolyse geleistet hatten. Die Ausbeute ist also nicht wie bei der Maltosegewinnung aus Stärke quantitativ, was für Konstitutionsfragen wichtig war.

Neben der Cellobiose und Glucose sind noch einige einfachere Körper gefunden worden. So isolierten OST[176] und PROSIEGEL die Isocellobiose, BERTRAND[12] und BENOIST die Procellose, OST[178] die Cellotriose und HESS[77] und FRIESE in einer Ausbeute von 90 % das Anhydrid eines Disaccharids, Biosan genannt. Die letztgenannten vier Körper sind umstritten.

Die Acetolyse läßt sich auch mit Acetylbromid und Bromwasserstoff durchführen (ZECHMEISTER[258]), wobei Acetobromcellobiose und Acetobromglucose auftreten. F. MICHEEL[155] isolierte hierbei ein Trihexosan genanntes Anhydrid eines Trisaccharids und BERGMANN[11] und KNEHE begegneten einem Cellobioseanhydrid.

Die Oxydation der Cellulose. Oxydierende Agenzien wie Ozon, Wasserstoffperoxyd, Superoxyde, Hypochlorite, Perchlorsäure, Permanganate, Salpetersäure, Chromsäure u. a. haben die Eigenschaft, Cellulose in ein Produkt zu verwandeln, das reicher an Sauerstoff ist. Man nennt diese Substanz, die infolge der verschiedenen Wirkungsweise der angreifenden Agenzien verschieden ausfällt, Oxycellulose. Die Faserstruktur bleibt zunächst erhalten. Die Faser ist indes mürbe geworden und läßt sich bei weiterer Oxydation zu einem weißen Pulver zerreiben. Einige Forscher waren der Meinung, daß es sich um ein einheitliches Produkt handle, aber es läßt sich aus ihrem Verhalten gegen verdünntes Alkali leicht ersehen, daß in der Oxycellulose mindestens drei Komponenten vorhanden sind, von denen zwei herausgelöst werden, während als Rückstand unveränderte Cellulose hinterbleibt. Das Filtrat ist gelb gefärbt und hat erhöhtes Reduktionsvermögen. Durch Säurezusatz läßt sich hieraus ein Körper fällen, der anscheinend nur physikalisch veränderte Cellulose darstellt. Er hat die Zusammensetzung $C_6H_{10}O_5$, ist also nicht oxydiert, reduziert kaum und benimmt sich wie Cellulose A (S. 59). Der aufgespaltene und wirklich oxydierte Anteil ist gewöhnlich relativ klein. Die primären Alkoholgruppen dieser Abbauprodukte sind z. T. in Aldehyd- und Säuregruppen übergegangen. Die Oxycellulose stellt also ein durch Adsorption zusammengehaltenes System verschiedener Substanzen in verschiedenen Oxydationsstadien dar.

Zum Nachweis des Aldehyds in der Oxycellulose kann man sich der Reaktion mit SCHIFFschem Reagens bedienen. Das Wiederauftreten der Rotfärbung zeigt Vorliegen von Aldehydgruppen an. Quantitativ wird das Reduktionsvermögen der Oxycellulose durch die Kupferzahl ausgedrückt. Das ist die Menge Kupfer, die von 100 g Substanz aus FEHLINGscher Lösung abgeschieden wird. Das Kupferoxyd wird von der Lösung getrennt aus der Fasermasse durch verdünnte Säure herausgelöst und in salpetersaurer Lösung elektrolytisch bestimmt. Von der Kupferzahl ist die Cellulosezahl, das ist die Menge Kupfer, die von der Cellulose an sich aufgenommen wird und sich beim Auswaschen nicht entfernen läßt, abzuziehen (C. G. SCHWALBE[215, 216], SCHWALBE[217] und SIEBER).

Der Säurecharakter der rohen Oxycellulose zeigt sich in der Löslichkeit in Alkalien, in der Fähigkeit, Salze zu bilden, und in dem Verhalten gegen Farbstoffe. SCHWALBE[218] und BECKER suchten die Menge der Carboxylgruppen durch Titration zu bestimmen, HEUSER und STÖCKIGT durch Messung des abgespaltenen Kohlendioxyds. Die Salzbildung ist meist nicht sehr genau zu verfolgen, da das Bild durch Adsorptionsvorgänge getrübt ist. Von Farbstoffen werden saure nicht fixiert, basische dagegen lebhaft aufgenommen. Besonders das Methylenblau hat sich zum Nachweis von Oxycellulose eingebürgert.

Die Bruchstücke, die man isoliert und identifiziert hat und auf deren Vorhandensein die angegebenen Reaktionen im besonderen beruhen, können nun, je nach den angewandten Oxydationsmitteln, sehr verschieden sein.

Erhitzt man Cellulose mit Lauge bei Gegenwart von Luftsauerstoff, so bilden sich Oxalsäure und Kohlensäure. Indem man Sägespäne und festes Natron oder Kali anwandte, hat dieses Verfahren früher zur Darstellung von Oxalsäure gedient. Man muß aus diesem Grunde auch beim Bäuchen, d. h. Behandeln der Baumwolle mit heißer Natron- oder Sodalauge zur Entfernung gewisser färbender und hart machender Bestandteile, den Luftsauerstoff fernhalten. Dieselben Spaltprodukte traten bei Verwendung von Kaliumpermanganat in alkalischer Lösung auf.

Beim Erhitzen mit Ätzkalklösung isolierten TOLLENS[235] und v. FABER Isosaccharin- und Dioxybuttersäure.

Verwendet man Chlor in wäßriger Lösung, so findet Umsetzung zu Salzsäure und Sauerstoff statt. Es erfolgt also neben der Oxydation auch eine Hydrolyse; Temperaturerhöhung und Sonnenlicht haben merklichen Einfluß. Über die Verwendung von Chlor zur Gewinnung von Cellulose resp. Zellstoff siehe S. 58. Wie Chlor wirkt auch Brom in wäßriger Lösung. Die sich bildende Halogenwasserstoffsäure kann durch Calciumcarbonat ausgeschaltet werden. Auf diese Weise kamen TOLLENS[235] und v. FABER zu zuckersaurem Calcium.

Eingehend studiert worden ist das Verhalten zu unterchloriger Säure, wie sie in Form von Chlorkalk oder Alkalihypochloriten vorliegt, da es sich hier um den seit langem geübten Prozeß der Bleiche handelt, der für die Erzeugnisse der Textil- und Papierindustrie eine so große Rolle spielt.

Zu den stärker hydrolysierend wirkenden Oxydationsmitteln gehören Salpetersäure, Chromsäure, Chlor- und Perchlorsäure. Bei der Einwirkung konzentrierter Salpetersäuren findet zunächst ein der Mercerisation ähnlicher Vorgang (s. unten) statt. Geringere Konzentrationen führen in der Hitze zu Kohlen-, Oxal- und Zuckersäure. Chromsäure spielt bei der Chromatätze im Zeugdruck eine Rolle.

Es hat sich gezeigt, daß aus der Oxycellulose, besonders der in saurer Lösung gewonnenen, reichlich Furfurol abspaltbar ist, das von HEUSER[93] und STÖCKIGT genau identifiziert wurde. Da Pentosane nicht vorlagen, mußte angenommen werden, daß Gruppen von Glucuronsäurecharakter in der Oxycellulose gebildet werden, die unter Verlust von Kohlensäure in Furfurol übergehen. L. KALB[105a] und F. v. FALKENHAUSEN gelang es denn auch, Glucuronsäure zu isolieren. W. WILL[251] wies Oxybrenztraubensäure nach.

Perhydrol und Peroxyde führen zur völligen Zerstörung, wobei sich zunächst Celluloseperoxyde bilden sollen.

Wie man sieht, sind Zwischenprodukte von Polyosecharakter nicht gefunden worden. Neben der sog. depolymerisierten Cellulose ließen sich nur Glucose oder ihre Umwandlungs- und Spaltprodukte fassen.

Basenwirkung auf Cellulose. J. MERCER fand 1844, daß Baumwollfasern beim Behandeln mit Natronlauge von ca. 18% eine Kontraktion in der Längs- und eine Aufquellung in der Querrichtung erleiden, daß sie besser anfärbbar geworden sind und, wenn man sie nach Abspülen unter Streckung trocknen läßt, einen höheren Glanz besitzen. Dieser Prozeß wird seitdem als Mercerisation bezeichnet. MERCER nahm an, daß die Cellulose hierbei Wasser aufgenommen habe, weshalb alkalibehandelte Cellulose auch als Hydratcellulose bezeichnet wurde. Die Cellulose hat aber nach dem Trocknen die gleiche Bruttozusammensetzung wie vorher ($C_6H_{10}O_5$) und vermag die gleichen Derivate zu bilden, wie unvorbehandeltes Material. Die Ansicht der meisten Forscher geht heute denn auch dahin, daß es sich hierbei um einen physikalischen Effekt handelt. VIEWEG[242–244], der die Alkalieinwirkung näher studierte, fand, daß bei Anwendung 13proz. Lauge eine Alkalicellulose vorliegt, die der Formel ($C_{12}H_{11}O_{10}Na$) entspricht, und daß mit zunehmender Laugenkonzentration auch die Alkaliaufnahme wächst. Da die Kurve der Alkalibindung gewisse Haltepunkte zeigt, muß geschlossen werden, daß es sich um einen chemischen Vorgang handelt, die Cellulose also in Form eines Natriumalkoholats vorliegt, dessen Menge sich im Gleichgewicht mit der Lauge befindet.

CROSS[28] und BEVAN beobachteten, daß Alkalicellulose durch Einwirkung von Schwefelkohlenstoff in eine viscose Masse übergeht, die in Wasser oder verdünnter Lauge löslich ist. Dieses Produkt, als Viscose bezeichnet, hat bekanntlich große Bedeutung für die Herstellung künstlicher Seide. Der Prozeß vollzieht sich in drei Phasen: Zunächst wird das Fasermaterial eine bestimmte Zeit in 15—18proz. Natronlauge gebracht, sodann von überschüssiger Lauge durch Abpressen befreit. Hiernach ist das Molverhältnis beider Komponenten 1 $C_6H_{10}O_5$ zu 2 NaOH. Diese Alkalicellulose wird mit Schwefelkohlenstoff im Verhältnis 1 $C_6H_{10}O_5$ zu 1—0,75 CS_2 versetzt und die Masse in verdünnter Natronlauge gelöst. Die Viscosität fällt zunächst ab, geht durch ein Minimum und steigt vor dem abschließenden Gelatinierungsvorgange wieder an. Die Änderung der Viscosität hat für die Verarbeitung der Lösungen auf Kunstseide große Bedeutung. Der Vorgang wird als Reifung bezeichnet.

Schon die Entdecker der Reaktion sahen in der Schwefelkohlenstofflösung einen Xanthogensäureester vorliegen:

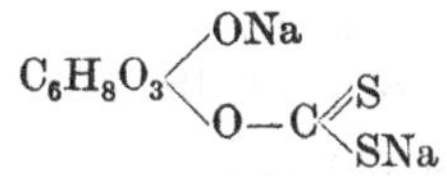

der während der Reifung einen partiellen Zerfall erleidet, der beim Spinnprozeß (Einpressen der Masse durch feine Düsen in ein Säurebad) vervollständigt wird, so daß die erhaltene Kunstseide regenerierte Cellulose oder Hydratcellulose ist.

In der vom Fasermaterial abgepreßten Lauge bleibt ein Teil des Zellstoffs gelöst. Durch Neutralisation mit Essigsäure läßt sich die sog. β-Cellulose ausfällen, während der in Lösung gebliebene Anteil als γ-Cellulose bezeichnet wird. α-Cellulose ist der ausgewaschene Rückstand, der jetzt eine relativ reine Cellulose darstellt. β- und γ-Cellulose bestehen im wesentlichen aus Hemicellulosen.

Seit SCHWEIZER[219] ist bekannt, daß sich Cellulose in Kupferammin (Kupferhydroxyd in Ammoniak) löst, und LEVALLOIS[137] stellte fest, daß solche Lösungen eine sehr hohe spezifische Drehung haben. Dies war um so bemerkenswerter, als Cellulose in anderen Medien kaum einen Drehwert besitzt. W. TRAUBE[238–240] und kurz darauf K. HESS[78, 79] und E. MESSMER zeigten, daß in der Cellulosekupferamminlösung das Kupfer in zweierlei Weisen gebunden ist, indem es einerseits mit Cellulose zu einem Anionencellulosekupferkomplex zusammentritt, der anderseits mit einem Kupferamminkation $[Cu(NH_3)_4]^{++}$ eine salzartige Doppelverbindung, ein Alkaholat, bildet, so daß sich folgender Vorgang abspielt:

$$2\,C_6H_{10}O_5 + [Cu(NH_3)_4](OH)_2 \rightarrow [C_6H_9O_5]_2[Cu(NH_3)_4] + 2\,H_2O,$$

$$[C_6H_9O_5]_2[Cu(NH_3)_4] + 2\,[Cu(NH_3)_4](OH)_2 \rightarrow [C_6H_7O_5Cu]_2[Cu(NH_3)_4] + 8\,NH_3 + 4\,H_2O.$$

Bei Gegenwart von Alkali tritt dieses an die Stelle des Kationenkupfers: $[C_6H_7O_5Cu]Na$. Setzt man Alkali im Überschuß zu, so fällt die in Alkalilauge unlösliche NORMANN-Verbindung aus von der Zusammensetzung $[(C_6H_8O_5)_2Cu]Na$.

HESS[80 81] und MESSMER[153], welche die Polarimetrie der Kupferamminlösungen sehr genau studierten, fanden, daß die Drehwerte sowohl von der Konzentration der Cellulose als auch des Kupfers abhängen und in geringerem Grade auch von der Ammoniakkonzentration, der Temperatur und der Menge des zugesetzten Natriumhydroxyds. Das aniongebundene Kupfer ist mit der Cellulose zu einem hochdrehenden Cellulosekupferanion vereinigt, deren kationes, durch Natronlauge vertretbares, am Drehwert unbeteiligtes Kupfer, wahrscheinlich als Kupferamminkation, mit dem anionen Komplex eine in Wasser dissoziierende, salzartige Verbindung liefert. Sie benutzten ihre Messungen, um den Nachweis zu führen, daß die Cellulose in Lösungen in Form eines monomolekularen Glucoseanhydrids reagiere.

Die viscosen Kupferamminlösungen haben ebenfalls hohe technische Bedeutung, da aus ihnen die sog. Kupferseide gewonnen wird. Die Masse wird durch Düsen gepreßt und der Faden in einem Fällbad zu Cellulose regeneriert.

Konzentrierte wäßrige Lösungen von Alkali- und Erdalkalisalzen vermögen Cellulose in kolloide Lösungen überzuführen, wie P. P. VON WEIMARN[248] zeigte. R. O. HERZOG[67] und F. BECK kamen bei gleichen Untersuchungen zu der Folgerung, daß die Löslichkeit eine Funktion der Hydratation der Ionen ist. Je größer die Ionenhydratation, um so größer die Löslichkeit. Die Hydratationen von Anion und Kation addieren sich, so daß man aus den bekannten Ionenreihen

$$NH_4 < K < Na < Li$$
$$Ba < Sr < Ca$$
$$^1/_2\,SO_4 < Cl < Br < J < CNS$$

die Löslichkeit direkt entnehmen kann.

Celluloseester. Cellulosenitrate haben als Schießbaumwolle, Kollodiumwolle, Celluloid eine hohe technische Bedeutung. Salpetersäure allein verestert nur teilweise, weshalb man gewöhnlich die Baumwolle bzw. den Zellstoff mit einer Mischung von Schwefel- und Salpetersäure nitriert. Ob die Schwefelsäure dabei lediglich wasserbindend wirkt, oder ob sich intermediär Celluloseschwefelsäureester bilden, die hernach die Schwefelsäuregruppen gegen den Nitratrest austauschen, ist noch nicht endgültig entschieden. Die Ausbeute an Nitrocellulose oder besser Cellulosenitrat und die Eigenschaften hängen weitgehend von der Zusammensetzung des Nitriergemisches ab. LUNGE[145] und BEBIÉ geben z. B. folgende Daten an:

N_2 %	Löslichkeit in Ätheralkohol 3 : 1	Ausbeute aus 100 g Cellulose	Zusammensetzung des Nitriergemisches H_2SO_4 %	HNO_3 %	H_2O %
13,65	1,50	177,50	45,32	49,07	5,62
12,58	60,00	167,00	40,66	43,85	15,49
11,59	100,02	156,05	38,95	42,15	18,90
9,31	1,15	138,90	36,72	39,78	23,50

Ein vollständig nitriertes Produkt $C_6H_7O_2(ONO_2)_3$ würde einen Stickstoffgehalt von 14,14% haben, der indessen auch bei hoher Säurekonzentration nicht erreicht wird, was aus der Reversibilität des Veresterungsvorganges zu erklären ist.

Als Lösungsmittel der Cellulosenitrate sind zu nennen: Benzol, Toluol, Essigsäure, Aceton, Methyläthylketon, Essigester, Amylacetat, Methyl-, Äthyl-, Amylalkohol, Äther, Nitrobenzol, Anilin und viele andere, die teils allein, teils im Gemisch brauchbar sind.

Um haltbar zu sein, müssen die Nitrocellulosen einen Reinigungsprozeß durchmachen; sie werden mit kaltem und kochendem Wasser, Alkohol, Aceton und anderen Mitteln ausgewaschen und außerdem durch schwach basisch wirkende Stoffe, die abgespaltene Salpeter- und salpetrige Säure binden, stabilisiert. Diphenylamin, Harnstoff, Dicyandiamid u. a. werden als Stabilisierungsmittel genannt.

Die Denitrierung läßt sich durch Säuren und Alkalien nur unvollkommen bewerkstelligen. Man führt sie daher z. B. bei der Chardonnetseide durch einen Reduktionsprozeß herbei, indem sie mit Sulfhydraten wie Natrium- oder Ammoniumsulfhydrat behandelt wird. Die regenerierte Cellulose zeigt zwar einen Abbau, der sich durch FEHLINGsche Lösung nachweisen läßt, doch ist sie immerhin nicht sehr weitgehend oxydiert und hydrolysiert.

Celluloseacetate lassen sich mit Essigsäureanhydrid in Gegenwart eines Katalysators herstellen. Man benutzt als solche Schwefelsäure, Chlorzink oder Pyridin und kommt, indem man die Gemische bei etwas erhöhter Temperatur aufeinander einwirken läßt, zu einem Triacetat, $C_6H_7O_2(OCOCH_3)_3$ (OST[179, 180]). Dieses Produkt, auch als Primäracetat bezeichnet, löst sich in Chloroform, Acetylentetrachlorid, Epichlorhydrin u. a., aber nicht in Aceton. Es hat einen Essigsäuregehalt von 62,4% (bestimmt nach Verseifung mit Alkali oder 50proz. Schwefelsäure) und in Chloroform + 10% Alkohol einen Drehwert von $[\alpha]_D = -20$ bis -24^0. K. HESS sowie K. HESS[82] und SCHULTZE gelang es, Acetate in Tetrachloräthan zur Krystallisation zu bringen. Acetonunlösliche Produkte kann man in acetonlösliche Sekundäracetate überführen, wenn man das Primäracetat mit verdünnten Säuren, sauren Salzen oder anderen „Kontaktsubstanzen" erhitzt. Hierbei wird etwas Essigsäure abgespalten. Neuerdings hat man auch gelernt, Sekundäracetate in einem Arbeitsgang herzustellen. Diese Acetate sind es besonders, die das Interesse der Technik haben, da ihre Lösungen zur Herstellung von Lacken, Imprägniermitteln, plastischen Massen, Filmen und Kunstseide verwandt werden. Bei der Verarbeitung auf Acetatseide war insbesondere die geringe Verwandtschaft der Celluloseacetate zu Farbstoffen unangenehm. Man suchte diesen Mißstand durch milde Behandlung mit Alkalien, wobei partielle Verseifung entsteht, abzuhelfen. Erst neuerdings hat man neben neuen Methoden einige direkt auf Acetatseide ziehende Farbstoffe gefunden.

Acetatseide ist also keine regenerierte Cellulose wie die übrigen Kunstseiden, sondern ein Celluloseester.

Von *höheren Fettsäureestern* sind das Tripalmitat und Tristearat von KARRER[113] und ZEGA dargestellt worden. GAULT[57] und EHRMAN sowie SAKURADA[201a] und NAKASHIMA beschrieben Di- und Triester von Stearin-, Palmitin- und Laurinsäure. Eine Veresterung der Cellulose bis zum Tribenzoat hat WOHL[257] erreicht.

Celluloseäther. *Methyläther* lassen sich durch Einwirkung von Dimethylsulfat und Alkali auf Cellulose bei 50—55° gewinnen. Hierbei bleibt die Faserstruktur im wesentlichen erhalten. Der theoretische Methoxylgehalt von 44,6% wird meistens nicht ganz erreicht. Die aufgenommene Methylmenge beträgt 43 bis 44%. Mit der Untersuchung haben sich besonders DENHAM[32–35] und WOODHOUSE beschäftigt. Der Äther ist wasserlöslich und fällt beim Erhitzen der Lösung aus. $[\alpha]_D$ für Trimethylcellulose in Wasser = —18°. Die minder methylierten Äther sind auch in vielen organischen Lösungsmitteln löslich. Lösungs- und Fällungsverhältnisse werden weitgehend von Zusätzen beeinflußt. Die Äther sind Basen gegenüber sehr stabil, werden aber von Säuren leicht verändert. Die Cellulose ist aus ihnen nicht oder doch nur sehr unvollkommen wiederzugewinnen. Indessen wird ihnen auf Grund einiger ihrer Eigenschaften wie Viscosität, Plastizität und Nichtentflammbarkeit eine technische Bedeutung prophezeit.

Die *Triäthylcellulose* kann nach LEUCHS[136] durch Einwirkung von Chloräthyl auf Alkalicellulose bei 120° oder durch Diäthylsulfat und Alkali (K. HESS und A. MÜLLER[83]) erhalten werden. Sowohl die Methyl- als auch die Äthylcellulose wurden von K. HESS[83, 84] mit PICHLMAYR und MÜLLER in den krystallisierten Zustand übergeführt.

Die *trockene Destillation der Cellulose* ist hauptsächlich im Hinblick auf die Holzdestillation studiert worden. KLASON[126] destillierte verschiedene Zellstoffe; die Zusammensetzung der Produkte schwankte etwas, da Zellstoff ja niemals reine Cellulose ist und die Begleiter variieren. Es wurden ermittelt:

Wasser		34,52 %
Essigsäure		1,39 %
Aceton		0,07 %
Teer		4,18 %
Gase	CO_2	10,35 %
	C_2H_4	0,17 %
	CO	4,15 %
	CH_4	0,27 %
Sonstige organische Stoffe		5,14 %
Kohle		38,82 %
Verlust		0,94 %
	Summa	100,00 %

Im Teer ließen sich Phenole nachweisen. ERDMANN[43] und SCHÄFER isolierten aus dem Destillat von Filtrierpapier eine ölige Fraktion, die Oxymethylfurfurol, Furfurol, Formaldehyd, Maltol

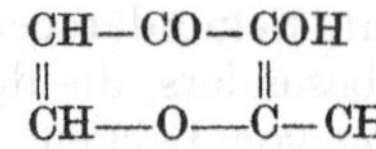

und γ-Valerolacton 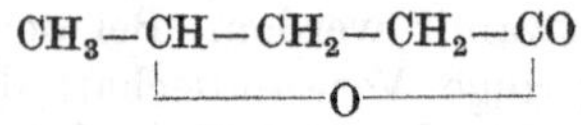 enthielt.

Die trockene Destillation im Vakuum wurde von PICTET[187] und SARASIN durchgeführt. Sie gewannen hierbei als charakteristisches Destillationsprodukt ca. 30% Lävoglucosan, ⟨1,5⟩-Anhydro-⟨1,6⟩-Glucose (siehe auch IRVINE[100] und OLDHAM sowie KARRER[114] und SMIRNOFF):

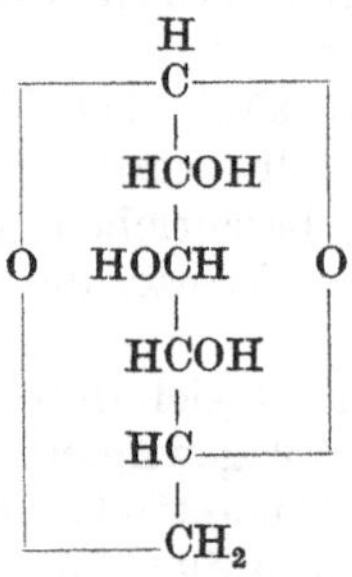

b) Physikalisches Verhalten. Cellulosefasern sind unter dem Polarisationsmikroskop betrachtet doppelbrechend. C. VON NÄGELI[160, 161] stellte, von Stärkekörnern ausgehend, die Theorie auf, daß organisierte Substanzen, wie z. B. die pflanzliche Zellmembran, aus submikroskopischen anisotropen Körpern, die er Micelle nannte, aufgebaut sind. Die Micelle sollten krystalline Teilchen von gestreckter Gestalt sein und in einer zweiten Substanz von isotroper Natur eingebettet liegen. Er begründete seine Auffassung damit, daß die Fasern z. B. beim Zug ihre Doppelbrechung nicht ändern.

Nun wurde aber bekannt, daß Doppelbrechung nicht nur von dem inneren Aufbau der Substanz abhängig, also Eigendoppelbrechung, sein kann, sondern daß isotrope Teilchen, sofern sie Blättchen- oder Stäbchenform haben und parallel gerichtet sind, auch Anisotropie zeigen können, wenn ihre Größe klein ist im Vergleich zu der Wellenlänge des gebrauchten Lichtes und die Zwischensubstanz einen anderen Brechungsexponenten hat. Haben Stäbchen und Zwischensubstanz den gleichen Brechungsexponenten, so wird das System isotrop; die zweite, als Form- oder Stäbchendoppelbrechung bezeichnete, Doppelbrechung fällt dann also fort.

HERMANN AMBRONN[1] tränkte nun Fasern mit Flüssigkeiten von verschiedenem Brechungsindex und stellte fest, wann die positiv gerechnete Doppelbrechung so klein wie möglich wurde. Der alsdann noch vorhandene Rest der Doppelbrechung ist die Eigendoppelbrechung. Sie ist bei Cellulosefasern positiv, bei acetylierten und nitrierten Fasern negativ und wird beim Verseifen wieder positiv. HERMANN AMBRONN faßt diese Befunde als einen Beweis für die NÄGELIsche Micellartheorie auf.

Da aber zur Beweisführung nach AMBRONN unbedingt homogene Durchtränkung notwendig ist und da ferner Moleküle bei Parallelorientierung selbst in flüssigem Zustand Anisotropie zeigen können, so schienen auch diese Versuche noch kein bündiger Beweis für die Krystallinität der Micelle zu sein. Dieser wurde erst erbracht, als es P. SCHERRER[205] und kurz darauf R. O. HERZOG[68] und W. JANCKE gelang, bei röntgenspektroskopischen Untersuchungen Interferenzen im Röntgenbild festzustellen. Und zwar wurde bei Durchstrahlung parallel gelagerter Fasern von Ramie, Baumwolle, Zellstoff ein sog. Faserdiagramm erhalten mit *durchbrochenen* Interferenzlinien (Punktdiagramm), was beweist, daß die Einzelkryställchen (Micelle) orientiert gelagert sind. Durch Umfällung der Cellulose (Hydratcellulose) wird die krystalline Beschaffenheit der Micelle nicht zerstört; sie zeigen Eigendoppelbrechung, wie schon AMBRONN feststellte, und auch im Röntgenbilde sieht man nach HERZOG und JANCKE. daß zwar die Krystallinität der Micelle nicht aufgehoben ist, wohl aber die Orientierung, wie durch das Liniendiagramm zum Ausdruck kommt.

Die Länge der Micelle wird zu 500 Å, die Breite zu 50 Å angegeben, aus der Zunahme der Verbreiterung der Röntgeninterferenzen mit zunehmendem Ablenkungswinkel ermittelt (1 Å E $= 10^{-8}$ cm $= 0{,}1\ \mu\mu$).

Hiernach sind die Ansichten von NÄGELI weitgehend bestätigt. Die Micelle setzen sich zu submikroskopischen Micellarreihen zusammen. Diese bauen die mit ihrer Breitendimension an der Grenze der mikroskopischen Sichtbarkeit liegenden Fibrillen oder Primitivfasern auf, die sich weiter zu Streifen, zu Schichten und schließlich zur makroskopischen Faser ordnen.

c) Konstitutionsfragen. Auf Grund des geschilderten chemischen und physikalischen Verhaltens der Cellulose sind von verschiedenen Forschern Konstitutionsvorschläge gemacht worden, die kurz skizziert seien. TOLLENS[236] gab eine Kettenformel mit Sauerstoffbrücken an:

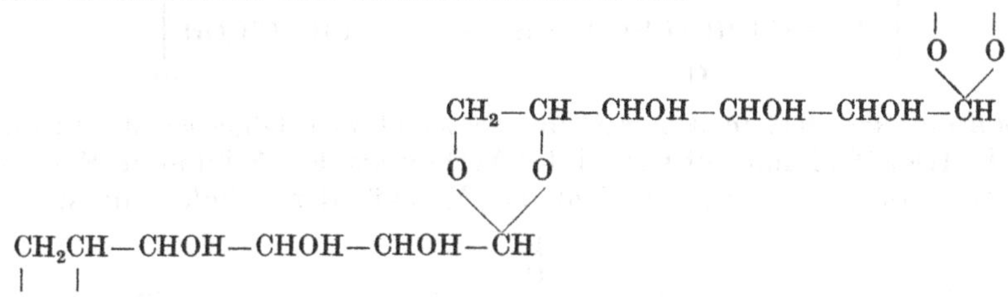

Der TOLLENSschen Formel ähnlich sind diejenigen von A. CLEVE VON EULER[24] und HIBBERT[94]. CROSS[29] und BEVAN nahmen die cyclische Konstitution eines Cyclohexanderivates an, das sich durch Aldolkondensation zu einer langen Kette formen sollte:

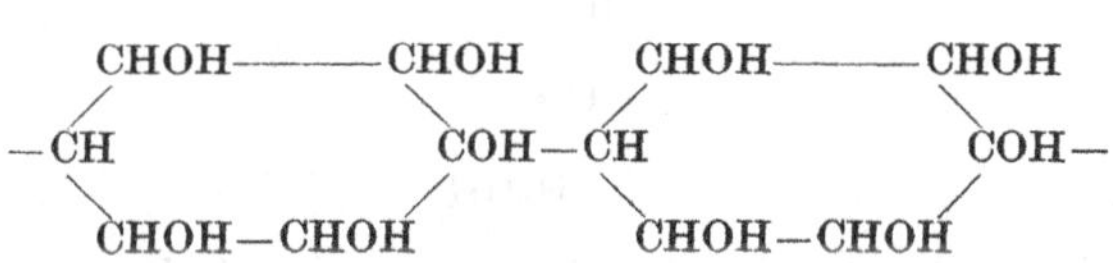

GREEN[59] schlug folgende Konstitution vor:

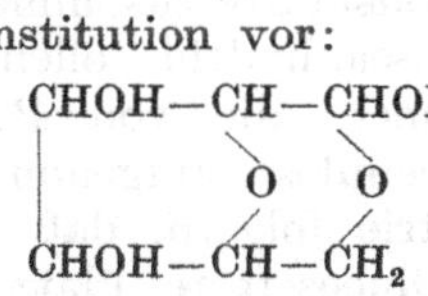

VIGNON[245] formulierte:

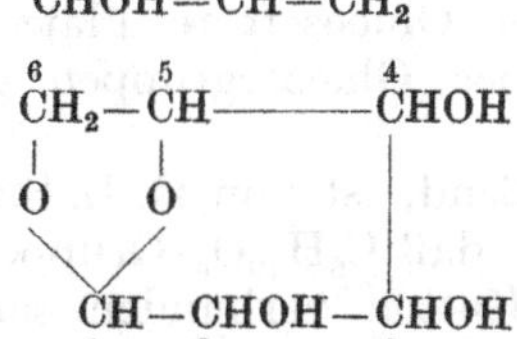

Die bisher wiedergegebenen Annahmen basieren auf der Tatsache der quantitativen Glucosespaltung. Sie wie die noch folgenden verwenden zur

Erklärung der Eigenschaften der Cellulose Zusammentritt von Glucoseresten unter Wasseraustritt, Polymerisation und Assoziation. Die Begriffe der Polymerisation und Assoziation wurden von den einzelnen Autoren nicht immer im gleichen Sinne gebraucht. Heute wird fast allgemein unter Polymerisation eine chemische Vereinigung von Molekülen verstanden, wobei das polymere Produkt die gleiche prozentuale Zusammensetzung, aber andere Eigenschaften hat. Die Polymerisation kann reversibel (Depolymerisation) oder irreversibel sein. Die Aldolkondensation führt z. B. zu polymeren Gebilden. Unter Assoziation wird eine Vereinigung von Molekülen verstanden, bei der das Ausgangsprodukt chemisch anscheinend unbeeinflußt geblieben ist und sich etwa nach Art der Molekülverbindungen aneinandergelagert hat, sich also durch Nebenvalenzkräfte betätigt (s. Anm. 1).

Eine Reihe weiterer Celluloseformulierungen berücksichtigt auch die Cellobiosebildung. So vereinigt HESS[85] sechs Glucosereste gerbstoffartig miteinander. HAWORTH[63] und HIRST sowie IRVINE[101] und HIRST verbinden drei Glucosemoleküle. P. KARRER[115, 116] nimmt ein Cellobioseanhydrid, Cellosan genannt, als Baustein an. Der Polymerisationsgrad x sollte vielleicht zwei, sicher aber nicht sehr hoch sein.

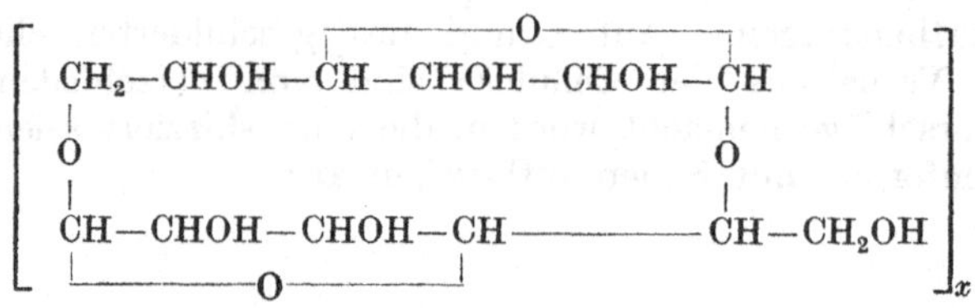

A. W. SCHORGER[210] hat in seiner Celluloseformel vier Glucosereste zusammengefügt. K. HESS[86] nimmt auf Grund des Verhaltens der Cellulose in SCHWEIZER-Lösung an, daß ein Glucoseanhydrid das Molekül der Cellulose darstelle,

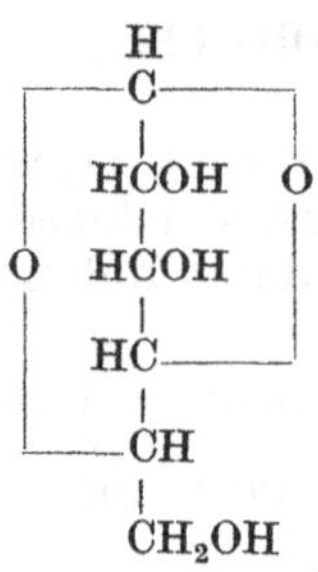

und zwar soll es durch Assoziationskräfte zusammengehalten werden. Cellobiose und ein neu aufgefundenes Bioseanhydrid sollen synthetische Produkte sein.

Aus den Röntgendiagrammen, die von R. O. HERZOG[68, 69], W. JANCKE und M. POLANYI[197] von Fasercellulose aufgenommen wurden, läßt sich bei Annahme rhombischer Symmetrie folgern, daß im krystallographischen Elementarkörper höchstens vier Glucosereste Platz haben. Hiernach kann das Molekül eine, zwei oder vier Glucosegruppen groß sein. Siehe aber auch R. O. HERZOG[68a].

Auf diesen Arbeiten fußend, ist von O. L. SPONSLER[223] und DORE die Anschauung entwickelt worden, daß $C_6H_{10}O_5$-Gruppen in der Faserrichtung durch Hauptvalenzen zu langen Ketten verbunden seien, die durch Nebenvalenz-

[1] Siehe hierzu K. HESS: Chemie der Cellulose. Leipzig 1928. — K. H. MEYER: Ber. dsch. chem. Ges. **61**, 593 (1928). — H. STAUDINGER, Z. angew. Chem. **42**, 37, 67 (1929).

kräfte aneinandergehalten werden. Auch STAUDINGER[224, 225], MIE[156] und Mitarbeiter sowie K. H. MEYER[154] und H. MARK nehmen Kettenstruktur an, und zwar sollen nach letzteren ca. 50 Glucosereste in Form von Cellobiose durch Hauptvalenzen zusammengefügt sein. Quer zur Faserrichtung werden die Ketten durch Nebenvalenzbindungen zu den Micellen vereinigt, wodurch das Wesen der Cellulose seine Erklärung findet.

Eine allgemein anerkannte Celluloseformulierung existiert zur Zeit noch nicht.

d) Physiologisches Verhalten. *Die Einwirkung anaerober Bakterien auf Cellulose* wurde von OMELIANSKY[168–174] studiert. Er unterschied eine Methangärung und eine Wasserstoffgärung. Bei ersterer entstanden 40 % Kohlensäure, 6 % Methan, 50 % Fettsäuren, besonders Buttersäure. Die Wasserstoffgärung lieferte 4 % Wasserstoff, 21 % Kohlensäure und 67 % Fettsäuren: Ameisen-, Essig-, Butter- und Valeriansäure. Diese oder ähnliche bakterielle Gärungen spielen auch in den Verdauungsorganen der Pflanzenfresser eine Rolle (J. MARKOFF[150], W. KLEIN[127, 128], P. WAENTIG[246a, 246b] und W. GIERISCH, A. KROGH[134] und A. O. SCHMITT-JENSEN, E. MANGOLD[147]. Fermente wurden bei diesen bisher nicht beobachtet (W. ELLENBERGER[42]) (siehe auch Band II und III dieses Werkes).

Im Darm des Menschen ist von Y. KHOUVINE[120] ein Bacillus (B. cellulosae dissolvens) gefunden worden, der Cellulose zu Kohlensäure, Wasserstoff, Alkohol, Essigsäure und Buttersäure abbaut.

Thermophile Bakterien wurden von MACFAYEN[146] und BLAXALL und H. PRINGSHEIM[195] in ihrer Wirkung auf Cellulose untersucht. Die Reaktionsprodukte waren Kohlensäure, Wasserstoff und Fettsäuren.

Aerobe Bakterien, die G. VON ITERSON JUN.[102] in Gartenerde fand, verwandeln Cellulose in eine gelblichrot gefärbte schleimige Masse. Der gleiche Forscher beschrieb auch denitrifizierende Bakterien, welche den Sauerstoff der Salpetersäure in Nitraten zum Abbau der Cellulose verwenden.

Neben den Bakterien beteiligen sich auch Spaltpilze an der Zerstörung der Cellulose (G. VON ITERSON JUN.[102], A. HOPFFE[98]).

Daß Enzyme die Umsetzung bewirken, wurde von KOHNSTAMM[129] gezeigt, der mit Preßsäften vom Hausschwamm arbeitete; ferner von W. ELLENBERGER[42], H. PRINGSHEIM[196] u. a.

Auch animalische Körperflüssigkeiten sind wirksam. Schon BIEDERMANN[13] und MORITZ weisen auf die cellulosespaltende Kraft des Hepatopankreassaftes von Schnecken und Krustentieren hin. P. KARRER[117, 118] sowie O. FAUST[44a] und P. KARRER haben eine große Zahl verschiedener Cellulosen auf ihr Verhalten hiergegen geprüft und gefunden, daß umgefällte Cellulose bedeutend schneller und weitgehender gespalten wird als die native Faser, was nach LÜDTKE[143] z. T. auf das Vorhandensein der nicht aus Cellulose bestehenden Häute (S. 45 ff.), welche die einzelnen Schichten der intakten Faser umhüllen, zurückzuführen ist.

Über einige Zwischenprodukte der Gärung sind wir durch die Arbeiten von H. PRINGSHEIM[196] sowie C. NEUBERG[165] und COHN unterrichtet. Ersterer fand Cellobiose und Glucose im Gärgut und führt ihre Entstehung auf die Fermente Cellulase und Cellobiase zurück. NEUBERG und COHN konnten aus Ansätzen, die mit Pferdemist oder Flußschlamm beimpft waren, mittels Dimedon Acetaldelyd (s. S. 73) abfangen.

Literatur zum Kapitel: Substanzen der pflanzlichen Zellmembran.

(*1*) AMBRONN, HERM., u. A. FREY: Das Polarisationsmikroskop. Leipzig 1926. Hier Zusammenstellung aller Arbeiten. — (*2*) ANDERSEN u. HOLMBERG: B. **56**, 2044 (1923). — (*3*) ARAKI, T.: H. **20**, 498 (1895).

(*4*) BADER: Chemiker-Ztg **19**, 55 (1895). — (*5*) BAKER u. POPE: Proc. chem. Soc. **16**, 72 (1900). — (*5a*) BAKER u. HULTON: J. Chem. Soc. **111**, 121 (1917). — (*6*) BAUER, R. W.: J. pr. [2] **30**, 367 (1884). — (*7*) BECKMANN, E.: Z. angew. Chem. **32**, 81 (1919). — (*8*) BECKMANN, E., u. LIESCHE: Ebenda **34**, 285 (1921). — (*8a*) Biochem. Z. **121**, 293 (1921). — (*9*) BEHRENS, J. in LAFAR: Handbuch für technische Mykologie. Jena 1904/06. — (*10*) BENEDIKT u. BAMBERGER: Mh. Chem. **11**, 260 (1890). — (*10a*) BENECKE, W.: Bot. Ztg. **63** (1905). — (*11*) BERGMANN, M., u. E. KNEHE: A. **445**, 1 (1925). — (*12*) BERTRAND u. BENOIST Bl. [4] **33**, 1451 (1923). — (*13*) BIEDERMANN, W., u. P. MORITZ: Pflügers Arch. **73**, 219 1898).) — (*14*) BIERRY u. GIAJA: Biochem. Z. **40**, 370 (1912). — (*15*) BRANDL: Brennstoffchemie **9**, 89 (1928). — (*16*) BRAY u. ANDREWS: J. Ind. Chem. **16**, 137 (1924). — (*17*) BROWN, A. J.: Trans. chem. Soc. **49**, 172, 432 (1886). — (*18*) BOURQUELOT u. HÉRISSEY: J. Pharmacie [6] **7**, 473 (1898). — (*19*) Ebenda [6] **8**, 145 (1898). — (*20*) BRUNSWIK, H.: Biochem. Z. **113**, 119 (1921). — (*21*) BÜHLER, F.: Z. angew. Chem. **11**, 119 (1898).

(*22*) CANDOLLE, A. P. DE: Physiologie végétale **1**, S. 194. Paris 1832. — (*23*) CLARK: J. Franklin Inst. **1922**, 193, 543. — (*24*) CLEVE v. EULER, A.: Chemiker-Ztg **45**, 977, 988 (1921). — (*25*) CROSS, C. F., u. BEVAN: Res. on Cellulose **1895/1900**. — (*26*) CROSS, C. F., BEVAN u. BRIGGS: B. **40**, 3121 (1907). — (*27*) CROSS, C. F., u. BEVAN: B. **26**, 2520 (1893). — (*28*) CROSS, C. F., E. J. BEVAN u. CL. BEADLE: D.R.P. 70999, siehe Cellulose. London 1918. — (*29*) CROSS, C. F., u. BEVAN: Soc. **79**, 366 (1901). — (*30*) CROSS, C. F., u. E. J. BEVAN: Ebenda **75**, 752 (1899). — (*31*) CZAPEK: H. **27**, 141 (1899).

(*32*) DENHAM u. WOODHOUSE: Soc. **103**, 1735 (1913). — (*33*) Ebenda **105**, 2357 (1914). — (*34*) Ebenda **111**, 244 (1917). — (*35*) Ebenda **119**, 77 (1921)· — (*36*) DORÉE u. HALL: Soc. Chem. Ind. **43**, 257 (1924).

(*36a*) EHRENSTEIN, M.: Helvet. **9**, 322 (1926). — (*37*) EHRLICH, F.: Z. angew. Chem. **40**, 1305 (1927). — (*38*) Chemiker-Ztg **41**, 197 (1917). — (*39*) EHRLICH, F., u. A. v. SOMMERFELD: Biochem. Z. **168**, 263 (1926). — (*40*) EHRLICH, F., u. F. SCHUBERT: Ebenda **169**, 13 (1926). — (*41*) EHRLICH, F. in OPPENHEIMER-PINCUSSEN: Methodik der Fermente. Berlin 1928. — (*42*) ELLENBERGER, W.: H. **96**, 239 (1916). — (*43*) ERDMANN u. SCHÄFER: B. **43**, 2398 (1910).

(*44*) FALCK u. HAAG: Ber. **60**, 225 (1927). — (*44a*) FAUST, O., u. P. KARRER: Helvet. **12**, 414 (1929). — (*45*) FELLENBERG, TH. v.: Biochem. Z. **85**, 74 (1918). — (*46*) FENTON u. GOSTLING: J. chem. Soc. **79**, 361, 807 (1901). — (*47*) FISCHER, F.: Ges. Abh. z. Kenntnis d. Kohle **6**, 1 (1923). — (*48*) Biochem. Z. **203**, 351 (1928). — (*49*) FISCHER, F., H. SCHRADER u. A. FRIEDRICH: Ges. Abh. z. Kenntnis d. Kohle **5**, 531 (1920). — (*50*) FLECHSIG: H. **7**, 523 (1883). — (*51*) FRÄNKEL, S., u. A. KELLY: Mh. Chem. **23**, 123 (1902). — (*52*) FREUDENBERG, K., M. HARDER u. K. MARKERT: B. **61**, 1760 (1928). — (*52a*) FREUDENBERG, K., BELZ u. NIEMANN: B. **62**, 1534 (1929). — (*53*) FREUDENBERG, K.: B. **54**, 771 (1921). — (*54*) FRIEDRICH u. DIWALD: Mh. Chem. **46**, 31 (1925). — (*55*) FUCHS, W.: Die Chemie des Lignins. Berlin 1925. — (*56*) FÜRTH, O. v., u. M. RUSSO: Beitr. chem. Phys. u. Path. **8**, 163 (1906).

(*57*) GAULT u. EHRMANN: C. r. **177**, 124 (1923). — (*58*) GILSON, E.: Cellule **11**, 5 (1894;) B. **28**, 821 (1895). — (*59*) GREEN, A. G.: Z. Farbenind. **3**, 97 (1904). — (*60*) GROSSKOPF: Brennstoffchemie **7**, 293 (1926). — (*61*) GRÜSS, J.: Ber. dtsch. bot. Ges. **41**, 48 (1923).

(*62*) HÄGGLUND, E.: Holzchemie. Berlin 1928. — (*63*) HAWORTH u. HIRST: Soc. **119**, 196 (1921). — (*64*) HENNEBERG u. STOHMANN: Landw. Versuchsstat. **95**, 29 (1919). — (*65*) HERZOG, R. O., u. GONELL: H. **141**, 63 (1924). — (*65a*) HERZOG, R. O., u. A. HILLMER: B. **62**, 1600 (1929). — (*66*) HERZOG, R. O.: Nat. **12**, 958 (1924). — (*67*) HERZOG, R. O., u. F. BECK: H. **111**, 291 (1920). — (*68*) HERZOG, R. O., u. W. JANCKE: Z. Physik **3**, 343 (1920). — (*68a*) Z. physik. Chem. **139**, 235, 1928. — (*69*) HERZOG, R. O., W. JANCKE u. M. POLANYI: Ebenda **5**, 61 (1921). — (*70*) HESS, K., u. M. LÜDTKE: A. **466**, 24 (1928). — (*71*) HESS, K,. u. E. MESSMER: A. **455**, 194 (1927). — (*72*) HESS, K., u. FRIESE: A. **455**, 199 (1927). — (*73*) HESS, K., M. LÜDTKE u. H. REIN: A. **466**, 58 (1928). — (*74*) HESS, K., W. WELTZIEN u. E. MESSMER: A. **435**, 127 (1923). — (*75*) HESS, K., u. W. WELTZIEN: A. **442**, 46 (1925). — (*76*) HESS, K., u. H. FRIESE: A. **456**, 38 (1927). — (*77*) A. **450**, 40 (1926). — (*78*) HESS, K., u. E. MESSMER: B. **55**, 2441 (1922). — (*79*) B. **56**, 587 (1923). — (*80*) A. **335**, 7 (1923). — (*81*) HESS, K., E. MESSMER u. N. LJUBITSCH: A. **444**, 315 (1925). — (*82*) HESS, K., G. SCHULZE u. E. MESSMER: A. **444**, 266 (1925). — (*83*) HESS, K., u. A. MÜLLER: A. **455**, 205 (1927). — (*84*) HESS, K., u. H. PICHLMAYR: A. **450**, 29 (1926). — (*85*) HESS, K.: Z. Elektrochem. **26**, 234 (1920). — (*86*) Die Chemie der Cellulose. Leipzig 1928. — (*87*) Z. angew. Chem. **37**, 999 (1924). — (*88*) HEUSER, E.: J. pr. **103**, 88 (1921). — (*89*) HEUSER, E., u. G. JAYME: Ebenda **105**, 232 (1923). — (*90*) HEUSER, E., u. E. KÜRSCHNER: Ebenda **103**, 75 (1921).

— (*91*) HEUSER, E., u. P. SCHLOSSER: B. **56**, 392 (1923). — (*92*) HEUSER, E., u. W. RUPPEL: B. **55**, 2084 (1922). — (*93*) HEUSER, E., u. STÖCKIGT: Cellulosechemie **3**, 61 (1922). — (*93a*) HEUSER, E., u. SCHORSCH; Ebenda **9**, 93, 109 (1928). — (*94*) HIBBERT, H.: Ind. Chem. **13**, 56 (1921). — (*95*) HILLMER, A.: Cellulosechemie **6**, 169 (1925). — (*95a*) HILLMER, A., u. HELLRIEGEL, B. **62**, 725 (1929). — (*96*) HOFFMEISTER, C.: B. **60**, 2062 (1927). — (*97*) HÖNIG u. SCHUBERT: Mh. Chem. **6**, 708 (1885); **7**, 455 (1886). — (*98*) HOPFFE, A.: Z. Bakter. I **83**, 374, 531 (1919). — (*99*) HORTON: Ind. Chem. **13**, 1040 (1921)

(*100*) IRVINE u. OLDHAM: Soc. **119**, 1756 (1921). — (*101*) IRVINE u. HIRST: Ebenda **123**, 518 (1923). — (*102*) ITERSON jun., G. v.: Z. Bakter. II **11**, 689 (1904).

(*104*) JONAS, R. G.: Jber. Ver. Zellstoff- u. Papier-Chemiker u. -Ingenieure 1927, S. 98.

(*105*) KALB, L., u. SCHOELLER: Cellulosechemie **4**, 38 (1923). — (*105a*) KALB, L., u. F. v. FALKENHAUSEN, B. **60**, 2514 (1927). — (*106*) KARRER, P., u. BODDING-WIGER: Helvet. **6**, 817 (1923). — (*107*) KARRER, P., STAUB, WEINHAGEN, JOOS: Ebenda **7**, 152 (1924). — (*108*) KARRER, P., u. B. JOOS: Biochem. Z. **136**, 537 (1923). — (*109*) KARRER, P., u. NISHIDA: Helvet. **7**, 363 (1924). — (*110*) KARRER, P.: Ebenda **6**, 800 (1923). — (*111*) Ebenda **7**, 150, 518 (1924). — (*112*) KARRER, P., u. LIER: Ebenda **8**, 148 (1925). — (*113*) KARRER, P., u. ZEGA: Ebenda **5**, 853 (1922). — (*114*) KARRER, P., u. SMIRNOFF: Ebenda **4**, 817 (1921). — (*115*) KARRER, P.: Cellulosechemie **2**, 127 (1921). — (**116**) KARRER, P., u. SMIRNOFF: Helvet. **5**, 187 (1922). — (*117*) KARRER, P.: Z. angew. Chem. **37**, 1003 (1924). — (*118*) KARRER, P., u. H. ILLING: Kolloid-Z. (Erg.-Bd.) **36**, 91 (1925). — (*119*) KARRER, P., u. A. P. SMIRNOFF: Helvet. **5**, 832 (1922). — (*120*) KHOUVINE, Y.: Ann. Inst. Pasteur **37**, 711 (1924). — (*121*) KLASON, P.: Ber. Hauptvers. Ver. d. Zellstoff- u. Papierchemiker 1908, S. 53. — (*122*) Beiträge zur Kenntnis der chemischen Zusammensetzung des Fichtenholzes. Berlin 1911. — (*123*) B. **53**, 706, 1862 (1920). — (*124*) B. **55**, 448 (1922). — (*125*) B. **58**, 375, 1761 (1925). — (*126*) Z. angew. Chem. **22**, 1205 (1909). — (*127*) KLEIN, W.: Biochem. Z. **72**, 169 (1916). — (*128*) Ebenda **117**, 67 (1921). — (*129*) KOHNSTAMM: Beih. bot. Zbl. **10**, 90 (1901). — (*130*) KÖNIG, F.: Cellulosechemie **2**, 105 (1921). — (*131*) KÖNIG, J., u. E. RUMP: Chemie und Struktur der Pflanzenzellmembran. Berlin 1914. — (*132*) KÖNIG, J., u. J. BETTELS: Z. Unters. Nahrgsmitt. usw. **10**, 457 (1905). — (*133*) KÖNIG, J.: Untersuchung landwirtschaftlich und gewerblich wichtiger Stoffe. Berlin 1911. — (*134*) KROGH, A., u. H. O. SCHMITT-JENSEN: C. r. Soc. Biol. **84**, 146 (1921).

(*135*) LEDDERHOSE: H. **2**, 213 (1878). — (*136*) LEUCHS, O.: D.R.P. 322585. — (*137*) LEVALLOIS: C. r. **98**, 44, 732 (1884). — (*138*) LIESER: Cellulosechemie **7**, 85 (1926). — (*139*) LINDET: Bull. Assoc. Chim. de sucrerie **20**, 1223. — (*140*) LIPPMANN, E. O. v.: B. **20**, 1001 (1887). — (*141*) LÖWY, E.: Biochem. Z. **23**, 47 (1910). — (*142*) LÜDTKE, M.: B. **61**, 465 (1928). — (*143*) A. **466**, 27 (1928). — (*143a*) MELLIAND Textilberichte **10**, 445 (1929). — (*144*) A. **456**, 201 (1927). — (*144a*) LUERS u. VOLLKAMER: Woch. Brauerei **45**, 83, 95 (1928). — (*145*) LUNGE u. BEBIÉ Z. angew. Chem. **14**, 514 (1901).

(*146*) MACFAYEN u. BLAXALL: Trans. Jenner Inst. P. Med. **2**, 182 (1899) — (*147*) MANGOLD, E.: Ber. Herbsttagg dtsch. landw. Ges. Magdeburg 1927. — (*148*) MARCUSSON, J.: Z. angew. Chem. **40**, 48 (1927). — (*149*) Ebenda **40**, 1233 (1927). — (*150*) MARKOFF, J.: Biochem. Z. **57**, 1 (1913). — (*151*) MÄULE: Fünfstücks Beitr. wiss. Bot. **4**, 166 (1900). — (*152*) MAXWELL, W.: Amer. chem. J. **12**, 51, 265 (1890). — (*153*) MESSMER, E.: Phys. Chem. **126**, 369 (1927). — (*154*) MEYER, K. H., u. H. MARK: B. **61**, 593, 1942 (1928). — (*155*) MICHEEL, F.: A. **456**, 69 (1927). — (*156*) MIE, JOHNER, HENGSTENBERG: Phys. Chem. **126**, 425 (1927). — (*156a*) MIYOSHI, M.: Jahrb. wiss. Bot. **28**, 278 (1928). — (*157*) MÜLLER, H.: Biedermanns Zbl. Agrikulturchem. **11**, 273 (1877). — (*158*) MUNTZ, A.: C. r. **94**, 453 (1882).

(*159*) NÄGELI, C. v.: Pflanzenphysiologische Untersuchungen, H. 2. 1858. — (*160*) Die Stärkekörner. Zürich 1858. — (*161*) NÄGELI, C. v., u. S. SCHWENDENER: Das Mikroskop, 2. Aufl. Leipzig 1877. — (*162*) NEUBERG, C., u. M. KOBEL: Biochem. Z. **179**, 459 (1926). — (*163*) NEUBERG, C., u. B. OTTENSTEIN: Ebenda **188**, 217 (1927). — (*164*) NEUBERG, C., u. J. WOHLGEMUTH: H. **35**, 40 (1902). — (*165*) NEUBERG, C., u. R. COHN: Biochem. Z. **139**, 531 (1923). — (*166*) NEUBERG, C.: Ebenda **43**, 501 (1912). — (*167*) NORMANN: Chemiker-Ztg **30**, 584 (1906).

(*168*) OHTSUKI, T.: Acta phytochim. **4**, 1 (1928). — (*169*) OMELIANSKY: C. r. **121**, 653 (1895). — (*170*) Ebenda **125**, 970, 1131 (1897). — (*171*) Zbl. Bakter. II **8**, 193 (1902). — (*172*) Ebenda II **11**, 370, 703 (1903). — (*173*) Ebenda II **15** 673 (1906). — (*174*) Ebenda II **36**, 339 (1912). — (*175*) OST, H., u. MÜHLMEISTER: A. **398**, 313 (1913). — (*176*) OST, H., u. R. PROSIEGEL: Z. angew. Chem. **33**, 100 (1920). — (*177*) OST, H., u. G. KNOTH: Cellulosechemie **3**, 25 (1922). — (*178*) OST, H.: Z. angew. Chem. **39**, 1117 (1926). — (*179*) Ebenda **19**, 993 (1906). — (*180*) Ebenda **32**, 66 (1919).

(*181*) PATTERSON, J.: Soc. **123**, 1139 (1923). — (*182*) PAULY, H., u. K. FEUERSTEIN: B. **62**, 297 (1929). — (*183*) PAYEN, A.: C. r. **7**, 1052 (1838). — (*184*) Ebenda **8**, 51, 169 (1839). — (*185*) Ebenda **9**, 149 (1839). — (*186*) Ebenda **10**, 941 (1840). — (*187*) PICTET, A., u. SARASIN: Helvet. **1**, 87 (1918). — (*188*) PRINGSHEIM, H., u. K. SEIFERT: H. **123**, 205 (1922).

— (189) PRINGSHEIM, H.: H. **80**, 376 (1912). — (190) PRINGSHEIM, H., u. A. GENIN: H. **140**, 301 (1924). — (191) PRINGSHEIM, H., A. GENIN u. R. PEREWOSKY: H. **164**, 117 (1925). — (192) PRINGSHEIM, H., u. G. LISS: A. **460**, 32 (1928). — (193) PRINGSHEIM, H., u. K. SEIFERT: H. **128**, 284 (1923). — (194) PRINGSHEIM, H., u. J. LEIBOWITZ: H. **131**, 262 (1923). — (195) PRINGSHEIM, H.: Zbl. Bakter. II **38**, 513 (1913). — (196) H. **78**, 266 (1912). — (197) POLANYI, M.: Z. Physik **7**, 149 (1921).

(198) REISS, R.: B. **22**, 609 (1889). — (199) Landw. Jb. **18**, 711 (1889). — (200) ROSE u. LISSE: J. Ind. Chem. **9**, 248 (1917).

(201) SAIKI: J. of biol. Chem. **2**, 251 (1906). — (201a) SAKURADA u. NAKASHIMA: Scient. Papers Inst. phys. chem. Res. **6**, 197 (1928). — (202) SALKOWSKI, E.: H. **34**, 166 (1901). — (203) H. **35**, 240 (1902). — (204) SANIO: Jb. wiss. Bot. **9**, 50 (1873). — (204a) SEILLÈRE: Soc. Biol. **56**, 409, 940 (1905), **63**, 616 (1907) **66**, 691 (1909). — (205) SCHERRER, P., siehe bei R. ZSIGMONDY: Lehrbuch der Kolloidchemie, 3. Aufl. Leipzig 1920. — (206) SCHMIDT, E., u. E. GRAUMANN: B. **54**, 1860 (1921). — (207) SCHMIDT, E., F. TREFZ u. H. SCHNEGG: B. **59**, 2635 (1926). — (208) SCHORGER, A. W., u. D. F. SMITH: J. Ind. Chem. **8**, 494 (1916). — (209) SCHORGER, A. W.: Ind. Chem. **9**, 748 (1917). — (210) Ebenda **16**, 1274 (1924). — (211) SCHRAUTH, W.: Z. angew. Chem. **36**, 149 (1923). — (212) SCHULZE, E.: B. **25**, 2218 (1893). — (213) B. **43**, 2230 (1910). — (214) SCHULZE, F.: C. **1857**, 321. — (215) SCHWALBE, C. G.: Z. angew. Chem. **23**, 924 (1910). — (216) Ebenda **40**, 444 (1927). — (217) SCHWALBE, C. G., u. R. SIEBER: Die Betriebskontrolle in der Zellstoffindustrie, S. 230. Berlin 1925. — (218) SCHWALBE, C. G., u. R. BECKER: B. **54**, 545 (1921). — (219) SCHWEIZER, E.: J. pr. **72**, 109 (1857). — (219a) SHIBATAK: Jahrb. wiss. Bot. **37**, 649 (1912). — (220) SKRAUP, ZD., u. J. KÖNIG: B. **34**, 1115 (1901). — (221) SMOLENSKI, K.: C. **1924 II**, 2140. — (222) SONNTAG: Ber. dtsch. bot. Ges. **19**, 138 (1901). — (223) SPONSLER, O. L., u. DORE: Kolloid Symposion Monographs **4**, 174 (1926). — (224) STAUDINGER, H.: Z. angew. Chem. **42**, 37, 67 (1929). — (225) B. **59**, 3019 (1926). — (226) STEIGER: B. **19**, 827 (1886). — (227) STERN, A. L.: J. Ind. Chem. **67**, 74 (1895). — (228) STRASBURGER, E.: Über den Bau und das Wachstum der Zellhäute. Jena 1882. — (228a) STRASBURGER, J.: Zentralbl, f. Gynäkolog. **49** (1907).

(229) TOLLENS, B., u. LINDSEY: A. **267**, 341 (1892). — (230) TOLLENS, B., u. J. A. WIDTSOE: B. **33**, 132 (1900). — (231) TOLLENS, B., u. K. HAUERS: B. **36**, 3306 (1903). — (232) TOLLENS, B., u. K. BIEHR: A. **258**, 110 (1890). — (233) TOLLENS, B., u. A. GÜNTHER: A. **271**, 86 (1892). — (234) TOLLENS, B., u. F. RORIVE: B. **42**, 2009 (1909). — (235) TOLLENS, B., u. O. v. FABER: B. **32**, 2592 (1899). — (236) TOLLENS, B.: Handbuch der Kohlenhydrate, 2. Aufl. Leipzig 1914. — (237) TRAUBE, W., B. BLASER u. C. GRUNERT: B. **61**, 754 (1928). — (238) TRAUBE, W.: B. **54**, 3220 (1921). — (239) B. **55**, 1899 (1922). — (240) B. **56**, 268 (1923).

(241) UNGAR, E.: Dissert., Zürich 1914.

(242) VIEWEG: B. **40**, 3876 (1907). — (243) B. **41**, 3269 (1908). — (244) B. **57**, 1919 (1924). — (245) VIGNON, L.: C. r. **127**, 873 (1898).

(246) WAENTIG, P., u. GIERISCH: Z. angew. Chem. **32**, 173 (1919). — (246a) H. **103**, 89 (1918). — (246b) H. **107**, 213 (1919). — (247) WEHMER, C.: B. **48**, 130 (1915). — (248) WEIMARN, P. P. v.: Kolloid-Z. **11**, 41 (1912). — (249) WELTZIEN, W., u. A. SINGER: A. **443**, 71 (1925). — (250) WENZL, H.: Zellstofferzeugung mit Hilfe von Chlor. Berlin 1927. — (250a) WESTER, H. D.: Arch. Pharm. **247**, 293 (1909). — (250b) WETTSTEIN, F. v.: Sitz. Ber. d. Akad. Wien, Math.- nat. Klasse I, **130** (1921). — (251) WILL, W.: B. **24**, 400 (1891). — (252) WILLSTÄTTER, R., u. ZECHMEISTER: B. **46**, 2401 (1913). — (252a) B. **62**, 722 (1929). — (253) WILLSTÄTTER, R., u. L. KALB: B. **55**, 2537 (1922). — (254) WINTERSTEIN, E.: H. **19**, 521 (1893); **21**, 134 (1895); B. **27**, 3113 (1894). — (255) WISSELINGH, C. VAN: Die pflanzliche Zellmembran, S. 176. Berlin 1926. — (256) WOHL, A.: Z. angew. Chem. **16**, 285 (1903). — (256a) WOLFF u. HAITSCHECK: Pflügers Archiv **104**, 162 (1904).

(257) ZECHMEISTER: Dissert., Zürich 1913.

d. Die Umwandlungen der Kohlenhydrate durch Gärungsvorgänge.

Von CARL NEUBERG und MAX LÜDTKE, Berlin-Dahlem.

A. Alkoholische Gärung.

Hefezellen bringen die Lösungen der Zymohexosen Glucose, Mannose, Fructose und zum Teil auch der Galaktose zum Zerfall. Vor mehr als einem Jahrhundert hat GAY LUSSAC[21] für diesen als alkoholische Gärung bezeichneten Vorgang die heute noch gültige Bruttogleichung aufgestellt:

$$C_6H_{12}O_6 = 2\,CO_2 + 2\,C_2H_5OH.$$

Inzwischen ist eine große Zahl von Untersuchungen ausgeführt worden, um die Zwischenglieder des Zuckerumsatzes aufzufinden; denn da weder der Rest der Kohlensäure noch die Äthylgruppe im Zuckermolekül vorgebildet ist, müssen Zwischenstufen existieren.

Solche zu fassen, gelang mit Hilfe der *Abfangverfahren.*

Als erstes Abfangmittel haben die neutralen schwefligsauren Salze gedient. Die Vergärung in Anwesenheit von sekundären Alkalisulfiten liefert 75—80% der theoretisch möglichen Ausbeute an Acetaldehyd und Glycerin, die in äquimolekularer Menge als Endprodukte entstehen (C. NEUBERG und E. REINFURTH[38, 39]):

$$C_6H_{12}O_6 = CH_3 \cdot CHO + CO_2 + CH_2OH \cdot CHOH \cdot CH_2OH.$$

Dabei wird der Acetaldehyd von dem Sulfit gefesselt und so der weiteren Umsetzung entzogen; deshalb wird diese Arbeitsweise als Abfangverfahren bezeichnet.

Diese Art der Zuckerspaltung stellt eine *zweite Vergärungsform* dar; die erste ist der Zerfall des Zuckers gemäß obiger Normalgleichung von GAY-LUSSAC.

Mit Semicarbazid sowie Thiosemicarbazid kann gleichfalls der Eintritt der zweiten Vergärungsform erzwungen werden (C. NEUBERG und M. KOBEL[69], M. KOBEL und A. TYCHOWSKI[29]), indem hier der Acetaldehyd durch die Säurehydrazide festgelegt wird und die Anhäufung des Reaktionsprodukts Glycerin den Ausgleich für die Fixierung der höher oxydierten Stufe aus der 2-Kohlenstoffreihe darstellt. Im Prinzip das gleiche wird nach C. NEUBERG und E. REINFURTH[40] durch die Vergärung unter Zusatz von 5,5-Dimethyl-cyclo-hexandion-(1,3) erreicht; dieses von D. VORLÄNDER[80] für rein chemische Zwecke bewährt gefundene Aldehydreagens tritt mit einem Teil des biochemisch erzeugten Acetaldehyds schneller zusammen, als dieser der physiologischen Umwandlung anheimfällt. Auch mit Acetaldehyd kann bemerkenswerterweise Acetaldehyd abgefangen werden (C. NEUBERG und E. REINFURTH[41], L. ELION[14]); nascierender Acetaldehyd kondensiert sich mit zugefügtem Acetaldehyd *carboligatisch* zu Acetoin (Acetylmethyl-carbinol):

$$CH_3 \cdot COH + HC(O) \cdot CH_3 = CH_3 \cdot CHOH \cdot CO \cdot CH_3.$$

Im Falle der Verwendung von schwefligsauren Salzen ist die Alkalinität, die den sekundären Alkalisulfiten eigen ist, nicht grundsätzlich von Belang. Die neutralen Erdalkalisulfite wirken ebenso, wenn auch infolge ihrer Unlöslichkeit der Abfangeffekt zumeist schwächer ausfällt; für die industrielle Gewinnung von Glycerin auf dem Gärungswege, die W. CONNSTEIN und K. LÜDECKE[11] angegeben haben, benutzt man daher das lösliche Dinatriumsulfit.

Während die eigentlichen Abfangmittel mit einer spezifischen Bindekraft für Acetaldehyd ausgestattet sind, wirken die einfachen Alkalien aus anderen Gründen umgestaltend auf den Gärungsablauf ein. Fügt man z. B. Soda oder Natriumbicarbonat zu Gäransätzen, so ist im Gärgut nicht das der angewendeten

Zuckermenge entsprechende Quantum Äthylalkohol und Kohlensäure vorhanden, dafür aber viel Glycerin. Acetaldehyd, der diesem bei der zweiten Vergärungsart äquivalent ist, tritt zwar zu Beginn der Gärung in Erscheinung, ist aber am Schlusse der Umsetzung nur in Spuren nachzuweisen. Dagegen entsteht bei dieser *dritten Vergärungsform* Essigsäure (C. NEUBERG und J. HIRSCH[42, 43], C. NEUBERG, J. HIRSCH und E. REINFURTH[44]), und zwar in bestimmtem Verhältnis zum Glycerin. Auf 2 Mol Glycerin entfällt genau 1 Mol Essigsäure, gemäß der Gleichung:

$$2\,C_6H_{12}O_6 + H_2O = C_2H_5 \cdot OH + CH_3 \cdot COOH + 2\,CO_2 + 2\,CH_2OH \cdot CHOH \cdot CH_2OH.$$

Diese Bildung der Essigsäure erklärt sich durch die enzymatische *Dismutation* des Acetaldehyds, durch welche nach dem Schema der Cannizzaroschen Reaktion der Acetaldehyd in Weingeist und Essigsäure umgewandelt wird:

$$\begin{matrix} CH_3 \cdot COH & & H_2 & & CH_3 \cdot CH_2OH \\ & + & \| & = & + \\ CH_3 \cdot COH & & O & & CH_3 \cdot COOH. \end{matrix}$$

Die bei den beiden neuen Vergärungsformen aufgefundenen Tatsachen dienen nun, im Verein mit den nachstehend (S. 75—78) beschriebenen Erfahrungen über das biochemische Verhalten der Brenztraubensäure und des Methylglyoxals, zur Erklärung auch des gewöhnlichen Gärungsverlaufs. Für diesen läßt sich folgende Darstellung geben:

$$\begin{array}{llllll} a) & C_6H_{12}O_6 & - & 2\,H_2O & & = C_6H_8O_4 \text{ (Methylglyoxal-aldol)}, \\ b) & C_6H_8O_4 & & & & = 2\,CH_2 : C(OH) \cdot CHO \text{ bez. } 2\,CH_3 \cdot CO \cdot COH \\ & & & & & \qquad \text{(Methylglyoxal)}, \\ c) & CH_2 : C(OH) \cdot CHO + H_2O & & H_2 & & CH_2OH \cdot CHOH \cdot CH_2OH \text{ (Glycerin)} \\ & & + & \| & = & + \\ & CH_2 : C(OH) \cdot CHO & & O & & CH_2 : C(OH) \cdot COOH \text{ (Brenztraubensäure)}, \\ d) & CH_3 \cdot CO \cdot COOH & & & & = CH_3 \cdot CHO \text{ (Acetaldehyd)} + CO_2 \text{ (Kohlendioxyd)}, \\ e) & CH_3 \cdot CO \cdot CHO & & O & & CH_3 \cdot CO \cdot COOH \text{ (Brenztraubensäure)} \\ & & + & \| & = & + \\ & CH_3 \cdot CHO & & H_2 & & CH_3 \cdot CH_2OH \text{ (Äthylalkohol)}. \end{array}$$

Die Formulierung kommt auf eine wiederholte Dismutation des Methylglyoxals heraus. Weder dieses noch die Brenztraubensäure, die durch das Teilferment Carboxylase (s. unten) stets gespalten wird, können sich anhäufen. Dagegen müssen Glycerin und Acetaldehyd nach beendeter Gärung als notwendige Nebenprodukte zugegen sein.

In dem Schema stehen zwei Substanzen, die sich in den Bruttogleichungen der verschiedenen Vergärungsformen nicht zu erkennen geben: die *Brenztraubensäure und das Methylglyoxal.* Beide sind indessen als intermediäre Produkte schon frühzeitig gekennzeichnet und später auch isoliert worden (C. NEUBERG[45], C. NEUBERG und A. HILDESHEIMER[46], C. NEUBERG mit L. TIR, L. KARCZAG, J. KERB[47–51]).

Die Auffindung der Vergärbarkeit von Brenztraubensäure hat die Lehre vom *intermediären Kohlenhydratstoffwechsel* maßgeblich beeinflußt. Für den vom Hefenferment ausgelösten Vorgang gilt der Ausdruck:

$$CH_3 \cdot CO \cdot COOH = CO_2 + CH_3 \cdot COH.$$

Durch diese gewissermaßen *vereinfachte Art der Gärung* werden Acetaldehyd und Kohlendioxyd erzeugt; damit war gleichzeitig die Schwierigkeit überwunden, die *Bildung der Kohlensäure* zu verstehen.

Brenztraubensäure wird von Hefe quantitativ vergoren (C. NEUBERG und A. VON MAY[54], C. NEUBERG und E. SIMON[55]). Das Enzym, das die Brenztraubensäure in Acetaldehyd und Kohlensäure zerlegt, ist von C. NEUBERG und L. KARCZAG[48–50] *Carboxylase* genannt worden. Man hat das Ferment so weit reinigen können, daß die Präparate auf Glucose nicht mehr ansprechen, wohl aber Brenztraubensäure vergären. *Carboxylase stellt ein Glied in dem als Zymase bezeichneten komplexen Fermentsystem dar.*

Aus dem Gärgut isoliert wurde Brenztraubensäure von A. FERNBACH und M. SCHOEN[17–19], von M. v. GRAB[22], N. KAGAN[27], ED. KAYSER[28] u. a.

Seit drei Dezennien ist bekannt, daß bei Einwirkung von starker Natronlauge *auf Glucose Methylglyoxal* entstehen kann (G. PINKUS[73]). Zu einem Modellversuch wurde diese Reaktion von C. NEUBERG und W. OERTEL und B. REWALD[52, 53] gestaltet, als sie fanden, daß diese Umwandlung mit ganz schwachen Alkalien wie Natriumbicarbonat, Soda, Sulfit, Dinatriumphosphat, Ammoniak usw. herbeigeführt werden kann: $C_6H_{12}O_6 = 2CH_3 \cdot CO \cdot CH(OH)_2$. Die letztgenannten Autoren erreichten Ausbeuten an Methylglyoxal von 16% bzw. von 70% mit Hexose bzw. Triose als Ausgangsmaterial.

Als Produkt der Desmolyse, d. h. der Kohlenstoff-ketten-sprengung, ist das Methylglyoxal erst im Jahre 1928 von C. NEUBERG und M. KOBEL[56, 59] in Substanz gefaßt und identifiziert worden. Indem die Autoren hexose-di-phosphorsaures Magnesium mit einem cofermentfreien oder -armen *Hefenferment* behandelten, gelang es, das Methylglyoxal als Bis-2,4-Di-nitro-phenyl-hydrazon aus den Göransätzen abzutrennen. Hiermit war das noch fehlende Glied in die Kette der Zwischenprodukte eingefügt. Zwar wird die Vergärbarkeit des Methylglyoxals zu CO_2 und $C_2H_5 \cdot OH$ von der Mehrzahl der Autoren verneint, andererseits ist es aber nicht notwendig, daß die terminale Umwandlung bei der angegebenen Strukturform erfolgt. Bei der Modulationsfähigkeit der Substanz kann sehr wohl, worauf NEUBERG und andere wiederholt hingewiesen haben, eine der vielen möglichen Modifikationen in Frage kommen.

1905 haben A. HARDEN und W. J. YOUNG[23] sowie L. IWANOFF[26] die Beobachtung gemacht, daß Alkaliphosphate zu einer mit Hefensaft, Trockenhefe und Aceton-hefe oder toluolisierter Frischhefe gärenden Zuckerlösung gebracht, sich mit dem Kohlenhydrat zu einer *Hexose-di-phosphorsäure* vereinigen. Es ist gleichgültig, ob als Zucker Glucose, Mannose oder Fructose gewählt wurde. Neben diesem Di-phosphat wurde später auch ein *Hexose-mono-phosphorsäure-ester* (R. ROBISON[75]) auf dem Gärungswege erhalten. Vorher hatte C. NEUBERG[60] aus dem Di-phosphat zunächst mittels Säuren durch partielle Hydrolyse einen *isomeren Mono-phosphorsäure-ester* dargestellt und aus ihm wie aus dem Ausgangsmaterial mit O. DALMER[61] krystallisierte Alkaloidsalze beider Estersäuren gewonnen. Die drei Hexose-phosphorsäure-ester lassen sich auf biochemischem Wege ineinander überführen (C. NEUBERG und J. LEIBOWITZ[63]).

Es fragte sich nun, ob die *Phosphorylierung* eine integrierende Phase der Zuckerspaltung bildet oder nur als Nebenreaktion anzusprechen ist, wozu gesagt werden muß, daß den Zellen in der Norm ja nur ihr geringer Phosphorsäuregehalt zur Verfügung steht und sich jedenfalls extracellulär kein Zucker-phosphorsäure-ester anhäuft.

Nach A. HARDEN und W. J. YOUNG[24] wirkt Zugabe von 2 Mol sekundärem Alkaliphosphat auf 2 Mol Hexose derart, daß die eine Hälfte des Zuckers in Alkohol und Kohlensäure zerfällt, während die andere mit 2 Mol Alkaliphosphat beladen wird:

$$2\,C_6H_{12}O_6 + 2\,PO_4HK_2 = 2\,CO_2 + 2\,C_2H_5OH + 2\,H_2O + C_6H_{10}O_4(PO_4K_2)_2\,.$$

In einer zweiten Phase wird dann das Di-phosphat wieder in Zucker und freies Phosphat zerlegt:

$$C_6H_{10}O_4(PO_4K_2)_2 + 2\,H_2O = C_6H_{12}O_6 + 2\,PO_4K_2H\,.$$

Beide Prozesse werden von *Fermenten* katalysiert. Bei der Phosphorylierung spielt das Coenzym eine ausschlaggebende Rolle (A. J. VIRTANEN[79], H. v. EULER und K. MYRBÄCK[15], C. NEUBERG und A. GOTTSCHALK[65]). Die Anhäufung wie

Vergärung des Di-phosphorsäure-esters läßt sich nur mit zellfreien Hefesäften oder mit geschädigten Hefezellen erreichen. Die extracelluläre *Ansammlung* erscheint als ein unphysiologischer Vorgang. Nach O. MEYERHOF und K. LOHMANN[36] wird 1 Mol primär erzeugten Mono-phosphorsäure-esters vom Enzymsystem der Hefe dephosphoryliert und sein Zucker vergoren; die frei gewordene Phosphorsäure springt auf ein zweites Mol Hexose-mono-phosphat über, wobei sich Zymo-di-phosphat bildet. Daß sich unter normalen Bedingungen kein Di-phosphat fassen läßt, führen die Autoren auf die Labilität des primären Produktes gegenüber dem zu isolierenden stabilen Körper zurück.

Der Ansicht, daß jedenfalls nicht das bekannte Hexose-di-phosphat das obligate Zwischenprodukt bildet, daß aber (C. NEUBERG[64], Monographie, Jena 1913) durch die Veresterung der Zerfall des Hexose-moleküls zu Substanzen der 3-Kohlenstoffreihe eingeleitet wird, hat man sich heute vielfach angeschlossen. Der Zweck der Phosphorsäure-bindung ist noch nicht völlig klar. Das folgt auch aus neueren Versuchen von C. NEUBERG und M. KOBEL[62] über die relative Gärgeschwindigkeit freier und phosphorylierter Zucker unter verschiedenen Bedingungen.

B. Milchsäuregärung.

Ungefähr ebenso lange wie die alkoholische Zuckerspaltung ist die Vergärung der Zucker zu Milchsäure bekannt. Auf dem Eintritt dieser Umwandlung beruht das *Sauerwerden der Milch* (SCHEELE, 1780), und diese Erscheinung hat dem sich abspielenden Prozeß den Namen gegeben. Die Spaltung des Zuckers bei der Vergärung zu Milchsäure vollzieht sich nach der Bruttogleichung:

$$C_6H_{12}O_6 = 2\,CH_3 \cdot CHOH \cdot COOH.$$

Da die Milchsäure eine ziemlich starke Säure ist — ihre Dissoziationskonstante beträgt $1{,}38 \cdot 10^{-4}$ —, so kommt die Zerlegung des Zuckers beim freien Spiel der natürlichen Kräfte oft vorzeitig zum Abschluß; indem die entstandene Säure die Weiterentwicklung der Milchsäurebakterien verhindert, bleibt unzerlegter Zucker übrig. Sind aber neutralisierende Agenzien zugegen, so ist eine quantitative Spaltung des Zuckers im Sinne der obigen Gleichung möglich. Als solche Neutralisationsmittel wirken in der Natur Eiweiß, kohlensaure Salze oder sekundäre Phosphate; im Laboratoriumsexperiment wendet man mit Vorteil Calcium- oder Zink-carbonat an.

Die Erklärung der Vorgänge bei der Milchsäuregärung bot dem Verständnis ursprünglich ganz die gleichen Schwierigkeiten wie die Deutung der alkoholischen Gärung. Die Alkoholsäure Milchsäure, $CH_3 \cdot CH\,OH \cdot (CO_2)\,H$, ist formal nichts anderes als ein Gebilde, in dem Äthylalkohol und Kohlendioxyd vereinigt geblieben sind, während diese Substanzen bei der alkoholischen Gärung nebeneinander in äquimolekularer Menge auftreten. Im Lichte der neuesten Ergebnisse erscheint die *physiologische Milchsäurebildung* als einer der am besten aufgeklärten desmolytischen Vorgänge. Die Untersuchungen von C. NEUBERG[57, 58], H. D. DAKIN und W. H. DUDLEY[13], P. A. LEVENE und G. M. MEYER[32]) haben bereits im Jahre 1913 zu der wohlbegründeten Auffassung geführt, daß *Methylglyoxal das Zwischenprodukt bei der biochemischen Entstehung von Milchsäure* darstellt. Ein von NEUBERG als *Ketonaldehydmutase* bezeichnetes, nahezu omnicelluläres Enzym vermag nämlich Methylglyoxal quantitativ zu Milchsäure zu *dismutieren:*

$$\begin{array}{ccc} CH_3 & & CH_3 \\ | & & | \\ CO & + \; H_2 \; = & CHOH \\ | & \| & | \\ COH & O & COOH. \end{array}$$

Damit war schon vor 16 Jahren die Auffassung begründet, daß *Milchsäure stabilisiertes Methylglyoxal* ist. *Die anaerobe Glycolyse in tierischen Zellen ist nichts anderes als Milchsäurebildung.* Während Mikroorganismen sowohl die optisch inaktive Milchsäure als Rechts- wie Linksform erzeugen, hat man im Pflanzenreich zumeist d,l-Lactate angetroffen, in animalischen Zellen hingegen wurde ausnahmslos die l(+)-Milchsäure aufgefunden. Die volle Nachahmung dieser stereochemischen Besonderheiten gelang auch bei der enzymatischen Bildung von Milchsäure aus Methylglyoxal. Je nach Auswahl der Zellart war die Lenkung der optischen Aktivität durchführbar (C. NEUBERG[58], P. MAYER[33]).

Es liegt der Gedanke nicht fern, daß die Ketonaldehydmutase mit verschiedenen Trägern je nach ihrer Herkunft associiert sein kann, daß diese Verknüpfung von wechselnder Festigkeit ist und daß jene Begleitstoffe den Drehungssinn des Dismutationsproduktes mitbestimmen. Bei der *Entstehung von Milchsäure aus Zucker* kann man auch direkt optisch aktive Formen des Methylglyoxals annehmen, deren Drehkraft vom Ausgangsmaterial, dem Zucker, selbst induziert ist. Beispielsweise sind folgende, von der Enol- wie Ketonform sich ableitende Modifikationen des Methylglyoxals bzw. Methylglyoxal-hydrats mit asymmetrischen Kohlenstoffatomen möglich:

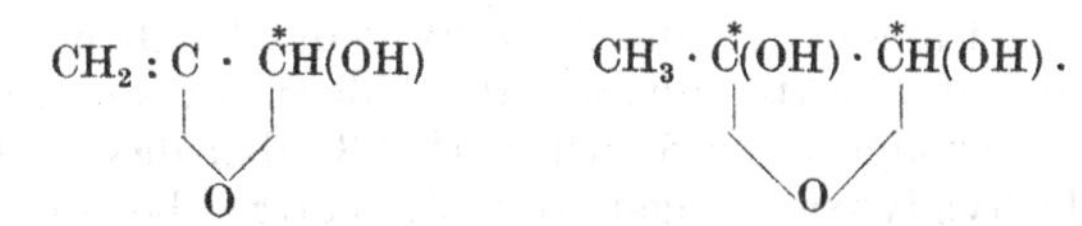

Unterlag also die enzymatische Bildung der Milchsäure aus Methylglyoxal keinem Zweifel, so war doch die Isolierung des Ketonaldehyds ein sehnsüchtig erstrebtes Ziel. Nach der bei den Ausführungen über die alkoholische Gärung bereits erwähnten Methodik ist C. NEUBERG und M. KOBEL[56] die Abscheidung von Methylglyoxal in Substanz bei der Spaltung des Zuckers durch einen Vertreter der echten Milchsäurebakterien, den Bacillus Delbrücki, gelungen, und zwar in einer Ausbeute bis zu 100% der theoretischen Möglichkeit. Damit ist zugleich bewiesen, daß die *Zerlegung des Zuckers in dem Sinne verläuft, daß 2 Mol Methylglyoxal aus 1 Mol Hexose hervorgehen.*

Nach den zuvor gemachten Angaben gründet sich die Isolierung des Methylglyoxals auf die Trennung von *Methylglyoxal bildendem Ferment* und Methylglyoxal verarbeitendem Agens. Zur Verarbeitung des Methylglyoxals, d. h. zu seiner Dismutation, ist die Mitwirkung des Cofermentes nötig. Da *Coferment* auch für den ersten Angriff auf das Zuckermolekül erforderlich ist, der in der Phosphorylierung beruht, so muß als Substrat für die enzymatische Bereitung von Methylglyoxal phosphorylierter Zucker, Hexose-di-phosphat, dienen. A. J. VIRTANEN[79] hat gezeigt, daß wenigstens einige *Milchsäurebakterien* nachweislich Phosphorylierung bewirken und dafür Coferment beanspruchen. KAGEURA[27a] sowie KOBEL und TYCHOWSKI[29] haben bewiesen, daß die fertigen Zuckerphosphorsäure-ester wirklich zu Milchsäure vergärbar sind.

Man hat demnach folgenden Weg für den *Ablauf der wahren Aufspaltung von Zucker zu Milchsäure* anzunehmen:

α) Phosphorylierung des Zuckers.

β) Spaltung des Hexose-phosphats in Phosphorsäure und 2 Mol Methylglyoxal.

γ) Dismutation des Methylglyoxals zu Milchsäure.

In der Natur tritt Milchsäure auch bei den sog. *gemischten Gärungen* auf, wie bei der *Vergärung durch Mikroben* aus der Gruppe des *Bacterium coli* und des *Bacterium lactis aerogenes*. Die *Zuckerspaltung* vollzieht sich hier im Sinne folgender Idealgleichung:

$$2C_6H_{12}O_6 + H_2O = 2CH_3 \cdot CHOH \cdot COOH \cdot + CH_3 \cdot COOH + C_2H_5 \cdot OH + 2CO_2 + 2H_2.$$

Nach A. HARDEN und W. J. YOUNG[25] sind drei verschiedene Enzyme beteiligt. Das erste erzeugt die Milchsäure nach der Gleichung:

$$C_6H_{12}O_6 = 2CH_3 \cdot CHOH \cdot COOH.$$

Das zweite liefert Ameisensäure neben Essigsäure und Weingeist:

$$C_6H_{12}O_6 + H_2O = C_2H_5OH + CH_3 \cdot COOH + 2H \cdot COOH,$$

und das dritte zerlegt die entstandene Ameisensäure in Kohlendioxyd und freien Wasserstoff:

$$H \cdot COOH = H_2 + CO_2.$$

Da jedoch noch Bernsteinsäure sowie öfter Butylenglykol und Acetyl-methyl-carbinol auftreten, so sind die Vorgänge in Wirklichkeit komplizierter. Die *Entstehung von Milchsäure* ist auch bei der gemischten Gärung im Sinne der Gleichung für die allgemeine Milchsäurebildung (S. 76) zu erklären. Das Auftreten äquimolekularer Mengen von Äthylalkohol und Essigsäure kann man auf Dismutation intermediär gebildeten Acetaldehyds zurückführen (S. 74), den C. NEUBERG, F. F. NORD und E. WOLFF[67], ferner in ausgedehnten Versuchen W. H. PETERSON und E. B. FRED[72], O. FERNÁNDES und T. GERMANDIA[16] haben nachweisen können. Acetaldehyd ist auch die Muttersubstanz der Körper aus der Butylenglykolreihe, die aus ihm durch carboligatische Synthese (S. 73) über das Acetoin hervorgehen.

Da ferner Methylglyoxal jüngst von M. VOGT[81] bei der Glycolyse durch tierische Organe einwandfrei nachgewiesen und seine Entstehung bei den desmolytischen Prozessen in höheren Pflanzen sowie in weiteren Bakterienarten ebenfalls dargetan ist, so läßt sich recht *allgemein die Milchsäurebildung auf intermediäre Produktion von Methylglyoxal* beziehen.

Das Agens, das Methylglyoxal erzeugt, wird man, da das Methylglyoxal nunmehr als Vorstufe der Milchsäure mit Sicherheit erkannt ist und die Schlüsselsubstanz für die Erscheinungen der wahren Glycolyse darstellt, als *Glycolase* bezeichnen dürfen. Für das ubiquitäre Enzym, das Methylglyoxal sodann zu Milchsäure dismutiert, erscheint der Name *Ketonaldehydmutase* als zweckmäßig.

Die *grünen Pflanzen* bilden ebenfalls sowohl Methylglyoxal als dismutativ hieraus Milchsäure[70a], und bei ihrer intramolekularen Atmung entsteht Acetaldehyd als Durchgangsprodukt [C. NEUBERG u. A. GOTTSCHALK[70], G. KLEIN u. K. PIRSCHLE[29a], J. BODNÁR[8a]]. Somit können beide Carbonylverbindungen als Zwischenstufen des Stoffwechsels auch für die höher entwickelten Vegetabilien gelten.

Über die *Vorgänge bei der Atmung*, bei der primär durch anaerobe Glycolyse aus Kohlenhydrat gebildete Milchsäure wieder zu Zucker restituiert wird, sei auf die Arbeiten von O. MEYERHOF[37] und O. WARBURG[82] verwiesen. Der Zerfall des Zuckers zu Milchsäure ist exotherm und bedarf keiner Sauerstoffzufuhr; für die Synthese zu Kohlenhydrat ist Energieaufwand erforderlich; beide Reaktionen sind gekoppelt. Durch die Sauerstoffatmung des Muskels wird die Energie für die Resynthese gewonnen. Die in der Erholungsphase bei der Oxydation von Milchsäure frei werdende Energie bewirkt den Wiederaufbau von Kohlenhydrat (Glycogen). Die Resynthese erfolgt wahrscheinlich schon auf der Methylglyoxal-stufe, indem dieser Ketonaldehyd durch Aldolkondensation oder carboligatisch zu Zucker restituiert wird (C. NEUBERG und G. GORR[54a], C. NEUBERG und M. KOBEL[59a]). Der tatsächlich verbrennende Anteil der Milchsäure wird mindestens partiell über Acetaldehyd abgebaut (C. NEUBERG und A. GOTTSCHALK[65], A. PALLADIN und A. UTEWSKI[71]).

C. Citronensäuregärung.

Die Citronensäuregärung wird *von verschiedenen Schimmelpilzen*, die nach ihrem Entdecker C. Wehmer[83—85] zur Gattung *Citromyces* gehören, verursacht. Besonders wirksam sind C. Pfefferianus und glaber. Sie vermögen bei Zugabe von Calciumcarbonat *50—70 % des gebotenen Zuckers in Citronensäure* umzusetzen. Auch Aspergillus niger erwies sich als brauchbar (J. Currie[12], Wl. Butkewitsch[6]). Außer Zuckern werden auch Glycerin, Mannit und andere Stoffe umgewandelt, aber nach H. Amelung[2] nur solche mit 3, 5 und 6 C-Atomen, nicht die mit 4 und 7 Kohlenstoff-atomen.

P. Mazé und A. Perrier[34, 35] erwägen, daß die Säure ein Produkt des abbauenden Stoffwechsels ist, in dem Eiweißstoffe der Zelle eine Umwandlung in *Citronensäure* erfahren; auch S. Kostytschew[30] hält eine Beziehung zu Aminosäuren, speziell zum Isoleucin, für möglich, so entschieden auch die quantitativen Verhältnisse gegen die Berechtigung einer solchen Annahme sprechen.

Nach Ed. Buchner und H. Wüstenfeld[5] kommt vielleicht die Parasaccharinsäure als Zwischenprodukt in Frage. Wl. Butkewitsch[7] erwähnt die Isolierung einer noch undefinierten Säure bei Vergärung von Zucker mit Aspergillus niger; er ist daher ebenfalls geneigt, eine solche Möglichkeit in Betracht zu ziehen:

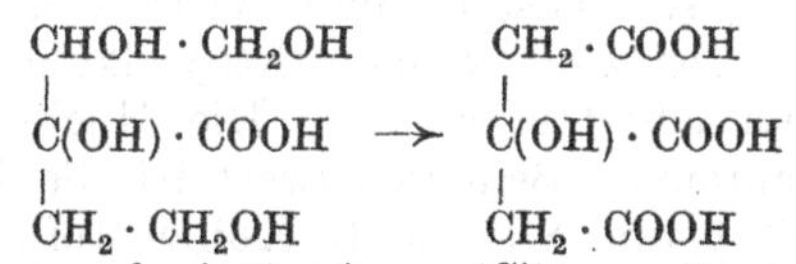

(Parasaccharinsäure) (Citronensäure).

H. Franzen und F. Schmitt[20] haben 1925 eine Hypothese entwickelt, nach der man die oxydative Umwandlung von Glucose in Citronensäure erklären kann. Die zunächst durch Oxydation gebildete Zuckersäure erfährt Disproportionierung zu Ketipinsäure, die sodann durch eine Benzilsäureumlagerung in Citronensäure übergeht:

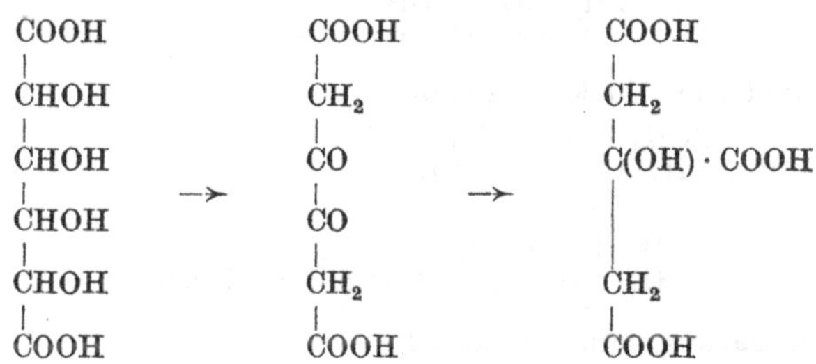

(Zuckersäure) (Ketipinsäure) (Citronensäure).

F. Challenger, V. Subramaniam und T. K. Walker[9, 10] fanden wirklich Zuckersäure, als sie Aspergillus niger auf Glucose wachsen ließen. In dem Nachweis von d-Zuckersäure, die übrigens P. Mayer[33a] auch als ein Erzeugnis des tierischen Stoffumsatzes beobachtet hat, liegt jedenfalls eine starke Stütze für die Hypothese von Franzen und Schmitt[20], die sich jetzt Kostytschew[30] gleichfalls zu eigen gemacht hat. Eine andere, experimentell nicht belegte Ansicht äußerte G. Ajon[1]; hiernach soll ein Methylzucker durch eine Oxydase in Citronensäure umgewandelt werden. Einige Autoren (Boutroux, Söhngen, Molliard[37a], Falck und Kapur[20a], Müller[37b], Butkewitsch[8], Bernhauer[4], Amelung[2]) beobachteten auch Gluconsäure in den Gäransätzen. Nach Butkewitsch[8] soll ihre Menge bei geringer Acidität des Gärgutes größer sein, als bei hoher; das umgekehrte gilt für Citronensäure. Sie wird daher nicht als Zwischenprodukt angesprochen. AMELUNG fand Gluconsäure nur bei Verwendung von Glucose, Saccharose und Maltose als Substrat; es gelang ihm und BUTKEWITSCH, aus Ca-Gluconat eine geringe Menge Ca-Citrat zu gewinnen. Dennoch glauben die Autoren, daß sie nicht Zwischenprodukt ist. Da die Citronensäurebildung mit C_3-Körpern, z. B. Glycerin, als Ausgangsmaterial ebenfalls erfolgt, hält AMELUNG dafür, daß allgemein zunächst eine Aufspaltung zu 3-Kohlenstoffsubstanzen und hieraus eine Synthese zu Citronensäure erfolgt, so wie man es für die Entstehung bestimmter Saccharinsäuren seit langem angenommen hat.

D. Buttersäure-, Butylalkohol- und Acetongärung.

Die *intermediären Vorgänge bei der Buttersäuregärung* wurden von C. NEUBERG und B. ARINSTEIN[68] genauer untersucht. Mit Hilfe des Abfangverfahrens isolierten die Autoren aus Ansätzen, bei denen Bacillus butylicus fitzianus Verwendung fand, Acetaldehyd und erbrachten damit den Beweis, daß dieser Stoff genetisch mit der Buttersäure verknüpft ist; ferner ließ sich dartun, daß Brenztraubensäure in Form ihres leicht entstehenden Aldols zu Buttersäure vergärbar ist.

Neben der Buttersäure finden sich in den Ansätzen noch Butylalkohol, Capron-, Capryl- und Caprinsäure, Äthylalkohol, Essig- und Milchsäure. Als gasförmige Proukte sind Kohlensäure und Wasserstoff erhalten.

Von diesen *Nebenprodukten* können Äthylalkohol und Essigsäure durch Dismutation von Acetaldehyd entstehen. Die Milchsäure dürfte vom Brenztraubenaldehyd herstammen. Bemerkenswert ist die Bildung der kohlenstoffreichen Fettsäuren mit 6 und 8 sowie 10 Kohlenstoffatomen aus Zucker.

Hiernach wird das Wesentliche der Butylgärungen durch folgende Schemata wiedergegeben.

A. Buttersäuregärung des Zuckers:

a) $C_6H_{12}O_6 = 2\,CH_3\cdot CO\cdot COOH + 4\,H$ (Brenztraubensäure),

b) $2\,CH_3\cdot CO\cdot COOH = CH_3\cdot C(OH)\cdot COOH$ α-Methyl-α-oxy-α_1-ketoglutarsäure oder Brenztraubensäure-aldol
$\qquad\qquad\qquad\qquad\qquad\quad |$
$\qquad\qquad\qquad\qquad\qquad CH_2\cdot CO\cdot COOH$,

c) $C_6H_8O_6 = 2\,CO_2 + C_4H_8O_2$ (Buttersäure).

B. Butylalkoholische Zuckerspaltung:

a) $C_6H_{12}O_6 = 2\,CH_3\cdot CO\cdot COOH + 4\,H$,

b) $2\,CH_3\cdot CO\cdot COOH = CH_3\cdot C(OH)\cdot COOH$
$\qquad\qquad\qquad\qquad\qquad\quad /$
$\qquad\qquad\qquad\qquad\qquad CH_2\cdot CO\cdot COOH$,

c) $C_6H_8O_6 + 4\,H = 2\,CO_2 + H_2O + C_4H_{10}O$ (Butylalkohol).

C. Buttersäuregärung von Glycerin:

a) $2\,C_3H_8O_3 = 2\,CH_3\cdot CO\cdot COOH + 8\,H$ (Brenztraubensäure),

b) $2\,CH_3\cdot CO\cdot COOH = C_6H_8O_6$,

c) $C_6H_8O_6 = 2\,CO_2 + C_4H_8O_2$.

D. Butylalkoholische Gärung des Glycerins:

a) $2\,C_3H_8O_3 = 2\,CH_3\cdot CO\cdot COOH + 4\,H + 4\,H$,

b) $2\,CH_3\cdot CO\cdot COOH = C_6H_8O_6$,

c) $C_6H_8O_6 + 4\,H = 2\,CO_2 + H_2O + C_4H_{10}O$ (Butylalkohol).

J. REILLY, W. J. HICKINBOTTOM, FR. HENLEY, A. CH. THAYSEN[74] fanden bei der *Acetongärung* von Kohlenhydraten neben Aceton Butylalkohol, Buttersäure, Essig- und Milchsäure.

Eine weitere Untersuchung dieser Gärung wurde von H. B. SPEAKMAN[76–78] mit Bacillus acetoäthylicus durchgeführt. Als vergärbar wurden Stärke, Rohrzucker und Glucose befunden. *Brenztraubensäure*, die als Zwischenprodukt isoliert wurde, lieferte die gleichen Endprodukte wie Zucker. Es wird in sinngemäßer Umformung des allgemeinen Gärungsschemas (s. S. 74) und unter Berücksichtigung der Befunde von NEUBERG und ARINSTEIN[68] die carboxylatische Bildung von Acetaldehyd angenommen sowie folgendes *Schema für die Acetonbildung* gegeben:

$$\begin{array}{llcl}
\text{a)} & 2\,CH_3\cdot CHO & = & CH_3\cdot CHOH\cdot CH_2\cdot CHO\ \text{(Acet-aldol)} \\
\text{b)} & CH_3\cdot CHOH\cdot CH_2\cdot CHO & O & CH_3\cdot CHOH\cdot CH_2\cdot COOH \\
 & & \| & \\
 & CH_3\cdot CHO \quad + & H_2 \ = & CH_3\cdot CH_2\cdot OH \\
\text{c)} & \left\{\begin{array}{l} CH_3\cdot CHOH\cdot CH_2\,COOH \\ CH_3\cdot CHO \quad + \end{array}\right. & = & \left.\begin{array}{l} CH_3\cdot CO\cdot CH_2\cdot COOH \\ CH_3\cdot CH_2\cdot OH \end{array}\right\} \\
\text{d)} & CH_3\cdot CO\cdot CH_2\cdot COOH & = & CH_3\cdot CO\cdot CH_3 + CO_2\,.
\end{array}$$

ST. BAKONY[3], der Bacillus macerans und Bacillus aceto-aethylicus zu seinen Versuchen über Acetongärung verwandte, konnte *Acetaldehyd* nach NEUBERG und REINFURTH (l. c.) abfangen; er hat außerdem angegeben, daß essigsaurer Kalk zu Aceton vergärbar ist. Es wird daher angenommen, daß der Acetaldehyd zu Acet-aldol kondensiert wird und dieser Körper eine Hydrolyse zur Alkohol- und Essigsäure erleidet:

$$CH_3\cdot CHOH\cdot CH_2\cdot CHO + H_2O = CH_3\cdot CH_2OH + CH_3\cdot COOH\,.$$

Diese gebildete Essigsäure soll in Aceton übergehen und der auftretende Wasserstoff eine kleine Menge Aldehyd direkt zu Alkohol reduzieren, so daß sich die *Gesamtgleichung bei der Vergärung von Stärke* wie folgt gestalten würde:

$$2\,C_6H_{10}O_5 + 4\,H_2O = 2\,C_2H_5OH + CH_3\cdot CO\cdot CH_3 + 5\,CO_2 + 4\,H_2 + H_2O\,.$$

Eingehende Studien über die Bildung der flüchtigen Säuren verdankt man PETERSON und seinen Mitarbeitern[72].

Neben diesen hauptsächlichsten Umsetzungen der Kohlenhydrate sind noch eine ganze Reihe *weiterer Spaltungen, besonders durch Mikroorganismen*, bekannt geworden (siehe LAFAR[31]), so die Schleimgärung, Oxalsäure-, Methan-, Wasserstoffgärung u. a. Ihrer ist bereits zuvor bei den einzelnen Kohlenhydraten Erwähnung geschehen.

Literatur zum Kapitel: Gärungsvorgänge der Kohlenhydrate.

(*1*) AJON, G.: C. **1927**, 1, 459. — (*2*) AMELUNG, H.: H. **166**, 161 (1927).

(*3*) BAKONY, ST.: Biochem. Z. **169**, 125 (1926). — (*4*) BERNHAUER, K.: Ebenda **172**, 313 (1926). — (*5*) BUCHNER, ED., u. H. WÜSTENFELD: Ebenda **17**, 395 (1909). — (*6*) BUTKEWITSCH, WL.: Ebenda **136**, 224 (1923). — (*7*) Ebenda **142**, 195 (1923). — (*8*) Ebenda **154**, 177 (1924). — (*8a*) J. BODNÁR u. Mitarb.: Bio. Z. **165**, 16 (1925).

(*9*) CHALLENGER, F., V. SUBRAMANIAM u. TH. K. WALKER: J. chem. Soc. **1927**, 200. — (*10*) Nature **119**, 674 (1927). — (*11*) CONNSTEIN, W., u. K. LÜDECKE: B. **52**, 1385 (1919). — (*12*) CURRIE, J.: J. of biol. Chem. **31**, 15 (1917).

(*13*) DAKIN, H. D., u. W. H. DUDLEY: J. of biol. Chem. **14**, 155 (1913).

(*14*) ELION, L.: Biochem. Z. **169**, 471 (1926). — (*15*) EULER, H. v., u. K. MYRBÄCK: H. **165**, 28 (1927) u. ff.

(*16*) FERNÁNDES, O., u. T. GARMENDIA: C. **1924**, 1, 1813. — (*17*) FERNBACH, A., u. M. SCHOEN: C. r. **157**, 1478 (1913). — (*18*) Ebenda **158**, 1719 (1914). — (*19*) Ebenda **170**, 764 (1920). — (*20*) FRANZEN, H., u. F. SCHMITT: B. **58**, 222 (1925). — (*20a*) FALCK, R., u. S. N. KAPUR: B. **57**, 920 (1924).

(*21*) GAY-LUSSAC: Ann. Chim. et Phys. **1810**, 245. — (*22*) GRAB, M. v.: Biochem. Z. **123**, 69 (1921).

(23) HARDEN, A., u. W. J. YOUNG: Proc. chem. Soc. **21**, 189 (1905). — (24) Proc. roy. Soc. **80**, 279 (1908). — (25) J. chem. Soc. **79**, 610 (1901).

(26) IWANOFF, L.: Trav. Soc. Natural. St. Petersbourg **34**.

(27) KAGAN, S. N.: Z. angew. Chem. **32**, 951 (1926). — (27a) KAGEURA, N.: Biochem. Z. **190**, 181 (1927). — (28) KAYSER, ED.: Ann. Brass. et Distill. **23**, 305 (1925). — (29) KOBEL, M., u. A. TYCHOWSKI: Biochem. Z. **199**, 218 (1928). — (29a) KLEIN, G., u. K. PIRSCHLE: Biochem. Z. **168**, 340 (1926); **169**, 482 (1926). — (30) KOSTYTSCHEW, S.: Pflanzenatmung, S. 139; Planta **4**, 198 (1927).

(31) LAFAR, F.: Handbuch der technischen Mykologie. Jena 1905/08. — (32) LEVENE, P. A., u. G. M. MEYER: J. of biol. Chem. **14**, 552 (1913).

(33) MAYER, P.: Biochem. Z. **174**, 420 (1926). — (33a) MAYER, P.: Ch. C. **1903**, I, 474. — (34) MAZÉ, P., u. A. PERRIER: Ch. C. **1904**, II, 717; Ann. Inst. Pasteur **18**, 553 (1904). — (35) MAZÉ, P.: Ebenda **23**, 830 (1909). — (36) MEYERHOF, O., u. K. LOHMANN: Biochem. Z. **185**, 113 (1927). — (37) MEYERHOF, O.: Erg. Physiol. **22**, 328 (1923). — (37a) MOLLIARD, M.: C. r. **174**, 881 (1922). — (37b) MÜLLER, D.: Landboh. Aarskrift, Kopenhagen **1925**, 329; Biochem. Z. **199**, 136 (1928).

(38) NEUBERG, C., u. E. REINFURTH: Biochem. Z. **89**, 365 (1918). — (39) Ebenda **92**, 234 (1918). — (40) Ebenda **106**, 281 (1920). — (41) Ebenda **143**, 553 (1923). — (42) NEUBERG, C., u. J. HIRSCH: Ebenda **96**, 175 (1919). — (43) Ebenda **100**, 304 (1919). — (44) NEUBERG, C., J. HIRSCH u. E. REINFURTH: Ebenda **105**, 307 (1920). — (45) NEUBERG, C.: Sitzgsber. physiol. Ges. **1910/11**. — (46) NEUBERG, C., u. A. HILDESHEIMER: Biochem. Z. **31**, 170 (1911). — (47) NEUBERG, C., u. L. TIR: Ebenda **32**, 323 (1911). — (48) NEUBERG, C., u. L. KARCZAG: Ebenda **36**, 60, 68, 70 (1911). — (49) Ebenda **37**, 170 (1911). — (50) B. **44**, 2477 (1911). — (51) NEUBERG, C., u. J. KERB: Z. Gärungsphysiol. **1**, 114 (1912). — (52) NEUBERG, C., u. W. OERTEL: Biochem. Z. **55**, 495 (1913). — (53) NEUBERG, C., u. B. REWALD: Ebenda **71**, 144 (1915). — (54) NEUBERG, C., u. A. v. MAY: Ebenda **140**, 299 (1923). — (54a) NEUBERG, C., u. G. GORR in Asher-Spiros Ergebn. **24**, 194 (1925). — (55) NEUBERG, C., u. E. SIMON: Biochem. Z. **187**, 220 (1927). — (56) NEUBERG, C., u. M. KOBEL: Ebenda **207**, 232 (1929). — (57) NEUBERG, C.: Ebenda **49**, 502 (1913). — (58) Ebenda **51**, 484 (1913). — (59) NEUBERG, C., u. M. KOBEL: Ebenda **203**, 463 (1928). — (59a) Z. f. angew. Chem. **38**, 761 (1925). — (60) NEUBERG, C.: Biochem. Z. **88**, 432 (1918). — (61) NEUBERG, C., u. O. DALMER: Ebenda **131**, 188 (1922). — (62) NEUBERG, C., u. M. KOBEL: A. **465**, 272 (1928). — (63) NEUBERG, C., u. J. LEIBOWITZ: Biochem. Z. **191**, 450 (1927). — (64) NEUBERG, C.: Die Gärungsvorgänge und der Zuckerumsatz der Zelle. Jena 1913. — (65) NEUBERG, C., u. A. GOTTSCHALK: Biochem. Z. **146**, 164, 185 (1924); **158**, 253 (1925). — (66) NEUBERG, C., u. F. F. NORD: Ebenda **96**, 133 (1919). — (67) NEUBERG, C., F. F. NORD u. E. WOLFF: Ebenda **112**, 144 (1920). — (68) NEUBERG, C., u. B. ARINSTEIN: Ebenda **117**, 269 (1921). — (69) NEUBERG, C., u. M. KOBEL: Ebenda **188**, 211 (1927). — (70) NEUBERG, C., u. A. GOTTSCHALK: Ebenda **151**, 167 (1924); **154**, 492 (1924); **160**, 256 (1925); **161**, 244 (1925). — (70a) NEUBERG, C., u. E. SIMON in Oppenheimer-Pincussen: Fermente **3**, 1311 (1928).

(71) PALLADIN, A., u. A. UTEWSKI: Biochem. Z. **200**, 108 (1928). — (72) PETERSON, W. H., u. E. B. FRED: J. of biol. Chem. **44**, 29 u. 465 (1920). — (73) PINKUS, G.: B. **31**, 31 (1898).

(74) REILLY, J., W. J. HICKINBOTTOM, FR. HENLY u. A. CH. THAYSEN: Biochem. Journ. **14**, 229 (1920). — (75) ROBISON, R.: Biochem. J. **16**, 809 (1922).

(76) SPEAKMAN, H. B.: J. of biol. Chem. **41**, 319 (1920). — (77) Ebenda **58**, 395 (1923). — (78) Ebenda **64**, 41 (1925).

(79) VIRTANEN, A. J.: H. **138**, 136 (1924). — (80) VORLÄNDER, D.: B. **30**, 1801 (1897); A. **294**, 253 (1896). — (81) VOGT, M.: Klin. Wschr. **8**, 793 (1929).

(82) WARBURG, O.: Über den Stoffwechsel der Tumoren. Berlin: Julius Springer 1926. — (83) WEHMER, C.: Ber. dtsch. bot. Ges. **11**, 333 (1893); (84) Zbl. Bakter. I **15**, 427 (1894); (85) Chemiker-Ztg **33**, 1281 (1909).

2. Fette.

Von

Dr. Carl Brahm

Ehem. Abteilungsvorsteher des Tierphysiologischen Instituts
der Landwirtschaftlichen Hochschule Berlin.

A. Pflanzliche und tierische Fette.

Mit dem Namen *Fette* bezeichnen wir die durch physiologische Prozesse im tierischen und pflanzlichen Organismus aufgebauten Substanzen, welche hauptsächlich aus Estern der höheren Fettsäuren und des Glycerins bestehen. In der Natur finden sich Fette meist im Gemisch mit freien Fettsäuren, Glyceriden der flüchtigen Fettsäuren, mit höheren Alkoholen, ferner Farbstoffen und anderen Körpern, die im Fett gelöst sind.

I. Verteilung und Herkunft der Fette im tierischen Körper.

Die eigentlichen *Fette und Öle* kommen im Tier- und Pflanzenreiche sehr verbreitet vor. Im tierischen Organismus sind die Fette meist in fester Form vorhanden, in der Milch in Form einer Emulsion. Bei Landtieren kommen Fette in *flüssiger* Form seltener vor, häufig dagegen bei Seetieren. Erstere nennt man *tierische Öle*, letztere *Trane*. Im tierischen Organismus findet sich Fett in allen Organen und Geweben in stark wechselnden Mengen vor. Am reichsten an Fett ist das Knochenmark. Die drei wichtigsten Depots für Fett sind das intramuskuläre Bindegewebe, das Fettgewebe der Bauchhöhle und das Unterhautbindegewebe. Einige Beispiele mögen das Vorkommen im tierischen Organismus erläutern.

Fettgewebe[34].

	Wasser %	Membran %	Fett %
bei Hammeln	10,48	1,64	87,88
„ Ochsen	9,90	1,16	88,88
„ Schweinen	6,64	1,35	92,21
Fettgewebe eines Mastochsen			
aus der Nierengegend	5,00	0,85	94,15
am Hoden	8,34	1,63	90,03
an der Brust	30,85	4,88	64,27
Netzgegend	4,89	0,80	94,31

H. Grouven[14] konnte zeigen, daß das Fettgewebe um so wasserreicher ist, je magerer, d. h. je schlechter das Tier genährt ist.

Einfluß der Nahrung auf den Wassergehalt des Fettgewebes[14].

	Wasser %	Membran %	Fett %
Magerer Bulle	20,95	4,19	73,86
Halbfette Kuh	9,41	1,66	88,68
Fette Kuh	5,29	0,97	93,74

Wechselnde Zusammensetzung des Fettes verschiedener Körperstellen beim gleichen Tier (Hammel)[22].

	Schmelzpunkt %	Erstarrungspunkt %
Fett von den Nieren . . .	54,0—55,0	40,7—40,9
Netz- und Darmfett . . .	52,0—52,9	39,2—39,7
Fett der Fetthaut	49,5—49,6	34,1—34,9

Fettgehalt der Knochen (Rinderknochen)[21]
(im Durchschnitt 0,5—25 %).

Beckenknochen	22,07 %	Fett
Rippe	11,72 %	„
Schienbein	0,50 %	„
Unterarm	18,38 %	„
Röhrenknochen	9,88 %	Fett
Unterschenkelknochen . . .	2,90 %	„
Wirbelknochen	22,65 %	„

Fettgehalt der Muskulatur.

Die eigentliche Muskulatursubstanz enthält in der Norm wenig Fett, im Durchschnitt 1%.

Fettgehalt des Knochenmarks.

Das Knochenmark ist sehr fettreich. Der Gehalt beträgt bis 90%.

J. NERKING[30] fand als Mittel einer größeren Anzahl von Analysen für die Zusammensetzung des Knochenmarks folgende Werte:

	Rotes Knochenmark %	Gelbes Knochenmark %
Wasser	5,17	3,63
Asche	0,13	0,13
Ätherlösliche Stoffe	92,11	98,10
Lecithin	0,2017	0,1841

Fettgehalt der Milch.

Eselinnenmilch	0,125 %	Fett
Kuhmilch	3,7 %	„
Frauenmilch	3,8 %	„
Ziegenmilch	4,0 %	„
Kamelmilch	5,9 %	„
Schafmilch	7,0—7,4 %	Fett
Elefantenmilch	20,0 %	„
Renntiermilch	22,4 %	„
Delphinmilch	46,0 %	„

Die *Herkunft des Fettes im tierischen Organismus* kann verschieden sein. Das Fett des Tierkörpers kann nämlich teils aus resorbiertem, in den Geweben deponiertem Nahrungsfett und teils aus in dem Organismus aus anderen Stoffen entstandenem Fett bestehen. Nachgewiesen ist in unzweifelhafter Weise, daß das mit der Nahrung aufgenommene Fett unter hierzu geeigneten Umständen im Tierkörper wieder als solches abgelagert wird.

Die Qualität des *Nahrungsfettes* kann nicht nur die Beschaffenheit des Muskelfettes, sondern auch die der anderen im Tierkörper produzierten Fette, wie z. B. des Wollfettes und der Milch, beeinflussen.

Dies ist besonders bei quantitativ überwiegender, einseitiger Fütterung mit einer, z. B. besonders weichen oder harten Futterart der Fall. Im allgemeinen haben die einzelnen Tiergruppen aber ein der Qualität nach für sie spezifisches Fett.

Ferner ist nachgewiesen, daß auch andere Nährstoffe an der Fettbildung teilnehmen.

Daß eine direkte *Fettbildung aus Kohlenhydraten* wirklich vorkommt, ist durch eine große Anzahl von Fütterungsversuchen mit einseitig kohlenhydratreicher Nahrung bewiesen worden[23, 35, 41, 26, 27, 17, 22, 19, 32]. Die Art und Weise freilich, wie die Fettbildung zustande kommt, ist noch unbekannt.

Für eine direkte *Fettbildung aus Eiweiß* ohne Kohlenhydrate sind dagegen bisher keine streng bindenden Beweise geführt worden[42, 19, 5, 15, 41, 31].

Wenn daher auch die direkte Fettbildung aus Eiweiß als zweifelhaft anzusehen ist, so steht doch fest, daß die Eiweißstoffe, einem Mastfutter zugelegt, den Fettansatz im Tierkörper beträchtlich erhöhen.

II. Verteilung und Herkunft der Fette in der Pflanze.

Im Pflanzenreich finden sich Fette und Öle bei höheren und niederen Pflanzen. Das Auftreten ist nicht an bestimmte Pflanzenteile gebunden, sondern man findet Fette sowohl in den unterirdischen Wurzeln und Rhizomen, wie auch in oberirdischen Blättern und in Blütenorganen. Selbst im Stamme von Holzgewächsen wird es während der Winterruhe deponiert. Am häufigsten sind Fette und Öle in den Samen abgelagert, wo sie als Reservestoff zusammen mit anderen Substanzen gespeichert werden, um bei der Keimung der heranwachsenden Pflanze als Nahrung zu dienen. Das Vorkommen der Öle oder Fette im Innern der einzelnen Pflanze ist sehr verschieden. In der Regel findet man sie in dem Zellsaft oder dem Plasmainhalt der einzelnen Zelle eingebettet. Über die Entstehung der Fette im Innern der einzelnen Zellen sind wir noch nicht unterrichtet. Die Bildung kann entweder durch Umwandlung von Kohlenhydraten (Glucose, Stärke, Cellulose) erfolgen oder durch Aufspaltung von Eiweißkörpern. Eine interessante Untersuchung liegt von A. Münz[92] vor, der bei Raps die Menge des in den Samen von verschiedenen Reifezuständen vorhandenen Öles verfolgte und dabei fand, daß der Ölgehalt zur Reifezeit unter gleichzeitiger Abnahme des Stärkegehaltes wächst und bei erlangter vollkommener Reife sein Maximum erreicht. Bleibt der reife Samen noch einige Zeit am Halm, so geht der Fettgehalt wieder etwas zurück.

Tabelle 1[29].

Tag der Probeentnahme	Beschaffenheit des Rapses	Gewicht von 100 trock. Samen mg	In 100 Samen sind enthalten Glucose mg	Rohrzucker mg	Stärke mg	Fett mg	Rohprotein mg
1. Juni .	unreif	121	10,1	13,0	24,2	17,2	24,4
7. Juni .	,,	155	11,6	12,0	28,7	32,6	33,5
16. Juni .	,,	191	9,6	9,8	25,6	60,1	75,8
27. Juni .	,,	379	11,8	8,1	26,1	168,5	89,4
2. Juli .	beginnende Schwärzung	494	12,4	22,9	13,1	215,6	93,9
7. Juli .	reif	549	12,4	25,2	8,3	227,9	105,3
13. Juli .	überreif	498	12,4	24,7	6,7	207,8	105,5

In welchem Maße äußere Faktoren, wie Klima und Bodenbeschaffenheit auf die Fettbildung in der Pflanze einen Einfluß haben, ist ganz allgemein nur schwer zu sagen. Doch kann man behaupten, daß der Fettgehalt der Samen um so größer ist, je wärmer das Klima ist, unter dem sie reifen. Die subtropische oder tropische Zone ist daher auch überreich an fettreichen Samen und Früchten.

Nachstehende Tabelle 2 gibt eine Zusammenstellung über den durchschnittlichen Fettgehalt von Pflanzenteilen bei einer größeren Menge von Arten. Wenn nichts besonderes erwähnt ist, sind die Samen gemeint.

Tabelle 2.

Pflanzenfamilie	Art	Bezeichnung des Fettes	Fettgehalt des betreffenden Pflanzenteils in %
Pinaceen	Pinus cembra L.	Cedernnußöl	bis 50
„	Picea excelsa Link.	Fichtensamenöl	25—30
„	Pinus silvestris L.	Kiefernsamenöl	25—30
„	Abies alba Mill.	Tannensamenöl	32—33
Gramineen . . .	Zea Mays L.	Maisöl	40—50 (Keime)
„ . . .	Oryza sativa L.	Reisöl	8—15 (Kleie)
Palmen	Cocos nucifera L.	Kokosbutter	40—45 (Koprah)
„	Acromia sclerocarpa	Mocayabutter	60 (entschälte Samen
„	Elaeis guineensis L.	Palmöl	65—72 (Fruchtfleisch)
Myricaceen . . .	Myrica-Arten	Myricawachs	19—25
Juglandaceen . .	Juglans regia L.	Nußöl	60—65
Betulaceen . . .	Corylus avellana	Haselnußöl	50—60
Fagaceen	Fagus silvatica L.	Bucheckernöl	27—29
Moraceen	Cannabis sativa L.	Hanföl	25—35
Myristicaceen . .	Myristica fragrans	Muskatbutter	38—40
„ . .	Myristica iraya	Irayaöl	—
Lauraceen	Laurus nobilis. L.	Lorbeerfett	24—26
Papaveraceen . .	Papaver somniferum	Mohnöl	41—50
Cruciferen	Brassica campestris	Kohlsenföl	33—43
„	Brassica Rapa L.	Rübsenöl	35—40
„	Brassica napus L.	Rapsöl	35—43
„	Lepidium sativum L.	Gurkenkressenöl	23—25
„	Raphanus sativus L.	Rettichöl	45—50
„	Raphanus raphanistrum	Hederichöl	35—40
„	Camelina sativa Fr.	Leindotteröl	31—43
„	Hesperis matronalis L.	Nachtviolenöl	28—30
„	Sinapis alba L.	Weißsenföl	25—26
„	Sinapis nigra L.	Schwarzsenföl	22—28
Resedaceen . . .	Reseda luteola DC.	Resedasamenöl	30—32
Moringaceen . . .	Moringa oleifera L.	Behenöl	36—38
Rosaceen	Prunus domestica L.	Pflaumenkernöl	bis 48
„	Prunus armeniaca L.	Aprikosenkernöl	40—45
„	Prunus cerasus L.	Kirschkernöl	bis 30
„	Prunus laurocerasus	Kirschlorbeeröl	25—30
„	Prunus Amygdalus St.	Mandelöl	bis 50
„	Prunus Persica	Pfirsichkernöl	46—48
Leguminosen . .	Arachis hypogaea L.	Erdnußöl	45—50
„ . .	Soja hispida	Sojabohnenöl	15—23
Linaceen	Linum usitatissimum	Leinöl	32—41
Simarubaceen . .	Irvingia gabunensis	Adikafett	54—56
„ . .	Irvingia Oliveri Pierre	Cay-Caywachs	52—56
Meliaceen	Carapa guayanensis	Carapafett	54—55
„	Azadirachta indica	Kakambaöl	40—45
„	Trichilia emetica	Mafuratalg	bis 68 (Kerne)
Euphorbiaceen . .	Ricinus communis	Ricinusöl	46—53
„ . .	Aleurites molluccana	Bankelnußöl	64—65
„ . .	Aleurites cordata	Holzöl	bis 41
„ . .	Sapium sebiferum	Chinesischer Talg	„ 41
„ . .	Croton tiglium	Crotonöl	53—60
„ . .	Jatropha curcas	Curcasöl	bis 22,4
Anacardiaceen . .	Pistacia vera	Pistazienöl	51—53
Sapindaceen . . .	Nephelium lappaceum	Rambutanttalg	40—45
„ . . .	Schleicheria trijuga	Makassaröl	bis 30

Tabelle 2 (Fortsetzung).

Pflanzenfamilie	Art	Bezeichnung des Fettes	Fettgehalt des betreffenden Pflanzenteils in %
Vitaceen	Vitis vinifera	Traubenkernöl	11—12
Malvaceen	Gossypium herbaceum	Baumwollsamenöl	24—26
Bombacaceen . .	Ceiba pentandra	Kapoköl	20—24
Sterculiaceen . .	Theobroma Cacao	Kakaobutter	45—47
Theaceen	Thea chinensis	Teesamenöl	bis 40
Guttiferen. . . .	Calophyllum inophyllum	Dombaöl	50—55
„	Garcinia indica	Kokumbutter	30
„	Garcinia echinocarpa	Madalöl	bis 25
„	Allanblackia echinocarpa	Mkanifett	68 (Kerne)
Dipterocarpaceen.	Vateria indica	Malabartalg	50
Flacourtiaceen . .	Gynocardia odorata	Chaulmugraöl	50—52
Lecythidaceen . .	Bertholletia excelsa	Paranußöl	bis 67
Sapotaceen . . .	Butyrospermum Parkii	Galambutter	27—52
„ . . .	Illipe latifolia	Illipetalg	32—52
„ . . .	Illipe malabrorum	Mahwabutter	50—55
„ . . .	Illipe butyracea	Fuhwabutter	50—52
Oleaceen	Olea europaea	Olivenöl	40—60 (Fruchtfleisch)
Labiaten	Lallemantia iberica	Lallemantiaöl	29—30
Solanaceen . . .	Nicotiana tabacum	Tabaksamenöl	30—32
Pedaliaceen . . .	Sesamum indicum	Sesamöl	50—58
Cucurbitaceen . .	Cucurbita Pepo	Kürbiskernöl	bis 51 (Samen)
„ . .	Talfairia pedata	Telfairiaöl	60
Compositen . . .	Madia sativa	Madiaöl	bis 39
„ . . .	Guizotia abyssinica	Nigeröl	42—48
„ . . .	Carthamus tinctorius	Safflorö1	30—35
„ . . .	Helianthus annuus	Sonnenblumenöl	21—22

III. Einteilung der pflanzlichen und tierischen Fette.

Die überaus große Anzahl von bekannten Fetten und Ölen streng systematisch einzuteilen, wurde von verschiedenen Gesichtspunkten aus versucht. Jedoch fehlten meistens diesen Einteilungen strenge Unterscheidungsmerkmale. Man trennte nach Konsistenz und bezeichnete als *fette Öle*, zum Unterschiede von Mineralölen und ätherischen Ölen, die flüssigen Fette, während man die festen Glieder dieser Gruppe als *Fette* bezeichnete. Diese Einteilung hat sich nicht bewährt, da ja die Konsistenz eines Fettes von der Temperatur abhängig ist. Palmkernöl z. B. müßte im Ursprunglande zu den flüssigen Fetten gerechnet werden, während dasselbe in der nördlichen Zone zu den festen Fetten gerechnet werden muß. Zweckmäßiger lassen sich die Fette auf chemische Eigenschaften hin klassifizieren. Alle pflanzlichen Fette und Öle enthalten kleine Mengen (0,1—0,3 %) eines hochmolekularen aromatischen Alkohols, des *Phytosterins*, $C_{27}H_{46}O$, während in allen tierischen Fetten sich das Isomere davon, das *Cholesterin*, ebenfalls in kleinen Mengen findet. Dieser Unterschied ist so scharf, daß man aus dem Nachweis von Phytosterin in einem tierischen Fett auf eine Verfälschung mit Pflanzenfett und umgekehrt schließen kann. Man erhält so die großen Unterabteilungen, *pflanzliche Fette und tierische Fette*, die man wieder in bei Zimmertemperatur *flüssige Öle* und *feste Fette* unterteilen kann. Dann kann man auch die einzelnen Ölarten noch dadurch differenzieren, daß auch das chemische Verhalten der Glieder der Untergruppen in Betracht gezogen wird. Einige vegetabilische Öle werden an der Luft unter reichlicher Sauerstoffaufnahme dick und trocknen, in dünner Schicht ausgebreitet, zu einer durchscheinenden, geschmeidigen Haut ein (*trocknende Öle*). Andere zeigen diese

Trockenfähigkeit nicht, werden dafür aber an der Luft unter Zunahme des Gehaltes an freien Fettsäuren ranzig (*nicht trocknende Öle*). Die sich zwischen diesen beiden Gattungen haltenden Öle bezeichnet man als *halbtrocknende Öle*. In nachstehender *Tabelle 3* ist die Einteilung der Fette nach vorstehenden Gesichtspunkten durchgeführt.

Tabelle 3. Pflanzliche und tierische Fette.

A. Pflanzliche Fette (phytosterinhaltig).

Flüssige Öle. — *Feste Fette.*

Nichttrocknende Öle.	*Schwachtrocknende Öle. Cruciferenöle.*	*Halbtrocknende Öle.*	*Trocknende Öle.*	*Fette ohne flüchtige Fettsäuren,*	*Fette mit flüchtigen Fettsäuren,*
Hauptbestandteil der flüssigen Fettsäuren: *Ölsäure*, $C_{18}H_{34}O_2$, Olivenöl, Mandelöl.	Hauptbestandteil der flüssigen Fettsäuren: *Erucasäure*, $C_{22}H_{42}O_2$ und *Rapinsäure*, $C_{18}H_{34}O_2$, z. B. Rüböl, Senföl.	Hauptbestandteile der flüssigen Fettsäuren neben *Ölsäure*, *Linolsäure*, $C_{18}H_{32}O_2$, z. B. Cottonöl, Maisöl, Kapoköl.	Hauptbestandteile der flüssigen Fettsäuren: *Linolsäure*, $C_{18}H_{32}O_2$, *Linolsäure*, $C_{18}H_{30}O_2$ *Linolensäure* usw., z. B. Leinöl, Hanföl, Holzöl, Mohnöl.	z. B. Japantalg, Mkanifett, Kakaobutter, Muskatbutter.	z. B. Kokosfett, Palmkernfett.

B. Tierische Fette (cholesterinhaltig).

Flüssige Öle. — *Feste Fette.*

Öle von Landtieren.	*Öle von Seetieren.*	*Fette ohne flüchtige Fettsäuren.*	*Fette mit flüchtigen Fettsäuren.*
Hauptbestandteil der flüssigen Fettsäuren: *Ölsäure.*	Hauptbestandteile der flüssigen Fettsäuren, *Clupanodonsäure* $C_{18}H_{28}O_2$, *Therapinsäure* $C_{17}H_{26}O_2$ (stark trocknend).	Talg, Schmalz usw.	Butter.

Öle von Seetieren:

Leberöle.	*Fischöle und Trane.*
Viel Cholesterin und andere Gallenstoffe enthaltend, z. B. Dorschlebertran, Haifischlebertran.	Weniger Cholesterin als Leberöle enthaltend, z. B. Robbentran, Walfischtran.

IV. Chemische Konstitution und Eigenschaften der Fette.

Die Konstitution der Fette ist in ihren grundlegenden Prinzipien zu Anfang des vorigen Jahrhunderts durch die Untersuchungen von E. M. CHEVREUL[3] aufgeklärt worden. Ihm gelang es im Jahre 1811 Fette zu verseifen und in zwei verschiedene Körper, das Glycerin und die Fettsäure, zu trennen. Nach Untersuchung einer großen Anzahl von Fetten gelangte er zu der Anschauung, daß alle Fette Glyceride, d. h. Ester des dreiwertigen Alkohols, Glycerin mit hochmolekularen, gesättigten und ungesättigten Fettsäuren wie Stearinsäure, Palmitinsäure, Ölsäure usw. darstellen. Ihrer chemischen Natur nach sind die Fette zusammengesetzte Ester, d. h. Verbindungen, welche entstanden sind durch die Vereinigung einer Säure mit einem Alkohol unter Austritt von Wasser. So bildet sich beispielsweise bei der Einwirkung von Essigsäure auf Äthylalkohol der Essigsäureäthylester im Sinne der Gleichung:

$$CH_3COOH + HOC_2H_5 = H_2O + CH_3COOC_2H_5$$

In der gleichen Weise müssen wir uns die Fette entstanden denken.

$$\begin{array}{llll} CH_2OH & + HOOC\ C_{17}H_{35} = H_2O & & CH_2OOC \cdot C_{17}H_{35} \\ \vert & & & \vert \\ CHOH & + HOOC\ C_{17}H_{35} = H_2O & + & CHOOC \cdot C_{17}H_{35} \\ \vert & & & \vert \\ CH_2O & + HOOC\ C_{17}H_{35} = H_2O & & CH_2OOC \cdot C_{17}H_{35} \\ \textit{Glycerin} & \quad \text{Stearinsäure} & & \quad \text{Tristearin} \end{array}$$

Während man bis vor nicht zu langer Zeit annahm, daß die Fette aus einfachen Triglyceriden, Tristearin, Tripalmitin, Triolein bzw. Gemischen derselben beständen, mehrten sich die Beobachtungen, wonach die Fette auch gemischte Ester enthalten, bei denen also das Glycerin an einem Molekül mit verschiedenen verbunden ist, z. B. Dipalmitoolein, Distearopalmitin und Distearoolein. Manche Fette enthalten daneben auch Glyceride anderer normaler Fettsäuren wie Laurinsäure, Myristinsäure und Arachinsäure, und andererseits flüchtiger Fettsäuren wie Buttersäure, Capronsäure, Caprylsäure und Caprinsäure. Für die *Konsistenz der Fette* ist die Natur der darin enthaltenen Fettsäuren maßgebend. Fette, welche vorwiegend die feste Stearinsäure und Palmitinsäure enthalten, sind fest, wie z. B. Rinder- oder Hammeltalg. Ist dagegen die bei gewöhnlicher Temperatur flüssige Ölsäure in mehr oder weniger großen Mengen vorhanden, so sind die Fette flüssig, wie die Öle oder der Lebertran, oder halbflüssig, wie das Gänsefett. Dadurch wird es auch erklärlich, daß bei der Schweinemast Futterstoffe mit öligem Fett, z. B. Mais, eine speckerweichende Wirkung ausüben.

Die *Neutralfette* sind farblos oder gelblich, in möglichst reinem Zustande geruch- und geschmacklos. Sie sind leichter als Wasser, auf welchem sie in geschmolzenem Zustande als sog. Fettaugen schwimmen. Sie sind unlöslich in Wasser. In siedendem Alkohol lösen sie sich, scheiden sich aber beim Erkalten wieder aus. In Äther, Aceton, Benzol, Chloroform, Schwefelkohlenstoff und Petroläther sind sie leicht löslich. Mit Lösungen von Seife, Gummi arabicum oder Eiweiß geben die flüssigen Neutralfette beim Schütteln eine dauerhafte Emulsion, indem die Fettkügelchen sich mit einer Membran des betreffenden Stoffes umgeben und dadurch nicht zusammenfließen können. Das Fett gibt auf Papier nicht verschwindende Flecke, es ist nicht flüchtig, siedet bei ca. 300° unter teilweiser Zersetzung und verbrennt mit leuchtender, rußender Flamme, wobei sich aus dem Glycerinanteil das stechend riechende Acrolein bildet. Bei der Untersuchung der Fette hat sich herausgestellt, daß ein einer gegebenen Quelle entstammendes Material kaum je einheitlich ist, sondern erstens nebeneinander verschiedene Glycerinester enthält. Daher sind auch bei den festen Fetten die Schmelzpunkte niemals scharf. Rindertalg z. B. schmilzt bei 42 bis 49° C, Hammeltalg bei 44—51° C, Schweinefett bei 36—48° C, Palmöl bei 27 bis 43° C. Weiterhin zeigte sich, daß in den Fetten, in denen sich verschiedene Säuren nachweisen lassen, sowohl Glyceride enthalten sind, die verschiedene Säurereste am gleichen Glycerinmolekül aufweisen, als auch solche, in denen es sich um dieselben Säurereste handelt.

Bei längerem Aufbewahren unter Luftzutritt erleiden die Fette eine Veränderung. Sie werden gelblich, reagieren sauer, nehmen einen unangenehmen Geruch oder Geschmack an, sie werden ranzig. Dieses *Ranzigwerden der Fette* beruht darauf, daß die durch partielle Verseifung sich bildenden Säuren einer Oxydation durch den Luftsauerstoff anheimfallen; dies betrifft insbesondere die ungesättigten Säuren (Ölsäure, Erucasäure) mit ihren empfindlichen Doppelbindungen. Es werden dabei durchdringend riechende Stoffe von Aldehydcharakter gebildet.

Eine weitere Veränderung, der die Fette von selber anheimzufallen pflegen, ist das *Trocknen.* Was letzteren Vorgang angeht, so handelt es sich darum, daß Fette, deren Hauptbestandteil sehr wasserstoffarme Säuren sind (z. B. Leinöl), an der Luft, namentlich in Gegenwart von Beschleunigern (sog. Sikkativen, z. B. Blei-, Mangan- oder Kobaltsalzen) unter Aufnahme von Sauerstoff und, wie es scheint, unter Polymerisation, sich in feste firnisartige Massen umwandeln. Wegen dieser größeren Veränderlichkeit der ungesättigten Fette gegenüber den gesättigten ist man in der letzten Zeit bemüht gewesen, in denselben die doppelten Bindungen durch Wasserstoff abzusättigen. Die Konstitution der ungesättigten Ölsäure ist z. B. folgende:

$$CH_3 \cdot (CH_2)_7 \cdot CH = CH \cdot (CH_2)_7 \cdot COOH$$

Dieses Problem, das schon deshalb sehr wichtig ist, weil die Natur bedeutend mehr ungesättigte, flüssige als gesättigte feste Fette hervorbringt, hat sich durch katalytische Wasserstoffzufuhr bei Gegenwart von Nickel lösen lassen, und diese Seite der Fettindustrie, die sog. *Fetthärtung*, ist bereits zu einem recht wichtigen Fabrikationszweig geworden[25]. Als Material für die Fetthärtung dienen insbesondere tierische Öle wie Walfischtran, Heringsöl, Dorschlebertran, Robbentran, ferner Sesamöl, Sojabohnenöl, Baumwollsamenöl und Erdnußöl.

Den Zerfall zu Glycerin und hohen Fettsäuren pflegt man als *Verseifung der Fette* zu bezeichnen. Es ist dies die wichtigste technische Veränderung, welche man schon seit langer Zeit mit dem Fette vornimmt. Man kann Fette in verschiedener Weise in Glycerin und Fettsäuren zerlegen. Schon durch Erhitzen mit Wasser unter Druck kann man, eventuell durch Zusatz von kleinen Mengen Zink-, Magnesium- oder Calciumoxyd, das Ziel erreichen, wobei man glycerinhaltiges Wasser, das auf Glycerin verarbeitet werden kann, und ein darin unlösliches Fettsäuregemisch bekommt. Man kann ferner die Verseifung mit Schwefelsäure oder nach TWITCHEL[7] mit Hilfe geringer Mengen organischer Sulfosäuren und weiterhin mit fettspaltenden Fermenten (Lipasen aus Ricinussamen) vornehmen[8]. In allen diesen Fällen erhält man ein Gemisch der in dem Fett enthaltenen Fettsäuren, die je nach dem angewandten Fett höher oder niedriger schmelzen, und die man auf Stearinkerzen zu verarbeiten pflegt. Durch Kalt- oder Warmpressen lassen sich die niedriger schmelzenden Bestandteile abtrennen. Nicht zu freien Fettsäuren, sondern zu ihren Alkalisalzen führt ein Verfahren, welches auf der Hydrolyse der Fette mit Alkalien in der Wärme beruht und nicht nur dem Prozeß einer Esterhydrolyse, sondern auch anderen hydrolytischen Prozessen in der organischen Chemie den Namen *Verseifung* gegeben hat. Die Verseifung erfolgt im Sinne nachstehender Gleichung:

$$\begin{array}{lcll}
CH_2 \cdot OOC \cdot C_{17}H_{35} + NaOH & & CH_2OH & + C_{17}H_{35} \cdot COONa \\
| & & | & \\
CH \cdot OOC \cdot C_{17}H_{35} + NaOH & = & CHOH & + C_{17}H_{35} \cdot COONa \\
| & & | & \\
CH_2 \cdot OOC \cdot C_{17}H_{35} + NaOH & & CH_2OH & + C_{17}H_{35} \cdot COONa \\
\textit{Tristearin} & & \textit{Glycerin} & \textit{Stearinsaures Natron (Seife)}
\end{array}$$

Erfolgt die Verseifung mit Natronlauge, so erhält man die *Kernseifen* oder harten Seifen, mit Kalilauge erhält man die weichen oder *Schmierseifen*. Sie erleiden als Salze schwacher Säuren in Wasser eine teilweise Zersetzung in freie Säuren und Alkali, und auf dieser Zersetzung sowie auf ihren kolloidalen Eigenschaften, welche die Oberflächenspannung des Wassers stark vermindern und ihm ein Emulgierungsvermögen gegenüber anderen Stoffen, z. B. Fetten, erteilen, beruht aller Wahrscheinlichkeit nach die Waschwirkung der Seifen. Die Erdalkaliseifen der höheren Fettsäuren sind in Wasser unlöslich, weshalb sich hartes, d. h. kalkhaltiges Wasser zum Waschen nicht eignet. Die Bleisalze der höheren Fettsäuren stellen das pharmazeutisch verwendete Bleipflaster dar.

Die festen tierischen Fette werden meist aus den Geweben, in denen sie enthalten sind, nach passender Zerkleinerung derselben durch Ausschmelzen mittels Dampf gewonnen. *Vegetabilische Fette* werden durch Auspressen mittels hydraulischer Pressen, oft unter Zuhilfenahme von Wärme, hergestellt. Eine zweite Methode der *Ölgewinnung* besteht in der Extraktion der fetthaltigen Rohmaterialien in geeigneten Extraktionsapparaten durch Benzin, Schwefelkohlenstoff oder andere Fettlösungsmittel. Letztere Methode besitzt den Vorteil, bessere Ölausbeuten zu geben.

V. Untersuchungsmethoden der Fette.

Die natürlichen Fette und Öle sind stets ein mehr oder minder kompliziertes Gemisch, für deren *quantitative Trennung* wir keine Methode besitzen, da sich nicht bestimmte Angaben über den Gehalt an jedem einzelnen Bestandteil erzielen lassen. Es handelt sich bei der Fettanalyse vielmehr darum, ein ungefähres Bild über die Bindungsart und über die Natur der in den Fetten enthaltenen Säuren zu gewinnen. Hierzu dienen die *analytischen Methoden*, die hier kurz skizziert werden mögen. Da die Zusammensetzung der Fette einigermaßen konstant ist, so können diese Methoden, nachdem man einmal ihr Ergebnis für die einzelnen reinen Fettsorten kennengelernt hat, auch mit Vorteil zur Prüfung auf Verfälschungen dienen. Wenn man eine angewogene Fettprobe in Ätheralkohol löst und in der Kälte mit einer titrierten Alkalilösung titriert, so erfährt man, wieviel Alkali von den vorhandenen *freien Fettsäuren* gebunden wird. Man bezeichnet die Milligramme Kaliumhydroxyd, welche zur Neutralisation von 1 g Fett notwendig sind, als *Säurezahl*. Wenn man eine abgewogene Fettprobe in *alkoholischer Lösung* mit einer abgemessenen Menge titrierte Alkalilauge, die mehr als ausreichend ist zur vollständigen Verseifung, einige Zeit bis nahe zum Sieden erhitzt, dadurch die Verseifung erzielt und nun erst den Überschuß des Alkali zurücktitriert, so erfährt man die Alkalimenge, welche zur Bindung der *gesamten Fettsäuren*, sowohl der im freien Zustande wie der in Form von Glyceriden vorhandenen nötig ist (KÖTTSTORFERsche *Verseifungszahl*).

Zieht man von der *Verseifungszahl* die *Säurezahl* ab, so resultiert die Alkalimenge, welche zur Zerlegung der in 1 g Fett vorhandenen Fettsäureester erforderlich ist, *die Esterzahl*. Die Säuren, welche bei den erwähnten Bestimmungen durch das Alkali neutralisiert werden, können entweder flüchtige, in Wasser lösliche niedere Fettsäuren oder nicht flüchtige, unlösliche höhere Fettsäuren (Ölsäure, Erucasäure, Linolsäure usw.) sein. Um über die Natur der gerade in dem zu untersuchenden Fett vorhandenen Säuren Anhaltspunkte zu gewinnen, führt man eine Reihe weiterer Versuche aus. Man verseift eine abgewogene Menge mit alkoholischem Kali, verjagt darauf den Alkohol, löst die zurückbleibende Seife in Wasser und scheidet aus der Seifenlösung die Fettsäuren durch Salzsäure ab. Die Fettsäuren werden mit kochendem Wasser gewaschen, getrocknet und gewogen. Man erfährt so die Menge der aus 100 g Fett erhältlichen, in Wasser unlöslichen Fettsäuren (*Hehner-Zahl*).

Man verseift ferner, wie eben erwähnt, säuert die Seifenlösung mit Schwefelsäure an, destilliert die flüchtigen Säuren ab und bestimmt sie im Destillat durch Titration. Dann bezeichnet man die Anzahl Kubikzentimeter $^{1}/_{10}$-Normalnatronlauge, die zur Neutralisation der aus 5 g Fett erhaltenen *flüchtigen Säuren* nötig sind, als *Reichert-Meißlsche Zahl.*

Von großer Wichtigkeit ist die *Bestimmung der ungesättigten Fettsäuren.* Man gewinnt einen Anhaltspunkt zur Beurteilung ihrer Menge unter Benutzung des Umstandes, daß sie sowohl in freiem Zustande wie als Glyceride infolge der Gegenwart von Doppelbindungen unter geeigneten Bedingungen Halogene addieren, um in gesättigte Verbindungen überzugehen. Man löst daher eine abgewogene Fettprobe in Chloroform, fügt eine titrierte, mit Quecksilberchlorid versetzte alkoholische Jodlösung zu, läßt einige Zeit stehen, versetzt mit verdünnter wäßriger Jodkaliumlösung und titriert den Jodüberschuß zurück. Die von 100 Teilen Fett verbrauchte Jodmenge bezeichnet man als *Hüblsche Jodzahl.*

Weitere Anhaltspunkte für die Beurteilung der Fette erhält man durch *Bestimmung des spezifischen Gewichtes, des Schmelzpunktes und des Erstarrungspunktes der Fette* und der daraus abgeschiedenen Fettsäuren.

Um den Fettgehalt eines ölhaltigen Rohmaterials oder Futtermittels zu bestimmen, bedient man sich noch immer der Bestimmung des Ätherextraktes und bezeichnet diesen Wert als Rohfett. Der *Gehalt an Rohfett,* den die chemische Analyse aufweist, besteht bei fetthaltigen Pflanzenteilen nicht nur aus Fettsäureglyceriden, d. h. echten Fetten und freien Fettsäuren, sondern enthält neben diesen eine Reihe von Verunreinigungen (Nichtfette). Bei der Extraktion mit Äther, Benzin oder anderen Fettlösungsmitteln gehen nicht nur die wirklichen Fettstoffe in Lösung, sondern auch Phytosterin, Cholesterin, Lecithin, Pflanzenwachs, Harze, Chlorophyll, ätherische Öle usw., die stets mit den Pflanzenfetten vergesellschaftet sind. Daß bei der üblichen Rohfettbestimmung erhebliche Fehler entstehen können, zeigen Untersuchungen STELLWAAGS[36], der feststellen konnte, daß das Rohfett verschiedener Getreidesamen 2,28—7,45%, verschiedener Leguminosensamen 0,99—9,23%, Malzkeime 34,55% und Ölkuchen 0,48—3,24% *Cholesterin* enthält. Ebenso fand derselbe Autor im Ätherextrakt von Erbsen 27,37%, von Wicken 22,94%, von Pferdebohnen 21,29%, Gerste 4,25%, Rapskuchen 6,99%, Mohnkuchen 13,27% und Kartoffeln 3,07% an *Lecithin.*

Der Gehalt des Rohfettes an wirklichen Fetten kann unter Umständen bis auf 40% sinken. Die Gründe für die Schwierigkeiten der quantitativen Bestimmung der Fette und der Fettsäuren sind darauf zurückzuführen, daß die Phosphatide dieselben Löslichkeitsverhältnisse aufweisen wie die Fette und Fettsäuren.

B. Wachse.

Die Wachse stellen im wesentlichen Ester dar, die durch Vereinigung einbasischer, hochmolekularer, meistens gesättigter Fettsäuren mit ein- oder zweiwertigen, ebenfalls hochmolekularen Alkoholen entstanden sind. Neben diesen Estern enthalten mehrere der natürlichen Wachsarten noch größere charakteristische Mengen freier Fettsäuren; Bienenwachs z. B. 14% Cerotinsäure und freie Alkohole in nicht unerheblichen Mengen; im Wollfett z. B. 47—55% freie Alkohole (Cholesterin, Isocholesterin). Einige Wachse, besonders Bienenwachs, enthalten ferner hochschmelzende Kohlenwasserstoffe in nicht unerheblicher

Menge. Die Wachsarten lassen sich nach ihrem Gehalt an Estern ungesättigter und gesättigter Säuren einteilen, wie nachstehende Zusammenstellung zeigt:

Wachse.

- *Flüssige Wachse.* Hauptbestandteile: Ester von flüssigen Säuren wie Ölsäure, mit gesättigten, leicht schmelzenden Alkoholen, z. B. Spermacetiöl, Delphintran, Döglingstran.
- *Feste Wachse*
  - *Pflanzliche Wachse.* Hauptbestandteile: Ester hochmolekularer Fettsäuren mit gesättigten, einwertigen Alkoholen, sowie freie Fettsäuren und freie Alkohole, z. B. Karnaubawachs, Pisangwachs, Godangwachs.
  - *Tierische Wachse.*
    - *Harte Wachse.* Hauptbestandteile: Ester hochmolekularer Fettsäuren mit gesättigten, einwertigen Alkoholen. Nebenbestandteile: Kohlenwasserstoffe, freie Fettsäuren, z. B. Bienenwachs, Insektenwachs, Tuberkelbazillenwachs.
    - *Weiche Wachse.* Hauptbestandteile: Ester des Cholesterins und Isocholesterins mit höheren, zum Teil noch unerforschten Fettsäuren. Wollfett.

Die *Pflanzenwachse* finden sich selten im Innern der Zellen, sondern mehr an der Oberfläche der sie erzeugenden Gewebe oder Organe. Gewöhnlich bedeckt das vegetabilische Wachs die Stengel, Blätter und Früchte der Pflanze. Dagegen findet sich Pflanzenwachs niemals im Fruchtfleisch abgelagert. Der Glanz oder Reif mancher Samen ist nur auf einen Wachsgehalt zurückzuführen. Wachsüberzüge finden sich auch bei einigen Beerenfrüchten, ferner bei Pflaumen, Kohlblättern usw. Die *tierischen Wachse* finden sich teils im Körper mancher Tiere eingeschlossen (*Walrat* in den Kopfhöhlen des Pottwals) oder sie stellen Stoffwechselprodukte der Insekten dar (Bienenwachs, Insektenwachs).

Die *Bildung der Wachse in der Pflanze* scheint entweder auf einer teilweisen Umwandlung der Zellmembrane zu beruhen oder auf Stärkeumwandlung. Bei der *Wachsbildung im tierischen Organismus* gehen, wie bei der Fettbildung, die Meinungen stark auseinander. Eiweißreiche Nahrung soll die Wachsbildung begünstigen, doch finden sich auch Stimmen dafür, daß hauptsächlich Kohlenhydrate (also ausschließlich Kandisfütterung) reichliche Wachsbildung hervorrufen[16].

Die *Darstellung bzw. Gewinnung der Wachse* geschieht entweder durch Ausschmelzen, z. B. aus den Waben der Bienen, oder durch Extraktion mit Benzin. Die Wachse der Seetiere werden in einfacher Weise auf dem Fangschiffe selbst oder an Land mittels Dampf ausgeschmolzen. Wollfett wird in rohem Zustande durch Zersetzung der Wollwaschwässer durch verdünnte Schwefelsäure gewonnen.

Flüssige Wachse (*Spermacetiöl und Döglingtran*) zeigen gleiches äußeres und ähnliches physikalisches Verhalten wie die flüssigen Fette. Die *festen Wachse* sind, abgesehen vom Wollfett, das sich durch seine eigentümliche zähklebrige Beschaffenheit schon von Fetten und anderen Wachsen unterscheidet, im allgemeinen härter und höher schmelzend als feste Fette.

Alle Wachse hinterlassen im geschmolzenen oder gelösten Zustande auf Papier, wie die Fette, einen sog. Fettfleck. Die Löslichkeit fester Wachse in

Benzin, Äther, Chloroform usw. ist geringer als die der Fette, während zwischen der Löslichkeit flüssiger Wachse und Öle kaum ein Unterschied besteht. Von den in Wachsen vorkommenden Estern seien nachstehende erwähnt:

Palmitinsäurecetylester . .	$C_{15}H_{31} \cdot COO \cdot C_{16}H_{33}$
Palmitinsäurecerylester . .	$C_{15}H_{31} \cdot COO \cdot C_{26}H_{53}$
Palmitinsäuuremyricylester	$C_{15}H_{31} \cdot COO \cdot C_{30}H_{61}$
Cerotinsäurecerylester . . .	$C_{25}H_{51} \cdot COO \cdot C_{26}H_{53}$

C. Phosphatide und Sterine.

Kurz erwähnt seien noch zwei Körperklassen, die man früher zusammen mit den Cerebrosiden unter dem Namen *Lipoide*, fettähnliche Körper, zusammenfaßte, nämlich die *Phosphatide* und die *Sterine*. Die Bezeichnung Lipoide erscheint nur von physikalischen, nicht dagegen von chemischen Gesichtspunkten aus berechtigt.

I. Phosphatide.

Unter *Phosphatiden* versteht man nach Thudichum[39, 1, 48, 11, 12, 33] komplexe Verbindungen, die ätherlöslich sind und, im Gegensatz zu den Fetten, sich mit Wasser anfeuchten lassen. Es sind Phosphorsäureester, welche ein oder mehrere Moleküle *Phosphorsäure*, einen Alkohol, gewöhnlich *Glycerin*, ein oder mehrere *Fettsäureradikale* und ein oder mehrere Stickstoffverbindungen, gewöhnlich *Cholin*, enthalten. Die in den Phosphatiden vorkommenden Fettsäuren können verschiedener Art sein. Meistens kommt ein Radikal der Ölsäure oder einer anderen, noch weniger gesättigten Fettsäure vor. Es sind aber auch Phosphatide bekannt, die nur gesättigte Fettsäuren enthalten. Man kann daher auch die Phosphatide in gesättigte und ungesättigte einteilen[1, 48, 11, 12]. Als basischen Bestandteil der Phosphatide hat man meistens *Cholin* gefunden. Man hat jedoch sowohl in pflanzlichen wie tierischen Phosphatiden auch andere Basen gefunden. So soll der *Aminoäthylalkohol*[40] ein allgemein verbreiteter Baustein der Phosphatide sein. Die Phosphatide sind im Pflanzen- und Tierreich sehr weit verbreitet und gehören zu solchen Zellbestandteilen, die für das Leben der Zelle sich als unbedingt notwendig erweisen. Als Sauerstoffüberträger spielen sie möglicherweise eine große Rolle und ebenso als Nahrungsbestandteile, da dieselben einen besonders günstigen Einfluß auf die Ernährung und das Wachstum jugendlicher Organismen ausüben sollen. Die Phosphatide des Chlorophylls werden in Beziehung zu der Kohlensäureassimilation gebracht[37]. Als Typus der Phosphatide kann man das *Lecithin*[13, 18, 1] ansehen. Man bezeichnet damit ein Monoaminomonophosphatid, welches eine Esterverbindung der von zwei Fettsäureradikalen substituierten Glycerinphosphorsäure mit der Base Cholin darstellt, die nach folgendem Typus zusammengesetzt ist:

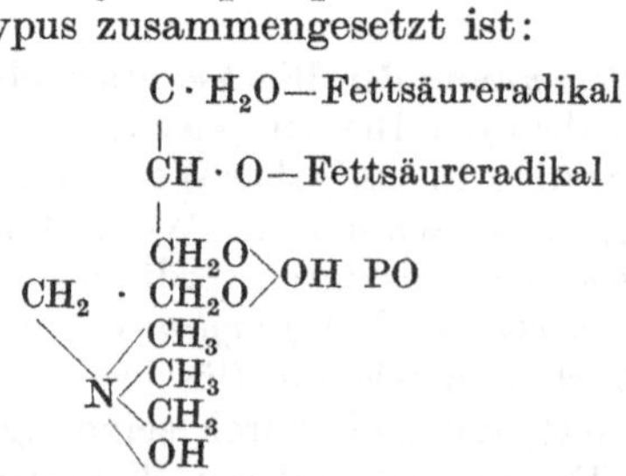

Die eine der beiden Fettsäurekomponenten scheint im allgemeinen Stearinsäure zu sein. Für die andere Fettsäurekomponente kommen außer Palmitinsäure und Ölsäure auch Säuren der Linol- und Linolensäurereihe in Frage. Neuerdings wurde eine stark ungesättigte Säure mit 20 Kohlenstoffatomen, die *Arachidonsäure*[22] aufgefunden. WILLSTÄTTER[41] schreibt dem Lecithin eine betainartige Formel zu:

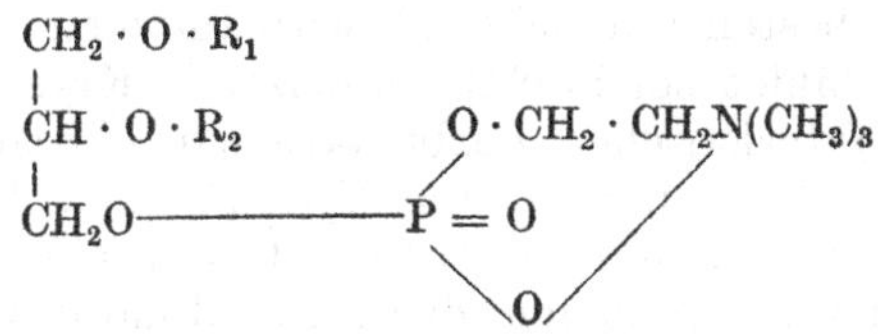

Im *Rohfett*, wie es bei der Bestimmung des Fettgehaltes von Futtermitteln durch Ätherextraktion gewonnen wird, finden sich wechselnde Mengen Phosphatide. Es hat sich aber herausgestellt, daß das früher als Lecithin bezeichnete Phosphatid überall ein Gemenge zahlreicher Phosphatide ist, deren Reindarstellung nur zum geringsten Teil gelungen ist. Das Lecithin (dasselbe gilt für die Phosphatide überhaupt) wird leicht von anderen Pflanzenstoffen mit ausgefällt und es kann die Löslichkeit anderer Stoffe wesentlich verändern. Es ist noch unklar, ob es sich um Adsorption oder chemische Bindungen handelt.

Während man früher ein allgemeines Vorkommen des Lecithins in Pflanzen aus den reichlichen darin enthaltenen Phosphatidmengen folgerte, ist die Auffassung über die Pflanzenphosphatide[1, 48, 11, 12, 33] in der letzten Zeit eine erheblich andere. Es sind von einzelnen Forschern Phosphatide dargestellt worden, welche bei einem Phosphorgehalt von 3,7 % allem Anschein nach aus Lecithin bestanden und auch die Spaltprodukte des Lecithins, Glycerinphosphorsäure, Cholin und Fettsäuren lieferten. Demgegenüber steht die Ansicht WINTERSTEINS[47], daß es ihm nicht gelungen ist, aus grünen Pflanzen Lecithin zu isolieren. Die Verhältnisse dürften im pflanzlichen Organismus noch schwieriger sein als beim tierischen Organismus.

Auch scheinen die pflanzlichen Phosphatide von den tierischen dadurch recht verschieden, daß erstere gewöhnlich Zucker (Glucose, Galaktose und Pentose) enthalten, der nur bei energischer Hydrolyse abgegeben wird. Ob es sich bei diesen Lecithinzuckern um Verbindungen oder Beimengungen handelt, ist noch nicht mit Sicherheit erwiesen. Isoliert wurden solche Phosphatide aus einer Reihe von Pflanzen, z. B. Lupinus albus, weiße Lupine, Hafer, Bohnen, Weizen, Kartoffelknollen.

Bei der Aufspaltung der Phosphatide findet man als wichtigste Spaltprodukte neben der Fettsäure die *Glycerinphosphorsäure*:

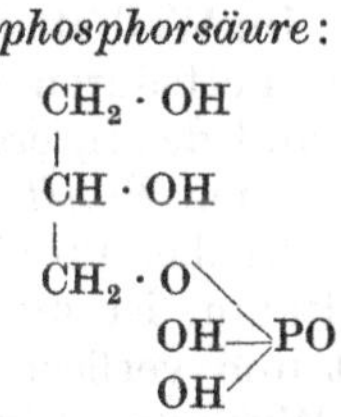

und das *Cholin*, ein Trimethyloxäthylammoniumhydroxyd:

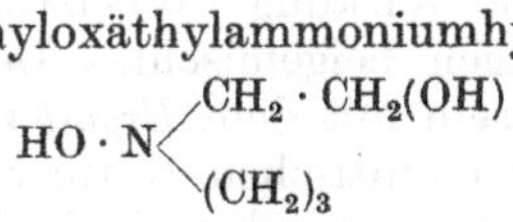

II. Sterine.

Zum Schluß sei noch einer Gruppe von Körpern gedacht, die in jeder tierischen und pflanzlichen Zelle vorkommen, der Sterine[45].

Die Sterine sind wachsartige Stoffe von großer biologischer Bedeutung. Sie kommen teils frei, teils als Ester vor. In bezug auf Löslichkeit und Konsistenz sind dieselben den Fetten ähnlich. Man unterscheidet die tierischen oder *Zoosterine* von den pflanzlichen *Phytosterinen*. Der erste Vertreter dieser Körperklasse wurde von seinem Entdecker CHEVREUL als *Gallenfett Cholesterin* bezeichnet. Das Cholesterin ist am besten erforscht. Es wird am vorteilhaftesten aus Gallensteinen gewonnen und bildet bei 148° C schmelzende Krystalle. Es kann durch eine Reihe sehr charakteristischer Farbreaktionen identifiziert werden. Das Cholesterin besitzt die Zusammensetzung $C_{27}H_{46}O$ und hat sich als einfach ungesättigter sekundärer Alkohol erwiesen. Durch eine Reihe von Abbaureaktionen ist es WINDAUS[46] gelungen, das Molekülbild des Cholesterins zu entschleiern, dessen Konstitution wahrscheinlich nachstehendem Formelbild entspricht.

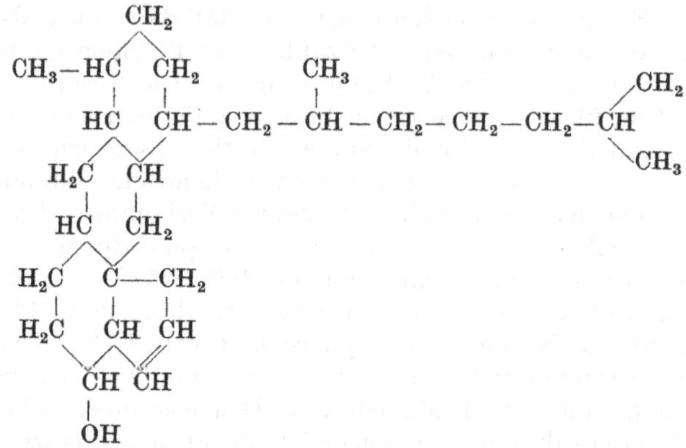

Die Grundlage des Moleküls bilden vier hydrierte Ringe, die eine aus acht Kohlenstoffatomen bestehende verzweigte Seitenkette tragen. Ferner findet sich eine sekundäre Alkoholgruppe und eine Doppelbindung. Das Cholesterin kommt teils frei, teils durch die Alkoholgruppe mit höheren Fettsäuren zu Estern verbunden, in allen Organen vor. Es ist ferner gelöst in der Galle enthalten, woher es auch kommt, daß Gallensteine bis zu $^9/_{10}$ aus Cholesterin bestehen können. Im Blut kommen die Ester des Cholesterins mit höheren Fettsäuren vor. Cholesterin ist unlöslich in Wasser, löslich dagegen in Chloroform, Äther und Alkohol. Durch Reduktion im Darm geht aus dem Cholesterin der Galle das *Koprosterin* der Faeces hervor; es besitzt keine Doppelbindung und hat daher zwei Wasserstoffatome mehr, als das Cholesterin. Im Wollfett der Schafe, dem *Lanolin*, sind Ester des Isocholesterins mit höheren Fettsäuren enthalten. Das Cholesterin ist in der letzten Zeit in den Vordergrund des Interesses getreten durch die Beziehung desselben oder eines darin enthaltenen *Provitamins zum antirachitischen Vitamin*. Durch ultraviolette Strahlen kann das Provitamin in das eigentliche Vitamin aktiviert werden. Dieses Provitamin ist mit dem Cholesterin nahe verwandt. Das Provitamin ist ungesättigt und verliert nach vorsichtiger Hydrierung mit Wasserstoff die physiologische Wirkung. WINDAUS nimmt an, daß es ein dem Cholesterin in geringen Mengen beigemischtes Dehydrocholesterin ist. Dieser Körper scheint identisch zu sein mit dem *Ergosterin*. In bestrahltem Zustande zeigt diese Substanz bei der rachitischen Ratte eine typische Heilwirkung, so daß mit Sicherheit angenommen werden darf, daß das Ergosterin oder ein Sterin, das in seinem Absorptionsspektrum und in seiner physiologischen Wirkung mit dem Ergosterin völlig übereinstimmt, das antirachitische Provitamin darstellt. Durch die Untersuchungen SUMIS[38] wurde gezeigt, daß die antirachitische Wirkung *nicht* dem durch Digitonin erzeugten Niederschlag, sondern dem Anteil, der durch Digitonin keinen Niederschlag mehr bildet, anhaftet. Das belichtete

Ergosterin ist unter dem Namen *Vigantol* im Handel. Die alkoholische Gruppe des Ergosterins steht in keiner Beziehung zur antirachitischen Wirkung, denn seine Ester, wie das Acetat, Palmitat und Benzoat haben bei Belichtung die gleiche Wirkung.

Viel weniger genau als über die Zoosterine ist man über die **Phytosterine** unterrichtet, von denen eine ganze Anzahl in der Literatur beschrieben ist. Mit am besten untersucht ist das *Sitosterin*, $C_{27}H_{46}O$, ein Isomeres des Cholesterins. Wasserstoffärmer ist das drei doppelte Bindungen enthaltende Sterin der Hefe, das *Ergosterin*, $C_{27}H_{41}O$, ein Körper, der, wie oben ausgeführt, in bestrahltem Zustand mit dem antirachitischen Vitamin identisch sein soll. Das Ergosterin wurde aus Hefe gewonnen, ebenso aus Mutterkorn. In allerneuester Zeit wurde es von SUMI[38] aus einem in Japan heimischen eßbaren Pilz *Cortinellus Shiitake* isoliert. Das *Stigmasterin*, welches das Sitosterin zuweilen begleitet, besitzt ein kohlenstoffreicheres Molekül $C_{30}H_{50}O$.

Die Phytosterine der Pflanzen gehen im tierischen Organismus in Cholesterin über.

Literatur.

(*1*) BANG, I.: Chemie und Biochemie der Lipoide. München: J. F. Bergmann 1911. — (*2*) Phosphatide. In ABDERHALDEN: Handbuch der biologischen Arbeitsmethoden **1**, Teil 6, S. 129—144. 1925.

(*3*) CHEVREUL, E. M.: Recherches chimiques sur les corps gras d'origine animale. Paris 1823. — (*4*) CONNSTEIN, HOYER u. WARTENBERG: Ber. dtsch. chem. Ges. **35**, 3988 (1902). — (*5*) CREMER, M.: Z. Biol. **38**, 307 (1899).

(*6*) DALMER, O.: Sterine. Biochemisches Handlexikon **10**, S. 156. 1923. — (*7*) D.R.P. 114491, 6. März 1898 (28. Oktober 1900). — (*8*) D.R.P. 145413, 22. April 1902 (2. November 1903).

(*9*) FISCHER, R.: Landw. Versuchsstat. **1866**, 31. — (*10*) FODOR, A.: Sterine. Biochemisches Handlexikon **8**, S. 472. 1914. — (*11*) FRÄNKEL, S.: Lipoide. In ABDERHALDEN: Handbuch der biologischen Arbeitsmethoden **1**, Teil 6, S. 816—818. 1925. — (*12*) FUCHS, D.: Phosphatide. Biochemisches Handlexikon **8**, S. 461—468. 1914.

(*13*) GLIKIN, W.: Handbuch der Biochemie **1**, S. 137—141. 1909. — (*14*) GROUVEN, H., zitiert nach KÖNIG: Chemie der Nahrungs- und Genußmittel **2**, S. 504. Berlin 1904. — (*15*) GRUBER: Z. Biol. **42**, 407 (1901). — (*16*) GUNDLACH: Naturgeschichte der Bienen. Kassel 1842.

(*17*) HENNEBERG, W., E. KERN u. H. WATTEBERG: J. Landw. **26**, 549 (1878).

(*18*) KANITZ, A.: Handbuch der Biochemie **2**, 1, S. 237—239. 1910. — (*19*) KELLNER, M.: Landw. Versuchsstat. **53**, 452 (1900). — (*20*) Ebenda **53**, 1 (1900). — (*21*) KÖNIG: Chemie der Nahrungs- und Genußmittel **2**, S. 502. 1904. — (*22*) KÜHN: Landw. Versuchsstat. **44**, 560 (1894).

(*23*) LAVES, J. B., u. J. H. GILBERT: Rep. brit. Assoc. Advancement Sci. **1866**. — (*24*) LEVENE, P. A. u. Mitarbeiter: J. of biol. Chem. **51** (1922). — (*25*) LÖFFL, K.: Technologie der Fette und Öle, S. 391. Braunschweig: Verlag Vieweg & Sohn A.-G. 1920. — (*26*) LORENZ: Z. Biol. **22**, 63 (1886).

(*27*) MEISSL u. STROHMER: Sitzgsber. k. k. Akad. Wiss. **88**, Juliheft (1883). — (*28*) MOSER: Ber. d. Tätigkeit d. Versuchsstat. Wien **1882/83**, 8.— (*29*) MÜNZ, A.: Ann. des Sci. natur. Bot., 7. Ser. **3**, 68.

(*30*) NERKING, J.: Biochem. Z. **10**, 167 (1908).

(*31*) PFLÜGER: Arch. ges. Physiol. **51**, 229 (1892); **68**, 176 (1892).

(*32*) RUBNER, M.: Z. Biol. **22**, 272 (1886).

(*33*) SCHULZ, N. F.: In OPPENHEIMER: Handbuch **1**, S. 212—238. 1924. — (*34*) SCHULZE, E., u. A. REINECKE: Landw. Versuchsstat. **9**, 97 (1870). — (*35*) SOXHLET: Zbl. Agrikulturchem. **1881**, 674. — (*36*) STELLWAAG: Landw. Versuchsstat. **37**, 148 (1890). — (*37*) STRECKLASA: Ber. dtsch. chem. Ges. **29**, 2761 (1896). — (*38*) SUMI, MIDZUHO: Über das aus dem japanischen Pilz, Cortinellus Shiitake, isolierte Ergosterin. Biochem. Z. **204**, 397 (1929).

(*39*) THUDICHUM: Die chemische Konstitution des Gehirns. Tübingen 1901. — (*40*) TRIER, G.: Z. physiol. Chem. **73** (1911); **80** (1912). — (*41*) TSCHIRWIERSKI, N.: Landw. Versuchsstat. **29**, 317 (1883).

(42) Voit, B. v.: Malys Jber. Tierchem. **22**, 34 (1892). — (43) Voit, B. v., u. M. v. Pettenkoffer,: Z. Biol. **5**, 79 (1869).
(44) Willstätter, R., u. Stoll: Untersuchungen über die Assimilation der Kohlensäure, S. 224. Berlin 1918. — (45) Windaus, A.: Sterine. Biochemisches Handlexikon 3, S. 268. 1911. — (46) Nachr. Ges. Wiss. Göttingen, Math.-physik. Kl. **1919**. — (47) Winterstein, E.: Darstellung von Phosphatiden aus Pflanzen. In Abderhalden: Handbuch der biolocischen Arbeitsmethoden **1**, Teil 6, S. 129—144. — (48) Winterstein, E., u. Stegmann: Z. physiol. Chem. **58**, 527 (1908/09).

3. Eiweiß.

Von

Professor Dr. Kurt Felix

II. Medizinische Universitätsklinik München.

A. Allgemeiner Teil.

I. Allgemeine Bedeutung des Eiweißes im tierischen Organismus.

Bau und Tätigkeit aller Zellen sind mit dem Eiweiß unlösbar verknüpft. *Solange ein Organismus lebt, setzt er Eiweiß um.* Früher sah man sogar in ihm die lebende Substanz überhaupt; „wenn ihr Chemiker synthetisch das richtige Eiweiß macht, dann krabbelt's," sagte Ernst Haeckel zu Emil Fischer[205]. Diese hohe Einschätzung hat es heute zwar verloren, aber seine zentrale Stellung in der Struktur und Funktion der Zelle behauptet. Die Eiweißkörper machen den Hauptteil der organischen Masse des Protoplasmas aus und verleihen ihm seine besondere und eigentümliche physikalisch-chemische Beschaffenheit; daher der Name Protein, der sich von *πρωτεύω* (ich bin der Erste) ableitet.

Die Proteine sind kompliziert zusammengesetzte stickstoffhaltige Substanzen von sehr hohem Molekulargewicht und charakteristischen Eigenschaften, die sie von den anderen Grundstoffen des Protoplasmas, den Kohlenhydraten, Fetten und Lipoiden wesentlich unterscheiden. Sie kommen in der Zelle als *Bausteine des Kerns und Plasmas* und daneben auch als Reservesubstanz vor. An den Funktionen der Zelle beteiligen sich die Proteine in verschiedener Weise. Die eigentlich chemischen Prozesse spielen sich wahrscheinlich am Kerneiweiß ab, da nach den histologischen Bildern der Kern die Funktionszustände der Zelle mit Änderungen seiner Form, Lage und Färbbarkeit begleitet. Die Proteine des Plasmas, in der Hauptsache Globuline, erfüllen wohl mehr eine mechanische und physikalisch-chemische Aufgabe, wie z. B. Änderung der Oberflächenspannung und der Durchlässigkeit der Zellen, Abgrenzung und Verschmelzung von Räumen innerhalb der Zelle, Trennung und Vereinigung von Ferment und Substrat. Als *Reserveeiweiß* sind wahrscheinlich diejenigen Einschlüsse in Krystall- und Tropfenform proteinartiger Natur anzusehen, die in pflanzlichen und tierischen Zellen vorkommen, z. B. die Eiweißkrystalle in etiolierten Pflanzenteilen, die Eiweißkörperchen im Eidotter der Fische und in einzelnen Drüsenzellen, ferner die tropfigen Proteineinschlüsse der Leberzellen nach Eiweißfütterung[61, 532, 403].

Auch im Gesamtstoffwechsel des tierischen Organismus wird Eiweiß für verschiedene Zwecke verwendet. Im *Baustoffwechsel* dient es als Material für den Neubau zugrunde gegangener Zellen und die Produktion lebenswichtiger Stoffe wie der Hormone und sekundärer Zellbausteine. Diese Prozesse machen in ihrer Gesamtheit das Stickstoffminimum aus. Daneben wird ihr Energiegehalt für die Bedürfnisse und Leistungen des *Betriebsstoffwechsels* verwertet.

Die Klasse der Proteine weist eine fast unübersehbare Mannigfaltigkeit auf; jede Tierart, ja wahrscheinlich auch jedes Individuum haben ihr eigenes Eiweiß. Die Grundlage für diesen Formenreichtum und die vielfache Verwendbarkeit der Proteine in der Biologie ist in ihrem Aufbau zu suchen. In der *elementaren Zusammensetzung* lassen sich zwar keine auffallenden Unterschiede erkennen; alle enthalten Kohlenstoff, Wasserstoff, Stickstoff und Sauerstoff, die meisten auch Schwefel, viele Phosphor, einige Eisen und wenige Kupfer, Vanadium, Chlor, Jod und Brom. Der Prozentgehalt wechselt nicht erheblich. *Der Stickstoffgehalt beträgt im Durchschnitt etwa 17%*. Die Elemente Kohlenstoff, Wasserstoff, Stickstoff und Sauerstoff sind aber selbst wieder innerhalb der Eiweißkörper zu Atomgruppen von einer gewissen Festigkeit zusammengefügt, so daß sie im Stoffwechsel in vielen Fällen erhalten bleiben, immer wieder von neuem auftreten und also physiologisch als Einheiten angesehen werden müssen. Sie sind die eigentlichen Bausteine des Eiweißes und tragen den Charakter von Aminosäuren. Wir kennen heute etwa zwanzig verschiedene Aminosäuren. Die *Eigenschaften* und die *biologische Wertigkeit* eines Proteins hängen von der Zahl und Art der Aminosäuren ab, die es aufbauen. Sie sollen deswegen zuerst beschrieben werden.

II. Die Bausteine der Proteine.

1. Allgemeine Eigenschaften der Aminosäuren.

Die Aminosäuren kommen in der Natur nicht nur als Bausteine der Eiweißkörper, sondern auch in freier Form in den Zellen und Flüssigkeiten des tierischen und pflanzlichen Gewebes vor. Jeder Verwertung des Eiweißes geht eine Zerlegung in die Bausteine voraus, gleichgültig, ob es sich um Nahrungseiweiß, das in den Körper aufgenommen werden soll, oder um Organeiweiß handelt, das umgebaut werden soll. Vielleicht darf man auch einzelne Proteine als die Form ansehen, in der die Aminosäuren im Organismus gespeichert werden.

Alle Aminosäuren sind durch zwei charakteristische Gruppen gekennzeichnet, eine Aminogruppe und eine Carboxylgruppe, die am Ende eines Kohlenstoffskelets gerader oder verzweigter Kette sitzen. Dieses Kohlenstoffskelet trägt in einzelnen Fällen auch noch ringförmige Gebilde. Die Carboxylgruppe steht am Ende der Kohlenstoffkette und die Aminogruppe, wenigstens für die Aminosäuren im primären Zustand, an dem der Carboxylgruppe benachbarten, dem sog. α-Kohlenstoffatom. Eine Ausnahme bildet das β-Alanin, dessen Aminogruppe an das β-Kohlenstoffatom gebunden ist. Es kommt im Carnosin des Muskels, einem β-Alanyl-histidin, vor und ist sehr wahrscheinlich erst sekundär aus Asparaginsäure gebildet worden. Eine weitere Ausnahme stellen die beiden heterocyclischen Aminosäuren, das Prolin und Oxyprolin, dar. Sie besitzen keine freie Aminogruppe, sondern eine in einem hydrierten Fünferring eingeschlossene Iminogruppe. Für die übrigen Aminosäuren kann aber folgende *allgemeine Formel* aufgestellt werden:

$$\begin{array}{l} R \\ | \\ CHNH_2 \\ | \\ COOH \end{array}$$

in der R verschiedene aliphatische und aromatische Radikale bedeutet.

Der Besitz einer Amino- und einer Carboxylgruppe verleiht den Aminosäuren einen *doppelten elektrochemischen Charakter;* sie können sowohl *als Basen* als auch *als Säuren* auftreten. Ihre wäßrige Lösung reagiert neutral, indem die basische

Aminogruppe und die saure Carboxylgruppe sich gegenseitig absättigen, weswegen die Formel der einfachen Aminosäuren häufig auch so

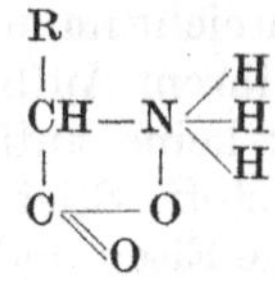

in der sog. *Betainform* geschrieben wird, in der die Aminogruppe als Ammoniumderivat mit fünfwertigem Stickstoff aufzufassen ist.

In wäßriger Lösung verhält sich eine neutrale Aminosäure wie ein Salz einer schwachen Säure mit einer schwachen Base, deren Dissoziation durch eine stärkere Säure oder Base leicht zurückgedrängt werden kann. Zusatz einer Mineralsäure drängt die Dissoziation der Carboxylgruppe zurück und erhöht die der Aminogruppe. Es bildet sich das salzsaure Salz, das infolge hydrolytischer Dissoziation sauren Charakter besitzt. Verwendet man einen Indicator, dessen Umschlagspunkt bei stark saurer Reaktion liegt, so kann man die Aminogruppe direkt titrieren und entsprechend auch die Carboxylgruppe in Gegenwart eines Indicators, der im alkalischen Bereich umschlägt[174].

Durch einfache Eingriffe kann aber auch der elektrochemische Charakter einer der beiden Gruppen aufgehoben und der der anderen deutlicher in Erscheinung gebracht werden. Setzt man zu der Lösung einer Aminosäure *Formol*, so werden die beiden Wasserstoffatome der Aminogruppe durch den Methylenrest substituiert und die Basizität aufgehoben[513].

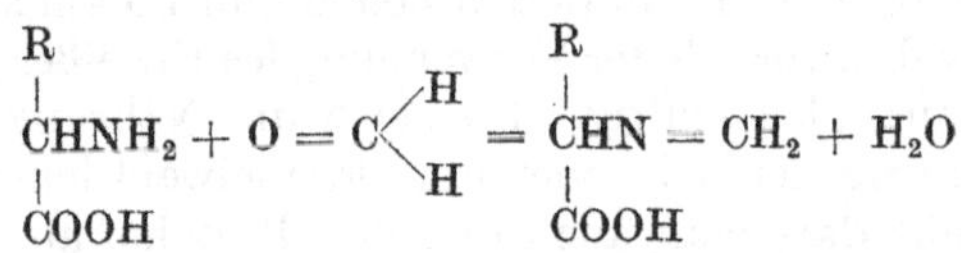

Zu demselben Ziel führt auch einfaches *Auflösen der Aminosäuren* in Alkohol, Aceton oder Glycerin. In diesen organischen Lösungsmitteln dissoziiert die Aminogruppe keine oder nur sehr wenig Hydroxylionen ab. In beiden Fällen läßt sich dann die Carboxylgruppe titrieren und die Aminosäure alkalimetrisch quantitativ bestimmen. Auf der ersten Reaktion gründete S. P. L. Sörensen[505, 299] die Formoltitration und auf der zweiten F. W. Foreman, R. Willstätter und E. Waldschmidt-Leitz die alkoholische Titration der Aminosäuren[211, 568]. Beide Methoden gestatten auch die Aminogruppe indirekt zu bestimmen, indem in einer neutralisierten Lösung eines Gemisches von Aminosäuren durch die genannten Zusätze auf je eine ausgeschaltete Aminogruppe ein Säureäquivalent titrierbar wird. Zur Titration der basischen Gruppen hat K. Linderström-Lang eine besondere Methode ausgearbeitet. Er titriert die Aminosäuren in acetonhaltiger Lösung mit alkoholischer Salzsäure gegen Naphthylrot (Benzolazo-α-naphthylamin) als Indicator[391].

Die *elektrochemische Doppelnatur der Aminosäuren* kommt auch bei den Eiweißkörpern zum Ausdruck und ist die Grundlage für ihr mannigfaltiges physikalisch-chemisches Verhalten im Zelleben.

a) Reaktionen der Aminogruppen.

Eines ihrer Wasserstoffatome kann, wenn es mit Säurechloriden in Reaktion gebracht wird, leicht durch einen Säurerest ersetzt werden. Von dieser *Bildung eines substituierten Säureamids* macht die Natur im biologischen Geschehen den weitesten Gebrauch. Der Organismus benutzt die Reaktion, um körperfremde, schädliche Säuren zu entgiften. Führt man z. B. einem Hund oder Pferd Benzoesäure zu, so wird sie, mit Glykokoll gekuppelt, als Hippursäure ausgeschieden[131]. Die Vögel entgiften die Benzoesäure mit Ornithin und scheiden Ornithursäure aus. Im menschlichen Organismus übernimmt diese Funktion das Glutamin.

In derselben Weise kann auch eine Aminosäure mit einer zweiten verknüpft werden, indem die Aminogruppe der einen mit der Carboxylgruppe der anderen die Säureamidbindung eingeht. Von E. FISCHER sind auf diese Weise zwei und mehr bis zu 18[187,184], von E. ABDERHALDEN bis zu 19 Aminosäuremoleküle zu einer langen Kette aneinandergefügt worden. Solche Körper heißen *Peptide* und die Säureamidbindung in diesem speziellen Fall *Peptidbindung*.

Eine weitere biologisch bedeutsame Reaktion der Aminogruppe ist die *Substitution ihrer Wasserstoffatome* durch Alkyl- vor allem Methylgruppen. Da in wäßriger Lösung die Aminogruppen als Derivat des Ammoniumhydroxyds auftreten, können in sie bis zu drei Methylgruppen eingeführt werden. Die N-Trimethylderivate der Aminosäuren werden nach ihrem einfachsten Vertreter, dem Trimethylglykokoll als *Betaine* bezeichnet[293].

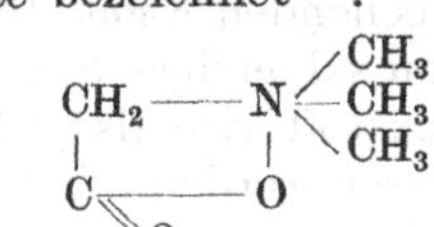

Betain

Von fast allen Aminosäuren sind die Betaine bekannt. Sie finden sich vorzugsweise im Pflanzenreich, kommen aber auch bei niederen Tieren vor[43, 53, 44] und liefern eine Reihe pharmakologisch interessanter Körper. Aus dem Muskel läßt sich das Monomethylderivat des Glykokolls, *Sarkosin*

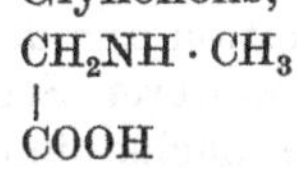

darstellen.

Ähnlich wie der Formaldehyd reagieren auch andere Aldehyde mit den Aminogruppen unter Bildung von Alkylenderivaten. Diese lassen sich durch Reduktion in die entsprechenden Monoalkylverbindungen überführen[512]. M. BERGMANN und seine Mitarbeiter haben vor allem die Reaktion des Benzaldehyds und Salicylaldehyds untersucht. Die Benzylidenverbindung des Arginins eignet sich zu seiner präparativen Darstellung[68, 69, 70, 80].

Eine neue allgemeine Reaktion der Aminosäuren beschreiben H. D. DAKIN und R. WEST[125, 126]; werden Aminosäuren mit einer Mischung von Essigsäureanhydrid und Pyridin erhitzt, so bilden sie unter Abspaltung von Kohlensäure *Aminoketone* folgender allgemeiner Formel:

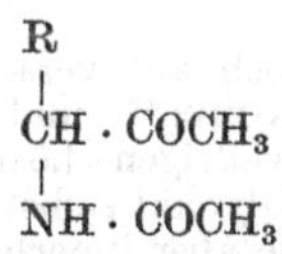

Acetylaminoketon

Durch Kochen der Aminosäure mit Harnstoff oder Erwärmen mit Kaliumcyanat oder Isocyansäureestern werden die Aminosäuren in *Uraminosäuren* übergeführt und durch Wasserabspaltung in *Hydantoine*[396].

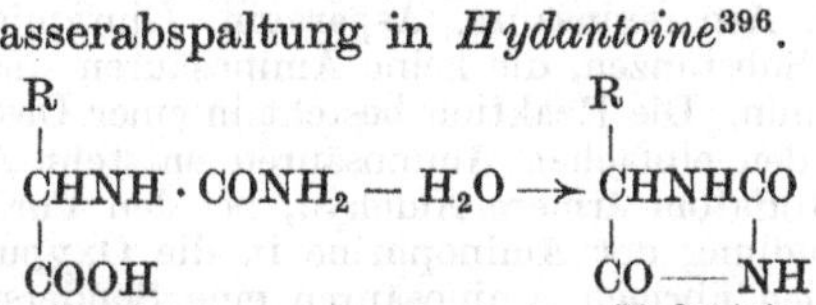

Uraminosäure Hydantoin

Diese Verbindungen eignen sich zur Identifizierung der einzelnen Aminosäuren.

In Gegenwart von Kohlensäure gehen die Aminosäuren in *Carbaminosäuren* über, die charakteristische Calcium- und Bariumsalze bilden, die sich zur Trennung der Aminosäuren eignen[496–499, 514, 95]. Leitet man in die wäßrige Lösung einer Aminosäure, die eine äquivalente Menge Baryt enthält, Kohlensäure ein, so fällt kein Bariumcarbonat aus, da sich das lösliche Bariumsalz der Carbaminosäure bildet

R
|
CHNHCOOH
|
COOH

Carbaminosäure

Vielleicht kommt dieser Reaktion im Organismus eine Bedeutung für die Bindung der Kohlensäure und des Calciums an Eiweiß zu.

Die Aminogruppe kann durch chemische und biologische Reaktionen durch ein doppelt gebundenes Sauerstoffatom oder eine Hydroxylgruppe ersetzt werden und es entstehen dann die entsprechenden *Keton-* bzw. *Oxysäuren.* Letztere bilden sich auch bei der Einwirkung von salpetriger Säure, d. h. der allgemeinen Reaktion auf primäre Amine. Der Stickstoff wird als gasförmiger Stickstoff abgespalten und kann gasvolumetrisch gemessen werden. Auf dieser Reaktion hat D. D. van Slyke ein ausgezeichnetes Verfahren zur quantitativen Bestimmung der Aminosäuren und der freien Aminogruppen der Proteine aufgebaut[491, 492, 56].

Die *Bildung der Ketonsäure* ist biologisch von der größten Bedeutung, da sie bei der Oxydation der Aminosäuren im Tierkörper auftritt. Wie O. Neubauer, ferner F. Knoop und G. Embden[428, 123a, 158] gezeigt haben, entsteht beim ersten Angriff der tierischen Oxydation aus den Aminosäuren die entsprechende Ketonsäure und Ammoniak. In weiterer Stufe wird aus der Ketonsäure die Kohlensäure abgespalten und die nächstniedrige Fettsäure gebildet und das Ammoniak mit Hilfe von Kohlensäure in Harnstoff übergeführt. Diese Art des Abbaues ist noch nicht für alle Aminosäuren bewiesen. Aus den Untersuchungen in erster Linie Knoops, dann aber auch von Embden und seinen Mitarbeitern geht weiter hervor, daß der Organismus und die isolierte Leber aus der Ketonsäure und Ammoniak die Aminosäure wieder zurücksynthetisieren können[332, 335, 334]. Ist genügend Material an Ketonsäuren vorhanden, so kann Ammoniak auch anderer z. B. anorganischer Herkunft für die Aminosäuresynthese verwendet werden. Somit besitzt auch der Warmblüterorganismus die Fähigkeit, anorganisches Ammoniak in gewissem Umfang zu assimilieren[335]. Es erklärt sich dadurch die Verwertung von Ammoniaksalzen, die bei Fütterungsversuchen beobachtet wurde.

In diesem Zusammenhang ist noch auf verschiedene Reaktionen der Aminosäuren hinzuweisen, die C. Neuberg und M. Kobel[429] und ferner S. Edlbacher und I. Kraus[146] beschrieben haben. Wird zu einer wäßrigen Lösung einer Aminosäure Methylglyoxal, Phenylglyoxal, Dimethylglyoxal oder Glyoxal selbst gegeben, so tritt zunächst eine Beeinflussung der optischen Drehung ein, die aber innerhalb kurzer Zeit wieder zurückgeht und von einer Verfärbung der Lösung gefolgt wird. Die zuerst farblosen Flüssigkeiten werden zunehmend gelb bis braunschwarz. Diese Melaninbildung vollzieht sich bei gewöhnlicher Zimmertemperatur mit Alanin, Amino-iso-buttersäure, Leucin, Phenyl-amino-essigsäure, Cystin, Hefeeiweißkörper, Asparaginsäure, Asparagin, Glutaminsäure, Glykokoll, Lysin, Arginin, ferner auch mit Substanzen, die keine Aminosäuren sind, wie Guanin, Guanosin, Guanidin, Kreatin, Kreatinin. Die Reaktion besteht in einer Desaminierung des stickstoffhaltigen Materials. Aus den einfachen Aminosäuren entsteht Ammoniak, Kohlendioxyd und der um ein Kohlenstoffatom ärmere Aldehyd, bei den Purinen scheint die Reaktion über die einfache Umwandlung der Aminopurine in die Oxypurine hinauszugehen. Das Glykokoll nimmt unter den übrigen Aminosäuren eine Sonderstellung ein. Das Methylglyoxal wird zwar verbraucht, auch Kohlendioxyd und Ammoniak gebildet, aber der erwartete Formaldehyd offenbar sekundär verbraucht, denn er läßt sich nur nachweisen, wenn an Stelle des Methylglyoxals Phenylglyoxal verwendet wird. In ähnlicher Weise kondensiert sich die Glucose mit Aminosäuren[92, 162].

Glykokoll wird in Gegenwart von Sauerstoff und Adrenalin, wie EDLBACHER und KRAUS mitteilen, unter Bildung von Ammoniak in Kohlendioxyd zerlegt. In Abwesenheit von Sauerstoff bleibt die Reaktion aus. Die anderen Aminosäuren geben sie nicht, nur beim Cystin konnte eine Ammoniakbildung noch gemessen werden. Wie Adrenalin wirkt auch Brenzcatechin. Beide Reaktionstypen spielen wahrscheinlich in der tierischen Zelle eine bedeutende Rolle.

b) Reaktionen der Carboxylgruppe.

Auch die Carboxylgruppe kann verschiedene Reaktionen eingehen, wie Überführung in den Ester, das Säurechlorid und das Säureamid. Die *Ester der Aminosäuren*, die durch Einleiten von Salzsäure in die alkoholische Lösung erhalten werden, dienen zur Trennung der Aminosäuren, da sie verschiedene Siedepunkte haben[187, 1, 216]. Die *Aminosäurechloride* werden bei der Peptidsynthese verwendet, um eine Aminosäure mit der Carboxylgruppe an die Aminogruppe einer anderen Aminosäure zu binden[187]. Durch Erhitzen mit Baryt läßt sich die Carboxylgruppe abspalten und damit die Aminosäure in ein *Amin* verwandeln. Solche *Decarboxylierungen* der Aminosäuren kommen im Organismus und bei den Bakterien vor. Es entstehen dabei physiologisch wirksame Substanzen, insbesondere aus den aromatischen Aminosäuren, Stoffe, die ähnlich wie das Adrenalin erregend auf die Enden der sympathischen Nervenfasern wirken. Mit GRIGNARDS Reagens liefern die Aminosäuren *Aminoalkohole*. Diese Reaktion wurde ausführlich von K. THOMAS und F. BETTZIECHE studiert[540]. Sie ist für die Erforschung der Konstitution der Proteine von Bedeutung, weil man mit ihr die endständigen Aminosäuren in einem Peptid bestimmen kann.

c) Farbenreaktionen der Aminosäuren.

Die α-Aminosäuren geben eine blaue Farbe beim Sieden ihrer Lösung mit Triketohydrindenderivat (*Ninhydrinreaktion*)[1]. Diese Reaktion ist sehr empfindlich. Zu beachten ist aber, daß noch andere Substanzen, die keine Aminosäuren sind, reagieren. Der Farbstoff, der aus Aminosäuren gebildet wird, läßt sich mit Amylalkohol ausschütteln. Diese Reaktion dient hauptsächlich dazu, um bei Abbauversuchen die Abspaltung von Aminosäuren zu erkennen. Sie wird z. B. bei der bekannten ABDERHALDENschen Reaktion zur Schwangerschaftsdiagnose verwendet. Eine ähnliche Farbenreaktion ist die von O. FOLIN beschriebene Rotbraunfärbung einer Aminosäurelösung mit β-Naphthochinonsulfosäure in sodaalkalischer Lösung. FOLIN hat auf ihr eine colorimetrische Bestimmung der Aminosäuren im Blut gegründet[210]. Für bestimmte Aminosäuren gibt es dann noch besondere Farbenreaktionen, die weiter unten aufgeführt werden.

d) Salze, Komplexsalze und Molekülverbindungen der Aminosäuren.

Wie bereits erwähnt, können die Aminosäuren mit Säuren und Basen Salze bilden, die charakteristische Eigenschaften haben und zur Identifizierung einzelner Aminosäuren benutzt werden können, so z. B. die Chloride, Pikrolonate, Pikrate, Aurate, Platinate, Phosphorwolframate und andere. Wichtig sind auch die Salze mit Schwermetallen. Einzelne Aminosäuren bilden charakteristische Kupfer-, Silber-, Cadmium- und Quecksilbersalze, die zum Teil komplexer Natur sind. Sämtliche Aminosäuren können mit Quecksilberacetat und Soda gefällt werden[430, 425].

Außerdem sind die Aminosäuren noch befähigt, mit Neutralsalzen krystallisierende Verbindungen einzugehen, namentlich mit Alkali- und Erdalkalihalogeniden. P. PFEIFFER und seine Mitarbeiter haben verschiedene solcher Verbindungen hergestellt, in denen die

Aminosäure zu den Salzen in wechselndem Verhältnis steht. Diese Fähigkeit der Aminosäuren unter Betätigung von Nebenvalenzen Molekülverbindungen einzugehen, erstreckt sich auch auf Polypeptide, und nicht nur gegenüber Neutralsalzen, sondern auch gegenüber organischen Stoffen. Sehr wahrscheinlich beruht auch die Löslichkeit von Eiweißkörpern in Neutralsalzlösungen auf der Bildung solcher Molekülverbindungen. Denn auch die Löslichkeit von Aminosäuren wird durch die Gegenwart von Neutralsalzen infolge Bildung solcher Komplexverbindungen in zahlreichen Fällen erhöht[450-454].

e) Die Konfiguration der Aminosäuren.

Mit Ausnahme des Glykokolls besitzen die Aminosäuren ein asymmetrisches Kohlenstoffatom, einzelne Oxyaminosäuren, wie die Oxyglutaminsäure, sogar zwei. Das *optische Drehungsvermögen* ist bei den einzelnen verschieden, sie drehen teils nach links, teils nach rechts. Das natürlich vorkommende optische Isomere kann vom Organismus ohne weiteres verwertet werden, sein Antipode wenig oder überhaupt nicht. Hinsichtlich der Anordnung der vier Radikale am asymmetrischen Kohlenstoffatom werden unter den optisch aktiven Verbindungen zwei verschiedene Reihen von Isomeren unterschieden, eine d-Reihe und eine l-Reihe. Die einzelnen Glieder dieser Reihen lassen sich durch geeignete Operationen ohne Änderungen am asymmetrischen Kohlenstoffatom ineinander überführen; der Sinn der Drehung kann sich jedoch ändern. Früher bezeichneten die vorgesetzten Buchstaben d (dextro) und l (laevo) den Sinn der Drehungsrichtung, heute die Zugehörigkeit zu einer der beiden Konfigurationsreihen. Nach dem Vorschlag von K. FREUDENBERG wird dann die tatsächlich vorhandene Drehungsrichtung durch ein in Klammern beigesetztes Plus- oder Minuszeichen angegeben. Die Bestimmung der Konfiguration der Aminosäuren geht bereits auf E. FISCHER[203, 191] zurück, ist aber in den letzten Jahren von K. FREUDENBERG[222—226] und P. KARRER[314—322] mit ihren Mitarbeitern systematisch durchgeführt worden. Bis auf wenige Ausnahmen ist die Konfiguration der Aminosäuren aufgeklärt[327]. Sie gehören alle, wahrscheinlich auch die noch nicht untersuchten, der l-Reihe an. Im Formelschema wird die Konfiguration so wiedergegeben, daß bei Schreibweise mit der Carboxylgruppe oben oder rechts eine Aminogruppe auf der rechten oder unteren Seite die d-Konfiguration und die Aminogruppe auf der linken oder oberen Seite die l-Konfiguration bedeutet. Für das l-(+)-Alanin wäre die Konfigurationsformel dann so zu schreiben:

$$\begin{array}{c} \mathrm{COOH} \\ | \\ \mathrm{H_2N-C-H} \\ | \\ \mathrm{CH_3} \end{array}$$

Da man sich aber gewöhnt hat, die Formel der Aminosäure mit der Carboxylgruppe unten zu schreiben, so muß man sich die Konfigurationsformel um 180^0 gedreht denken. In der nachfolgenden Beschreibung der einzelnen Aminosäuren wird die übliche Anordnung beibehalten, bei der dann folgerichtig die Aminogruppe auf die rechte und das Wasserstoffatom auf die linke Seite kommen.

Die im Organismus vorkommenden *Oxysäuren* haben die gleiche Konfiguration, wie die ihnen entsprechenden Aminosäuren. So sind l-(+)-Alanin und l-(+)-Milchsäure, die sog. Fleischmilchsäure, optisch isomer. Dagegen ist die Milchsäure mit dem Traubenzucker nicht isomer. Daraus muß man schließen, daß bei der Zerlegung des Traubenzuckers in 2 Moleküle Milchsäure eine optisch inaktive Oxostufe eingeschaltet ist (K. FREUDENBERG).

2. Die einzelnen Aminosäuren.

a) Neutrale Aminosäuren.

Es gibt verschiedene Typen von Aminosäuren. 1. Solche, deren wäßrige Lösung neutral reagiert. Zu ihnen gehören in erster Linie die Monoaminomonocarbonsäuren, ferner noch das Tryptophan, dessen Iminogruppe im Indolring kaum basischen Charakter besitzt. 2. Die basischen Aminosäuren, die neben der α-Aminogruppe noch eine zweite basische Gruppe haben, das Arginin die Guanidingruppe, das Histidin den Imidazolkern und das Lysin eine zweite Aminogruppe. 3. Die sauren Aminosäuren, die durch die Aminodicarbonsäuren Asparaginsäure, Glutaminsäure und Oxyglutaminsäure repräsentiert werden. In der ersten und dritten Gruppe gibt es Oxyaminosäuren, sehr wahrscheinlich auch in der zweiten (siehe S. 117).

Glykokoll (Aminoessigsäure).

$$\begin{array}{l} CH_2NH_2 \\ | \\ COOH \end{array}$$

Das Glykokoll ist die einfachste Aminosäure und wurde 1820 von H. Braconnot unter den hydrolytischen Spaltprodukten des Leims entdeckt. Von dieser Entdeckung und wegen seines süßen Geschmackes erhielt es den Namen Glykokoll, „Leimsüß". Es kommt in den meisten Eiweißkörpern vor, fehlt aber in den Proteinen der Milch, dem Gliadin des Weizens und den meisten Albuminen. Es kann vom Warmblüterorganismus synthetisiert werden. Ferner ist es ein Bestandteil der Glykocholsäure, einer Gallensäure. Wie bereits erwähnt, dient es bei einigen Tierarten zur Entgiftung von Benzoesäure. Seine beiden Kohlenstoffatome können wahrscheinlich vollständig in Zucker übergehen.

l-(+)-Alanin (α-Aminopropionsäure).

$$\begin{array}{c} CH_3 \\ | \\ H-C-NH_2 \\ | \\ COOH \end{array}$$

Das Alanin ist neben Prolin die einzige natürliche Aminosäure, die vor ihrer Entdeckung im Eiweiß bereits synthetisch dargestellt war. A. Strecker[530] führte 1850 Acet-aldehyd-ammoniak mit Cyanwasserstoff in das Aminocyanhydrin über, welches bei der hydrolytischen Spaltung die Aminosäure liefert, allerdings in inaktiver Form. 1879 wies es P. Schützenberger[517] im Eiweiß nach. Es kommt fast in allen Eiweißkörpern vor. Im Stoffwechsel können seine drei Kohlenstoffatome in Zucker übergehen. Bei der tierischen Verbrennung sind seine ersten Abbauprodukte Brenztraubensäure und Ammoniak, aus denen es der Organismus wieder zurücksynthetisieren kann. Da Brenztraubensäure auch beim Abbau des Zuckers entsteht und wieder in ihn übergehen kann, so ist damit wenigstens für diesen Eiweißbaustein der Weg gegeben, wie eine Aminosäure in Zucker und umgekehrt Zucker bei Gegenwart von Ammoniak in Eiweiß übergehen kann.

Vom Alanin leiten sich durch Substitution eines Wasserstoffatoms der Methylgruppe durch andere Radikale eine Reihe von Aminosäuren ab: Serin (β-Oxyalanin), Cystein und Cystin (β-Sulfhydryl- bzw. Disulfidalanin), Phenylalanin, Tyrosin (p-Oxyphenylalanin), Tryptophan (Indolalanin) und Histidin (Imidazolylalanin).

l-(—)-*Serin* (α-Amino-β-oxypropionsäure).

$$\begin{array}{c} CH_2OH \\ | \\ H-C-NH_2 \\ | \\ COOH \end{array}$$

Das Serin wurde 1865 von CRAMER im Seidenleim gefunden, worauf sich auch sein Name bezieht. Die Konstitution wurde von E. FISCHER und H. LEUCHS[202] ermittelt. Es findet sich in kleinen Mengen in sehr vielen Eiweißkörpern, darunter auch in den Protaminen. An seiner Bindung im Eiweißmolekül sind jedenfalls die Amino- und Carboxylgruppe beteiligt. Ob auch die Hydroxylgruppe, ist noch nicht endgültig entschieden. Sie könnte mit der Carboxylgruppe einer anderen Aminosäure eine Esterbindung eingehen, also ein Esterpeptid bilden. Bereits E. FISCHER[186] rechnete mit einer solchen Möglichkeit und Frau M. NELSON-GERHARDT machte im Laboratorium A. KOSSELs das Vorkommen einer solchen esterartigen Bindung im Salmin wahrscheinlich[427]. Im Casein ist die Phosphorsäure esterartig an das Serin gebunden (TH. POSTERNAK[463, 464]). Wahrscheinlich ist die Serinphosphorsäure die Muttersubstanz der im Blut gefundenen Glycerinphosphorsäure[463]. Die drei Kohlenstoffatome können in Zucker übergehen, wobei vermutlich die Glycerinsäure ein Zwischenprodukt ist[524].

l-(—)-*Cystein* (α-Amino-β-thiopropionsäure) und *l*-(—)-*Cystin* (Dithioaminopropionsäure).

$$\begin{array}{c} CH_2SH \\ | \\ H-C-NH_2 \\ | \\ COOH \\ \text{Cystein} \end{array} \qquad \begin{array}{ccc} CH_2S & \text{——} & SH_2C \\ | & & | \\ H-C-NH_2 & & H-C-NH_2 \\ | & & | \\ COOH & & COOH \\ & \text{Cystin} & \end{array}$$

Durch Oxydation bzw. Reduktion können Cystein und Cystin leicht ineinander übergeführt werden. Mit Bleiacetat und Natronlauge erhitzt, geben sie einen schwarzen Niederschlag von Bleisulfid. Durch die Natronlauge wird ein Teil des Schwefels als Sulfid abgespalten. Die Spaltung wird durch die anwesenden Plumbitionen beschleunigt[49]. Mittels dieser Reaktion, der sog. *Schwefelbleireaktion,* kann das Cystin auch in den Proteinen nachgewiesen werden.

Das Cystin ist die am längsten bekannte Aminosäure. W. H. WOLLASTON isolierte sie 1810 aus einem Blasenstein. Es ist die Form in der der Hauptteil des Schwefels in den Eiweißkörpern vorkommt. In einzelnen Eiweißkörpern kommt auch das Reduktionsprodukt des Cystins, das Cystein, vor[439]. Solche Eiweißkörper besitzen freie Sulfhydrylgruppen und geben eine positive Reaktion mit Nitroprussidnatrium. Die Kohlenstoffatome können im Stoffwechsel in Zucker übergehen, der Schwefel wird in der Hauptsache zu Schwefelsäure oxydiert. Ein kleiner Teil von Cystin wird in Taurin

$$\begin{array}{c} CH_2SO_3H \\ | \\ CH_2NH_2 \end{array}$$

einem Bestandteil einer Gallensäure, der Taurocholsäure, übergeführt. Durch Reduktion kann Cystin im Organismus auch sehr leicht in Cystein übergeführt werden. Ähnlich wie das Glykokoll wird in bestimmten Fällen auch Cystein zur Entgiftung verwendet. Ein Hund, dem Brombenzol verabreicht worden ist, scheidet im Harn ein Derivat des Cysteins, die Mercaptursäure aus.

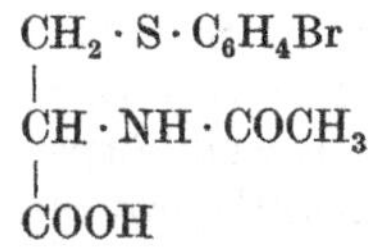

Cystin, bzw. Cystein, ist ein wesentlicher Bestandteil des *Gluthations*, einer Hilfssubstanz der Zellatmung. Es ist dies ein Dipeptid aus Cystein und Glutaminsäure, sehr wahrscheinlich Glutaminyl-Cystein[284, 531].

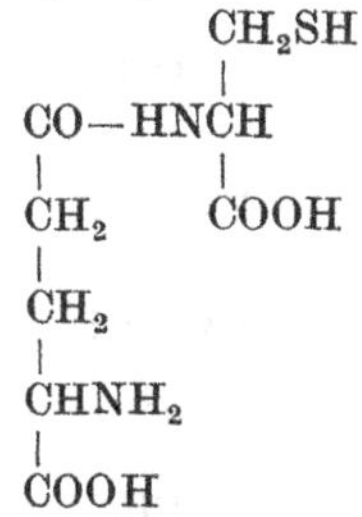

Ähnlich, aber bedeutend leichter wie das Cystein durch Oxydation in Cystin und dieses durch Reduktion wieder in Cystein übergeht, kann auch das Glutathion zwischen der Sulfhydryl- und Disulfidform wechseln. Es kann also Wasserstoff aufnehmen und wieder abgeben. Für diesen Vorgang ist die Reaktion des umgebenden Mediums maßgebend; bei alkalischer Reaktion nimmt es leicht Wasserstoff auf und geht aus der Disulfid- in die Sulfhydrylform über, bei saurer Reaktion gibt es den Wasserstoff leicht wieder ab und geht in die Disulfidform zurück. Es genügen zur Auslösung dieses Spiels bereits geringe Verschiebungen der Reaktion nach beiden Seiten des Neutralpunktes, wie sie ohne weiteres in der lebenden Zelle auftreten können. Die Wirkung der sauren Reaktion macht sich schon bei p_H 6,8 und die der alkalischen bei p_H 7,4 geltend[123a]. Nach der WIELANDschen Theorie der biologischen Oxydationen wird aus dem Substrat, das verbrannt werden soll, Wasserstoff abgespalten und auf einen Wasserstoffacceptor übertragen. Der hauptsächlichste Wasserstoffacceptor ist der Sauerstoff. Vermutlich wird aber der Wasserstoff aus dem Substrat nicht direkt auf den Sauerstoff übertragen, sondern erst auf das Glutathion, das ihn dann seinerseits an den Sauerstoff weitergibt. Durch diese Zwischenreaktion erleidet aber der Dehydrierungsvorgang keine Verzögerung.

Da aus dem Cystin und Cystein der Organismus für das Zelleben wichtige Substanzen (Taurin, Glutathion) bildet und Cystin außerdem ein notwendiger Bestandteil der Hornsubstanzen (Haare, Nägel, Epidermis usw.) ist, ist es *eine unentbehrliche Aminosäure* und sind alle die Eiweißkörper, die es nicht enthalten, z. B. Gelatine und die Gliadine, hinsichtlich der Ernährung unvollkommene Eiweißkörper.

l-(+)-Phenylalanin (β-Phenyl-α-aminopropionsäure).

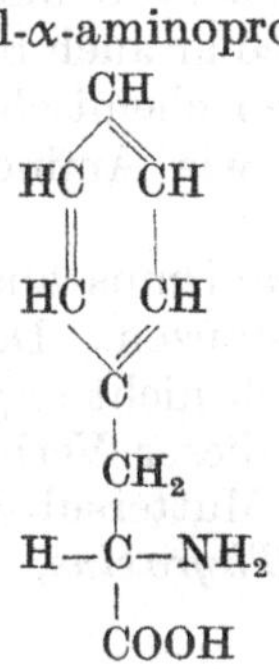

Das Phenylalanin wurde 1879 von E. SCHULZE in den Lupinenkeimlingen aufgefunden. Seine Konstitution wurde von E. SCHULZE und I. BARBIERI[518] aufgeklärt. Es kommt in sehr vielen Eiweißkörpern vor und ist mit dem Tyrosin zusammen die Grundlage für die *Xanthoproteinreaktion.* Im Stoffwechsel hat es das gleiche Schicksal wie das Tyrosin.

l-(—)-*Tyrosin* (p-Oxyphenylalanin).

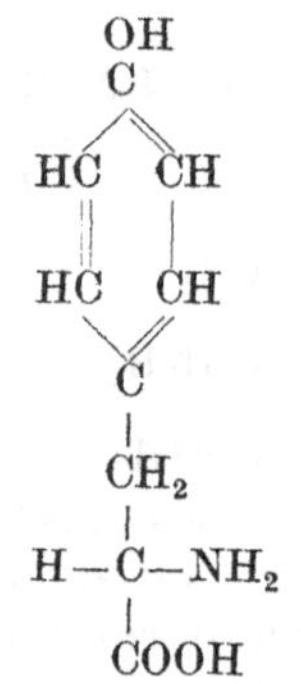

Das Tyrosin wurde im Jahre 1846 von LIEBIG beim Schmelzen des Käses mit Alkali aufgefunden[261]. Es kommt in sehr vielen Eiweißkörpern vor und ist, wie bereits erwähnt, neben dem Phenylalanin der Baustein des Eiweißes, der die *Xanthoproteinreaktion* bedingt. Im Eiweißmolekül ist es nur mit seiner Amino- und Carboxylgruppe gebunden. Der Oxyphenylrest ist frei. Deswegen gibt auch das im Eiweiß gebundene Tyrosin die für diesen Rest charakteristische MILLONsche *Reaktion* und die Diazoreaktion[228, 229].

Die MILLONsche Reaktion besteht in einer Rotfärbung, wenn man Lösungen von Tyrosin oder tyrosinhaltigen Eiweißkörpern mit einer Lösung von Quecksilbernitrat, die etwas salpetrige Säure enthält, kocht. Auch unlösliche Eiweißkörper, wie Wolle, Seide und koagulierte Eiweißkörper, geben die Reaktion. Die Diazoreaktion hat das Tyrosin gemeinsam mit dem Histidin. Sowohl der Imidazolring als auch die Oxyphenylgruppe kuppeln mit Diazobenzolsulfosäure in alkalischer Lösung. Die phenolische Hydroxylgruppe besitzt sauren Charakter, so daß strenggenommen das Tyrosin den Aminodicarbonsäuren zuzurechnen wäre. Daneben gibt es noch verschiedene andere Farbenreaktionen.

Im *Stoffwechsel* stehen den beiden aromatischen Aminosäuren verschiedene Wege offen. Sie können unter Verwertung ihres Energiegehaltes vom Organismus vollständig verbrannt werden. Die tierische Zelle ist demnach in der Lage, den Benzolkern anzugreifen. Als Zwischenprodukt der Verbrennung tritt *Acetessigsäure* auf, die Substanz, die intermediär auch beim Abbau der Fettsäure entsteht. Da ein großer Teil der biologischen chemischen Vorgänge reversibel ist, so ist hier vielleicht ein Weg gegeben, wie Aminosäuren in Fettsäuren übergehen können.

Daneben bildet aber der Organismus aus dem Phenylalanin und Tyrosin eine ganze Reihe wichtiger Substanzen. Der direkte Übergang der Aminosäuren in diese Stoffe ist zwar noch nicht experimentell bewiesen, er wird aber aus der Ähnlichkeit der Struktur dieser Verbindungen geschlossen. So ist das Tyrosin sehr wahrscheinlich die Muttersubstanz des *Adrenalins,* eines Hormons der Nebenniere und des *Thyroxins,* des mutmaßlichen Hormons der Schilddrüse.

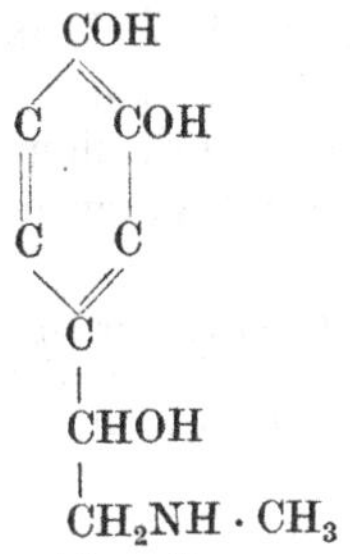

Adrenalin

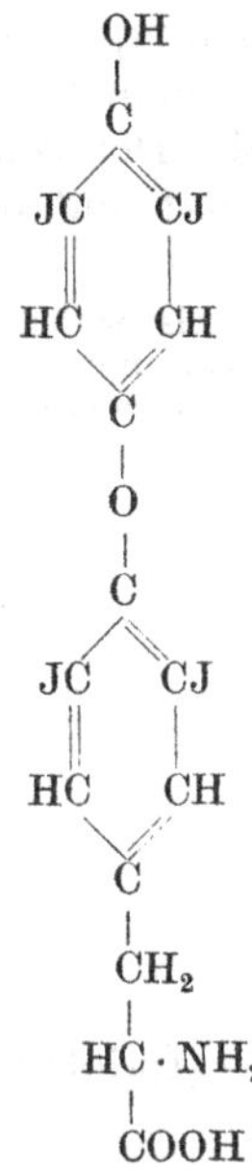

Thyroxin

Das Thyroxin wurde zuerst von E. C. KENDALL[331] aus der Schilddrüse dargestellt. Seine Konstitution bewies C. R. HARINGTON[257, 258]. Es hat dieselben physiologischen Wirkungen, wie die Schilddrüsensubstanz selbst. Ob es wirklich die Form des Hormons ist, in der es von der Schilddrüse an das Blut abgegeben wird, ist noch nicht definitiv bewiesen. In gewissen Meeresalgen und Korallenarten kommt eine Substanz vor, die dem Thyroxin außerordentlich nahesteht, die *Jodgorgosäure* (Di-jod-tyrosin)[268, 133].

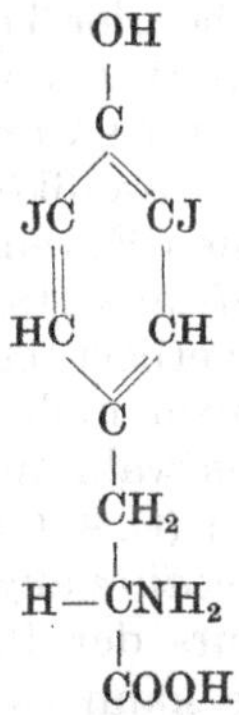

Bei der künstlichen Jodierung der Eiweißkörper tritt das Jod ebenfalls an das Tyrosin[593]. Auch die entsprechenden Brom- und Chlorgorgosäure[566] sind aufgefunden worden. In der Schilddrüse ist zwar Jodgorgosäure qualitativ nachgewiesen, aber bis jetzt noch nicht in krystallisierter Form isoliert worden. Von dem gesamten Jod der Schilddrüse ist nur ein kleiner Teil in Form von Thyroxin nachweisbar (etwa 10 %).

Daneben ist das Tyrosin auch die Muttersubstanz von Pigmenten. Im Pflanzenreich und bei niederen Tieren ist ein Ferment, die *Tyrosinase*, verbreitet, welches das Tyrosin in einen braunschwarzen Farbstoff, das Melanin, überführt. Nach H. S. RAPER[470] entstehen dabei intermediär Indolderivate. Die Untersuchungen von E. Bloch, S. Thannhauser und K. Moncorps[536, 410] lassen es als wahrscheinlich erscheinen, daß auch das *Pigment der menschlichen Haut aus Tyrosin gebildet* wird. Der schwarze Farbstoff, mit dem sich der Tintenfisch gegen Verfolgung schützt, entsteht ebenfalls durch einen enzymatischen Vorgang aus dem Tyrosin.

Bei einer Stoffwechselstörung, der sog. *Alkaptonurie*, werden die beiden aromatischen Aminosäuren nicht vollkommen zu Kohlensäure und Wasser abgebaut, sondern in Form von *Homogentisinsäure* (Hydrochinonessigsäure) ausgeschieden.

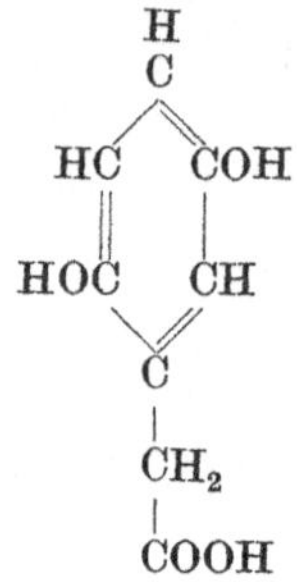

l-(—)-*Tryptophan* (Indolalanin).

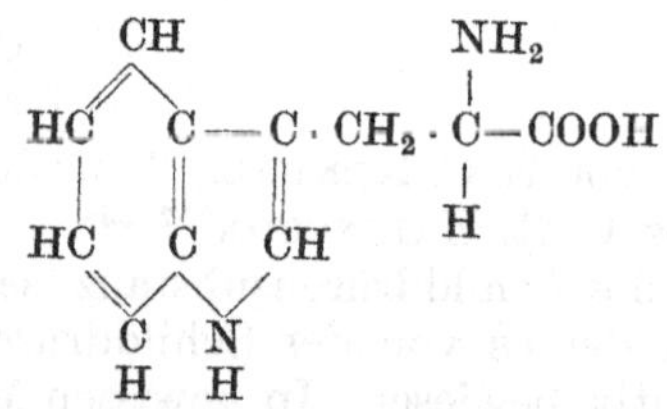

1820 beobachteten der Anatom Tiedemann und der Chemiker O. Gmelin[544], daß mit Pankreas verdaute Eiweißkörper sich mit Brom rot färben. Die Ursache dieser Reaktion ist das Tryptophan, das bei der Trypsinverdauung frei gemacht wird. Es wurde von F. G. Hopkins und S. W. Cole isoliert[285], und seine Konstitution wurde durch Synthese von A. Ellinger und C. Flammand geklärt[152—155]. Es kommt in den meisten tierischen Eiweißkörpern mit Ausnahme der Gelatine und auch in zahlreichen pflanzlichen Eiweißkörpern vor. Es fehlt im Zein des Maises. Es *gehört zu den unentbehrlichen Aminosäuren*[306, 402]. Wird ein Tier auf tryptophanfreie Diät gesetzt, so verliert es an Körpergewicht. Wozu es im Organismus verwendet wird, ist noch nicht bekannt. Es kommt im Blut in freiem Zustand vor und wird daraus während der Lactation von der Milchdrüse zur Bereitung der Milch entnommen (C. A. Cary und E. B. Meigs[96]). Von Hund und Kaninchen wird es zu *Kynurensäure* abgebaut[152]. Es ist die Muttersubstanz des Indigos und des antiken Purpurs der Purpurschnecke.

In Zucker oder Acetessigsäure kann es nicht übergehen.

Die Darmbakterien führen es in *Indol* über, das resorbiert und nach der Oxydation zu Indoxyl mit Schwefelsäure oder Glucuronsäure gepaart im Harn ausgeschieden wird (*Harnindican*). Bei der Darmfäulnis entsteht neben Indol auch *Skatol*. Indol gibt mit salpetriger Säure und konzentrierter Schwefelsäure eine rote Farbenreaktion. Es ist das dieselbe Farbe, die auch entsteht, wenn man zu Kulturen von Choleravibrionen konzentrierte Schwefelsäure gibt (Cholerarot). Die Choleravibrionen wandeln das Tryptophan ebenfalls in Indol um und erzeugen daneben noch salpetrige Säure.

Das freie und auch das im Eiweiß gebundene Tryptophan gibt eine Reihe charakteristischer *Farbenreaktionen*. Die freie Aminosäure gibt mit Chlor- oder

Bromwasser eine rosarote Farbe, bei Vermischung *mit Glyoxylsäure* und Unterschichten mit konzentrierter *Schwefelsäure* einen violetten Ring[285]. Letztere Reaktionen geben auch die tryptophanhaltigen Eiweißkörper. Mit sehr schwach nitrithaltiger Salzsäure und einer Spur Formaldehyd gibt das freie und gebundene Tryptophan eine prächtige violette Farbe, die streng spezifisch ist (E. VOISENET[566, 545, 546]). Von den übrigen Reaktionen sei nur noch die Violettfärbung mit p-Dimethyl-aminobenzaldehyd und Schwefelsäure erwähnt, die ebenfalls vom freien und gebundenen Tryptophan gegeben wird. Mit Quecksilbersulfat gibt es in schwefelsaurer Lösung schwer lösliche Niederschläge.

β-Alanin (β-Aminopropionsäure).

CH_2NH_2
|
CH_2
|
COOH

Dieser β-Aminosäure wurde bereits gedacht. Sie kommt im Eiweiß nicht vor, sondern in dem Karnosin, einem β-Alanylhistidin, das vor allem im Muskel gefunden, aber auch im Harn und Carcinomgewebe nachgewiesen wurde.

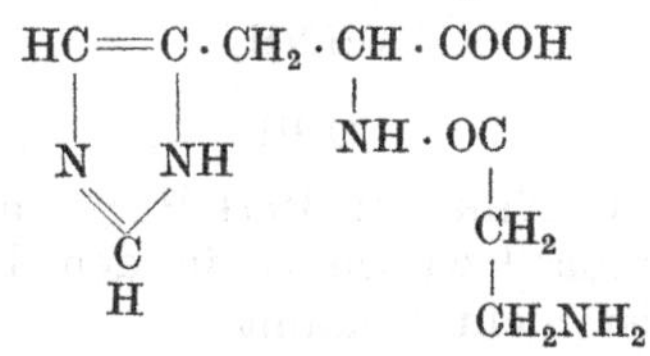

(+)-*Aminobuttersäure.*

Eine rechtsdrehende Aminosäure der Zusammensetzung $C_4H_9NO_2$ ist aus einer ganzen Reihe von Proteinen dargestellt worden[1].

Es ist aber noch nicht ermittelt, ob die vier Kohlenstoffatome in gerader oder verzweigter Kette angeordnet sind. Aus dem Teozein (einem Prolamin aus den Samen von Euchlaena Mexicana Schad) isolierten R. A. GORTNER und W. F. HOFFMANN[235–237] eine Aminosäure, die der Zusammensetzung nach wahrscheinlich eine Oxyaminobuttersäure ist.

Methionin (α-Amino-γ-methylthiol-*n*-buttersäure).

$$CH_3-S-CH_2-CH_2-CH(NH_2)-COOH$$

Diese neue schwefelhaltige Aminosäure wurde 1923 von I. H. MUELLER[421, 422] im Casein aufgefunden. Nach G. BARGER und F. G. COYNE[55] handelt es sich wahrscheinlich um den Methylschwefeläther der Aminobuttersäure obiger Formel. Ihr Schwefel wird im Organismus zu Schwefelsäure oxydiert. Bei der Methoxylbestimmung nach ZEISEL spaltet sich Jodmethyl ab. Vielleicht erklärt sich dadurch, warum einzelne Proteine, z. B. Histon, Methoxyl geben.

(+)-*Valin* (α-Aminoisovaleriansäure).

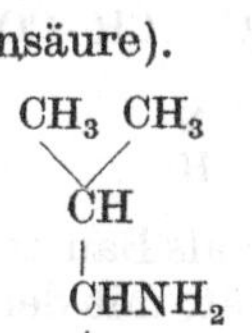

Das Valin wurde zuerst von E. v. GORUP-BESANEZ 1856[248] aus der Pankreasdrüse dargestellt, und später von E. SCHULZE[520] und Mitarbeitern aus verschiedenen Pflanzenkeimlingen. Es kommt in kleinen Mengen *fast in allen Eiweißkörpern* vor. Sein Schicksal im Stoffwechsel ist noch unbekannt.

l-(—)-Leucin (α-Aminoisocapronsäure).

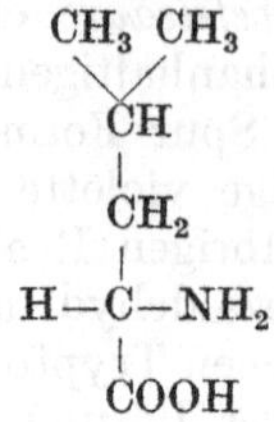

Diese Aminosäure wurde im Jahre 1818 von PROUST entdeckt und ein Jahr später von H. B. BRACONNOT aus dem Fleisch dargestellt, der ihr auch den Namen gab. Es tritt unter den hydrolytischen Zersetzungsprodukten fast aller Proteine auf[519]. Es gibt ein charakteristisches Kupfersalz. Im Organismus geht es in Acetessigsäure über.

(+)-*Isoleucin* (α-Amino-β-methyläthylpropionsäure).

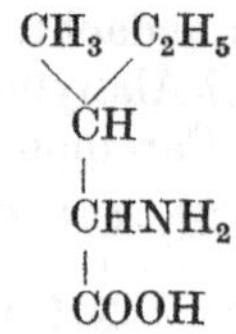

Das Isoleucin entdeckte F. EHRLICH 1904[149–151] in der Melassenschlempe; A. KOSSEL und S. EDLBACHER[351] wiesen es in den Echinodermen nach. Sein Schicksal im Organismus ist nicht bekannt.

(+)-*Norleucin* (α-Amino-n-capronsäure).

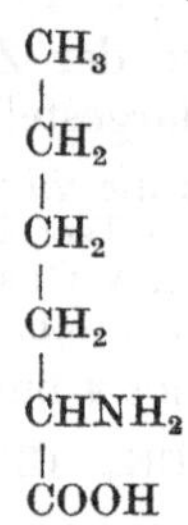

Das Norleucin wurde von E. ABDERHALDEN und A. WEIL[39] bei der Hydrolyse von Eiweißstoffen der Nervensubstanz aufgefunden.

l-(—)-Prolin (α-Pyrrolidincarbonsäure).

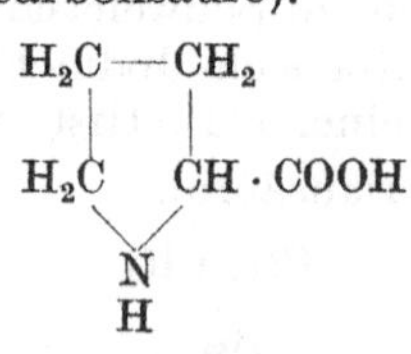

Es wurde 1901 von E. FISCHER[189, 182] als Baustein des Caseins gefunden. Seine Konstitution ergab sich aus der Identität, mit der schon früher von R. WILLSTÄTTER synthetisch dargestellten Pyrrolidincarbonsäure[568,569]. Die wäßrige Lösung reagiert neutral. Die Iminogruppe im Pyrrolidinring besitzt basischen Charakter und kann mit Säuren titriert werden[175]. Sie reagiert nicht mit salpetriger Säure, aber zu 80% bei der Formoltitration und beteiligt sich an der Verkettung der Aminosäuren. Prolin kommt in fast allen Eiweißkörpern vor, besonders reichlich in der Gelatine und den Gliadinen; es fehlt im Sturin. Vor den übrigen Aminosäuren zeichnet es sich aus durch seine Leichtlöslichkeit in Alkohol. Durch Extraktion in Alkohol kann man es aus einem Gemisch von Aminosäuren isolieren. Im Stoffwechsel gehen drei von seinen fünf Kohlenstoffatomen in Zucker über.

(—)-*Oxyprolin* (γ-Oxypyrrolidin-α-carbonsäure).

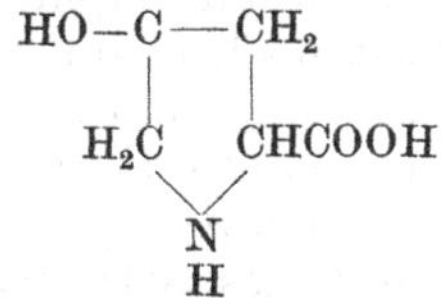

Diese Aminosäure entdeckte E. Fischer 1902 unter den hydrolytischen Zersetzungsprodukten der Gelatine[182]. Es verhält sich bei seiner Bindung im Eiweiß ähnlich wie das Prolin, in das es durch Reduktion übergeführt werden kann, unterscheidet sich aber von ihm durch die geringere Löslichkeit in Alkohol. Es findet sich in den meisten tierischen Eiweißkörpern, fehlt aber, wie J. Kapfhammer gezeigt hat, in den pflanzlichen Proteinen. Prolin und Oxyprolin geben mit Reineckesäure einen schwer löslichen Niederschlag, der sich zu ihrer präparativen Darstellung eignet[325].

b) Basische Aminosäuren.

Die drei in den Eiweißkörpern vorkommenden basischen Aminosäuren enthalten sechs Kohlenstoffatome und wurden deswegen von A. Kossel unter dem Namen *Hexonbasen* zusammengefaßt.

l-(+)-*Arginin* (δ-Guanido-α-aminovaleriansäure).

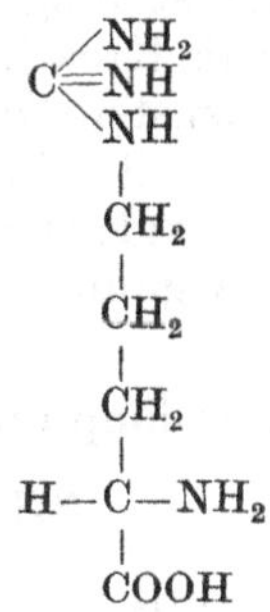

Das Arginin wurde von E. Schulze und E. Steiger in den Kotyledonen der Lupinensamen und den etiolierten Kürbiskeimlingen entdeckt[522]; S. G. Hedin fand es zuerst unter den Spaltprodukten der Eiweißstoffe[270]. Die systematische Analyse der Proteine ergab, daß das Arginin zwar in den einzelnen Eiweißstoffen in sehr wechselnder Menge vorkommt, aber in keinem Eiweißkörper völlig fehlt. Es ist somit ein notwendiger Bestandteil des Eiweißes und insofern auch eine unentbehrliche Aminosäure, als es der Organismus zum Aufbau seines Organeiweißes braucht. Besonders reich an Arginin sind die Protamine, Histone und die pflanzlichen Globuline. Im Eiweiß ist es vor allem mit der Amino- und der Carboxylgruppe gebunden, es scheint sich aber auch die Guanidingruppe beteiligen zu können[193].

Beim Kochen mit Alkalien zerfällt es in Harnstoff und *Ornithin*[521, 7]. In der gleichen Weise wirkt auch ein im Tierreich verbreitetes Ferment, die Arginase, die von A. Kossel und H. D. Dakin[348, 291] aufgefunden wurde. Dieses Ferment kommt in der Leber der Säugetiere, der Niere der Vögel besonders reichlich vor, daneben aber auch im Carcinomgewebe[147]. Das Ornithin (α,δ-Diaminovaleriansäure) ist kein primärer Eiweißbaustein. Wo es im Stoffwechsel auftritt, verdankt es seine Entstehung der Hydrolyse des Arginins. Durch Abspaltung von Kohlensäure geht das Ornithin in Putrescin über (Tetramethylendiamin). Bei einer Stoffwechselkrankheit, der Cystinurie, tritt Putrescin im Harn auf.

Das Arginin gibt zwei *Farbenreaktionen*, eine violette Fluorescenz mit Diacetyl[259] und eine braunrote Farbe mit α-Naphthol und Natriumhypochlorit in alkalischer Lösung[481—484; 462]. Fast noch charakteristischer ist das schwer lösliche Salz, das es mit Flaviansäure (Naphtholgelb-S, 1-Naphthol-2,4-dinitro-7-sulfosäure) bildet, und das zur quantitativen Bestimmung des Arginins benutzt wird (A. KOSSEL und R. E. GROSS[352]). Mit Silber gibt es ein in konzentrierter Barytlösung schwer lösliches Salz, das ebenfalls zu seiner Bestimmung verwendet wird[354].

Sein Schicksal im Stoffwechsel ist noch nicht völlig geklärt. Neben dem bereits erwähnten hydrolytischen Abbau zu Harnstoff und Ornithin wird es sehr wahrscheinlich auch oxydativ abgebaut. Auf diesem Wege können Guanidinderivate entstehen, und vielleicht entsteht das *Kreatin* (Methylguanidinessigsäure) aus Arginin[176].

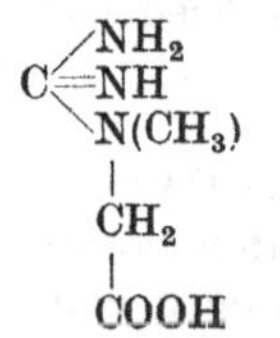
Kreatin

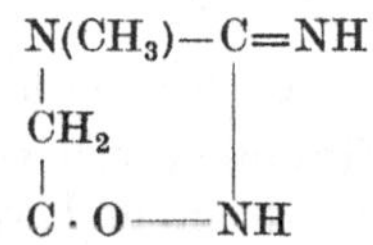
Kreatinin

Das *Kreatin* ist eine Substanz, die ständig im tierischen Stoffwechsel, auch während des Hungers, gebildet und als Kreatinin ausgeschieden wird. Es kommt in den Extraktstoffen der verschiedensten Organe, vor allem des Muskels, vor. Bei einzelnen wirbellosen Tieren vertritt das Arginin die Stelle des Kreatins in den Extraktstoffen, worin ein vergleichend-biochemischer Beweis für den Ursprung des Kreatins aus dem Arginin zu sehen ist (D. ACKERMANN und F. KUTSCHER[44]).

l-(—)-Histidin (β-Imidazolyl-α-aminopropionsäure).

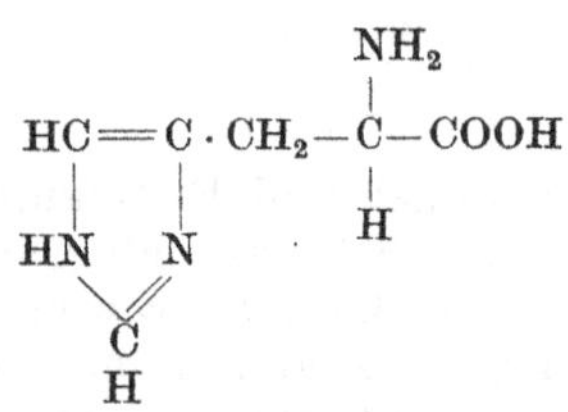

Diese Hexonbase wurde von KOSSEL 1896[345] als Baustein des Sturins, dem Protamin des Störspermas, entdeckt, von H. PAULY[448] als Imidazolderivat erkannt, aber in seiner Konstitution erst von F. KNOOP und A. WINDAUS aufgeklärt[336]. Fast gleichzeitig mit KOSSEL fand es auch S. G. HEDIN[271] bei der Hydrolyse verschiedener Eiweißkörper. Es kommt in sehr vielen Eiweißkörpern vor, besonders reichlich im Globin, der Eiweißkomponente des Hämoglobins. An seiner Bindung beteiligen sich wahrscheinlich nur die α-Amino- und die Carboxylgruppe, dagegen nicht der Imidazolkern[230, 171].

Freies und im Eiweiß gebundenes Histidin gibt in alkalischer Lösung mit Diazobenzolsulfosäure eine rote Farbe, und nach F. KNOOP[333] eine dunkelweinrote Farbe auf Zusatz von Bromwasser und Erwärmen. Mit Quecksilber und Silber gibt es charakteristische schwer lösliche Niederschläge.

Sein Schicksal im Stoffwechsel ist noch nicht geklärt, es geht nicht in Zucker, vielleicht aber in Acetessigsäure über. Wird es in größerer Menge an Hunde verfüttert, so tritt im Harn Urocaninsäure (β-Imidazol-acrylsäure) auf[359].

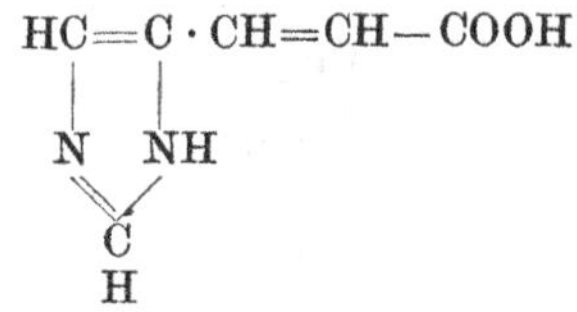

S. EDLBACHER wies in der Leber ein Ferment, die Histidase, nach, welche das Histidin unter Abspaltung von zwei Drittel des Stickstoffs in Form von Ammoniak zerlegt[144].

In Fütterungsversuchen von H. ACKROYD und F. G. HOPKINS[45], ferner von G. I. COX und W. C. ROSE[116] erwies sich das *Histidin als Muttersubstanz der Purinbasen.*

Das Histidin ist außerdem auch die Muttersubstanz von pharmakologisch wirksamen Stoffen, die im Tier- und Pflanzenreich vorkommen, so des *Histamins*, einer auf die glatte Muskulatur wirkenden Substanz und des Ergothionins, das im Mutterkorn vorkommt und in neuerer Zeit auch als Bestandteil des Blutes von ST. R. BENEDICT aufgefunden wurde[60].

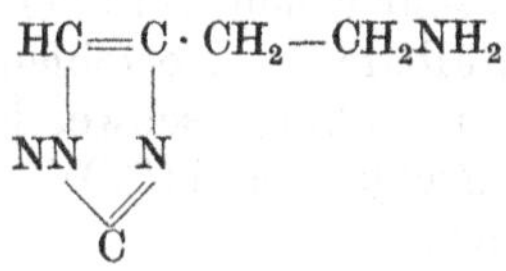

Histamin

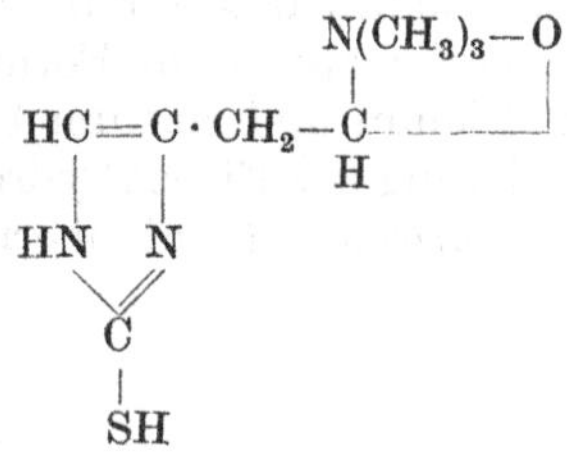

l-(+)-*Lysin* (α, ε-Diaminocapronsäure).

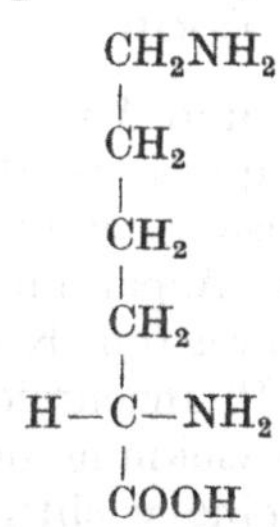

Das Lysin wurde 1889 unter den Spaltprodukten des Caseins von E. DRECHSEL[135] aufgefunden. Es kommt in all den Eiweißkörpern vor, die freie Aminogruppen besitzen. Seine Bindungsart im Eiweiß ist noch nicht vollkommen aufgeklärt. Zum größten Teil ist wahrscheinlich die endständige Aminogruppe frei. Über sein Schicksal im Stoffwechsel ist nichts sicheres bekannt. Das im Harn bei der Cystinurie auftretende Cadaverin (Pentamethylendiamin) entsteht sehr wahrscheinlich aus dem Lysin durch Abspaltung von Kohlensäure. Bei der Oxydation liefert es keine Acetessigsäure und geht auch nicht in Zucker über. Es ist eine für das Wachstum unentbehrliche Aminosäure; fehlt es in der Nahrung junger Tiere, so steht ihr Wachstum still. Es gibt keine Farbenreaktion, aber charakteristische Salze, z. B. mit Pikrinsäure, und es fällt mit Phosphorwolframsäure.

Oxylysin.

$$\begin{array}{c} CH_2NH_2 \\ | \\ CH_2 \\ | \\ CH_2 \\ | \\ CHOH \\ | \\ CHNH_2 \\ | \\ COOH \end{array}$$

Aus Fischleim, der aus der Schwimmblase des Störs gewonnen wurde, isolierten S. B. SCHRYVER, H. W. BUSTON und D. H. MUKHERJEE [514a] eine Substanz, die nach Elementaranalyse und Reaktionen sehr wahrscheinlich ein Oxylysin ist. Da die Substanz kein Lacton bildet, vermuten die Autoren, daß die Hydroxylgruppe in β-Stellung steht. Die Substanz ist optisch inaktiv. Sie wurde auch noch im Fibrin des Pferdeblutes, der Gelatine, einem alkalilöslichen Protein des Hafers, einem Albumin aus Kohlblättern und Edestin aus Hanfsamen nachgewiesen, aber nicht in Casein und Albumin.

c) Saure Aminosäuren.

Die Monoaminodicarbonsäuren kommen in sehr vielen, vor allem pflanzlichen Eiweißkörpern vor, meistens in Form ihrer Halbamide; sie fehlen in den Protaminen. Mit Calcium und Barium bilden sie in Alkohol schwer lösliche Salze, die zu ihrer Isolierung aus Eiweißhydrolysaten geeignet sind (F. W. FOREMAN [213]).

l-(—)-Asparaginsäure (Aminobernsteinsäure).

$$\begin{array}{c} COOH \\ | \\ CH_2 \\ | \\ H-C-NH_2 \\ | \\ COOH \end{array}$$

Im Jahre 1806 isolierten ROBIQUET und VAUQUELIN aus dem Saft der Spargel *Asparagin*, das Halbamid der Asparaginsäure, das von dieser Entdeckung seinen Namen erhielt. Die freie Asparaginsäure stellte zum erstenmal R. PLISSON dar 21 Jahre später durch Hydrolyse des Asparagins mit Bleihydroxyd. Sie kommt in den meisten Proteinen vor. Drei ihrer fünf Kohlenstoffatome können in Zucker übergehen. Das Asparagin ist im Pflanzenreich auch im freien Zustand sehr verbreitet und scheint bei der Entwicklung der Keimlinge und der Synthese der Eiweißkörper in den Pflanzen eine wichtige Rolle zu spielen.

l-(+)-Glutaminsäure (α-Aminoglutarsäure).

$$\begin{array}{c} COOH \\ | \\ CH_2 \\ | \\ CH_2 \\ | \\ H-C-NH_2 \\ | \\ COOH \end{array}$$

H. RITTHAUSEN fand sie 1866 unter den Bausteinen des Weizenglutens; 1873 wiesen sie HLASIWETZ und J. HABERMANN auch in tierischen Proteinen nach. Ihre Konstitution bewiesen W. DITTMAR und W. MARKOWNIKOFF durch Überführung in die bereits bekannte α-Oxyglutarsäure. Sie findet sich fast in allen Eiweißkörpern, am meisten im Weizengliadin. Drei ihrer fünf Kohlenstoffatome können im Organismus in Zucker übergehen. Beim Erhitzen geht sie sehr leicht in Pyrrolidoncarbonsäure über,

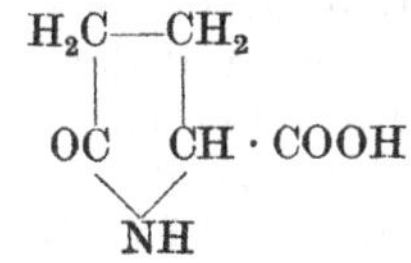

und bei stärkerem Erhitzen in Pyrrol. Sie wird von einigen Forschern zur Blutfarbstoffsynthese in Beziehung gebracht[1].

(+)-*β-Oxyglutaminsäure* (α-Amino-β-oxyglutarsäure).

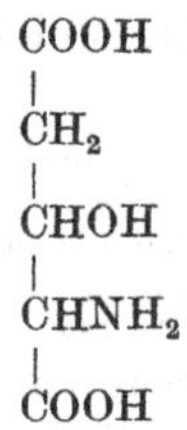

Sie wurde 1918 von H. D. Dakin[119] bei der Hydrolyse des Caseins aufgefunden. Sie findet sich noch in anderen pflanzlichen Eiweißkörpern, fehlt in der Gelatine und im Edestin, kommt aber im Lactalbumin vor. Von ihren fünf Kohlenstoffatomen gehen im Stoffwechsel drei in Zucker über.

Aus dem Casein isolierten 1927 S. Fränkel und Max Friedmann[219] eine Substanz, deren Reaktionen und Zusammensetzung auf eine Duodecandiaminodicarbonsäure schließen lassen.

$$C_{10}H_{18} \cdot (NH_2)_2 \cdot (COOH)_2$$

Der isolierte Körper war optisch inaktiv.

Es ist nicht ausgeschlossen, daß auch weiterhin noch neue, bisher unbekannte Aminosäuren aus den Eiweißkörpern isoliert werden[495]. Auffallend ist die Zahl der Oxyaminosäuren, die in der letzten Zeit nachgewiesen wurden. S. B. Schryver und seine Mitarbeiter[514] vermuten auch ein *Oxyleucin* gefunden zu haben und äußern sogar die Meinung, daß zu jeder der bekannten Aminosäuren auch die entsprechende Oxysäure vorkomme.

III. Eigenschaften der Proteine.

1. Physikalisches und physikalisch-chemisches Verhalten.

a) Das Molekulargewicht.

Das Molekulargewicht der Eiweißkörper ist sehr hoch, aber noch nicht genau bekannt. *Vieles von ihren Eigenschaften und ihrem Verhalten in Lösungen erklärt sich aus dem hohen Molekulargewicht.* Zu seiner Bestimmung sind verschiedene Methoden ausgearbeitet worden, denen zwar ziemlich große Fehlerquellen anhaften, die aber doch in manchen Fällen eine erfreuliche Übereinstimmung in ihren Resultaten zeigen.

Eine Methode beruht auf der *Messung des osmotischen Drucks,* den Eiweißlösungen in Hülsen aus semipermeabler Membran gegenüber Wasser oder Salzlösungen entwickeln. Der osmotische Druck ist eine Funktion der Konzentration der gelösten Moleküle und Ionen. Seine Messung in Eiweißlösungen stößt aber auf große Schwierigkeiten. Elektrolytfreie Eiweißlösungen zeigen einen viel niedrigeren osmotischen Druck, als die Eiweißverbindungen mit Salzen, Säuren oder Alkalien, auch wenn sie sich gegenüber einer Lösung der Elektrolyte der gleichen Konzentration in reinem Wasser ins Gleichgewicht setzen. Die Durchlässigkeit der Membranen für die anorganischen Ionen, welche die Eiweißverbindungen abdissoziieren, und die Undurchlässigkeit für die Eiweißstoffe selbst, führen zur Ausbildung von komplizierten Membrangleichgewichten, die von F. G. Donnan, J. Loeb und D. J. Hitchcock[397, 437, 274] untersucht worden sind. Bei der Verwertung der Resultate, die mit der Methode des osmotischen Drucks erhalten werden, muß der Einfluß dieser Gleichgewichte in Rechnung gebracht werden, sonst fallen die Molekulargewichte zu niedrig aus, was fast durchweg bei den älteren Untersuchungen der Fall ist. S. P. L. Sörensen und seine Mitarbeiter haben unter Berücksichtigung des Donnan-Gleichgewichtes am Ovalbumin, Serumalbumin und Serumglobulin das Molekulargewicht bestimmt und für die beiden ersten Werte von 34000 bzw. 45000 gefunden. Beim Serumglobulin schwankten die Werte zwischen 80000 und 140000[109]. G. S. Adair erhielt mit der gleichen Methode für das Molekulargewicht des Hämoglobins einen Wert von 66700 ± 6000[40, 41, 42].

Ähnliche Bedenken, wie gegen die Methode der direkten Messung des osmotischen Drucks, sind auch gegenüber den *kryoskopischen Methoden* zu erheben. Dazu werden die Eiweißkörper in Phenol gelöst und die Erniedrigung seines Erstarrungspunktes bestimmt. Die Resultate, die zuerst mit dieser Methode erhalten wurden, ergaben ganz unmöglich niedere Werte zwischen 300 und 400[265, 559, 560]. Nach E. J. Cohn und J. B. Conant[110, 111] beruhen die Fehler dieser Messungen darauf, daß die Eiweißkörper nicht vollständig rein und vor allem nicht vollständig trocken waren. Werden Verunreinigungen und Feuchtigkeit ausgeschlossen, so wird der Erstarrungspunkt des Phenols nicht meßbar geändert, was für ein sehr hohes Molekulargewicht spricht.

Auch aus der *Zusammensetzung der Proteine* läßt sich das Molekulargewicht bestimmen, wenigstens sein kleinster Wert. Man legt der Berechnung die Annahme zugrunde, daß von dem Element oder dem Baustein, dessen Gehalt der niedrigste ist, ein Atom bzw. ein Molekül vorhanden ist. Aus dem Atomgewicht des Elementes oder dem Molekulargewicht der Aminosäure und ihrem Gehalte ergibt sich dann ohne weiteres das Mindestmolekulargewicht des Proteins. So berechnet sich auf Grund des Eisengehaltes für Hämoglobin aus Rinderblut ein Molekulargewicht von 16619[109].

Mindestmolekulargewichte erhält man auch aus Verbindungen der Proteine[112, 113]. Aus der Menge Kohlenmonoxyd, die Hämoglobin binden kann, berechnete G. Hüfner ein Molekulargewicht von 16721[109], was mit dem aus dem Eisengehalt berechneten gut übereinstimmt. Auf die Äquivalentgewichte, die sich aus den Salzen der Eiweißkörper mit Säuren oder Alkalien ergeben, wird in einem anderen Abschnitt eingegangen.

Der *Durchmesser der Eiweißmoleküle* oder der Eiweißteilchen in einer Lösung kann annähernd auch durch *Ultrafiltration* ermittelt werden[366]. H. Bechhold[59] hat Membranfilter verschiedener und bekannter Porengröße konstruiert. Der Durchmesser der Poren, durch die eine Eiweißlösung gerade noch filtriert werden kann, entspricht dann dem Durchmesser des Eiweißteilchens. Nach diesen Versuchen ordnen sich die vier meist untersuchten Proteine in folgende Reihe: Serumalbumin, Hämoglobin, Gelatine, Casein. Casein hat das höchste Molekulargewicht.

Eine neue Methode zur *direkten Bestimmung des Molekulargewichtes* hat The Svedberg angegeben[508—510]. Eiweißlösungen werden bei konstanter Temperatur in einer besonderen Zentrifuge bei verschieden hoher Tourenzahl so lange zentrifugiert, bis sich zwischen der Wirkung des Zentrifugierens und der Diffusion ein Gleichgewicht eingestellt hat. Die Eiweißteilchen füllen dann nur noch einen Teil des Volumens der Lösung aus. Aus den thermodynamischen Bedingungen dieses Gleichgewichtes ergibt sich eine Formel, mittels derer sich aus der Höhe der Eiweißschicht und der Tourenzahl das Molekulargewicht berechnen läßt. Die Höhe der Eiweißschicht wird photographisch registriert.

Das höchste Molekulargewicht scheint das *Hämocyanin* zu besitzen[510]. In der nachfolgenden Tabelle[109] sind die Molekulargewichte einiger Eiweißkörper zusammengestellt.

Ovalbumin	34500
Serumalbumin	45000
Hämoglobin	66700
Edestin	58000
Gelatine	96000
Euglobulin	135000
Casein	192000
Hämocyanin	5000000 (± 5%)

b) Die Löslichkeit.

Als Lösungsmittel kommen für die Eiweißkörper Wasser, verdünnte Säuren, verdünnte Alkalien, verdünnte und konzentrierte Salzlösungen und für eine Gruppe von Eiweißkörpern wenigstens wäßriger Alkohol in Betracht. Die Keratine sind fast vollkommen unlöslich. Die *Löslichkeit in Wasser* ist für einen reinen Eiweißkörper ein wesentliches Charakteristikum. Solange ein Eiweißkörper noch nicht einheitlich und frei von anderen nicht eiweißartigen Beimengungen ist, wechselt seine Löslichkeit in Wasser mit der Menge, die man mit Wasser schüttelt. Erst wenn er vollständig rein ist, ist seine Löslichkeit unabhängig von der angewendeten Eiweißmenge und bleibt konstant. Bringt man also verschiedene Mengen mit dem gleichen Volumen zusammen, so ist die konstante Löslichkeit ein gutes Kriterium für seine Reinheit[501, 502]. In reinem Wasser lösen sich leicht die Protamine, etwas weniger leicht die Histone, ferner die Albumine, die Leimarten, der Blutfarbstoff, schwer oder überhaupt nicht die Gliadine, das Casein und die Globuline.

In verdünnten Alkalien lösen sich die meisten Eiweißkörper, die Protamine und Histone weniger, je nach der Stärke der alkalischen Reaktion. Hinsichtlich der Löslichkeit in verdünnten Säuren verhalten sich die Eiweißkörper ähnlich wie gegenüber reinem Wasser. Die Globuline sind nicht löslich in sehr verdünnten Säuren; sie lösen sich dagegen, wie auch die meisten anderen, in verdünnten Neutralsalzlösungen.

Der *Lösung der Proteine in wäßrigen Elektrolyten* liegt ein ziemlich komplizierter physikalisch-chemischer Vorgang zugrunde. Die Eiweißkörper bilden mit Alkalien, Säuren und Neutralsalzen Verbindungen in wechselndem Verhältnis, deren Löslichkeit ganz verschieden ist.

In verdünnter Natronlauge löst sich z. B. Casein um so mehr, je größer die Konzentration an Natriumhydroxyd ist. Wenn sich aber in einem solchen System das Gleichgewicht eingestellt hat, so ist die Löslichkeit unabhängig von der Caseinmenge, was bedeutet, daß das Natriumsalz des Caseins eine charakteristische Löslichkeit zeigt. Wendet man statt der Natronlauge Calciumhydroxyd an, so hängt die Löslichkeit der Calcium-Casein-Verbindung bis zu einem gewissen Grade auch von der Menge des Caseins ab. Nach den Arbeiten von E. J. Cohn[109] und V. Pertzoff[449] ist dieses Verhalten auf die Tatsache zurückzuführen, daß das Casein mit Calcium zwei verschiedene Verbindungen eingeht. In Gegenwart von wenig Calciumhydroxyd bildet sich ein unlösliches Calciumsalz, das auf Zusatz von weiterem Calciumhydroxyd in ein lösliches Salz übergeht, indem das Protein neue basenbindende Gruppen dissoziiert. In analoger Weise bildet z. B. das Globulin Edestin nach Osborne[109] auch zwei verschiedene Verbindungen mit Salzsäure, ein unlösliches Chlorid, wenn $7 \cdot 10^{-5}$ Mol Salzsäure auf 1 g Protein kommen und ein lösliches Chlorid, das doppelt soviel Salzsäure enthält.

Die Löslichkeit der Eiweißkörper in verdünnten Neutralsalzlösungen wurde vor allem an den Vertretern der Gruppe der *Globuline* untersucht. Die Grundlage für diesen Vorgang ist wohl die bereits erwähnte Tatsache, daß auch die Eiweißkörper, ähnlich wie die Aminosäuren, lösliche Komplexverbindungen, mit Neutralsalzen bilden. Die Löslichkeit solcher Verbindungen hängt nicht nur von der

Konzentration der Salze, sondern auch von der Wasserstoffionenkonzentration ab.

Von besonderem Interesse ist die *Löslichkeit der Eiweißkörper in konzentrierten Salzlösungen* insofern, als sie charakteristisch für einzelne Gruppen von Proteinen ist und dadurch *ermöglicht, die Angehörigen verschiedener Gruppen voneinander zu trennen.* Erhöht man in einer Lösung, die mehrere Proteine enthält, z. B. Blutserum, allmählich die Konzentration an Natrium- oder Ammoniumsulfat, so beobachtet man bestimmte kritische Zonen der Salzkonzentrationen, bei denen das schwerer lösliche Protein vollständig ausfällt und das leichter lösliche in Lösung bleibt. Diese Unterschiede erstrecken sich nicht nur auf die Konzentration der Salze, sondern auch auf die Natur der Salze. Euglobulin des Serums fällt bei Sättigung mit Kochsalz, Halbsättigung mit Magnesiumsulfat und Drittelsättigung mit Amonsulfat aus, während Pseudoglobulin erst bei Ganzsättigung mit Magnesiumsulfat und Halbsättigung mit Amonsulfat fällt. Albumin fällt nur bei Sättigung mit Amonsulfat oder beim Ansäuern der mit Magnesiumsulfat gesättigten Lösung oder auf Zusatz eines anderen Salzes wie z. B. Natriumsulfat aus[286—289]. F. Hofmeister hat die Kationen und Anionen der Salze hinsichtlich ihrer *Fähigkeit, Eiweißkörper durch Aussalzen zu fällen,* in Reihen geordnet, die bekannten Hofmeisterschen Reihen[282, 324].

Ihre Bedeutung ist aber in neuerer Zeit wesentlich eingeschränkt worden, da in den zugrunde liegenden Versuchen verschiedene Bedingungen, vor allem die Reaktion der Lösung, nicht beachtet worden ist (J. Loeb[397]). Nach J. Loeb ist die Wirkung der verschiedenen Salze durch die Reaktion der Flüssigkeit und die Wertigkeit der Ionen bedingt. Versuche anderer Autoren führten doch zu dem Ergebnis, daß für die Säureanionen eine Hofmeistersche Reihe bestehe, für die Kationen wohl auch, aber weniger ausgeprägt[236].

Äußerlich unterscheidet sich die *Lösung eines Eiweißkörpers* von der eines krystallisierten Stoffes durch ihre *kolloidale Beschaffenheit.* Meistens zeigt sie je nach der Konzentration eine geringere oder stärkere *Opalescenz.* Von einem eintretenden Strahl weißen Lichtes werden die kurzwelligen Strahlen nach der Seite zerstreut. Das seitlich austretende Licht hat einen bläulichen Charakter, während das aus der Lösung in Richtung des Lichtstrahles austretende Licht rötlich ist. Die kurzwelligen Strahlen werden an der Oberfläche der Eiweißteilchen reflektiert.

Die kolloidale Beschaffenheit der Eiweißlösung hat ihre Ursache in der Größe des Eiweißmoleküls und außerdem in der Neigung der Eiweißmoleküle, sich zu größeren Aggregaten zusammenzulagern. Es entstehen dann große Gebilde, die in die Grenze der ultramikroskopischen Sichtbarkeit fallen. Während krystalloide Stoffe sog. echte und auch kolloide Lösungen bilden können, sind die Lösungen der Eiweißkörper wegen der Größe ihrer Moleküle stets kolloid. Dies veranlaßte Graham, die Stoffe in Krystalloide und Kolloide zu scheiden, eine Einteilung, die wieder verlassen ist. Die Eiweißlösungen in Wasser sind unter gewissen Bedingungen ziemlich stabil, da die Eiweißteilchen zu dem Wasser eine gewisse Affinität haben. Sie nehmen Wasser in sich auf und können auch als sehr konzentrierte Lösung von Eiweiß in Wasser aufgefaßt werden. Vom Innern des Eiweißteilchens nach außen nimmt die Konzentration an Eiweiß ab. Wegen der engen Beziehung zwischen Eiweiß und Wasser zeigen Eiweißlösungen eine *hohe Viscosität.* Besonders hoch ist die Viscosität der Lösungen von Schleimstoffen. Die Fähigkeit der Eiweißkörper, Wasser in sich aufzunehmen und festzuhalten, wird als *Quellung* bezeichnet.

Der kolloide Zustand und die Viscosität einer Eiweißlösung und das Quellungsvermögen der Eiweißkörper hängen sehr von der *Reaktion* ab und zeigen bei einer bestimmten Reaktion ein Minimum, dessen Lage in der p_H-Skala für die einzelnen Eiweißkörper charakteristisch ist und mit der Reaktion ihres isoelektrischen Punktes zusammenfällt.

Die kolloide Natur der Eiweißkörper und der *Wechsel des kolloidalen Zustandes* je nach den physikalischen Bedingungen der Lösung ist für die Zellvorgänge von größter Bedeutung. Die Verkürzung der Muskelfibrille, die Veränderung der Oberflächenspannung des Protoplasmas bei den Bewegungen der Amöben und Leukocyten, seine wabige Struktur sind darauf zurückzuführen.

c) Denaturierung der Eiweißkörper.

Durch verschiedene äußere Eingriffe können die Proteine so verändert werden, daß ihre ursprüngliche Löslichkeit stark vermindert und sogar aufgehoben wird. In einzelnen Fällen ist eine Lösung in stärkeren Alkalien noch möglich, aber nicht ohne Zersetzung. Kolloid-chemisch gesprochen, besteht die Änderung in der Überführung des Emulsionskolloides in ein Suspensionskolloid oder des lyophilen Zustandes in einen lyophoben Zustand. Die Eiweißkörper verlieren ihre Affinität zum Wasser. *Denaturierung kann durch Hitze, kurzwellige Strahlen, verdünnte Säuren und Alkalien und Alkohol bewirkt werden.*

Die Vorgänge bei der Hitzekoagulation sind komplexer Natur; sie bestehen zunächst in der eigentlichen Denaturierung des Eiweißkörpers und in der nachfolgenden Ausflockung. Die Denaturierung selbst scheint ein chemischer Prozeß zu sein, für dessen Verlauf Reaktion und Salzgehalt der Flüssigkeit von Bedeutung sind. Wahrscheinlich wird Wasser abgespalten, möglicherweise läuft aber daneben noch eine Hydrolyse, weil manchmal eine Abspaltung von Ammoniak und eine Zunahme des freien Aminostickstoffs beobachtet wurde[367, 46, 221, 406]. Allerdings fand P. H. St. Lewis[386—389] beim Hämoglobin keine Zunahme des Säuren- und Basenbindungsvermögens nach der Hitzekoagulation. Ähnlich wie Hitze verändern auch *kurzwellige Strahlen* (Röntgen-, ultraviolette und Radiumstrahlen) die Löslichkeit der Eiweißkörper. Dieser Denaturierung liegen wahrscheinlich dieselben chemischen Vorgänge zugrunde, wie der Hitzekoagulation. Bei den ultravioletten Strahlen tritt aber noch eine weitere Wirkung ein, da sich die Eiweißlösungen verfärben. Die Denaturierung durch Strahlen ist irreversibel. Denn meistens können die ausgefallenen Proteine auch durch Alkali nicht mehr in Lösung gebracht werden[523, 572—574, 588, 589].

Auch durch *Einwirkung verdünnter Alkalien und verdünnter Säuren* tritt eine Abnahme der Löslichkeit der Proteine ein. Gleichzeitig nimmt in saurer Lösung die Wasserstoffionen-, in alkalischer die Hydroxylionenkonzentration ab, wahrscheinlich infolge Zunahme des Säure- und Basenbindungsvermögens[585—587]. Die Änderung der Löslichkeit scheint auch hier auf die Sprengung labiler Verbindungen zurückzuführen zu sein.

Beim Eieralbumin stellten H. Mastin und S. B. Schryver[405] eine Zunahme von Carboxylgruppen und außerdem von Thiolgruppen (positive Nitroprussidreaktion) fest. Sie vermuten, daß neben anderen labilen Bindungen auch sog. Thiodepsidbindungen gelöst werden.

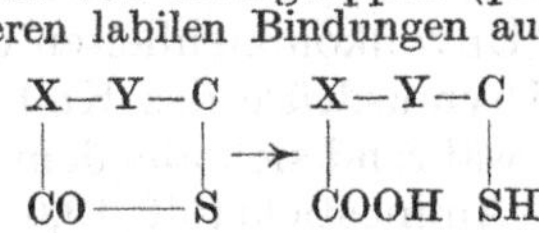

Die *Denaturierung durch Alkohol* ist noch nicht geklärt, geht aber wahrscheinlich auch mit einer Wasserabspaltung einher[367] und hängt mit Salzgehalt und Reaktion der Lösung zusammen.

Eine Denaturierung tritt auch unter anderen noch nicht genau präzisierbaren Bedingungen ein, z. B. infolge des Alterns beim Aufbewahren von Eiweißlösungen, dann auch beim Trocknen selbst, wenn höhere Temperaturen vermieden werden, und beim Aufbewahren getrockneten Eiweißes.

d) Das Säuren- und Basenbindungsvermögen.

Die Proteine besitzen wie ihre Bausteine, die Aminosäuren, freie basische und saure Gruppen, die durch *elektrometrische Titration Bindung von sauren* und *basischen Farbstoffen*[106, 107, 561] und teilweise auch durch chemische Methoden bestimmt werden können. Die Art und die Zahl der freien reaktionsfähigen Gruppen hängt in erster Linie von der Zusammensetzung des Proteins ab[273, 532]. Bei der Besprechung der einzelnen Aminosäuren wurde bereits erwähnt, in welcher Weise sie im Eiweißmolekül gebunden sind. In den meisten Fällen beteiligen sich an der Bindung die α-Aminogruppe und die ihr benachbarte Carboxylgruppe. Ob bei den Aminosäuren, die eine zweite basische oder eine zweite saure Gruppe besitzen, auch diese dritte Haftgruppe an der Bindung sich beteiligt, ist noch nicht sicher festgestellt. Ebenso unsicher ist man hinsichtlich der Frage, in welchem Umfang die Hydroxylgruppen der Oxyaminosäuren Esterbindungen eingehen. Neben der Zusammensetzung ist auch die Struktur der Proteine von Einfluß auf die freien basischen und sauren Gruppen, und umgekehrt ergeben sich aus der genauen Bestimmung der freien Gruppen wertvolle Rückschlüsse auf die Struktur. Die von T. B. ROBERTSON[477] geäußerte Vermutung, daß auch der Iminostickstoff der Peptidbindung für das Säurebindungsvermögen in Betracht kommen kann, ist inzwischen widerlegt worden[245]. Im allgemeinen läßt sich jedoch sagen, daß die basischen Gruppen um so zahlreicher sind, und damit das Säurebindungsvermögen um so größer ist, je höher der Gehalt eines Eiweißkörpers an Hexonbasen ist[273]. Zwischen dem Bindungsvermögen für Basen und dem Gehalt an Aminodicarbonsäuren besteht eine ähnliche, aber nicht so strenge Parallelität. So ist von A. KOSSEL[344] gezeigt worden, daß bei den Protaminen der Salmingruppe die titrierbaren basischen Gruppen dem Gehalt an Arginin äquivalent sind. Ebenso ergaben die Messungen von K. FELIX und A. BUCHNER[171] am krystallisierten Oxyhämoglobin aus Pferdeblut eine gute Übereinstimmung zwischen den gemessenen freien basischen Gruppen und der aus dem Gehalt an Arginin, Histidin und freiem Aminostickstoff berechneten. Auch bei anderen Proteinen besteht, wie die nachfolgende Tabelle (E. J. COHN[109]) ergibt, eine relativ gute Übereinstimmung zwischen den gefundenen und berechneten Werten.

Protein	Aus der Zusammensetzung berechnete basische Gruppen für 1 g Protein Mol · 10^{-5}	Säurebindungsvermögen von 1 g Protein Mol · 10^{-5}
Casein	95,3	90
Ovalbumin	64,9	80
Gelatine	106,6	89
Gliadin	44,3	34
Zein	15,9	0

Zuweilen weichen dagegen die Werte recht erheblich voneinander ab. Zum Teil ist die Ursache dafür in den Unvollkommenheiten der Methode zu suchen. So bindet z. B. das Histon der Thymusdrüse des Kalbes auf 100 Atome Stickstoff nur neun äquivalente Säuren, während sich aus dem Gehalt an Argininstickstoff, Histidinstickstoff und freiem Aminostickstoff 19,6 freie basische Gruppen berechnen lassen. Der Titrationswert bleibt schon hinter dem Gehalt an freiem Aminostickstoff, der 11% vom Gesamtstickstoff beträgt, zurück. Offenbar ist die Dissoziation einzelner basischer Gruppen so gering, daß sie nicht titriert werden können, oder werden sie intramolekular durch Carboxylgruppen des Eiweißes selbst abgesättigt[173].

Für das *Basenbindungsvermögen* kommen die freien Carboxylgruppen und die phenolische Hydroxylgruppe des Tyrosins in Betracht. Die freien Carboxylgruppen gehören nach neueren Untersuchungen größtenteils den Dicarbonsäuren an. Früher nahm man an, daß die Dicarbonsäuren im Eiweiß nur in Form ihrer Halbamide vorkommen[537, 109], da der bei der Säurehydrolyse frei werdende Ammoniakstickstoff ausreichte, um die zweite Carboxyle zu amidieren. Inzwischen hat F. W. FOREMANN[213] eine neue Methode zur quantitativen Bestimmung der sauren Aminosäuren ausgearbeitet. In einer Reihe von Eiweißkörpern erwies sich der Gehalt an diesen Aminosäuren nach der neuen Methode bedeutend höher, als dem Ammoniakstickstoff entspricht, so daß ein Teil der zweiten Carboxyle frei sein kann, jedenfalls nicht amidiert ist[245]. Aus der Differenz zwischen dem Gehalt an Dicarbonsäuren und Ammoniakstickstoff läßt sich die Zahl der freien Carboxyle berechnen. Tatsächlich wurden, wie nachfolgende Zusammenstellung[109] zeigt, bei einzelnen Eiweißkörpern die berechneten sauren Gruppen und das Basenbindungsvermögen von der gleichen Größenordnung gefunden.

Protein	Aminodicarbonsäuren in 1 g Protein					Basenbindungsvermögen pro 1 g Protein
	Glutaminsäure	Asparaginsäure	Oxyglutaminsäure	Amidgruppen	freie Carboxyle	
Casein (HAMMARSTEN) . .	148,0	30,8	64,4	94,5	148,7	183
Ovalbumin	90,5	131,6	—	76,5	145,6	80
Gelatine	39,4	25,5	0,0	23,5	41,4	57
Gliadin	292,5	6,5	14,7	306,0	7,7	30
Zein	212,8	13,5	15,3	211,5	30,1	30

Beim Zein stimmen berechnete und titrierte Werte sogar genau überein. Bei den anderen Eiweißkörpern sind dagegen die titrierten Werte durchweg etwas höher, so daß möglicherweise auch noch andere Carboxylgruppen frei sind. Dafür spricht auch ein Befund beim Clupein, das weder Aminodicarbonsäuren noch Tyrosin, dagegen veresterbare Carboxylgruppe besitzt[172].

e) Der isoelektrische Punkt.

Die Dissoziation der einzelnen freien basischen und sauren Gruppen der Proteine ist verschieden groß, und man kann eine wäßrige Eiweißlösung gleichsam als ein Gemisch von stark- und schwachdissoziierten Elektrolyten auffassen, deren Dissoziation durch Zusatz von Säuren oder Alkalien in verschiedenem Maße zurückgedrängt wird. Je nach der Reaktion des Mediums wird also die Zahl der dissoziierten Gruppen verschieden groß sein. Ändert man diese Reaktion kontinuierlich von einem Ende der p_H-Skala zum anderen, so kann man einen Bereich abgrenzen, innerhalb dessen die Dissoziation der basischen sowohl wie der sauren Gruppen ein Minimum beträgt. In diesem Bereich besitzt das Eiweißmolekül selbst einen neutralen elektrischen Charakter, es wandert nicht im elektrischen Feld und reagiert also weder als Säure noch als Base, d. h. die noch abdissoziierten Wasserstoff- und Hydroxylionen neutralisieren sich gegenseitig.

Die Wasserstoffionenkonzentration, bei der ein Eiweißkörper sich neutral verhält, heißt sein isoelektrischer Punkt oder, da die Neutralität sich über eine p_H-Breite erstreckt, isoelektrische *Zone*. Auf der sauren Seite reagiert das Protein als Kation, auf der alkalischen als Anion.

Es gibt verschiedene Methoden, den isoelektrischen Punkt zu bestimmen. Bei der einen Methode, die vor allem von L. MICHAELIS angewendet wurde[411], wird der Eiweißkörper bei verschiedenen Wasserstoffionenkonzentrationen gelöst und seine Wanderung beim Durchgang des elektrischen Stroms geprüft. Die Reaktion, bei der keine Wanderung stattfindet oder die Richtung der Wanderung sich gerade umkehrt, entspricht der Reaktion des isoelektrischen Punktes. Bei einer anderen Methode wird das Eiweiß ebenfalls in Pufferlösungen verschiedener Reaktion aufgelöst und bestimmt, ob durch den Eiweißkörper die

Wasserstoffionenkonzentration der Pufferlösung geändert wird. Diejenige Wasserstoffionenkonzentration, bei der die kleinste oder gar keine Änderung bewirkt wird, entspricht wieder der des isoelektrischen Punktes. Schließlich läßt sich auch noch die Lage des isoelektrischen Punktes aus dem Verlauf der Titrationskurve ermitteln.

Im isoelektrischen Punkt ist die Stabilität der Eiweißlösung am geringsten. Viele Eiweißkörper fallen allein schon durch die Einstellung der isoelektrischen Reaktion aus. Bei anderen genügen geringe Zusätze von Alkohol oder Salz, um die Ausfällung zu bewirken. Die Proteine sind als Kationen und als Anionen leichter löslich. Auch ein Teil der übrigen physikalisch-chemischen Eigenschaften der Eiweißlösungen, wie Viscosität, osmotischer Druck und Quellungsvermögen, zeigen im isoelektrischen Zustand ein Minimum (J. Loeb[397, 437]). Eine wäßrige Lösung von elektrolytfreiem Eiweiß hat die Reaktion des isoelektrischen Punktes. Beim Histon z. B. liegt der isoelektrische Punkt nach der Puffermethode bestimmt bei p_H 8,51 und die Reaktion einer 2proz. elektrolytfreien Lösung von Histon beträgt 8,69[173].

Die Lage seines isoelektrischen Punktes ist ein charakteristisches Kennzeichen für einen Eiweißkörper und im wesentlichen durch seine Zusammensetzung bedingt, insofern als Eiweißkörper, die reich an Hexonbasen, namentlich Arginin, sind, den isoelektrischen Punkt im alkalischen Bereich und die an Hexonbasen armen ihn mehr im sauren Bereich der p_H-Skala haben. Dieser Einfluß des Basengehaltes äußert sich bereits bei den Protaminen, je mehr Arginin sie enthalten, bei um so stärker alkalischer Reaktion liegt er. Interessant ist, daß die Protamine ihn bei einem höheren p_H haben, als das Arginin selbst. In der nachfolgenden Tabelle sind die isoelektrischen Punkte und die Arginingehalte einzelner Eiweißkörper aufgeführt. Der Vergleich von Hämoglobin und Casein zeigt, daß neben dem Arginin auch noch die anderen basischen Gruppen, also der Imidazolring des Histidins und die freien Aminogruppen Einfluß haben. Beim Hämoglobin ist noch hervorzuheben, daß sein isoelektrischer Punkt im sauren Bereich liegt, obwohl die Zahl der basischen Gruppen die der sauren übertrifft. Offenbar sind die sauren Gruppen stärker dissoziiert, als die alkalischen[109].

Der isoelektrische Punkt hat noch eine *praktische Bedeutung für die Darstellung und Reinigung der Eiweißkörper*. Man kann sie mittels des isoelektrischen Punktes voneinander trennen und durch Umfällen bei isoelektrischer Reaktion von begleitenden anorganischen Elektrolyten befreien[208].

Protein	p_H des isoelektrischen Punktes	Arginingehalt %
Salmin	12,07	87,4
Scombrin	12,00	83,1
Clupein	12,15	82,2
Sturin	11,17	58,2
Histon	8,51	14,21
Hämoglobin	6,74	3,32
Edestin	5,60	12,0
Gelatine	4,69	8,2
Casein	4,62	3,8

f) Die optische Aktivität.

Die Eiweißkörper drehen die Ebene des polarisierten Lichtes nach links. Einzelne sogar, wie die Protamine, sehr bedeutend. Die optische Aktivität ist unabhängig davon, ob die Eiweißkörper vorher krystallisiert waren oder nicht (L. F. Hewitt[261]). Die Drehung wird durch Beimengungen vor allem von Lipoiden beeinflußt. Für die reinen Eiweißkörper ist sie ein charakteristisches Merkmal und kann ebenso wie die Krystallisation oder die Löslichkeit in Wasser als Kennzeichen für die Reinheit verwertet werden. Ähnlich wie bei den Aminosäuren wird die Linksdrehung durch Veresterung abgeschwächt.

Durch Behandlung mit Alkali geht die Stärke der Drehung, wie zuerst A. Kossel und F. Weiss am Clupein[358] gezeigt haben, allmählich zurück. Bei der Spaltung erwies sich ein Teil der Aminosäuren als optisch inaktiv. Auch freie Aminosäuren können durch Behandlung mit Alkali racemisiert werden, aber die Racemisierung gelingt bei ihnen viel weniger leicht. Dieses verschiedene Verhalten der freien und im Eiweiß gebundenen Aminosäuren bei Racemisierung durch Alkali, fand durch Versuche von H. D. Dakin über die Einwirkung von Alkalien auf die Uraminosäuren und Hydantoine der Aminosäuren seine Erklärung[124, 124a]. Die Uraminosäuren werden nicht oder nur schwer, die Hydantoine dagegen leicht racemisiert. In den Hydantoinen kommt die CO—NH-Gruppe vor wie in den Polypeptiden und Eiweißkörpern. Dakin vermutet, daß zwischen dem asymmetrischen Kohlenstoffatom und dem Kohlenstoffatom der benachbarten Carbonylgruppe in der Peptidbindung durch Wanderung des Wasserstoffatoms eine Keto-Enolisomerie unter dem Einfluß von Alkali eintritt. Wird nun bei der Hydrolyse der enolisierten Form die Aminosäure abgespalten, so entstehen beide optischen Antipode und die Aminosäure ist inaktiv. Die Racemisierung trifft also nur Aminosäuren im Innern einer Peptidkette, nicht die endständigen. So war bei der Zerlegung des racemisierten Leims das Arginin bzw. das Ornithin, das durch die hydrolytische Wirkung des Alkalis aus ihm entstanden war, racemisiert, ebenso auch das Histidin und Prolin, das Lysin nur teilweise, während das Valin das Drehungsvermögen behalten hat.

H. E. Woodman[573] hat die Racemisierung in ihrem zeitlichen Verlauf verfolgt und für jeden Eiweißkörper eine charakteristische Racemisierungskurve gefunden. In ihr zeigen sich zwei Eiweißkörper, die chemisch gleich zusammengesetzt sind, noch als verschieden. So erwiesen sich die Globuline des Serums und des Colostrums als identisch, Lactalbumin und Colostrumalbumin ebenfalls als identisch, aber verschieden vom Serumalbumin.

Auch Polypeptide und Diketopiperazine werden durch Alkali racemisiert, erstere aber nur in geringem Maße und bei höherer Alkalikonzentration, letztere dagegen sehr leicht. Der Verlauf der Racemisierung eines Proteins bei verschiedener Alkalität läßt bis zu einem gewissen Grade auch Schlüsse auf seine Struktur ziehen. Nach den Versuchen von P. A. Levene und M. H. Pfaltz[374—383] müßte ein Protein, sofern es Diketopiperazine enthält, bei verdünntem Alkali eine deutliche, bei starkem Alkali eine geringe Racemisierung zeigen. Denn bei verdünntem Alkali tritt bei den Diketopiperazinen erst Racemisierung und dann Spaltung ein, während stärkeres Alkali das Piperazin erst zum Dipeptid aufspaltet, welches seinerseits nicht so leicht racemisiert wird. Dieses Verhalten fanden sie bei der Gelatine. Casein jedoch verhält sich gegenüber verdünntem Alkali wie eine Substanz, die Diketopiperazine enthält. Durch stärkeres Alkali wird aber im Gegensatz zur Gelatine eine viel höhere Racemisierung erreicht. Die Autoren schließen aus diesem Verhalten, daß das Casein zwar keine Diketopiperazine des bekannten Typus enthält, aber auch kein einfaches Polypeptid ist.

g) Krystallisationsvermögen.

Eine ganze Reihe von Proteinen können in krystallisierten Zustand übergeführt und durch Umkrystallisieren gereinigt werden; so vor allem die Chromoproteide, das Serumalbumin, verschiedene Vertreter der pflanzlichen Globuline und der unter bestimmten Bedingungen im Harn auftretende Bence-Jonessche Eiweißkörper. Die Krystallform und ihre optischen Eigenschaften liefern weitere Merkmale zur Kennzeichnung eines Eiweißkörpers. Allerdings gibt die Krystallisation keine absolute Gewähr für die Reinheit eines Proteins, da die Krystalle wasserhaltig sind und in dem Wasser noch Begleitstoffe gelöst sein können.

2. Chemische Eigenschaften.

Die Eiweißkörper sind sehr labile Gebilde und können schon durch ganz geringfügige Einwirkungen teilweise zersetzt und verändert werden. Verschiedene Forscher, namentlich Botaniker, vertreten die Ansicht, daß bereits bei der Isolierung aus dem lebenden Gewebsmaterial Veränderungen eintreten und die Befunde an dem sog. „toten“ Eiweiß nicht auf das „aktive“ übertragen werden dürfen. So soll sich das aktive Eiweiß durch starke Reduktionsfähigkeit auszeichnen und eine aldehydartige Natur besitzen. Es bindet sehr viel Wasser und gibt mit Basen wie Hydrazin, Hydroxylamin und Ammoniak unlösliche Verbindungen (O. LOEW[398—400], TH. BOKORNY[93]). Inwieweit diese vor allem an mikroskopischen Präparaten gemachten Beobachtungen zutreffen, müssen erst weitere Untersuchungen ergeben. Jedenfalls kann aber auch das „tote“ Eiweiß mannigfaltige Reaktionen eingehen, ohne daß wesentliche Zersetzungen eintreten.

Die chemischen Reaktionen, welche sich an den Eiweißkörpern abspielen können, hängen im wesentlichen von ihren reaktionsfähigen Gruppen ab. Wie bereits hervorgehoben, sind die meisten Aminosäuren nur mit ihrer α-Amino- und Carboxylgruppe an der Bindung beteiligt und ragen die anderen Gruppen als freie Seitenketten aus dem Molekül heraus. Bildlich darf man sich vielleicht für diesen Zweck das Eiweißmolekül als eine Kugel vorstellen, deren Oberfläche mit verschiedenen Atomgruppen bedeckt ist. Zu diesen aus dem Molekül herausragenden Ketten gehören die Guanidingruppen des Arginins, die Imidazolringe des Histidins, die freien Aminogruppen, die größtenteils der endständigen Gruppe des Lysins entsprechen, der Phenyl- und Oxyphenylrest des Phenylalanins und Tyrosins, der Indolring des Trypthophans, die Hydroxylgruppen der Oxyaminosäuren und die Sulfhydrylgruppe des Cysteins. Diese Gruppen geben die aus der organischen Chemie her bekannten Reaktionen, und es läßt sich ahnen, in wie mannigfaltiger Weise das Eiweiß sich an chemischen Reaktionen in der pflanzlichen und tierischen Zelle beteiligen kann, denn sehr wahrscheinlich werden die Aminosäuren an ihren freien Gruppen bereits chemisch verändert, solange sie noch im Organeiweiß gebunden sind und für spätere Verwendung als Hormone oder andere wichtige Produkte vorbereitet. So tritt wahrscheinlich die Methylierung des Arginins für die spätere Umwandlung in Kreatin und die Oxydation des Tyrosins zur Überführung in Adrenalin bereits im Organeiweiß des Muskels und der Nebenniere ein (K. THOMAS[539]).

Die verschiedenen Reaktionen der Eiweißkörper lassen sich in Farben-, Fällungs-, Substitutions- und Austauschreaktionen gruppieren.

a) Farbenreaktionen.

Alle Eiweißkörper geben die Biuretreaktion, eine violette bis lila Farbe mit Kupfersulfat und Natronlauge. Sie ist, wie H. SCHIFF gezeigt hat, charakteristisch für die —CO—NH-Gruppe. Eine einzige solche Gruppe genügt noch nicht für die positive Reaktion, da Dipeptide sie nicht geben. Erst von vier Gliedern an, wenn also die —CO—NH-Gruppe dreimal nebeneinander vorkommt, wird die Biuretreaktion positiv. Auch andere Stoffe, z. B. verschiedene Oxyaminosäuren, geben diese Reaktion[547, 548].

Andere Farbenreaktionen beruhen auf der *Gegenwart bestimmter Aminosäuren* und werden nur von den Eiweißkörpern, die sie enthalten, gegeben. Es sind also weniger „Eiweißreaktionen“, als vielmehr Nachweise, daß diese Aminosäuren in dem untersuchten Eiweißkörper vorkommen. Da alle Eiweißkörper Arginin enthalten, geben sie auch eine Braunrotfärbung mit α-Naphthol in Gegenwart von Natriumhypochlorit und Natronlauge. Je nachdem geben sie auch die Farbenreaktionen auf Tyrosin, Phenylalanin, Tryptophan, Histidin und Cystin.

Eine weitere Farbenreaktion ist in den letzten Jahren von E. ABDERHALDEN und seinen Mitarbeitern[22, 23] untersucht worden. Es handelt sich um eine Rotbraunfärbung mit Pikrinsäure in alkalischer Lösung, eine Reaktion, die JAFFÉ[295] zuerst für das *Kreatinin* als charakteristisch fand. Sie wird noch von einer Reihe anderer Körper, die die Carbonylgruppe entfalten, gegeben. So z. B. von Diketopiperazinen, aber nicht von Peptiden. Ihr positiver Ausfall wird als ein Beweis für das Vorkommen von *Diketopiperazinringen im Eiweißmolekül* angesehen. Eine ähnliche Reaktion wird auch mit m-Dinitrobenzol erhalten. Die Bedeutung dieser Reaktionen für das Vorkommen von Diketopiperazinringen in den Eiweißkörpern erfuhr durch E. BRAND und M. SANDBERG[89] eine Einschränkung.

b) Fällungsreaktionen.

Die Fällungsreaktion der Eiweißkörper beruhen zum Teil auf einer Änderung ihres physikalischen Zustandes, indem sie aus einem Emulsionskolloid in ein Suspensionskolloid übergeführt werden (Denaturierung). Dazu gehört die *Koagulation durch Kochen* in Gegenwart von verdünnter Essig- oder Salpetersäure, das *Aussalzen mit Neutralsalzen* und die Ausfällung durch Unterschichten mit konzentrierter Salpetersäure. Die Kochprobe und die *Unterschichtung mit Salpetersäure* (HELLERsche Probe) sind die gebräuchlichsten Reaktionen zum Nachweis der Eiweißkörper.

Eine andere Gruppe von Fällungsreaktionen beruht auf der Bildung von *schwer löslichen Verbindungen mit Metallen oder Säuren.* So können die Proteine mit basischem Bleiacetat, Kupfersulfat und Quecksilberchlorid gefällt werden. Schwer lösliche Verbindungen bilden sie mit folgenden Säuren: Sulfosalicylsäure, Metaphosphorsäure, Pikrinsäure, Gerbsäure, ferner mit einer Reihe von komplexen Säuren, wie Ferrocyanwasserstoffsäure, Jodosäuren vom Typus H_2HgJ_4 und $HHgJ_3$ und Phosphorwolframsäure[343].

c) Substitutionen.

Die Wasserstoffatome der reaktionsfähigen Gruppen können durch eine ganze Reihe von organischen Radikalen ersetzt werden.

Einführung von Halogen. Durch geeignete Mittel läßt sich Brom, Jod und Chlor in die Eiweißkörper einführen[562]. Bei der Jodierung reagieren in erster Linie die aromatischen Aminosäuren, Phenylalanin, Tyrosin und Histidin, vielleicht auch der Indolring des Tryptophans. Die Reaktionsweise des Histidins ist bei den einzelnen Eiweißkörpern verschieden (F. BLUM und Mitarbeiter[86, 87, 526]). Jodhaltige Eiweißkörper kommen auch in der Natur vor. So enthält das Gerüsteiweiß der Schwämme, Spongin, Jod und ein entsprechender Eiweißkörper Gordonin in der Koralle (Gorgonia Cavolini). Das Jod ist bei ihnen an das Tyrosin gebunden. Bei der Hydrolyse geben sie Jodgorgosäure. Bei den natürlichen als auch bei den künstlichen Jodproteinen ist die MILLONsche Reaktion negativ. Von besonderem Interesse ist ferner der jodhaltige Eiweißkörper der Schilddrüse der Wirbeltiere, das von E. BAUMANN[52] entdeckte und von A. OSWALD[446] näher untersuchte Thyreoglobulin. Aus dem Jodthyreoglobulin konnte bis jetzt Thyroxin nicht dargestellt werden.

Alkylierung. Bei der Alkylierung der Proteine handelt es sich meistens um eine Methylierung mit Dimethylsulfat, Diazomethan oder Jodmethyl. Die Methylgruppen treten dabei an den Stickstoff der freien Aminogruppen, der Guanidingruppen und sehr wahrscheinlich auch an die freien Imidazolgruppen. Zum Unterschied von dem Verhalten der freien Aminosäuren und der einfachen Peptide werden die freien Aminogruppen der Proteine nur monomethyliert[165]. Von den freien Guanidingruppen werden nur zwei Methylgruppen aufgenommen. Neben den stickstoffhaltigen Gruppen reagieren bei der Methylierung auch die Hydroxylgruppen unter Bildung von Methyläthern. Wie sich die freien Sulfhydrylgruppen verhalten, ist noch nicht ermittelt.

Die Alkylierung kann auch so durchgeführt werden, daß man auf die Proteine aromatische oder aliphatische Aldehyde einwirken läßt, so die Alkylenverbindungen erhält und diese dann reduziert. So entstehen durchweg Monoalkylderivate. Es reagieren dabei nur die freien Aminogruppen. Diese Reaktion der Aldehyde mit den Proteinen liegt der *Formoltitration der Proteine* zugrunde.

Ihr Prinzip wurde bereits bei den Reaktionen der Aminosäuren beschrieben. In derselben Weise wie da, reagieren auch die freien Aminogruppen der Proteine mit Formaldehyd. Auch mit Chloralhydrat tritt eine Reaktion ein.

Acylierung. Bei der Einwirkung von Säurechloriden oder Säureanhydriden reagieren fast die nämlichen Gruppen wie bei der Methylierung. Es treten die Säurereste an die freien Amino-, Guanidin- und Hydroxylgruppen. Die Acylierung der Proteine, namentlich mit Benzoylchlorid, wurde vielfach in der Erwartung angewandt, damit die freien reaktionsfähigen Gruppen in erster Linie die freien Hydroxylgruppen neben den freien Aminogruppen bestimmen zu können. Die stickstoffhaltigen Gruppen reagieren bei stark alkalischer, die Hydroxylgruppen bei schwach alkalischer bis neutraler Reaktion, bzw. wird nach vollständiger Benzoylierung das esterartig gebundene Benzoyl leichter gespalten als das säureamidartige. Tatsächlich lassen sich verschieden fest gebundene Benzoyle unterscheiden, aber die Unterschiede sind zu wenig charakteristisch, als daß bindende Schlüsse daraus gezogen werden könnten[165]. Ferner dient die Acylierung vor allem mit Naphthalinsulfochlorid zur Konstitutionsermittlung von Peptiden[145]. Es kann damit die am Aminoende einer Peptidkette stehende Aminosäure gekennzeichnet und nach der Hydrolyse isoliert werden. Zu interessanten Befunden kam C. RIMINGTON bei der *Phosphorylierung der Proteine.* Die Phosphorsäurereste treten vor allem an die Hydroxylgruppen, von denen sie durch Phosphatasen wieder abgespalten werden können (S. 168).

Bei der Verwendung von Säureanhydriden, wie Essigsäureanhydrid und Phthalsäureanhydrid, in der Wärme tritt eine Aufspaltung des Proteinmoleküls in höhere Peptide ein (P. BRIGL und E. KLENK[84]; A. FODOR und CH. EPSTEIN[215]).

Einführung der *Amidingruppe.* Mit Cyanamid oder mit Isothioharnstoffäthern reagieren die freien Aminogruppen unter Bildung von Guanidinen[325].

Nitrierung. Bei der Behandlung mit Salpetersäure nehmen die Eiweißkörper Nitrogruppen auf. Wird mäßig konzentrierte Salpetersäure verwendet und zur Ausschaltung von salpetriger Säure noch Harnstoff zugesetzt, so reagieren nur die Benzolkerne des Tyrosins und Phenylalanins[392, 393]. Es entstehen dabei gefärbte Verbindungen, die gleichen, die auch bei der Xanthoproteinreaktion zum Nachweis der Proteine entstehen. Läßt man rauchende Salpetersäure auf die Proteine in einer Lösung von konzentrierter Schwefelsäure und rauchender Schwefelsäure einwirken, so nehmen auch die Guanidingruppen eine Nitrogruppe auf. Bei der Hydrolyse solcher Nitroproteine erhält man dasselbe Nitroarginin, wie wenn man das Nitrierungsgemisch auf freies Arginin einwirken läßt. Auf diese Weise zeigten A. KOSSEL und seine Mitarbeiter, daß bei den Protaminen die Guanidingruppe des Arginins frei liegt[353].

d) Austauschreaktionen.

Hierher gehören die Reaktionen, bei denen eine aktive Gruppe gegen eine andere ausgetauscht wird. Bis jetzt kennen wir nur zwei Arten solcher Vorgänge, den Ersatz der freien Aminogruppe durch eine Hydroxylgruppe und den der Guanidingruppe durch eine freie Aminogruppe. Auch die im vorausgehenden Abschnitt erwähnte Überführung der Aminogruppen in Guanidingruppen könnte noch hier mit einbezogen werden. Vermutlich spielen sich solche Austauschvorgänge auch am Zelleiweiß ab.

Die freien Aminogruppen können durch Einwirkung von salpetriger Säure durch Hydroxylgruppen ersetzt und mit der bereits erwähnten Methode von D. D. VAN SLYKE quantitativ bestimmt werden. Bei der Hydrolyse liefern auf diese Weise hergestellte Desaminoproteine nur mehr wenig Lysin, was beweist, daß die endständige Aminogruppe des Lysins zum größten Teil frei ist. Auch das Bindungsvermögen für Säuren ist bei den Desaminoproteinen kleiner, und zwar um einen Betrag, der den ausgetauschten freien Aminogruppen äquivalent ist[275, 385].

Die Guanidingruppen des im Eiweiß gebundenen Arginins können, wie beim freien Arginin, durch Natronlauge oder andere Alkalien hydrolysiert werden. Es bildet sich dabei Harnstoff und Ornithin, das im Eiweiß gebunden bleibt[358]. Nach S. SAKAGUCHI werden durch Natriumhypochlorit in alkalischer Lösung die Guanidingruppen ebenfalls abgespalten und das Protein in sog. „Dearginoprotein" übergeführt[481—484].

Ähnliche Vorgänge spielen sich sehr wahrscheinlich auch bei der Einwirkung von Bromlauge auf Eiweiß ab, da der Verbrauch an Brom dem Gehalt des Eiweißes an Guanidin- und Aminogruppen proportional ist[82].

e) Serologische Reaktionen.

Werden einem Tier gewisse Eiweißkörper in das Blut injiziert, so bildet es gegen sie *Abwehrstoffe, Präcipitine und Abwehrfermente.* Durch die Präcipitine werden die Proteine gefällt und durch die Abwehrfermente in die Bausteine zerlegt, also das nachgeholt, was durch Umgehung des Darmkanals versäumt wurde, und die fremden Proteine so ihrer Arteigenheit, die durch Zahl, Art und Anordnung der Bausteine bedingt ist, entkleidet. Auch den höheren Spaltprodukten haftet noch eine gewisse Arteigenheit an. Die Präcipitine sind spezifisch eingestellt und erlauben nicht nur, die Eiweißkörper verschiedener Tierarten, sondern mitunter auch die einzelner Individuen derselben Art zu unterscheiden. Ihre chemische Natur ist noch nicht bekannt, sie scheinen den Globulinen nahezustehen. Der Organismus wehrt sich übrigens nicht nur gegen art- und individuumfremdes Eiweiß in seinem Blut, sondern auch gegen ortsfremdes bzw. blutfremdes, das aus dem eigenen Organismus stammt, wenn infolge irgendeines normalen oder krankhaften Vorganges Eiweiß aus einem Organ ins Blut gelangt. Darauf beruht die bekannte ABDERHALDENsche *Reaktion.* Bei der Schwangerschaft bilden sich gegen das Eiweiß der Placenta Abwehrfermente. Über die Strenge der Spezifität dieser Fermente geben die bisherigen, sich zum Teil widersprechenden Versuche noch kein klares Bild. Die Strukturelemente in den Proteinen, die der Spezifität der Präcipitine zugrunde liegen, sind ebenfalls noch nicht näher bekannt. Wahrscheinlich spielen die freien reaktionsfähigen Gruppen, vor allem die aromatischer Natur, eine entscheidende Rolle.

Jedenfalls hat man in neuerer Zeit nachweisen können, daß Proteine, die immunologisch verschieden sind, sich auch chemisch unterscheiden lassen, namentlich in der Zusammensetzung. In gewisser Hinsicht erwiesen sich sogar die chemischen Methoden noch empfindlicher, wie die bereits erwähnten Versuche von H. F. WOODMAN über den Verlauf der Racemisierung der Proteine dartun. Serologisch identische Eiweißkörper ließen sich damit noch unterscheiden.

Die Fähigkeit, als Antigen zu wirken, d. h. im Organismus die Produktion von Antikörpern zu bewirken, kommt nicht allen Proteinen zu. Sie fehlt z. B. der Gelatine und dem Casein.

IV. Abbau der Proteine.

Die Erforschung des Abbaues der Proteine, seines Verlaufs, seiner Zwischenprodukte und seiner Endprodukte liefert wertvolle Aufschlüsse für die Klärung ihrer Konstitution und ihres Schicksals im intermediären Stoffwechsel. Man kann ihn auf verschiedene Weise durchführen, die drei wichtigsten Wege sind die Hydrolyse, die Oxydation und die Reduktion. Der Angriffspunkt, von dem aus sie die Zerlegung in kleinere Moleküle einleiten, ist nicht der gleiche. Einzelne Agenzien wenden sich zunächst gegen bestimmte freie Gruppen, und andere greifen direkt an den Lötstellen des Molekülgefüges, den Peptidbindungen, an.

1. Die Hydrolyse.

Die Spaltung der Proteine unter Einfügung der Elemente des Wassers in die —CONH-Gruppen ist ein Prozeß, der in wäßriger Lösung eines Proteins bereits von selbst abläuft, aber mit sehr großer Langsamkeit. Durch Wasserstoffionen, Hydroxylionen, höhere Temperaturen und Fermente, die biologischen Katalysatoren wird er sehr beschleunigt.

a) Die Säurehydrolyse.

Die Säurehydrolyse ist das meist angewandte Verfahren, einen Eiweißkörper zu zerlegen, wenn es sich darum handelt, seine Zusammensetzung kennenzulernen. Sie ist den anderen vorzuziehen. Die Aminosäuren werden in ihrer natürlichen optischen Konfiguration erhalten, die Zersetzungen sind gering. Zerstört wird vor allem das Tryptophan, daneben in kleinerem Maße das Tyrosin, das Cystin und das Serin. Die beiden letzten gehen in Brenztraubensäure über; Serin namentlich, wenn seine Hydroxylgruppe wie im Casein mit Phosphorsäure verestert ist[463, 464, 73].

Die Säurehydrolyse wurde bereits von Braconnot angewendet, in den letzten Jahren von E. Fischer, A. Kossel, E. Abderhalden und H. D. Dakin vervollkommnet. Am gebräuchlichsten ist es, die Proteine einige Stunden mit konzentrierter Salzsäure oder 30% Schwefelsäure am Rückflußkühler zu kochen, wenn man eine Zerlegung bis zu den Bausteinen haben will. Daneben sind alle Variationen hinsichtlich der Temperatur, der Konzentration der Säure und des Drucks möglich. In manchen Fällen wird das Erhitzen unter Druck im Autoklaven vorgezogen. Neben den genannten sind auch andere Säuren verwandt worden, z.B. Kohlensäure, Ameisensäure, Oxalsäure, schweflige Säure und Jodwasserstoffsäure[480, 590, 591]. Letztere verdient den Vorzug, wenn man Zersetzungen der Spaltprodukte möglichst vermeiden will. Da es sich bei diesen größtenteils um Oxydationsvorgänge handelt, können sie durch die reduzierende Kraft des Jodwasserstoffs eingeschränkt werden.

Die *Kinetik der Säurehydrolyse* haben D. M. Greenberg und N. F. Burk untersucht[246] mit dem Ergebnis, daß sie bei Casein und Gliadin nach der Gleichung einer Reaktion erster, bei Gelatine und Seidenfibroin nach der einer Reaktion zweiter Ordnung verläuft. Bei gleicher Konzentration ist die Salzsäure doppelt so wirksam als die Schwefelsäure.

Die *Produkte der Säurehydrolyse* hängen von den Bedingungen ab, unter denen sie durchgeführt wird. Konzentrierte Säuren zerlegen in der Siedehitze die Proteine bis zu den *Aminosäuren*, daneben entstehen, sekundär unter dem kondensierenden Einfluß der Säuren Anhydride von Dipeptiden, namentlich bei Anwendung von etwas verdünnteren Säuren im Autoklaven. Bei stärker verdünnten Säuren in der Hitze oder konzentrierten Säuren bei Zimmertemperatur bleibt die Spaltung teilweise auf Zwischenstufen stehen. Unter diesen Bedingungen lassen sich höher molekulare Peptide und Polypeptide isolieren[14, 22].

Neben den Aminosäuren entstehen bei der vollständigen Säurehydrolyse noch *Ammoniak*, vielleicht auch Kohlensäure, und Zersetzungsprodukte wie die sog. *Huminstoffe*. Das Ammoniak stammt überwiegend aus den Säureamidgruppen der Aminodicarbonsäuren, zum geringsten Teil aus Zersetzungen von Aminosäuren. Die Huminstoffe treten nur bei solchen Eiweißkörpern auf, die viel Tyrosin und Tryptophan enthalten. Sie fehlen bei den Protaminen. Sehr wahrscheinlich sind es Oxydationsprodukte der aromatischen Aminosäuren. Die Vorgänge, die zur Bildung der Huminsubstanzen führen, sind noch nicht ganz geklärt. Tyrosin allein mit Salzsäure erhitzt, gibt nur wenig Humin, dagegen viel in Gegenwart von Aldehyden. Werden Proteine mit Formaldehyd zusammen hydrolysiert, so läßt sich das Tyrosin fast quantitativ in Humin überführen. R. A. Gortner kommt deswegen zu der Vermutung, es möchte in den Proteinen noch eine bis jetzt unbekannte aldehydartige Substanz in den Proteinen vorkommen[234]. Auch bei anderen Aminosäuren treten geringe Zersetzungen ein, wie die z. B. erwähnte Brenztraubensäurebildung aus Serin. Während die reinen Aminosäuren gegen Säuren ziemlich widerstandsfähig sind, scheinen die noch im Eiweiß gebundenen zersetzlicher zu sein.

b) Die Alkalihydrolyse.

Alkalien sind ebenso wirksam wie Säuren[381]. Man benutzt sie für die Hydrolyse von Proteinen nur zu ganz bestimmten Zwecken, da sie gegenüber den Säuren manche Nachteile haben. Die Aminosäuren werden großenteils racemisiert[11, 24], einige, wie z. B. Arginin und Cystin, zersetzt, dagegen bleibt das Tryptophan intakt. Bei der Zersetzung des Cystins entsteht Schwefelwasserstoff bzw. Alkalisulfid, Ammoniak und Brenztraubensäure und Cystein[49, 279]. Der Abspaltung des Schwefels durch Alkali wird eine gewisse Bedeutung beigemessen. Man unterscheidet leicht und schwerer abspaltbaren Schwefel. Die bekannte Schwefelbleiprobe beruht auf dem leicht abspaltbaren, und das gebildete Bleisulfid gilt als ein Maß für ihn. Da aber das Cystin allein durch Alkali auch nur einen Teil seines Schwefels abgibt, so lassen sich aus dem Verhalten der Eiweißkörper keine Rückschlüsse auf die Struktur oder das Vorkommen von Schwefel in besonderer Form ziehen. Daß jedoch Schwefel in den Proteinen tatsächlich auch in anderer Form auftreten kann, zeigt der Befund des Methionins.

c) Die enzymatische Hydrolyse.

Alle Zellen enthalten eiweißspaltende Fermente. Ihre Aufgabe ist wohl darin zu sehen, die Aminosäuren aus dem Reserveeiweiß bei Bedarf, und die aus dem Zelleiweiß selbst bei der Autolyse abgestorbener Zellen, für neue Verwendungen verfügbar zu machen. Wir kennen verschiedene Arten proteolytischer Fermente; sie unterscheiden sich hinsichtlich des Substrates und des Zustandes, indem es von ihnen angegriffen wird, ferner hinsichtlich der Wasserstoffionenkonzentration, bei der sie ihre optimale Wirkung entfalten, und schließlich der Tiefe des Eingriffes, den sie herbeiführen. Man kann sie nach verschiedenen Gesichtspunkten gruppieren, danach, ob sie nur genuine Proteine (Proteinasen) oder nur Spaltprodukte (z. B. Polypeptidasen) oder beides angreifen oder bei welcher Wasserstoffionenkonzentration sie wirken. Ein neues logisches Einteilungsprinzip haben C. Oppenheimer, E. Waldschmidt-Leitz und W. Grassmann[440] aufgestellt. Es geht auf Versuche von J. H. Northrop[434—437] zurück, die zeigen, daß für die Wirkung eines Fermentes das Eiweiß sich in einem bestimmten elektrochemischen Zustand befinden muß. Danach werden unterschieden *Pepsinasen*, Fermente, die nur auf Eiweißkationen wirken, *Trypsinasen*, die nur auf die Proteinanionen wirken, *Papainasen*, die das isoelektrische Eiweiß spalten, und *Ereptasen*, die nur auf Peptide wirken. Die Namen sind nach den charakteristischen Vertretern der einzelnen Gruppen gebildet.

α) *Pepsinasen.*

Ihr einziger, bis jetzt bekannter Vertreter ist das *Pepsin des Magensaftes*. Es kommt bei allen Wirbeltieren mit Ausnahme einiger Fische vor. Die Fundusdrüsen sezernieren es zunächst in einer unwirksamen Form, die aber durch die freie Salzsäure des Magensaftes sofort in die aktive übergeführt wird. Es greift nur genuine Proteine an. Bisher wurde noch kein Peptid aufgefunden oder synthetisiert, das von ihm gespalten würde. Seine optimale Wirksamkeit liegt zwischen p_H 1 und 2, also bei einer Reaktion, bei der die Eiweißkörper nur als Kationen vorkommen. Die optimale Reaktion ist nicht für alle Proteine die gleiche, sie verschiebt sich etwas mit der Lage ihres isoelektrischen Punktes;

für Casein ist sie bei p_H 1,8, für Gelatine und Hämoglobin bei p_H 2,2[434]. Im Magensaft wird die saure Reaktion durch die freie Salzsäure erzeugt. Es können sie aber auch andere Säuren vertreten.

Das Pepsin greift alle Eiweißkörper mit Ausnahme der Protamine und der Gerüsteiweiße an. Letztere sind der enzymatischen Einwirkung überhaupt nicht zugänglich. Spaltprodukte und Polypeptide werden nicht angegriffen. Die Wirkung des Pepsins ist demnach auf die genuinen Eiweißkörper beschränkt und scheint mit ihrem hochmolekularen Zustand in engem Zusammenhang zu stehen[171, 174]. Dies führte zu der Vermutung, daß von ihm besondere Bindungen gelöst werden, die nur in den hochmolekularen Proteinen vorkommen, aber nicht mehr bei den Spaltprodukten. Früher, teilweise auch jetzt noch, bestand die Ansicht, daß die Proteine Aggregate einfacher Grundkörper seien und dem Pepsin nur eine desaggregierende Wirkung zukomme. Dem widerspricht, daß auch bei der Pepsinverdauung wie bei der durch andere Fermente basische und saure Gruppen frei werden, und zwar im wesentlichen Amino- und Carboxylgruppen, wie die Untersuchungen verschiedener Autoren ergeben[171, 173, 569, 570]. In den meisten Fällen war der Zuwachs an diesen beiden Gruppen gleich groß, H. Steudel und seine Mitarbeiter fanden dagegen einen größeren Zuwachs an sauren Gruppen[528]. Es ist auch mit der Möglichkeit zu rechnen, daß nicht nur Bindungen von α-Aminogruppen, sondern auch der endständigen Aminogruppe des Lysins und der Guanidingruppe des Arginins freigelegt werden[73]. Die vom Pepsin spaltbaren Bindungen können auch von anderen Fermenten gelöst werden. So ergaben Versuche beim Oxyhämoglobin, daß während der Trypsinhydrolyse auch die vom Pepsin gespaltenen Bindungen von Anfang an kontinuierlich gelöst werden[174]. Am Ende der Trypsinverdauung wirkt das Pepsin nicht mehr.

Die Geschwindigkeit der Pepsinhydrolyse hängt zunächst von der Menge des Pepsins und des Substrates ab, dann aber auch unter sonst gleichen Bedingungen von der Natur des Proteins. Bei einigen ist die Spaltung bereits nach einigen Stunden, bei anderen erst nach einigen Tagen beendet.

Die *Produkte der Pepsinverdauung* sind ein Gemisch von einfachen und höheren Polypeptiden, sehr wahrscheinlich werden auch einzelne Aminosäuren frei. Einzelne dieser Produkte lassen sich aussalzen, andere nicht. Dieser Unterschied beruht nicht, wie früher vermutet wurde, auf der wechselnden Größe des Molekulargewichtes, sondern auf dem Gehalt an bestimmten Aminosäuren, z. B. Tyrosin. Die Produkte der Pepsinverdauung unterscheiden sich nicht nur durch das Molekulargewicht, sondern auch noch durch die Zusammensetzung, vor allem den Gehalt an Hexonsbasen, der ihnen je nachdem einen mehr oder weniger stark basischen Charakter verleiht. Mit der Methode von Kossel und Kutscher läßt sich das Gemisch in eine Histidin-, Arginin-, Lysin- und Monoaminosäurefraktion zerlegen. Gewisse Produkte zeigen daneben noch ein sehr charakteristisches Verhalten gegen andere Fällungsmittel, wie Natriumpikrat, mittels dessen sie aus dem Gemisch herausgeholt werden können. Das mit Pepsinsalzsäure verdaute Histon der Thymusdrüse ließ sich auf diese Weise in fünf verschiedene Fraktionen aufteilen, die sich durch Fällbarkeit und Zusammensetzung unterscheiden. Eine dieser Fraktionen enthielt freies Lysin[165].

Nahe verwandt mit dem Pepsin ist das *Labferment,* welches das Casein der Milch fällt. Die Labgerinnung der Milch ist an die Gegenwart von Calcium gebunden und ist ihrem Wesen nach wahrscheinlich auch ein hydrolytischer Prozeß, indem eine Gruppe abgespalten wird und der Hauptteil dann mit dem Calcium eine unlösliche Verbindung, das Paracasein oder den Käsestoff, bildet.

β) *Tryptasen.*

Ihr einziger und charakteristischer Vertreter ist das *Trypsin*, welches die Pankreasdrüse in das Duodenum sezerniert. Dieses Ferment ist zuerst von W. KÜHNE genauer untersucht worden. Zur vollen Entfaltung seiner Wirkung bedarf es eines natürlichen Aktivators, der *Enterokinase*, die von der Darmschleimhaut sezerniert und auch in der Pankreasdrüse selbst gebildet wird. Das nicht aktivierte Trypsin ist nicht unwirksam, sondern besitzt nur eine eingeschränkte Wirksamkeit. Durch die Enterokinase wird der Wirkungsbereich erweitert. Das nicht aktivierte Ferment wird weiterhin als Trypsin, das aktivierte als *Trypsinkinase* bezeichnet[567a].

Nach E. WALDSCHMIDT-LEITZ und seinen Mitarbeitern[567a, 568] besteht die Aktivierung darin, daß die Kinase mit dem Trypsin eine Adsorptionsverbindung eingeht. Diese Reaktion vollzieht sich in stöchiometrischen Verhältnissen. Die Verbindung der beiden Komponenten dissoziiert sehr leicht und kann z. B. durch Adsorptionsmittel zerlegt werden. Auf diese Weise läßt sich maximal aktiviertes Trypsin wieder in das nichtaktivierte zurückverwandeln.

In den Zellen der Pankreasdrüse findet sich die *Enterokinase* in Form einer Vorstufe, wodurch das Zelleiweiß gegen die Selbstverdauung geschützt ist. Die Umwandlung in die aktive Kinase vollzieht sich erst in den Zellen der Darmschleimhaut. In vielen Eigenschaften erinnert die Enterokinase an das Verhalten von Fermenten. Bei 50° wird sie rasch zerstört; ferner kann sie sich mit Begleitstoffen assoziieren und dadurch ihre Eigenschaften verschleiern. In gereinigten Lösungen ist sie wenig beständig; solche Lösungen können aber ähnlich wie die der Enzyme durch Glycerin stabilisiert werden[567a].

Das *Optimum der Reaktion* liegt nach den Untersuchungen von I. H. NORTHROP[434] und E. WALDSCHMIDT-LEITZ[567a] zwischen p_H 8,2 und 8,7. Auch hier tritt wie beim Pepsin bei den einzelnen Proteinen eine Verschiebung des Optimums ein, je nach der Lage ihres isoelektrischen Punktes.

Die *Trypsinkinase* greift genuine Proteine und ihre Spaltprodukte bis herunter zu einfachen Dipeptiden an; das Trypsin ohne Kinase nur die Protamine und Polypeptide, nicht dagegen die genuinen Proteine. Danach ist die Enterokinase ein Hilfsstoff, der das Trypsin auch zum Angriff auf hochmolekulare Proteine befähigt. Wesentlich für die Spaltbarkeit ist der elektronegative Charakter des Substrates. Das Reaktionsoptimum liegt auch in einem Bereich, in dem die meisten Proteine, die Protamine ausgenommen, als Anionen vorkommen. Diese Bedeutung des elektronegativen Charakters erhellen auch die Versuche von E. WALDSCHMIDT-LEITZ und seinen Mitarbeitern über die Spaltung der Peptide durch Trypsin und Trypsinkinase. Peptide werden nur gespalten, wenn sie eine freie Carboxylgruppe haben. Veresterung, Amidierung und Decarboxylierung heben die Spaltbarkeit auf. Dagegen wird sie durch jeden Eingriff, der den sauren Charakter verstärkt, begünstigt. Dipeptide, die an sich von Trypsinkinase nicht hydrolysiert werden, werden gespalten, wenn in die Aminogruppe ein Säurerest eingeführt wird. Eine freie Aminogruppe ist für die Wirkung nicht nötig; ja sie kann sogar ganz fehlen, z. B. durch Halogen ersetzt sein; Chloracetylphenylalanin und Chloracetyltyrosin werden gespalten, während die entsprechenden Dipeptide unberührt bleiben. In derselben Weise ist auch der Befund zu deuten, daß die Anwesenheit von Tyrosin die Spaltbarkeit für Trypsinkinase erhöht oder überhaupt erst ermöglicht. Auf die Peptide wirkt das nicht aktivierte Trypsin ganz ähnlich wie das aktivierte. Ein Unterschied besteht gegenüber Benzoylglycylglycin, das nur von Trypsinkinase zerlegt wird. Sonst wird aber durch die Aktivierung die Wirksamkeit beträchtlich erhöht.

Die günstige Wirkung des elektronegativen Charakters des Substrates für die Anlagerung und Wirkung der Trypsinkinase entspricht auch dem Verhalten bei der Adsorption. Nach R. WILLSTÄTTER[577] besitzt dieses Ferment die stärksten basischen Eigenschaften der Pankreasfermente. Nach neuesten Arbeiten von E. WALDSCHMIDT-LEITZ ist auch das Trypsin nicht einheitlich, sondern besteht aus zwei verschiedenen Fermenten (persönliche Mitteilung).

Die *Produkte der Trypsinkinasespaltung* der Eiweißkörper sind in der Hauptsache Aminosäuren, daneben aber auch vereinzelte Peptide.

γ) *Papainasen.*

Aus dieser Gruppe sind mehrere pflanzliche und tierische Enzyme bekannt. Sie greifen wie das Pepsin nur genuine Proteine an. Ihr Optimum liegt bei schwach saurer Reaktion, also in einem Bereich, in dem auch der isoelektrische Punkt der Proteine liegt. Hinsichtlich des elektrochemischen Charakters des Substrates unterscheiden sie sich von den beiden anderen Gruppen somit dadurch, daß sie das Eiweiß im isoelektrischen Zustand angreifen.

Der bestbekannte Vertreter dieser Gruppe ist das *Papain*, eine Proteinase, die in den Früchten und dem Milchsaft des Melonenbaumes vorkommt. Das p_H-Optimum liegt bei p_H 5. Es besitzt in der Blausäure einen spezifischen Aktivator. Die Verhältnisse liegen hier ganz ähnlich wie beim Trypsin. Die Bindung des Aktivators verläuft in einer zeitlich bedingten Reaktion. Die Verbindung dissoziiert sehr leicht, es genügt schon eine Verminderung des Drucks, die Blausäure wieder zu entfernen[567a].

Papain und Papainblausäure haben dasselbe Reaktionsoptimum, verhalten sich aber hinsichtlich der Spezifität wie zwei verschiedene Fermente. Auch hier erweitert wie beim Trypsin die Aktivierung den Wirkungsbereich des Fermentes, allerdings in entgegengesetzter Richtung. Papain spaltet nur genuine Proteine, Papainblausäure außerdem noch Peptone und Polypeptide[567a]. Einfache Dipeptide werden durch Papainblausäure nicht angegriffen.

Ein ähnliches Ferment wurde in tierischen Organen, wie Milz, Magenschleimhaut, Leber und Niere, aufgefunden. Die Proteinase der *Milz* (von S. G. HEDIN als *Lienoprotease*[231a], von R. WILLSTÄTTER und E. BAMANN[577] als *Lienokatepsin* bezeichnet) hat ihr Wirkungsoptimum bei p_H 4—5. Sie ist von einem natürlichen Aktivator begleitet, der bei der Autolyse gebildet zu werden scheint. Durch Adsorptionsmittel haben E. WALDSCHMIDT-LEITZ, BEK und KAHN[567b] den Aktivator vom Enzym getrennt und den Wirkungsbereich des aktivierten und nichtaktivierten Enzyms abgegrenzt. Ähnlich wie das Trypsin wird das Lienokatepsin durch den natürlichen Aktivator erst befähigt, genuine Proteine anzugreifen, während es ohne Aktivator nur gewisse proteolytische Abbauprodukte zerlegt. Der natürliche Aktivator kann durch Blausäure und Schwefelwasserstoff qualitativ ersetzt werden, in manchen Fällen übertreffen diese quantitativ sogar den natürlichen in der Wirkung. Das Milzenzym zeichnet sich vor dem ihm nahestehenden Papain dadurch aus, daß es auch acylierte Peptide und Aminosäuren in Gegenwart des natürlichen Aktivators und auch von Blausäure und Schwefelwasserstoff spaltet.

Die *Hefe* enthält eine Proteinase, deren Eigenschaften von W. GRASSMANN und seinen Mitarbeitern[239] untersucht wurden. Sie kommt wie die anderen Fermente dieser Gruppe in einer aktivierten und nichtaktivierten Form vor. Der Unterschied ist ähnlich wie beim Trypsin; die inaktive Hefeproteinase spaltet nur Peptone, und erst die Aktivierung ermöglicht ihr auch genuine Proteine zu hydrolysieren. Als Aktivatoren können fungieren Blausäure und Schwefelwasserstoff. Ihr Wirkungsoptimum liegt nach R. WILLSTÄTTER und W. GRASSMANN[581] bei p_H 5,5. Auf die Gelatine wirkt sie ganz gleich wie Papainblausäure.

δ) *Ereptasen.*

Diese Gruppe proteolytischer Fermente greift nur Polypeptide und Dipeptide an, keine genuinen Eiweißkörper. Sie finden sich in pflanzlichen und tierischen Zellen. Ihr Wirkungsoptimum liegt bei alkalischer Reaktion. Sie greifen aber das Substrat am elektrisch-positiven Pol an; denn es werden nur solche Peptide gespalten, deren Aminogruppe frei ist. Für einige Enzyme dieser Gruppe ist aber auch die freie Carboxylgruppe von Bedeutung.

Der längst bekannte Vertreter dieser Gruppe ist das *Erepsin*, das O. COHNHEIM[114] in der Darmschleimhaut entdeckte. Es findet sich auch in der Pankreasdrüse. Nach neuen Befunden von E. WALDSCHMIDT-LEITZ[568a] enthält das *Darmerepsin zwei Komponenten*, von denen die eine eine Polypeptidase ist und die andere eine Dipeptidase. Ihre Wirkungen lassen sich durch das Reaktionsoptimum trennen. Nach den bisherigen Mitteilungen scheinen die Verhältnisse ebenso zu sein wie bei den Ereptasen der Hefe, deren Eigenschaften und Wirkungsweise von R. WILLSTÄTTER, W. GRASSMANN und ihren Mitarbeitern geklärt worden sind[539].

Neben der bereits erwähnten Papainase enthält die *Hefe* noch zwei Fermente, die nur Peptide und keine genuinen Eiweißkörper spalten. Das eine hydrolysiert nur Poly- und das andere nur Dipeptide. Bei beiden muß das Substrat eine freie Aminogruppe besitzen. Vom Ende der freien Aminogruppe aus wird die Peptidkette aufgelöst. Die Dipeptidase zerlegt nur solche —CONH-Bindungen, denen gleichzeitig eine freie Aminogruppe und eine freie Carboxylgruppe benachbart ist, eine Bedingung, die eben nur ein Dipeptid erfüllt. Die Polypeptidase zerlegt nur solche Säureamidbindungen, denen zwar eine freie Aminogruppe, aber keine freie Carboxylgruppe benachbart sein muß. Zu dem Spezifitätsbereich der Polypeptidase gehören also auch die Ester und die Amide der Dipeptidide.

Nach den Arbeiten von H. VON EULER und K. JOSEPHSON[163, 164] besitzt das Erepsin eine Carbonylgruppe, mit der es sich an die Aminogruppe des Peptids anlagert. E. WALDSCHMIDT-LEITZ und G. RAUCHALLES[570a] haben die Geschwindigkeit der Kondensation von Glucose mit Glycylglycin mit der Wirkung des Erepsins verglichen und gefunden, daß die p_H-Kurven der beiden Vorgänge innerhalb der Bestimmungsfehler übereinstimmen. Welche Bedeutung dieser Anlagerung des Erepsins an die freie Aminogruppe zukommt, läßt sich aus Versuchen von E. ABDERHALDEN und Mitarbeitern[26, 27, 32, 9] schließen. Sie verfolgten die Spaltbarkeit verschiedener Dipeptide durch Alkali, wenn in die Aminogruppe ein Säurerest eingeführt ist. Der Benzoylrest beschleunigt die Hydrolyse, während der Naphtalinsulforest sie verlangsamt. Da allgemein durch Substitution mit Carbonsäurederivaten die Spaltbarkeit gefördert, durch Substitution mit Sulfosäurederivaten hingegen gehemmt wird, so scheint die Verknüpfung durch ein Kohlenstoffatom die Labilität des Substrates zu erhöhen. Noch leichter als Benzoylderivate werden die Phenylisocyanate und die β-Naphtylisocyanatderivate von Alkali gespalten. Offenbar wird durch die Gruppierung NH—CO—NH die Peptidbindung so gelockert, daß schon ganz verdünntes Alkali genügt. Vielleicht besteht die Wirkung des Darmerepsins darin, daß durch seine Anlagerung schon die geringsten Alkalikonzentrationen für die Hydrolyse ausreichen. Das p_H-Optimum liegt zwischen p_H 7 und 8.

d) Die Produkte der Hydrolyse.

Die Produkte der Hydrolyse hängen, wie schon erwähnt, von der Tiefe des Eingriffs ab. Die vollständige Hydrolyse mit Säuren und Alkalien liefert in der Hauptsache *Aminosäuren* und daneben geringe Zersetzungsprodukte. Das Ende der Hydrolyse ist daran zu erkennen, daß auch bei weiterer Einwirkung des hydrolysierenden Agens der freie Aminostickstoff nicht mehr zunimmt. Bei unvollständiger Spaltung entstehen Aminosäure und daneben Di- und Polypeptide, von denen bereits eine beträchtliche Zahl aus partiellen Hydrolysaten von den verschiedensten Proteinen isoliert worden sind[34, 28]. Außerdem wurden Anhydride von zwei und auch mehr Aminosäuren isoliert[2, 3, 37, 5, 337, 36, 4, 16], so z. B. von E. ABDERHALDEN und Mitarbeitern aus Gänsefedern ein Anhydrid, bestehend aus 2 Molekülen Prolin, 1 Molekül Oxyprolin und 1 Molekül Glykokoll, aus Casein ein Anhydrid, das aus d-Alanin, l-Leucin und l-Prolin aufgebaut war. Es konnte aber noch nicht mit voller Sicherheit bewiesen werden, daß diese Anhydride wirklich als solche im Protein vorgebildet waren und nicht sekundär aus Di- oder Polypeptiden entstanden sind[337].

Auch die enzymatische Hydrolyse läßt sich unter gewissen Bedingungen bis zur vollständigen Zerlegung des Proteins in seine Bausteine durchführen. E. Waldschmidt-Leitz und seine Mitarbeiter haben auf Casein, Gelatine, Gliadin, Protamine und Histon Pepsinsalzsäure, Papainblausäure, Trypsin, Trypsinkinase und Darmerepsin in wechselnder Reihenfolge einwirken lassen[568]. Nach der Wirkung sämtlicher Fermente waren Protamine und Histone in ihre Bausteine zerlegt, d. h. der gleiche Endzustand erreicht wie bei der Säurehydrolyse. Die komplizierteren Eiweißkörper ließen noch einen nicht mehr spaltbaren Rest übrig. In jedem Stadium der fermentativen Hydrolyse werden gleiche Mengen Amino- und Carboxylgruppen frei, wobei allerdings betont werden muß, daß wir kein ganz zuverlässiges Mittel besitzen, die Zahl der freien Carboxyle zu messen. Meist wird die Titration angewandt. Die Carboxylgruppe des Arginins kann aber nicht titriert, ihre Freilegung also nicht erkannt werden.

Die oben erwähnte *Spezifität der Fermente* kommt auch bei ihrer Anwendung auf die Proteine und die Hydrolysate, die durch Vorverdauung mit einem andern Ferment erhalten wurden, zur Geltung. Die Wirkung eines jeden einzelnen Ferments kommt nach einer ganz bestimmten Leistung zum Stillstand, der durch erneuten Zusatz desselben Ferments nicht aufgehoben wird. Vermutlich entspricht diesen einzelnen Stufen die Bildung ganz bestimmter Bruchstücke. Die Leistungen der Fermente stehen zueinander in einfachen, ganzzahligen Verhältnissen.

So ließen z. B. E. Waldschmidt-Leitz, A. Schäffner und W. Grassmann[568] auf Clupein nacheinander Trypsin, Trypsinkinase und Darmerepsin jeweils so lange einwirken, bis auch bei erneuter Zugabe desselben Ferments keine Spaltung mehr eintrat. Das erste Ferment übernahm genau ein Fünftel, das zweite drei Fünftel und das dritte ein Fünftel der gesamten möglichen Hydrolyse. Ähnlich verteilt sich auch die hydrolytische Leistung, wenn die Reihenfolge der Fermente geändert oder andere Proteasen, z. B. Papainblausäure, eingeschaltet werden. Es ist also möglich, mit den gereinigten Fermenten ein Proteinmolekül in verschiedene enzymatisch bestimmte Fraktionen zu zerlegen, und es ist zu hoffen, bei der präparativen Trennung solcher Verdauungsprodukte Einblick in die Gliederung des Eiweißmoleküls zu gewinnen.

Die *Spezifität der Fermente* kann aber auch noch für andere Fragen der Eiweißforschung und der physiologischen Chemie nützliche Dienste leisten. So kann man nachweisen, ob unter den Produkten der Pepsinhydrolyse eines Proteins nur Polypeptide oder auch Dipeptide vorkommen, je nachdem, ob nachher mit der Polypeptidase oder Dipeptidase eine Spaltung eintritt. Ferner mußte man aus dem Verhalten des Insulins gegenüber den proteolytischen Fermenten schließen, daß es ein Protein ist oder für seine Wirkung an ein Protein gebunden ist. Pepsinsalzsäure und Trypsinkinase spalten es und zerstören damit auch seine Wirksamkeit, während Darmerepsin weder eine Spaltung bewirkt noch seine Wirksamkeit irgendwie beeinflußt[177].

e) Alkoholyse.

Ch. Gränacher[240] erhitzte Gänsefedern mit Alkohol im Autoklaven und erhielt eine vollständige Lösung des Keratins mit teilweiser Spaltung. Die Biuretreaktion war negativ. Die Hauptmenge des Gemisches bestand aus syrupösen Massen, daneben konnten aber auch einige Diketopiperazine nachgewiesen werden.

f) Oxydative Spaltung.

Die hydrolytische Spaltung hat zwar den Vorzug, die biologische zu sein. Aber bei der Erforschung der Konstitution der Proteine dürfte ihre ausschließliche

Anwendung doch zu einseitigen Vorstellungen führen. Vielleicht greifen andere Spaltungsmittel an anderen Stellen das Molekül an und führen zu anderen Abbauprodukten.

Die oxydative Spaltung wurde schon sehr früh zum Studium des Baues der Proteine verwendet. Die ersten Versuche wurden mit Kaliumpermanganat und Wasserstoffsuperoxyd ausgeführt. Neben niederen entstehen auch höher molekulare Produkte. Die von Maly und Brücke zuerst gefundene Oxyprotsulfonsäure wurde von S. Edlbacher als aus Aminosäuren bestehend erkannt[139, 141, 143]. Sie wird auch von Trypsin verdaut, ist also wahrscheinlich ein Peptid oder eher ein Gemisch von Peptiden. Sie bildet sich auch durch Einwirkung von Perhydrol. Edlbacher stellte sie aus Casein, Gelatine und Arachin dar. Durch die Oxydation entstehen also ähnliche *hochmolekulare Verbindungen* wie bei der partiellen Hydrolyse mit Säuren oder Fermenten. Bei der Hydrolyse der Produkte der Permanganatoxydation konnten keine Diaminosäuren mehr gewonnen werden[139, 141]. Es scheinen ihre freien zweiten basischen Gruppen, die Guanidingruppe des Arginins, der Imidazolring des Histidins und die zweite Aminogruppe des Lysins, wegoxydiert worden zu sein. Die Oxydation mit Wasserstoffsuperoxyd zerstört Histidin und Lysin und führt zu argininreichen Produkten. Sollte die biologische Oxydation in der Zelle auch unveränderte Eiweißstoffe angreifen, so ist damit zu rechnen, daß sie in ähnlicher Weise sich erst den aktiven Gruppen des Proteins zuwendet.

Die *niedermolekularen Oxydationsprodukte* sind insofern von Bedeutung, als aus ihnen bestimmte *Schlüsse auf die Struktur* gezogen wurden. Bei der Anwendung von Permanganat entsteht Guanidin, das aus dem Arginin stammt. Daneben wurde von F. Kutscher und M. Schenck[364] Oxamid und Oxaminsäure gefunden. E. Abderhalden griff in neuerer Zeit diesen Befund auf und hat in systematischen Versuchen die Herkunft dieser Verbindungen und ihre Bedeutung für die Konstitution festgelegt[38]. Aus allen 2,5-Dioxopiperazinen entsteht bei der Permanganatoxydation Oxamid, aus Peptiden, nur wenn sie Glykokoll enthalten, und in einigen speziellen Fällen. Das Auftreten von Oxamid bei der Oxydation der Proteine spricht dafür, daß Diketopiperazinringe im Eiweiß vorgebildet sein können.

Ein anderes Oxydationsmittel, das Natriumhypobromit, das vor allem St. Goldschmidt und seine Mitarbeiter[231—233, 25] benutzten, greift ebenfalls an den freien basischen, vor allem den Amino- und Guanidingruppen an, die Peptidbindung und durch Acylierung geschützte Aminogruppen läßt es unversehrt. Für die einzelnen Proteine wurden charakteristische Titrationskurven des Bromverbrauchs aufgestellt und daraus Schlüsse auf die Struktur, insbesondere auf das Vorkommen von Diketopiperazinen gezogen. Nach P. Brigl kann aber der Bromverbrauch durch die freien Amino- und Guanidingruppen allein erklärt werden[282]. Unter den Oxydationsprodukten sind wieder höhermolekulare neben einfachen Verbindungen aufgefunden worden, unter den letzteren Essigsäure, Bernsteinsäure und Benzoesäure.

Z. Stary hat Keratinsubstanzen mit Brom und Eisessig oxydiert[525]. Die Keratine werden dabei löslich und auch für Alkali und Trypsin spaltbar, obschon sie äußerlich sich nicht verändert haben. Parallel damit nimmt die Pikrinsäurereaktion auf Diketopiperazine ab.

g) Reduktive Spaltung.

Durch Natrium und Amylalkohol führten E. Abderhalden und W. Stix[3] Diketopiperazine in Piperazine über. Aus Peptiden bilden sich dabei Aminoalkohole. N. Troensegaard[553] hat zum erstenmal Proteine auf diese Weise gespalten, indem er ihre Acylierungsprodukte mit Natrium und Alkohol reduzierte. Er trennte aus dem Reaktionsgemisch verschiedene Fraktionen hochmolekularer Produkte ab, die eine intensive Pyrrolreaktion gaben. Aminoalkohole sind nicht entstanden. Auf Grund seiner Versuche nimmt er eine pyrrolartige Struktur der

Proteine an und vermutet, daß die Aminosäuren nicht als solche vorgebildet sind. Abderhalden und Stix isolierten bei derselben Behandlung des Seidenpeptons Piperazine in geringer Menge.

h) Andere Spaltungen.

P. Brigl und E. Klenk haben verschiedene Proteine durch *Erhitzen mit Phthalsäureanhydrid* in eine Reihe hochmolekularer Fraktionen zerlegt, die sich in ihrem Gehalt an Aminosäuren wesentlich unterscheiden[84].

Werden die Eiweißkörper der *trockenen Destillation* unterworfen, so tritt eine Zersetzung ein. Es entweichen gasförmige Produkte, die in Alkali und Säure löslich sind, darunter Kohlensäure und Ammoniak. Ferner bilden sich verschiedene aromatische Körper, z. B. Phenol, p-Kresol, Indol, Chinolin, schließlich auch aliphatische Basen, Essig- und Porpionsäure und Pyrrole. Die Produkte lassen keine Schlüsse auf die Struktur der Proteine zu. Indol, Chinolin und andere Heterocyclen verdanken ihre Entstehung wohl pyrogenetischen Reaktionen[2, 65, 300]

2. Trennung und Bestimmung der Spaltprodukte.

Für die Charakterisierung eines Eiweißkörpers ist die Kenntnis seiner Bausteine hinsichtlich Art und Zahl unerläßlich. Die äußeren physikalischen und chemischen Eigenschaften genügen nicht. Zur Bestimmung der Aminosäuren sind verschiedene Methoden angegeben worden. Meistens werden sie nach basischen sauren und neutralen Aminosäuren getrennt bestimmt. Die genaueste Methode ist die Bestimmung der Hexonbasen nach A. Kossel und F. Kutscher[356, 563]. Sie können gemeinsam mit Phosphorwolframsäure gefällt werden. Histidin und Arginin geben schwer lösliche Silbersalze. Das Histidinsilber fällt bereits bei neutraler oder Bariumcarbonatalkalischer und das Argininsilber erst bei stark alkalischer Reaktion (Sättigung mit Baryt) aus. Das Silbersalz des Lysins ist löslich. Aus dem Filtrat der beiden anderen Hexonbasen kann dieses durch Phosphorwolframsäure gefällt und als Pikrat isoliert werden. Im Filtrat des ersten Phosphorwolframniederschlags sind die Monoaminosäuren. Prolin ist in Alkohol löslich und kann damit extrahiert werden. Die anderen Aminosäuren werden in ihre Ester mit Salzsäure und Alkohol übergeführt und durch fraktionierte Destillation getrennt[189]. Die sauren Aminosäuren geben mit Calcium und Barium in Alkohol schwer lösliche Salze[213] und können in dieser Form fast quantitativ gefällt werden.

Für einzelne Aminosäuren bestehen noch besondere Methoden zu ihrer quantitativen Bestimmung und Isolierung. Arginin kann aus dem Hydrolysat direkt als Flavianat (Salz der Farbsäure Naphtholgelb-S, l-Naphthol-2,4-dinitro-7-sulfosäure) quantitativ gefällt werden[352]. Histidin kann man auf Grund der Diazoreaktion colorimetrisch bestimmen, ebenso andere cyclische Aminosäuren Tyrosin, Tryptophan, Phenyalanin, ferner noch Cystin und Cystein.

H. D. Dakin hat ein Verfahren zur Trennung der Aminosäuren ausgearbeitet, das auf ihrer verschiedenen Löslichkeit in Butylalkohol beruht. Die Monoaminosäuren sind löslich, die Diaminosäuren nicht. Mit diesem Verfahren wurde vor allem der hohe Gehalt an Prolin in der Gelatine und anderen Eiweißstoffen nachgewiesen. Dakin entdeckte damit auch die Oxyglutaminsäure[119, 121].

Auch die *Elektrolyse* kann, wie C. L. Foster und L. A. Schmidt[218] gezeigt haben, zur Trennung der Aminosäuren verwendet werden. S. B. Schryver und seine Mitarbeiter trennten die Aminosäuren durch die verschiedene Löslichkeit der Bariumsalze ihrer Carbaminoderivate und haben damit neue Oxysäuren aufgefunden[514, 330]. A. Blanchetière trennt mit diesem Verfahren die Aminosäuren von den Diketopiperazinen. Die Bariumcarbaminate der Aminosäuren sind in Alkohol unlöslich. Die Diketopiperazine bilden keine Carbaminate.

Der mit Barium, Kohlensäure und Alkohol nicht fällbare Stickstoff gilt als Maß für die Menge der Diketopiperazine[88].

Zur vorläufigen Charakterisierung eines Proteins genügt es auch, die *Verteilung des Stickstoffs auf die wichtigsten Gruppen der Aminosäuren* zu bestimmen. Nach HAUSMANN[260] bestimmt man den Ammoniak, Basen- und Monoaminosäurenstickstoff. Nach einem Verfahren von D. D. VAN SLYKE bestimmt man die Verteilung des Stickstoffs auf sieben Gruppen: Ammoniak, Arginin, Cystin, Histidin, Lysin, heterocyclische Monoaminosäuren, nichtheterocyclische Mono-, aminosäuren[491, 492]. Dieses Verfahren ist von R. H. PLIMMER weiter ausgearbeitet worden[456—461].

Auf die *Trennung der Produkte des unvollständigen Eiweißabbaues* kann man mit Vorteil das Verfahren von KOSSEL und KUTSCHER anwenden. Die Produkte unterscheiden sich durch die Größe ihres Moleküls, ihre Zusammensetzung, ihren elektrochemischen Charakter. Neben stark basischen gibt es auch neutrale und saure Verbindungen. Diese Unterschiede sind, wie bei den Proteinen selbst, durch den Gehalt an den entsprechenden Aminosäuren bedingt. Ein an Histidin oder Arginin reiches Produkt zeigt ähnliche Eigenschaften gegenüber den verschiedenen Fällungsmitteln wie diese Aminosäuren selbst. Man kann also mit der Silberbarytmethode ein partielles Eiweißhydrolysat in eine Histidin-, Arginin-, Lysin- und Monoaminosäurenfraktion zerlegen. In einzelnen Fällen kann man vorher noch mit Natriumpikrat prüfen, da einzelne Peptone eine so starke Basizität besitzen, daß sie bei neutraler, bzw. schwachalkalischer Reaktion ein schwer lösliches Pikrat bilden. So isolierte z. B. KOSSEL aus dem Pepsinhydrolysat des Histons das Histopepton[344]. Eine neue Methode, die unter Umständen gute Dienste leisten kann, haben K. FELIX und A. LANG angegeben[174a]. Sie beruht auf der Anwendung von Natriumpermutit, der bei neutraler Reaktion basische Peptone aus ihren Gemischen mit einer gewissen Elektivität herausholt.

V. Über die Konstitution der Proteine.

Die Konstitution der Proteine ist noch nicht bekannt. Jede Erörterung dieses für die Biologie wie für die Chemie gleich wichtigen Problems muß von folgenden, durch zahlreiche Versuche erhärteten Tatsachen ausgehen. Bei der vollständigen hydrolytischen Spaltung, sei es, daß sie durch Fermente, Säuren oder Alkalien bewirkt wird, entstehen *Aminosäuren*, und *aus Aminosäuren baut der Organismus sein Eiweiß wieder auf*. Denn bei jungen Tieren kann man das Wachstum mit einem Gemisch von Aminosäuren, als einziger Eiweißquelle, aufrechterhalten. Für den Organismus stellen sie jedenfalls die Bausteine des Eiweißes dar. Die unvollständige hydrolytische Spaltung führt wie die im vorausgegangenen Kapitel erwähnten Versuche dartun, zu Peptiden und höhermolekularen Produkten von peptidartiger Struktur[34]. Eine ganze Anzahl von ihnen konnte isoliert und auch synthetisiert werden. Die natürlichen und die synthetischen Peptide verhalten sich chemisch und biologisch ganz gleich. Solche höhermolekularen Spaltprodukte von Proteinen sind übrigens auch aus fast allen tierischen Organen isoliert worden. Wahrscheinlich sind sie Zeugen des intermediären Eiweißumbaues.

Eine weitere physiologisch wichtige Tatsache ist die, daß *alle Proteine Arginin enthalten*. Der Argininngehalt wechselt zwar außerordentlich; es gibt Proteine mit sehr wenig und solche, die fast nur aus Arginin bestehen, aber in keinem fehlt es ganz. Hinsichtlich der Art und der Zahl der anderen Aminosäuren existieren alle möglichen Variationen.

Das Material, mit dem die Bausteine im Eiweiß verknüpft sind, liefern die reaktionsfähigen Gruppen der Aminosäuren in erster Linie die α-Amino- und

Carboxylgruppen. So ist z. B. von der Gesamtheit der basischen und sauren Gruppen, welche die Aminosäuren vor der Vereinigung besessen haben, im fertigen Molekül nur ein kleiner Bruchteil frei. Jede auch noch so geringfügige Spaltung gibt sich in einer Zunahme dieser Gruppen zu erkennen. Da bei der partiellen Spaltung Polypeptide auftreten, dürfte die *peptidartige Verknüpfung*, wie wir seit F. HOFMEISTER und E. FISCHER wissen, die vorwiegende Weise der Vereinigung der Aminosäuren und die Polypeptidstruktur das herrschende Bauprinzip des Eiweißgebäudes sein. Diese Erkenntnisse sind allerdings hauptsächlich auf Grund von hydrolytischen Zerlegungen der Proteine gewonnen worden. Aber es sprechen dafür auch die Versuche über den oxydativen Abbau. Soweit sie bis jetzt analysiert sind, tragen auch die höhermolekularen Produkte, die dabei entstehen, Polypeptidcharakter. Einen weiteren Beweis liefert die Biuretreaktion, die auf den zahlreichen CONH-Gruppen in den Peptidketten der Proteine beruht. Außerdem ist die säureamidartige Vereinigung von zwei Körpern eine dem Organismus sehr geläufige Reaktion. Es sei nur an die Entgiftung der Benzoesäure durch Kuppelung mit Glykokoll zu Hippursäure erinnert.

Es ließen sich noch leicht weitere Beweise für das Vorkommen der *Peptidbindung im Eiweiß* anführen. Eine andere Frage ist aber, ob nicht *andere Bindungen möglich* sind und ferner, ob es Befunde in den Eigenschaften und dem chemischen Verhalten der Proteine gibt, die nicht durch die Peptidtheorie zu erklären sind und die Annahme anderer Bindungsarten verlangen. Was die erste Frage angeht, so wies bereits E. FISCHER darauf hin, daß damit unbedingt zu rechnen sei, vor allem im Hinblick auf die *Oxyaminosäuren*. Diese können auch esterartige Bindungen eingehen. Die bereits erwähnten Versuche von Frau M. NELSON-GERHARDT (siehe S. 106) lassen auf eine esterartige Bindung des Serins im Salmin schließen. Seit der Entdeckung des Serins sind eine ganze Reihe neuer Oxyaminosäuren aufgefunden worden. Wie schon mitgeteilt, geht S. B. SCHRYVER sogar so weit, anzunehmen, daß zu jeder Aminosäure auch die entsprechende Oxyaminosäure existiert. Wenn das auch eine Vermutung ist, die noch des experimentellen Beweises bedarf, so wird man doch schon jetzt zugeben müssen, daß den Oxyaminosäuren im Aufbau des Proteinmoleküls eine wichtige Rolle zukommen wird.

Eine weitere mögliche Bindung ist die *anhydridartige*. Sie ist in den letzten Jahren namentlich von E. ABDERHALDEN und M. BERGMANN erwogen worden. Wahrscheinlich kommen *Diketopiperazine* in den Gerüsteiweißen in größerem Umfang vor. Diese unterscheiden sich aber von den übrigen Proteinen durch ihre Unangreifbarkeit für die proteolytischen Enzyme; sie werden erst verdaubar, wenn durch bestimmte Eingriffe (siehe S. 137) die Anhydridbindungen gelöst werden, was an dem Verschwinden der Pikrinsäurereaktion zu erkennen ist (siehe S. 141). Diketopiperazine werden von Fermenten nicht gespalten[15, 12]. In der Gelatine sind Diketopiperazine gefunden worden. P. BRIGL[81] machte aber darauf aufmerksam, daß dieser Befund nicht auf die genuinen Proteine übertragen werden dürfe, da bei der Herstellung der Gelatine sehr leicht sich Anhydride sekundär bilden können. Auch aus anderen Eiweißkörpern konnten unter den Hydrolyseprodukten Diketopiperazine isoliert und identifiziert werden. Wenn auch Vorkehrungen getroffen waren, daß der Ringschluß nicht sekundär bei der Spaltung selbst eintreten konnte, so ist der Beweis doch nicht überzeugend gelungen, daß es nicht trotzdem der Fall gewesen ist. Aus Seidenfibroin haben ABDERHALDEN und seine Mitarbeiter verschiedene Diketopiperazine und unter ihnen Glycyl-alanin-anhydrid isoliert. R. HERZOG[263–265] und R. BRILL[85] sehen auf Grund von Röntgenspektrogrammuntersuchungen in diesem Eiweißkörper in der Hauptsache ein Polymerisationsprodukt dieses Diketopiperazins. Nach neuen Untersuchungen von K. H. MEYER und H. MARK läßt sich das Gitterspektrum der Seidenfasern durch das regelmäßige Vorkommen von Glycyl-alanyl erklären [424a].

ABDERHALDEN und seine Mitarbeiter versuchten das Vorkommen von Diketopiperazinen im Eiweiß noch auf andere Weise wahrscheinlich zu machen[14]. Sie reduzierten das Protein vor der Spaltung, um den Piperazinring zu stabilisieren. Tatsächlich konnten sie nach dieser Vorbehandlung aus Seidenpepton ein Produkt isolieren, das aus Tyrosin, (Alanyl-glycin)-piperazin und Glykokoll bestand und dem wahrscheinlich folgende Formel zukommt.

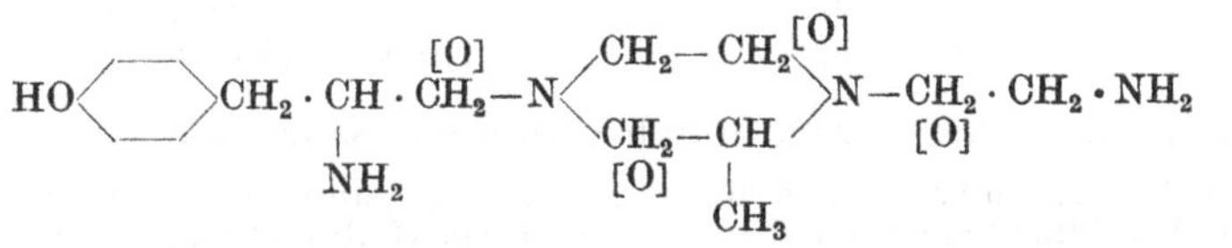

Dieser Körper muß bei der Reduktion aus Tyrosyl-alanyl-glycinanhydrid-glycin (siehe die eckigen Klammern [ ]) entstanden sein. Er konnte aus einer anderen Probe von Seidenpepton ohne vorherige Reduktion bei der Hydrolyse gewonnen werden. Er ist insofern von Interesse, als er zeigt, daß die Iminogruppen eines Diketopiperazins noch die Fähigkeit haben, mit Carboxylgruppen anderer Aminosäuren unter Wasserabspaltung Verbindungen einzugehen. Es ist also sehr wohl möglich, daß in eine Peptidkette ein solcher Diketopiperazinring eingeschaltet ist. Ähnliche Verbindungen wurden von E. ABDERHALDEN und Mitarbeitern synthetisch dargestellt [30, 18, 19], vgl. auch [487].

Diketopiperazine geben mit Pikrinsäure, m-Dinitrobenzol oder anderen Nitroderivaten des Benzols in alkalischer Lösung Farbenreaktionen[488]. Die mit Pikrinsäure ist die bekannte JAFFÉsche Kreatininreaktion. Nach ABDERHALDEN und KOMM[20, 21] geben Aminosäuren und Polypeptide diese Reaktion nicht, dagegen alle untersuchten Diketopiperazine. Die Bedeutung dieser Reaktion als Beweis für das Vorkommen von Diketopiperazinen in den Proteinen erfuhr aber durch E. BRAND und M. SANDBERG[89, 90] eine Einschränkung.

Einen weiteren Beweis für das Vorkommen von Diketopiperazinen sieht ABDERHALDEN in dem Auftreten von Oxamid bei der Permanganatoxydation der Proteine. Mit KOMM zusammen erhielt er Oxamid aus Seide, Gelatine, Casein und anderen Proteinen. Daß Oxamid auch bei der Oxydation von glykokollhaltigen Peptiden entsteht und somit seine Bildung kein sicherer Beweis für Diketopiperazine ist, wurde bereits hervorgehoben.

An dieser Stelle sei nochmals auf die Versuche von P. A. LEVENE (S. 125) aufmerksam gemacht. Bei der Racemisierung mit Natronlauge verhält sich Gelatine wie ein Protein, das Diketopiperazine enthält, während bei Casein die Versuche so ausfielen, daß zwar in ihm Anhydridstrukturen vorkommen können, die aber anderer Natur sein müssen wie die Diketopiperazine, aber wie schon gesagt bei der Gelatine sind die Ringschlüsse sehr wahrscheinlich während ihrer Darstellung erfolgt.

Die Arbeiten M. BERGMANNS beschäftigen sich mit der Reaktionsweise und Entstehung *synthetischer Anhydride.* Er stellte aus dem Alanyl-serin-anhydrid Methylen-methyl-diketopiperazin dar.

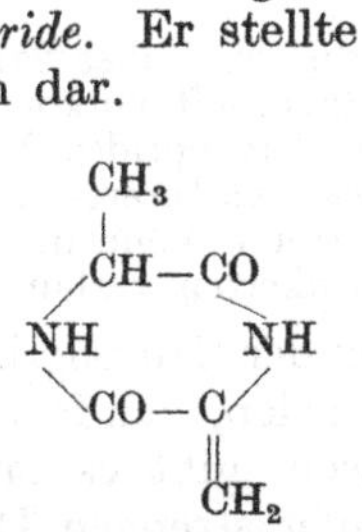

Dieser Körper neigt sehr leicht zur Bildung hochmolekularer Polymerisationsprodukte[62—79], vgl. [25].

Weitere Kenntnisse der *Reaktionsfähigkeit der Aminosäurenanhydride* verdanken wir den Arbeiten von P. KARRER und seinen Mitarbeitern[323, 240—244]. Aus der Silberverbindung einer tautomeren Form des Diketopiperazins, z. B. des Glycinanhydrids, erhielt er mit Benzylchlorid O, O'-Dibenzyl-diketopiperazin.

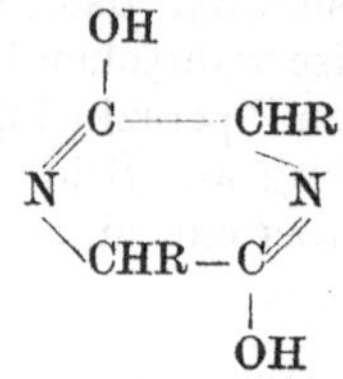

Tautomere Form (Pyrazin)

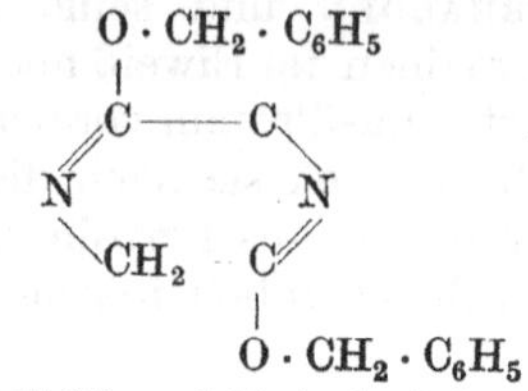

O,O'-Dibenzyl-diketopiperazin

Verbindungen dieser Art werden durch verdünnte Säure sehr leicht zersetzt.

An Modellversuchen haben dieselben Forscher interessante Befunde über die Reaktionsfähigkeit der Peptidbindungen erhoben. So kann das Hydroxyl einer enolisierten Peptidgruppe sich mit der Iminogruppe einer benachbarten Peptidgruppe zu einem Imidazolon oder mit dem Hydroxyl der gleichfalls enolisierten benachbarten Peptidgruppe zu einem Oxazol kondensieren. Das nachfolgende Schema stellt diese Reaktionen dar.

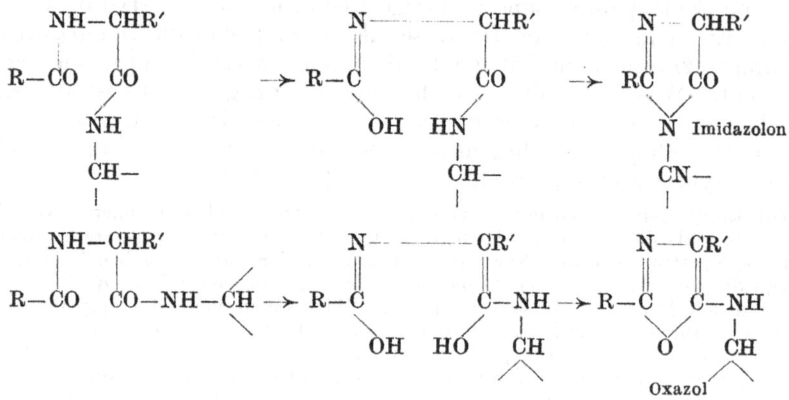

So gab z. B. Hippursäure 2-Phenyl-imidazolon und Acetyl-glykokollester 2-Methyl-5-äthoxy-oxazol.

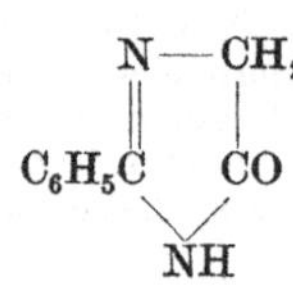

2-Phenylimidazolon

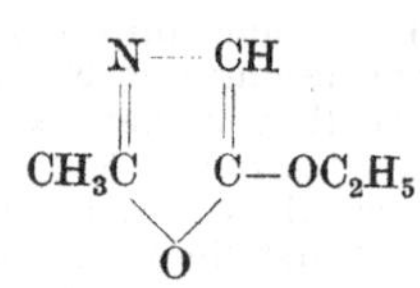

2-Methyl-5-äthoxy-oxazol

Auch diese Ringe sind sehr unbeständig gegenüber Säuren. Es genügt schon, die Salzsäure in einer Konzentration, wie sie im Magensaft vorkommt, um sie zu zerlegen. Wenn auch diese Verbindungen noch nicht aus Polypeptiden haben dargestellt werden können, so haben sie doch für die Eiweißchemie insofern Interesse, als sie zeigen, daß auch noch zwischen den CONH-Gruppen Reaktionen eintreten können, und vielleicht einen Hinweis geben, wie zwei nebeneinanderliegende Peptidketten verbunden sein könnten.

Während die Befunde, die bei der Säurehydrolyse und bei der enzymatischen Spaltung der Proteine erhoben wurden, sich fast restlos durch die Annahme einer Polypeptidstruktur erklären lassen, gibt es an den fertigen Eiweißmolekülen einige Erscheinungen, die mit einer strengen Durchführung der Peptidstruktur nicht vereinbart sind. In einem Peptid, das aus einfachen Monoaminosäuren aufgebaut ist, entspricht einer freien Aminogruppe am einen Ende, eine freie

Carboxylgruppe am anderen Ende, wie das nachfolgende Schema demonstriert.

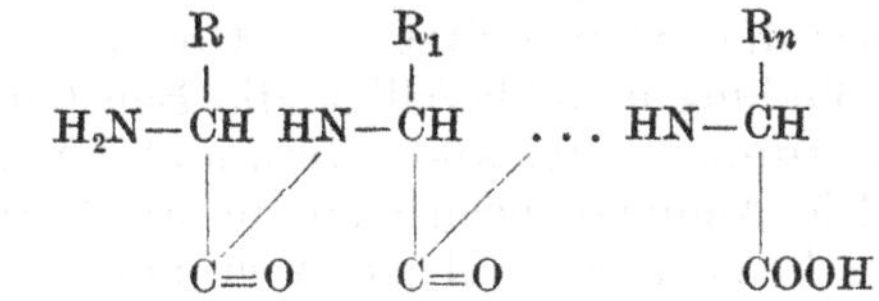

Bei einem Körper, der nur aus Peptiden aufgebaut ist, müßte die Zahl der freien Amino- und freien Carboxylgruppen gleich groß sein. Bei den Eiweißkörpern sind die Verhältnisse dadurch kompliziert, daß neben den einfachen Aminosäuren auch solche mit mehreren Haftgruppen vorkommen, deren Bindungsart noch nicht restlos geklärt ist. Zahlreiche Versuche haben nun gezeigt, daß nur solche Proteine freie Aminogruppen besitzen, die auch Lysin enthalten. Darauf hat zum erstenmal A. KOSSEL auf Grund seiner Versuche an den Protaminen hingewiesen. Es besteht zwischen der Zahl der freien Aminogruppen und dem Gehalt an Lysin eine gewisse Proportionalität. D. D. VAN SLYKE und R. BIRCHARD[494] kommen auf Grund eigener Versuche zu dem Schluß, daß der freie Aminostickstoff genau die Hälfte des Lysinstickstoffs beträgt. Nach den Untersuchungen von K. FELIX besteht diese strenge mathematische Beziehung nicht. In den meisten Fällen der von ihm untersuchten Proteine war der freie Aminostickstoff gleich groß wie der Lysinstickstoff, vereinzelt, wie z. B. beim Histon, sogar größer. Vom Lysin ist sehr wahrscheinlich die endständige Aminogruppe frei, da nach Desamidierung der Proteine mit salpetriger Säure unter den Hydrolyseprodukten kein Lysin mehr zu finden ist[137]. Neben der endständigen Lysinaminogruppe müssen, so vor allem beim Histon, noch andere Aminogruppen frei sein. Nach der Peptidtheorie würde man nun auch bei den Eiweißkörpern, die kein Lysin enthalten, freie Aminogruppen zu erwarten haben. Dem widersprechen aber, wie schon hervorgehoben, die tatsächlichen Befunde.

Die freien Carboxylgruppen sind, soweit sich das mit der elektrometrischen Titration feststellen läßt, in größerer Zahl vorhanden als die freien Aminogruppen. Beim Histon kommen auf 100 Atome Stickstoff 11 freie Aminogruppen und 13 freie Carboxylgruppen, beim Hämoglobin 6,8 bzw. 12,7[171, 173]. Bei beiden Proteinen ist die Zahl der freien Carboxyle nicht durch die Aminodicarbonsäuren allein zu erklären. Ein Teil derselben muß anderen Aminosäuren angehören.

Gegen diese Befunde könnte der Einwand erhoben werden, daß die *Bausteinanalyse der Proteine*, und namentlich der komplizierteren, noch nicht mit der genügenden Genauigkeit durchgeführt werden kann, daß daraus solche weittragenden Schlüsse gezogen werden dürften. An dem einfach zusammengesetzten Protamin des Heringsspermas, dem Clupein, konnten von K. FELIX und K. DIRR aber dieselben Beziehungen festgestellt werden[172]. Das Clupein ist, wie schon KOSSEL gezeigt hat, kein einheitlicher Körper, sondern besteht aus einem Gemisch von verschiedenen, sehr ähnlichen Protaminen. Wird es mit Salzsäure und Methylalkohol verestert, so kann es auf Grund der Löslichkeit in methylalkoholischer Salzsäure in vier verschiedene, wohl charakterisierte Clupeinester zerlegt werden. Diese unterscheiden sich durch den Gehalt an veresterbaren Carboxylgruppen, die spezifische Drehung, die elementare Zusammensetzung und das Mindestmolekulargewicht. Das Mindestmolekulargewicht bezieht sich auf je eine freie Carboxylgruppe. Freie Aminogruppen sind, wie wir schon durch die Untersuchungen von KOSSEL wissen, nicht vorhanden. Dieser letztere Befund und der Nachweis von freien Carboxylen lassen sich vom Boden der Peptidtheorie aus nicht erklären. Zwei der Clupeine, A_1 und A_2, haben Molekulargewichte derselben Größenordnung, 816 und 872. Der Unterschied ist darauf zurückzuführen, daß A_1 auf 4 Moleküle Arginin 2 Moleküle von Monoaminosäuren mit je 3 Kohlenstoffatomen und A_2 auf 4 Moleküle Arginin 2 Monoaminosäuren mit je 5 Kohlenstoffatomen besitzt. Die Guanindingruppen der Argininmoleküle sind an der Bindung nicht beteiligt, die Bausteine also nur durch die α-Amino- und Carboxylgruppen miteinander verknüpft. Von beiden stehen dafür je 6 zur Verfügung. Die Aminogruppen sind für die Verknüpfung vollständig verbraucht worden, da keine mehr frei ist, aber nur 5 in Form von Peptidbindungen, die 6. muß anders gebunden sein, da die ihr entsprechende Carboxylgruppe frei ist. Bei der milden Hydrolyse entstehen aus dem Clupein nach A. KOSSEL und M. GOTO (siehe weiter unten) Protone (Clupeone), die noch dieselbe relative Zusammensetzung haben, also auf 2 Moleküle Arginin noch 1 Molekül einer Monoaminsäure besitzen. Aus Clupein A_1 und A_2 entstehen nur je 2 Protone. Es sind Tripeptide. Bei ihrer Vereinigung zum Clupein müssen von den beiden Aminogruppen und Carboxylgruppen, die an den Enden der Peptidketten stehen, die beiden Aminogruppen und nur eine Carboxylgruppe verwendet werden, da ja eine Carboxylgruppe im fertigen Molekül noch frei ist. Das Molekulargewicht eines dritten Clupeins B ist gleich der Summe derer von A_1 und A_2 (1670) minus H_2O. Es enthält auf das doppelte Molekulargewicht nur eine Carboxylgruppe. Bei der Vereinigung der beiden Komponenten ist also eine Carboxylgruppe verbraucht worden. Bei einem vierten Clupein C beträgt das Molekulargewicht das Doppelte von B (3322) minus H_2O. Bei seinem Aufbau aus B ist wieder nur eine Carboxylgruppe verwendet worden. Bei der stufenweisen Hydrolyse von C bis A werden also nur Carboxyle freigelegt, von A zu den Protonen 2 Aminogruppen und 1 Carboxylgruppe und von den Protonen zu den Bausteinen 2 Aminogruppen und 2 Carboxylgruppen.

Man gewinnt nach diesen Versuchen den Eindruck, daß die *Aminogruppen im stärkeren Maße zur Verknüpfung der Bausteine herangezogen werden, als die Carboxylgruppen*. Bei den fermentativen Abbauversuchen tritt das nicht in Erscheinung, da die Ausschläge zu klein sind, um noch titriert werden zu können.

Zu einem ähnlichen Schluß, daß man nämlich mit der Peptidtheorie nicht alles am Gebäude des Eiweißmoleküls erklären kann, kommt auch P. BRIGL. Er hat mit R. HELD[83] zusammen bei einer Reihe von Eiweißkörpern das Verhältnis der Sauerstoffatome zu den Stickstoffatomen bestimmt. Reine Peptidstruktur verlangt ein solches von 1 : 1. Meist ist aber der Sauerstoff in relativ größerer Menge vorhanden. Beim Lactalbumin beträgt der Quotient O : zu N 1,28, beim Serumalbumin 1,23, beim Casein 1,27, beim Elastin 1,12 und beim Zein 1,13. Will man beim Clupein dieses Verhältnis bestimmen, so muß man von den 18 Stickstoffatomen, die es enthält, 12 für die freien Guanidingruppen abziehen, eine Korrektur, die bei den komplizierteren Proteinen vernachlässigt werden kann, da der Arginingehalt gering ist. Von Sauerstoff enthält es neun Atome. Das Verhältnis O : N beträgt somit 1,5[172]. BRIGL schließt aus seinen Befunden, daß im Eiweiß noch sauerstoffhaltige Reste vorkommen müssen, und stellt zwei Hypothesen zur Diskussion. Für beide legt er eine Polypeptidstruktur zugrunde. Nach der einen Hypothese werden zwei Peptidketten am Ende der freien Aminogruppe durch eine Carbonylgruppe zusammengehalten, und wäre das Eiweiß ein Ureid; nach der anderen werden die Peptidketten am Carboxylende durch einen mehrwertigen Alkohol (x), mit dessen Hydroxylgruppen sie verestert sind, vereinigt. Die beiden Theorien sind in dem folgenden Schema wiedergegeben.

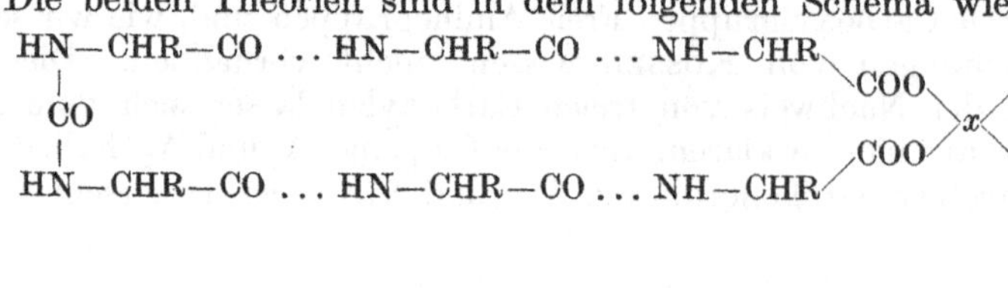

Für das Clupein trifft diese Hypothese wahrscheinlich nicht zu, da bei der Hydrolyse keine Kohlensäure frei wird und die Annahme eines mehrwertigen Alkohols mit der Elementaranalyse sich nicht vereinigen läßt.

Vom Standpunkt der Peptidtheorie läßt sich auch, wenigstens heute noch nicht, die Pepsinwirkung erklären. Das Pepsin greift, wie bekannt, nur hochmolekulare Proteine an und keine Peptide. Seine Wirkung muß in irgendeiner wesentlichen Beziehung zum hochmolekularen Zustand der Proteine stehen. Es ist noch nicht entschieden, auf welche Bindungen es einwirkt. Für die vollkommene Zerlegung eines Proteins in seine Bausteine ist es entbehrlich. Bei seiner Wirkung werden im wesentlichen auch nur Amino- und Carboxylgruppen freigelegt[171, 568, 570], und zwar im Verhältnis von 1 : 1. STEUDEL und seine Mitarbeiter fanden allerdings stets einen größeren Zuwachs an Carboxylen[528].

Hervorzuheben ist auch, daß von den beiden Polypeptid spaltenden Fermenten gerade das Trypsin, welches die Peptide vom Carboxylende aus aufspaltet, auf die genuinen Proteine einwirkt, das Erepsin dagegen, welches die Peptide von der freien Aminogruppe her angreift, dies nicht tut. Im jetzigen Stadium der Enzymforschung ist es zwar noch nicht erwiesen, ob die Spezifität dieser beiden Fermente schon so fest gegründet ist, daß sie mit einem solchen Schluß belastet werden darf.

Aus allem bisher Erwähnten geht nun hervor, daß *das Eiweiß kein einziges langes Peptid ist, sondern eine gewisse Gliederung zeigt.* Das ergibt sich vor allem aus den Versuchen KOSSELS und seiner Schule über die Protamine und Histone, und auch aus den Arbeiten von WALDSCHMIDT-LEITZ und seinen Mitarbeitern über den stufenweisen enzymatischen Abbau der Proteine[567].

KOSSEL und vor allem sein Mitarbeiter M. GOTO[238] haben die *Protamine* durch *milde Hydrolyse* in große Bruchstücke, die *Protone*, zerlegt. Die Protone sind Polypeptide, die noch dieselbe molekulare Zusammensetzung aus Aminosäuren besitzen, wie das ursprüngliche Protamin. Im Clupein kommen auf 2 Moleküle Arginin 1 Molekül einer Monoaminosäure. Dasselbe Verhältnis zeigen auch die Clupeone, und sie unterscheiden sich nur durch die Art der Monoaminosäure. An Monoaminosäuren wurden im Clupein Alanin, Serin, eine Aminovaleriansäure und Prolin nachgewiesen. Nach diesen Versuchen gliedert sich also das Protaminmolekül in gleichmäßig aufgebaute Bruchstücke.

Zu einem ähnlichen Ergebnis führten Versuche über die Pepsinhydrolyse des *Histons* der Thymusdrüse[168]. Auch hier wurden verschiedene Fraktionen gewonnen. Eine dieser Fraktionen ist das bereits erwähnte Histopepton, ein argininreiches Polypeptid. Daneben konnten noch zwei andere argininhaltige Fraktionen isoliert werden, die sich aber untereinander und vom Histopepton durch ihre Zusammensetzung unterscheiden. Eine weitere Fraktion enthielt einfache Peptide und eine fünfte bestand aus freiem Lysin. Das Histon ist also in seiner Gliederung wesentlich verschieden von den Protaminen. Dort ganz gleichmäßig aufgebaute und hier ganz verschieden zusammengesetzte Glieder.

Bei den komplizierteren Eiweißkörpern scheinen die Verhältnisse ähnlich wie beim Histon zu liegen. Auch da erhält man bei der Pepsinverdauung ganz verschieden zusammengesetzte Produkte größeren und kleineren Molekulargewichts.

Die Art, wie diese größeren Bruchstücke im ursprünglichen Eiweißmolekül vereint sind, ist noch nicht ermittelt, beim Clupein nach den oben mitgeteilten Versuchen vielleicht durch Reaktion einer Carboxylgruppe mit einer Iminogruppe.

Es wurde bereits erwähnt, daß bei der *Pepsinspaltung* in der Hauptsache Aminogruppen und Carboxylgruppen freigelegt werden, bei Gelatine, Hämoglobin, Casein und anderen nur solche Gruppen. Beim Histon besteht die Möglichkeit, daß auch Guanidingruppen frei werden. Sollte das zutreffen, dann könnte das Arginin auch mit seiner Guanidingruppe eine Peptidbindung eingehen und drei Peptidketten miteinander vereinigen. Diese Möglichkeit der Vereinigung mehrerer Peptidketten durch eine Aminosäure mit mehr als zwei Haftgruppen ist auch für das Lysin, die Aminodicarbonsäuren und die Oxyaminosäuren zu erwägen. Der obenerwähnte Befund der Abspaltung von Lysin bei der Pepsinverdauung des Histons wurde in dieser Hinsicht gedeutet. Allerdings sind die Beweise für diese Rolle der Aminosäuren mit mehreren Haftgruppen noch nicht überzeugend. Bei den Protaminen ist es jedenfalls nicht so, da die Guanidingruppe des Arginins und die endständige Aminogruppe des Lysins frei sind.

Zusammenfassend ließe sich über die *Struktur der Proteine* folgendes sagen: Die Bausteine sind die Aminosäuren. Diese treten unter Peptidbindung zu größeren Gliedern von vorwiegend polypeptidartigem Charakter zusammen. Unter ihnen können auch ringförmige Strukturen vorkommen. Durch Vereinigung dieser Glieder wird dann erst das Molekülgebäude errichtet. Hier betätigen sich echte Hauptvalenzen, da bei der Zerlegung in die Glieder reaktionsfähige Gruppen frei werden.

Es ist auch die Ansicht vertreten worden, daß die Eiweißmoleküle Aggregate aus Grundkörpern darstellen (S. 132). Die Grundkörper, die den obenerwähnten Gliedern entsprechen, werden nach dieser Anschauung nur durch Nebenvalenzen miteinander verbunden. An sich zeigen die Aminosäuren eine große Neigung mit ihren Restvalenzen Komplex- und Molekülverbindungen einzugehen[450—454]. Eine Betätigung dieser Restvalenzen innerhalb dieses Eiweißmoleküls ist sehr wohl möglich. Nach den oben zitierten Versuchen können sie aber nur eine nebensächliche Bedeutung haben und an der Verkettung des eigentlichen Molekülgerüstes nicht beteiligt sein.

Eine vollkommen abweichende Anschauung verficht N. TROENSEGAARD[550—560]. Danach sind die Aminosäuren in dem Eiweißmoleküle nicht vorgebildet, sondern es besteht aus kondensierten Pyrrol- und Benzolringen, wie das nachfolgende Schema demonstriert.

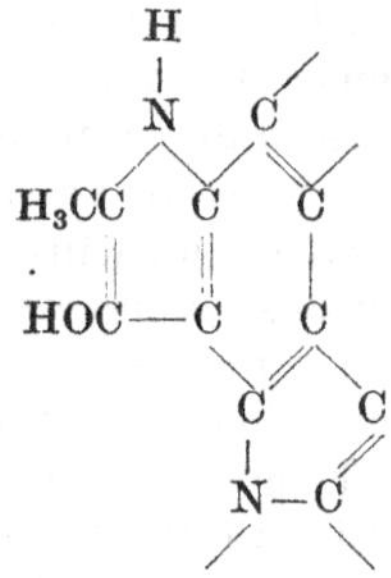

B. Spezieller Teil.

Die Eiweißkörper treten in der Welt der Organismen in geradezu ungeheurer Mannigfaltigkeit auf. Die vielen möglichen Variationen in Zahl, Menge und Anordnung der Aminosäuren sind es, die jeder Tierspezies und vielleicht auch jedem Individuum das eigene Eiweiß gestatten. Nach E. ABDERHALDEN[1] bestehen für einen Gehalt von 20 verschiedenen Aminosäuren allein in der Anordnung schon 24.10^{18} Möglichkeiten. Unter ihnen lassen sich nach Zusammensetzung, physikalischen, chemischen und biologischen Eigenschaften verschiedene zum Teil scharf charakterisierte Gruppen absondern. Die Zugehörigkeit zu einer bestimmten Gruppe prägt sich schon in der Isolierung aus den tierischen oder pflanzlichen Geweben aus.

Die Grundlage für Darstellung und Trennung der Proteine bietet die verschiedene Löslichkeit. Dann ist noch von Bedeutung das Verhalten gegenüber den Fermenten und die Art des Vorkommens. Im allgemeinen extrahiert man die Ausgangsmaterialien, Organbreie, Blätter, Samen u. a. zunächst mit verdünnten Lösungen von neutralen oder schwach alkalischen Salzen. Die meisten komplizierten Proteine gehen dabei in Lösung. Zurück bleiben hauptsächlich die unlöslichen Gerüsteiweiße. Dialysiert man den Salzextrakt, so fallen die in reinem Wasser unlöslichen Globuline aus, die Albumine bleiben gelöst und können durch Alkohol gefällt werden. Außer durch die Dialyse kann man die Globuline auch durch Ansäuern des Salzextraktes abtrennen. Eine Gruppe von Eiweißkörpern, die Gliadine oder Prolamine in den Getreidesamen, zeichnet sich vor allen übrigen durch die Löslichkeit in 70 % Alkohol aus und kann dadurch schon leicht isoliert werden. Zwei weitere Gruppen, die Protamine und Histone, sind durch ihr Vorkommen in den Zellkernen in Verbindung mit Nucleinsäure gekennzeichnet, die ersteren außerdem noch durch die Unangreifbarkeit für Pepsinsalzsäure. Aus den Zellkernen werden sie durch Extraktion mit verdünnten Mineralsäuren gewonnen. Die Protamine können von eventuell begleitenden anderen Proteinen durch Behandlung mit Pepsinsalzsäure befreit werden.

Es gibt zwei große grundsätzlich verschiedene Gruppen von Proteinen: die einfachen und die zusammengesetzten Proteine. Die zweite Gruppe ist viel weiter verbreitet als die erste, bei den Pflanzen sowohl wie bei den Tieren; hier ist das Eiweiß noch mit einer anderen nichteiweißartigen Komponente verbunden.

I. Einfache Proteine.

1. Die Protamine.

Die Protamine bilden nach Aufbau und Vorkommen eine scharf abgegrenzte Gruppe. Das erste Protamin wurde von F. MIESCHER 1868 im Laboratorium F. HOPPE-SEYLERS bei Untersuchungen über die chemische Natur des Zellkerns entdeckt. In den Spermien des Lachses fand er eine salzartige Verbindung zwischen Nucleinsäure und einer Base, der er den Namen Protamin gab. Von A. KOSSEL wurde dann gezeigt, daß ähnliche Körper in den Spermatozoen anderer Fischarten vorkommen und der Name Protamin auf die ganze Gruppe übertragen[344]. Er und seine Schüler haben die Protamine aus 17 Fischarten dargestellt. Diese Arbeiten bilden die Grundlage für die Anschauung, die wir heute über die Struktur des Eiweißmoleküls haben. Die Protamine eignen sich zu solchen Studien besonders, weil sie sehr einfach gebaut sind. Die meisten Vertreter bestehen nur aus fünf verschiedenen Aminosäuren. Im ganzen wurden bis jetzt zehn Aminosäuren als Bausteine festgestellt, und zwar sind es Arginin, Lysin, Histidin, Tryptophan, Tyrosin, eine Aminocapronsäure, Prolin, eine Aminovaleriansäure, Serin und Alanin.

Das Charakteristikum der Protamine ist der hohe Gehalt an Hexonbasen, vor allem Arginin, was sich auch aus der Lage ihres isoelektrischen Punktes im stark alkalischen Bereich zu erkennen gibt. Salmin z. B. enthält 87 % Arginin, und sein isoelektrischer Punkt liegt bei p_H 12,09[344]. Die beiden anderen Hexonbasen, Histidin und Lysin, kommen nicht in allen, sondern nur in einzelnen Protaminen vor. So bietet der Gehalt an den Hexonbasen eine natürliche Grundlage für die Einteilung der Protamine[344]: 1. die Monoprotamine, die nur Arginin enthalten, 2. die Diprotamine, die Arginin und Histidin oder Arginin und Lysin und 3. die Triprotamine, die alle drei Hexonbasen enthalten. Die Monoaminosäuren sind auch bis auf wenige Prozent genau bestimmt und isoliert worden.

Nach den Arbeiten von Miescher und ferner von A. Kossel und F. Weiss[358] über die Reifung der Testikel des Lachses entstehen die Protamine aus Muskeleiweiß. Das Muskeleiweiß ist ein kompliziert aufgebautes und an Monoaminosäuren reiches Protein. Bei einer Umformung zu Protamin wird es vereinfacht, indem die zahlreichen Monoaminosäuren wegoxydiert werden. Dabei reichern sich die Basen an. In einzelnen Fällen geht die Vereinfachung so weit, daß auch die beiden Hexonbasen Histidin und Lysin von ihr ergriffen werden und als einzige Base nur noch das Arginin übrigbleibt.

Wie schon erwähnt wurde, werden die Protamine von Pepsinsalzsäure nicht gespalten, worin ein weiteres Merkmal zu ihrer Charakterisierung zu sehen ist. Dagegen hydrolysieren sie Trypsin und Trypsinkinase[568b]. Ebenso charakteristisch ist das Vorkommen in den Köpfen der Spermatozoen der Fische in salzartiger Verbindung mit Nucleinsäure. Sonst sind sie weder im Pflanzen- noch im Tierreich aufgefunden worden. Von K. Felix[116] wurden allerdings aus verschiedenen Organen einzelne stark basische Peptone isoliert, deren Basengehalt dem der Protamine nahekommt. Sie unterscheiden sich aber von ihnen durch ein bedeutend kleineres Molekulargewicht. Die salzartige Verbindung mit der Nucleinsäure, das Nucleoprotamin, ist eigentlich ein zusammengesetzter Eiweißkörper und das Analogon zu den Nucleoproteiden in anderen Zellen. Während aber das Nucleoprotamin sehr leicht in seine beiden Komponente zerlegt werden kann, ohne daß einer von ihnen zersetzt wird, ist das bei Nucleoproteiden nicht möglich. Deswegen ist es berechtigt, die Protamine den einfachen Proteinen zuzurechnen. Zur Kennzeichnung der Protamine kann weiter noch dienen, daß sie mit Nucleinsäure, Alkaloidreagenzien und Eiweißkörpern schwer lösliche Niederschläge geben.

Monoprotamine. Sie enthalten als Base, wie schon hervorgehoben, nur Arginin. Je nach dem Verhältnis des Arginins zu den Monoaminosäuren gibt es zwei Untergruppen. In der ersten Untergruppe, der *Salmingruppe*, kommt auf 2 Moleküle Arginin 1 Molekül einer Monoaminosäure. Ihr typischer Vertreter ist das *Salmin*, das Protamin des Rheinlachses. Von A. Kossel und W. Staudt[357] wurde es noch in anderen Salmoniden nachgewiesen. Neben Arginin enthält es Serin, Aminovaleriansäure und Prolin. Ein ganz ähnlich aufgebautes Protamin ist das *Clupein*, das Protamin des Heringsspermas. Es enthält die Monoaminosäuren des Salmins und dazu noch Alanin. Das Clupein ist keine einheitliche Substanz. Wie Versuche von M. Goto[238], A. Kossel und E. G. Schenk[355] und neuerdings von K. Felix und K. Dirr[172] zeigen. Es besteht aus einem Gemisch von vier Protaminen (S. 143). In allen ist das Verhältnis von Arginin zu den Monoaminosäuren wie beim Salmin gleich 2 : 1.

Weitere Protamine der Salmingruppe finden sich in den Spermatozoen der Makrele (Scombrin), des Hechtes (Esocin), des Thunfisches (Thynnin) und von Sagenichthys ancylodon (Ancylodin). Das Thynnin ist das einzige Protamin der Salmingruppe, welches Tyrosin enthält.

Die zweite Untergruppe weist bis jetzt nur einen Vertreter auf, das Cyclopterin aus den Testikeln des Cyclopterus lumpus. Bei ihm treffen auf 1 Molekül Arginin 2 Moleküle Monoaminosäuren, unter ihnen sind Tyrosin und Tryptophan nachgewiesen.

Diprotamine. Sie scheiden sich in zwei Untergruppen, von denen die erste Arginin und Histidin, und die zweite Arginin und Lysin enthält. Bei der ersten Untergruppe kommen auf 1 Molekül einer Monoaminosäure zwei Hexonbasen, was Kossel durch die Formel $(ah)_2m$ ausdrückt, zu ihr gehört bis jetzt nur das

Percin, welches KOSSELS aus zwei nordamerikanischen Fischarten (Perca flavescens und Stizostedium vitreum) isolierte.

Die Vertreter der zweiten Untergruppe, *Cypriningruppe*, sind das Crenilabrin aus Crenilabrus pavo (Mittelmeer) und die Cyprinine aus den Spermen des Karpfens (Cyprinus carpio) und seiner nächsten Verwandten. Das Protamin des Karpfens tritt in zwei Formen auf; die eine ist arm an Arginin und reich an Lysin, und die andere umgekehrt reich an Arginin und arm an Lysin. Hier verläuft also die Bildung des Protamins nach zwei verschiedenen Richtungen[344].

Triprotamine. Sie enthalten alle drei Hexonbasen. Ihr Hauptvertreter ist das *Sturin* von dem deutschen Stör aus der Ostsee (Accipenser Sturio). Hexonbasen und Monoaminosäuren verhalten sich wie 2 : 1. Die Zusammensetzung entspricht also der Formel $(ahl)_2m$, worin das Verhältnis der Hexonbasen untereinander nicht berücksichtigt ist. Auch aus anderen Störarten sind Protamine dargestellt worden; es ist aber noch nicht entschieden, ob sie mit dem des Accipenser Sturio identisch sind.

Da die Protamine durch Vereinfachung von komplizierten Eiweißkörpern bei der Reifung der Spermatozoen allmählich gebildet werden, so trifft man bei den unreifen Spermatozoen *Übergangsformen* an, die Zwischenstufen in diesem Prozeß darstellen. Zu ihnen rechnet A. KOSSEL einen Körper, den M. S. DUNN[138] aus den Testikeln von Sardinia coerulea an der californischen Küste dargestellt hat. Er läßt sich in das oben gegebene Schema nicht einreihen. Da aus unreifen Spermatozoen auch oft Histone erhalten werden, so scheint diese Gruppe von Eiweißkörpern bei der Reifung der Spermatozoen auch als Zwischenstufe auftreten zu können.

Zusammensetzung einiger Protamine.
(Die Zahlen bedeuten Prozente des Gesamtstickstoffes.)

Aminosäure	Salmin	Cyprinin		Sturin
		α	β	
Argininstickstoff	89,2	8,7	29,76	67,4
Histidinstickstoff				10,1
Lysinstickstoff		45,56	10,80	7,5
Alaninstickstoff			+	+
Serinstickstoff	3,25			0
Aminovaleriansäurestickstoff . .	1,65		+	0
Prolinstickstoff	4,3		+	0
Leucin (oder isomeres)				+

2. Die Histone.

Die Histone sind ebenfalls eine gut charakterisierte Gruppe von Proteinen. Sie stehen zwischen den einfachen Protaminen und den komplizierten Eiweißkörpern. Jenen sind sie verwandt durch ihren basischen Charakter und ihre biologische Funktion. Auch sie kommen nur in den Zellkernen in salzartiger Vereinigung mit Nucleinsäure vor. Mit den komplizierten Eiweißkörpern haben sie gemeinsam die größere Mannigfaltigkeit der Bausteine, namentlich der Monoaminosäuren, unter denen Cystin, das bei den Protaminen fehlt, nachgewiesen ist, ferner ihren Gehalt an Ammoniak, das durch Säuren abgespalten werden kann, und schließlich ihre Verdaulichkeit durch Pepsinsalzsäure. Die wesentlichen Kennzeichen für die Zugehörigkeit eines Proteins zu dieser Gruppe sind folgende. Zunächst der stark basische Charakter, der in erster Linie durch einen hohen Gehalt an Arginin bedingt ist, sie enthalten auch stets die beiden anderen Hexonbasen. Durch überschüssiges Ammoniak werden die Histone aus wäßriger Lösung gefällt und bei längerer Berührung mit dem Fällungsmittel in eine unlösliche

Modifikation verwandelt. Aus neutraler Lösung werden sie durch Alkaloidfällungsmittel niedergeschlagen. Bei der Verdauung durch Pepsinsalzsäure entsteht ein Gemisch von Peptonen, unter denen eines, das *Histopepton*, in charakteristischer Weise durch Natriumpikrat sich isolieren und identifizieren läßt[344, 169].

Die Histone bilden wie die Protamine eine formenreiche Gruppe. Die Unterschiede zwischen den einzelnen Vertretern sind aber zu gering, als daß sich auf ihnen eine Systematik aufbauen ließe. Der Argininstickstoff beträgt in der Regel 22—27 %, der Histidinstickstoff 2—5 % und der Lysinstickstoff 4—12 % und der Ammoniakstickstoff 3—7 % vom Gesamtstickstoff. Sie sind bis jetzt aus den Kernen verschiedener Organe von Warmblütern und auch reifen Spermatozoen einzelner Fischarten isoliert worden.

Das erste Histon stellte KOSSEL 1884 aus den Kernen der roten Vogelblutkörperchen dar[346]. Am eingehendsten ist das leicht zugängliche Histon der Thymusdrüse des Kalbes, das *Thymushiston*, untersucht. Bei der Extraktion dieses Organs mit Wasser erhielt L. LILIENFELD[395] einen Körper, in dem das Histon noch mit Nucleinsäure verbunden ist. Es ist das *Nucleohiston*, welches sich ebenso leicht wie die Nucleoprotamine durch Extraktion mit verdünnten Salzsäuren in seine beiden Komponenten ohne Zersetzung derselben zerlegen läßt. Aus dem sauren Extrakt kann man es mit Alkohol fällen. Durch mehrmaliges Umfällen mit Alkohol stellten K. FELIX und A. HARTENECK[173, 170] ein Präparat dar, das frei von Asche war und krystalline Beschaffenheit zeigte. Es gibt die oben erwähnten Histonreaktionen. Es besitzt auf 100 Atome Stickstoff 11 freie Aminogruppen und 13 freie Carboxyle. Bei der Pepsinsalzsäureverdauung liefert es ein Gemisch von Peptonen verschiedener Zusammensetzung, darunter Histopepton und freies Lysin. Sein isoelektrischer Punkt liegt bei p_H 8,51.

Weitere Histone wurden aus den reifen Testikeln vom Kabeljau, der Quappe (Lota vulgaris), des Centrophorus granulosus und ferner aus den Spermien einiger Echinodermen, unter denen sie wahrscheinlich allgemein verbreitet sind, isoliert. Aus den unreifen Testikeln der Fische sind Körper gewonnen worden, die, wie schon erwähnt, große Ähnlichkeit mit den Histonen besitzen, so das Scombron aus den Testikeln der Makrele (I. BANG[51]).

Das Globin. Verschiedentlich wird auch das Globin zu den Histonen gerechnet, da es ebenfalls ein basischer Eiweißkörper ist, und durch Pepsinsalzsäure verdaut wird. Es kommt, ähnlich wie die Histone und Protamine, nicht für sich vor, sondern in Verbindung mit Hämochromogen im Hämoglobin. Vom Histon unterscheidet es sich in verschiedener Hinsicht. Die Basizität ist nicht durch einen hohen Gehalt an Arginin, sondern an Histidin bestimmt. Es ist zwar durch Pepsinsalzsäure verdaubar, liefert aber kein Histopepton. Durch Einwirkung von Säuren kann es zwar von

Bausteinanalysen von Thymushiston und Globin (in Gewichtsprozenten).

Aminosäure	Thymushiston	Globin (Pferd) berechnet aus Hämoglobin
Ammoniak	—	0,9
Glykokoll	0,5	—
Alanin	3,5	4,2
Serin	—	0,6
Cystin	—	0,3
Phenylanalin	2,2	5,0
Tyrosin	6,3	4,0
Tryptophan	1,1	3,6
Valin	—	—
Prolin	1,5	4,5
Oxyprolin	—	1,0
Leucin	11,8	29,0
Isoleucin	—	—
Arginin	14,4	3,46
Histidin	2,2	7,96
Lysin	7,7	8,44
Oxylysin	—	—
Asparaginsäure	—	4,4
Glutaminsäure	3,7	1,7
Oxyglutaminsäure	—	—

der Farbstoffkomponente abgetrennt werden. Es ist sehr schwer in nichtdenaturiertem Zustand zu erhalten. Mit Ammoniak gibt es wohl einen Niederschlag, der sich aber im Überschuß wieder löst. Aus den Blutfarbstoffen der einzelnen Tierarten werden Globine mit verschiedenen Eigenschaften erhalten[339].

3. Die Gliadine (Prolamine).

Die Gliadine sind Eiweißkörper, die in den Samen der Getreidefrüchte vorkommen und mit 50—80proz. Alkohol aus dem Mehl extrahiert werden können. Th. B. Osborne, dem wir eine bedeutende Erweiterung unserer Kenntnisse über die pflanzlichen Proteine verdanken, bezeichnet sie als Prolamine, um damit auszudrücken, daß sie reich an Prolin sind und bei der Säurehydrolyse viel Ammoniakstickstoff liefern. Die deutschen und englischen Autoren[456a] ziehen den Namen Gliadine vor, da die andere Bezeichnung leicht zu Verwechslungen mit den Protaminen führen kann. Die Samen der Zerealien, Reis ausgenommen, enthalten relativ viel Gliadine. Neben ihrer Löslichkeit in verdünntem Alkohol zeigen sie noch andere Merkmale. Sie enthalten alle sehr wenig Arginin und Histidin und gar kein Lysin, dagegen viel Prolin, Ammoniak und Glutaminsäure[564]. Weil Lysin fehlt, sind sie biologisch unvollkommene Eiweißkörper. Dieser Mangel im Gehalt an bestimmten Aminosäuren wird durch die gleichzeitig mit ihnen in den Samen vorkommenden Gluteline ausgeglichen.

Die Gliadine sind sowohl in reinem Wasser als auch in reinem Alkohol unlöslich (D. B. Dill und C. L. Alsberg[132]), sondern nur in Gemischen beider löslich. Der Äthylalkohol kann durch Methyl-, Propyl-, Benzylalkohol, ferner durch Glycerin und Phenole vertreten werden. Ihre Salze mit Säuren oder Alkalien sind in reinem Wasser leicht löslich. Sie besitzen keine freien Aminogruppen, was dem Fehlen von Lysin entspricht, dagegen freie Carboxyle.

Die alkohollöslichen Proteine der Weizengruppe, das eigentliche *Gliadin*, scheinen identisch zu sein, was sowohl ihren chemischen Aufbau als auch ihr immunologisches Verhalten betrifft (H. J. Lewis, H. G. Wells, F. Hoffmann und R. A. Gortner[384]).

Das Zein des Maises und das Hordein des Hafers unterscheiden sich vom Gliadin; über das Gliadin des Reises vgl. [280]. Dem Zein fehlt Tryptophan und außerdem enthält es mehr Leucin, dagegen weniger Glutaminsäure. Das Hordein ist reicher an Prolin als andere Eiweißkörper. Die Bausteinanalyse des Zeins von Dakin lieferte 100 % der Aminosäuren wieder[118]. In der nebenstehenden Tabelle ist die Zusammensetzung einiger Gliadine aufgestellt.

Bausteinanalyse einiger Gliadine (in Gewichtsprozenten).

Aminosäure	Gliadin	Zein	Hordein
Ammoniak	5,2	3,6	4,9
Glykokoll	—	—	—
Alanin	2,0	9,8	1,8
Serin	0,1	1,0	—
Cystin	2,4	—	2,5
Phenylalanin	2,3	7,6	5,0
Thyrosin	3,1	5,9	1,7
Tryptophan	0,8	—	1,6
Valin	3,3	1,9	1,4
Prolin	13,2	9,0	13,7
Oxyprolin	—	—	—
Leucin	6,6	25,0	7,0
Isoleucin	—	—	—
Histidin	0,6	1,2	0,7
Arginin	3,2	1,8	0,9
Lysin	0,6	—	—
Oxylysin	—	—	—
Asparaginsäure	0,8	1,8	1,3
Glutaminsäure	43,7	31,3	43,2
Oxyglutaminsäure	2,4	2,5	—

4. Die Gluteline.

Sie kommen, wie bereits erwähnt, mit den Vertretern der vorigen Gruppe in den Getreidesamen zusammen, teilweise sogar in physikalisch-chemischer Bindung mit ihnen, vor. Sie sind in Alkohol und allen neutralen Lösungsmitteln unlöslich, können dagegen mit verdünnten Alkalien (z. B. 0,02proz. Natronlauge) oder Säuren extrahiert werden. Aus den alkalischen Extrakten werden sie zum Unterschied von den Globulinen schon durch kleine Mengen Ammonsulfat ausgesalzen. Die untere Fällungsgrenze liegt für die Globuline bei 0,15 % Sättigung, die Gluteline fallen dagegen schon bei 0,018 % Sättigung[301—305, 227]. Sie enthalten Lysin und Tryptophan. Das Gemisch von Gliadin und Glutelin stellt das sog. Klebereiweiß oder Gluten dar, das mit Wasser angerührt in eine klebrige und teigige Masse übergeht und beim Backen des Brotes koaguliert. Häufig kommen zwei Gluteline nebeneinander in den Samen vor, die als α- und β-Glutelin bezeichnet werden und sich durch die Salzkonzentration, die zur Fällung nötig ist, unterscheiden. Das β-Glutelin ist schwerer aussalzbar.

Die Gluteline des Weizens, auch *Glutenin* oder Glutencasein genannt, machen ungefähr die Hälfte der Eiweißsubstanz des Weizens aus und kommen im Endosperm des Samens vor[340]. Im Mais ist das β-Glutelin nur in geringer Menge vorhanden. Reis und Hafer enthalten nur je eins, das *Orycelin* und das *Avenin*.

Zusammensetzung einiger Gluteline (in Prozenten des Gesamtstickstoffes).

Stickstofffraktion	Weizen α	Weizen β	Reis	Hafer	Mais
Stickstofffraktion:					
Ammoniak-N	17,80	11,06	10,96	13,46	7,73
Cystin-N	1,76	5,43	1,56	1,99	2,04
Arginin-N	10,95	6,10	20,38	15,30	15,11
Histidin-N	5,50	6,17	3,68	3,49	2,81
Lysin-N	3,06	6,85	5,16	5,45	7,99
Monoaminosäurefraktion:					
Amino-N	45,40	49,13	54,33	54,71	59,64
Nichtamino-N	13,00	14,90	2,30	2,32	—
Tyrosin	2,5		2,3	—	—
Tryptophan	1,3		2,0	1,0	1,0

5. Die Globuline.

Die Globuline repräsentieren wohl die am weitesten verbreitete Gruppe von einfachen Eiweißkörpern. Ihr wesentliches Kennzeichen ist die Unlöslichkeit in Wasser und leichte Löslichkeit in verdünnten Neutralsalzlösungen. Sie bilden offenbar, ähnlich wie die einfachen Aminosäuren, lösliche Molekülverbindungen mit Neutralsalzen. Aus diesen Lösungen können sie durch Dialyse oder genügendes Verdünnen mit Wasser abgeschieden werden. Ferner lassen sie sich durch Halbsättigung der Lösung mit Ammonsulfat oder Natriumsulfat aussalzen. Die tierischen Globuline kommen meistens in Gemischen vor und können durch den Sättigungswert, der für ihre Aussalzung genügt, voneinander getrennt werden. Die Euglobuline des Serums und der Gewebsflüssigkeiten fallen bei geringerer Konzentration mit Ammonsulfat, wie die Pseudoglobuline, aus. Durch Ansäuern ihrer Lösung in Neutralsalzen oder schwachen Alkalien fallen die Globuline ebenfalls aus. Bei den Euglobulinen genügt schon Ansäuern mit Kohlensäure. Bei stark saurer Reaktion gehen sie wieder in Lösung. Die Lösung bei alkalischer und neutraler Reaktion ist im wesentlichen eine Funktion der Lage des isoelektrischen Punktes. Er liegt bei den meisten bei schwach-saurer Reaktion (p_H 4—6). Auf beiden Seiten desselben bilden sie lösliche Salze mit Säuren bzw. Alkalien.

Meistens kommen sie mit den Albuminen vergesellschaftet vor. Sie unterscheiden sich von ihnen durch die leichtere Aussalzbarkeit und den Gehalt an Glykokoll, welches den Albuminen fehlt. Eine scharfe Trennung der beiden Gruppen ist durch die physikalischen Eigenschaften allein nicht möglich Durch äußere Einwirkungen, wie z. B. schwache Alkalien und Wärme, können die Albumine die Fällungseigenschaften der Globuline übernehmen Nach dem Verlauf der Racemisationskurve (H. E. WOODMANN[583]) handelt es sich dagegen um zwei scharf getrennte Klassen von Proteinen. Hinsichtlich ihres Gehaltes an Aminosäuren weisen sie keine Besonderheiten auf. Ein großer Teil, namentlich der pflanzlichen Globuline, konnte in krystallisiertem Zustand erhalten werden.

Tierische Globuline. Die *Globuline* des *Serums*. Im Serum kommen drei verschiedene Globuline vor, das Fibrinogen, das Euglobulin und das Pseudoglobulin Die Antikörper, welche die Immunseren enthalten, erscheinen bei der Fraktionierung der Serumeiweißkörper ebenfalls in der Globulin-, meistens Pseudoglobulinfraktion

Das *Fibrinogen* ist in dem Blut der Wirbeltiere enthalten und wird bei der Gerinnung als Faserstoff, *Fibrin*, abgeschieden Diese Umwandlung ist ein fermentativer und seinem Wesen nach wahrscheinlich ein hydrolytischer Prozeß[571, 251]. Das Gerinnungsferment ist das Thrombin, das im strömenden Blut in unwirksamer Vorstufe als Thrombogen vorkommt und durch die Thrombokinase aktiviert wird Das native Fibrinogen kann durch Kochsalz ausgesalzen werden Es löst sich in einer 5—10proz. Kochsalzlösung und koaguliert darin bei 52—55°. In einer kochsalzarmen, sehr schwach alkalischen oder neutralen Lösung gerinnt es erst bei 56°.

Das *Fibrin* besitzt die Löslichkeitseigenschaften eines koagulierten Eiweißkörpers. Bei der spontanen Blutgerinnung wird es in Form einer faserigen elastischen Masse abgeschieden. Bei Behandlung mit Salzen oder Alkohol schrumpft es und verliert seine Elastizität, gewinnt sie aber beim Quellen in Wasser wieder zurück. In stark verdünnten Säuren oder Alkalien quillt es zu einer gallertartigen Masse und löst sich sehr langsam In Alkalien erleidet es gleichzeitig eine Ammoniakabspaltung, Von eiweißverdauenden Fermenten wird es leicht hydrolysiert, und häufig dienen Fibrinflocken zur Bestimmung der Verdauungskraft eines Magen- oder Darmsaftes.

Aus Serum, das von Fibrin befreit ist, können die Globuline durch Halbsättigung mit Ammon- oder Natriumsulfat gefällt werden Die Globulinfraktion besteht aus *Euglobulin* und *Pseudoglobulin*, die teils frei nebeneinander, teils in Verbindung miteinander vorkommen. Es sind zwei verschiedene Eiweißkörper, die sich durch ihre Löslichkeit unterscheiden. Euglobulin ist in reinem Wasser unlöslich, während Pseudoglobulin sich etwas löst und gleichzeitig Euglobulin in Lösung halten kann, indem es mit ihm eine Verbindung eingeht[501]. Außerdem kann das Euglobulin durch Sättigung mit Kochsalz, Halbsättigung mit Magnesiumsulfat und Drittelsättigung mit Ammonsulfat gefällt werden. Das Pseudoglobulin bleibt bei diesen Salzkonzentrationen noch in Lösung und scheidet sich erst bei Ganzsättigung mit Magnesiumsulfat oder Halbsättigung mit Ammoniumsulfat aus[286]. Durch fraktioniertes Aussalzen können die einzelnen Serumglobuline quantitativ bestimmt werden. Sie gerinnen in neutraler Lösung bei 75°. Ihre spezifische Drehung liegt bei — 47,8°[251]. In ihren physikalischen Konstanten unterscheiden sich die Globulinfraktionen nicht wesentlich. Bei Nierenentzündungen erscheinen die Globuline des Serums im Harn.

Die Globuline der *Milch*. Die Milch enthält ebenfalls ein Euglobulin und Pseudoglobulin, die nach den Untersuchungen von H. E. WOODMANN[583] bei der Kuhmilch mit denen des Serums identisch sind.

Auch in dem *Eierklar* scheint die Globulinfraktion aus einem Gemisch eines schwerer und eines leichter löslichen Globulins zu bestehen. Sie gerinnen bei 75°.

Die *Globuline* des *Muskels*. Die Zahl der Proteine im Muskel ist noch nicht genau bekannt. Die Hauptmenge repräsentieren das Myosin und das Myogen[12, 7].

Das *Myosin* wurde von W. KÜHNE entdeckt. Es läßt sich aus dem Muskelbrei durch verdünnte Neutralsalzlösung extrahieren und aus dem Extrakt durch Aussalzen oder Dialyse abscheiden. Vielleicht kommt es auch in anderen Organen vor. Es steht dem Fibriogen nahe und kann spontan aus dem Muskelpreßsaft gerinnen, bei welchem Vorgang ein Ferment, das Myosinferment, beteiligt ist. Aus einer kochsalzhaltigen Lösung koaguliert es bei 56°.

Neben ihm wird noch ein anderes Globulin, *Muskulin*, genannt. Seine Gerinnungstemperatur liegt niederer als die des Myosins, es kann auch leichter ausgesalzen werden. Nach O. v. FÜRTH ist es aber identisch mit dem Myosin[251].

Die Hauptmasse des Proteins im Muskel bildet aber das *Myogen*. Seine Globulinnatur steht noch nicht fest. Nach einigen Forschern[251] gehört es zu den Albuminen. Bei genügend langer Dialyse soll es aber ausfallen. Das Myogen aus den Muskeln der verschiedenen Tiere ist nicht identisch. Es koaguliert zwischen 55° und 65°. In Gegenwart von 26—40 % Ammonsulfat fällt es aus. Es kann ebenfalls spontan gerinnen, wobei es sich in das *unlösliche Myogenfibrin* verwandelt. Bei diesem Vorgang tritt eine lösliche Zwischenstufe, das *lösliche Myogenfibrin*, auf, welches sich völlig wie ein Globulin verhält, indem es durch Dialyse und Halbsättigung mit Ammonsulfat ausgefällt werden kann. Seine Koagulationstemperatur liegt zwischen 30 und 40°; es kann daher im Warmblütermuskel nicht vorkommen, dagegen ist es ein präformierter Bestandteil des Kaltblütermuskels.

In neuster Zeit hat P. E. HOWE aus dem Extrakt von Warmblütermuskeln durch fraktioniertes Aussalzen drei verschiedene Globuline und ein Albumin dargestellt[287].

Extrahiert man die Muskelsubstanz mit 1‰ Salzsäure, so erhält man eine Eiweißsubstanz, die ein Acidalbumin oder Syntonin darstellt. Ihre Einheitlichkeit ist noch fraglich, jedenfalls ist sie nicht im Muskel vorgebildet[251].

Von besonderem Interesse ist ein spezifisches Globulin der *Schilddrüse*, das *Thyreoglobulin*[148]. Während des Lebens nimmt es Jod aus dem Kreislauf auf und geht in Jodthyreoglobulin über. Sein Jodgehalt schwankt zwischen 0,34 und 0,86 %. Von den eigentlichen Globulinen unterscheidet es sich dadurch, daß es auch bei lang dauernder Dialyse gegen destilliertes Wasser nicht ausfällt. In einer 10proz. Magnesiumsulfatlösung koaguliert es bei 65°. In salzfreier Lösung tritt keine Hitzekoagulation ein. Bei jungen Tieren, die in ihrer Schilddrüse noch kein Jod besitzen, ist auch das Thyreoglobulin frei von Jod. Verfütterung von Jodthyreoglobulin erzeugt dieselbe Wirkung wie die Schilddrüsensubstanz selbst. Aus Jodthyreoglobulin konnte, wie bereits erwähnt, kein Thyroxin gewonnen werden[331a].

Im *Harn* treten, wie bereits erwähnt, bei Nierenentzündungen die Serumglobuline auf. Bei Tumoren des Knochenmarks erscheint im Harn der BENCE-JONESsche Eiweißkörper, den verschiedene Autoren den Globulinen zurechnen. Bei langsamem Erwärmen seiner Lösung scheidet er sich zwischen 60 und 70° aus, um über 80° wieder in Lösung zu gehen. Beim Erkalten der Lösung wiederholt sich diese Erscheinung, welche übrigens von der Reaktion und vom Salzgehalt der Lösung abhängt. In ganz salzfreier Lösung löst er sich nicht immer wieder beim Sieden. Er ist in reinem Wasser löslich, was ihn von den Globulinen unterscheidet. Aus dem Harn kann er mit Alkohol oder dem doppelten Volumen gesättigter Ammonsulfatlösung gefällt werden. Er ist mehrfach im krystallisierten

Zustand erhalten worden. Sein freier Aminostickstoff beträgt 4,9 % vom Gesamtstickstoff. An Bausteinen wurden Arginin, Histidin, Lysin, unter den Monoaminosäuren Cystin und Tryptophan nachgewiesen. Bei der Säurehydrolyse liefert er Ammoniak[401, 251].

In der *Linse* des *Auges* kommen zwei Eiweißkörper vor, *α-Krystallin* und *β-Krystallin*, die C. TH. MÖRNER[298] zu den Globulinen rechnet, da sie durch Sättigung mit Magnesiumsulfat gefällt werden. Sie unterscheiden sich aber von diesen insofern, als sie aus ihrer Lösung weder durch Verdünnung noch durch Ganzsättigung mit Kochsalz gefällt werden können und kein Glykokoll enthalten[251]. Die Zusammensetzung der beiden Krystalline ist verschieden, vor allem hinsichtlich des Gehaltes an Cystein. Das β-Krystallin, welches mehr in den inneren Teilen der Linse vorkommt, enthält viel, während das α-Krystallin in den äußeren Schichten wenig Cystein enthält[298, 276].

Bausteinanalyse einiger tierischer Globuline (in Gewichtsprozenten).

Aminosäure	Serum-globuline	Fibrin	Syntonin	Krystalline α	Krystalline β	BENCE-JONES
Ammoniak	1,8	—	0,8			—
Glykokoll	3,5	3,0	0,5	0	0	1,7
Alanin	2,2	3,6	4,0	3,6	2,6	4,5
Serin	—	0,8	—	+	+	—
Cystin	2,3	1,2	Cystein	+	+ + +	0,6
Phenylalanin	2,7	2,5	2,5	5,5	4,1	
Tyrosin	6,6	7,0	2,2	3,5	3,7	
Tryptophan	3,1	5,3	—	+	+	0,8
Valin	2,0	1,0	0,9	0,9	2,1	5,6
Prolin	2,8	3,6	3,3	1,8	1,4	2,7
Oxyprolin	—	—	—			
Leucin	18,7	15,0	7,8			5,5
Isoleucin	—	—	—	5,7	2,8	1,0 ?
Histidin	1,3	3,2	2,7	3,8	2,6	0,8
Arginin	3,6	7,0	5,1	8,0	7,5	6,1
Lysin	6,8	10,5	3,3	3,8	4,6	3,7
Oxylysin	—	—	—			
Asparaginsäure	2,5	2,0	0,5	1,2	0,4	4,5
Glutaminsäure	8,5	10,4	13,6	3,6	2,7	8,0
Oxyglutaminsäure	—	—	—	—	—	—

Pflanzliche Globuline. Die pflanzlichen Globuline zeigen sämtlich einen ausgesprochen sauren Charakter. In der Zusammensetzung unterscheiden sie sich nicht wesentlich von den tierischen. Bemerkenswert ist vor allem der hohe Gehalt an Aminodicarbonsäuren, Arginin und Ammoniak. Sie sind die wichtigsten Reserveproteine in den Pflanzensamen, in denen auch die Halbamide der Aminodicarbonsäuren, Asparagin und Glutamin reichlich vorkommen. Den höchsten Gehalt an Arginin besitzt das Excelsin; das Edestin enthält ebenfalls viel Arginin und daneben die größte Menge Glutaminsäure, steht aber in dieser letzteren Hinsicht den alkohollöslichen Gliadinen nach. Die Samenglobuline verwandter Pflanzen besitzen eine gleiche oder nur wenig verschiedene Zusammensetzung. Diese Verwandtschaft prägt sich auch im immunologischen Verhalten aus[384]. Verschiedene krystallisieren leicht. Zwischen den krystallisierten und anderen pflanzlichen Globulinen besteht aber kein großer Unterschied. Letztere enthalten etwas weniger Arginin. Dagegen unterscheiden sie sich von den tierischen in einigen Punkten. Sie koagulieren schwerer in der Hitze, vollständig nur in Gegenwart von Säuren. Die Löslichkeit in verdünnten Neutralsalzlösungen und die Salzkonzentration, bei der sie unslölich sind, wechselt bei den einzelnen Vertretern und weicht auch von dem Verhalten der tierischen Globuline ab.

Manche lösen sich z. B. nicht in 2- bis 3proz. Kochsalzlösung. Einige werden bei halber oder geringerer Sättigung mit Ammonsulfat ausgesalzen, andere erst, wenn die Sättigung ganz oder nahezu erreicht ist.

Edestin ist das bestuntersuchte pflanzliche Globulin. Es ist das hauptsächlichste Protein des *Hanfsamens*. Frei von Säuren und Basen ist es unlöslich in reinem Wasser, dagegen löst es sich in verdünnten Neutralsalzlösungen. Mit Säuren und Basen bildet es lösliche Salze[274]. Die Löslichkeit der Salze mit Säuren hängt von der Reaktion ab. Solange der Gehalt an Säure so gering ist, daß die Reaktion in der Nähe des isoelektrischen Punktes bleibt, der bei p_H 5—6 liegt, sind die Salze schwer löslich. Erst bei stärkerer Säurekonzentration tritt Lösung ein. Weiter ist die Salzkonzentration von Einfluß. Die Salze mit Säuren sind unlöslich in der verdünnten, dagegen löslich in konzentrierten Salzlösungen[341]. In 10proz. Kochsalzlösung beginnt es bei 87° zu koagulieren und flockt bei 94° aus. Ein Teil bleibt unkoaguliert. Die spezifische Drehung beträgt in 10proz. Kochsalzlösung — 41,3°. Zusatz von Ammonsulfat bis zu 23—35% Sättigung fällt Edestin aus.

Excelsin aus der Paranuß (Bertholletia excelsa) ist das erste künstlich krystallisierte Pflanzenprotein[441]. Es löst sich in Wasser und kann damit aus den Nüssen extrahiert werden. Im isolierten und gereinigten Zustand ist es unlöslich in Wasser, löslich in neutralen Salzlösungen und in alkalischem Wasser beim Umschlagspunkt des Phenolphphaleins, ferner in gesättigter Kochsalzlösung. Seine spezifische Drehung beträgt in 10proz. Kochsalzlösung — 42,9°. Sättigung mit Ammonsulfat bis zu 32—46% fällt es. Es koaguliert bei 70°, beginnt bei 86° sich in Flocken abzuscheiden, die bis 100° zunehmen. Es enthält 16,1% Arginin.

Aus den *Baumwollsamen* läßt sich durch Kochsalzlösung eine beträchtliche Menge Eiweiß extrahieren und durch Dialyse fällen, das also Globulineigenschaften besitzt. Wahrscheinlich ist es nicht einheitlich, sondern besteht aus zwei verschiedenen Globulinen, die sich durch Aussalzen mit Ammonsulfat trennen lassen[303, 117].

In den *Kürbissamen* (Cucurbita maxima) kommt ein Globulin vor, das in Oktaedern krystallisiert. Es besitzt die Löslichkeitseigenschaften der Globuline und koaguliert aus 10proz. Kochsalzlösung unvollständig bei 87—95°. Seine spezifische Drehung beträgt — 38,73°. Mit Ammonsulfat wird es bei 26—36% Sättigung ausgefällt.

Den Hauptteil des Eiweißes der *Mandeln* (Prunus amygdalus) macht das *Amandin* aus. In kaltem Wasser löst es sich nur wenig, in Wasser von 98° bildet es eine durchsichtige Masse, wobei ein beträchtlicher Teil in Lösung geht, beim Abkühlen sich aber wieder abscheidet. Aus einer 10proz. Kochsalzlösung koaguliert es teilweise zwischen 75 und 80°. Seine spezifische Drehung beträgt — 56,4°. Sättigung seiner Lösung bis zu 28—44% mit Ammonsulfat scheidet es ab.

Aus dem *Sesamsamen* (Sesamum indicum) haben W. D. Jones und F. C. Gersdorff zwei Globuline isoliert, die sich durch hohen Arginingehalt auszeichnen und den Gehalt an Lysin unterscheiden[304a].

Von weiteren Globulinen seien erwähnt das *Juglansin* aus der Walnuß (Juglans regia[441]), Globuline aus der Kokosnuß (Cocos nucifera), aus der Cohunenuß (Attalea cohune) und das Acerin aus den Ahornsamen[48].

Eine andere Gruppe von pflanzlichen Globulinen findet sich in den *Hülsenfrüchten der Leguminosen*. Die einander ähnlichen Globuline aus der Erbse (Pisum sativum), der Saubohne (Vicia faba), der Linse (Ervum lens) und der Wicke (Vicia sativa) werden von Th. B. Osborne als *Legumin* bezeichnet. Nach der Bausteinanalyse scheint es aber fraglich, ob sie wirklich identisch sind. Neben dem Legumin scheint noch ein anderes Globulin in diesen Hülsenfrüchten vorzukommen[469].

In den Bohnen (Phaseolus vulgaris) wird fast das ganze Protein durch das *Phaseolin* repräsentiert. Es krystallisiert in Oktaedern. Die Löslichkeit ist die der Globuline. Außer ihm scheinen die Bohnenextrakte noch ein leichter lösliches Globulin zu enthalten. Nach M. X. SULLIVAN[507] enthält das Phaseolin kein Cystin und ist in Fütterungsversuchen als alleinige Eiweißquelle nur mit Zulage dieser Aminosäure vollwertig. Es koaguliert bei 95° unvollständig; die spezifische Drehung ist —41,46°.

Ein Globulin aus den Sojabohnen (Glycine hispida), das *Glycinin*, zeigt viele Ähnlichkeit mit dem Legumin. Aus einer 10proz. Kochsalzlösung krystallisiert es auch bei längerem Erhitzen nicht.

Bausteinanalyse einiger Ölsamen- und Nußglobuline (in Gewichtsprozenten).

Aminosäure	Edestin	Arachin	Kokosnuß-globulin	Kürbis-samen-globulin	Excelsin	Amandin
Ammoniak	2,3	2,0	1,6	1,6	1,8	3,7
Glykokoll	3,8	0,0	0,0	0,6	0,6	0,5
Alanin	3,6	4,1	4,1	1,9	2,3	1,4
Serin	0,3	—	1,8			
Cystin	1,0	1,1	1,5			
Phenylalanin	3,1	2,6	2,0	3,3	3,6	2,5
Tyrosin	4,5	5,5	3,2	3,1	3,0	1,1
Tryptophan	1,5	0,9	1,2			
Valin	+	1,1	3,6	0,7	1,5	0,2
Prolin	4,1	1,4	5,5	2,8	3,7	2,4
Oxyprolin		—	—			
Leucin	20,9	3,9	6,0	7,3	8,7	4,5
Isoleucin						
Histidin	2,1	2,1	2,4	2,6	1,5	1,9
Arginin	15,8	12,5	15,9	14,4	14,3	12,2
Lysin	2,2	1,7	5,8	2,0	1,6	0,7
Oxylysin	3,3					
Asparaginsäure	10,2	5,6	5,1	4,5	3,9	5,5
Glutaminsäure	19,2	19,6	19,1	13,4	12,9	23,1
Oxyglutaminsäure	—	—	0,0			

Bausteinanalyse einiger Globuline aus Hülsenfrüchten (in Gewichtsprozenten).

Aminosäure	Phaseolin (w. Bohne)	Legumin (Erbse)	Vicilin (Erbse)	Legumin (Wicke)	Glycinin (Sojabohne)
Ammoniak	2,1	2,1	2,0	2,2	2,6
Glykokoll	0,6	0,4	0	0,4	1,0
Alanin	1,8	2,1	0,5	1,2	—
Serin					
Cystin					
Phenylalanin	3,3	3,8	3,8	2,9	3,9
Tyrosin	2,8	3,8	2,4	2,4	1,9
Tryptophan					
Valin	1,0	—	0,2	1,4	0,7
Prolin	2,8	3,2	4,1	4,0	3,8
Oxyprolin					
Leucin	9,7	8,0	9,4	8,8	8,5
Isoleucin					
Histidin	2,6	1,7	2,2	2,9	2,1
Arginin	4,9	11,7	8,9	11,1	7,7
Lysin	4,6	5,0	5,4	3,7	3,4
Oxylysin					
Asparaginsäure	5,2	5,3	5,3	3,2	3,9
Glutaminsäure	14,5	17,0	21,3	18,3	19,5
Oxyglutaminsäure					

Die Jackbohne (Canavalia ensiformis) enthält drei Globuline, von denen zwei krystallisieren (*Concanavalin* A und B) und eins (*Canavalin*) nicht krystallisiert[441]. In der Adsukibohne (Phaseolus angularis) sind zwei (α- und β-) Globulin enthalten, die sich durch ihre Löslichkeit unterscheiden[534, 307]. In der Kuherbse (Vigne sinensis) findet sich ein dem Phaseolin ähnliches Globulin und daneben ein leichter lösliches[441]. Ebenso enthalten die Lupinensamen zwei verschieden lösliche Globuline Conglutin α und β[441].

6. Albumine.

Die Albumine kommen häufig mit den Globulinen[247] zusammen vor, unterscheiden sich von ihnen durch ihr physikalisch-chemisches Verhalten, ihre serologischen Reaktionen und den Verlauf der Racemisierungskurve. Ihr Hauptvorkommen sind die tierischen Gewebe und Säfte, im Pflanzenreich sind sie weniger verbreitet. Einzelne sind krystallisiert gewonnen worden. Sie lösen sich in Wasser und auch in Salzlösungen, fallen erst bei Ganzsättigung mit Ammonsulfat aus, koagulieren beim Erhitzen, bleiben auf Zusatz von wenig Säure in Lösung, enthalten kein Glykokoll, sind reich an Schwefel.

Tierische Albumine. Das *Serumalbumin* ist ein integrierender Bestandteil des Blutserums und der Lymphe, kommt ferner in den Ergüssen in die Körperhöhlen und bei Nephritis im Harn vor. Es ist fraglich, ob das Protein der Albuminfraktion des Serums ein einheitlicher Körper ist. Denn aus dem Pferdeserum krystallisieren nur 40 % dieser Fraktion[251]. Die spezifische Drehung des krystallisierten Serumalbumins beträgt $[\alpha]_D^{18} = -62{,}8^0$ [579]. Aus einer 1proz. Kochsalzlösung koaguliert es bei 50°. Die Gerinnungstemperatur hängt weitgehend vom Salzgehalt ab. Eine salzfreie Lösung gerinnt weder beim Kochen noch auf Zusatz von Alkohol.

Das Albumin der Milch, *Lactalbumin*, ist dem Serumalbumin verwandt, aber nicht identisch mit ihm. In der Zusammensetzung ist der Unterschied der beiden Albumine gering, dagegen deutlich im Verlauf der Racemisierungskurve[583] und in der spezifischen Drehung, die hier nur -37^0 beträgt. Es enthält verhältnismäßig viel Tryptophan und neben anderen Aminosäuren Oxyglutaminsäure, Glykokoll und Serin, welch letzterer Befund es von anderen Albuminen unterscheidet[251, 308].

Das *Ovalbumin* macht die Hauptmenge der Proteine des Eierklars aus. Beim Abscheiden aus seiner wäßrigen Lösung mit Ammonsulfat krystallisiert es als wasserhaltiges Albuminsulfat. S. P. L. SÖRENSEN und S. PALITZSCH haben daneben noch krystallisierte Salze mit Phosphorsäure, Arsensäure und Zitronensäure dargestellt[504]. Mehrfach am isoelektrischen Punkt umkrystallisiert, zeigt es eine konstante spezifische Drehung von $[\alpha]_D^{15^0} = -30{,}81^0$ [579]. Das Drehungsvermögen ändert sich mit der Reaktion. Mit zunehmender Wasserstoffionenkonzentration steigt es. Von p_H 4,9 nach der alkalischen Seite hin fällt es zunächst ab, um dann wieder anzusteigen. Wahrscheinlich enthält das Eierklar neben dem genannten Albumin ein zweites nicht krystallisierendes Albumin, das *Conalbumin*. Nach vollständiger Auskrystallisation des Ovalbumins und Entfernung der Sulfate durch Dialyse kann es durch Hitzekoagulation gefällt werden. Das Ovalbumin enthält Phosphor. Doch weichen die Analysen der einzelnen Autoren voneinander ab, daß es fraglich ist, ob er einen Bestandteil des Moleküls oder nur eine Verunreinigung bedeutet. Es enthält kein Glykokoll; sonst zeigt seine Zusammensetzung keine Besonderheiten.

Pflanzliche Albumine. In den Pflanzen kommen, wie gesagt, die Albumine in geringerer Menge vor als in den Tieren. Es enthalten zwar fast alle Samen wasserlösliche, durch Hitze koagulierbare Proteine, die die Eigenschaften der Albumine zeigen, aber nur zu 0,1—0,5 %. Viele dieser Samenalbumine werden aus ihren Lösungen schon vor Halbsättigung mit Ammonsulfat gefällt[441]. Näher untersucht sind das Legumelin der Bohne, das Leucosin des Weizens und die beiden giftigen Eiweißkörper Ricin und Crotin aus Ricinussamen und Crotonsamen.

Bausteinanalysen der Albumine
(Angaben bedeuten Gramm Aminosäure in 100 g Protein).

Aminosäure	Ovalbumin	Serumalbumin	Lactalbumin
Ammoniak	1,3		1,3
Glykokoll	0,0	0	0,4
Alanin	2,2	4,2	2,4
Serin	—	0,6	1,8
Cystin	0,9	7,1	4,0
Phenylalanin	5,1	4,2	1,2
Tyrosin	4,0	5,8	1,9
Tryptophan	1,3	1,4	2,7
Valin	2,5	—	3,3
Prolin	3,6	2,3	9,5
Oxyprolin	—	1,0	—
Leucin			
Isoleucin	10,7	30,0	14,0
Histidin	2,3	3,7	1,5
Arginin	6,0	4,8	3,0
Lysin	3,8	11,3	8,4
Oxylysin			
Asparaginsäure	6,2	4,4	9,3
Glutaminsäure	13,3	7,7	12,9
Oxyglutaminsäure	—	—	—

Das *Leucosin* findet sich in den Samen von Gerste, Roggen und Weizen zu ungefähr 4 %. Seine Zusammensetzung weist keine Besonderheiten auf. Bei 52° koaguliert es unvollständig. Völlige Abscheidung wird erst durch längeres Erhitzen auf 65° erzielt, wobei Zusatz von Kochsalz fördert. Mit Ammonsulfat fällt es bereits bei Halbsättigung.

In den Samen vieler Leguminosen kommt ein Albumin, das *Legumelin* vor. Es ist noch nicht entschieden, ob es stets dasselbe Protein ist. Es wurde aus der Erbse (Pisum sativum), der Linse (Ervum lens), der Saubohne (Vicia faba), der Wicke (Vicia sativa), der Kuherbse (Vigna sinensis) und der Sojabohne (Glycine hispida), aber nicht aus Phaseolus und Lupinus isoliert[441].

In den Samen der Ricinusbohne (Ricinus communis) wurde schon sehr früh ein toxisches Protein von dem Charakter eines Albumins nachgewiesen. Es ist aber noch nicht entschieden, ob die giftige Wirkung dem Albumin selbst oder einer Beimengung zukommt. P. Karrer und Mitarbeiter haben in neuerer Zeit das *Ricin* gereinigt, analysiert und sein Verhalten gegenüber Pankreassaft und Pankreasextrakt untersucht[323c]. Ricin wird von Trypsin verdaut und verliert in dem Maße seine Giftigkeit, wie die Hydrolyse fortschreitet. Bei unvollständiger Spaltung hat der nicht verdaute Rest, bezogen auf die Gewichtseinheit, noch dieselbe Wirkung. Das Präparat blieb so lange giftig, als es noch nicht vollständig hydrolysiert war. Die Giftigkeit nimmt aber auch infolge der Verdauung nicht zu, was sein müßte, wenn das Toxin kein Eiweißkörper wäre. Die Bausteinanalyse gibt keine Erklärung für die Giftigkeit. Aus Verdauungsversuchen wiedergewonnenes Ricin ist ärmer an Arginin, so daß jedenfalls diese Aminosäure nicht Träger der Wirkung ist. Die Autoren kommen zu dem Schluß, daß das eigentliche toxische Prinzip nur einen kleinen Bruchteil der gesamten Masse des Ricins darstellt, in seiner Existenz und Wirkung aber an das Eiweiß gebunden ist. Es enthält kein Glykokoll. Von den reinsten Präparaten wirken schon 0,005—0,003 mg per Kilogramm Körpergewicht auf ein Kaninchen tödlich. Der Tod tritt infolge Lähmung des Gefäß- und Atemzentrums ein. Im defibrinierten Blut agglutiniert es die roten Blutkörperchen.

Dem Ricin steht ein anderes Gift, das *Crotin* aus den Samen von Croton tiglium sehr nahe. Es besitzt ebenfalls den Charakter eines Albumins, enthält sehr wenig Arginin, nur 1,71 % gegenüber 11 % beim Ricin, zeigt aber in seiner Zusammensetzung keine Besonderheiten. Es ist ebenfalls ein Blutgift, wirkt agglutinierend und hämolysierend[323b].

Ähnliche giftige Proteine wurden noch aus der Sojabohne (das Phasin), den Schminkbohnen und das Abrin aus den Jequiritissamen gewonnen.

7. Gerüsteiweiße.

Die Kollagene. Sie sind die leimgebende Substanz und bei den Wirbeltieren sehr verbreitet; es soll aber auch in den Cephalopoden ein Kollagen vorkommen[251]. Sie bilden die Hauptmenge der organischen Grundsubstanz im lockeren Bindegewebe, welche die Bindegewebszellen umgibt, ferner in den Sehnen, Faszien, Bändern und des Osseins der Knochen. Außerdem sind sie am Aufbau des Knorpels, der Hornhaut und der Fischschuppen beteiligt. Beim Kochen mit Wasser, namentlich etwas angesäuertem Wasser, geht Kollagen in *Leim* (Glutin, Gelatine) über. Wahrscheinlich findet bei diesem Vorgang eine Hydrolyse statt, indem Ammoniak abgespalten, Aminogruppen freigelegt werden und die Viscosität sich ändert. Diese Änderungen hängen von der Reaktion ab und sind beim isoelektrischen Punkt (p_H 4,5—5,5) minimal[91]. Die Leimarten verschiedener Herkunft besitzen eine verschiedene Zusammensetzung, aber die gleiche wie ihre Kollagene. Sie enthalten kein Tyrosin und Tryptophan, aber viel Glykokoll und, wie H. D. Dakin gezeigt hat, reichliche Mengen von Prolin und Oxyprolin[121, 122].

Am leichtesten vollzieht sich die Umwandlung in Leim bei den Kollagenen der Fische und den Amphibien, schwerer bei denen der Säuger und Vögel. In Wasser löst sich der Leim zu einer klebrigen Flüssigkeit, die, wenn genügend konzentriert, beim Erkalten erstarrt. Diese Gelatinierung kann durch Reaktion und Salzzusätze beeinflußt werden.

Das Kollagen ist das Material in der Haut, an dem sich vor allem der Vorgang der Gerbung bei der Lederbereitung vollzieht. Während man früher annahm, daß Kollagen von Trypsin nicht angegriffen wird und dieses Ferment benützte, um bei der Darstellung andere Eiweißkörper zu entfernen, haben A. W. Thomas und F. L. Seymur-Jones festgestellt, daß Kollagen auch bei erhaltener Struktur von Trypsin hydrolisiert wird[543]. Die optimale Reaktion liegt bei p_H 5,9, also nicht dem üblichen Optimum der Trypsinwirkung. Auch mit Chinon, Gallussäure, Kupfersulfat und Formaldehyd gegerbte Haut wird gespalten, mit Chrom gegerbte dagegen nicht. Die Bindegewebsfibrillen, die auch aus Kollagen bestehen, schnurren in Wasser von 60—70° zu einer glasigen Masse zusammen. Gereinigte Fribrillen tun es bereits bei niedrigerer Temperatur, mit gerbenden Mitteln vorbehandelte erst bei höherer. So verkürzen sich mit Formol behandelte Fasern erst bei 93° auf ein Drittel der Länge und dehnen sich dann wieder aus[164a].

Der Leim und vor allem die Handelsgelatine wurden sehr viel zu Versuchen über die Konstitution der Eiweißkörper benützt. Wie schon an anderer Stelle mitgeteilt ist (S. 140), wurden in ihr Diketopiperazine nachgewiesen, die aber wahrscheinlich erst sekundär bei der Umwandlung aus Leim gebildet werden. Der isoelektrische Punkt der gereinigten Gelatine liegt bei p_H 4,7[397, 275]. Im isoelektrischen Zustand beträgt die spezifische Drehung —104°, bei p_H 2,9 —134°.

In wäßrigen Medien quellen Leim und Gelatine. Die Quellung hängt vom Salzgehalt und vor allem von der Wasserstoffionenkonzentration ab. Im isoelektrischen Punkt beträgt sie ein Minimum und steigt auf Zusatz von Säure oder Alkali an. Durch Neutralsalze wird die Quellung vermindert, und zwar hängt diese Wirkung auf der sauren Seite des isoelektrischen Punktes von der Wertigkeit der Anionen und auf der alkalischen Seite von der der Kationen ab. Außerdem ist noch von wesentlichem Einfluß die Art der Darstellung der Gelatine, je nachdem ob sie in Gel- oder Solform getrocknet wurde.

Das *Elastin* kommt in den Bindegeweben höherer Tiere, besonders reichlich in der Sehne des Nackenbandes (Ligamentum nuchae), wo es ein eigenes Gewebe findet, vor, ferner in den elastischen Fasern der Gefäße, der Lunge und als Grundsubstanz in den Schalen mancher Reptilien und Fischeier[251]. Es ist unlöslich in Wasser, wird von Säuren und Alkalien nur sehr schwer angegriffen, starke Alkalien lösen es erst beim Sieden langsam. In fein gepulvertem Zustand löst es sich in kalter verdünnter Salzsäure bei langem Stehen. Proteolytische Fermente zerlegen es nur langsam. Hinsichtlich der Zusammensetzung ist hervorzuheben, daß es nur wenig Hexonbasen, keine Asparaginsäure, wenig Glutaminsäure, dagegen hauptsächlich Monoaminosäuren enthält und unter ihnen reichlich Prolin, Tyrosin, aber kein Tryptophan[251]. R. ENGELAND wies unter den Hydrolyseprodukten einen neuen Baustein der Formel $C_{16}H_{24}O_5N_2$ oder $C_{15}H_{22}O_5N_2$ nach[160]. Bei der Einwirkung von Pepsin oder Trypsin, sowie bei Wasser von 130—140° entstehen albumoseartige Substanzen, darunter das Hemielastin.

Die *Keratine* machen die Hauptmasse der Horngewebe aus, der Epidermis, der Haare, der Wolle, Nägel, Hufe, Hörner, Federn, des Schildpatts usw. Auch in dem Nervengewebe kommt ein Keratin, das *Neurokeratin*, vor. Die Schalenhaut des Hühnereies, die organische Grundsubstanz der Eierschalen verschiedener Wirbeltiere und die Schale des Seidenspinners werden dieser Gruppe der Proteine zugerechnet. Die Zusammensetzung ist je nach der Herkunft verschieden, was vielleicht in der Verschiedenheit der Keratine selbst oder in der Schwierigkeit, sie rein zu erhalten, begründet ist. Charakteristisch ist ihr hoher Gehalt an Cystin und Tyrosin, ihre Schwerlöslichkeit in Wasser, Säuren und Alkalien. Beim Erhitzen im geschlossenen Rohr auf 150° und höhere Temperatur löst sich Keratin unter Abspaltung von Schwefelwasserstoff oder Merkaptan auf. Dabei zerfällt es in albumoseähnliche Substanzen, *Atmidkeratin* und *Atmidkeratose*[251]. Von Erdalkalisulfiden werden die Keratine der Haare zersetzt. Im ursprünglichen Zustand sind sie gegen Fermente resistent, was auf ihre Struktur, vielleicht den Gehalt an Diketopiperazinen zurückzuführen ist. Durch Oxydation mit Brom in Eisessig werden Haare so verändert, daß sie nun von Trypsin verdaut werden können (siehe S. 137).

In den Muttergeweben der Keratine, z. B. dem Nagelbett und dem Haarbulbus, findet sich reichlich Glutathion, und es wird vermutet, daß dieses das Cystin für den Aufbau des Keratins liefert[95a]. Da im Vergleich zu anderen Eiweißkörpern die Keratine außer ihrem hohen Gehalt an Cystin auch reich an den aromatischen Aminosäuren und Glutaminsäure sind, so ist bei ihrer Bildung aus den löslichen Proteinen ein Abbau anzunehmen, der vor allem die aliphatischen Aminosäuren trifft[485]. Diese Annahme bedarf allerdings noch weiterer experimenteller Belege. Sie ist aber insofern von Interesse, als bei der Bildung der Keratine dann der entgegengesetzte Prozeß stattfände wie bei dem Aufbau der Protamine.

Zu den Keratinen gehören oder stehen ihnen zumindest nahe noch eine Reihe von Proteinen, die bei niederen und höheren Tieren aufgefunden wurden, z. B. ein Albumoid, das C. TH. MÖRNER in den Trachealknorpeln nachgewiesen hat, das *Koilin* aus der Hornschicht des Muskelmagens der Vögel, das wenig oder vielleicht gar kein Cystin enthält[251]. Vielleicht dürfen ihnen auch noch folgende noch nicht sehr eingehend untersuchte Gerüsteiweiße zugerechnet werden, das *Retikulin*, Fasern, die in der Milz, Darmschleimhaut, Leber, Nieren und den Lungenalveolen vorkommen, das *Ichtylepitin* in den Fischschuppen, das *Spongin*, die Hauptmasse der Hornschwämme, das manchmal Jod und Brom in organischer Bindung enthält[251] und das *Kornein* im Achsenskelett einiger Korallenarten. Je nach der Art, aus der es isoliert wurde, sind seine Eigenschaften verschieden, namentlich sein Verhalten gegenüber Pepsinsalzsäure. Regelmäßig enthält es Halogene, fast regelmäßig Jod (bis 8 %), Brom (bis 4 %), Chlor aber nur in ganz geringen Mengen. Aus dem *Gorgonin*, dem Kornein in der *Gorgonia Cavolini* isolierte DRECHSEL neben anderen Aminosäuren die Jodgorgosäure (s. S. 109) und C. MÖRNER aus einem anderen Gorgonin die entsprechende Bromgorgosäure[251].

Etwas ausführlicher ist der Gerüsteiweiße eines anderen wirbellosen Tieres, des Seidenspinners, zu gedenken. Die Seide ist das erstarrte Sekret, ihre Vorstufe in den Drüsenzellen scheint andere chemische Eigenschaften zu besitzen. Die Umwandlung in den Faden findet offenbar im Moment der Ausscheidung oder kurz vorher statt. Dabei wird die Substanz außerordentlich widerstandsfähig gegen Lösungsmittel[410]. Die Rohseide besteht aus zwei Hauptbestandteilen, dem Seidenleim, *Sericin*, und dem *Seidenfibroin*. Der Seidenleim macht etwa 15—30 % der rohen Faser aus[498a, 47]. Er kann aus ihr mit heißem Wasser extrahiert werden, während das Fibroin zurückbleibt. Das Sericin ist wahrscheinlich den Kollagenen zuzurechnen, unterscheidet sich aber von ihnen durch den Gehalt an Tryptophan und Cystin. In Wasser ist es schwer löslich und dissoziiert als Säure. Sein isoelektrischer Punkt liegt bei p_H 3,9, also weiter im sauren Bereich als bei jedem anderen Eiweißkörper. Außer Sericin enthält der wäßrige Extrakt noch einen peptonähnlichen Körper, das *Sericinpepton*, von dem noch nicht entschieden ist, ob es vorgebildet oder sekundär entstanden ist[342]. Hinsichtlich seiner Zusammensetzung ist der hohe Gehalt an Serin hervorzuheben[35]. Das *Seidenfibroin* diente mehrfach zu Untersuchungen über die Konstitution der Eiweißkörper. R. HERZOG und P. BRILL führten an ihm ihre röntgenographischen Messungen aus. ABDERHALDEN unterwarf es mehrfach der vollständigen und partiellen Hydrolyse, isolierte dabei die Bausteine und verschiedene Peptide und Dipeptid-anhydride[6, 337, 31]. Seidenfibroin enthält Tryptophan, und zwar je nach der Sorte in verschiedener Menge[277]. Es wird nach kurzer Vorbehandlung mit konzentrierter Salzsäure von Fermenten verdaut, allerdings nimmt dabei der freie Aminostickstoff nur wenig zu, doch entstehen Produkte, die mit Phosphorwolframsäure nicht gefällt werden[575]. Nach den Röntgenspektren soll im Seidenfibroin ein krystalliner Körper, wahrscheinlich Glycyl-alanin-anhydrid (Methyldioxopiperazin) enthalten sein. Alanin und Glykokoll kommen allerdings in großer Menge in der Seide vor. Daneben isolierten aber ABDERHELDEN beim partiellen Abbau Glycyl-l-tyrosin-anhydrid und E. FISCHER und ABDERHALDEN aus dem Seidenpepton ein Tetrapeptid aus Glykokoll, Alanin und Tyrosin. Dieser letzte Befund spricht gegen eine durchgängige Anhydridstruktur.

Bausteinanalysen der Gelatine und des Elastins (in Gewichtsprozenten).

Aminosäure	Gelatine	Elastin	Aminosäure	Gelatine	Elastin
Ammoniak	0,4	0,1	Oxyprolin	14,1	—
Glykokoll	25,5	25,8	Leucin	7,1	21,4
Alanin	8,7	6,6	Isoleucin	—	—
Serin	0,4	—	Histidin	0,9	0,5
Cystin	—	—	Arginin	8,2	1,9
Phenylalanin . . .	1,4	3,9	Lysin	5,9	2,5
Tyrosin	0,01	0,3	Oxylysin	—	—
Tryptophan	0	—	Asparaginsäure .	3,4	—
Valin	0	1,0	Glutaminsäure . .	5,8	0,8
Prolin	9,5	1,7	Oxyglutaminsäure	—	—

Bausteinanalysen von Keratinen (in Gewichtsprozenten).

Aminosäure	Keratin aus				Schildpatt Cheledone imbricata
	weißem Menschenhaar	Pferdehaar	Schafwolle	Hammelhorn	
Ammoniak	—	—	—	—	—
Glykokoll	9,1	4,7	0,6	0,5	19,4
Alanin	6,9	1,5	4,4	1,6	3,0
Serin	—	0,6	0,1	1,1	—
Cystin	11,6	8,0	7,3	7,5	5,2
Phenylalanin	0,6	0	—	1,9	1,1
Tyrosin	3,3	3,2	2,9	3,6	13,6
Tryptophan	—	—	—	—	—
Valin	—	0,9	2,8	4,5	5,2
Prolin	—	3,4	4,4	3,7	—
Oxyprolin	—	—	—	—	—
Leucin	12,1	7,1	11,5	15,3	3,3
Isoleucin	—	—	—	—	—
Histidin	—	0,6	—	—	—
Arginin	—	4,5	—	2,7	—
Lysin	—	1,1	—	0,2	—
Oxylysin	—	—	—	—	—
Asparaginsäure	—	0,3	2,3	2,5	—
Glutaminsäure	8,0	3,7	12,9	17,2	—
Oxyglutaminsäure	—	—	—	—	—

Bausteinanalysen von Seidenfibroin und Sericin verschiedener Herkunft (in Gewichtsprozenten).

Aminosäure	Fibroin aus			Spinnenseide	Canton	Indische Seide
	italien.	Canton	indisch.			
Ammoniak	—	—	—	—	—	—
Glykokoll	40,5	37,5	9,5	35,1	1,2	1,5
Alanin	25,0	23,5	24,0	23,4	9,2	9,8
Serin	1,8	1,5	2,0	—	5,8	5,4
Cystin	—	—	—	—	—	—
Phenylanalin	1,5	1,6	0,6	—	0,6	0,3
Tyrosin	11,0	9,8	9,2	8,2	2,3	1,0
Tryptophan						
Valin	—	—	—	—	—	—
Prolin	1,0	1,0	1,0	3,7	2,5	3,0
Oxyprolin	—	—	—	—	—	—
Leucin	2,5	1,5	1,5	1,8	5,0	4,8
Isoleucin	—	—	—	—	—	—
Histidin	0,8	—	—	—	—	—
Arginin	1,5	—	—	—	—	—
Lysin	0,9	—	—	—	—	—
Oxylysin	—	—	—	—	—	—
Asparaginsäure	—	0,8	2,5	—	2,5	2,8
Glutaminsäure	—	—	1,0	11,7	2,0	1,8
Oxyglutaminsäure	—	—	—	—	—	—

II. Zusammengesetzte Proteine (Proteide).

Die Proteide sind Verbindungen von eigentlichen Eiweißkörpern mit anderen Substanzen, die nicht eiweißartiger Natur sind. Diese fremden Gruppen, welche zum Eiweiß hinzutreten, werden nach A. KOSSEL als *prosthetische* Gruppen bezeichnet. Nach ihr werden die Proteide eingeteilt. Alle prosthetischen Gruppen besitzen Carboxyle oder andere saure Reste, die bei der Knüpfung an die Eiweißkomponente in einzelnen Fällen gewiß in anderen vielleicht betätigt werden. Die zusammengesetzten Proteine sind in der Natur weiter verbreitet als die einfachen.

1. Nucleoproteide.

Wie ihr Name ausdrückt, kommen sie vorzugsweise in den Zellkernen vor, daneben aber auch in unbekannter Form im Cytoplasma. Beim Zerfall der Zellen gelangen sie in die Körperflüssigkeiten. Auch in den meisten Sekreten sind sie nachgewiesen, so im Speichel, den Verdauungssäften, der Galle, der Milch und zuweilen auch im Harn. Ihre prosthetische Gruppe ist die *Nucleinsäure*, eine hochmolekulare Substanz mit ausgesprochen saurem Charakter, den sie dem Gehalt an Phosphorsäure verdankt. Strenggenommen sind auch die Nucleoprotamine und Nucleohistone zu dieser Gruppe zu rechnen. Wie jedoch dort bereits betont, liegt hier eine echte dissoziierbare salzartige Vereinigung der beiden Komponenten vor, aus der sie ohne Zersetzung gewonnen werden können. Ob auch die anderen Nucleoproteide als Nucleate angesehen werden dürfen, ist noch nicht erwiesen. H. STEUDEL und seine Mitarbeiter vertreten zwar diese Ansicht[529, 535, 290]. Je nach der Herkunft zeigen die einzelnen Proteide verschiedene Zusammensetzung und verschiedene Eigenschaften, was teils auf Unterschiede in der prosthetischen Gruppe, teils auf solche in der Eiweißkomponente zurückzuführen ist. Der Gehalt an Phosphor wechselt zwischen 0,5 und 1,6 %. Regelmäßig wurde auch in den Nucleoproteiden Eisen aufgefunden; aus den Octopoden stellte M. HENZE ein zwar eisenfreies, dafür kupferhaltiges Nucleoproteid dar mit 0,96 % Kupfer[251]. Diese Metalle können auch nur beigemengt sein. Die Nucleoproteide verhalten sich wie schwache Säuren, was die Färbung des Zellkerns mit basischen Farbstoffen in der histologischen Technik erklärt. Sie geben die gewöhnlichen Eiweißreaktionen, lösen sich in Wasser ihrem sauren Charakter entsprechend erst auf Zusatz von etwas Alkalien und können aus der alkalischen Lösung mit Essigsäure gefällt werden. Manchmal löst sich der Niederschlag im Überschuß der Säure, allerdings dann unter Zersetzung. In sehr verdünnter Salzsäure löst er sich leicht. Zum Unterschied von den nachher erwähnten Phosphorproteiden kann aus ihnen durch 1 % Natronlauge keine Phosphorsäure abgespalten werden. Die Nucleoproteide werden leicht denaturiert. Die in Wasser gelöste Alkaliverbindung scheidet beim Erhitzen geronnenes Eiweiß aus, während ein phosphorreicheres aber eiweißärmeres Produkt zurückbleibt. Durch schwache Säuren und Pepsinsalzsäure wird eine ähnliche Zerlegung bewirkt. Das in Lösung bleibende phosphorreichere Produkt wird als Nuclein bezeichnet.

Bei der hydrolytischen Zerlegung liefern die Nucleoproteide die Bausteine des Eiweißanteils und die der Nucleinsäure. Mit Ausnahme der Nucleoprotamine und der Nucleohistone ist man über die Natur des Eiweißanteils nicht genügend unterrichtet. Teils scheint es sich um Eiweißkörper vom Typus des Histons, teils um kompliziertere an Hexonbasen ärmere Proteine zu handeln[290]. Nucleoproteide sind unter anderen aus Pankreas, Leber, Milz und Niere isoliert worden[527].

Die *Nucleinsäuren* sind Stoffe mit hohem Molekulargewicht und ausgesprochener Säurenatur. Aus den Nucleoproteiden können sie durch Behandlung mit Alkalien in Freiheit gesetzt werden. Mit Proteinen geben sie schwer lösliche Niederschläge. In den Organen kommen sie nicht nur an Eiweiß, sondern auch frei bzw. an Alkalien und Erdalkalien gebunden vor. Weiter bilden sie noch Salze mit basischen Farbstoffen. Bei der vollständigen Zerlegung in ihre Bausteine liefern sie Phosphorsäure, Kohlenhydrate und verschiedene Basen[179]. Die Basen (*Nucleinbasen*) gehören zwei Gruppen an, den Pyrimidinen und den

Purinen (auch Alloxurbasen genannt). An Purinbasen sind Guanin und Adenin nachgewiesen und an Pyrimidinbasen Cytosin, Uracil und Thymin.

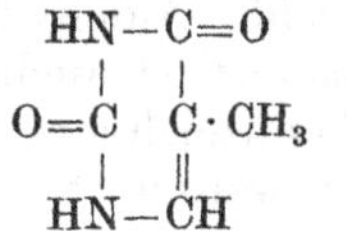

Thymin

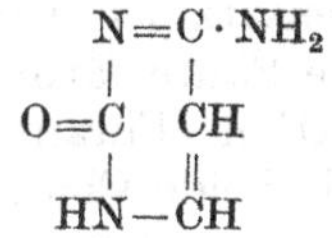

Cytosin

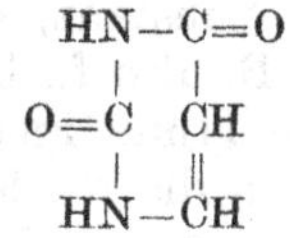

Uracil

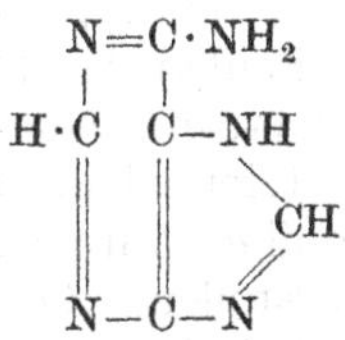

Adenin

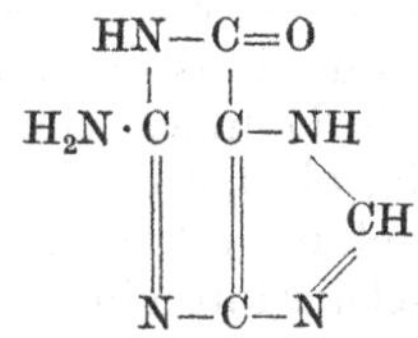

Guanin

Bei der milden Hydrolyse wird die Nucleinsäure in eine Gruppe gleichmäßig aufgebauter Produkte zerlegt. Sie bestehen noch aus Phosphorsäure, Kohlenhydrat und Base, unterscheiden sich aber durch die Natur der Base. Sie werden *Nucleotide* genannt[312]. Wie sie im Nucleinsäuremolekül miteinander verbunden waren, ist noch nicht ermittelt. Wahrscheinlich spielen esterartige Bindungen zwischen der Phosphorsäure des einen und dem Kohlenhydrat des anderen Nucleotids eine Rolle. THANNHAUSER diskutiert noch eine ätherartige Bindung zwischen den Kohlenhydratkomplexen[179]. Als ein Beispiel der verschiedenen Möglichkeiten sei hier die von W. JONES und M. E. PERKINS[311] aufgestellte Formel wiedergegeben:

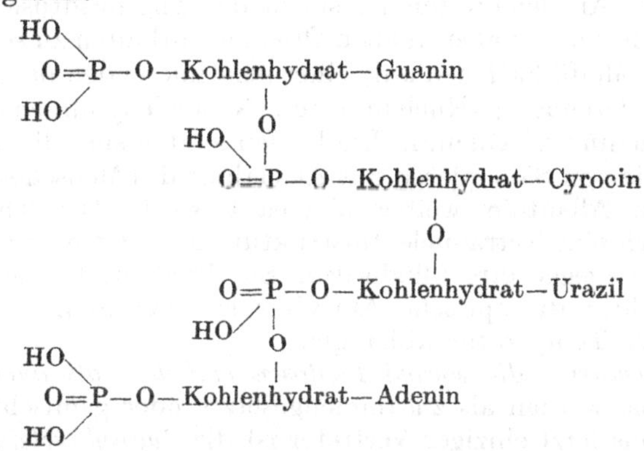

Jedenfalls ist die Nucleinsäure als ein Polynucleotid aufzufassen. Im Organismus wird sie durch ein Ferment, die *Nucleinase*, die in fast allen Organen, nicht aber im Magensaft gefunden wurde, in die Nucleotide zerlegt[179]. Diese gehen durch Abspaltung der Phosphorsäure in die *Nucleoside* über. Das entsprechende Ferment für diesen Vorgang ist die *Nucleotidase*. Die Phosphorsäure ist esterartig an das Kohlenhydrat in den Nucleotide gebunden, so daß die Nucleotidase mit den Phosphatasen in gewisser Beziehung verwandt sind. Die Nucleotidasen fehlen im Magen- und Pankreassaft, finden sich aber in der Darmschleimhaut und anderen Organen. Die Nucleoside sind glucosidartige Verbindungen zwischen dem Kohlenhydrat und einer der genannten Basen. Bis jetzt hat man nur pentosehaltige Nucleoside isoliert (vgl. dagegen [369]). In der Zelle werden sie in diese beiden Komponenten durch die *Nucleosidasen* zerlegt.

Die verschiedenen Nucleinsäuren unterscheiden sich weniger durch ihre stickstoffhaltigen Bestandteile, als durch die Kohlenhydrate. Einzelne enthalten nur d-Ribose, andere keine Pentose, nach älterer Anschauung eine Hexose, weil sie beim Erhitzen mit Mineralsäuren Lävulinsäure liefert; nach R. FEULGEN aber eine Substanz, die im Gegensatz zu den Hexosen echte Aldehydnatur besitzt, z. B. also fuchsinschweflige Säure färbt. Diese Substanz ist auch noch durch eine grüne Fichtenspanreaktion (Furanreaktion) gekennzeichnet. Dann gibt es noch die Nucleinsäuren, die beide Charakteristika aufweisen. So ergibt sich nach FEULGEN folgende Einteilung der Nucleinsäuren.

I. Pentosehaltige Nucleinsäuren. Zu ihnen gehört als typischer Vertreter die *Hefenucleinsäure.* Für sie ist charakteristisch das Fehlen des Thymins und das relativ reichliche Vorkommen von Uracil neben Cytosin, Guanin und Adenin. Es ist noch strittig, ob das Uracil primär in der Hefenucleinsäure enthalten ist oder bei der Darstellung sekundär aus Cytosin gebildet wird[370]. Im ersten Fall würde die Hefenucleinsäure ein Tetranucleotid darstellen. Sie ist optisch aktiv und dreht die Ebene des polarisierten Lichtes nach links, sie reduziert fuchsinschweflige Säure nicht, gibt eine grüne Orcinreaktion, die für Pentosen charakteristisch ist.

Sehr große Ähnlichkeit hat die Weizennucleinsäure, *Tritikonucleinsäure,* mit der Hefenucleinsäure oder ist ihr sogar identisch[542]. Sie wurde von TH. B. OSBORNE und G. F. CAMPBELL[442] aus den Embryonen des Weizens dargestellt.

II. Nucleinsäuren, die nach Abspaltung der Purine *echte Aldehyd- und eine grüne Fichtenspanreaktion geben.* Ihr typischer und wahrscheinlich einziger Vertreter ist die *Thymonucleinsäure.* Neben den im Untertitel erwähnten Kennzeichen unterscheidet sie sich von der Hefenucleinsäure noch durch den Gehalt an Thymin. Sie kommt in tierischen Organen vor und wird auch häufig als tierische Nucleinsäure bezeichnet. Am leichtesten ist sie in der Thymusdrüse und dem Fischsperma zugänglich, scheint aber in allen Organen enthalten zu sein. Ihr Natriumsalz tritt in zwei Modifikationen auf, einer gelatinierenden (*a*-Nucleinsäure) und einer nicht gelatinierenden (*b*-Nucleinsäure). Neben Thymin enthält sie an Basen noch Cytosin, Adenin und Guanin. Die beiden letzten sind die Muttersubstanzen der Harnsäure, die von Säugetieren mit Ausnahme des Menschen und der anthropoiden Affen zu Allantoin weiter abgebaut wird. Der Thymonucleinsäure kommt somit auch eine Tetranucleotidstruktur zu. Die freie Säure ist in Wasser unlöslich, löslich dagegen ihre Alkalisalze. Sie dreht die Ebene des polarisierten Lichtes nach rechts; die optische Aktivität ist aber in hohem Maße von der Reaktion und der Temperatur abhängig.

III. Nucleinsäuren, die sowohl Pentosen enthalten als auch die Reaktionen von II. geben. Sie werden als zusammengesetzte oder gemischte Nucleinsäuren bezeichnet. Ihr bis jetzt einziger Vertreter ist die *Guanylnucleinsäure,* die FEULGEN aus dem α-Nucleoproteid des Pankreas dargestellt[179, 178] hat. Sie ist eine Verbindung des pentosehaltigen Nucleotids *Guanylsäure* mit der Pankreasnucleinsäure, einer Nucleinsäure vom Typus der Thymonucleinsäure. Sie kann durch Alkalien leicht in ihre beiden Komponenten zerlegt werden. Sie ist wahrscheinlich identisch mit einer von E. HAMMARSTEN aus Pankreas isolierten Nucleinsäure[251, 179, 254].

IV. Mononucleotide. Im tierischen Organismus kommen noch einzelne Nucleotide vor, so *Guanylsäure* in verschiedenen Organen und *Adenylsäure* im Muskel und Blut[296,281,178]. Letztere ist von besonderem Interesse. Sie ist ein regelmäßiger Bestandteil der Muskelzelle und geht unter Abspaltung von Ammoniak in *Inosinsäure* über, die von J. LIEBIG zuerst aus dem Fleisch isoliert wurde. Jene ist eine Adenin-ribose-phosphorsäure und diese eine Hypoxanthinribosephosphorsäure. Bei der Muskelkontraktion wird Ammoniak gebildet, und zwar in einer Menge, die der in Inosinsäure übergeführten Adenylsäure äquivalent ist[156,447]. Vielleicht geht die Adenylsäure im Blut eine ähnliche Umwandlung ein und ist die Ursache für die Ammoniakbildung im Blut. Außerdem weisen diese Befunde darauf hin, daß die Oxydation der Purinbasen beim Abbau der Nucleinsäuren bereits auf der Nucleotidstufe einsetzen kann. Da von St. R. Benedict[60] im Blut auch ein Harnsäureribosid aufgefunden wurde, kann die Oxydation bis zur Harnsäure auch bei den Nucleosiden durchgeführt werden.

2. Phosphorproteide.

Zu den Phosphorproteiden gehören Eiweißkörper, die den Phosphor anders als in Form der Nucleinsäure enthalten, also bei der Hydrolyse keine Nucleinbasen liefern. Die prosthetische Gruppe besteht aus Phosphorsäure allein. Die Phosphorproteide werden auch Nucleoalbumine genannt. Sie sind ziemlich starke Säuren, fast unlöslich in reinem Wasser, leicht löslich in verdünnten Alkalien. Aus den alkalischen Lösungen können sie durch Ansäuern gefällt werden. In ihrer Zusammensetzung zeigen sie, abgesehen von dem Mangel oder außerordentlich geringen Gehalt an Glykokoll, keine Besonderheiten.

Ihr bestbekannter Vertreter ist das *Casein*, ein phosphorhaltiges Protein, das bis jetzt mit Sicherheit nur in der Milch nachgewiesen ist. Wahrscheinlich sind die Caseine aus verschiedenen Milchsorten verschieden, was sich weniger in der Elementar- und Bausteinanalyse äußert als im biologischen Verhalten und in ihrer Racemisierbarkeit[583]. Das Casein macht den Hauptteil der Eiweißkörper der Milch aus.

Aus der Milch wird es durch Ansäuern gefällt und durch mehrmaliges Umfällen bei der Reaktion seines isoelektrischen Punktes ($p_H = 4{,}7$) gereinigt. In reinem Wasser ist es wenig löslich, ebenso in Lösungen der gewöhnlichen Neutralsalze, dagegen soll es sich in 1proz. Lösungen von Fluornatrium, Ammonium- oder Kaliumoxalat lösen[251]. In Alkalien und alkalischen Erden löst es sich leicht. Wie bei anderen Eiweißkörpern, so hängt auch beim Casein die Löslichkeit wesentlich von der Reaktion der Flüssigkeit relativ zur Lage des isoelektrischen Punktes ab. Nach I. H. Northrop gibt es zwei Lösungen des Caseins, eine im Bereich von p_H 5,0—7,0, und eine zweite zwischen p_H 4,5 und 3,0, je nachdem Alkali oder Säure zum isoelektrischen Casein zugesetzt wird. In alkalischen Lösungen verhält es sich wie eine mehrbasische Säure[435].

In der Milch ist Casein als Calciumsalz gelöst. Die kalkhaltigen Lösungen opalescieren und sehen beim Erwärmen wie fettarme Milch aus. Gibt man zu einer Caseinkalklösung verdünnte Phosphorsäure bis zur neutralen Reaktion, so tritt eine Trübung ein, bei der aber das Casein kolloidal gelöst bleibt. Wahrscheinlich hat an der weißen Farbe der Milch neben den Fettkügelchen auch das System Caseincalciumphosphat Anteil[251]. Außer mit Calcium sind auch andere Salze des Caseins dargestellt und untersucht worden. Die Lösungen dieser Salze besitzen eine ziemlich hohe Viscosität.

Die Caseinatlösungen gerinnen beim Sieden nicht und hemmen außerdem die Koagulation der anderen Proteine der Milch. Beim Sieden überzieht sich eine Calciumcaseinatlösung mit der gleichen Haut wie die Milch selbst. Da bei Anwesenheit von Salzen in Caseinatlösungen das Casein durch Ansäuern schwerer auszufällen ist als aus salzfreien Lösungen, muß der Milch mehr Säure zugesetzt werden, um es auszufällen. In der Milch kommt es als Komplex mit Calciumphosphat vor, und zwar treffen auf 1 Mol Calciumphosphat 3600 g Eiweiß[408]. Nebenbei sei erwähnt, daß Trockenmilchpräparate mit der Zeit an Löslichkeit verlieren, namentlich dann, wenn sie noch geringe Mengen von Feuchtigkeit enthalten, weil dann die Säuren der Milch das Casein ausfällen[217]. Aus seinen Lösungen läßt es sich übrigens durch Ammonsulfat bei 22—26 % Sättigung aussalzen.

Nach K. Linderström-Lang ist das Casein sehr wahrscheinlich keine einheitliche Substanz. Denn er konnte eine Caseinlösung durch Variieren der Wasserstoffionenkonzentration und des Kochsalzgehaltes in fünf verschiedene Fraktionen zerlegen, die sich durch Löslichkeit und Phosphorgehalt unterschieden, gegenüber Lab aber gleich verhielten. Eine ähnliche Zerlegung gelang ihm auch mit alkoholischer Salzsäure[390a].

Durch Säuren, Alkalien und proteolytische Fermente kann Casein in seine Bausteine zerlegt werden. Die vollständigste Bausteinanalyse verdanken wir H. D. Dakin[119, vgl. 189]. Es enthält verhältnismäßig viel Tyrosin, Oxyglutaminsäure, die hier von Dakin entdeckt wurde, ferner Tryptophan und Lysin, wenig Cystin und Glykokoll.

Der Phosphor kommt, wie schon erwähnt, in Form von Phosphorsäure vor. Diese ist sehr wahrscheinlich esterartig an die Hydroxylgruppen des Serins und der Oxyglutaminsäure gebunden. S. Posternak[463] isolierte aus dem Trypsinhydrolysat drei verschiedene polypeptidartige Peptone, *Lactotyrine*, aus denen durch Kochen mit Alkalien oder Baryt Phosphorsäure abgespalten wird. Die Zusammensetzung eines dieser Lactotyrine ist 3 Glutaminsäure, 1 Asparaginsäure, 4 Isoleucin, 7 Serin und 4 Phosphorsäure. Die Phosphorsäuremoleküle waren mit der Hydroxylgruppe des Serins verbunden. Die Serinphosphorsäure ist wahrscheinlich die Muttersubstanz der in den Erythrocyten vorhandenen Mono- und Diphosphoryl-glycerinsäure. C. Rimington[473—476] erhielt aus dem Casein ein Pepton, das nur aus Oxyaminosäuren, und zwar 3 Molekülen Oxyglutaminsäure, 4 Oxyaminobuttersäure, 2 Serin und 3 Molekülen Phosphorsäure bestand, die esterartig gebunden war. Ungefähr die Hälfte der gesamten Phosphorsäure des Caseins waren in diesem Pepton enthalten. Zwei Drittel der Phosphorsäure des Peptons wurden durch Knochenmarkphosphatase und das letzte Drittel durch eine Phosphoresterase aus Nierenextrakt abgespalten. Wahrscheinlich beruht dieser Unterschied darauf, daß die zwei Drittel Phosphorsäure nur mit einer ihrer Hydroxylgruppen verestert waren, während das andere Drittel mit zwei Hydroxylgruppen zweier benachbarter Oxyaminosäuren verestert war. Aus dem unveränderten Casein kann die Phosphorsäure wohl durch Natronlauge, aber nicht durch die Phosphatasen und Esterasen abgespalten werden. Sie scheint gegen den Angriff der Fermente irgendwie geschützt zu sein. Dephosphoryliertes Casein wird von Pepsin wenig gespalten und auch von Labferment kaum verändert[473—476].

Labgerinnung. In Gegenwart genügender Mengen von Calciumsalzen wird das Casein durch Lab in einen unlöslichen Zustand übergeführt, ein Vorgang, der in der Überführung des Caseins aus einem Emulsionskolloid in ein Suspensionskolloid besteht. Die Veränderungen, welche das Casein selbst erleidet, sind noch nicht völlig geklärt. Nach Bothworth hat das geronnene Casein (Paracasein) noch dieselbe Zusammensetzung wie das ursprüngliche. Seiner Meinung nach zerfällt es in zwei Moleküle Paracasein[251]. Danach wäre die Labgerinnung die erste Stufe der proteolytischen Zerlegung, womit übereinstimmen würde, daß die Gerinnung auch durch andere proteolytische Fermente, wie Pankreastrypsin und Papain, bewirkt werden kann[567a]. Sie wäre demnach kein spezifischer Vorgang. Die Niederschlagsbildung tritt nur deswegen ein, weil das Produkt der Labgerinnung, Paracasein, mit Calcium eine unlösliche Verbindung gibt. Der Fermentvorgang verläuft auch in Abwesenheit von Calcium. Wird es nachträglich zugesetzt, so tritt dann der Niederschlag auf. Gekochte Milch gerinnt sehr viel langsamer, meist gar nicht, erst nach nochmaligem Calciumzusatz. Nach L. Michaelis und S. Marui[412] ist die Labungsfähigkeit um so schlechter, je höherer Temperatur das Casein ausgesetzt wird. Bei 100^0 wird die Gerinnbarkeit fast vollkommen aufgehoben. Durch Erhitzen wird das Casein auch in Abwesenheit von Calcium so verändert, daß es nachträglich zugesetztes Calcium stärker bindet.

Hinsichtlich der Nomenklatur sei noch hervorgehoben, daß in der deutschen Literatur das unveränderte Protein Casein, das durch Lab geronnene Paracasein heißt, in der amerikanischen dagegen Caseinogen bzw. Casein.

Dem Casein steht ein aus dem Eidotter isoliertes Phosphorproteid, das *Ovovitelin*, sehr nahe. F. Hoppe-Seyler hat es zuerst näher untersucht. Neben dem Lecithin repräsentiert es das hauptsächlichste phosphorhaltige Reservematerial des Eidotters. Bei der Isolierung wird es meistens von diesen begleitet und kann nur durch siedenden Alkohol und nicht ohne sekundäre Änderung von ihnen befreit werden. Trypsin greift es erst nach Vorverdauung mit Pepsin an. Swigel und Th. Posternak erhielten dabei wie beim Casein drei verschiedene *Ovotyrine*, von denen eines das Eisen enthält. Auch hier wurden neben Phosphorsäure beträchtliche Mengen von Serin isoliert, die ausreichen, die Phosphorsäure esterartig zu binden[511].

Im Hühnerei kommt noch ein anderer phosphorhaltiger Eiweißkörper vor, für den R. A. H. Plimmer den Namen Livetin vorgeschlagen hat. H. D. Kay und E. Marschall konnten ihn verhältnismäßiger in darstellen[326]. Er hat die Eigenschaften eines Pseudoglobulins, enthält 0,05% Phosphor, verhältnismäßig viel Tryptophan und Cystin, besitzt also eine hohe biologische Wertigkeit.

Das *Ichthulin*, welches aus den Eiern des Karpfens, des Lachses, des Kabeljaus und des Herings isoliert wurde, gehört wahrscheinlich auch zu den Phosphorproteiden, es enthält auch Eisen. Ähnliche Körper isolierten O. Hammarsten aus Barscheiern und Mc Clendon[251] aus Froscheiern.

Bausteinanalysen von Casein und Vitellin (in Gewichtsprozenten).

Aminosäure	Casein	Vitellin	Aminosäure	Casein	Vitellin
Ammoniak	1,6	1,3	Oxyprolin	0,3	—
Glykokoll	0	0	Leucin	9,4	9,9
Alanin	1,5	0,8	Isoleucin	—	—
Serin	0,5	—	Histidin	2,5	1,9
Cystin	?	—	Arginin	3,8	7.5
Phenylalanin	3,2	2,5	Lysin	6,0	4,8
Tyrosin	6,8	3,4	Oxylysin	0	—
Tryptophan	1,7	+	Asparaginsäure	4,1	2,1
Valin	7,2	1,9	Glutaminsäure	21,6	13,0
Prolin	8,0	4,2	Oxyglutaminsäure	10,5	—

3. Glucoproteide.

Die Glucoproteide (nach Levene auch als *Mucoproteide* bezeichnet) bilden eine in der Organismenwelt zahlreich vertretene Klasse von Proteiden. Ihre prosthetische Gruppe liefert bei der Hydrolyse Glucuronsäure, Aminohexosen, Essigsäure und Schwefelsäure. Ob bei einzelnen auch phosphorhaltige Komplexe in echter Bindung vorkommen, ist noch unentschieden. Man trifft sie überall dort in der Natur an, wo es gilt, Gewebe und einzelne Zellen gegen mechanische und chemische Schädigungen und auch gegen Bakterien zu schützen. So dienen die Schleimstoffe, die von der Schleimhaut des Magendarmkanals und der Atemwege, den Schleimdrüsen der Regenwürmer und der Schnecken sezerniert werden, als Gleitmittel und Schutz gegen das Eindringen von Mikroorganismen. Der Schleimpfropf des Uterus verhindert das Aufsteigen von Bakterien und die Schleimhülle um die Nabelgefäße schützt gegen mechanischen Druck. Niedere Lebewesen, z. B. Diatomeen und Algen, umgeben sich mit Schleim, um Gift fernzuhalten und sich unabhängig zu machen gegen Änderungen des osmotischen

Druckes. Wie wirksam der Schutz durch die Schleimhülle gerade im letzteren Fall ist, zeigt der Froschlaich, der eine ziemlich hohe Konzentration von Säuren ertragen kann. Vielfach dienen die Schleimstoffe auch als Klebemittel. Algen sind so aneinander befestigt, der Laubfrosch hält sich an glatten Flächen mit dem Schleim, den die Drüsen seiner Haftballen sezernieren. Gewisse indianische Vögel sezernieren aus einer Art Speicheldrüse Schleim und benützen ihn als Kleb- und Kittstoff beim Bau ihrer Nester. Die Schleimstoffe finden also in erster Linie eine mechanische Verwendung.

Hexosamine. Ein charakteristischer Bestandteil der prosthetischen Gruppe der Glucoproteide sind Derivate von Hexosen, die eine Aminogruppe enthalten. Das erste Hexosamin wurde 1878 von G. Ledderhose entdeckt. Er erhielt es aus Chitin, dem Gerüststoff der Arthropoden, das sehr wahrscheinlich ein polymeres Acetylglucosamin ist. Ledderhose hielt diesen Aminozucker für Glucosamin, nach P. A. Levene ist es aber noch unentschieden, ob er sich von der Glucose oder Mannose ableitet[372]. Er schlägt deswegen vor, ihn *Chitosamin* zu nennen. Nach P. Karrer[323a] entspricht die stereochemische Anordnung der Aminogruppe des Chitosamins der bei den natürlichen α-Aminosäuren. Danach wäre das Chitosamin als Amin der Mannose aufzufassen. Inzwischen wurde aus dem Schleimstoff des Knorpels und der Sehne ein zweiter Aminozucker isoliert, das *Chondrosamin,* welches ein Derivat der Galaktose oder der Talose ist. Bei beiden ist die Aminogruppe an das zweite, d. h. dem der Carbonylgruppe benachbarten Kohlenstoffatom gebunden. Unter der Voraussetzung, daß Chitosamin mit der Mannose und Chondrosamin mit der Galaktose optisch isomer ist, käme den beiden Hexosaminen folgende Konfiguration zu:

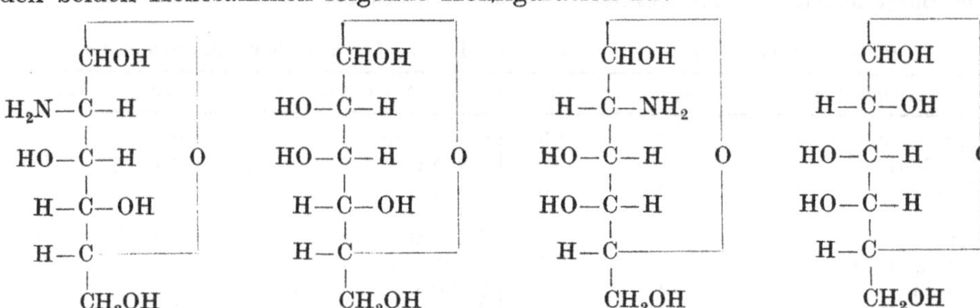

Chitosamin Mannose Chondrosamin Galaktose

Das Schicksal der Aminozucker im intermediären Stoffwechsel ist noch nicht geklärt. Jedenfalls kann Chitosamin weder Glycogen bilden, noch im diabetischen Organismus in Zucker übergehen. Es muß aber verbrannt werden, da nach Eingabe von 40 g bei einem Menschen im Harn nur mehr Spuren nachgewiesen werden konnten[373].

In der prosthetischen Gruppe der Glucoproteide sind Hexosamine mit Schwefelsäure, Glucuronsäure und Essigsäure verbunden. Nach dem physikalischen Verhalten gibt es verschiedene Formen, die in zwei Hauptgruppen geschieden werden. Ihre typischen Vertreter sind die *Chondroitinschwefelsäure* und die *Mucoitinschwefelsäure.* Sie enthalten die aufgezählten Bausteine in äquimolekularem Verhältnis.

Die *Chondroitinschwefelsäure* ist eine amorphe Substanz und mehrbasische Säure. In Wasser löst sie sich fast in jedem Verhältnis, nicht jedoch in organischen Lösungsmitteln einschließlich des Eisessigs. Die wäßrigen Lösungen zeigen eine hohe Viscosität. Fehlingsche Lösung reduzieren sie erst nach vorausgegangener Hydrolyse. Die Aminogruppe ist nicht frei. Nach diesen und anderen Befunden schreibt ihr Levene folgende Konstitution zu:

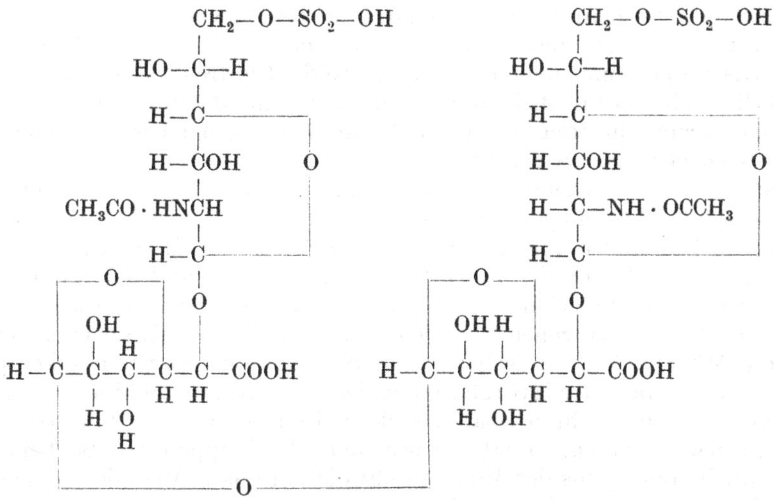

Nach dieser Formel ist sie aus zwei symmetrischen Hälften aufgebaut. Das Molekulargewicht ist nämlich größer, als der einfachen Substanz entspräche. Ihr Aminozucker ist das Chondrosamin. Glucoproteide, welche die Chondroitinschwefelsäure enthalten (*Chondroproteine*), kommen in Bindegewebe, Knorpel, Sehnen, Aorta und Sclera vor. Wahrscheinlich gehört auch noch das Osseomucoid zu ihnen.

Die *Mucoitinschwefelsäure* ist weniger beständig und zersetzt sich schon leicht bei der Darstellung. Ihr Aminozucker ist das Chitosamin. LEVENE schlägt auf Grund seiner Untersuchungen folgende vorläufige Konstitutionsformel für sie vor.

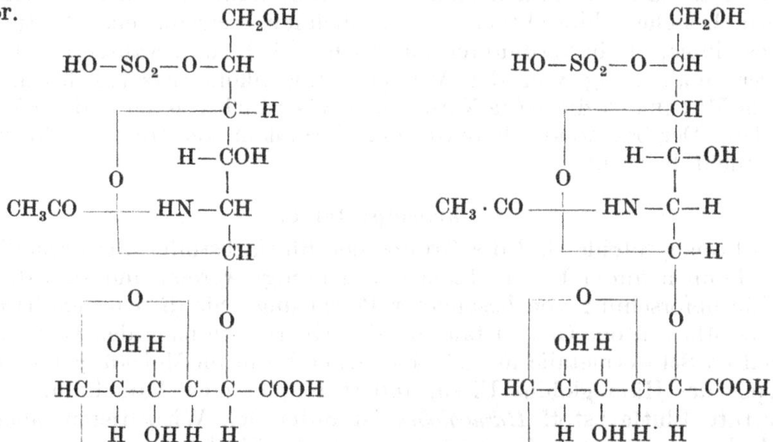

Hinsichtlich der Löslichkeit der freien Säuren verschiedener Herkunft und ihrer Bariumsalze sind zwei Gruppen zu unterscheiden. Die Säuren der ersten Gruppe und ihre Bariumsalze lösen sich leicht in Wasser und können daraus nur durch einen großen Überschuß von Eisessig gefällt werden. Ihr typischer Vertreter ist die Mucoitinschwefelsäure aus dem Mucin des Magensaftes. Weiter gehören noch zu ihr die Mucoitinschwefelsäuren aus dem Serummucoid und dem Ovomucoid. Es sind mehrbasische Säuren ohne freie Aminogruppe und Reduktionsfähigkeit gegenüber Fehlingscher Lösung.

Die zweite Untergruppe hat ihren charakteristischen Vertreter in der Mucoitinschwefelsäure aus Funis-mucin. Zu ihr gehören noch die prosthetischen Gruppen aus dem Glaskörper- und dem Hornhautmucoid. Die freie Säure ist in Wasser schwer löslich, ebenso ihr Blei- und Bariumsalz. Aus der wäßrigen Lösung des Natriumsalzes wird die freie Säure durch einen geringen Überschuß von Essigsäure als gelatinöse Masse gefällt.

Neben den Glucoproteiden mit den genannten prosthetischen Gruppen gibt es noch weitere nicht genügend untersuchte, so die Schleimstoffe der Haut, der Knochen, der Dünndarmschleimhaut, der Harnblase, der Milz, der Milchdrüse, der Nieren, des Pankreas, der Prostata, der Leukocyten und der Submaxilaris. Über das Mucin der Speicheldrüsen und der Schleimdrüsen der Bronchialhaut besitzen wir dagegen eingehendere Kenntnisse durch die Untersuchungen von FRIEDRICH MÜLLER[423]. Er isolierte den Schwefelsäureester eines komplexen Kohlenhydrates. Nach der Hydrolyse reduziert die Substanz Fehlingsche Lösung. Außerdem wurde unter ihren Spaltprodukten Essigsäure und Glucosamin, d. h. Chitosamin, nachgewiesen, so daß die prosthetische Gruppe dieses Schleimstoffes wahrscheinlich vom Typus der Mucoitinschwefelsäure ist. Auch der Schleimstoff der Weinbergschnecke ist hier noch zu erwähnen.

Die Vereinigung der kohlenhydrathaltigen prosthetischen Gruppe mit dem eigentlichen Eiweiß in den Glucoproteiden ist noch nicht geklärt. Es kommen salzartige und esterartige Bindungen in Betracht.

Die Glucoproteide besitzen charakteristische Eigenschaften. Auf Zusatz von verdünnter Essigsäure fallen sie bereits in der Kälte aus und sind im Überschuß des Reagens unlöslich. Die wäßrigen Lösungen besitzen im Vergleich zu denen anderer Eiweißkörper eine hohe Viscosität, selbst in großer Verdünnung. Da die freien Glucoproteide in Wasser unlöslich, in verdünnten Alkalien aber löslich sind, haben sie wohl den Charakter von Säuren. Zwischen den einzelnen Vertretern bestehen hinsichtlich der Löslichkeit verschiedene Abstufungen. So gibt es einige, die in verdünnten Säuren unlöslich sind, während andere sich in Wasser unabhängig von der Wasserstoffionenkonzentration lösen. Nach FRIEDRICH MÜLLER ist die saure Natur nicht wesentlich von der anderer Proteine verschieden. Der besondere Charakter der Eiweißkomponente der Schleimstoffe ist noch nicht bekannt.

4. Chromoproteide.

Die Chromoproteide sind die Gruppe der Blutfarbstoffe. Sie krystallisieren sehr gut, können durch Umkrystallisieren gereinigt werden und sind deswegen für die Eiweißforschung von besonderer Bedeutung. Sie dienen dem Transport des Sauerstoffs von der Gas austauschenden Oberfläche nach den Geweben hin. Sie enthalten Schwermetalle in nicht ionogener Form im Molekül gebunden, die vom Typus des Hämoglobins Eisen, andere Kupfer oder Vanadium.

Der rote Blutfarbstoff *Hämoglobin* ist unter den Wirbeltieren, aber auch den Wirbellosen verbreitet. Meist ist er nicht in der Blutflüssigkeit gelöst, sondern in zellige Elemente eingeschlossen. Die Aufnahme und Abgabe des Sauerstoffs wird dadurch begünstigt. Auf ein Atom Eisen ist im Oxyhämoglobin ein Molekül Sauerstoff gebunden. Der Sauerstoff dissoziiert leicht schon unter dem Einfluß des Vakuums oder des verminderten Sauerstoffpartialdrucks wieder ab. Die Dissoziationskurve des Oxyhämoglobins, welche die Abhängigkeit der Sättigung des Hämoglobins mit Sauerstoff vom Sauerstoffdruck bzw. den Grad der Spaltung bei kontinuierlicher Abnahme des Sauerstoffdrucks darstellt, verläuft bei den einzelnen Tierarten verschieden. Die Ursache ist einmal in einer Verschiedenheit der einzelnen Hämoglobine selbst, dann aber auch in dem physikalisch-chemischen

Zustand der umgebenden Flüssigkeit zu suchen. Von den äußeren Faktoren, die sie beeinflussen, sind die wichtigsten die Temperatur und die Reaktion, daneben kommen auch noch die Salze in Betracht. Bei 37° wird der Sauerstoff leichter abgespalten als bei 10°. Saure Reaktion fördert und alkalische Reaktion hemmt die Dissoziation. Dieser Einfluß der Reaktion erklärt sich daraus, daß das Hämoglobin selbst eine Säure ist, und zwar das Oxy-hämoglobin eine 70mal stärkere Säure als das reduzierte Hämoglobin. Oxy-hämoglobinlösungen haben eine größere Leitfähigkeit als die des reduzierten. Die Affinität des Hämoglobinanions zum Sauerstoff ist größer als die der nicht dissoziierten Säure. Indem alkalische Reaktion also die Dissoziation begünstigt und saure Reaktion sie hemmt, beeinflußt der Wechsel der Wasserstoffionenkonzentration Bindung und Abgabe des Sauertoffs am Blutfarbstoff. In den Geweben dringen die sauren Stoffwechselprodukte ins Blut und beschleunigen die Abgabe des Sauerstoffs, die nach Maßgabe der Differenz des Sauerstoffdrucks zwischen dem arteriellen Blut und den Geweben allein keine vollständige wäre. In den Lungenkapillaren entweicht die Kohlensäure aus dem Blut und erleichtert so die Sauerstoffaufnahme. Störungen im Säure-Basen-Gleichgewicht des Blutes wirken sich auch auf den Sauerstofftransport aus.

Mit der sauren Natur des Hämoglobins hängt noch eine andere ebenso wichtige Funktion des Blutfarbstoffs zusammen. Indem er bald als stärkere, bald als schwächere Säure auftritt, kann er wechselnde Mengen Alkali binden und die Reaktion des Blutes beeinflussen, mit anderen Worten, als Puffer wirken. Das Hämoglobin übernimmt etwa 90 % der Pufferung des Blutes[57].

Dann hat das Hämoglobin noch die Eigenschaft einer Peroxydase. Es überträgt den Sauerstoff von Peroxyden auf leicht oxydable Substanzen[362]. Auf dieser Reaktion gründet sich der Blutnachweis mit altem Terpentinöl oder Wasserstoffsuperoxyd und Guajak oder Benzidin. Gegenüber gewissen leicht oxydablen Substanzen funktioniert es auch als Oxydase und überträgt molekularen Sauerstoff. Wasserstoffsuperoxyd zerlegt es nicht, hat also keine katalatischen Eigenschaften. Die katalytischen Eigenschaften des Blutfarbstoffs ändern sich aber, wenn er abgebaut wird. Beim Hämin tritt die Peroxydasewirkung zurück und dagegen Katalasewirkung auf[362].

Neben dem Oxyhämoglobin gibt es noch eine Oxydationsstufe des Hämoglobins, das *Methämoglobin*. In ihm ist der Sauerstoff fester gebunden. Es bildet sich bei der Einwirkung von Oxydationsmitteln, wie Kaliumchlorat, Chinon und Ferricyankalium. Die Menge des Sauerstoffs, die das Methämoglobin enthält, ist noch nicht mit Sicherheit festgestellt[432, 58, 404].

Bekanntlich vermag das Hämoglobin außer Sauerstoff auch noch andere Gase zu binden, Kohlenmonoxyd (CO-Hb), Stickoxyd (NO-Hb), Schwefelwasserstoff (HS-Hb) u. a. Von praktischer Wichtigkeit ist das Kohlenoxydhämoglobin, da es bei der Leucht- und Kohlengasvergiftung gebildet wird. Auch hier wird auf ein Atom Eisen ein Molekül Gas gebunden. Die Affinität des Kohlenoxyds zum Blutfarbstoff ist viel größer als die des Sauerstoffs. Es kann infolgedessen den Sauerstoff aus seiner Bindung austreiben.

Durch einfache chemische Eingriffe, wie Behandlung mit Säuren, kann das Hämoglobin in seine beiden Komponenten, den Eiweißanteil *Globin* und die Farbstoffkomponente, zerlegt werden. Auch im Organismus treten Bedingungen auf, die zu einer Spaltung des Blutfarbstoffs führen. Die Farbstoffkomponente macht etwa 4 % des Hämoglobins aus. Die prosthetische Gruppe des reduzierten Hämoglobins wird als *Hämochromogen* bezeichnet. In krystallisiertem Zustand wird es bei der Behandlung des Hämoglobins mit Schwefelammonium und Pyridin erhalten. Die Spaltung des Oxyhämoglobins liefert *Hämatin*, das bis jetzt nicht in krystallisiertem Zustand erhalten wurde. Wahrscheinlich besteht es aus einem Gemisch. Erhitzt man Hämoglobin mit Eisessig und Kochsalz, so krystallisiert die Farbstoffkomponente als salzsaures Salz, *Hämin*, aus, die bekannten TEICHMANNschen Krystalle. Das Hämin ist der Ausgangspunkt für die Erforschung der Konstitution dieses Farbstoffs, die vor allem durch Arbeiten H. FISCHERS, W. KÜSTERS, W. PILOTYS und R. WILLSTÄTTERS gefördert wurde. Vor kurzem gelang nun H. FISCHER und K. ZEILE die Synthese. Danach kommt ihm folgende Konstitutionsformel zu[207]:

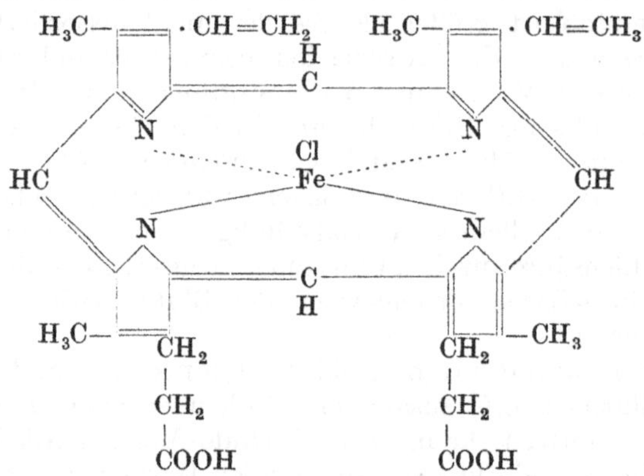

$C_{34}H_{32}O_4N_4FeCl$

Um das zentrale Eisenatom ordnen sich vier Pyrrolderivate, von denen je zwei gleich sind. Die Pyrrolderivate sind durch vier Methingruppen zusammengehalten. Das Hämin ist eine amphotere Substanz, es bildet mit Säuren Salze und besitzt zwei veresterbare Carboxyle.

Das Eisen findet sich in der Ferristufe, ist mit zwei Haupt- und zwei Nebenvalenzen an die Pyrrolringe und mit der dritten Hauptvalenz an Chlor gebunden. Konzentrierte Säuren spalten es ab und verwandeln das Hämin in Hämatoporphyrin.

Im Organismus wird die Farbstoffkomponente zu *Bilirubin* abgebaut, das seinerseits wieder weiter in *Biliverdin, Urobilinogen* und *Urobilin* umgewandelt wird. Fäulnisbakterien, ferner Einwirkung von Säuren und Reduktionsmittel in wasserfreien Medien erzeugen aus dem Hämoglobin *Protoporphyrin* (KÄMMERERS Porphyrin). Sehr wahrscheinlich ist dieses Porphyrin auch eine intermediäre Stufe beim Aufbau des Blutfarbstoffs. Die Porphyrine sind in der Natur weit verbreitet. Im Säugerorganismus kommen noch zwei andere Porphyrine, *Uroporphyrin* und *Koproporphyrin*, vor. In den Eischalen der meisten Vögel findet sich Protoporphyrin, in den Schwungfedern des Vogels Thuracus das Kupfersalz des Uroporphyrins. Auch die Hefe bildet ein Porphyrin, und zwar Koproporphyrin[206]. Alle Porphyrine sensibilisieren den Organismus gegen Licht. In gewissen pathologischen Zuständen werden Porphyrine in erhöhtem Maße gebildet und ausgeschieden (Porphyrie). Solche Kranke zeigen dieselbe Empfindlichkeit gegen Licht wie Tiere, denen Porphyrin injiziert wurde. Wahrscheinlich liegt der Porphyrie nicht nur eine Störung des Abbaus, sondern auch eine des Aufbaus zugrunde.

Die Eigenschaften des Globins wurden bereits an anderer Stelle besprochen (S. 150). Sehr wahrscheinlich ist das Globin bei den einzelnen Tierspezies verschieden und beeinflußt die Gasbindung. Denn die relative Affinität zu Sauerstoff und Kohlenmonoxyd wechselt bei den Blutarten. Die Unterschiede äußern sich auch in dem serologischen Verhalten. Die prosthetische Gruppe ist überall die gleiche. Im Stoffwechsel scheint es denselben Weg zu gehen wie die anderen Eiweißkörper. Vielleicht steht es in Beziehung zu dem *Urochrom*, dem normalen Harnfarbstoff[206].

Die Bindung der beiden Komponenten im Blutfarbstoff ist noch nicht geklärt. Zunächst würde man annehmen, daß dabei die sauren und basischen Gruppen Verwendung finden. Das Hämatin enthält zwei Carboxyle und besitzt außerdem basischen Charakter, das Globin freie Amino-, freie Imidazolgruppen und auch freie saure Reste. Die Bindung ist an die Gegenwart von Wasser geknüpft, denn bei niederer Temperatur getrocknetes Hämoglobin gibt das Hämochromogenspektrum, das auf Zusatz von Wasser wieder in das des Hämoglobins übergeht[592]. H. STEUDEL und E. PEISER nehmen eine salzartige Bindung[529, 535], J. CONANT eine komplexsalzartige[115], H. FISCHER eine Molekülverbindung[207a] an. Auch an esterartige Bindungen ist zu denken. R. HILL und H. F. HOLDEN haben die Festigkeit der Bindung gegenüber Säuren und Laugen geprüft. Unterhalb p_H 3 dissoziiert das Oxyhämoglobin in seine beiden Komponenten. Die Dissoziationsgrenze im alkalischen Bereich konnte nicht genau ermittelt werden, bis p_H 10 blieben die Komponenten noch vereinigt[272]. Es gelang ihnen auch unter besonderen Vorsichtsmaßregeln, welche eine Denaturierung des Globins vermieden, das Hämoglobin zu zerlegen und wieder zu vereinigen, so daß nachher wieder dasselbe Spektrum vorhanden war wie anfangs. Die Bindung des Sauerstoffs im „synthetischen" Hämoglobin ist dieselbe wie im genuinen.

Das Hämoglobin, seine Derivate und Abbauprodukte sind durch charakteristische Absorptionsspektra gekennzeichnet.

In den Muskeln, vor allem den quergestreiften, aber auch einzelnen glatten, kommt ein roter Farbstoff, *Muskelhämoglobin*, vor, der dem Hämoglobin nahe verwandt ist. Daneben enthalten aber alle Zellen einen Farbstoff, das *Cytochrom*, dem die Funktion der intracellularen Sauerstoffübertragung zugeschrieben wird[328, 329, 515, 516]. Auch dieses ist dem Blutfarbstoff verwandt. Injiziertes Muskelhämoglobin soll teilweise in Gallenfarbstoff übergehen können.

Bei den Wirbellosen wurde als Sauerstoffüberträger teils Hämoglobin, teils andere eiweißhaltige Farbstoffe aufgefunden. Näher untersucht ist ein blauer kupferhaltiger Farbstoff, das *Hämocyanin*. Es besitzen ihn einige Arachniden, Crustaceen, Gastropoden und Cephalopoden. Im oxydierten Zustand (Oxyhämocyanin) ist er blau, im reduzierten farblos. Als oxydiertes Hämocyanin krystallisiert es[467]. Das Krystallisationsvermögen wechselt mit der Herkunft. Die Bindung des Sauerstoffs hängt von der Reaktion ab, sie zeigt ein Maximum im isoelektrischen Punkt oder auf der sauren Seite bei maximaler Ionisation als Kation. Bei dem Hämocyanin von Krebs und Hummer liegt der isoelektrische Punkt bei 4,7, und bei dem der Weinbergschnecke bei p_H 5,3. Das Hämocyanin scheint je nach der Tierspezies verschieden zusammengesetzt zu sein. Der Kupfergehalt des Farbstoffs aus Limulus beträgt 0,17 %, der Stickstoffgehalt 17,3 %. Auf ein Atom Kupfer wird ein Atom Sauerstoff gebunden. Die Bindung des Sauerstoffs ist bei einzelnen Arten fester, so daß er nicht vollkommen durch das Vakuum ausgetrieben werden kann. Das Kupfer ist lockerer gebunden als das Eisen im Hämoglobin, aber auch nicht ionogen. Mit dem Hämoglobin hat das Hämocyanin einen relativ hohen Gehalt an Histidin gemeinsam, unterscheidet sich aber von ihm durch einen ebenfalls hohen Arginingehalt[467]. Bezogen auf Kupfer ist das Molekulargewicht etwa ebenso groß wie das des Hämoglobins. Die Methode von THE SVEDBERG ergab aber ein viel höheres Molekulargewicht (S. 119). Die Natur der prosthetischen Gruppe ist noch unbekannt, wahrscheinlich ist das Kupfer nur komplex gebunden, es ist aber fraglich, ob auch Pyrrolderivate vorkommen.

Bei niederen Tieren sind aus dem Blute noch andere Farbstoffe dargestellt worden, deren Zugehörigkeit zu den Chromoproteiden aber noch nicht erwiesen ist, aus Echinodermen das braunrote Echinochrom, aus Anneliden das grüne Chlorocruorin, aus einigen Wurmarten das rote Hämerythrin, aus höheren Crustaceen ein roter Farbstoff, Tetronerythrin, der neben dem Hämocyanin vorkommt und seine Farbe überdecken kann, und aus Ascidien ein Farbstoff, der Vanadium enthält, aber Sauerstoff nicht in dissoziierbarer Form aufnehmen soll.

5. Lecithalbumine.

Die Lecithalbumine sind keine scharf abzugrenzende Gruppe von Eiweißkörpern. Sie enthalten Phosphor, indem sie mit Lecithin in einer Weise verbunden sind, daß sie durch einfache Extraktion mit Alkohol und Äther nicht von ihm befreit werden können. Das bereits besprochene Ovovitellin wurde früher ihnen zugeteilt, ferner noch gewisse Eiweißstoffe aus dem Blutserum und in Fischeiern. Es ist noch zweifelhaft, ob hier wirklich zusammengesetzte Proteine vorliegen.

III. Rohproteine und Amide.

Als Maß für den Eiweißgehalt irgendeines Futtermittels dient im allgemeinen sein Gehalt an Stickstoff. Da der Stickstoffgehalt der Eiweißkörper nur innerhalb enger Grenzen (ungefähr zwischen 16 und 18 %) variiert, kann man aus der Stickstoffzahl das Eiweiß mit genügender Genauigkeit berechnen. Der Einfachheit halber nimmt man als mittleren Stickstoffgehalt der Eiweißkörper 16 % an, dann gibt die Stickstoffzahl, mit 6,25 multipliziert die Menge des Eiweißes. Es muß allerdings erwähnt werden, daß nur wenige Eiweißkörper 16 % Stickstoff enthalten, die meisten enthalten um 17 %. Ein weiterer Fehler bei dieser Berechnung liegt darin, daß außer Eiweiß die meisten Organe noch andere Stickstoffsubstanzen besitzen. Zu ihnen gehören einfache Aminosäuren, einfache Peptide, Amide (Glutamin, Asparagin), Purine, Alkaloide, ferner Extraktstoffe, wie Kreatin, Carnosin, Carnitin, Harnstoff, Amine und Ammoniak. In den tierischen Organen ist der Anteil dieser Stoffe am Gesamtstickstoff gegenüber dem des Eiweißes gering. Dagegen kann bei den pflanzlichen Futtermitteln dieser Betrag recht beträchtlich sein[128—130, 500]. Je lebhafter das Wachstum ist und je wasserreicher die Pflanzen oder Pflanzenteile sind, um so kleiner ist der Anteil des Eiweißes am Stickstoff. Sprossen, Laubpflanzen, gekeimte Samen usw. enthalten viel Nicht-Eiweiß-Stickstoff, ebenso die wasserreichen Wurzelgewächse, Knollenfrüchte, Kürbisse usw. Je näher die wachsenden Pflanzenteile dem Reifezustand kommen, um so mehr verschiebt sich das Verhältnis zugunsten des Eiweißstickstoffs. Der größte Teil dieser Substanzen repräsentiert Zwischenstufen in dem Auf- und Abbau der Eiweißkörper. So soll vor allem das Asparagin das Material sein, aus dem sich der Keimling sein Eiweiß aufbaut[99—105].

Man nennt nun die Eiweißmenge, die aus dem Gesamtstickstoff berechnet wird, das *Rohprotein*. Die anderen stickstoffhaltigen Substanzen bezeichnet man kurz als *Amide*. Den Gehalt an *Reinprotein* kann man auf folgende Weise ermitteln. Man bestimmt zunächst den Gesamtstickstoff des Futtermittels, extrahiert es mit warmem Wasser, fällt aus dem Extrakt die in Lösung gegangenen Eiweißkörper (mit Uranylacetat, Wolframsäure, Trichloressigsäure, Sulfosalicylsäure oder kolloidales Eisen) und bestimmt im eiweißfreien Filtrat den Stickstoff. Die Differenz Gesamtstickstoff minus Nicht-Eiweiß-Stickstoff gibt dann die Stickstoffzahl des Reinproteins.

Den „Amiden" kommt ebenfalls ein gewisser Nährwert zu, wenigstens soweit sie aus Aminosäuren und Peptiden bestehen[478]. Denn hinsichtlich der Verwertbarkeit einer bestimmten Aminosäure ist es nach unseren jetzigen Kenntnissen gleichgültig, ob sie im freien Zustand oder im Eiweiß gebunden dem Organismus zugeführt wird. Es sei deswegen in der nachfolgenden Tabelle, die dem Buche von H. H. MITCHELL und T. S. HAMILTON[414, 426] entnommen ist, der Gehalt einiger Futtermittel an einzelnen Aminosäuren zusammengestellt.

Gehalt einiger Futtermittel an Aminosäuren (in Prozenten vom Gesamtstickstoff).

Futtermittel	Arginin-Stickstoff	Histidin-Stickstoff	Lysin-Stickstoff	Cystin-Stickstoff	Nicht-Eiweiß-Stickstoff
Mais	8,7	4,8	2,2	1,1	9,8
Mais	7,7	2,5	2,1	1,6	—
Hafer	11,6	5,8	2,8	0,9	12,9
Weizen	8,0	1,7	2,5	1,3	—
Weizen	9,0	1,7	2,6	0,9	—
Gerste	9,5	3,6	2,2	1,3	—
Roggen	10,5	10,5	1,2	2,2	—
Leinsamen	15,9	6,1	3,7	1,1	8,4
Hanf	21,4	3,0	6,7	2,0	—
Sonnenblumensamen	16,8	4,6	4,9	3,0	—
Tomatensamen	16,3	0,0	8,4	1,3	—
Sojabohne	15,7	5,6	6,2	1,5	6,3
Sojabohne	15,5	2,6	7,0	1,5	—
Kuherbse	17,7	3,6	6,0	1,2	—
Jackbohne	9,8	6,1	9,9	0,8	—
Erdnuß	20,8	6,1	5,3	0,8	—
Walnuß	23,8	6,0	3,5	1,3	—
Hickorynuß	24,2	6,7	3,4	1,6	—
Weizenkleie	12,0	7,3	3,9	0,8	16,5
Weizenkleber	7,6	5,6	0,5	1,9	—
Glutenmehl	8,9	5,2	0,4	2,1	—
Maiskeime	11,0	5,8	5,6	0,0	—
Getrocknetes Blut	7,7	8,4	10,0	2,0	—
Magermilch	8,7	4,9	8,2	1,2	—

Literatur.

(*1*) ABDERHALDEN, E.: Lehrbuch d. physiol. Chem. — (*2*) Z. f. physiol. Chem. **128**, 119 (1923). — (*3*) Ebenda **131**, 284 (1923). — (*4*) Ebenda **154**, 18 (1926). — (*5*) Ebenda **131**, 281 (1923). — (*6*) Ebenda **120**, 207 (1922). — (*7*) Ebenda **131**, 284 (1923). — (*8*) Naturwiss. **12**, 716 (1924). — (*9*) Ebenda **16**, 396 (1928). — (*10*) Ber. dtsch. chem. Ges. **49**, 561 (1916). — (*11*) ABDERHALDEN, E., u. H. BROCKMANN: Z. physiol. Chem. **170**, 146 (1928). — (*12*) ABDERHALDEN, E., u. S. BUADZE: Ebenda **162**, 304 (1927). — (*13*) ABDERHALDEN, E., u. G. BLUMBERG: Ebenda **65**, 218 (1910). — (*14*) ABDERHALDEN, E., u. C. FUNK: Ebenda **53**, 19 (1907). — (*15*) ABDERHALDEN, E., u. K. GOTO: Fermentforschg **7**, 169 (1923). — (*16*) ABDERHALDEN, E., u. R. HAAS: Z. physiol. Chem. **155**, 195 (1926). — (*17*) Ebenda **151**, 114 (1926). — (*18*) ABDERHALDEN, E., u. E. KLARMANN: Ebenda **129**, 320 (1923). — (*19*) Ebenda **134**, 180 (1924); **135**, 199 (1924); **139**, 64 (1924); **140**, 92 (1924). — (*20*) ABDERHALDEN, E., u. E. KOMM: Ebenda **143**, 128 (1925). — (*21*) Ebenda **145**, 308 (1925). — (*22*) Ebenda **132**, 1 (1924); **139**, 147 (1924); **139**, 181 (1924). — (*23*) Ebenda **134**, 113, 121; **136**, 134 (1924); **140**, 99 (1924). — (*24*) ABDERHALDEN, E., u. W. KÖPPEL: Ebenda **170**, 226 (1927). — (*25*) ABDERHALDEN, E., u. W. KRÖNER: Ebenda **168**, 201 (1927). — (*26*) ABDERHALDEN, E., u. P. MÖLLER: Ebenda **174**, 196 (1928). — (*27*) ABDERHALDEN, E., u. P. MÖLLER: Ebenda **176**, 207 (1928). — (*28*) ABDERHALDEN, E., u. E. ROSSNER: Ebenda **152**, 271 (1926). — (*29*) ABDERHALDEN, E., u. H. SCHMIDT: Ebenda **72**, 37 (1911). — (*30*) ABDERHALDEN, E., u. E. SCHWAB: Ebenda **140**, 20 (1925); **158**, 66 (1926); **164**, 274 (1927); **171**, 78 (1927). — (*31*) ABDERHALDEN, E., u. E. SCHNITZLER: Ebenda **164**, 159 (1927). — (*32*) ABDERHALDEN, E., u. H. SICKEL: Ebenda **170**, 134 (1927). — (*33*) Ebenda **135**, 29 (1924). — (*34*) ABDERHALDEN, E., u. S. SUZUKI: Ebenda **127**, 281 (1923); **129**, 106 (1924); **170**, 158 (1927); **173**, 250 (1928). — (*35*) ABDERHALDEN, E., u. S. SUWA: Ebenda **66**, 13 (1910). — (*36*) ABDERHALDEN, E., u. W. STIX: Ebenda **132**, 238 (1924). — (*37*) Ebenda **129**, 143, (1923). — (*38*) ABDERHALDEN, E., u. H. QUAST: Ebenda **151**, 145 (1926). — (*39*) ABDERHALDEN, E.,

u. A. WEIL: Ebenda 81, 207 (1912); 88, 277 (1913). — (40) ADAIR, G. S.: Proc. Cambridge philos. Soc. 1, 75 (1924). — (41) Proc. roy. Soc. Lond. 109, 292 (1925). — (42) J. amer. chem. Soc. 49, 2524 (1928). — (43) ACKERMANN, D.: Verh. physik.-med. Ges. Würzburg 50, 230 (1925). — (44) ACKERMANN, D., u. F. KUTSCHER: Z. Biol. 64, 240 (1914); 84, 181 (1926). — (45) ACKROYD, H., u. F. G. HOPKINS: Biochemic. J. 10, 551 (1916). — (46) ADOLF: Kolloidchem. Beil. 20, 228 (1925). — (47) ALDERS, N.: Biochem. Z. 183, 446 (1927). — (48) ANDERSON, R. J.: J. of biol. Chem. 48, 23 (1921). — (49) ANDREWS, J.: Ebenda 78, 68 (1928); 80, 191 (1928). — (50) ANZIEGIN, A., u. W. GULEWITSCH: Z. physiol. Chem. 158, 32 (1926).

(51) BANG, J.: Z. physiol. Chem. 27, 463 (1899). — (52) BAUMANN, E.: Münch. med. Wschr. 43, 309 (1896). — (53) Z. physiol. Chem. 31, 319 (1895); 22, 1 (1896). — (54) BAUMAN, E.: Biochemic. J. 15, 636 (1921). — (55) BARGER, G., u. F. COYNE: J. of biol. Chem. 78, 3 (1928). — (56) BARKER, A. L., u. G. S. SKINNER: J. amer. chem. Soc. 46, 403 (1924). — (57) BARKROFT, J.: Physic. Rev. 4, 329 (1924). — (58) BALTHAZARD, V., u. M. PHILLIPPE: C. r. Soc. Biol. Paris 93, 991 (1925). — (59) BECHHOLD, H.: Die Kolloide in der Medizin. 1922. — (60) BENEDICT, R. ST.: J. of biol. Chem. 54, 595, 601, 603 (1922); 64, 215 (1925); 67, 267 (1926); 122, 367 (1927). — (61) BERG, W., u. C. CAHN-BREMER: Biochem. Z. 61, 428, 434 (1914). — (62) BERGMANN, M.: Naturwiss. 12, 1155 (1924). — (63) Ebenda 12, 1155 (1924). — (64) Kolloid-Z. 40, 289 (1926); 59, 2973 (1926). — (65) Naturwiss. 13, 1045 (1925). — (66) Collegium 679, 488 (1926). — (67) BERGMANN, M., u. H. ENSSLIN: Liebigs Ann. 448, 38 (1926). — (68) BERGMANN, M., H. ENSSLIN u. L. ZERVAS: Ber. dtsch. chem. Ges. 58, 1034 (1925). — (69) BERGMANN, M., u. H. ENSSLIN: Z. physiol. Chem. 145, 194 (1925). — (70) BERGMANN, M., M. JACOBSOHN u. H. SCHOTTE: Ebenda 131, 18 (1923). — (71) BERGMANN, M., u. H. KÖSTER: Ebenda 159, 179 (1926). — (72) Ebenda 173, 259 (1928); 173, 80 (1928). — (73) BERGMANN, M., u. A. MIEKELEY: Ebenda 146, 247 (1925). — (74) Biochem. Z. 177, 1 (1926). — (75) Z. physiol. Chem. 140, 128 (1924). — (76) BERGMANN, M., A. MIEKELEY u. E. KANN: Ebenda 177, 1 (1926). — (77) BERGMANN, M., u. F. STATHER: Ebenda 152, 189 (1926). — (78) Ebenda 448, 32 (1926). — (79) BERGMANN, M., u. F. STERN: Liebigs Ann. 499, 277 (1926). — (80) BERGMANN, M., u. L. ZERVAS: Z. physiol. Chem. 152, 282 (1926). — (81) BRIGL, P.: Ber. dtsch. chem. Ges. 56, 1887 (1923). — (82) BRIGL, P., R. HELD u. K. HARTUNG: Z. physiol. Chem. 173, 129 (1928). — (83) BRIGL, P., u. R. HELD: Ebenda 152, 230 (1926). — (84) BRIGL, P., u. E. KLENK: Ebenda 131, 66 (1923). — (85) BRILL, R.: Ann. d. Chem. 434, 204 (1923). — (86) BLUM, F., u. E. STRAUSS: Z. physiol. Chem. 112, 111 (1921). — (87) Ebenda 127, 199 (1923). — (88) BLANCHETIÈRE, A.: C. r. Soc. Biol. Paris 96, 381 (1927). — (89) BRAND, E., u. M. SANDBERG: J. of biol. Chem. 70, 38 (1926). — (90) Ebenda 120, 381 (1926). — (91) BOGUE, R.: Ind. Chem. 15, 1154 (1923). — (92) BORSOOK u. WASTENEYS: Biochemic. J. 19, 1128 (1925). — (93) BOKORNY, TH.: Z. allg. Physiol. 26, 74 (1922). — (94) BOSMANN, L. P.: Trans. roy. Soc. S. Africa 13, 254 (1926). — (95) BUSTON, H. W., u. S. B. SCHRYVER: Biochemic. J. 15, 636 (1921). — (95a) BULLIARD, H., u. A. GÉROUD: Ann. de Dermat. 10, 73 (1929).

(96) CARY, C. A., u. E. B. MEIGS: J. of biol. Chem. 78, 399 (1928). — (97) CAHOUR: Liebigs Ann. 108, 112 (1858). — (98) CAROLINI, G.: Z. biol. Chem. 33, 85 (1896). — (99) CHIBNALL, A. CH.: Biochemic. J. 18, 405 (1924). — (100) Ebenda 18, 395 (1924). — (101) Ebenda 18, 387 (1924). — (102) Ebenda 16, 608 (1922). — (103) Ebenda 16, 599 (1922). — (104) Ebenda 16, 344 (1922). — (105) Ebenda 15, 60 (1921). — (106) CHAPMAN, L. M., D. M. GREENBERG u. C. L. A. SCHMIDT: J. of biol. Chem. 72, 707 (1927). — (107) Ebenda 122, 707 (1927). — (108) CLARK, J. H.: Amer. J. Physiol. 73, 230 (1925). — (109) COHN, E. J.: Physiologic. Rev. 5, 349 (1925). — (110) COHN, E. J., u. J. B. CONANT: Z. physiol. Chem. 159, 93 (1926). — (111) Proc. nat. Acad. Sci. U. S. A. 12, 433 (1926). — (112) COHN, E. J., L. J. HENDRY u. A. M. PENTRISS: J. of biol. Chem. 63, 721 (1925). — (113) Ebenda 63, 721 (1925). — (114) COHNHEIM, O.: Z. physiol. Chem. 69, 108 (1910). — (115) CONANT, I. B., u. SCOTT: J. of biol. Chem. 69, 575 (1926). — (116) COX, G. J., u. W. C. ROSE: Ebenda 61, 747 (1924); 63, XVII (1925); 58, 769, 781 (1926); 68, 217, 769, 781 (1926). — (117) CSONKA, F., u. D. BREESE JONES: Ebenda 64, 673 (1925).

(118) DAKIN, H. D.: Z. physiol. Chem. 130, 159 (1923). — (119) Biochemic. J. 12, 290 (1918). — (120) Ebenda 66, 499 (1923). — (121) Ebenda 44, 499 (1920); Z. physiol. Chem. 130, 159 (1923). — (122) Biochemic. J. 44, 517 (1920). — (123) Ebenda 12, 290 (1918). — (123a) Oxidations and reductions in the animal body. London 1922. — (124) J. amer. chem. Soc. 44, 48 (1910); J. chem. Soc. 107, 439 (1915); J. of biol. Chem. 13, 357 (1912/13). — (124a) DAKIN, H. D., u. DUDLEY, H.: Ebenda 15, 263, 271 (1913). — (125) DAKIN, H. D., u. R. WEST: J. of biol. Chem. 78, 745 (1928). — (126) Ebenda 78, 757 (1928). — (127) DANIELEWSKY: Z. physiol. Chem. 12, 41 (1869); 7, 443 (1883). — (128) DAVIES, W. L.: J. agricult. Sci. 17, 41 (1927). — (129) Ebenda 16, 293 (1926). — (130) Ebenda 17, 33 (1927). — (131) DESAIGNES: Ann. chem. Physiol. 17, 50 (1846); Liebigs Ann. 58, 332 (1846). — (132) DILL, D. B., u. C. L. ALSBERG: J. of biol. Chem. 65, 279 (1925). — (133) DRECHSEL, E.: Z. Biol. 33, 85 (1896). — (134) Z. physiol. Chem. 130, 159 (1923). — (135) DRECHSEL, D.: Ber. dtsch.

chem. Ges. **25**, 2454 (1892). — (*136*) DUNN, M.: Proc. Soc. exper. Biol. a. Med. **25**, 12 (1927). — (*137*) DUNN, M., u. H. B. LEWIS: J. of biol. Chem. **49**, 237 (1921). — (*138*) DUNN, S. M.: Ebenda **70**, 697 (1926).

(*139*) EDLBACHER, S.: Strukturchemie der Aminosäuren und Eiweißkörper. — (*140*) Einzeldarstellung auf dem Gesamtgebiete der Biochemie **1**, S. 11. 1928. — (*141*) Z. physiol. Chem. **134**, 129 (1924). — (*142*) Ebenda **120**, 71 (1922). — (*143*) Ebenda **121**, 164 (1922). — (*144*) Ebenda **157**, 108 (1926). — (*145*) EDLBACHER, S., u. B. FUCHS: Ebenda **114**, 133 (1921). — (*146*) EDLBACHER, S., u. S. KRAUS: Ebenda **178**, 239 (1928). — (*147*) EDLBACHER, S., u. H. RÖTHLER: Bonem **145**, 69 (1925); **148**, 269, 273 (1925). — (*148*) ECKSTEIN, H.: J. of biol. Chem. **67**, 601 (1926). — (*149*) EHRLICH, F.: Z. Ver. dtsch. Zuckerind. **53**, 809 (1903). — (*150*) Ber. dtsch. chem. Ges. **37**, 1809 (1904). — (*151*) Ebenda **40**, 2538 (1907). — (*152*) ELLINGER, A.: Ebenda **37**, 1801 (1904); **38**, 2884 (1905); **40**, 3629 (1907). — (*153*) ELLINGER, A., u. C. FLAMAND: Z. physiol. Chem. **55**, 8 (1908). — (*154*) ELLINGER, A.: Ebenda **43**, 325 (1904). — (*155*) Ebenda **39**, 2515 (1906). — (*156*) EMBDEN, G.: Klin. Wschr. **1927**, 628. — (*157*) EWALD, A.: Z. physiol. Chem. **105**, 115 u. 135 (1919). — (*158*) EMBDEN, G., u. E. SCHMITZ: Biochem. Z. **29**, 423 (1910); **38**, 393 (1912). — (*159*) EMBDEN, G.: Z. physiol. Chem. **28**, 595 (1899); **32**, 94 (1901). — (*160*) ENGELAND, R.: Biochemic. J. **19**, 850 (1925). — (*161*) ERLENMEYER, E.: Liebigs Ann. **219**, 161 (1883). — (*162*) EULER, B. v., NILSSON u. JOSEPHSON: Ber. dtsch. chem. Ges. **59**, 1581 (1926). — (*163*) EULER, v., u. JOSEPHSON: Z. physiol. Chem. **153**, 1 (1926). — (*164*) Ebenda **157**, 122 (1926); **162**, 85 (1926).

(*165*) FELIX, K.: Z. physiol. Chem. **146**, 103 (1925). — (*166*) Ebenda **110**, 217 (1920). — (*167*) Ebenda **116**, 150 (1921). — (*168*) Ebenda **120**, 94 (1922). — (*169*) Ebenda **119**, 66 (1922). — (*170*) Schweiz. med. Wschr. **53**, 558 (1923). — (*171*) FELIX, K., u. A. BUCHNER: Z. physiol. Chem. **171**, 276 (1927). — (*172*) FELIX, K., u. K. DIRR: Ebenda, im Druck. — (*173*) FELIX, K., u. A. HARTENECK: Ebenda **157**, 76 (1926). — (*174*) FELIX, K., u. A. LANG: Ebenda, im Druck. — (*174a*) Ebenda **182**. — (*175*) FELIX, K., u. H. MÜLLER: Z. physiol. Chem. **171**, 4 (1927). — (*176*) Naturforscherversammlung. — (*177*) FELIX, K., u. E. WALDSCHMIDT-LEITZ: Ber. dtsch. chem. Ges. **59**, 2367 (1926). — (*178*) FEULGEN, R.: Z. physiol. Chem. **123**, 145 (1922). — (*179*) Die Nucleinstoffe. Berlin 1923. — (*180*) FISCHER, E.: Z. physiol. Chem. **33**, 151 (1901). — (*181*) Ber. dtsch. chem. Ges. **35**, 1095 (1902). — (*182*) Ebenda **35**, 2660 (1902). — (*183*) Ebenda **36**, 2694 (1903). — (*184*) Ebenda **36**, 2982 (1903). — (*185*) Ebenda **41**, 530 (1906). — (*186*) Ebenda **39**, 607 (1906); **38**, 667 (1905). — (*187*) Untersuchungen über Aminosäuren, Polypeptide und Proteine **20**. Berlin 1906. — (*188*) Z. physiol. Chem. **121**, 54 (1917). — (*189*) Ebenda **33**, 151 (1901). — (*190*) Ber. dtsch. chem. Ges. **33**, 2, 2381, 2386 (1900). — (*191*) Ebenda **32**, 2451 (1899). — (*192*) Ebenda **35**, 3779 (1902). — (*193*) Ebenda **35**, 2660 (1902). — (*194*) Ebenda **99**, 54 (1907). — (*195*) FISCHER, E., u. E. ABDERHALDEN: Ebenda **39**, 753 (1906); **40**, 3555 (1907). — (*196*) Ebenda **60**, 3544 (1907). — (*197*) Z. physiol. Chem. **66**, 52 (1905). — (*198*) FISCHER, E., u. L. BERGMANN: Liebigs Ann. **398**, 117 (1913). — (*199*) FISCHER, E., u. P. BERGELL: Ber. dtsch. chem. Ges. **36**, 2592 (1903). — (*200*) FISCHER, E., u. R. FINK: Z. physiol. Chem. **150**, 243 (1925). — (*201*) FISCHER, E., u. E. FOURNEAU: Ber. dtsch. chem. Ges. **36**, 2868 (1901). — (*202*) FISCHER, E., u. LEUCHS: Ebenda **35**, 3787 (1902). — (*203*) FISCHER, E., u. K. RASKE: Ebenda **41**, 893 (1900). — (*204*) FISCHER, E., u. WOLFES: Ebenda **33**, 2370 (1900). — (*205*) FISCHER, E.: Lebenserinnerungen, S. 138. Berlin: J. Springer 1922. — (*206*) FISCHER, H., u. Mitarbeiter: Liebigs Ann. **448**—**468** (1926—29). — (*207*) FISCHER, H., u. ZEILE: Ebenda **468**, 98 (1929). — (*207a*) Z. physiol. Chem. **135**, 253 (1924). — (*208*) FIELD, A.: J. amer. chem. Soc. **43**, 667 (1921). — (*209*) FLEITMANN, A.: Biochem. Z. **61**, 121 (1847); **66**, 380 (1848). — (*210*) FOLIN, O.: J. of biol. Chem. **51**, 377 (1922). — (*211*) FOREMANN, F. W.: Ebenda **14**, 451 (1920). — (*212*) Ber. dtsch. chem. Ges. **34**, 433 (1901). — (*213*) Biochemic. J. **8**, 463 (1914). — (*214*) FODOR, A., u. M. FRANKEL: Z. physiol. Chem. **159**, 150 (1926). — (*215*) FODOR, A., u. CH. EPPSTEIN: Ebenda **171**, 222 (1928). — (*216*) FODOR, A., u. M. WEIZMANN: Ebenda **154**, 290 (1926). — (*217*) FOUASSIER, M.: Bull. Soc. Chim. biol. Paris **5**, 487 (1923). — (*218*) FOSTER, G. L., u. C. L. A. SCHMIDT: Proc. Soc. exper. Biol. a. Med. **19**, 384 (1926); J. of biol. Chem. **56**, 545 (1923); **48**, 1709 (1926). — (*219*) FRÄNKEL, S., u. M. FRIEDMANN: Biochem. Z. **182**, 434 (1927). — (*220*) FRANKEL, E. M.: Ebenda **26**, 31 (1916). — (*221*) FREUND, E., u. B. LUSTIG: Ebenda **167**, 355 (1926). — (*222*) FREUDENBERG, K., u. BRAUNS: Ber. dtsch. chem. Ges. **55**, 1399 (1922). — (*223*) FREUDENBERG, K., u. HUBER: Ebenda **58**, 148 (1925). — (*224*) FREUDENBERG, K., u. A. NOE: Ebenda **58**, 2399 (1925). — (*225*) FREUDENBERG, K., u. RHINO: Ebenda **57**, 1547 (1924). — (*226*) FREUDENBERG, K., A. WOHL u. A. SCHELLENBERG: Ebenda **55**, 1410 (1922). — *227*) FRIEDEMANN, W. G.: J. of biol. Chem. **51**, 17 (1922). — (*228*) FÜRTH, O., u. A. FISCHER: Biochem. Z. **154**, 1 (1924). — (*229*) FÜRTH, O., u. W. FLEISCHMANN: Ebenda **127**, 136 (1922).

(*230*) GERNGROSS, O.: Z. physiol. Chem. **108**, 50 (1919). — (*231*) GOLDSCHMIDT, ST.: Ebenda **165**, 149 (1927). — (*232*) Ebenda **170**, 183 (1927). — (*233*) GOLDSCHMIDT, ST., u. H. STEIGERWALD: Ber. dtsch. chem. Ges. **58**, 1346 (1925). — GOLDSCHMIDT, ST., E. WIBERG,

F. Nagel u. K. Martin: Liebigs Ann. **456**, 1 (1927). — (*234*) Gortner, R. A.: J. of biol. Chem. **74**, 409 (1927). — (*235*) Gortner, R. A., u. W. E. Hoffman: Ebenda **47**, 580 (1925). — (*236*) Gortner, R. A., W. E. Hoffman u. W. B. Sinclair: Kolloid-Z. **44**, 97 (1927/28). — (*237*) Gortner, R. A., u. W. E. Hoffman: J. amer. chem. Soc. **47**, 580 (1925). — (*238*) Goto, M.: Z. physiol. Chem. **37**, 94 (1902). — (*239*) Grassmann, W.: Ebenda **179**, 41 (1928). — (*240*) Gränacher, Ch.: Helvet. chim. Acta **8**, 784 (1925). — (*241*) Ebenda **8**, 865 (1925). — (*242*) Ebenda **10**, 819 (1928). — (*243*) Gränacher, Ch., V. Shelling u. E. Schlatter: Ebenda **8**, 873 (1925). — (*244*) Gränacher, Ch., u. G. Wolf: Ebenda **10**, 15 (1927). — (*245*) Greenberg, D. M., u. C. L. A. Schmidt: Proc. Soc. exper. Biol. a. Med. **21**, 281 (1924). — (*246*) Greenberg, D. M., u. N. F. Burk: J. amer. Soc. **49**, 275 (1927). — (*247*) Gutzeit, K.: Dtsch. Arch. klin. Med. **143**, 238 (1923). — (*248*) Gorup-Besanez, E. v.: Liebigs Ann. **98**, 1 (1856). — (*249*) Guggenheim: Z. physiol. Chem. 88, 276 (1913); Biochem. Z. **114**, 67 (1921).

(*250*) Hanke, M. T.: J. of biol. Chem. **66**, 637 (1922). — (*251*) Hammarsten, O.: Lehrbuch der physiologischen Chemie. — (*252*) Pflügers Arch. **36**, 394 (1885). — (*253*) Z. physiol. Chem. **15**, 202 (1891). — (*254*) Hammarsten, E., **109**, 141 (1920); **118**, 224 (1921). — (*255*) Harding, J., u. R. M. Maclean: J. of biol. Chem. **20**, 217 (1915). — (*256*) Harless, E.: Müllers Arch. Anat., Physiol. u. wiss. Med. **148** (1847). — (*257*) Harington, C. R.: Biochemic. J. **20**, 293, 300 (1926). — (*258*) Harington, C. R., u. G. Barger: Ebenda **21**, 169 (1927). — (*259*) Harden u. Norris: J. of Physiol. **43**, 332 (1911). — (*260*) Hausmann, W.: Z. physiol. Chem. **27**, 95 (1899); **29**, 136 (1900). — (*261*) Hewitt, L. F.: Biochemic. J. **21**, 1305 (1927). — (*262*) Herzig, J., u. H. Lieb: Z. physiol. Chem. **117**, 1 (1921). — (*263*) Herzog, R. O., u. H. Cohn: Ebenda **169**, 305 (1927). — (*264*) Herzog, R. O., u. W. Jahncke: Ebenda **164**, 306 (1927). — (*265*) Herzog, R. O., u. M. Kobel: Ebenda **134**, 296 (1924). — (*266*) Henze, M.: Ebenda **33**, 370 (1901). — (*267*) Ebenda **38**, 60 (1903). — (*268*) Ebenda **63**, 290 (1904). — (*269*) Ebenda **51**, 64 (1907). — (*270*) Hedin, S. G.: Ebenda **20**, 186 (1895). — (*271*) Ebenda **22**, 191 (1896). — (*271a*) J. of biol. Chem. **54**, 177 (1922). — (*272*) Hill, R., u. H. F. Holden: Biochemic. J. **20**, 1326 (1926). — (*273*) Hitchcock, D.: J. gen. Physiol. **6**, 95 (1923). — (*274*) Ebenda **4**, 597 (1922). — (*275*) Ebenda **6**, 457 (1924). — (*276*) Hijikata, J.: J. of biol. Chem. **51**, 155 (1922). — (*277*) Hiratuska, E.: Biochem. Z. **157**, 46 (1925). — (*278*) Holm, G., u. R. A. Gortner: J. amer. chem. Soc. **42**, 2378 (1920). — (*279*) Hoffman, W. F.: J. of biol. Chem. **65**, 251 (1925). — (*280*) Ebenda **66**, 501 (1925). — (*281*) Hoffmann, W. S.: Ebenda **63**, 675 (1925). — (*282*) Hofmeister, F.: Erg. Physiol. **1**, 795 (1902). — (*284*) Hopkins, F. Cr.: Biochemic. J. **15**, 286 (1921). — (*285*) Hopkins, F. G., u. S. W. Cole: J. of Physiol. **27**, 418 (1902); **29**, 451 (1903). — (*286*) Howe, P. E.: Physiologic. Rev. **5**, 439 (1925). — (*287*) J. of biol. Chem. **61**, 493 (1924). — (*289*) Howe, P. E., u. E. S. Sanderson: Ebenda **62**, 767 (1925). — (*290*) Hsu, K.: Z. physiol. Chem. **155**, 42 (1926). — (*291*) Hunter, A., u. J. A. Dauphinee: J. of biol. Chem. **63**, 39 (1925). — (*292*) Hudson u. Komatsu: J. amer. chem. Soc. **16**, 1142 (1919).

(*293*) Imai, T.: Z. physiol. Chem. **136**, 188 (1924); **136**, 173 (1924). — (*294*) Ikeda, T.: J. of orient. Med. **2**, 90 (1925).

(*295*) Jaffe, M.: Z. physiol. Chem. **10**, 399 (1886). — (*296*) Jackson, H. jun.: Proc. Soc. exper. Biol. a. Med. **20**, 178 (1922). — (*297*) Jamieson u. Jones, D. B.: Amer. chem. J. **33**, 365 (1905). — (*298*) Jess, A.: Graefes Arch. **105**, 428 (1921); Z. physiol. Chem. **122**, 160 (1922). — (*299*) Jessen u. Hansen, H., in Abderhalden: Handbuch für biologische Arbeitsmethoden **1**, 7, S. 245. 1923. — (*300*) Johnson, T. B., u. G. Daschavsky: Untersuchungen über Proteine. J. of biol. Chem. **62**, 197 (1924). — (*301*) Jones, D. B., u. F. A. Csonda: Ebenda **67**, 9 (1926). — (*302*) Ebenda **73**, 321 (1927); **74**, 427 (1927); **75**, 189 (1927); **78**, 289 (1928). — (*303*) Proc. Soc. exper. Biol. a. Med. **22**, 226 (1925). — (*304*) Jones, D. B., u. C. E. F. Gersdorff: J. of biol. Chem. **70**, 213 (1927). — (*304a*) Ebenda **75**, 213 (1927). — (*305*) Ebenda **63**, 154 (1925). — (*306*) Jones, D. B., C. E. F. Gersdorff u. O. Möller: Ebenda **62**, 183 (1924). — (*307*) Jones, D. B., A. I. Finks u. C. F. E. Gersdorff: Ebenda **51**, 103 (1922). — (*308*) Jones, D. B., u. C. A. Johns: Ebenda **48**, 347 (1921). — (*309*) Jones, D. B., u. O. Möller: Ebenda **79**, 429 (1928). — (*310*) Ebenda **56**, 76 (1927). — (*311*) Jones, W., u. M. E. Perkins: Ebenda **55**, 557 (1923). — (*312*) Ebenda **55**, 567 (1923). — (*313*) Ebenda **62**, 291 (1924).

(*314*) Karrer, P.: Helvet. chim. Acta **6**, 411 (1923). — (*315*) Ebenda **9**, 323 (1926). — (*316*) Ebenda **2**, 436 (1919); **3**, 248 (1920); **6**, 957 (1923); **7**, 957 (1923). — (*317*) Karrer, P., K. Escher u. R. Widmer: Ebenda **9**, 301 (1926). — (*318*) Karrer, P., u. Ch. Gränacher: Ebenda **7**, 763 (1924). — (*319*) Karrer, P., Ch. Gränacher u. A. Schlosser: Ebenda **6**, 1008 (1923). — (*320*) Karrer, P.: Ebenda **6**, 957 (1923). — (*321*) Karrer, P., u. A. Schlosser: Ebenda **6**, 411 (1923). — (*322*) Karrer, P., u. Kasse: Ebenda **8**, 203 (1925). — (*323*) Karrer, P., E. Miyamichi, H. C. Storm u. R. Widmer: Ebenda **8**, 205 (1925). — (*323a*) Karrer, P., Schnider u. Smirnoff: Ebenda **7**, 1039 (1924). — (*323b*) Karrer, P., F. Weber u. J. van Sloten: Z. f. Physiol. **135**, 129 (1926); Helv. chim. act. **8**, 384 (1925). —

(*324*) Kakiuchi, S., u. S. Koganei: J. of biol. Chem. **1**, 405 (1922). — (*325*) Kapfhammer, J.: Die freien Aminogruppen im Eiweiß. Leipzig 1925, Z. physiol. Chem. **170**, 294 (1927); **173**, 245 (1928). — (*326*) Kay, H. D., u. E. Marschall: Biochem. J. **22**, 264 (1928). — (*327*) Keenann, G.: J. of biol. Chem. **62**, 163 (1924). — (*328*) Keilin: Proc. roy. Soc. Lond. **98**, 312 (1925). — (*329*) Kennedy u. Whipple: Amer. J. Physiol. **76**, 685 (1926). — (*330*) Kingtston, H. L., u. S. B. Schryver: Biochemic. J. **18**, 1070 (1924). — (*331*) Kendall, E. C.: J. of biol. Chem. **41**, 125 (1919). — (*331a*) Kendall, E. C.: Thyroxin. New York (1929). — (*332*) Knoop, F.: Z. physiol. Chem. **67**, 489 (1910). — (*333*) Beitr. chem. Physiol. u. Path. **11**, 356 (1908). — (*334*) Knoop, F., u. G. Blanco: Z. physiol. Chem.: **146**, 276 (1925); **148**, 204 (1925). — (*335*) Knoop, F., u. H. Oesterlin: Ebenda **170, 186, 192**. — (*336*) Knoop, F., u. Windaus: Beitr. chem. Physiol. u. Path. **7**, 144 (1905). — (*337*) Klarmann, E.: Aminosäuren und Anhydride. Berlin u. Wien 1929. — (*338*) Kober u. Sugiura: J. of biol. Chem. **13**, 1 (1912/13). — (*339*) Kijotaki, U.: Ebenda **134**, 322 (1922). — (*340*) Kiesel, A.: Z. physiol. Chem. **118**, 301 (1922). — (*341*) Kodama, K.: J. of Biochem. **1**, 419 (1922). — (*342*) Ebenda **20**, 1208 (1926). — (*343*) Ebenda **2**, 505 (1923). — (*344*) Kossel, A.: Protamine und Histone. Wien: Deutike 1929. — (*345*) Z. physiol. Chem. **22**, 176 (1896). — (*346*) Ebenda **8**, 511 (1884). — (*347*) Ber. dtsch. chem. Ges. **34**, 3214 (1901). — (*348*) Kossel, A., u. D. H. Dakin: Z. physiol. Chem. **41**, 321 (1904). — (*350*) Kossel, A., u. S. Edlbacher: Ebenda **93**, 396 (1915). — (*351*) Ebenda **94**, 264 (1915). — (*352*) Kossel, A., u. R. E. Gross: Ebenda **135**, 167 (1924). —(*353*) Kossel, A., u. Kennaway: Ebenda **72**, 486 (1911). — (*354*) Kossel, A., u. F. Kutscher: Ebenda **31**, 165 (1900). — (*355*) Kossel, A., u. E. G. Schenk: Ebenda **173**, 278 (1928). — (*356*) Kossel, A., u. W. Staudt: Ebenda **171**, 156 (1927). — (*357*) Ebenda **159**, 172 (1926). — (*358*) Kossel, A., u. F. Weiss: Ebenda **59**, 492 (1909); **60**, 311 (1909); **68**, 165 (1910). — (*359*) Kotake, Y., u. M. Konishi: Z. physiol. Chem. **122**, 237 (1922). — (*360*) Kraus: Biochem. Z. **171**, 307 (1926). — (*361*) Krüger: Pflügers Arch. **43**, 244 (1926). — (*362*) Kuhn, R., L. Braun, C. Seyffert u. M. Furter: Ber. dtsch. chem. Ges. **60**, 1151 (1927). — (*363*) Kutscher, F.: Z. physiol. Chem. **32**, 476 (1902). — (*364*) Kutscher, F., u. M. Schenk: Ber. dtsch. chem. Ges. **38**, 455 (1905).

(*365*) Lassaigne, C., u. Scherer: Phil. trans. roy. Soc. **223** (1810). — (*366*) Lecomte, P.: J. of biol. Chem. **64**, 595 (1925). — (*367*) Lepeschkin, W. W.: Biochemic. J. **20**, 984 (1926); **21**, 46 (1927). — (*368*) Levene, P. A.: Hexosamines and Mucoproteins. London 1925. — (*369*) J. of biol. Chem. **59**, 465 (1924). — (*370*) Ebenda **67**, 325 (1926). — (*371*) Ebenda **65**, 463 (1925). — (*372*) Ebenda **63**, 95 (1925). — (*373*) Hexosamines and Mucoproteins. London 1925. — (*374*) Levene, P. A., u. L. Bass: J. of biol. Chem. **78**, 145 (1928). — (*375*) Levene, P. A., u. M. Pfaltz: Ebenda **62**, 661 (1925). — (*376*) Ebenda **68**, 277 (1926). — (*377*) Ebenda **70**, 219 (1926). — (*378*) Ebenda **63**, 661 (1925). — (*379*) Levene, P. A., Lawrence u. Bass: Ebenda **74**, 715 (1926). — (*380*) Levene, P. A., u. S. H. Simms: Ebenda **62**, 711 (1924). — (*381*) Levene, P. A., S. H. Simms u. M. Pfaltz: Ebenda **61**, 445 (1924). — (*382*) Ebenda **60**, 253 (1926). — (*383*) Levene, P. A., u. R. Steiger: Ebenda **76**, 299 (1928). — (*384*) Lewis, J., H. H. G. Wells, W. H. Hoffman, R. A. Gortner: Proc. Soc. exper. Biol. a. Med. **22**, 185 (1924). — (*385*) Lewis, H. B., u. H. Updegraff: J. of biol. Chem. **56**, 405 (1923). — (*386*) Lewis, Ph. St.: Ebenda **20**, 965 (1926). — (*387*) Ebenda **20**, 978 (1926). — (*388*) Ebenda **20**, 948 (1926). — (*389*) Ebenda **21**, 46 (1927). — (*390*) Linderström-Lang, K.: C. r. Trav. Labor. Carlsberg **17**, 1 (1927). — (*390a*) Ebenda **16**, 1 u. 47 (1925). — (*391*) Z. physiol. Chem. **173**, 32, 19 (1927). — (*392*) Lieben, F.: Biochem. Z. **145**, 555 (1924). — (*393*) Ebenda **145**, 535 (1924). — (*394*) Liebig, J. v.: Liebigs Ann. **57**, 127 (1846). — (*395*) Lilienfeld, L.: Z. physiol. Chem. **473**, 18 (1894). — (*396*) Lippich, E.: Ber. dtsch. chem. Ges. **41**, 2, 2953 (1908); Z. physiol. Chem. **90**, 132 (1914). — (*397*) Loeb, J.: Die Eiweißkörper. Berlin 1924. — (*398*) Loew, O.: Biol. Zbl. **45**, 373 (1925). — (*399*) Ebenda **143**, 156 (1923). — (*400*) Ber. dtsch. chem. Ges. **85**, 2805 (1925). — (*401*) Lüscher, E.: Biochemic. J. **16**, 556 (1922).

(*402*) May, C. E., u. E. R. Rose: J. of biol. Chem. **54**, 213 (1922). — (*403*) Mayr, S. I.: Sitzgsber. Akad. Wiss. Wien, Math.-naturwiss. Kl. **135**, 409 (1926). — (*404*) Meier: Arch. f. exper. Path. **110**, 241 (1926). — (*405*) Mastin, H., u. S. Schryver: Biochemic. J. **20**, 1177 (1926). — (*406*) Mastin, H., u. H. G. Rees: Ebenda **20**, 759 (1926). — (*407*) Marshall, W.: J. of Physiol. **64**, 25 (1927). — (*408*) Mellanby: Ebenda **54**, CXX (1921). — (*409*) Mijake, S.: Z. physiol. Chem. **172**, 225 (1927). — (*410*) Millot, I.: C. r. Soc. Biol. Paris **94**, 10 (1926). — (*411*) Michaelis, L.: Die Wasserstoffionenkonzentration. — (*412*) Aichi J. of exper. Med. **1**, 45 (1923). — (*414*) Mitschell, H.: Hibiochem. of the amino acids. New York 1929. — (*415*) Moncorps, C.: Münch. med. Wschr. **71**, 1019 (1924). — (*416*) Monneyrat: Ber. dtsch. chem. Ges. **33**, 2395 (1900). — (*417*) Mörner, C. T.: Z. physiol. Chem. **63**, 525 (1894). — (*418*) Ebenda **88**, 138 (1913). — (*419*) Ebenda **28**, 395 (1899); **34**, 207 (1901). (*420*) Mörner, K. A. H.: Ebenda **73**, 595 (1899). — (*421*) Mueller, J. H.: Proc. Soc. exper. Biol. a. Med. **19**, 161 (1921/22). — (*422*) Müller, J.: Biol. Chem. **56**, 157 (1923). —

(423) Müller, F. v.: Z. Biol. **42**, 468 (1901). — (424) Mylius, F.: Ber. dtsch. chem. Ges. **17**, 292 (1884); Meyer, K. H., u. H. Mark: Ebenda **61**, 1932 (1928).

(425) Nagelschmidt, G.: Biochem. Z. **186**, 322 (1927). — (426) Neidig, R., u. R. S. Snyder: J. amer. chem. Soc. **43**, 951 (1921). — (427) Nelson-Gerhardt, M.: Z. Physiol. **150**, 265 (1919). — (428) Neubauer, O.: Dtsch. Arch. klin. Med. **45**, 211 (1909). — (429) Neuberg, C., u. Kobel: Biochem. Z. **162**, 496 (1925). — (430) Neuberg, C., u. J. Kerb: Ebenda **40**, 498 (1912); **67**, 119 (1914). — (431) Neuberg, C.: Ber. dtsch. chem. Ges. **38**, 2359 (1905); Biochem. Z. **5**, 456 (1907). — (432) Nicloux u. Roche: C. r. Soc. Biol. Paris **93**, 1373 (1925). — (433) Northrop, J.: J. gen. Physiol. **4**, 57 (1921). — (434) Naturwiss. **11**, 713 (1923). — (435) J. gen. Physiol. **5**, 749 (1923). — (436) Ebenda **1**, 607 (1919); **3**, 211 (1920); **5**, 263 (1922). — (437) Northrop, J., u. M. Kunitz: Ebenda **8**, 317 (1926). — (438) Nürnberg, A.: Biochem. Z. **61**, 87 (1909).

(439) Okuda, Y.: Proc. imp. Acad. Tokyo **2**, 277 (1926). — (440) Oppenheimer, C., Waldschmidt-Leitz u. E. Grassmann: Im Druck. — (441) Osborne, T. B., in Abderhalden: Handbuch der biologischen Arbeitsmethoden I, 8. — (442) Osborne, T. B., u. G. F. Campbell: J. amer. chem. Soc. **22**, 379 (1900). — (443) Osborne, T. B., u. R. D. Gilbert: Ebenda **15**, 333 (1906). — (444) Osborne, T. B., C. S. Leavenworth u. C. A. Brautlecht: Ebenda **23**, 180 (1908). — (445) Osborne, T. B., u. O. L. Notlan: J. of biol. Chem. **63**, 311 (1920). — (446) Oswald, A.: Z. physiol. Chem. **32**, 121 (1901).

(447) Parnas, J. K.: Klin. Wschr. **1928**, II, 134. — (448) Pauly: Z. physiol. Chem. **42**, 508 (1904). — (449) Pertzoff, V.: J. of biol. Chem. **79**, 799 (1928). — (450) Pfeiffer, P.: Ber. dtsch. chem. Ges. **55**, 1769 (1922). — (451) Ebenda **48**, 2, 1289 (1915); **48**, 1938 (1915). — (452) Z. physiol. Chem. **81**, 239 (1912); **85**, 1 (1913); **97**, 128 (1916); **133**, 22 (1924). — (452) Pfeiffer, P., u. O. Angern: Ebenda **133**, 180 (1924). — (453) Ebenda **143**, 265 (1925). — (454) Pfeiffer, P., O. Angern u. L. Wang: Ebenda **164**, 182 (1927). — (455) Piutti, A.: Gazz. chim. ital. **18** (1888). — (456) Plimmer, R. H. A.: Biochemic. J. **18**, 105 (1924). — (456a) Chemische Constitution of prot. London 1917. — (457) J. chem. Soc. Lond. **127**, 2651 (1925). — (458) Plimmer, R. H. A., u. J. L. Rosedale: Biochemic. J. **19**, 1004 (1925). — (459) Ebenda **19**, 1025 (1925). — (460) Ebenda **19**, 1020 (1925). — (461) Plimmer, R. H. A., u. J. Lowudes: Ebenda **21**, 247 (1927). — (462) Poller, K.: Ber. dtsch. chem. Ges. **59**, 1927 (1926). — (463) Posternack, S.: C. r. Soc. physique et d'histoire natur. de Genève **44**, 8 (1927). — (464) Ebenda **187**, 313 (1928). — (465) Pictet, A., u. M. Cramer: Helvet. chim. Acta **2**, 188 (1919). — (466) Pyman, F. L.: Trans. chem. Soc. **99**, 668, 910.

(467) Quagliariello, G.: Naturwiss. **11**, 261 (1923).

(468) Rakusin, M. A., u. K. Braudo: Z. Unters. Lebensm. **52**, 396 (1926). — (469) Rakusin, M. A., u. G. Pekarskaja: Ebenda **51**, 43 (1926). — (470) Raper, H. S.: Physiologic. Rev. **8**, 245 (1928). — (471) Redfield, A. C., T. Coolidge u. A. L. Hurd: J. of biol. Chem. **71**, 475 (1926). — (472) Ritthausen: J. prakt. Chem. **106**, 445 (1869). — (473) Rimington, C.: Biochemic. J. **21**, 1179 (1927). — (474) Ebenda **21**, 1187 (1927). — (475) Ebenda **21**, 272 (1927). — (476) C. r. Trav. Labor. Carlsberg **17**, 1 (1927). — (477) Robertson, T. B.: Austral. J. of exp. biol. a med. sc. **1**, 31 (1924). — (478) Robinson, C. S., O. B. Winter u. E. J. Miller: J. Ind. Engg. Chem. **13**, 933 (1921). — (479) Ruhemann: J. of chem. Soc. **97**, 2025 (1910).

(480) Ssadikow, W. S.: Biochem. Z. **136**, 238 (1923); **137**, 401 (1923); **141**, 105 (1923). — (481) Sakaguchi, S.: J. of biol. Chem. Japan **5**, 133 (1925). — (482) Ebenda **5**, 159 (1925). — (483) Ebenda **5**, 143 (1925). — (484) Ebenda **5**, 13 (1925). — (485) Sammartino, U.: Biochem. Z. **133**, 476 (1922). — (486) Salaskin, G.: Z. physiol. Chem. **32**, 592 (1927). — (487) Sasaki, T., u. T. Hashimoto: Ber. dtsch. chem. Ges. **54**, 168 (1921). — (488) Sasaki, T.: Biochem. Z. **114**, 63 (1921). — (489) Schulz, F. N.: Z. physiol. Chem. **25**, 16 (1898). — (489a) Shelton, E. M., u. T. B. Johnson: J. amer. chem. Soc. **47**, 412 (1925). — (490) Slyke, D. D. v.: J. of biol. Chem. **10**, 15 (1911). — (491) Ber. dtsch. chem. Ges. **43**, 3170 (1910); **44**, 1684 (1911). — (492) In Abderhalden: Handbuch der biologischen Arbeitsmethoden **1**, 7, S. 264. — (493) J. of biol. Chem. **16**, 187 (1913/14). — (494) Slyke, D. D. v., u. T. J. Birchard: Ebenda **16**, 39 (1914). — (495) Slyke, D. D. v., u. W. Robson: Proc. Soc. exper. Biol. a. Med. **23**, 23 (1925). — (496) Siegfried, M.: Z. physiol. Chem. **44**, 85 (1905); **46**, 410 (1905). — Siegfried, M., u. Neumann: Ebenda **46**, 410 (1905). — (497) Siegfried, M.: Ebenda **63**, 46 (1904). — (498) Ber. dtsch. chem. Ges. **39**, 397 (1906). — (499) Ber. kgl. sächs. Ges. Wiss. **1903**, 63. — (500) Smith, A. H.: J. of biol. Chem. **63**, 71 (1925). — (501) Sörensen, S. P. L.: C. r. Trav. Labor. Carlsberg **15**, 1 (1925). — (502) J. amer. chem. Soc. **47**, 457 (1925). — (503) Medd. Carlsberg Labor. (dän.) **7**, 1 (1902); Biochem. Z. **7**, 43 (1907). — (504) Sörensen, S. P., u. S. Palitzsch: Z. physiol. chem. **130**, 72 (1923). — (505) Sörensen, S. P. L.: Biochem. Z. **45**, 407 (1907). — (506) Ber. dtsch. chem. Ges. **54**, 2988 (1921). — (507) Sullivan, M. X.: J. of biol. Chem. **78**, XV (1928). — (508) Svedberg, Th., u. I. B. Nicols: J. amer. chem. Soc. **48**, 3081 (1926). — (509) Ebenda

71, 2920 (1927). — (*510*) Ebenda **50**, 1399 (1928). — (*511*) SWIGEL u. TH. POSTERNACK: C. r. Acad. Sci. Paris **184**, 909 (1927); **185**, 617 (1927). — (*512*) SCHEIBLER, H., u. P. BAUMGARTEN: Ber. dtsch. chem. Ges. **55**, 1358 (1922). — (*513*) SCHIFF, H.: Ann. Chem. **310**, 25 (1899); **319**, 59 (1901); **287** (1901); **325**, 348 (1902). — (*514*) SCHRYVER, S. B., u. H. W. BUSTON: Proc. roy. Soc. **99**, 476 (1926); **100**, 360 (1926); **101**, 519 (1927). — (*514a*) SCHRYVER, S., H. W. BUSTON u. D. H. MUKHEJEE: Ebenda **98**, 58 (1925). — (*515*) SCHUMM, O.: Z. physiol. Chem. **154**, 314 (1926). — (*516*) Ebenda **149**, 111 (1925). — (*517*) SCHÜTZENBERGER, P.: Ann. chem. Physiol. **16**, 289 (1897). — (*518*) SCHULZE, E.: Ber. dtsch. chem. Ges. **12**, 1924 (1879). — BARBIERI: Ebenda **16**, 1711 (1883); J. prakt. Chem. **17**, 93 (1892). — (*519*) SCHULZE, E., u. LIKIERNIK: Ber. dtsch. chem. Ges. **24**, 2701 (1891); Z. physiol. Chem. **17**, 513 (1893). — (*520*) SCHULZE, E., u. WINTERSTEIN: Ebenda **26**, 1 (1898/99); **30**, 300 (1902): — (*521*) Ber. dtsch. chem. Ges. **30**, 2879 (1897). — (*522*) SCHULZE, E., u. STEIGER: Z. physiol. Chem. **11**, 43 (1887); Ber. dtsch. chem. Ges. **19**, 1117 (1886). — (*523*) SPIEGEL, ADOLF M.: Erg. Physiol. **27**, 832 (1928). — (*524*) SWIGEL u. TH. POSTERNACK: C. r. Acad. Sci. Paris **185**, 615 (1927). — (*525*) STARY, Z.: Z. physiol. Chem. **136**, 160 (1924); **144**, 147 (1925); **148**, 83 (1925); **175**, 178 (1928). — (*526*) STRAUSS, E., u. R. GRÜTZNER: Ebenda **112**, 167 (1921). — (*527*) STEUDEL, H.: Ebenda **114**, 255 (1921). — (*528*) STEUDEL, H., ELLINGHAUS u. GOTTSCHALK: Ebenda **154**, 21, 198 (1926). — (*529*) STEUDEL, H., u. E. PEISER: Ebenda **136**, 75 (1924). — (*530*) STRECKER, H.: Liebigs Ann. **75**, 27 (1850). — (*531*) STEWART, C. B., u. H. E. TUNNICLIFFE: Biochemic. J. **19**, 207 (1925). — (*532*) STÜBEL, H.: Pflügers Arch. **185**, 74 (1920).

(*533*) TAKEDA, M.: J. of Biochem. **2**, 103 (1922). — (*534*) TAKAHASHI, E., u. T. ITAGAKI: Ebenda **5**, 311 (1925). — (*535*) TAKAHATA, T.: Z. physiol. Chem. **136**, 82 (1924). — (*536*) THANNHAUSER, S. J.: Klin. Wschr. **2**, 65 (1923). — (*537*) THIERFELDER, H., u. E. v. GRAMM: Ebenda **105**, 58 (1919). — (*538*) THIERFELDER, H.: Ebenda **105**, 58 (1919). — (*539*) THOMAS, K.: Abbau des Organeiweißes. Festschrift der Kaiser Wilh.-Akad. 1921. — (*540*) THOMAS, K., F. BETTZIECHE u. Mitarbeiter: Z. physiol. Chem. **140**, 244, 261, 273, 279 (1924); **146**, 227 (1925); **150**, 191, 197 (1925); **160**, 1, 270 (1926); **161**, 37, 178 (1926); **172**, 64, 69 (1927). — (*541*) THOMAS, K., u. KAPFHAMMER: Sächs. Ges., Math.-physik. Kl. **77**, 181 (1925). — (*542*) THOMAS, A., u. W. DOX: Z. physiol. Chem. **142**, 1 (1925). — (*543*) THOMAS, A., u. F. L. SEYMOUR-JONES: Proc. Soc. exper. Biol. a. Med. **20**, **433** (1923). — (*544*) TIEDEMANN u. GMELIN: Die Verdauung nach Versuchen. Heidelberg u. Leipzig 1826. — (*545*) TILLMS, I., u. A. ALT: Biochem. Z. **164**, 135 (1925). — (*546*) TILLMANS, J., P. HIRSCH, W. MOHR, H. HOLL u. L. JARILAVA: Biochem. Z. **193**, 216 (1928). — (*547*) TOMITA, M.: Z. physiol. Chem. **158**, 42 (1926). — (*548*) TOMITA, M., u. Y. SENDJU: Ebenda **169**, 263 (1927). — (*549*) TORQUATI u. MILLER: J. of biol. Chem. **44**, 481 (1920). — (*550*) TROENSGAARD, N.: Z. physiol. Chem. **130**, 84 (1923). — (*551*) Ebenda **134**, 100 (1924). — (*552*) Ebenda **127**, 137 (1923). — (*553*) Ebenda **112**, 86 (1921). — (*554*) Ebenda **38**, 623 (1925). — (*555*) Ebenda **153**, 93 (1926). — (*556*) TROENSEGAARD, N., u. E. FISCHER: Ebenda **142**, 35 (1925). — (*557*) Ebenda **143**, 304 (1925). — (*558*) TROENSEGAARD, N., u. B. KONDAHL: Ebenda **153**, 93 (1926). — (*559*) TROENSEGAARD, N., u. J. SCHMIDT: Ebenda **167**, 312 (1927). — (*560*) Ebenda **133**, 116 (1924).

(*561*) UMETSU, K.: Biochem. Z. **137**, 258 (1923).

(*562*) VANDEVELDE, A. I. I.: Rec. Trav. chim. Pays-Bas et Belg. (Amsterd.) **43**, 158, 326, 702 (1924); **44**, 224 (1925); **45**, 825 (1926); **46**, 133 (1927); **47**, 458 (1928). — (*563*) VICKERY, H., BRADFORD u. C. S. LEAVENWORTH: J. of biol. Chem. **75**, 115 (1927). — (*564*) VICKERY, H. B.: Ebenda **53**, 495 (1922). — (*565*) VOGEL, I.: Gel. Anz. kgl. bayer. Akad. Wiss. **27**, 223 (1848). — (*566*) VOISENET, E.: Bull. Soc. Chim. fiol. Paris **33**, 1198 (1905).

(*567*) WALDSCHMIDT-LEITZ, E.: Naturwiss. **14**, 129 (1926). — (*567a*) Enzyme. Braunschweig 1926. — (*567b*) WALDSCHMIDT-LEITZ, E., BECK u. J. KAHN: Naturwiss. **17**, 85 (1929). — (*568*) WALDSCHMIDT-LEITZ, E., W. GRASSMANN u. A. SCHÄFFNER: Ber. dtsch. chem. Ges. **60**, 359 (1927). — (*568a*) WALDSCHMIDT-LEITZ, E., u. G. KÜNSTNER: Z. physiol. Chem. **171**, 290 (1927). — (*568b*) WALDSCHMIDT-LEITZ, E., u. A. K. BALLS u. J. WALDSCHMIDT-GRASER: Ber. d. chem. Ges. **62**, 956 (1929). — (*568c*) WALDSCHMIDT-LEITZ, E., A. SCHÄFFNER u. W. GRASSMANN: Z. physiol. Chem. **156**, 68 (1926). — (*569*) WALDSCHMIDT-LEITZ, E., u. A. HARTENECK: Ebenda **147**, 286 (1925). — (*570*) WALDSCHMIDT-LEITZ, E., u. E. SIMONS: Ebenda **156**, 114 (1926). — (*570a*) WALDSCHMIDT-LEITZ, E., u. G. RAUCHALLES: Ber. dtsch. chem. Ges. **61**, **645** (1928). — (*571*) WALDSCHMIDT-LEITZ, E., u. A. SCHÄFFNER: Ebenda **58**, 1356 (1925). — (*571a*) WALDSCHMIDT-LEITZ, E., 90. Naturforscher-Vers. 1928. — (*572*) WELS, P.: Pflügers Arch. **199**, 226 (1923). — (*573*) WELS, P., u. A. THIELE: Ebenda **209**, 49 (1925). — (*574*) WELS, P.: Schmiedebergs Arch. exper. Path. u. Pharmak. **111**, 60 (1926). — (*575*) WESSELY, F.: Z. physiol. Chem. **135**, 117 (1924). — (*576*) WIELER, H. L., u. G. S. JAMIESON: Amer. J. **33**, 365 (1905). — (*577*) WILLSTÄTTER, R.: Untersuchungen über Enzyme. Berlin 1928. — (*578*) Ber. dtsch. chem. Ges. **33**, 1160 (1900). — In ABDERHALDEN: Handbuch der biol. Arbeitsmeth. **1**, 7, S. 289 (1923). — (*579*) WILL-

STÄTTER, R., u. M. v. SICHERER: Ber. dtsch. chem. Ges. **32**, 1290 (1899). — (*580*) WILLSTÄTTER, R., u. E. WALDSCHMIDT-LEITZ: Ebenda **54**, 2988 (1921). — (*581*) WILLSTÄTTER, R., u. W. GRASSMANN: Z. physiol. Chem. **153**, 250 (1926). — (*582*) WOHL, A., u. K. FREUDENBERG: Ber. dtsch. chem. Ges. **51**, 309 (1923). — (*583*) WOODMAN, H. E.: Biochem. J. **15**, 187 (1927). — (*584*) WOLFF: Liebigs Ann. **260**, 79 (1890). — (*585*) WU, H., u. D. YEN: Biochem. J. **4**, 345 (1924). — (*586*) Proc. soc. exper. biol. a. med. **21**, 573 (1924). — (*587*) WU, H., u. S. M. LING: Chin. of physiol. **1**, 431 (1927).

(*588*) YOUNG, E. G.: Proc. roy. soc. ser. **93**, 235 (1922). — (*589*) Ebenda **93**, 15 (1922). (*590*) ZELINSKY, N. D., u. K. P. LAWROWSKY: Biochem. Z. **183**, 303 (1927). — (*591*) ZELINSKY, N. D., u. W. S. SSADIKOW: Biochem. J. **137**, 397 (1923). — (*592*) ZEYNEK, v.: Nowiny Lekarske (Festschr. f. Wachholz) **38**, 10 (1926). — (*593*) Z. physiol. Chem. **114**, 275 (1921).

4. Mineralstoffe.

Von

Privatdozent Dr. WOLFGANG LINTZEL

Assistent des Tierphysiologischen Instituts der Landwirtschaftlichen Hochschule Berlin.

A. Allgemeines.

Den organischen Bestandteilen der Futtermittel, Rohprotein, Rohfett, Rohfaser und stickstoffreien Extraktstoffen stehen als anorganische Bestandteile *Wasser und Salze* gegenüber. Jedoch auch in der organischen Substanz sind Mineralstoffe, und zwar hier in organischer Bindung, vorhanden. Die Abgrenzung dessen, was man als *Mineralstoffgehalt der Futtermittel* zu verstehen hat, ist darum nicht ohne weiteres gegeben, und der Mangel einer strengen Definition führt dazu, daß manche Stoffe, besonders ein Teil des Schwefels, Phosphors und einiger Metalle, in der Futtermittelanalyse zweimal aufgeführt werden, einmal in der Asche und dann als Phosphatide, schwefelhaltige Eiweiß- und Fettstoffe u. dgl. in der organischen Substanz.

Im Sprachgebrauch werden die Mineralstoffe gewöhnlich mit den *Salzen* und der *Asche* identifiziert, ohne daß sich diese Begriffe jedoch decken. Vom Standpunkt der analytischen Praxis ist *die Asche als der unverbrennliche Rückstand der organischen Stoffe* wohl am besten präzisiert, weil sie sich bei gleicher Methodik, besonders was Vorbehandlung der Substanz, Veraschungstemperatur und Luftzufuhr bei der Verbrennung anbetrifft, in annähernd konstanter Menge und Beschaffenheit darstellen läßt. Mag aber die *chemische Zusammensetzung der Asche* noch so genau ermittelt werden, so liefert die Aschenanalyse doch nur ein sehr unvollkommenes Bild vom Aufbau der Mineralstoffe in der ursprünglichen Substanz. Die Alkalien, in den vegetabilischen Futtermitteln fast ausschließlich an Pflanzensäuren gebunden, finden sich in der Asche als Salze der Phosphorsäure, Schwefelsäure und Kohlensäure, die ihrerseits erst bei der Verbrennung aus organischen Substanzen entstanden sind. Andererseits können auch ursprünglich vorhandene Mineralsalze wie Bicarbonate, die bei höherer Temperatur dissoziiert sind, bei der Veraschungstemperatur zerfallen oder flüchtige Säuren wie Salzsäure, können durch schwer flüchtige aus ihren Salzen ausgetrieben werden. Befriedigt so die *Analyse der Asche* in keiner Weise, so kann man sich ebensowenig darauf beschränken, nur die Stoffe, die in den Futtermitteln bereits als Salze vorliegen, hier zu berücksichtigen. Ganz abgesehen von den methodischen Schwierigkeiten, die Salze quantitativ zu bestimmen, würde mit dieser Beschränkung für den praktischen Zweck, der mit der Untersuchung der Futtermittel verfolgt wird, also für die zweckmäßige Ernährung der Nutztiere, recht wenig gewonnen sein. Denn ähnlich wie die Verbrennung am Feuer, macht auch der tierische Organismus in vielen Fällen keinen Unterschied, ob ihm ein Mineralstoff in anorganischer oder organischer Bindung dargeboten wird, auch er „verbrennt" die organischen Bestandteile der Futtermittel und scheidet die unverbrennlichen Bestandteile aus, soweit er sie nicht zum Aufbau seiner Körpersubstanz verwenden kann. Schon im Verdauungskanal ändert sich die *chemische Struktur der Mineralbestandteile* von Grund auf, indem organisch gebundene Mineralstoffe aus ihren Verbindungen in anorganischer Form abgespalten werden, Salze sich untereinander, mit der Magensalzsäure und den Alkalien der Verdauungssäfte des Dünndarms umsetzen und anderes mehr. Die Hauptschwierigkeit besteht nun darin, daß bei der *Verbrennung der Nahrungsstoffe im tierischen Organismus* eine „Asche" von anderer Zusammensetzung entsteht, wie bei der Verbrennung derselben Substanzen im Tiegel. Dies gilt besonders für Schwefel und Phosphor, die vom Organismus in der Hauptsache in hochoxydierter Form ausgeschieden werden, während sie bei der Verbrennung im Tiegel unvollständig oxydiert, ja sogar durch Kohlenstoff reduziert werden können und dann mit den Verbrennungsgasen entweichen.

Aus allem ergibt sich, daß wir uns bei der Abgrenzung des Begriffs Mineralstoffe nicht von starren chemischen Gesichtspunkten leiten lassen dürfen, um so weniger, als hier die mineralischen Bestandteile der Futtermittel ja nicht als Objekte der wissenschaftlichen Forschung an sich, sondern nur im Hinblick darauf, was der tierische Organismus damit anfängt, von Interesse sind. Wir müssen daher *als Mineralstoffen allen Bestandteilen der Futtermittel unsere Aufmerksamkeit zuwenden, die in anorganischer Form vorgebildet sind oder aber im tierischen Organismus erfahrungsgemäß in anorganische Form übergeführt werden können, mit Ausnahme jedoch der höheren Verbindungen des Kohlenstoffs und Stickstoffs, die im tierischen Organismus zwar auch anorganische Stoffe, Ammoniak, Kohlensäure und Wasser liefern können, bei denen jedoch diese Seite ihres Verhaltens ganz gegen ihre sonstige Bedeutung im Stoffwechsel zurücktritt.*

Das Vorhandensein organisch gebundener Mineralstoffe in den Futtermitteln hat es notwendig gemacht, neue Methoden zu ihrer quantitativen Bestimmung zu ersinnen. Das alte, verhältnismäßig einfache Verfahren, eine größere Menge der Substanz im Tiegel zu verbrennen und die Asche auf ihre einzelnen Bestandteile zu untersuchen, ohne Rücksicht darauf, was an Schwefel, Phosphor, Halogen und Metallen bei der Verbrennung in die Luft entwichen ist, kann heute als gänzlich verlassen angesehen werden, und an seine Stelle sind Methoden getreten, bei denen für jeden Mineralbestandteil oder wenigstens für jede zusammengehörige Gruppe ein spezielles Veraschungsverfahren angewendet wird, das ermöglicht, Verluste und Fehler zu vermeiden. Diesem Umstande ist es wohl zuzuschreiben, daß *vollständige Mineralstoffanalysen*, die in der Zeit einer weniger entwickelten Methodik zu Tausenden in der Literatur niedergelegt wurden, in den neueren Arbeiten nur äußerst selten zu finden sind. Die neueren Autoren sind vielmehr dazu übergegangen, nur einzelne Mineralbestandteile, die bei der bearbeiteten Fragestellung gerade von Wichtigkeit sind, mit speziellen Methoden zu bestimmen, die übrigen, momentan nicht interessierenden dagegen zu vernachlässigen, und so tritt die merkwürdige Tatsache in Erscheinung, daß die alten Sammelwerke über die Mineralstoffe der Futtermittel heute nach 50 Jahren trotz aller methodischen Fortschritte nur unvollständig durch neues Analysenmaterial ergänzt, geschweige denn ersetzt werden können. Die immer wachsende Bedeutung, die in unserer Zeit den Mineralstoffen zugeschrieben wird, dürfte dazu zwingen, auch wieder vollständige Mineralstoffanalysen auszuführen, damit eine empfindliche Lücke in unserem Wissen ausgefüllt wird.

Für den *praktischen Gebrauch einer Sammlung von Mineralstoffanalysen im wissenschaftlichen oder praktischen Betriebe* ist es von besonderer Wichtigkeit, in welcher Form die Analysenzahlen angegeben werden. Die alten Werke über die Zusammensetzung der Futtermittel, in denen ein außerordentlich großes Material mit einem riesigen Aufwand von Kritik und Erfahrung zusammengetragen ist, geben von der ursprünglichen Substanz, so wie sie im landwirtschaftlichen oder gewerblichen Betriebe anfällt, zunächst Wasser und Trockensubstanz in Prozenten. Die Asche wird sodann in Prozenten von der Trockensubstanz wiedergegeben, und schließlich findet man die einzelnen Aschebestandteile als Prozente von der Asche. Dies Verfahren ist zweifellos korrekt, und durch den Umstand, daß die alten Meister der Analyse seit LIEBIG sich seiner bedient haben, in der Literatur allgemein verbreitet. Es erschwert aber ganz unnötig die praktische Benutzung der Zahlen. Um z. B. den Calciumgehalt einer bestimmten Futterration auf Grund der analytischen Daten zu ermitteln, ist eine dreimalige Prozentrechnung erforderlich. Mag dies noch angängig sein, so wird die Benutzung einer derartigen Tabelle fast unmöglich, wenn es sich darum handelt, unter einer Reihe von Futtermitteln z. B. ein besonders calciumreiches herauszusuchen. Ein hoher Prozentsatz Calcium in der Asche, wie er in der Tabelle verzeichnet ist, braucht durchaus nicht einem hohen Calciumgehalt des Futtermittels zu entsprechen, er kann auch lediglich dadurch zustande kommen, daß die anderen Aschebestandteile in besonders geringer Menge vorhanden sind. Bei einem aschearmen Futtermittel wird daher ein hoher Prozentsatz Calcium in der Asche nicht viel bedeuten. In Anbetracht dieser Umstände beim Gebrauch der Mineralstoffanalysen sind in neuerer Zeit viele Autoren dazu übergegangen, die *Mineralstoffmenge direkt auf frische Substanz zu beziehen*, also z. B. einfach anzugeben, in 1 kg des Futtermittels sind soundso viel Wasser, Calcium usw. vorhanden. Der Einwand, daß der Wassergehalt schwankend ist und sich dabei auch der Mineralstoffgehalt pro Kilogramm ändert, ist nicht stichhaltig, denn, auch wenn der Mineralstoffgehalt auf Gesamtasche berechnet ist, wird beim Umrechnen auf frische Substanz derselbe Fehler gemacht, wenn keine neue Bestimmung des Wassergehaltes ausgeführt wird. Es ist zu hoffen, daß das durchaus wissenschaftliche und exakte Verfahren, die Mineralstoffe pro Kilogramm ursprüngliche Substanz anzugeben, weitere Verbreitung findet. *Für die Vergleichung verschiedenartiger Futtermittel untereinander dürfte sich die Angabe pro Kilogramm Trockensubstanz am besten eignen.*

Noch eine weitere Neuerung zeigt sich in der heutigen Literatur in der *Art der Wiedergabe der Analysen.* Früher wurden alle Mineralstoffanalysen auf Metalloxyde (CaO, MgO), Säureanhydrid (P_2O_5, SO_3) und freies Halogen (Cl) berechnet, ein Verfahren, das seit LIEBIG in weitem Umfange in Gebrauch kam (s. Anm.). Auch heute noch sind im Sprachgebrauch die Bezeichnungen Kalk-, Magnesiagehalt des Tierkörpers usw. durchaus üblich, obgleich nach dem heutigen Stande der Erkenntnis Konfigurationen wie CaO und MgO im pflanzlichen und tierischen Organismus überhaupt nicht existenzfähig sind. Es ist daher verschiedentlich der Vorschlag gemacht worden, alle Mineralstoffe in der ionisierten Form (Ca, Mg, SO_4, PO_4) anzugeben, und man findet neuere Analysen besonders von Mineralwässern auf diese Art dargestellt. Einen besonderen Vorteil erhoffte

Anm. Die Schreibweise geht auf die Theorie des Dualismus von BERZELIUS zurück. Nach dieser Theorie setzt sich ein Salz, z. B. $CaSO_4$ aus der Basis CaO und dem Anhydrid SO_3 zusammen. Der Bildung von Wasser beim Zusammentritt von Säure und Base wurde damals kein Gewicht beigelegt.

man sich deswegen, weil man dann das Säurebasenverhältnis leichter übersehen kann. Die Anwendung dieser Schreibweise auf den Mineralstoffgehalt pflanzlicher und tierischer Substanzen mußte jedoch an der komplizierten Zusammensetzung dieser Stoffe scheitern, in denen außer ionisierbaren Salzen auch organisch gebundene und kolloide Mineralstoffe vorliegen. Es würde unbefriedigend und sachlich falsch sein, vom Gehalt an SO_4-Ion etwa bei Cystin oder Senföl zu sprechen. Die Tendenz der Autoren scheint zur Zeit dahin zu gehen, *alle Analysenzahlen ebenso wie in der organischen Elementaranalyse direkt auf das Element* (Ca, Mg, S, P) *zu beziehen*, und für manche Metalle (Fe, Cu) scheint diese Neuerung bereits ziemlich allgemein in Anwendung zu sein. Im Interesse eines einheitlichen, logischen Aufbaues der wissenschaftlichen Sprache ist diese Entwicklung durchaus zu begrüßen. Es könnte der Einwand gemacht werden, daß bei einer in dieser Weise wiedergegebenen Analyse die Summe der einzelnen Anteile K, Ca, S, P usw. nicht dem Gewicht der Asche entspricht, sondern durch Sauerstoff zu diesem Gewicht ergänzt werden muß. Dem sei entgegengehalten, daß auch bei der alten Darstellungsweise die Summe der K_2O, CaO, SO_3, P_2O_5 usw. nicht dem Aschengewicht gleich sein konnte und durch Abziehen oder Zufügung von Sauerstoff auf diesen Wert zu bringen war. *In den im folgenden enthaltenen Tabellen sind die Analysenzahlen einheitlich in dieser Weise dargestellt.* Soweit sie der älteren Literatur entnommen sind, wurden sie entsprechend umgerechnet. In den Tabellen am Ende des Kapitels ist der Mineralstoffgehalt pro Kilogramm der ursprünglichen Substanz angegeben, wodurch die Berechnung der Mineralmengen in einer bestimmten Futterration sehr einfach wird, während in den Übersichten in den einzelnen Abschnitten, in denen der Mineralgehalt verschiedener Futtermittel verglichen wird, wenn möglich, auf Trockensubstanz berechnet worden ist. *Die für die Ernährungslehre zweckmäßigste Angabe der resorbierbaren Mineralstoffe pro Kilogramm verdauliche Substanz oder pro Kilogramm Stärkewert ist bei dem heutigen Stande der Ernährungslehre noch nicht durchführbar.*

B. Wasser.

Zu jeder Futtermittelanalyse gehört die *Bestimmung des Wassergehaltes bzw. der wasserfreien Substanz.*

Die Vorbereitung des Analysenmaterials, Probeentnahme, Zerkleinerung usw. wechselt nach der Beschaffenheit des Futtermittels. Nach NEUBAUER[116] z. B. können beim Mahlen infolge Verdunstung in der sich erwärmenden Maschine Wasserverluste entstehen, so daß hier unter Umständen Vorsichtsmaßregeln nötig werden. Nach den allgemeinen chemischen Grundsätzen müßte bei 100—110° *bis zur Gewichtskonstanz getrocknet* werden. Die Erfahrung lehrt jedoch, daß dieses Vorgehen bei vielen Futtermitteln nicht immer zu einem exakten Ergebnis führt. Vermutlich infolge des hohen Gehaltes an Kolloiden, die den Dampfdruck des Wassers herabsetzen, wird bei 100° häufig Gewichtskonstanz erreicht, ehe alles Wasser verdampft ist, andererseits können bei höherer Temperatur und zu langer Dauer des Trockenprozesses chemische Umsetzungen, Zersetzung und Oxydation stattfinden, so daß unter Umständen ein brauchbarer Endwert nicht erreicht wird oder aber das Endgewicht nicht der eigentlichen Trockensubstanz entspricht. Ein derartiges Verhalten wird besonders bei fettreichen Futtermitteln beobachtet, die bei langer Dauer des Trockenprozesses durch Aufnahme von Sauerstoff wieder an Gewicht zunehmen. Der Verband der landwirtschaftlichen Versuchsstationen hat sich daher auf Vorschlag von HASELHOFF[67] nach zahlreichen Versuchen auf ein *einheitliches Verfahren* geeinigt, nach dem *für den Wassergehalt der Futtermittel* Werte erhalten werden, die dem wahren Wert denkbar nahekommen. Die Vorschrift lautet: 3—5 g des lufttrockenen, fein gemahlenen Futtermittels werden in einem mit Deckel verschließbaren gewogenen Wägegläschen drei Stunden bei 105° getrocknet; darauf wird das Gläschen verschlossen, zum Abkühlen in einen Exsiccator gestellt und dann gewogen. Der Gewichtsverlust gilt als Wassergehalt der untersuchten Substanz. Wenn das Futtermittel nicht lufttrocken, sondern grün oder feucht ist, so muß es zunächst bei 50—60° vorgetrocknet werden, bevor es fein gemahlen werden und zur Bestimmung des Wassergehaltes dienen kann. Der Wasserverlust beim Vortrocknen ist natürlich ebenfalls festzustellen und bei der Berechnung des gesamten Wassergehaltes der ursprünglichen Substanz zu berücksichtigen.

Einen Überblick über den durchschnittlichen *Wassergehalt einiger typischer Vertreter der einzelnen Futtermittelgruppen*, nach dem Wassergehalt geordnet, gibt Tabelle 1 (nach DIETRICH und KÖNIG[24]).

Tabelle 1. Wassergehalt von Futtermitteln.

	1 kg des Futtermittels enthält g H_2O		1 kg des Futtermittels enthält g H_2O
Knochenfuttermehl	30	Kartoffel (Knollen) . . .	750
Hafer (Körner)	121	Weidegras	784
Weizenkleie	129	Rotklee (beginnende Blüte)	840
Wiesenheu	145	Rübenblätter	889
Stroh	145	Magermilch	904
Melasse	207	Melasseschlempe	925

Der *Wassergehalt der grünen Pflanze* ändert sich im Laufe der Vegetationsperiode, indem die Pflanzen etwa von der Blütezeit ab immer wasserärmer werden. Für den Wassergehalt des daraus bereiteten Dürrheus sind diese Unterschiede jedoch ohne Bedeutung. Dagegen zeigt sich ein merklicher Einfluß des Wassergehaltes der grünen Pflanze auf die Menge und Zusammensetzung der übrigen Mineralstoffe. Heu von trockenen Wiesen pflegt arm an Mineralstoffen zu sein, während auf feuchten Wiesen gewonnenes Heu oft reich daran ist. Die Beeinflussung des Wassergehaltes der Wiesenpflanzen durch Bodenzusammensetzung und Klima scheint im wesentlichen durch Verschiebungen in der botanischen Zusammensetzung der Wiesenflora zustande zu kommen. So fand FLEISCHER[32] den Wassergehalt der Wiesenvegetation nach Kali- und Phosphatdüngung bis zu 10% erhöht, und konnte dies Verhalten auf das reichlichere Wachstum von Klee zurückführen, der ja besonders wasserreich ist.

Die Hauptbedeutung des Wassergehaltes der Futtermittel liegt in der Tatsache, daß unterhalb eines Gehaltes von 15 — 20% die Entwicklung von Mikroorganismen gehemmt ist; bildet doch die Trocknung der Futterstoffe das in der Landwirtschaft am meisten angewendete Konservierungsverfahren.

C. Gesamtasche.

Wie in der Einleitung auseinandergesetzt wurde, kommt der Aschenanalyse heute nicht mehr die wissenschaftliche und praktische Bedeutung zu, die ihr früher beigemessen wurde, weil gewisse Mineralstoffe bei der Darstellung der Asche zu Verlust gehen. *Die Bestimmung des Gewichtes der Gesamtasche ist jedoch auch heute ein wichtiges Glied jeder Futtermittelanalyse*, weil die Asche zusammen mit Wasser, Rohprotein, Rohfett und Rohfaser zu den direkt bestimmbaren Bestandteilen gehört, aus denen sich die stickstoffreien Extraktstoffe als fehlender Rest berechnen lassen. Etwaige Fehler bei der Aschebestimmung wirken sich daher auch auf diese aus. Solche Fehler verursachen die sich verflüchtigenden Mineralstoffe, ferner der Teil der Mineralstoffe, der außer in der Asche zum zweiten Male im Rohfett und Rohprotein erscheint, bei der Berechnung der stickstoffreien Extraktstoffe daher zweimal in Abzug gebracht wird. Die entstehenden Fehler sind wohl immer so unbedeutend, daß eine entsprechende Korrektur sich erübrigt.

Zur *Bestimmung der Aschemenge* (KÖNIG S. 310[89]) werden 5—10 g Substanz in einer Platinschale bei kleiner Flamme langsam verkohlt und verbrannt. Mitunter überziehen sich die Kohleteilchen mit leichtschmelzenden Salzen, so daß die Asche nicht weiß wird. In diesem Falle laugt man mit Wasser aus und verascht den Rückstand zu Ende. Die Asche wird dann mit den ausgelaugten Salzen vereinigt und gewogen. Man erhält so das Gewicht der *Rohasche*. Enthält diese Carbonate, so wird die Kohlensäure ausgetrieben, mit Natronkalk aufgefangen und gewogen, und ihr Gewicht der organischen Substanz zugezählt. Befeuchtet man die Rohasche mit Salpetersäure, dampft mit Salzsäure ab und löst sie in Salzsäure, so bleibt ein Rückstand, der aus Kohleteilchen, Erde, Sand und amorpher Kieselsäure besteht. Die Differenz aus der CO_2-freien Rohasche und diesem Rückstand ist die *silicatfreie Asche*, die man besonders in der amerikanischen und englischen Literatur angegeben findet. In dem Rückstand kann der Teil der Kieselsäure, der aus dem Futtermittel selbst stammt und in amorpher Form vorliegt, bestimmt werden. Zählt man die amorphe Kieselsäure noch der silicatfreien Asche zu, so erhält man die **Reinasche.** Reinasche ist somit Rohasche minus Sand, Erde, Kohle und Kohlendioxyd.

D. Die einzelnen Mineralstoffe.

I. Alkalimetalle.

Von den Metallen der Alkaligruppe, Lithium, Natrium, Kalium, Rubidium, Caesium, sind nur *Natrium und Kalium* für die Tierernährung von Bedeutung, doch werden auch die übrigen in vielen Futtermitteln, meist allerdings in geringer Menge angetroffen. Die Alkalimetalle scheinen in den Futtermitteln ausschließlich in anorganischer Form, als Ionen oder als Salze anorganischer und organischer Säuren vorzukommen. Eine gemeinschaftliche Eigenschaft der hier in Frage kommenden Alkalisalze ist ihre leichte Löslichkeit, die dazu führt, daß sie beim Beregnen der Futterpflanzen besonders leicht ausgewaschen werden können. Über die Wirkung des Regens auf die lebende Pflanze stellte SEIDEN[151] Versuche an Spitzahorn und Weißkohl an, in denen sich ergab, daß die Verluste an Mineralstoffen ziemlich gering waren. Auch wenn frisch geschnittenes Gras beregnet wird, sind nach EMMERLING[28] die Mineralstoffverluste gering. In schon trockenem Klee fand dagegen E. SCHULZE[145] nach längerem Regen den Aschegehalt auf die Hälfte zurückgegangen. WOLFF, FUNKE und KELLNER[187] fanden in Luzerneheu, das zum Teil trocken eingebracht, zum Teil einem heftigen Gewitterregen ausgesetzt war, folgende Mineralstoffmengen (siehe Tab. 2).

Tabelle 2. Mineralstoffe in beregnetem Heu (nach WOLFF, FUNKE und KELLNER).

	1 kg Trockensubstanz enthält g			1 kg Trockensubstanz enthält g	
	beregnet	nicht beregnet		beregnet	nicht beregnet
K	10,8	12,5	Mg	1,45	1,36
Na	0,28	0,42	P	2,50	3,11
Ca	15,5	18,2	Cl	1,83	1,77

An den Verlusten sind Natrium und Kalium in erster Linie beteiligt. Im Gegensatz zu diesen Versuchen fanden HOLDEFLEISS[73] und FLEISCHMANN[33] beim Beregnen keinen Verlust an Mineralstoffen. Nach FLEISCHMANN ist die Tatsache, daß viel Regen das Heu verdirbt, so zu erklären, daß durch die Feuchtigkeit die zersetzende Tätigkeit der Mikroorganismen und der pflanzlichen Fermente größeren Umfang annimmt, während sie bei raschem Trocknen bald unterbunden wird. Die Mineralstoffe würden bei diesen Prozessen natürlich keine Abnahme erfahren. Immerhin ist anzunehmen, daß sehr starke Regen und Überschwemmungen auch auslaugend wirken können, wobei dann die Alkalimetalle in erster Linie betroffen sein würden.

1. Natrium.

Zur quantitativen Bestimmung des Natriums in Futtermitteln muß bei Dunkelrotglut verascht werden, da die Alkalichloride bei Temperaturen um 800° in merklichem Umfange flüchtig sind. Derartige Verluste werden bei der Veraschung auf feuchtem Wege nach NEUMANN[122], wobei mit Schwefelsäure und Salpetersäure oxydiert wird, vermieden. Der wäßrige Auszug der Asche oder die im Platintiegel zum Teil abgerauchte Aschelösung nach Neumann werden erst mit Chlorbarium und Barytwasser, dann mit Ammoniak und Ammoniumcarbonat gefällt, das Filtrat zur Entfernung der Ammonsalze eingetrocknet und schwach geglüht, mit Salzsäure abgeraucht und gewogen. Man erhält so die Summe von Natriumchlorid und Kaliumchlorid. Die Natriummenge ergibt sich als Differenz nach der Bestimmung des Kaliums. Eine direkte Methode mit Fällung des Natriums mit Kaliumpyroantimoniat ist von Richter-Quittner[133] angegeben worden. Wenn von der quantitativen Bestimmung des Kochsalzes in Futtermitteln die Rede ist, handelt es sich in der Regel um eine Chlorbestimmung.

Während *Natrium* für das tierische Leben unbedingt notwendig ist, können die Landpflanzen es vollkommen entbehren, denn es gelingt (Dehérain[25]), Kartoffel- und Bohnenpflanzen in künstlicher Kultur völlig natriumfrei zuerhalten. Dementsprechend finden wir dieses Element in den vegetabilischen Futtermitteln meist nur in geringer Menge, während es in den animalischen reichlicher vorhanden ist (siehe Tab. 3).

Tabelle 3. Natrium in Futtermitteln (nach Kahn und Goodridge).

	1 kg Trockensubstanz enthält g Na		1 kg Trockensubstanz enthält g Na
Mais	0,30	Weizenstroh	2,37
Kohl	0,32	Leinkuchenmehl	2,84
Wiesenheu	1,64	Luzerneheu	4,89
Kartoffeln	1,75	Magermilch	4,90
Hafer	1,84	Fleischmehl	18,30

Der *Natriumgehalt der Futterpflanzen* schwankt im Laufe der Vegetationsperiode. Nach E. Cruickshank[21] wird in Weidegras zu Beginn und am Ende des Sommers am meisten Natrium gefunden (Tab. 14).

Das Natrium des Bodens wird leicht ausgewaschen, während das Kalium in den Tonerdesilikaten festgehalten wird. Eine ständige Natriumzufuhr findet, allerdings in geringem Maße, durch Wind und Regen statt. Fein zerstäubtes Meerwasser, das viel Kochsalz enthält, wird ständig über das Land verweht und mit den Niederschlägen dem Boden zugebracht. An dieser Natriumzufuhr nehmen indessen die hoch gelegenen Vegetationen keinen Anteil. So fand Muntz[115] den Regen im Hochgebirge viel kochsalzärmer wie in der Ebene (siehe Tab. 4).

Tabelle 4. Kochsalzgehalt des Wassers.

	1 l Wasser enthält mg NaCl
Regen im Hochgebirge (2877 m über dem Meere)	0,34
Pyrenäenbäche	0,90
Regen im Tal (Bergerac)	2,50
„ „ „ (Joinville-le-Pont)	7,60

Dementsprechend sind die Futterpflanzen der Alpenwiesen natriumärmer als die von tief gelegenen Weiden (siehe Tab. 5).

Tabelle 5. Kochsalz in Gebirgs- und Talpflanzen.

	1 kg Trockensubstanz enthält g NaCl	
	im Gebirge	im Tal
Heu	2,54	10,17
Weißklee	2,85	5,05
Roggenstroh	0,54	1,27

Natrium in größerer Menge findet sich im Pflanzenreiche bei den Halophyten und Halophilen, die im Binnenlande auf salzhaltigem Boden, besonders aber an der Meeresküste wachsen. Elliot, Orr und Wood[27] verglichen den Mineralgehalt von Weidegras im Inlande und an der Meeresküste (siehe Tab. 6).

Tabelle 6. Mineralstoffe im Weidegras.

	1 kg Trockensubstanz enthält g					
	Na	K	Ca	P	Cl	Si-freie Asche
Nahe der See . . .	3,24	15,30	1,86	2,36	5,6	40,3
Im Inlande	1,64	14,46	1,14	1,92	4,6	34,3

Im Zellsaft dieser Pflanzen findet sich das Natrium als Chlorid in gelöstem Zustande, am meisten ist es im Stengel angereichert. Natriumreich sind auch eine Reihe von Pflanzen, die auf Soda- und Glaubersalzboden wachsen. Manche Pflanzen können größere Natriummengen aufnehmen, wenn es ihnen geboten wird, ohne jedoch eigentliche Salzpflanzen zu sein, so besonders die Runkelrübe, bei der große Schwankungen im Natrium- bzw. Chlorgehalt gefunden wurden. Andere Kulturgewächse sind dagegen außerordentlich salzempfindlich, so Timotheegras und Honiggras, die nach NOLL[126] bereits durch einen Kochsalzgehalt von 0,05—0,1 % im Boden geschädigt werden. Im allgemeinen ist ein immer feuchter Boden erst von einem Gehalt von 4 % Kochsalz an pflanzenfrei (LINSTOW, S. 14[98]).

2. Kalium.

Zur Bestimmung des Kaliums in Futtermitteln wird zunächst verfahren, wie bei Natrium beschrieben wurde. Aus der Natrium- und Kaliumchlorid enthaltenden Lösung wird Kalium mit Perchlorsäure und Alkohol als Perchlorat gefällt und gewogen (HOPPE-SEYLER-THIERFELDER S. 656[74]). Die früher gebräuchliche Fällung des Kaliums mit Platinchlorwasserstoffsäure dürfte wegen des hohen Preises des Reagens im allgemeinen nicht in Frage kommen. Für kleine Kaliummengen hat HAMBURGER[58, 59] eine Methode angegeben, bei der es als Kaliumnatriumkobaltinitrit bestimmt wird.

Im Gegensatz zu Natrium ist das Kalium für das Leben der Pflanze ebenso unentbehrlich wie für das der Tiere, und dementsprechend wird es in allen vegetabilischen und animalischen Futtermitteln angetroffen. Bei vielen Pflanzen tritt es als Hauptmineralbestandteil auf. Ein großer Teil des Kaliums wird in der ersten Zeit der Vegetation aufgenommen, so daß junge Pflanzen besonders reich daran sind, im weiteren Verlaufe des Wachstums sind dann nur unbedeutende Schwankungen zu beobachten (siehe Tab. 14).

Einen Überblick über den Kaliumgehalt einiger Futtermittel gibt die folgende Tab. 7.

Tabelle 7. Kalium in Futtermitteln.

	1 kg Trockensubstanz enthält g K		1 kg Trockensubstanz enthält g K
Mais	3,96	Magermilch	12,72
Hafer	4,60	Wiesenheu	15,46
Fleischmehl	6,01	Kartoffeln	15,47
Luzerneheu	8,32	Leinkuchenmehl . . .	18,11
Weizenstroh	8,42	Kohl	24,80

Kaliumreich sind nach POTT I, S. 33[134] die Wurzelfrüchte, Kartoffeln, Topinambur, ferner die Samen der Leguminosen, Lein- und Gewürzsamen, Roßkastanien, Eicheln, das Stroh des Buchweizens und der Hülsenfrüchte, Bohnenschoten, Rübenmelasse, junges Gras, Grummet, Spüljauchenrieselgras, junge Kleepflanzen, Leguminosen mit Ausnahme der Lupinen, Brennesseln, die meisten Gemüse, Pilze, Weintrester, Wein- und Bierhefe, Weizen- und Roggenkleie, Malzkeime, die meisten Ölkuchen, von animalischen Futtermitteln Magermilch, Molken und Maikäfer. Sehr hohen Kaliumgehalt findet man auch in den Blättern der Laubbäume. Alle Futtermittel, die auf Stoffwechsel und Verdauung anregend wirken, sind nach POTT auch kaliumreich. Als kaliumarme Futtermittel nennt derselbe Autor die meisten Sauergräser, Maismehl, Maiskolben, Reisspelzen, beregnetes Grün- oder Rauhfutter, Biertreber, Rübenschnitzel, Kartoffelpülpe, Fleischfuttermehl, ferner alle ausgelaugten Substanzen. Kaliumarme Pflanzen sind Reis und Hirse.

Die Quelle des Kaliums in den Pflanzen stellt, abgesehen von bestimmten Düngemitteln, in der Hauptsache der Orthoklas dar, der Kaliumionen in geringer Menge in Lösung schickt. Die Pflanzen entnehmen ihr Kalium dem gelösten Anteil, und besonders kaliumhungrige Pflanzen, wie Rotklee, gehen ein, wenn das assimilierbare Kalium im Boden erschöpft ist. Eine zusammenfassende Darstellung der Wirkung des Kaliummangels bei den Futterpflanzen ist von Wimmer[182] gegeben worden. Die Anreicherung der Futtermittel mit Kalium durch geeignete Düngung läßt sich leicht bewerkstelligen, wie aus dem Versuch von Habedank[56] (Tab. 8) hervorgeht.

Tabelle 8. Kalidüngung bei Rüben.

	1 kg Trockensubstanz enthält g						
	Reinasche	K	Na	Ca	Mg	P	Cl
Rüben, ungedüngt . .	109,0	34,6	25,3	2,02	1,77	3,93	19,8
„ mit K_2SO_4 . .	132,8	48,9	24,4	1,95	2,47	4,21	25,2
Blätter, ungedüngt . .	139,4	18,0	26,5	11,60	8,38	4,79	31,6
„ mit K_2SO_4 .	141,7	41,0	14,8	10,06	8,35	6,80	20,3

Betreffs weiterer Untersuchungen in dieser Richtung vergleiche man Tab. 19. Vom Standpunkt der Tierernährung ist jedoch ein hoher Kaliumgehalt der Futtermittel in vielen Fällen keineswegs erwünscht.

3. Lithium, Rubidium, Caesium.

Wie schon bemerkt wurde, sind die hier zu erwähnenden Mineralbestandteile der Futtermittel nach den vorliegenden Erfahrungen ohne Bedeutung für die Tierernährung. Es genügt daher eine Übersicht über ihr Vorkommen.

Lithium ist nicht imstande, die normalen Alkalien der Pflanze zu ersetzen, wie Versuche von Birner und Lucanus[14] und von Nobbe, Schröder und Erdmann[124] zeigten, in denen man mit Lithiumchlorid allein und in Verbindung mit Kaliumchlorid an Buchweizen und Sommerroggen arbeitete. Lithium zeigte hier direkt schädliche Wirkungen. In geringen Mengen wurde Lithium in zahlreichen frei wachsenden Pflanzen gefunden (Focke[34]), und Gaunersdörfer[44] kam in ausführlichen Untersuchungen zu dem Resultat, daß es für eine Reihe von Pflanzen ein ziemlich konstanter, jedoch nicht notwendiger Begleiter sei. Später konnte Tschermak[172] die weite Verbreitung geringer, spektralanalytisch nachweisbarer Lithiummengen in der Pflanzenwelt nachweisen. Quantitative Bestimmungen liegen von Keilholz[81] vor und sind an anderer Stelle (Tab. 33) wiedergegeben.

Rubidium kann nach v. Linstow S. 21[98] in verhältnismäßig großer Menge von der Runkelrübe und der Zuckerrübe gespeichert werden.

Caesium wurde von v. Lippmann[100] in der Asche der Blätter und Wurzeln der Zuckerrübe spektroskopisch nachgewiesen.

II. Kupfer.

Zur ersten Gruppe des periodischen Systems gehört außer den Alkalimetallen auch das Kupfer, das sich jedoch chemisch in vieler Beziehung von diesen unterscheidet. Für die Pflanzen scheint dieses Element ohne Bedeutung zu sein, *für die Tierwelt spielt es nach neueren Untersuchungen eine Rolle als lebenswichtiger Bestandteil des Organismus*, auch wenn man von den schon länger bekannten kupferhaltigen Farbstoffen absieht, die, wie Turazin, in den Federn mancher Vögel vorkommen, oder, wie Hämocyanin, im Blute vieler Evertebraten die Rolle des sauerstoffbindenden Blutfarbstoffes übernehmen.

Als zufällige Begleitsubstanz findet sich Kupfer spurenweise in vielen Pflanzen. In einer Reihe von Futtermitteln wurde es von VEDRÖDI[175, 176], McHARGUE[111], RAGNAR BERG[8] und anderen quantitativ bestimmt. SUPPLE und BELLIS[167] fanden es in Milch in einer Menge von 0,2—0,8 mg pro Liter. Weitere Zahlen finden sich in der Tab. 9 (McHARGUE) und Tab. 33 (KEILHOLZ[81]).

Tabelle 9. Schwermetalle in Futtermitteln.

	1 kg Trockensubstanz enthält mg					
	Cu	Fe	Mn	Zn	Ni	Co
Weizenmehl	Spur	24,0	10,0	Spur	—	—
Maismehl	„	30,0	16,0	„	—	—
Polierter Reis	„	3,0	10,0	„	—	—
Reiskleie	7,0	168,0	100,0	70,0	—	—
Wiesengras	7,5	336,0	30,0	28,0	Spur	Spur
Sojabohne	12,0	70,0	32,5	18,4	3,92	„
Weizenkleie	16,0	210,0	125,0	75,0	—	—

Auf Böden, die außergewöhnlichen Kupfergehalt aufweisen, reichern sich viele Pflanzen mit Kupfer an. So untersuchte LEHMANN[96,97] Gewächse, die einige 100mg Cu pro Kilogramm Trockensubstanz aufgenommen hatten; ähnliche Beobachtungen machten BATEMANN und WELLS[6] an Pflanzen, die auf Kupferhalden gewachsen waren. Eine Beschreibung der kupferliefernden Flora und weitere Kupferanalysen von vegetabilischen Futtermitteln finden sich bei v. LINSTOW S. 55 [98].

HASELHOFF[65] untersuchte Wiesen, die mit kupferhaltigem, mit den Abwässern einer Metallgießerei verunreinigtem Wasser berieselt worden waren, und fand im Heu und Gras Kupfer und Zink in folgenden Mengen (siehe Tab. 10).

Tabelle 10. Kupfer und Zink in Rieselwiesen.

	1 kg Trockensubstanz enthält g	
	Cu	Zn
Heu	wenig	0,26
Gras	1,52	1,65

In einem Falle waren Kühe auf einer derartigen Weide eingegangen und im Magendarmkanal wurde reichlich Kupfer und Zink gefunden. Die kupferhaltigen Pflanzen zeigten einen normalen Calcium-, Magnesium-, Kalium- und Natriumgehalt. In Wasserkulturen wirkten 5 mg l Kupfer schädlich auf Mais, 10 mg schädigten Pferdebohnen.

Wo Rebenblätter an Kühe verfüttert werden, ist nach SCHÄTZLEIN[137, 138] zu beachten, daß in und auf den Blättern Kupfer, Arsen und Blei vorhanden sein können, die bei der Schädlingsbekämpfung zugebracht worden sind. In den frischen Blättern fand SCHÄTZLEIN folgende Werte (siehe Tab. 11).

Tabelle 11. Metalle in Rebenblättern nach Schädlingsbekämpfung.

	1 kg frische Blätter enthält mg		
	Cu	As	Pb
I	99,6	1,05	3,3
II	234,3	39,0	—

Im Laufe eines Monats ging der Gehalt an diesen Metallen auf die Hälfte zurück. Rebenblätter sollen daher nicht zu kurze Zeit nach dem Spritzen verfüttert werden. Später können pro Tag und Rind bis 50 kg frische Blätter verfüttert werden, ohne daß Gesundheitsschädigung zu befürchten ist.

III. Erdalkalimetalle.

Von den Erdalkalimetallen nimmt das *Calcium einen hervorragenden Platz in der Ernährungslehre* ein, während Strontium und Barium, obgleich auch häufig in den Futtermitteln gefunden, mehr die Rolle zufällig aufgenommener Mineralstoffe spielen.

1. Calcium.

Calcium ist in seinen Verbindungen zweiwertig, das Chlorid ist in Wasser leicht löslich, Sulfat und Hydroxyd lösen sich viel schwerer, von den Verbindungen mit Orthophosphorsäure ist das Tricalciumphosphat am wenigsten löslich, Calciumcarbonat gehört zu den am schwersten löslichen Salzen.

Zur quantitativen Bestimmung des Calciums in organischen Substanzen wird der Glührückstand zur Entfernung der Kieselsäure mit Salzsäure abgeraucht und mit verdünnter Salzsäure aufgenommen. Die Hauptmenge der Salzsäure wird mit Ammoniak neutralisiert, nach Zusatz von Ferrichlorid und Ammoniumacetat wird zum Sieden erhitzt, wobei Eisen und Phosphorsäure niedergeschlagen werden. Das Filtrat wird ammoniakalisch gemacht und heiß mit Ammoniumoxalat im Überschuß gefällt. Der schön krystallisierte Niederschlag von Calciumoxalat wird nach längerem Stehen abgesaugt, getrocknet und gewogen, oder in verdünnter Schwefelsäure gelöst und mit Permanganat in der Wärme titriert. Will man zur Bestimmung des Calciums die Säuregemischasche nach NEUMANN verwenden, so fällt man zunächst aus der stark schwefelsauren Aschelösung Calciumsulfat mit Alkohol nach ARON[3] und VON DER HEIDE[70] und geht dann weiter in ähnlicher Weise vor, wie es für die Glühasche beschrieben wurde. Auf die alkalimetrische Bestimmung des Calciums und Magnesiums nach WILLSTÄTTER und WALDSCHMIDT-LEITZ[181] sei nur hingewiesen.

Für die chlorophyllfreien Pflanzen, besonders Pilze, scheint das Calcium nicht lebensnotwendig zu sein, sie nehmen es jedoch häufig auf. Die höheren Pflanzen, ebenso wie die Tiere, können es nicht entbehren. Wir finden daher dieses Element zum Teil sehr *reichlich in fast allen vegetabilischen und animalischen Futtermitteln, und zwar in Form von Salzen anorganischer und organischer Säuren und in organischer Bindung.*

Außerordentlich weit verbreitet in der Pflanzenwelt ist das *Calciumoxalat*, so daß manche Autoren in der Abbindung der giftigen Oxalsäure, die in den Pflanzen als Nebenprodukt des Stoffwechsels entsteht, die wesentlichste biologische Aufgabe des Calciums in der Pflanze sehen zu müssen glauben. Wegen seiner geringen Löslichkeit findet sich das Oxalat in den Pflanzen vielfach in krystallisiertem Zustande vor, wobei es Krystalle verschiedener Form bildet. Bekannt sind die nadelförmigen Raphiden, über deren Verbreitung KOHL[09] Untersuchungen angestellt hat. Da Calciumoxalat in verdünnter Essigsäure unlöslich, in verdünnter Salzsäure dagegen löslich ist, läßt sich die Oxalatfraktion des Calciums in vegetabilischen Substanzen bestimmen. In den Versuchen von AZO und LOEW[4] wurde festgestellt, wieviel Calcium sich mit Wasser, mit verdünnter Essigsäure und mit Salzsäure extrahieren ließ (siehe Tab. 12).

Tabelle 12. Differenzierung der Calciumverbindungen in Pflanzen.

	Aus 1 kg Trockensubstanz werden g Ca extrahiert		
	mit Wasser	mit Essigsäure	mit Salzsäure
Kartoffel (ganze Pflanze)	3,32	8,75	15,86
Buchweizen „ „	0,56	3,67	15,28
Klee „ „	8,58	7,42	4,89
Gerste „ „	4,38	2,59	Spur

Aus den Zahlen der Tab. 12 geht hervor, daß in der Kartoffel und im Buchweizen die Hauptmenge des Calciums erst mit verdünnter Salzsäure extrahiert werden kann, somit wohl als Oxalat vorliegen dürfte. Die Bedeutung dieser Tatsache für die Tierernährung ist nicht zu verkennen. Von Salzen des Calciums haben sich ferner Calciumsulfat und Carbonat in Pflanzen nachweisen lassen, da diese als schwer lösliche Salze ebenso wie das Oxalat gelegentlich ausfallen. Diese Salze dürften auch im kolloiden Zustande vorkommen.

In *animalischen Futtermitteln* kommt Calcium vorwiegend an Phosphorsäure gebunden vor, besonders reichlich in Fleisch- und Knochenmehlen, in denen es außerdem als Carbonat vorliegt. Nach dem Mengenverhältnis beider Salze wird den Calciumverbindungen im Knochen die Konstitution $3Ca_3(PO_4)_2 \cdot CaCO_3$ zugeschrieben. GASSMANN[42, 43] nimmt jedoch eine komplexe Verbindung

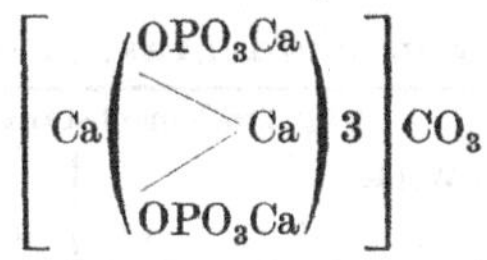

in der Knochensubstanz an.

Von dem im Casein enthaltenen Calcium vermutete man ursprünglich, daß es organisch gebunden sei. Der in der Milch vorhandene Eiweißstoff Caseinogen wird nämlich durch das Labferment nur dann als Casein ausgefällt, wenn Calcium zugegen ist. Es hat sich aber ergeben, daß die Umwandlung von Caseinogen in Casein durch Lab auch ohne Calcium vonstatten geht, daß dieses Casein, das den Charakter einer Säure hat, jedoch erst infolge der Bildung des unlöslichen Caseincalciums ausfallen kann. Das Calcium ist demnach im Caseinniederschlag in salzartiger Bindung enthalten. Die Salznatur der Verbindung wird indessen durch ihren kolloiden Charakter verwischt.

Als echte organische Calciumverbindungen werden dagegen Substanzen angesehen, die STERN und THIERFELDER aus Eigelb, WINTERSTEIN und STEGMANN[183] aus den Blättern von Ricinus gewonnen haben. Sie fanden sich in der Phosphatidfraktion, sind löslich in Äther, unlöslich in Alkohol und enthielten neben 5,27 % Phosphor 4,82 % Calcium.

In der Tab. 13 ist ein Überblick über den Calciumgehalt einiger Futtermittel gegeben.

Tabelle 13. Calcium in Futtermitteln (nach WOLFF[186]).

	1 kg Trockensubstanz enthält g Ca		1 kg Trockensubstanz enthält g Ca
Mais	0,14	Wiesenheu	7,95
Kartoffeln	0,71	Runkelrübenblätter	11,70
Hafer	0,8	Magermilch	13,36
Weizenstroh	2,16	Rotkleeheu	17,1
Fleischmehl	3,24	Sesamkuchen	20,4
Leinkuchenmehl	4,03	Luzerneheu	21,4

Als relativ *calciumreiche Futtermittel* bezeichnet POTT I S. 33[134] alle Kleearten, Rapsschoten, Mohn- und Sesamkuchen, die besseren Wiesengras- und Wiesenheusorten, die meisten Ölsamen, Leguminosenhülsen, Buchweizenfutter und Leguminosenstroh, während als *calciumarme Futtermittel* Getreidestroh und Spreu, alle Wurzelfrüchte, Kleie, Malzkeime, Schlempe, die Zerealien- und Leguminosenkörner zu nennen sind, Angaben, die durch die Tab. 13 deutlich illustriert werden.

Wie überhaupt der *Mineralstoffgehalt der Futterpflanzen großen Schwankungen unterworfen ist*, so zeigen sich *auch im Calciumgehalt große Verschiedenheiten*, die wegen der hohen Bedeutung des Calciums für die Tierernährung von ganz besonderem Interesse sind. Solche Schwankungen werden im Laufe der Vegetationsperiode beobachtet, ferner bei Gewächsen, die sich unter verschiedenen Bedingungen des Bodens, der Düngung und des Klimas entwickeln.

Den Calciumgehalt des Weidegrases in verschiedenen Stadien des Wachstums untersuchte ETHEL M. CRUICKSHANK[21]. Die Analysen wurden im Jahre 1924 ausgeführt, in dem in England auf einen kalten späten Frühling ein Sommer mit reichlichen Niederschlägen folgte und ein gutes Wachstum zu beobachten war. Das Futter dieses Jahres soll einen geringeren Nährwert gehabt haben, als in weniger nassen Jahren. Zur Untersuchung wurden eine gute und eine schlechte Weide herangezogen, und zwar wurden die Analysen während der ganzen Vegetationsperiode etwa alle vier Wochen ausgeführt (siehe Tab. 14).

Tabelle 14. Mineralstoffgehalt von Weidegras, jahreszeitliche Schwankungen.

Datum	1 kg Trockensubstanz enthält g									
	gute Weide					arme Weide				
	Ca	K	Na	P	Cl	Ca	K	Na	P	Cl
24. Mai	5,62	26,5	3,45	3,40	8,68	3,76	15,4	1,51	2,34	5,62
14. Juni	5,71	28,5	3,68	3,44	10,52	3,69	19,8	3,36	1,97	5,86
6. Juli	10,12	24,0	6,26	3,06	9,17	4,03	20,4	2,62	1,58	5,46
2. August	7,50	24,0	5,67	2,70	10,45	4,90	21,3	2,86	1,68	7,82
31. August	6,48	25,3	4,66	3,00	12,44	5,24	20,7	2,89	1,69	7,16
24. September	5,09	24,8	4,49	3,06	12,45	4,45	21,1	4,55	2,68	8,98
14. Oktober	3,76	20,2	3,72	2,87	10,84	4,60	18,1	2,81	1,65	6,54

In den Pflanzen der von E. CRUICKSHANK untersuchten Weiden stieg der Calciumgehalt im Laufe des Sommers bis zu einem Maximum an, um gegen Ende der Vegetationszeit wieder zu fallen. Die Zeit, in der das Maximum erreicht wurde, war nicht typisch, sondern auf den einzelnen Weiden verschieden. Die Pflanzen der guten Weide weisen den höchsten Calciumgehalt bereits im Juli auf, während die Kurve der schlechten überhaupt viel flacher verläuft und das wenig ausgeprägte Maximum erst Ende August auftritt. Analoge Untersuchungen liegen von WOODMAN, BLUNT und STEWART[189] vor, die für die jahreszeitlichen Schwankungen des Mineralstoffgehaltes von Weidegras folgende Werte fanden (siehe Tab. 15).

Tabelle 15. Mineralstoffe in Weidegras, jahreszeitliche Schwankungen.

Datum	1 kg Trockensubstanz enthält g			Datum	1 kg Trockensubstanz enthält g		
	Asche	Ca	P		Asche	Ca	P
1. April	77,3	8,85	4,96	21. Juli	72,6	12,00	3,92
11. Mai	87,2	11,35	4,98	21. August	75,8	11,60	4,16
29. Mai	79,9	10,48	4,84	11. Sept.	75,4	10,50	4,45
15. Juni	79,1	11,55	4,40	2. Okt.	75,5	10,00	4,74
6. Juli	76,9	12,92	3,78	29. Okt.	107,9	9,95	4,92

Auch hier zeigt sich ein Ansteigen des Calciumgehaltes, das wahrscheinlich durch das rasche Wachsen von weißem Klee in dieser Weide verursacht war, dem dann nach Erreichung eines Maximums im Juli ein langsames Absinken folgt. Der Phosphorgehalt macht diese Bewegung hier nicht mit, was nicht überraschend ist, da ja Klee im Vergleich zu anderen Weidepflanzen viel reicher an Calcium als an Phosphor ist. Während bei diesen jahreszeitlichen Schwankungen offenbar die physiologischen Vorgänge in den Pflanzen eine wesentliche Rolle spielen und durch das größere oder geringere Angebot von Nährstoffen sowie Änderungen in der botanischen Zusammensetzung der Wiesenflora Modifikationen der beobachteten Erscheinungen hervorgerufen werden, zeigt sich bei den Untersuchungen von GODDEN[50] der Standort der Vegetation als ausschlaggebender Faktor. In diesen Untersuchungen wurden Weidepflanzen analysiert, die in der gleichen Gegend, auf einem Boden von gleicher Beschaffenheit, teils auf Hügeln, teils in den Niederungen gewachsen waren (siehe Tab. 16).

Tabelle 16. Calcium in Weidepflanzen (verschiedene Standorte).

	1 kg Trockensubstanz enthält g Ca	
	Hügel	Niederung
Schottland	1,08	5,87
Montgomeryshire	5,65	6,77
Cardiganshire	2,52	7,71

Die Calciumarmut der auf den höher gelegenen Weiden gewonnenen Futterpflanzen ist hier im Vergleich zu der Vegetation der Niederungen außerordentlich deutlich. Auch an den übrigen Mineralstoffen waren diese Gewächse ärmer. Ein niedriger Calciumgehalt ist auch für die Vegetation auf saueren und stark ausgelaugten Böden typisch, auf denen sich Sauergräser angesiedelt haben. N. ZUNTZ[193] und STRIEGEL[164] verglichen den Mineralstoffgehalt von Heusorten, die auf solchen Böden gewonnen waren und sich bei der Verfütterung als schädlich, Knochenbrüchigkeit verursachend, erwiesen hatten, mit gutem, gesundem Heu.

Tabelle 17. Mineralstoffgehalt verschiedener Heusorten.

	1 kg Trockensubstanz enthält g						
	Asche	Ca	Mg	K	Na	P	Cl
Bekömmliches Brandenburger Heu	72,4	10,01	3,02	11,8	2,88	2,16	5,92
Moorwiesenheu (sehr schädlich) . .	46,8	4,95	1,86	14,6	0,61	1,66	7,22
„ (weniger schädlich)	51,4	6,56	2,54	7,0	1,21	2,34	3,11

Wie aus der Tab. 17 hervorgeht, war das schädliche Heu von Moorwiesen das calciumärmste. Nach ZUNTZ ist jedoch für die Beurteilung einer Heusorte in bezug auf die Mineralstoffe nicht allein der absolute Gehalt an einem wichtigen Bestandteil entscheidend, der Mangel kann dadurch noch verschärft werden, daß das Verhältnis der einzelnen Mineralstoffe untereinander ungünstig ist. Niedrige Calciumwerte in Osteomalacie erzeugendem Futter wurden auch von TUFF[173] und INGLE[78] gefunden.

Ein Weg, ein vollwertiges Futter zu erhalten, das auch hinsichtlich der Mineralstoffe den Anforderungen entspricht, bietet sich durch geeignete Düngung. Gerade bei der *Kalkdüngung* liegen aber die Verhältnisse besonders schwierig, und die hier auftretenden Fragen gehören zu den Hauptproblemen der Düngelehre. Es genügt nicht, daß durch die Düngung nur eine Anreicherung der Pflanze an Mineralstoffen, speziell hier des Calciums, erzielt wird; erst durch eine günstige Beeinflussung der Menge und Qualität der Ernte auch hinsichtlich der organischen Nahrungsstoffe wird die Düngung lohnend. Hier kann indessen nur über Versuche berichtet werden, bei denen es gelungen ist, ein in bezug auf die Mineralstoffe vollwertiges Futter durch geeignete Düngung zu erhalten, und zwar auf Böden, die vorher ein schädliches Futter geliefert hatten.

Die Versuche von POPP[132, 133] in dieser Richtung brachten in einem Falle einen günstigen Erfolg. Auf einem Sandboden, der wenig Calcium, Kalium und Phosphor enthielt und stark sauer war, wurde 1920 ein Heu gewonnen, das bei der Analyse durch seine Armut an Basen auffiel. Die Wiese wurde mit 25 dz Mergel und 1 dz Natronsalpeter pro Hektar gedüngt und lieferte 1921 ein Heu von normaler Beschaffenheit. Es hat also eine sehr günstige Beeinflussung des Mineralgehaltes durch geeignete Düngung stattgefunden. In den übrigen Versuchen war die Wirkung der Düngung allerdings viel weniger deutlich. Nach POPP ist Mergel bei Calciummangel das geeignete Düngemittel, daneben kann Kalium in Form der hochprozentigen Salze gegeben werden. Ein gesundes Heu ist erst zu erwarten, wenn der Boden genügend entsäuert ist.

Über den *Mineralstoffgehalt des Grases* auf gedüngten und ungedüngten Weiden berichtet ferner GODDEN[50].

Tabelle 18. Mineralstoffe in Weidegras.

	1 kg Trockensubstanz enthält g				
	Ca	K	Na	P	Cl
Ungedüngte Weiden	2,05	5,63	2,80	1,06	1,15
	1,61	16,40	2,90	2,13	5,80
Hochkultivierte Weide	17,68	20,00	5,20	4,35	4,96
Mittel für kultivierte Weiden . . .	7,43	26,40	1,83	3,21	9,50

Bei den ungedüngten Weiden handelte es sich um eine Vegetation, deren Nährwert sehr gering war und eine hohe Sterblichkeit der weidenden Schafe zur Folge hatte. Die hochkultivierte Weide dagegen hatte eine besondere Behandlung erfahren, um für die Aufzucht von Rassepferden zu dienen. Es handelt sich also hier um eine ganz besonders reiche Weide. Die Unterschiede im Mineralgehalt des Futters, besonders auch an Calcium, sind hier ganz außerordentlich. GODDEN macht jedoch darauf aufmerksam, daß das Optimum im Mineralgehalt des Futters unbekannt ist und keineswegs mit der obersten Grenze, mit den höchsten beobachteten Werten zusammenzufallen braucht. Er entwickelt also eine ähnliche Anschauung wie ZUNTZ, der in der richtigen Zusammensetzung das Wesentliche sieht. In den beschriebenen Fällen ist das Ziel, eine günstige Zusammensetzung der Mineralstoffe zu erhalten, gewissermaßen ohne bewußte Absicht erreicht worden, d. h., bei zweckmäßiger Pflege der Weide auf Grund praktischer Erfahrung ist ein Weidegras gewachsen, in dem man nachträglich eine günstige Zusammensetzung der mineralischen Nahrungsstoffe nachweisen konnte. Viel schwieriger ist es, wie schon aus den Versuchen von POPP hervorging, einen bestimmten Mangel, der durch die Analyse des Bodens und der darauf gewachsenen Pflanzen erkannt worden ist, durch bestimmte Düngung gewissermaßen mit einem Schlage auszugleichen, weil jeder tiefere Eingriff außer der gewünschten noch andere Veränderungen im Boden hervorruft, die das Ergebnis modifizieren. GODDEN ging so vor, daß er auf 10 Parzellen Rotklee aussäte. Das Kontrollfeld wurde mit einer Mischung gedüngt, die Kalium, Natrium, Calcium, Magnesium, Eisen, Phosphor, Schwefel, Chlor und Jod in geeigneten Mengen enthielt. Die Versuchsfelder erhielten dieselbe Mischung, doch wurde bei jeder Parzelle einer der 9 Bestandteile des Düngers fortgelassen. Der Klee wurde bei beginnender Blüte geschnitten und lieferte die folgenden Analysenzahlen:

Tabelle 19. Düngungsversuch mit Rotklee.

	1 kg Trockensubstanz enthält g					
	Ca	K	Na	P	Cl	Si-freie Asche
Kontrolle, Volldüngung	17,3	49,8	2,90	2,84	4,7	136
Volldüngung ohne Ca	13,9	53,3	2,98	2,70	4,5	147
„ „ Fe	17,8	48,2	3,94	2,75	4,5	138
„ „ J	16,5	49,2	3,20	2,53	3,3	131
„ „ S	14,4	45,5	3,20	2,57	2,4	121
„ „ P	16,1	49,6	3,80	2,75	2,9	134
„ „ Cl	16,4	45,3	3,80	2,75	2,3	127
„ „ Mg	18,3	45,5	1,64	2,32	2,7	128
„ „ Na	16,7	48,0	4,31	2,75	2,8	131
„ „ K	20,3	29,3	4,46	2,53	3,4	104

Dieser interessante Versuch zeigt, daß beim Fehlen von Calcium in der Düngermischung eine geringere Menge dieses Metalls im Klee gefunden wird, daß jedoch gleichzeitig das Kalium sich anreichert. Umgekehrt zeigt sich beim Fortlassen von Kalium eine Verminderung des Kaliums und ein Anstieg des Calciums in der Pflanze. Es liegen hier Verhältnisse vor, die auf *teilweise Vertretung* hindeuten, und auf die schon POPP aufmerksam gemacht hatte. Der Stickstoff ging auch in GODDENS Versuchen mit dem Calcium parallel, wie schon ältere Erfahrungen gelehrt haben. Im zweiten Schnitt der hier untersuchten Felder wurde weniger Calcium, Kalium und silicatfreie Asche, dagegen etwas mehr Phosphor und Stickstoff gefunden.

Weniger deutliche Ergebnisse wurden auf einem Felde erhalten, das in Streifen geteilt und mit verschiedenen Kalidüngemitteln mit und ohne Phosphat gedüngt wurde. Die Hälfte jedes Streifens wurde außerdem gekalkt. Die Unterschiede im Calciumgehalt der Pflanzen waren hier sehr unbedeutend. Immerhin war eine gewisse Anreicherung mit Calcium in den Gewächsen des gekalkten Teiles nachweisbar.

Besonders lehrreich war ein weiterer Versuch auf moorigem Boden, der ähnlich wie der eben beschriebene angelegt wurde. Die einzelnen Teilstücke wurden mit Kali- und Phosphatdüngemitteln behandelt und zur Hälfte gekalkt.

Tabelle 20. Kalkdüngung auf Moorboden.

Art der Düngung	1 kg Trockensubstanz enthält g									
	mit Kalk					ohne Kalk				
	Ca	K	Na	P	Cl	Ca	K	Na	P	Cl
Thomasmehl	5,65	16,8	2,38	2,05	3,1	4,35	17,9	1,94	2,49	3,8
Thomasmehl + Kainit	9,10	19,3	3,04	2,97	4,6	6,44	19,4	2,08	3,50	4,8
Kainit	5,07	17,6	2,16	1,35	4,3	3,07	16,1	1,64	1,35	2,7
KCl	5,43	15,2	1,86	1,31	2,2	4,15	21,2	2,76	1,40	4,6
Thomasmehl + KCl .	5,00	17,7	1,34	2,05	3,2	4,50	16,4	1,94	2,32	2,5
K_2SO_4	5,15	16,3	1,71	2,00	2,5	3,21	14,6	2,30	1,40	3,1
Thomasmehl + K_2SO_4	6,86	19,5	1,64	2,36	3,6	4,65	17,5	2,08	2,32	4,1
NaCl	6,29	15,8	2,82	1,48	3,0	3,72	14,5	2,68	1,35	3,8
Superphosphat . . .	7,00	15,7	3,20	3,18	2,9	6,72	14,8	2,90	3,10	2,7
Kontrolle	5,50	15,4	2,53	1,31	4,4	4,21	16,7	4,46	1,26	4,6

Die Verabreichung von Kalidüngemitteln allein hat hier den Calciumgehalt der Pflanzen auf der gekalkten ebenso wie auf der ungekalkten Seite herabgedrückt. Dieser Wirkung der Kaliumsalze wird durch Phosphatdünger entgegengearbeitet. Das Superphosphat erhöht den Calciumgehalt der Pflanzen im Vergleich zur Kontrolle, gleichgültig, ob Kalk gestreut wurde oder nicht. Der Phosphorgehalt der Pflanzen zeigt sich bei der Phosphatdüngung deutlich erhöht, während der Chlorgehalt durch alle angewendeten Düngemittel herabgesetzt ist. Durch die Kalkdüngung wurde eine vermehrte Aufnahme von Calcium und Stickstoff, dagegen eine gewisse Hemmung in der Phosphoraufnahme herbeigeführt.

Aus den Versuchen Goddens geht hervor, daß *Calcium, Kalium und Phosphor diejenigen Mineralstoffe der Futterpflanzen sind, die sich durch Düngung am wirkungsvollsten beeinflussen lassen.* Es ist zu hoffen, daß die weitere Erforschung der hier vorliegenden Verhältnisse es ermöglichen wird, in jedem Falle so zu düngen, daß Futtermittel erhalten werden, die auch in bezug auf ihren Gehalt an Mineralstoffen für das Vieh bekömmlich sind.

Von Wichtigkeit für die Kalkdüngung ist es, daß die Pflanzen auf den Kalkgehalt des Bodens verschieden reagieren. V. Linstow[98] unterscheidet kalkliebende (zum Teil kalkstete, auf einen bestimmten Kalkgehalt angewiesene), ferner kalkholde und kalkflüchtende Pflanzen. Mit dem Calciumgehalt der Gewächse hat diese Einteilung jedoch nichts zu tun, gibt es doch auch Kalkflüchter, die einen hohen Calciumgehalt aufweisen. Manche Kulturpflanzen werden bei Kalkdüngung chlorotisch, vermutlich, weil die Resorption des Eisens dann gehemmt ist. Nach Wölfer (v. Linstow S. 39[98]) lassen sich die Kulturpflanzen nach ihrer Kalkbedürftigkeit in folgender Reihe, mit den kalkbedürftigsten anfangend und mit den kalkfeindlichen endend, ordnen: Esparsette, Luzerne, Klee, Wicken, Erbsen, Bohnen, Möhren, Runkel und Wruken, Ölfrüchte, Gräser und Tabak, Getreide, Kartoffel, Flachs, Buchweizen, blaue Lupine, Spörgel, Serradella, gelbe Lupine. Auch diese Reihe soll nur auf den Kalkgehalt des Bodens hinweisen, den diese Pflanzen bevorzugen. Mit dem Calciumgehalt der Pflanzen selbst deckt sich die Reihe nur annähernd.

2. Strontium, Barium.

Wie schon erwähnt wurde, kommt dem Strontium und Barium keine Bedeutung für die Tierernährung zu. Gewissermaßen zufällig werden diese Metalle von den Pflanzen aufgenommen und kommen zur Verfütterung.

Eine wiederholt diskutierte Frage ist es, ob Strontium in der Pflanze das Kalium ersetzen, somit eventuell zu Düngezwecken verwendet werden kann. Im Gegensatz zu älteren Versuchen, die auf eine Giftwirkung des Strontiums hinzuweisen schienen, ist jetzt sicher, daß es einen erheblichen Teil des Calciums in der Pflanze, jedoch unter keinen Umständen alles, zu ersetzen vermag (Haselhoff[65a], Hager[56a], Miyake, Faack[29a]). In Bodenkulturen von Gerste und Bohne konnte Haselhoff allerdings nur Spuren von Strontium nach Düngung mit Salzen dieses Metalls auffinden, offenbar stand hier noch genügend Calcium zur Verfügung, das von den Pflanzen bevorzugt wurde. In Wasserkulturversuchen ließen sich dagegen Pferdebohnen und Mais ziehen, die recht erhebliche Strontiummengen enthielten. Bemerkenswert ist, daß mit der Strontiumaufnahme eine Anreicherung der Pflanzen an Kalium verbunden war. Anscheinend wird Strontium erst aufgenommen, wenn andere Basen nicht mehr verwendet werden können.

Barium verdient insofern ein gewisses Interesse, als seine löslichen Salze vom Tiere resorbiert werden können und dann zu schweren Vergiftungen führen, wie sie in der Tat beobachtet worden sind.

Schon Scheele war das Vorkommen von Barium im Buchenholze bekannt. Nachdem Knop[86b] im Nilschlamm Bariumcarbonat aufgefunden hatte, untersuchte Dworžak[25a] die Asche von ägyptischem Weizen auf diesen Bestandteil und fand ihn in den Blättern angereichert vor. Hornberger[74a], der Scheeles Beobachtung bestätigte, nimmt an, daß das Vorkommen von Barium in Böden und Pflanzen nicht so vereinzelt ist, als es bisher den Anschein hatte, und daß es vielfach nur wegen seiner geringen Menge übersehen worden ist. Neuerdings berichtete McHargue[111a] über weitere Vorkommen von Barium im Pflanzenreiche. Aus Tabakblättern kann es zum Teil mit Wasser ausgezogen werden, so daß es hier als Salz organischer Säuren vorliegen dürfte. Ferner war es in Kartoffeln aus Michigan und in Bananen nachweisbar.

IV. Magnesium.

In der zweiten Reihe des periodischen Systems finden sich neben den Erdalkalimetallen einige Elemente, von denen Magnesium und Zink hier von Wichtigkeit sind.

Alles tierische und pflanzliche Leben ist an die Gegenwart von Magnesium gebunden, es wird daher auch in allen Futtermitteln vegetabilischer und animalischer Herkunft gefunden.

Zur quantitativen Bestimmung wird fast ausschließlich die Schwerlöslichkeit des Ammoniummagnesiumphosphates $NH_4MgPO_4 \cdot 6H_2O$ herangezogen. Von der Glühasche der Substanz ausgehend, dampft man das Filtrat der Kalziumoxalatfällung (s. unter Calcium) ein, glüht zur Entfernung der Ammonsalze und nimmt mit verdünnter Salzsäure auf. Die Lösung wird stark ammoniakalisch gemacht und mit Natriumphosphat versetzt. Nach längerem Stehen wird der gebildete Niederschlag in einem Gooch- oder Porzellanfiltertiegel gesammelt, durch Glühen in Magnesiumpyrophosphat $Mg_2P_2O_7$ übergeführt und gewogen.

In den pflanzlichen Futtermitteln findet sich Magnesium in unbekannten salzartigen Verbindungen, ferner organisch gebunden. In Futtermitteln animalischer Herkunft ist es wohl ausschließlich als Salz besonders der Phosphorsäure und Kohlensäure (in Fleisch- und Knochenmehlen) und der Salzsäure vorhanden.

Die wichtigste organische Magnesiumverbindung in den Pflanzen ist das *Chlorophyll*, dessen Magnesiumgehalt von WILLSTÄTTER[180] entdeckt worden ist. Es liegt hier komplex mit den Stickstoffatomen der vier im Chlorophyll vorhandenen Pyrrolkerne verbunden vor, wie es schematisch wie folgt dargestellt werden kann:

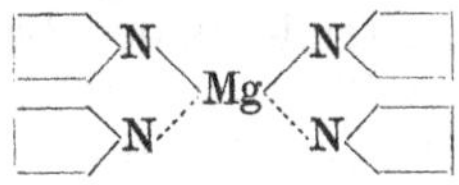

Durch Alkalien läßt sich das Magnesium des Chlorophylls nur sehr schwer abspalten, äußerst leicht dagegen durch selbst schwache Säuren.

Nach KOSTYTSCHEW[92] ist daran zu denken, daß auch in chlorophyllfreien Organismen des Pflanzenreiches komplexe Magnesiumverbindung eine hervorragende Rolle spielen. Beobachtungen in dieser Richtung liegen jedoch bisher nicht vor.

Eine Übersicht über den Magnesiumgehalt einiger Futtermittel ist in der folgenden Tabelle gegeben (WOLFF[186]).

Tabelle 21. Magnesium in Futtermitteln.

	1 kg Trockensubstanz enthält g Mg		1 kg Trockensubstanz enthält g Mg
Fleischmehl	0,38	Magermilch	1,46
Weizenstroh	0,80	Kohl	2,09
Kartoffeln	1,13	Luzerneheu	2,19
Hafer (Körner)	1,35	Wiesenheu	2,91
Mais „	1,36	Leinkuchenmehl	5,59

Man erkennt, daß besonders die Samen und die grünen, chlorophyllhaltigen Pflanzenteile reich an Magnesium sind. Besonderes Interesse kommt hier dem Mengenverhältnis des Magnesiums zum Calcium von der pflanzenphysiologischen Seite, besonders aber auch in Hinsicht auf die Tierernährung, zu. Wie schon früher erwähnt wurde, sind die Samen calciumarm. Wie außerordentlich hier das Magnesium überwiegt, geht aus der von WILLSTÄTTER[179] zusammengestellten Tabelle hervor.

Tabelle 22. Magnesium und Calcium in Samen.

	1 kg Trockensubstanz enthält g				1 kg Trockensubstanz enthält g		
	Asche	Mg	Ca		Asche	Mg	Ca
Weizen, gröb. Mehl	8,4	0,57	0,38	Gerstenkleie	25,3	2,14	0,56
Weizenkleie	55,0	5,64	1,17	Maismehl	6,8	0,61	0,33
Roggenmehl	19,7	0,95	0,14	Reismehl	3,9	0,26	0,09
Roggenkleie	82,2	7,85	2,10	Buchweizengrieß	7,2	0,66	0,12
Gerstenmehl	23,3	1,89	0,465				

Weitere Analysen sind von E. SCHULZE[148] mitgeteilt.

Tabelle 23. Mineralstoffe in Samen.

	1 kg Trockensubstanz enthält g				
	Mg	Ca	K	P	Asche
Arve	1,63	1,36	6,81	5,05	28,9
Blaue Lupine	2,41	1,36	9,89	6,67	36,5
Kürbis	4,22	0,29	5,73	9,16	36,7
Ricinus	4,34	1,07	—	5,05	36,3
Sonnenblume	3,98	1,29	—	—	36,6
Haselnuß	2,89	2,14	—	—	—

Nach E. SCHULZE trifft das Überwiegen des Magnesiums über Calcium nur für die entschälten Samen zu. In den Samenschalen findet sich meist ein umgekehrtes Verhältnis.

Eine Reihe von Pflanzen, in denen sich Magnesium in besonders großer Menge vorfindet, werden bei v. LINSTOW S. 50[98] aufgeführt, ferner solche, die Dolomit, Serpentin sowie Bittersalz enthaltende Böden bevorzugen. *Die künstliche Anreicherung des Magnesiums in den Pflanzen* durch geeignete Düngung bildet einen Teil des Fragenkomplexes, den O. LOEW[101] durch seine Theorie vom Kalkfaktor zu klären versucht hat. Magnesium in bestimmter Konzentration wirkt auf die Pflanzen als Gift. Durch Zusatz von Calcium zur Düngermischung in einem Verhältnis, das eben durch den Kalkfaktor ausgedrückt wird, kann die Giftwirkung des Magnesiums aufgehoben werden. *Vom Standpunkt der Tierernährung dürfte ein Bedürfnis, die Futterpflanzen an Magnesium anzureichern, im allgemeinen nicht bestehen.* Im Zusammenhang mit der überaus wichtigen Calciumfrage sind die hier angedeuteten Probleme der Calcium- und Magnesiumdüngung jedoch von Bedeutung.

V. Zink.

Als *regelmäßiger*, bisher aber verhältnismäßig wenig beachteter *Bestandteil des Tierkörpers* verdient das Zink *auch als Bestandteil der Futtermittel* unsere Aufmerksamkeit. Ursprünglich nur in sog. Galmeipflanzen, die auf zinkhaltigem Boden gedeihen, nachgewiesen, wurde es in quantitativ bestimmbaren Mengen zuerst von LECHATIER und BELLAMY[95] in Weizen, Gerste, Mais, Bohnen und Wicken aufgefunden. Ausführliche Untersuchungen über den Zinkgehalt normaler und mit Zinksalzen gedüngter Pflanzen wurden weiterhin von FREYTAG[39], BAUMANN[7], JAVILLIER[77] und MONTANARI[114] ausgeführt. Den Analysen von WEITZEL[178] und MONTANARI sind folgende Zahlen entnommen:

Tabelle 24. Zink in Futtermitteln.

	1 kg frische Substanz enthält mg Zn		1 kg frische Substanz enthält mg Zn
Kartoffeln	2,0	Rindfleisch	49,0
Milch	3,6	Spinat (wasserfrei)	253,0
Graubrot	7,0		

Weitere Zahlen finden sich in den Analysen von MCHARGUE[111] (Tab. 9) und von KEILHOLZ[81] (Tab. 33). Über Zinkgehalt von Spinat und grünen Bohnen berichtet RAGNAR BERG[8]. Über die Untersuchungen HASELHOFFS an Wiesen, die mit Zink und Kupfer enthaltendem Wasser berieselt worden waren, wurde schon im Abschnitt über Kupfer Mitteilung gemacht. Weitere Versuche in dieser Richtung sind von STORP[163] und KÖNIG[88] ausgeführt worden.

VI. Erdmetalle, Bor.

Die Elemente der dritten Gruppe sind in ihren Verbindungen dreiwertig. Während Aluminium zu den Metallen zu rechnen ist, besitzt Bor ausgesprochen nichtmetallischen Charakter. Für die Organismen scheinen sämtliche Elemente dieser Gruppe als Bestandteile der Gewebe ohne Bedeutung zu sein. Sie werden hier berücksichtigt, soweit sie in den Futtermitteln angetroffen werden.

1. Aluminium.

Da Aluminium zu den hauptsächlichen Bestandteilen des Bodens gehört, ist seine weite Verbreitung im Pflanzenreich nicht verwunderlich. *Auch bei den Tieren tritt es als regelmäßiger Bestandteil auf.* Stets findet es sich in geringer Menge.

Bei der quantitativen Bestimmung müssen die untersuchten Substanzen vollkommen frei von Erdteilchen sein.

Im Gegensatz zu den meisten Autoren, die den Aluminiumgehalt der Pflanzen mehr als zufälliges Vorkommnis registrieren, neigen LOEW und HONDA[102] sowie STOKLASA zu der Ansicht, daß es zu den für die Pflanzen lebenswichtigen Elementen gehört oder wenigstens unter bestimmten Verhältnissen eine wichtige Rolle spielen kann.

Von den zahlreichen Analysen STOKLASAS beziehen sich die folgenden auf Pflanzen, die für die Tierernährung in Frage kommen:

Tabelle 25. Aluminium in Futtermitteln.

	1 kg Trockensubstanz enthält g Al			1 kg Trockensubstanz enthält g Al	
	auf trockenem Standort	auf nassem Standort		auf trockenem Standort	auf nassem Standort
Wiesenrispengras . .	0,10	0,07	Weißklee	0,11	0,14
Knaulgras	0,06	0,085	Hopfenluzerne . . .	Spur	0,15

Es zeigt sich hier, daß auf nassen Standorten das Aluminium sich besonders in den Wurzeln angereichert findet.

2. Thallium.

Von den Erdmetallen bedarf nur noch das Thallium der Erwähnung, das verschiedentlich als Bestandteil organischer Substanzen nachgewiesen wurde (BOETTGER[15], KNOP[87]). RAGNAR BERG[8] fand es in Spinat und Roggen in einer Menge von etwa 1 mg in 1 kg Substanz und konnte es spektralanalytisch identifizieren.

3. Bor.

In seinen chemischen Eigenschaften steht Bor dem Kohlenstoff und Silicium nahe, wenn man von der Wertigkeit absieht.

Bei den Landpflanzen ist ein geringer Borgehalt sehr verbreitet, und von manchen Autoren wurde es hier sogar als lebenswichtiger Bestandteil angesehen. Nach CALLISEN[17] kommen als Borquelle für die Kulturpflanzen unter anderem auch künstliche Düngemittel, wie Chilesalpeter, Kainit und Guano, in Frage. VON LIPPMANN[100] und CRAMPTON[20] fanden Bor in der Asche von Zuckerrüben und Rübenblättern in nicht nur minimalen Mengen, HOTTER[75] fand es in zahlreichen Beeren und Früchten, im Wiesenheu und Klee. Düngung mit Borsäure führte bei Erbsen und Mais zur Erkrankung der Pflanzen. Nach COOK[19] nehmen Leguminosen und Succulenten mehr Bor auf wie Weizen und Hafer. Weitere Beobachtungen über Borvorkommen in Pflanzen sind von AGULHON[1] mitgeteilt worden. Über das Vorkommen in animalischen Substanzen, besonders im Muskelfleisch, berichten BERTRAND und AGULHON[12].

VII. Gruppe des Kohlenstoffes.

Von den Elementen der Gruppe des Kohlenstoffs werden Kohlenstoff, Silicium, Titan und Blei hier behandelt. Sämtliche Elemente dieser Gruppe sind vierwertig und, mit Ausnahme des Siliciums, zweiwertig.

1. Kohlenstoff.

Von Verbindungen des Kohlenstoffs erwähnen wir hier nur die *Kohlensäure*, obgleich *eine bestimmte Grenze zwischen anorganischen und organischen Kohlenstoffverbindungen ja nicht besteht*. Sie ist als Carbonat und Bicarbonat der anorganischen und organischen Basen sowie in freiem Zustande in pflanzlichen und tierischen Stoffen enthalten. Für die Tierernährung ist dies Vorkommen ohne Bedeutung. Die Carbonate der Asche lassen keinen Schluß auf präformierte Kohlensäure zu, da hier auch aus organischen Substanzen gebildete Kohlensäure vorliegen kann.

2. Silicium.

Silicium ist in der Erdkruste nach Sauerstoff das verbreitetste Element. Es kommt als freie Kieselsäure und als Silicat vor und bildet einen Hauptbestandteil des Ackerbodens. Nach ALEXANDER SMITH ist es für die anorganische Welt ebenso charakteristisch wie der Kohlenstoff für die organische. In seinem chemischen Verhalten ist es dem Kohlenstoff sehr ähnlich, doch fehlt den Siliciumatomen die Eigenschaft, sich direkt untereinander zu verbinden, so daß eine ähnliche Mannigfaltigkeit wie bei den Kohlenstoffverbindungen nicht möglich ist.

Auch in der organischen Welt, in pflanzlichen und tierischen Organismen, ist Silicium weitverbreitet.

Bei der Bestimmung des Siliciums in der Futtermittelasche, in der es als Kieselsäure vorliegt, stört der gleichfalls aus SiO_2 bestehende Sand, der als Verunreinigung fast stets vorhanden ist. Da die Kieselsäure im Sand im krystallisierten Zustande vorliegt und daher schwer löslich ist, kann eine annähernd genaue Bestimmung der amorphen, aus der organischen Substanz stammenden Kieselsäure durchgeführt werden. Die Rohasche wird hierzu mit Salpetersäure befeuchtet und mit Salzsäure zur Trockne verdampft, dann mit konzentrierter Salzsäure angefeuchtet und mit Wasser aufgenommen. Der Filterrückstand enthält neben einem Rest unverbrannter Kohle Sand und amorphe Kieselsäure. Er wird mit konzentrierter Sodalösung, der etwas Natronlauge zugesetzt wurde, ausgekocht, wobei die amorphe Kieselsäure in Lösung geht. Die Lösung wird filtriert, mit Salzsäure übersättigt und zur Trockne verdampft, der Rückstand sodann mit angesäuertem Wasser ausgekocht, im Goochtiegel oder Porzellanfiltertiegel gesammelt, getrocknet und gewogen.

Tabelle 26. Silicium in Futtermitteln.

	1 kg Trockensubstanz enthält g Si		1 kg Trockensubstanz enthält g Si
Milch	0,002	Luzerneheu	3,31
Fleischmehl	0,08	Leinkuchen	3,44
Weizenkleie	0,13	Alpenheu	3,98
Mais (Körner) . . .	0,14	Hafer (Körner)	5,75
Kartoffeln	0,36	Rübenkraut	7,10
Futterrunkel	0,73	Wiesenheu	9.65
Kleeheu	0,87	Weizenstroh	17,14
		Schachtelhalm (E. telmateja)	89,0

Siliciumarm sind die animalischen Futtermittel, Wurzeln und Knollen, Samen, Kleien, außer Haferkleie, Ölkuchen, Leguminosenstroh und gutes Wiesenheu. Der *hohe Siliciumgehalt* der Sauergräser und anderer auf sauerem Boden wachsender Pflanzen, besonders des Schachtelhalms, ist allgemein bekannt.

Silicium gehört zu den Mineralstoffen, deren reichliche Anwesenheit in den Futtermitteln nicht geschätzt wird. Für die Pflanze scheint es völlig entbehrlich zu sein, denn nach den Untersuchungen von SACHS[136], LUNDIE[108], KNOP[86] u. a. gelingt es, im Wasserkulturversuch fast siliciumfreie Pflanzen, die dabei normale Festigkeit aufweisen, zu züchten. Doch konnten gelegentlich auch nachteilige Wirkungen des Siliciummangels bei Hafer (WOLFF[185], KREUZHAGE und WOLFF[93]) und bei Gerste (HALL und MORISON[57]) beobachtet werden. Über die Natur der Siliciumverbindungen der Pflanzen ist wenig bekannt, nach LANGE[94] soll im Gewebssaft des Schachtelhalms nur gelöste Kieselsäure vorkommen. Eine alkohollösliche, vielleicht organische Siliciumverbindung fand TAKEUCHI[169] im Heu. Die Hauptrolle dürfte es jedoch bei der Pflanze als Bestandteil der Zellwand spielen, und man kann annehmen, daß es hier als amorphes Silicat oder Anhydrid eingelagert ist. Beim Veraschen stark verkieselter Pflanzen hinterbleibt ein Skelet von Kieselsäure, das die Form der Pflanze bewahrt hat.

Nach CZAPEK II S. 449[22] findet man bei den Pflanzen niedrige Siliciumwerte mit hohen Calciumwerten verbunden und umgekehrt, so daß an eine gegenseitige Vertretung als Stützsubstanz zu denken wäre. Die Kieselsäure bietet den Pflanzen Schutz gegen Tierfraß, und auch die landwirtschaftlichen Nutztiere verschmähen ein siliciumreiches Futter. Durch Einsäuern wird jedoch nach TANGL und WEISER[170] sogar der Schachtelhalm in eine vom Vieh gierig verzehrte Futterpflanze umgewandelt. Die schädlichen Wirkungen des Schachtelhalms besonders für Rindvieh dürften nicht auf der Verkieselung, sondern auf dem Gehalt an spezifischen Giftstoffen beruhen.

3. Titan.

Ordnet man die Elemente nach der Menge, in der sie in der Erdrinde vorkommen, so steht Titan an zehnter Stelle zwischen Wasserstoff und Kohlenstoff, es gehört somit zu den am weitesten verbreiteten Stoffen. Häufig findet es sich in Silicatgesteinen und als Begleiter des Eisens.

Seine Verbreitung im Pflanzenreiche wurde von WAIT[177], BASKERVILLE[5], GEILMANN[49] und RAGNAR BERG[8] dargetan. Den Analysen GEILMANNS sind die Zahlen der Tab. 27 entnommen.

Tabelle 27. Titanium in Futtermitteln.

	1 kg lufttrockene Substanz enthält g Ti		1 kg lufttrockene Substanz enthält g Ti
Kartoffelknolle . . .	Spur	Mais (Körner)	0,021
Hafer (Pflanze) . . .	0,0024	Rübenblätter	0,025
Weizen „ . . .	0,0024	Lupinenstroh	0,027
Rotkraut	0,003	Geißklee	0,027
Futterrübe	0,0066	Schachtelhalm (E. arvense)	0,110
Gras	0,012	Kartoffelkraut	0,112

Über Funktionen des Titans im pflanzlichen oder tierischen Organismus ist nichts bekannt.

4. Blei.

In Gegenden, in denen Bleierze vorkommen, ist nach v. LINSTOW S. 65[98] ein Bleigehalt der Laubblätter der Bäume sowie des Grases beobachtet worden. SCHÄTZLEIN fand es in Rebenblättern, die zur Schädlingsbekämpfung mit bleihaltigen Lösungen bespritzt worden waren (Tab. 11). In normalen Nahrungsstoffen wurde es von RAGNAR BERG[8] in Spuren aufgefunden. Reichlicher soll es nach diesem Autor im Roggen, Weizen und Hafer vorhanden sein, wo er es in Mengen bis zu 10 mg Pb pro Kilogramm fand. Eine Bestätigung dieser Beobachtung an einem größeren Material wäre abzuwarten.

VIII. Gruppe des Stickstoffes.

Von den Elementen der Stickstoffreihe werden Stickstoff, Phosphor, Vanadin und Arsen als Bestandteil der Organismen und der Futtermittel angetroffen. Während die beiden ersten zu den wichtigsten Grundstoffen der belebten Materie gehören, werden die anderen als mehr oder weniger regelmäßig vorkommende, für das Leben jedoch anscheinend überflüssige Begleiter angesehen. Die Elemente dieser Gruppe sind drei- und fünfwertig (auch zwei- und vierwertig), Stickstoff und Phosphor bilden starke Säuren und sind typische Nichtmetalle, mit steigendem Atomgewicht tritt in dieser Reihe der metallische Charakter stärker hervor.

1. Stickstoff.

Die organischen Stickstoffverbindungen, Proteine, Amide u. dgl. werden hier nicht behandelt, obgleich auch sie unter Umständen im tierischen Organismus in anorganische Stoffe, von denen in erster Linie Ammoniumsalze zu nennen sind, umgewandelt werden und als solche ausgeschieden werden können. Erwähnt werden müssen dagegen die *Stickstoffverbindungen, die bereits in den Futtermitteln in anorganischer Form vorliegen.*

Besonders kommen hier die *Nitrate* in Betracht, über deren Verbreitung in den Pflanzen die Untersuchungen von SERNO[152] Aufschluß geben.

Der Nitratstickstoff wird durch die Kjeldahlmethode nicht erfaßt. Zu seiner quantitativen Bestimmung sind eine ganze Reihe von Methoden angegeben worden, die auf verschiedenen Reaktionen der Nitrate beruhen (SCHLOESING[140], UHLSCH[174], JODLBAUER[79], FÖRSTER[35], PFYL[131], MEISENHEIMER und HEIM[112], WULFERT[192], GUTBIER[55]).

Über den Nitratgehalt einiger Futterpflanzen und Futtermittel orientieren die folgenden Zahlen (CZAPEK S. 315[22], KOHN und KAWAKIBI[90a]).

Tabelle 28. Nitrate in Futtermitteln.

	1 kg Trockensubstanz (ganze Pflanzen) enthält g KNO_3		1 kg Trockensubstanz (ganze Pflanzen) enthält g KNO_3
Klee	Spur	Zuckerrübe	13,9
Milch	1,5	Kartoffel	15,4
Raps	2,8	Weizen	27,8
Hafer	9,5	Mohn	31,6

H. und E. SCHULZE[146] vermißten Nitrate in den reifen Getreidekörnern, während sie in den übrigen Pflanzenteilen vorhanden waren. Auch im Fleisch fanden KOHN und KAWAKIBI keine Nitrate. Die Pflanzen nehmen die Salpetersäure aus dem Boden in Form von NO_3-Ionen auf, vermögen dagegen nicht, aus anderen N-haltigen Bestandteilen des Bodens Nitrat zu bilden, wozu nur gewisse Mikroorganismen imstande sind.

Im Gegensatz zu den Nitraten, die an der Stickstoffversorgung der höheren Pflanzen in hohem Maße beteiligt sind, wirken *Nitrite* schädlich und werden daher in den Pflanzen und den pflanzlichen Futtermitteln nur in Spuren angetroffen. Untersuchungen über den Nitritgehalt der Pflanzen sind von KLEIN[85] angestellt worden.

In großem Maßstabe werden von den Pflanzen *Ammoniumsalze* zur Stickstoffversorgung herangezogen, und in manchen Böden soll diese Form des Stickstoffs die Hauptrolle als Stickstoffquelle spielen. VON LINSTOW S. 73[98] zählt eine Reihe von sog. Ammoniakpflanzen auf, die Ammoniak enthaltende Böden bevorzugen. Fraglich bleibt allerdings, ob Ammoniak selbst oder daraus gebildetes Nitrat diese Pflanzen begünstigt. Der Ammoniakstickstoff wird von den Pflanzen alsbald in organische Verbindungen übergeführt, so daß eine Anhäufung von Ammonsalzen in pflanzlichen Organen im allgemeinen nicht beobachtet wird. Nur im Blutungssaft der Pflanzen werden Ammoniumsalze gefunden. Der Befund von reichlichen Mengen Ammoniummagnesiumphosphat in der Zuckerrübe (PÉLIGOT[130]) dürfte als außergewöhnliches Ereignis anzusehen sein. Auch in den animalischen Futtermitteln finden sich keine merklichen Mengen von Ammonsalzen. *Für die Tierernährung spielen daher die Ammonsalze der Futtermittel keine Rolle.*

2. Phosphor.

Zur Bestimmung des Phosphorgehaltes der Futtermittel kommt heute wohl ausschließlich die Veraschung auf feuchtem Wege nach NEUMANN[120] in Frage, nachdem FINGERLING und andere ihre Überlegenheit den alten Verbrennungsmethoden gegenüber nachgewiesen haben, bei denen durch Reduktion der Phosphorsäure durch Kohlenstoff erhebliche Verluste entstehen konnten, zeigten doch die Versuche von STUTZER[166], daß bei der Verbrennung von Baumwollensaatmehl nicht weniger als die Hälfte des Phosphors mit den Verbrennungsgasen entwich. Die NEUMANNsche Säuregemischveraschung wird heute von den meisten Autoren in etwas modifizierter Weise vorgenommen. Man versetzt 1—2 g der zu untersuchenden Substanz in einem Kjeldahlkolben mit 10 cm^3 Säuregemisch ($^1/_2$ l konz. Schwefelsäure + $^1/_2$ l konz. Salpetersäure spez. Gew. 1,4) erhitzt und läßt, wenn die Lösung sich schwärzt, etwas abkühlen, um reine Salpetersäure nachzugeben. Erhitzen und Zugabe von Salpetersäure werden fortgesetzt, bis eine klare, gelbliche Lösung erhalten wird, die nach dem Abkühlen farblos sein muß. Die Veraschung kann in einem für die Kjeldahlveraschung eingerichteten Abzug ausgeführt werden, wobei zu beachten ist, daß die Säuredämpfe Blei im Laufe der Zeit angreifen.

Die erkaltete, etwa 5 cm^3 betragende Aschelösung wird mit 20 cm^3 Wasser verdünnt und unter Kühlung in fließendem Wasser mit konzentriertem Ammoniak und 1 Tropfen Lackmus bis zum Umschlag neutralisiert, wozu 14—16 cm^3 Ammoniak erforderlich sind. Von ausgeschiedener Kieselsäure wird zuvor abfiltriert. Zu der neutralisierten Flüssigkeit werden 1 cm^3 konzentrierte Schwefelsäure und 10 cm^3 konzentrierte Salpetersäure zugesetzt, dann wird die Flüssigkeit zum Sieden erhitzt und mit dem gleichen Volumen LORENZscher Molybdänlösung gefällt. Nach zwölf Stunden wird durch einen Neubauer- oder Porzellanfiltertiegel abgesaugt, nacheinander mit angesäuerter 2proz. Ammoniumnitratlösung, Alkohol und Äther gewaschen und im Vakuum getrocknet. 1 g Niederschlag ist gleich 14,82 mg P (LORENZ[105, 106], FLEISCHMANN[33]).

Der Phosphor kommt in den Futtermitteln ausschließlich in hochoxydierter Form vor, und zwar als Salz oder Ester der Orthophosphorsäure H_3PO_4, nur vereinzelt wird über das Vorkommen minimaler Mengen von Pyrophosphorsäure $H_4P_2O_7$ in organischen Substanzen berichtet (LOHMANN[103, 104]). Als dreibasische Säure bildet die Orthophosphorsäure drei Reihen von Salzen, die nach der Anzahl der durch Metall ersetzten Wasserstoffatome als *primäre, sekundäre und tertiäre Salze* bezeichnet werden. Von den Alkalisalzen sind alle drei Formen in Wasser löslich, von den Erdalkalien in merklichem Umfange nur die primären oder Monophosphate. Bei der Reaktion der tierischen und pflanzlichen Gewebe und Säfte sind nur die primären und sekundären Phosphate bzw. ihre Ionen in gelöstem Zustande existenzfähig.

Außerordentlich mannigfaltig sind die *organischen Phosphorverbindungen der Pflanzen,* unter denen die von NEUBERG[117] als Inositphosphorsäure erkannte Phytinsäure, als Calcium- oder Magnesiumsalz Phytin genannt, als erstes Produkt der Phosphorassimilation angesehen wird. Phytin ist wasserlöslich, es wird besonders in Samen gefunden.

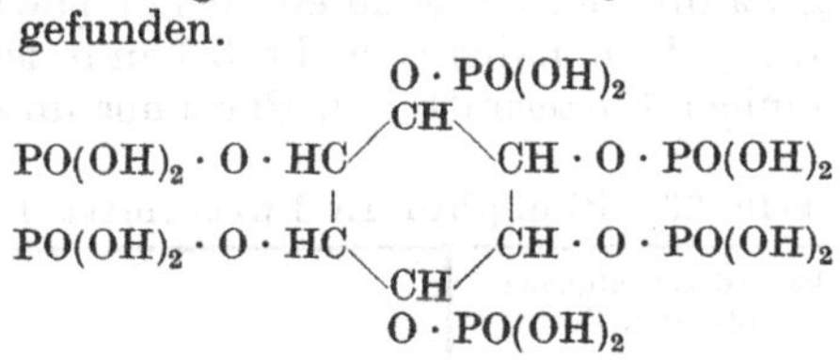

Phytinsäure

Durch ein Ferment Phytase, das in den Samen vorkommt, wird daraus *Phosphorsäure abgespalten,* ebenso durch die Lebenstätigkeit von Mikroorganismen. Analoge Phosphorverbindungen der Pflanze sind Hexosediphosphorsäure und Glycerinphosphorsäure, die gleichfalls durch Fermente und Mikroorganismen Phosphorsäure abspalten. Auch in der Stärke ist nach KERB[84] esterartig gebundene Phosphorsäure vorhanden, doch konnte die fragliche Verbindung aus der Stärke noch nicht isoliert werden.

Die genannten und ähnliche Phosphorverbindungen sind als Baustein in den im Pflanzenreiche weitverbreiteten *Phosphatiden* enthalten, Phosphor und Stickstoff enthaltenden Verbindungen, die in ihren physikalischen Eigenschaften und auch chemisch den Fetten nahestehen. So kann das Lecithin als Derivat der Glycerinphosphorsäure betrachtet werden, in der zwei Alkoholgruppen des Glycerins mit Fettsäuren sowie die Phosphorsäure mit Cholin esterartig verbunden sind:

Fettsäure
>Glycerinphosphorsäure—Cholin.
Fettsäure

Aus dieser Verbindung kann fermentativ anorganische Phosphorsäure abgespalten werden. Unter dem Begriff Phosphatide sind außer Lecithin weitere ähnliche, aber nicht näher bekannte Verbindungen zusammengefaßt, die an Stelle des Cholins andere Basen, auch anorganische, enthalten können. Die Darstellungsmethoden, die nie reine Substanzen, sondern Gemische mit wechselndem P- und N-Gehalt liefern, gründen sich auf die Alkohol- und Ätherlöslichkeit dieser Stoffe. Die Phosphatide bilden einen Teil der sog. Lipoide, ein Begriff, unter dem die heterogensten Substanzen, besonders auch chemisch wenig definierte, versammelt sind, und der weniger zur Aufklärung physiologischer Verhältnisse als zur Verdeckung unserer mangelhaften Kenntnisse auf diesem Gebiete sich als brauchbar erweist. In der Futtermittelanalyse findet sich der *Phosphatidphosphor im Rohfett, außerdem in der Asche.*

Von *Phosphor enthaltenden Eiweißstoffen* sind in erster Linie die Nucleoproteide zu nennen, die als regelmäßige Bestandteile der Zellkerne vorkommen. Diese Eiweißstoffe sind durch ihren Gehalt an Nucleinsäure gekennzeichnet. Am besten untersucht sind die Nucleinsäuren der Hefe und der Weizenkeimlinge, die identisch zu sein scheinen. Sie bestehen aus mehreren Mononucleotiden, die ihrerseits nach dem Schema

Purin-(Pyrimidin-) Base-Kohlenhydrat-Phosphorsäure

zusammengesetzt sind.

Von den Nucleoproteiden werden Eiweißstoffe unterschieden, die auch Phosphor aber keine Purin- oder Pyrimidinbasen enthalten. Die Ähnlichkeit dieser Phosphorproteide mit den Nucleoproteiden ist somit nur sehr oberflächlich und auf den Phosphorgehalt beschränkt. Die Phosphorproteide haben Säurecharakter und verbinden sich mit Alkalien. Als typischer Vertreter wurde das Casein schon früher genannt, ferner gehören hierzu gewisse Eiweißstoffe der Pflanzensamen, über die jedoch näheres nicht bekannt ist.

Über den Gehalt einiger Futtermittel an Phosphor unterrichtet die folgende Tabelle.

Tabelle 29. Phosphor in Futtermitteln.

	1 kg Trockensubstanz enthält g P				1 kg Trockensubstanz enthält g P		
	gesamt	anorg.	organisch		gesamt	anorg.	organisch
Weizenstroh	0,38	0,15	0,23	Kartoffeln	2,70	1,3	1,4
Runkelrübe	0,69	0,06	0,63	Mais (Körner)	3,03	0,28	2,75
Kleeheu	1,83	0,8	1,03	Erdnußkuchen	3,99	0,49	3,50
Wiesenheu	2,10	1,20	0,9	Weizen (Körner)	4,25	0,38	3,87
Luzerneheu	2,38	1,22	1,16	Magermilch	9,79	5,51	4,28
Kohl	2,62	1,36	1,26	Baumwollsaatmehl	14,79	0,78	14,01

Phosphorreiche Futtermittel sind nach POTT I S. 34[134] alle Samenkörner, ferner gute Wiesengräser, gutes Klee- und überhaupt Leguminosenfutter, Roggen- und Weizenkleie, Gerstefuttermehl, Ölkuchen, Malzkeime, Milch und Fleisch. Dagegen sind Stroh der Getreidearten, Rübenschnitzel, Rübenpreßlinge und andere Industrieabfälle arm daran.

Von hoher Wichtigkeit ist es, ein quantitatives Urteil über das Vorkommen der verschiedenen phosphorhaltigen Substanzen in den Futtermitteln zu gewinnen, also die *nähere Differenzierung des Gesamtphosphors* durchzuführen. Diese Bestrebungen sind um so interessanter, als bereits Fütterungsversuche mit einzelnen phosphorhaltigen Bestandteilen der Futtermittel, von denen besonders Phytin, Lecithin und Nucleinsäure zu nennen sind, von FINGERLING vorliegen, über die in einem späteren Abschnitt dieses Handbuchs zu berichten ist.

Die nähere Kennzeichnung der *Phosphorverbindungen der Samen* ist von E. SCHULZE und Mitarbeitern[149] in eingehenden Untersuchungen durchgeführt worden. Die Hauptmenge des Phosphors findet sich im Kern, während die Schalen nur wenig davon enthalten (siehe Tab. 30).

Tabelle 30. Phosphor in Samen.

	1 kg Trockensubstanz enthält g P			1 kg Trockensubstanz enthält g P	
	Kern	Schale		Kern	Schale
Blaue Lupine	6,68	0,68	Kürbis	9,18	0,66
Soja	6,82	1,16	Ricinus	4,97	0,10
Gartenbohne	5,75	0,63			

Bei der Untersuchung der entschälten Samen fand E. SCHULZE, daß der Phosphorgehalt im allgemeinen mit dem Proteingehalt steigt. So enthielten die entschälten Samen der Kürbispflanze doppelt soviel P, aber auch fast doppelt soviel N wie die von Ricinus. Ein bestimmtes Mengenverhältnis P : N besteht jedoch nicht. Von dem Phosphor der Samen liegt nur ein geringer Prozentsatz in Form von Phosphatiden vor, wie aus der Tab. 31 hervorgeht, und ähnlich liegen die Verhältnisse bei ganzen Pflanzen (FLEISCHMANN[33]).

Tabelle 31. Phosphatide in Futtermitteln.

	1 kg Trockensubstanz enthält g P			1 kg Trockensubstanz enthält g P	
	Gesamt-P	Phosphatid-P		Gesamt-P	Phosphatid-P
Blaue Lupine (Samen)	6,69	0,37	Junges Gras	—	0,26
Gartenbohne „	5,75	0,21	Wiesenrispengras . .	3,84	0,49
Rübenblätter	4,70	0,66	Wiesenschwingel . .	3,02	0,30

Ein sehr wesentlicher Teil des Phosphors der Samen liegt dagegen als Phytin vor, wie für Reiskleie (SUZUKI[168]), Weizenkleie (PATTEN und HART[129]) und andere Samen nachgewiesen wurde. In den übrigen Pflanzenteilen überwiegt dagegen anorganischer Phosphor, Phosphate organischer und anorganischer Basen. HART und TOTTINGHAM[64] fanden die in Tab. 32 verzeichneten Zahlen.

Tabelle 32. Phytin in Futtermitteln.

	1 kg lufttrockene Substanz enthält g P		
	Gesamt-P	Phytin-P	Anorg. P
Mais (Körner) . .	2,9	1,3	—
Hafer „ . .	4,6	2,2	—
Roggen „ . .	5,0	1,9	—
Schwedische Rübe .	5,8	—	3,2
Luzerneheu	3,0	—	1,9

Auch hier zeigt sich ein hoher Phytingehalt der Samen. In Rüben und Luzerneheu konnte dagegen kein Phytin gefunden werden.

Die verschiedenen *phosphorhaltigen Bestandteile von Gras und Heu*, zugleich auch die bei der Dürrheubereitung und beim Lagern von Heu auftretenden Veränderungen, wurden von FLEISCHMANN näher studiert. Bei der Heubereitung nahm der anorganische Phosphor auf Kosten der P-haltigen Eiweißstoffe zu, bei längerem Lagern wurde ferner eine Abnahme des Gehaltes an Lecithinphosphor beobachtet.

Ein *phosphorarmes Futter* übt eine ähnliche schädliche Wirkung auf die Tiere aus wie ein calciumarmes. Bei den heute geübten Methoden der Pflanzenkultur und Tierfütterung gehört bei uns allerdings wohl Phosphormangel in der Tierernährung zu den selteneren Vorkommnissen. Nur in abnorm trockenen Jahren wurde über Phosphorarmut der Futtermittel berichtet (KELLNER[13], BONGARTZ[16], HANAMANN[60] u. a.). Wie aus den früher beschriebenen Versuchen GODDENS hervorgeht, läßt sich eine Anreicherung der Futterpflanzen an Phosphor durch geeignete Düngung leicht erzielen. Auch von M. v. WRANGELL[190] liegen Versuche in dieser Richtung vor. Gerade in trockenen Jahren dürfte allerdings auch die Phosphordüngung versagen.

3. Arsen.

Arsen kann wohl zu den regelmäßig in tierischen und pflanzlichen Organen vorkommenden Mineralstoffen gezählt werden. Die ersten umfassenden Untersuchungen sind von GAUTIER[45] ausgeführt worden. Den Analysen von JADIN und ASTRUC[76], COLLINS[18] und KEILHOLZ[81] sind die Zahlen der Tab. 33 entnommen.

Tabelle 33. Arsen und andere Mineralstoffe in Futtermitteln.

	1 kg Trockensubstanz enthält mg					
	As	Cu	Mn	Zn	Al	Li
Weizen	0,023	—	1,1	—	—	0,06
Grüne Erbsen	0,034	0,59	—	—	—	0,6
Braune Bohnen	0,034	0,565	—	0,425	—	0,27
Leinsamen	0,061	0,95	—	0,186	—	0,027
Epheublätter	0,17	3,38	0,73	4,2	0,05	0,033
Kirschlorbeerblätter	0,25	8,32	0,625	3,97	0,04	0,02

Außer dem im natürlichen Boden enthaltenen Arsen wird nach STOKLASA[161] mit vielen Düngemitteln, besonders mit Superphosphat, Arsen zugebracht, ferner bei der Schädlingsbekämpfung mit arsenhaltigen Mitteln. Oberflächlich festgehaltenes Arsen in der enormen Menge von 1,17 g As pro Kilogramm Trockensubstanz fanden HARKINS und SWAIN[61] im Heu aus der Umgebung eines Hüttenwerkes. Dieselben Autoren[62] berichten auch über ein Massensterben von Vieh in dieser Gegend infolge von Arsenaufnahme mit dem Futter. Die Giftwirkung des Arsens auf Pflanzen wurde unter anderem von NOBBE, BAESLER und WILL[123] studiert. In Reichenstein in Schlesien fand GRUNER[54] in Heu, das auf arsenhaltigem Boden gewonnen war, bis zu 0,16 g As pro Kilogramm Trockensubstanz, Giftwirkungen auf das Vieh wurden hier nicht beobachtet.

4. Vanadin.

Im Ackerboden ist Vanadin in geringen Mengen weit verbreitet. Nach CZAPEK II S. 507[22] ist es in Spuren in der Asche der Zuckerrübe, des Weinstocks und einiger Holzarten gefunden worden.

IX. Schwefel.

Zur Beurteilung des Schwefelgehaltes der Futtermittel können nur die mit neueren analytischen Methoden erhaltenen Resultate verwertet werden, da in der Glühasche, die man früher zur Analyse heranzog, nur ein Bruchteil des Gesamtschwefels enthalten ist, der zudem nicht einer bestimmten Schwefelverbindung der ursprünglichen Substanz, etwa den präformierten Sulfaten, entspricht. In Versuchen von HART und PETERSON[63] mit neuer Methodik ergab sich, daß in Reis 100mal, in Mais und Weizen 40mal und in Hafer, Sojabohnen, Baumwollensaatmehl 10mal soviel Schwefel vorhanden ist, wie man nach Wolffs Tabellen in der Glühasche gefunden hatte.

Von den jetzt gebräuchlichen Verfahren seien als brauchbarste die Peroxydmethode (Folin[33]), die Verbrennung der Substanz in der Berthelotschen Bombe nach Shermann[154] und die modifizierte Benediktsche Methode nach Wolf und Oesterberg[168] genannt. Die letztgenannte scheint am sichersten ausführbar zu sein. 1 g der zu analysierenden Substanz wird mit 20 cm^3 rauchender Salpetersäure im Kjeldahlkolben bis zur vollständigen Auflösung gekocht und dann mit 20 cm^3 des Kupfernitrat und Kaliumchlorat enthaltenden Reagens von Benedikt in einer Porzellanschale am Wasserbad zur Trockne eingedampft. Zur Beendigung der Veraschung und zur Vertreibung überschüssiger Chlor- und Salpetersäure wird der Rückstand geglüht, und schließlich in verdünnter Salzsäure gelöst. Nach der Filtration wird mit Bariumchlorid gefällt, das ausgefallene Bariumsulfat im Filtertiegel gesammelt, getrocknet und gewogen.

Im Gegensatz zum Phosphor, der in organischen Substanzen ausschließlich in hochoxydierter Form vorkommt, findet sich der *Schwefel vorwiegend in nicht oxydiertem Zustande, als sog. Neutralschwefel vor. Salze der Schwefelsäure* sind in den Futtermitteln nur in sehr geringer Menge verbreitet, ihre regelmäßige Anwesenheit muß jedoch schon deswegen angenommen werden, weil die schwefelsauren Salze die einzige Schwefelquelle der Pflanzen darstellen. Krystalle von Calciumsulfat in Pflanzen sind in einigen Fällen von Kohl[90] und Mohlisch[113] beobachtet worden. Erwähnt sei das Vorkommen von Salzen der Rhodanwasserstoffsäure HCNS in Coniferensamen und im Zwiebelsafte (Kooper[91]). Sulfite und Rhodanide sind für die Samenpflanzen als Schwefelquelle unbrauchbar, können aber durch niedere Organismen assimiliert werden. Die Schwefelsäure wird in den Pflanzen reduziert, das Reduktionsprodukt wird in organische Bindung übergeführt. In dieser Form gelangt die Hauptmenge des Schwefels in den Tierkörper. *Die wichtigste schwefelhaltige Substanz der Futtermittel ist das Eiweiß, in dem der Schwefel zum großen Teil als Bestandteil des Cystins*, einer schwefelhaltigen Aminosäure, enthalten ist.

$$\begin{array}{ll} CH_2 \cdot S - & S \cdot CH_2 \\ \vert & \vert \\ CH(NH_2) & CH(NH_2) \\ \vert & \vert \\ COOH & COOH \end{array}$$

Cystin

In der linksdrehenden Form wurde Cystin in verschiedenen Proteinen in folgenden Mengen gefunden (Tab. 34).

Außer dem Cystinschwefel enthalten die Eiweißstoffe noch schwefelhaltige Bausteine unbekannter Natur, von denen nur Derivate bekannt sind, die beim Abbau der Proteine auftreten. *Fettartige Bestandteile* organischer Substanzen, die Schwefel enthalten, werden in Analogie zu den Phosphatiden als *Sulfatide* bezeichnet. Unsere Kenntnisse über die Natur derartiger Stoffe, die sich zumeist auf Untersuchungen der fettartigen Bestandteile der Gehirnsubstanz stützen und sich bisher fast gar nicht auf pflanzliche Stoffe beziehen, sind jedoch sehr unvollkommen (Tab. 34).

Tabelle 34. Cystingehalt von Proteinen.

	1 kg Trockensubstanz enthält g Cystin
Edestin (im Hanf)	2,5
Gliadin (in Weizenkleber) . .	4,5
Glutenin „	0,2
Caseinogen	1,0

Besser studiert sind eine Reihe von *schwefelhaltigen Glucosiden*, die sämtlich Derivate von Senfölen darstellen und unter der Wirkung spezifischer pflanzlicher Fermente Senföl abspalten. Das Interesse, das diese Verbindungen für die Tierernährung haben, liegt allerdings weniger in ihrem Schwefelgehalt als in ihren schädlichen Wirkungen auf das Vieh.

Die *Senföle*, Isothiocyansäureester, sind durch die Gruppierung

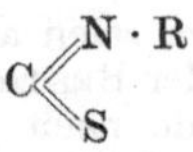

charakterisiert, in der das Alkyl an Stickstoff gebunden ist. Das Allylsenföl, das der

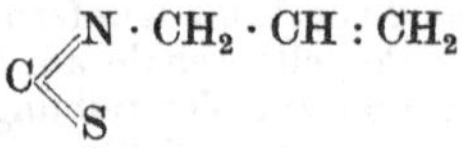

Allylsenföl

ganzen Gruppe den Namen gegeben hat, findet sich als Glucosid Sinigrin im Samen des schwarzen Senfs, in dem es nach Gadamer[40, 41] zu 1,3 % enthalten ist.

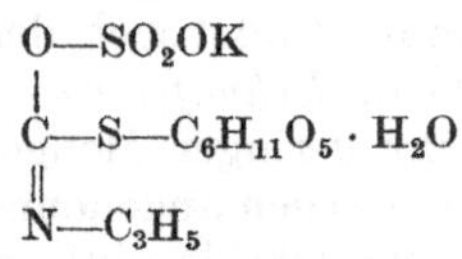

Sinigrin

Glucoside anderer Senföle sind das Sinalbin im Samen des weißen Senfs, das Glucotropaeolin in der Gartenkresse und das Nasturtiin in der Brunnenkresse, Stoffe, die von Gadamer[40, 41], Schneider[141ff.] u. a. näher untersucht worden sind. In diese Gruppe gehören auch Glucocheirolin und andere nicht näher bekannte Stoffe.

Den Senfölen nahestehen die gleichfalls *schwefelhaltigen Lauchöle*, die als Alkylsulfide aufzufassen sind.

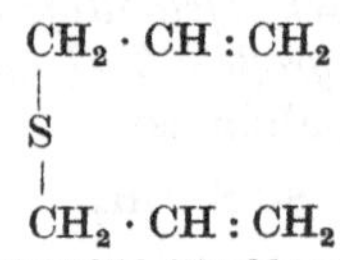

Allylsulfid (Knoblauchöl)

Lauchartig riechende, vermutlich Schwefel enthaltende Substanzen kommen nach Czapek III S. 191[22] auch in Leguminosen vor.

Von *schwefelhaltigen Spaltprodukten tierischer und pflanzlicher Substanzen* seien die Chondroitinschwefelsäure in Knochen und Knorpel, die Glucothionsäure aus Milz und Leber und die Methylsulfosäure aus vielen Eiweißstoffen nur genannt. Nur kurz Erwähnung getan sei auch der *Ätherschwefelsäuren*, esterartigen Verbindungen der Schwefelsäure mit Phenolen, die als Bestandteile des tierischen Harns bekannt sind. Da von Neuberg[118, 119] und Mitarbeitern ein Sulfatase genanntes Ferment, das aus diesen Verbindungen Schwefelsäure abspaltet, auch in Pflanzen gefunden wurde, dürften den Ätherschwefelsäuren analoge Stoffe auch in der Pflanzenwelt vorkommen.

Einen *Überblick über den Schwefelgehalt einiger Futtermittel* gibt Tab. 35.

Tabelle 35. Schwefel und Stickstoff in Futtermitteln.

	1 kg Trockensubstanz enthält g N und g S			1 kg Trockensubstanz enthält g N und g S	
	N	S		N	S
Zuckerrübe	11,4	1,38	Weizenkleber	17,5	2,97
Kartoffel	13,3	1,41	Luzerneheu	24,9	2,98
Weizenstroh	5,3	1,59	Wiesengras	22,6	3,04
Mais (Körner)	17,5	1,71	Magermilch	54,0	3,57
Weizen „	23,2	2,24	Leinkuchenmehl . .	63,0	4,55

Als *schwefelreich* sind die Getreide- und Leguminosenkörner, Kleien und Ölkuchen, ferner Rübenköpfe, Rübenblätter, Kohlarten, Wiesenheu, Fleischmehl und Milch, überhaupt alle eiweißreichen Futtermittel zu betrachten, während Stroh, Kartoffeln und andere eiweißarme Futtermittel *schwefelarm* sind.

Den Versuch, die einzelnen Schwefelvorkommen in den Futtermitteln quantitativ näher zu charakterisieren, hat STUTZER[166] gemacht, indem er anorganische und organische Schwefelverbindungen getrennt bestimmte. Die *geringe Rolle, die der anorganische Schwefel in den Futtermitteln und damit bei der Tierernährung überhaupt spielt*, ist ohne weiteres deutlich.

Tabelle 36. Anorganischer und organischer Schwefel in Futtermitteln.

	1 kg Trockensubstanz enthält g S		
	anorganisch	organisch	gesamt
Hafer (Körner) . .	0,01	2,16	2,17
Wiesenheu I . . .	0,43	2,16	2,59
„ II . . .	0,66	3,05	3,71
Kokosnußkuchen . .	0,41	3,26	3,70
Baumwollsaatmehl .	0,47	4,02	4,49

Wie erwähnt wurde, decken die Pflanzen ihren Schwefelbedarf aus den Sulfaten des Bodens und, wie aus den Berechnungen von HART und PETERSON[63] hervorgeht, werden dem Boden beträchtliche Mengen Schwefel auf diese Weise entzogen. Ein Teil des Schwefelverlustes wird durch die Niederschläge, die SO_2 aus der Atmosphäre mitbringen, ersetzt. Eine besondere Düngung mit Sulfaten ist bisher fast gar nicht in Betracht gezogen worden, dagegen wird mehr beiläufig mit Stickstoff-, Phosphat- und Kalidüngemitteln wie Ammonsulfat, Superphosphat und Kaliumsulfat dem Boden so viel Schwefel zugeführt, daß hier die Sulfate nur ausnahmsweise ins Minimum kommen dürften.

Die *Sulfatdüngung* soll bei Senföl enthaltenden Pflanzen den Gehalt an dieser Substanz erhöhen.

Etwas mehr Aufmerksamkeit ist der *Sulfatzufuhr* im Hinblick auf die Beschädigung der Vegetation durch SO_2-haltige Rauchgase geschenkt worden (HASELHOFF und LINDAU S. 143[66]). Vermehrtes Sulfatangebot im Boden soll hiernach einen erhöhten Schwefelgehalt der Pflanzen zur Folge haben. Die schweflige Säure der Rauchgase soll dagegen nicht auf dem Umwege über den Boden, sondern direkt von den Blättern aufgenommen werden. Auf die hier wichtigen neueren Arbeiten von STOKLASA[156], WÖBER[184], HENGL und RECKENDÖRFER[69] u. a. sei nur hingewiesen.

Die Tatsache, daß für die Tiere fast ausschließlich der Schwefel der Proteinstoffe von Wert ist, bringt es mit sich, daß *Schwefelmangel bei unseren Nutztieren nicht vorkommt*, es sei denn, daß gleichzeitig Eiweißhunger besteht (s. Anm.). Die Schwefelfrage bei der Kultur der Futterpflanzen wie auch bei der Tierernährung läßt sich demnach im allgemeinen von der Stickstofffrage nicht trennen. Mehr wie die anderen Mineralstoffe steht der Schwefel damit an der Grenze, wo der Mineralstoffwechsel sich mit dem Stoffwechsel der organischen Substanz berührt.

X. Halogene.

Die Halogene Fluor, Chlor, Brom, Jod weisen untereinander große Ähnlichkeit auf, es sind Stoffe von großer chemischer Aktivität besonders auch organischen Verbindungen gegenüber. Sie bilden Salze durch unmittelbare Vereinigung mit einem Metall, ihre Wasserstoffverbindungen werden von Wasser begierig aufgenommen, wobei saure Lösungen entstehen.

Die Halogene gehören nicht zu den für die Pflanze lebenswichtigen Elementen, für die höheren Tiere sind sie, mit Ausnahme des Broms, unentbehrlich.

Anm. Eine Ausnahme bildet vielleicht das Geflügel in der Mauserzeit.

Auch Brom bildet jedoch einen regelmäßigen Bestandteil des Tierkörpers, und kann hier das Chlor in lebenswichtigen Funktionen vertreten.

1. Fluor.

Fluor ist in geringer Menge im Boden, im Wasser und in den Pflanzen weit verbreitet, wie neuerdings wiederholt nachgewiesen wurde (ALVISI[2], GAUTIER und CLAUSMANN[46—48]). Die Hauptmenge des Fluors findet sich in den Blättern, in denen es nach einem Verfahren von OST[128], das auf der Anätzung und Gewichtsabnahme von Glasplättchen beruht, quantitativ nachgewiesen werden kann.

2. Chlor.

Das in der größten Menge in den Futtermitteln vorkommende Halogen ist das *Chlor*, das hier *ausschließlich als Chlorid* bzw. als Chlorion vorkommt.

Zur quantitativen Chlorbestimmung muß die Veraschung der Substanz nach Zusatz von Soda bei niedriger Temperatur, bei Dunkelrotglut, vorgenommen werden. Im wäßrigen Ascheauszug wird nach Ansäuern mit Salpetersäure das Chlorion mit Silbernitrat gefällt, der Chlorsilberniederschlag wird im Goochtiegel gesammelt, gewaschen, bis zum Schmelzen geglüht und gewogen. Da in den Futtermitteln alles Chlor in Form von leicht löslichen Chloriden vorliegt, kann die Chlorbestimmung auch ohne Veraschung im wäßrigen Auszug vorgenommen werden. Nach STRIGEL und HANDSCHUH[165] empfiehlt sich hier die VOLHARDsche Methode, bei der ein Überschuß von Silbernitrat zu der salpetersauren Lösung zugesetzt und das nicht verbrauchte Silbernitrat zurücktitriert wird. Da bei der Extraktion des Chlors verschiedene Substanzen in Lösung gehen, die beim Titrieren stören, schalten MACH und LEPPER[109] die Fällung dieser Stoffe mit Gerbsäure und Eisensulfat unter Zusatz von Natriumcarbonat, Wasserstoffsuperoxyd und Essigsäure ein. Im Filtrat läßt sich das Chlor gut nach VOLHARD titrieren. Der Zeitaufwand ist unvergleichlich geringer als bei dem Verfahren mit Veraschung.

Über den *Chlorgehalt der Futtermittel* gibt die folgende Tabelle nach SHERMAN und GETTLER[155] einen Überblick.

Tabelle 37. Chlor in Futtermitteln.

	1 kg Trockensubstanz enthält g Cl		1 kg Trockensubstanz enthält g Cl
Mais (Körner)	0,73	Weizenstroh	2,09
Hafer „	0,77	Kohl	2,43
Weizen „	0,95	Kleeheu	2,59
Leinkuchenmehl . . .	0,95	Wiesenheu	4,20
Luzerneheu	1,61	Milch	9,53

Man erkennt, daß alle hier aufgeführten vegetabilischen Futtermittel im Vergleich zu den animalischen chlorarm sind. Auf den besonders geringen Chlorgehalt des Heues von Gebirgswiesen wurde schon früher aufmerksam gemacht. Ein höherer Chlorgehalt findet sich in den auf Salzwiesen und in der Nähe des Meeres gewachsenen Futterpflanzen, die vom Vieh gern verzehrt werden.

Daß eine *Anreicherung der Pflanzen an Chlor* möglich ist, zeigen die Versuche von GODDEN (Tab. 19). Da es sich fast stets um eine Aufnahme von Kochsalz handelt, treffen hier die Verhältnisse zu, die früher bei der Anreicherung der Futterpflanzen mit Natrium beschrieben wurden.

Einen gewissen Antagonismus zwischen der Aufnahme von Schwefel und Chlor haben HENGL und RECKENDORFER[69] bei Gerste und Hafer beobachtet, indem die mit Chloriden gedüngten Pflanzen bei höherem Chlorgehalt einen geringeren Schwefelgehalt aufwiesen, als die ungedüngten Vergleichspflanzen. Die Versuche müssen mit Vorbehalt aufgenommen werden, da die Methode der Schwefelbestimmung hier wie bei den alten Autoren vielleicht nicht zuverlässig war.

3. Brom.

In geringer Konzentration findet sich Brom im Meerwasser und in Gesteinen. Das Verhältnis von Brom zu Chlor ist hier etwa 1 : 150 (HOFMANN S. 207[27]). Es reichert sich in den Pflanzen und Tieren des Meeres an, bekannt und seit dem Altertum berühmt ist der Farbstoff der Purpurschnecke, der als Dibromindigo erkannt worden ist.

Über Bromvorkommen in vegetabilischen Futtermitteln scheinen keine Mitteilungen vorzuliegen. Da aber alle tierischen Organe und Exkrete Brom enthalten, kann an seiner Gegenwart in den Futtermitteln nicht gezweifelt werden. Den Kulturpflanzen wird auch mit den Kalisalzen Brom zugeführt.

4. Jod.

Die Frage nach dem Jodgehalt des Bodens und der Atmosphäre, der Kulturpflanzen, der landwirtschaftlichen Nutztiere und des Menschen bildet einen einzigen großen Fragenkomplex, in dem sich Probleme der Bodenkunde, der Pflanzenkultur, der tierischen und menschlichen Ernährung und der Heilkunde vereinigen.

Für die Deckung des Jodbedarfs der Nutztiere kommt das *Jod in den Futtermitteln,* im Trinkwasser und in der Atemluft in Frage.

Zur quantitativen Jodbestimmung werden ähnlich wie bei der Analyse des Chlors 10—50 g des Futtermittels bei möglichst geringer Wärmezufuhr in Gegenwart von Kaliumcarbonat in einer eisernen Schale verascht. Die Asche wird mit Alkohol extrahiert, die alkoholische, das Jod als KJ enthaltende Lösung mit dem gleichen Volumen Wasser versetzt und in einer Platinschale am Wasserbad eingedampft. Nach Zusatz von etwas Kaliumcarbonatlösung wird nochmals geglüht, um den letzten Rest organischer Substanz zu zerstören, wie zuvor mit Alkohol extrahiert und eingedampft. Der minimale Rückstand wird in 0,3 cm^3 Wasser gelöst, in ein sog. Jodausschüttelungsröhrchen gebracht und nach Zusatz eines Tröpfchens nitrithaltiger Schwefelsäure mit 0,01—0,06 cm^3 Chloroform ausgeschüttelt. Die entstandene Blaufärbung wird mit Kontrollröhrchen verglichen, in denen bekannte Jodmengen zugegen sind. An die colorimetrische Bestimmung kann noch eine titrimetrische angeschlossen werden, bei der das Jod mit Bromwasser oxydiert wird. Das gebildete Jodat macht aus Jodkalium Jod frei, das mit $\frac{n}{250}$ Thiosulfat in Gegenwart von Stärkelösung titriert wird (v. FELLENBERG[31]). Eine genaue Methode ist auch von MCCLENDON[110] ausgearbeitet worden.

Die in der Tab. 38 angegebenen Zahlen sollen nicht zu strenggenommen werden, denn große Schwankungen und auch Fehler bei der Analyse sind bei so kleinen Substanzmengen unvermeidlich. Im allgemeinen erkennt man jedoch, daß alle Futtermittel Jod in derselben Größenordnung enthalten. Nur die aus dem Meere stammenden Pflanzen und Tiere sowie einige Süßwasserpflanzen weisen einen außerordentlich viel höheren Jodgehalt auf.

Tabelle 38. Jod in Futtermitteln.

	1 kg Trockensubstanz enthält γ J (1 γ = 10^{-6} g)		1 kg Trockensubstanz enthält γ J (1 γ = 10^{-6} g)
Gerste	26	Fleisch	200
Runkelrübe	27	Milch	550
Roggen	40	Brunnenkresse	4500
Hafer	42	Seefisch	2700
Kohl	60	Seetang	900000

Wie aus den Untersuchungen v. FELLENBERGS hervorgeht, ist das *Jod in den pflanzlichen und tierischen Stoffen vorwiegend in organischer Bindung enthalten,* aus der es nur durch tiefgehende Eingriffe, wie sie bei der Verdauung stattfinden, in merklicher Menge abgespalten werden kann, daneben zum kleineren Teil anorganisch als Jodid (Tab. 39).

Tabelle 39. Anorganisches und organisches Jod in % der Gesamtmenge.

	Organisch	Anorganisch		Organisch	Anorganisch
Feldsalat	81,6	18,4	Heu	89,9	10,1
Brunnenkresse	95,2	4,8	Heu, verregnet . .	98,8	1,2

In der Pflanze ist das Jod am meisten in den Blättern, dann in Stengeln und Blüten, Wurzeln und Knollen enthalten. Spärlich ist es in den Samen, so daß die Vermutung verstärkt wird, daß es für die Pflanze keine besondere Bedeutung hat.

Die *Bedeutung des Jods für die Ernährung* ist durch die Aufklärung der Ursachen des endemischen Kropfes erkannt worden. Die Untersuchung des Bodens, der Luft, des Wassers, der Pflanzen und Tiere in Kropfgegenden durch v. FELLENBERG hat zu dem eindeutigen Resultat geführt, daß hier ganz allgemein ein niedrigerer Jodgehalt vorliegt als in Gegenden, wo Kropf selten ist. Einen sicheren Index für den Jodreichtum einer Gegend bietet, wie auch MCCLENDON zeigte, der Jodgehalt des Wassers. v. FELLENBERG fand folgende Zahlen (siehe Tab. 40):

Tabelle 40. Jodgehalt des Wassers.

	1 l enthält γ J ($1\,\gamma = 10^{-6}$ g)		1 l enthält γ J ($1\,\gamma = 10^{-6}$ g)
Schneewasser (1350 m Höhe).	0,30	Holländ. Dünenwasser. . . .	10,0
„ (Bern)	0,43	Flußwasser (Alpen)	0,7
Regenwasser (Holland) . . .	5,20	Meerwasser ohne Plankton. .	13,3
Quellwasser (Schweiz). . . .	0,7		

Es liegen hier ähnliche Verhältnisse vor, wie sie MUNTZ für den Kochsalzgehalt des Wassers im Gebirge und im Tiefland gefunden hat. Während jedoch das Kochsalz durch Verstäuben von Meerwasser in die Atmosphäre gelangt, kommt nach HEYMANN[71] das Jod durch Entweichen als Joddampf in die Luft, und zwar kommen als Jodquelle der Atmosphäre außer den Meeren auch die Flüsse und der Boden in Frage, aus dem ständig Jod in Dampfform entweicht, um von den Niederschlägen wieder hinabgerissen zu werden.

Speziell für die *landwirtschaftlichen Futtermittel* hat SCHARRER[139, 168a] gezeigt, daß sie von der allgemeinen Jodarmut einer Gegend mitbetroffen sind. Eine naheliegende Maßnahme, dem dadurch entstehenden Jodhunger der landwirtschaftlichen Tiere abzuhelfen, ist in der *Anreicherung der Futtermittel an Jod* durch geeignete Düngung zu erblicken. Als von vornherein selbstverständlich ist anzunehmen, daß man Pflanzen, die in jodarmer Gegend wachsen, durch Düngung mit Jodsalzen auf normalen Jodgehalt bringen kann. Die Erfahrung hat gezeigt, daß man auch über dieses Maß hinaus Anreicherung erzielen kann. Versuche von STOKLASA[162], v. FELLENBERG[31], SCHARRER und STROBEL[139a], HERCUS und ROBERTS[68] und ORR, KELLY und STUART[127] sind in diesem Sinne verlaufen. Die Jodspeicherung wurde besonders an den Blättern der Zucker- und Runkelrübe erzielt. Über ein negatives Resultat hat nur v. WRANGELL[191] berichtet, und es scheint, als ob hier ein Boden vorgelegen hat, der durch Abbindung des Jods die Düngung unwirksam gemacht hat (ORR, KELLY, STUART[127], ECKSTEIN[26]). Die Versuche, durch Jod als Reizstoff die Erträge zu erhöhen, die zu Widersprüchen und bei näherer Untersuchung zu negativen Resultaten geführt haben, brauchen hier nicht berücksichtigt zu werden.

Mehr unfreiwillig wird *mit zahlreichen Düngemitteln dem Boden auch Jod zugeführt.*

Tabelle 41. Jod in Düngemitteln.

	1 kg enthält γ J ($1\gamma = 10^{-6}$ g)		1 kg enthält γ J ($1\gamma = 10^{-6}$ g)
Kalkstickstoff	40	Carnallit	2018
Ammonsulfat	235	Kainit-Sylvinit	2205
Thomasschlacke	360	Superphosphat	5700
Kainit	440	Chilesalpeter, gelagert	49000
Kainit-Hartsalz	1560	„ frisch bezogen	192000

Die in der Tab. 41 aufgeführten Zahlen, die v. FELLENBERG[31] und das Württembergische Med. Landesuntersuchungsamt[26] ermittelt haben, zeigen den hohen Jodgehalt des Chilesalpeters und den immerhin beträchtlichen mancher einheimischen Kunstdünger. Aus dem hohen Jodgehalt des Chilesalpeters eine höhere Wertschätzung für die Landwirtschaft gegenüber synthetischem Stickstoff abzuleiten, dürfte jedoch verfehlt sein, sofern nicht typische Kropfgegenden wie die Alpenländer in Frage kommen. *In kropfarmen Gegenden hat sich ein Bedürfnis zur Joddüngung nicht nachweisen lassen.*

XI. Mangan.

Mangan kann in fünf Wertigkeitsstufen vorkommen, denen ebenso viele Reihen von Verbindungen entsprechen. In organischen Substanzen dürfte es sich nur um solche Verbindungen handeln, die als Mangano- und Manganisalze der zwei- bzw. dreiwertigen Form entsprechen.

Für die Pflanzenwelt ist Mangan, trotzdem es vielfach reichlich von Pflanzen aufgenommen wird, *nicht lebenswichtig,* vor allem vermag es hier Eisen nicht zu ersetzen. *Seine Rolle in der Tierwelt,* wo es gleichfalls allgemein verbreitet ist, *ist ganz unklar.*

Mit dem Vorkommen des Mangans in der Natur, besonders auch in den Futterpflanzen, beschäftigen sich die Untersuchungen von BERTRAND[11] und JADIN und ASTRUC[76]. Zahlreiche Manganbestimmungen in Blättern und anderen Organen der Bäume, wo es sich besonders reichlich findet, sind von WOLFF[186] mitgeteilt worden. McHARGUE[111] verglich den Eisen- und Mangangehalt verschiedener Futterpflanzen. Während bei Gräsern große Schwankungen gefunden wurden, waren bei Weizen und Haferkörnern Fe und Mn nahezu gleich, und Leguminosesamen enthielten mehr Eisen als Mangan (Tab. 42). Weitere Zahlen finden sich in Tab. 9 (McHARGUE) und Tab. 33 (KEILHOLZ).

Tabelle 42. Mangan und Eisen in Samen.

	1 kg Trockensubstanz enthält mg	
	Mn	Fe
Weizen	47	39
Hafer	49	50
Leguminosesamen	25	115

Bezüglich des Mangangehaltes der Pflanzen bei verschiedener Düngung fanden GODDEN und GRIMMET[51] bei Sulfatdüngung eine deutliche Vermehrung. Eisenarmer, schädlich wirkender Hafer enthielt abnorm hohe Manganmengen.

XII. Eisen, Nickel, Kobalt.

Unter den Schwermetallen der achten Gruppe des periodischen Systems spielt das Eisen eine wichtige Rolle im Leben der Pflanzen und der Tiere. Nickel und Kobalt, gleichfalls fast regelmäßige Begleiter der belebten Substanz, bedürfen nur kurzer Berücksichtigung.

1. Eisen.

Das Eisen kommt in zwei- und dreiwertiger Form vor und bildet dementsprechend zwei Reihen von Salzen, Ferro- und Ferrisalze. Das Ferri-Ion hat nur schwach basische Eigenschaften, Ferrisalze sind daher in wäßriger Lösung weitgehend hydrolytisch gespalten, wobei Ferrihydroxyd in kolloidem Zustande auftritt. Charakteristisch ist die Fähigkeit des Eisens, komplexe Salze zu bilden, in denen sich das Eisen im Anion befindet. Neben sehr beständigen Komplexsalzen gibt es solche, besonders mit organischen Säuren, die nur in einem bestimmten Reaktionsbereich um den Neutralpunkt existenzfähig sind.

Die quantitative Bestimmung des Eisens in der Pflanzenasche nach den alten Methoden hat im allgemeinen zu hohe Werte ergeben, zum Teil ist eine Trennung von anderen Metallen wie Aluminium und Mangan nicht durchgeführt worden. In Anbetracht der kleinen, in den tierischen und pflanzlichen Organen vorkommenden Eisenmengen ist die colorimetrische Bestimmung als Ferrirhodanid den gravimetrischen und titrimetrischen Methoden vorzuziehen. Nach der Methode von LINTZEL[99] werden 5—10 g der Substanz nach NEUMANN verascht und das Eisen in der neutralisierten Aschelösung mit Ammonsulfid gefällt. Der Niederschlag wird abfiltriert und in verdünnter Salzsäure gelöst. Nach der Oxydation zur Ferristufe mit etwas Kaliumchlorat wird mit Ammoniumrhodanid die rote Farbe des Rhodaneisens erzeugt und colorimetrisch ausgewertet.

Als lebenswichtiger Bestandteil der Pflanzen und der Tiere findet sich das Eisen fast in allen Futtermitteln vegetabilischer und animalischer Herkunft. Anorganische einfache Eisensalze dürften in den Futtermitteln kaum vorkommen. In pflanzlichen Organen handelt es sich vielleicht um *Komplexverbindungen mit organischen Säuren,* die durch verdünnte Salzsäure gespalten werden. Auch *kolloide Eisenverbindungen* können hier vermutet werden, doch ist Sicheres über die Eisenverbindungen der Pflanze nicht bekannt. Ohne Eisen vermögen die grünen Pflanzen kein Chlorophyll zu bilden, doch gehört dies Metall nicht zu den Bestandteilen des Blattfarbstoffes. Im Chlorophyll ist vielmehr, wie früher erwähnt wurde, Magnesium enthalten, die Rolle des Eisens bei der Bildung des Blattfarbstoffes ist ganz dunkel.

In animalischen Futtermitteln, wie Fleisch- und Blutmehl, findet sich Eisen als Bestandteil des Hämoglobins und seiner Derivate Methämoglobin und Hämatin in fester, schwer angreifbarer Bindung, daneben ionisierbares Eisen, das zum Teil bei der fabrikmäßigen Darstellung dieser Futtermittel abgespalten und so für die Tiere nutzbar gemacht worden ist.

Tabelle 43. Eisen in Futtermitteln.

	1 kg Trockensubstanz enthält mg Fe		1 kg Trockensubstanz enthält mg Fe
Reis, poliert	12	Kartoffeln	64
Milch	12	Weiße Bohnen	83
Roggen (Körner)	37	Weizenkleie	88
Weizen	55	Wiesenheu	162

Über den *Eisengehalt einiger Futtermittel* orientiert die Tab. 43, aus der hervorgeht, daß das Eisen in viel geringerer Menge als die meisten anderen lebenswichtigen Mineralstoffe der Futtermittel vertreten ist. LUCIEN und LÉROUX[107] fanden am meisten eisenhaltig bei Kräutern: Wurzeln und Blüte, bei Bäumen: die Blätter, bei Coniferen: die Äste.

Bei dem geringen Eisenbedarf der Pflanzen und dem normalen Eisengehalt des Bodens kommt *Eisenmangel der Pflanzen selten in Frage,* und chlorotische Gewächse in freier Natur gehören zu den größten Seltenheiten. Eine Anreicherung der Pflanzen an Eisen durch Düngung mit Eisensalzen (GRIFFITHS[52, 53], KELLNER[82] erscheint daher auch wenig aussichtsreich. Dagegen kann die Hemmung der Eisenaufnahme durch übermäßige Kalkdüngung durch Düngung mit Eisensalzen behoben werden. In Anbetracht, daß *Erkrankungen des Viehes infolge von Eisenarmut der Futterpflanzen* vorkommen können, wenn es sich um abnorme Böden handelt, haben GODDEN und GRIMMET[51] den Eisengehalt von Hafer und Senf bei verschiedener Düngung sowie auf einem Boden untersucht, der ein schädliches Futter hervorbrachte. Für Hafer wurden die Zahlen der Tab. 44 gefunden.

Tabelle 44. Eisen und Mangan in Haferpflanzen bei verschiedener Düngung.

	1 kg Trockensubstanz enthält g Fe und Mangan					
	drainiert		nicht drainiert		abnormer Boden	
	Fe	Mn	Fe	Mn	Fe	Mn
Kontrolle	0,25	0,11	0,19	0,82	0,25	2,8
Eisenoxyd	0,19	0,09	0,20	0,72	—	—
Eisensulfat	0,20	0,19	0,23	0,92	—	—
Eisenphosphat	0,21	0,29	0,23	0,78	—	—
Ferrosulfat	—	—	—	—	0,22	1,69
Thomasmehl	—	—	—	—	0,18	2,13
Präzipitierte Kreide	—	—	—	—	0,19	0,51
Schwefel	—	—	—	—	0,20	1,70
Superphosphat	—	—	—	—	0,21	1,95

Die verschiedene Düngung hat am Eisengehalt der Pflanzen wenig geändert, auch die Pflanzen des abnorm zusammengesetzten Bodens haben normalen Eisengehalt. Bemerkenswert ist hier nur das Verhältnis des Eisens zum Mangan, das auf dem schlechten Boden stark zugunsten des Mangans verschoben ist. Ob hierin das schädigende Moment zu suchen ist, bleibt allerdings zweifelhaft.

2. Nickel, Kobalt.

Nickel und Kobalt, die für die Pflanzen sehr giftig sind, werden in vegetabilischen Substanzen meist nur in Spuren gefunden. BERTRAND und MOKRAGNATZ[13] fanden die folgenden Zahlen (Tab. 45):

Tabelle 45. Nickel und Kobalt in Futtermitteln.

	1 kg frische Substanz enthält mg Ni un Co			1 kg frische Substanz enthält mg Ni und Co	
	Ni	Co		Ni	Co
Kartoffeln	0,06	0,015	Hafer (Körner)	0,40	—
Mais (Körner)	0,12	0,01	Weißbohnen (Samen)	0,54	0,01
Spinat	0,16	0,005	Buchweizenkorn	1,10	0,30
Weizen (Körner)	0,30	0,01	Erbsen	2,00	0,025

Über weitere Vorkommen berichten R. BERG[8] und MCHARGUE (Tab. 9).

E. Übersichtstabelle.

Tabelle 46. Mineralstoffgehalt von Futtermitteln (SHERMANN und GETTLER[155], KAHN und GOODRIDGE[80], ergänzt nach WOLFF[186] und DIETRICH und KÖNIG[24]).

	1 kg ursprüngliche Substanz enthält g									
	H_2O	Asche	Na	K	Ca	Mg	S	P	Cl	Si
Heu und Stroh:										
Wiesenheu	145,0	63,8	2,40	4,81	6,35	2,60	2,60	1,37	1,00	8,25
Kleeheu	75,7	67,6	0,62	17,01	11,42	2,70	1,76	1,69	2,39	0,22
Kichererbsenheu	106,2	107,6	6,46	7,80	18,14	9,80	3,15	3,53	1,49	0,47
Luzerneheu	74,2	63,8	4,53	7,70	10,46	3,70	2,76	2,21	1,49	0,83
Timotheeheu	80,6	32,0	3,17	5,64	1,77	1,02	1,49	1,13	1,83	10,6
Hirseheu	48,9	56,0	0,94	12,73	3,10	2,49	1,51	1,65	1,17	8,1
Futtermais	69,6	65,2	0,61	17,18	4,72	0,86	1,74	0,95	2,87	4,8
Blaugrasheu	82,1	48,2	1,29	12,90	3,08	2,20	3,07	2,22	2,15	—
Weizenstroh	54,8	34,5	2,24	7,96	2,05	0,60	1,50	0,36	1,98	16,2

Tabelle 46 (Forts.).

	1 kg ursprüngliche Substanz enthält g									
	H_2O	Asche	Na	K	Ca	Mg	S	P	Cl	Si
Grünfutter:										
Kohl	930,5	5,0	0,02	1,73	0,41	0,15	0,63	0,18	0,17	0,04
Wiesengras	802,9	19,9	0,33	1,20	1,46	0,59	0,60	0,60	0,56	1,51
Wurzeln u. Knollen:										
Kartoffeln	749,8	10,9	0,46	4,17	0,08	0,25	0,43	0,45	0,77	0,09
Zuckerrübe	822,5	8,2	0,74	3,74	0,21	0,20	0,15	0,39	0,40	0,08
Turnips	907,8	8,0	0,67	1,01	0,23	0,09	0,46	0,21	0,18	0,07
Futterrübe	885,4	11,8	0,82	4,44	0,15	0,41	0,26	0,30	1,58	0,04
Samen und Früchte:										
Weizen	133,7	17,9	1,06	5,15	0,44	1,70	1,74	4,69	0,88	0,16
Mais	142,4	12,1	0,26	3,40	0,12	1,08	1,47	2,60	0,63	0,12
Hafer	88,9	33,8	1,68	4,19	1,02	1,18	1,95	3,95	0,70	5,23
Reis, poliert	125,8	8,2	0,68	0,87	0,20	0,51	1,44	0,95	1,04	—
Sojabohne	86,3	50,6	3,43	19,13	2,10	2,23	4,06	5,92	0,24	Spur
Erbse	139,2	26,8	0,72	9,40	1,39	1,50	2,64	3,70	0,34	0,12
Gewerbl. Produkte und Abfälle:										
Hafermehl	90,0	28,0	0,72	3,65	0,60	1,43	2,15	4,02	0,27	—
Weizenmehl	126,0	5,1	0,69	1,46	0,26	0,30	2,06	0,86	0,76	—
Weizenkleie	100,2	60,6	2,01	13,20	1,25	5,31	2,67	11,10	0,90	0,12
Weizenkleber	84,2	7,1	0,28	0,07	0,78	0,45	9,20	2,00	0,50	0,09
Maismehl	135,2	6,9	0,98	1,66	0,13	1,06	1,06	2,29	0,61	—
Maiskleie	110,0	11,8	0,0	3,65	0,27	0,78	1,10	1,39	0,46	—
Maiskleber	79,9	31,8	4,24	2,50	2,47	2,20	5,85	5,42	0,90	—
Brennereitreber	83,3	33,9	0,71	0,41	1,30	1,79	3,73	4,20	2,60	0,09
Biertreber	68,8	27,5	2,59	1,72	1,57	1,60	3,90	4,68	0,58	1,5
Leinkuchenmehl	103,4	58,0	2,53	10,98	3,62	4,88	4,08	7,05	0,85	3,1
Baumwollsaatmehl	85,8	69,8	2,59	16,56	2,66	5,48	4,90	13,52	0,38	2,31
Tierische Produkte:										
Rindfleisch	775,0	—	0,85	3,59	0,18	0,35	2,37	2,10	0,61	—
Milch	904,1	6,9	0,69	1,54	1,24	0,11	0,31	0,92	0,91	0,0002
Molken	939,6	5,6	0,28	1,67	0,44	0,08	0,08	0,39	1,18	0,0002

Literatur.

(*1*) Agulhon: Ann. Inst. Pasteur **24**, 321 (1910). — (*2*) Alvisi: Gazz. chim. ital. II **42**, 450 (1912); zitiert nach Czapek. — (*3*) Aron: Bochem. Z. **4**, 268 (1907). — (*4*) Aso u. Loew: Bull. coll. agricult. Tokyo **5**, 239 (1902); zitiert nach Kostytschew.

(*5*) Baskerville: J. amer. chem. Soc. **21**, 1099 (1899). — (*6*) Bateman u. Wells: Ebenda **39**, 811 (1917). — (*7*) Baumann: Landw. Versuchsstat. **31**, 1 (1885). — (*8*) Berg Ragnar: Biochem. Z. **165**, 461 (1925). — (*9*) Berthelot: C. r. **98**, 1506 (1884). — (*10*) Ebenda **99** (1884). — (*11*) Bertrand: Rev. gén. chim. pure et appl. 8, 205 (1905). — (*12*) Bertrand u. Agulhon: C. r. **155**, 248 (1912). — (*13*) Bertrand u. Mokragnatz: Chem. Zbl. **1925 II**, 829. — (*14*) Birner u. Lucanus: Landw. Versuchsstat. **8** (1886). — (*15*) Boettger: Jber. Agrikulturchem. **7**, 99 (1864). — (*16*) Bongartz: Fühling **1894**, 666.

(*17*) Callisen, zitiert nach Czapek. — (*18*) Collins: Chem. Zbl. **1902 I**, 1022. — (*19*) Cook: J. agricult. Res. **5**, 877 (1916). — (*20*) Crampton: Ber. dtsch. chem. Ges. **1889**, 1072. — (*21*) Cruickshank: J. agricult. Sci. **16**, 89 (1926). — (*22*) Czapek: Biochemie der Pflanzen. 3 Bde. Jena 1921.

(*23*) Daszewski: J. Landw. **1900**, 223. — (*24*) Dietrich u. König: Zusammensetzung und Verdaulichkeit der Futtermittel. Berlin 1891. — (*25*) Déhérain: Ann. des Sci. natur. **6**, 34 (1878); zitiert nach Czapek. — (*25a*) Dworžag: Landw. Versuchsstat. **17**, 398 (1874).

(*26*) Eckstein: Landw. Jb. **68**, 423 (1928). — (*27*) Elliot, Orr u. Wood: Scott. J. Agricult. 8, Nr 4 (1925). — (*28*) Emmerling: Milchztg **9**, 40 (1880). — (*28a*) Wbl. f. Schlesw.-Holst. **38**, 425 (1888).

(*29*) Faak: Mitt. Hochsch. Bodenkultur Wien **2**, 175 (1914). — (*30*) Fellenberg, v.: Biochem. Z. **160**, 210 (1925). — (*31*) Erg. Physiol. **25**, 176 (1926). — (*32*) Fleischer: Mitt.

Ver. Fördg. Moorkultur **14**, 450 (1896). — (*33*) FLEISCHMANN: Landw. Versuchsstat. **76**, 237 (1912). — (*34*) FOCKE: Verh. nat. Ver. Bremen **5**, 451 (1876). — (*35*) FOLIN: J. of biol. Chem. **1**, 131 (1905/06). — (*36*) FÖRSTER: Chemiker-Ztg **13**, 229 (1889). — (*37*) Ebenda **14**, 1673, 1690 (1890). — (*38*) FRANK: Sitzgsber. dtsch. bot. Ges. **5** (1887). — (*39*) FREYTAG, zitiert nach BAUMANN.

(*40*) GADAMER: Arch. Pharmaz. **235**, 577 (1897). — (*41*) Ber. dtsch. chem. Ges. **30**, 2332 (1897). — (*42*) GASSMANN: Z. physiol. Chem. **70**. — (*43*) Ebenda **83**. — (*44*) GAUNERSDÖRFER: Landw. Versuchsstat. **34**, 175 (1887). — (*45*) GAUTIER, zitiert nach CZAPEK **2**, 513. — (*46*) GAUTIER u. CLAUSMANN: C. r. **158**, 1389 (1914). — (*47*) Ebenda **160**, 194 (1915). — (*48*) Ebenda **162**, 105 (1916). — (*49*) GEILMANN: J. Landw. **68**, 107 (1920). — (*50*) GODDEN: J. agricult. Sci. **16**, 98 (1926). — (*51*) GODDEN u. GRIMMET: Ebenda **18** (1928). — (*52*) GRIFFITHS: J. chem. Soc. **47**, 46 (1885). — (*53*) Ebenda **48**, 114 (1886). — (*54*) GRUNER: Landw. Jb. **40**, 517 (1911). — (*55*) GUTBIER: Z. angew. Chem. **1905**, 495.

(*56*) HABEDANK, zitiert nach WOLFF, 43. — (*56a*) HAGER: Arb. landw. Versuchsstat. Marburg; Dissert. Dresden 1909. — (*57*) HALL u. MORISON: Proc. roy. Soc. **77**, 455 (1905). — (*58*) HAMBURGER: Biochem. Z. **71**, 415 (1915). — (*59*) Ebenda **74**, 414 (1916). — (*60*) HANAMANN: J. Landw. **43**, 337. — (*61*) HARKINS u. SWAIN: J. amer. chem. Soc. **29**, 970 (1907). — (*62*) Ebenda **30**, 928 (1908). — (*63*) HART u. PETERSON: Wisconsin agricult. exper. St. res. Bul. **14**, 21 (1911). — (*64*) HART u. TOTTINGHAM: J. of biol. Chem. **6**, 431 (1909). — (*65*) HASELHOFF: Landw. Jb. **21**, 263 (1892). — (*65a*) Ebenda **22**, 85 (1893). — (*66*) HASELHOFF u. LINDAU: Beschädigung der Vegetation durch Rauch. Leipzig 1903. — (*67*) Landw. Versuchsstat. **95**, 19 (1920). — (*68*) HENGL u. RECKENDORFER: Fortschr. Landw. **3**, 598 (1928). — (*69*) HERCUS u. ROBERTS: J. Hyg. **26**, 49 (1927); zitiert nach ORR. — (*70*) HEYDE, V. D.: Biochem. Z. **65**, 377 (1914). — (*71*) HEYMANN: Water u. Gas **1925**, 9; zitiert nach V. FELLENBERG. — (*72*) HOFMANN: Lehrbuch der anorganischen Chemie. Braunschweig 1919. — (*73*) HOLDEFLEISS: Z. Landwirtschaftskammer Prov. Schlesien **1**, 774 (1897). — (*74*) HOPPE-SEYLER-THIERFELDER: Handbuch der physiologisch-chemischen Analyse. 1924. — (*75*) HORNBERGER: Landw. Versuchsstat. **51**, 473 (1899). — (*75a*) HOTTER: Ebenda **37**, 437 (1890).

(*76*) INGLE: J. agricult. Sci. **3**, 122 (1908).

(*77*) JADIN u. ASTRUC: C. r. Acad. Sci. Paris **159**, 268 (1914). — (*78*) JAVILLIER: Ann. Inst. Pasteur **22**, 720 (1908). — (*79*) JODLBAUER: Landw. Versuchsstat. **35**, 447 (1888).

(*80*) KAHN u. GOODRIDGE: Sulfur metabolism. Philadelphia u. New York 1926. — (*81*) KEILHOLZ: Chem. Zbl. **1922 II**, 112. — (*82*) KELLNER: Landw. Versuchsstat. **32**, 365 (1886). — (*83*) Sächs. landw. Z. **1894**, 15. — (*84*) KERB: Biochem. Z. **100**, 3 (1919). — (*85*) KLEIN: Beih. bot. Zbl. I **30** (1913). — (*86*) KNOP: Landw. Versuchsstat. **2**, 185 (1862). — (*86a*) Ebenda **3**, 176 (1863). — (*87b*) Ebenda **17**, 65 (1874); Ber. sächs. Ges. **1885**, 50; zitiert nach CZAPEK. — (*88*) KOHL: Anatomisch-physiologische Untersuchungen der Kalkpflanzen. Marburg 1889. — (*88a*) KOHN u. KAWAKIBI: Fortschr. Landw. **3**, 121 (1928). — (*89*) KÖNIG: Landw. Jb. **12**, 837 (1883). — (*90*) Untersuchung landwirtschaftlich und gewerblich wichtiger Stoffe. Berlin 1926. — (*91*) KOOPER: Z. Unters. Nahrgsmitt. usw. **9**, 569 (1910). — (*92*) KOSTYTSCHEW: Lehrbuch der Pflanzenphysiologie. Berlin 1926. — (*93*) KREUZHAGE u. WOLFF: Landw.Versuchsstat. **30**, 161 (1884). — (*93 a*) KÖNIG u. KARST: Ebenda **100**, 269 (192).

(*94*) LANGE: Ber. dtsch. chem. Ges. **11**, 822 (1878). — (*95*) LECHATIER u. BELLAMY: C. r. **84**, 687; Ber. dtsch. chem. Ges. **10**, 898. — (*96*) LEHMANN: Arch. f. Hyg. **24**, 1 (1895). — (*97*) Ebenda **27**, 1 (1896). — (*98*) LINSTOW, V.: Die natürliche Anreicherung von Metallsalzen usw. in Pflanzen. Verl. Repertorium. Dahlem 1924. — (*99*) LINTZEL: Z. Biol. **83**, 289 (1925). — (*99a*) Ebenda **87**, 97 (1928). — (*100*) LIPPMANN, V.: Ber. dtsch. chem. Ges. **21**, 3492 (1888). — (*101*) Die Lehre vom Kalkfaktor. Berlin 1914. — (*102*) LOEW u. HONDA, zitiert nach KOSTYTSCHEW. — (*103*) LOHMANN: Biochem. Z. **202**, 466 (1928). — (*104*) Ebenda 203, 164 (1928). — (*105*) LORENZ: Landw. Versuchsstat. **55**, 183 (1901). — (*106*) Chemiker-Ztg **32**, 707 (1908). — (*107*) LUCIEN u. LÉROUX: Bot. Zbl. **4**, 76 (1924). — (*108*) LUNDIE, zitiert nach CZAPEK.

(*109*) MACH u. LEPPER: Landw. Versuchsstat. **105**, 205 (1927). — (*110*) MCCLENDON: J. of biol. Chem. **60**, 289 (1924). — (*111*) MCHARGUE: J. agricult. Res. **23**, 395 (1924). — (*111a*) J. amer. chem. Soc. **35**, 826 (1912). — (*112*) MEISENHEIMER u. HEIM: Ber. dtsch. chem. Ges. **38**, 3834 (1905). — (*113*) MOHLISCH, zitiert nach V. LINSTOW. — (*114*) MONTANARI: Chem. Zbl. **1922 II**, 304. — (*115*) MUNTZ: C. r. Acad. Sci. Paris **112**, 447 (1891).

(*116*) NEUBAUER: Landw. Versuchsstat. **94**, 1 (1919). — (*117*) NEUBERG: Biochem. Z. **9**, 557 (1908). — (*118*) NEUBERG u. KURONO: Ebenda **140**, 295 (1923). — (*119*) NEUBERG u. LINDHARDT: Ebenda **142**, 191 (1923). — (*120*) NEUMANN: Arch. Physiol. u. Anat. **1900**, 159. — (*121*) Z. physiol. Chem. **37**, 115 (1902). — (*122*) Ebenda **43**, 32 (1904/05). — (*123*) NOBBE, BAESSLER u. WILL: Landw. Versuchsstat. **30**, 381 (1884). — (*124*) NOBBE,

Schroeder u. Erdmann: Ebenda 13, 321 (1870). — (*125*) Noguchi: Biochem. Z. 144, 138 (1924). — (*126*) Noll: Bot. Zbl. 68, 214 (1896).
(*127*) Orr, Kelly u. Stuart: J. agricult. Sci. 18, 159 (1928). — (*128*) Ost: Ber. dtsch. chem. Ges. 26, 151 (1893).
(*129*) Patten u. Hart: J. amer. chem. Soc. 31 (1904). — (*130*) Peligot: C. r. 80, 219 (1875). — (*131*) Pfyl: Z. Unters. Nahrgsmitt. usw. 10, 101 (1905). — (*132*) Popp: Landw. Jb. 56, 647 (1921). — (*133*) Dtsch. landw. Presse 49, 268 (1922). — (*134*) Pott: Handbuch der tierischen Ernährung und landwirtschaftlichen Futtermittel. Berlin 1904.
(*135*) Richter-Quittner: Biochem. Z. 133, 420 (1922).
(*136*) Sachs, zitiert nach Czapek. — (*137*) Scharrer: Chemie und Biochemie des Jods. Stuttgart 1928. — (*137a*) Scharrer u. Strobel: Angew. Bot. 9, 187 (1927). — (*138*) Schätzlein: Weinbau d. Pfalz 9, 212 (1921). — (*139*) Ebenda 10, 186 (1922). — (*140*) Schloesing u. Fresenius: Quantitative Analyse. — (*141*) Schneider, Clibbens, Hüllwerk, Steibelt: Ber. dtsch. chem. Ges. 47, 1248 (1914). — (*142*) Ebenda 45, 2961 (1912). — (*143*) Ebenda 49, 2054 (1916). — (*144*) Ebenda 51, 220 (1918). — (*145*) Schulze: Zbl. Agrikulturchem. 9, 136 (1875). — (*146*) Schulze, H. u. E.: Landw. Versuchsstat. 9, 444. — (*147*) Schulze: Ebenda 73, 37 (1910). — (*148*) Ebenda 73, 89 (1910). — (*149*) Schulze u. Castoro: Z. physiol. Chem. 41, 477 (1904). — (*150*) Schulze u. Frankfurt: Landw. Versuchsstat. 43, 315 (1894). — (*151*) Seiden: Ebenda 104, 1 (1925). — (*152*) Serno: Z. angew. Chem. 1905, 495. — (*153*) Landw. Jb. 18, 877 (1889). — (*154*) Sherman: J. amer. chem. Soc. 24, 1100. — (*155*) Sherman u. Gettler: J. of biol. Chem. 11, 323 (1912). — (*156*) Stoklasa: Die Beschädigung der Vegetation durch Rauchgase usw. 1923. — (*157*) Biochem. Z. *88*, 292 (1918). — (*158*) Ebenda 91, 137 (1918). — (*159*) Ebenda 128, 35 (1922). — (*160*) Sitzgsber. k. Akad. Wiss. Wien, Math.-naturwiss. Kl. 1896, 104. — (*161*) Z. landw. Vers.-Wesen Österreich 1898, 154. — (*162*) C. r. 178, 120 (1924). — (*163*) Storp: Landw. Jb. 12, 823 (1883). — (*164*) Striegel: Ebenda 43, 349 (1912). — (*165*) Strigel u. Handschuh: Landw. Versuchsstat. 83, 309 (1914). — (*166*) Stutzer: Biochem. Z. 7, 476 (1908). — (*167*) Supplee u. Bellis: J. Dairy Sci. 5, 455 (1922). — (*168*) Suzuki, zitiert nach Hart u. Tottingham. — (*168a*) Scharrer u. Schwaibold: Biochem. Z. 195 (1928).
(*169*) Takeuchi: Bull. coll. agricult. Tokyo 7, 429 (1907). — (*170*) Tangl u. Weiser: Landw. Jb. 35, 159 (1906). — (*171*) Tisdall: J. of biol. Chem. 50, 329 (1922). — (*172*) Tschermak: Z. landw. Vers.-Wesen Österreich 1899 II, 260. — (*173*) Tuff: J. comp. Path. a. Ther. 36, 143; zitiert nach Godden.
(*174*) Uhlsch: Chem. Zbl. 1890 II, 926.
(*175*) Vedrödi: Chemiker-Ztg 17, 1932 (1894). — (*176*) Ebenda 20, 399 (1896).
(*177*) Wait: J. amer. chem. Soc. 18, 402 (1896). — (*178*) Weitzel: Zbl. Physiol. 28, 766 (1914). — (*179*) Willstätter: Z. physiol. Chem. 58, 438 (1908/09). — (*180*) Willstätter u. Stoll: Untersuchungen über Chlorophyll. 1913. — (*181*) Biochem. Z. 56, 488 (1923). — (*182*) Wimmer: Nährstoffmangelerscheinungen usw. Kalisyndikat Berlin 1914. — (*183*) Winterstein u. Stegmann: Z. physiol. Chem. 58, 527 (1908/09). — (*184*) Wöber: Z. landw. Vers.-Wesen Österreich 1919, 169. — (*185*) Wolff: Landw. Versuchsstat. 26, 415 (1881). — (*186*) Aschenanalysen I u. II. Berlin 1880. — (*187*) Wolff, Funke u. Kellner: Landw. Versuchsstat. 21, 425. — (*188*) Wolf u. Österberg: Biochem. Z. 29, 429 (1910). — (*189*) Woodman, Blunt u. Stewart: J. agricult. Sci. 16, 205 (1926). — (*190*) Wrangell, v.: Landw. Jb. 57, 1 (1922). — (*191*) Naturwiss. 15, 70 (1927). — (*192*) Wulfert: Z. anal. Chem. 9, 400.
(*193*) Zuntz, N.: Jb. d. DLG. 27, 578 (1912).

5. Vitamine.

Von

Privatdozent Dr. Martin Schieblich

Assistent am Veterinär-Physiologischen Institut der Universität Leipzig.

A. Entdeckung der Vitamine und Entstehung der Vitaminlehre.

Noch bis zur Zeit Justus von Liebig waren die Kenntnisse über die Ernährung von Mensch und Tieren über primitive Erfahrungen nicht hinausgekommen. Erst nach der ungeahnten Entwicklung der Chemie seit Liebig und der Nutzbarmachung der chemischen Methoden für die Erforschung des Ernährungsvorganges kann von einer eigentlichen Ernährungsphysiologie gesprochen werden, die dann einen raschen Ausbau erfuhr. Schon LIEBIG erkannte Eiweiß, Kohlenhydrate, Fette und auch gewisse Mineralstoffe als wesentliche Bestandteile der Nahrung. Nachdem dann durch CARL VON VOIT und MAX RUBNER die erforderlichen Mengen eines jeden dieser Nährstoffe als Baumaterial und ihre Brennwerte ermittelt worden waren und RUBNER ihre gegenseitige Vertretungsmöglichkeit als Betriebsmaterial im Isodynamiegesetz niedergelegt hatte, schien es fast, als sei die Ernährungsphysiologie zu einem gewissen Abschluß gekommen. Als man aber versuchte, Tiere längere Zeit mit künstlichen Mischungen gereinigter Nährstoffe zu erhalten, die nach der damaligen Ansicht alles einschlossen, was zum Leben notwendig war, machte man die Erfahrung, daß eine *vollwertige Ernährung* doch viel schwieriger war, als ursprünglich angenommen worden war. Man beobachtete, daß das *Wachstum junger Tiere bei künstlichen Nahrungsgemischen* Hemmungen erfuhr, und daß erwachsene Tiere mit Gewichtsabnahme und schweren Schädigungen der Gesundheit reagierten und schließlich sogar starben, ohne daß man hierfür zunächst eine Erklärung gehabt hätte. Erst jahrzehntelange mühevolle Forschungsarbeit und Verbesserung der Methodik in der Richtung, daß neben den kurzfristigen Stoffwechselversuch der lang dauernde, womöglich über mehrere Generationen sich erstreckende Fütterungsversuch an kleinen Laboratoriumstieren mit kurzer Lebensdauer trat, gestatteten hierüber Klarheit zu schaffen. Es zeigte sich nicht nur, daß der Zufuhr von Mineralstoffen, namentlich während der Wachstumsperiode, besondere Beachtung geschenkt werden muß und daß bei der Versorgung mit Eiweiß neben der Quantität in gleicher Weise die Qualität (biologische Wertigkeit — K. THOMAS) berücksichtigt werden muß, sondern daß in der Nahrung außerdem gewisse Stoffe, die von CASIMIR FUNK[115] mit dem Namen *Vitamine* belegt worden sind, vorhanden sein müssen, sofern die Nahrung Anspruch auf Vollwertigkeit erheben will.

Die ersten Arbeiten, die auf das Vorhandensein von *Stoffen vom Vitamincharakter* hindeuteten, liegen schon ziemlich weit zurück (FORSTER[94], LUNIN[225], SOCIN[343], BUNGE[33], JACOB[187]) und fanden keine große Beachtung. Ein ähnliches Schicksal wurde den Arbeiten von STEPP[362, 365] aus den Jahren 1909 und 1911 zuteil, der als erster den exakt durchgeführten Beweis lieferte, daß außer den bis dahin bekannten Nährstoffen noch andere Stoffe zum Leben unentbehrlich sind, die sich durch Löslichkeit in Alkohol und Äther auszeichnen, die er aber in die Lipoidklasse verlegte, die bereits als lebenswichtig galt. Erst die klassischen Arbeiten des englischen Physiologen HOPKINS[174] brachten Klarheit darüber, daß es bis dahin noch völlig unbekannte lebensnotwendige Stoffe geben mußte, die er als „*accessory food factors*" bezeichnete, und deren Existenz er bereits 6 Jahre früher in weitschauender Weise vorausgesagt hatte. Zu gleicher Zeit fanden sich aber Forscher, die auf Grund anscheinend exakt durchgeführter Versuche die Existenz noch unbekannter Nährstoffe in das Reich der Fabel verwiesen. So veröffentlichten 1912 RÖHMANN[301] und OSBORNE und MENDEL[264] Untersuchungen, nach denen es möglich war, Mäuse bzw. Ratten mit sorgfältig gereinigten künstlichen Nährstoffgemischen aus Eiweiß, Fett, Kohlenhydraten und Mineralstoffen dauernd am Leben zu erhalten. Während OSBORNE und MENDEL bald erkannten, daß eine noch schärfere Reinigung der verwandten Nährstoffe zu gegenteiligen Ergebnissen führte, vertrat RÖHMANN[302] selbst 1916 noch seinen gegnerischen Standpunkt.

Nach FUNK[109] hätte die Vitaminlehre niemals die heutige Bedeutung erlangt, wenn nicht von anderer, nämlich klinischer Seite durch die bedeutungsvollen

Ergebnisse auf dem Gebiete der *Beriberi- und Skorbutforschung* ein mächtiger Ansporn zu intensiver Weiterarbeit gegeben worden wäre. Hatte man schon lange einen Zusammenhang zwischen der menschlichen Beriberi und einseitiger Ernährung mit Reis vermutet, ohne daß eine der aufgestellten Theorien hätte restlos befriedigen können, so wurde hierüber im Jahre 1897 mit einem Schlage durch die *Entdeckung der Polyneuritis gallinarum durch* EIJKMAN[74] Klarheit geschaffen. Weitere eigene Forschungen EIJKMANS[71] und die Untersuchungen von VORDERMANN[385], BRADDON[31], FLETCHER[93], ELLIS[77], FRASER und STANTON[95, 96], GRIJNS[128] u. a. deuteten darauf hin, daß die Beriberi durch den Mangel eines spezifischen Stoffes in der Nahrung bedingt wurde. GRIJNS erkannte als erster richtig, daß dieser Stoff für den Stoffwechsel des peripheren Nervensystems von Bedeutung war. Über die Natur des Stoffes, ob organisch oder anorganisch, ob Eiweißbestandteil oder zu den Nucleinen oder Phosphatiden gehörig, ob Ferment oder Vertreter einer neuen unbekannten Körperklasse herrschte jedoch noch völlige Unklarheit. Es ist das Verdienst FUNKS und SCHAUMANNS, die ersten wichtigen Schritte auf dem Wege zur *Isolierung des Beriberischutzstoffes* getan zu haben. Daß auch der *Skorbut* auf eine fehlerhafte Ernährung zurückzuführen war, hatte schon KRAMER[206] im Jahre 1720 erkannt, doch brachte erst das Jahr 1912 die Entdeckung des *experimentellen Skorbuts des Meerschweinchens* durch AXEL HOLST und FRÖLICH[168], die für die weitere Erforschung dieser Ernährungskrankheit von entscheidender Bedeutung war. Im Jahre 1912 benannte dann FUNK[115] die neuentdeckten Stoffe als *Vitamine*, und die durch spezifischen Mangel an Vitaminen verursachten Krankheiten als *Avitaminosen*, eine Tat, die nicht wenig dazu beigetragen hat, das Interesse weiter Kreise auf die Vitamine und ihre Bedeutung für die menschliche und tierische Ernährung zu lenken.

In Deutschland befaßten sich zunächst nur wenige Forscher, von denen vor allem HOFMEISTER[166], STEPP[363], ABDERHALDEN und SCHAUMANN[6] und ARON[8, 10, 12] zu nennen sind, mit dem neuen Arbeitsfeld, woran wohl vor allem dem durch die Kriegsverhältnisse geschaffenen weitgehenden Abschluß Deutschlands vom internationalen wissenschaftlichen Austausch Schuld zu geben ist. Der Schwerpunkt des weiteren Ausbaues der Vitaminlehre lag in England und Amerika. Hier waren es vor allem OSBORNE und MENDEL, MCCOLLUM und seine Schüler, SHERMAN, DRUMMOND, STEENBOCK, MELLANBY und A. F. HESS, die die Vitaminforschung zu einem wichtigen Gebiet der Ernährungsphysiologie entwickelten. Das Arbeitsgebiet fand dann in der ganzen Welt eine beispiellose Aufnahme, und es erschien eine förmliche Hochflut von Arbeiten, die sich alle mit dem Vitaminproblem befaßten und alle Bausteine zur Vitaminlehre lieferten, die heute als stolzer Bau vor uns steht, der durch die Forschungsergebnisse der allerneuesten Zeit, die Entdeckung des Provitamins des antirachitischen Vitamins D im Ergosterin durch WINDAUS[398], und die nahezu gelungene Isolierung des antineuritischen Vitamins B durch JANSEN und DONATH[190] eine gewisse Krönung erfuhr. Da es in dem engen Raum dieser Abhandlung auch nicht im entferntesten möglich ist, die Tausende von Arbeiten anzuführen, muß dieserhalb auf Spezialwerke und zusammenfassende Darstellungen verwiesen werden (FUNK[109], MCCOLLUM und SIMMONDS[239], SHERMAN und SMITH[334], RAGNAR BERG[21], ARON und GRALKA[14], RANDOIN und SIMONNET[297]). Die wichtigsten älteren Daten und vor allem die neuesten Forschungsergebnisse werden bei der Besprechung der einzelnen Vitamine Berücksichtigung finden.

B. Begriffsbestimmung und Einteilung der Vitamine.

Im vorigen Abschnitt, der einen kurzen Abriß der Entwicklungsgeschichte der Vitaminlehre gab, war nur von Vitaminen schlechthin die Rede. Es werfen sich nun die Fragen auf: *Was sind überhaupt Vitamine, und wie viele bzw. welche Vitamine gibt es?* Die erste Frage ist trotz eifrigster, bald nach der Erkenntnis der Existenz dieser Stoffgruppe einsetzender Forschung im chemischen Sinne bis heute noch ungelöst, obwohl das Suchen nach der chemischen Natur der Vitamine in neuester Zeit gewaltige Fortschritte gebracht hat, und zwar sind dies die bereits erwähnte Entdeckung des Ergosterins als Provitamin des antirachitischen Vitamins und die nahezu gelungene Isolierung des Vitamins B, die sogar schon die Aufstellung der vermutlichen Formel dieses Vitamins gestattete.

Kennen wir demnach die *chemische Natur der Vitamine* noch nicht, so gelang es doch, die *biologischen Eigenschaften der Vitamine* festzustellen, nachdem man die Herstellung von künstlichen Nahrungsgemischen gelernt hatte, die alle lebensnotwendigen Stoffe mit Ausnahme des auf seine biologischen Wirkungen zu prüfenden Vitamins enthielt. Es zeigte sich, daß *die Vitamine zum Leben unbedingt erforderlich sind,* daß sie für längere Zeit nicht in der Nahrung entbehrt werden können, ohne daß schwere Schädigungen des tierischen Organismus eintreten, die schließlich den Tod herbeiführen können. Bei diesen sog. *Ausfallserscheinungen,* die durch rechtzeitige Zufuhr vitaminreicher Nahrung bzw. Futtermittel wieder beseitigt werden können, muß zwischen den für die einzelnen Vitamine ganz *spezifischen Mangelerscheinungen,* also scharf umschriebenen, wohl charakterisierten, von Funk mit dem Namen *Avitaminosen* belegten Krankheitsbildern *und unspezifischen, allgemeinen,* bei Mangel an den verschiedensten Vitaminen auftretenden Symptomen wie Appetitmangel, Wachstumsstillstand, Gewichtsverlust, allgemeine Schwäche, vermehrte Anfälligkeit gegen alle möglichen Infektionen, Nachlassen der Sexualfunktionen usw. unterschieden werden. Über die *speziellen Funktionen der Vitamine im Tierkörper* selbst, auf die in einem besonderen Kapitel (s. Anm.) näher eingegangen werden wird, ist bisher nur weniges bekannt. Mit Recht betonen Randoin und Simonnet[297] eindringlich, daß von der zukünftigen Vitaminforschung in erster Linie die Vertiefung unserer bisher sehr mangelhaften Kenntnisse von der direkten Stoffwechselwirkung der einzelnen Vitamine erwartet werden muß. Nach Aron und Gralka[14] kommt den Vitaminen eine gewisse Ähnlichkeit mit den Hormonen zu, nur daß sie nicht im Körper selbst gebildet, sondern von außen zugeführt werden müssen, also „exogene" Nährstoffe sind, eine Tatsache, die allerdings, wie Aron und Gralka auch selbst betonen, nicht für alle Tierarten zutrifft.

Nach der *Definition* Hofmeisters[166] sind *unter Vitaminen* vor der Hand eine Gruppe von *Substanzen organischer Natur* zu verstehen, die im Pflanzen- und Tierreich weit verbreitet vorkommen, weder den Eiweißkörpern, noch den Kohlenhydraten, noch den Fetten streng zugerechnet werden können, *und trotz der außerordentlich geringen Menge, in der sie in der Nahrung auftreten, für Wachstum und Erhaltung des tierischen Lebens unentbehrlich sind.* In ähnlicher Weise definieren Aron und Gralka[14] die Vitamine ganz allgemein als eine Gruppe von lebenswichtigen, auf die Dauer in der Nahrung nicht entbehrlichen organischen Nahrungsbestandteilen, die als Nährstoffe bestimmte biologische Wirkungen ausüben. Als dritte Definition sei noch die von Randoin und Simonnet[295] gegeben. Nach ihnen sind Vitamine chemisch und physikalisch noch unbestimmte Substanzen, die der tierische Organismus nicht aufzubauen vermag, deren

Anm. Siehe Krzywanek: Bd. 4 dieses Handbuchs.

Eigenschaften an gewisse Fraktionen der Nahrungsmittel gebunden sind, und deren Vorhandensein in außerordentlich kleinen Mengen in der Nahrung für den Ablauf der Lebenserscheinungen des erwachsenen sowohl als des sich entwickelnden Organismus unentbehrlich ist, und deren Abwesenheit zu charakteristischen Ernährungsstörungen führt. Gegen diese etwas weiter als die beiden ersten gefaßte Definition ist auf jeden Fall der Einwand zu erheben, daß es keineswegs feststeht, daß nicht manche Tiere Vitamine in ihrem Körper selbst zu synthetisieren vermögen, da, wie wir später sehen werden, nicht alle Tiere alle bekannten Vitamine zum Leben benötigen.

STEPP[370] stellt interessante Betrachtungen darüber an, ob der Begriff der Vitamine wohl auch noch dann aufrechterhalten werden wird, wenn man ihre chemische Natur kennen wird. Er glaubt, daß dies im Sinne der HOFMEISTERschen Definition zweifelhaft erscheint, daß vielmehr die bisher als Vitamine bezeichneten Nahrungsbestandteile je nach ihrem chemischen Charakter zu den Eiweißkörpern, Kohlenhydraten, Fetten oder gar zu den Mineralstoffen gerechnet werden müßten. Da die wachstumsfördernde Wirkung nicht nur allen Vitaminen, sondern auch den meisten anderen Nahrungsbestandteilen eigen, also eine unspezifische Eigenschaft ist, liegt in dieser Hinsicht kein zwingender Anlaß dafür vor, weiterhin an dem Vitaminbegriff festzuhalten. Anders verhält es sich, wenn man die Frage vom Gesichtspunkt der *spezifisch-biologischen* Wirkungen der Vitamine, wie z. B. der antixerophthalmischen Wirkung des Vitamins A und dem antineuritischen Effekt des Vitamins B, aus betrachtet, die trotz sicherlich vorhandener chemischer Unterschiede eine gesonderte Behandlung rechtfertigen, so daß der Vitaminbegriff keine vorübergehende, sondern eine dauernde Bereicherung der Ernährungslehre darstellen dürfte. Nach diesen Ausführungen STEPPS müßten in einer klaren Definition also diese spezifischen Eigenschaften der Vitamine betont werden. Er definiert denn auch kurz und treffend *Vitamine als spezifisch-biologisch wirksame organische Nahrungsbestandteile, fast von hormonartigem Charakter.*

Der von FUNK[115] ursprünglich mit Rücksicht auf die basischen Eigenschaften des Beriberischutzstoffes vorgeschlagene Name „*Vitamin*“ bürgerte sich rasch ein und wurde bald volkstümlich, so daß diese Bezeichnung auch auf alle anderen Angehörigen dieser neuentdeckten Gruppe von Stoffen ausgedehnt wurde, obwohl der Amincharakter keineswegs bewiesen, ja sogar recht unwahrscheinlich war. Es hat nicht an Versuchen gefehlt, den Namen „Vitamin“ durch andere zutreffendere Bezeichnung zu ersetzen, ohne daß sich einer der neu vorgeschlagenen Namen hätte durchsetzen können. Von diesen in Vorschlag gebrachten Bezeichnungen seien genannt: *Ergänzungsnährstoffe* (BORUTTAU[29]), *Extraktstoffe* (ARON[11]), *Nahrungsbeistoffe, Nahrungshormone, Auximone* (BOTTOMLEY[30]), *Ergänzungsstoffe* (RÖHMANN[302]), *Nutramine, Eutonine* (ABDERHALDEN und SCHAUMANN[6]), *organische Nährstoffe mit spezifischer Wirkung* (ABDERHALDEN[1]) und *Komplettine* (RAGNAR BERG[21]). Neben der Bezeichnung „Vitamin“ verhältnismäßig oft gebraucht wird der von HOPKINS[174] gewählte Ausdruck „*accessory food factors*“, der von HOFMEISTER[274] in „*akzessorische Nährstoffe*“ verdeutscht wurde.

Wir kommen zur zweiten der am Anfang dieses Abschnittes aufgeworfenen Frage: *Wieviel und welche Vitamine gibt es bisher?* Ich möchte mich bei Beantwortung dieser Frage der *Nomenklatur* bedienen, wie sie von amerikanischen Autoren aufgestellt worden ist, nach der die bisher bekannten fünf Vitamine mit den Buchstaben des Alphabetes A bis E bezeichnet werden. Unter Berücksichtigung ihrer spezifisch-biologischen Wirksamkeit unterscheiden wir demnach:

1. Das *antixerophthalmische* oder *keratomalacieverhütende Vitamin A.*
2. Das *antineuritische* (und *Antipellagra-*) *Vitamin B.*

3. Das *antiskorbutische Vitamin C.*
4. Das *antirachitische Vitamin D.*
5. Das *Antisterilitäts-* oder *Fortpflanzungsvitamin E.*

Die Nomenklatur der Vitamine ist nun leider nicht einheitlich, so bezeichnet z. B. FUNK[109] als Vitamin D einen hefe- bzw. bakterienwachstumsfördernden Faktor, dessen Besprechung hier unterbleiben kann, da er für die menschliche und tierische Ernährung ohne Bedeutung ist; das Vitamin D der Amerikaner erhält dafür den Buchstaben E. Es ist hohe Zeit und kann nicht eindringlich genug gefordert werden, daß die Nomenklatur der Vitamine eine einheitliche internationale Regelung erfährt, um weitere Verwirrungen zu vermeiden. Neuerdings sind eine große Reihe von Arbeiten erschienen, die dafür sprechen, daß im Vitamin B außer dem antineuritischen noch weitere Faktoren, vor allem ein gegen Pellagra schützender Faktor, stecken, worauf noch später näher einzugehen sein wird.

Zum Nachweis der Vitamine ist man auch heute noch mangels exakter chemischer Methoden *auf den Tierversuch angewiesen.* Als Versuchstiere dienen vorwiegend kleine Laboratoriumstiere, und zwar Ratten, Mäuse, Tauben, Hühner und Meerschweinchen. Es wird dabei derart vorgegangen, daß die Tiere entweder bestimmte Futtermittel oder künstlich zusammengesetzte Nährstoffgemische bekommen, die alle zum Leben notwendigen Substanzen enthalten, ausgenommen das Vitamin, das es nachzuweisen gilt. Die Beobachtungen erstrecken sich auf Wachstum, Allgemeinbefinden, eventuell auch Lebensdauer der Tiere, vor allem aber auf das Auftreten der für den Mangel an den verschiedenen Vitaminen charakteristischen Krankheitsbilder. Diese Beobachtungen am lebenden Tiere können noch durch histologische, chemische und röntgenologische Untersuchungen von Geweben und Organen sowie Blutuntersuchungen unterstützt und wertvoll ergänzt werden. Versuche, den kostspieligen und langwierigen Tierversuch durch einfache chemische Reaktionen, und zwar handelte es sich um *Farbreaktionen,* zu ersetzen, haben bisher noch keine zuverlässigen Methoden gezeitigt (Reaktion für Vitamin A nach DRUMMOND und ROSENHEIM[57], für Vitamin B nach JENDRASSIK[191], für Vitamin C nach BEZSSONOFF[23]). Auf die Methodik des Nachweises der verschiedenen Vitamine im Tierversuch wird bei der folgenden Besprechung der einzelnen Vitamine kurz eingegangen werden.

C. Die einzelnen Vitamine und ihre Wirkungen.

I. Das antixerophthalmische oder keratomalacieverhütende Vitamin A.

1. Historisches.

Die Untersuchungen, die den Grund für die Entdeckung des Vitamins A, das außer den angeführten Bezeichnungen auch zuweilen mit den Namen *fettlöslicher Faktor A,* fettlösliches Vitamin A, fettlösliches A, Faktor A, lipoider Faktor A oder Vitasterin A belegt worden ist, bereiteten, wurden bereits zu einer Zeit ausgeführt, da man die Existenz der Vitamine erst ahnte, und zwar sind es die schon eingangs erwähnten Untersuchungen STEPPS[362, 365] und HOPKINS[174], die die Lebensnotwendigkeit eines fettähnlichen Stoffes außer den bis dahin bekannten Hauptnährstoffen vermuten ließen. Die Existenz derartiger Stoffe, die nach STEPP[363] entweder den Charakter der „Lipoide" haben oder mit diesen gemeinschaftlich in Lösung gehen mußten, wurde dann von McCOLLUM und DAVIS[235, 236], OSBORNE und MENDEL[267–270], ARON[8, 10] u. a. bestätigt. Die weiteren Untersuchungen brachten dann Klarheit darüber, daß der im Lipoidanteil der Fette enthaltene lebenswichtige Stoff von reinen Lipoiden selbst (Lecithin, Cholesterin, Kephalin, Cerebron STEPP[368]) und den zuerst als „Vitamin" bezeichneten Substanzen verschieden war. MCCOLLUM[233] schlug dann 1916 vor, diesen neuen, noch unbekannten, in Fetten enthaltenen lebenswichtigen Stoff als „*Fettlösliches A*" zu bezeichnen. Die genannten Untersuchungen von OSBORNE und MENDEL und MCCOLLUM und DAVIS erweiterten und vertieften unsere Kenntnisse über das Vitamin A in wertvoller Weise. Unter anderem konnte gezeigt werden, daß sich die verschiedenen Nahrungsfette hinsichtlich ihres Gehaltes an Vitamin A außerordentlich verschieden verhielten. Gleichzeitig führten diese und weitere Untersuchungen zu der Erkenntnis, daß für normales Wachstum außer dem Vitamin A noch ein wasserlöslicher Faktor nötig war, der sich mit dem bereits bekannten Beriberischutzstoff der Tropenärzte identisch erwies. Die Existenz und Unentbehrlichkeit des Vitamins B war somit durch Untersuchungen, die von ganz anderen Gesichtspunkten ausgegangen waren, erneut erwiesen. Die Kenntnisse über das Vitamin A wurden dann vor allem dadurch gefördert, daß es gelang, Gemische aus hochgereinigten Nährstoffen herzustellen, die alle anderen nötigen Faktoren außer dem Vitamin A enthielten. Für die Herstellung derartiger künstlicher Nahrungsgemische war es von entscheidender Bedeutung, daß man in der Trockenhefe (Bierhefe) einen Stoff fand, der überaus reich an Vitamin B, aber praktisch frei von Vitamin A war. Durch Verabreichung derartiger Nahrungsgemische war es möglich, die bei Mangel an Vitamin A auftretenden Ausfallserscheinungen sowie die Verbreitung dieses Vitamins im Pflanzen- und Tierreich in einwandfreier Weise zu beobachten und kennenzulernen.

2. Ausfallserscheinungen bei Vitamin-A-Mangel.

Wie wir soeben sahen, war die Erforschung des Vitamins A von Anfang an nur auf Tierversuche beschränkt, ganz im Gegensatz zu den Untersuchungen über das Vitamin B, dessen Existenz man aus bestimmten, wohlcharakterisierten Krankheitsbildern vermutete. Es nimmt so nicht wunder, daß man zunächst nur die bei A-Mangel in der Nahrung am raschesten in Erscheinung tretenden Symptome, nämlich *Wachstumsstillstand* und *Körpergewichtsabnahme*, kennenlernte. Erst später, vor allem nachdem man die Versuche länger ausdehnte, erkannte man, daß die schon früher von FALTA und NOEGGERATH[88] und KNAPP[203] bei Verfütterung von künstlichen Nahrungsgemischen beobachteten *Augenerkrankungen als spezifische Folge des Mangels an Vitamin A* anzusehen war. Es waren OSBORNE und MENDEL[266], die sich dann als erste klar dafür aussprachen, daß diese „infektiöse Augenerkrankung" als Folge eines Mangels an Vitamin A anzusprechen war. Auch konnten sie zeigen, daß Butterfett und Lebertran nicht nur den Ausbruch der Krankheit verhinderten, sondern bei bereits bestehenden Erkrankungen auch heilend wirkten, während Schweineschmalz sich in dieser Hinsicht als völlig unwirksam erwies. Im Jahre 1915 erkannten FREISE, GOLDSCHMIDT und FRANK[98], daß es sich bei der „infektiösen Augenerkrankung" der Ratten OSBORNE und MENDELS um *typische Keratomalacie* handelte, wie man sie bereits bei Säuglingen und Kindern als Folge unzureichender Ernährung beobachtet hatte. Die Augenerkrankung der Ratten beginnt, wie schon ähnlich FREISE, GOLDSCHMIDT und FRANK[98] beschrieben haben, bei A-freier Ernährung nach etwa 3—4 Wochen, häufig mit gleichzeitigem Gewichtsstillstand. Sie kann aber auch vor dem Aufhören des Wachstums oder erst längere Zeit danach zur Ausbildung gelangen. Es kommt zunächst bei bestehender leichter Lichtscheu zu einer Bindehautentzündung mit Absonderung blutig-serösen Sekretes, das an Menge bald zunimmt und schließlich eitrigen Charakter bekommt, womit gleichzeitig eine Verklebung der Augenlider verbunden ist. Im weiteren Verlaufe greift der Prozeß auf die Cornea über, die sich trübt und geschwürigen Zerfall ohne auffallende entzündliche Reaktion zeigt. Unter Hinzutritt sekundärer Infektionen kommt es dann zur Panophthalmie, die zu dauernder Erblindung und schließlich völliger Zerstörung des ganzen Augapfels führen kann. Sind die Symptome noch leicht, bzw. mäßig stark ausgeprägt, so gelingt es, durch Zufuhr vitamin-A-reicher Nahrungs- bzw. Futtermittel die Erkrankung in ziemlich kurzer Zeit zum Abheilen zu bringen. MORI[251] glaubt, daß das Versiegen der Tränensekretion für die Entstehung der Xerophthalmie und Keratomalacie von ausschlaggebender Bedeutung ist, da hierdurch die physiologische Auswaschung des Conjunctivalsackes in Wegfall kommt und auf diese Weise der Ansiedlung von Bakterien der Boden bereitet wird. Nach YUDKIN[405] geht die eitrige Einschmelzung der Cornea besonders dann rasch vor sich, wenn in der Kost außer dem Vitamin A auch noch die Phosphate fehlen. Bemerkenswert sind auch die Untersuchungen von NELSON, JONES, HELLER, PARKS und FULMER[257], die bei erhöhtem Angebot von absolut vitamin-A-freiem Schweinefett außer verminderter Fruchtbarkeit selbst bei entsprechender Vitamin-A-Zufuhr Entstehung von Keratomalacie beobachteten. Da eine Herabsetzung des Schweinefettangebotes in diesen Fällen zu rascher Heilung der Augenerscheinungen führte, glauben die genannten Autoren, daß das Schweinefett den Vitamin-A-Bedarf des tierischen Organismus erhöht.

Die *Keratomalacie* tritt nun bei weitem nicht in allen Fällen ein; ein gewisser Prozentsatz der Versuchsratten bleibt davon immer verschont, selbst wenn man den Versuch bis zum Tode der Tiere infolge Vitamin-A-Mangels fortsetzt. Daß die Keratomalacie als spezifische Folge des Vitamin-A-Mangels anzusprechen ist, zeigten in besonders schöner Weise OSBORNE und MENDEL[263] in Fütterungsversuchen an 1000 Ratten mit den verschiedensten Futtermischungen, die Vitamin- und andere Mängel aufwiesen. Nur in der vitamin-A-frei ernährten Gruppe trat Keratomalacie auf, und zwar 69mal von im ganzen 136 Tieren. In gleicher Weise wie bei der Ratte kommt es, wie schon erwähnt, bei Säuglingen und Kleinkindern bei Mangel an Vitamin A zum Ausbruch der Keratomalacie (BLOCH[27, 28], MONRAD[250], RONNE[303], GRALKA[127], MCCARRISON[228] und WIDMARK[392]). Von anderen Tieren wurde Keratomalacie bei Hunden[353], Kaninchen[64, 258], Meerschweinchen[109], Hühnern[393, 401, 328], Kälbern[193] und Schweinen[177] beobachtet.

Wie wir bereits sahen, machen sich die Anzeichen des Vitamin-A-Mangels bei Ernährung mit vitamin-A-freien Futtergemischen nicht sofort, sondern erst nach einiger Zeit bemerkbar. Das Wachstum kann noch einige Wochen völlig normal sein. Diese Erscheinung spricht für die *Fähigkeit des tierischen Organismus, das Vitamin A zu speichern.* Nach CRAMER[48] sollen die Orte der Aufspeicherung in gewissen Fettdepots des Körpers, und zwar dem subpleuralen, dem Nacken- und Interscapularfett, dem Nierenfett und dem Fett der Achselhöhle zu suchen sein.

Außer dem Wachstumsstillstand und der für Mangel an Vitamin A spezifischen Xerophthalmie oder Keratomalacie treten beim Fehlen dieses Vitamins in der Kost noch andere Symptome in Erscheinung. Die Nahrungsaufnahme sinkt infolge steigender Appetitlosigkeit, weiter kommt es zu mehr und mehr zunehmendem Kräfteverfall. Bei Versuchstieren wird die Lebhaftigkeit geringer und das Fell struppig und glanzlos, auch treten *Störungen im Fortpflanzungsvermögen* ein, und die *Widerstandskraft gegen Infektionen sinkt.* Häufig wurden Pneumonien beobachtet. Nach ARON[9] erklärt sich die günstige Wirkung des Lebertrans und biologisch hochwertiger Fette bei der Tuberkulose aus dem hohen A-Gehalt dieser Produkte, eine Beobachtung, die durch die statistischen Erhebungen WIDMARKS[392] in Dänemark eine Bestätigung findet.

Nach in unserem Institut gemachten Erfahrungen, die sich auf eine große Zahl von Sektionen von infolge Vitamin-A-Mangels verendeten Ratten stützten, waren diese Tiere vor allem anfällig gegen *Erkrankungen des Verdauungstraktus* (hämorrhagische Magen- und Darmentzündungen) und *Erkrankungen der Blase* (entzündliche Zustände, häufig verbunden mit Bildung von Blasensteinen) und der *Nieren*. Beobachtungen über das Auftreten von *Blasensteinen* bei Vitamin-A-Mangel sind schon des öfteren veröffentlicht worden, so vor längerer Zeit von OSBORNE und MENDEL[262], und neuerdings wieder von LEERSUM[215]. Erstere fanden bei 857 Fällen 91 mal Harnsteine, letzterer bei 645 Fällen 147 mal, also über 30%. In der Mehrzahl der Fälle handelte es sich nach den Untersuchungen von LEERSUM um Steine aus Calciumphosphat allein oder aus einem Gemisch aus diesem und Calciumoxalat, bei einer geringeren Anzahl von Tieren wurden Tripelphosphatsteine gefunden. Interessant ist, daß sich bei männlichen Ratten zweimal soviel Calculosen fanden wie bei weiblichen. Nach unseren Erfahrungen scheinen Erkältungen, wie sie leicht beim Halten der Tiere auf Drahtböden eintreten können, das Zustandekommen von Blasenerkrankungen zu begünstigen.

Als weitere Folge des Mangels an Vitamin A scheint es zu *Störungen der Blutbildung* (FINDLAY und MACKENZIE[91]) und zur *Ausbildung ausgesprochener Anämie* zu kommen (STEPP und WEENCKHAUS S. 44[370]). Nach Beobachtungen von CRAMER, DREW und MOTTRAM[49] kommt es bei Vitamin-A-Mangel zu einem deutlichen *Blutplättchenschwund*, der von allen anderen Mangelerscheinungen häufig zu allererst eintritt. MCCARRISON[229] nimmt an, daß dem Vitamin A bei der Vorbeugung von Ödemen eine Rolle zukommt. MACHT und STEPP[226] konnten zeigen, daß Ratten mit typischen A-Mangelerscheinungen auf Bestrahlung mit polarisiertem Licht mit Krämpfen reagierten, die mehrfach den Tod der Tiere zur Folge hatten, woraus die genannten Autoren auf schwere Veränderungen im Stoffwechsel der A-Mangel-Tiere schließen. Gleichstarkes Licht einer gewöhnlichen Glühbirne war ohne besondere Wirkung. Endlich machten FRIDERICIA und HOLM[101] die Beobachtung, daß bei Vitamin-A-Mangel die Regeneration des Sehpurpurs Störungen erleidet und daß weiter auch sehr frühzeitig *Nachtblindheit* auftreten kann.

3. Bedarf verschiedener Tierarten an Vitamin A.

Das Vitamin A kann wohl kaum auf die Dauer von irgendwelcher höherstehenden Tierart, insbesondere von unseren landwirtschaftlichen Nutztieren entbehrt werden. Eine Ausnahme hiervon scheint die Taube zu machen, die nach Untersuchungen von FUNK[113], STEPP[367], FUNK und PATON[119], FUNK und DUBIN[118] und SUGIURA und BENEDICT[374] auch während der Zeit der Entwicklung nicht nur allein ohne das Vitamin A, sondern auch ohne die Vitamine C und D auszukommen vermag. Nach einer neueren Arbeit von HOET[161] ist allerdings das Vitamin A auch für die Taube auf die Dauer nicht entbehrlich. Die Mangelerscheinung (Beinschwäche) trat allerdings erst nach länger als sechs Monaten ein und konnte durch Beifütterung von gelbem Mais geheilt werden. Die einzelnen, den Bedarf der verschiedenen Tierarten an Vitamin A betreffenden Arbeiten wurden schon weiter oben bei Besprechung der Keratomalacie angeführt. Erwähnt sei noch, daß erwachsene Tiere die Folgen des Vitamin-A-Mangels entsprechend ihren größeren Reserven später zeigen als wachsende Tiere.

4. Nachweis des Vitamins A im Tierversuch.

Zusammenfassende Darstellungen über den Nachweis der einzelnen Vitamine im Tierversuch geben ARON und GRALKA, FUNK und ABDERHALDEN[2]. Als Versuchstiere für Vitamin A werden ausschließlich Ratten, und zwar Albino- und schwarz-weiße Ratten verwandt. Ich möchte im folgenden mich auf Wiedergabe der Versuchsmethodik beschränken, wie sie seit Jahren an Tausenden von Ratten in unserem Institut mit Erfolg angewandt worden ist. Wachsende junge Ratten eigener Zucht werden im Gewicht von 40 bis 45 g, das die Tiere in einem Alter von ca. 4 Wochen erreichen, auf ein *vitamin-A-freies Grundfutter folgender Zusammensetzung* gesetzt:

Casein	18%
Palmin	15%
Stärke	57%
Salzgemisch (nach McCollum und Davis)	5%
Trockenhefe	5%

Das Casein wird zwecks Befreiung von Vitamin A mehrfach mit Alkohol und Äther, die Hefe (Vitamin-B-Träger) mit Alkohol extrahiert, das Palmin mehrere Stunden unter Durchleiten von Luft erhitzt. Als Stärke wird von uns Maispuderstärke verwandt. Das *Salzgemisch* setzt sich zusammen aus:

NaCl	5,2
$MgSO_4$	8,0
NaH_2PO_4	10,4
K_2HPO_4	28,6
$CaH_4(PO_4)_2$	16,2
Ca-Lactat	39,0
Eisencitrat	3,5
KJ	Spuren
$MnSO_4$	,,

Zwecks Zufuhr von Vitamin D wurde das Futter früher eine Stunde lang unter öfterem Umwenden mit ultraviolettem Licht bestrahlt, neuerdings wird Vigantol (1 ccm einer 100fachen Verdünnung auf 300 g Palmin) zugesetzt. Eine Zugabe von Vitamin C erübrigt sich, da die Ratte völlig ohne dieses auskommen kann.

Die von uns verwandten *Versuchskäfige* sind Glaskästen von ca. 22 cm Höhe und Breite und 30 cm Tiefe, deren Boden reichlich mit Sägespänen bedeckt wird, um den Tieren ein warmes Lager zu gewähren, was, wie erwähnt, nach unseren Erfahrungen das Auftreten von Blasensteinen herabsetzt. Die Käfige werden mit einem Drahtdeckel verschlossen, dessen Gewebe zur Vermeidung des Fliegenfressens durch die Ratten engmaschig gewählt ist. Das beschriebene Grundfutter steht den Tieren in Glasnäpfchen, die zur Verhinderung des Verstreuens noch in größere gewöhnliche Blumentopfuntersätze mit Plastilin angedrückt werden, dauernd in beliebiger Menge zur Verfügung. Außerdem erhalten die Tiere Leitungswasser in Salbenkruken, die in Aluminiumhaltern eingehängt werden. Der Versuchsraum muß immer gut gelüftet sein, doch soll die Temperatur möglichst nicht unter 22° sinken, worauf besonders in der Nacht und bei Witterungsumschlägen zu achten ist. Die Tiere werden zweimal wöchentlich gewogen, und für jedes Tier wird eine besondere Kurvenkarte geführt. Die Tiere wachsen zunächst 3—4 Wochen, ja manchmal noch länger, je nach den vom Muttertier mitgebrachten Reserven, normal. Es tritt dann entweder allmählich, oft auch plötzlich, Gewichtsstillstand und -abnahme ein. Die Tiere werden dabei allmählich schläfrig und unlustig, das Fell wird glanzlos und struppig, und es kommt in der größten Zahl der Fälle zu der oben beschriebenen Augenerkrankung, der Keratomalacie. Sind alle diese Symptome gut ausgeprägt, so erfolgt die Zulage einer bestimmten Menge des auf seinen Vitamin-A-Gehalt zu prüfenden Materials. Je nach der Höhe des A-Gehalts kommt nun das Wachstum der Tiere mehr oder weniger rasch wieder in Gang und verschwinden auch die übrigen Symptome des A-Mangels. Enthält die zu prüfende Zulage nur sehr wenig oder kein Vitamin A, so verlieren die Tiere unter Verschlimmerung der übrigen Erscheinungen mehr und mehr an Gewicht und sterben schließlich, wenn der Versuch nicht vorher abgebrochen wird.

5. Vorkommen des Vitamins A.

Das Vitamin A kommt in der Natur sowohl in tierischen als auch pflanzlichen Produkten ziemlich weit verbreitet vor. Der eigentliche Entstehungsort des Vitamins A ist aber die Pflanze, und es konnte gezeigt werden, daß das Vitamin A der tierischen Produkte letzten Endes immer der Pflanzennahrung entstammt. Interessant ist, daß auch der Beweis dafür geliefert werden konnte, daß das Vitamin A des an diesem Vitamin reichsten tierischen Produktes, des Lebertrans, von einer Kieselalge (Nitzschia closterium) herrührt. Von dieser Alge leben die Planktontiere, namentlich ein kleiner Krebs, die ihrerseits wieder dem Dorsch direkt oder kleinen Fischen als Nahrung dienen, die vom Dorsch verzehrt werden. Besonders interessant ist dabei die Tatsache, daß der männliche Dorsch vitamin-A-reicheren Lebertran liefert als der weibliche, was seine Erklärung darin findet, daß sich der männliche Dorsch während der längsten Zeit des Jahres in anderen Gewässern aufhält als der weibliche, und daß gerade diese Gewässer die vitaminreiche Planktonart beherbergen (HJORT[160], JAMESON, DRUMMOND und COWARD[188], DRUMMOND, ZILVA und COWARD[61]). Dieser Einfluß der Kost konnte auch bei anderen tierischen Fetten, vor allen Dingen dem Milchfett, festgestellt werden (STEENBOCK, BOUTWELL und KENT[357], DRUMMOND und COWARD[55], KENNEDY und DUTCHER[198], DRUMMOND und Mitarbeiter[59], LUCE[224]). Der *geringe Gehalt des Schweinefettes an Vitamin A* hat nach DRUMMOND, GOLDING, ZILVA und COWARD[60] seine Ursache in der in der Regel vitamin-A-armen Ernährung des Schweines und in dem den Vitamin-A-Gehalt weiter herabsetzenden Herstellungsprozeß. In der Tat erwies sich der Speck von reichlich mit Grünfutter ernährten Schweinen reich an Vitamin A. Die *Haupt-Vitamin-A-Quellen im Pflanzenreich* sind die saftigen Teile sowie auch einige Früchte. Die Wurzel- und Knollenfrüchte sind mit wenigen Ausnahmen arm an diesem Vitamin, das gleiche gilt von den Körnerfrüchten, bei denen das Vitamin A vor allen im Keimling lokalisiert ist. Keimlinge allein enthalten davon immerhin beachtliche Mengen (SCHEUNERT[311]). Bemerkenswert ist, daß, wie STEPP[369] und MOORE[248] u. a. zeigen konnten, zur Synthese des Vitamins A in der Pflanze die Mitwirkung des Lichtes nicht unbedingt erforderlich ist. Im folgenden sei noch eine kurze Übersicht über den Vitamin-A-Gehalt der wichtigsten Futtermittel gegeben, und zwar nach einer vom *Veterinärphysiologischen Institut der Universität Leipzig* auf der Wanderausstellung der Deutschen Landwirtschafts-Gesellschaft in Leipzig 1928 ausgestellten Tabelle (vgl. hierzu SCHEUNERT[312–315]).

Vitamin-A-Gehalt der wichtigsten Futtermittel.

1. *Reich*: Alle Grünfutterarten, Grünfutter eingesäuert, Heu, Zuckerrübenblatt, frisch, getrocknet und eingesäuert, Möhre, Sommermilch, Lebertran.
2. *Wenig*: Keimlinge, gelber Mais, Lein-, Hanf-, Baumwollsamen, Hirse, Erbsen (grün), Wruke, Magermilch.
3. *Spuren oder nichts*: Stroh, Spreu, Schalen, Kartoffeln, Runkel-, Stoppelrübe, Hafer, Gerste, Weizen, Roggen, Reis, weißer Mais, Erbsen, Bohnen, Sojabohnen, Erdnuß-, Palmkern-, Raps-, Sesam-, Kokoskuchen, Kleien, Futtermehle, alle technischen Produkte, Melasse.

6. Chemische Natur und Eigenschaften des Vitamins A.

Um es gleich vorwegzunehmen, *die chemische Natur des Vitamins A ist bis heute noch völlig dunkel.* Vor einigen Jahren schien man der Isolierung der wirksamen Substanz nahegekommen zu sein, als TAKAHASHI S. 67[370, 375] über ein von ihm „*Biosterin*“ benanntes, hochwirksames Präparat berichtete, das die Formel $C_{27}H_{46}O_2$ haben sollte. Leider konnten die Angaben TAKAHASHIS aber später von DRUMMOND, CHANNON und COWARD[58] nicht bestätigt werden.

Wie der Name „fettlösliches Vitamin“ besagt, hat das Vitamin A bezüglich seiner *Löslichkeitsverhältnisse* Ähnlichkeit mit den Neutralfetten. Es ist wie diese löslich in den Fettlösungsmitteln Äther, Petroläther, Aceton, Benzol und Chloroform[366, 237, 364, 182, 273]. Bei Anwendung der Ätherextraktion auf pflanzliches Material versagt diese allerdings fast gänzlich[271, 349], während sich Alkohol, Petroläther, Schwefelkohlenstoff, Benzol und Chloroform viel besser bewährten[349, 407, 360, 361]. Aus diesen Extrakten gelingt es dann, den wirksamen Bestandteil durch Äther zu extrahieren (STEPP S. 65[370, 364]), eine Eigenschaft, die das Vitamin A nach STEPP mit den Lipoiden gemein hat. Interessant erscheint in diesem Zusammenhange, daß es STEPP S. 63[370, 364, 368] in Versuchen an Mäusen und neuerdings auch Ratten gelungen ist, das Vitamin A durch ein Gemisch von Lipoiden folgender Zusammensetzung zu ersetzen: Ovolecithin 1,25%, Kephalin 0,5%, Cerebron 0,5% und Cholesterin 0,6%. In Versuchen von OSEKI[274] an weißen Mäusen erwies sich das Lipoid Kephalin ebenfalls als lebensverlängernd. STEPP glaubt, daß die Wirkung des Kephalins vielleicht in der Richtung zu suchen ist, daß es ein am Komplex des Vitamins A beteiligter Körper ist.

Über die *Widerstandsfähigkeit des Vitamins A gegen Hitze* waren die Meinungen zunächst geteilt. Während OSBORNE und MENDEL[269] und STEENBOCK und BOUTWELL[348] keine Zerstörungen durch Hitzeeinwirkung, und zwar $2^1/_2$ Stunden langes Durchleiten von Wasserdampf durch Butter bzw. dreistündiges Autoklavieren von Mais und Luzerne feststellen konnten, fanden STEENBOCK und Mitarbeiter[357] in früheren Untersuchungen sowie DRUMMOND[54] hohe Empfindlichkeit des Vitamins A gegen Hitze. Erst HOPKINS[173, 172] konnte in einwandfreier Weise zeigen, daß bei der Zerstörung des Vitamins A *nicht die Hitzewirkung, sondern die Oxydation* die Hauptrolle spielt. Die Befunde HOPKINS wurden von DRUMMOND und COWARD[56] bestätigt. Nach ZILVA[408] wirkt *Ozon* stark zerstörend auf das Vitamin A ein, nicht aber *ultraviolettes Licht*[409]. Wie ZILVA[411] ebenfalls feststellen konnte, gelingt es, Lebertran bei strengstem Ausschluß von Sauerstoff zu härten, ohne daß die antixerophthalmische Wirkung beeinträchtigt wird.

Auch gegen *Verseifung* ist das Vitamin A widerstandsfähig, vorausgesetzt, daß diese nicht in wäßriger Lösung und unter Ausschluß von Sauerstoff erfolgt. Es findet sich im *unverseifbaren* Anteil neben Cholesterin, verschiedenen ungesättigten Kohlenwasserstoffen und höheren Alkoholen mit 18, 20 usw. Kohlenstoffatomen, denen allen keinerlei spezifische Wirkung innewohnt. Die Verseifung stellt einen Weg zur Konzentrierung des Vitamins A dar (MCCOLLUM und DAVIS[237], LECOQ[216], STEENBOCK und BOUTWELL[349], STEENBOCK, SELL und BUELL[354], DRUMMOND[53]). Eine Anreicherung des Vitamins A in Fetten gelingt auch dadurch, daß man die höher schmelzenden von den niedriger schmelzenden Anteilen trennt. Das Vitamin A ist dann in den ölartigen, niedrig schmelzenden Fraktionen viel reichlicher enthalten, als in den höher schmelzenden (STEPP S. 65[370]).

Beachtenswert ist die Tatsache, auf die zuerst STEENBOCK[346] hinwies, daß ein gewisser Parallelismus zwischen dem Gehalt von Nahrungs- bzw. Futtermitteln an Vitamin A und Gelbpigment besteht. Man glaubte einige Zeit, hieraus auf eine Verwandtschaft bzw. Identität des Vitamins A mit *Carotinoiden* schließen zu dürfen. In der Tat behaupteten STEENBOCK, SELL, NELSON und BUELL[356], mit reinem Carotin Wachstum erzielt zu haben. STEPHENSON[359] hingegen fand, daß reines Carotin vom Schmelzpunkt 172—173° vollständig inaktiv war und auch mit Tierkohle vollständig entfärbte Butter noch Vitamin A enthielt. Auch

PALMER und Mitarbeiter[277–280] sowie ROSENHEIM und DRUMMOND[306] und VAN DEN BERGH und MULLER[380] sprechen sich gegen die Identität des Vitamins A mit Carotinoiden aus. Daß aber trotzdem *bei gewissen Pflanzen der Gehalt an gelben Farbstoffen ein guter Indikator für ihren Gehalt an Vitamin A* ist, darauf wiesen späterhin wieder STEENBOCK und Mitarbeiter[355,351], COWARD[46] und QUINN und COOK[288a] hin. In allerneuester Zeit sind nun sehr beachtenswerte Untersuchungen von B. v. EULER, H. v. EULER und HELLSTRÖM[83] erschienen, die zeigen, daß Lipochrome, wie Carotin und Lycopin, d. h. die gelbroten Kohlenwasserstoffe der Mohrrüben und Tomaten, denen nach WILLSTÄTTER und Mitarbeitern die Formel $C_{40}H_{56}$ zukommt, bei vitamin-A-frei ernährten Tieren eine wachstumsfördernde Wirkung ausüben. Der kurative Effekt auf Keratomalacie wurde leider nicht geprüft. Die genannten Autoren glauben, daß die Gründe für frühere negative Ergebnisse vielleicht teilweise darauf beruhen, daß die Form, in der die Lipoide dargeboten wurden, für die Resorption nicht günstig war, vor allem aber darauf, daß der physiologische Effekt des Carotins und Lycopins dem damaligen Stand der Vitaminforschung entsprechend mit der Wirkung des Gesamttranes, also der vereinigten Wirkung von Vitamin A und D, verglichen wurde.

II. Das antineuritische (und Antipellagra-) Vitamin B.

1. Historisches.

Außer den angeführten Namen existieren für dieses Vitamin noch eine ganze Reihe mehr oder minder häufig gebrauchte Bezeichnungen, von denen hier noch die folgenden genannt seien: Vitamin B, wasserlösliches Vitamin B, wasserlöslicher Faktor B, *antineuritischer Faktor*, antineuritisches Prinzip, Antineuritin, Beriberischutzstoff und ansatzfördernder Faktor. In der amerikanischen Literatur findet man am häufigsten die Bezeichnung „*water-soluble B*", in der englischen den Namen „growth-promoting water soluble B-factor". Das Vitamin B wurde, wie wir sahen (S. 228), unabhängig voneinander auf zwei Wegen entdeckt, und zwar einmal durch die Erforschung der menschlichen Beriberi durch Tropenärzte und weiter dann bei den Arbeiten über die besonderen Wirkungen bestimmter Fette. Von besonderer Bedeutung für die Erweiterung unserer Kenntnisse über die Wirkungen des Vitamins B war, wie auch bereits erwähnt, die Entdeckung der Polyneuritis gallinarum durch den holländischen Forscher EIJKMAN im Jahre 1897. Das Vitamin B ist dasjenige, für das von FUNK im Jahre 1912 der Name „Vitamin" geprägt worden ist. Im Jahre 1916 wählte dann MCCOLLUM[232] für den neuentdeckten, das Wachstum ebenfalls fördernden Stoff im Gegensatz zu dem von ihm zuerst anerkannten „fettlöslichen A" die Benennung „wasserlösliches B".

2. Ausfallserscheinungen bei Vitamin-B-Mangel.

Wenn auch heute kein Zweifel mehr darüber besteht, daß der *Mangel an Vitamin B in der Nahrung die Hauptursache der menschlichen Beriberi* darstellt, so ist es auf der anderen Seite ebenso sicher, daß diese Erkrankung noch durch andere Mängel der vorwiegenden Reiskost kompliziert ist, die darin zu suchen sind, daß der geschälte Reis gleichzeitig arm an Vitamin A, das Eiweiß des Reises biologisch nicht als hochwertig zu betrachten und wahrscheinlich auch die Mineralstoffzufuhr nicht ausreichend ist. Für eine völlig klare und eindeutige Demonstration der für das Fehlen des Vitamins B typischen Ausfallserscheinungen ist deshalb zweifelsohne der Fütterungsversuch mit künstlichen Nährstoffgemischen aus reinsten Einzelbestandteilen unter Zugabe von Vitaminen mit Ausnahme des Vitamins B der geeignetste. Man könnte so gegen die an Tauben beobachteten Ausfallserscheinungen bei Mangel an Vitamin B allerdings schließlich denselben Einwand erheben wie bei der menschlichen Beriberi, weil in der weitaus größten Zahl dieser Versuche die Tiere ebenfalls mit poliertem Reis ernährt wurden. Doch dürften die anderweitigen Mängel des Reises bei der kurzen Dauer der Taubenversuche nicht irgendwie ins Gewicht fallend störend einwirken, zumal, wie wir weiter oben sahen, für Tauben ein Mangel an Vitamin A kaum in Frage kommt.

Die *Symptome des B-Mangels bei der Taube* sind die folgenden: Füttert man Tauben ausschließlich mit poliertem Reis, so nehmen die Tiere diesen eine Zeitlang sehr gern auf. Es tritt jedoch bald Appetitmangel und damit einhergehend erst ein allmählicher, dann rapider Gewichtsverlust ein. Auch die Körpertemperatur der Tiere sinkt allmählich. Die Tauben verlieren an Lebhaftigkeit, putzen sich nur noch selten und sitzen meist mit aufgeplustertem Gefieder da. Nach etwa 14 Tagen bis 3 Wochen oder noch später treten dann mehr oder weniger plötzlich unter starkem Temperaturabfall eigenartige Krampferscheinungen auf, deren typischste und bekannteste Form der Opisthotonus, d. h. das Rückbiegen des Kopfes auf den Rücken durch Contractur der Halsmuskeln ist, wobei die Beine an den Bauch herangezogen werden. Durch Erschrecken der Tiere oder andere äußere Einflüsse gelingt es in der Regel, neue derartige Krampfanfälle auszulösen. Erfolgt in diesem Zustande keine Zufuhr von Vitamin B, so sterben die Tiere nach 12—24 Stunden unter Hinzutreten schwerer Atemnot. Dieses typische Bild der Polyneuritis gallinarum entwickelt sich namentlich dann, wenn die Tiere bis zuletzt reichlich Reis aufnehmen oder wenn ihnen dieser zwangsweise einverleibt wird. Überläßt man Tiere mit hochgradiger Appetitlosigkeit, die bis zur völligen Verweigerung der Aufnahme von Reis führen kann, sich selbst, so bleiben die typischen Krampferscheinungen häufig aus. Die Tiere werden dann immer matter, können ihre Sitzstange nicht mehr erreichen, das Laufen wird den Tauben immer schwerer, ja es kann eine völlige Lähmung der Beine eintreten, so daß sich die Tiere nur unter Zuhilfenahme des Schnabels und der Flügel fortbewegen können. Unter zunehmendem körperlichem Verfall gehen die Tiere schließlich ein. Zwischen den beiden beschriebenen Krankheitstypen werden natürlich auch die verschiedensten Übergänge beobachtet. Als weiteres Symptom des Vitamin-B-Mangels beobachtet man bei Tauben sehr bald das Auftreten wäßriger, intensiv grün gefärbter Entleerungen. Bei Zwangsfütterung bleiben die den Tauben einverleibten Futtermittel infolge sekretorisch-motorischer Störungen unverdaut im Kropfe liegen. Hierdurch kommt es, wie schon Funk S. 86[109] beschreibt, und auch wir (Scheunert und Schieblich[319]) häufig beobachten konnten, bei fallender Temperatur zu einem scheinbaren erheblichen Gewichtsanstieg. Bei Zugabe vitaminhaltiger Substanzen steigt dann die Temperatur steil an, während das Gewicht, das sich ja in Wirklichkeit verringert hat, durch die nun einsetzende Entleerung des Kropfes rapid abfällt, in der Regel weit unter das ursprüngliche Gewicht des Tieres. Wie Randoin und Simonnet[296] feststellen konnten, *wächst der Vitamin-B-Bedarf der Taube mit dem Kohlenhydratgehalt der Nahrung und umgekehrt.* Bei völliger Ausschaltung der Kohlenhydrate aus der Nahrung gelang es, erwachsene Tauben $3^1/_2$ Monate vitamin-B-frei zu ernähren, ohne daß die Tiere an Gewicht verloren und Krankheitserscheinungen zeigten. Wie Randoin und Lecoq[290, 294] weiter beobachteten, tritt der Vitamin-B-Mangel um so rascher ein, je schneller ein Kohlenhydrat resorbiert wird, bzw. je schwerer es zu Glykogen aufgebaut werden kann bzw. eine je stärkere Glykämie es verursacht. Begünstigend auf den Ausbruch der Polyneuritis wirkt auch ein Zusatz von Diastase zur Nahrung oder das Kochen der Nahrung, letzteres wahrscheinlich durch Erhöhung der Verdaulichkeit der Kohlenhydrate. Die *Erscheinungen bei*

Hühnern bei Vitamin-B-Mangel sind ganz ähnliche wie bei den Tauben, jedoch sind bei diesen Tieren bei ausschließlicher Ernährung mit poliertem Reis im Gegensatz zur Taube leichter Komplikationen durch Mangel an den Vitaminen A und D zu befürchten.

Daß derartige *Polyneuritissymptome auch bei* dem anderen für Vitamin B klassischen Versuchstiere, der *Ratte,* auftreten können, hat man erst viel später erkannt. Die vornehmlich mit Ratten arbeitenden amerikanischen und englischen Forscher beschränkten ihre Beobachtungen zunächst im wesentlichen auf das Verhalten des Körpergewichtes, die Höhe der Nahrungsaufnahme und das Allgemeinbefinden der Tiere. Füttert man junge wachsende Ratten mit einer vitamin-B-freien Kost, so ist die erste schon nach wenigen Tagen in Erscheinung tretende Wirkung des Mangels an Vitamin B eine Stockung des Wachstums. Dieser rasche Eintritt der Wachstumsstockung bei Vitamin-B-Mangel im Gegensatz zum Vitamin-A-Mangel erscheint bemerkenswert, da dies darauf hindeutet, daß eine *nennenswerte Speicherung von Vitamin B im Organismus nicht möglich ist.* Nach etwa 10—14 Tagen tritt dann Gewichtsrückgang ein, die Nahrungsaufnahme sinkt, die Ratten werden bewegungsunlustig, das Fell wird struppig und glanzlos, und Ohren, Beine und Schwanz erscheinen anämisch. Die Tiere gehen dann schließlich in der Regel unter zunehmendem Gewichtsverlust und zunehmender Schwäche ohne besondere Erscheinungen zugrunde, wenn nicht rechtzeitig Zufuhr von Vitamin B erfolgt. In seltenen Fällen treten nach den Beobachtungen von HOFMEISTER[165], KIHN[199] und SCHEUNERT und LINDNER[322] *typische polyneuritische Erscheinungen* auf, namentlich dann, wenn, wie SCHEUNERT und LINDNER beobachteten, geringe Vitamin-B-Mengen zugeführt werden, die den Tieren zwar eine hinreichend lange Lebensdauer gestatten, aber nicht genügen, um eine Schädigung des Nervensystems hintanzuhalten. In ähnlicher Weise beobachtete HOFMEISTER, daß man das charakteristische Krankheitsbild am besten dann erhält, wenn man das Vitamin B allmählich aus der Nahrung ausschaltet. Ähnlich wie bei der Taube kann man nach KIHN auch bei der Ratte durch äußere Einflüsse die Krampfanfälle auslösen, und zwar am besten dadurch, daß man das Tier mit der Pinzette am Schwanze festhält und langsam hin und her schwingt. Nach vergeblichen Versuchen, am eigenen Schwanze oder an der Pinzette hochzuklettern, fängt das hängende Tier an zu rotieren und verfällt nach dem Hinlegen in den typischen Beriberianfall, wobei das Tier nach KIHN folgende Symptome zeigt: „Kontinuierliche Drehungen im Kreise nach einer Seite, Reitbahnbewegungen, begleitet von bohrenden Bewegungen des Kopfes und Rückwärtslaufen. Vielfach sieht man auch Tiere, die sich wie eine Rolle nach einer Seite 20—25 mal fortwälzen, bis das akute Stadium ausgeklungen ist und die Tiere wieder zu laufen vermögen, humpelnd und unsicher und mit gekrümmtem Rücken und gesenktem Kopf.“ SCHEUNERT und LINDNER[322] fassen ihre Beobachtungen folgendermaßen zusammen: „Wir fanden Spasmen und Paresen der Extremitäten und ausgesprochenen Opisthotonus, die zu Vornüberfallen, Roll- und Wälzbewegungen führten. Die Extremitätenkrämpfe können einseitig, beiderseitig und auch gekreuzt erfolgen. Hinzu kommen gelegentlich Kaukrämpfe und Salivation. Durchweg können die Tiere von dieser Erscheinung durch eine einmalige Hefegabe von 0,5 g Trockenhefe befreit werden. Es liegt also hier eine vollkommene Analogie mit der Polyneuritis gallinarum vor.“

Da die *Symptome seitens des Nervensystems* bei der Geflügelberiberi zweifelsohne die augenfälligsten sind, nimmt es nicht wunder, daß man zunächst vor allem nach pathologischen Veränderungen des Nervensystems suchte, obwohl, wie wir später sehen werden, dieses durch Vitamin-B-Mangel nicht allein geschädigt wird. Nach KIMURA[200] ist die *Beriberi als eine allgemeine Erkrankung des Nervensystems* anzusehen, eine Meinung, der sich FUNK S. 87[109] anschließt. Er glaubt, daß alle bei der Beriberi auftretenden pathologischen Veränderungen, so mannigfacher Art sie auch sind, am besten als *zentralen Ursprungs* angesehen werden können. Auch HOFMEISTER[165] und KIHN[199] glauben auf Grund ihrer Beobachtungen an eine Schädigung des Zentralnervensystems, und zwar deuten die Symptome auf Veränderungen in gewissen Hirngebieten, im Kleinhirn, in der Haube, im roten Kern und eventuell in dem Labyrinth hin. In der Tat ist es KIHN gelungen, in den genannten Gebieten Veränderungen vorzufinden. Nach STEPP S. 78[370] könnte man sehr geneigt sein, die klinischen Erscheinungen als Folge dieser Veränderungen aufzufassen, andererseits gibt er aber zu bedenken, daß die Symptome durch Zufuhr von Vitamin B innerhalb 24 Stunden zum Verschwinden gebracht werden können, eine Beobachtung, die dafür spricht, daß die *klinischen Erscheinungen zunächst nur durch eine Veränderung der Leistungsfähigkeit der nervösen Apparate zu erklären sind.* HOFMEISTER[165] faßt seine Ansicht über die Entstehung des Krankheitsbildes der Beriberi folgendermaßen zusammen: „Die funktionierenden Elemente des Nervensystems, Ganglienzellen, deren Fortsätze und Achsencylinder bedürfen der reichlichen Zufuhr des B-Vitamins. Bei dauerndem Mangel daran stellen sie ihre Funktion ein und degenerieren schließlich. Diese Veränderungen vollziehen sich in den verschiedenen Nervenbezirken ungleich rasch. Dabei hat die Tierspezies entscheidenden Einfluß. Bei Mensch und Huhn scheinen die peripheren Nerven zuerst und stärker zu leiden, bei der Ratte und der Taube das Zentralnervensystem."

Wie schon weiter oben bemerkt, erkrankt nicht nur das Nervensystem, sondern auch *die Muskeln, das Herz, der Darmkanal und die endokrinen Drüsen erleiden Schädigungen.* Auch die *Zusammensetzung des Blutes verändert sich* nicht unerheblich. Hierauf näher einzugehen, verbietet der enge Raum der Abhandlung. Bemerkt sei nur noch, daß es bei Ratten, ähnlich wie bei Mangel an Vitamin A, auch bei Vitamin-B-Mangel durch *Herabsetzung der Resistenz gegen Infektionen* vorwiegend zu entzündlichen Prozessen, oft hämorrhagischen Charakters, des Magen- und Darmkanales, seltener auch zu Affektionen der Atmungsorgane kommt.

3. Ist das Vitamin B ein einheitlicher Körper?

Es sind nun eine ganze Reihe von Beobachtungen gemacht worden, die dafür sprechen, daß das Vitamin B keinen einheitlichen Körper darstellt, sondern daß *in ihm mehrere Faktoren verschiedener Wirksamkeit enthalten* sind. Vor allem deuten die Beobachtungen darauf hin, daß neben dem antineuritischen Faktor noch ein spezifischer Wachstumsfaktor im Vitamin B enthalten ist. Ältere für diese Tatsache sprechende Arbeiten sind die von EMMET und LUROS[79] und ABDERHALDEN[4]. Erstere fanden, daß der für Tauben wirksame Faktor im Reis durch Erhitzen auf 120° bei einem Druck von 15 lbs. zerstört wird, während der bei Ratten Wachstum erzeugende Faktor dieser Einwirkung wenigstens teilweise widersteht. ABDERHALDEN gelang es, aus der Hefe Produkte abzutrennen, die bei Tauben Einfluß auf das Körpergewicht hatten, aber den Eintritt von Krämpfen nicht aufzuhalten vermochten. STEPP S. 98[370, 364] lehnt es auch heute noch ab, den Träger der antineuritischen Wirkung und den auf die Gewichtszunahme wirkenden Faktor, der von MITCHELL[247] und EMMET und LUROS[79] als „*wachstumsförderndes*" („growth-promoting") *Vitamin* bezeichnet wird, als ihrer Wirkung und wahrscheinlich auch ihrer Natur nach verschiedene Stoffe zu betrachten. Er begründet seine Auffassung damit, daß die wachstumsfördernde Wirkung nicht nur allen Vitaminen, sondern auch anderen lebenswichtigen Stoffen zukommt und demnach nicht als spezifische Eigenschaft des Vitamins B betrachtet werden kann. ARON und GRALKA S. 369[14] treten im Gegensatz zu STEPP nachdrücklich für die Existenz eines *Wachstumsfaktors*, den sie als *„ansatzfördernden Faktor"* bezeichnen, ein, bei dessen Fehlen in der Kost die verdauten und resorbierten Nährstoffe von den Zellen nicht richtig verwertet, jedenfalls nicht angesetzt werden. Als Folge dieser Erscheinung tritt nach ihnen trotz reichlicher Aufnahme von Nährstoffen allmählich Gewichtsabnahme bzw. bei wachsenden Tieren erst Gewichtsstillstand, dann Gewichtsabnahme und schließlich der Tod ein. In neuerer Zeit sind nun eine ganze Reihe von Arbeiten erschienen, die sich mit dieser strittigen Frage befassen, die mir wichtig genug erscheinen, um etwas näher darauf einzugehen. HAUGE und CARRICK[143] konnten in Versuchen an jungen Hühnern, denen als Vitamin-B-Quelle teils Mais allein, teils Hefe allein, teils Kombinationen beider in verschiedenen Konzentrationen verfüttert wurden, beobachten, daß die verwandte Hefe, wie die Ergebnisse bezüglich Wachstum und Auftreten von Polyneuritis beweisen, reich an wasserlöslichem, wachstumsförderndem Faktor war, dagegen wenig antineuritische Substanz enthielt, während beim Mais gerade das Umgekehrte der Fall war. Daß die benutzte *Hefe reichliche Mengen des wachstumsfördernden Faktors* enthielt, konnte auch dadurch gezeigt werden, daß diese Hefe bereits in sehr geringen Dosen bei Ratten ausgezeichnetes Wachstum zu erzeugen vermochte. Nach ihren Ergebnissen kann also die *antineuritische Substanz auch bei reichlicher Zufuhr rasches Wachstum nicht befördern bzw. eine Diät kann zwar rapides Wachstum ermöglichen und dabei doch Polyneuritis nicht verhindern.* RANDOIN und LECOQ[289, 291] fanden in Versuchen an jungen wachsenden Ratten und erwachsenen Tauben ebenfalls, daß das Vitamin B aus zwei verschiedenen Komponenten besteht, und zwar einem antineuritischen und einem die Ausnutzung der Nahrungsstoffe begünstigenden Faktor. Während Brennereihefe fast ausschließlich den letzteren enthielt, besaß Bierhefe beide Faktoren. SALMON[307] gelang es, wie Versuche an Tauben und Ratten zeigen, aus den Extrakten der Samen von Velvet- und Sojabohnen durch Adsorption an Fullererde das Antiberiberiprinzip vom Wachstumsfaktor zu trennen. Auf Grund seiner Ergebnisse schlägt SALMON vor, das Antiberiberiprinzip als *B-P-Vitamin* oder *Beriberischutzstoff* abzugrenzen. Auch MACY, OUTHOUSE, LONG und GRAHAM[227] kamen zu der Überzeugung, daß *der wachstumsfördernde Hefestoff mit der antineuritischen Hefesubstanz nicht identisch ist*, da es ihnen zwar gelang, durch Zugabe autoklavierter Hefe und alkoholischen Weizenkornextraktes zu einer vitamin-B-freien Kost Ratten zu normalem Wachstum zu bringen, ohne jedoch das Auftreten von Beriberi verhindern zu können. Versuche von WILLIAMS und WATERMAN[397] an Tauben und Ratten bestätigten, daß der Vitamin-B-Komplex neben einem thermolabilen Faktor einen thermostabilen enthält, der bei der Aufzucht von Ratten notwendig ist, aber keinen Einfluß auf das Gedeihen junger Tauben hat. ROSEDALE[304] vermutet ebenfalls das Vorhandensein zweier Anteile im Vitamin B, von denen der eine einen Einfluß auf die Verdauungsprozesse ausübt und vom antiparalytischen Faktor unabhängig ist und auch aus der Reiskleie isoliert werden kann. Bekommen mit poliertem Reis ernährte Tauben nur diesen Anteil, so fehlt das rapide Abfallen des Körpergewichtes, während diese Fraktion nicht imstande ist, die nervösen Störungen zu verhindern oder zu heilen. Sehr beachtlich sind Untersuchungen von EVANS und BURR[84]. Ersetzten die genannten Forscher in einem Gemisch aus *hochgereinigten* Nahrungsstoffen die Trockenhefe durch *„Tikitiki"*, so *erfolgte durch 4—6 Monate nahezu völliger Wachstumsstillstand, wobei aber die Tiere im übrigen bei gesundem Aussehen keinerlei sonstige Störungen aufwiesen.* *„Tikitiki"* ist ein von der Regierung der Philippinen hergestellter, verdünnter alkoholischer Extrakt aus Reiskleie, der unter die Eingeborenen verteilt wird, und von den beiden Anteilen des wasserlöslichen Vitamins B nur den antineuritischen Faktor enthält. Evans und Burr betonen ausdrücklich, daß diese reinliche Differenzierung zwischen Wirkungsweise des antineuritischen und wachstumsfördernden Faktors nur bei Verwendung hochgereinigter Diät möglich ist.

Goldberger und Mitarbeiter[123, 122] zeigten, daß es mit einem Extrakt aus Maismehl zwar gelang, bei Ratten Polyneuritis zu heilen, nicht dagegen das Wachstum zu erhalten. Sie machten dabei die interessante Beobachtung, daß sich bei einigen Tieren *pellagraähnliche* Symptome entwickelten, und zwar trat nach verschieden lange dauerndem Wachstumsstillstand Verklebung der Lider ein, ferner wurde festgestellt Haarausfall, manchmal fleckweise, Dermatitis an Stirn, Nacken, oberer Brust, Vorderbeinen, Rückfläche der Vorderpfoten usw., Wundwerden der Mundwinkel, Entzündung der Zungenspitze und gelegentlich Diarrhöe. Bei gleichzeitiger Verabreichung von Maismehl und Extrakt trat Wachstum ein. Diese Ergebnisse fanden eine völlige Bestätigung durch die Untersuchungen von Scheunert und Lindner[323]. Letztere beobachteten zuweilen bei Ratten, die längere Zeit bei ganz geringer Zufuhr von Vitamin B am Leben erhalten worden waren, Symptome, wie sie von Goldberger und Mitarbeitern beschrieben worden sind, und zwar Blepharitis mit zirkulärer Ausbreitung des Prozesses auf die Umgebung des Auges, was zu ausgesprochener Brillenbildung führte, ferner papillenartige Wucherungen an der Mundspalte und beiderseits der Nasenöffnungen. Der auffallendste Befund waren aber Erscheinungen an den Extremitäten, die in Rötung, Haarausfall und nachfolgender schollenartiger Abschuppung der Epidermis bestanden. Die Symptome waren durchaus bilateral-symmetrisch und erweckten den Eindruck einer *Handschuhbildung*, wie sie für *Pellagra* typisch ist. Durch Zufuhr von Vitamin B in Form von Trockenhefe gelang es, die Erscheinungen in kurzer Zeit zur Abheilung zu bringen, woraus die genannten Autoren den Schluß ziehen, daß die beobachtete Erkrankung mit Mangel an Vitamin B zusammenhängen muß. Goldberger glaubt in der Tat, daß *der gegen Pellagra schützende Faktor in der Hefe mit dem hitzebeständigeren Wachstumsfaktor identisch ist*, eine Annahme, die von anderen Forschern (Chik und Roscoe[42], Sherman und Axtmayer[333], Eddy[66, 65] u. a.) aufgenommen und bestätigt worden ist. Sherman[330] bezeichnete den *antineuritischen, thermolabilen Faktor des Vitamins B mit dem Buchstaben F, den wachstumsfördernden bzw. pellagraverhütenden, thermostabilen Faktor mit dem Buchstaben G.* Die genannten Autoren machten bzw. bestätigten die Feststellung, daß autoklavierte Hefe nur den Faktor G enthält, daß ferner Weizenkeimlinge reich an dem antineuritischen Faktor F, aber arm an Faktor G sind, Trockenmilch mehr vom Faktor F als vom Faktor G enthält, und daß Bananen und auch Spinat etwa dreimal soviel Antipellagrafaktor als antineuritischen Faktor aufweisen. Das Weizen- bzw. Maisvollkorn enthält nach Hunt[181] beide Faktoren, den antineuritischen aber in weitaus größerer Menge. Hefeextrakt von Harris enthält nur wenig antineuritischen Faktor.

Die Trennung des antineuritischen Faktors des Vitamins B vom wachstumsfördernden oder Antipellagrafaktor oder, wie ihn Randoin und Lecoq bezeichnen, die Ausnützung der Nahrung fördernden Faktor, gelingt nach den neuesten Untersuchungen der genannten Autoren[293] mit Hilfe von Kieselgur. Zu diesem Zwecke wird ein alkoholischer Extrakt aus frischer Bierhefe, der eine vorzügliche Quelle beider Anteile des Vitamin-B-Komplexes darstellt, einerseits in wäßriger, andererseits in alkoholischer Lösung mit Kieselgur ausgeschüttelt und das zurückbleibende Filtrat im Vakuum eingedampft. Im wäßrigen Medium adsorbiert die Kieselgur nahezu die Gesamtmenge des antineuritischen Faktors, jedoch auch einen gewissen Anteil des wachstumsfördernden Faktors, während im alkoholischen Medium fast ausschließlich der antineuritische Faktor adsorbiert wird und der wachstumsfördernde Faktor im Filtrat zurückbleibt. Die Auswertung der verschiedenen Fraktionen wurde an Tauben vorgenommen.

Überblickt man die vorstehenden Untersuchungen, so kann wohl nicht mehr geleugnet werden, daß *im Vitamin B zwei verschiedene, im Tierversuch voneinander getrennt nachweisbare, in der Regel vergesellschaftet vorkommende Faktoren von spezifisch-biologischer Wirkung, und zwar ein antineuritischer und ein die Ausnützung der Nahrung und das Wachstum fördernder bzw. Pellagra verhütender Faktor enthalten sind.* Die Abspaltung weiterer Faktoren, wie sie RANDOIN und LECOQ[217, 292] vorschlagen, ist wenigstens vorläufig noch entbehrlich.

Die bisher für die beiden Faktoren angeführten Bezeichnungen sind nun bei weitem nicht alle der im Gebrauch befindlichen. Fast alle Autoren, die sich mit der Frage beschäftigt haben, haben auch neue Bezeichnungen geprägt. Welche Verwirrung in der Nomenklatur des Komplexes des Vitamins B herrscht und wie dringend nötig eine Einigung über die endgültige Bezeichnung der beiden Faktoren des Vitamins B ist, zeigt am besten folgende von SMITH[342] zusammengestellte Tabelle, die eine Übersicht über die am häufigsten in der Literatur verwandten Bezeichnungen gibt.

Autor	Hitzeunbeständiger Faktor	Hitzebeständiger Faktor
GOLDBERGER und Mitarbeiter	Vitamin B sensu stricto	P-P-Faktor
SHERMANN	Vitamin F	Vitamin G
RANDOIN und LECOQ	Antineuritischer Faktor	Nahrungsverwertungsfaktor
SALMON	Vitamin B-P	Vitamin P-P
CHICK und ROSCOE	Antineuritisches Vitamin	Vitamin B sensu stricto
PLIMMER und Mitarbeiter	B	B_2
PLIMMER und Mitarbeiter	Vitamin B	Vitamin P-P
EVANS und BURR	Antineuritisches Vitamin B	Wachstumsförderndes Vitamin B
WILLIAMS und WATERMANN	Hitzeunbeständiger Faktor	Hitzebeständiger Faktor
EDDY	Antineuritischer Faktor	Antipellagrafaktor

Der Forderung EDDYS[66], daß eine komplette Revision der verschiedenen Nahrungsmittel in bezug auf ihren Gehalt an den Teilfaktoren des Vitamin-B-Komplexes vorgenommen werden muß, ist nicht von der Hand zu weisen. Eine Durchführung dieser Untersuchungen wäre nach EDDY mit Hilfe des Präparates von WILLIAMS, eines Mitarbeiters EDDYS, und autoklavierter Hefe durchführbar, da in ersterem der antineuritische Faktor relativ hoch konzentriert enthalten ist, während die letztere den hitzebeständigen Antipellagrafaktor enthält.

Eine nähere Besprechung des *wasserlöslichen, hefewachstumsfördernden Vitamins D* (FUNK[109]), ohne dessen Gegenwart die Hefe das Vitamin B nicht aufbauen können soll, erscheint nicht erforderlich, da es einerseits für die tierische Ernährung bedeutungslos sein dürfte und andererseits seine Existenz schon früher von SOUZA und MCCOLLUM[344], FULMER, NELSON und SHERWOOD[107], FULMER und NELSON[106], MACDONALD und MCCOLLUM[243], und erst ganz neuerdings von WALLACE und TANNER[386] angezweifelt wird. Die letztgenannten Autoren fassen ihre Untersuchungsergebnisse folgendermaßen zusammen: Ein Vitamin, eine akzessorische Substanz oder die vermutliche spezifische Substanz „Bios“ scheinen für das Wachstum von Hefe nicht notwendig zu sein. Hefe wächst zwar in einem Medium, das organisches Material enthält, besser als in Salz-Zucker-Lösungen, doch können alle möglichen organischen Substanzen stimulierend auf das Hefewachstum einwirken, so daß es überflüssig erscheint, eine spezifische Substanz dafür verantwortlich zu machen. Das Ausbleiben des Wachstums von Einzellkulturen kann verschiedene Ursachen haben, wie z. B. die Isolierung toter oder geschwächter Zellen, unpassendes Nährmedium, Temperaturchok u. a.

4. Bedarf der verschiedenen Tierarten an Vitamin B.

Das Vitamin B kann in ähnlicher Weise wie das Vitamin A von den meisten Tierarten nicht entbehrt werden. Außer bei der Taube, dem Huhn und der Ratte wurde Vitamin-B-Mangel, und zwar außer Erscheinungen wie Wachstumsstockung, Gewichtsabnahme, Störungen des Allgemeinbefindens usw. auch nervöse Symptome, beobachtet beim Pferde[256], Hund[309, 310, 265, 196, 47], bei Katzen[309, 389, 382], Kaninchen[5], Enten [75, 7, 246, 210], Gänsen[75], Meerschweinchen[309], Mäusen S. 94[109]. Von anderen Tieren, die hier weniger interessieren, seien noch genannt Affe[309, 336, 230], Sperling[105], Wachtel[379], Papagei[92], Reisvogel[275], Jushimatu[379], Munia maja[189]. Vitamin-B-Mangel ohne Auftreten neuritischer Symptome wurde weiter noch beobachtet bei Fischen[214], Froschlarven[15, 78] und Fliegen[223, 260, 131]. Über den *Vitamin-B-Bedarf des Schweines* liegen exakte Untersuchungen bisher nicht vor. Außerordentlich wichtig ist nun, daß *Wiederkäuer* (Rind[18, 20], Schaf und Ziege[377]) *selbst während der Wachstumsperiode ohne das Vitamin B auszukommen vermögen.* BECHDEL und HONEYWELL[20] sprechen die Vermutung aus, daß sich die Unabhängigkeit der Wiederkäuer von der Vitamin-B-Zufuhr im Futter vielleicht aus der *Synthese dieses Vitamins durch Bakterien und andere Mikroorganismen im Verdauungskanal* dieser Tierarten erklärt. Daß eine Synthese von Vitamin B im Verdauungskanal durchaus möglich ist, beweist die Tatsache, daß es gelungen ist, die Bildung von Vitamin B aus vitaminfreien Nährlösungen durch regelmäßig im Verdauungskanal herbivorer Tiere vorkommende Bakterienarten nachzuweisen. So fanden SCHEUNERT und SCHIEBLICH[316, 320, 317] eine Bildung von Vitamin B durch *Bac. vulgatus*, KUROYA und HOSOYA[211] durch *Bact. coli* und SUNDERLIN und WERKMAN[370a] durch *Bac. adhaerens*, *Bac. subtilis*, *Bac. mycoides* und *Actinomyces*. Die gebildeten Vitamin-B-Mengen sind dabei nicht unbedeutend, wie auch neue Versuche von SCHIEBLICH[323a] in einwandfreier Weise dartun. In der Tat haben BECHDEL, ECKLES und PALMER[19] in weiteren Untersuchungen feststellen können, daß der Panseninhalt vitamin-B-frei ernährter Rinder bei Verfütterung an Ratten deutliche Vitamin-B-Wirkung ausübte. Auch bildete der Hauptvertreter dieser Pansenflora aus vitamin-B-freien Nährböden reichliche Mengen dieses Vitamins. Interessant ist die Feststellung, daß der Vitamin-B-Bedarf für die normale Funktion der Milchdrüse größer ist als für das Wachstum (SURE[372], MOORE, BRODIE und HOPE[249] u. a.).

Ich möchte an dieser Stelle noch auf eine Erscheinung bei Ratten eingehen, die mit großer Wahrscheinlichkeit auch bakteriellen Ursprunges ist. Sie wurde von FRIDERICIA[100, 102] zuerst beschrieben und als „*Refection*“ bezeichnet und ist später auch von KENNEDY und PALMER[197] und KON und WATCHBORN[205] beobachtet und beschrieben worden. Auch wir selbst sahen die Erscheinung sehr häufig auftreten. Nach der Darstellung von FRIDERICIA und Mitarbeitern tritt bei jungen Ratten mit einer vitamin-B-freien aber im übrigen adäquaten Kost zuweilen nach vorübergehender Wachstumsstockung wieder normales Wachstum ein, wobei sich gleichzeitig eine Veränderung der Faeces bemerkbar macht, die weiß und voluminös werden. Der Zustand ist durch Verfütterung solcher Faeces auf andere Tiere übertragbar. Einige derartige Tiere wuchsen bei konstantem Vitamin-B-Mangel in der Kost zu ihrer vollen Größe heran, zwei bekamen sogar Junge und zogen sie normal auf. Der auffallendste Befund bei derartigen Tieren ist der hohe Stärkegehalt der Faeces und die Veränderung der Dickdarmflora. Auf Grund des letzteren Befundes gibt FRIDERICIA der Vermutung Ausdruck, daß *ein spezieller vitamin-B-enthaltender oder -produzierender Mikroorganismus sich im Darminhalt* derartiger Tiere ansiedelt und vermehrt.

5. Nachweis des Vitamins B im Tierversuch.

Zum Nachweis des Vitamins B im Tierversuch werden vornehmlich Ratten und Tauben, seltener auch Hühner verwandt, die letzteren beiden Tierarten speziell für den Nachweis des antineuritischen Faktors. Die *Taubenversuche* werden in der Regel derart angestellt, daß erwachsene Tauben als Grundfutter polierten Reis erhalten und entweder von Anfang an oder nach Ausbruch der typischen Erscheinungen die auf ihren Vitamin-B-Gehalt zu prüfende Substanz hinzugegeben. Die erstere Methode ist nach unseren Erfahrungen die empfehlenswertere. Der Reis kann zur Sicherung absoluter Vitamin-B-Freiheit noch längere Zeit mit Wasser ausgewaschen oder, wie es in unserem Institut gehandhabt wird, acht Stunden lang auf etwa 120° erhitzt werden. Der Reis nimmt dabei zwar eine etwas bräunliche Farbe an, wird aber von den Tauben trotzdem gern gefressen. An Stelle des Reises, dem, wie schon weiter oben erwähnt, außer dem Vitamin-B-Mangel noch andere Unterwertigkeiten anhaften, kann man auch künstliche Nährstoffgemische anwenden, wie es z. B. KON und DRUMMOND[204] angeben (Reisstärke 66%, Casein 16%, Agar-Agar 8%, Butterfett 4%, Filtrierpapiermasse 2%, Salzgemisch [MCCOLLUM] 4%). Für die *Prüfung auf den antineuritischen Faktor des Vitamins B* in frischem und konserviertem Pflanzenmaterial sind Tauben, wie SCHEUNERT und SCHIEBLICH[321, 318] feststellen konnten, ungeeignet, mit großer Wahrscheinlichkeit deshalb, weil die Tauben das Material nur schlecht zu verdauen vermögen. Zu derartigen Zwecken sind aber Hühner sehr gut verwendbar, die, wie SCHEUNERT und SCHIEBLICH ebenfalls zeigen konnten, ihren Vitamin-B-Bedarf sehr wohl durch Mengen von grünem Pflanzenmaterial (unter Berücksichtigung des Körpergewichtes) zu decken vermögen, bei denen Tauben an typischer Polyneuritis gallinarum erkranken.

Bei der Schilderung der *Rattenversuche* möchte ich mich wieder auf die in unserem Institut angewandte und bewährte Methodik beschränken. Die Haltung der Tiere erfolgt in derselben Weise wie bereits beim Vitamin-A-Versuch beschrieben, mit dem Unterschied, daß die Tiere nicht auf Sägespänen, sondern auf 7 cm hohen Drahtböden sitzen, deren Maschengeflecht so weit gewählt ist, daß der Kot leicht hindurchfallen kann. Diese Maßnahme ist deshalb wichtig, weil das Kotfressen die weiter oben besprochene „*Refection*" begünstigt und auf diese Weise sehr leicht eine Vitamin-B-Wirkung vortäuschen kann. Das den Ratten gereichte vitamin-B-freie Grundfuttergemisch hat die folgende Zusammensetzung:

Casein	200
Palmin	70
Lebertran	80
Stärke	600
Salzgemisch (MC COLLUM und DAVIS)	50

Casein und Stärke werden zur Sicherung der Vitamin-B-Freiheit mehrfach mit Wasser und Alkohol ausgezogen. Bei dieser Kost nehmen die Tiere im allgemeinen nur noch wenige Tage zu, um etwa vom 10. Tage ab an Körpergewicht zu verlieren. Teilweise vermögen die Tiere ihr Körpergewicht auch gar nicht zu steigern, ja nehmen manchmal von vornherein ab. Mit zunehmendem Verlust an Gewicht wird auch das Allgemeinbefinden der Tiere mehr und mehr gestört; sie werden bewegungsunlustig und bekommen struppiges, glanzloses Fell. Diese Erscheinungen sind in der Regel nach 14 Tagen voll ausgeprägt, und es erfolgt dann zu diesem Zeitpunkte die Zugabe des auf seinen Vitamin-B-Gehalt zu prüfenden Materials. Je nach der Schnelligkeit des Wiedereintretens und der Intensität des Wachstums kann man dann die Höhe des Vitamin-B-Gehaltes der untersuchten Substanz beurteilen. Ist der Vitamin-B-Gehalt sehr niedrig oder überhaupt null, so gehen die Tiere nach kurzer Zeit zugrunde; vorher kommt es zuweilen zum Auftreten der oben beschriebenen polyneuritischen Erscheinungen.

6. Vorkommen des Vitamins B.

Das Vitamin B kommt sowohl im Tier- als auch im Pflanzenreich weit verbreitet vor. Das an diesem Vitamin reichste Präparat ist die Bierhefe; Bäckereihefe ist hingegen viel ärmer an Vitamin B (KARR[195]). Was nun im speziellen die Futtermittel anbetrifft, so ist das Vitamin B in den meisten natürlichen Futtermitteln, namentlich in allen Körnerarten und Kleien und anderen Müllereiabfällen sowie auch in Grünfutter, in Wurzel- und Hackfrüchten und Molkereiprodukten reichlich, bzw. in ausreichender Menge vorhanden. Arm daran sind nur Fleischmehl und Fischmehl und technische Produkte, die hoch erhitzt oder ausgelaugt worden sind. Im folgenden sei noch eine Übersicht über den *Gehalt der wichtigsten Futtermittel an Vitamin B* gegeben:

1. *Reich sind*: Hefe, Keimlinge, Kleien.
2. *Mittlere Mengen enthalten*: Alle Grünfutter- und Heuarten, getrocknetes Zuckerrübenblatt, Sauerfutter und alle anderen nicht unter 1 und 2 angeführten Futtermittel.
3. *Nichts enthalten*: Weiße Mehle, polierter Reis, Stroh, Diffusions- und Trockenschnitzel, Schlempe, Fischmehle.

7. Eigenschaften und chemische Konstitution des Vitamins B.

Von den beiden Faktoren des Vitamins B ist der *antineuritische* der bei weitem besser erforschte. Was zunächst die *Löslichkeitsverhältnisse* anbetrifft, so ist der antineuritische Faktor löslich in Wasser[71, 180, 128, 324, 391], Alkohol[115, 72, 111, 117], auch unter Zusatz von schwacher HCl[37, 376], Methylalkohol und Salzsäure[255], Eisessig[148], Benzin[216], Olivenöl und Ölsäure[255], schwer löslich ist er dagegen in absolutem Alkohol[3], unlöslich in Äther, Aceton[216], Chloroform, Essigäther und Benzol S. 83[370]. Gegenüber *Säuren* ist der antineuritische Faktor sehr beständig[216, 43], während er durch *Alkalien* namentlich bei höheren Temperaturen rasch zerstört wird[216, 238, 331]. Er *diffundiert* durch für Methylenblau, Neutralrot und Safranin durchlässige kolloidale Membranen, nicht aber durch Membranen von geringerer Durchlässigkeit[412], und wird durch Tierkohle[387, 37, 68], Lloyds Reagens[327, 133], Fullererde (weißen Bolus)[133], Kaolin[35], Mastix[327], kolloidales Aluminium und Eisenhydroxyd[216], kolloidales Arsensulfid[327], teilweise auch durch Infusorienerde[391], durch Kieselgur nach EMMETT und MCKIM[80] nicht, nach RANDOIN und LECOQ[193] jedoch gut *adsorbiert*. Durch Phosphorwolframsäure[110, 117, 183], Phosphormolybdänsäure, Gerbsäure, Pikrinsäure und Jodwismutkalium[370], Silber in alkalischen Lösungen[114, 255, 327, 326], Silber und Baryt[111], zum Teil durch Sublimat, Quecksilberacetat und -nitrat[117] ist er *fällbar*, hingegen nicht durch Bleiacetat[180, 284].

Gegen *Erhitzen* auf 100° ist der antineuritische Faktor beständig[79, 50, 40], ebensowenig wird er durch den Backprozeß geschädigt[40]. Hingegen wird er durch

Temperaturen von 120° und darüber[167, 216, 128, 40] zerstört. *Ozon*[381], *Sonnenstrahlen*[341, 340] und *ultraviolette Strahlen*[406, 381] sind *ohne schädigende Wirkung*. In gleicher Weise hatte *Radium* in Dosen, wie sie in der Radiumtherapie benützt werden, keinen zerstörenden Einfluß[116], wohl aber große Dosen von γ-Strahlen des Radiums[373, 388].

Die zahlreichen *Versuche, den antineuritischen Faktor des Vitamins B in reiner Form darzustellen*, haben erst in letzter Zeit zu einem vollen Erfolg geführt. Wohl war es Forschern, wie Funk[110, 111, 112, 108], Suzuki, Shimamura und Odake[374a], Edie, Evans, Moore, Simpson und Webster[69], Hofmeister[164], Seidell[326], Williams[395, 396, 394], Levene und van der Hoeven[221] möglich, zum Teil hochwirksame Präparate herzustellen, die jedoch bei weiterer Reinigung an Wirksamkeit verloren und alle keinen Anspruch darauf erheben konnten, mit dem antineuritischen Faktor des Vitamins B identisch zu sein. Erst in neuester Zeit ist es Jansen und Donath[190] gelungen, aus Reiskleie durch fortschreitende Reinigung eine höchst wirksame Substanz zu gewinnen, von der bereits die außerordentlich geringe Menge von 0,002 mg = $2\,\gamma$ pro Tier und Tag genügten, um das Auftreten der Polyneuritis bei einem kleinen Vogel (Munia maja) von der Größe des Sperlings auf 15—23 Tage hinauszuschieben, 3—$4\,\gamma$ des salzsauren Salzes täglich schützten bereits vollkommen. Die Extraktion des antineuritischen Faktors aus der Reiskleie erfolgte durch stark verdünnte Schwefelsäure (p_H 4,5) mit Zusatz von Alkohol. Anschließend erfolgte die Adsorption des Vitamins an Fullererde, aus der nach Behandlung mit Baryt das Vitamin wieder mit verdünnter Schwefelsäure herausgelöst wurde. Nach Einengung des Extraktes wurde dieser mit Silbersulfat oder -nitrat versetzt. Der erhaltene Niederschlag ergab dann bei der Weiterbearbeitung hochwirksame Präparate. Die reinste Substanz wurde auf dem Wege über ein Platinchloridsalz erhalten. Es gelang dann, das salzsaure Salz, ferner ein Goldchloridsalz und ein Pikrolonat in *krystallinischer* Form darzustellen. Wie die beiden Forscher aus mehrfachen Analysen des salzsauren und des Doppelgoldsalzes schließen, kommt dem *reinen Vitamin wahrscheinlich die Formel* $C_6H_{10}ON_2$ *zu*. Da der Stickstoff in dieser Verbindung mit größter Wahrscheinlichkeit in Ringform auftreten dürfte, nehmen Jansen und Donath an, daß das Vitamin entweder einen Imidazol- oder einen Pyrimidinring enthält. Eijkman[73], der die Ergebnisse der genannten Forscher nachprüfte, kam zu einer vollkommenen Bestätigung. Jansen und Donath hoffen, die chemische Konstitution des Vitamins B bald endgültig klären zu können.

Ein sehr hochwertiges Präparat erhielten auch Kinnersley und Peters[201] aus Hefe, das sie früher als „*Torulin*", neuerdings als „*Hefevitamin* B_1" (*heilend*) bezeichnen. 0,027 mg des Präparates genügten pro Tag, um Tauben vor Polyneuritis zu schützen.

Der *Antipellagra-* oder *Wachstums-* bzw. *die Ausnützung der Nahrung fördernde Faktor des Vitamins B* ist, wie bereits erwähnt, im Gegensatz zum antineuritischen Faktor hinsichtlich seiner Eigenschaften nur wenig erforscht. Der augenfälligste Unterschied gegenüber dem letztgenannten ist wohl seine *größere Hitzebeständigkeit* (Emmet und Luros[79] Bidault und Couturier[26]). Ebenso soll er gegenüber Alkalien und sogar Erhitzen bei Gegenwart von Alkalien im Gegensatz zum antineuritischen Faktor unempfindlich sein (Daniels und McClurg[50], Byfield, Daniels und Loughlin[35], Hassan und Drummond[142]). Einengung im Vakuum und warmen Luftstrom sowie Trocknungsprozesse sind nach Osborne und Mendel[272] unschädlich. Wichtig ist weiter, daß er durch *Ultraviolettbestrahlung* nach Untersuchungen von Hogan und Hunter[163] im Gegensatz zum antineuritischen Faktor *zerstört wird*. Mit dem antineuritischen

Faktor gemein hat der Antipellagrafaktor, daß er durch Phosphorwolframsäure gefällt (EMMET und STOCKHOLM[81]) und durch Kaolin und Lloyds Reagens adsorbiert wird (BYFIELD, DANIELS und LOUGHLIN[35]).

III. Das antiskorbutische Vitamin C.

1. Historisches.

Wie wir schon weiter oben sahen, kannte man bereits seit weit mehr als einem Jahrhundert die Mittel (frisches Obst, frisches Gemüse, frisches Fleisch), um die namentlich in Kriegszeiten und auf langen Segelschiffahrten auftretenden und mit *Skorbut* bezeichneten Krankheitserscheinungen zu heilen, ohne daß man eine Erklärung für die Wirkung dieser Nahrungsmittel und die Entstehung der Krankheit hätte geben können. WRIGHT[403] glaubte an eine Säurevergiftung, da einmal durch Verabreichung großer Dosen von Mineralsalzen ähnliche Symptome erzeugt werden konnten, und zum anderen Male die skorbutheilenden Nährstoffe zur alkalischen Gruppe gehören. JACKSON und HARLEY[185] vertraten die Ansicht, daß Skorbut infolge des Genusses von zersetztem Fleisch entsteht und eine Art Ptomainvergiftung sei. Erst die Entdeckung des *experimentellen Meerschweinchenskorbuts* durch HOLST und FRÖLICH[168] im Jahre 1912 ermöglichte die Erforschung der Ätiologie des Skorbuts und der Wirkung der die Krankheit heilenden Antiskorbutika. Die genannten Autoren konnten zeigen, daß sich beim Meerschweinchen bei einer Kost aus Zerealien und Brot sehr bald ein Krankheitszustand entwickelt, dessen Symptome den beim menschlichen Skorbut beobachteten analog sind, und daß die Symptome beseitigt bzw. ihr Ausbruch verhindert werden können, wenn man den Tieren frische grüne Blätter und frisches Gemüse verabreicht. Aus diesen Beobachtungen zogen sie den Schluß, daß der Skorbut durch das Fehlen einer bestimmten chemischen Substanz in der Nahrung verursacht wird, die, wie sie ebenfalls nachweisen konnten, durch Erhitzen und Trocknen sehr rasch zerstört wird. Die Befunde von HOLST und FRÖLICH fanden eine volle Bestätigung und weiteren Ausbau durch die Untersuchungen von CHICK und HUME[39], SHERMAN und Mitarbeitern[335], CHICK, HUME und SKELTON[41], COHEN und MENDEL[44]. Auch zahlreiche klinische Arbeiten, die sich mit dem kindlichen Skorbut, der Möller-Barlowschen Krankheit, befaßten (HART und LESSING[137], FREISE[97], FREUDENBERG[99], HESS[147, 146]), brachten wertvolles Beweismaterial für die Anschauung bei, daß für die Entstehung des Skorbuts der Mangel an Stoffen vitaminartigen Charakters verantwortlich zu machen sei. Auf der anderen Seite hat es aber trotz dieser Ergebnisse nicht an Stimmen gefehlt, die den Skorbut durch andere Ursachen als Vitaminmangel bedingt erklärten. So glaubten JACKSON und MOORE[186] die Ursache in einem Diplokokkus gefunden zu haben, den sie aus den Geweben eines skorbutkranken Meerschweinchens gezüchtet hatten und der bei Verimpfung auf gesunde Meerschweinchen Hämorrhagien erzeugte. HESS[144] glaubte zunächst, das Abgestandensein und die Art der Bakterienflora der Milch für die Entstehung des Skorbuts bei Kindern verantwortlich machen zu können, ehe er sich zu der Auffassung des *Skorbuts als Mangelkrankheit* bekannte. MCCOLLUM und PITZ[240] beobachteten, daß sich bei an Skorbut leidenden Meerschweinchen Verstopfung des Caecums entwickelte, und schlossen daraus, daß dies die primäre Ursache für die Entstehung des Skorbuts sei, zumal sie durch Verabreichung von Paraffinöl in manchen Fällen Besserung erzielen konnten. Die letztere Beobachtung findet aber nach HARDEN und ZILVA[134] ihre Erklärung darin, daß die durch dieses Abführmittel hervorgebrachte Leerung und Reinigung des Darmes zu einer vermehrten Nahrungsaufnahme und damit einer allgemeinen Besserung des Befindens der Tiere führte.

STEFANSSON[358] schloß noch 1918, daß die Aufnahme großer Salzmengen bei gesalzenem Fleisch ein wichtiger Faktor bei der Entstehung des Skorbuts sei. Selbst im Jahre 1925 vertraten GRINEFF und UTEWSKAJA[129] noch die Ansicht, daß sich der experimentelle Skorbut aus einer vom Magendarmkanal ausgehenden Intoxikation entwickelt, die eine anormal vermehrte und qualitativ veränderte Mikroflora zur Ursache hat. Abgesehen von diesen vereinzelten andersartigen Ansichten wird aber heute *der experimentelle Skorbut der Tiere und der Skorbut des Menschen allgemein als durch die mangelhafte Zufuhr bzw. das völlige Fehlen eines besonderen antiskorbutischen Vitamins in der Nahrung bedingt angesehen, das von* DRUMMOND *als Vitamin C bezeichnet wurde.*

2. Ausfallserscheinungen bei Vitamin-C-Mangel und der Bedarf verschiedener Tierarten an diesem Vitamin.

Das für das Studium der Ausfallserscheinungen bei Skorbut geeignetste und am häufigsten verwendete Versuchstier ist das Meerschweinchen. Füttert man Meerschweinchen mit einer Skorbutdiät (siehe weiter unten), so nehmen die Tiere noch eine Zeitlang zu. Nach etwa 14 Tagen bis drei Wochen tritt dann Schmerzhaftigkeit der Gelenke, namentlich der Kniegelenke, auf, die starke Schwellungen aufweisen, und die Tiere geben bei Druck auf die Gelenke Schmerzensäußerungen von sich. Die Tiere versuchen sich durch abwechselndes Schonen der Gliedmaßen, ja selbst durch Annahme anormaler Seiten- oder Rückenlage Erleichterung zu verschaffen. Bisweilen legen die Tiere bei der Seitenlage den Kopf auf den Boden auf. DELF[51] bezeichnet diese Stellung als „*Gesichtsschmerzstellung*“ (scurvyface-acheposition), die durch Schmerzen im Kiefer und Zahnfleisch bedingt sein soll. Im Zahnfleisch, das meist stark hyperämisch ist, finden sich des öfteren auch Blutungen, während geschwüriger Zerfall wie beim Menschen nur außerordentlich selten zu finden ist. In der Regel kommt es zu einer Lockerung der Backenzähne, die ihrerseits wieder eine völlige Verweigerung der Futteraufnahme nach sich zieht. Die Tiere gehen dann unter rapidem Gewichtsverlust in wenigen Tagen zugrunde. Hunger allein ruft aber die charakteristischen Schäden des Skorbuts nicht hervor, was vor allem daraus hervorgeht, daß Schwellung und Weichheit der Gelenke häufig bereits erscheinen, wenn die Tiere noch rasch wachsen und guten Appetit haben (COHEN und MENDEL[44], LEWIS und KERR[220]). Bemerkt sei noch, daß es namentlich bei jungen Tieren infolge Brüchigwerden der Knochen häufig zu Spontanfrakturen kommt.

Bei der Obduktion skorbutkranker Meerschweinchen sind die auffälligsten Symptome *ausgedehnte Hämorrhagien im Unterhautzellgewebe*, namentlich in der Umgebung der Schulter- und Kniegelenke und der häufig verdickten Knochenknorpelsymphysen der Rippen und die *Brüchigkeit der Knochen*. Die angegriffenen Gelenke erscheinen häufig um das Zwei- bis Dreifache des normalen Umfanges des Knochens verdickt. Im Magendarmkanal finden sich zuweilen Kongestionen, Hämorrhagien und auch Ulcerationen, und zwar vorwiegend bei Tieren, die eine Skorbutdiät aus Hafer und Milch bekommen haben, seltener bei solchen mit der Diät nach MENDEL und COHEN[44] (siehe später). Auch andere Organe und Organsysteme werden durch Mangel an antiskorbutischem Vitamin in Mitleidenschaft gezogen. So verändern sich gewisse *innersekretorische Organe*, insbesondere die *Nebennieren* augenfällig (LA MER und CAMPBELL[212], MORIKAWA[252], McCARRISON[231], BESSESEN[22], IWABUCHI[184] u. a.). Auch die *Zusammensetzung des Blutes erleidet Veränderungen*, vor allem sinkt der Hämoglobingehalt und häufig auch die Zahl der roten Blutkörperchen (LIOTTA[222], IWABUCHI[184]).

Interessant sind Untersuchungen von LESNÉ, CHRISTOU und VAGLIANOS[219], nach denen es durch *subcutane* und *intraperitoneale Zufuhr von Vitamin C* an trächtige Meerschweinchen nicht gelingt, die saugenden Jungen vor Skorbut zu schützen, was damit erklärt wird, daß das auf die genannte Weise zugeführte Vitamin C nicht schnell genug resorbiert wird. Bei Kindern gelang es HESS und UNGER[151], durch *intravenöse* Verabreichung von Apfelsinensaft, der kurz vor der Verwendung gekocht und gegen Lackmus alkalisch gemacht worden war, Heilerfolge zu erzielen.

Nächst dem Meerschweinchen sind *Affen* am empfindlichsten gegen Mangel an Vitamin C. So konnte HART[136] an jungen Affen durch alleinige Ernährung mit autoklavierter Milch das typische Bild des kindlichen Skorbuts, der Möller-Barlowschen Krankheit, und bei einem ausgewachsenen Affen schweren Skorbut mit ulceröser Stomatitis erzeugen. Erwachsene *Kaninchen* sind gegen Vitamin-C-Mangel relativ unempfindlich, doch kann dieses Vitamin für die Aufzucht der jungen Tiere nicht entbehrt werden (FINDLAY[89]).

Von unseren *Haustieren* scheint das *Schwein* empfindlich gegen Mangel an antiskorbutischem Vitamin zu sein (PLIMMER[286], ZILVA, GOLDING, DRUMMOND und KORENCHEVSKY[413]), doch dürfte der Bedarf an Vitamin C nach ORR und CRICHTON[261] während der gewöhnlichen Mastperiode so niedrig sein, daß ein wirklicher Mangel daran nicht eintreten kann. Im Gegensatz hierzu ist *das Vitamin C für das Rind*, wie THURSTON, ECKLES und PALMER[378] zeigen konnten, *entweder völlig entbehrlich oder wird im Organismus dieser Tiere synthetisiert.*

Von *anderen Säugetieren* sind gegen Vitamin-C-Mangel noch unempfindlich der *Präriehund* (MCCOLLUM und PARSONS[234]) und, was vor allem für die Vitamintechnik wichtig ist, die *Ratte* (SHIPLEY, MCCOLLUM und SIMMONDS[338]). Nach Untersuchungen von PARSONS[282], PARSONS und HUTTON[283] sowie LEPKOWSKY und NELSON[218] sind die Ratten imstande, aus einer vitamin-C-freien Nahrung das Vitamin C zu synthetisieren, da die Leber von Ratten, die bis zur zweiten Generation mit skorbutigener Kost ernährt worden waren, bei Verfütterung an skorbutkranke Meerschweinchen eine vollständige Heilung dieser Tiere bewirkten.

In gleicher Weise wie die Ratte scheint das *Huhn* zur Synthese des Vitamins C befähigt zu sein, da HART, STEENBOCK, LEPKOWSKY und HALPIN[140] mit Lebern von 73 Tage lang vitamin-C-frei ernährten Kücken Meerschweinchen von Skorbut zu heilen vermochten und kein Unterschied zwischen dem Vitamin-C-Gehalt der Lebern normal gefütterter und dem vitamin-C-frei bzw. -arm ernährter Kücken bestand. Im gleichen Sinne sprechen die Ergebnisse von GRIMES und SALMON[130] und PLIMMER, ROSEDALE und RAYMOND[287]. Die letztgenannten Autoren konnten ferner zeigen, daß das Vitamin C auch für *Tauben* entbehrlich ist, da sie die Tiere 14 Monate lang bei vitamin-C-freier Kost gesund erhalten und sogar eine zweite Generation erzielen konnten, die bei vitamin-C-freier Kost erfolgreich aufgezogen wurde. In weiteren Untersuchungen gelang es ihnen, *Enten, Gänse, Truthühner, Perlhühner* und *Fasanen* bis zum Alter von 10—16 Wochen bei vitamin-C-freier Kost aufzuziehen. Es scheint also, daß die Hausvögel das Vitamin C in ihrer Nahrung entbehren können.

3. Nachweis des Vitamins C im Tierversuch.

Zum Nachweis des Vitamins C im Tierversuch werden, wie schon erwähnt, fast ausschließlich *Meerschweinchen* benutzt. Ich möchte mich im folgenden wieder im wesentlichen auf die Beschreibung der Versuchsanordnung beschränken, wie sie in unserem Institut üblich ist. Wachsende Meerschweinchen im Gewicht von 200 bis 300 g, die nach Untersuchungen von MOURIQUAND und BERNHEIM[253] rascher und sicherer erkranken als jüngere und ältere Tiere, erhalten eine *Skorbutkost* aus Hafer und Milch, deren Vitamin C durch $^3/_4$ Stunden langes Autoklavieren bei einer Atmosphäre Überdruck zerstört worden ist. Die Tiere werden in 29 cm hohen Glaskäfigen mit einer Bodenfläche von 24 × 29 cm gehalten. Zur Vermeidung der Aufnahme von durch Benetzen mit Urin angekeimten Hafers (siehe unter Vorkommen des Vitamins C), sitzen die Meerschweinchen auf Drahtböden. Um den Tieren den Aufenthalt angenehm zu gestalten, enthält jeder Käfig ein Sitzbrettchen. Der Boden des Käfigs wird zum Aufsaugen des Urins mit Torfmull bedeckt. Die auf ihren Gehalt an Vitamin C zu prüfende Substanz wird nun von vornherein zugelegt. Diese prophylaktische Methode ist entschieden der Heilmethode vorzuziehen, da die heilende Wirkung von vitamin-C-haltigen Stoffen nur dann richtig in Erscheinung tritt, wenn der Gehalt hoch ist, während ein geringer Vitamin-C-Gehalt leicht dem Nachweis entgehen könnte. Bei hohem oder ausreichendem Gehalt der zu untersuchenden Substanz bleiben die Tiere dauernd vor Skorbut geschützt, und man kann je nach der Intensität des Wachstums auf die Höhe des Vitamin-C-Gehalts schließen. Es ist wichtig, auf die genügende Aufnahme von Milch zu achten, die eventuell zwangsweise verabreicht werden muß. Überhaupt sei darauf hingewiesen, daß das Meerschweinchen sehr wählerisch ist und viele Stoffe nur ungern oder gar nicht aufnimmt. Es muß dann stets zur zwangsweisen Einverleibung geschritten werden. Ist der Vitamin-C-Gehalt ungenügend oder gleich Null, so kommt es zur Ausbildung der schon geschilderten klinischen Skorbutsymptome. Unter Umständen ist es erforderlich, Tiere zu töten, um die Diagnose Skorbut durch Sektion zu sichern. Verendete Tiere werden selbstverständlich immer obduziert. Bei geringem Vitamin-C-Gehalt kommt es zuweilen zu leichten klinischen Skorbuterscheinungen, die bei Weiterführung des Versuches wieder völlig verschwinden können.

An Stelle der von uns verwendeten Skorbutkost kann auch eine von COHEN und MENDEL[44] empfohlene Kost benutzt werden, die die folgende Zusammensetzung aufweist: gekochtes Sojabohnenmehl, ergänzt mit 3% Natriumchlorid, 3% Calciumlactat, getrocknete Bierhefe (Vitamin B) und genügend rohe Milch, um 5% Butterfett (Vitamin A) zu liefern; doch wird diese Kost nach unseren Erfahrungen nur ungern aufgenommen. BEZSSONOFF[24] erhielt mit folgender Kostzusammensetzung zufriedenstellende Ergebnisse: 86 g Hafer + 10 g Kleie + 4 g Bäckereihefe, hierzu 7,5 g frisches Eigelb in 20 cm^3 Wasser gelöst.

HÖJER[162] empfiehlt eine Methode zur Bestimmung der antiskorbutischen Valenz von Nahrungsmitteln mittels histologischer Untersuchung der Wurzeln der Schneidezähne von Meerschweinchen. Die Tiere werden zu diesem Zwecke nach einer Versuchsdauer von 14 Tagen getötet.

4. Das Vorkommen des Vitamins C in der Natur.

Das Vitamin C kommt in der Natur sowohl im Pflanzen- wie im Tierreich weit verbreitet vor, doch sind die Pflanzen im allgemeinen reicher an diesem Vitamin als die tierischen Produkte, deren Vitamin C wenigstens zum größten Teil ebenfalls dem Pflanzenreiche entstammen dürfte. Reich an Vitamin C sind aber nur frische, saftige pflanzliche Produkte, während länger gelagerte oder getrocknete arm an antiskorbutischem Faktor bzw. völlig frei davon sind. Bemerkenswert ist, daß das Vitamin C beim Keimen der Samenkörner, die selbst frei davon sind, bereits nach wenigen Stunden entsteht (FRÖLICH[103], FÜRST[104], CHICK und DELF[38], SANTOS[308], HONEYWELL und STEENBOCK[171], KUČERA[209]). Während HONEYWELL und STEENBOCK feststellten, daß das Vitamin C erst im Augenblick der Keimung, nicht aber schon bei der Quellung entsteht, fand KUČERA z. B. beim Einquellen von Weizen mit Wasser bereits nach 15 Stunden genügend Vitamin C, um Meerschweinchen vor Skorbut zu schützen. Nach HONEYWELL und STEENBOCK ist zur Bildung des Vitamins C bei der Keimung die Gegenwart von Sauerstoff erforderlich; unter anaeroben Verhältnissen bleibt die Entstehung von Vitamin C aus. Die Vitamin-C-Bildung bei der Keimung von Samenkörnern macht es nötig, bei Meerschweinchenversuchen die Möglichkeit der Aufnahme angekeimten Hafers zu verhindern, worauf bereits bei Besprechung der Versuchstechnik hingewiesen wurde. Der Vitamingehalt der tierischen Produkte ist im allgemeinen nicht hoch, und sicherlich teilweise von der Ernährung des Tieres abhängig, wie dies z. B. für die Milch nachgewiesen werden konnte (HART, STEENBOCK und ELLIS[138], DUTCHER, ECKLES und Mitarbeiter[63], HESS, UNGER und SUPPLEE[156]). Die folgende Zusammenstellung gibt einen kurzen Überblick über den *Vitamin-C-Gehalt der wichtigsten Futtermittel*:

1. *Reich sind*: Alle Grünfutter, Wruke, Stoppelrübe, Kartoffel, Möhre.
2. *Wenig enthalten*: Runkeln, Zuckerrübe, Sauerfutter, Grünmalz, Sommermilch.
3. *Nichts enthalten*: Heu, Stroh, Körner, Samen, Hülsenfrüchte, getrocknetes Zuckerrübenblatt, technisch ausgelaugte und künstlich getrocknete Produkte, Wintermilch, Fischmehl.

5. Eigenschaften des Vitamins C.

Die chemische Konstitution des Vitamins C ist bis heute völlig dunkel geblieben, Versuche von FUNK und neuerdings ZILVA[410], das Vitamin C zu isolieren, führten zu keinem greifbaren Ergebnis. Über das Verhalten des antiskorbutischen Faktors gegenüber chemischen und physikalischen Einflüssen hingegen geben eine große Reihe von Arbeiten guten Aufschluß. Das Vitamin C ist *löslich* in Wasser, verdünntem und absolutem Alkohol und Methylalkohol[97, 145, 407, 13, 139], *unlöslich* dagegen in Butylalkohol, Benzol, Petroläther, Aceton, Äther, Chloroform und Äthylacetat[139, 76]. Durch Fullererde, Kaolin und Lloyds Reagens wird das Vitamin C im Gegensatz zum Vitamin B *nicht adsorbiert*[145, 35]. Es *diffundiert* durch Kollodiummembranen von einer Permeabilität, bei der Substanzen wie Methylenblau, Neutralrot und Safranin hindurchgehen können[412]. *Berkefeldfilter* halten den antiskorbutischen Faktor teilweise zurück[76]. *Alkalien* wirken nach HARDEN und ZILVA[135] bereits bei gewöhnlicher Temperatur rasch zerstörend ein. *Saure Reaktion* wirkt hingegen konservierend ein[168, 406, 25]. HESS[145] und HESS und WEINSTOCK[153] stellten fest, daß die Gegenwart von *Kupfer* die Zerstörung des Vitamins C außerordentlich beschleunigt. Es genügt bereits der Zusatz von $2^1/_2$ Millionstel Teilen Kupfer zur Milch, um beim Kochen eine Herabsetzung der antiskorbutischen Wirksamkeit hervorzubringen, die weit über die unter gewöhnlichen Bedingungen ohne Kupferzusatz beobachtete hinausgeht. Außerordentlich empfindlich ist das Vitamin C gegen *Oxydation*. So wirken Ozon und Durchlüften bereits bei gewöhnlicher Temperatur vernichtend. Besonders rasch geht die Zerstörung vor sich, wenn gleichzeitig erhitzt wird. Erhitzen allein unter sorgfältigem Ausschluß der Luft wirkt hingegen verhältnismäßig wenig schädlich ein (ZILVA[409]). Auch nach BASSETT-SMITH[17] und EDDY und KOHMAN[67] scheint es bewiesen, daß *nicht Hitze, sondern Oxydationsvorgänge die hauptsächlichste Ursache der Zerstörung des Vitamins C sind.* Ebenso wie durch die Gegenwart von Sauerstoff wirkt beim Erhitzen, wie LA MER, CAMPBELL und SHERMAN[213] fanden, alkalische Reaktion beschleunigend auf die Vernichtung ein. Bemerkenswert ist, daß kurzes Aufkochen weniger schädlich ist als längeres Erwärmen auf niedere Temperaturen von 30—40°. Wie beträchtlich der Verlust bei Erhitzen bei Luftzutritt ist, zeigt gut ein Versuch von DELF[51], die Kohl, der bei verschiedenen Temperaturen verschieden lange erhitzt worden war, mit rohem Kohl hinsichtlich der Höhe des Vitamin-C-Gehaltes verglich. Sie fand, daß durch eine Stunde langes Erwärmen auf 60° der Verlust 70%, durch eine Stunde langes Erhitzen auf 90°

90 % und durch 20 Minuten langes Erhitzen auf 90—100° etwa 70 % betrug. Auch durch längeres *Lagern* nimmt die antiskorbutische Wirksamkeit von vitamin-C-haltigem Material ab[126, 145, 62, 151]. Doch gelingt es nach DELF[52], durch sachgemäßes Aufbewahren von Früchten im Kühlraum bei 2,5—5,4° und durch Haltung von Fruchtsäften in gefrorenem Zustande unter Luftabschluß bei —11 bis —14° deren antiskorbutischen Wert unverändert zu erhalten. *Außerordentlich schädigend,* ja völlig zerstörend, *wirkt die Austrocknung bei Gegenwart von Sauerstoff.* Die Zerstörung geht hierbei mit dem Verlust an Vegetationswasser parallel[254]. Wie beim Erhitzen scheint aber auch beim Trocknen sorgfältiger Ausschluß von Sauerstoff günstig auf die Erhaltung des antiskorbutischen Vitamins einzuwirken, wofür die Tatsache spricht, daß Trockenmilch bei geeigneter Herstellung gegenüber der rohen Milch noch unveränderte antiskorbutische Fähigkeiten besitzen soll[192, 36]. Auch rasches Trocknen bei niederen Temperaturen scheint es zu gestatten, das Vitamin unverändert zu erhalten (HOLST und FLEISCHER[169]). *Ultraviolette Strahlen* sind nach Untersuchungen von ZILVA[406] selbst bei einer Bestrahlungsdauer von acht Stunden ohne schädigenden Einfluß.

IV. Das antirachitische Vitamin D.

1. Historisches.

Das antirachitische Vitamin D ist als selbständiges Vitamin erst verhältnismäßig spät erkannt worden. Die Beobachtung, daß gewisse Substanzen günstige Einflüsse auf die Skelettentwicklung ausübten, schrieb man zunächst dem in diesen Stoffen enthaltenen Vitamin A zu, das deshalb von englischen Forschern direkt als antirachitisches Vitamin bezeichnet wurde. Diese ursprüngliche irrtümliche Annahme erklärt sich daraus, daß das *Vitamin D wie das Vitamin A fettlöslich ist und mit ihm häufig vergesellschaftet* angetroffen wird. Trotz der weitgehenden Aufklärung dieser Verhältnisse findet man daher auch heute noch des öfteren eine Identifizierung dieser beiden Vitamine. Von ausschlaggebender Bedeutung für die Erforschung der Ätiologie der Rachitis war es, daß es gelang, diese Erkrankung *experimentell* zu erzeugen. Es ist das Verdienst des englischen Forschers MELLANBY[245], dieses neue Forschungsgebiet erschlossen zu haben. Obwohl MELLANBYS Untersuchungen, wie McCOLLUM und SIMMONDS S. 381[239] betonen, der Kritik ein weites Feld bieten, da die diätetischen Bedürfnisse seines Versuchstieres, des Hundes, noch nicht genügend ausgearbeitet waren, bilden sie doch eine Pionierarbeit. Die wichtigsten Ergebnisse dieser Untersuchungen, die in großem Maßstabe an ca. 400 jungen Hunden angestellt wurden, waren, daß Lebertran eine sehr große antirachitische Wirksamkeit besitzt, daß Nieren- und Butterfett die gleiche Eigenschaft, jedoch in viel geringerem Maße zukommt, während Speck keine antirachitische Wirkung innewohnt. Für die Entdeckung eines selbständigen, die Rachitis verhütenden bzw. heilenden Vitamins am wichtigsten war, wie wir noch sehen werden, entschieden die Feststellung der großen Überlegenheit des Lebertrans über das Butterfett hinsichtlich der antirachitischen Wirksamkeit. Unabhängig von MELLANBY hat dann die experimentelle Rachitisforschung durch amerikanische Forscher, und unter diesen vor allem McCOLLUM und SIMMONDS in Verbindung mit PARK und SHIPLEY S. 374ff.[239] und SHERMAN und PAPPENHEIMER[332] einen weitgehenden Ausbau erfahren. Es seien hier zunächst nur die Daten angeführt, die zur Erkenntnis der Existenz eines besonderen antirachitischen Vitamins führten. Die anderen für die Entstehung der Rachitis wichtigen Faktoren werden später Berücksichtigung finden. Für den Nachweis eines besonderen antirachitischen Vitamins war es unerläßlich, Kostformen zu finden, die es gestatteten, den Symptomenkomplex der Rachitis frei von anderen, störenden Komplikationen zu erzeugen. Von den vielen vorgeschlagenen Kostformen am besten bewährt haben sich die von McCollum, Simmonds, Shipley und Park angegebene Kostform Nr. 3143 und die Kostform Nr. 2965 von Steenbock (Zusammensetzung siehe später). Die Beobachtungen Mellanbys, daß der Lebertran dem Butterfett hinsichtlich seiner antirachitischen Eigenschaften weitgehend überlegen war, konnte von McCollum und seinen Mitarbeitern völlig bestätigt werden. Diese Feststellungen sprachen zwar bereits sehr dafür, daß in dem Komplex des fettlöslichen Vitamins zwei getrennte Substanzen enthalten waren, und zwar 1. ein keratomalacieverhütendes und 2. ein antirachitisches Vitamin, von denen der Lebertran alle beide in reichlicher Menge, das Butterfett hingegen vorwiegend nur den ersteren enthält. Den endgültigen Beweis für die Existenz zweier Vitamine im Komplex des fettlöslichen Vitamins erbrachten aber erst die Untersuchungen von McCollum, Simmonds, Becker und Shipley[242] im Jahre 1922, die zeigen konnten, daß durch 12 bzw. 20 Stunden langes Durchleiten von Luft oxydierter Lebertran seine keratomalacieheilenden Eigenschaften völlig verloren hatte, während seine antirachitischen Eigenschaften unverändert erhalten geblieben waren. Diese Beobachtung von McCollum und seinen Mitarbeitern, daß sich *der antirachitische Faktor ganz im Gegensatz zum keratomalacieverhütenden gegen Hitze bei Gegenwart von Luft äußerst stabil erweist*, ist dann von anderen Autoren vollkommen bestätigt worden (Steenbock und Nelson[350], Goldblatt und Zilva[125]). Die letzteren fanden die Verschiedenheit der beiden genannten Faktoren weiter dadurch bestätigt, daß getrockneter Spinat wohl Keratomalacie zu heilen vermochte, nicht aber antirachitisch wirksam war. Der neue antirachitische Faktor, dessen Existenz durch die vorstehenden Untersuchungen in einwandfreier Weise nachgewiesen worden war, wurde von McCollum als *Vitamin D* bezeichnet.

2. Die Bedeutung des Ca-P-Verhältnisses für die Entstehung der Rachitis.

Neben dem Mangel an einem spezifischen Vitamin spielen auch noch *andere Faktoren für die Entstehung der Rachitis* eine Rolle, z. B. ungünstige äußere Lebensbedingungen. So konnte Findlay[90] bereits im Jahre 1908 bei seinen Versuchen, Rachitis bei jungen Hunden zu erzeugen, beweisen, daß sich Tiere, die in Käfigen eingesperrt waren, anders verhielten, als Kontrolltiere, die bei gleicher Diät umherlaufen konnten. Bei acht eingesperrten jungen Hunden entstand Rachitis, während die Kontrolltiere von der Krankheit verschont blieben. Findlay schloß aus diesen Ergebnissen auf Beziehungen zwischen Muskeltätigkeit und Rachitis. Von viel weitgehenderer Bedeutung war die Erkenntnis, daß *Zusammenhänge zwischen Rachitis und dem Gehalt der Nahrung an Mineralstoffen, insbesondere* Ca und P *bestanden*, worauf bereits Mellanbys Untersuchungen[245] hindeuten. Aber erst die Arbeiten von McCollum und Simmonds, Park und Shipley S. 374ff.[239] und Sherman und Pappenheimer[332] brachten hierüber Klarheit. Erstere beobachteten bei Versuchen, die ursprünglich zu dem Zweck unternommen worden waren, die Art der diätetischen Unzulänglichkeiten von zwei oder mehreren Getreidekörnern zu entdecken, daß viele der zu den Untersuchungen benutzten Ratten an Rachitis erinnernde Knochenveränderungen zeigten. Weitere systematische Untersuchungen darüber, durch welche Mineralstoffzugaben zu der Getreidenahrung diese Erscheinungen verhindert werden konnten, führten zu dem Ergebnis, daß dies nur dann gelang, wenn Kalksalze verabreicht wurden. Beobachtungen von Sherman und Pappenheimer und Shipley und Mitarbeitern zeigten dann, daß nicht nur dem Calcium, sondern auch der Phosphorsäure als wichtigem Faktor für die normale Knochenbildung Aufmerksamkeit zu schenken sei. Einen Fortschritt bedeuteten insbesondere die Untersuchungen der letztgenannten Autoren, die die Bedeutung der quantitativen Beziehungen zwischen Ca und P in der Nahrung erkennen ließen. Es konnte in exakter Art und Weise der Nachweis erbracht werden, daß *das Verhältnis von Ca zu P wichtiger für die normale Knochenbildung war, als die absoluten Mengen, die von diesen beiden Mineralstoffen zugeführt wurden.* Rachitis entstand nur dann, wenn ein relativer Überschuß an Ca gegenüber der Phosphorsäure und umgekehrt ein solcher der Phosphorsäure gegenüber dem Ca vorhanden war, vorausgesetzt natürlich, daß kein oder nur geringe Mengen an antirachitischem Vitamin in der Nahrung zur Verfügung standen. Besonders hervorgehoben zu werden verdient der weitere Befund, daß dann, *wenn Ca und P in optimalem, gegenseitigem Mengenverhältnis angeboten werden, selbst bei völligem Fehlen des antirachitischen Vitamins in der Kost keine Rachitis zur Entwicklung gelangt. Die Wirkungsweise des Vitamins D ist also darin zu erblicken, daß es das osteoide Gewebe auch dann befähigt, Kalksalze zurückzuhalten und einzulagern, wenn das Verhältnis von Ca zu P ein unerwünschtes, also die Entstehung von Rachitis begünstigendes ist.* Es kann somit in solchen Fällen als Regulator oder Sicherheitsfaktor angesehen werden. Daß es auf Grund seiner Eigenschaften nicht nur vor Rachitis schützt, sondern auch bestehende Rachitis heilt, braucht nicht besonders hervorgehoben zu werden.

3. Die Folgen des Mangels an Vitamin D bei gleichzeitigem, ungünstigem Ca-P-Verhältnis.

Ist das gegenseitige Mengenverhältnis des mit der Nahrung dargebotenen Ca und P längere Zeit ein ungünstiges, und ist gleichzeitig das Angebot an Vitamin D niedrig oder fehlt dieses Vitamin gar ganz, so kommt es bei jungen wachsenden Tieren zur Entstehung der Rachitis, bei älteren ausgewachsenen Tieren zum Auftreten der Osteomalacie (Knochenbrüchigkeit), d. h. zu Krankheitsbildern, die nach GYÖRGY S. 191[370] als allgemeine Stoffwechselstörungen mit besonders hervortretenden pathologischen Knochenveränderungen aufzufassen sind. Die durch die eintretende Kalkverarmung bedingten Knochensymptome, und zwar Erweichungsprozesse, Deformitäten, Infraktionen, Frakturen und des öfteren auch kompensatorische Wucherungen beherrschen vollkommen das Krankheitsbild, während die übrigen pathologischen Erscheinungen, die auf eine allgemeine Stoffwechselstörung hindeuten, diesen gegenüber mehr oder weniger in den Hintergrund treten. Die rachitischen Veränderungen machen sich klinisch durch Auftreibung der Gelenke und Verkrümmung der Gliedmaßen usw. bemerkbar. Ein näheres Eingehen auf diese Erscheinungen ist nicht der Zweck dieser Abhandlung. Pathologisch-anatomisch gesehen, kommt es zu einem Sistieren der normalen präparatorischen Verkalkung des Epiphysen-Diaphysen-Knorpels, während die Proliferation des Knorpelgewebes ungehindert fortdauert. Es entsteht auf diese Weise zwischen Epiphyse und Diaphyse der Röhrenknochen eine breite unverkalkte Zone, die im Röntgenbild als breiter heller Spalt deutlich sichtbar ist. Zur Sicherung der Diagnose Rachitis stehen uns außer der Röntgenoskopie noch die Bestimmung des P- und Ca-Spiegels des Blutes zur Verfügung. Namentlich ist die Bestimmung des P-Spiegels von Wichtigkeit, da nach den Befunden von HOWLAND und KRAMER[176] und KRAMER, TISDALL und HOWLAND[207] bei nicht komplizierten Fällen von Rachitis die Konzentration des Ca im Serum normal oder annähernd normal ist, während die Phosphorkonzentration regelmäßig wesentlich vermindert ist. Nur bei Kindern, die an Tetanie als Komplikation der Rachitis litten, war andererseits der Ca-Gehalt gering und der P-Gehalt nicht weit von der Norm entfernt. Auf weitere Methoden zur Feststellung der Rachitis wird im nächsten Kapitel eingegangen werden.

Hier sei noch erwähnt, daß nach Untersuchungen von EICHHOLZ und KREITMAIR[70] dem Vitamin D genau wie den Vitaminen A, B und C außer der spezifischen Wirkung noch eine unspezifische zuzukommen scheint, die auf die *Erhaltung der natürlichen Resistenz* gerichtet ist. Versuche an ausgewachsenen weißen Ratten und Mäusen ergaben, daß *auch der erwachsene Organismus das Vitamin D zu einem ungestörten Gedeihen nötig hat.* Es zeigte sich, daß eine Zulage von Vitamin D in Form von *Vigantol* (siehe später) zu einer rachitogenen Kost den Ausbruch einer Spontanerkrankung bei absolut gleich gehaltenen weißen Ratten vollständig verhinderte, während die Tiere, denen dieser Stoff in der Nahrung fehlte, fast sämtlich an Paratyphus erkrankten und daran zugrunde gingen. Bei Infektionsversuchen mit einem für Mäuse hoch pathogenen Pneumokokkenstamme von konstanter Virulenz waren nach drei Tagen die nur rachitogen ernährten Mäuse alle der Infektion erlegen, während von den Kontrolltieren, ebenso wie von den Tieren, die eine Vigantolzulage erhielten, 50% die Infektion überlebten. Auch Beobachtungen von SCHULTZ[325], nach denen bei Jungtieren, insbesondere Jungschweinen, Rachitis oft vergesellschaftet mit Lungenaffektionen vorkommt, sprechen für eine Herabsetzung der natürlichen Resistenz gegen Infektionen.

4. Experimentelle Rachitis und Nachweis des Vitamins D im Tierversuch.

Das klassische Versuchstier zur Erzeugung der experimentellen Rachitis ist die *Ratte*, bei der es nach PARK, GUY und POWERS[281] gelingt, eine *mit der menschlichen Rachitis völlig übereinstimmende Erkrankung* zu erzeugen. Wie SHIPLEY und Mitarbeiter S. 401[33] feststellen konnten, gelingt dies auf zweierlei Art und Weise, und zwar entweder dadurch, daß man ein vitamin-D-freies Futtergemisch verabreicht, das arm an Phosphaten ist, aber eine optimale Menge oder einen Überschuß an Ca enthält oder umgekehrt dadurch, daß das Futtergemisch wenig Ca und etwa die optimale Menge an Phosphor einschließt. Da man auf die erstere Weise das Bild der experimentellen Rachitis am besten und reinsten erhält, werden wohl ohne Ausnahme Futtermischungen mit niedrigem Phosphorgehalt und normalem oder hohem Ca-Gehalt verwandt. Wie schon erwähnt, haben sich am besten bewährt die Kostformen Nr. 2965 nach STEENBOCK und die Kostform 3143 nach McCOLLUM, SIMMONDS, SHIPLEY und PARK. Die erstere besteht aus:

Gelber Mais	76,0
Weizenkleber	20,0
$CaCO_3$	3,0
NaCl	1,0

Bei dieser Kostform gelingt es, nach etwa vier Wochen typische Rachitis zu erhalten. Da man mit der Kostform 3143 nach McCOLLUM und Mitarbeitern dasselbe bereits nach 14 Tagen erzielen kann, wird dieser Kostform vielfach der Vorzug gegeben. Ihre Zusammensetzung ist die folgende:

Ganzer gelber Mais . .	33,0
Ganzer Weizen	33,0
Weizenkleber (extrah.) .	15,0
Gelatine	15,0
$CaCO_3$	3,0
NaCl	1,0

Diese Kostform kann man entweder fein vermahlen trocken oder auch nach Wasserzusatz (auf obige Menge etwa 100 cm³) in Kuchenform verabreichen. Bemerkenswert ist noch, daß nach McCOLLUM und SIMMONDS bei der Zusammensetzung dieser Diät besser weicher Weizen benutzt wird als harter, da letzterer für gewöhnlich phosphorhaltiger ist. Da diese Kostform reichlich hochwertiges

Eiweiß, ferner beträchtliche Mengen von Vitamin B und auch ausreichende Mengen von Vitamin A enthält, um das Auftreten von Keratomalacie zu verhüten, wachsen die Ratten bei dieser Kost recht gut. Der Gehalt der Kostform an Phosphorsäure beträgt etwa nur 0,3019%, liegt also unter dem Optimum für wachsende Ratten, das oberhalb des Wertes 0,4146% liegt. Der Ca-Gehalt der Futtermischung beträgt hingegen mit 1,221% etwa das Doppelte des Optimums.

Die zu den Versuchen benutzten Ratten sollen möglichst nicht leichter als 30 g und nicht schwerer als 45 g sein. Die Haltung der Tiere erfolgt in ähnlicher Weise wie bei den Prüfungen auf die anderen Vitamine, d. h. sie werden wieder in Glaskäfigen untergebracht, die aber wenigstens bei Anwendung des McCOLLUMschen Futtergemisches in Anbetracht der kurzen Versuchsdauer etwas kleiner gewählt werden können. Die Tiere werden entweder auf Sägespänen oder besser zur Vermeidung der Koprophagie auf Draht gesetzt. Der Versuchsraum wird am besten gegen jegliches Tageslicht abgedunkelt. Für die *Prüfung einer Substanz auf ihren Gehalt an Vitamin D* stehen nun zwei Wege offen, und zwar entweder der Schutzversuch oder der Heilversuch. Es ist darauf zu achten, daß durch Zugabe der zu untersuchenden Substanz der Gehalt der Nahrung an anorganischen Stoffen nicht geändert wird, da dies zu Täuschungen führen könnte. Bei dem Schutzversuch wird derart verfahren, daß die zu untersuchende Substanz von vornherein zugegeben und je nach der verwandten Kost nach etwa vier Wochen bzw. nach 14 Tagen die Tiere auf das Vorhandensein bzw. auf das Fehlen von Rachitis geprüft werden. Beim Heilversuch hingegen wird die zu untersuchende Substanz vollrachitischen Tieren zugegeben und dann nach 14 Tagen bzw. vier Wochen das Schlußergebnis in gleicher Weise festgestellt wie beim Heilversuch. Vor Täuschungen durch Veränderungen des Ca-P-Verhältnisses durch Zugabe der zu untersuchenden Substanz kann man sich leicht dadurch bewahren, daß man einmal die Substanz und zum andernmal ihre Asche zu der rachitogenen Kost hinzufügt.

Zur Feststellung, ob ein Tier rachitisch ist oder nicht, stehen uns nun verschiedene Methoden zur Verfügung. Diejenige Methode, die es namentlich bei einer großen Anzahl von Tieren gestattet, am schnellsten zu einwandfreien Ergebnissen über das Vorhandensein oder Nichtvorhandensein von Rachitis zu kommen, ist zweifelsohne die *Röntgenmethode*. Eine weitere Schnellmethode, die aber schon längere Zeit als die Röntgenmethode erfordert, ist die von amerikanischen Autoren (McCOLLUM, SIMMONDS, SHIPLEY und PARK[241]) vorgeschlagene „*Linienprobe*“ (*line test*), d. h. die Untersuchung der distalen Enden von Ulna und Radius oder des proximalen Endes der Tibia auf Neubildung der provisorischen Verkalkungszone. Man verfährt dabei in folgender Weise: Die Knochen werden nach vorherigem Verbringen in 4—10proz. Formaldehydlösung für die Dauer von etwa fünf Stunden mit einem scharfen Skalpell in zwei Teile gespalten, anschließend 1—2 Minuten lang in eine 1—1,5proz. Silbernitratlösung eingetaucht und dann dem Sonnenlicht oder, wenn dieses nicht stark genug ist, etwa 10 Sekunden den Strahlen einer Quarzquecksilberdampflampe ausgesetzt. Die verkalkten Partien werden auf diese Weise durch Schwärzung sichtbar gemacht. Die weitere Untersuchung erfolgt mittels eines binokulären Mikroskopes. War die Rachitis vor Beginn des Heilverfahrens stark ausgeprägt, so sieht man je nach der Menge des zugeführten Vitamins D in der unverkalkten Metaphyse eine mehr oder weniger breite schwarze Linie, daher der Name „line test“. Bei völlig ausreichender Zufuhr von Vitamin D sieht man schließlich eine vollkommene Verknöcherung. War die Rachitis weniger schwer ausgeprägt, so entsteht keine Linie, sondern die Verknöcherung schreitet dann von der Diaphyse aus in der Richtung auf die Epiphyse fort.

Von weiteren Methoden, die für die Sicherung der Diagnose Rachitis herangezogen werden können, die jedoch für große Reihenversuche viel zu zeitraubend sind, sind noch zu nennen *blutchemische* Untersuchungen (Bestimmung des Serumphosphat- und -calciumspiegels), *Knochenanalysen* und endlich *histologische* Untersuchungen, die natürlich den exaktesten Aufschluß zu geben vermögen. Der Vollständigkeit halber sei noch bemerkt, daß auch die *klinischen* Erscheinungen wie wackeliger Gang, Schonen eines Beines, ausgesprochene Schwäche und schließlich auch Lähmung der Hinterextremitäten zur Stellung der Diagnose Rachitis herangezogen werden können, doch möchte ich darauf hinweisen, daß bei Verwendung der McCollumschen Kost nach der kurzen Versuchsdauer von 14 Tagen trotz bestehender Rachitis die Symptome höchstens schwach ausgeprägt sind, ja in der Regel sogar fehlen.

Wichtig ist es, darauf zu achten, daß die Versuchsratten genügende Mengen der Grundnahrung aufnehmen, da im Hungerzustande Ablagerung von Kalksalzen und damit Abheilung der Rachitis einsetzen kann. Bei trächtigen Tieren soll eine Ablagerung von Kalksalzen auch bei strenger Rachitisdiät erfolgen (Stepp S. 52[39]).

Anhangsweise sei erwähnt, daß Redman und Mitarbeiter[298] auf die Verschiebung des p_H-Wertes der Fäces aus dem normalerweise sauren Bereich in alkalisches Bereich hinweisen, die nach Verfütterung rachitogener Diäten bei Ratten und anderen Nagern auftritt und möglicherweise für die Entstehung der Rachitis von Bedeutung sein soll.

5. Auftreten von Rachitis bei den verschiedenen Tierarten.

Gegen Erkrankung an Rachitis ist wohl kein Säugetier gefeit. Besonders häufig kommt Rachitis nach Jost und Koch[194] bei Ferkeln, jungen Hunden, Lämmern und Zicken, seltener bei Füllen, Kälbern und Kaninchen vor. Auch junge Löwen und andere carnivore Tiere erkranken bei unsachgemäßer Fütterung in zoologischen Gärten und Zirkussen häufig an Rachitis. Kücken erkranken bei Mangel an Vitamin D und fehlerhafter Zusammensetzung des Mineralstoffgehaltes der Rationen an *Beinschwäche* (leg weakness) (Hart, Halpin und Steenbock[141], Hughes und Titus[178] u. a.), während für Tauben nach Funk und Dubin[118] das Vitamin D entbehrlich zu sein scheint. Auf die sehr interessanten Zusammenhänge zwischen Fütterung und Haltung einerseits und Entstehung von Rachitis bzw. Osteomalacie, Vitamin-D-Gehalt der Milch usw. andererseits kann hier nicht eingegangen werden, doch werden diese Fragen in einem späteren Kapitel eingehend Berücksichtigung finden.

6. Vorkommen des Vitamins D.

Das Vitamin D kommt, was zunächst die pflanzlichen Futtermittel anbetrifft, *fast ausschließlich in grünem, pflanzlichem Material und im Heu* vor, doch ist nach Befunden von Steenbock, Hart, Elvehjem und Kletzien[352] der Vitamin-D-Gehalt des Heues je nach dem Wetter, bei dem es geworben wurde, großen Schwankungen unterworfen. Von tierischen Produkten ist das vitamin-D-reichste der *Lebertran*. Reichlich findet sich das Vitamin D außerdem im *Eigelb*, während Butter nur sehr geringe Mengen davon enthält. Interessant sind die Untersuchungen von Wejdling[390], die die überragende Bedeutung von Spaltalgen für den Ursprung des Vitamin-D-Gehaltes des Lebertrans ergaben. Er konnte im Rattenversuch zeigen, daß die bestrahlte Spaltalge (Diatomee) antirachitisch wirkt. Durch Bestrahlen mit Sonnenlicht oder künstlichem ultraviolettem Licht entsteht in vielen Stoffen, wie wir später sehen werden, aus an sich unwirksamen Vorstufen Vitamin D. Diese Spaltalge kommt auf der Meeresoberfläche in sehr großen Mengen vor und wird durch Sonnenstrahlen stark antirachitisch aktiviert, da ihre Zellhaut für ultraviolette Strahlen durchlässig ist. Da nun für eine synthetische Bildung von Vitamin D im Fischorganismus bisher keinerlei Beweise erbracht werden konnten, glaubt WEJDLING, daß der Vitamin-D-Gehalt des Tranes von Fischen wie Dorscharten, die in etwa 100 m Tiefe leben, durch Aufnahme aktivierter Spaltalgen zu erklären ist. Nach Untersuchungen von VÖLTZ und KIRSCH[383] scheint der pflanzliche Organismus auch ohne Mitwirkung des Lichtes Vitamin D synthetisieren zu können. Über den *Gehalt der Futtermittel an Vitamin D* gibt folgende Übersicht Auskunft.

1. *Reich sind*: Lebertran, Grünfutter und Heu, die aber auch teils wenig, teils gar nichts enthalten können.
2. *Wenig enthalten*: fettreiche Fischmehle.
3. *Nichts enthalten*: sämtliche anderen Futtermittel.

7. Entstehung des Vitamins D durch ultraviolette Strahlen und Chemie des Vitamins D.

Schon seit langer Zeit war von Klinikern ein günstiger Einfluß des Sonnenlichtes auf den Verlauf der Rachitis vermutet worden (PALM[276], NEUMANN[259]). Eine Veröffentlichung von BUCHHOLZ[32] über Besserung von kindlicher Rachitis durch Lichtbehandlung im Jahre 1904 fand nicht die Aufmerksamkeit, die sie verdient hätte. Erst die Beobachtung HULDSCHINSKYS[179] im Jahre 1919, daß mittels einer Quarzquecksilberdampflampe, einer sog. Höhensonne, erzeugte ultraviolette Strahlen eine Heilwirkung bei Rachitis ausüben, fand allgemeine Beachtung und wurde Gegenstand zahlreicher Nachprüfungen, die alle den Befund HULDSCHINSKYS bestätigten und unsere Kenntnisse über den therapeutischen Wert des Lichtes vergrößerten (PUTZIG[288], RIEDEL[300], ERLACHER[82], MENGERT[244], HESS und UNGER[150]). Letztere konnten als erste zeigen, daß *das Sonnenlicht die gleiche Heilwirkung auf die menschliche Rachitis besitzt, wie das Licht der Quarzquecksilberdampflampe.* SHIPLEY und Mitarbeiter[339] sowie HESS, UNGER und PAPPENHEIMER[155] konnten dasselbe für die Rattenrachitis nachweisen. SHIPLEY[337] fand des weiteren, daß *nur die ultravioletten Strahlen mit kürzeren Wellenlängen die größte antirachitische Wirkung haben, und daß unter dem Einfluß dieser Strahlen dieselben Veränderungen im Blutphosphor und -calcium herbeigeführt werden wie durch Zufuhr von Lebertran,* und zwar kommt, wie HESS und WEINSTOCK[152] zeigen konnten, den Strahlen mit einer Wellenlänge von 297 — 313 mμ eine antirachitische Wirkung zu, während die Strahlen mit höherer Wellenlänge völlig oder fast völlig unwirksam sind. Wie GYÖRGY S. 238[370] sehr richtig bemerkt, dürften in logischer Folge der HESSschen Versuchsergebnisse Röntgenstrahlen, die eine weit geringere Wellenlänge besitzen, keine antirachitischen Wirkungen entfalten, was von HESS und Mitarbeitern[159] an der experimentellen Rattenrachitis auch bewiesen werden konnte. Im Gegensatz hierzu stehen aber klinische Beobachtungen von WINKLER[400] und HULDSCHINSKY[179], nach denen den Röntgenstrahlen bei der Behandlung der Rachitis eine heilende Wirkung zukommt. GOLDBLATT und SOAMES[124] wiesen nach, daß *das ultraviolette Licht in gleicher Weise wie das Vitamin D dann entbehrlich ist, wenn die Nahrung eine geeignete Zusammensetzung hat, also vor allem optimale Mengen von Ca und P enthält.* Die Beobachtung von SHEETS und FUNK[329], daß ultraviolette Strahlen bei Ratten wohl Rachitis, nicht aber Keratomalacie zu verhindern vermochten, brachte erneut den Beweis dafür, daß Rachitis nichts mit einem Mangel an Vitamin A zu tun hat.

Alle diese und weitere Beobachtungen sollten schließlich dazu führen, daß es gelang, das Vitamin D in reiner Form darzustellen. Einen Schritt weiter auf diesem Wege bedeuteten die Befunde von STEENBOCK und BLACK[347] und HESS[149]. Während erstere feststellen konnten, daß durch die Quarzquecksilberdampflampe bestrahlte Futterrationen der Ratten so aktiviert werden können, daß sie ebenso wachstumsfördernd und knochencalcifizierend wirken, wie wenn die Ratten direkt bestrahlt werden, fand HESS, daß es gelingt, auch in anderen Materialien, die frei von antirachitischem Vitamin sind, z. B. allen möglichen pflanzlichen Ölen, durch Ultraviolettbestrahlung die Bildung eines spezifischen Stoffes anzuregen. Auch tierische Organe (Leber, Lungen, Muskulatur) konnten durch Ultraviolettbestrahlung antirachitisch wirksam gemacht werden (GOLDBLATT und SOAMES[124], STEENBOCK und BLACK[347], GYÖRGY und POPOVICIU[132]). Es lag nun der Schluß nahe, daß *die Substanzen, die durch Bestrahlung antirachitisch wirksam wurden, eine Vorstufe des Vitamins D, ein Provitamin enthielten, das durch Bestrahlung in die aktive Form, das eigentliche Vitamin, überführt wurde.* Es gelang nun HESS, WEINSTOCK und HELMAN[158] nachzuweisen, daß wäßrige Aufschwemmungen von *Cholesterin* und *Phytosterinen* durch Ultraviolettbestrahlung ebenso antirachitisch wirksam wurden, wie Öle und Organgewebe. Im Einklang mit diesem Befund stand die von HESS und WEINSTOCK[154] gefundene Tatsache, daß Verfütterung der Cholesterin enthaltenden unbestrahlten Haut keine Schutzwirkung gegen Rachitis verlieh, wohl aber, nachdem sie der Einwirkung ultravioletter Strahlen ausgesetzt worden war. Die Aufmerksamkeit wurde durch diese Ergebnisse auf das *Cholesterin* gelenkt, und es konnte nunmehr von HESS, WEINSTOCK und SHERMAN[157] gezeigt werden, daß 2 mg bestrahltes Cholesterin pro Tag und Ratte einen sicheren Schutz vor Rachitis gewähren bzw. bereits bestehende Rachitis zu heilen imstande sind.

Auf Grund dieser Befunde *galten das Cholesterin und seine Verwandten zunächst als das Provitamin.* Es war nun die Frage zu klären, welche chemischen Veränderungen bei der Umwandlung des Provitamins in das eigentliche Vitamin vor sich gehen. Die Bearbeitung dieser Frage wurde dann von WINDAUS in Gemeinschaft mit HESS, ROSENHEIM und WEBSTER[398, 170, 399, 305] in Angriff genommen und *führte wohl zur Reindarstellung des Vitamins D, nicht aber zur Aufklärung seiner chemischen Konstitution.* Es konnte zunächst durch Untersuchungen zahlreicher neutraler Oxydationsprodukte des Cholesterins gezeigt werden, daß die Aktivierung keine Oxydation des Provitamins darstellt, da sich diese sämtlich als unwirksam erwiesen, außerdem gelang die Aktivierung auch bei Sauerstoffabschluß. Die einzige nachweisbare Veränderung des Cholesterins durch die Ultraviolettbestrahlung war das Verschwinden der Fähigkeit, bei Durchgang ultravioletter Strahlen durch eine alkoholische Lösung bestimmte Wellenlängen (280—300 mμ) zurückzuhalten. Merkwürdigerweise erwiesen sich eine Reihe von reinen Cholesterinpräparaten auch nach der Bestrahlung als völlig unwirksam. Des Rätsels Lösung brachte dann die vergleichende quantitative Messung der Ultraviolettabsorption der Präparate durch POHL[170], der nachweisen konnte, daß das Absorptionsspektrum, dessen Beseitigung durch Ultraviolettbestrahlung das Cholesterin antirachitisch wirksam macht, *nicht dem Cholesterin selbst, sondern einer ihm in Spuren* (etwa $^1/_{60}$%) *anhaftenden Verunreinigung angehörte.* Die nicht aktivierbaren Cholesterinpräparate zeigten die Ultraviolettabsorption nicht. Es gelang nun schließlich durch Subtraktion der Spektren des unwirksamen von denen des wirksamen Cholesterinpräparates das Absorptionsspektrum des *Provitamins* zu bestimmen. Auf Grund dieses und der bis dahin erhaltenen chemischen Ergebnisse gelang es WINDAUS, *das Provitamin des Vitamins D in dem bereits bekannten, aus Pilzen isolierbaren Ergosterin zu erkennen.* Heilversuche mit bestrahltem Ergosterin an stark rachitischen Ratten führten zu glänzenden Erfolgen. Ergosterindosen von 0,001 mg (ein

Millionstel Gramm) erwiesen sich bereits als wirksam. Der Blutphosphor steigt, genau wie bei Verabreichung von Lebertran und nach Ultraviolettbestrahlung, zu normalen Werten an und die breiten Knorpelzonen zwischen Epiphyse und Diaphyse der Röhrenknochen erscheinen bereits nach acht Tagen durch die sofort einsetzende Kalkeinlagerung im Röntgenbild wolkig getrübt. Für den menschlichen Säugling sind zur Sicherung der normalen Einlagerung von Kalk einige Milligramm als Tagesdosis erforderlich.

Das *bestrahlte Ergosterin* wurde dann von der *I. G. Farbenindustrie A.-G.* unter dem Namen „*Vigantol*" in den Handel gebracht. Das Präparat stellt eine 1proz. Lösung in Öl dar. Andere ähnliche Präparate sind das von der Firma *The British Drug Houses Ltd., London,* hergestellte und von der Firma „*Pharmagans*", Oberursel bei Frankfurt a. M. vertriebene „*Radiostol*" und das von den *Nordmark Werken A.-G.* herausgebrachte „*Präformin*". Die praktischen Erfahrungen mit diesen Präparaten, insbesondere mit *Vigantol,* lauten im allgemeinen außerordentlich günstig (GYÖRGY S. 248[370], GEHRT[120], VOGT[384], WISKOTT[402] u. a.). Es bewährte sich sowohl therapeutisch bei florider Rachitis als auch prophylaktisch, insbesondere auch bei Zwillingen und Frühgeburten. Über gute Erfolge mit Vigantol bei Tieren (Hunden, Ferkeln, Rehen, Pelztieren) berichten HOTTINGER[175], BUSCHMANN[34], KLOSS[202] und SPREHN[345].

In letzter Zeit haben sich nun Stimmen gemehrt, die über eine *Giftwirkung des bestrahlten Ergosterins bei Verabreichung in hohen Dosen* berichten (KREITMAIR und MOLL[208], BAMBERGER und SPRANGER[16], PFANNENSTIEL[285], REYHER und WALKOFF[299], WURZINGER[404], GOEBEL[121]). Es wird über *Dyspepsien, Durchfälle,* und bei *tuberkulösen Kindern* über *Nierenschädigungen* berichtet. Daß dem bestrahlten Ergosterin (Vigantol) bei starker Überdosierung tatsächlich toxische Eigenschaften innewohnen, zeigten in einwandfreier Weise KREITMAIR und MOLL[208], denen es durch Verabreichung großer Dosen von Vitamin D gelang, experimentell eine *Hypervitaminose* zu erzeugen, die sich in *Beschleunigung des Stoffwechsels, insbesondere des Kalkstoffwechsels,* äußerte. Bei gewissen Tierarten und nach bestimmten Dosen, deren Höhe bei den einzelnen Tierarten verschieden ist, kommt es zu einer außerordentlich reichlichen Ablagerung von Kalk an disponierten Stellen, namentlich an und in der Gefäßwand, der Herzmuskulatur, der Magenwand, den Lungen, den Nieren und der intercostalen Muskulatur. Die genauere toxikologische Prüfung an den gebräuchlichsten Laboratoriumstieren ergab einen erheblichen *Unterschied in der Empfindlichkeit der einzelnen Tierarten.* Am empfindlichsten erwies sich die Katze, weniger das Kaninchen, und wenig das Meerschweinchen. Beim Huhn, ebenso wie beim Kaltblüter (Axolotl) konnte keinerlei Reaktion beobachtet werden. Die beiden Autoren glauben, daß es *bei fortgesetzter Anwendung des bestrahlten Ergosterins (Vigantol) in therapeutischen Dosen bei der vorhandenen großen therapeutischen Wirkungsbreite nicht zu einer Vergiftung kommen kann,* sondern daß hierzu die dauernde Einnahme enorm hoher Dosen nötig wäre. Um derartiges zu vermeiden, darf das Vitamin D nur in *exakt dosierbarer Form* verabreicht werden (Methoden zu einer exakten Wertbestimmung von Vitamin-D-Präparaten sind von COWARD[46a], ADAMS und McCOLLUM[7a], POULSSON und LÖVENSKIOLD[283a], SCHULTZ[325a] und neuerdings von SCHEUNERT und SCHIEBLICH[321a, 321b] angegeben worden). In dem gleichen Sinne wie KREITMAIR und MOLL sprechen sich COLLAZO, RUBINO und VARELA[45] aus, die fanden, daß die Dosis Vigantol, die bei der Ratte zur experimentellen Hypervitaminose (Gewichtsverlust, Wachstumshemmung, Kachexie, Hypothermie, Tod) führt, ungefähr 5000—50000 mal größer ist, als die für Ratten bei rachitogener Kost vor Rachitis schützende Menge, d. h. also, daß der Spielraum zwischen der therapeutischen und der tödlichen Dosis außerordentlich groß ist, so groß, daß eine Hypervitaminose beim Menschen nur schwer zu erreichen sein dürfte. Man kann daher PFANNENSTIEL[285] nur zustimmen, wenn er sagt, daß es kein Mittel gibt, das nicht in hohen Dosen (z. B. NaCl) giftig wirken kann, und es daher auch nichts Verwunderliches ist, wenn eine Überdosierung auch des glänzendsten Heilmittels schädigt.

V. Das Fortpflanzungs- oder Antisterilitätsvitamin E.

Um die Vollwertigkeit einer Nahrung im Tierversuch in völlig einwandfreier Weise sicherzustellen, ist es unbedingt erforderlich, die *Fütterungsversuche über mehrere Generationen* auszudehnen. Füttert man z. B. Ratten mit synthetischen Kostformen, wie sie bei Vitaminversuchen gebräuchlich sind, die aus reinem Fett, Kohlenhydrat und Eiweiß unter Zugabe eines entsprechenden Salzgemisches bestehen und genügende Mengen der Vitamine A und B enthalten, so wachsen die Tiere sehr gut und entwickeln sich anscheinend vollkommen normal. Stellt man nun mit derartig aufgezogenen Tieren Fortpflanzungsversuche an, so zeigt es sich, daß sie früher oder später vollkommen steril werden. EVANS und BISHOP[87] *führten den Eintritt der Sterilität auf den Mangel an einem für die Fortpflanzung unerläßlichen Faktor in der Nahrung zurück, den sie zunächst X nannten, und der späterhin von* SURE[372, 371] *als Vitamin E bezeichnet wurde.*

Männchen und Weibchen werden nach EVANS und BURR[85, 86] durch Mangel an diesem Faktor verschieden schwer geschädigt. Während bei reinem Mangel an Vitamin E das Ovarium normal bleibt, degenerieren die Hoden nach einer gewissen Zeit völlig. Die Unfruchtbarkeit der weiblichen Tiere ist heilbar, die charakteristischen Störungen betreffen bei ihnen den Embryo und die Placenta, während die Vorgänge des oestralen Zyklus, der Ovulation, Befruchtung, Eiwanderung und Eieinpflanzung im Gegensatz zu durch anderweitige Arten einseitiger Ernährung bedingten Störungen normal bleiben. Absterben der Embryonen, Autolyse derselben und intrauterine Resorption treten um so früher ein, je geringere Mengen von Vitamin E der Mutter zugeführt werden. Das Vitamin E geht vom mütterlichen Körper in beträchtlichen Mengen auf den kindlichen Organismus über. Die Vorräte des mütterlichen Körpers können so hoch sein, daß eine erste Schwangerschaft ohne Störung verlaufen kann, ja gelegentlich noch weitere. Männliche Tiere der zweiten und dritten Generation sind aber immer nicht nur steril, sondern zeigen auch die charakteristische Keimepitheliendegeneration. Bei weiblichen Tieren gelingt es, auch nach dem Auftreten einer „*Resorptionsschwangerschaft*" durch Zufuhr von Vitamin E eine normale Schwangerschaft zu erzielen. Durch einen Überschuß an Vitamin E kann die Fruchtbarkeit nicht über die normalen Grenzen hinaus gesteigert werden.

Zur *Prüfung von Substanzen auf ihren Gehalt an Vitamin E* wird von EVANS und BURR eine Diät folgender Zusammensetzung verwandt:

Casein	18,0
Maisstärke	54,0
Schweinefett	15,0
Milchfett	9,0
Salzgemisch (MCCOLLUM 185)	4,0

Hierzu wird pro Tier und Tag 0,4—0,6 g Trockenhefe gereicht. Wie nun von den genannten Autoren in umfangreichen Untersuchungen gezeigt werden konnte, *kommt das Vitamin E sowohl in pflanzlichen als auch tierischen Futtermitteln so weitverbreitet vor, daß ein Mangel an diesem Vitamin praktisch nicht in Frage kommt.* In der Tat ist seine Wirksamkeit auch bisher nur im Rattenversuch nachgewiesen worden. Besonders reichlich findet sich das Vitamin E in pflanzlichen Stoffen, vor allem in Samen und grünen Blättern, in denen es auch nach der Trocknung noch wirksam ist. Bemerkenswert ist das reichliche Vorkommen in Zerealien, so im Hafer, Mais und besonders im Weizen. Das Endosperm enthält davon wieder weniger als der Keimling. *Die Weizenkeimlinge sind überhaupt die wertvollste Quelle des Vitamins E.* Ätherextrakte aus Weizenkeimlingen liefern außerordentlich wirksame Öle. Eine einzige Gabe von 550 mg Weizenkeimöl per os oder parenteral bzw. tägliche Zufuhr von 15—30 mg genügen, um den normalen Verlauf der Schwangerschaft bei Ratten sicherzustellen. Bemerkenswert ist, daß auch in gewöhnlichen im Handel erhältlichen Ölen, Olivenöl, Kokosnußöl usw., Vitamin E enthalten ist, *auch dann noch, wenn diese derart vorbehandelt sind, daß in ihnen das Vitamin A vollkommen zerstört ist.* Dies ist bei der Herstellung des für Vitamin-E-Versuche benutzten Grundfutters zu beachten; man darf also das übliche Schmalz nicht durch derartige Öle ersetzen.

Die *Eigenschaften des Vitamins E* sind recht gut bekannt. Es ist fast unlöslich in Wasser, löslich in Alkohol, Äther, Aceton, Essigäther und Schwefelkohlenstoff. Gegen Hitze, Licht und Luft ist es außerordentlich widerstandsfähig, wie vorwiegend in Versuchen mit Weizenkeimen und daraus hergestellten Ölen gezeigt werden konnte. Selbst Erhitzen bis zu 170° zerstört es nicht, wohl aber Veraschung der Weizenkeimlinge. Durch Destillation im Vakuum bei Temperaturen bis zu 233° wird die Wirkung des Vitamins E kaum herabgemindert. Tageslicht zerstört es in keiner Weise; Bestrahlung mit starkem ultraviolettem Licht unter Luftzutritt in ganz dünnen Schichten für die Dauer von 45 Minuten vermag wohl die Wirksamkeit herabzusetzen, nicht aber sie völlig zu vernichten. Gegen Oxydation ist es nur sehr wenig empfindlich, gegen starkes Alkali und starke Säuren ist es bei normaler Temperatur vollständig stabil. Auch diese außerordentliche Widerstandsfähigkeit gegen chemische und physikalische Eingriffe macht in gleicher Weise wie die weite Verbreitung des Vitamins in den Futtermitteln das Vorkommen eines Mangels an Vitamin E unter praktischen Verhältnissen so gut wie unmöglich. *Versuche, das Vitamin E in reiner Form darzustellen,* führten zur Herstellung hochkonzentrierter Fraktionen. Von dem *reinsten Präparat,* einem viscösen gelben Öl, das nur noch eine Spur Asche, keinen Stickstoff, Schwefel und Phosphor enthält, genügten 5 mg subcutan oder per os bei beginnender Schwangerschaft gegeben, um normale Junge zur Welt zu bringen.

Literatur.

(*1*) ABDERHALDEN, E.: Festschrift d. Kaiser-Wilhelm-Ges. z. Förderung d. Wiss. 1921. — (*2*) Handbuch der biologischen Arbeitsmethoden, Abt. IV: Angewandte Chemie und Physik, Teil 9: Stoffwechsel von Organen und Zellen, S. 145 (ARON u. GRALKA); S. 865 (FUNK); Abt. IV, Teil 8, S. 1919 (ABDERHALDEN). — (*3*) Pflügers Arch. **178**, 260 (1920). — (*4*) Ebenda **198**, 571 (1923). — (*5*) ABDERHALDEN, E., u. A. E. LAMPÉ: Z. exper. Med. **1**, 296 (1913). — (*6*) ABDERHALDEN, E., u. H. SCHAUMANN: Pflügers Arch. **172**, 1 (1918). — (*7*) ABEL, E.: Soc. Biol. **87**, 1213 (1922). — (*7a*) ADAMS u. MCCOLLUM: J. of biol. Chem. **78**, 495 (1928). — (*8*) ARON, H.: Berl. klin. Wschr. **1914**. — (*9*) Ebenda **57**, 773 (1920). — (*10*) Biochem. Z. **92**, 211 (1918). — (*11*) Mschr. Kinderheilk. **13**, 359 (1915). — (*12*) Ebenda **15**, 561 (1917). — (*13*) Ther. Halbmh. **35**, 233 (1922). — (*14*) ARON, H., u. R. GRALKA: Vitamine oder akzessorische Nährstoffe. OPPENHEIMER: Handbuch der Biochemie, 2. Aufl., **6**. 1924.

(*15*) BACOT, A. W., u. A. HARDEN: Biochem. J. **16**, 148 (1921). — (*16*) BAMBERGER u. SPRANGER: Dtsch. med. Wschr. **54**, 1116 (1928). — (*17*) BASSETT-SMITH, P. W.: Lancet **2**, 997 (1920). — (*18*) BECHDEL, S. I.: Pennsylvania Sta. Bul. **196**, 18 (1925). — (*19*) BECHDEL, S. I., C. H. ECKLES u. L. S. PALMER: J. Dairy Sci. **9**, 409 (1926). — (*20*) BECHDEL, S. I., u. H. E. HONEYWELL: Pennsylvania Sta. Bul. **204**, 18 (1926). — (*21*) BERG, R.: Die Vitamine. Leipzig 1922. — (*22*) BESSESEN, D. H.: Amer. J. Physiol. **63**, 245 (1922/23). — (*23*) BEZSSONOFF, N.: Biochem. J. **17**, 420 (1923). — (*24*) Bull. Soc. Chim. biol. Paris **9**.

555 (1927). — (*25*) C. r. **173**, 417 (1921). — (*26*) Bidault, C., u. G. Couturier: Soc. Biol. **83**, 1022 (1920). — (*27*) Bloch, C. E.: Jb. Kinderheilk. **89**, 405 (1919). — (*28*) Ugeskr. Laeg. (dän.) **79**, 309 (1917); **80**, 825, 868 (1918). — (*29*) Boruttau, H.: Dtsch. med. Wschr. **1915**, Nr 41. — (*30*) Bottomley, W. B.: Proc. roy. Soc. **89**, 102 (1915). — (*31*) Braddon, L.: The cause and prevention of beriberi. London 1907. — (*32*) Buchholz, E.: Verh. d. Ges. Kinderheilk. i. d. Abt. f. Kinderheilk. d. 76. Vers. dtsch. Naturforsch. u. Ärzte, Breslau 1904, S. 21, 216. — (*33*) Bunge, G.: Z. physiol. Chem. **16**, 173 (1892). — (*34*) Buschmann, H.: Ther. Mh. Vet.-Med. **1**, H. 8 (1928). — (*35*) Byfield, A. H., A. L. Daniels u. R. Loughlin: Amer. J. Dis. Childr. **19**, 349 (1920).

(*36*) Cavanaugh, G. W., R. A. Dutcher u. J. S. Hall: Amer. J. Dis. Childr. **25**, 498 (1923). — (*37*) Chamberlain, W. P., u. E. B. Vedder: Philippine J. Sci. **6**, 251, 396 (1911); B. **7**, 39 (1912). — (*38*) Chick, H., u. E. M. Delf: Biochem. J. **13**, 199 (1919). — (*39*) Chick, H., u. E. N. Hume: J. Army med. Corps **1917**, August; Trans. roy. Soc. trop. Med. Lond. **10**, 141 (1917). — (*40*) Proc. roy. Soc. B. **90**, 60 (1917). — (*41*) Chick, H., E. M. Hume u. R. F. Skelton: Biochem. J. **12**, 131 (1918). — (*42*) Chick, H., u. M. H. Roscoe: Ebenda **21**, 698 (1927). — (*43*) Cooper, E. A., u. C. Funk: Lancet **2**, 1267 (1911). — (*44*) Cohen, B., u. L. B. Mendel: J. of biol. Chem. **35**, 427 (1918). — (*45*) Collazo, Rubino u. Varela: Biochem. Z. **204**, 347 (1929). — (*46*) Coward, K. H.: Biochem. J. **17**, 145 (1923). — (*46 a*) Quart. J. of Pharm. **50**, 27 (1928). — (*47*) Cowgill, G. R.: Amer. J. Physiol. **57**, 420 (1921). — (*48*) Cramer: Brit. J. exper. Path. **1**, 184 (1920). — (*49*) Cramer, Drew u. Mottram: Ebenda **4**, 37 (1923).

(*50*) Daniels, A. L., u. N. J. McClurg: J. of biol. Chem. **37**, 201 (1919). — (*51*) Delf, E. M.: Biochem. J. **12**, 416 (1918). — (*52*) Ebenda **19**, 141 (1925). — (*53*) Drummond, J. C.: Ebenda **13**, 81 (1919). — (*54*) J. of Physiol. **52**, 344 (1919). — (*55*) Drummond, J. C., u. K. H. Coward: Biochem. J. **14**, 668 (1920). — (*56*) Ebenda **14**, 734 (1920). — (*57*) Drummond, J. C., u. O. Rosenheim: Ebenda **19**, 753 (1925). — (*58*) Drummond, Channon u. Coward: Ebenda **19**, 1047 (1925). — (*59*) Drummond, J. C. Coward, Golding, Mackintosh u. Zilva: J. agricult. Sci. II **13**, 144 (1923). — (*60*) Drummond, J. C., J. Golding, S. S. Zilva u. K. H. Coward: Biochem. J. **14**, 742 (1920). — (*61*) Drummond, J. C., S. S. Zilva u. K. H. Coward: Ebenda **16**, 518 (1922). — (*62*) Dutcher, R. A.: J. Ind. Chem. **13**, 1102 (1921). — (*63*) Dutcher, Eckles u. Mitarbeiter: J. of biol. Chem. **45**, 119 (1920).

(*64*) Eckles, C. H., u. L. S. Palmer: Miss. exper. agricult. Sta. Bull. **25**, 107 (1916). — (*65*) Eddy, W. H.: Amer. J. publ. Health **18**, 313 (1928). — (*66*) Proc. Soc. exper. Biol. a. Med. **25**, 125 (1927). — (*67*) Eddy, W. H., u. E. F. Kohman: J. Ind. Chem. **16**, 52 (1924). — (*68*) Eddy, W. H., H. L. Heft, H. C. Stevenson u. R. Johnson: Proc. Soc. exper. Biol. (N. Y.) **18**, 138 (1921). — (*69*) Edie, Evans, Moore, Simpson u. Webster: Biochem. J. **6**, 234 (1912). — (*70*) Eichholz, W., u. H. Kreitmair: Münch. med. Wschr. **75**, 79 (1928). — (*71*) Eijkman, C.: Arch. f. Hyg. **58**, 150 (1906). — (*72*) Arch. Schiffs- u. Tropenhyg. **15**, 699 (1911). — (*73*) Verlag d. afdeel. natuurkunde, koninkl. akad. v. wetensch., Amsterdam **36**, 221 (1927). — (*74*) Virchows Arch. **148**, 523 (1897). — (*75*) Ebenda **149**, 187 (1897). — (*76*) Ellis, N. R., H. Steenbock u. E. B. Hart: J. of biol. Chem. **46**, 367 (1921). — (*77*) Ellis, W.: Brit. med. J. **1909**, 935. — (*78*) Emmett, A. D., u. F. P. Allen: J. biol. of Chem. **38**, 325 (1919). — (*79*) Emmett, A. D., u. G. O. Luros: Ebenda **43**, 265 (1920). — (*80*) Emmett, A. D., u. L. H. McKim: Ebenda **32**, 409 (1918). — (*81*) Emmett, A. D., u. M. Stockholm: Ebenda **43**, 287 (1920). — (*82*) Erlacher, P.: Wien. klin. Wschr. **34**, 241 (1921). — (*83*) Euler, B. v., H. v. Euler u. H. Hellström: Biochem. Z. **203**, 370 (1928). — (*84*) Evans, H. M., u. G. O. Burr: J. of biol. Chem. **76**, 263 (1928). — (*85*) Proc. nat. Acad. Sci. **11**, 334 (1925). — (*86*) The antisterility vitamine fat soluble E. With the assistance of Th. L. Althausen. Mem. Univ. California **8**. Ed. by A. O. Leuschner. Berkeley: Univ. California press **1927**. — (*87*) Evans, H. M., u. K. S. Bishop: J. metabol. Res. **1**, 319, 335 (1922); **3**, 201, 233 (1923).

(*88*) Falta, W., u. C. F. Noeggerath: Beitr. chem. Phys. u. Path. **7**, 313 (1905). — (*89*) Findlay, G. M.: J. of Path. **24**, 454 (1921). — (*90*) Findlay, L.: Brit. med. J. **2**, 13 (1908). — (*91*) Findlay u. Mackenzie: J. of Path. **25**, 402 (1922). — (*92*) Fink, G. L.: Arch. Schiffs- u. Tropenhyg. **15**, 270 (1911). — (*93*) Fletcher, W.: Lancet **1907**, 29. Juni; J. trop. Med. **12**, 127. — (*94*) Forster, J.: Z. Biol. **9**, 297, 369 (1873). — (*95*) Fraser, H., u. A. T. Stanton: Lancet **76**, 45 (1909). — (*96*) Stud. Inst. med. Res. Feder. Malay States **1909**, Nr 10; **1911**, Nr 12. — (*97*) Freise, E.: Mschr. Kinderheilk. **12**, 687 (1914). — (*98*) Freise, E., M. Goldschmidt u. A. Frank: Ebenda **13**, 424 (1914). — (*99*) Freudenberg, E.: Ebenda **13**, 141 (1914). — (*100*) Fridericia, L. S.: Auszug d. Vortr., geh. a. d. XII. Internat. Physiol.-Kongr., Stockholm 1926, S. 55. — (*101*) Fridericia, L. S., u. E. Holm: Amer. J. Physiol. **73**, 63, 79 (1925). — (*102*) Fridericia, L. S., P. Freudenthal, S. Gudjonnson, G. Johansen u. N. Schonby: J. of Hyg. **27**, 70 (1927). — (*103*) Frölich, Th.: Z. Hyg. **72**, 155 (1912). — (*104*) Fürst, V.: Akad. Abh. Kristiania **1912**. —

(*105*) Fugitani, J.: Mitt. Beriberi-Stud.-Komm. Tokyo **1911**, 306. — (*106*) Fulmer, E. I., u. V. E. Nelson: J. of biol. Chem. **51**, 77 (1922). — (*107*) Fulmer, E. I., V. E. Nelson u. F. F. Sherwood: Amer. J. chem. Soc. **43**, 186, 191 (1921). — (*108*) Funk, C.: Brit. med. J. **19** (1913). — (*109*) Die Vitamine. Ihre Bedeutung für die Physiologie und Pathologie. 3. Aufl. München 1924. — (*110*) J. of Physiol. **43**, 395 (1911). — (*111*) Ebenda **45**, 75 (1912). — (*112*) Ebenda **46**, 173 (1913). — (*113*) Ebenda **48**, 228 (1914). — (*114*) J. Ind. Chem. **13**, 1110 (1921). — (*115*) J. State Med. **1912**, Juni. — (*116*) Proc. Soc. exper. Biol. (N. Y.) **14**, 9 (1916). — (*117*) Z. physiol. Chem. **89**, 378 (1914). — (*118*) Funk, C., u. H. E. Dubin: Proc. Soc. exper. Biol. a. Med. **19**, 15 (1921). — (*119*) Funk, C., u. J. B. Paton: J. metabol. Res. **1**, 737 (1922).

(*120*) Gehrt, J.: Dtsch. med. Wschr. **23** (1928). — (*121*) Goebel, W.: Ther. Gegenw. **1928**, 9, 432. — (*122*) Goldberger, J., u. R. D. Lillie: Publ. Health Rep. **41**, 1025 (1926). — (*123*) Goldberger, J., G. A. Wheeler, R. D. Lillie u. L. M. Rogers: Ebenda **41**, 297 (1926). — (*124*) Goldblatt, H., u. K. M. Soames: Biochem. J. **17**, 294, 622 (1923). — (*125*) Goldblatt, H., u. S. S. Zilva: Lancet **2**, 647 (1923). — (*126*) Gralka, R.: Jb. Kinderheilk. **100**, 267 (1923). — (*127*) Mschr. Kinderheilk. **26**, 217 (1923). — (*128*) Grijns: Geneesk. Tijdschr. Nederl.-Indië **1901**, 41; **1909**, 49. — (*129*) Grineff u. S. Utewskaja: Z. exper. Med. **46**, 633 (1925). — (*130*) Grimes, J. C., u. W. D. Salmon: Kansas Sta. Bien. Rep. **1923/24**, 103, 107, 127. — (*131*) Guyénot, E.: Bull. biol. France et Belg. **51** (1917). — (*132*) György, P., u. Popoviciu: Jb. Kinderheilk. **112** (1926).

(*133*) Harden, A., u. S. S. Zilva: Biochem. J. **12**, 93 (1918). — (*134*) Ebenda **12**, 270 (1918). — (*135*) Lancet **2**, 320 (1918). — (*136*) Hart, C.: Virchows Arch. **208**, H. 2 (1912). — (*137*) Hart, C., u. O. Lessing: Der Skorbut der kleinen Kinder. Stuttgart 1913. — (*138*) Hart, E. B., H. Steenbock u. N. R. Ellis: J. of biol. Chem. **42**, 383 (1920). — (*139*) Hart, E. B., H. Steenbock u. S. Lepkovsky: Ebenda **52**, 241 (1922). — (*140*) Hart, E. B., H. Steenbock, S. Lepkovsky u. J. G. Halpin: Ebenda **66**, 813 (1925). — (*141*) Hart, E. B., J. G. Halpin u. H. Steenbock: Ebenda **52**, 379 (1922). — (*142*) Hassan, A., u. J. C. Drummond: Biochem. J. **21**, 653 (1927). — (*143*) Hauge, S. M., u. L. W. Carrick: J. of biol. Chem. **69**, 403 (1926). — (*144*) Hess, A. F.: Amer. J. Dis. Childr. **14**, 337 (1917). — (*145*) J. Ind. Chem. **13**, 1115 (1921). — (*146*) Panamer. Sci. Congr. Washington **10**, 48 (1917). — (*147*) Proc. Soc. exper. Biol. a. Med. **13**, 145 (1916). — (*148*) Proc. Soc. exper. Biol. (N. Y.) **13**, 145 (1916). — (*149*) Read before the Section on Path. and Phys. at the 14th annual session of the amer. med. Assoc., Atlantic City, N. Y. 1925, May. — (*150*) Hess, A. F., u. L. J. Unger: J. amer. med. Assoc. **77**, 39 (1921); Amer. J. Dis. Childr. **22**, 186 (1921). — (*151*) J. of biol. Chem. **35**, 487 (1918). — (*152*) Hess, A. F., u. M. Weinstock: J. amer. med. Assoc. **80**, 687 (1923). — (*153*) Ebenda **82**, 952 (1924). — (*154*) J. of biol. Chem. **64**, 181 (1925). — (*155*) Hess, A. F., L. J. Unger u. A. M. Pappenheimer: Ebenda **50**, 77 (1922). — (*156*) Hess, A. F., L. J. Unger u. G. C. Supplee: Proc. Soc. exper. Biol. a. Med. **18**, 39 (1920). — (*157*) Hess, A. F., M. Weinstock u. E. Sherman: J. of biol. Chem. **66**, 145 (1925). — (*158*) Hess, A. F., M. Weinstock u. F. Helman: Ebenda **63**, 305 (1925). — (*159*) Hess, Unger u. J. M. Steiner: J. exper. Med. **36**, 447 (1922). — (*160*) Hjort, J.: Proc. roy. Soc. **93**, 440 (1922). — (*161*) Hoet, J.: Biochem. J. **18**, 412, 413 (1924). — (*162*) Höjer, A.: Auszug d. Vortr., geh. a. d. XII. Internat. Physiol.-Kongr., Stockholm 3.—6. August 1926, S. 97. 1926. — (*163*) Hogan, A. G., u. J. E. Hunter: J. of biol. Chem. **78**, 17 (1928). — (*164*) Hofmeister, F.: Biochem. Z. **103**, 218 (1920). — (*165*) Ebenda **128**, 540; **129**, 477 (1922). — (*166*) Erg. Physiol. **16**, 1, 510 (1918). — (*167*) Holst, A.: J. of Hyg. **7**, 619 (1907). — (*168*) Holst, A., u. T. Frölich: Z. Hyg. **72**, 1 (1912). — (*169*) Holst, A., u. W. Fleischer: Arch. Schiffs- u. Tropenhyg. **29**, 163 (1925). — (*170*) Holtz, F.: Klin. Wschr. **6**, 535 (1927). — (*171*) Honeywell, E. M., u. H. Steenbock: Amer. J. Physiol. **70**, 322 (1924). — (*172*) Hopkins, F. G.: Biochem. J. **14**, 725 (1920). — (*173*) Brit. med. J. **1920**, 147. — (*174*) J. of Physiol. **44**, 425 (1912). — (*175*) Hottinger, A.: Z. Kinderheilk. **44**, 282 (1927). — (*176*) Howland, J., u. B. Kramer: Amer. J. Dis. Childr. **22**, 105 (1921). — (*177*) Hughes, J. L., u. H. B. Winchester: Science **56**, 174 (1922). — (*178*) Hughes, J. S., u. R. W. Titus: J. of biol. Chem. **69**, 289 (1926). — (*179*) Huldschinsky, K.: Dtsch. med. Wschr. **45**, 712 (1919); Z. Kinderheilk. **26**, 207 (1920); Z. orthop. Chir. **39**, 426 (1920). — (*180*) Hulshoff-Pol: Arch. Schiffs- u. Tropenhyg. **14** (1910). — (*181*) Hunt, C. H.: J. of biol. Chem. **78**, 83 (1928).

(*182*) Iscovesco: Soc. Biol. **74**, 117 (1914). — (*183*) Issoglio, G.: Atti Acad. Sci. Torino **54**, 980 (1919). — (*184*) Iwabuchi, T.: Z. exper. Med. **30**, 65 (1922).

(*185*) Jackson, E. G., u. V. Harley: Proc. roy. Soc. **1**, 1184 (1900). — (*186*) Jackson, L., u. J. J. Moore: J. inf. Dis. **19**, 478 (1916). — (*187*) Jacob, L.: Z. Biol. **48**, 19 (1906). — (*188*) Jameson, H. L., J. C. Drummond u. K. H. Coward: Biochem. J. **16**, 482 (1922). — (*189*) Jansen, B. C. P.: Medel. Burg. Dienst. Neth. Ind. **1920**, 23. — (*190*) Jansen u. Donath: Meded. Dienst Volksgezdh. Nederl.-Indië **1927**, 186. — (*191*) Jen-

DRASSIK, A.: J. of biol. Chem. 57, 129 (1923). — (*192*) JEPHCOTT, H., u. A. L. BACHARACH: Biochem. J. 15, 129 (1921). — (*193*) JONES, J. R., C. H. ECKLES u. L. S. PALMER: J. Dairy Sci. 9, 119 (1926). — (*194*) JOST, J., u. M. KOCH: Handbuch der allgemeinen Pathologie und der pathologischen Anatomie des Kindesalters 1, Abt. 2, S. 555. Wiesbaden 1914.

(*195*) KARR, W. G.: J. of biol. Chem. 44, 255 (1920). — (*196*) Proc. Soc. exper. Biol. a. Med. 17, 84 (1920). — (*197*) KENNEDY, C., u. L. S. PALMER: J. of biol. Chem. 76, 607 (1928). — (*198*) KENNEDY, C., u. R. A. DUTCHER: Ebenda 50, 339 (1922). — (*199*) KIHN, B.: Zbl. Path. (Sonderbd.) 33, 21 (1923). — (*200*) KIMURA, O.: Mitt. Path. Inst. Univ. Sendai (Jap.) 1919, 24. März. — (*201*) KINNERSLEY, H. W., u. R. A. PETERS: Biochem. J. 22, 419 (1928). — (*202*) KLOSS: Ther. Mh. Vet.-Med. 1, H. 11 (1928). — (*203*) KNAPP, P.: Z. exper. Path. 5, 147 (1909). — (*204*) KON, ST. K., u. J. C. DRUMMOND: Biochem. J. 21, 632 (1927). — (*205*) KON, ST. K., u. WATCHBORN: J. of Hyg. 27, 321 (1928). — (*206*) KRAMER: Med. castrensis 1720. — (*207*) KRAMER, B., F. F. TISDALL u. J. HOWLAND: Amer. J. Dis. Childr. 22, 431 (1921). — (*208*) KREITMAIR, H., u. TH. MOLL: Münch. med. Wschr. 75, 637 (1928). — (*209*) KUČERA, C.: Z. Tierzüchtg 12, 239 (1928). — (*210*) KÜLZ, L.: Arch. Schiffs- u. Tropenhyg. 16, 163 (1912). — (*211*) KUROYA, M., u. S. HOSOYA: Sci. Rep. Gov. Inst. inf. Dis. Tokyo 2, 287 (1923).

(*212*) LA MER, V. K., u. H. L. CAMPBELL: Proc. Soc. exper. Biol. a. Med. 18, 32 (1920). — (*213*) LA MER, V. K., H. L. CAMPBELL u. H. C. SHERMAN: J. amer. chem. Soc. 44, 172 (1922). — (*214*) LAUFBERGER, W.: Pflügers Arch. 198, 31 (1923). — (*215*) LEERSUM, E. C. VAN: Nederl. Natuur- en Geneesk. congr., Amsterdam 1927, S. 228. — (*216*) LECOQ, R.: Bull. Sci. pharmacol. 27, 139 (1920). — (*217*) J. Pharmacie 6, 289 (1927). — (*218*) LEPKOVSKY, S., u. M. T. NELSON: J. of biol. Chem. 59, 91 (1924). — (*219*) LESNÉ, E., CHRISTOU u. VAGLIANOS: C. r. 176, 1006 (1923). — (*220*) LEWIS, H. B., u. W. G. KERR: J. of biol. Chem. 28, 17 (1917). — (*221*) LEVENE u. VAN DER HOEVEN: Ebenda 61, 429 (1924). — (*222*) LIOTTA, D.: Arch. Farmacol. sper. 36, 76 (1923). — (*223*) LOEB, J., u. J. H. NORTHROP: J. of biol. Chem. 27, 309 (1916). — (*224*) LUCE, E. M.: Biochem. J. 18, 716 (1924). — (*225*) LUNIN, N.: Z. physiol. Chem. 5, 31 (1881).

(*226*) MACHT, D. J., u. W. STEPP: Arch. f. exper. Path. 112, 242 (1926). — (*227*) MACY, I. G., J. OUTHOUSE, M. L. LONG u. A. GRAHAM: J. of biol. Chem. 73, 153 (1927). — (*228*) MCCARRISON, R.: Brit. med. J. 2, 154 (1920). — (*229*) Ebenda 1920, 14. August, 236. — (*230*) Ind. J. med. Res. 7, 283, 308 (1919). — (*231*) Lancet 1, 348 (1921). — (*232* u. *233*) MCCOLLUM, E. V., u. C. KENNEDY: J. of biol. Chem. 24, 491 (1916). — (*234*) MCCOLLUM, E. V., u. H. T. PARSONS: Ebenda 44, 603 (1920). — (*235*) MCCOLLUM, E. V., u. M. DAVIS: Ebenda 15, 167 (1913). — (*236*) Proc. Soc. exper. Biol. (N. Y.) 11, 101 (1914). — (*237*) MCCOLLUM, E. V., u. M. DAVIS: J. of biol. Chem. 19, 245 (1914). — (*238*) MCCOLLUM, E. V., u. N. SIMMONDS: Ebenda 33, 55 (1917). — (*239*) The newer knowledge of nutrition, 3. Aufl. New York 1925. — (*240*) MCCOLLUM, E. V., u. W. PITZ: J. of biol. Chem. 31, 229 (1917). — (*241*) MCCOLLUM, E. V., N. SIMMONDS, P. G. SHIPLEY u. E. A. PARK: Ebenda 51, 41 (1922). — (*242*) MCCOLLUM, E. V., N. SIMMONDS, J. E. BECKER u. P. G. SHIPLEY: Ebenda 53, 293 (1922). — (*243*) MCDONALD, M. B., u. E. V. MCCOLLUM: Ebenda 45, 307 (1921); 46, 525 (1921). — (*244*) MENGERT, E.: Dtsch. med. Wschr. 47, 675 (1921). — (*245*) MELLANBY, E.: Lancet 1919, 407; J. of Physiol. 52, 53 (1918); Proc. Soc. Physiol. 53 (1919); Lancet 1, 1290 (1920); Med. Res. Council Lond. 1921. — (*246*) MERKLEN, P.: Bull. Soc. Pédiatr. Paris 1914, April. — (*247*) MITCHELL, H. H.: J. of biol. Chem. 40, 399 (1919). — (*248*) MOORE: Biochem. J. 21, 870 (1927). — (*249*) MOORE, C. U., J. L. BRODIE u. R. B. HOPE: Amer. J. Physiol. 82, 350 (1927). — (*250*) MONRAD: Ugeskr. Laeg. (dän.) 79, 1177 (1917). — (*251*) MORI: J. amer. med. Assoc. 79, 197 (1922). — (*252*) MORIKAWA, Y.: Osaka Igakkwai 19, 9 (1920); Endocrinology 4, 615 (1920). — (*253*) MOURIQUAND, G., u. M. BERNHEIM: C. r. Acad. Sci. Paris 181, 1103 (1925). — (*254*) MOURIQUAND, G., u. P. MICHEL: Soc. Biol. 83, 19, 865 (1920); 84, 41 (1921). — (*255*) MYERS, C. N., u. C. VOEGTLIN: J. of biol. Chem. 42, 199 (1920); Proc. Acad. natur. Sci. Wash. 6, 3 (1920).

(*256*) NAITO, K., T. SHIMAMURA u. K. KUWABARA: Third Rep. Gov. Inst. vet. Res. Fusan, Chosen (Jap.) 1925, 51. — (*257*) NELSON, JONES, HELLER, PARKS u. FULMER: Amer. J. Physiol. 76, 325 (1926). — (*258*) NELSON, V. E., u. A. R. LAMB: Ebenda 51, 530 (1920). — (*259*) NEUMANN: Dtsch. med. Wschr. 35, 2167 (1919). — (*260*) NORTHROP, J. H.: J. of biol. Chem. 30, 181 (1917).

(*261*) ORR, J. B., u. A. CRICHTON: J. agricult. Sci. 14, 114 (1924). — (*262*) OSBORNE u. MENDEL: J. amer. med. Assoc. 69, 32 (1917). — (*263*) Ebenda 76, 905 (1921). — (*264*) J. of biol. Chem. 12, 81 (1912). — (*265*) Ebenda 13, 233 (1912). — (*266*) Ebenda 15, 311 (1913). — (*267*) Ebenda 16, 423 (1913). — (*268*) Ebenda 17, 401 (1914). — (*269*) Ebenda 20, 379 (1915). — (*270*) Ebenda 24, 37 (1916). — (*271*) Ebenda 41, 549 (1920). — (*272*) Ebenda 42, 465 (1920). — (*273*) OSBORNE, TH. B., L. B. MENDEL, E. L. FERRY u. A. J.

Wakeman: Ebenda **20**, 379 (1915). — *(274)* Oseki, S.: Biochem. Z. **65**, 158 (1914). — *(275)* Ottow, W. M.: Geneesk. Tijdschr. Gen. Indie **55**, 75 (1915).

(276) Palm, T. A.: The Practitioner **45**, 270, 321 (1890). — *(277)* Palmer, L. S.: J. of biol. Chem. **27**, 27 (1916). — *(278)* Science **50**, 501 (1919). — *(279)* Palmer, L. S., u. C. Kennedy: J. of biol. Chem. **46**, 559 (1921). — *(280)* Palmer, L. S., u. H. L. Kempster: Ebenda **39**, 299, 313, 333 (1919). — *(281)* Park, E. A., R. A. Guy u. G. F. Powers: Amer. J. Dis. Childr. **26**, 103 (1923). — *(282)* Parsons, H. T.: J. of biol. Chem. **44**, 587 (1920). — *(283)* Parsons, H. T., u. M. K. Hutton: Ebenda **59**, 97 (1924). — *(283a)* Poulsson u. Lövenskiold: Zit. nach Flury: Biochem. Z. **203**, 14 (1928). — *(284)* Penal, H., u. H. Simonnet: Soc. Biol. **85**, 198 (1920). — *(285)* Pfannenstiel: Münch. med. Wschr. **75**, 1113 (1928). — *(286)* Plimmer, R. H. A.: Biochem. J. **14**, 570 (1920). — *(287)* Plimmer, R. H. A., J. L. Rosedale u. W. H. Raymond. Ebenda **17**, 772 (1923). — *(288)* Putzig, H.: Ther. Halbmschr. **8**, 234 (1920).

(288a) Quinn, E. J., u. D. H. Cook: Amer. J. trop. Med. **8**, 503 (1928).

(289) Randoin, L., u. R. Lecoq: Bull. Sci. pharmacol. **34**, 129 (1927). — *(290)* C. r. Acad. Sci. Paris **184**, 1347 (1927). — *(291)* Ebenda **185**, 1068 (1927). — *(292)* Ebenda **187**, 60 (1928). — *(293)* C. r. Soc. Biol. Paris **99**, 148 (1928). — *(294)* J. Pharmacie **6**, 340 (1927). — *(295)* Bull. Soc. Chim. biol. Paris **7**, 1020 (1925). — *(296)* Randoin u. Simonnet: C. r. Acad. Sci. Paris **179**, 700 (1924). — *(297)* Les données et les inconnues du problème alimentaire. Bd. 2. La question des vitamines. (Les problèmes biol. IX.) Paris 1927. — *(298)* Redman, T., S. G. Willimott u. F. Wokes: Biochem. J. **21**, 589 (1927). — *(299)* Reyher u. Walkoff: Münch. med. Wschr. **75**, 1071 (1928). — *(300)* Riedel, G.: Ebenda **67**, 838 (1920). — *(301)* Röhmann, F.: Biochem. Z. **39**, 507 (1912). — *(302)* Über künstliche Ernährung und Vitamine. Berlin 1916. — *(303)* Ronne, H.: Ugeskr. Laeg. (dän.) **79**, 1479 (1917). — *(304)* Rosedale, J. L.: Biochem. J. **21**, 1266 (1927). — *(305)* Rosenheim u. Webster: Ebenda **21**, 129 (1927). — *(306)* Rosenheim, O., u. J. C. Drummond: Lancet **1**, 862 (1920).

(307) Salmon, W. D.: J. of biol. Chem. **73**, 483 (1927). — *(308)* Santos, F. O.: Proc. Soc. exper. Biol. (N. Y.) **19**, 2 (1921). — *(309)* Schaumann, H.: Arch. Schiffs- u. Tropenhyg. **14**, Beih. 8 (1910). — *(310)* Arch. Schiffs- u. Tropenhyg. **18**, 425 (1914). — *(311)* Scheunert, A.: Biochem. Z. **183**, 113 (1927). — *(312)* Friedrichswerther Mber. **17**, Stück 5, S. 52 (1927). — *(313)* Z. Zuckerrübenbau **1926**, H. 9/10. — *(314)* Z. Züchtgskde **2**, 264 (1927). — *(315)* Z. Tierzüchtg **8**, 349 (1927). — *(316)* Scheunert, A., u. M. Schieblich: Biochem. Z. **139**, 57 (1923). — *(317)* Ebenda **184**, 58 (1927). — *(318)* Ebenda **186**, 222 (1927). — *(319)* Ebenda **202**, 380 (1928). — *(320)* Liebigs Ann. **453**, 249 (1927). — *(321)* Z. Tierzüchtg **8**, 315 (1927). — *(321a)* Klin. Wschr. Jg. 8, 699 (1929). — *(321b)* Biochem. Z. 209, 290 (1929). — *322)* Scheunert, A., u. W. Lindner: Krkhforschg **4**, 389 (1927). — *(323)* Ebenda **5**, 268 (1927). — *(323a)* Schieblich, M.: Biochem. Z. **207**, 458 (1929). — *(324)* Schüffner u. Kuenen: Arch. Schiffs- u. Tropenhyg. **1912**, Beih. 7. — *(325)* Schultz, O.: Ber. 90. Vers. dtsch. Naturforsch. u. Ärzte, Hamburg 1928; Berl. tierärztl. Wschr. **44**, 787 (1928). — *(325a)* Zit. nach Flury: Biochem. Z. **203**, 14 (1928). — *(326)* Seidell, A.: J. Ind. Chem. **13**, 1111 (1921). — *(327)* U. S. Publ. Health Rep. **36**, 325 (1916). — *(328)* Seifried: Ber. 90. Vers. dtsch. Naturforsch. u. Ärzte, Hamburg 1928. Berl. tierärztl. Wschr. **44**, 821 (1928). — *(329)* Sheets, O., u. C. Funk: Proc. Soc. exper. Biol. a. Med. **20**, 80 (1922). — *(330)* Sherman, H. C.: J. chem. Ed. **3**, 1241 (1926). — *(331)* Sherman u. Burton: J. of biol. Chem. **70**, 639 (1926). — *(332)* Sherman, H. C., u. A. M. Pappenheimer: Proc. Soc. exper. Biol. a. Med. **18**, 193 (1921). — *(333)* Sherman, H. C., u. J. H. Axtmayer: J. of biol. Chem. **75**, 201 (1927). — *(334)* Sherman, H. C., u. S. L. Smith: The vitamins. New York 1922. — *(335)* Sherman, H. C., V. K. La Mer u. H. L. Campbell: J. amer. chem. Soc. **44**, 165 (1922). — *(336)* Shiga, K., u. Sh. Kusama: Arch. Schiffs- u. Tropenhyg. **15**, Beih. 3 (1911). — *(337)* Shipley, P. G.: J. Bone Surg. **4**, 672 (1922). — *(338)* Shipley, P. G., E. V. McCollum u. N. Simmonds: J. of biol. Chem. **49**, 399 (1921). — *(339)* Shipley, P. G., E. A. Park, G. F. Powers, E. V. McCollum u. N. Simmonds: Proc. Soc. exper. Biol. a. Med. **19**, 43 (1921). — *(340)* Shorten, J. A.: Proc. roy. Soc. **14**, 20 (1921). — *(341)* Shorten, J. A., u. C. Ray: Indian J. med. Res. Spec. **1919**, Nr 60. — *(342)* Smith, S. L.: Science **67**, 494 (1928). — *(343)* Socin, C.: Z. physiol. Chem. **15**, 93 (1891). — *(344)* Souza u. McCollum: J. of biol. Chem. **44**, 113 (1920). — *(345)* Sprehn, C.: Pelztierzucht **3**, 168 (1927). — *(346)* Steenbock, H.: Science **50**, 352 (1919). — *(347)* Steenbock, H., u. A. Black: J. of biol. Chem. **61**, 405 (1924). — *(348)* Steenbock u. Boutwell: Ebenda **41**, 163 (1920). — *(349)* Ebenda **42**, 131 (1920). — *(350)* Steenbock, H., u. E. M. Nelson: Ebenda **56**, 355 (1923). — *(351)* Steenbock, H., u. M. T. Sell: Ebenda **51**, 63 (1922). — *(352)* Steenbock, H., E. B. Hart, A. C. Elvehjem u. S. W. F. Kletzien: Ebenda **66**, 425 (1925). — *(353)* Steenbock, H., E. M. Nelson u. E. B. Hart: Amer. J. Physiol. **58**, 14 (1921). — *(354)* Steenbock, H., M. T. Sell u. M. V. Buell: J. of biol. Chem. **47**, 89 (1921). — *(355)* Steenbock, H., M. T. Sell u. P. W. Boutwell: Ebenda

47, 303 (1920). — (*356*) STEENBOCK, H., M. F. SELL, E. M. NELSON u. M. V. BUELL: Ebenda **46**, 32 (1921). — (*357*) STEENBOCK, H., P. W. BOUTWELL u. H. E. KENT: Ebenda **35**, 517 (1918). — (*358*) STEFANSSON, V.: J. amer. med. Assoc. **71**, 1715 (1918). — (*359*) STEPHENSON, M.: Biochem. J. **14**, 715 (1920). — (*360*) Ebenda **14**, 715 (1921). — (*361*) STEPHENSON, M., u. A. B. CLARK: Ebenda **14**, 502 (1920). — (*362*) STEPP, W.: Biochem. Z. **22**, 452 (1909). — (*363*) Erg. inn. Med. **15**, 257 (1917). — (*364*) Ebenda **23**, 66 (1923). — (*365*) Z. Biol. **57**, 135 (1912). — (*366*) Ebenda **62**, 405 (1913). — (*367*) Ebenda **66**, 300 (1916). — (*368*) Ebenda **66**, 365 (1916). — (*369*) Ebenda **83**, 94 (1925). — (*370*) STEPP, W., u. P. GYÖRGY: Avitaminosen und verwandte Krankheitszustände. Berlin 1927. — (*370a*) SUNDERLIN, G., u. C. H. WERKMAN: J. Bacter. **16**, 17 (1928). — (*371*) SURE, B.: J. of biol. Chem. **48**, 693 (1923/24). — (*372*) Ebenda **62**, 371 (1924/25). — (*373*) SUGIURA, KANEMATSU u. BENEDICT: J. of biol. Chem. **39**, 421 (1919). — (*374*) SUGIURA, K., u. S. R. BENEDICT: Ebenda **55**, 33 (1923). — (*374a*) SUZUKI, SHIMAMURA u. ODAKE: Biochem. J. **43**, 89 (1912).

(*375*) TAKAHASHI, K.: J. chem. Soc. Jap. **43**, 828 (1922). — (*376*) TERUUCHI, Y.: Saikingakuzashi Tokyo **1910**, Nr 179. — (*377*) THEILER, A., H. H. GREEN u. P. R. VILJOEN: 3. u. 4. Rep. Dir. vet. Educat. a. Res. S. Africa **1915**, 9. — (*378*) THURSTON, L. M., C. H. ECKLES u. L. S. PALMER: J. Dairy Sci. **9**, 37 (1926). — (*379*) TOYAMA, C.: Mitt. Beriberi-Stud.-Komm. Tokyo **1911**, 274.

(*380*) VAN DEN BERGH, H., u. P. MULLER: Biochem. Z. **108**, 279 (1920). — (*381*) VOEGTLIN, C., u. G. F. WHITE: J. Pharmacie **9**, 155 (1916). — (*382*) VOEGTLIN, C., u. G. C. LAKE: Amer. J. Physiol. **48**, 558 (1919). — (*383*) VÖLTZ, W., u. W. KIRSCH: Biochem. Z. **193**, 281 (1928). — (*384*) VOGT, E.: Mschr. Geburtsh. **80**, 167 (1928). — (*385*) VORDERMANN: Geneesk. Tijdschr. Nederl.-Indië **1898**, 48.

(*386*) WALLACE, G. I., u. F. W. TANNER: Zbl. Bakter. II **76**, 1 (1928). — (*387*) WALLE, N. VAN DER: Biochem. J. **16**, 713 (1922). — (*388*) WEILL, E., u. G. MOURIQUAND: Soc. Biol. **1918**. — (*389*) WEILL, E., C. MOURIQUAND u. P. MICHEL: Soc. Biol. **79**, 189 (1916). (*390*) WEJDLING, K.: Acta med. scand. (Erg.-Bd.) **26**, 324 (1928). — (*391*) WHIPPLE, B. K.: J. of biol. Chem. **44**, 175 (1920). — (*392*) WIDMARK: Lancet **1924**, Juni. — (*393*) WILKINS u. DUTCHER: J. amer. vet. med. Assoc., N. s. **10**, 666 (1920). — (*394*) WILLIAMS, R. R.: J. Ind. Chem. **13**, 1107 (1921). — (*395*) J. of biol. Chem. **25**, 437; **26**, 431 (1916). — (*396*) WILLIAMS, R. R., u. A. SEIDELL: Ebenda **26**, 431 (1906). — (*397*) WILLIAMS, R. R., u. R. E. WATERMAN: Proc. Soc. exper. Biol. a. Med. **25**, 1 (1927). — (*398*) WINDAUS: Chemiker-Ztg **51**, 113 (1927). — (*399*) WINDAUS u. HESS: Nachr. Ges. Wiss. Göttingen **1927**, 175. — (*400*) WINKLER, E.: Mschr. Kinderheilk. **15**, 520 (1919). — (*401*) Wisconsin Station Bull. **362**, 90 (1924). — (*402*) WISKOTT, A.: Münch. med. Wschr. **75**, 1445 (1928). — (*403*) WRIGHT, A. E.: Army Med. Rep. **1895**; Malys Jber. Tierchem. **27**, 754 (1897). — (*404*) WURZINGER, ST.: Klin. Wschr. **39**, 1859 (1928).

(*405*) YUDKIN, A. M.: Arch. of Ophthalm. **53**, 416 (1924).

(*406*) ZILVA, S. S.: Biochem. J. **13**, 164 (1919). — (*407*) Ebenda **14**, 442 (1920). — (*408*) Ebenda **14**, 740 (1920). — (*409*) Ebenda **16**, 42 (1922). — (*410*) Ebenda **18**, 182 (1924). — (*411*) Ebenda **18**, 881 (1924). — (*412*) ZILVA, S. S., u. M. MIURA: Ebenda **15**, 422 (1922). — (*413*) ZILVA, S. S., J. GOLDING, J. C. DRUMMOND u. V. KORENCHEVSKY: Ebenda **18**, 872 (1924).

III. Die Futtermittel.

1. Die pflanzlichen Futtermittel.

a. Die natürlichen pflanzlichen Futtermittel.

Von

Dr. Franz Honcamp

ord. Professor a. d. Landesuniversität und Direktor der Landwirtschaftlichen Versuchsstation Rostock.

Unter natürlichen Futterstoffen sind solche zu verstehen, die der üblichen Nahrung der Tiere in der Freiheit entsprechen. Es handelt sich hierbei fast immer um Wirtschaftsfuttermittel. Als solche sind jene Futterstoffe anzusehen, die in der Wirtschaft selbst erzeugt und meist in ihrem ursprünglichen Zustand ohne weitere Verarbeitung oder große Zubereitung verfüttert werden. Mit Ausnahme der Körnerfrüchte, bilden die natürlichen Futterstoffe auch keine marktgängige Ware. Sie sind entweder, wie das Heu und Stroh, zu voluminös und zu nährstoffarm oder aber, wie die Hackfrüchte, stark wasserhaltig und von zu geringer Haltbarkeit. Die voluminösen und ballaststoffreichen Futterstoffe wie Grünfutter, Heu, Stroh, Spreu usw. bezeichnet man auch als *Rauhfutter*. Es besteht aus oberirdischen Pflanzenteilen. Immerhin sind zwischen den einzelnen Rauhfutterarten gewisse Unterschiede vorhanden. Grünfutter und Heu werden geerntet bzw. geworben, bevor die betreffenden Pflanzen ihr Wachstum abgeschlossen haben. Stroh und Spreu stammen aber von solchen Feldfrüchten, die mit der Bildung und Reifung von Körnern und Samen ihren gesamten Vegetationsprozeß durchgeführt und vollendet haben. Infolgedessen weisen auch diese beiden Gruppen von Rauhfutterstoffen erhebliche Unterschiede bezüglich ihres Futterwertes auf. Rauhfutter ist in erster Linie Ausfüllungsfutter. Es soll zunächst den umfangreichen Verdauungsapparat, wie er den meisten landwirtschaftlichen Nutztieren eigen ist, ausfüllen. Sie regen gleichzeitig das Wiederkauen an bzw. erleichtern es, was sich in einer besseren Ausnutzung des Futters geltend macht. Je nach der Art des Rauhfutters enthält dieses aber auch gewisse Nährstoffmengen, die verdaut und somit dem tierischen Organismus nutzbar gemacht werden.

Die Körnerfrüchte dagegen sind als *Kraftfuttermittel* anzusprechen, weil sie in einem bestimmten Gewicht und geringen Volumen eine sehr große Menge an hochverdaulichen Nährstoffen enthalten. Sie haben infolgedessen als *Beifuttermittel* zu gelten, weil sie infolge ihres Nährstoffreichtums schon in geringen Mengen beigefüttert, geeignet sind, den Nährstoffgehalt einer Futterration zu erhöhen. Die Hackfrüchte endlich pflegt man als *Nebenfuttermittel* zu bezeichnen. Infolge ihres hohen Wassergehaltes sind sie weniger durch einen großen Nährstoffgehalt, als vielmehr durch ihre Schmackhaftigkeit und diätetischen Wirkungen gekennzeichnet. Als Bestandteil einer nur aus Trockenfutter bestehenden Ration wirken sie günstig auf die Verwertung dieser ein. Die natürlichen Futterstoffe sind also für die Ernährung der landwirtschaftlichen Nutztiere von grundlegender Bedeutung. Sie liefern nicht nur die Masse eines bekömmlichen und schmackhaften Futters, sondern zu einem erheblichen Teile auch die erforderlichen Nährstoffmengen.

A. Grünfutter und Dürrheu.

Grünfutter und Heu bestehen aus den oberirdischen Teilen solcher Pflanzen, die ihr Wachstum noch nicht abgeschlossen haben und noch reichliche Mengen Blattgrün enthalten (O. KELLNER-FINGERLING[97]). Beide bestehen aus den Blättern, Blüten und Stengeln der als Futterpflanzen Verwendung findenden Vegetabilien. Sie unterscheiden sich dadurch voneinander, daß das Grünfutter noch den größten Teil des Vegetationswassers enthält und infolgedessen sehr wasserreich ist. Das Dürrheu dagegen hat durch Trocknen an der Luft oder ähnliche Ernteverfahren sein Wasser in der Hauptsache abgegeben. Grünfutter und Heu stammen entweder von natürlichen Grünlandflächen wie Weiden und Wiesen oder sie werden beim Ackerfutterbau gewonnen. In letzterem Falle kann es sich um reine Futterpflanzen wie Esparsette, Grünmais, Klee und Luzerne handeln, obwohl auch einzelne dieser, wie z. B. der Klee, meist im Gemisch mit Gräsern angebaut werden. Das Futter aber, welches die natürlichen Grünlandflächen liefern, rührt fast ausnahmslos von einem gemischten Pflanzenbestande her. Die Zusammensetzung und Verdaulichkeit der hier in Frage kommenden Futterstoffe ist sehr großen Schwankungen unterworfen, die durch eine ganze Reihe von Umständen bedingt werden können. Bevor daher auf die Futterpflanzen selbst eingegangen werden kann, sind diejenigen allgemeinen Verhältnisse kurz zu erörtern, die hauptsächlich den Nährwert des Grünfutters und Dürrheues beeinflussen.

I. Allgemeine Verhältnisse.

Zunächst sind es *Boden-*, *Düngungs-* und *klimatische Verhältnisse*, die hinsichtlich des Nährwertes der Futterstoffe häufig große Unterschiede bedingen. Der Einfluß des Bodens pflegt am stärksten bei den natürlichen Grünlandflächen zur Geltung zu kommen, und zwar insofern, als er den Bestand der Flora in weitgehendster Weise beeinflußt. Je nachdem ein nasser oder trockner Boden mit alkalischer, neutraler oder saurer Reaktion vorliegt, wird die botanische Zusammensetzung der Grünlandflächen eine ganz verschiedenartige sein. Es wird hiervon abhängen, ob proteinreiche Leguminosen und Süßgräser die Oberhand gewinnen oder ob an deren Stelle Binsen, Riedgräser, Schachtelhalme usw. überwuchern. Leichte Böden erzeugen häufig ein an Masse zwar geringeres, dafür aber hinsichtlich des Nährwertes wertvolleres Futter. Am geeignetsten für den Futterbau dürften die lehmig-sandigen Bodenarten mit durchlässigem Untergrund sein. Auf Moorboden gewachsene Futterpflanzen sind im allgemeinen stickstoffreich. Für solche humosen Böden, aber auch für die Mineralböden, dürfte ein mittlerer Feuchtigkeitsgehalt des Bodens, der etwa der Hälfte seiner wasserfassenden Kraft entspricht, am besten sein. Der Feuchtigkeitsgehalt des Bodens wird aber wiederum in weitgehendem Maße durch die klimatischen Verhältnisse bedingt. Diese beeinflussen aber nicht nur hierdurch, sondern auch noch in anderer Weise den Nährwert des gewachsenen Futters. So ist nachgewiesen worden, daß in nassen Jahren die Pflanzen wasserreicher und somit nährstoffärmer sind. Anhaltend kühle Witterung soll stengelreichere, aber blattärmere und somit auch proteinärmere Futterpflanzen erzeugen.

Trockenheit bedingt im allgemeinen geringere Ernteerträge, dafür aber ein nährstoffreicheres Futter. Dagegen sollen bei dauernder Trockenheit an Mineralstoffen arme Pflanzen wachsen. Sonniges Wetter fördert die Assimilationstätigkeit der grünen Pflanzenteile und liefert ein bekömmliches und nährstoffreiches Futter. Es wird also der Wert der Futterpflanzen in weitgehendstem Maße durch die Boden- und klimatischen Verhältnisse beeinflußt.

Noch stärker tritt der Einfluß der Düngung, und in Sonderheit der Stickstoffdüngung, hervor. Es enthielt ein ungedüngtes Wiesenheu 10,5% Protein in der Trockensubstanz, ein mit Stickstoff reich gedüngtes dagegen 17%. Bis zu 28,6% Protein konnten in der wasserfreien Heusubstanz infolge starker Stickstoffdüngung nachgewiesen werden. Dem steht ein normaler Gehalt des Wiesenheues von etwa 12% gegenüber. Ähnliche Beobachtungen sind hinsichtlich des Weidefutters gemacht worden. Solches enthielt in der Trockensubstanz ungedüngt 16,27% Protein und bei Volldüngung 19,34—23,34%. Weniger deutlich pflegt sich der Einfluß einer Düngung mit Kali und Phosphorsäure geltend zu machen. Immerhin bedingt eine reichliche Zufuhr dieser Nährstoffe, ebenso eine solche mit Kalk, unter günstigen Wachstumsbedingungen ein aschereicheres und somit für die tierische Ernährung wertvolleres Futter.

Zusammensetzung und Nährwert des Grün- und Trockenfutters sind ferner von ihrer *botanischen Zusammensetzung, der Entwicklung der Pflanzen und der Zeit des Schnittes sowie vom Erntewetter abhängig.* Der Pflanzenbestand der natürlichen Grünlandflächen besteht aus drei Gruppen, nämlich aus den Gräsern, den Kleearten und aus anderen Kräutern. Da die letzteren beiden proteinreicher als die Gräser sind, so wird das Futter um so reicher an Protein sein, je mehr die Kleearten überwiegen. Das Verhältnis von Gräsern zu Klee kann durch eine Stickstoffdüngung sehr beeinflußt werden, wie schon vor Jahrzehnten der klassische, in *Rothamstedt* durchgeführte Wiesendüngungsversuch gelehrt hat (J. B. LAWES und J. H. GILBERT[113]). Im dritten Versuchsjahr hatte das geerntete Heu nachstehende botanische und chemische Zusammensetzung:

	Ungedüngt	Schwefelsaures Ammoniak	Mineraldünger	Mineraldünger + 200 kg Ammonsulfat	Mineraldünger + 400 kg Ammonsulfat
			Botanische Analyse:		
Gramineen	76	89	72	97	97
Leguminosen	5	2	23	—	—
Verschiedene Kräuter	10	6	2	2	2
Unbestimmbare Teile	9	3	3	1	1
		Chemische Analyse in der Trockensubstanz:			
Rohprotein	10,2	12,2	10,2	9,5	13,2
N-freie Extraktstoffe	53,2	50,9	50,0	50,8	46,7
Rohfett (Ätherextrakt)	3,3	3,6	3,0	2,4	2,9
Rohfaser	26,7	27,2	29,2	29,4	29,3
Asche	6,6	6,1	7,6	7,9	7,9

Die Stickstoffdüngung hat hiernach in auffallender Weise die Vermehrung und das Wachstum der Gräser gefördert, und zwar teilweise so weitgehend, daß die Leguminosen gänzlich unterdrückt worden sind. Dagegen haben sich bei der einseitigen Kali-Phosphat-Düngung die Leguminosen sehr stark auf Kosten der Gräser vermehrt. Der Gehalt der Pflanzen an Rohprotein hat durch die Stickstoffdüngung fast immer eine Erhöhung erfahren. Wenn dies bei der geringeren Stickstoffgabe gegenüber der reinen Mineraldüngung nicht zutrifft, so ist dies darauf zurückzuführen, daß bei letzterer die proteinreichen Leguminosen noch fast den vierten Teil des geernteten Heues ausmachten. Die Kräuter sind nur in beschränktem Umfange gern gesehen, und auch nur insoweit, als es sich um sog. aromatische Kräuter handelt. Je mehr dagegen auf den Weiden und Wiesen saure Gräser, wie Binsen, Schilf und Seggen, die Hauptmasse des Pflanzenbestandes ausmachen, desto geringwertiger, ja teilweise sogar schädlich, ist das von solchen Flächen geerntete Futter. Der Grund für den geringen Futterwert der sauren Gräser ist darin zu suchen (K. Holly[50]), daß die überwiegende Mehrzahl dieser Riedgräser viel stärker verkieselte Blattrandzähnchen hat, als dies bei den Süßgräsern der Fall ist. Diese stark verkieselten Blattrandzähnchen sollen eine übermäßige Reizung der Drüsen und Schleimhäute der Verdauungsorgane hervorrufen und hierdurch eine verminderte Verdaulichkeit der Eiweißstoffe der Gräser selbst als auch des gereichten Beifutters bewirken.

Auch *Sorte* und *Standweite* vermögen einen wesentlichen Einfluß auf den Nährwert der Futterpflanzen auszuüben. Arten und Sorten mit vielen und großen Blättern sind gehaltreicher als kleinblättrige, weil die zarten Blätter immer proteinreicher und höher verdaulich sind, als die mehr oder weniger verholzten Stengel, wie z. B. nebenstehende Untersuchungsergebnisse eines Schwedenklees zeigen:

	Roh-protein %	N-freie Extraktstoffe %	Roh-faser %
Blätter . . .	29,3	31,0	15,8
Stengel . . .	11,0	38,5	37,8

Das Verhältnis von Blatt zu Stengel wird bei den Futterpflanzen ferner auch durch die Standweite bedingt. Je dichter der Stand ist, desto mehr Blätter und Blüten und desto weniger verholzte Stengel werden entwickelt. Infolgedessen bedingt das Zusammensetzungsverhältnis des Futters aus Blättern, Blüten und Stengeln ganz erheblich den Futterwert, weil die Verteilung der Nährstoffe auf diese wesentlichen Bestandteile eine sehr verschiedene ist. So waren im Rotklee, der zu Beginn der Blüte geschnitten war, in der Trockensubstanz enthalten:

	Protein %	N-freie Extraktstoffe %	Roh-fett %	Roh-faser %	Asche %
Blätter	30,6	31,1	3,9	25,3	9,1
Blattstiele	16,2	44,0	3,0	26,9	10,0
Blütenköpfe	29,4	34,8	3,7	25,5	6,6
Stengel	12,8	39,1	2,9	39,2	6,0

Je reicher also ein Futter an Blättern und Blüten oder an zarten, fleischigen Stengelteilchen und feinen Blatteilchen ist, desto größer wird auch sein Nährwert sein.

Von ganz besonderem Einfluß auf Zusammensetzung und Verdaulichkeit der Futterpflanze ist deren *Alter*. Je älter die Pflanzen sind, desto größer ist ihr Rohfasergehalt und um so geringer ihre Verdaulichkeit. Infolgedessen hat junges Grünfutter und zeitig geworbenes Heu einen höheren Futterwert als das erst in einem fortgeschritteneren Stadium geerntete. So enthielt ein Grünklee, der einmal bei Beginn der Blüte und dann in voller Blüte untersucht und verfüttert wurde:

	Protein %	N-freie Extraktstoffe %	Roh-fett %	Roh-faser %
bei Beginn der Blüte . . .	18,86	41,70	4,70	27,89
volle Blüte	15,56	43,83	4,17	29,87

Hiervon wurden in Prozenten der einzelnen Bestandteile durch Hammel verdaut:

bei Beginn der Blüte . . .	71,6	74,6	67,0	53,0
volle Blüte	69,3	71,8	61,2	49,7

Der gleiche Beweis ist auch durch Versuche mit Schweinen erbracht worden (F. LEHMANN[116]). Diese verdauten in Prozenten der einzelnen Bestandteile von Rotklee, geworben:

	mit noch grünen Blütenknospen	mit roten Blütenknospen
Organische Substanz . . .	53,8	39,7
Rohprotein	49,4	32,6
N-freie Extraktstoffe . . .	71,2	56,8
Rohfett (Ätherextrakt) . .	24,0	11,9
Rohfaser	32,6	16,2

Daß auch die Zusammensetzung und Verdaulichkeit der Wiesenpflanzen mit fortschreitender Vegetation beeinflußt werden, zeigen folgende Untersuchungen und Versuche. Das Gras war am 24. April (Nr. I), am 13. Mai (Nr. II) und am 10. Juni (Nr. III) geschnitten und unter besonderen Kautelen verlustlos getrocknet worden (E. VON WOLFF[206]). In der wasserfreien Substanz waren enthalten:

	Roh-protein %	N-freie Extrakt-stoffe %	Rohfett (Äther-extrakt) %	Roh-faser %	Rein-asche %
Nr. I	25,06	38,05	5,88	18,10	12,91
„ II	16,31	52,76	5,38	17,36	8,19
„ III	13,37	48,00	4,43	26,41	7,79

Der Verdaulichkeitsgrad in den verschiedenen Vegetationsperioden war folgender:

	Roh-protein %	N-freie Extrakt-stoffe %	Rohfett (Äther-extrakt) %	Roh-faser %	Organische Substanz %
Nr. I	79,2	75,0	63,4	75,0	75,4
„ II	71,7	83,7	68,1	71,6	78,4
„ III	69,6	74,8	61,8	66,6	70,9

Während zwischen den beiden ersten Vegetationsperioden wesentliche Unterschiede in der Ausnutzung der einzelnen Futterbestandteile noch nicht vorhanden sind, treten diese in der dritten Periode deutlich hervor. Die Verdaulichkeit sinkt hier mit dem zunehmenden Rohfasergehalt. In gleicher Richtung sind die Ergebnisse von Versuchen mit Rotklee bei Verfütterung an Ochsen (G. KÜHN[107]), mit Wiesenheu bei Pferden (E. VON WOLFF[207]) und mit Serradella bei Verfütterung an Schafe (H. WEISKE[187]) ausgefallen. Bei den Futterpflanzen nimmt hiernach ganz allgemein mit fortschreitender Vegetation der Gehalt an Protein ab, der an Rohfaser zu. So wurden beim englischen Raygras (Lolium perenne) in sieben Vegetationsstadien gefunden (R. DEETZ[19]). (S. Tab. links.)

Zeit	Roh-protein %	Rohfaser %
am 6. Mai	27,91	17,71
vom 25. — 27. Mai . . .	16,01	21,44
am 10. Juni	14,82	22,42
am 24. Juni	12,79	23,62
am 10. Juli	11,97	32,51
am 22. Juli	12,48	28,62
am 15. August	7,79	29,70

Hierbei tritt auch hinsichtlich des Rohproteins eine Verschiebung des auf Reineiweiß und auf stickstoffhaltige Verbindungen nichteiweißartiger Natur entfallenden Anteiles ein

(A. STUTZER[170]). Rotklee, mit englischem Raygras gemischt, enthielt in der wasserfreien Substanz:

Zeit des Schnittes	Eiweiß-N %	Amid-N %	unverdaulichen N %
am 14. Mai	2,51	0,70	0,42
am 31. Mai	2,00	0,27	0,30
am 14. Juni	1,77	0,34	0,40
am 30. Juni	1,60	0,07	0,39

Aus allen in dieser Richtung bisher ausgeführten Untersuchungen und Versuchen geht somit einwandfrei hervor, daß das jeweilige Entwicklungsstadium der Futterpflanzen deren Gehalt an Roh- und verdaulichen Nährstoffen in erheblichem Maße beeinflußt. Mit dem Fortschreiten der Vegetation nimmt der Gehalt an Rohfaser auf Kosten der anderen Nährstoffe zu. Die allgemeine Verdaulichkeit geht infolgedessen zurück. Bei den stickstoffhaltigen Substanzen sind diese Verluste besonders groß, weil ein Teil derselben im Endosperm der Samen festgelegt wird und bei der Heuernte mit diesen in Verlust gerät. Um den Höchstertrag an verdaulichen Nährstoffen und an Stärkewert von der Flächeneinheit zu ernten, sind die Pflanzen zu Beginn der Blütezeit (H. WEISKE[188], L. BAKHOVEN[4]) oder aber spätestens während der vollen Blüte zu schneiden (NILS HANSSON[45], O. KELLNER[97]). Ob eine weitere Ertragssteigerung an Nährwerten durch häufigeren Schnitt zu erzielen ist, d. h. ob ein dreimaliger Schnitt eine größere Ausbeute an Nährstoffen, wie z. B. ein zweimaliger liefert, ist erst in letzter Zeit eingehender untersucht worden (S. HIRSCH[48]). Es wurde hierbei durch dreimalige Wiesenmahd eine Verminderung der Erträge an grüner Substanz, an lufttrockenem Heu und an Trockensubstanz gegenüber dem zweimaligen Schnitt festgestellt. Dagegen war das bei drei Schnitten gewonnene Heu proteinreicher und rohfaserärmer, als jenes von nur zwei Schnitten. Trotzdem ergab sich auf Grund von mit Schafen durchgeführten Stoffwechselversuchen bei der dreimaligen Mahd durch die verminderten Erträge an Pflanzenmasse weniger verdauliche organische Substanz und ein niedrigerer Stärkewert, als bei der zweimaligen Mahd. Es wird also nicht nur im Hinblick auf die betriebswirtschaftlichen Verhältnisse, sondern auch inbezug auf die zu erntenden Nährstoffmengen in der Regel der zweimalige Schnitt dem dreimaligen vorzuziehen sein.

Von wesentlichem Einfluß ferner auch die W i t t e r u n g s v e r h ä l t n i s s e zur Zeit der Futterernte. So gingen bei achtzehntägiger Lagerung eines Wiesenfutters, während welcher Zeit an neun Tagen insgesamt 11 mm Regen fielen, in Prozenten der einzelnen Bestandteile verloren:

Trockenmasse	29,4	Rohprotein	24,8
Fett	41,0	Verdauliches Protein . . .	38,8

Infolge des Beregnens findet aber nicht nur eine Auslaugung aller leicht löslichen Stoffe, sondern auch eine direkte Verminderung der Proteinverdaulichkeit statt. So erwiesen sich in 100 Teilen Protein als verdaulich (F. HONCAMP[51]):

	Wiesenheu	Luzerneheu
Gut eingekommen	55,9	67,0
Beregnet	46,0	58,2
Bis zur beginnenden Fäulnis beregnet	40,4	49,5

Der nachteilige Einfluß ungünstiger Witterungsverhältnisse zur Zeit der Heuernte auf den Nährwert der Futterpflanzen ist ferner durch eine Anzahl weiterer Untersuchungen nach jeder Richtung hin bestätigt worden.

Auch die *Art und Dauer der Aufbewahrung* von Heu ist nicht nur auf den Gehalt an Rohnährstoffen, sondern auch auf die Verdaulichkeit derselben von Einfluß. Bei längerer Aufbewahrung sind Verluste mechanischer Art nicht zu vermeiden. Es werden in erster Linie die feinen und zarten und somit die nährstoffreichsten Teile sein, die abbröckeln und in Verlust geraten. Diese Entwertung kommt weniger in der Verringerung des Gehaltes an Rohnährstoffen, als vielmehr in einer verminderten Verdaulichkeit zum Ausdruck. So enthielt Grummet an verdaulichem Eiweiß Ende Oktober 7,76%, Mitte Januar 6,84%, und Ende März nur noch 6,49% (E. VON WOLFF[208]). Von einem Kleeheu erwiesen sich als verdaulich (V. HOFMEISTER[49]) bei einer Aufbewahrung:

	Organische Substanz %	Roh-protein %	N-freie Extraktstoffe %	Rohfaser %
von 1/2 Jahr . . .	66,8	68,4	73,4	51,2
von 1 Jahr	58,7	65,0	63,1	46,2
von 4 Jahren . . .	52,0	50,7	40,7	50,4

Die Verluste an Roh- und verdaulichen Nährstoffen sind aber höchstwahrscheinlich nicht durch irgendwelche chemischen Umsetzungen bedingt. Sie sind zurückzuführen auf die mechanischen Verluste, wie sie unter den Verhältnissen der landwirtschaftlichen Praxis bei der Aufbewahrung von Heu in Mieten oder Scheunen unvermeidlich sind. Trocken und sorgfältig aufbewahrtes Wiesen- und Kleeheu behält auf Jahre hinaus eine gleiche Zusammensetzung und Verdaulichkeit. Es wurde die Ausnutzung eines Wiesenheues bei längerer Lagerung in bestimmten Zwischenräumen durch Ausnutzungsversuche mit Ochsen geprüft (G. KÜHN[108]). Wenn man die einzelnen Perioden nach der Zeit ihrer Anstellung ordnet und die Differenz der Heuverdauung in der letzten Periode mit besserem Körperzustande gegenüber der ersten berechnet, so gelangt man zu folgenden Zahlen:

	Es ist in Prozenten mehr (+) oder weniger (−) verdaut:						Es ist das Lebend-gewicht höher um kg
	Trocken-substanz	Organ-substanz	Roh-protein	N-freie Extrakt-stoffe	Rohfett (Äther-extrakt)	Roh-faser	
Versuchstier VI: Versuch 36 gegenüber 24	−0,2	±0	−1,8	−2,1	+0,9	+4,4	76,6
Versuchstier VII: Versuch 32 gegenüber 25	+1,6	+2,0	+1,9	±0,0	+4,7	+3,5	68,0
Versuchstier I: Versuch 13 gegenüber 1	+0,9	−0,5	+3,2	+1,2	+2,1	−2,0	53,8
Versuchstier II: Versuch 14 gegenüber 2	+2,1	+2,0	+4,9	+2,4	+5,0	+0,2	66,9
Im Mittel	**+1,1**	**+1,1**	**+2,1**	**+0,6**	**+3,2**	**+1,5**	—

Ein länger als zwei Jahre aufbewahrtes Kleeheu enthielt in der Trockensubstanz (F. HONCAMP[52]):

	Roh-protein %	Rein-eiweiß %	N-freie Extrakt-stoffe %	Rohfett (Äther-extrakt) %	Rohfaser %	Reinasche %
im Juli 1911	12,72	11,52	49,23	2,11	30,09	5,85
im September 1912 . . .	14,27	13,22	47,46	2,14	29,75	6,38
im September 1913 . . .	13,98	13,13	50,66	1,89	26,88	6,59

In Prozenten der einzelnen Bestandteile wurden verdaut:

	Organische Substanz	Roh-protein	N-freie Extraktstoffe	Rohfett (Äther-extrakt)	Rohfaser
im Juli 1911	62,6	64,3	66,4	56,7	56,2
im September 1912 . . .	62,1	66,1	66,1	58,5	54,1
im September 1913 . . .	60,0	64,4	65,1	50,4	49,0

Demnach haben Wiesen- und Kleeheu infolge einer mehrjährigen, freilich sehr sorgfältigen Aufbewahrung weder in ihrer Zusammensetzung noch in ihrer Verdaulichkeit irgendwelche wesentlich ungünstigen Veränderungen oder eine Entwertung erlitten. Immerhin läßt sich nicht leugnen, daß länger gelagertes Heu häufig nicht gern gefressen wird, wahrscheinlich, weil es im Laufe der Zeit seinen aromatischen Geruch einbüßt und wohl auch weniger schmackhaft wird. Auch können Futterstoffe bei feuchter, aber auch bei zu trockener Lagerung im Laufe der Zeit eine Minderung ihres Nährwertes erfahren. Bei zu trockener Lagerung wird das Heu leicht bröckelig, morsch und staubig, wobei die feineren und nährstoffreichen Blättchen und Blütenteilchen verloren gehen, während es bei feuchter Lagerung muffig und stockig wird. In beiden Fällen setzen dann Bakterien, Heumilben und andere Organismen die Zersetzungs- und Zerstörungsarbeit weiter fort.

Alle diese Ergebnisse hinsichtlich der allgemeinen Wertverhältnisse bei Grünfutter und Heu lassen sich dahingehend zusammenfassen, daß junge Pflanzen und blattreiche Sorten am protein- wie überhaupt am nährstoffreichsten sind. Infolgedessen ist beim Futterbau durch dichte Saat und entsprechende Düngung sowie durch Sortenwahl die Blattentwicklung zu fördern, bei der Ernte dagegen sind die Blattverluste nach Möglichkeit zu vermeiden. Die durch Witterungsverhältnisse bedingten Verluste sind durch besondere, bei der Heuwerbung noch zu erwähnende Maßnahmen nach Möglichkeit einzuschränken.

II. Die einzelnen Arten von Grünfutter.

Das **Grünfutter** umfaßt alle jene aus Blättern, Blüten und Stengeln zusammengesetzten Futterstoffe, die im frischgrünen und saftigen Zustande gewonnen und verfüttert werden. Junges Grünfutter von kultivierten und gepflegten Grünlandflächen ist für alle Arten des landwirtschaftlichen Nutzviehes nicht allein ein auskömmliches Erhaltungsfutter, sondern in vielen Fällen auch ein ausreichendes Produktionsfutter. Die hervorragende Wirkung von solchem Grünfutter glaubt man neuerdings darauf zurückführen zu müssen, daß die Eiweißstoffe derselben eine hohe biologische Wertigkeit besitzen, und daß weiterhin Mineralstoffe und Vitamine in genügender Menge im Grünfutter vorhanden sind. Ferner enthalten die im jungen Grünfutter oft in erheblichen Mengen vorkommenden Amide wahrscheinlich nicht nur alle zum Aufbau von tierischem Eiweiß erforderlichen Bausteine, sondern sie dürften sich auch in einem für die Eiweißsynthese annähernd richtigen und daher günstigen Mengen- und Mischungsverhältnis vorfinden. Vielleicht ist für diese Verhältnisse der Umstand nicht ohne Einfluß, daß sich wohl das meiste Grünfutter in der Regel aus einem gemischten Bestand der verschiedenartigsten Futterpflanzen (Gräser, Leguminosen und Kräuter) zusammensetzt. Bezüglich der verschiedenen Arten von Grünfutter sind folgende zu unterscheiden.

1. Wiesen- und Weidenpflanzen. Der Wert des Wiesen- und Weidenfutters ist wesentlich von dem Pflanzenbestande abhängig. Bei den Gräsern unterscheidet man zwischen Süß- und Sauergräsern. Erstere sind gute Futterpflanzen, letztere schlechte. Ferner macht man einen Unterschied zwischen Ober- und Untergräsern. Letztere sind die niedrigen, erstere die hochwachsenden Gräser. Das Hochtreiben von mehr Halmen, als Blättern und Blütenbüscheln aus dem Erdstamm kennzeichnet die Obergräser, das umgekehrte Verhalten die Untergräser. Letztere wird man daher auf Weiden mehr zu berücksichtigen haben als auf Wiesen. Obergräser sind vorwiegend Mähgräser, Untergräser dagegen Weidegräser. Infolgedessen hat das Grünfutter von Weiden nicht nur eine andere botanische, sondern auch chemische Zusammensetzung als dasjenige von Wiesen. Auf Grund heutiger Anschauungen und Ansichten über eine neuzeitliche Grünlandtechnik kommen als Pflanzen in Betracht (L. Niggl[149]).

a) Weidenpflanzen: Von den Gräsern an erster Stelle Wiesenrispe (Poa pratensis) und Rotschwingel (Festuca rubra), weiter das Weidelgras (Lolium perenne) und der Wiesenschwingel (Festuca pratensis), die sich beide ganz besonders als Weidegras eignen. Auch der Goldhafer (Avena flavescens) und das Timothy- oder Lischgras (Phleum pratense) sowie, wenn auch nur bedingungsweise, das Kammgras (Cynosurus cristatus) und das Fiorin- oder Straußgras (Agrostis alba, bzw. vulgaris) dürften zu den brauchbaren Weidegräsern zu rechnen sein. Dagegen zählen andere Gräser, wie die Fuchsschwanzarten (Alopecurus), Glatthafer (Avena elatior), Knaulgras (Dactylis glomerata) und andere, nicht zu den guten und geeigneten Weidepflanzen, wenn schon dies ihre Verwendung auf Wiesen keineswegs von vornherein immer ausschließt. Von den Leguminosen kommen als vorzügliche Weidepflanzen vor allen Dingen der Weißklee (Trifolium repens) in Frage, der inbezug auf Boden und Feuchtigkeit im allgemeinen weniger anspruchsvoll ist, als der gleichfalls für Weiden sehr geeignete gehörnte Schotenklee (Lotus corniculatus) und die blaue Luzerne (Medicago sativa). Die hier aufgezählten Gräser und Kleearten sind nach den Erfahrungen der modernen Grünlandwirtschaft diejenigen, welche das beste und, soweit es sich um die Leguminosen handelt, unter den gegebenen Verhältnissen auch das eiweißreichste Futter zu liefern vermögen. Als Kräuter in ganz geringer Menge würden nur gewisse aromatische, wie Thymian, Enzian, Schafgarbe, Johanniskraut und dergleichen, in Frage kommen.

b) Wiesenpflanzen. Für trockene wie auch für feuchte *Wiesen* kommen als gute Futtergräser zunächst wieder in erster Linie die Wiesenrispe (Poa pratensis) und der Rotschwingel (Festuca rubra) in Betracht. Auch das Weidelgras und das gemeine Rispengras (Poa trivialis) liefern unter den ihnen zusagenden Bodenverhältnissen (fester Boden) ein zweifellos nährstoffreiches Futter. Weiterhin kommen als gute Wiesengräser in Frage: das Kammgras (Cynosurus cristatus) und der Wiesenschwingel (Festuca pratensis). Auch der Goldhafer (Avena flavescens), ferner der Glatthafer (Avena elatior), dann der Wiesenfuchsschwanz (Alopecurus pratensis) und, wo der Standort zusagt, auch das Lischgras (Phleum pratensis) sind zweifellos wertvolle Wiesengräser. Über den Wert des Knaulgrases (Dactylis glomerata) als Wiesengras gehen die Ansichten auseinander. Als minderwertigere Wiesen- und Futtergräser gelten nach den neueren Anschauungen in der Grünlandwirtschaft folgende: Schafschwingel (Festuca ovina), das wollige und das weiche Honiggras (Holcus lunatus und Holcus mollis), das Ruchgras (Anthoxantum odoratum), das Zittergras (Briza media), die verschiedenen Trespen, die Rasenschmiele (Aira caespitosa), das Borstengras (Nardus stricta), ferner alle Sauergräser, von denen die verschiedenen Seggenarten, in allererster Linie Wollgras (Eriophorum), die Binsen usw. zu nennen sind. Von den Leguminosen kommen für den Pflanzenbestand der Wiesen in Betracht: der Wiesenrotklee (Trifolium pratense), der Weißklee (Trifolium repens), die Vogelwicke (Vicia cracca), die Zaunwicke (Vicia sepium), der gehörnte Schotenklee (Lotus corniculatus) und der Bastardklee (Trifolium hybridum). Auf die verschiedenen geringwertigen Wiesengräser, wie gemeine Pimpinelle (Pimpinella magna), Löwenzahn (Taraxacum officinale) und andere, sowie auf das große Heer der Wiesenunkräuter, wie Bärenklau (Heracleum sphondylium), Schafgarbe (Achillea millefolium), Gänsefingerkraut (Potentilla anserina) und zahlreiche andere mehr, hier näher einzugehen, würde zu weit führen. Maßgebend für die hier gewählte Bezeichnung als gute, bzw. geringwertige Wiesen- und Weidepflanzen ist die derzeitige Einschätzung als Futtermittel gewesen.

Über den Nährwert der einzelnen Gräser läßt sich auf Grund der chemischen Analyse nicht viel sagen, da wenigstens zwischen den sog. vorzüglichen Gräsern, wie Poa, Phleum, Festuca und anderen, einerseits sowie den guten Gräsern und solchen von mittlerem Futterwert, wie Bromus, Cynosurus usw., andererseits ein wesentlicher Unterschied nicht besteht. So wurden gefunden (A. EMMERLING[25]):

	Wasser %	Rohprotein %	Reineiweiß %	Verdauliches Protein %	N-freie Extraktstoffe %	Rohfett %	Rohfaser %	Asche %	Verdauungskoeffizient des Proteins %
				a) Vorzügliche Gräser:					
Minimum	14,30	6,14	3,70	2,95	29,61	1,08	25,63	6,02	44,2
Maximum	14,30	9,13	7,20	6,22	40,18	2,27	39,29	8,92	72,3
Im Mittel	*14,30*	*7,77*	*5,38*	*4,70*	*36,77*	*1,45*	*32,66*	*7,05*	*60,1*
				b) Gute Gräser, bzw. solche von mittlerem Futterwert:					
Minimum	14,30	6,57	4,23	3,86	29,49	0,97	25,63	6,20	53,7
Maximum	14,30	9,04	7,18	5,61	44,28	1,69	34,07	17,78	65,9
Im Mittel	*14,30*	*7,87*	*5,79*	*4,64*	*37,28*	*1,29*	*30,9*	*9,16*	*58,8*

Der Unterschied in der chemischen Zusammensetzung wie auch in der Proteinverdaulichkeit ist hiernach zwischen den beiden auf Grund der botanischen Analyse aufgestellten Gruppen nicht sehr groß. Aber auch hinsichtlich der Verdaulichkeit scheinen nur verhältnismäßig geringe Unterschiede zu bestehen. In Prozenten der einzelnen Bestandteile waren verdaulich (F. HONCAMP[53]):

	Alopecurus pratensis	Dactylis glomerata	Festuca pratensis	Lolium perenne	Phleum pratense
Organische Substanz	70	58	60	60	62
Rohprotein	74	60	42	69	57
N-freie Extraktstoffe	71	54	64	63	58
Rohfett (Ätherextrakt)	39	55	40	53	64
Rohfaser	71	60	58	52	59

Die Ergebnisse neuerer Untersuchungen und Stoffwechselversuche haben hinsichtlich des Futterwertes (ausgedrückt durch den Gehalt an verdaulichem Eiweiß und Stärkewert) einer Anzahl von Gräsern und anderen Futterpflanzen (mit Ausnahme der noch zu besprechenden Leguminosen) zu folgenden Ergebnissen geführt (F. HONCAMP[13], W. VÖLTZ und Mitarbeiter[178], G. SMELKUS[165]). Die Werte sind des Vergleiches halber auf wasserfreie Substanz berechnet:

	Verdauliches Eiweiß %	Stärkewert %
Alopecurus pratensis (Wiesenfuchsschwanz)	6,5	39,5
Beckmannia eruciformis (Beckmannia)	6,0—6,8	32,8—35,6
im Mittel	6,4	34,2
Dactylis glomerata (Knaulgras)	2,5	28,9
Festuca pratensis (Wiesenschwingel)	2,8—7,2	36,0—41,5
im Mittel	5,0	38,8
Festuca rubra (Rotschwingel)	3,3	31,3
Lolium italicum (italienisches Raygras)	2,2	35,3
Lolium perenne (Weidelgras)	2,5	31,1
Molinia coerulea (Pfeifengras)	10,8	35,1
Phalaris arundinacea (Rohrglanzgras)	5,8	27,9
Phleum pratense (Timotheegras)	2,1—4,4	31,6—42,8
im Mittel	3,3	37,2
Poa pratensis (Wiesenrispe)	4,5	36,0
Poa serotina (fruchtbare Rispe)	6,8	45,7
Taraxacum officinale (Löwenzahn)	9,2	56,2

Man wird in der Annahme nicht fehlgehen, daß die zwischen den verschiedenen als vorzüglich, gut und mittelgut geltenden Wiesengräsern bestehenden Unterschiede hinsichtlich ihres Futter- und Produktionswertes nicht größer sind, als solche allein schon durch Alter der Pflanze, Boden, Düngung und andere äußere Verhältnisse bedingt werden können. Wenn Sauergräser, wie Binsen, Seggen u. a., mit einem oft ähnlichen oder sogar gleich guten Gehalt an Rohnährstoffen wie die Süßgräser trotzdem schlechte Futterstoffe sind, so wird dies durch die schon erwähnte ungünstige morphologische Beschaffenheit dieser Gräser bedingt. Es steht auch fest, daß Futter von vorwiegend mit Sauergräsern besetzten Weiden und Wiesen sehr häufig zu schweren Erkrankungen der Tiere, wie Knochenbrüchigkeit, Lecksucht u. dgl., führt. Dem von Weiden und Wiesen stammenden Grünfutter kommt also ein sehr verschiedenartiger Futterwert zu, der neben dem Alter der Pflanzen in allererster Linie vom Pflanzenbestand selbst abhängig ist. Hierbei ist der Anteil der Leguminosen an diesem von Bedeutung.

2. **Esparsette, Klee, Luzerne und Serradella** sind diejenigen Arten von Klee und kleeartigen Gewächsen, die zum Zwecke der Futtergewinnung entweder in Reinsaat oder, wie vielfach der Klee, im Gemisch mit Gräsern (Kleegrasgemisch) angebaut werden. Von diesen Pflanzen ist die *Esparsette* (Onobrychis sativa) durch Bekömmlichkeit, Schmackhaftigkeit und hohe Verdaulichkeit ausgezeichnet. Zusammensetzung und Verdaulichkeit von Esparsettegrünfutter bzw. Heu waren folgende (H. WEISKE[189]):

	Rohprotein %	N-freie Extraktstoffe %	Rohfett (Ätherextrakt) %	Rohfaser %	Organsubstanz %
Rohnährstoffe	19,36	38,82	3,48	32,14	93,80
Verdauungskoeffizienten	72,6	78,3	66,7	42,2	66,3

Eine größere Verbreitung als die Esparsette hat der *Rotklee* (Trifolium pratense). Er wird teils allein, vielfach aber im Gemenge mit Raygräsern u. a. angebaut. In Reinsaat hat der Rotklee unter gleichzeitiger Berücksichtigung der Futtermasse seinen höchsten Futter- und Nährwert etwa bei beginnender Blüte. Je frühzeitiger und jünger der Rotklee als Grünfutter Verwendung findet, bzw. als Heu geworben wird, desto gehalt- und nährstoffreicher ist er. Die verschiedenen Schnitte ein und desselben Rotklees enthielten in der wasserfreien Substanz:

	In der Knospung %	In angehender Blüte %	In voller Blüte %
Rohprotein	23,30	20,04	17,28
N-freie Extraktstoffe	39,58	40,53	42,72
Rohfett (Ätherextrakt)	7,16	5,26	5,49
Rohfaser	20,60	25,68	27,02

Mit fortschreitender Vegetation nimmt also der Proteingehalt ab, der Rohfasergehalt aber zu. Demgemäß sinkt natürlich auch mit zunehmender Überständigkeit des Klees dessen Futterwert. So wurden von einem Rotklee durch Wiederkäuer verdaut (E. von Wolff[209]):

	Vor der Blüte %	Beginn der Blüte %	Volle Blüte %	Ende der Blüte %
Rohprotein	74,0	73,8	63,9	58,6
N-freie Extraktstoffe	82,7	78,8	71,2	70,7
Rohfett (Ätherextrakt)	65,2	70,6	52,8	44,5

Es kommt also dem Klee der höchste Nährwert kurz vor Beginn der Blüte zu, in welchem Stadium er auch schon genügend Masse liefert.

Die *Luzerne* (Medicago sativa) ist im allgemeinen proteinreicher als der Rotklee und kann im Gegensatz zu diesem, der nur zwei Ernten im Jahre liefert, drei- bis viermal, ja sogar fünfmal gemäht werden. Bezüglich des durch das Vegetationsstadium bedingten Gehaltes an Nährstoffen findet das über den Rotklee Gesagte sinngemäße Anwendung. So enthielt die wasserfreie Substanz einer Luzerne, die geschnitten war:

Ende April	34 %	Rohprotein und	22 %	Rohfaser
am 22. Mai	26 %	„ „	28 %	„
am 3. Juli	18 %	„ „	49 %	„

Auf Grund von Ausnutzungsversuchen wurden verdaut (E. von Wolff[210]):

	Rohprotein %	N-freie Extraktstoffe %	Rohfett %	Rohfaser %
a) *Vom Wiederkäuer*:				
Grünluzerne vor der Blüte	71,3	68,0	56,3	46,1
Grünluzerne drei Wochen später	68,2	63,7	49,2	46,8
b) *Vom Pferd*:				
Grünluzerne vor der Blüte	74,8	71,3	29,8	44,0
Grünluzerne drei Wochen später	70,4	67,2	21,1	36,3

Wie bei allen anderen Futterpflanzen, so ist auch bei der Luzerne der Nährwert um so größer, je frühzeitiger das Schneiden derselben erfolgt.

Die *Serradella* (Ornithopus sativus) kann als meist in Winterkorn eingesäte Untersaat auf leichten Böden erhebliche Ernteerträge von großem Futterwerte liefern. Serradellagrünfutter sowohl, wie das hieraus gewonnene Dürrheu sind schmackhafte, gern gefressene und gut bekömmliche Rauhfutterstoffe. Die chemische Untersuchung von grüner Serradella und Serradellaheu ergab in der wasserfreien Substanz den nachstehenden prozentischen Gehalt an Rohnährstoffen, und für das Heu, auf Grund von Stoffwechselversuchen mit Hammeln, folgende Verdauungskoeffizienten. Aus diesen Angaben berechnen sich wiederum für die verdaulichen Nährstoffe folgende Werte (F. HONCAMP[54]):

	Grüne Serradella	Serradellaheu		
	Roh-nährstoffe %	Roh-nährstoffe %	Verdauungs-koeffizienten	Verdauliche Nährstoffe %
Rohprotein	18,80	16,03	70,8	11,35
N-freie Extraktstoffe . . .	39,99	39,85	61,7	24,59
Rohfett (Ätherextrakt) . .	5,20	2,68	66,3	1,70
Rohfaser	26,26	33,86	41,9	14,19
Reinasche	9,95	7,58	—	—
Verdauliches Eiweiß . . .	—	—	—	*8,11*
Stärkewert	—	—	—	*26,69*

Wie sehr auch bei der Serradella die Verdaulichkeit durch das Alter der Pflanzen beeinträchtigt wird, zeigen die Ergebnisse von Ausnutzungsversuchen mit Hammeln, in denen einmal die Ende Juli und zum anderen die Anfang Oktober geschnittene Luzerne verfüttert wurden (H. WEISKE[187]). Hierbei wurden folgende Verdauungskoeffizienten ermittelt:

	Trocken-substanz %	Organische Substanz %	Roh-protein %	N-freie Extrakt-stoffe %	Rohfett %	Rohfaser %
am 22. Juli geschnitten .	57,69	61,53	74,50	62,77	65,09	49,73
am 2. Oktober geschnitten	43,70	47,43	62,92	47,55	65,72	37,04
Früh geschnitten mehr (+) oder weniger (—) verdaut	*+ 13,99*	*+ 14,10*	*+ 11,58*	*+ 15,22*	*— 0,63*	*+ 12,69*

Hieraus ergibt sich, daß fast alle Nährstoffgruppen der jüngeren Serradella ganz erheblich besser verdaut worden sind, als die entsprechenden Nährstoffe der erst im Herbst geschnittenen Serradella.

3. Buchweizen, Comfrey, Lupine, weißer Senf und Spörgel sowie Trespen werden häufig als Grünfutter verwandt. Der *Buchweizen* (Fagopyrum) dient für Grünfutter- und Dürrheugewinnung. Letztere kommt jedoch weniger in Betracht, da Buchweizen nur langsam trocknet und infolgedessen zur Heuwerbung nicht geeignet ist. Buchweizen als Reinsaat wird meist vom Vieh nicht gern gefressen. Man baut ihn deshalb besser im Gemenge mit anderen Futterpflanzen, wie Futtererbsen, Senf, Spörgel usw., an. *Beinwell* oder *Comfrey* (Symphytum asperrinum) weist folgenden Gehalt an Roh- und verdaulichen Nährstoffen in der wasserfreien Substanz auf (H. WEISKE[190]):

	Roh-protein %	N-freie Extraktstoffe %	Rohfett (Ätherextrakt) %	Rohfaser %
Rohnährstoffe	19,88	42,39	2,69	13,19
Verdauungskoeffizienten . .	*58,3*	*84,6*	*71,1*	*18,1*
Verdauliche Nährstoffe . .	11,59	35,88	1,91	2,83

Man wird hiernach den Futterwert des Beinwells etwa mit gutem Wiesengras auf eine Stufe stellen können. Beinwell ist sehr wasserhaltig und enthält im Durchschnitt nur 12% Trockensubstanz. Wegen seiner fleischigen Blattrippen und Blattstiele läßt er sich schwer trocknen und zu Heu werben. Nur bedingt als Grünfutter und auch als Dürrheu kommt die *Lupine*, und zwar die gelbe (Lupinus luteus), in Betracht. Auch die Verfütterung der ganzen Lupinenpflanze kann, genau wie die ihrer Samen, zu schweren Erkrankungen, der sog. Lupinose, führen. Die Werbung erfolgt in Hinsicht auf einen möglichst hohen Nährwert unmittelbar vor oder bei Beginn der Blüte der Nebentriebe. Die chemische Zusammensetzung ist durchschnittlich etwa nebenstehende (E. POTT[156]):

	Grüne Lupine %	Lupinendürrheu %
Feuchtigkeit	85,0	16,0
Rohprotein	3,1	16,8
N-freie Extraktstoffe	6,3	32,3
Rohfett (Ätherextrakt)	0,4	2,1
Rohfaser	4,2	27,8
Asche	1,0	5,0

Weißer Senf (Sinapis alba) und *Spörgel* (Spergula arvensis) sind zwei Futterpflanzen, die wegen ihrer Schnellwüchsigkeit mit Vorliebe als Grünfutter angebaut, aber auch als Dürrheu geworben werden. Der Spörgel findet auch als Mischfutterpflanze Verwendung. Der Senf soll schon vor dem Schotenansatz, der Spörgel bei beginnender Blüte geschnitten werden. Nach den vorliegenden Untersuchungen können als Durchschnittswerte für den Gehalt an Rohnährstoffen gelten (E. POTT[156]):

	Weißer Senf		Spörgel	
	Grünfutter %	Dürrheu %	Grünfutter %	Dürrheu %
Feuchtigkeit	86,0	16,0	79,2	14,0
Rohprotein	2,7	11,4	2,9	11,5
N-freie Extraktstoffe	5,4	38,2	8,8	36,0
Rohfett (Ätherextrakt)	0,4	2,0	0,7	2,5
Rohfaser	4,0	24,0	6,1	27,0
Asche	1,5	8,4	2,3	9,0

Buchweizen, Comfrey und die anderen hier genannten Vegetabilien finden meist nur lokale und auch nicht in allzu großem Umfange Verwendung als Futtermittel. Sie sind, sofern sie rechtzeitig geschnitten oder abgeweidet werden, schmackhafte, verhältnismäßig proteinreiche, dabei rohfaserarme Futtermittel, die hinsichtlich ihrer Verdaulichkeit einem Wiesen- bis Kleeheu gleichzustellen sind.

4. Getreidegrünfutter und Grünmais. Von den Halmfrüchten werden Gerste und Hafer gelegentlich, Roggen dagegen häufig zur Gewinnung von Grünfutter angebaut und dementsprechend genutzt. Soweit die Halmfrüchte als Grünfutter Verwendung finden, müssen sie vor der Ährenbildung geschnitten werden. Die Verdaulichkeit des Getreidegrünfutters dürfte bei rechtzeitigem Schnitt eine hohe sein und derjenigen von guten Wiesengräsern ziemlich nahekommen, wenn schon es auch weniger proteinreich ist. Zu den hervorragendsten Grünfutterpflanzen gehört der *Grünmais*. Zum Anbau als Grünfutter sind besonders der Pferdezahnmais sowie überhaupt alle frühreifen Sorten geeignet. Die beste Zeit zum Schneiden des Grünmaises ist kurz vor Beginn des Kolbenansatzes. Für die chemische Zusammensetzung von Getreidegrünfutter und Grünmais werden folgende Werte angegeben (E. POTT[156]):

	Grüngerste %	Grünhafer %	Grünroggen %	Grünmais %
Wasser	84,2	80,1	78,1	81,8
Rohprotein	3,0	2,3	3,1	1,5
N-freie Extraktstoffe	6,0	8,7	9,1	9,5
Rohfett (Ätherextrakt)	0,5	0,5	0,7	0,5
Rohfaser	4,4	6,6	6,9	5,3
Asche	1,9	1,8	1,5	1,4

Getreidegrünfutter und Grünmais sind also infolge ihres großen Gehaltes an Vegetationswasser verhältnismäßig nährstoffarme, aber bekömmliche und zum Teil auch wohlschmeckende Grünfutterstoffe.

5. Blätter und Kraut der Knollen- und Wurzelgewächse werden vorwiegend frisch, teilweise aber auch getrocknet verfüttert. In der Hauptsache handelt es sich hier um das Kraut der Futter- und Zuckerrüben. Letzteres besteht nicht nur aus den Blättern, sondern auch aus den Rübenköpfen. Im frischen Zustande stellen die Blätter und Köpfe der Rüben ein sehr wasserhaltiges, im Hinblick auf die Zusammensetzung der Trockensubstanz jedoch proteinreiches, aber rohfaserarmes Futter dar. Infolge des hohen Gehaltes an leicht löslichen Mineralstoffen, die zum Teil an organische Säuren gebunden sind, eignet sich das frische Rübenkraut nicht wie andere Grünfutterstoffe zur alleinigen Verfütterung, sondern es ist immer in Verbindung mit Stroh oder Dürrheu zu verabfolgen. Soweit das Rübenkraut nicht frisch zur Verfütterung gelangt, wird es eingesäuert oder künstlich getrocknet. Ein großer Nachteil des Rübenkrautes in diätetischer Beziehung ist der außerordentlich hohe Sand- und Schmutzgehalt desselben. Untersuchungen des Zuckerrübenblattes (also ohne Köpfe) auf Zusammensetzung und Verdaulichkeit führten zu folgenden Ergebnissen (F. HONCAMP und Mitarbeiter[55]):

In der Tr.-S.	Rübenblatt B			Rübenblatt D		
	Roh-nährstoffe %	Ver-dauungs-koeffizienten %	verdauliche Nährstoffe %	Roh-nährstoffe %	Ver-dauungs-koeffizienten %	verdauliche Nährstoffe %
Rohprotein	26,39	80,6	21,27	23,07	86,1	19,86
Reineiweiß	22,37	—	*17,25*	17,04	—	*13,83*
N-freie Extraktstoffe .	40,22	76,0	30,57	36,09	95,5	34,47
Rohfett (Ätherextrakt)	4,01	49,3	1,98	3,34	58,3	1,95
Rohfaser	10,37	75,0	7,71	9,32	100,0	9,32
Reinasche	19,01	—	—	28,18	—	—
Stärkewert	—	—	*53,9*	—	—	*57,5*

Es waren also im Mittel beider Untersuchungen in 100 kg wasserfreiem Rübenblatt 15,54 kg verdauliches Eiweiß und 55,70 kg Stärkewert enthalten. Der Trockensubstanzgehalt des Rübenblattes dürfte unter normalen Verhältnissen 15% betragen, so daß das Rübenblatt, so wie es verfüttert wird, im Doppelzentner 2,33 kg verdauliches Eiweiß und 8,36 kg Stärkewert enthalten würde.

Über die Zusammensetzung der Blätter und Köpfe, jedes für sich und für beide zusammen, liegen folgende Angaben vor (F. TANGL[173]):

	Blätter		Köpfe		Kraut (Blätter und Köpfe)	
	frische Substanz %	in der Trocken-substanz %	frische Substanz %	in der Trocken-substanz %	frische Substanz %	in der Trocken-substanz %
Wassergehalt	81,60	—	74,95	—	79,64	—
Rohprotein	3,25	17,68	2,95	11,78	3,16	15,52
Reineiweiß	2,39	12,99	1,55	6,18	2,14	10,51
Amide	0,86	4,69	1,40	5,60	1,02	5,01
N-freie Extraktstoffe . .	6,95	37,77	18,52	73,92	10,38	50,99
Rohfett (Ätherextrakt) .	0,61	3,30	0,18	0,70	0,48	2,34
Rohfaser	2,59	14,08	1,59	6,36	2,30	11,29
Zucker	0,57	3,10	13,91	55,54	4,54	22,28
Oxalsäure	0,47	2,55	—	—	0,33	1,62

Im allgemeinen werden Rübenblätter allein wohl nur da verfüttert, wo die Unsitte des Abblattens besteht. Die Verfütterung des Krautes wird die Regel sein. Zusammensetzung und Verdaulichkeit des Zuckerrübenkrautes sind nach den vorliegenden Untersuchungen und Stoffwechselversuchen folgende, wobei wegen des recht erheblichen und häufig sehr schwankenden Aschengehaltes des Zuckerrübenkrautes gleichmäßig eine Umrechnung auf die organische Substanz vorgenommen worden ist.

	Rohprotein %	N-freie Extraktstoffe %	Rohfett (Ätherextrakt) %	Rohfaser %
Nach F. HONCAMP[55]:				
Rohnährstoffe	27,62	53,95	3,73	16,09
Verdauungskoeffizienten .	*80,0*	*76,5*	*52,8*	*92,2*
Verdauliche Nährstoffe .	22,10	41,27	1,97	14,83
Nach F. LEHMANN[117]:				
Rohnährstoffe	19,97	62,39	3,12	13,67
Verdauungskoeffizienten .	*73,8*	*79,5*	*55,0*	*70,0*
Verdauliche Nährstoffe .	14,74	49,60	1,72	9,57
Nach F. TANGL[173]:				
Rohnährstoffe	19,37	63,65	2,92	14,09
Verdauungskoeffizienten .	*73,9*	*89,0*	*21,9*	*74,8*
Verdauliche Nährstoffe .	14,31	56,65	0,64	10,54

Alle Nährstoffgruppen des frischen Rübenblattes und Rübenkrautes sind also, wenn man von dem nur in geringen Mengen vorkommenden Ätherextrakt absieht, hoch verdaulich. Zwecks Konservierung wird das Rübenkraut entweder eingesäuert oder künstlich getrocknet. Eine Lufttrocknung kommt jedenfalls nicht in Frage. Über die Art dieser Konservierungsverfahren und die hierbei auftretenden Verluste wird später berichtet werden. Hier ist nur darauf hinzuweisen, daß die Trocknung mit direkten Feuergasen eine erhebliche Verdauungsdepression der Proteinstoffe bedingt. Es betrug in einer ersten Versuchsreihe die Proteinverdaulichkeit von mit Feuergasen getrocknetem Rübenkraut im Mittel von vier Versuchen 41,3 %, und in einer zweiten im Durchschnitt von fünf Versuchen 53,2 %. Sie schwankte bei den oben angeführten Versuchen mit frischem Rübenkraut aber zwischen 73,8 und 80,0 %. Im Vakuumtrockenschrank bei durchschnittlich 70° C getrocknetes Zuckerrübenkraut wies eine Proteinverdaulichkeit von 70,4 bis 71,0 % auf (F. HONCAMP[55]). Es ist also die Verdauungsdepression des Proteins bei der künstlichen Trocknung mit direkten Feuergasen zweifelsohne auf die hohen, hierbei zur Anwendung kommenden Temperaturen zurückzuführen.

Eine gleich hohe Verdaulichkeit wie beim Zuckerrübenblatt findet sich auch bei den Blättern und dem Kraut der Futterrüben und der Kohlrübe. Der Gehalt dieser an Rohnährstoffen (in der Trockensubstanz) und, soweit Ausnutzungsversuche vorliegen, an verdaulichen Nährstoffen ist folgender (E. POTT[156], F. HONCAMP[55]):

	Rohprotein %	N-freie Extraktstoffe %	Rohfett (Ätherextrakt) %	Rohfaser %
Futterrübe (Blätter)	18,10	43,97	4,31	11,72
Kohlrübe (Kraut):				
a) Rohnährstoffe	24,07	51,84	4,45	19,64
b) *Verdauungskoeffizienten* . .	*86,3*	*80,6*	*65,7*	*100,0*
c) Verdauliche Nährstoffe . .	20,77	41,78	2,92	19,64

Es muß auf Grund dieser Ergebnisse angenommen werden, daß Blätter und Kraut der Futterrübe sowie der Kohlrübe hinsichtlich der Verdaulichkeit ihrer Nährstoffe wie die gleichen Bestandteile der Zuckerrübe zu bewerten sind. Außerdem gelangen noch zur Verfütterung Mohrrübenblätter, das Kraut von Topinambur, ferner die Blätter des Futter- und Weißkohles. Die Zusammensetzung dieser Futtermittel ist im lufttrockenen Zustande folgende (M. KLING[103]):

	Wasser %	Rohprotein %	N-freie Extraktstoffe %	Rohfett (Ätherextrakt) %	Rohfaser %	Asche %
Kohlblätter (ohne Blattrippen)	13,6	15,9	37,9	5,0	11,0	16,6
Krautblätter	16,0	8,9	42,1	2,4	13,6	17,0
Futterkohl	8,3	10,8	52,9	1,5	13,7	12,8
Kohlrabiblätter	10,0	15,0	42,9	1,4	19,8	10,9
Weißkraut	14,9	14,7	53,2	1,5	8,3	7,4
Mohrrübenkraut	16,4	8,7	31,6	1,3	13,8	28,2
Meerrettichblätter	4,4	17,9	47,8	3,7	14,9	11,3
Topinamburblätter	9,1	12,2	48,0	2,6	12,7	15,7
Spargelkraut	8,6	9,4	36,2	3,8	35,0	7,0

Die Blätter und das Kraut der zuletzt genannten Vegetabilien spielen als Futtermittel nur eine untergeordnete Rolle. Sie dürften nach ihrem Gehalt an Rohnährstoffen einen ähnlichen Futterwert besitzen, wie die entsprechenden Rübenrückstände. Für die Nährstoffe des Topinamburkrautes z. B. wurden folgende Verdauungswerte gefunden: Organische Substanz 86, Rohprotein 55, N-freie Extraktstoffe 70 und Rohfaser 54 (W. VÖLTZ[179]).

In Jahren großer Futternot wird auch das Kraut der Kartoffel verfüttert. Den höchsten Futterwert besitzt das Kartoffelkraut in noch völlig grünem Zustande. Je mehr jedoch das Kraut vergilbt und abstirbt, desto geringer wird auch der Futterwert, weil die schließlich nur noch übrigbleibenden Stengel wesentlich proteinärmer, dagegen erheblich rohfaserreicher als das aus Blättern und Stengeln bestehende Kraut sind. Noch in der Blüte begriffenes Kartoffelgrünfutter wirkt wegen des in den Blütenknospen, Blüten und noch unreifen grünen Früchten enthaltenen Solanins leicht schädlich, oft sogar direkt giftig. Infolgedessen kommt eigentlich nur eine Verfütterung von Kartoffelkraut in natürlichem oder künstlich getrocknetem Zustande oder als Sauerheu in Betracht. Mit an der Luft getrocknetem Kartoffelkraut haben exakte Versuche folgenden auf Trockensubstanz berechneten Gehalt an Roh- und verdaulichen Nährstoffen ergeben:

	Rohnährstoffe (nach E. WILDT[202]) %	Verdauliche Nährstoffe (nach E. WILDT[202]) %	Rohnährstoffe (nach W. VÖLTZ[180]) %	Verdauliche Nährstoffe (nach W. VÖLTZ[180]) %
Rohprotein	10,56	4,99	12,13	7,73
N-freie Extraktstoffe	43,88	25,93	35,81	27,54
Rohfett	4,54	1,03	4,46	1,86
Rohfaser	27,28	8,89	33,72	19,02

Für künstlich, d. h. mit direkten Feuergasen getrocknetes Kartoffelkraut wurden folgende Werte ermittelt:

	Rohprotein %	N-freie Extraktstoffe %	Rohfett (Ätherextrakt) %	Rohfaser %	Verdauliches Eiweiß %	Stärkewert %
Nach W. VÖLTZ[171]:						
Sorte A:						
a) Rohnährstoffe	14,90	46,12	2,18	19,91	—	—
b) Verdauliche Nährstoffe	7,94	30,21	0,94	13,94	*8,0*	*41,8*

(Fortsetzung.)

	Roh-protein %	N-freie Extrakt-stoffe %	Rohfett (Äther-extrakt) %	Rohfaser %	Ver-dauliches Eiweiß %	Stärke-wert %
Sorte B:						
a) Rohnährstoffe	14,03	40,79	1,51	25,56	—	—
b) Verdauliche Nährstoffe . .	8,10	22,72	0,36	17,13	*8,1*	*38,8*
Nach F. HONCAMP[56]:						
Sorte I:						
a) Rohnährstoffe	13,19	44,89	1,84	23,00	—	—
b) *Verdauungskoeffizienten* . .	*52,0*	*67,8*	*68,2*	*56,2*	—	—
c) Verdauliche Nährstoffe . .	6,89	30,44	1,26	12,93	*4,7*	*36,9*
Sorte II:						
a) Rohnährstoffe	8,82	33,46	2,01	25,09	—	—
b) *Verdauungskoeffizienten* . .	*47,2*	*68,0*	*77,4*	*68,9*	—	—
c) Verdauliche Nährstoffe . .	4,16	22,75	1,56	17,29	*3,2*	31,5

Man wird hiernach getrocknetes Kartoffelkraut hinsichtlich seines Futterwertes etwa mit Wiesenheu auf eine Stufe stellen können.

III. Dürrheu, Grummet, Braunheu und Brennheu.

Die meisten der vorhergehend als Grünfutter besprochenen Pflanzen und Pflanzenteile lassen sich durch ganze oder teilweise Trocknung an der Luft, ferner durch Fermentierung und ähnliche Ernteverfahren des größten Teiles ihres Wassergehaltes berauben, so daß man auf diese Weise Futterstoffe von längerer Aufbewahrungsmöglichkeit und größerer Haltbarkeit gewinnt. Die hierfür in Betracht kommenden Werbungsmethoden sind die Dürrheu-, die Braunheu- und die Brennheubereitung. Jede Art von Heuwerbung ist mit Verlusten an Pflanzensubstanz und somit auch an Nährstoffen verknüpft. Man schätzt die Verluste, welche allein alle Arten von Heu durch die Aufbewahrung von der Ernte bis zum kommenden Frühjahr erleiden, auf mindestens 10—15%. Diese Verluste sind teils biologischer und chemischer Natur (Atmung, Bakterien, Gärung usw.), teils mechanischer, indem zarte und feine Teilchen abbröckeln und in Verlust geraten. Es kommt ferner hinzu, daß der Produktionswert des Dürrfutters gegenüber dem Grünfutter ein geringerer ist. Das Kauen und die Verdauungsarbeit des trockenen Rauhfutters verlangen einen größeren Energieaufwand, als für das saftige und weiche, grüne Futter. Wenn daher für die Verdauungsarbeit des letzteren nur 10—20% des Wertes der verdaulichen Nährstoffe beansprucht werden, so sind es je nach der mechanischen und physikalischen Beschaffenheit des Trockenfutters 30—50%, die hierfür benötigt werden. Gut geworbenes und eingebrachtes Heu von in Kultur befindlichen Grünlandflächen ist reich an Eiweiß, Mineralstoffen und Vitaminen. Solches Heu ist das beste und gedeihlichste Futter für Pferde und Wiederkäuer, und zwar namentlich für alles Jung- und Milchvieh. Die größte Nährwertmenge erntet man von der Flächeneinheit, wenn der Schnitt kurz vor oder spätestens bei Beginn der Blütezeit erfolgt. Die größte Futtermasse wird jedoch gewonnen, wenn der Schnitt zu einem etwas späteren Zeitpunkt vorgenommen wird. Alles Heu macht in den ersten 4—8 Wochen nach der Ernte eine Gärung durch. Während dieser Zeit darf es nicht verfüttert werden, da es sonst schwere Verdauungsstörungen verursachen kann.

1. Dürrheu. Zu Dürrheu wird nicht nur das auf natürlichen Grünlandflächen gewachsene Futter verarbeitet, sondern auch Esparsette, Klee und andere

Futterpflanzen. Die Heuwerbung ist zur Zeit noch das billigste und einfachste Verfahren, um die noch grünen und stark wasserhaltigen Futterpflanzen in einen lufttrockenen und längere Zeit aufbewahrungsfähigen Zustand überzuführen. Die gewöhnliche Heuwerbung beruht auf der Verdunstung des Vegetationswassers unter dem Einfluß von Luft und Sonne. Da diese Umwandlung aber nicht ohne Verluste vor sich geht, so ist es falsch, Dürrheu einfach als ein Grünfutter mit geringerem Wassergehalt anzusprechen. Neuere Untersuchungen (F. VON SOXHLET[167], F. FLEISCHMANN[34]) haben gezeigt, daß bei einem raschen Trocknen des Wiesengrases im Sonnenschein, wenn es am Tage des Schnittes beendet ist, keine Verluste an Trockenmasse eintreten. Diese Möglichkeit ist jedoch nur bei sehr gutem und günstigem Erntewetter und unter besonderen Vorsichtsmaßregeln (Ausbreitung in dünner Schicht usw.) gegeben. Betrug dagegen die Trocknungsdauer infolge mangelnden Sonnenscheines drei Tage, und zwar bei einer mittleren Temperatur von 19° C, so beliefen sich die Verluste schon auf 10%. Von diesen Verlusten werden zunächst die stickstoffreien Extraktstoffe betroffen, und zwar in erster Linie die dextrose- und saccharoseartigen Stoffe, dann die dextrinartigen und erst bei längerer Trocknungsdauer auch die Stärke. Die auch beim Ätherextrakt zu verzeichnenden Verluste waren um so größer, je stärker die Belichtung war oder je länger die Trocknung dauerte. Dagegen war ein Verlust von Asche, Rohfaser und an stickstoffhaltigen Verbindungen in keinem Falle zu verzeichnen. Nur beim eigentlichen Eiweiß fand ein Abbau in stickstoffhaltige Verbindungen nichteiweißartiger Natur statt. Ebenso bedingte das Trocknen an der Luft regelmäßig einen teilweisen Zerfall der organischen Phosphorverbindungen, was auch gleichbedeutend mit einer gewissen Entwertung des Heues sein dürfte. Soweit es sich also hier um direkte Verluste bei der eigentlichen Trocknung handelt, sind diese in erster Linie durch die Atmung der zunächst noch lebenden Pflanzen und Pflanzenteile bedingt. Hierzu treten unter praktischen Verhältnissen die mechanischen Verluste durch Abbröckeln und Verstäuben feiner Pflanzenteile, ferner die durch Gärung im Heustock entstehenden Verluste und endlich diejenigen, die durch Wertigkeitsverminderung des Heues gegenüber dem ursprünglichen Grünfutter entstehen. Endlich dürfen auch jene Verluste nicht unberücksichtigt bleiben, die bei schlechtem Erntewetter durch Auswaschen eintreten. Man wird im allgemeinen die Verluste, die bei der Dürrfutterbereitung (Trocknung auf dem Boden) gegenüber Grünfutter entstehen, etwa folgendermaßen einschätzen können (G. WIEGNER[200]):

	an Trockensubstanz %	an verdaulicher Trockensubstanz %	An Stärkeeinheiten %
Durch Atmung	bis 10	etwa 10—15	etwa 5—15
„ mechanische Verluste	etwa 5—10	„ 5—10	„ 5—10
„ Gärung im Heustock	„ 5—10	„ 5—10	„ 5—10
„ Wertigkeitsverminderung	—	—	„ 10—15
Insgesamt etwa	*10—30 %*	*15—35 %*	*25—50 %*

Diese Verluste sind durch die Art der Heuwerbung bedingt. Wird Grünfutter sofort verlustlos bei niedrigen Temperaturen, z. B. im Vakuum getrocknet, so tritt keine Verminderung des Gehaltes an Roh- und verdaulichen Nährstoffen ein. So wurden für ein frisches Wiesengras und das gleiche, unter den obigen Bedingungen getrocknete Material folgende Verdauungswerte ermittelt (F. HONCAMP[57]):

	Trockensubstanz %	Organische Substanz %	Rohprotein %	N-freie Extraktstoffe %	Rohfett (Ätherextrakt) %	Rohfaser %
Frisch	68,6	73,5	73,4	76,3	66,8	69,2
Im Vakuum getrocknet	69,0	73,6	73,3	75,0	66,8	72,4
Differenz	*0,4*	*0,1*	*0,1*	*1,3*	*0,0*	*3,2*

Demgegenüber wies ein mit dem gleichen Material durch Austrocknen an der Luft, aber sonst ohne mechanische Verluste gewonnenes Heu eine geringere Verdaulichkeit auf. Es wurden von den einzelnen Bestandteilen verdaut:

Im Mittel	68,4	73,6	73,4	75,7	66,8	70,8
An der Luft getrocknet	67,0	71,0	69,6	71,1	68,4	72,2
Es wurden also von jenem durch Trocknung an der Luft geworbenem Heu mehr (+) oder weniger (—) verdaut	*—1,4*	*—2,6*	*—3,8*	*—4,6*	*+1,6*	*+2,2*

Die Heuwerbung bedingt also eine geringere Verdaulichkeit, die im vorliegenden Falle auf Veratmung und Vergärung leicht löslicher Stoffe zurückzuführen ist. Es stimmt dies auch mit älteren, in ähnlicher Weise durchgeführten Untersuchungen überein (H. WEISKE[191], G. KÜHN[109]). Zu gleichen, aber die Unterschiede noch schärfer hervorhebenden Ergebnissen haben neuere, sehr exakte Untersuchungen und Versuche geführt (G. WIEGNER[200]). Hier betrugen die Verluste im Dürrfutter trotz des sehr guten Erntewetters gegenüber Grünfutter:

	Mit mechanischen Verlusten		Ohne mechanische Verluste
	Versuch 1921	Versuch 1924	Versuch 1920
An Trockensubstanz	14,2	15,2	8,7 % der Trockensubstanz des Grases
An verdaulicher Trockensubstanz	21,6	20,6	8,9 % der verdaulichen Trockensubstanz des Grases
An verdaulichem Rohprotein	23,8	20,8	16,5 % des verdaulichen Rohproteins des Grases
An verdaulichem Reinprotein	40,3	25,0	13,8 % des verdaulichen Reinproteins des Grases
An Stärkeeinheiten	40,9	36,3	22,6 % des Stärkewertes des Grases

Es gingen hiernach also selbst bei sehr gutem Erntewetter und bei sorgfältiger Werbung 17—24% vom verdaulichen Rohprotein, 14—40% des verdaulichen Eiweißes und 23—41% der Stärkewerte gegenüber dem Grünfutter verloren. In der landwirtschaftlichen Praxis und namentlich bei ungünstigem Erntewetter wird man mit noch wesentlich höheren Verlusten zu rechnen haben.

Die Frage nach dem Futterwert des frischen Grases und des daraus gewonnenen Trockenfutters ist auch durch Versuche mit Milchvieh geprüft worden (A. MORGEN und Mitarbeiter[141]). Zunächst ergaben die Stoffwechselversuche, trotzdem Menge und Zusammensetzung der Rationen in der Trockenfutterperiode und beim Grünfutter die gleichen waren, eine etwas geringere Verdaulichkeit des Dürrheues, was in den berechneten Stärkewerten deutlich zum Ausdruck kommt, wobei für a ein Abzug von 0,34 und bei b ein solcher von 0,58 für die Rohfaser eingesetzt worden ist.

Tier Nr.	Futter	Stärkewert	
		a	b
49	Gras	12,45	—
49	Trockenfutter	11,71	9,91
63	Gras	12,25	—
63	Trockenfutter	12,04	10,25
52	Gras	18,44	—
52	Trockenfutter	18,18	16,34

Wenn inbezug auf den Milchertrag ein Unterschied zwischen Grünfutter und Trockenfutter nicht in Erscheinung trat, so steht doch auf Grund dieses und aller angeführten Versuche zweifelsohne fest, daß die Werbung von Grünfutter zu Heu unter allen Umständen mit Verlusten verknüpft ist, die unter praktischen Verhältnissen sogar sehr erheblich sind.

Die Verluste, die bei der Heuwerbung von Klee und anderen Futterpflanzen, namentlich bei ungünstiger Witterung durch Auslaugen usw. eintreten, hat man durch Puppen des Futters einzuschränken versucht. Noch vorteilhafter ist das Aufreitern des Futters auf Trockengestellen (Hürden, Pyramiden, Reitern usw.). So aufgereitertes Futter bietet Sonne und Wind eine größere Angriffsfläche dar, wodurch das Trocknen wesentlich beschleunigt und erleichtert wird. Bei nassem Wetter dagegen dringt der Regen nicht in die ganze Schicht ein, sondern läuft zum größten Teile an der Oberfläche ab. Es wurden vom Hektar an Luzerneheu geerntet (M. MAERCKER[130]):

	In Pyramiden dz	In Puppen dz
1. Schnitt . . .	54,94	45,76
2. Schnitt . . .	28,10	24,08
3. Schnitt . . .	27,14	23,90
Zusammen	*110,18*	*93,74*

In der Gesamtmasse dieser drei Schnitte waren enthalten in Kilogramm:

Getrocknet	Trocken-substanz	Roh-protein	Eiweiß	N-freie Extraktstoffe
Auf Pyramiden	9776	1922	1436	4162
In Puppen	8593	1794	1457	3523
Auf Pyramiden mehr (+) oder weniger (—)	+ 1183	+ 128	— 21	+ 639

Noch größer sind die Verluste, wenn die abgemähten Futterpflanzen in Schwaden am Boden liegenbleiben. So enthielt beregnetes Kleeheu:

	Von Schwaden %	Von Kleereitern %
Rohprotein	8,15	11,22
N-freie Extraktstoffe . . .	29,60	35,33
Rohfett (Ätherextrakt) . .	1,61	2,40
Rohfaser	43,02	32,68
Asche	2,86	4,26

Andere Versuche mit Rotklee bestätigen diese Ergebnisse (FR. FALKE[26]). Hier gingen beim Trocknen auf Pyramiden rund 9% und beim gewöhnlichen Trocknen auf dem Boden 16% und infolge schlechten Wetters sogar 25% an Trockenmasse verloren. Wenn sich also durch Trocknen auf Gerüsten die bei der Heuwerbung auftretenden Verluste auch nicht ganz aufheben lassen, so erfahren sie doch hierdurch wenigstens eine wesentliche Einschränkung.

Über den Gehalt des Heues an Rohnährstoffen allgemeine Angaben zu machen, ist außerordentlich schwer. Die Schwankungen sind sehr groß, und die Ursachen, welche sie bedingen, bereits früher dargelegt worden. Maßgebend für den Produktionswert wird immer der Proteingehalt in positivem und der Rohfasergehalt in negativem Sinne sein. Je mehr daher in einem Heu die Proteinstoffe hervortreten und somit das Nährstoffverhältnis enger gestalten, desto höher wird auch die Bewertung ausfallen müssen. Demnach gilt als maßgebend (A. MAYER-MORGEN[141])

ein Nährstoffverhältnis von 1 : 3,5 für ein ausgezeichnetes Heu
„ „ „ 1 : 4,9 „ „ mittelgutes Heu
„ „ „ 1 : 5,6 „ „ schlechtes Heu

Häufiger dürfte auch die botanische Analyse ein besserer Gradmesser für die Beurteilung eines Dürrheues sein als die chemische. Gutes Heu ist meist reich an Leguminosen und in Sonderheit an Kleearten, während schlechtes Heu hauptsächlich Cyperaceen u. a. enthält. Im übrigen findet hinsichtlich der einzelnen Gräser und Futterpflanzen das beim Grünfutter hierüber Gesagte auf das Dürrheu sinngemäße Anwendung.

2. Grummet. Unter *Grummet* (auch Öhmd oder Ohmd genannt) versteht man den zweiten und alle späteren Schnitte der Wiesen. Da hierbei die Pflanzen in einem früheren Vegetationsstadium als bei dem ersten Schnitt gemäht werden, so besteht das Grummet aus jüngeren, zarteren sowie proteinreicheren und weniger verholzten, dafür aber höher verdaulichen Pflanzenbestandteilen. So wurden von Hammeln verdaut (E. SCHULZE und M. MAERCKER[161]):

	Heu %	Grummet %
Organische Substanz	62,0	70,5
Rohprotein	67,0	68,0
N-freie Extraktstoffe	57,0	74,0
Rohfett (Ätherextrakt) . . .	16,5	31,0
Rohfaser	56,5	68,0

Leider verhindern meist ungünstige Witterungsverhältnisse ein gutes und trockenes Einbringen des zweiten Schnittes. Die jüngeren und zarten Pflanzen des letzteren werden leichter ausgelaugt, auch sind die mechanischen Verluste durch Abbröckelung usw. größer. Hierdurch wird naturgemäß der Futterwert des Grummets wesentlich herabgesetzt. In niederschlagsreichen Gegenden ist man deshalb schon frühzeitig darauf bedacht gewesen, an die Stelle der üblichen Heugewinnung eine solche zu setzen, welche die Werbung des Grünfutters zu Dürrheu einigermaßen unabhängig von der Witterung macht. Hierfür kommen solche Verfahren in Betracht, bei denen mindestens ein Teil des Vegetationswassers durch die bei Gärungen entstehende Selbsterhitzung ausgetrieben wird. Das gewöhnliche Schwitzen des Heues ist letzten Endes auch ein Gärungsprozeß. Diese spontane Erhitzung spielt aber nicht nur bei der gewöhnlichen Heuwerbung eine Rolle, sondern auch bei allen anderen Konservierungsverfahren, gleichgültig, ob sie auf Fermentation oder Ensilage beruhen. Bei allen Gärungsprozessen wird Substanz vergoren. Verluste an Nährstoffen sind also hierbei unvermeidlich. Die Selbsterwärmung kann ferner bei der Trockenfuttergewinnung bis zur Selbstentzündung führen. Die erhitzte Masse wird pyrophorisch, und das Heu geht in Flammen auf. Die Selbsterhitzung kann also so hohe Temperaturen erreichen, daß nicht nur eine Verdauungsdepression hinsichtlich der Proteinstoffe eintritt, sondern daß auch ein mehr oder weniger großer Teil der Futtermasse verkohlt. Es ist also auch nach dieser Richtung hin mit einer Entwertung des Futters oder mit direkten Verlusten an Nährstoffen zu rechnen.

3. Braunheu wird in der Weise gewonnen, daß man das geschnittene Futter zunächst stark abwelken läßt (bis auf einen Trockensubstanzgehalt von etwa 50 %). Das von Regen und Tau freie Material wird dann in großen Haufen oder Diemen zusammengepreßt. In der festgetretenen, halbfeuchten Futtermasse setzen dann sehr bald Gärungsprozesse ein, die mit einer erheblichen Selbsterwärmung verbunden sind. Die Temperatur soll hierbei nicht über 80° C hinausgehen. Infolge der Gärungswärme verdampft und entweicht das Vegetationswasser. Es wird also die durch die Gärung frei werdende Energie zur Trocknung benutzt. Der ganze Vorgang ist naturgemäß mit Verlusten an Roh- und verdaulichen Nährstoffen verknüpft, zu denen noch eine Verminderung der Proteinverdaulichkeit hinzutritt, wenn die Temperaturen zu hohe waren. Sehr kennzeichnend hierfür ist schon die Farbe des Braunheues, wie nebenstehende Untersuchungsbefunde deutlich zeigen (F. ALBERT[1]). Es wurde gefunden in Prozenten der Trockensubstanz:

	Gesamteiweiß	Verdaulich
Im Dürrheu als Gras . . .	11,9	10,8
In hellbraunem Braunheu .	11,6	10,0
In mittelfarbigem Braunheu	11,7	9,1
In schwarzem Braunheu . .	14,0	0,4
In sehr dunklem Braunheu .	11,1	0,0

Je dunkler also die Farbe eines Braunheues ist, desto niedriger fällt die Verdaulichkeit des Proteins und der Gehalt der stickstoffreien Extraktstoffe aus, desto größer ist aber der Rohfasergehalt. Wenn man zunächst von den Verlusten an Masse überhaupt absieht, ändert sich bei einer guten Braunheubereitung der prozentische Gehalt an Rohnährstoffen gegenüber der gewöhnlichen Dürrheubereitung so gut wie nicht, wohl aber treten in der Verdaulichkeit der einzelnen Nährstoffgruppen wesentliche Unterschiede auf. Nachstehende Ergebnisse eines Versuches mit Rotklee zeigen dies (G. KÜHN[107]). Hierbei war der Klee einmal auf Reitern getrocknet und zum anderen als Braunheu gewonnen worden:

	Organische Substanz %	Rohprotein %	N-freie Extraktstoffe %	Rohfett (Ätherextrakt) %	Rohfaser %
a) *Gehalt an Rohnährstoffen* (Trockensubstanz):					
Reiterkleeheu	93,25	18,95	40,17	2,70	31,43
Kleebraunheu	93,25	18,69	39,49	2,03	33,04
b) *Verdauungskoeffizienten*:					
Reiterkleeheu	55,1	60,4	62,7	51,0	42,5
Kleebraunheu	47,4	32,0	55,7	43,3	46,4
c) *Verdauliche Nährstoffe* (Trockensubstanz):					
Reiterkleeheu	51,40	11,44	25,14	1,42	13,52
Kleebraunheu	44,20	5,98	22,00	0,88	14,04

Ein Unterschied in der chemischen Zusammensetzung ist also zwischen Kleedürrheu und Kleebraunheu nicht vorhanden. Dagegen hat sich bei letzterem der Gehalt an verdaulichem Protein um rund 50% vermindert. Noch auffälliger treten die mit der Braunheubereitung verbundenen Verluste in einem Versuch mit Esparsette hervor (H. WEISKE[192]), die einmal verlustlos getrocknet und zum anderen als Braunheu gewonnen worden war. Die chemische Zusammensetzung beider Heusorten war folgende:

	Organische Substanz %	Rohprotein %	N-freie Extraktstoffe %	Rohfett %	Rohfaser %
Dürrheu	93,98	18,56	38,60	2,89	33,93
Braunheu	93,00	20,69	35,06	4,87	32,38

Wenn hiernach auch wesentliche Unterschiede im prozentischen Gehalt an Rohnährstoffen nicht vorhanden sind, so treten doch solche deutlich hervor, wenn man berechnet, welche Nährstoffmengen bei beiden Werbungsmethoden je Hektar geerntet worden wären.

	Organische Substanz dz	Rohprotein dz	N-freie Extraktstoffe dz	Rohfett (Ätherextrakt) dz	Rohfaser dz
Esparsette, sorgfältig getrocknet . .	55,3	10,9	21,7	1,7	19,9
Esparsette, als Braunheu gewonnen	44,6	9,9	16,8	2,3	15,5
Mit Braunheu mehr (+) oder weniger (—) geerntet	*—10,7*	*—1,0*	*—4,9*	*+0,6*	*—4,4*

Die mit der Braunheubereitung verknüpften Verluste an Rohnährstoffen werden durch die geringe Verdaulichkeit des Braunheues noch vergrößert. Es wurden von Hammeln in Prozenten der Einzelbestandteile verdaut:

	Organische Substanz	Roh-protein	N-freie Extrakt-stoffe	Rohfett (Äther-extrakt)	Rohfaser
Dürrheu	62,1	70,0	74,4	66,2	36,4
Braunheu	59,3	63,5	67,0	75,6	45,3

Die Braunheubereitung ist also mit Verlusten an Trockenmasse und demgemäß mit solchen an Roh- und besonders auch an verdaulichen Nährstoffen verbunden.

4. Brennheu. Die *Brennheubereitung*, nach ihrem Erfinder auch Klappmeyersches Verfahren genannt, beruht darauf, daß das Grünfutter bereits am Mähtage in mittelgroßen Haufen zusammengetragen und möglichst fest zusammengepreßt wird. Für das Gelingen der Brennheubereitung ist Voraussetzung, daß die etwas abgewelkten Pflanzen frei von Regen und Tau sind. Bald nach dem Setzen der Haufen tritt auch hier eine durch die Gärung verursachte Selbsterhitzung ein, infolge derer das Innere des Haufens meist schon nach wenigen Tagen eine Temperatur von 70° C aufweist. Das Futter selbst nimmt dann eine bräunliche Färbung an. Sobald die Temperatur von 70° C erreicht ist, müssen die Haufen auseinandergerissen und ausgebreitet werden, weil sonst die Selbsterwärmung weiter ansteigt und das Futter schließlich verkohlen würde. Von dem ausgebreiteten Futter dunstet das noch warme Vegetationswasser sehr schnell ab. Die abgestorbenen Pflanzen und Pflanzenteile trocknen bei einigermaßen günstiger Witterung in der verhältnismäßig kurzen Zeit von wenigen Stunden völlig aus. Das eigentliche Prinzip der Brennheubereitung besteht also zunächst in der raschen Abtötung der angewelkten Pflanzen durch die Gärungswärme, infolgedessen die Atmungsverluste wesentlich eingeschränkt werden. Hierdurch wird ferner das spätere Abtrocknen wesentlich erleichtert und gefördert. Seiner ganzen Natur nach müssen auch bei diesem Verfahren Verluste an Masse und an verdaulichen Nährstoffen eintreten. Wie groß diese Verluste gegenüber der gewöhnlichen Heubereitung sind, ist schon früher in einem Versuch mit Luzerne ermittelt worden (H. Weiske[188]). Es wurde Luzerne einmal sorgfältig und ohne Verluste getrocknet, zum anderen in der gewöhnlichen Weise als Dürrheu geworben und drittens als Brennheu gewonnen. Hierbei wurden von der Flächeneinheit an Rohnährstoffen geerntet:

	Trocken-masse dz	Orga-nische Substanz dz	Roh-protein dz	N-freie Extrakt-stoffe dz	Rohfett dz	Rohfaser dz	Mineral-stoffe dz
Sorgfältig getrocknet .	38,56	35,54	7,95	14,49	14,07	11,70	3,02
Als Dürrheu geworben .	27,58	25,58	5,09	10,48	6,40	9,38	2,00
Als Brennheu getrocknet	30,58	28,05	6,84	9,06	8,29	11,32	2,53

Die chemische Untersuchung und die mit Hammeln durchgeführten Stoffwechselversuche ergaben folgenden Gehalt an Roh- und verdaulichen Nährstoffen (in der Trockensubstanz):

	Organische Substanz %	Roh-protein %	N-freie Extrakt-stoffe %	Rohfett (Äther-extrakt) %	Rohfaser %
a) *Rohnährstoffe*:					
Sorgfältig getrocknet . . .	92,18	20,62	37,57	3,65	30,34
Als Dürrheu geworben . . .	92,75	18,44	37,99	2,32	34,01
Als Brennheu gewonnen . .	91,72	22,37	29,64	2,71	37,00
b) *Verdauungskoeffizienten*:					
Sorgfältig getrocknet . .	57,2	77,8	65,3	49,6	34,2
Als Dürrheu geworben . . .	55,4	73,4	64,9	32,0	36,6
Als Brennheu gewonnen . .	54,4	72,4	54,0	43,3	44,6

(Fortsetzung.)

	Organische Substanz %	Roh-protein %	N-freie Extrakt-stoffe %	Rohfett (Äther-extrakt) %	Rohfaser %
c) *Verdauliche Nährstoffe*:					
Sorgfältig getrocknet . . .	52,73	16,04	24,53	1,81	10,38
Als Dürrheu geworben . . .	51,38	13,57	24,66	0,74	12,44
Als Brennheu gewonnen . .	49,90	16,20	16,01	1,17	16,50

Es wurden also von der Flächeneinheit an Roh- und verdaulichen Nährstoffen bei der Dürrheuwerbung, bzw. Brennheubereitung gegenüber der verlustlosen Trocknung in Prozenten der Einzelbestandteile mehr (+) oder weniger (—) geerntet:

	Dürrheu		Brennheu	
	Rohnährstoffe	verdauliche Nährstoffe	Rohnährstoffe	verdauliche Nährstoffe
Organische Substanz	— 27,3	— 30,3	— 21,1	— 25,0
Rohprotein	— 36,0	— 39,7	— 14,0	— 19,9
N-freie Extraktstoffe	— 27,7	— 28,1	— 37,4	— 48,2
Rohfett (Ätherextrakt) . .	— 54,5	— 70,8	— 41,1	— 50,1
Rohfaser	— 19,8	— 14,3	— 3,3	+ 26,1

Dürrheu- und Brennheugewinnung sind also gegenüber einer sorgfältigen verlustlosen Trocknung mit erheblichen Nährstoffverlusten verbunden. Merkwürdigerweise sind diese, mit Ausnahme der stickstoffreien Extraktstoffe, beim Brennheu zum Teil wesentlich geringer gewesen, als bei der gewöhnlichen Dürrheugewinnung. Daß die stickstoffreien Extraktstoffe aber bei der Brennheubereitung mehr in Mitleidenschaft gezogen worden sind, ist auf die umfangreicheren Gärungsvorgänge zurückzuführen, wobei in erster Linie Kohlehydrate vergoren werden. Die Ergebnisse anderer Versuche mit Serradella sind in ganz ähnlicher Richtung ausgefallen (F. HONCAMP[58]). Es enthielten (in der Trockensubstanz), bzw. wurden verdaut:

	Dürrheu			Brennheu		
	Roh-nährstoffe %	Ver-dauungs-koeffizienten	ver-dauliche Nährstoffe %	Roh-nährstoffe %	Ver-dauungs-koeffizienten	ver-dauliche Nährstoffe %
Rohprotein	16,03	70,8	11,35	15,92	58,8	9,36
N-freie Extraktstoffe . .	39,85	61,7	24,59	40,90	61,7	24,99
Rohfett (Ätherextrakt) .	2,68	63,3	1,70	2,95	76,0	2,24
Rohfaser	33,86	41,9	14,19	31,59	44,2	14,12
Verdauliches Eiweiß . . .	—	—	*8,11*	—	—	*7,22*
Stärkewert	—	—	*26,69*	—	—	*26,45*

Unterschiede sind auch hier im prozentischen Rohnährstoffgehalt nicht vorhanden. Jedoch ist die Proteinverdaulichkeit und demgemäß der Gehalt hieran im Brennheu geringer. Trotzdem hat sich aber auch in diesem Versuche die Brennheubereitung der gewöhnlichen Heuwerbung gegenüber als überlegen erwiesen. Von 1000 kg grüner Serradella mit 257,6 kg Trockenmasse wurden im Serradelladürrheu 119,6 und im Serradellabrennheu 144,9 kg Trockensubstanz wiedergewonnen. Berechnet man hierauf die Verluste (—) oder Gewinne (+) an verdaulichen Nährstoffen und Stärkeeinheiten, so ergibt sich folgendes:

	119,6 kg Serradellaheu-Trockenmasse enthalten kg	144,9 kg Serra-dellabrennheu-Trockenmasse enthalten kg	Verlust (−) oder Gewinn (+) bei der Brennheubereitung	
			in kg	in %
Organische Substanz . . .	61,9	73,5	*+ 11,6*	*+ 18,7*
Rohprotein	13,6	13,6	*± 0*	—
N-freie Extraktstoffe . . .	29,4	36,2	*+ 6,8*	*+ 23,1*
Rohfett (Ätherextrakt) . .	2,0	3,2	*+ 1,2*	*+ 60,0*
Rohfaser	16,9	20,5	*+ 3,6*	*+ 21,3*
Verdauliches Eiweiß . . .	*9,7*	*10,5*	*+ 0,8*	*+ 8,3*
Stärkewert	*31,9*	*38,3*	*+ 6,4*	*+ 20,1*

Wenn sich in diesem Versuch in bezug auf die Erhaltung der Nährstoffe die Brennheubereitung der gewöhnlichen Dürrheugewinnung überlegen gezeigt hat, so sind die Gründe hierfür vielleicht darin zu suchen, daß bei der Werbung der Serradella zu Dürrheu größere mechanische Verluste zu verzeichnen gewesen sind. Vielleicht trifft diese Erklärung auch für den vorhergehenden Versuch mit Luzerne zu. Es würde dies bedeuten, daß bei allen blattreichen Futterpflanzen eine sachgemäße Brennheubereitung bei einigermaßen günstigem Wetter der gewöhnlichen Heuwerbung überlegen ist.

Die Konservierung aller Grünfutterstoffe und besonders derjenigen, die sich infolge ihrer ganzen Beschaffenheit nicht durch gewöhnliches Austrocknen an der Luft oder ein ähnliches Verfahren zu einem aufbewahrungsfähigen Futter verarbeiten lassen, ist ferner noch durch künstliche Trocknung oder durch Einsäuerung (Ensilage) möglich. Hierüber wird später in einem besonderen Abschnitt zu berichten sein.

B. Stroh und ähnliche Rauhfutterstoffe.

Alle Rauhfutterstoffe dieser Art sind dadurch gekennzeichnet, daß sie im Vergleich zu ihrem Trockensubstanzgehalt und zu ihrem umfangreichen Volumen nur einen sehr geringen Gehalt an verdaulichen Nährstoffen aufweisen. Sie sind im allgemeinen außerordentlich proteinarm, dagegen fast immer sehr reich an Holz- oder Rohfaser. Durch letztere, und zwar in erster Linie durch deren physikalische Beschaffenheit, wird der Produktionswert eines Futtermittels bedingt. Je mehr und je intensiver nämlich die Rohfaser, wie bei den Stroharten und ähnlichen Rauhfutterstoffen, von inkrustierenden Substanzen, wie Kieselsäure, Lignin und Cutin durchsetzt und eingehüllt ist, desto größer muß der Aufwand an Kau- und Verdauungsarbeit und demgemäß auch der Produktionsausfall sein. Es handelt sich also bei den hier zu behandelnden Produkten um ballastreiche Futterstoffe, die mehr zur Füllung des Magens und zur Sättigung der Tiere, aber weniger zwecks Zuführung von Nährstoffen verfüttert werden. Solche sehr rohfaserhaltigen Futtermittel sind jedoch durch den mechanischen Reiz, den sie ausüben, für die Darmperistaltik von Bedeutung. Sie sind außerdem für Rind und Schaf ganz unentbehrlich, als durch sie der Akt des Wiederkauens mit angeregt wird.

I. Stroh und Spreu.

Unter Stroh versteht man die Blätter und Stengel solcher landwirtschaftlichen Kulturpflanzen, bei denen die Samen zur Reife gelangt und ausgedroschen worden sind. Von der ursprünglichen ganzen Pflanze ist also der nährstoffreiche und daher wertvolle Teil, nämlich der Samen, entfernt worden. Beim Dreschen fällt die Spreu ab, die aus den äußeren Samenhüllen, wie Schalen und Spelzen, Blatt- und Strohteilchen und zum Teil auch aus verkümmerten Körnern und Körnerresten besteht. Auf den Gehalt von Stroh und Spreu an Roh- und verdaulichen Nährstoffen können eine Reihe äußerer Verhältnisse von Einfluß sein. Starke Stickstoffdüngung bedingt in der Regel einen höheren Gehalt des Strohes an Protein (J. B. LAWES und J. H. GILBERT[115], M. MAERCKER[131]). Ein solcher, bei gleichzeitiger Erhöhung des Gehaltes an stickstoffreien Extraktstoffen, konnte gleichfalls bei Lagerfrucht und auch in Jahren großer Trockenheit nachgewiesen werden. Es ist dies wahrscheinlich darauf zurückzuführen, daß in solchen Jahren nur eine ungenügende Ausbildung der Körner stattfindet und infolgedessen größere Mengen von stickstoffhaltigen und stickstoffreien Nährstoffen in den Blättern und Stengeln zurückbleiben (M. MAERCKER[131]). Umgekehrt liegen die Verhältnisse in nassen Jahren, in denen immer ein nährstoffärmeres Stroh gewonnen wird (M. MAERCKER[132]).

Die chemischen Hauptbestandteile aller Stroharten bilden die stickstoffreien Extraktstoffe und die Rohfaser. Zu den ersteren gehören alle wirklichen Kohlehydrate einschließlich der Pentosane und weiterhin noch verschiedenartige Stoffe mannigfacher Natur. Letztere stehen entweder, wie Mannit usw., der eigentlichen Kohlehydratgruppe sehr nahe oder sie gehören, wie organische Säuren, Ligninstoffe, Substanzen der aromatischen Reihe usw., überhaupt nicht zu dieser Gruppe. Alle Kohlehydrate, die sich von den Hexosen ableiten, kommen im Stroh nur in verhältnismäßig geringer Menge vor. Häufiger dagegen finden sich jene Zuckerarten mit nur fünf Kohlenstoffatomen im Molekül, nämlich die Pentosen und ihre Derivate, die Pentosane. Unter den stickstoffreien Extraktstoffen findet sich ferner auch ein Teil der Lignine vor. Als solche werden jene Stoffe verstanden, die sich auf und in den Zellwänden ablagern und die nicht Cellulose oder Xylose (Holzgummi, Pentosane usw.) sind. Demgemäß kann man die stickstoffreien Extraktstoffe der Stroharten in drei Untergruppen zergliedern, nämlich in Lignine, Pentosane und Restkohlenhydrate. Unter dem Begriff Restkohlenhydrate werden alle Bestandteile der stickstoffreien Extraktstoffe zusammengefaßt, die nicht als Lignine und Pentosane bestimmt werden. Die ligninfreien Extraktstoffe werden durch Abzug des Lignins von den stickstoffreien Extraktstoffen ermittelt (G. WIEGNER und W. THORMANN[201]). Es wurden in der Trockensubstanz des Winterhalmstrohes ermittelt:

Ligninfreie Extraktstoffe	N-freie Extraktstoffe	davon sind:			in % der N-freien Extraktstoffe		
		Lignin	Pentosane	Restkohlenhydrate	Lignin	Pentosane	Restkohlenhydrate
kg	kg	kg	kg	kg	%	%	%
30,28	44,84	14,56	24,13	6,15	32,47	53,81	13,72

Hiernach bilden mit über 50% die Pentosane den Hauptanteil der stickstoffreien Extraktstoffe in den Stroharten. Überhaupt dürften die Pentosane bei den Stroharten sich vorwiegend unter den stickstoffreien Extraktstoffen und nur zu einem geringen Teil in der Rohfaser vorfinden. So waren in 100 Teilen vergleichbarer Trockensubstanz enthalten (F. HONCAMP[59]):

	Gesamtrohfaser	davon sind enthalten:		Prozente der Gesamtpentosane sind enthalten:	
		in der Rohfaser	in den N-freien Extraktstoffen	in der Rohfaser	in den N-freien Extraktstoffen
	kg	kg	kg	%	%
Haferstroh	26,21	3,71	22,50	14,15	85,85
Sommerweizenstroh . . .	27,41	3,74	23,67	13,64	86,36
Winterweizenstroh	25,68	3,83	21,85	14,91	85,08
Erbsenstroh	18,96	3,42	15,54	18,04	81,96
Rübsenstroh	21,91	3,61	18,30	16,48	83,56

Es findet sich also nur ein verhältnismäßig geringer Teil der Pentosane in der Rohfaser vor.

Ähnlich wie die stickstoffreien Extraktstoffe ist auch die Rohfaser der Stroharten keine einheitliche Substanz. Sie stellt ein Gemenge dar, das aus reiner Cellulose und anderen Derivaten der Kohlehydratgruppe sowie solchen Körpern besteht, denen ein höherer Kohlenstoffgehalt als der reinen Cellulose zukommt. Bei der Rohfaser der Stroharten unterscheidet man drei Hauptbestandteile, nämlich die Cellulose, die inkrustierenden Substanzen und die Pentosane. Da letztere sich in der Strohrohfaser nur in geringen Mengen vorfinden, so sind es die beiden erstgenannten Bestandteile, die den Hauptanteil in der Zusammensetzung ausmachen. Zu den inkrustierenden Substanzen zählen außer den Ligninen usw. auch gewisse anorganische Verbindungen, die, wie die Kieselsäure, in verhältnismäßig großen Mengen in den Stroharten enthalten sind. Von den Inkrusten muß man annehmen, daß sich die anorganischen, wie z. B. die Kieselsäure, in einem mechanischen Gemenge mit der Cellulose befinden, während zwischen Cellulose und Ligninen direkte Verbindungen bestehen dürften. In welchen Mengenverhältnissen sich die einzelnen Bestandteile der Holzfaser unter Zugrundelegung der KÖNIGschen Methode in den Stroharten vorfinden, geht aus nachstehenden Zahlen hervor (F. HONCAMP und R. RIES[60]):

	Rohfaser %	Reincellulose %	Lignin %	Cutin %
Haferstroh	36,93	23,92	1,09	11,92
Sommergerstenstroh . . .	37,70	28,82	1,02	7,83
Sommerroggenstroh . . .	35,76	26,51	1,05	8,20
Sommerweizenstroh . . .	37,75	29,60	0,78	7,28
Wintergerstenstroh	36,31	27,24	0,95	8,12
Winterroggenstroh	39,14	31,73	0,87	6,54
Winterweizenstroh	38,85	31,08	0,97	6,53

Hiernach überwiegt in der Holzfaser der Stroharten zweifelsohne der Menge nach die Cellulose. Pentosane sind hier nicht aufgeführt, da man bekanntlich nach der KÖNIGschen Rohfaserbestimmung eine vollkommen pentosanfreie Rohfaser erhält. Der Hauptnährwert der Stroharten beruht also in ihrem Gehalt an stickstoffreien Extraktstoffen und an Rohfaser.

1. Das Stroh der Getreidearten gehört mit zu den geringwertigsten Futtermitteln. Hinsichtlich des Futterwertes macht man einen Unterschied zwischen Sommer- und Winterhalmstroh. Ersteres soll nährstoffreicher und höher verdaulich sein als das letztere. Es wird dies damit begründet, daß beim Wintergetreide die Verholzung infolge der längeren Vegetationszeit weiter fortgeschritten ist. Da der Rohfasergehalt aber im umgekehrten Verhältnis zum Nährstoffgehalt steht, so ergibt sich hieraus ein höherer Produktionswert für das Sommerhalmstroh. Neuere Untersuchungen weisen darauf hin, daß hinsichtlich der chemischen Zusammensetzung von Sommer- und Winterhalmstroh wesentliche Unterschiede nicht bestehen (F. HONCAMP und F. RIES[60]). Im Durchschnitt einer Reihe von Untersuchungen wurden in der wasserfreien Substanz gefunden:

	Rohprotein %	Reineiweiß %	N-freie Extraktstoffe %	Rohfett (Ätherextrakt) %	Rohfaser %	Reinasche %
Sommerhalmstroh	3,76	3,18	44,56	1,64	45,25	5,15
Winterhalmstroh	3,83	3,74	44,03	1,25	45,81	4,89

Für die einzelnen Getreidestroharten wurden hinsichtlich ihrer chemischen Zusammensetzung im Durchschnitt von meist mehreren Untersuchungen folgende Werte festgestellt (F. HONCAMP und F. RIES[60]):

	Roh-protein %	Rein-eiweiß %	N-freie Extrakt-stoffe %	Rohfett (Äther-extrakt) %	Rohfaser %	Reinasche %
Haferstroh	3,09	2,70	43,79	1,65	45,54	5,93
Gerstenstroh (Sommerkorn)	3,78	3,59	43,68	1,40	45,04	6,11
Roggenstroh (Sommerkorn)	3,68	3,44	48,51	1,83	42,99	2,99
Weizenstroh (Sommerkorn)	2,74	2,61	44,47	1,85	46,61	4,33
Gerstenstroh (Winterkorn)	4,59	4,32	45,39	1,46	42,62	5,77
Roggenstroh (Winterkorn)	3,51	3,21	43,51	1,58	46,91	4,48
Spelzweizen (Dinkel)	2,74	2,52	42,09	0,93	46,93	7,31
Weizenstroh (Winterkorn)	3,71	3,52	44,54	1,00	47,06	3,69
		Nach E. POTT[7]:				
Hirsestroh, Futterhirse	10,58	—	35,20	2,61	41,83	9,78
Hirsestroh (Kolbenhirse)	6,73	—	43,93	1,53	38,72	9,09
Maisstroh	6,51	—	46,86	1,86	38,02	5,58
		Nach O. KELLNER[98]:				
Reisstroh (Sumpfreis)	6,80	—	24,80	2,17	48,68	17,55
Reisstroh (Bergreis)	6,75	—	32,14	2,16	40,35	18,60

Inbezug auf den Gehalt an Rohnährstoffen bestehen hiernach große Unterschiede innerhalb der verschiedenen Stroharten nicht. Das gleiche gilt aber auch hinsichtlich der Verdaulichkeit, wie die für obige Stroharten in Versuchen mit Hammeln gewonnenen Verdauungskoeffizienten zeigen. Es erwiesen sich in Prozenten der einzelnen Bestandteile als verdaulich (F. HONCAMP und Mitarbeiter[61]):

	Rohprotein	N-freie Extraktstoffe	Rohfett (Ätherextrakt)	Rohfaser
Sommerkornstroh:				
Haferstroh	5,4—11,1	37,5—47,8	42,8—43,8	53,6—60,6
im Mittel	*8,3*	*42,6*	*43,3*	*57,1*
Gerstenstroh	15,6—23,3	39,0—45,0	38,6—44,3	54,7—55,7
im Mittel	*19,5*	*42,0*	*41,5*	*55,2*
Roggenstroh	*31,9*	*47,9*	*52,1*	*54,5*
Weizenstroh	*5,6*	*40,8*	*4,2*	*50,1*
Winterkornstroh:				
Gerstenstroh	9,3—47,8	41,4—43,4	56,5—61,9	49,5—59,4
im Mittel	*28,6*	*42,4*	*59,2*	*54,5*
Roggenstroh	22,7—27,1	35,3—40,8	51,2—62,2	54,9—57,9
im Mittel	*24,9*	*38,1*	*56,7*	*56,4*
Weizenstroh	0—52,1	37,2—39,0	43,1—56,8	45,8—46,8
im Mittel	*26,1*	*38,1*	*49,9*	*46,3*
Spelzweizenstroh (Dinkel)	*41,8*	*32,4*	*63,1*	*46,7*
Sumpfreisstroh (O. KELLNER[38])	*46,5*	*35,4*	*41,5*	*58,1*
Bergreisstroh (O. KELLNER[38])	*43,8*	*28,9*	*51,9*	*55,2*

Abgesehen von größeren Schwankungen in jenen Nährstoffgruppen, die wie das Protein und der Ätherextrakt, nur in sehr geringen Mengen im Stroh enthalten sind, weisen die Verdauungskoeffizienten für die einzelnen Stroharten bei der Rohfaser und den stickstoffreien Extraktstoffen kaum erhebliche Unterschiede auf. Es kommt dies auch im Stärkewert zum Ausdruck, der sich unter Zugrundelegung eines gleichmäßigen Wassergehaltes von 15% für den Durchschnitt obiger Versuche auf 16% für das Sommerhalmstroh und auf 13% für das Stroh der Wintergetreidefrüchte stellt. Es ist also eine gewisse, jedoch nur verhältnismäßig geringe Überlegenheit des Sommerhalmstrohes vorhanden. Dieses stimmt mit älteren Ansichten und Erfahrungen nicht ganz überein. Hierbei muß jedoch beachtet werden, daß die moderne Pflanzenzüchtung in allen Fällen bestrebt ist, ein möglichst lagerfestes, d. h. ein sehr schilfartiges Getreide heranzuzüchten. Solche steifhalmige Sorten sind dafür aber auch kieselsäure- und rohfaserreicher. Es kommt ferner hinzu, daß das heutige Stroh, wenigstens in modernen Wirtschaften mit Drillkultur und ausgedehntem Hackfruchtbau, fast gar nicht mehr von meist zartblättrigen, nährstoffreichen und in der Regel auch hochverdaulichen Unkrautpflanzen durchsetzt ist. Infolge des Anbaues hochgezüchteter Getreidesorten und der Einführung der Drill- und Hackkultur ist der Futterwert des Getreidestrohes also zurückgegangen. Getreidestroh, in welches Klee oder andere Futterpflanzen eingesät sind, besitzt naturgemäß einen höheren Futterwert als solches ohne Einsaat. Von den einzelnen Getreidesorten gilt das Haferstroh als besonders zur Verfütterung geeignet. Aber auch das Stroh von Sommergerste und Sommerweizen wird vielfach verfüttert. Namentlich das letztere wird als ein sehr geeignetes Nebenfutter für Pferde angesprochen. Sommergerstenstroh verwendet man mehr in der Rindviehhaltung.

2. Das Leguminosenstroh besitzt im allgemeinen einen höheren Futterwert als das Getreidestroh. Es zeichnet sich besonders durch einen höheren Proteingehalt aus. Dagegen ist das Hülsenfruchtstroh im Durchschnitt wohl ebenso holzfaserreich wie das Getreidestroh. Für die chemische Zusammensetzung von Leguminosenstroh dürften nachstehende Werte ein zutreffendes Bild geben (berechnet auf Trockensubstanz):

	Rohprotein %	Reineiweiß %	N-freie Extraktstoffe %	Rohfett %	Rohfaser %	Asche %
Stroh von:						
Ackerbohne	12,00	—	34,91	1,82	44,24	7,03
Gartenbohne	8,25	—	45,99	1,79	36,66	7,31
Erbse	9,62	8,65	35,65	1,98	47,29	5,46
Linse	16,61	—	32,58	2,11	40,58	8,12
Lupine	5,63	5,23	32,89	1,31	57,57	2,60
Samenklee	10,89	—	26,63	2,37	53,25	6,86
Sojabohne	7,94	—	47,63	2,19	30,04	12,20
Waldplatterbse	17,34	—	36,94	1,54	39,84	4,34
Wicke	10,13	—	34,34	2,21	46,45	6,87

Für das Stroh der blauen und gelben Lupine wurden, und zwar gleichfalls auf Trockensubstanz berechnet, folgende Werte gefunden (E. Flechsig[33]):

Blaue Lupine	3,15	—	34,30	0,95	57,80	3,70
Gelbe Lupine	7,10	—	33,30	2,60	51,20	5,80

Auf Grund dieser Werte wird man das Lupinenstroh als das proteinärmste, aber rohfaserreichste anzusprechen haben. Hinsichtlich der chemischen Zusammensetzung des Gestrohes der verschiedenen Leguminosen ergeben sich also bei den einzelnen Nährstoffgruppen zum Teil größere Abweichungen, so daß man diese für die Beurteilung ihres Futterwertes nicht außer acht lassen darf. Ausschlaggebend wird aber auch hier wieder die Verdaulichkeit der Nährstoffe sein müssen.

Nach den bisher vorliegenden Versuchen mit Schafen wurden in Prozenten der einzelnen Bestandteile verdaut:

	Rohprotein	N-freie Extraktstoffe	Rohfett (Ätherextrakt)	Rohfaser
Stroh von:				
Ackerbohne (H. WEISKE[193])	47,1	64,4	57,2	41,2
Gartenbohne (H. WEISKE[193])	53,6	72,3	52,6	50,8
Sojabohne (H. WEISKE[193])	39,4	62,8	58,7	42,3
Erbse (E. VON WOLFF[217])	60,5	64,4	45,9	51,6
Erbse (F. HONCAMP[61])	56,1	48,7	49,0	40,6
Lupine (F. HEIDEPRIEM[47])	37,6	64,9	30,2	50,6
Lupine (F. HONCAMP[60])	45,9	40,0	71,8	35,2
Waldplatterbse (G. ANDRÄ[2])	66,5	51,7	49,1	29,6

Entsprechend dem schwankenden Gehalt an Rohnährstoffen und den oft nicht ganz unerheblichen Unterschieden bei den Verdauungskoeffizienten dürfte der Nährwert des Leguminosenstrohes nicht nur bei den verschiedenen Stroharten, sondern auch innerhalb der gleichen Art großen Schwankungen unterworfen sein. Boden, Sorte, Anbau-, Kultur- und klimatische Verhältnisse bedingen diese Unterschiede. Immerhin sind alle gut eingebrachten Leguminosenstroharten brauchbare Rauhfutterstoffe, die ihre beste Verwendung und Verwertung in der Schafhaltung finden. Das geringwertigste von allen Hülsenfruchtstroharten ist wohl das Lupinenstroh. Es eignet sich nur zur Verfütterung an Schafe.

3. Buchweizen-, Raps- und Rübsenstroh sowie andere ähnliche Stroharten gehören zu den allergeringwertigsten Futterstoffen, auch wenn sie manchmal einen verhältnismäßig hohen Gehalt an Rohnährstoffen aufweisen. Für die Zusammensetzung der wasserfreien Substanz werden folgende Zahlen angegeben (E. POTT[156] für Buchweizen-, Mohn-, Samenrüben- und Sonnenblumenstroh, F. HONCAMP und Mitarbeiter[61] für Raps- und Rübsenstroh):

	Rohprotein %	N-freie Extraktstoffe %	Rohfett (Ätherextrakt) %	Rohfaser %	Asche %
Stroh von:					
Buchweizen . .	5,70	41,51	1,40	43,72	7,67
Mohn	7,18	39,06	1,76	41,41	10,59
Raps	2,74—4,45	36,02—37,17	0,96—1,15	52,86—55,82	3,12—5,71
im Mittel	*3,60*	*36,58*	*1,06*	*54,34*	*4,42*
Rübsen	3,36—6,70	35,48—36,49	0,83—1,16	48,96—55,79	4,21—7,02
im Mittel	*5,03*	*35,96*	*1,00*	*52,38*	*5,62*
Samenrüben . .	8,75	42,31	1,99	34,00	12,95

Hinsichtlich der Verdaulichkeit dieser Stroharten liegen nur Versuche bei Hammeln mit dem Raps- und Rübsenstroh vor (F. HONCAMP[61]). Hierbei wurden für die einzelnen Nährstoffgruppen folgende Verdauungskoeffizienten gefunden:

	Organische Substanz	Rohprotein	N-freie Extraktstoffe	Rohfett	Rohfaser
Rapsstroh	28,3—31,7	0—56,3	35,9—42,9	0—55,7	21,4—24,3
im Mittel	*30,0*	*28,2*	*39,4*	*27,9*	*22,8*
Rübsenstroh . . .	30,7—36,2	2,9—51,5	36,9—45,6	39,6—65,0	26,4—29,1
im Mittel	*33,5*	*27,2*	*41,3*	*52,3*	*27,8*

Man wird hiernach dem Cruciferenstroh keinen großen Nährwert zuerkennen können. Ähnlich dürften wahrscheinlich auch die anderen hier erwähnten Stroharten als Futtermittel beurteilt werden müssen.

Zur Verfütterung soll nur unverdorbenes und gut eingebrachtes Stroh verwandt werden. Demgemäß ist alles Stroh, das stark mit Brand-, Meltau, Rost usw. befallen oder mit Blattläusen, bzw. anderen Schmarotzern besetzt ist, als Futterstroh zu verwerfen oder aber es ist vorher zu dämpfen, bzw. mit heißem Wasser aufzubrühen. Stark mit Rost befallenes Stroh kann Durchfall, Abortus usw. hervorrufen. Angefaultes, dumpfiges oder verschimmeltes Stroh führt leicht zu Verdauungsstörungen. Morsch gewordenes und staubiges Stroh, das in der Regel auch mehr oder weniger verpilzt ist, verursacht häufig bei Pferden, aber auch bei anderen Tieren durch Reizung eine Erkrankung der Atmungsorgane.

4. Schalen, Spelzen und Spreu. Bei der Samengewinnung durch Ausdreschen erhält man neben den Körnern und Stroh auch noch Abfälle, die man kurzweg als Kaff oder Spreu bezeichnet. Außer Blatt- und Stengelresten, Körnerteilchen usw. enthält die Spreu die Palen, Schalen, Schoten, Spelzen, wie überhaupt die Samenhüllen. Schalen und Spelzen werden vielfach aber auch bei der Verarbeitung der Körnerfrüchte zu menschlichen Nahrungsmitteln gewonnen. Soweit alle diese Abfallstoffe als Futtermittel Verwendung finden, sind sie hinsichtlich ihres Nährwertes ähnlich zu beurteilen, wie die zu ihnen gehörigen Strohsorten. Alle Arten von Getreidespreu sind als proteinarme, rohfaserreiche und meist stark verkieselte Futterstoffe anzusprechen. Sie besitzen nur einen sehr geringen Futterwert. Wesentlich höher ist im allgemeinen die Hülsenfruchtspreu zu bewerten, da den Leguminosenschalen fast ausnahmslos eine sehr hohe Verdaulichkeit zukommt. Dagegen sind wieder Schalen und Spreu gewisser Ölfrüchte, wie Bucheln, Lein, Erdnuß u. a., als sehr geringwertige Futterstoffe zu bezeichnen. Das gleiche gilt für die Kaffee-, Kakaoschalen und andere ähnliche Rückstände. Soweit über die chemische Zusammensetzung dieser Stoffe und ihre Verdaulichkeit Untersuchungen vorliegen, sind sie nachstehend auf Trockensubstanz berechnet wiedergegeben (TH. DIETRICH und J. KÖNIG[21], E. POTT[156], M. KLING[103]):

Tabelle 1. Chemische Zusammensetzung und Verdauungskoeffizienten von Schalen, Schoten, Spelzen und Spreu.

	Rohprotein %	Reineiweiß %	N-freie Extraktstoffe %	Rohfett (Ätherextrakt) %	Rohfaser %	Asche %
1. Ackerbohnenschalen	12,1	11,0	42,2	0,5	42,8	2,4
Verdauungskoeffizient (F. HONCAMP[62])	*54*	—	*76*	*96*	*95*	—
2. Apfelsinenschalen	5,8	—	77,7	2,4	10,0	4,1
3. Bananenschalen	7,7	—	65,1	8,1	8,6	10,5
Verdauungskoeffizient (F. HONCAMP[63])	*34*	—	*80*	*40*	*22*	—
4. Baumwollsaatschalen	9,7	9,2	47,7	1,9	37,9	2,8
Verdauungskoeffizient (F. HONCAMP[64])	*41*	—	*58*	*97*	*18*	—
5. Brennesselrückstände	7,3	5,9	36,6	0,8	49,2	6,1
Verdauungskoeffizient (F. HONCAMP[62])	*55*	—	*43*	*62*	*28*	—
6. Bucheckernschalen	7,6	—	43,0	3,0	42,8	3,6
7. Buchweizenschalen	3,6	3,4	46,7	0,5	48,9	0,3
Verdauungskoeffizient (F. HONCAMP[65])	*7*	—	*25*	*100*	*8*	—
8. Dinkelspreu	2,6	—	47,8	0,8	42,0	6,8
9. Eichelschalen	3,9	—	47,7	1,8	43,9	2,7
10. Erbsenschalen	9,5	—	38,8	1,2	47,6	2,9
Verdauungskoeffizient (F. HONCAMP[66])	*71*	—	*90*	*73*	*95*	—

(Fortsetzung von Tabelle 1.)

	Rohprotein %	Reineiweiß %	N-freie Extraktstoffe %	Rohfett (Ätherextrakt) %	Rohfaser %	Asche %
11. Erbsenschoten. . . .	9,1	7,1	43,8	0,8	38,1	9,1
Verdauungskoeffizient (F. Honcamp[64]) . .	*43*	—	*78*	*15*	*64*	—
12. Erdnußhülsen	8,0	6,4	20,5	3,3	65,8	2,5
Verdauungskoeffizient (O. Kellner[99]) . .	*36*	—	*39*	*96*	*3*	—
13. Gelbkleehülsen . . .	16,7	16,1	46,9	2,3	26,3	7,8
Verdauungskoeffizient (F. Honcamp[65]) . .	*7*	—	*25*	*100*	*8*	—
14. Gerstenschalen . . .	4,0	3,0	54,9	1,1	31,9	8,1
15. Haferspelzen	2,2	—	58,5	0,8	32,4	6,1
Verdauungskoeffizient (F. Honcamp[66]) . .	*—6*	—	*37*	*35*	*33*	—
16. Hirseschalen	4,4	—	31,6	1,4	51,8	10,8
Verdauungskoeffizient (F. Honcamp[66]) . .	*19*	—	*9*	—	*4*	—
17. Kaffeeschalen	3,4	2,6	23,4	0,4	71,8	1,0
Verdauungskoeffizient (O. Kellner[99]) . .	*6*	—	*13*	*8*	*12*	—
18. Kakaoschalen	17,7	14,1	50,6	9,0	14,8	7,9
Verdauungskoeffizient (O. Kellner[99]) . .	*5*	—	*48*	*84*	*21*	—
19. Leinspelzen	8,8	—	39,4	5,1	33,1	13,6
20. Leinspreu	3,9	—	39,6	3,9	46,0	6,6
21. Lupinenschalen . . .	13,1	—	28,9	0,9	54,8	2,3
22. Maisschalen	15,4	14,3	67,9	0,5	11,5	4,7
Verdauungskoeffizient (F. Honcamp[65]) . .	*75*	—	*90*	*50*	*100*	—
23. Mowramehl	29,0	28,2	40,2	7,7	12,6	10,5
Verdauungskoeffizient (O. Kellner[99]) . .	*12*	—	*17*	*84*	*54*	—
24. Palmnußschalen . . .	4,2	—	5,7	2,5	84,7	2,9
25. Rapsschalen	5,8	5,1	51,0	4,4	25,3	13,5
26. Reisspelzen	6,2	—	38,8	2,2	31,7	21,1
Verdauungskoeffizient (F. Honcamp[67]) . .	*49*	—	*37*	*68*	*9*	—
(F. Lehmann[118]) .	*10*	—	*35*	*67*	*1*	—
27. Roggenspreu	5,4	—	33,0	2,4	50,6	8,6
28. Roßkastanienschalen .	3,5	3,5	50,7	2,5	33,2	10,1
29. Rübsenschalen . . .	11,0	10,2	39,0	8,5	25,8	15,7
Verdauungskoeffizient (F. Honcamp[65]) . .	*52*	—	*53*	*86*	*55*	—
30. Sojabohnenschalen. .	5,9	—	49,5	1,5	33,7	9,4
Verdauungskoeffizient (H. Weiske[194]) . .	*44*	—	*73*	*57*	*51*	—
31. Sonnenblumensamenschalen	6,2	—	45,9	4,9	39,6	3,4
32. Sonnenblumenschalen	19,8	19,1	30,7	0,8	42,4	6,3
Verdauungskoeffizient (F. Honcamp[68]) . .	*81*	—	*43*	*71*	*6*	—
33. Walnußschalen . . .	4,7	—	43,2	5,2	41,3	5,6
34. Weizenspreu	5,2	—	44,4	1,9	35,8	12,7
35. Wickenschalen . . .	13,3	—	44,6	0,4	36,4	5,3
36. Zuckerrübensamenhülsen	9,0	7,7	45,2	3,3	35,6	6,9
Verdauungskoeffizient (F. Honcamp[62]) . .	*54*	—	*49*	*85*	—	—
37. Zuckerrübenschwänze	7,3	6,2	62,2	0,7	11,3	18,5
Verdauungskoeffizient (F. Honcamp[62]) . .	*45*	—	*86*	—	*72*	—

Die Zusammenstellung läßt erkennen, welch außerordentlich großen Schwankungen hinsichtlich des Gehaltes an Rohnährstoffen und der Verdaulichkeit die angeführten Futterstoffe unterworfen sind. Die meisten von ihnen sind deshalb genau wie das Stroh nur als Füllmaterial zur Sättigung der Tiere anzusehen. Schalen und Spelzen werden gern zur Streckung anderer Futterstoffe, wie Kleien, und als Melasseträger verwandt. Hierdurch erfährt der Nährwert dieser Futterstoffe je nach der zugesetzten Schalenmenge eine Verschlechterung. Was über die Verfütterung und Verwendung von mit Rost befallenem oder verschimmeltem Stroh gesagt wurde, findet sinngemäß auch auf die Spelzen und Spreu Anwendung. Letztere enthält häufig noch größere Mengen von Unkrautsamen. Die Verfütterung solcher mit Unkrautsamen durchsetzter Spreu trägt leicht zur Verunkrautung der Felder bei. Es empfiehlt sich daher die Keimfähigkeit der Unkrautsamen durch Dämpfen oder Kochen der Spreu zu unterbinden. Gewisse häufiger in der Spreu vorkommende Unkrautsamen, wie z. B. die Kornrade u. a., können außerdem auch Verdauungsstörungen und Vergiftungen hervorrufen.

II. Baumlaub, Heidekraut, Reisig, Holzmehl und andere Rauhfutterersatzmittel.

Unter letzteren sind solche Futterstoffe zu verstehen, die man für gewöhnlich nur in Zeiten großer Futternot zur Ernährung des landwirtschaftlichen Nutzviehes heranzieht. Naturgemäß kann es sich bei dieser Art von Futterstoffen um keinen vollwertigen Ersatz der sonst üblichen Futtermittel handeln. Die in Frage kommenden Produkte sind von vornherein als solche mit einem geringen Gehalt an Roh- und verdaulichen Nährstoffen zu betrachten. Daher finden sie in normalen Jahren überhaupt nicht oder nur örtlich Verwendung als Futtermittel. Sie sind in der Hauptsache Füllmaterial für den Magen der Tiere, um bei diesen das Gefühl der Sättigung hervorzurufen.

Von den hierhergehörigen Futterstoffen sind zunächst das *Schilfrohr* (Arundo phragmites), die *Meerbinse* (Scirpus maritimus), die *Wasseraloe* (Stratiotes aloides), getrockneter *Tang* aller Arten (Fucus) und *Seegras* (Zostera marina) zu erwähnen. Nachstehend ist der Gehalt dieser Futterstoffe (in der Trockensubstanz) an Rohnährstoffen und, soweit Ausnutzungsversuche mit diesen Produkten vorliegen, auch derjenige an verdaulichen Nährstoffen und Stärkewert angegeben:

	Roh-protein %	N-freie Extrakt-stoffe %	Rohfett %	Rohfaser %	Asche %
Wasseraloe (W. VÖLTZ[189])	11,3	47,4	1,1	29,0	1,2
Tangmehl (M. KLING[103]) .	7,1	58,3	3,0	11,6	19,9
Seegras (M. KLING[103]) . .	8,2	41,9	0,7	23,1	26,1

Seetang enthielt in der Trockensubstanz 7,28—13,91 % Stärke (Aufschluß mit Wasser). Der Gehalt verschiedener Seetangarten an Rohnährstoffen betrug in der lufttrockenen Substanz 4,96—6,37 % Rohprotein, 55,97—68,85 % stickstofffreie Extraktstoffe, 0,73—3,34 % Rohfett, 3,28—5,79 % Rohfaser und 13,10 bis 17,84 % Asche. Es erwiesen sich als verdaulich: von der organischen Substanz 14,3—26,0 %, von den stickstoffreien Extraktstoffen 33,9—42,7 % und vom Rohfett 38,8—52,8 %. Protein und Rohfaser waren unverdaulich (E. BECKMANN[10]). Es enthielten ferner:

	Meerbinse			Schilfrohr		
	Roh-nährstoffe %	Ver-dauungs-koeffizienten	verdauliche Nährstoffe %	Roh-nährstoffe %	Ver-dauungs-koeffizienten	verdauliche Nährstoffe %
Rohprotein	10,3	42,6	4,4	7,6	36,5	2,5
Reineiweiß	9,3	—	*3,1*	7,5	—	2,3
N-freie Extraktstoffe	46,0	37,6	17,3	44,4	26,6	11,8
Rohfett (Ätherextrakt)	2,2	52,0	1,1	1,3	35,1	0,5
Rohfaser	31,0	51,7	16,0	37,5	40,6	15,2
Reinasche	10,5	—	—	9,2	—	—
Stärkewert	—	—	*20,6*	—	—	*8,5*

Hiernach sind Meerbinse und Schilfrohr hinsichtlich ihres Futterwertes höchstens dem Stroh unserer Halmfrüchte gleichzustellen, wobei es jedenfalls vom Zeitpunkt des Schnittes und der Werbung abhängen wird, ob sie sich mehr dem Sommer- oder dem Winterhalmstroh nähern werden (F. HONCAMP und E. BLANCK[69]).

Heidekraut (Calluna vulgaris), *Renntierflechte* (Cladonia rangiferina) und das *isländische Moos* (Cetraria islandica) finden vielfach in Zeiten der Not als Futtermittel Verwendung. Für letzteres wird folgende Zusammensetzung angegeben (F. BARNSTEIN[77]): 12,5% Wasser, 4,6% Rohprotein, 75,0% N-freie Extraktstoffe, 1,9% Rohfett, 4,8% Rohfaser und 1,2% Asche. Auf die Verwendung der *Renntierflechte* ist ausdrücklich und wiederholt hingewiesen worden (C. JACOBY[94]). Analysen und Ausnutzungsversuche lassen jedoch die Renntierflechte nur als einen sehr geringwertigen Futterstoff erkennen (A. MORGEN[143], G. FINGERLING[28], F. HONCAMP und Mitarbeiter[70]). Der Gehalt an Rohnährstoffen schwankt in folgenden Grenzen:

Feuchtigkeit %	Roh-protein %	Rein-eiweiß %	N-freie Extraktstoffe %	Rohfett (Ätherextrakt) %	Rohfaser %	Asche %
4,3—8,6	4,3—7,0	4,1	41,0—57,3	2,2—5,5	23,4—28,8	1,2—3,8

Von den einzelnen Nährstoffgruppen erwies sich auf Grund von Ausnutzungsversuchen mit Hammeln das Protein als überhaupt nicht verdaulich, und von den anderen Nährstoffen wurden in Prozenten der einzelnen Bestandteile verdaut:

	N-freie Extraktstoffe	Rohfett (Ätherextrakt)	Rohfaser
nach G. FINGERLING[28]	25,5	37,3	6,9
„ A. MORGEN und Mitarbeiter[143]	19,1	10,1	14,2
„ F. HONCAMP und Mitarbeiter[70]	35,9	45,2	30,5

Der Futterwert der Renntierflechte ist also ein sehr geringer, der allerhöchstens dem eines Winterhalmstrohes entspricht. Versuche an Schweinen (G. FINGERLING[28]) ergaben sogar Minuswerte, indem die Ausnutzung des Grundfutters durch Beifütterung von Renntierflechte herabgesetzt wurde. Es ist jedoch anzunehmen, daß ganz jungen und zarten Flechten ein höherer Nährwert zukommt.

Ähnlich zu bewerten und zu beurteilen ist das *Heidekraut*. Ein sehr erheblicher Unterschied zwischen der gemeinen Heide (Calluna vulgaris) und Moorheide (Erica tetralix) besteht auf Grund mehrerer Untersuchungen weder im Gehalt an Roh- noch an verdaulichen Nährstoffen. Es wurden für die wasserfreie Substanz ermittelt (F. HONCAMP und E. BLANCK[70]):

	Sandheide (Calluna)			Moorheide (Erica)		
	Roh-nährstoffe %	Ver-dauungs-koeffizienten	verdauliche Nährstoffe %	Roh-nährstoffe %	Ver-dauungs-koeffizienten	verdauliche Nährstoffe %
Rohprotein	6,10	3,5	0,22	6,02	—	—
Reineiweiß	5,87	—	*0,8*	5,85	—	—
N-freie Extraktstoffe . . .	54,04	66,8	36,09	46,91	49,9	23,39
Rohfett (Ätherextrakt) . .	8,78	13,3	1,17	11,41	12,8	1,43
Rohfaser	23,09	21,6	5,07	29,16	11,9	3,46
Reinasche	7,99	—	—	6,50	—	—
Stärkewert	—	—	*30,10*	—	—	*13,20*

Da frisches Heidekraut nur etwa 50 % Trockensubstanz enthält, so würde hiernach der Stärkewert je 100 kg für die Sandheide 15 kg, und für die Moorheide 6,6 kg betragen. Demgemäß würde sich die Sandheide (Calluna) bezüglich ihres Futterwertes ungefähr dem Sommerhalmstroh nähern, die Glocken- oder Moorheide (Erica) dagegen noch minderwertiger als Winterhalmstroh sein. Die sehr geringe Verdaulichkeit des Heidekrautes ist vielleicht auf den verhältnismäßig hohen Gehalt an Gerbstoffen zurückzuführen. Der Futterwert des Heidekrautes erfährt auch keine wesentliche Verbesserung, wenn man die groben Stengelteile entfernt und nur die getrockneten und gemahlenen Blüten, Früchte und feinsten Stengelteilchen verfüttert. Von solchem Heidemehl waren in der Trockensubstanz an Nährstoffen enthalten und erwiesen sich als verdaulich (G. FINGERLING[28], F. HONCAMP und E. BLANCK[70]):

	Organische Substanz %	Roh-protein %	Rein-eiweiß %	N-freie Extrakt-stoffe %	Rohfett (Äther-extrakt) %	Rohfaser %
Rohnährstoffe[28]	93,3	7,4	7,1	52,9	9,8	23,2
Verdauungskoeffizienten .	*49*	*12*	*7*	*62*	*24*	*6*
Rohnährstoffe[70]	90,3	6,6	6,5	53,6	9,1	21,2
Verdauungskoeffizienten .	*49*	*10*	—	*71*	*21*	*19*

Solches Heidekrautmehl würde unter Zugrundelegung eines normalen Feuchtigkeitsgehaltes von 10 % im Doppelzentner etwa 30 kg Stärkewert, aber kein verdauliches Eiweiß enthalten. Demgemäß kann es inbezug auf seinen Futterwert nicht einmal mit mittlerem Wiesenheu auf eine Stufe gestellt werden.

Baumlaub und *Laubheu* finden in Zeiten der Futterknappheit häufig Verwendung bei der Fütterung des landwirtschaftlichen Nutzviehes. Weniger wertvoll ist das grüne Laub einschließlich des Reisiges. Man wird aber auch dieses mit Vorteil verwenden können, wenn man nur die Spitzen der Zweige mit den ganz dünnen Ästchen zur Verfütterung verwendet. Für die Gewinnung von Laubheu hat das preußische Landwirtschaftsministerium folgendes Verfahren empfohlen, das sich allgemein bewährt haben dürfte: Das abgehauene und abgesonderte Reisig wird zunächst zum Vortrocknen, wozu bei gutem Wetter ein Tag genügt, auf den Boden ausgebreitet und hiernach gebündelt. Die Bündel sollen locker und nicht über 30—40 cm stark sein. Je feiner das Reisig geschnitten worden ist, um so mehr ist es der Gefahr des Verstockens bei zu fester Bündelung ausgesetzt. Die Reiser werden mit dem Abschnitt nach einer und derselben Seite in die Bündel eingelegt, und diese tunlichst im Halbschatten um stärkere Bäume herum oder nach Art von Kornmandeln mit den Abschnitten auf den Boden gestellt oder aufgehängt. Sie müssen in allen Teilen gut austrocknen, und hierzu nach Bedarf umgesetzt, nach starkem Regen unter Umständen auch wieder aufgebündelt werden. Bei günstigem Wetter sind sie nach 6—8 Tagen genügend abgetrocknet und können dann in lockerer Schichtung in Scheunen aufbewahrt werden. Mit Ausnahme der Traubenkirsche, des Faulbaumes und des Goldregens kommen Laub und die feineren Spitzen und jungen Triebe fast aller Holzarten als Viehfuttermittel in Frage. Auf Grund des an der Forstakademie Tharandt ermittelten Proteingehaltes des Laubheues der verschiedenen Holzarten, der sich beim schwarzen Holunder auf 27,07 % und bei der Rotbuche auf 12,67 % belief, ordnen sich die wichtigsten Laubholzarten, wenn man mit den wertvollsten beginnt und mit den geringwertigsten aufhört, wie folgt: Schwarzer Holunder, Bergahorn, Feldrüster, Sommerlinde, Spitzahorn, Aspe, Schwarzerle, Bruchweide, Winterlinde, Salweide, Eiche, Esche, Weißbuche, Roßkastanie, Weißerle, Eberesche, Birke, Haselnuß und Rotbuche. Es sollen sich für die Laubheugewinnung besonders eignen: Ahorn, Akazien, Birken, Buchen, Eschen, Haselnuß- und Himbeersträucher, Linde, weniger Eiche. Hinsichtlich der chemischen Zusammensetzung des Laubheues bzw. getrockneter Laubblätter liegen eine ganze Anzahl von Angaben vor (A. CH. GIRARD[39], P. EHRENBERG[22], E. POTT[156]). Untersuchungen des Laubheues der Schwarzpappel (Populus nigra), der Salweide (Salix caprea) und der Traubenkirsche (Prunus serotina) auf Zusammensetzung und Verdaulichkeit ergaben in der Trockensubstanz folgenden Gehalt an Roh- und verdaulichen Nährstoffen (F. HONCAMP und E. BLANCK[71]):

	Populus nigra		Salix caprea		Prunus serotina	
	Rohnährstoffe %	verdauliche Nährstoffe %	Rohnährstoffe %	verdauliche Nährstoffe %	Rohnährstoffe %	verdauliche Nährstoffe %
Rohprotein	18,79	14,98	12,54	4,84	15,48	8,93
N-freie Extraktstoffe	47,61	34,47	48,01	29,38	54,38	39,43
Rohfett (Ätherextrakt)	3,17	2,07	2,33	0,96	3,46	1,12
Rohfaser	23,49	7,52	31,68	12,01	22,60	9,04
Verdauliches Eiweiß	—	*13,88*	—	*3,30*	—	*6,16*
Stärkewert	—	*45,16*	—	*27,88*	—	*43,08*

Nach ähnlichen Untersuchungen (P. EHRENBERG[22]) wurden in 100 kg Laubheu gefunden:

Birke	5,1 kg	verdauliches Eiweiß	51,6 kg	Stärkewert
Hainbuche	3,2 kg	„ „	45,2 kg	„
Hasel	6,3 kg	„ „	47,2 kg	„
Zitterpappel (Aspe)	1,9 kg	„ „	44,0 kg	„

Bezüglich des Gehaltes an Roh- und verdaulichen Nährstoffen der für die Verfütterung in Betracht kommenden Laubheuarten ist auf die nachstehende tabellarische Zusammenstellung zu verweisen.

Tabelle 2. Gehalt der verschiedenen Laubheusorten an Roh- und verdaulichen Nährstoffen (F. HONCAMP[74]).

Laubheu von:	Feuchtigkeit %	Rohnährstoffe: Rohprotein %	N-freie Extraktstoffe %	Rohfett (Ätherextrakt) %	Rohfaser %	Verdauliche Nährstoffe: Rohprotein %	N-freie Extraktstoffe %	Rohfett (Ätherextrakt) %	Rohfaser %	verdauliches Eiweiß in 100 kg	Stärkewert in 100 kg
1. Ahorn	9,5	11,2	48,0	4,8	18,5	6,4	32,6	2,6	7,1	*4,9*	*38,2*
2. Ahorn-Buchegemisch	3,5	14,2	52,0	2,9	20,7	8,1	35,4	1,6	7,5	*6,6*	*42,1*
3. Birke	10,6	10,5	44,8	9,3	21,3	6,0	30,5	5,0	7,7	*4,5*	*39,7*
4. Buche	10,3	9,6	54,2	3,0	18,2	5,5	36,9	1,6	6,6	*4,0*	*39,8*

(Fortsetzung von Tabelle 2.)

Laubheu von:	Feuchtigkeit	Rohnährstoffe				Verdauliche Nährstoffe				verdauliches Eiweiß in 100 kg	Stärkewert in 100 kg
		Rohprotein	N-freie Extraktstoffe	Rohfett (Ätherextrakt)	Rohfaser	Rohprotein	N-freie Extraktstoffe	Rohfett (Ätherextrakt)	Rohfaser		
	%	%	%	%	%	%	%	%	%		
5. Eberesche	13,1	8,0	55,6	5,4	11,2	4,6	37,8	2,9	4,0	*3,1*	*43,7*
6. Eiche	10,1	16,5	45,6	3,4	20,0	9,4	31,0	1,8	7,3	*7,9*	*37,4*
7. Erle	10,1	19,7	46,6	5,4	13,6	11,2	31,7	2,9	4,9	*9,7*	*43,0*
8. Esche	12,0	10,1	59,0	2,3	8,9	5,8	40,1	1,2	3,2	*4,3*	*44,4*
9. Feldahorn	14,9	10,2	42,6	5,4	18,3	5,8	29,0	2,9	6,6	*4,3*	*34,5*
10. Hainbuche	8,7	10,5	52,3	3,0	21,0	—	—	—	—	*3,3*	*45,2*
11. Haselstrauch	9,1	10,6	53,7	2,2	18,0	—	—	—	—	*6,3*	*47,2*
12. Kastanie (echte)	4,3	13,3	52,7	3,4	22,3	7,6	35,8	1,8	8,0	*6,1*	*40,0*
13. Linde	8,8	16,7	46,4	3,5	15,5	9,5	31,6	1,9	5,6	*8,0*	39,3
14. Pappel	11,4	11,9	48,0	4,7	17,3	6,8	32,6	2,5	6,2	*5,3*	*38,6*
15. Roßkastanie	9,5	14,1	51,2	1,8	16,6	8,0	34,8	1,0	6,0	*6,5*	*39,2*
16. Salweide	20,3	10,0	38,3	1,8	25,3	5,7	26,0	1,0	9,1	*4,2*	*26,2*
17. Schwarzpappel	14,5	16,1	40,7	2,7	20,1	9,2	27,7	1,5	7,2	*7,7*	*33,3*
18. Traubenkirsche	23,9	11,8	41,4	2,6	17,2	6,7	28,2	1,4	6,2	*5,2*	*32,0*
19. Ulme	8,4	16,2	50,1	3,1	11,4	9,2	34,1	1,7	4,1	*7,7*	*42,0*
20. Zitterpappel	7,6	11,4	49,6	4,8	20,8	—	—	—	—	*1,9*	*44,0*

Auf Grund dieser Werte wird man gut gewonnenes Laubheu, das freilich von allen festen und verholzten Stengeln frei sein muß, als ungefähr gleichwertig mit einem Wiesenheu mittlerer Güte bezeichnen können. Laubheu eignet sich im allgemeinen nur zur Verfütterung an Wiederkäuer.

Auch die Nadeln der Fichte (Picea vulgaris), der Tanne (Abies pectinata), der Kiefer (Pinus), der Lärche (Larix europaea) und des Wacholders (Juniperus communis und J. nona) werden häufig an Rinder und Schafe, wenn auch mehr als Futterwürze verabfolgt. Ihre chemische Zusammensetzung wird durch folgende Zahlen gekennzeichnet (E. POTT[156]):

	Frische Tannennadeln %	Getrocknete Fichtennadeln %	Wacholderbeeren %
Trockensubstanz	42,4	88,0	85,0
Rohprotein	3,3	6,4	4,9
N-freie Extraktstoffe	22,2	46,0	33,8
Rohfett (Ätherextrakt)	4,1	6,3	14,7
Rohfaser	11,2	26,6	28,3
Asche	1,6	2,7	3,3

Alles Nadelfutter ist reich an ätherischen Ölen und gewissen Gerbstoffen, die angeblich die Verdaulichkeit beeinträchtigen sollen. Indem man diese Stoffe extrahierte, hoffte man ein besseres Futter zu erhalten. Versuche mit gewöhnlichen und extrahierten Kiefernnadeln haben diese Ansicht nicht bestätigen können. Beide sind gleich schlecht verdaulich (F. HONCAMP[64], A. STUTZER[171]). Es widerspricht dies anderen Beobachtungen (F. LEHMANN[49]), nach denen die Verdaulichkeit der gesamten organischen Substanz in den Kiefernnadeln höher sein soll, als bei Weizenkleie. In der wasserfreien Substanz enthielten:

	Rohprotein %	N-freie Extraktstoffe %	Rohfett %	Rohfaser %	Organische Substanz %
Nicht extrahierte Kiefernnadeln	10,11	38,09	7,36	40,95	96,51
Extrahierte Kiefernnadeln	10,82	33,76	6,10	46,72	97,40

Die auf Grund von Ausnutzungsversuchen mit Hammeln gewonnenen Verdauungskoeffizienten waren folgende (F. HONCAMP[64]):

	Rohprotein %	N-freie Extraktstoffe %	Rohfett %	Rohfaser %	Organische Substanz %
Nicht extrahierte Kiefernnadeln . .	52,3	29,1	47,7	35,9	35,8
Extrahierte Kiefernnadeln	1,2	25,3	24,0	42,9	30,7

Die extrahierten Nadeln weisen also eine noch geringere Verdaulichkeit als nicht extrahierte auf, weil wahrscheinlich mit der Extraktion alle leicht löslichen und somit auch alle leicht verdaulichen Nährstoffe ausgezogen wurden. Hiermit stehen auch die Ergebnisse anderer Versuche (A. STUTZER[171]) im Einklang. Bei diesen erwiesen sich von der gesamten organischen Substanz der frischen Kiefernnadeln nur 24 % und bei den extrahierten 35 % verdaulich. In alten Kiefernnadeln wurden aber nur 8 % der organischen Substanz verdaut. Nadelfutter kommt daher als Hauptfuttermittel nicht in Betracht. In geringen Mengen als Beifutter verabreicht, wirkt es appetitanreizend und auch günstig in diätetischer Beziehung.

In Futternotjahren und in manchen Gegenden auch sonst wird nicht nur Baumlaub und Laubheu, sondern auch *Reisig* verfüttert. Winterreisig stellt sich hinsichtlich des Gehaltes an Rohnährstoffen am günstigsten. Solches enthielt in der wasserfreien Substanz (E. RAMANN[157]):

	Buche %	Birke %	Fichte %	Kiefer %
Rohprotein	6,72	6,11	6,85	4,22
N-freie Extraktstoffe . . .	57,12	50,75	49,63	48,71
Fette und Harze	1,53	4,75	2,73	9,12
Rohfaser	29,71	36,41	36,61	35,87
Asche	—	1,98	4,06	2,07

Untersuchungen und Ausnutzungsversuche mit verschiedenen Reisigarten an Schafen lieferten folgende Werte (F. LEHMANN[120]):

	Rohprotein %	N-freie Extraktstoffe %	Rohfett (Ätherextrakt) %	Rohfaser %
Akazienreisig:				
Rohnährstoffe	11,25	46,71	1,90	36,00
Verdauungskoeffizienten .	*55,8*	*47,4*	*22,7*	*21,4*
Verdauliche Nährstoffe .	6,28	22,14	0,43	7,70
Buchenreisig:				
Rohnährstoffe	4,69	44,85	1,85	45,55
Verdauungskoeffizienten .	*16,2*	*16,4*	*9,0*	*7,0*
Verdauliche Nährstoffe .	0,76	7,36	0,17	3,13
Pappelreisig:				
Rohnährstoffe	7,81	45,25	3,36	39,80
Verdauungskoeffizienten .	*38,8*	*51,3*	*39,0*	*27,5*
Verdauliche Nährstoffe .	3.03	23,21	1,31	10,93

Die Ausnutzung der Nährstoffe ist also gering, und in Sonderheit beim Buchenreisig so niedrig, daß man dieses selbst als Ersatzfuttermittel kaum verwenden wird. Selbstverständlich wird alles Reisigfutter je nach Stärke des Holzes und den gegenseitigen Mengenverhältnissen von Blatt und Holz hinsichtlich seines Futterwertes großen Schwankungen unterworfen sein. Ausschlaggebend wird hierfür immer sein, daß das Holz möglichst dünn und zart, jedenfalls aber nicht stärker als höchstens 1 cm ist. Im allgemeinen wird aber geringwertiges Stroh immer noch mehr verdauliche Nährstoffe enthalten als die meisten Reisigarten.

Auch *Holz- oder Sägemehl* hat man direkt als solches oder als Melasseträger zu verfüttern versucht. Man hat darauf hingewiesen, daß der Holzkörper der Bäume und Sträucher, namentlich zur Winterszeit, eine ansehnliche Menge von plastischen Baustoffen wie Stärke, Zucker, fettes Öl und in geringen Mengen auch Eiweißsubstanzen enthält. Daß diese Reservestoffe des Holzes, die in den Markstrahlen und im Holzparenchym aufgespeichert sind, vom tierischen Organismus verdaut werden, hat freilich zur Voraussetzung, daß alle Zellwände zerrissen und die Holzteile zu feinstem Mehl pulverisiert werden (G. HABERLANDT[42]). Eine derartig weitgehende Vermahlung, bei der eine Zerreißung und Zertrümmerung der Zellwände stattfindet, ist aber technisch und wirtschaftlich kaum durchführbar. So ergaben Fütterungsversuche an Hammeln mit zerkleinertem Holz und zum anderen mit hieraus hergestelltem Sägemehl für die organische Substanz in letzterem eine Verdaulichkeit von 6,2 %, für die Sägespäne dagegen nur eine solche von 0,7 %. Demnach sind Sägespäne gänzlich unverdaulich. Die weitgehende Vermahlung des Holzes hat zwar in ganz geringem Maße die Ausnutzung gesteigert, sie ist jedoch zu unbedeutend, um praktischen Wert zu haben. Bei Verfütterung von Buchenrindenmehl an Schweine gelangten Nährstoffe und Energie in keinem Falle zur Resorption (A. ZAITSCHECK[218]). Schafe nehmen das Buchenrindenmehl überhaupt nicht auf. Man hat ferner geglaubt, eine bessere Verdaulichkeit durch Herstellung von Holzschliffen zu erreichen und besonders Birkenholz für geeignet gehalten. Ein solcher Birkenholzschliff enthielt: 4,56 % Wasser, 0,66 % Rohprotein, 61,56 % N-freie Extraktstoffe, 0,45 % Rohfett, 32,30 % Rohfaser und 0,46 % Asche. Hiervon wurden von Schafen verdaut: die organische Substanz zu 50,1 %, die N-freien Extraktstoffe zu 55,8 % und die Rohfaser zu 50,1 %. Verdauliches Protein enthielt das Holzmehl nicht nur nicht, sondern die Verfütterung desselben wirkte auch noch recht ungünstig auf den gesamten Proteinumsatz, indem die Eiweißbilanz eine stark negative wurde. Es wird dies darauf zurückgeführt, daß die Verfütterung des Birkenholzschliffes eine erhebliche Absonderung stickstoffhaltiger Darmsekrete bewirkt hat. Dieser Ausfall kann auch nicht völlig durch die verhältnismäßig gute Verwertung der N-freien Extraktstoffe und der Rohfaser ausgeglichen werden (G. HABERLANDT[42]). Im übrigen haben inzwischen auch eingehende Untersuchungen gezeigt, daß der Nährstoffgehalt der Holzarten ein wesentlich geringerer ist, als man vielfach angenommen hat. Es wurden gefunden (E. BECKMANN[10]):

	Rohprotein %	Fett %	Stärke %	Asche %
Ahorn	1,62	0,48	2,65	0,79
Birke	1,15	1,35	0,95	0,68
Erle	1,94	0,49	1,54	0,71
Rüster	2,04	0,37	5,90	0,91

Dem entspricht es auch, wenn bei Ausnutzungsversuchen mit Wiederkäuern von der gesamten organischen Substanz nur 14 % und von der Stickstoffsubstanz so gut wie nichts zur Verdauung gelangte (O. KELLNER). Daß der tierische Organismus nur sehr geringe Mengen Nährstoffe aus Holz- und Sägemehl aufzunehmen vermag, geht auch aus den Ergebnissen jener, im Anschluß hieran zu besprechenden Versuche hervor, bei denen die Verdaulichkeit von aufgeschlossenem Holzmehl gegenüber gewöhnlichem Sägemehl untersucht wurde. Jedenfalls kommt den Holzabfällen ein eigentlicher Futterwert nicht zu. Die Verfütterung von Holzmehl pflegt nicht nur den Stickstoffumsatz ungünstig zu beeinflussen, sondern häufig auch den Produktionswert der anderen mitverfütterten Stoffe herabzusetzen. Infolgedessen ist Holzmehl jeder Art auch als Melasseträger unbedingt zu verwerfen (TH. PFEIFFER[154]).

III. Holz- und Strohaufschließung.

Der geringe Nährwert der Holz- und Stroharten hat schon frühzeitig Veranlassung gegeben die in diesen Produkten enthaltenen Nährstoffe durch chemische oder physikalische Behandlung des Rohmaterials der Aufnahme durch den tierischen Organismus zugänglich zu machen. So hat man eine chemische Aufschließung von Reisigfutter durch Zusatz von Malz und stärkemehlhaltigen Futterstoffen auf dem Wege der Selbsterhitzung und Vergärung zu erreichen versucht. Bei Versuchen mit Ochsen wurden von rohem und vergorenem Fichtenholzmehl verdaut (O. KELLNER[100]).

	Rohes Sägemehl %	Vergorenes Sägemehl %
Trockensubstanz . . .	19,1	13,1
Organische Substanz .	19,5	13,7
N-freie Extraktstoffe .	40,1	42,3
Rohfaser	11,1	0,9

Vermischen von Holzmehl mit Branntweinschlempe und Kartoffelmaische führte gleichfalls zu keiner besseren Verwertung von Birkenholzmehl, von dem in einem Versuch mit Wiederkäuern in Prozenten der einzelnen Nährstoffgruppen verdaut wurden (O. KELLNER[100]):

Trocken-substanz	Organische Substanz	Roh-protein	N-freie Extraktstoffe	Rohfett	Rohfaser
17,4	13,6	0	21,7	53,3	5,7

Ein Nadelholzmehl, das unter Druck mit schwefliger Säure aufgeschlossen sein sollte, enthielt an Roh- und verdaulichen Nährstoffen (F. HONCAMP[72]):

	Roh-nährstoffe %	Verdauliche Nährstoffe %
Rohprotein	0,67	—
N-freie Extraktstoffe .	40,30	26,20
Rohfett (Ätherextrakt)	1,00	0,73
Rohfaser	57,33	—

Das ursprüngliche Rohmaterial erwies sich als gänzlich unverdaulich und beeinflußte die Verdaulichkeit des Grundfutters nachteilig. Aber auch die Verfütterung des aufgeschlossenen Sägemehles bewirkte eine negative Stickstoff- und Rohfaserbilanz. Alle diese Versuche zeigen eindeutig, daß gewöhnliches Holzmehl überhaupt kein Futterstoff ist und es schärferer Eingriffe bedarf, um durch einen chemischen Aufschluß die in stark verholzten Vegetabilien enthaltenen Nährstoffe der tierischen Verdauung zugänglich zu machen.

Der geringe Nährwert aller stark verholzten, rohfaserreichen Futterstoffe wird weniger durch ihren Gehalt an wertbestimmenden Bestandteilen, als vielmehr dadurch bedingt, daß diese von inkrustierenden Substanzen umhüllt und infolgedessen den Verdauungssäften bzw. den Magen- und Darm-Bakterien nicht oder doch nur schwer zugänglich sind. Eine höhere Verwertung der im Stroh und eventuell auch im Holz vorhandenen Nährstoffe und in Sonderheit der Cellulose ist daher nur dann zu erwarten, wenn letztere aus ihren Verbindungen mit den Inkrusten gelöst oder zum mindesten doch gelockert wird. Geeignet hierfür schien das Verfahren der Papierindustrie, soweit es sich um Darstellung und Gewinnung reiner Cellulose aus Stroh handelt. Es wird Stroh unter Druck mit Natronlauge erhitzt. Bereits im Jahre 1894 ist Haferstroh und Weizenspreu in der Weise aufgeschlossen worden (F. LEHMANN[121]), daß das betreffende Material mit einer 4proz. Ätznatronlauge im Papinschen Topf gekocht und nachträglich zum Zwecke der Abstumpfung der Lauge mit Salzsäure versetzt wurde. Hierdurch wurde die Verdaulichkeit erhöht, und zwar:

	Trockensubstanz	Rohfaser
beim Haferstroh	von 37 auf 63 %	von 42 auf 72 %
bei der Weizenspreu . . .	von 26 auf 56 %	von 37 auf 83 %

Später ist das Verfahren dahin abgeändert worden, daß die Aufschließung im Autoklaven unter Anwendung von Druck erfolgte. Gleichzeitig wurde die nachträgliche Absättigung der Natronlauge durch Salzsäurezusatz als überflüssig erkannt, weil die bei dem Aufschließungsprozeß auftretenden organischen Säuren das Futter ganz oder wenigstens nahezu neutral, unter Umständen sogar schwach sauer machen.

Die Strohaufschließung bezweckte eine möglichst weitgehende Herauslösung und Entfernung der Inkrusten und eine Lockerung der Verbindung der Cellulose mit ihren Begleitsubstanzen. Dieses Ziel läßt sich durch Behandlung des Strohes mit Alkalien (Ätznatron, Ätzkalk usw.) mit und ohne Zufuhr von Wärme, bzw. Druck erreichen. Dagegen hat die Aufschließung von pflanzlichen Rohstoffen vermittels Salzsäure zu keinen brauchbaren Ergebnissen geführt. Die Wirkungen der Alkalien auf das Stroh wird man sich so zu denken haben, daß diese innerhalb sehr kurzer Zeit die wahrscheinlich zwischen den Ligninsubstanzen und der Cellulose bestehende Bindung sprengen. Hierdurch erfährt das ganze Faser- und Zellengefüge eine derartige Lockerung, daß die celluloselösenden Bakterien in eine direkte und innige Berührung mit dem aufzulösenden Material gelangen. Relativ langsamer als diese Sprengung der Zellwände dürfte die Entfernung der Inkrusten vor sich gehen. Auch hängt die Entfernung der Kieselsäure insofern von der Art des Lösungsmittels ab, als nach einschlägigen Untersuchungen z. B. Ätzkalk ein geringes Lösungsvermögen für Kieselsäure besitzt. Im übrigen findet die Herauslösung der Kieselsäure unabhängig von der Temperatur statt, d. h., sie geht auch in der Kälte vor sich. Demgegenüber erfolgt die Herauslösung des Hauptbestandteiles der inkrustierenden Substanzen, nämlich des Lignins, nur ganz allmählich und systematisch fortschreitend (H. Magnus und H. Pringsheim[134]). Das Lignin wird durch die Lauge gelöst und dann zum Teil in Essigsäure gespalten. Diese Abspaltung der Acetylgruppe verläuft ganz proportional der Temperatursteigerung. Infolgedessen wird bei höheren Temperaturen ein großer Teil der zum Aufschluß bestimmten Lauge zur Neutralisation der entstandenen Essigsäure verbraucht. Es muß daher beim Aufschluß mit Chemikalien, die an und für sich kein großes Löslichkeitsvermögen für Lignin besitzen, als durchaus falsch bezeichnet werden, wenn man nunmehr das geringere Löslichkeitsvermögen durch entsprechende Temperatursteigerungen erzwingen wollte. Naturgemäß wirken die Ätzkalien nicht nur lösend und zerstörend auf die Inkrusten, sondern auch auf die übrige organische Substanz ein, so zunächst auf die Pentosane und die Cellulose sowie die übrigen stickstoffreien Extraktstoffe. Auch die Proteinstoffe werden zum Teil in ihre Bestandteile zerlegt und das Fett wird teilweise verseift. Es folgert hieraus, daß nicht nur auf den Grad der Aufschließung, sondern noch mehr auf die Größe der zerstörten und in Verlust geratenen Substanz die Konzentration, in welcher die Ätzkalien angewandt werden, ebenso die Art der Aufschließung, so in der Kälte, durch Kochen, unter Druck usw., sowie das Auswaschen von großem Einfluß ist (F. Honcamp[59]).

Außer mit Alkalien hat man pflanzliche Rohstoffe auch mit Hilfe von Säuren aufzuschließen versucht (Beadle und Stevens[8], C. G. Schwalbe und W. Schulz[163]). Der Aufschluß mit Salzsäure erfolgt in der Weise, daß das gehäckselte Stroh zunächst mit Dampf angehitzt wird. Hierauf wird Salzsäure in Staubform in den Reaktionsraum eingeblasen, und zwar 1,5 % Salzsäure auf das Gewicht des rohen Strohes berechnet. Nach einem weiteren Dämpfen von

15 Minuten soll der Aufschluß beendigt sein. Die noch vorhandene überschüssige Säure wird durch Zusatz der entsprechenden Menge eines Kreide-Soda-Gemisches neutralisiert. Untersuchungen und Ausnutzungsversuche an Schafen mit einem so behandelten Weizenstroh ergaben für die wasserfreie Substanz folgende Werte:

	Gewöhnlicher Strohhäcksel		Aufgeschlossener Strohhäcksel		Aufgeschlossenes Strohmehl	
	Rohnährstoffe %	verdauliche Nährstoffe %	Rohnährstoffe %	verdauliche Nährstoffe %	Rohnährstoffe %	verdauliche Nährstoffe %
Protein	3,67	0,71	2,66	—	3,48	0,91
N-freie Extraktstoffe	42,37	19,49	45,78	24,86	44,65	25,27
Rohfett	1,34	0,52	1,07	0,61	1,08	0,78
Rohfaser	43,30	24,90	40,66	23,66	40,85	24,43

Bei diesem Aufschluß hat also der Gehalt an verdaulicher Rohfaser keine Vermehrung erfahren. Hinsichtlich der stickstoffreien Extraktstoffe hat eine solche zwar stattgefunden, aber nur in einem sehr geringen Grade (F. HONCAMP und E. BLANCK[73]).

Von weiteren Verfahren ist das Strohdämpf- und Wasseraufschlußverfahren noch nicht hinreichend geprüft und untersucht worden, um schon zu einem abschließenden Resultat zu gelangen. So aufgeschlossenes Stroh pflegt weniger Pentosane zu enthalten, da diese durch die abgespaltene Essigsäure hydrolysiert werden. Auch ein Teil der Cellulose soll hierbei zerstört werden. Neuere Versuche haben für das Strohdämpfverfahren vorläufig günstige Ergebnisse geliefert (E. MANGOLD[135]). Das Ammoniakverfahren liefert ein aufgeschlossenes Stroh, das von dem gewöhnlich aufgeschlossenen Stroh abweicht, was durch die Natur des Ammoniaks inbezug auf die Einwirkungsart auch auf die Lignine als Lactone bedingt wird (W. SEMMLER[164]).

Es hat sich bislang als praktisch durchführbar und zu greifbaren Resultaten führend nur der Aufschluß mit Alkalien erwiesen. Bei dem Verfahren F. LEHMANN wird das Stroh in sog. Kugelkochern mit 8proz. Natronlauge bei 4—5 Atm. Druck aufgeschlossen. Die Ausbeute beträgt etwa 55—60% der angewandten Rohstrohtrockensubstanz. Der Übergang zum drucklosen Verfahren bei höherer Laugenkonzentration machte ein Auswaschen des Strohaufschlusses notwendig. Anstelle des Aufschlusses unter Druck trat später das offene Kochen des Strohes bei gleicher Laugenkonzentration. Das so nach dem COLSMANN-Verfahren gewonnene Stroh ergab eine Ausbeute von 60—70%. Es erwies sich in annähernd gleich hohem Maße verdaulich als das unter Druck aufgeschlossene Stroh. Von diesen beiden Strohaufschließungsarten unterscheidet sich das BECKMANN-Verfahren dadurch, daß das Stroh auf kaltem Wege allein durch Behandeln mit Natronlauge, und zwar mit der achtfachen Menge einer 1,5—2,0proz. Lauge auf die angewandte Strohmenge, d. h. mit 12—16% auf 100 kg Rohstroh aufgeschlossen wird. Die Erhöhung der Verdaulichkeit war die gleiche wie beim Aufschluß in der Wärme. Es ist also hauptsächlich die Konzentration der Lauge, die den Grad des Aufschlusses und die Höhe der Verluste bedingt. So wurden gefunden für 100 kg lufttrockenes Stroh:

	Ausbeute	Verdaulichkeit	
6 kg festes Na(OH)	= 90 %	= 60 %	entsprechend der eines mittleren Heues
8 kg festes Na(OH)	= 80 %	= 66 %	entsprechend der eines guten Heues
10 kg festes Na(OH)	= 70 %	= 73 %	entsprechend der einer Kleie.

Man wird also annehmen können, daß mit steigender Konzentration der Lauge um 1% eine Erhöhung der Verdaulichkeit der organischen Substanz um 2% eintritt.

Selbstverständlich ist es nicht gleichgültig, ob hierbei mit oder ohne Druck gearbeitet wird. Um den gleichen Aufschlußdruck ohne Druck zu erreichen, muß eine stärkere Laugenkonzentration gewählt werden als mit Druck. Letzterer wirkt also ersparend an dem Aufschlußmittel (F. LEHMANN[122]). Der jeweilige Aufschlußgrad wird also in erster Linie durch die angewandte Menge von Ätzalkalien bedingt (ST. WEISER und A. ZAITSCHEK[186], G. FINGERLING[29]). Es ist dies mit darauf zurückzuführen, daß die Ätzalkalien nicht nur dazu dienen, das Lignin herauszulösen und die im Lignin vorhandene Äthylgruppe zu verseifen, sondern sie finden auch zur Neutralisation einer gewissen Menge von organischen Säuren Verwendung. Diese entstehen durch die Einwirkung von Alkalien aus den Pentosanen und der Cellulose. Eine Herabsetzung, bzw. Verminderung der Menge der Aufschlußmittel hat daher zur Folge, daß zunächst die vorhandene Lauge zur Bindung der entstandenen organischen Säuren Verwendung findet. Infolgedessen bleibt dann kein freies Alkali zur Aufschließung verfügbar. Diesem Neutralisationsvorgang kommt unter den verschiedenen bei der Strohaufschließung nebeneinander verlaufenden Vorgängen wahrscheinlich eine große Bedeutung zu. So wird die Ansicht vertreten (F. BECKMANN[11]), daß dieser Neutralisationsvorgang den Kohlenhydratkomplex unter Herausschaltung einer schwachen Säure, nämlich des Lignins, spaltet und daß hierdurch im wesentlichen die größere Verdaulichkeit des aufgeschlossenen Strohes bedingt wird.

Inwieweit der Futterwert des Strohes durch die Aufschließung überhaupt erhöht wird, kommt am besten zum Ausdruck, wenn man auf Grund des ermittelten Gehaltes an Roh- und verdaulichen Nährstoffen den Stärkewert berechnet. Die nachstehenden Zahlen gelten für Stroh, das mit 4% Ätznatron unter 4 bis 6 Atm. Druck aufgeschlossen worden war (F. HONCAMP und Mitarbeiter[61]). In 100 kg Trockensubstanz waren an Stärkewerten enthalten:

	Rohstroh kg	Aufgeschlossenes Stroh kg	Durch Aufschluß mehr kg
Gerstenstroh	19,8	55,2	35,4
Haferstroh	17,5	62,3	44,8
Roggenstroh	8,4	57,7	49,3
Erbsenstroh	16,2	36,1	19,9
Rapsstroh	— 5,5	28,3	33,8
Rübsensamenstroh	— 2,2	27,3	29,5

Die Wertverbesserung ist also beim Getreidestroh eine ganz erhebliche, sie ist erheblich geringer bei dem Cruciferenstroh und am ungünstigsten beim Leguminosenstroh. Das BECKMANN'sche Verfahren schließt unter Anwendung einer durchschnittlich 9proz. Lauge ohne Druck und ohne Kochen, d. h. also in der Kälte auf. Auch auf diese Weise wird ein guter Aufschluß des Strohes erreicht. Dieser ist schon nach zwölfstündiger Laugeneinwirkung beendigt. Es betrug nämlich die Verdaulichkeit (G. FINGERLING[30]):

	Organische Substanz %	N-freie Extraktstoffe %	Rohfaser %
Roggenrohstroh	45,68	40,15	58,02
Aufgeschlossen bei $1^1/_2$stündiger Einwirkung	59,33	48,10	69,21
„ „ 3 „ „	68,05	57,58	77,50
„ „ 6 „ „	70,28	57,28	79,78
„ „ 12 „ „	71,22	60,30	80,94
„ „ 3tägiger „	73,10	78,52	72,25

Die Löslichmachung der Rohfaser durch die Natronlauge muß also nach Verlauf von zwölf Stunden als in der Hauptsache beendigt angesehen werden.

Anstelle von Ätznatron hat man auch Ätzkalk und Soda als Aufschließungsmittel benutzt und hierbei ähnliche Resultate wie beim Aufschluß mit ersterem erreicht. So waren in 100 kg Trockensubstanz an Stärkewerten enthalten (F. HONCAMP und Mitarbeiter[74]):

	Rohstroh kg	Aufgeschlossenes Stroh kg	Durch Aufschluß mehr kg
Roggenstroh:			
Aufschluß mit 8 % Ätzkalk ohne Druck . .	13,2	46,0	32,2
„ „ 8 % Ätzkalk mit Druck . .	13,2	48,7	35,5
„ „ 8 % Soda ohne Druck . . .	8,9	55,6	46,7
Haferstroh:			
Aufschluß mit 9 % Ätznatron in der Kälte .	25,6	66,9	41,3
„ „ 9 % Ätzkalk in der Kälte . .	25,6	52,5	26,9

Der Beweis, daß durch eine sachgemäße Strohaufschließung eine wesentlich höhere Verdaulichkeit des Strohes erzielt wird, ist außer den angeführten noch in zahlreichen anderen Untersuchungen und Ausnutzungsversuchen mit Wiederkäuern erbracht worden (A. MORGEN und Mitarbeiter[144], G. WIEGNER und W. THORMANN[201], H. WAGNER und G. SCHÖLER[184], G. FINGERLING[31] u. a.). Eine bessere Verdaulichkeit des aufgeschlossenen Strohes gegenüber dem ursprünglichen Rohstroh ist auch durch Versuche mit Pferden nachgewiesen worden (W. ELLENBERGER und W. WAENTIG[23]). Von einem nach dem BECKMANN'schen Verfahren mit Ätzkalk aufgeschlossenen Stroh erwiesen sich als verdaulich:

	N-freie Extraktstoffe %	Rohfaser %	Beide Nährstoffe zusammen %
Rohstroh	20,7	19,1	39,8
Aufgeschlossenes Stroh . .	26,9	39,9	66,8

Die Aufschließung des Strohes liefert hiernach für Pferde wie Wiederkäuer ein Futtermittel, das je nach Strohart, Laugenkonzentration, Temperatur, Druck usw. hinsichtlich seines Stärkewertes einem Wiesenheu, einer Kleie, ja sogar einem Kraftfuttermittel entsprechen kann. Dagegen eignet sich das aufgeschlossene Stroh nach seiner ganzen Natur als Rauhfutter nicht zur Verfütterung an Schweine. Für die Aufschließung kommt nur das Getreidestroh in Frage. Raps- und Rübsenstroh ist hierfür wenig geeignet. Auch für Leguminosenstroh und Heu ist ein derartiger Aufschluß auf chemisch-physikalischem Wege nicht zu empfehlen. Letztere Rauhfutterstoffe werden hierbei eines ihrer wichtigsten Nährstoffe, nämlich des Proteins, mehr oder weniger beraubt. Dem Aufschluß von Schalen und Spelzen landwirtschaftlicher Früchte nach dem BECKMANN-Verfahren mit Ätznatron ist man neuerdings in Amerika wieder nähergetreten (J. G. ARCHIBALD[3]). Die Verdaulichkeit von Gersten- und Haferspelzen wurde auf diese Weise bedeutend erhöht. Der Futterwert von Haferschalen wurde praktisch fast verdoppelt. Dagegen erwiesen sich Baumwollsaat- und Maisschalen für die Aufschließung als durchaus ungeeignet. Es muß hiernach angenommen werden, daß für die Aufschließung von Schalen und Spreu die gleichen Gesetzmäßigkeiten wie für die Stroharten bestehen.

Die Strohaufschließung beruht im Prinzip auf dem Verfahren der Papierfabrikation, Cellulose aus Stroh, d. h. Strohcellulose zu gewinnen. Außerdem wird aber auch in der Papierfabrikation aus Holz Cellulose, also Holzcellulose, gewonnen. Der Aufschluß des Holzes erfolgt hier entweder gleichfalls mittels Natronlauge oder aber durch Kochen mit Sulfitlauge. Es lag daher nahe, auch

Holz durch Aufschluß einen höheren Futterwert zu verschaffen. Einschlägige Versuche haben ergeben, daß die von den Verholzungssubstanzen befreite Holzcellulose ebenso hoch verdaulich ist, wie die von den inkrustierenden Bestandteilen befreite Strohcellulose, und daß in dieser Beziehung auch kein wesentlicher Unterschied zwischen dem Aufschluß mit Natron- oder mit Sulfitlauge besteht (G. FINGERLING[32]). Es wurden verdaut von der Holzcellulose:

	Organische Substanz %	N-freie Extraktstoffe %	Rohfaser %
Natronaufschluß .	91,3	63,6	97,5
Sulfitaufschluß . .	80,6	76,0	92,3

Weitere Untersuchungen mit Pferden ergaben gleiche Resultate. Es wurde die Rohfaser von Sulfitcellulose zu 80,9 % verdaut. Demgegenüber erwies sich eine Natroncellulose aus Fichten- sowie Kiefernholz als noch höher verdaulich (W. ELLENBERGER und P. WAENTIG[24]):

	N-freie Extraktstoffe %	Rohfaser %
Natronzellstoff aus:		
Fichte	68,9	87,9
Kiefer	26,7	83,9

Es besteht also zweifelsohne die Möglichkeit, auch Holz durch Behandeln mit Ätzalkalien unter Druck aufzuschließen, und auf diese Weise eine gleich hohe Verdaulichkeit wie beim aufgeschlossenen Stroh zu erzielen. Hierzu sind freilich erheblich größere Mengen des Aufschlußmittels erforderlich. Versuche haben gezeigt, daß eine 15 proz. Natronlauge hierzu nicht genügt, sondern daß mindestens eine solche von 20—25 % erforderlich ist. Ein Verfahren, das, wie die Holz- und auch die Strohaufschließung, einen so großen Bedarf an Lauge bei verhältnismäßig geringer Ausbeute hat, wird im allgemeinen nicht wirtschaftlich sein. Die Aufschließungskosten für das Stroh und besonders für das Holz sind bei den genannten Verfahren so hohe, daß eine derartige Futterveredelung nur in Zeiten sehr großer Futternot in Betracht kommt.

Versuche, eine Aufschließung des Holzes nach mechanischer Zertrümmerung auf chemischem Wege zu erreichen, haben nicht zum Ziel geführt. Es wird Sägemehl mit Salzsäuregas in sehr geringprozentiger Menge (etwa 1 %) imprägniert und hierauf abwechselnd getrocknet und gedämpft. Hierdurch findet eine weitgehende Zermürbung der Holzteilchen statt. Ausnutzungsversuche mit Pferden ergaben jedoch, daß die Verdaulichkeit des so aufgeschlossenen Holzes sich kaum von der des rohen Holzes unterscheidet. Der Aufschluß von Holz vermittels Säure muß daher genau wie bei dem gleichen Verfahren des Strohaufschlusses vorläufig als gescheitert angesehen werden.

Die neuesten Versuche, Holz und Holzabfälle für Fütterungszwecke nutzbar zu machen, gehen darauf aus, die Cellulose auf chemischem Wege, d. h. durch Hydrolyse, in lösliche und verdauliche Kohlenhydrate zu verwandeln. Cellulose in der Hitze und bei Anwendung verdünnter Säuren in Glucose überzuführen, liefert eine zu geringe Ausbeute, weil sich das gebildete Produkt in saurer Lösung und in der Wärme zum größten Teil zersetzt. Dagegen liefert die Hydrolyse des Holzes in der Kälte mit konzentrierter Salz- oder Schwefelsäure bessere Ausbeuten. Wirtschaftlich lassen sich auf diese Weise leicht verdauliche Kohlenhydrate aus Holzabfällen aber auch nur dann darstellen, wenn eine Wiedergewinnung der nicht unbeträchtlichen Mengen der angewandten Salz- bzw. Schwefelsäure möglich ist (F. BERGIUS[12]). Letzteres Problem gilt technisch als gelöst. Ebenso will man heute schon 60—70 % eines trockenen Holzes in verdauliche Kohlenhydrate verwandelt haben, so daß auch die wirtschaftliche Seite der Hydrolyse eine aussichtsreiche zu sein scheint. Die Prüfung der auf diese

Weise aus Holz gewonnenen Futterstoffe auf ihre Ausnutzung, Bekömmlichkeit und Verwendbarkeit in der landwirtschaftlichen Nutzviehhaltung dürfte in allernächster Zeit zu erwarten sein.

C. Körner-, Hülsen-, Öl- und andere Früchte.

Die Körnerfrüchte der meisten Gramineen und Papilionaceen, aber auch mancher anderer Familien, finden eine ausgedehnte Verwendung als Futtermittel. Als solche sind sie deshalb besonders wertvoll, weil sie in der Gewichtseinheit bei geringem Volumen eine verhältnismäßig sehr große Menge von hochverdaulichen Nährstoffen enthalten. Die Körnerfrüchte sind daher als Kraftfuttermittel, d. h. als konzentrierte Futterstoffe, anzusprechen. In Hinsicht auf ihren Gehalt an Rohnährstoffen überwiegen bei den Getreidekörnern die Kohlenhydrate (Stärke) und bei den Hülsenfrüchten die stickstoffhaltigen Bestandteile (Proteine). Letztere bestehen zwar vorwiegend aus Eiweißstoffen, die jedoch biologisch nicht als vollwertig anzusehen sind. Auch scheinen im Aufbau des Eiweißmoleküls Unterschiede zwischen den Getreidekörnern und Hülsenfrüchten zu bestehen. Die gleichfalls hier zu erörternden Samen gewisser Ölfrüchte, die, wie z. B. der Leinsamen, auch als Futtermittel Verwendung finden, sind durch einen hohen Fettgehalt gekennzeichnet. Das gleiche gilt für die Bucheckern. Für Eicheln und Kastanien ist wiederum ihr Gehalt an stickstoffreien Extraktstoffen wertbestimmend. Der Holz- oder Rohfasergehalt der meisten Körnerfrüchte ist im allgemeinen nicht sehr erheblich. Er ist am größten bei den mit Schalen oder Spelzen versehenen Körnern. Schalen und Spelzen sind meist stark verholzt und sehr kieselsäurereich. Sie können infolgedessen die Verdaulichkeit der Körnerfrüchte wesentlich beeinflussen. Geschälte oder nackte Körnerfrüchte sind daher im allgemeinen höher verdaulich als bespelzte oder mit Schalen versehene. Letztere beanspruchen einen höheren Aufwand an Kauarbeit und setzen hierdurch auch die gesamte Nährwirkung herab. Der Spelzenanteil kann bei ein und derselben Körnerart erheblichen Schwankungen unterworfen sein. Der Gehalt der Körnerfrüchte an anorganischen Bestandteilen ist ein verhältnismäßig geringer. Diese bestehen in der Hauptsache aus Kalk und Phosphorsäure. Letztere pflegt in der Regel stark zu überwiegen.

Auf die chemische Zusammensetzung der Körner können Boden, Düngung, Entwicklungszustand und Lagerung, ferner Witterungsverhältnisse und andere Umstände von wesentlichem Einfluß sein. Der Boden (O. KELLNER und G. FINGERLING[97]) beeinflußt die Zusammensetzung der Körner hauptsächlich durch seinen Nährstoff- und Wassergehalt. Wasserarme Böden, bzw. Wassermangel überhaupt, liefern infolge geringerer Assimilationstätigkeit meist kohlenhydratärmere, aber stickstoffreichere Körner. Hinsichtlich der Düngung kommt in der Regel die Anwendung größerer Stickstoffmengen in einem höheren Gehalt der Körner an Rohprotein zum Ausdruck. So wurden im Durchschnitt sechsjähriger Beobachtungen (J. B. LAWES und J. H. GILBERT[114]) für Gerstenkörner in der wasserfreien Substanz folgende Werte gefunden:

Ungedüngt	9,81 %	Rohprotein
46 kg N pro Hektar	10,62 %	„
92 kg N „	12,50 %	„

Für Haferkörner wurden ermittelt (M. MAERCKER[133]), und zwar gleichfalls auf Trockensubstanz berechnet:

Ungedüngt	9,06 %	Rohprotein,	4,47 %	Fett
200 kg Chilesalpeter pro Hektar . . .	10,94 %	„	3,64 %	„
300 kg „ „ „ . . .	11,65 %	„	3,53 %	„
400 kg „ „ „ . . .	12,35 %	„	3,41 %	„

Die Stickstoffdüngung hat also bei Gerste wie bei Hafer den Proteingehalt der Körner erhöht, dagegen im letzteren Falle den Fettgehalt herabgedrückt. Das gleiche trifft bei reichlicher Stickstoffdüngung von Ölfrüchten zu (P. BRETSCHNEIDER[17]). Am wenigsten machen sich Einflüsse der Stickstoffdüngung bei den Leguminosenkörnern geltend. Notreife oder Lagerkorn liefert Körner mit höherem Gehalt an Rohprotein und Mineralstoffen, setzt jedoch den Gehalt an Eiweiß und stickstoffreien Stoffen herab (O. KELLNER und G. FINGERLING[97]). Kleine Körner scheinen durchweg reicher an Asche, Protein und Rohfaser, dagegen ärmer an Fett und, mit Ausnahme der Ölsamen, auch ärmer an stickstofffreien Extraktstoffen zu sein als größere Körner, wie nachstehende auf Trockensubstanz berechnete Untersuchungsergebnisse zeigen (G. MAREK[136]):

	Rohprotein %	N-freie Extraktstoffe %	Rohfett %	Rohfaser %	Asche %
Weizen:					
Große Körner . . .	14,4	76,1	2,6	4,8	2,1
Kleine Körner . . .	15,5	72,4	2,5	7,3	2,3
Erbsen:					
Große Körner . . .	26,0	62,3	4,1	4,7	2,9
Kleine Körner . . .	27,4	58,7	3,9	7,1	2,9
Leinsamen:					
Große Körner . . .	24,2	33,6	32,5	5,2	4,5
Kleine Körner . . .	25,1	39,1	23,8	7,3	4,7

Auch Aussaatmenge und -sorte scheinen u. a. die chemische Zusammensetzung der Körnerfrüchte in gewissen Grenzen zu beeinflussen.

Was die Verfütterung der Körnerfrüchte anbetrifft, so werden diese je nach der physikalischen Beschaffenheit der Samen und der Tierart, an welche sie verfüttert werden sollen, ganz (heil), gequetscht, geschroten oder gemahlen verabfolgt. Im allgemeinen werden vom landwirtschaftlichen Nutzvieh die zerkleinerten Körner mehr oder weniger besser verdaut und verwertet als die ganzen. Für das Schwein gelangen die Körnerfrüchte im allgemeinen überhaupt nur als Mehl oder Schrot zur Verfütterung. Brühen, Dämpfen und Kochen der Körner kommen als Zubereitungsmethode nur dort in Frage, wo es sich um die Verfütterung dumpfiger und verschimmelter oder von Brandsporen befallener Produkte handelt. Das gleiche gilt hinsichtlich des Dörrens oder Röstens im Backofen. Jedenfalls wird durch derartige Zubereitungsmethoden die Verdaulichkeit der Körner nicht oder doch nicht wesentlich beeinflußt. In mit Schweinen durchgeführten Stoffwechselversuchen (W. HABERHAUFFE[41]) erwies sich das Brühen, Kochen oder Quellen von Getreidekörnern als ohne erheblichen Einfluß auf die Verdaulichkeit und lohnte nicht die hierdurch bedingten Mehrkosten. Getreidekörner wurden in heiler Form verhältnismäßig am schlechtesten verdaut, am besten in einer Vermahlung zu feinem Mehl. Jedoch stand die bessere Verwertung nicht im Einklang mit den höheren Mehrkosten. Das Schroten bis zur Mittelfeinheit dürfte das richtigste sein. Bei der Verfütterung heiler Körner in der Schweinemast muß für die Zerkleinerung eine Mehrarbeit geleistet und hierfür Energie verbraucht werden, die der ansatzfähigen Gesamtnährstoffmenge entzogen wird (R. SCHLUMBOHM[160]). Junge Schweine verdauten Weizenschrot um rund 10% besser als ganze Weizenkörner (H. SNYDER[166]). Gesunde und normale, proteinreiche Körner werden durch solche Zubereitungsmethoden im allgemeinen nicht verbessert, da hierdurch die Verdaulichkeit der Eiweißstoffe fast immer ungünstig beeinflußt wird. Bei der Verfütterung von Körnern ist ferner darauf zu achten, daß diese nicht giftige Unkrautsämereien, wie Radesamen (Agrostemna Githago), Taumelloch (Lolium temulentum), Mutterkorn (Claviceps purpurea) usw., enthalten. Der Aufbewahrung der Körnerfrüchte ist besondere Aufmerksamkeit und Sorgfalt zuzuwenden, damit der Futterwert derselben während der Lagerung keine Verminderung erleidet. Feuchtigkeit und Fettgehalt beeinflussen erheblich die Aufbewahrungsfähigkeit der Körnerfrüchte. Fettreichere Körner, wie z. B. die von Hafer und Mais, sind bei gleichem Feuchtigkeitsgehalt weniger lagerfest als Gerste, Roggen Weizen. Zu feuchtes und nicht genügend gelüftetes Getreide wird leicht von Schimmelpilzen und anderen Mikroorganismen befallen. Es nimmt dann einen dumpfen und muffigen Geruch an. Hierdurch findet nicht nur eine Qualitätsverschlechterung, sondern auch eine Quantitätsverminderung an wertvollen Stoffen statt, da die Bakterien und Pilze ihren Nährstoffbedarf aus den leicht löslichen und hochverdaulichen Bestandteilen des Kornes decken. Weitere Stoffverluste treten durch die Atmung des Kornes ein. Letztere ist durch Lagern bei möglichst niedrigen Temperaturen auf das geringste Maß zu beschränken. Die erste und unerläßliche Voraussetzung für die Aufbewahrung der Körnerfrüchte ist ein möglichst niedriger Feuchtigkeitsgehalt derselben (höchstens 15% Wasser). Gut ausgetrocknete und abgelagerte Körner werden am zweckmäßigsten in Silos aufbewahrt, in denen eine gleichmäßige, möglichst niedrige Temperatur bei gutem Luftabschluß zu halten ist (F. Honcamp[75]).

I. Die Getreidekörner.

Die Zerealien, auch Getreide-, Halm-, Mahl- oder ganz allgemein Körnerfrüchte genannt, gehören fast ausnahmslos zu der artenreichen Familie der Gräser. Von diesen finden Gerste, Hafer, Mais vorwiegend, Buchweizen, Hirse, Reis, Roggen und Weizen aber nur in mehr oder weniger beschränktem Umfange als Futtermittel Verwendung. Der Futterwert der Getreidekörner wird in der Hauptsache durch ihren hohen Gehalt an stickstoffreien Extraktstoffen repräsentiert, die im reifen Korn hauptsächlich aus Stärke und nur in unwesentlichen Mengen aus Zucker und einigen anderen Kohlenhydraten bestehen. Zum Stärkemehl im umgekehrten Verhältnis steht in der Regel der Proteingehalt. Je reichlicher also die stickstoffhaltigen Substanzen vorhanden sind, desto geringer pflegt derjenige an Stärkemehl zu sein. Der Fettgehalt fast aller Getreidekörner ist im allgemeinen nicht sehr groß. Das Fett selbst findet sich hauptsächlich in den Keimen und Aleuronzellen, dagegen meist nur in Spuren im eigentlichen Mehlkörper vor. Ordnet man die Zerealienkörner nach ihrem Gehalt an Fett, Protein und Stärke, indem man mit dem jeweils niedrigsten Gehalt beginnt, so ergibt sich folgende Reihenfolge (C. Böhmer[14]):

	Fett %		Protein %		Stärke %
Weizen	1,70	Reis	6,90	Hirse	57,86
Roggen	1,77	Gerste	9,71	Hafer	58,37
Gerste	1,98	Buchweizen	10,16	Buchweizen	61,51
Buchweizen	2,04	Weizen	10,17	Gerste	65,75
Reis	2,12	Hafer	10,66	Reis	66,50
Hirse	3,30	Roggen	10,81	Weizen	68,01
Mais	4,78	Mais	12,57	Mais	68,63
Hafer	4,99	Hirse	12,70	Roggen	70,21

Nach den gleichen Angaben herrschen unter den Aschenbestandteilen, deren Gehalt an und für sich gering ist und in den bespelzten oder mit Schalen versehenen Körnern selten 4%, in den nicht bespelzten kaum mehr als 2% beträgt, besonders Kali, Magnesia und Phosphorsäure vor. Kalk und Schwefelsäure und, mit Ausnahme der bespelzten Früchte, auch Kieselsäure treten stark zurück. Der Gehalt an Mineralstoffen beträgt (H. NEUBAUER[148]):

	Kali %	Kalk %	Phosphorsäure %
Buchweizen	0,27	0,05	0,57
Gerste	0,65—0,70	0,10	0,66—0,80
Hafer	0,50	0,16	0,70
Kolbenhirse	0,33	0,02	0,65
Mohrhirse, Dura	0,38	0,02	0,94
Mais	0,37	0,03	0,75
Reis	0,15	0,01	0,30
Roggen	0,60	0,05	0,92
Weizen	0,50	0,07	0,80

Diese Zusammenstellung läßt die Kalkarmut der Zerealienkörner und das ganz erhebliche Überwiegen der Phosphorsäure deutlich erkennen.

Soweit hinsichtlich der angegebenen allgemeinen Eigenschaften und Merkmale bei den einzelnen Getreidefrüchten wesentliche Abweichungen bestehen, wird auf diese bei der nachfolgenden Besprechung der alphabetisch geordneten Zerealien besonders hingewiesen werden.

1. Buchweizen. Der Buchweizen stammt aus Nordasien oder China und wird heute in Europa auf Moor sowie leichten Sand- und Heideböden angebaut. Er gehört strenggenommen nicht zu den Getreidearten, soll jedoch hier mitbehandelt werden. Die Buchweizensamen (Fagopyrum esculentum und F. tataricum), auch Heide- oder Taterkorn genannt, sind bei geringem Nährstoffgehalt verhältnismäßig rohfaserreich und weisen daher nur eine mittlere Verdaulichkeit auf. Der Anteil der sehr schwer verdaulichen Schalen beträgt etwa 25%. Für die chemische Zusammensetzung der Samen liegen folgende Werte vor (M. BALLAND[5]):

	Feuchtigkeit %	Rohprotein %	N-freie Extraktstoffe %	Rohfett (Ätherextrakt) %	Rohfaser %	Asche %
Im Minimum	13,00	9,44	58,90	1,98	8,60	1,50
Im Maximum	15,20	11,48	63,35	2,82	10,56	2,46
Im Mittel	*14,10*	*10,16*	*61,51*	*2,04*	*10,19*	*2,00*

Bei Ausnutzungsversuchen mit Hammeln (H. WEISKE[195]) ergaben sich für heile Buchweizensamen folgende mittlere Verdauungskoeffizienten: Rohprotein 75%, stickstoffreie Extraktstoffe 76%, Rohfett 100% und Rohfaser 24%. Noch höher verdaulich dürften die geschälten Samen sein, da nach neueren Untersuchungen (F. HONCAMP und E. BLANCK[76]) den Buchweizenschalen nur ein sehr geringer Futterwert zukommt. Sie enthalten nur 0,07% verdauliches Eiweiß und 2,03% Stärkewert.

Buchweizenschrot gilt als ein gutes Bei- wie auch Mastfutter für alles landwirtschaftliches Nutzvieh. Für dessen zweckmäßige Verabreichung ist folgendes zu beachten (F. HONCAMP[77]): Eine Verfütterung von Buchweizenschrot kommt bis zu einem Drittel der Körnerration nur für Arbeitspferde in Betracht. Da die Verabfolgung an Milchvieh die Butterqualität durch Erzeugung einer harten Butter wenig günstig beeinflußt, sollte Buchweizenschrot in erster Linie nur zur Mast von Rindern und Schweinen verwandt werden. Auch zur Geflügelmast ist das Schrot wohl geeignet. Die Buchweizengrütze gilt als ausgezeichnetes Futtermittel bei der Kückenaufzucht und für Legehühner. Die Buchweizensamen enthalten, wie höchstwahrscheinlich die ganze Pflanze, fluorescierende Farbstoffe, welche die Eigenschaften photodynamischer Substanzen besitzen und Exantheme (Jucken, Hautausschlag, Schwellungen der Gliedmaßen usw.) veranlassen. Der Buchweizenausschlag ist als eine Lichtkrankheit anzusprechen, die im allgemeinen bei ausschließlicher Stallhaltung kaum auftreten dürfte (E. FRÖHNER[35], L. MAROWSKI[137]). In Hinsicht auf die dargelegten Nachteile der Buchweizenfütterung sind große Gaben in allen Fällen nicht zu empfehlen.

2. Gerste. Bei den kultivierten Gersten unterscheidet man die beiden Arten Hordeum polystichum (vier- und sechszeilige Gerste) und Hordeum distichun, die zweizeilige Gerste. Die wilde Stammform der Gerste ist vom Kaukasus bis Persien gefunden worden. Heute wird die Gerste überall in Europa gebaut, wo die Temperatur nicht zu niedrig ist. Sie bildet die Grenze der Getreidekultur sowohl nach dem Norden als auch hinsichtlich der Höhe. Da die Gerste in mannigfaltiger Weise zur menschlichen Nahrung verarbeitet wird und in ausgedehntem Maße zur Bierbrauerei Verwendung findet, außerdem neben Hafer und Mais ein außerordentlich wertvolles Futtermittel ist, so ist sie eine der wichtigsten Getreidearten (F. BARNSTEIN[6]). Gerste hat unter den als Futter benutzten Getreidearten die gleichmäßigste Zusammensetzung. Man hat aus diesem Grunde in den nordischen Ländern mittelgute Gerste als Grundlage für die Futtereinheitsberechnung und somit als Maßstab für den Wert der einzelnen Futtermittel benutzt (NILS HANSSON[45]). Wenn man von den Schwankungen in der chemischen Zusammensetzung der Gerste, wie solche durch Anbau- und Düngungsweise, Boden- und klimatische Verhältnisse usw. bedingt werden, absieht, so dürften folgende Zahlen als Durchschnittswerte angesehen werden.

Feuchtigkeit	14,0 %	Rohfett (Ätherextrakt) . .	1,9 %
Rohprotein	9,7 %	Rohfaser	5,0 %
N-freie Extraktstoffe . . .	67,0 %	Asche	2,4 %

Die stickstoffhaltige Substanz der Gerstenkörner besteht zu etwa 97—98 % des Gesamtstickstoffes aus eiweißartigen Stoffen, den Rest bilden Amide. Von den stickstoffreien Extraktstoffen entfällt etwa 95 % auf Stärkemehl, und die übrigen 5 % auf gewisse Zuckerarten, wie Dextrose, Lävulose, Maltose, Rohrzucker und andere Kohlehydrate. Bei Ausnutzungsversuchen ergaben sich für die einzelnen Nährstoffgruppen folgende Verdauungskoeffizienten:

	Rohprotein %	N-freie Extraktstoffe %	Rohfett %	Rohfaser %
bei Pferden (O. KELLNER[97])	80,3	87,3	42,4	—
„ Schafen (F. HONCAMP[78])	83,1	93,2	79,1	29,5
„ Schweinen (F. Lehmann[123]) . . .	73,8	88,0	18,0	6,3
„ Hühnern (T. KATAYAMA[96])	75,1	82,1	48,0	2,5

Hiernach wird die Nährstoffgruppe der Kohlehydrate, welche den wichtigsten Bestandteil der Gerste bildet, von allen Nutzviehgattungen gleich hoch verdaut. Die Gerste kommt in erster Linie als Mastfuttermittel für Schweine in Betracht. Für die Mast von Wiederkäuern ist sie weniger geeignet, da sie einen harten Talg verursacht. Im Orient wird die Gerste als ausschließliches Körnerfutter an Pferde verabfolgt, während man sonst überall dort, wo man Gerste überhaupt an Pferde verfüttert, im allgemeinen nicht mehr als höchstens die Hälfte der Körnerration hierdurch zu ersetzen pflegt. Für alles Geflügel gilt die Gerste als ausgezeichnetes Kraft- und Mastfuttermittel. Wegen ihrer Härte wird die Gerste am zweckmäßigsten gequetscht oder grob geschrotet, an Schweine in Mehlform und mit kaltem Wasser zu einem dicken Brei angerührt, verabreicht. Aufgebrühtes Gerstenschrot hat sich als lauwarmer Trank in diätetischer Beziehung überall dort bewährt, wo es sich um die Kräftigung angegriffener oder durch Krankheit, bzw. Überanstrengung heruntergekommener Tiere handelte.

Gesundheits- und Verdauungsstörungen können bei Verfütterung solcher Gerste eintreten, die mit parasitischen Pilzen befallen oder mit zum Teil schädlichen Unkrautsamen durchsetzt sind. Von ersteren kommen in Frage Fusarium heterosporum, ferner die Sporen des Flugbrandes (Ustilago Hordei und U. medians), dann Cladosporium herbarum und endlich das im allgemeinen bei der Gerste seltener vorkommende Mutterkorn (Claviceps purpurea). Von Unkrautsamen finden sich namentlich Ackersenf und Windenknöterich und dann auch häufig Kornrade (Agrostema Githago) vor. Letztere Samen sollen durch ihren Gehalt an Saponinen schädlich wirken, was jedoch wohl nur bei schon vorhandenen Verdauungsstörungen der Fall sein dürfte. Die schädlichen Wirkungen der Kornradesamen scheinen am ehesten bei Geflügel beobachtet worden zu sein (M. Popp[155], A. Degen[20]). Doch widersprechen sich auch hier die Ansichten (H. Miessner[139]). Bei Schweinen will man sogar eine günstige Wirkung der Kornradesamen auf die Lebendgewichtszunahme beobachtet haben (L. Kofler[106]).

3. Hafer. Rispenhafer (Avena sativa) und der aus diesem hervorgegangene Fahnenhafer (Avena orientalis) bilden die Hauptsommerfrucht nördlicher Breiten. Man geht wohl in der Annahme nicht fehl, daß unser Saathafer bereits Jahrhunderte vor unserer Zeitrechnung aus dem östlichen Europa, vielleicht auch aus Innerasien, nach Mitteleuropa gelangt ist. Zu menschlichen Nahrungszwecken findet der Hafer nur in beschränktem Umfange, in der Hauptsache vielmehr als Futtermittel Verwendung. Was die chemische Zusammensetzung anbetrifft, so ergaben sich auf Grund zahlreicher Untersuchungen der verschiedensten Hafersorten erhebliche Abweichungen, wie folgende Mittelwerte zeigen (F. Tangl und St. Weiser[174]):

	Feuchtigkeit %	Rohprotein %	N-freie Extraktstoffe %	Rohfett %	Rohfaser %	Asche %
Minimum	7,13	8,31	49,73	3,19	7,85	2,50
Maximum	14,85	15,75	62,17	9,84	17,01	4,11
Im Mittel	*12,00*	*11,37*	*56,47*	*5,97*	*10,96*	*3,23*

Diese Unterschiede dürften, abgesehen von Einflüssen, wie Boden, Düngung, Klima, Witterung usw., zum Teil auf den Spelzengehalt der verschiedenen Hafersorten zurückzuführen sein, dessen Gewichtsanteil zwischen 20 und 50% vom Korngewicht schwanken kann. Von den neueren Hafersorten gelten die Gelbhafer als feinspelzig gegenüber den dickbeschalten Weißhafersorten. Demgemäß müßte den ersteren auch ein höherer Futterwert zukommen. Neuere Untersuchungen (H. Wehnert[185], F. Honcamp und Mitarbeiter[79]) haben im Durchschnitt einer Reihe von Untersuchungen für die chemische Zusammensetzung folgende Mittelwerte bei 12% Feuchtigkeit ergeben.

	Rohprotein %	N-freie Extraktstoffe %	Rohfett (Ätherextrakt) %	Rohfaser %	Asche %
Gelbhafer	11,06	60,15	5,25	8,48	2,99
Weißhafer	10,35	60,37	4,94	9,78	2,56

Wesentliche Unterschiede sind hiernach nicht vorhanden. Es steht dies auch im Einklang mit der Bestimmung des Spelzengehaltes, der im Mittel von je zwei Untersuchungen beim Gelbhafer 24,5 und beim Weißhafer 24,0% betrug. Demgemäß haben sich auch für die Verdaulichkeit der beiden Hafersorten keine erheblichen Unterschiede ergeben. Es wurden je drei Gelb- und Weißhafersorten untersucht (F. HONCAMP und Mitarbeiter[79]). Im Mittel verdauten Hammel in Prozenten der einzelnen Nährstoffgruppen:

	Rohprotein %	N-freie Extraktstoffe %	Rohfett (Ätherextrakt) %	Rohfaser %
Gelbhafer	84,4	79,6	93,3	37,3
Weißhafer	84,4	79,0	91,7	31,7
Im Mittel	*84,4*	*79,3*	*92,5*	*24,5*

In den gleichen Untersuchungen wurde ferner festgestellt, daß vom Wiederkäuer (Hammel) die heilen Körner um ein klein wenig schlechter verdaut wurden als die grob geschroteten. Der Stärkewert betrug für 100 kg heiler Haferkörner 72,06 kg und für das Haferschrot 74,39 kg. Zu den gleichen Ergebnissen führten hinsichtlich des Wiederkäuers auch andere Versuche. Beim Pferd war jedoch die Verdaulichkeit des geschrotenen Hafers eine immerhin erheblich bessere als die des gequetschten Hafers, bzw. der heilen Körner (P. GAY[37]). Die relativen Verdauungskoeffizienten waren:

	Rohprotein %	N-freie Extraktstoffe %	Rohfett (Ätherextrakt) %	Rohfaser %	Mineralstoffe %
Ganze Haferkörner	71,3	74,7	40,9	42,0	27,8
Gequetschte Haferkörner	79,2	74,9	59,5	48,9	31,9
Geschrotene Haferkörner	94,1	75,2	54,8	63,6	42,7
Im Mittel	*81,5*	*74,9*	*51,7*	*51,5*	*34,1*

Vom Haferschrot wurden in Prozenten der einzelnen Bestandteile verdaut:

vom Schwein (O. KELLNER[101]) . .	78,8	78,9	69,4	—	—
vom Kaninchen (H. WEISKE[196]) . .	80,2	79,5	93,8	21,6	—
von Hühnern (W. VON KNIERIEM[105])	62,3	60,8	84,0	0,5	—

Die Hauptnährstoffgruppe des Hafers, nämlich die stickstoffreien Extraktstoffe, werden hiernach von allen landwirtschaftlichen Nutztieren, mit Ausnahme scheinbar des Geflügels, gleich gut und hoch ausgenutzt.

Der Hafer wird im allgemeinen heil verfüttert, obwohl gequetschter oder geschrotener Hafer meist höher verdaut zu werden pflegt. Schweine erhalten ihn bei der Mast in Schrotform, dagegen Ferkel und junge Tiere bei der Aufzucht in unzerkleinertem Zustande. In der Tierernährung und besonders für die Aufzucht des Jungviehes schreibt man dem Hafer eine ganz besondere physiologische Wirkung zu. Für Zuchttiere gilt der Hafer als ein sehr empfehlenswertes Kräftigungs- und Stärkungsmittel, namentlich wenn die Tiere zeitweise übermäßig zum Springen herangezogen werden. Beim Milchvieh wirkt die Haferfütterung bei gleichbleibender Fettmenge günstig auf die Milchsekretion. Größere Hafermengen an Milchvieh verfüttert, bewirken jedoch leicht eine weiche Butter. Das gleiche gilt bei der Mast hinsichtlich des Fettes. Für die Geflügelhaltung wird der Hafer als ein besonders gutes Eierfutter angesprochen. Futterhafer muß selbstverständlich von einwandfreier Güte sein. Dumpfer oder schimmeliger Hafer ist von der Verfütterung auszuschließen oder muß vorher erst mit heißem Wasser abgebrüht oder gedämpft werden. Das gleiche hat auch mit von Brandpilzen befallenem Hafer zu geschehen. Die Verfütterung von frischem, noch nicht ausgeschwitztem Hafer hat zu unterbleiben, da hiernach leicht Durchfall und Kolik eintreten. Auch mit Unkraut vermengter Hafer gibt Anlaß zu Erkrankungen, so z. B. die Samen von Kornrade, Windhafer, Taumellolch u. a. (L. MAROWSKI[137]).

4. Hirse. Die Heimat der Hirse ist Indien. Sie wird aber auch häufig im südlichen Europa angebaut. Die Hirse dient meist in ungeschältem Zustande als Futtermittel, infolgedessen der an und für sich hohe Nährstoffgehalt der Hirse bei einem durchschnittlichen Spelzenanteil von 25% wesentlich vermindert wird. Die Schalen oder Spelzen der Hirse besitzen einen nur sehr geringen Wert. Ihr Gehalt an wertbestimmenden Bestandteilen betrug nach Ausnutzungsversuchen mit Hammeln 0,4% verdauliches Eiweiß und 7,5% Stärkewert (F. HONCAMP[80]). Der Energieaufwand, der zum Kauen und Verdauen der Hirseschalen notwendig ist, muß meist noch aus anderen gleichzeitig mit verabfolgten Futterstoffen gedeckt werden. Von den verschiedenen Hirsearten kommen für Fütterungszwecke Dari (Sorghum tataricum), die gemeine Mohrhirse (Sorghum vulgare), die Kolbenhirse (Setaria italica), die Rispenhirse (Panicum miliaceum) und die Zuckermohrhirse (Sorghum saccharatum) in Betracht. Für die chemische Zusammensetzung dieser Hirsesorten liegen folgende Angaben vor (E. POTT[156]).

	Dari %	Gemeine Mohrhirse %	Kolbenhirse %	Rispenhirse %	Zuckermohrhirse %
Feuchtigkeit	11,0	11,5	12,0	11,8	15,2
Rohprotein	9,1	9,0	11,2	10,5	9,3
N-freie Extraktstoffe	72,0	69,4	63,0	68,2	68,0
Rohfett (Ätherextrakt)	4,1	3,5	3,4	4,3	3,4
Rohfaser	1,6	3,6	7,6	2,5	2,5
Asche	2,2	3,0	2,9	2,8	1,7

Erhebliche Unterschiede hinsichtlich ihres Gehaltes an Rohnährstoffen weisen demnach die verschiedenen, für Futterzwecke in Betracht kommenden Hirsesorten nicht auf. Ihr Hauptnährwert beruht in ihrem Gehalt an stickstoffreien Extraktstoffen, die vorwiegend aus Stärkemehl bestehen. Die Verdaulichkeit betrug:

	Rohprotein %	N-freie Extraktstoffe %	Rohfett (Ätherextrakt) %	Rohfaser %
bei Darikörnern in Versuchen mit Schafen (E. VON WOLFF[211])	65,0	90,8	70,0	—
bei der Besenhirse in Versuchen (F. TANGL und Mitarbeiter[175]):				
mit Wiederkäuern	52,6	82,2	80,5	42,7
„ Pferden	41,5	74,1	60,6	8,7
„ Schweinen	60,3	83,3	71,6	19,8
bei der Rispenhirse in Versuchen mit Hühnern (J. KALUGIN[95])	65,4	98,3	88,3	3,9

Ausnutzungsversuche mit Schweinen ergaben für Sorghumhirse einen Gehalt von 7,9 kg verdaulichem Eiweiß und von 78,0 kg Stärkewert je Doppelzentner (F. HONCAMP[81]).

Hirsekörner sollen wegen der Härte und Kleinheit der Samen nur in geschrotenem Zustande verfüttert werden. Im übrigen sind die Ansichten über die Brauchbarkeit der Hirse als Futtermittel geteilt. Sie dürfte in erster Linie ein gutes Schweinemastfuttermittel sein. Weniger geeignet scheint sie zur Verfütterung an Milchvieh zu sein, da Sorghumhirse z. B. im Vergleich mit Gerstenschrot und Weizenkleie Milch- und Fettmenge herabdrückte (J. HANSEN[44]). In geschältem Zustande will man mit der Hirse in der Geflügelaufzucht und namentlich bei der Fasanenaufzucht recht gute Erfolge gehabt haben.

5. Mais. Der Mais (Zea Mays) gehört zu den Zerealien der tropischen und subtropischen Zone. Als Heimat wird in der Regel Amerika angegeben, wo der

Mais schon bei Entdeckung des Landes kultiviert wurde. Er wird heute in ausgedehntem Maße in Südafrika, Argentinien, Nordamerika, Rumänien und Ungarn angebaut. Als Futtermittel ist der Mais als ein vorwiegend an stickstoffreien Nährstoffen (Kohlehydrate und Fett) reiches, dagegen verhältnismäßig proteinarmes Produkt anzusprechen. Die Proteinstoffe des Maises sind zwar überwiegend eiweißartiger Natur, bestehen jedoch zu einem großen Teil aus dem für den Mais charakteristischen Zein. Letzteres gilt jedoch im biologischen Sinne nicht als vollwertig. Im Vergleich mit den anderen Getreidekörnern weist der Mais einen ziemlich hohen Fettgehalt auf. Das Maisfett ist ein dünnflüssiges Öl. Eine stärkere Verfütterung von Mais beeinflußt infolgedessen die Qualität von Butter, Fleisch und Speck ungünstig. Neuere Untersuchungen über die chemische Zusammensetzung des Maises ergaben folgende Werte (bei gleichem Feuchtigkeitsgehalt von 12,68%):

	Rohprotein %	N-freie Extraktstoffe %	Rohfett %	Rohfaser %	Rohasche %
Amerikanischer Mais (O. HAGEMANN[43])	10,04	68,76	4,12	2,92	1,48
Afrikanischer Mais (O. HAGEMANN[43])	9,68	70,94	3,48	2,09	1,13
Gelber Mais (F. HONCAMP[82]) . .	9,56	70,69	4,30	1,42	1,35
Weißer Mais (F. HONCAMP[82]) . .	8,92	72,08	3,82	1,47	1,02

Die geringen Abweichungen der verschiedenen Maissorten in Hinsicht auf den Gehalt an Rohnährstoffen kommen in gleichem Sinne bei der Verdaulichkeit zum Ausdruck. Nach den mit Hammeln ausgeführten Ausnutzungsversuchen wurden in Prozenten der einzelnen Bestandteile verdaut:

	Amerikanischer Mais	Afrikanischer Mais	Gelber Mais	Weißer Mais
Rohprotein	54,1	54,5	56,4	39,0
N-freie Extraktstoffe . . .	85,2	86,2	88,8	87,5
Rohfett (Ätherextrakt) . .	78,4	69,7	77,2	63,0
Rohfaser	23,0	—	100,0	85,0

Hiernach sind die stickstoffreien Extraktstoffe, welche den Hauptnährwert des Maises bedingen, in allen vier Maissorten gleich gut und hoch verdaut worden. Bei Ausnutzungsversuchen mit Schweinen wurden folgende Verdauungskoeffizienten ermittelt (F. LEHMANN[123]):

	Rohprotein	N-freie Extraktstoffe	Rohfett (Ätherextrakt)	Rohfaser
	79,4	93,9	74,0	43,6

Hiermit stimmen auch die Ergebnisse älterer Untersuchungen (E. VON WOLFF[212], E. HEIDEN[46]) überein, bei denen folgende Verdauungskoeffizienten gefunden wurden:

	86,3	94,2	76,2	34,3

Bei Versuchen mit Pferden (O. KELLNER — G. FINGERLING[97]) und mit Hühnern (PARASCHTSCHUK[153]) erwiesen sich als verdaulich:

Pferd	76,0	92,0	61,0	—
Geflügel	92,5	91,8	83,4	31,0

Man wird nach allen vorliegenden Untersuchungen annehmen können, daß inbezug auf den Gehalt an Rohnährstoffen die verschiedenen Maissorten keine allzu großen Schwankungen aufweisen. Das gleiche dürfte auch hinsichtlich der Verdaulichkeit und Verwertung durch die verschiedenen Arten der landwirtschaftlichen Nutztiere zutreffen, zum mindesten jedenfalls Geltung für die stickstoffreien Extraktstoffe haben. Die hohe Verdaulichkeit des Maises überrascht insofern etwas, als die Maiskörner eine harte, verhältnismäßig rohfaserreiche, gewissermaßen hornartige Schale besitzen. Wie jedoch Untersuchungen ergeben haben (F. HONCAMP und E. BLANCK[83]), ist die Verdaulichkeit solcher Maisschalen, die gewöhnlich noch Teile des Maiskeimes und etwas Maisstärke enthalten, eine recht gute. Auf Grund der chemischen Untersuchung und der mit Hammeln durchgeführten Ausnutzungsversuche berechneten sich für 100 kg lufttrockener Substanz 9,9 kg verdauliches Eiweiß und 71,8 kg Stärkewert. Auch die entkörnten Maiskolben, die sog. Maisspindeln, erweisen sich trotz eines Rohfasergehaltes von 33—35% als verhältnismäßig gut verdaulich. Es waren bei einem Feuchtigkeitsgehalt von 10% in 100 kg Maiskolbenschrot 30 kg Stärkewert enthalten (F. HONCAMP und Mitarbeiter[84]). Infolgedessen ist auch in der Pferdehaltung und überall dort, wo es sich nicht um ausgesprochene Mastzwecke handelt, eine direkte Verfütterung der noch mit den Körnern besetzten Maiskolben nicht ohne weiteres von der Hand zu weisen. So wurden einerseits von den Maiskörnern und anderseits von Maiskolbenschrot, das zu 25% aus Kolben und zu 75% aus Körnern bestand, in Prozenten der einzelnen Bestandteile verdaut (F. TANGL und ST. WEISER[176]):

	Organische Substanz	Roh-protein	Rein-eiweiß	N-freie Extrakt-stoffe	Rohfett (Äther-extrakt)	Rohfaser
Maiskörner	80,6	55,3	55,4	84,3	85,5	51,2
Maiskolbenschrot	70,6	43,9	45,4	76,9	82,2	55,2

Selbstverständlich wird der Futterwert von solchem Maiskolbenschrot, je nach dem Verhältnis zwischen Körnern und Kolben, ein schwankender sein.

Infolge ihres hohen Gehaltes an Roh- und verdaulichen Nährstoffen sind die Maiskörner ein ausgezeichnetes Futtermittel, das sich mit Erfolg in allen Zweigen der landwirtschaftlichen Nutzviehhaltung verwenden läßt. Für alle Last- und Zugpferde kann gut die Hälfte der Körnerration aus Mais bestehen. Größere Gaben wirken dagegen leicht mastig und machen die Tiere träge. Infolgedessen ist von einer Maisfütterung an Kutsch- und Reitpferde überhaupt abzusehen. Aus dem gleichen Grunde ist auch Mais an Zuchtböcke und Bullen nur in mäßigen Mengen zu verabfolgen. Die Verfütterung von Maisschrot an Milchkühe pflegt die Milchmenge zu steigern, dagegen den prozentischen Fettgehalt etwas herabzusetzen, jedoch so, daß die ermolkene Gesamtfettmenge die gleiche bleibt. Die Butter zeigt nach starker Maisfütterung eine weiche und schmierige Beschaffenheit. Bei der Schweinemast soll höchstens ein Drittel der Mastration aus Mais bestehen. Dieser ist in der letzten Mastperiode am besten ganz wegzulassen. Ausschließliche oder doch vorwiegende Maismast liefert ein öliges Fleisch und weichen Speck. Als Hauptfuttermittel für die Mast von Rindern und Schafen ist der Mais eher geeignet, da das ölige Maisfett den von Haus aus harten Talg dieser Tiere günstig beeinflußt. Dagegen will man beim Schaf als Folge einer zu intensiven Maisfütterung wiederum einen ungünstigen Einfluß auf die Vließbildung beobachtet haben. Als Fisch- und Geflügelfutter haben sich die Maiskörner gut bewährt, doch sind allzu große Gaben bei Legehühnern wegen der mästenden Wirkung des Maises zu vermeiden. Der Mais kann erst ohne Nachteil und Schaden verfüttert werden, wenn er ausgeschwitzt hat und genügend getrocknet ist. Maisschrot darf niemals längere Zeit ohne häufigeres Umschaufeln in großen Haufen lagern, weil es sich sonst leicht erwärmt und dann dumpf und schimmelig wird. Dumpfer oder schimmeliger, ebenso von Brand befallener Mais kann gesundheitsschädlich wirken. Solcher Mais ist vor der Verfütterung unbedingt aufzubrühen oder zu dämpfen. Auch eine der Pelagra des Menschen ähnliche Krankheit ist als Folge einer ausschließlichen Maisfütterung beobachtet worden (L. MAROWSKI[137]).

6. Reis. Der Reis (Oryza sativa) stellt hinsichtlich seines Gedeihens solche Ansprüche an Feuchtigkeit und namentlich Wärme, daß sein Anbau nur für das südliche Klima in Betracht kommt. In der Hauptsache dienen die Reiskörner zur menschlichen Ernährung. Nur der beim Sortieren des polierten Kornes abfallende Bruchreis kommt als Futtermittel in Betracht. Über die chemische Zusammensetzung von geschältem und von ungeschältem Reis, welch letzterer im Durchschnitt aus 20 Teilen Spelzen und 80 Teilen Samenkorn besteht (E. POTT[156]), sowie von Bruchreis (F. CHRISTENSEN und G. JÖRGENSEN[18]), liegen folgende Werte vor:

	Ungeschälter Reis %	Geschälter Reis %	Bruchreis %
Wasser	8,6	13,7	12,9
Rohprotein	5,0	8,0	8,1
N-freie Extraktstoffe	81,4	76,0	75,9
Rohfett (Ätherextrakt)	0,2	0,5	1,2
Rohfaser	4,4	1,1	0,5
Asche	0,4	0,7	1,4

Der Reis ist hiernach als ein vorwiegend kohlehydratreicher Futterstoff anzusprechen. Von den Spelzen befreiter Reis ist als Futtermittel wesentlich höher zu bewerten, da nach allen vorliegenden Untersuchungen (O. KELLNER-G. FINGERLING[97], FR. LEHMANN[124], F. HONCAMP und K. PFAFF[85]) der Gehalt der Reisspelzen an verdaulichen Nährstoffen kaum genügt, um den Energieaufwand für die Kau- und Verdauungsarbeit zu decken. Schweine verdauten von geschältem Kochreis 85,8% des Rohproteins, 99,6% der stickstoffreien Extraktstoffe und 70,1% des Rohfettes (E. MEISSL und Mitarbeiter[138]), Hühner von ungeschältem Reis 78,0% der organischen Substanz, 76,9% des Rohproteins, 88,1% der stickstoffreien Extraktstoffe und 64,1% des Rohfettes (T. KATAYAMA[96]). Soweit Bruchreis verfüttert wird, geschieht dies bei der Schweinemast oder, mit Magermilch zu einem Reisbrei verkocht, bei der Aufzucht von Kälbern. In der Geflügelhaltung verwendet man Bruchreis sowohl bei der Aufzucht der Kücken als auch bei der Mast älterer Tiere mit recht gutem Erfolg.

7. Roggen. Der Roggen (Secale cereale) wird teils als Sommer-, in der Hauptsache aber als Winterfrucht angebaut. Er ist eine der wichtigsten Brotgetreidefrüchte. Infolgedessen wird der Roggen als solcher verhältnismäßig wenig verfüttert. Hierfür kommt im wesentlichen nur Abfallroggen oder solcher in Betracht, der für die Verarbeitung zu menschlichen Nahrungsmitteln nicht geeignet ist. Der Roggen weist hinsichtlich seiner chemischen Zusammensetzung häufig Unterschiede auf, die auf Boden, Düngung, Klima und ähnliche, schon erwähnte Verhältnisse zurückzuführen sind. Derartige Schwankungen kommen in nachstehenden Zahlen zum Ausdruck (E. POTT[156]):

6,9—19,4,	im Mittel	13,5%	Feuchtigkeit,
7,2—19,7,	„ „	11,5%	Rohprotein,
60,7—73,7,	„ „	69,5%	stickstoffreie Extraktstoffe,
0,2— 3,0,	„ „	1,7%	Rohfett (Ätherextrakt),
1,0— 6,7,	„ „	2,0%	Rohfaser,
		1,8%	Asche.

Die stickstoffhaltigen Stoffe der Roggenkörner sind vorwiegend solche eiweißartiger Natur. Die stickstoffreien Extraktstoffe bestehen in der Hauptsache aus Stärkemehl neben geringen Mengen von Dextrin, Gummi, Pentosanen und verschiedenen Zuckerarten. Die Verdaulichkeit des Roggens ist in einer Anzahl von Versuchen ermittelt worden. Hiernach wurden in Prozenten der einzelnen Nährstoffgruppen verdaut:

	Rohprotein	N-freie Extrakt-stoffe	Rohfett (Äther-extrakt)	Rohfaser
Hammel (W. v. KNIERIEM[105])	68,0	77,2	30,8	7,0
„ (F. HONCAMP[86])	78,1	94,5	52,2	11,1
Schwein (O. KELLNER[101])	81,7	92,9	35,1	2,3
„ (F. HONCAMP[86])	85,2	94,0	47,3	19,7
Kaninchen (H. WEISKE[197])	63,0	91,2	76,7	18,5
„ (W. v. KNIERIEM[105])	68,5	93,6	72,7	66,0
Hühner (W. v. KNIERIEM[105])	70,7	87,8	16,6	2,4

Als unbespelzte Frucht erweist sich hiernach der Roggen von einer hohen Verdaulichkeit, und zwar werden die stickstoffreien Extraktstoffe als Hauptrepräsentant des Futterwertes der Körner von allen Gattungen des landwirtschaftlichen Nutzviehes annähernd gleich hoch verwertet.

Was die Verfütterung des Roggens unter den Verhältnissen der landwirtschaftlichen Praxis anbetrifft, so soll er nicht in zu großen Mengen verabfolgt werden, weil sonst leicht Verdauungs- und gewiß Gesundheitsstörungen, wie Dickblütigkeit, hitzige Wirkungen usw., eintreten können. Last- und Zugpferde, die schwere Arbeit zu leisten haben, können bis zu 3 kg pro Kopf und Tag erhalten, und zwar am zweckmäßigsten in grob geschrotener Form und gemischt mit Häckerling. Das gleiche gilt für Zugochsen, für die bei starker Inanspruchnahme der Roggen ein ausgezeichnetes Kraftfuttermittel darstellt. An Milchkühe in Gaben von etwa 2 kg je Kuh und Tag verabfolgt, rühmt man dem Roggenschrot einen günstigen Einfluß auf die Milchsekretion nach. Größere Mengen bewirken ein hartes und trockenes Butterfett. Für Schweine ist der Roggen ein ausgezeichnetes Mastfuttermittel, doch soll auch hier nicht mehr als die Hälfte der Futterration aus diesem Körnerschrot bestehen. Frisch geernteter Roggen, namentlich, wenn er direkt im Stroh verfüttert wird, führt leicht zu Durchfall, Koliken und anderen Erkrankungen der Verdauungsapparate. Pilzbefallener Roggen darf nur in gekochtem oder gedämpftem Zustande verfüttert werden. Ist der Roggen mit Mutterkorn (Secale cornutum) durchsetzt, so treten Erkrankungen ein, die sich in Darmentzündung äußern, hauptsächlich aber in Gangrän und Mumifikation extremer Teile (L. MAROWSKI[137]).

8. Weizen. Der Weizen (Triticum vulgare) wird in einer ganzen Reihe von Varietäten kultiviert und sowohl als Sommer- wie auch als Winterkorn angebaut. Er ist die wichtigste Brotgetreidefrucht und spielt infolgedessen als Futtermittel nur eine ganz untergeordnete Rolle. Zur Verfütterung gelangt nur für menschliche Ernährung unbrauchbarer Weizen oder Hinterkorn. Letzteres weist im allgemeinen einen höheren Proteingehalt, aber einen geringen Gehalt an Kohlehydraten auf, wie nachstehende, auf Trockensubstanz berechnete Werte erkennen lassen (E. POTT[156]). Die Zahlen der dritten Rubrik sind das Mittel aus mehreren hundert Analysen (auf Trockensubstanz berechnet) von Weizenkörnern (J. KÖNIG und TH. DIETRICH[21]).

	Weizen %	Hinterweizen %	Weizen %
Rohprotein	12,0	18,3	14,5
N-freie Extraktstoffe	78,4	72,8	78,5
Rohfett (Ätherextrakt)	2,3	2,3	2,0
Rohfaser	4,3	4,2	3,0
Rohasche	2,4	2,5	2,1

Die Proteinstoffe des Weizenkornes setzen sich in der Hauptsache aus Pflanzenalbumin, Glutencasein und aus den Kleberproteinstoffen (Glutenfibrin, Gliadin und Mucedin) zusammen. Die stickstoffreien Extraktstoffe bestehen ähnlich wie beim Roggen vornehmlich aus Stärke. Außerdem sind geringe Mengen Zucker (namentlich in den Keimen) sowie Dextrin, Gummi und Pentosane vorhanden. Die Verdaulichkeit der Weizennährstoffe ist wiederholt durch Ausnutzungsversuche ermittelt worden, wobei sich für die einzelnen Nährstoffgruppen bei den verschiedenen Tiergattungen folgende Verdauungskoeffizienten ergaben:

	Rohprotein	N-freie Extraktstoffe	Rohfett (Ätherextrakt)	Rohfaser
Hammel (F. HONCAMP[87])	84,0	92,6	77,8	—
Schwein (F. HONCAMP[87])	85,6	93,3	72,0	33,3
„ (H. SNYDER[166])	80,0	83,0	70,0	60,0
Hühner (F. LEHMANN[125])	77,1	86,6	39,7	—
„ (T. KATAYAMA[96])	79,0	89,3	39,7	—

Hiernach ist auch beim Weizen eine sehr hohe Verdaulichkeit der meisten Nährstoffe, in Sonderheit aber der Kohlehydrate vorhanden. Infolgedessen ist Weizenschrot nicht nur ein gutes Kraft-, sondern auch ein ebenso ausgezeichnetes Mastfuttermittel, das mit Erfolg und ohne irgendwelche Nachteile an alle landwirtschaftlichen Nutztiere verfüttert werden kann. Einseitige Fütterung von Weizenschrot, und zwar namentlich in größeren Mengen, führt freilich, wie unter solchen Umständen alle derartig mastig wirkenden Futterstoffe, leicht zu einer Erschlaffung der Verdauungsorgane und des ganzen Organismus. Es empfiehlt sich daher, vom Weizen nicht größere Mengen als von Gerste und Hafer zu verabfolgen. Auch für die Geflügelmast hat sich der Weizen gut bewährt. Ebenso leistet er, zu Mehl vermahlen, als Bienenfutter im zeitigen Frühjahr gute Dienste. Frischer Weizen ist mit Vorsicht zu verfüttern. Er ruft Verdauungsstörungen, bei Pferden auch Rehe hervor. Ebenso können mit Brand- und Pilzsporen besetzte Weizenkörner Erkrankungen bewirken. Auch soll Weizen, der ursprünglich als Saatgut Verwendung finden sollte und daher zur Verhütung des Brandes mit Kupfervitriol gebeizt war, Krankheiten hervorgerufen haben, die sich in Fieber, Verstopfung, Kolik und Muskelstarre äußerten (L. MAROWSKI[137]). Dagegen scheint Weizen, der mit neuzeitlichen Trockenbeizmitteln behandelt worden ist, bei der Verfütterung an Hühner und somit wohl an Geflügel überhaupt nicht schädlich zu sein (E. MOLZ[140]).

II. Die Leguminosenkörner.

Die Hülsenfrüchte, deren Samen sowohl als menschliche Nahrungsmittel wie auch als Futterstoffe eine ausgedehnte Verwendung finden, rechnen zu der Pflanzenfamilie der Papilionaceen oder Schmetterlingsblütler. Sie gehören zu den proteinreichsten als Futtermittel Verwendung findenden Körnern. Ihre stickstoffhaltigen Bestandteile verteilen sich bei den hauptsächlichsten Vertretern dieser Pflanzenfamilie wie folgt (E. SCHULZE[162]):

	Erbse %	Saubohne %	Wicke %	Lupine %
Gesamtstickstoff	4,151	4,475	5,039	7,120
Hiervon N in Form von				
Eiweißstoffen	3,583	3,801	4,244	6,500
Nuclein und Plastin	0,143	0,239	0,291	0,080
Nichtprotein	0,425	0,435	0,504	0,540
Zusammen	4,151	4,474	5,039	7,120

Die Proteinstoffe der Leguminosen scheinen einander sehr ähnlich zu sein und namentlich einem den Globulinen angehörigen Legumin nahezustehen (T. RITTHAUSEN[158], TH. OSBORNE und H. CAMPBELL[151]). Inbezug auf die stickstoffreien Stoffe überwiegen bei einem Teil der Leguminosenfrüchte, wie z. B. bei der Lupine und Sojabohne, die Fettsubstanzen, bei allen übrigen die Kohlehydrate. Letztere bestehen in der Hauptsache aus Stärkemehl, neben dem sich noch Dextrin, Gummi, Pentosane, Rohrzucker und gewisse organische Säure vorfinden. Die Fettsubstanzen sind reich an Cholesterin und Lecithin. Sie bestehen aus Olein, wenig Palmitin und geringen Mengen flüchtiger Fettsäuren. Ordnet man die verschiedenen als Futtermittel Verwendung findenden Hülsenfrüchte in aufsteigender Reihenfolge nach ihrem durchschnittlichen Gehalt an Protein, Rohfett und stickstoffreien Extraktstoffen (C. BÖHMER[14]), so ergibt sich:

Rohprotein	%	Rohfett	%	N-freie Extraktstoffe	%
Erbse	23,15	Wicke	1,65	Gelbe Lupine . .	25,46
Pferde-Saubohne	25,31	Pferde-Saubohne	1,68	Blaue Lupine . .	36,37
Wicke	25,95	Erbse	1,89	Pferde-Saubohne	48,33
Blaue Lupine . .	29,52	Gelbe Lupine . .	4,38	Wicke	50,90
Gelbe Lupine . .	38,25	Blaue Lupine . .	6,16	Erbse	52,68

Der Gehalt der Leguminosenkörner an Mineralstoffen ist im allgemeinen höher als jener der Zerealien. Folgende Durchschnittswerte dürften hierfür als grundlegend angenommen werden können (H. NEUBAUER[148]):

	Kali %	Kalk %	Phosphorsäure %
Erbse	1,25	0,09	1,00
Linse	0,71	0,13	0,74
Lupinen, blaue	0,93	0,29	1,13
„ gelbe	1,12	0,31	1,68
„ weiße	1,01	0,23	0,77
Pferde-Saubohne	1,29	0,15	1,21
Sojabohne	1,26	0,17	1,04
Wicke	0,80	0,22	0,99

Hiernach sind die Hülsenfrüchte reich an Kali und Phosphorsäure, während diesen beiden Mineralstoffen gegenüber der Kalkgehalt nur ein mäßiger ist. Jedenfalls muß das Verhältnis von Kalk zu Phosphorsäure auch in den Leguminosenkörnern als ein für die tierische Ernährung wenig günstiges bezeichnet werden.

Konnten den Getreidekörnern, in normalen Mengen verabfolgt, irgendwelche Nachteile in diätetischer Hinsicht nicht zugeschrieben werden, so trifft dies so uneingeschränkt für die Leguminosensamen jedenfalls nicht zu. Letztere üben leicht eine blähende Wirkung aus. Einzelne derselben wirken infolge ihres hohen Gehaltes an bitteren Extraktstoffen stopfend. Andere wiederum, wie die Lupinen, können, im ursprünglichen Zustand verfüttert, schwere Vergiftungserscheinungen hervorrufen. Die Mondbohne enthält vielfach ein giftiges, bei Behandlung mit Wasser Blausäure entwickelndes Glucosid, welche Beobachtung man auch bei verschiedenen Wickenarten gemacht haben will. Solche Samen dürfen nur verfüttert werden, wenn sie 24 Stunden in kaltem Wasser eingeweicht und dann nach dem Abgießen des Wassers gedämpft worden sind. So behandelte Rangoonbohnen erwiesen sich bei der Verfütterung an Pferde und Schweine als unschädlich (C. BRAHM und A. SCHEUNERT[15]).

Bezüglich der allgemeinen Verdaulichkeitsverhältnisse übertreffen die Hülsenfrüchte vielfach die Getreidekörner, und hier namentlich die bespelzten.

Es ist dies darauf zurückzuführen, daß die Schalen und Spelzen der meisten Zerealien durchaus minderwertige Futterstoffe sind. Sie drücken infolgedessen die Verdaulichkeit der ganzen Körner herab. Demgegenüber zeigen die Leguminosenschalen ganz allgemein eine überraschend hohe Verdaulichkeit. So wurden nach den vorliegenden Untersuchungen in Prozenten der einzelnen Bestandteile verdaut:

	Organische Substanz	Rohprotein	N-freie Extraktstoffe	Rohfett (Ätherextrakt)	Rohfaser
Ackerbohnenschalen (F. HONCAMP[88])	70	54	76	96	68
Erbsenschalen (F. HONCAMP[89]) . .	89	71	90	73	95
Gelbkleehülsen (F. HONCAMP[90]) . .	54	50	47	51	69
Lupinenschalen (F. HONCAMP) . .	81	57	71	30	95
Sojabohnenschalen (H. WEISKE[198]) .	62	44	73	57	51

Alle Leguminosenkörner werden am zweckmäßigsten in grobgeschrotener Form verfüttert. Aufbrühen oder Dämpfen hat nur dort Zweck, wo es sich um dumpfe oder mit Pilzen befallene Samen handelt.

1. Ackerbohne (Vicia Faba). Von dieser unterscheidet man die größere Puff- oder Saubohne und die kleineren Arten, wie Acker-, Feld- oder Pferdebohne. Der Nährstoffgehalt wird auf Grund einer großen Anzahl von Untersuchungen wie folgt angegeben (J. KÖNIG und TH. DIETRICH[21]):

	Minimum %	Maximum %	Im Mittel %
Feuchtigkeit	7,87	17,85	*13,49*
Rohprotein	17,68	31,54	*25,31*
N-freie Extraktstoffe . . .	41,25	59,01	*48,33*
Rohfett (Ätherextrakt) . .	0,81	3,29	*1,68*
Rohfaser	2,87	18,17	*8,06*
Asche	1,73	4,70	*3,13*

Die Verdaulichkeit der Bohnen, bzw. des Bohnenschrotes ist durch eine größere Anzahl von Versuchen festgestellt worden (E. VON WOLF[213], E. SCHULZE[162], G. KÜHN[111], FR. LEHMANN[126], O. KELLNER[101]). Hiernach wurden in Prozenten der einzelnen Nährstoffgruppen verdaut:

	Rohprotein	N-freie Extraktstoffe	Rohfett (Ätherextrakt)	Rohfaser
Kuh	80,6	99,4	86,9	25,1
Schaf	90,8	92,1	86,6	70,5
Schwein	87,8	91,2	52,4	4,5
Pferd	86,2	93,4	8,5	69,3

Entsprechend dem hohen Gehalte an Proteinstoffen und deren großer Verdaulichkeit wird Ackerbohnenschrot hauptsächlich als eiweißreiches Beifutter verabfolgt. Als solches kann es in allen Zweigen der landwirtschaftlichen Nutzviehhaltung Verwendung finden. Hier wird man es in erster Linie an Arbeitstiere und bei der Mast an ausgewachsene Rinder und Schweine verfüttern. Es erzeugt ein kerniges Fleisch und einen festen Speck. Auch für Fische, und namentlich Karpfen, gilt Bohnenschrot als ein ausgezeichnetes Mastfuttermittel. Für säugende Mutterstuten sowie für Hengste während der Deckzeit ist Bohnenschrot in mäßigen Gaben (1—1,5 kg je Kopf und Tag) ein bewährtes Kraftfutter.

Infolge ihres Gehaltes an gerbsäurehaltigen Stoffen üben die Bohnen leicht eine stopfende Wirkung aus. Beifütterung von Möhren, Wurzelfrüchten und Melasse und anderer leicht abführender Stoffe ist daher zu empfehlen. Die Verfütterung der Mondbohne, auch Lima- oder Rangoonbohne (Phaseolus lunatus) genannt, ist entweder wegen des unter Umständen giftig wirkenden Glucosides (Phaseolunatin) ganz zu unterlassen oder die Bohnen sind vorher einzuquellen und zu dämpfen (L. MAROWSKI[137]).

2. Erbse. Als Futtermittel kommen von den verschiedenen Arten die Feld- oder weiße Erbse (Pisum sativum) und die Sanderbse oder Peluschke (Pisum arvense) in Betracht. Die Erbsen sind im Durchschnitt stickstoffärmer, dafür aber reicher an Kohlehydraten als die Bohnen und Wicken. Im Durchschnitt einer Anzahl von Untersuchungen enthalten die Erbsenkörner (E. POTT[156]):

8,9—22,1, im Mittel	13,2 %	Wasser,
18,2—29,9, „ „	22,7 %	Rohprotein,
0,6— 5,5, „ „	1,9 %	Rohfett (Ätherextrakt),
41,9—61,6, „ „	53,2 %	stickstoffreie Extraktstoffe,
1,9—10,0, „ „	6,0 %	Rohfaser,
	3,0 %	Asche.

Die Erbsen gehören mit zu den am höchsten verdaulichen Körnerfrüchten. Von den einzelnen Nährstoffgruppen der Erbsen erwiesen sich in Prozenten verdaulich:

	Rohprotein	N-freie Extraktstoffe	Rohfett (Ätherextrakt)	Rohfaser
Hammel:				
Felderbse (E. VON WOLFF[214])	88,9	93,3	74,7	65,7
Kalkuttaerbse (F. HONCAMP[91])	85,0	94,7	69,7	59,3
Russische Erbse (F. HONCAMP[91])	85,7	91,5	63,9	59,3
Pferd (E. VON WOLFF[214])	83,0	89,0	6,9	8,0
Schwein (E. HEIDEN[46])	88,1	96,7	49,2	68,4
Kaninchen (W. VON KNIERIEM[105])	91,5	95,2	90,9	95,7
Hühner (FR. LEHMANN[125])	83,6	95,2	76,3	—

Erhebliche Unterschiede sind hiernach in der Verdaulichkeit der beiden Hauptnährstoffgruppen Protein und stickstoffreie Extraktstoffe weder innerhalb der verschiedenen Erbsensorten noch unter den einzelnen Gattungen des landwirtschaftlichen Nutzviehes vorhanden. Die Verdauungskoeffizienten liegen recht hoch. Es trifft dies auch für die ausländischen Kalkutta- und russischen Erbsen zu. Über die Verfütterung von Erbsenschrot findet das über die Bohne Gesagte sinngemäße Anwendung. Wie alle Körnerfrüchte, so müssen auch die zu verfütternden Erbsen gesund sein. Verschimmelte oder stark vom Erbsenkäfer befallene Körner sind vor der Verfütterung zu dämpfen oder zu kochen.

Erwähnt werden sollen hier noch die Gram- oder Kichererbse (Cicer arietinum) und die Mattarpeas, auch Mutter- oder Platterbse (Lathyrus sativus) genannt. Nach neueren Untersuchungen enthalten diese Samen in der Trockensubstanz (F. HONCAMP und K. MONTAG[91]):

	Rohprotein %	Eiweiß %	N-freie Extraktstoffe %	Rohfett (Ätherextrakt) %	Rohfaser %
Grams:					
Rohnährstoffe	22,60	20,26	59,97	4,79	9,39
Verdauungskoeffizienten	77,8	—	87,8	88,2	59,2
Verdauliche Nährstoffe	17,58	15,24	52,65	4,22	5,57
Mattarpeas:					
Rohnährstoffe	27,86	24,69	51,90	0,84	7,48
Verdauungskoeffizienten	83,0	—	87,4	70,0	66,2
Verdauliche Nährstoffe	23,12	19,95	45,37	0,59	3,92

Beide Samen sind hiernach als hochverdauliche Futtermittel anzusprechen. Die Grams werden in Indien, aber auch in England mit Erfolg an Pferde und Schweine verfüttert. Die Pferde der englisch-indischen Artillerie und Kavallerie erhalten anstelle von Hafer Grams. Dagegen werden die Samen der indischen Platterbse als gesundheitsschädlich angesehen. Es wird dies auf ein in den Samen enthaltenes, flüchtiges Alkaloid zurückgeführt, welche Behauptung erst noch zu beweisen ist. Vielleicht tritt diese Schädlichkeit der Platterbse ähnlich wie bei den Lupinenkörnern nur zeitweise und unter gewissen Umständen ein. Wo Erkrankungen nach Verfütterung von Platterbsen beobachtet worden sind, machten sie sich in einer Lähmung der Nachhand, beschleunigter Herztätigkeit und schwerer Atemnot geltend. Diese Krankheit bezeichnet man als Lathyrismus. Am empfindlichsten scheint das Pferd zu sein, während Schweine ziemlich unempfindlich hiergegen sein dürften (V. STANG[168]).

3. Lupine. Soweit die Lupinen zur Gewinnung von Samen zwecks Verfütterung angebaut werden, kommen nur die gelbe (Lupinus luteus) und die schmalblättrige oder blaue Lupine (Lupinus angustifolius) in Betracht. Der Gehalt dieser an Rohnährstoffen stellt sich wie nebenstehend (J. KÖNIG und TH. DIETRICH[21]):

	Gelbe Lupine %	Blaue Lupine %
Feuchtigkeit	13,98	13,81
Rohprotein	38,25	29,52
N-freie Extraktstoffe	25,46	36,37
Rohfett (Ätherextrakt)	4,38	6,16
Rohfaser	14,12	11,24
Asche	3,81	2,90

Der weitaus größte Anteil der Stickstoffsubstanz in den Lupinensamen, und zwar mehr als 90% entfällt auf Eiweißstickstoff. Ein kleinerer Teil des Stickstoffes findet sich in Form von bitter schmeckenden Stoffen in den Körnern vor, wodurch ihre Verwendung als Futtermittel eine ganz wesentliche Einschränkung erfährt. Unter den stickstoffreien Extraktstoffen der Lupinensamen finden sich nur geringe Stärkemengen. Sie enthalten auch kein Inulin und keinen Rohrzucker, dagegen Pentosane. Die Lupinenkörner sind hochverdaulich, wie folgende Zahlen zeigen (F. HONCAMP und Mitarbeiter[92]), die des Vergleiches halber auf wasserfreie Substanz berechnet sind:

	Organische Substanz %	Rohprotein %	Reineiweiß %	N-freie Extraktstoffe %	Rohfett (Ätherextrakt) %	Rohfaser %	Stärkewert %
Gelbe Lupine:							
Rohnährstoffe	96,57	36,07	32,50	40,58	4,70	15,22	—
Verdauungskoeffizienten	89,5	84,4	—	87,4	80,2	100,0	—
Verdauliche Nährstoffe	86,40	30,44	26,87	34,52	3,77	15,22	78,58
Blaue Lupine:							
Rohnährstoffe	90,94	36,07	33,36	40,68	4,93	15,13	—
Verdauungskoeffizienten	93,9	96,3	—	95,7	74,6	95,8	—
Verdauliche Nährstoffe	85,39	34,73	32,02	38,93	3,68	14,49	86,74

Der Verdaulichkeitsgrad aller Nährstoffgruppen ist hiernach ein so hoher, daß die noch in den Körnern enthaltenen Bitterstoffe (2,56 bzw. 2,37%) auf die Verdauung selbst jedenfalls keinen Einfluß ausgeübt haben können. Immerhin ist die Entbitterung der Lupinensamen erforderlich, da mit Ausnahme des Schafes alles andere landwirtschaftliche Nutzvieh die Aufnahme unentbitterter Körner schon wegen des Geschmackes verweigert. Aber auch für Schafe ist die Verfütterung von entbitterten Lupinenkörnern nur dringend anzuraten, da andernfalls durch Auftreten der Lupinose schwere Schäden unter den Schafherden hervorgerufen werden können.

Zur Entbitterung der Lupinenkörner ist eine große Anzahl von Verfahren ausgearbeitet worden, die in der Hauptsache darauf beruhen, die Entbitterung durch Extraktion vorzunehmen. Sowohl mit Wasser allein als auch unter Zusatz von Ammoniak, Ätzkalk, Chlorcalcium, Chlorkalium, Chlornatrium, Essigsäure, Milchsäure, Pottasche, Salzsäure, Schwefelsäure usw. wurde die Entbitterung empfohlen (STEIN[169]). Das in der landwirtschaftlichen Praxis am einfachsten und leichtesten durchzuführende Verfahren der Lupinenentbitterung ist jenes, welches auf der Extraktion der im Zellsaft gelösten Alkaloide beruht (O. KELLNER[102]). Hiernach werden die zunächst 24—36 Stunden in kaltem Wasser aufgequellten Lupinen 1—2 Stunden gekocht oder gedämpft und dann, möglichst in fließendem Wasser, ausgelaugt. Durch das Dämpfen sollen die Lupinenkörner abgetötet werden, da diese sich dann leichter und schneller auslaugen lassen, während das noch lebens- und keimfähige Samenkorn alle Stoffe nach Möglichkeit festzuhalten versucht. Selbstverständlich sind mit allen Entbitterungsverfahren Verluste an Roh- und verdaulichen Nährstoffen verknüpft. So betrugen die Verluste an Masse bei den nachstehenden vier Entbitterungsverfahren:

	BACKHAUS %	BERGELL %	KELLNER %	THOMS %
nach M. GERLACH[38] . . .	17	22	20	21
nach F. HONCAMP[92] . . .	14	15	19	10

Weitere Großentbitterungsversuche nach dem BERGELLschen Verfahren ergaben im Durchschnitt einer größeren Reihe von Beobachtungen 19,5% der Trockenmasse (C. BRAHM[16]). Hiermit stimmen auch die Angaben älterer Untersuchungen überein, nach denen bei dem Entbitterungsverfahren nach KELLNER 20,6%, nach SOLTSIEN 19,7—22,5% und nach WILDT 23,7% an Trockensubstanz verloren gingen. Man wird also beim Entbittern von Lupinen im Großbetriebe mit dem Verlust von einem Fünftel der Trockenmasse zu rechnen haben.

Abgesehen von den bei der Entbitterung unvermeidlichen Verlusten an Nährstoffen erleidet aber die Verdaulichkeit der Lupinenkörner durch die Entbitterung selbst keinerlei Einbuße. So wurden durch Hammel von dem gleichen Lupinenmaterial in Prozenten der einzelnen Bestandteile verdaut (F. HONCAMP und Mitarbeiter[92]):

	Blaue Lupine		Gelbe Lupine	
	nicht entbittert	entbittert	nicht entbittert	entbittert
Organische Substanz . . .	93,9	92,0	89,5	89,3
Rohprotein	96,3	95,4	84,4	85,6
N-freie Extraktstoffe . . .	95,7	89,1	87,4	88,1
Rohfett (Ätherextrakt) . .	74,6	76,7	80,2	47,1
Rohfaser	95,8	98,9	100,0	100,0

Hiermit stimmen auch die Ergebnisse älterer Untersuchungen durchaus überein (O. KELLNER[102]). Es ergaben sich hier für die einzelnen Futterbestandteile folgende Verdauungskoeffizienten:

	Organische Substanz %	Rohprotein %	N-freie Extraktstoffe %	Rohfett (Ätherextrakt) %	Rohfaser %
Nicht entbittert	91,5	91,7	89,3	90,4	95,3
Entbittert	97,4	94,4	83,9	94,3	100,0

Bei Verfütterung von entbitterten Lupinen in grober und feiner Schrotform an Schweine und Kaninchen wurden folgende Verdauungswerte festgestellt (A. MORGEN und Mitarbeiter[145]):

	Rohprotein %	N-freie Extraktstoffe %	Rohfett (Ätherextrakt) %	Rohfaser %
Schwein	86,5	82,9	—	71,0
Kaninchen	94,3	79,9	83,5	—

Hiernach sind die entbitterten Lupinen ein eiweißreiches, hochverdauliches Futtermittel, das nicht nur von Wiederkäuern, sondern auch von Schweinen sehr gut ausgenutzt wird. Demgemäß lassen auch Untersuchungen über die Verwertung entbitterter Lupinen bei der Milchproduktion diese als ein durchaus geeignetes Futtermittel für milchgebende Tiere erkennen (A. MORGEN und Mitarbeiter[145]).

Was die Verfütterung der Lupinen an das landwirtschaftliche Nutzvieh im allgemeinen anbetrifft, so werden lufttrockene in grober Schrotform, an Schweine aber möglichst fein gemahlen, und feuchte Lupinen in gequetschter Form verfüttert. Bezüglich der zu verabfolgenden Mengen ist zu berücksichtigen, daß etwa 3—4 kg feuchter, entbitterter Lupinen 1—1,5 kg roher oder entbitterter und wieder getrockneter Lupinen entsprechen. In Hinsicht auf die geringere biologische Wertigkeit des Lupineneiweißes ist bei der Zusammenstellung von Futterrationen darauf zu achten, daß höchstens 50% des verdaulichen Eiweißes in Form von Lupinen gegeben werden. Die feuchten, entbitterten Lupinen sind möglichst bald zu verfüttern, und zwar im Sommer, wie überhaupt an heißen Tagen, innerhalb von 24 Stunden. In der kälteren Jahreszeit kann man sie an einem luftigen und kühlen Ort in dünner Schicht 2—3 Tage lagern. Werden diese Vorsichtsmaßregeln nicht befolgt oder tritt durch Lagern der feuchten Lupinen in größeren Haufen Selbsterhitzung ein, so bilden sich aus den Eiweißstoffen giftige Umsetzungs- und Zersetzungsprodukte, die schwere Erkrankungen und Verdauungsstörungen hervorzurufen pflegen. Die nach der Verfütterung unentbitterter Lupinen auftretende Lupinosekrankheit ist eine Gelbsucht der Haut und der sichtbaren Schleimhäute. Die Gelbsucht wird durch eine schwere parenchymatöse Leberentzündung mit akuter gelber Leberatrophie veranlaßt, aus der sich bei chronischem Verlauf Lebercirrhose mit ihren Folgezuständen entwickelt. Die Prognose der Lupinenkrankheit ist meist sehr ungünstig (E. FRÖHNER[35]).

4. Wicken. Auch die Samen der drei Wickenarten, nämlich der Futterwicke (Vicia sativa), der Narbonner Wicke (V. narbonnensis) und der Sand- oder Zottelwicke (V. villosa), finden Verwendung als Futtermittel. Diese Hülsenfrüchte gehören mit zu den ältesten Kulturgewächsen. Ihr Anbau ist heute ganz allgemein verbreitet, wenn schon auch nicht in dem Umfange, wie jener der Bohne und Erbse. Die chemische Zusammensetzung der drei genannten Futterwicken ist folgende (TH. DIETRICH und J. KÖNIG[21]):

	Futterwicke %	Narbonner Wicke %	Sandwicke %
Wasser	13,28	12,77	16,12
Rohprotein	25,90	22,81	23,71
N-freie Extraktstoffe . . .	49,80	51,52	48,08
Rohfett (Ätherextrakt) . .	1,77	0,86	1,48
Rohfaser	6,02	9,42	7,58
Asche	3,23	2,62	3,03

Die Wicken sind also stickstoffreicher als die Bohnen und Erbsen. Von den stickstoffhaltigen Stoffen sind höchstens bis zu 10% in Form nichteiweißartiger Verbindungen vorhanden. Die stickstoffreien Extraktstoffe setzen sich neben Rohrzucker und anderen, nur in sehr geringen Mengen vorkommenden Kohlehydraten in der Hauptsache aus Stärkemehl zusammen. Reines Wickenschrot ist aus den schwarzen Schalenstücken und den gelben bis rötlich weißen Mehlkörperteilen zusammengesetzt, schmeckt bitter und hat einen eigentümlichen frischen Geruch (H. SVOBODA[172]). Die Verdaulichkeit der Wicken (Vicia sativa) ist an Hammeln geprüft worden (S. GABRIEL und G. GOTTWALD[36]), wobei sich folgende mittlere Verdauungskoeffizienten ergaben:

	Rohprotein	N-freie Extraktstoffe	Rohfett (Ätherextrakt)	Rohfaser
Hammel	88,3	100,0	91,5	—
Kaninchen	88,3	91,7	94,4	54,9

Da die Wicken einen etwas bitteren Geschmack besitzen und auch leicht eine stopfende Wirkung ausüben, wird schon hierdurch die Menge des zu verfütternden Wickenschrotes begrenzt. In erster Linie wird man Wickenschrot an Last- und Zugtiere bis zur Höchstgabe von 2 kg je Tag und Tier verabfolgen. Gleiche Gaben können auch an Milchkühe gegeben werden, ohne daß ein nachteiliger Einfluß auf Menge und Fettgehalt der Milch zu befürchten ist (J. KÜHN). Schweine nehmen im allgemeinen Wickenschrot wegen des bitteren Geschmackes nicht gern auf. Dagegen sind die Wicken ein gutes Futter für Hühner, und ganz besonders für Tauben. Die Wicke neigt infolge der häufig ungleichmäßigen Reife leicht zur Schimmelbildung. Derartiges Schrot ist nur aufgebrüht oder gedämpft zu verfüttern.

III. Die Ölfrüchte.

Von diesen kommen als Futtermittel eigentlich nur die Samen des *Flachses* (Linum usitatissimum) in Betracht. Dieser ist eine seit den ältesten Zeiten menschlicher Kultur angebaute Gespinstpflanze, die wahrscheinlich aus dem Kaukasus stammt und sich von dort nach dem Westen Europas verbreitet hat (C. BÖHMER[14]). Als Mittelzahlen für die chemische Zusammensetzung des Leinsamens werden folgende angegeben (M. KLING[103]):

Organische Bestandteile	%	Anorganische Bestandteile	%
Rohprotein	22,5	Wasser	10,00
N-freie Extraktstoffe	26,6	Asche	3,90
Rohfett (Ätherextrakt) . . .	34,0	Kali	1,00
Rohfaser	7,0	Kalk	0,26
		Phosphorsäure	1,35

Die entsprechend zerkleinerten oder gekochten Samen sind leicht verdaulich. Es wurden verdaut:

	vom Wiederkäuer %	vom Pferd %
Rohprotein	90	75
N-freie Extraktstoffe . . .	70	98
Rohfett (Ätherextrakt) . .	86	52

Was die Verfütterung der Leinsamen unter den Verhältnissen der landwirtschaftlichen Praxis anbetrifft, so sind an Großvieh nicht mehr als 1 kg pro Kopf und Tag zu verabfolgen. Größere Gaben verschlechtern die Qualität von Butter, Fett und Fleisch. Schweine erhalten täglich nicht über 0,2 kg. Die Leinsamen fördern den Haarwechsel und wirken vor allen Dingen auch in diätetischer Beziehung günstig. Es wird dies auf den Leinsamenschleim zurückgeführt, der sich beim Behandeln mit heißem Wasser bildet. Dieser Schleim besteht in der Hauptsache aus Stärke sowie aus anderen aufquellbaren und löslichen Kohlehydraten. Infolgedessen wird eine Leinsamenabkochung bei der Entwöhnung der Kälber von der Vollmilch nicht nur mit großem Erfolg der Magermilch zugesetzt, sondern man verwendet solche schleimige Abkochungen auch direkt als Arznei bei Erkältungen und Verdauungsstörungen. Wenn trotzdem nach Verfütterung von Leinsamen Erkrankungen auftreten, so sind sie nicht auf die Leinsamen, sondern auf die Verunreinigungen mit allerlei Unkrautsamen usw. zurückzuführen. Es gibt kaum eine Saat, die soviel Unkraut und fremde Beimischungen enthält, wie die Leinsamen. Infolgedessen ist auf Reinheit der verfütternden Samen ganz besonders zu achten.

Die Samen von anderen Ölfrüchten, wie von *Hanf*, *Raps*, *Rübsen*, *Sonnenblumen* usw., werden kaum jemals direkt verfüttert. Sie kommen eigentlich nur als Vogelfutter in Frage und werden hier mit gutem Erfolg an alle Arten von Sing- und Ziervögel verabfolgt. Einzelne, wie z. B. die Hanfsamen, sollen beim Geflügel das Eierlegen sowie den Geschlechtstrieb anregen.

IV. Bucheckern, Eicheln, Kastanien.

Früchte, die gelegentlich als Futtermittel, wenn auch nur mit lokaler Bedeutung in Betracht kommen, sind die Bucheckern, Eicheln und Kastanien. Die Bucheckern oder *Bucheln* sind die Nüßchen der Rotbuche (Fagus sylvatica). Sie finden wohl nur in der Schweinemast Verwendung. Hier erzeugen sie einen zwar weichen Speck, der aber von angenehmem und süßem Geschmack ist. Ihr Futterwert wird durch die holzigen und schwer verdaulichen Fruchtschalen herabgesetzt, die etwa 33 % der ganzen Frucht ausmachen. Infolgedessen kommt nur den eigentlichen Kernen ein hoher Futterwert zu. Die chemische Zusammensetzung der ganzen Früchte sowie der einzelnen Bestandteile, Kerne und Schalen, ist folgende (TH. DIETRICH und J. KÖNIG[21]):

	Ganze Früchte %	Kerne %	Schalen %
Wasser	11,1	9,1	15,3
Rohprotein	13,3	21,7	3,4
N-freie Extraktstoffe	25,5	19,2	35,0
Rohfett (Ätherextrakt)	27,4	42,5	1,5
Rohfaser	18,5	3,7	42,1
Asche	4,2	3,9	2,7

Für die Einhufer sind die Bucheckern giftig. Gewöhnlich stellen sich bei diesen Tieren wenige Stunden nach dem Fressen von Bucheln schwere Krankheitserscheinungen, wie Krämpfe, Taumeln, Zittern und oft auch starke Lähmungen ein, die fast immer zum Verenden der Tiere führen. Die Ursache dürfte auf eine sowohl im Kern wie in der Samenschale vorhandene trimethylaminähnliche Base zurückzuführen sein. Gegen diese sind anscheinend die Einhufer besonders, die Wiederkäuer weniger und das Schwein gar nicht empfindlich.

In ähnlicher Weise wie die Bucheckern finden auch die *Eicheln*, die nußartigen Früchte der Sommereiche (Quercus pedunculata) und der Wintereiche (Q. sessiliflora) Verwendung. Auch die Eicheln haben in frischem wie getrocknetem Zustande als Futtermittel vorwiegend für die Schweinemast, und auch hier nur lokale Bedeutung. Um als Winterfutter zu dienen, werden die Eicheln entweder auf einem luftigen Speicher getrocknet oder in Backöfen, bzw. Darren geröstet. Sie enthalten:

	Ganze Eicheln		Geschälte Eicheln	
	frisch %	lufttrocken %	frisch %	getrocknet %
Wasser	50,2	18,5	35,0	14,4
Rohprotein	3,2	7,5	4,9	6,8
N-freie Extraktstoffe	36,3	59,0	49,7	65,9
Rohfett (Ätherextrakt)	2,3	4,0	3,8	4,6
Rohfaser	6,8	9,0	4,4	5,7
Asche	1,2	2,0	2,2	2,6

Die an Hammeln mit Eicheln durchgeführten Ausnutzungversuche ergaben folgende Verdauungskoeffizienten (H. Weiske und Mitarbeiter[199]):

Trockensubstanz	88,0 %	N-freie Extraktstoffe	91,4 %
Organische Substanz	87,8 %	Rohfett (Ätherextrakt)	87,5 %
Rohprotein	83,3 %	Rohfaser	62,2 %

Sollen Eicheln in größeren Mengen verfüttert werden, so sind sie wegen ihres etwas bitteren Geschmackes am besten vorher zu entbittern. Es geschieht dies durch Einweichen während mehrerer Tage in kaltem Wasser und öfterer Erneuerung desselben. Wenn Pferde und Wiederkäuer nach der Verfütterung nicht entbitterter Eicheln erkranken, so führt man dies auf einen übermäßigen Tanningehalt derselben zurück, der nicht nur Verstopfungen, sondern auch Magen-Darm-Entzündungen mit ruhrartigem Durchfall verursachen soll. Eicheln sind ein gutes Geflügel- und Wildfutter.

Die Samen der *Roßkastanien* (Aesculus Hippocastanum) finden wohl hauptsächlich als Hochwild-, vielfach aber auch als Viehfutter Verwendung. Hinsichtlich ihres Futterwertes und ihrer Bekömmlichkeit sind die Roßkastanien ähnlich wie die Eicheln einzuschätzen. Als durchschnittliche, chemische Zusammensetzung der lufttrockenen Kastanien dürfte gelten (E. Pott[156]):

	Ungeschält %	Geschält %
Wasser	9,4	8,4
Rohprotein	7,8	7,1
N-freie Extraktstoffe	68,4	73,0
Rohfett (Ätherextrakt)	6,1	6,6
Rohfaser	6,0	2,6
Rohasche	2,3	2,3

Die Roßkastanien enthalten also verhältnismäßig wenig Protein und auch nur geringe Mengen Fett. Sie sind dagegen reich an stickstoffreien Extraktstoffen, die sich hauptsächlich aus Stärkemehl und Rohrzucker zusammensetzen. Als Verdauungskoeffizienten für die obenerwähnten, geschälten Roßkastanien werden angegeben 59,5% für das Rohprotein, 92,7% für die stickstoffreien Extraktstoffe und 85,4% für das Rohfett. Frische wie lufttrockene Kastanien werden am besten gequetscht verfüttert. Sie kommen in erster Linie als Mastfutter, gegebenenfalls nach vorheriger Entbitterung, für ältere Tiere in Betracht. Für Hirsch-, Reh- und Schwarzwild sind die Roßkastanien ein vortreffliches Winterfutter. Ebenso haben sie sich zur Fütterung von Mastkarpfen bewährt. Dumpfe oder schimmlige Kastanien sind ebenso wie die Eicheln vor der Verfütterung abzukochen. Das Kochwasser darf nicht mit verabreicht werden, sondern ist abzugießen.

D. Die Knollen- und Wurzelfrüchte.

Allen hierher gehörenden Futtermitteln ist ein hoher Wassergehalt eigen, der zwischen 70—90% schwankt und teilweise noch größer ist. Kennzeichnend ist ferner für alle Knollen- und Wurzelfrüchte der einseitige, hohe Gehalt an stickstoffreien Extraktstoffen. Diese bestehen fast ausschließlich aus leicht verdaulichen Kohlehydraten, wie namentlich Stärke und Zucker. Sie bilden in der Hauptsache die gesamte Trockensubstanz dieser Früchte. Infolgedessen werden diese vielfach nur nach ihrem Gehalt an Trockensubstanz bewertet. An Fett und Rohfaser sind die hier abzuhandelnden Futterstoffe arm. Das in sehr geringen Mengen vorhandene Protein besteht nur zu einem kleineren Teil aus wirklichen Eiweißstoffen. Es ist daher der Gehalt an stickstoffhaltigen Verbindungen nichteiweißartiger Natur ein relativ großer. Er beträgt etwa 45% in den Kartoffeln und über 60% in den Runkelrüben (W. VÖLTZ[182]). Der Gehalt an Mineralstoffen ist ebenfalls unbedeutend. Am meisten überwiegen noch die Alkalien. Phosphorsäure und namentlich Kalk treten stark zurück. Die Löslichkeit und der hohe Verdauungswert der in den Knollen- und Wurzelfrüchten enthaltenen Kohlehydrate, verbunden mit der Armut an Rohfaser, machen sie zu hochverdaulichen und meist vollwertigen Futterstoffen. Auch in diätetischer Beziehung wirken sie außerordentlich günstig.

Was die Verfütterung der hier in Frage stehenden Futterstoffe anbetrifft, so werden die Rüben und rübenartigen Gewächse fast immer roh und grob zerkleinert verfüttert. Werden sie gelegentlich gedämpft verabfolgt, wie z. B. an Schweine, so soll das Dämpfwasser mit verfüttert werden, da es alle leicht löslichen Kohlehydrate von der Art der Zuckerstoffe enthält. Im Gegensatz zu den Rüben werden die Kartoffeln im allgemeinen gekocht oder gedämpft verabreicht. Bei ihnen ist das Dämpfwasser unter allen Umständen wegzugießen, da es schädliche, aus der rohen Kartoffel extrahierte Stoffe zu enthalten pflegt. Sehr schmutzige und mit Erde oder Sand stark verunreinigte Früchte sind vor der Verfütterung durch Waschen zu reinigen. Andernfalls treten leicht Verdauungsstörungen ein, wie z. B. bei Pferden die sog. Sandkolik. Kranke, angefaulte und erfrorene Hackfrüchte sind nur gedämpft zu verfüttern. Wegen ihres hohen Wassergehaltes und ihrer einseitigen Zusammensetzung sind zu Knollen- und Wurzelgewächsen proteinreiche und, mit Ausnahme des Schweines, auch ballaststoffreiche Futtermittel beizufüttern.

1. Die Kartoffel (Solanum tuberosum) weist einen Feuchtigkeitsgehalt auf, der zwischen 65 und 85% schwankt. Der mittlere Trockensubstanzgehalt beträgt demnach 25% und besteht zu ungefähr 20% aus Stärke. Die Kartoffelstärke verkleistert leichter als die Getreidestärke. Ihre Verkleisterungstemperatur liegt schon bei 65° C. Die späten Kartoffelsorten sind im allgemeinen die stärkereicheren und eignen sich deshalb ebenso wie die direkt auf einen hohen Stärkegehalt gezüchteten Sorten am besten zur Verfütterung. In ausgereiften und normal aufbewahrten Kartoffeln sind außer Stärke andere Kohlehydrate, wie z. B. Zucker, nur in verschwindend geringen Mengen vorhanden (0,3—0,4% Dextrose und Rohrzucker). Der Fettgehalt ist nur sehr gering und beträgt im Durchschnitt etwa 0,1—0,3%. Das Rohprotein besteht zum größten Teil aus Amiden, so daß der Gehalt an verdaulichem Eiweiß sich nur auf etwa 0,6% stellt. Doch spricht man dem Kartoffeleiweiß eine hohe biologische Wertigkeit zu. Als mittlere prozentische Zusammensetzung der Kartoffeln kann die folgende gelten:

Trockensubstanz	Rohprotein	Stärke	Rohfett	Rohfaser	Asche
25,0	2,0	18,0	0,2	0,8	1,0

Die Verdaulichkeit der Kartoffeln ist entsprechend der Zusammensetzung ihrer Trockensubstanz eine außerordentlich hohe. Die stickstoffreien Extraktstoffe werden zu 90% und noch höher verdaut. Da die Wertigkeit der Kartoffeln = 100 ist, so ergeben sich für einen Doppelzentner Kartoffeln an für den Körper verwertbaren Nährstoffen in Stärkewerten (G. LINCKH[128]):

Bei wasserreichen Kartoffeln	18,1 kg
„ mittelwasserhaltigen Kartoffeln	21,7 kg
„ wasserarmen Kartoffeln	22,6 kg
„ sehr wasserarmen Kartoffeln	28,5 kg

Der Aschengehalt der Kartoffeln ist gering und beträgt etwa 0,97 % in der frischen, lufttrockenen Masse. Er verteilt sich auf die einzelnen Mineralstoffe wie folgt:

Chlor	0,04	Magnesia	0,06
Kali	0,60	Natrium	0,02
Kalk	0,03	Phosphorsäure	0,14
Kieselsäure	0,02	Schwefelsäure	0,06

In allen Teilen der Kartoffel und demgemäß auch in der Knolle findet sich regelmäßig als schädliches Alkaloid das Solanin vor. Der Solaningehalt normaler Kartoffelknollen schwankt zwischen 2—10 mg %. Ein solcher von über 20 mg % wirkt schon gesundheitsschädlich. Der Solaningehalt der Schalenkartoffeln, wie sie wohl ausnahmslos als Futtermittel Verwendung finden, ist größer als der von geschälten Kartoffeln. Unreife Kartoffeln weisen einen höheren Solaningehalt auf als gereifte, und von ersteren die kleinen Knollen wieder mehr als die größeren. Am reichsten an Solanin sind die Kartoffelkeime, die deshalb vor der Verfütterung unbedingt von den Knollen zu entfernen sind. Kartoffeln, die im Licht gelagert haben und einseitig ergrünt sind, können hierdurch um das Dreifache ihres ursprünglichen Solaningehaltes angereichert werden. Düngung, Dauer der Lagerung, Schorfigkeit usw. sind auf den Solaningehalt der Kartoffeln ohne Einfluß (M. Wintgen[203], F. von Morgenstern[146]). Auf die oben angegebenen Verhältnisse ist bei der Verfütterung der Kartoffeln zu achten, sofern Erkrankungen und Gesundheitsstörungen vermieden werden sollen (B. Lottermoser[129]).

Auf die Zusammensetzung und den Futterwert der Kartoffeln können Boden, Düngung, Wachstumsstadium und andere äußere Einflüsse von Bedeutung sein. Humus- und Sandböden sollen stärkereichere Kartoffeln liefern als kalkhaltige Lehm- und Tonböden. Nasse Witterung erzeugt wasserreiche, aber stärkearme Knollen. Kalidüngung in Form von Rohsalzen (Kainit, Carnallit) und kurz vor dem Legen der Kartoffeln gegeben, setzt den Stärkegehalt herab. Reiche Stickstoffdüngung vermehrt den Rohertrag, liefert aber oft verhältnismäßig nährstoffarme Knollen. Unreife Knollen sind wasserreicher und nährstoffärmer als ausgereifte. Der Gehalt der Kartoffel an Roh- und verdaulichen Nährstoffen ist also ein wechselnder, wenn schon auch diese Unterschiede sich innerhalb verhältnismäßig enger Grenzen bewegen. Soweit man die Kartoffel nicht frisch verfüttern kann, wird sie eingesäuert oder künstlich getrocknet.

2. **Die Topinamburknollen** sind ein seltenes und wenig gebräuchliches Futtermittel. Die Heimat des Topinamburs (Helianthus tuberosus), auch Erdbirne genannt, ist in den gemäßigten und kälteren Gegenden Nordamerikas zu suchen. Die Knollen enthalten (E. Pott[156]):

Trockensubstanz	15,8—25,5,	im Mittel	20,0 %
Rohprotein	0,7— 3,6,	„ „	2,0 %
N-freie Extraktstoffe	13,3—19,9	„ „	15,6 %
Rohfett (Ätherextrakt)	0,4— 1,4,	„ „	0,2 %
Rohfaser	0,5— 3,3,	„ „	1,3 %
Asche			0,9 %

Die Topinamburknollen sind demnach noch wasser-, aber auch eiweißreicher als die Kartoffeln. Sie sind auch vom diätetischen Standpunkt aus bekömmlicher als diese. Im übrigen sind die Topinamburknollen in ihrer Zusammensetzung den Kartoffeln sehr ähnlich, jedoch mit dem Unterschiede, daß die stickstoffreien Extraktstoffe sich nicht wie bei der Kartoffel vorwiegend in Form von Stärkemehl, sondern hauptsächlich als Glucose, Inulin und Lävulin vorfinden. Nach dem

Überwintern weisen die Knollen namentlich Rohrzucker, aber nur geringe Mengen von nichtkrystallisierendem Zucker auf. Ersterer entsteht wahrscheinlich während der Lagerung aus dem Inulin. Von dem Rohprotein bestehen etwa 60% aus wirklichen Eiweißstoffen. Der Rest setzt sich aus Amiden, Peptonen, Ammoniakverbindungen und Nitraten zusammen. Die Verdaulichkeit der Topinamburknollen ist wie jene der Kartoffeln eine sehr hohe. Vom Pferd wurden 60,6% der stickstoffhaltigen und 96,2% der stickstoffreien Nährstoffe verdaut. Der Aschengehalt der Knollen ist ein geringer. Er verteilt sich auf die einzelnen Mineralstoffe wie folgt:

Chlor	0,04%	Magnesium	0,03%
Kali	0,62%	Natrium	0,10%
Kalk	0,03%	Phosphorsäure	0,06%
Kieselsäure	0,02%	Schwefelsäure	0,06%

Die Knollen sind von geringer Haltbarkeit. Soweit sie daher nicht frisch verfüttert werden können, mietet man sie den Winter über in die Erde ein oder man säuert sie ein. An das landwirtschaftliche Nutzvieh werden die Topinamburknollen in ähnlicher Weise, wenn auch nicht in gleich großen Mengen wie die Kartoffeln verfüttert. Im allgemeinen sind bei der Verfütterung von Topinamburknollen spezifische Erkrankungen nicht beobachtet worden. In einzelnen Fällen haben sie dort, wo sie in sehr großen Mengen verabreicht worden sind, Aufblähen, Durchfall und Kolik verursacht.

3. Rüben und rübenartige Gewächse spielen als Beifuttermittel in der Ernährung des landwirtschaftlichen Nutzviehes eine wichtige Rolle. Als solche kommen in Betracht: die Futter- und Zuckerrübe (Beta vulgaris), die Kohlrübe oder Wruke (Brassica napus esculenta), die Mohrrübe (Daucus carota sativa), die Pastinake (Pastinaca sativa), die Stoppel- oder Wasserrübe (Brassica rapa rapifera) und endlich die Wurzelzichorie (Cichorium intybus sativus). Alle diese Futterstoffe sind dadurch gekennzeichnet, daß ihre stickstoffreien Extraktstoffe sich hauptsächlich in Form von Zucker neben mehr oder weniger geringen Mengen von Dextrin, Pektin und Stärke sowie anderen Kohlehydraten vorfinden. Der Proteingehalt der Rüben und der anderen ähnlichen Pflanzen ist ein sehr geringer und besteht außerdem zu einem großen Teile aus Amiden und salpetersauren Salzen. Auch der Gehalt an Mineralstoffen ist im Verhältnis zur Menge der Trockensubstanz nur gering. Es überwiegen hier die Alkalien, während zwei für die tierische Ernährung besonders wichtige, anorganische Stoffe wie Kalk und Phosphorsäure, stark zurücktreten. Dagegen kommen in diesen Wurzelgewächsen häufig verhältnismäßig größere Mengen von organischen Säuren, wie Apfelsäure, Oxalsäure, Weinsäure usw., vor.

a) Betarüben. Von den Betarüben kommt als Futtermittel hauptsächlich die Futterrübe oder Futterrunkel in Betracht, während die Zuckerrübe als solche nur ausnahmsweise verfüttert wird. Entscheidend für den Nutzungswert der Rüben ist der Gehalt an Trockensubstanz, der bei der Zuckerrübe in der Hauptsache aus Zucker besteht. Letztere wird daher in erster Linie auf einen hohen Zuckergehalt hin gezüchtet, während für die Futterrübe der Massenertrag ausschlaggebend ist. Infolgedessen unterscheiden sich beide Rübenarten inbezug auf ihren Nährstoffgehalt zum Teil wesentlich von einander. Es enthalten:

	Trockensubstanz %	Rohprotein %	N-freie Extraktstoffe %	Rohfett (Ätherextrakt) %	Rohfaser %	Asche %
Futterrunkeln	13	1,2	9,5	0,1	0,8	0,9
Zuckerrüben	19	1,0	15,7	0,1	1,1	0,6

Die Zuckerrüben weisen also den Runkeln gegenüber einen höheren Trockensubstanzgehalt auf, der wohl ausschließlich auf Rechnung der stickstoffreien Extraktstoffe zu setzen ist. Letztere setzen sich bei den Futterrunkeln zu etwa 4—6 % aus Rohrzucker und im übrigen aus Dextrin, Gummi, Pektin, Stärkemehl usw. zusammen. Die Stickstoffsubstanzen bestehen nur zum geringsten Teil aus wirklichen Eiweißstoffen. In der Hauptsache sind es stickstoffhaltige Verbindungen nichteiweißartiger Natur, wie die Amide Asparagin, Betain, Glutamin, Leucin u. a. oder aber es sind salpetersaure, an Alkalien gebundene Salze. Das spärlich vorhandene braune Rohfett besteht etwa aus 23 % Neutralfetten, 35 % freien Fettsäuren und 11 % nichtfettartigen Substanzen. Das im Ätherextrakt enthaltene Cholesterin hat man wegen seiner besonderen Eigenschaften als Betasterin angesprochen (A. Rümpler[159]). Zwischen dem Gehalt an Asche und demjenigen an stickstoffreien Extraktstoffen, in Sonderheit an Zucker, scheinen insofern gewisse Beziehungen zu bestehen, als mit Zunahme des Gehaltes an Zucker der an Mineralstoffen zurückgeht. So betrug der Aschengehalt in der Zuckerrübentrockensubstanz:

Bis zum Jahre 1880	3,84 %
Von 1892—1898	2,44 %
Von 1900—1910	1,75—2,39 %

Es muß angenommen werden, daß die Züchtung auf Zuckergehalt die Pflanze gezwungen hat, die Mineralstoffe mehr in den Rübenblättern zur Ablagerung zu bringen. Der Aschengehalt der Betarüben beträgt in 100 Teilen der frischen, lufttrockenen Substanz (J. Becker[9]):

	Futterrunkel %	Zuckerrübe %		Futterrunkel %	Zuckerrübe %
Gesamtasche	0,86	0,57	Magnesia	0,04	0,05
Chlor	0,10	0,02	Natron	0,15	0,07
Kali	0,42	0,25	Phosphorsäure . .	0,07	0,08
Kalk	0,03	0,06	Schwefelsäure . .	0,03	0,02
Kieselsäure	0,02	0,02			

Die Hauptmenge der Mineralstoffe sind also Alkalien, während alle übrigen nur in ganz unbedeutenden Mengen vorkommen. Hinsichtlich der Verdaulichkeit von Futterrunkeln und Zuckerrüben bestehen sehr wesentliche Unterschiede nicht. Es wurden verdaut (Verdauungskoeffizienten):

	Rohprotein %	N-freie Extraktstoffe %
a) Vom *Wiederkäuer*:		
Futterrunkeln (roh)	77	96
Zuckerrüben (roh)	62	95
b) Vom *Schwein*:		
Futterrunkeln (gedämpft) . .	58	52
Zuckerrüben (gedämpft) . .	96	99

Die Verdaulichkeit der stickstoffreien Extraktstoffe als des eigentlichen wertbestimmenden Bestandteiles ist also eine recht hohe und dürfte bei allen Betarüben die gleich gute sein. Als Mastfuttermittel stehen die Rüben gegenüber der Kartoffel zum Teil erheblich zurück. Es ist dies darauf zurückzuführen, daß die als Fettbildner in erster Linie in Frage kommenden Kohlehydrate in der Kartoffel sich als Stärke, in den Rüben in Form von Zuckerarten und diesen nahestehenden Verbindungen vorfinden. Bekanntlich liefert aber unter Berücksichtigung der Lebendgewichtsänderungen 1 kg verdauliche Stärke 248, die gleiche Menge Rohrzucker jedoch nur 188 g Fett (O. Kellner[97]). Die schlechtere Verwertung des Rohrzuckers vom landwirtschaftlichen Nutzvieh wird durch dessen leichtere Löslichkeit gegenüber anderen Kohlehydraten von der Art der kompliziert zusammengesetzten Polysaccharide bedingt, infolgedessen die Stärke von den Mikroorganismen des Magen-Darm-Kanals viel schwerer angegriffen und vergoren werden kann.

b) Die Kohlrübe oder Wruke ist ein der Runkel gleichbeliebtes Futtermittel. Man unterscheidet eine gelbe und eine weiße Sorte. Letzterer wird im allgemeinen ein höherer Futterwert zugesprochen. Der Gehalt der Kohlrüben an Rohnährstoffen ist etwa folgender (E. Pott[156]):

Feuchtigkeit	83,1—91,1,	im Mittel 86,5 %
Rohprotein	0,7— 3,9,	„ „ 1,6 %
N-freie Extraktstoffe	5,8—13,3,	„ „ 9,5 %
Rohfett (Ätherextrakt)	0,1— 0,6,	„ „ 0,2 %
Rohfaser	0,6— 2,6,	„ „ 1,2 %
Asche		1,0 %

Die Kohlrübe weist demnach eine der Futterrunkel sehr ähnliche Zusammensetzung auf. Ihr Hauptnährwert beruht gleichfalls auf ihrem Gehalt an stickstofffreien Extraktstoffen, unter denen sich durchschnittlich 2,2 % Zucker und 1,3 % Gummi befinden. Ersterer besteht nicht nur aus Rohrzucker, sondern auch, und zwar zum größten Teil aus Traubenzucker. Auch bei der Wruke bestehen die stickstoffhaltigen Substanzen in erheblichem Umfange, nämlich zu etwa 40 % aus amidartigen Verbindungen, wie Asparagin, Glutamin, Tyrosin usw. Der Ätherextrakt enthält nur geringe Mengen wirklicher Fette und Öle. Er setzt sich in der Hauptsache aus unverdaulichen, wachsartigen Stoffen zusammen. Was den Gehalt der Wruke an Mineralstoffen anbetrifft, so verteilen sich diese in 100 Teilen lufttrockener Substanz wie folgt (J. Becker[9]):

Chlor %	Kali %	Kalk %	Kieselsäure %	Magnesia %	Natron %	Phosphorsäure %	Schwefelsäure %
0,05	0,35	0,04	0,01	0,03	0,04	0,11	0,07

Von der Kohl- oder Steckrübe erwiesen sich in Versuchen mit Wiederkäuern in Prozenten der einzelnen Bestandteile als verdaulich (F. Lehmann und J. H. Vogel[127]):

Trockensubstanz %	Rohprotein %	N-freie Extraktstoffe %	Rohfett %	Rohfaser %	Mineralstoffe %
96,3	62,3	99,1	93,5	100,0	52,6

Bei dieser hohen Verdaulichkeit ist es verständlich, daß die Wruken für das Rindvieh und besonders für das Milchvieh ein ausgezeichnetes Beifuttermittel abgeben. Der nach Verfütterung größerer Wrukenmengen häufig auftretende Wrukengeschmack der Milch ist nicht auf den Übergang gewisser Stoffe aus der Wruke in die Milch, sondern auf eine den Wruken oft anhaftende Bakterienart zurückzuführen (M. Gruber[40]). Die Butter erhält nach stärkerer Kohlrübenfütterung meist eine gelbliche Färbung.

c) Die Stoppel- oder Wasserrübe, auch Turnips genannt, ist sehr wasserhaltig, worauf schon ihr Name hindeutet. Sie enthält (E. Pott[156]):

Feuchtigkeit	76,7—88,3,	im Mittel 80,9 %
Rohprotein	1,1— 1,6,	„ „ 1,3 %
N-freie Extraktstoffe	8,2—18,2,	„ „ 14,5 %
Rohfett (Ätherextrakt)	0,2— 0,3,	„ „ 0,2 %
Rohfaser	1,6— 2,6,	„ „ 2,1 %
Asche		1,0 %

Die stickstoffhaltigen Substanzen bestehen auch hier nur zu einem Teil aus wirklichen Eiweißstoffen. Das verdauliche Reineiweiß beträgt etwa 0,2—0,3 %. Die stickstoffreien Extraktstoffe setzen sich hauptsächlich aus Rohrzucker und Traubenzucker zusammen. Die anorganischen Bestandteile verteilen sich bei einem Aschengehalt von 0,67 % wie folgt:

Chlor	0,03 %	Magnesia	0,02 %
Kali	0,29 %	Natron	0,06 %
Kalk	0,07 %	Phosphorsäure	0,08 %
Kieselsäure	0,05 %	Schwefelsäure	0,07 %

In Stoffwechselversuchen mit Hammeln wurden folgende Verdauungswerte gefunden (E. von Wolff[215]):

Organische Substanz	77,8
Rohprotein	57,1
N-freie Extraktstoffe	88,4

Die Verdaulichkeit ist gegenüber der Kohlrübe nicht sehr hoch, weil wahrscheinlich das verfütterte Material schon ziemlich alt und verholzt war. Im allgemeinen dürfte die Verdaulichkeit der Stoppelrübe jener der Runkeln und Wruken ebenbürtig sein. Von der Wasserrübe wird man im allgemeinen geringere Gaben verfüttern, als von den anderen Rüben und rübenartigen Gewächsen, und zwar nicht allein wegen des höheren Wassergehaltes, sondern weil auch größere Turnipsmengen Geschmack und Gehalt der Milch sowie Fleisch- und Speckqualität beim Mastvieh ungünstig beeinflussen sollen.

d) Die Mohrrübe, gelbe Rübe oder Karotte, weist folgende Zusammensetzung auf (E. Pott[156]):

Feuchtigkeit	79,2—90,0,	im Mittel 86,0 %
Rohprotein	0,5— 2,4,	„ „ 1,3 %
N-freie Extraktstoffe	5,9—15,5,	„ „ 10,0 %
Rohfett (Ätherextrakt)	0,1— 0,8,	„ „ 0,3 %
Rohfaser	0,7— 3,4,	„ „ 1,4 %
Asche		1,0 %

Vom Rohprotein sind etwa zwei Drittel Reineiweiß. Die Nichteiweißstoffe bestehen in der Hauptsache aus Asparagin und Glutamin. Doch scheinen bezüglich der Stickstoffsubstanzen insofern Unterschiede zu bestehen, als die Spätsorten zum Teil doppelt soviel an Amiden enthalten sollen, als die frühen Sorten. Die stickstoffreien Extraktstoffe enthalten nicht unerhebliche Mengen von Rohrzucker und Fruchtzucker, worauf auch der angenehme und süße Geschmack der Mohrrüben zurückzuführen ist. Sie weisen aber außerdem noch beträchtliche Mengen anderer Kohlehydrate, wie Stärke, Dextrin, Pektin und Gummi, auf. Die feineren Sorten sind ziemlich stärkereich, die größeren dagegen verhältnismäßig stärkearm. Die rote Farbe der Wurzeln wird durch einen krystallisierbaren Bestandteil, das Carotin, hervorgerufen. Ein ätherisches Öl von durchdringendem Geruch und Geschmack verleiht der Karotte die entsprechenden eigentümlichen Kennzeichen (E. Becker[9]). Hinsichtlich ihrer Verdaulichkeit stehen die Mohrrüben den anderen Wurzelgewächsen nicht nach. In Stoffwechselversuchen mit Pferden erwiesen sich in Prozenten der Einzelbestandteile als verdaulich (E. von Wolff und Mitarbeiter[216]):

Trockensubstanz %	Organische Substanz %	Rohprotein %	N-freie Extraktstoffe %
84,9	87,2	99,3	93,8

Der Verdaulichkeitsgrad der Mohrrübe ist also ein recht hoher. Im Doppelzentner Mohrrüben dürften bei einem Trockensubstanzgehalt von 15 % etwa 0,6 kg verdauliches Eiweiß und 7,5 kg Stärkewert enthalten sein. Die Möhre ist demnach hinsichtlich ihres Futterwertes auf gleiche Stufe mit der Runkel zu stellen, die sie jedoch im Gehalt an verdaulichem Eiweiß noch übertrifft. Auch der Aschengehalt ist etwas höher wie bei den Rüben. Die Gesamtasche beträgt 0,82 % und der Gehalt an Kalk und Phosphorsäure stellt sich auf 0,09 bzw. 0,11 %. Möhren können, wenn in nicht allzu großen Mengen gegeben, mit gutem Erfolg an alle landwirtschaftlichen Nutztiere verfüttert werden. Der Karottenfütterung an Milchvieh rühmt man nach, daß sie der Butter einen angenehmen Geschmack und eine schöne gelbliche Farbe verleiht. Besonders geeignet sind die Möhren auch zur Mast für Rinder und Schafe, bei denen sie ein wohlschmeckendes Fleisch erzeugen. Die Mohrrübe hat sich auch in diätetischer Beziehung und als die Verdauung anregendes und förderndes Futtermittel sehr bewährt. Sie mildert Reizzustände der oberen Atmungsorgane. Man verfüttert daher Möhren mit Vorliebe an Pferde und Fohlen als Vorbeugungsmittel gegen Druse. Auch den Wechsel des Haarkleides soll die Möhrenfütterung beim Pferde wesentlich fördern und überhaupt der Haarbekleidung ein glattes und glänzendes Aussehen verleihen. Die Möhren werden fast immer roh und in geschnittenem Zustande verfüttert.

e) Die Pastinakrübe ist ein Futtermittel von nur örtlicher Bedeutung. Sie enthält:

Feuchtigkeit	76,7—88,3, im Mittel	80,9 %
Rohprotein	1,1— 1,6, „ „	1,3 %
N-freie Extraktstoffe	8,2—18,2, „ „	14,5 %
Rohfett (Ätherextrakt)	0,2— 0,3, „ „	0,2 %
Rohfaser	1,6— 2,6, „ „	2,1 %
Asche		1,0 %

Der Futterwert der Pastinake wird mit 0,4 kg verdaulichem Eiweiß und 10,6 kg Stärkewert je 100 kg zu bewerten sein. Man rühmt den Pastinakrüben einen günstigen Einfluß auf Menge und Güte der Milch nach. In Sonderheit soll die Verfütterung von Pastinaken den Gehalt der Butter an flüchtigen Fettsäuren steigern (v. d. Zande[220]) und hierdurch ungünstige Einflüsse, welche wie kaltes und nasses Wetter während der Weidezeit usw. in entgegengesetzter Richtung wirken, ausgleichen. Auch zur Hammel- und Rindviehmast sowie zur Verfütterung an Pferde und namentlich Fohlen eignen sich die Pastinakrüben gut. Nach der Verabfolgung von wilden Pastinakwurzeln will man jedoch wiederholt gesundheitsstörende Wirkungen beobachtet haben, so daß bei der Verfütterung dieser immerhin Vorsicht am Platze zu sein scheint.

f) Die Zichorie ist eine ausdauernde, zu den Compositen gehörige Pflanze, die in ganz Europa bis hoch nach Norwegen hinauf heimisch ist und sich auch weitverbreitet in China, Japan, Vorderasien und Nordamerika findet. Die Zichorienwurzeln dienen in der Hauptsache zur Herstellung von Kaffeezusatz. Sie finden im allgemeinen als Futtermittel nur ausnahmsweise Verwendung. Die 5—8 cm dicken, fleischigen Wurzeln sind in erster Linie durch einen hohen Gehalt an stickstofffreien Extraktstoffen ausgezeichnet, die sich vorwiegend aus Inulin und Zucker zusammensetzen. Die Stickstoffsubstanzen bestehen nur etwa zur Hälfte aus wirklichen Eiweißstoffen. Der übrige Anteil entfällt auf Amide, wie namentlich Asparagin und Arginin. Glutamin konnte nicht nachgewiesen werden. In den Wurzeln finden sich Spuren von ätherischen Ölen, Gerbstoff, Harze und organische Säuren. Nach neueren Untersuchungen enthielten getrocknete Zichorienwurzeln bei einem Feuchtigkeitsgehalt von 15 % an Roh- und verdaulichen Nährstoffen (F. Honcamp[93]):

	Roh-Nährstoffe %	Verdauliche Nährstoffe %
Rohprotein	4,90	4,54
N-freie Extraktstoffe	85,54	80,24
Rohfett (Ätherextrakt)	0,74	0,59
Rohfaser	4,50	3,85
Verdauliches Eiweiß	—	*1,60*
Stärkewert	—	*74,10*

Es waren im Mittel von zwei Untersuchungen die einzelnen Nährstoffgruppen wie folgt verdaut worden (Verdauungskoeffizienten):

Trockensubstanz	94,7	N-freie Extraktstoffe	95,3
Organische Substanz	95,8	Rohfett (Ätherextrakt)	73,3
Rohprotein	73,1	Rohfaser	85,0

Das Zichorienschrot ist hiernach als ein wertvolles und hochverdauliches Futtermittel anzusprechen. Rechnet man obige Zahlen auf frische Zichorienwurzeln mit 25 % Trockensubstanz um, so ergibt sich für 100 kg ein Gehalt an verdaulichem Eiweiß von 0,47 kg und an Stärkewert ein solcher von 21,8 kg. Die Tiere gewöhnen sich im allgemeinen sehr bald an den etwas bitteren Geschmack der Zichorie. Kleinere Mengen derselben werden mit Vorliebe bei Pferden als blutreinigendes Mittel angewandt.

4. Fleischige Früchte, die als Futtermittel Verwendung finden und im Anschluß an die Hackfrüchte noch kurz zu besprechen wären, sind der *Kürbis* (Cucurbita), die *Vieh-* oder *Wassermelone* (Citrullus vulgaris) und das *Obst* zu nennen. Es handelt sich bei diesen Früchten um wasserreiche, aber stickstoff- und aschearme Futtermittel, deren verhältnismäßig hoher Gehalt an stickstofffreien Extraktstoffen neben Stärke im wesentlichen aus Zucker und gewissen organischen Säuren besteht. Sie sind in erster Linie Beifuttermittel, die in normalen Mengen verabreicht, günstige diätetische Wirkungen auszulösen pflegen.

a) Der *Kürbis* wird in mehreren Sorten angebaut. Er liefert nur in Gegenden mit Weinklima entsprechende Erträge. Zur Verfütterung gelangen ausschließlich die beerenartigen, fleischigen Früchte. Im Mittel einer Anzahl von Untersuchungen wurde festgestellt, daß die frischen Kürbisse aus 17 % Frucht, 73 % Fruchtfleisch, 7 % Samengehäuse und 2 % Samen bestehen (R. Ulbricht[177]). Die Zusammensetzung der ganzen Frucht betrug im Durchschnitt:

	Frischer Kürbis %	Kürbis Trockensubstanz %
Wasser	93,89	—
Rohprotein	1,13	18,49
Reineiweiß	0,87	14,24
N-freie Extraktstoffe	2,91	47,63
Pentosane	0,32	5,24
Rohfett (Ätherextrakt)	0,66	10,80
Rohfaser	0,84	13,75
Asche	0,57	9,33
Energie	27,84 Cal	455,60 Cal

Von dem Rohprotein des Kürbisfleisches waren 67,9 % und von dem der Kürbiskerne 91,5 % Reineiweiß. Der Fettgehalt der Kürbiskerne ist sehr hoch und beträgt etwa 36 % in der wasserfreien Substanz. Bei Ausnutzungsversuchen mit Ochsen und Schweinen resultierte folgender, auf Trockensubstanz berechneter Gehalt an resorbierbaren Nährstoffen (A. Zaitschek[220]):

	Ochse	Schwein
Trockensubstanz	81,34	78,89
Organische Substanz	74,63	73,16
Rohprotein	12,93	13,42
Reineiweiß	9,00	9,82
N-freie Extraktstoffe	42,72	44,19
Pentosane	3,60	3,60
Rohfett (Ätherextrakt)	9,65	6,22
Rohfaser	9,33	9,33
Asche	6,71	5,73
Energie	365,00 Cal	339,00 Cal

Der physiologische Nutzeffekt betrug beim Rind 70,2 % und beim Schwein 69,0 %. Im Vergleich mit den Rüben und rübenartigen Gewächsen ist der Kürbis wasserreicher und dementsprechend nährstoffärmer als diese. Doch verdient der

Kürbis wegen seiner ausgezeichneten Verdaulichkeit (Rohprotein zu 71,3 % und die stickstoffreien Extraktstoffe zu 91,1 %) und der guten Verwertung seiner chemischen Energie volle Beachtung als Futterpflanze in jenen Gegenden, wo sich sein Anbau lohnt.

b) Die *Vieh-* oder *Wassermelone* ist noch wasserreicher als der Futterkürbis. Die ganzen Früchte und das Fruchtfleisch für sich untersucht, wiesen folgenden Gehalt an Rohnährstoffen auf (W. BERSCH[13]):

	Zuckermelone		Persicaner		Wassermelone	
	Fruchtfleisch %	ganze Frucht %	Fruchtfleisch %	ganze Frucht %	Fruchtfleisch %	ganze Frucht %
Wasser	95,15	92,85	95,90	93,87	93,69	93,14
Rohprotein	0,65	1,59	0,48	1,27	0,61	0,90
N-freie Extraktstoffe	0,01	0,93	0,14	0,28	1,07	1,43
Dextrose	3,43	2,60	2,70	1,85	4,21	2,45
Rohfett (Ätherextrakt)	0,08	0,18	0,08	0,81	0,07	0,45
Rohfaser	0,33	1,06	0,35	1,32	0,12	1,01
Asche	0,34	0,49	0,35	0,61	0,23	0,32

Der Nährwert der Melonen wird durch ihren Gehalt an Kohlehydraten bedingt, die sich überwiegend als Zucker, und zwar als Dextrose vorfinden. Die Asche der Melonen besteht zu mehr als 60 % aus Kali (G. F. PAYNE[152]). Die Samen enthalten 21 % Fett (S. WOINAROWSKAJA[205]). In größeren Mengen an Mastvieh verfüttert, sollen die Melonen die Güte von Fleisch und Speck ungünstig beeinflussen. Wie die Kürbisse, so sind auch die Melonen nur von sehr begrenzter Haltbarkeit. Soweit sie nicht frisch verfüttert werden können, säuert man sie ein.

c) *Fallobst* hat nur eine lokale Bedeutung als Futtermittel. Es ist inbezug auf Zusammensetzung und Verdaulichkeit etwa der Futterrunkel gleichzuachten und wie diese zu verfüttern.

Gesundheitsstörungen, die nach Verfütterung der hier erwähnten fleischigen Früchte beobachtet worden sind, dürften dadurch ihre Erklärung finden, daß es sich in diesem Falle schon um verdorbene Futterstoffe gehandelt hat. Mit Pilzen besetzte oder angefaulte Früchte sind nach Entfernung der Faulstellen nur gedämpft oder gekocht zu verfüttern (L. MAROWSKI[137]).

5. Aufbewahrung der Knollen- und Wurzelfrüchte. Von einem bestimmten Zeitpunkt der Lagerung an treten bei allen Hackfrüchten Verluste ein, von denen in erster Linie bei den Kartoffeln die Stärke und bei den Rüben der Zucker betroffen wird. Diese Verluste werden dadurch bedingt, daß die Knollen und Wurzeln lebende Pflanzenteile sind, deren Zellentätigkeit mit ihren chemischen Vorgängen und Umsetzungen auch während der Zeit der Lagerung nicht ruht. Sie atmen weiter, d. h. sie nehmen Sauerstoff auf und scheiden Kohlensäure aus. Dieser Oxydationsprozeß erfolgt in erster Linie auf Kosten der stickstoffreien Extraktstoffe. Der Gehalt der Hackfrüchte an Stärke und Zucker nimmt während der Lagerung um so stärker ab, je intensiver die Atmungstätigkeit ist. Infolgedessen kommt es bei der Aufbewahrung der Knollen- und Wurzelfrüchte in frischem Zustande darauf an, diese Lebenstätigkeit auf ein Minimum herabzusetzen. Es läßt sich dies in erster Linie dadurch erreichen, daß man die Hackfrüchte bei mäßigem Luftzutritt vor zu großen Temperaturschwankungen bewahrt und daß die Temperatur selbst nicht wesentlich über, aber auch nicht unter Null Grad liegt. Im letzteren Falle tritt bei den Kartoffeln die Erscheinung des Süßwerdens ein, die aber nicht durch das eigentliche Gefrieren der Kartoffeln bedingt wird. Ein solches pflegt erst bei längerer Lagerung und einer Temperatur von etwa —2 bis —3° C einzutreten. Der Zucker entsteht in der Kartoffelknolle auf fermentativem Wege aus der Stärke. Je mehr sich daher der Zuckergehalt einer Kartoffel vermehrt, desto mehr verringert sich der an Stärkemehl. Die Anhäufung von Zucker in der Kartoffel bei niedrigen Temperaturen führt man darauf zurück, daß in der Kälte mehr Zucker gebildet als veratmet wird (H. MÜLLER-THURGAU[147]). Die Verluste der Kartoffeln an Stärke können also je nach Art und Sorgfalt der Aufbewahrung ganz erheblich sein. Es betrugen die Verluste von Mitte Dezember bis Anfang Juni (F. NOBBE[150]):

Aufbewahrt	Trocken und kühl %	Trocken und warm %	Feucht und kühl %	Feucht und warm %
In einem hellen Raum . .	12,2	41,0	35,0	49,2
In einem dunklen Raum .	39,6	36,1	35,4	45,6

Bei feuchter Aufbewahrung sind also die Verluste sowohl bei kühler wie bei warmer Temperatur größer als bei trockener. Zu ähnlichen Ergebnissen haben andere Versuche geführt. So schwankte bei 46 Kartoffelsorten, die über Winter in einem frostfreien Keller aufbewahrt worden waren, der Gesamtverlust von 3,8—20,4 und betrug im Mittel 8,1 %. In Prozenten der eingemieteten Stärkemenge differierten die Verluste von 11,5—21,5 % (VON FEILITZEN[27]). Noch größer sind die Substanzverluste, wenn die Kartoffeln keimen. So gingen bei einer Länge der Keime von 1—2 cm 3,18 %, bei einer Keimlänge von 2—3 cm 5,26 % und bei einer solchen von 3—4 cm 9,88 % Stärke verloren. Außer diesen durch die Lebensvorgänge bedingten Verluste an organischer Substanz treten noch weitere hinzu, die durch Faulen der Kartoffeln und im Frühjahr durch die Bildung der Keime verursacht werden. Alle diese Vorgänge sind naturgemäß mit Verlusten an Roh- und verdaulichen Nährstoffen verbunden.

Ganz ähnlich liegen die Verhältnisse bei der Aufbewahrung und Lagerung der Rüben und rübenartigen Gewächse. So gerieten von Zuckerrüben mit 18 % Zucker während einer 60tägigen Lagerung bei 0° C 1,2 %, bei 5° C 4,7 % und bei 10° C 8,5 % Zucker in Verlust. Im allgemeinen aber werden die Zuckerrüben schnellstens verarbeitet, so daß eine längere Aufbewahrung für diese nicht in Frage kommt. Über die Veränderungen und Verluste, welche dagegen die Futterrüben bei der Lagerung und Aufbewahrung erleiden, liegen eine größere Anzahl exakter Untersuchungen und Versuche vor. Während des Einmietens von Futterrüben mit einem niedrigen, mittleren und hohen Trockensubstanzgehalt gingen verloren (F. WOHLTMANN[204]):

Tabelle 3. Verluste an Trockensubstanz und Zucker beim Einmieten.

1. Versuch.

Gruppe	Trockensubstanzgehalt	I. niedriger	II. mittlerer	III. hoher
Trockensubstanz	eingemietet	84,22 kg	90,02 kg	103,04 kg
	ausgemietet	66,63 kg	76,98 kg	84,11 kg
	Abnahme	— 17,59 kg	(— 13,04 kg)	— 18,93 kg
	oder in Prozenten . .	— 20,89 %	— 14,48 %	— 18,37 %
Zucker	eingemietet	38,55 kg	48,21 kg	55,36 kg
	ausgemietet	16,54 kg	29,23 kg	35,82 kg
	Abnahme	— 22,03 kg	— 18,98 kg	— 19,54 kg
	oder in Prozenten . .	— 57,12 %	— 39,37 %	— 35,29 %

2. Versuch.

Gruppe	Trockensubstanzgehalt	I. niedriger	II. mittlerer	III. hoher
Trockensubstanz	eingemietet	65,54 kg	77,40 kg	89,46 kg
	ausgemietet	57,56 kg	59,26 kg	64,76 kg
	Abnahme	— 7,98 kg	— 18,14 kg	— 24,70 kg
	oder in Prozenten	— 12,18 %	— 23,43 %	— 27,61 %
Zucker	eingemietet	30,21 kg	38,51 kg	44,71 kg
	ausgemietet	9,67 kg	16,37 kg	29,33 kg
	Abnahme	— 20,54 kg	— 22,14 kg	(— 15,38 kg)
	oder in Prozenten	— 67,99 %	— 57,49 %	— 34,40 %

Diese unter Berücksichtigung der absoluten Mengen ein- und ausgemieteter Rüben gefundenen Werte lassen erkennen, daß die absolute wie prozentuale Abnahme an Trockensubstanz im zweiten Versuch mit dem Gehalt der Rüben an Trockensubstanz zunimmt, was im ersten Versuch nicht zutrifft. Nur in einem Falle deckt sich auch hier die Abnahme an Trockensubstanz mit der an Zucker, in vier Fällen ist sie geringer und in einem Falle größer als die an Zucker. Die meisten Ergebnisse aber sprechen dafür, daß der Zucker beim Einmieten nicht ganz vergast, sondern zum Teil zur Neubildung von anderen organischen Stoffen verwandt worden ist, was mit der Ansicht, daß die Zersetzung des Zuckers in den eingemieteten Rüben auf einer Zellentätigkeit beruht, übereinstimmt. Die absolute Abnahme an Zucker ist für die gleiche Menge Rüben in den Mieten, mit einer einzigen Ausnahme, nicht wesentlich verschieden, aber in Prozenten des vorhandenen Zuckers um so geringer, je höher der Zuckergehalt ist. Es würde hieraus folgern, daß in den Rübenmieten unter sonst gleichen Verhältnissen eine auf Zellentätigkeit beruhende Zersetzung vor sich geht, wobei gleiche absolute Mengen Zucker zersetzt, bzw. umgesetzt werden. In Prozenten des vorhandenen Zuckers machte sich aber diese Abnahme selbstverständlich um so mehr geltend, je wasserreicher und zuckerärmer die Rüben sind (J. KÖNIG, A. BÖMER und A. SCHOLL[104]). Je wasserreicher im übrigen die Rüben waren, desto mehr neigten sie beim Einmieten zum Faulen und Verderben. Wenn in anderen Versuchen beim Einmieten der Rüben mehr Zucker als Trockensubstanz in Verlust geraten sein soll, so ist dies darauf zurückzuführen, daß beim Lagern der Runkelrüben ein Teil des Rohrzuckers in Invertzucker übergeht. Durch Polarisation kann dann der wirkliche Zuckergehalt nicht mehr erfaßt werden (P. WAGNER und A. MÜNZINGER[183]). Weitere Untersuchungen über die Veränderungen und Verluste der Futterrüben in der Miete (J. KÖNIG, A. BÖMER und A. SCHOLL[104]) zeigen, daß diese nicht bloß auf einer einfachen Oxydation, sondern auf einer Zellentätigkeit beruhen, welche vorwiegend auf Kosten des Zuckers als des Hauptbestandteiles der Rüben geht. Fast alle diese Untersuchungen lassen erkennen, daß der Feuchtigkeitsgehalt der Rüben von besonderem Einfluß auf deren Haltbarkeit ist. Im Durchschnitt von je neun Einzeluntersuchungen berechnet sich nämlich auf je 1000 kg eingemietete Rüben (O. KELLNER-FINGERLING[97]):

Art der Rüben	Rübengewicht kg	Trockensubstanz kg	N-freie Extraktstoffe kg	Rohfaser kg
a) *Wasserreiche:*				
Eingemietet am 1. Oktober	1000,00	113,96	85,20	8,28
Ausgemietet am 22. März	1071,20	103,18	77,42	7,08
Zu- (+) oder Abnahme (—) in Kilogramm	+ 71,20	— 10,78	— 7,78	— 1,20
Zu- (+) oder Abnahme (—) in Prozenten	+ 7,12	— 9,46	— 9,13	— 14,49

(Fortsetzung.)

Art der Rüben	Rüben-gewicht kg	Trocken-substanz kg	N-freie Extrakt-stoffe kg	Rohfaser kg
b) *Wasserarme*:				
Eingemietet am 1. Oktober	1000,00	142,60	110,94	10,00
Ausgemietet am 22. März	1080,40	134,32	104,62	9,02
Zu- (+) oder Abnahme (—) in Kilogramm	+ 80,40	— 8,28	— 6,32	— 0,98
Zu- (+) oder Abnahme (—) in Prozenten .	+ *8,04*	— *5,81*	— *5,70*	— *9,80*

Abgesehen von der Gewichtszunahme, bzw. Wasseraufnahme sind die Verluste an Trockensubstanz und Nährstoffen bei den wasserarmen Rüben geringer gewesen als bei den wasserreichen. Umgekehrt gestalteten sich die Verhältnisse bei der Lagerung in der wärmeren Jahreszeit (Ende März bis Anfang Juni). In dieser treten die größeren Verluste an Trockensubstanz und Zucker bei den wasserärmeren und nährstoffreicheren Rübensorten ein, und zwar waren diese Verluste jetzt zwei- bis fünfmal größer als in der kälteren Jahreszeit. Die praktische Nutzanwendung aus diesen Versuchsergebnissen geht zunächst dahin, die Rüben bis spätestens zum Frühjahr zu verfüttern, und zwar zuerst die wasserreicheren und später erst die zuckerreicheren. Für die Erhaltung und Konservierung der Nährstoffe in den möglichen Grenzen ist ein Einmieten der Rüben an kühlen und trockenen Plätzen erforderlich, wo sie wohl vor Frost, aber nicht vollständig vor Luftzutritt geschützt sein müssen. Immerhin wird man unter den Verhältnissen der landwirtschaftlichen Praxis bei der Aufbewahrung aller Hackfrüchte mit einem durchschnittlichen Mindestverlust von 10% rechnen müssen, ganz abgesehen von jenen verlustbringenden Vorgängen, die durch Auskeimen, Fäulnis u. dgl. entstehen. Über die Konservierung der Hackfrüchte durch Einsäuerung und künstliche Trocknung wird später an anderer Stelle berichtet werden.

Literatur.

(*1*) Albert, F.: Die Konservierung der Futtermittel. Berlin: P. Parey 1903. — (*2*) Andrä, G.: Landw. Jb. **31**, 68 (1902). — (*3*) Archibald, J. G.: J. agricult. Res. **27**, 245 (1925).

(*4*) Backhoven, L.: Veevoeding, Een Beknopt Leerboek Groningen. Den Hag 1923. — (*5*) Balland, M.: C. r. **125**, 797 (1897). — (*6*) Barnstein, F.: Die Futtermittel des Handels, S. 1027. Berlin: P. Parey 1906. — (*7*) Jber. landw. Versuchsstat. Leipzig-Möckern 1915/17. — (*8*) Beadle: Society chem. Ind. II **28**, 1015 (1909). — (*9*) Becker, J.: Handbuch des Hackfruchtbaues. Berlin: P. Parey 1928. — (*10*) Beckmann, E.: Sitzgsber. preuß. Akad. Wiss., Math.-physik. Kl. **40**, 645 (1915); **40**, 1009 (1916). — (*11*) Ebenda **17**, 275 (1919). — (*12*) Bergius, F.: Z. angew. Chem. **41**, 707 (1928). — (*13*) Bersch, W.: Landw. Versuchsstat. **46**, 473 (1895). — (*14*) Böhmer, C.: Die Kraftfuttermittel. Berlin: P. Parey 1903. — (*15*) Brahm, C.: Illustr. landw. Ztg **42**, 213 (1922). — (*16*) Z. angew. Chem. **35**, 45 (1922). — (*17*) Bretschneider, P.: 6. Ber. Versuchsstat. Ida-Marien-Hütte 1863.

(*18*) Christensen, F.: V. Stein's analytisch-chemisches Laboratorium Kopenhagen 1926.

(*19*) Deetz, R.: J. Landw. **21**, 57 (1873). — (*20*) Degen, A.: Landw. Jb. **34**, 65 (1905). — (*21*) Dietrich, Th.: Zusammensetzung und Verdaulichkeit der Futtermittel. Berlin: Julius Springer 1891.

(*22*) Ehrenberg, P.: Dtsch. landw. Presse **43**, 621 (1916). Vereinsbl. Heidekulturver. Schlesw.-Holst. **12**, 181. — (*23*) Ellenberger, W.: Dtsch. landw. Presse **46**, 1 (1919). — (*24*) Ebenda **44**, 335, 558 (1917). — (*25*) Emmerling, A.: Landw. Wbl. f. Schlesw.-Holst. **1889**, Nr 38; Milchztg **18**, 1002 (1890).

(*26*) Falke, Fr.: Arb. dtsch. landw. Ges. **1905**, H. 111, 61. — (*27*) Feilitzen, C. v.: Dtsch. landw. Presse **32**, 455 (1905). — (*28*) Fingerling, G.: Ernährung der landwirtschaftlichen Nutztiere. Berlin: P. Parey 1927. — (*29*) Landw. Versuchsstat. **100**, 1 (1923). —

(30) Ebenda **94**, 115 (1919). — (31) Ebenda **92**, 1 (1919). — (32) Ebenda **92**, 147 (1919). — (33) FLECHSIG, M.: Ebenda **30**, 455 (1884). — (34) FLEISCHMANN, F.: Ebenda **76**, 237 (1912).— (35) FRÖHNER, E.: Lehrbuch der Toxikologie für Tierärzte, 4. Aufl. Stuttgart 1927.

(36) GABRIEL, S.: J. Landw. **35**, 240 (1887). — (37) GAY, P.: Ann. agronom. **22**, 145, 225 (1896). — (38) GERLACH, M.: Illustr. landw. Ztg **40**, 437 (1920). — (39) GIRARD, CH.: Ann. agronom. **18**, 561 (1892). — (40) GRUBER, M.: Dtsch. landw. Presse **29**, 446 (1902).

(41) HABERHAUFFE, W.: J. Landw. **74**, 191 (1927). — (42) HABERLANDT, G.: Sitzgsber. preuß. Akad. Wiss., Math.-physik. Kl. **14**, 243 (1915). — (43) HAGEMANN, O.: Illustr. landw. Ztg **44**, 391 (1924). — (44) HANSEN, J.: Jb. dtsch. landw. Ges. **20**, 7 (1914). — (45) HANSSON, NILS: Fütterung der Haustiere. Dresden: Th. Steinkopff 1926. — (46) HEIDEN, E.: Beiträge zur Ernährung des Schweines, S. 21, 24. 1876. — (47) HEIDEPRIEM, F.: Landw. Versuchsstat. **16**, 1 (1873). — (48) HIRSCH, S.: Z. Züchtgskde **11**, 409 (1928). — (49) HOFMEISTER, v.: Landw. Versuchsstat. **16**, 353 (1873). — (50) HOLY, K.: Mitt. landw. Inst. Univ. Halle a. S. **1907**, H. 18, 96. — (51) HONCAMP, F.: Landwirtschaftliche Fütterungslehre und Futtermittelkunde. Stuttgart: E. Ulmer 1922. — (52) Landw. Versuchsstat. **84**, 447 (1914). — (53) Ebenda **87**, 315 (1915). — (54) Ebenda **100**, 79 (1923).— (55) Ebenda **88**, 305 (1916). — (56) Ebenda **100**, 89 (1923). — (57) Ebenda **86**, 215 (1915).— (58) Ebenda **100**, 79 (1923). — (59) Cellulosechemie 8, 81 (1927). — (60) Landw. Versuchsstat. **84**, 301 (1914). — (61) Ebenda **98**, 249 (1921). — (62) Ebenda **94**, 153 (1919). — (63) Ebenda **77**, 320 (1912). — (64) Landw. Jb. **40**, 731 (1911). — (65) Landw. Versuchsstat. **91**, 94 (1918). — (66) Ebenda **64**, 463 (1906). — (67) Ebenda **102**, 243 (1924). — (68) Ebenda **102**, 238 (1924). — (69) Ebenda **90**, 114 (1917). — (70) Ebenda **91**, 223 (1918).— (71) Ebenda **91**, 291 (1918). — (72) Ebenda 78, 87 (1912). — (73) Ebenda **93**, 175 (1919). — (74) Ebenda **98**, 1 u. 43 (1921). — (75) Landwirtschaftliche Fütterungslehre und Futtermittelkunde. Stuttgart: E. Ulmer 1921. — (76) Landw. Versuchsstat. **91**, 94 (1918). — (77) Tierheilkunde und Tierzucht 4, S. 56. Berlin: Urban & Schwarzenberg 1927. — (78) Landw. Versuchsstat. **104**, 297 (1926). — (79) J. Landw. **76**, 113 (1928); Z. Züchtgskde **11**, 433 (1928). — (80) Landw. Versuchsstat. **64**, 454 (1906). — (81) Jb. dtsch. landw. Ges. **20**, 2 (1914). — (82) Z. Tierzüchtg 8, 265 (1927). — (83) Landw. Versuchsstat. **91**, 97 (1918). — (84) Ebenda **94**, 153 (1919). — (85) Ebenda **102**, 243 (1924). — (86) Ebenda 81, 205 (1913). — (87) Ebenda 81, 205 (1913). — (88) Ebenda **94**, 153 (1919). — (89) Ebenda **64**, 640 (1906). — (90) Ebenda **91**, 99 (1918). — (91) Ebenda **99**, 41 (1922). — (92) Ebenda **102**, 261 (1924). — (93) Ebenda **84**, 435 (1917).

(94) JACOBY, J.: 1. Die Flechten Deutschlands und Österreichs als Nähr- und Futtermaterial. 2. Weitere Beiträge zur Verwertung der Flechten. Tübingen: J. C. Möhr 1915 u. 1916.

(95) KALUGIN, J.: Fühlings landw. Ztg **46**, 85 (1897). — (96) KATAYAMA, J.: Bull. Imp. agricult. Exp. Stat. Japan **3**, 1 (1925). — (97) KELLNER, O.: Die Ernährung der landwirtschaftlichen Nutztiere. Berlin: P. Parey 1927. — (98) Landw. Versuchsstat. **37**, 23 (1890). — (99) Dtsch. landw. Presse **29**, 832 (1902). — (100) Sächs. landw. Ztg **42**, 143 (1894). — (101) Ber. über Landw., I. F. **15**, 53. — (102) Landw. Jb. **9**, 977 (1880); **10**, 849 (1881). — (103) KLING, M.: Die Handelsfuttermittel. Stuttgart: E. Ulmer 1928. — (104) KÖNIG, J.: Veröff. Landw.kammer Westfalen, H. 3, Münster i. W. — (105) KNIERIEM, W. v.: Landw. Jb. **29**, 495, 520 (1900). — (106) KOFLER, L.: Fortschr. Landw. **2**, 764 (1927). — (107) KÜHN, G.: Sächs. Amtsbl. f. d. landw. Ver. **1870**, 90. — (108) Landw. Versuchsstat. **29**, 131 (1883). — (109) Ebenda **16**, 81 (1873). — (110) Ebenda **44**, 1 (1894). — (111) Ebenda **12**, 266, 374 (1869). — (112) Milchztg **27**, 326 (1898).

(113) LAWES, J. B.: J. roy. agricult. Soc. England **19**, 552; **20**, 228 (1859). — (114) Ebenda **18**, 2, 454 (1868). — (115) Ebenda **18**, 454 (1882). — (116) LEHMANN, F.: Landw. Jb. **30** (2. Erg.-Bd.), 161 (1902). — (117) Jb. dtsch. landw. Ges. **16**, 116 (1901). — (118) Landw. Jb. **27** (2. Erg.-Bd.), 327 (1898). — (119) Jber. Landw.kammer Hannover **1908/09**, 21. — (120) J. Landw. **44**, 65 (1893). — (121) Dtsch. landw. Presse **19**, **445** (1901). — (122) Ebenda **43**, 712 (1916); Z. Ver. dtsch. Zuckerind. **1917**, 739. Lief. (Techn. Teil), 485. — (123) Ber. über Landw., I. F. **15**, 33. — (124) Landw. Jb. **27** (2. Erg.-Bd.), 327 (1898). — (125) Ebenda **31** (4. Erg.-Bd.), 138 (1903). — (126) J. Landw. **38**, 165 (1890); **41**, 80 (1893). — (127) Ebenda **38**, 165 (1890). — (128) LINCKH, G.: Die Fütterung der landwirtschaftlichen Nutztiere. Stuttgart: E. Ulmer 1907. — (129) LOTTERMOSER, B.: Beiträge zur Frage der Schädlichkeit bei der Verfütterung von Wurzel- und Knollengewächsen. Vet.-med. Dissert., Berlin 1926.

(130) MAERCKER, M.: Landw. Jb. **27**, 163 (1898). — (131) Ebenda **28**, 927 (1899). — (132) Fütterungslehre. Berlin: P. Parey 1902. — (133) Z. landw. Zentralver. Prov. Sachsen **1883**, H. 2, 3. — (134) MAGNUS, H.: Theorie und Praxis der Strohaufschließung. Berlin: P. Parey 1919. — (135) MANGOLD, E.: Ernährungsphysiologische Gutachten für die Strohaufschließung durch das Dampfverfahren. Als Manuskript gedruckt Berlin 1927. — (136) MAREK, G.: Landw. Versuchsstat. **19**, 42 (1876). — (137) MAROWSKI, L.: Futter-

schädlichkeiten der Körner, Samen und Früchte. Vet.-med. Dissert., Berlin 1927. — (*138*) Meissl, E.: Z. Biol. **1886**, 63. — (*139*) Miessner, H.: Süddtsch. landw. Tierzucht **11**, 282 (1916). — (*140*) Molz, E.: Dtsch. landw. Presse **52**, 440 (1925); **53**, 54 (1926). — (*141*) Morgen, A.: Landw. Versuchsstat. **75**, 321 (1911). — (*142*) Agrikulturchemie **4**. Heidelberg: C. Winter 1925. — (*143*) Landw. Versuchsstat. **88**, 271 (1916). — (*144*) Ebenda **92**, 75 (1919). — (*145*) Ebenda **99**, 295 (1922). — (*146*) Morgenstern, F. v.: Ebenda **65**, 301 (1907). — (*147*) Müller-Thurgau, R.: Landw. Jb. **9**, 133 (1880); **11**, 751 (1882).

(*148*) Neubauer, H.: Die Futterpreistafel. Berlin: P. Parey 1927. — (*149*) Niggl, L.: Das Grünland in der neuzeitlichen Landwirtschaft. Berlin: P. Parey 1925. — (*150*) Nobbe, F.: Landw. Versuchsstat. **7**, 452 (1865).

(*151*) Osborne, Th.: Biedermanns Zbl. Agrikulturchem. **28**, 625 (1899).

(*152*) Payne, G. F.: Chem. Zbl. I **68**, 295 (1897). — (*153*) Paraschtschuk: J. Landw. **50**, 25 (1902). — (*154*) Pfeiffer, Th.: Mitt. landw. Inst. Univ. Breslau **3**, 556 (1906). — (*155*) Popp, M.: Illustr. landw. Ztg **36**, 292 (1916). — (*156*) Pott, E.: Handbuch der tierischen Ernährung und der landwirtschaftlichen Futtermittel. Berlin: P. Parey 1907.

(*157*) Ramann, E.: Holzfütterung und Reisigfütterung. Berlin: Julius Springer 1890. — (*158*) Ritthausen, E.: Landw. Versuchsstat. **39**, 294, 306 (1899). — (*159*) Rümpler, A.: Ber. dtsch. chem. Ges. **21**, 3492 (1888).

(*160*) Schlumbohm, R.: J. Landw. **74**, 161 (1927). — (*161*) Schulze, E.: Ebenda **19**, 57 (1871). — (*162*) Ebenda **23**, 160 (1875). — (*163*) Schwalbe, C. C.: Die Aufschließung der pflanzlichen Rohstoffe vermittels Salzsäure. Eberswalde: Müllers Buchdr. — (*164*) Semmler, W.: Jb. dtsch. landw. Ges. **33**, 337 (1918). — (*165*) Smelkus, G.: Inaug.-Dissert., Königsberg 1927. — (*166*) Snyder, H.: Biedermanns Zbl. Agrikulturchem. **25**, 563 (1896). — (*167*) Soxhlet, F. v.: Ber. Arb. bayer. Moorkulturanst. **1906**. — (*168*) Stang, V.: Tierheilkunde und Tierzucht **4**, S. 70. Berlin: Urban & Schwarzenberg 1927. — (*169*) Stein: Ber. physiol. Labor. landw. Inst. Halle a. S. **1895**, H. 12, 1. — (*170*) Stutzer, A.: Landw. Versuchsstat. **38**, 471 (1891). — (*171*) Landw. Jb. **48**, 571 (1915). — (*172*) Svoboda, H.: Die Erzeugung und Verwendung der Kraftfuttermittel. Leipzig: A. Hartleben 1915.

(*173*) Tangl, F.: Landw. Versuchsstat. **74**, 297 (1911). — (*174*) Landw. Jb. **34**, 65 (1905). — (*175*) Ebenda **34**, 1 (1905). — (*176*) Landw. Versuchsstat. **81**, 35 (1913).

(*177*) Ulbricht, R.: Landw. Versuchsstat. **32**, 231 (1886).

(*178*) Völtz, W.: Arb. Landw.kammer Ostpreußen, H. 55 u. 57. — (*179*) Landw. Jb. **46**, 105 (1914). — (*180*) Ebenda **43**, 177 (1912). — (*181*) Z. Spiritusind. **41**, 199 (1918). — (*182*) Fühlings landw. Ztg **55**, 173 (1906).

(*183*) Wagner, P.: Mitt. dtsch. landw. Ges. **21**, 480 (1906). — (*184*) Wagner, H.: Fühlings landw. Ztg **68**, 738 (1919). — (*185*) Wehnert, H.: Jber. Agrikulturchem. **56**, 256 (1913). — (*186*) Weiser, St.: Landw. Versuchsstat. **97**, 57 (1921). — (*187*) Weiske, H.: J. Landw. **30**, 391 (1882). — (*188*) Beiträge zur Weidewirtschaft und Stallfütterung. Breslau: W. G. Korn 1871. — (*189*) J. Landw. **25**, 170 (1877). — (*190*) Ebenda **30**, 381 (1882). — (*191*) Ebenda **25**, (1877). — (*192*) Ebenda **25**, 170 (1877). — (*193*) Ebenda **31**, 209 (1883). — (*194*) Ebenda **27**, 511 (1879). — (*195*) Landw. Versuchsstat. **46**, 371 (1895). — (*196*) Ebenda **41**, 145 (1891). — (*197*) Ebenda **43**, 207 (1893). — (*198*) Der Landwirt **15**, 458 (1879). — (*199*) J. Landw. **28**, 125 (1880). — (*200*) Wiegner, G.: Mitt. dtsch. landw. Ges. **40**, 321 (1925). — (*201*) Landw. Jb. d. Schweiz **1921**. — (*202*) Wildt, E.: Landw. Jb. **6**, 133 (1877). — (*203*) Wintgen, M.: Z. Unters. Nahrgsmitt. usw. **12**, 113 (1906). — (*204*) Wohltmann, F.: Illustr. landw. Ztg **24**, 989 (1904). — (*205*) Woinarowskaja, S.: Chem. Zbl. I **74**, 41 (1903). — (*206*) Wolff, E. v.: Die Ernährung der landwirtschaftlichen Nutztiere. Berlin: Wiegand, Hankel & Parey 1876. — (*207*) Landw. Jb. **8** (1. Erg.-Bd.), **34**, 78 (1879). — (*208*) Ebenda **2**, 221 (1873). — (*209*) Landw. Versuchsstat. Hohenheim **1870**, 80. — (*210*) Landw. Jb. **13**, 257 (1887). — (*211*) Ebenda **19**, 827 (1890). — (*212*) Landw. Versuchsstat. **19**, 241 (1876). — (*213*) Landw. Jb. **5**, 527 (1876); 8 (Erg.-Bd.) 98 (1879); **19**, 805 (1890); **25**, 190 (1896). — (*214*) Ebenda **10**, 594 (1881). — (*215*) Ebenda **8** (1. Erg.-Bd.), 132 (1879). — (*216*) Ebenda **13**, 245 (1884). — (*217*) Ebenda 8 (Erg.-Bd.), 193 (1879).

(*218*) Zaitschek, A.: Landw. Jb. **35**, 239 (1906). — (*219*) Ebenda **35**, 245 (1906). — (*220*) Zande, v. d.: Jber. holländ. Versuchsmolkerei Horn **1902/03**.

b. Die Futterkonservierung.

I. Die Einsäuerung (Silage).

Von

Professor Dr. ERNST MANGOLD und Dr. CARL BRAHM

Direktor des Tierphysiologischen Instituts der Landwirtschaftlichen Hochschule Berlin

Ehem. Abteilungsvorsteher des Tierphysiologischen Instituts der Landwirtschaftlichen Hochschule Berlin.

A. Die Herstellung des Sauerfutters und die biologischen Vorgänge bei der Sauerfutterbereitung.

I. Die Herstellung des Sauerfutters.

1. Die Entwicklung und Verbreitung der Futtereinsäuerung.

Für die Konservierung von Futtermitteln spielt neben der Aufbewahrung im trockenen Zustande die *Einsäuerung* (*Sauer-, Saft- oder Gärfutterbereitung, Silierung, Ensilage*) eine hervorragende Rolle. Dieses Verfahren gewinnt mit der fortschreitenden Erkenntnis seiner theoretischen Grundlagen und mit der Vereinfachung seiner Technik zur Zeit für die Landwirtschaft aller Länder ständig an Bedeutung, da es eine vollkommenere Ausnutzung und Erhöhung der gesamten Futterproduktion ermöglicht.

Das *Prinzip der Einsäuerung* besteht darin, pflanzliche Futtermittel in feuchtem Zustande bei fester Lagerung und völligem Luftabschluß aufzubewahren und den selbsttätig einsetzenden Veränderungen zu überlassen, die teils auf Lebensvorgängen in den überlebenden Zellen der Pflanzenteile, teils auf Gärung durch Bakterien beruhen und durch die hierbei entstehende Milchsäure das Futter für lange Zeit haltbar machen und konservieren.

Historisches. Charakteristisch sind für diese Art der Futterkonservierung *Gruben oder Silos* verschiedenster Form, wie sie schon im alten Ägypten zur Aufbewahrung von Getreide dienten (KUCHLER[73], dort auch Abbildungen), auch den alten Römern von Spanien her bekannt und vielleicht auch schon bei ihnen selbst für frisches Grünfutter in Gebrauch waren[73] (vgl. auch S. 230[58] und S. 3[89]). JULIUS CÄSAR soll längs seiner Heerstraßen mit Lehmdecke versehene Futtergruben für die Pferde angelegt[46, 47] und die italienischen Bauern um 700 n. Chr. schon rationelle Futterkonservierung betrieben haben[104].

Die *Bezeichnung Silo* ist erst im 19. Jahrhundert aus dem Spanischen ins Deutsche, Englische und Französische gelangt, bedeutet einen Keller oder gegrabenen Schacht und im lateinischen sirus und dem griechischen Stammwort σιρος eine Grube, in der Getreide aufbewahrt wird (pers. Mitt. von ALFRED GÖTZE, vgl. auch KUCHLER S. 1[73]). Von Silo leitet sich dann das Silieren, Siloiren, Ensilieren und Siloist, als derjenige, der ensiliert[86], sowie das gebräuchlichere „Silage" ab, das sowohl den Vorgang als auch das resultierende Material bezeichnet. Wenn auch französische Autoren S. 253[12] Silage als Ausdruck für die ensilierte Materie als schlechtes Wort vermieden und für den Vorgang allein vorbehalten wissen wollen, so können wir doch in Analogie zur „Ernte", die auch den Vorgang wie das Geerntete bezeichnen kann, das übliche „Silage" wohl in der doppelten Bedeutung beibehalten.

Vielleicht geht die Futtereinsäuerung, wie ED. HAHN[45] vermutete, schon auf die Anfänge der Menschheit zurück und war bereits beim Urmenschen im Gebrauch für das Erweichen von Pflanzennahrung in Gruben, etwa in der Form der prähistorisch anmutenden „Kraut-Aller oder Stüber", wie sie heute noch in Steiermark benutzt werden.

Ohne Jahrhunderte lang eine größere Bedeutung für die Landwirtschaft zu gewinnen, bürgerte sich die Einsäuerung des Grünfutters anscheinend zuerst in Schweden und den russischen Ostseeprovinzen ein, als Folge der Unmöglichkeit, bei dem feuchten Klima das Futter zu trocknen. Auch in Deutschland war schon vor 1800 und seit 1830 häufiger in Holstein und Sachsen-Weimar Grünfutter eingesäuert, in Norddeutschland auch allgemeiner bereits Kraut- und Rübenblätter eingesalzen worden[74]. Als dann der kurländische Baron von Bistram das Verfahren in Schlesien einführte, wurde es seit 1856 mehr beachtet und auf Veranlassung des Preuß. Landes-Ökonomie-Kollegiums näher erforscht. 1860 wurden bereits auf einer Dömäne (Ungarisch-Altenburg) 40000 Zentner Mais als Rindviehfutter zu Sauerfutter gemacht[74], das Einsäuern des Maises 1861 von Jul. Kühn S. 36[74] und 1862 von Reihlen S. 8[73] empfohlen. Kühn[74], ebenso George Fry[39, 40] verdanken wir die grundlegende Erforschung der sich im Sauerfutter abspielenden Vorgänge. Fry stützte sich dabei auf eine Untersuchung für die Royal Ensilage Commission; seit 1878 hatte man auch in England infolge der Ungunst der klimatischen Verhältnisse die Sauerfutterbereitung mehr angewandt, um sich von der Witterung bei der Ernte unabhängig zu machen. Vorher hatte Goffart in Frankreich die Silage studiert, dabei allerdings geglaubt, sie auch ohne Fermentation und Säuerung durchführen zu können. Auch die Schweiz veranstaltete bereits 1883 ein Preisausschreiben über Grünfutterkonservierung[124], und Nordamerika, heute in der Verbreitung der Silos weit voraus, begann nach der Einführung der Maissilage durch Miles[79, 73] 1876 damit, solche zu bauen.

Lange erschien dann das Interesse erloschen, und während man in Amerika das bewährte Verfahren tausendfältig anwandte und massenweise Silotürme baute, kam es in Europa erst durch die Not der Zeit und den steigenden Futtermangel zu etwas größerer Verbreitung des Silageverfahrens. Auch Deutschland war im Verhältnis zu Amerika beträchtlich zurückgeblieben, wie eine vom Reichsministerium für Ernährung und Landwirtschaft eingeleitete Enquete ergab (Moritz[88]), deren Ergebnis 1923 in der ersten Sitzung des neugegründeten Vereins zur Förderung der Futterkonservierung mitgeteilt werden konnte. Zugleich kam es auch durch den heftig entbrennenden Streit um die beste Methode zu einer eingehenden Erforschung der Eigenschaften des Sauerfutters und seiner Eignung als Viehfutter, an der hauptsächlich deutsche Forscher teilhatten, und die nach mancherlei Irren und Wirren auf die von Kühn und Fry geschaffenen Grundlagen zurückführte und diese erweiterte.

Heute ist in allen Kulturländern dank der fortgeschrittenen Kenntnis vom Wesen und Erfolg der Sauerfutterbereitung der Silobau in rascher Verbreitung begriffen, und diese ist lediglich noch eine Aufklärungs- und Bildungsfrage der bäuerlichen Landwirtschaft (Kuchler[73]).

Zweck und Ziel der Einsäuerung ist allgemein die Konservierung wasserreicher Futtermittel, deren frische Verfütterung oder Trocknung nicht durchführbar ist, und die ohne Trocknung oder Einsäuerung verderben würden, unter möglichster Erhaltung ihrer Nährstoffe und ihrer Verdaulichkeit.

Hierbei handelt es sich zunächst um den Überschuß an Grünfutter oder anderen saftreichen Futtermitteln, der als Vorrat für den Winter aufgespeichert werden soll; ferner um verregnetes oder sonst dem Verderben durch Fäulnis oder Verschimmelung ausgesetztes Futter, das durch die Einsäuerung noch gerettet werden kann.

Heute ist aber die Landwirtschaft bereits in ein weiteres Stadium eingetreten, indem sie die Eigenproduktion an Futtermitteln bewußt auf die Silage einstellt und dementsprechend erhöht. So wird in Amerika schon lange der Mais zur Silage angebaut, um genügend an Kohlenhydraten reiches Futter zu gewinnen, da der Anbau von Futterrüben dort unwirtschaftlich wäre (DEICKE und RÖMER[21]); und in Deutschland ist das Siloproblem besonders ein Eiweißproblem (VÖLTZ[133]) und geht der Anbau von silierfähigen Futterpflanzen auf die Behebung des Eiweißmangels hinaus (SCHEUNERT[106]), indem Grünfutter mit hohem Eiweißgehalt in großen Mengen erzeugt und durch Einsäuerung konserviert wird, so daß eine Einschränkung der Kraftfuttereinfuhr und doch eine Erhöhung des gesamten Wirtschaftsertrages möglich wird (FINGERLING[31, 32, 33, 34]). Auch die Umstellung auf Anbau von Mais als Silagematerial wird in Deutschland in Angriff genommen (FINGERLIHG[32], CASPERSMEYER[17, 18]).

Die Einsäuerung ist ein Verfahren zur Mehrgewinnung und zur Vermeidung von Verlusten. Was sie zur Erreichung dieser Ziele so geeignet macht, ist die außerordentliche *Anpassungsfähigkeit und Universalität der Methode.*

Diese Vielseitigkeit betrifft vor allem

2. Das Material zur Einsäuerung.

Nach den zahllosen Erfahrungen der Praxis eignen sich so gut wie alle mehr oder minder saftreichen Futterpflanzen, in erster Linie Gräser und Leguminosen. Im einzelnen seien folgende angeführt, die sich als Silagematerial bewährt haben (vgl. auch [60, 68, 86, 12] u. a.): Wiesen- und Rieselfeldergras jeder Art, Mais, Serradella, Luzerne, Rübenkraut und -köpfe, Hafer, Roggen, Weizen, Gerste, Klee aller Arten, Lupinenkraut, Esparsette, Wicken, Senf, Raps, Lein, Bohnen und Erbsen (Blätter und Schoten), Saubohnen, Waldplatterbsen, Buchweizen, Spörgel, Peluschken, Topinamburblätter und -stengel[74], Sonnenblumen, Hirsearten, Sorghum[151, 74, 86], Durra, Zuckerrohr[6], Laubheu[27], Schlempe, Pülpe[133], Rübenschnitzel, junges Heidekraut[153], Farnkraut[12], Stechginster[74, 12], Cichorienblätter[72], Weinblätter[12], die Andel (Festuca thalassicolla der Außendeichsländer, siehe TACKE[137]), alle Abfälle vom Feldgemüsebau[78, 27, 106], rohe, gedämpfte, gefrorene oder faulende Kartoffeln[27, 78, 134, 135, 59], gefrorene Rüben[27, 48, 74] usw.

Alle derartigen Pflanzen lassen sich der Einsäuerung unterwerfen und auf diese Weise für lange Zeit aufbewahren. Schon ihre morphologischen Verhältnisse sind aber von Einfluß auf das Gelingen der Konservierung (FINGERLING[35]). Das Ziel ist dabei stets die möglichst verlustlose Konservierung. Um die Verluste an Nährstoffen, an Verdaulichkeit, an Bekömmlichkeit möglichst einzuschränken, ist es notwendig, einmal die *Veränderungen* zu kennen, die sich bei der Sauerfutterbereitung in dem ensilierten Pflanzenmaterial abspielen und auf denen Verluste der bezeichneten Art beruhen können; und ferner alle diejenigen *Bedingungen* zu kennen, unter denen sich jene Veränderungen auf ein Mindestmaß beschränken lassen.

II. Die Veränderungen der Futtermittel bei der Einsäuerung.

Es gibt keine Aufbewahrung saftreicher Pflanzenteile, ohne daß in diesen, die ja zunächst noch physiologisch überleben und dann von bakterieller Gärung ergriffen werden, nicht auch eine Säurebildung stattfände. Diese hat ja auch dem „Einsäuern“ (KÜHN[74]) und dem Sauerfutter oder „Sauerheu“, wie es früher genannt wurde[70], den Namen gegeben. Hauptsächlich kommt Milchsäure, dann aber auch andere organische Säuren, zunächst Essigsäure und Buttersäure, in Betracht.

Die Bezeichnung als Sauerfutter und Süßfutter. Auch in jeder als Süßfutter, Süßgrünfutter, Süßpreßfutter bezeichneten Silage hat eine Säurebildung stattgefunden, und das Ausgangsmaterial ist auch hier sauer und nicht süß geworden. Der Ausdruck geht offenbar auf FRYS „sweet ensilage“[40] und den Schweizer

Landwirt GRAF[153] zurück und wurde wohl durch den etwas süßlichen Geruch veranlaßt (vgl. HONCAMP[57]), den eine gute Silage aufweist, im Gegensatz zu einer solchen, bei der der Geruch nach Essigsäure vorherrscht. Beides aber ist saures Futter, und das Irreführende der Bezeichnung Süßfutter wird allgemein anerkannt[106, 89, 125, 49] und auch von denjenigen Autoren zugegeben, die den Ausdruck selbst anwenden (S. 459[155, 158, 20], S. 28[68, 78]). Es geht auch nicht an, ganz willkürlich einen bestimmten Prozentgehalt an Essigsäure festzusetzen, unterhalb dessen die Silage noch ein Süßfutter und oberhalb dessen sie ein Sauerfutter sei (S. 81[95, 124]). Die Ausdrücke „Süßfutter usw.", deren Entstehung dem Gärungsfachmann unfaßbar erscheint (HAYDUCK[52]), sollten endgültig abgelehnt werden (MANGOLD[83]), und es sollte die sogar in Lehrbüchern (S. 81[68], S. 93[57]) zum Ausdruck gebrachte Gegenüberstellung von Sauer- und Süßpreßfutter jetzt der besseren chemischen Erkenntnis weichen. Auch weder das Pressen[78] noch ein höherer Erwärmungsgrad (S. 131[1], S. 93[57, 141]) kann für das vermeintliche Süßfutter heute noch als Unterscheidungsmerkmal herangezogen werden, wo gerade durch die Kaltsäuerung die besseren Ergebnisse erhalten werden.

1. Die Veränderungen ohne Bakterienwirkung.

In geernteten Futterpflanzen wird durch das Abtrennen oder Zerschneiden das *individuelle* Leben des einzelnen Pflanzenorganismus vernichtet. Der *physiologische* Tod (MANGOLD[84]) tritt hierdurch jedoch noch nicht ein, die Pflanzenteile befinden sich zunächst physiologisch im überlebenden (d. h. den Tod des Individuums überlebenden) Zustande, in dem die einzelnen Pflanzenzellen ihre Lebensfunktionen und den das Leben kennzeichnenden Stoffwechsel, mangels der Neuzufuhr besonders die Abbauvorgänge, noch eine Zeitlang während des allmählichen Absterbens fortsetzen. Daß der Physiologe von Abbauen im Sinne von Absterben spricht, ist ein Mißverständnis bei KUCHLER (S. 54[73]); ein Abbau hochmolekularer Stoffe in einfachere vollzieht sich in *jedem* lebenden Gebilde. Erst wenn Leben und Stoffwechsel aufhören, sind die Pflanzenteile abgestorben. Dies erfolgt hauptsächlich durch die Unterbrechung des Säftestromes, die zur Herabsetzung des Zellenturgors und zum Verwelken führt.

Mit dem *Abwelken* ist also außer dem *Wasserverlust* auch ein *Verbrauch und Verlust von Stoffen* der Trockensubstanz im Zellstoffwechsel verbunden. So hat CRASEMANN (S. 151[20]) z. B. gefunden, daß ein Ausgangsmaterial von 113,91 kg frisch gemähten Grases 91,8 kg abgewelktes Futter ergab, das an den verschiedenen Nährstoffen noch die folgenden Prozente des Ausgangsmaterials enthielt bzw. bereits verloren hatte (siehe Tab. 1):

Tabelle 1. Verluste durch Abwelken in Prozenten des Ausgangsmaterials (nach CRASEMANN).

	Wasser	Wasserfreie Substanz	Organische Substanz	Rohprotein	Reinprotein	Rohfett	Rohfaser	N-freie Extraktstoffe	Rohasche
Noch vorhanden . .	76,27	90,48	89,62	93,51	78,08	83,13	87,20	90,83	99,45
Demnach verloren . .	23,73	9,52	10,38	6,49	21,92	16,87	12,80	9,17	0,55

Die stofflichen Umsetzungen beim Abwelken sind bedingt durch

a) Die Atmung der Pflanzenzellen.

Diese besteht in Aufnahme und Bindung von Luftsauerstoff unter katalytischer Wirkung von Zellfermenten (PALLADIN[96]) und in Bildung von Kohlensäure, Wasser und Wärme auf Kosten oxydierter Zellbestandteile. Bei geschnittenem oder gehäckseltem Material ist diese oxydative Atemtätigkeit infolge der vergrößerten Oberfläche gesteigert (Pfeffer). Die Wärmeentwicklung erhöht ihrerseits die enzymatische Tätigkeit und beschleunigt die Oxydationen, wodurch wiederum mehr Wärme gebildet wird S. 157[20].

Diese Vorgänge gehen noch im Silo weiter, nach Luftabschluß wird darin der Sauerstoff vollends verbraucht und die gebildete CO_2 zurückgehalten, so daß anaerobe Bedingungen entstehen, unter denen dann noch intramolekulare Atmungsvorgänge Platz greifen.

Die durch die Zellatmung oxydierten Stoffe sind in erster Linie Kohlenhydrate, aber auch Eiweiß wird mit jeder Lebensfunktion im Zellstoffwechsel verbraucht und bis zu Aminosäuren und Ammoniak abgebaut.

Als Produkte der anaeroben Atmung entstehen höhermolekulare Substanzen, wie Alkohol und Fettsäuren, aber auch Wasserstoff, Methan, Ammoniak[20, 96, 8].

Wie Neuberg[91] gezeigt hat, wird bei der Atmung überlebender Pflanzenteile die aerobe Zuckerspaltung durch die anaerobe nicht nur begleitet, sondern auch eingeleitet, und dabei Acetaldehyd und Alkohol gebildet wie bei der Hefegärung. Daß auch bei der Silage Alkohol entsteht, ist schon seit Fry[39] bekannt, der ihn hier auf die Vergärung des Zuckers zurückführt, dessen Entstehung aus der pflanzlichen Stärke er durch das Verschwinden der anfänglich vorhandenen Jod-Stärke-Reaktion nachweisen konnte. Nach Völtz sind im Sauerfutter stets 0,2—0,3 % Alkohol zu finden, Maissilage enthielt nach Kuchler[73] 0,5 %, Kleesilage nach Zielstorff und Keller[169] 0,71 %. In neueren Versuchen von Preuss, Peterson und Fred[99] an gärendem Kohl (Sauerkrautbereitung) fanden sich 0,28 % Alkohol in dem Sauerkrautsaft.

Alle diese stofflichen Umsetzungen sind Lebensvorgänge der Pflanzenzellen und auf deren Zellfermente zurückzuführen. Mangold und Brahm[85] konnten im Sauerfutter noch Amylase, Invertase und Peptase, also auch eiweißspaltendes Ferment, feststellen.

Völtz[137, 133] führt den Eiweißabbau in der Silage zu Aminosäuren vorwiegend auf die pflanzlichen Fermente zurück. Indessen sind die von Reetz[100] fortgesetzten Versuche, wie uns scheint, nicht beweiskräftig genug, um die daraus gezogenen Schlüsse zu rechtfertigen, wonach bei der Normalsauerfutterbereitung der Eiweißabbau durch die proteolytischen Fermente der Pflanzenzellen und nicht durch bakterielle Zersetzung erfolgen soll (über den Eiweißabbau siehe auch S. 362).

So ergeben sich weitgehende Möglichkeiten für die chemischen Veränderungen im Sauerfutter schon durch die Lebenstätigkeit der Pflanzenzellen selbst. In dieser Hinsicht ist es besonders in bezug auf

b) die Säurebildung

eine wichtige und auch für die Praxis der Futterkonservierung bedeutungsvolle Frage, wieweit auch die das Sauerfutter charakterisierenden Säuren, die ja zweifellos durch Bakterien gebildet werden können, bereits *ohne* diese Einwirkung durch die fermentativen Wirkungen und Oxydationen des Zellstoffwechsels entstehen können. Für die *Milchsäure und Essigsäure* ist diese Frage, die auch Wiegner, Crasemann, Magasanik[158] aufwerfen, offenbar entschieden zu bejahen, wenn auch Flury[36] das Vorkommen eines Milchsäurefermentes in Pflanzenzellen nicht für sicher erwiesen hält. Burri[16] wie auch Babcock und Russell[4] haben Milchsäurebildung unter Ausschluß von Milchsäurebakterien im Sauerfutter, Muenck[36] eine solche bei Lupinensamen festgestellt. Palladin[96] konnte Ameisen-, Essig- und Oxalsäure als Produkte der Pflanzenatmung nachweisen. Bezüglich der Essigsäure neigen Scheunert und Schieblich S, 95[111] dazu, der Pflanzenatmung die größere Bedeutung im Vergleich zur Bakterienwirkung zuzuschreiben. Auch KLEIBER[111] und CRASEMANN S. 165[20] sind der Ansicht, daß die Säurebildung im Sauerfutter nicht notwendigerweise allein an die Bakterienwirkung gebunden zu sein brauche. Letzterer teilt hierzu einen Befund mit, der im abgewelkten Grase schon vor dem Einfüllen Milchsäure und Essigsäure ergab, die nachher in 24 Stunden bereits zugenommen und in 3 Tagen ihr Maximum erreicht hatten. Auch wir selbst haben in einer Silage von Zuckerrübenblättern und -köpfen schon 2 Tage nach der Ensilierung den Prozentgehalt der Säuren auf der gleichen Höhe gefunden wie nach 2 Monaten und daraus auf ihre vorwiegende Entstehung durch die Zelltätigkeit schon *vor* Einsetzen der Bakterienwirkung geschlossen (MANGOLD[83]). Unser Befund des Säuremaximums am zweiten Tage wurde durch K. SCHMIDT[118, 119] für Luzernesilage vollkommen bestätigt. Allerdings kommt es vor, wie PETERSON, HASTINGS und FRED[98] bei Maissilage fanden, daß auch die Bakterienzahl im Futterstock schon in den ersten Stunden nach der Ensilierung rapide steigt, so daß neue Untersuchungen mit *gleichzeitigen* chemischen und bakteriologischen Analysen zur Entscheidung nötig sind. Von TRAUTWEIN[126] sind solche bereits in Angriff genommen. Er kommt auf Grund von Versuchen mit sterilisierten und ensilierten jungen Maispflänzchen zu der Ansicht, daß diese ihre Säurebildung ausschließlich bakteriellem Ursprung verdanken. Die Frage nach dem Anteil der Pflanzenzellen selbst an der Säurebildung bei der Silage bedarf dringend weiterer Erforschung. Pflanzenatmung und Bakterien wirken zweifellos zusammen, wie seit E. SCHULTZE[123] immer wieder angenommen wird; aber es liegt auf der Hand, daß, wenn der *Hauptanteil* auf die Zelltätigkeit fällt, alle die Maßnahmen hinfällig werden, durch die schon vielfach versucht wurde, die *bakterielle* Säurebildung bei der Silage zu beeinflussen.

2. Die Veränderungen durch Bakterieneinwirkung.

Bevor wir die durch Bakterien veranlaßten chemischen Umsetzungen im Sauerfutter nach ihren qualitativen und quantitativen Verhältnissen besprechen, wird es zweckmäßig sein, zunächst auf

a) die Bakterienflora des Sauerfutters

einzugehen.

Obwohl bereits 1885 J. KÜHN[74] Milchsäurebakterien aus Maissilage abbildete und FRY[39] mikroskopisch die Essigsäurebakterien nachwies, auch die Buttersäure- und faulige Gärung im Sauerfutter beschrieb, wurde die *Bakteriologie der Futterkonservierung* vollkommen vernachlässigt und nur gelegentlich einiges über das Vorkommen für das Konservierungsergebnis wichtiger Mikroorganismen mitgeteilt S. 147[112], bis SCHEUNERT und SCHIEBLICH systematisch eine große Anzahl von Silagen vom Ausgangsmaterial bis zur fertigen Konserve durchuntersuchten und auf diese Weise ein Bild vom typischen Verlaufe des Bakterienlebens bei der Futtersäuerung entrollten[106, 111, 112, 110, 113, 114, 115].

Diese Untersuchungen bezogen sich fast ausschließlich auf mit dem *Elektroverfahren* hergestellte Silagen. Sie ergaben den unzweifelhaften Vorteil der Feststellung, daß dem elektrischen Strome keine der ihm angerühmten spezifischen Einflüsse auf die Silage und ihre Bakterien zukommt, daß er hier vielmehr lediglich durch die Erwärmung zu wirken vermag. Andererseits besitzen wir nun zwar diese große Untersuchungsreihe über die Bakteriologie einer *Warmsäuerung*, es fehlt uns aber heute, nachdem das Elektroverfahren als überflüssig erkannt ist und die Warmsäuerung mehr und mehr aufgegeben wird, gerade für die als endgültiges Verfahren im Vordergrunde stehende *Kaltsäuerung* eine entsprechende grundlegende bakteriologische Durchuntersuchung, die wünschenswert wäre. Nach SCHEUNERT und SCHIEBLICH S. 96[111] liegt allerdings kein Grund vor, hier, abgesehen von der Modifizierung durch die jeweiligen Wärmeverhältnisse, einen grundsätzlich andersartigen Verlauf des Bakterienlebens anzunehmen.

Das *Ausgangsmaterial der frisch geernteten Grünfutterpflanzen* ist nach SCHEUNERT und SCHIEBLICH[110, 112] stets von einer reichlichen Bakterienflora besiedelt. Milchsäurebakterien spielen dabei noch keine bedeutende Rolle; viel mehr aber andere Arten, die Kohlenhydrat- und Eiweißabbau bewirken können, wie Bact. Coli, Proteusarten, Fluorescenten, Kokken, regelmäßig auch Erdbakterien. Die anaeroben Eiweißfäulniserreger und Buttersäurebazillen sind höchstens in Spuren zu finden. Aus den zahlreichen Tabellen über die Bakterien bei verschiedenstem Ausgangsmaterial[112] geben wir hier als Beispiel den *Bakterienbefund von Serradella*[110] wieder, die nachher ensiliert wurde.

I. Aerobier: a) reichlich: Bact. herbicola aureum, coli, fluorescens, Bac. proteus, albus, subsulcatus, fluorescens longus, aquatilis solidus, sordidus, Hefe;

b) mäßig: Bac. aurantiacus, Actinomyces chromogenes, Bact. vitulinum;

c) wenig: Streptococcus acidi lactici, lange Milchsäurebakterien, Bac. Ellenbachensis, mesentericus, Dematium pullulans, Monilia candida.

II. Anaerobier: a) Eiweißfäulniserreger: Bac. putrificiens, postumus;

b) Buttersäurebildner: Bac. saccharobutyricus, Pasteurianus.

Die *Keimzahlen*, berechnet als Anzahl der aus je 1 g des Materials züchtbaren Keime, waren im Verlaufe dieses Serradellaversuchs[110] vom Ausgang bis zur fertigen Silage folgende, denen die entsprechenden eines Versuches mit Rübenblättern beigefügt wird.

Futterart	Ausgangsmaterial	Nach 5 Stdn. bei 26°	Bei 40°	Bei 50–55°	Fertige Silage
Serradella	160 Mill.	740 Mill.	190 Mill.	160 Mill.	fast steril
Rübenblätter	80 „	180 „	—	26000	—

Der *Verlauf des Bakterienlebens* zeigt also zunächst unter dem Einflusse der Erwärmung einen außerordentlichen Anstieg der Keimzahl. Hierbei wird die Flora an Arten viel ärmer, und die Milchsäurebakterien treten an die Spitze, indem sie durch die von ihnen gebildete Milchsäure, im Verein mit dem Verschwinden des Sauerstoffs im Futterstock, die anderen Arten, so auch die Buttersäurebildner, zum Absterben bringen. Immer weiter treten die „langen" Milchsäurebakterien hervor, und es findet eine *Umschichtung der aeroben zur anaeroben Flora* statt, die fortschreitend dann auch an Keimzahl abnimmt, da die reichliche Milchsäurebildung auch die Milchsäurebakterien selber schädigt. Vergleichende Keimzahlenbestimmungen in verschiedenartigem Sauerfutter hat auch KUCHLER[73] mitgeteilt, und HENNEBERG hat die wichtigsten Pilze der Reinkultureinsäuerung und der wilden Einsäuerung festgestellt[54].

Außerordentlich bemerkenswert ist nun der *Bakterienbefund in der fertigen Silage* insofern, als sich in allen Silagen ziemlich gleichmäßig und *unabhängig von der Art des Ausgangsmaterials* als Endresultat eine typische *obligate Konservierungsflora* findet, die aus langen Milchsäurebakterien und Milchsäurestreptokokken, einigen Erdbakterien und vereinzelt auch Eiweißfäulniserregern und Buttersäurebazillen besteht (SCHEUNERT und SCHIEBLICH[111, 112, 110]). Qualitativ ergibt sich in der fertigen Silage also eine erhebliche Verarmung der Flora gegenüber derjenigen des Ausgangsmaterials. Für die Güte des Sauerfutters kommt es darauf an, daß sich jene Umschichtung der aeroben Flora vollzieht und die Milchsäurebildung über die Eiweißfäulniserreger und Buttersäurebazillen die Oberhand gewinnen; hierfür sind günstige Nährstoffbedingungen für die Milchsäurebakterien erforderlich[114].

Auch an Proben von anderen, bei verschiedenen Verfahren und sogar aus Erdgruben gewonnenen Silagen ergab sich jene obligate Konservierungsflora, deren Gelingen auch weder auf die elektrische Durchströmung angewiesen noch von der Art des Temperaturverlaufes abhängig ist, sondern in entscheidender Weise durch die *Vollkommenheit des Luftabschlusses* im Futterstock gewährleistet wird[112]. Daß die Bakterien bei der Silage auch nicht direkt durch den elektrischen Strom irgendwie wesentlich beeinflußt werden und dem elektrischen *Strom keine bactericide und sterilisierende Eigenschaft* zukommt, steht fest (KLEIBER[67, 111, 112, 115]); eher kann er noch wachstumsfördernd einwirken, allgemein jedoch nur indirekt durch die Erwärmung.

Die *Milchsäurebakterien* wachsen je nach ihrer Art schon bei Temperaturen von wenig über 0^0 an bis zu etwa 55^0 C. Zu den Kaltmilchsäurepilzen (8—35^0C) gehören Bacillus cucumeris fermentati Henneberg und Bac. acidi lactici, während Bac. Delbrücki bei 40—55^0 sein Temperaturoptimum hat (vgl. [130]).

Die *Wirkung der Milchsäure bei der Silage* ist eine desinfizierende, indem sie schon in 1—2% viele Mikroorganismen in ihrem Wachstum hemmt oder zum Absterben bringt. In dieser Wirkung wird allgemein die günstige Bedeutung der Milchsäurebildung für die Einsäuerung gesehen (z. B. [68, 97, 111, 122]).

Die *Konservierung ist also eine Funktion der Lebenstätigkeit* im Futterstock, sowohl der des eingelagerten Pflanzenmaterials selbst als auch der der Bakterien, die gemeinsam das bactericide Agens erzeugen, das die sonst schädigenden Bakterien vernichtet. Angesichts dieser Tatsachen erscheint es schwer verständlich, daß noch unlängst von SCHWEIZER S. 61, 65[124] den Bakterien jede irgendwie bedeutungsvolle Tätigkeit im Futterstocke abgesprochen werden konnte.

b) Die im Sauerfutter auftretenden Säuren.

I. Art und Herkunft der Säuren.

Die Säuren des Sauerfutters werden teils im Zellstoffwechsel der Pflanzenteile, teils durch Bakterien, vorwiegend aus Kohlenhydraten, aber auch aus Eiweißstoffen des Ausgangsmaterials gebildet (siehe MANGOLD[83] und oben S. 352). Es sind in erster Linie Milchsäure, Essigsäure, Buttersäure, ferner Ameisensäure, Propionsäure, Valeriansäure, Capronsäure, Caprinsäure, Methylessigsäure, Bernsteinsäure und Äpfelsäure[102].

Die Milchsäure und Essigsäure entstehen hauptsächlich „saccharogen" aus den sog. stickstoffreien Extraktstoffen, die Essigsäure auch über Alkohol (FRY[39]), und außer durch spezifische Essigsäure- auch durch Milchsäure- oder Colibakterien[111, 130]. Auch die Buttersäure kann aus zerfallenden Kohlenhydraten nach der von NEUBERG[92] als vierte Vergärungsform bezeichneten Art der Zuckerspaltung entstehen. Buttersäure und die höheren Fettsäuren können aber auch „proteogen" durch Zersetzung von Eiweißstoffen entstehen (NEUBERG und ROSENBERG[93]), wobei nach NEUBERG und BRASCH[11] die Glutaminsäure das wichtigste Ausgangsmaterial darstellt. Von *Aminosäuren* gelang es BRAHM[8], aus Silagesäften Valin und Leucin zu isolieren.

Ameisensäure scheint regelmäßig vorzukommen (BRAHM[8]). Auch sie und die Valeriansäure können nach NEUBERG und ROSENBERG proteogen entstehen, ebenso die *Capronsäure*, die zuerst von BRAHM[7], und zwar im Maissilagesaft, aufgefunden wurde, der auch die von amerikanischen Autoren (BABCOCK und RUSSELL, siehe NEIDIG[90]) erwähnte und auch von EDIN und SANDBERG[26] beobachtete Propionsäure bestätigen konnte, die aus Amiden wie aus Zucker entstehen kann.

II. Die quantitativen Verhältnisse der Säuren.

Der Nachweis und die quantitative Bestimmung der Säuren in Silageprodukten geschieht jetzt nach dem Verfahren von WIEGNER[156, 157], dessen Ausführungsform in Anbetracht seiner weitgehendsten Bedeutung nachstehend ausführlich geschildert wird.

Bestimmung der Säuren im Sauerfutter (Silage) nach G. WIEGNER. Die Bestimmung der Säuren beruht im allgemeinen darauf, daß Essigsäure und Buttersäure Säuren sind, die mit Wasserdampf flüchtig sind, und zwar gehen nach G. WIEGNER und J. MAGASANIK[156] von der Essigsäure, wenn man vom Volumen einer wäßrigen Lösung die Hälfte abdampft, 36,59% der vorhandenen Essigsäure in das Destillat; es bleiben also 63,41% Essigsäure zurück. Von der Buttersäure destillieren 72,77% der ursprünglichen Buttersäure ab und 27,23% Buttersäure bleiben zurück. Milchsäure destilliert mit Wasserdampf *nicht* über. Man destilliert also aus einem bestimmten Volumen des wäßrigen Extraktes, dessen gesamte freie Säure man nach einer Titration kennt, die Hälfte ab und bestimmt im Destillat die Menge der flüchtigen Säuren durch Titration mit $^1/_{20}$ normaler Natronlauge. Darauf stellt man im Rückstand das ursprüngliche Volumen wieder her, destilliert wieder die Hälfte ab und titriert auch das zweite Destillat. Zur Kontrolle wird dies noch ein drittes Mal wiederholt. Die drei Titrationen in den Destillaten lassen die Mengen der ursprünglichen ungebundenen Essigsäure und Buttersäure berechnen. Die gesamten flüchtigen Säuren (freie und gebundene) bestimmt man so, daß man dem Futterextrakt Phosphorsäure oder Schwefelsäure zusetzt und dann ebenso wie vorher verfährt, indem man jedesmal die Hälfte abdestilliert und titriert. Die organischen Säuren (Milchsäure, Essigsäure, Buttersäure) werden durch die stärkeren Mineralsäuren aus ihren Salzen in Freiheit gesetzt.

Zur Ausführung des Verfahrens werden 100 g des wasserhaltigen, zerkleinerten Sauerfutters in einem 1-l-Kolben mit 1 cm^3 35proz. Formollösung versetzt, um eine weitere Gärung zu verhindern, dann mit Wasser auf 1000 cm^3 aufgefüllt und unter zeitweiligem Umschütteln mindestens 12 Stunden stehengelassen. Dann wird durch ein trockenes Filter filtriert.

Bestimmung der Gesamtmenge der freien Säuren. 50 cm^3 des Extraktes (entsprechend 5 g ursprünglicher Substanz) mit $^1/_{20}$ normaler Natronlauge und Phenolphthalein als Indikator bis zum Umschlag nach Rot titriert. Die Anzahl Kubikzentimeter $^1/_{20}$ normaler Lauge, die auf 100 cm^3 Extrakt verbraucht werden, entspricht der Menge freier $^1/_{20}$ normaler Säure (Milchsäure, Essigsäure, Buttersäure), die in 10 g wasserhaltigem Sauerfutter enthalten sind. Sind die Extrakte sehr stark gefärbt, so kann man sie mit ausgekochtem, kohlensäurefreiem Wasser verdünnen.

Bestimmung der Gesamtmenge der freien Säuren. Es werden 200 cm^3 des Extraktes, entsprechend 20 g Silage, zur Bestimmung benutzt. Dieselben werden in einen 500 cm^3 Rundkolben gebracht und die Destillation ohne Benutzung eines Destillationsaufsatzes durchgeführt. Der Kolben wird mit einem Gummistopfen verschlossen, durch den ein kurzes, weites Glasrohr geht, das direkt in den Kühler abgebogen ist. Es wird so lebhaft destilliert, daß sich an den Rand des Destillationskolbens keine Flüssigkeitströpfchen ansetzen können, und daß kein Überreißen von Flüssigkeitströpfchen aus dem Destillationskolben nach dem Kühler stattfindet. Sobald 100 cm^3 überdestilliert sind, wird dieses Destillat mit $^1/_{20}$ normaler Natronlauge und Phenolphthalein als Indikator titriert. In den Destillationskolben werden 100 cm^3 Wasser nachgefüllt und abermals 100 cm^3 überdestilliert. Dann wird zur Kontrolle der Rückstand nochmals auf 200 cm^3 aufgefüllt und ein drittes Mal 100 cm^3 abdestilliert und titriert.

Bestimmung der Summe von freier und gebundener Essigsäure und Buttersäure. Es werden wieder 200 cm³ Extrakt verwendet, 5 cm³ konzentrierte Schwefelsäure oder Phosphorsäure (spezifisches Gewicht = 1,7, 84proz.) zugesetzt und wie vorher dreimal die Hälfte abdestilliert und nach jeder Destillation mit je 100 cm³ Wasser das Anfangsvolumen wiederhergestellt. Die drei Destillate werden mit $\frac{n}{20}$ Normalnatronlauge und Phenolphthalein als Indikator titriert.

Berechnung der freien Essigsäure und Buttersäure. Es sei bezeichnet mit E die Anzahl Kubikzentimeter $\frac{n}{20}$ · Essigsäure und mit B die Anzahl Kubikzentimeter $\frac{n}{20}$ · Buttersäure, die in 200 cm³ der Lösung, die jedesmal zur Hälfte abdestilliert wird, im Anfang vorhanden waren.

Dann gelten, da stets 36,59% der Essigsäure überdestillieren und 63,41% zurückbleiben, während 72,77% der Buttersäure destillieren und 27,23% zurückbleiben, folgende vier Gleichungen, in denen D_0 die Anzahl Kubikzentimeter gesamte $\frac{n}{20}$ · Essigsäure und Buttersäure, D_1 die Anzahl Kubikzentimeter $\frac{n}{20}$ Säure im ersten Destillat, D_2 die Anzahl Kubikzentimeter im zweiten Destillat und D_3 die Anzahl Kubikzentimeter im dritten Destillat bedeuten. D_0 ist stets $D_1 + D_2 + 2{,}733 D_3$, nämlich $D_1 + D_2 + D_3 + \frac{0{,}6341 D_3}{0{,}3659}$, da nach der dritten Destillation nur 63,41% der Essigsäure und keine Buttersäure zurückbleiben.

1.	E Essigsäure	+	B Buttersäure	=	D_0 Gesamte Säure
2.	$0{,}3659\,E$ *Erstes Destillat der Essigsäure*	+	$0{,}7277\,B$ *Erstes Destillat der Buttersäure*	=	D_1 *Erstes Destillat des halben Volumens*

Der Rückstand beträgt $0{,}6341\,E + 0{,}2723\,B$, und da davon wieder 36,59% Essigsäure und 72,77% Buttersäure übergehen, gilt für das zweite Destillat:

3.	$0{,}3659 \cdot 0{,}6341\,E$ *Zweites Destillat der Essigsäure*	+	$0{,}2723 \cdot 0{,}7277\,B$ *Zweites Destillat der Buttersäure*	=	D_2 *Zweites Destillat des halben Volumens*

Der Rückstand von der zweiten Destillation ist jetzt für Essigsäure $0{,}6341 \cdot 0{,}6341\,E$ und für Buttersäure $0{,}2723 \cdot 0{,}2723\,B$ und das dritte Destillat beträgt, da 36,59% resp. 72,77% des Rückstandes der zweiten Destillation übergehen:

4.	$0{,}3659 \cdot 0{,}6341^2\,E$ *Drittes Destillat der Essigsäure*	+	$0{,}2723 \cdot 0{,}7277^2\,B$ *Drittes Destillat der Buttersäure*	=	D_3 *Drittes Destillat des halben Volumens*

Wenn die Zahlenwerte eingesetzt werden, entstehen die Gleichungen:

1. $E + B = D_0$ (Gesamtsäure),
2. $0{,}3659\,E + 0{,}7277\,B = D_1$ (erstes Destillat),
3. $0{,}2320\,E + 0{,}1982\,B = D_2$ (zweites Destillat),
4. $0{,}1471\,E + 0{,}0540\,B = D_3$ (drittes Destillat).

Es liegen vier Gleichungen mit 2 Unbekannten E und B vor. Auf verschiedene Weise kann man die Gleichungen zur Berechnung von Essigsäure E und Buttersäure B zusammenstellen. Eine geschickte Kombination ist die folgende:

Man kombiniert die zweite Gleichung, die den größten Wert für das Destillat enthält, mit der Summe der Gleichungen 2, 3 und 4, damit alle Messungen der Titration Berücksichtigung finden, und man bekommt:

5. $0{,}3659\,E + 0{,}7277\,B = D_1$,
6. $0{,}7450\,E + 0{,}9799\,B = D_1 + D_2 + D_3$.

Daraus erhält man die Schlußgleichungen:

$$\text{I. } E = 3{,}9620\,(D_2 + D_3) - 1{,}3724,$$
$$\text{II. } B = -1{,}9920\,(D_2 + D_3) + 2{,}0641\,D_1.$$

E bezeichnet die Anzahl Kubikzentimeter $\frac{n}{20}$ Essigsäure, B die Anzahl Kubikzentimeter $\frac{n}{20}$ Buttersäure, die auf 200 cm³ Extrakt, entsprechend 20 g Silage gebraucht wurden. Die Multiplikation mit 5 gibt die Anzahl Kubikzentimeter $\frac{n}{20}$ Lösung, die auf 100 g Silage kommen, also $5E$ resp. $5B$. Multipliziert man noch mit dem zwanzigsten Teile des Molekulargewichtes in Millimolen, da wir $\frac{n}{20}$ Lösungen verwenden, so erhält man die Gewichtsmengen Essigsäure und Buttersäure, die in 100 g Silage enthalten sind. Also: $E \cdot 5 \cdot \frac{60}{20 \cdot 1000} = E \cdot 0{,}015$ g Essigsäure auf 100 g Silage, und $B \cdot 5 \cdot \frac{88}{20 \cdot 1000} = B \cdot 0{,}022$ g Buttersäure auf 100 g Silage.

Berechnung der Summe von freier und gebundener Essigsäure und Buttersäure. Es werden die gleichen Berechnungen für die Destillationen bei Schwefel- und Phosphorsäurezusatz durchgeführt.

Berechnung der Gesamtmenge der freien Säuren. Die Titration von 50 cm³ Extrakt gibt die Anzahl Kubikzentimeter $\frac{n}{20}$ Säure, die auf 5 g Silage gebraucht werden, bezeichnet als G. Wird diese Zahl mit 20 multipliziert, so ist $20\,G$ die Anzahl Kubikzentimeter $\frac{n}{20}$ Säure, die auf 100 g Silage entfallen. Die Anzahl Kubikzentimeter $\frac{n}{20}$ Milchsäure ist $20\,G - 5E - 5B$. Die prozentische Gewichtsmenge Milchsäure ist $M\,\% = \frac{(20G - 5E - 5B) \cdot 90}{1000 \cdot 20} = 0{,}0225\,(4\,G - E - B)$ Gramm Milchsäure auf 100 g Silage.

Beispiel: Auf 50 cm³ Silageextrakt (100 g Silage auf 1000 cm³ Wasser) werden 24,69 cm³ $\frac{n}{20}$ Lauge zur Neutralisation mit Phenolphthalein als Indikator gebraucht. 200 cm³ des Extraktes werden auf 100 cm³ abdestilliert. Titration des ersten Destillates 17,70 cm³ $\frac{n}{20}$ Natronlauge, des zweiten Destillates 10,60 cm³ $\frac{n}{20}$ Natronlauge und die des dritten Destillates 6,70 cm³ $\frac{n}{20}$ Natronlauge. In einer neuen Probe werden 5 cm³ Phosphorsäure zu 200 cm³ Extrakt zugesetzt und dreimal nach jedesmaliger Wiederauffüllung zur Hälfte abdestilliert. Erstes Destillat verbrauchte 20,70 cm³ $\frac{n}{20}$ Lauge, das zweite 11,60 cm³ und das dritte 7,10 cm³. Es ist also für

freie Säuren	*freie und gebundene Säuren*
$D_1 = 17{,}70$	$D_1 = 20{,}70$
$D_2 = 10{,}60$	$D_2 = 11{,}60$
$D_3 = 6{,}70$	$D_3 = 7{,}10$

Gesamttitration von cm³ Extrakt ist $G = 24{,}69$ cm³. Es ergibt sich also für *freie Essigsäure und Buttersäure* nach I: $E = 3{,}9620\,(D_2 + D_3) - 1{,}3724\,D_1$, also $3{,}9620 \cdot 17{,}30 - 1{,}3724 \cdot 17{,}70 = 68{,}54 - 24{,}29 = 44{,}25$ cm³ $\frac{n}{20}$ Essigsäure. Nach II: $B = -1{,}9920\,(D_2 + D_3) + 2{,}0641\,D_1$ also $B = -1{,}9920 \cdot 17{,}30 + 2{,}0641 \cdot 17{,}70 = -34{,}46 + 36{,}53 = 2{,}07$ cm³ $\frac{n}{20}$ Buttersäure.

Auf 100 g Silage kommen also $44{,}25 \cdot 0{,}015 = 0{,}664$ g freie Essigsäure und $2{,}07 \cdot 0{,}022 = 0{,}046$ g freie Buttersäure.

Für *freie und gebundene Essigsäure und Buttersäure* nach I:

$E = 3{,}9620(D_2 + D_3) - 1{,}3724\,D_1 = 3{,}9620 \cdot 18{,}70 - 1{,}3724 \cdot 20{,}70$

$E = 74{,}09 - 28{,}41 = 45{,}68\,\mathrm{cm}^3\,\frac{\mathrm{n}}{20}$ Essigsäure.

Nach II:

$B = -1{,}9920(D_2 + D_3) + 2{,}0641\,D_1 = -1{,}9920 \cdot 18{,}70 + 2{,}0641 \cdot 20{,}70 =$

$B = -37{,}25 + 42{,}73 = 5{,}48\,\mathrm{cm}^3\,\frac{\mathrm{n}}{20}$ Buttersäure.

Auf 100 g Silage kommen also 45,68 · 0,015 = 0,685 g freie und gebundene Essigsäure und 5,48 · 0,022 = 0,121 g freie und gebundene Buttersäure.

Gesamtmenge der freien Säuren. In 50 cm³ wurden titriert: $G = 24{,}69\,\mathrm{cm}^3$ $\frac{\mathrm{n}}{20}$ Säure. Die prozentische Menge an freier Milchsäure ist $M\,\% = 0{,}0225\,(4\,G - E - B)$, wobei E und B für freie Essigsäure und freie Buttersäure gelten.

$M\,\% = 0{,}0225(4 \cdot 24{,}69 - 44{,}25 - 2{,}07) =$

$M\,\% = 0{,}0225 \cdot 52{,}44 = 1{,}180$ g Milchsäure auf 100 g Silage.

Resultat des Beispiels: 100 g wasserhaltige Silage enthalten:

0,664 freie Essigsäure,
0,046 freie Buttersäure.
1,180 freie Milchsäure,
0,021 gebundene Essigsäure,
0,075 gebundene Buttersäure.

Beurteilung der Säurebestimmungen des Sauerfutters. Die durch die chemischen Analysen gefundenen Werte für die Säuren des Sauerfutters sind nur sehr schwer einwandfrei zu beurteilen (vgl. MANGOLD S. 104[83]), da dies immer nur auf Grund der Analysen von einzelnen Silage*proben* geschehen kann und, wie schon HANSEN[48] und neuerdings KUCHLER[73] hervorheben, die auf derartigen Entnahmen, selbst bei Anwendung versenkter Probebeutel, beruhenden Durchschnittswerte nur mit Vorbehalt als solche betrachtet werden können. Die Ursache liegt in der oft außerordentlich

ungleichen Verteilung der Säuren im Silo,

infolge deren an verschiedenen Stellen verschiedene Konzentrationen gefunden werden. Besonders WIEGNER und CRASEMANN[155, 158] verdanken wir wichtige Einblicke in die Ursachen für diese ungleiche Säureverteilung. Sie fanden auch die Zunahme der Essigsäure bei größerem Rohfasergehalt infolge Sperrigkeit und schlechterer Luftverdrängung aus dem eingelagerten Material, und ferner die Zunahme der Milchsäure als Folge abnehmenden Wassergehaltes und größeren Kohlenhydratvorrates. Durch die Absetzung des Saftes kann besonders unten im Silo eine Tendenz zu größerem Säuregehalt vorherrschen. So erhielten WIEGNER und CRASEMANN z. B. in drei, oben, in der Mitte und unten aus einem Silo entnommenen Proben an freier Milchsäure und freier Essigsäure, in Prozent der Trockensubstanz für erstere 3,77; 4,50; 6,66 %; für letztere 0,16; 0,38; 0,51 %. Auch unsere Proben aus verschiedenen Schichten eines Maissilos ergaben wesentliche Differenzen der gleichen S. 15, 23[85], z. B. an drei Stellen für Milchsäure 0,366; 0,711; 1,039; für gebundene Essigsäure 1,208; 2,787; 2,800; für gebundene Buttersäure 0,004; 0,159; 0,121 %.

Ähnliche Unterschiede im Säuregehalte an verschiedenen Stellen eines Silos hat auch ZIELSTORFF[166, 168, 169] nachgewiesen, aus dessen für je neun verschiedene Stellen von drei Silos gefundenen Werten für den Prozentgehalt der Säuren S. 77[166] die *Schwankungen* hier wiedergegeben seien (Tab. 2). In neueren Versuchen über die Ensilierung von Rotklee S. 76[169] von ZIELSTORFF und KEILER finden sich ausführliche Angaben, die in Tab. 2a wiedergegeben sind.

Tabelle 2.
Die ungleiche Verteilung des Säuregehaltes im Silo (nach ZIELSTORFF).

	Milchsäure	Freie Essigsäure	Freie Buttersäure	Gebundene Buttersäure	Gesamtsäure
Elektrosilo I . . .	0,16—1,05	0,30—0,60	0,0—0,39	0,0—0,53	1,27—2,09
„ II . . .	0,06—0,66	0,11—0,56	0,0—0,50	0,0—1,21	1,02—2,35
Normalsilo	0,19—1,32	0,16—0,67	0,0—0,69	0,0—1,50	1,24—3,05

Tabelle 2a.
Die ungleiche Verteilung des Säuregehaltes im Silo (nach ZIELSTORFF u. KEILER[169]).

Nr. der Probe	Entnahmestelle	Tiefe in Meter	Milchsäure	Essigsäure		Buttersäure		Gesamtsäure	Trockensubstanz
				frei	gebunden	frei	gebunden		
1	Mitte	1,00	0,18	0,15	0,43	0,27	0,98	2,01	15,15
2	Seite	1,00	0,19	0,12	0,42	0,19	0,35	1,27	14,65
3	Mitte	1,20	0,22	0,20	0,54	0,29	1,28	2,53	15,01
4	Seite	1,20	0,37	0,17	0,61	0,09	0,81	2,05	15,39
5	Mitte	1,40	0,25	0,12	0,55	0,17	0,82	1,91	15,65
6	Seite	1,40	0,14	0,14	0,65	0,11	0,80	1,84	15,73
7	Mitte	1,60	0,09	0,17	0,53	0,09	1,14	2,02	15,51
8	Seite	1,60	0,19	0,05	0,76	0,42	0,94	2,36	15,15
9	Mitte	1,80	0,24	0,17	0,63	0,35	1,11	2,50	15,60
10	Seite	1,80	0,17	0,16	0,68	0,22	1,22	2,45	16,34
11	Mitte	2,00	0,22	0,22	0,65	0,18	1,09	2,36	16,18
12	Seite	2,00	0,22	0,20	0,57	0,09	1,34	2,42	16,29
13	Mitte	2,20	0,23	0,22	0,52	0,04	1,39	2,40	15,18
14	Seite	2,20	0,21	0,23	0,51	0,16	1,07	2,18	15,78
15	Mitte	2,40	0,40	0,19	0,53	0,11	1,35	2,58	15,45
16	Seite	2,40	0,28	0,24	0,59	0,16	0,47	1,74	14,95
17	Mitte	2,60	0,20	0,25	0,58	0,20	1,07	2,30	13,90
18	Seite	2,60	0,28	0,34	0,62	0,12	0,26	1,62	14,56
19	Mitte	2,80	0,25	0,23	0,96	0,23	0,34	2,01	11,98
20	Seite	2,80	0,20	0,20	0,49	0,08	0,74	1,71	13,94
21	Boden	3,00	0,07	0,27	0,70	0,23	0,85	2,12	16,85

Hiernach kann man also in dem Sauerfutter eines Silos ebensogut keine wie auch erhebliche Mengen Buttersäure finden und die Silage für gut oder schlecht erklären, je nachdem man die Probe zufällig von der einen oder der anderen Stelle entnommen hat!

Diese Feststellung wirft ein bedeutungsvolles Licht auf den Konkurrenzstreit der verschiedenen Siloverfahren um den Mindestgehalt an Essig- und Buttersäure und auf die Brauchbarkeit der dabei gegeneinander ausgespielten Säurewerte.

Die gleiche Schwierigkeit besteht für die Verfolgung des *zeitlichen Verlaufs der Säurebildung* in einer Silage, die im allgemeinen eine zunächst rasche, dann allmählichere Zunahme und schließlich wieder einen Abfall des Säuregehaltes ergibt.

In der Praxis wird

der Prozentgehalt an Säuren

als Maßstab für die Güte eines Sauerfutters angesehen. Doch bestehen unbeschadet der Brauchbarkeit als Viehfutter dabei sehr große Schwankungen, deren Ursache zum Teil in dem soeben Gesagten liegt. Eine Umfrage in Deutschland ergab nach LIEHR[77] für als brauchbar erwiesene Silagen aus Futtertürmen, Gärkammern und Elektrosilos für Milchsäure Werte von 0,1—1,5%, für Essigsäure solche von 0,03—1,0% der frischen Substanz. Eigene Analysen aus 29 Elektrosilagen[85] ergaben im Mittel folgende Prozentgehalte an Säuren in der frischen Substanz, unter denen wir die Schwankungen für dieselben nach einer größeren Statistik von MACH über verschiedenartigste Silagen beifügen.

Tabelle 3. Mittlerer Säuregehalt des Sauerfutters in Prozenten und seine Schwankungen.

	Milchsäure	Freie Essigsäure	Gebundene Essigsäure	Freie Buttersäure	Gebundene Buttersäure	Gesamtfreie Säuren
MANGOLD u.	1,93	0,488	0,772	0,06	0,066	1,674
BRAHM[85] .	0,237–2,12	0,25—1,105	0,076—3,156	0—0,06	0,009—0,371	0,237—3,271
MACH[80] . . .	0—1,80	0,033—0,606	0—1,430	0,0—510	0—1,530	—

CRASEMANN S. 212[20] fand in 15 Proben von „Süßgrünfutter" im Mittel insgesamt an flüchtigen Säuren 2,51, an Gesamtessigsäure 1,38, an Gesamtbuttersäure 1,13 %. Aus zahlreichen Untersuchungen von VÖLTZ sei angeführt, daß in verschiedenartigen Silagen folgende Werte gefunden wurden[142]: für Milchsäure 1,54—2,36 %, freie flüchtige Fettsäuren 0,23—0,41, gebundene Fettsäuren 0,12—0,36, Gesamtsäuren 2,31—2,71 %. Eine französische Statistik von BRÉTIGNIÈRE und GODFERNAUX S. 46[12] gibt für gesamte flüchtige Säuren 0,004 bis 0,157, für gebundene Säuren 0,059—0,607, für Gesamtsäuren 0,143—0,686 % an. Durchweg höhere Werte zeigten die amerikanischen Silagen verschiedener Art nach NEIDIGS Tabelle[90], in der die Milchsäure Schwankungen von 0—6,1, Essigsäure von 0,8—3,8, Buttersäure von 0—3,1, Propionsäure von 0—1 % aufweist. KELLNER S. 251[60] rechnet allgemein für gutes Sauerfutter mit einem Gesamtgehalt an Säuren von 1,5—2,5 %, wovon zwei Drittel Milchsäure sein sollen.

Über den prozentischen

Säuregehalt des Silagesaftes

seien noch aus eigenen Untersuchungen[8, 85] Beispiele hinzugefügt, da dieser Saft erneutes Interesse gewonnen hat, seitdem man in der Praxis auf Grund besserer Einsicht zu der alten Vorschrift von KÜHN[74] und FRY[39] zurückgekehrt ist, diesen Saft nicht ungenutzt abfließen zu lassen (Tab. 4 u. 4a).

Tabelle 4. Säuregehalt des Silagesaftes (nach MANGOLD u. BRAHM).

Saft aus	Freie Essigsäure	Gebundene Essigsäure	Freie Buttersäure	Gebundene Buttersäure	Milchsäure
Rübenköpfen und -blättern	0,420	0,080	—	—	0,990
	0,670	0,280	0,009	0,015	0,530
Mais	1,460	0,840	0,060	0,050	0,160
Serradella	0,301	1,712	0,012	0,016	—
Rübenblättern	0,033	0,283	—	Spur	0,448

Tabelle 4a. Säuregehalt des Silagesaftes von Rieselgras nach der Einsäuerung nach FINGERLING unter verdünnter Salzsäure (nach BRAHM[11]).

Tag der Probenahme	Essigsäure		Buttersäure		Milchsäure
	frei %	gebunden %	frei %	gebunden %	%
29. Oktober 1926	0,0212	0,0274	0,0000	0,0000	0,37
2. November 1926 . . .	0,934	0,1216	0,0000	0,0000	1,091
9. „ 1926 . . .	0,996	0,1152	0,0000	0,0000	0,919
16. „ 1926 . . .	0,974	0,1308	0,0000	0,0000	1,00
23. „ 1926 . . .	0,977	0,1572	0,0000	0,0000	0,786
30. „ 1926 . . .	0,997	0,1903	0,0000	0,0000	0,987
7. Dezember 1926 . . .	1,010	0,1987	0,0000	0,0000	0,945
14. „ 1926 . . .	1,010	0,225	0,0000	0,0000	0,735
22. „ 1926 . . .	1,022	0,231	0,0000	0,0022	0,747
9. März 1927	1,010	0,2497	0,0000	0,0012	0,510
17. „ 1927	1,010	0,258	0,0000	0,0022	0,513
29. April 1927	1,014	0,2644	0,0157	0,0022	0,383
19. Mai 1927	1,052	0,2725	0,0157	0,0025	0,321
25. Juli 1927	1,070	0,396	0,0440	0,0290	0,175

Die, wie aus allem Gesagten hervorgeht, sehr großen Schwankungen des Säuregehaltes im Sauerfutter und seinem Safte sind von einer großen Anzahl von Einflüssen und wechselnden Bedingungen abhängig, auf die erst nachher eingegangen wird (S. 370).

Eine gute Silage sollte jedenfalls viel Milchsäure, wenig Essigsäure und möglichst keine Buttersäure enthalten. Es sei hier noch daran erinnert, daß Buttersäure in großen Mengen verfüttert wurde, ohne daß irgendwelche Schädigungen beobachtet wurden. Schotten[121] verfütterte Buttersäure, Isobuttersäure, Valeriansäure und Capronsäure in Gestalt der Natronsalze in Mengen von 10—20 g an Hunde, ohne daß eine Vermehrung der flüchtigen Fettsäuren im Harn eintrat.

Hier soll nur noch, nachdem die Art des *Abbaues der Kohlenhydrate* genugsam in den vorigen Abschnitten behandelt ist, kurz auf den

c) Eiweißabbau im Sauerfutter

eingegangen werden. Zum Teil wurde dieser schon erwähnt, als auf die überlebende Zellentätigkeit (S. 352), auf die Eiweißfäulniserreger (S. 354), den Nachweis von Valin und Leucin durch Brahm (S. 355), die proteogene Entstehung von Buttersäure und höheren Fettsäuren (S. 355) hingewiesen wurde. Besonders kommen gewissen Erdbazillen und Kurzstäbchenarten im Sauerfutter starke eiweißabbauende Fähigkeiten zu, ohne daß hierbei eigentliche Fäulnisprodukte gebildet zu werden brauchen; diese Mikrobentätigkeit vermögen die Milchsäurebakterien nur dann zu unterdrücken, wenn ihnen genügend vergärbare Kohlenhydrate zur Verfügung stehen (Schieblich[114]).

Die *Eiweißstoffe* werden durch die Bakterien entweder nur bis zu *Aminosäuren* abgebaut oder bis zu *Ammoniak*, so daß hierbei basische Körper entstehen (vgl. [20, 122]). So fand Völtz[147], daß in einer Kleesilage 50% des Rohproteinstickstoffs in einfachere N-haltige Verbindungen, und zwar zu 47,3% zu Amidsubstanzen und zu 2,7% zu NH_3 abgebaut war und dementsprechend die Amide zugenommen hatten. Auf Grund weiterer Versuche, bei denen sich in verschiedenartigsten Silagen ein solcher Eiweißabbau von 3—50% nachweisen ließ, nimmt Völtz dabei besonders eine Wirkung der durch den Austritt des Zellsaftes mobilisierten eiweißspaltenden Fermente an, da der Eiweißabbau auch unter Ausschluß der Bakterienwirkung durch Zusatz von Toluol stattfand[134]. Kirsch[65] teilt mit Reetz[100] auf Grund von dessen Versuchen, die wir jedoch nicht für einen exakten Nachweis halten können, die Anschauung, daß der Eiweißabbau nur durch die Pflanzenfermente und nicht durch die Bakterien erfolgt; dabei erscheint nicht recht verständlich, daß die Säureverhältnisse und dergleichen Faktoren im Futterstock die zum Eiweißabbau befähigten Bakterien so ganz auszuschalten vermöchten.

In jedem Sauerfutter findet sich eine geringe Menge *Ammoniak*, der, auch wieder in ungleichmäßiger Verteilung über den ganzen Futterstock eines Silos, z. B. nach Analysen von D. Meyer[87] 0,01—0,13%, von K. Schmidt[118] 0,12 bis 0,24%, von Zielstorff[165] 0,05—0,14% und im *Saft* nach eigenen Versuchen[85] 0,14% betrug.

Freier Stickstoff wird nach Kellner[62] nicht gebildet.

Über die bei der Einsäuerung auftretenden

d) Gase des Sauerfutters

liegen nur wenige Beobachtungen vor. Preuss, Peterson und Fred[99] teilen Untersuchungen über die Menge und Zusammensetzung der bei der Einsäuerung von Weißkohl (Sauerkraut) entstehenden Gase mit. Es wurden immer 136 kg Weißkohl zu den Versuchen benutzt. Nachstehend ist eine Tabelle mitgeteilt.

Tabelle 5.

Zeit in Stunden	Menge der gebildeten Gase in l	Gasbildung pro Stunde	Zusammensetzung des Gases in Volumenprozenten	
			CO_2	O_2
0	0,00	0,00	—	—
45	2,08	0,05	1,3	19,6
65	15,35	0,67	9,0	17,6
88	39,66	1,05	40,5	8,8
112	78,87	1,63	76,8	3,8
136	124,11	1,88	93,2	0,9
161	172,20	1,92	97,2	—
185	192,24	0,83	98,0	—
209	199,21	0,29	98,3	0,4
233	210,00	0,45	98,6	—
260	212,27	0,08	98,6	0,3

In einem zweiten Versuche wurden nach 185 Stunden 227,9 l Gas gebildet, dessen Zusammensetzung aus 98,5% CO_2 und 0,3% O_2 bestand. Wasserstoff und Methan wurden nur in Spuren gefunden. Die stärkste Gasbildung tritt zwischen 40 und 100 Stunden nach Eintritt der Gärung auf. Die Gasbildung wird nach Ansicht dieser Autoren durch die Bakterientätigkeit bedingt, nicht dagegen durch Hefewachstum oder Zellatmung. Im ausgetretenen Sauerkrautsaft fanden sich 0,63% Essigsäure, 1,51% Milchsäure und 0,28% Alkohol. In bisher noch unveröffentlichten Versuchen von BRAHM und STEUBER fanden sich nachstehende Werte. Die Untersuchungen wurden mit Weißkohl und Rieselgras ausgeführt.

Versuche mit Weißkohl (BRAHM u. STEUBER).

Datum des Versuches	CO_2 Vol.-%	O_2	CH_4	H_2
15. April 1927	19,65	14,48	0,12	?
17. „ 1927	53,93	7,16	0,43	4,09
18. „ 1927	70,59	—	0,61	1,68
20. „ 1927	74,78	5,20	0,60	0,28

Versuche mit Rieselgras (BRAHM u. STEUBER).

Datum	CO_2 Vol. %	O_2 Vol. %	CH_4 Vol. %	H_2 Vol. %
27. Mai 1927	7,06	16,35	—	—
29. „ 1927	20,51	11,95	0,08	0,46
30. „ 1927	37,34	8,94	0,23	1,08
31. „ 1927	52,87	7,04	1,20	1,56
1. Juni 1927	54,46	7,63	0,11	1,21
6. „ 1927	49,35	8,96	0,09	0,62
15. „ 1927	59,70	5,07	—	—

Versuche mit Rieselgras (BRAHM u. STEUBER).

Datum des Versuches	CO_2 Vol. %	O_2 Vol. %	N_2 Vol. %	CH_4 Vol. %	H_2 Vol. %	CO_2 anaerob gebildet %
1. November 1928 morgens	9,65	13,05	77,30	—	—	2,27
1. „ 1928 abends .	23,65	5,56	70,79	—	—	17,26
2. „ 1928 morgens	34,46	4,10	61,44	—	—	33,73
3. „ 1928 „	17,30	14,35	68,35	Undichtigkeit im Apparat		
3. „ 1928 abends .	33,95	10,76	55,29	—	—	33,10
5. „ 1928	54,50	5,40	40,10	—	—	52,10
7. „ 1928	61,16	2,70	29,14	—	—	66,94
9. „ 1928	76,30	2,00	21,70	—	—	75,38

(Fortsetzung.)

Datum des Versuches	CO_2 Vol. %	O_2 Vol. %	N_2 Vol. %	CH_4 Vol. %	H_2 Vol. %	CO_2 anaerob gebildet %
10. November 1928 früh . .	81,00	1,80	17,20	—	—	—
10. „ 1928 nachm.	84,45	1,54	14,01	—	—	—
11. „ 1928	87,54	1,14	11,11	—	—	—
13. „ 1928	90,68	1,10	8,23	—	—	—
14. „ 1928	89,74	1,30	8,97	—	—	—
15. „ 1928	92,17	1,21	6,63	—	—	—
17. „ 1928	93,46	0,96	5,58	—	—	—
19. „ 1928	95,16	0,47	4,37	—	—	—
22. „ 1928	95,50	0,40	4,10	—	—	—
24. „ 1928	95,43	0,36	4,21	—	—	—
27. „ 1928	95,09	0,23	4,69	—	—	—
1. Dezember 1928	94,44	0,21	5,35	—	—	—
6. „ 1928	93,10	0,30	6,60	—	—	—

In der Silageliteratur der letzten Jahre finden sich auch verschiedene Veröffentlichungen von K. SCHMIDT[117, 118, 119] über das Auftreten und die Zusammensetzung der bei der Silage auftretenden Gase. Die in den verschiedenen Mitteilungen veröffentlichten Werte für O_2, CO_2, H_2 und N_2 sind so unwahrscheinlich, daß die Annahme berechtigt erscheint, daß die Gasanalysen fehlerhaft waren. Die Angaben über das Auftreten von Sauerstoff bei nahezu völliger Abwesenheit von Stickstoff berechtigen zu diesem Schluß.

Die gesamte Gasentwicklung erfolgt natürlich auch durch Kohlenhydrat- und Eiweißabbau auf Kosten der Trockensubstanz des eingelagerten Pflanzenmaterials und verwandelt diese z. B. nach einer Angabe von KELLNER[62] für eine Rübenblättersilage zu 18% in Gase.

3. Die Eigenschaften des Sauerfutters,

die seine Eignung als Futter bedingen oder es im Falle des Mißlingens der Silage dazu ungeeignet machen, werden in erster Linie durch seine als Endresultat der Gärung bestehenden *Säureverhältnisse* beherrscht. Denn von diesen sind vor allem sein

a) Geruch und Geschmack

und zum Teil auch seine Bekömmlichkeit abhängig. Im allgemeinen wird ein stechender und ranziger Geruch, der ein Zuviel an Essigsäure oder Buttersäure anzeigt, ebenso wie ein solcher nach Fäulnis ungünstig bewertet. Der Geruch allein erweist sich freilich nicht als maßgebend für die Beurteilung der Brauchbarkeit oder auch nur des Säuregrades. Wir haben mehrfach trotz ekelhaften Geruches sehr günstige Säurewerte gefunden[83]. Auch darf man umgekehrt nicht aus einem für den Menschen angenehmen Geruch einer Silage ohne weiteres auf ein gutes Gelingen derselben als Viehfutter schließen, da sie dabei doch z. B. durch Eiweißzersetzung physiologisch entwertet sein kann (VÖLTZ[134]). Letztere kann sich übrigens auch durch Geruch nach Ammoniak bemerkbar machen.

Die Milchsäure gibt einen angenehm erfrischenden, schwach säuerlichen Geruch. Ein gut gelungenes Sauerfutter wird daher vermutet, wenn es einen derartigen oder einen süßlich aromatischen, fruchtartigen oder brot-, honig-, melasseähnlichen oder an Backpflaumen oder Pfefferkuchen erinnernden Geruch besitzt oder aber überhaupt fast geruchlos ist[73, 154, 68, 122].

Der *Geschmack* einer guten Silage wird vom Menschen als angenehm schwachsäuerlich oder süßlich-fruchtartig empfunden, während schlechte Silage scharf sauer, ätzend oder eklig, faulig, fade schmeckt[154].

b) Farbe und Struktur.

Die *Farbe* guter Silage ist meist hellgrün bis braun, am besten olivgrün[68], im übrigen natürlich von der des Ausgangsmaterials abhängig. Ist sie hellgelb, so ist das Futter meist zu sauer oder zersetzt; dunkle Farbe deutet auf zu starke Erhitzung[154]. Brétignière und Godfernaux S. 211[12] glauben, an Geruch und Farbe ziemlich genau die durchgemachte Temperatur erkennen zu können: war sie nicht wesentlich erhöht, bewahren die Pflanzen ihre natürliche Farbe; bei 35—38° C nehmen sie die hellgelbe Farbe des englischen Tabaks, bei 50—55° die dunkler braune des französischen an, bei 75—80° zeigt die schwärzliche Farbe die organische Zerstörung.

Durch zu starke Erwärmung wird auch die *pflanzliche Struktur* zu mürbe; sie soll deutlich erhalten sein (Klimmer[68]). Auch im übrigen sollen sich die Eigenschaften des Sauerfutters, besonders hinsichtlich seines Gehaltes an Nährstoffen, seiner Verdaulichkeit und Bekömmlichkeit, möglichst wenig von dem frischen Zustande des eingelagerten Futters unterscheiden (S. 350). Hierzu gehört auch der

c) Vitamingehalt.

Denn während ein Mangel an anderen Nährstoffen leichter wieder ausgeglichen werden kann, schon durch Mehrfütterung der Silage selbst, so würde doch ein Vitaminmangel derselben ihren Wert besonders als Futter für den Winter, in dem sonstige vitaminhaltige Nahrung knapp ist, außerordentlich herabsetzen und eine anderweitige Vitaminzufuhr erforderlich machen.

Bei Milchkühen lassen sich über den Vitamingehalt des an sie verfütterten Sauerfutters durch Prüfung ihrer Milch auf diese Ergänzungsnährstoffe Einblicke gewinnen. Diese Nachweise sind sogar von grundlegender Bedeutung für die Feststellung der Eignung solcher „Silagemilch" für die Kinderernährung (S. 381).

Da aber die Tiere auch für sich der Vitamine bedürfen, so ist die Prüfung der Silage selbst auf ihren Vitamingehalt unerläßlich. Derartige Untersuchungen liegen bis jetzt nur von Scheunert und Völtz und ihren Mitarbeitern vor. Scheunert[107, 108, 109] und Schieblich überzeugten sich zunächst an einigen Silagen durch Fütterungsversuche an Ratten und Meerschweinchen vom Vorhandensein des antirachitischen Faktors A und des antiskorbutischen C- sowie auch des antineuritischen B-Vitamins und untersuchten dann[75] eine große Anzahl verschiedener Silagen, die zum Teil bis zu einem Jahr lang im Silo gelagert hatten. Es konnte durch Versuche an Ratten festgestellt werden, daß sie alle mit verschiedenen Ausnahmen, ganz unabhängig von ihrer Herkunft, einen beträchtlichen Gehalt an Vitamin A aufwiesen, und daß auch Vitamin B zugegen war, bei dem aber stärkere quantitative Unterschiede hervortraten und der Nachweis in mehreren kalt silierten Maisproben nicht gelang. Vitamin C fand sich, nach Versuchen an Meerschweinchen, ebenfalls, doch zum Teil nur in unzureichender Menge und andererseits aber trotz der Hitzeempfindlichkeit dieses Vitamins sogar in ausgesprochenen Warmsilagen. Auch für A und B kam Scheunert hinsichtlich eines Unterschiedes zwischen dem Einfluß der Kalt- und Warmsilage zu einem negativen Ergebnis, während Völtz und Lemke[132, 75], die ihre A-Versuche an Ratten und ihre B-Versuche an Tauben anstellten, in der Kaltsilage A nicht wesentlich gegenüber dem frischen Klee geschädigt, B aber auf das 3—4fache herabgesetzt, und in den Warmsilagen A und B stärker vermindert fanden. Allgemein läßt sich aber sagen, daß die drei Vitamine A, B und C in durchschnittlichen Grünfutterkonserven beliebiger Herkunft vorhanden, wenn auch oft nicht in so großen Mengen wie in frischem Material enthalten sind. Weitere, auf alle bekannten Vitaminfaktoren differenzierte Untersuchungen, besonders auch mit

Vergleichung des Vitamingehaltes der Silagen mit dem ihres Ausgangsmaterials, stehen bis jetzt leider noch aus. Auch neuere Untersuchungen von DUSCHEK[24] ergaben nur allgemein, daß Frischsäfte aus Serradella-, und schwächer und weniger nachhaltig auch aus Mais-Rotklee-Silage auf Gesundheit und Wachstum von Ratten bei sonst vitaminfreier Ernährung günstig wirkten; der Saft aus einer $^3/_4$ Jahre vorher eingelegten Rübenblättersilage übte dagegen keine Vitaminwirkung mehr aus; wann und wodurch sein ursprünglich jedenfalls auch vorhanden gewesener Vitamingehalt zerstört oder inaktiviert wurde, konnte aber nicht festgestellt werden.

III. Die Einflüsse auf die biologischen Vorgänge in der Silage, besonders auf die Säurebildung

sind nicht nur theoretisch wichtig, sondern auch, weil ihre Kenntnis den Praktiker in den Stand setzt, durch Einhalten bestimmter Vorschriften ein möglichst verlustlos konserviertes und gutes Sauerfutter zu erhalten. Eine solche Beeinflussung bezieht sich stets direkt oder indirekt auf die Regulierung der Säurebildung. Den *Einfluß des Luftgehaltes* hat schon KÜHN[74] richtig erkannt, als eine Bedingung, bei deren Beachtung man immer mit unbedingter Sicherheit auf gutes Gelingen der Silage rechnen könne, und hat daher die Anlegung wasserdichter Gruben oder Silos, Kurzschneiden und dichte Lagerung, Luftauspressen und Luftabschluß als Vorschriften für die rationelle Ausführung der Einsäuerung empfohlen. Ebenso forderte FRY[39] luft-, wasser- und wärmedichte Silos und spielt auch bei der heute als endgültiges Verfahren anerkannten Normalfutterbereitung nach VÖLTZ[130] der vollkommene Luftabschluß die Hauptrolle.

1. Der Einfluß des Luftgehaltes

wird durch den Sauerstoffgehalt bedingt und erstreckt sich einmal auf die Intensität der Atmungsvorgänge in dem überlebenden Pflanzenmaterial (siehe oben S. 351), ferner auf die Intensität und Dauer der aeroben Bakterientätigkeit. Insbesondere wird durch ungenügenden Luftabschluß die Umschichtung von der aeroben zur anaeroben Bakterienflora gehindert und bekanntlich vor allem die Bildung von zuviel Essigsäure begünstigt. Ferner besteht auch ein Einfluß des Luftgehaltes auf die Temperatur:

2. Der Wärmehaushalt im Silo.

a) Die Selbsterwärmung des Futterstockes

beruht zunächst auf den Oxydationsvorgängen bei der Pflanzenatmung. Steht durch Luftzutritt oder mangelndes Luftauspressen viel Sauerstoff zur Verfügung, so ist diese Atmung intensiver, und die Erwärmung nimmt einen rascheren und höheren Verlauf, kann aber durch Luftauspressen und Dichtlagern wieder verlangsamt und verringert werden.

Sodann nimmt auch die anaerobe Zellatmung an der Wärmebildung teil, nach Absterben der Pflanzenzellen aber nur noch die Bakterientätigkeit.

So kann die Temperatur im Futterstock gegebenenfalls verhältnismäßig rasch bis auf 50° C ansteigen und sich noch einige Wochen auf 40° halten, um dann erst langsam abzusinken S. 247[60]. Die spontane Temperaturerhöhung hat, bevor sie die Pflanzenteile abtötet, natürlich die unerwünschte Folge, daß die selbsterzeugte Wärme anfangs die aerobe Pflanzenzellatmung und die Fermenttätigkeit, dann noch die anaeroben intramolekulären Umsetzungen und schließlich den bakteriellen Abbau von Kohlenhydraten und Eiweiß fördert und so die Verluste an Nährstoffen in der Silage vergrößert. Erst höhere Temperaturen vermögen dann die Fermente zu zerstören und gewisse Bakterienarten abzutöten. Allerdings kann nach MIEHE noch bis zu Temperaturen von 75° der thermophile Bac. calfactor auftreten, wie ihn SCHEUNERT und SCHIEBLICH[111] noch in schwarzbraun gefärbter, überhitzter Silage fanden. Bei starker Erhitzung können die Sporenbildner auch in widerstandsfähige Dauerformen übergehen und dadurch beim Wiederabkühlen aufs neue Bakterien wachsen[111].

Hiernach ist es irrtümlich, wenn SCHWEIZER für die Silage die Wärme selbst als Konservierungsmittel auffaßt und meint, daß nach der Erwärmung gar kein Bakterienleben mehr möglich sei S. 72[124, 144]. Auch die Abtötung der Pflanzenteile durch die Wärme schafft ja zunächst den Bakterien günstiges Nährmaterial[111].

Auch die noch vor wenigen Jahren herrschende schematische Vorstellung von der überragenden Bedeutung bestimmter Temperaturgrenzen für die drei Hauptkategorien der Bakterien, von denen die Essigsäurebakterien vorwiegend nur bei 18—35° C, die Buttersäurebakterien von 35—40° und die Milchsäurebakterien von 30—65° gedeihen könnten, so daß man einfach durch entsprechende Regulierung der Temperatur im Silo die einen ausschalten und die anderen ins Übergewicht bringen könne, hat endgültig der besseren Erkenntnis weichen müssen, da auch dies alles wieder besonders vom Luftgehalt in der Silage abhängt, und da es auch Kaltmilchsäurebakterien gibt, die schon von 5—20°, und Lauwarmmilchsäurebakterien, die bei 20—35° ihr Wesen treiben. Und vollends ist jene Vorstellung hinfällig geworden, da, wie wir oben ausführten, die Säuren zum Teil auch aus dem Stoffwechsel der Pflanzenzellen selbst stammen und auch durch ganz verschiedene Bakterienarten, so z. B. Essigsäure durch Milchsäurebakterien, gebildet werden können. Insbesondere haben die Untersuchungen von SCHEUNERT und SCHIEBLICH S. 192[112] (vgl. auch oben S. 353) ja ergeben, daß die Erwärmung und der Temperaturverlauf keinerlei Einfluß auf die Bildung der obligaten Konservierungsflora auszuüben vermögen.

So wurden denn auch bei gut gelungenen Silagen verschiedener Art, nach der Umfrage von LIEHR[77], Höchsttemperaturen zwischen 25 und 75° beobachtet. Hierbei ist noch zu berücksichtigen, daß es sehr schwer ist,

b) Verlauf und Verteilung der Wärme im Silo

genau zu beurteilen, da diese sich in verschiedenen Teilen des Futterstockes sehr verschieden gestalten können. Ein ausgezeichnetes Beispiel liefern hierfür die sorgfältigen Temperaturmessungen, die Herr Administrator WEGERDT in Hobrechtsfelde in seinen mit Rieselgras gefüllten Hansasilos mit dem Stockthermometer in $^1/_2$ und 1 m Tiefe ausführte, wie wir seinerzeit mitteilten S. 25[85], und hier im Auszuge wiedergeben:

Tabelle 6. Temperaturverlauf bei Warmsäuerung an zwei Stellen eines Silos (nach MANGOLD und BRAHM).

Datum	24. Aug.	27. Aug.	31. Aug.	2. Sept.	8. Sept.	11. Sept.	12. Sept.	19. Sept.	21. Sept.
1 m tief . .	25	30	42	39	38	43	42	45	44
$^1/_2$ m tief . .	50	58	65	30	32	56	72	50	41

Die Unterschiede betragen hier auf $^1/_2$ m Entfernung der gemessenen Stellen bis zu 30° C. LINCKH[78] berichtet über Unterschiede von 20°. Bis zu 11° betragen die Differenzen in einer von ZIELSTORFF[165] an vier Stellen durchgemessenen Normalkaltsilage nach VÖLTZ, deren Wärmebewegung wir zugleich als Beispiel für die Methode hier auszugsweise mitteilen (siehe Tab. 7):

Tabelle 7. Temperaturverlauf bei Kaltsäuerung an vier Stellen eines Silos (nach Zielstorff).

Der wievielte Tag	1.	7.	14.	21.	28.	35.
2,50 m tief an der Seite	25	24	22	21	20	19
2,50 m „ in „ Mitte	24	26	26	25	23	23
1,50 m „ „ „ „	28	31	33	31	29	28
1,50 m „ an „ Seite	27	27	26	25	24	23

Ähnliche Werte teilt Zielstorff für eine Kleesilage mit[169]. Geringer sind natürlich die Unterschiede auf kleinere Entfernungen. Hierüber sei ein Beispiel von Crasemann[20] angeführt, das zugleich den anfänglichen stürmischen *Verlauf des Temperaturanstiegs* in den ersten Stunden einer Grassilage zeigt:

Tabelle 8. Anfänglicher Verlauf der Selbsterwärmung (nach Crasemann).

Datum	3. Juni									
	1^h	2^h	3^h	4^h	5^h	6^h	7^h	8^h	9^h	10^h
30 cm tief in der Mitte . .	41,8	44,0	46,0	48,5	49,8	50,0	49,8	49,0	48,8	48,3
50 cm „ „ „ „ . .	39,5	43,0	58,8	47,8	48,5	48,8	48,3	48,3	48,0	47,6

Unter dem Einfluß der Überschätzung der Temperaturverhältnisse für das Gelingen der Silage hat man vielfach auch

c) die künstliche Erwärmung des Futterstockes

angewendet. So wurden nach Hölkens Verfahren die heißen Abgase eines Koksofens durchgepreßt (siehe v. Wahl[150]) oder nach Vietze aus einem elektrisch angetriebenen Gebläse warme Luft eingeblasen (Elfu-Mitteilungen[29]) oder Heizwiderstände als „Futterkocher" eingeführt, auch das Einströmen von Dampf wurde verwendet (siehe [89], [124]), ohne indessen durch diese Maßnahmen eine Verringerung der Nährstoffverluste zu erzielen (siehe Gerlach und Günther[43]). Und in weiterem Maße wurden zur Erwärmung die von Schweizer[124] eingeführten und weiter ausgebildeten

I. Elektroverfahren zur Einsäuerung

verwendet, an die allerdings außer der Wärmewirkung noch mancherlei andere, wie wir heute wissen, unbegründete Hoffnungen geknüpft wurden. So hat sich die Vermutung einer *bactericiden Wirkung des elektrischen Stromes nicht bestätigen* lassen (siehe oben S. 353 und Scheunert und Schieblich[110]). Ebenso konnte auch die Hypothese von einer direkten und spezifischen, lähmenden Wirkung des elektrischen Stromes auf die Bakterien oder auf das lebende Pflanzenmaterial, wodurch dann die Umsetzungen und damit auch die Nährstoffverluste eingeschränkt oder gar vermieden würden (Schweizer[124]), überzeugend widerlegt werden (Scheunert und Schieblich[110]). Alle diese neuen Tatsachen, die für eine völlige Indifferenz des Elektroverfahrens sprechen, können heute wirklich nicht mehr „mit aller Entschiedenheit zurückgewiesen werden", wie Kuchler S. 68[73] meint; auch die von ihm herangezogenen Analogien der Stromwirkung auf Protozoen lassen sich nicht einfach auf Pflanzen und Bakterien übertragen. Auch daß der elektrische Strom, wie es im Kellner S. 67[61] dargestellt ist, dadurch konserviere, daß durch Elektrolyse des Pflanzensaftes starke Bakteriengifte entständen, die die Essig- und Buttersäurebakterien abtöten, die Milchsäurebakterien aber nicht angreifen würden, entbehrt jeder Begründung und wird auch dadurch widerlegt, daß, entgegen der Meinung, daß das Elektroverfahren der einzige Weg sei, ein Futter zu erhalten, das lediglich Milchsäure enthält

(FINGERLING[31, 32], OSTEN[95]), Elektrosilagen ebensogut auch Essig- und Buttersäure enthalten können. Eigene Untersuchungen von 29 Elektrosilagen verschiedenster Herkunft zeigten uns, daß in 18 davon freie oder gebundene Buttersäure und in 17 auch Essigsäure vorhanden war[83, 85]. Ebenso fand ZIELSTORFF[166, 167] bei einem Vergleich zwischen Elektro- und Kaltsilage nach VÖLTZ in den Säureprozentwerten keine nennenswerten Unterschiede, regelmäßig auch Essigsäure und häufiger als in der Kaltsilage auch Buttersäure, die auch HAUBOLD meist in den Elektrosilagen fand[50]. Bei einem derartigen Vergleich fand MEYER in beiderlei Silagen stets alle Säuren vertreten, und im Elektrofutter einen durchschnittlich geringeren Gehalt an Milchsäure[87].

Auch nach GERLACHS Feststellungen sind die *Säureverhältnisse beim Elektroverfahren nicht besser*[41, 42], und nach WIEGNER und CRASEMANN[158] ist der Säuregehalt dabei nicht geringer als in anderen Silagen.

SCHEUNERT und SCHIEBLICH[112] kamen nach ihren bakteriologischen Untersuchungen zu dem Schluß, daß die *Elektroverfahren keine Sicherheit für den erwünschten Verlauf einer Silage* gewähren.

Auch die dem Elektroverfahren gelegentlich zugeschriebene erhöhte Rohfaseraufschließung kann natürlich keine spezifisch elektrische Wirkung sein, sondern nur wie bei anderen Warmsäureverfahren auf den durch die höhere Temperatur angefachten bakteriellen Zersetzungen beruhen. Vorgreifend sei hier bereits bemerkt, daß auch hinsichtlich der Nährstoffverluste und Verdaulichkeit keinerlei typische Unterschiede im Elektrofutter gefunden wurden (S. 374).

Nachdem sich also keinerlei spezifische Wirkung der elektrischen Durchströmung auf das Sauerfutter auch nur einigermaßen einwandfrei nachweisen ließ, bleibt noch die Frage zu erwähnen, ob

II. das Elektroverfahren als Erwärmungsmethode

eine irgendwie beachtenswerte Bedeutung besitzt. Es wird ja dabei durch die Zuführung des Wechselstromes bzw. Drehstromes durch den Widerstand, den die ganze feuchte Pflanzenmasse dem Durchgange des Stromes bietet, eine Temperatursteigerung erzielt, die schneller als bei der Selbsterwärmung in die Höhe geht und leicht auf 50° kommen kann. Hierbei wurde nun dieser elektrischen Erwärmung eine besonders gleichmäßige Verteilung der Wärme im Gegensatze zu der gewöhnlichen Silage zugeschrieben (FINGERLING[31]). Wie bei dieser jedoch konnte in eigenen Versuchen an einer von SCHWEIZER gemeinsam mit Siemens & Halske errichteten Anlage von Elektrosilos festgestellt werden, daß die Temperaturen an verschiedenen Stellen des Futterstockes erhebliche Differenzen zeigten, die sich bis auf 15° C beliefen S. 13[85] (siehe die dortige Tabelle), und ferner auch, daß bei ungefähr gleich lange dauernder Stromdurchleitung in verschiedenen Elektrosilos und selbst in dem gleichen Silo an verschiedenen Tagen ganz verschiedene Temperaturen erreicht wurden. Den Verlauf der Temperaturbewegung in Elektrosilos haben auch ZIELSTORFF[166] und D. MEYER[87] durch zahlreiche Messungen verfolgt.

Es erübrigt sich indessen, auf den Wärmehaushalt im Elektrosilo oder auf Einzelheiten des Elektroverfahrens einzugehen, da sich hieraus keine weiteren theoretisch wichtigen Gesichtspunkte ergeben und auch die Praxis daran kein Interesse mehr hat, nachdem sich durch die erwähnten und anderweitigen Erfahrungen herausgestellt hat, daß die Elektroverfahren keine Vorteile aufweisen (siehe auch [37, 41, 42, 89]) und keine bessere Silage ergeben als andere billigere Verfahren, und daß sie nur die Erwärmung beeinflussen können. Wir wissen aber heute, daß eine künstliche Erwärmung überhaupt überflüssig ist, auch die

Selbsterwärmung besser in gewissen Grenzen gehalten wird, und bevorzugen daher im Gegensatz zur Warmsäuerung mehr und mehr

d) die Kaltsäuerung.

Dieses wieder vereinfachte Verfahren ist besonders von VÖLTZ[129, 130, 131, 136] (siehe auch KIRSCH[65, 66]) in zahlreichen Arbeiten als eine *Normalsauerfutterbereitung* empfohlen, ausgearbeitet und in unzweideutiger Weise als vorteilhaft erwiesen worden. Besonders lassen sich hierdurch die Nährstoffverluste noch wesentlich verringern (S. 374). Das kalte Einsäuerungsverfahren sorgt von Anfang an für den zur erwünschten Säurebildung notwendigen Luftabschluß und reduziert dadurch die durch Oxydation entstehenden Verluste auf ein Minimum (CRASEMANN[20]). Die VÖLTZschen Vorschriften[130 134] decken sich größtenteils wieder mit denjenigen von KÜHN (S. 350), indem vor allem undurchlässige Behälter und eine möglichst feste Einlagerung verlangt werden, die durch stets erneutes Feststampfen den vollkommenen Luftabschluß erzielt und hierdurch

I. die Temperaturverhältnisse

niedrig hält, die möglichst nicht über 15—20° hinausgehen (VÖLTZ[137]) und dann wieder abnehmen und sich auf etwa 10—12° einstellen sollen[134, 146, 147], wie es aus den täglichen Durchschnittstemperaturen einer Kleegrassilage hervorgeht, die wir nach VÖLTZ[147] im Auszuge wiedergeben:

Tabelle 9. Temperaturverlauf bei Kaltsäuerung (nach VÖLTZ).

Datum	18. Juni	25. Juni	1. Juli	7. Juli	14. Juli	21. Juli	28. Juli	6. Aug.	13. Aug.
Temperatur °C	20	20	19,5	18	16	15	13	12	12

Daß die erwünschte Niedrighaltung der Temperatur durch Befolgung dieser Methode durchaus möglich ist, möge die Zusammenstellung der Anfangs- und Höchsttemperaturen aus einigen VÖLTZschen Versuchen[134] zeigen:

Tabelle 10. Temperaturen bei Kaltsäuerung (nach VÖLTZ).

Futtermittel	Kartoffelschnitzel	Futterrübenblätter	Futterrübenschnitzel	Kleegras	Rübenblätter	Mais, Erbsen
Anfangstemperatur °C .	4	8	8	20	10	24
Höchsttemperatur °C . .	9	11	11	21,5	14	27

Ein weiteres Beispiel aus Versuchen von ZIELSTORFF wurde bereits in Tabelle 7 gegeben, wobei die Temperaturen allerdings etwas höher lagen, da es im Hochsommer offenbar nicht möglich ist, jene niedrigen Temperaturen einzuhalten, ohne die Behälter in kühlen Kellerräumen einzubauen S. 24[165].

II. Die Säureverhältnisse

fallen bei den kalten Silagen sehr günstig aus. So erhielt VÖLTZ[135] bei:

	Milchsäure %	Flüchtige Fettsäuren %
Kaltsäuerung	2,36	0,35
Warmsäuerung	1,54	0,77

und auch ZIELSTORFF[166] im Vergleich zu den bereits oben erwähnten Werten ebenfalls eine gute Säuerung.

Da ferner infolge der Vermeidung höherer Temperaturen die Verdaulichkeit des Eiweißes eine günstigere bleibt und allgemein die Nährstoffverluste niedrigere sind als bei den Warmsäuerungsmethoden (siehe später S. 375), so scheint der Völtzschen *Normalsauerfutterbereitung durch kalte Silage mit nur schwacher Selbsterwärmung*, die jetzt in steigendem Maße von verschiedenen Seiten empfohlen (Ehrenberg[27], Caspersmeyer[18], Naue[89], Krause[70] u. a.), zum Teil auch mit künstlicher Pressung (Kaltpreßverfahren von Aurich[2]) verbunden wird, die Zukunft zu gehören und die Warmsäuerungszeit überwunden zu sein. Die Warmsäuerung kann wohl nur noch, wie Völtz selbst empfiehlt[133, 135], für minderwertiges Futter, z. B. gefrorenes und wiederaufgetautes Gras oder Kartoffelschlempe, in Betracht kommen, wofür eine stärkere bakterielle Gärung erwünscht sein kann.

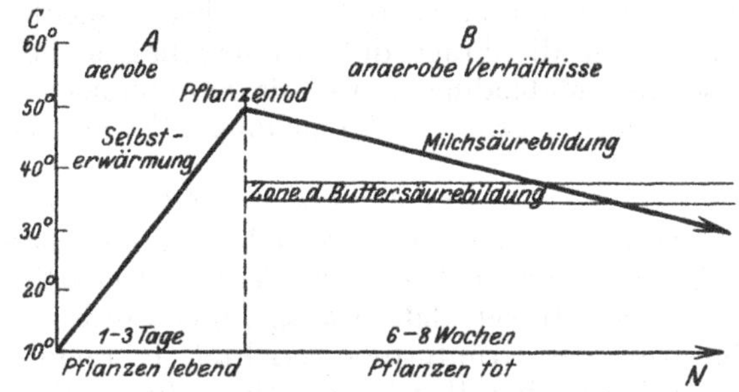

Abb. 2. Schema der Heißvergärung. (Nach Naue.)

Zum Vergleich der Vorgänge bei Warm- und Kaltsäuerung seien hier zwei ganz schematisch gehaltene Diagramme von Naue S. 20 u. 26[83] wiedergegeben.

Von zahlreichen weiteren Faktoren, die mehr oder minder auf die biologischen Vorgänge im Futterstock eine Wirkung ausüben können, ist gelegentlich auch

III. Der Einfluß des Wassergehaltes

besonders berücksichtigt und die Regulierung auf einen bestimmten Wassergehalt, der dann teils mit 65 oder 75 %, teils mit 80 % angegeben wird, gefordert worden. Nach unseren Erfahrungen erscheint es nicht durchführbar, in dieser Hinsicht praktisch etwas Wesentliches zu leisten. Ein Wasserzusatz wird schnell durch die Pflanzenmasse hindurchgehen und sich in den unteren Schichten absetzen; und wenn ein vermeintlich zu nasses Futter vor der Einlagerung einer Wasserentziehung durch Liegenlassen ausgesetzt wird, so würden dabei zugleich nur die Verluste durch die Zellatmung und die Bakterientätigkeit begünstigt (Mangold S. 106[83]). Gewöhnlich wird durch ein kurzes Abwelkenlassen der Wassergehalt des frischen Futters etwas herabgesetzt. Weiter kann dies durch Zusatz trockner Stoffe, wie Strohhäcksel und Spreu, bewirkt werden. Man wird aber in der Praxis, wo gerade auch verregnetes Futter schnell in die Silos gebracht werden muß, um es durch die Einsäuerung vor weiterer Auslaugung und Nährstoffverlusten zu bewahren, nicht immer den Wassergehalt in wirksamer Weise regulieren können. Auch pflegt der Wassergehalt bald in verschiedenen Schichten des Futterstocks sehr verschieden zu sein (Kellner[63]) und der sich auspressende Saft in die Tiefe zu gehen. Das einzige, was an exakten Feststellungen über den Einfluß des Wassergehaltes vorliegt, sind diejenigen von Wiegner und Crasemann[158],

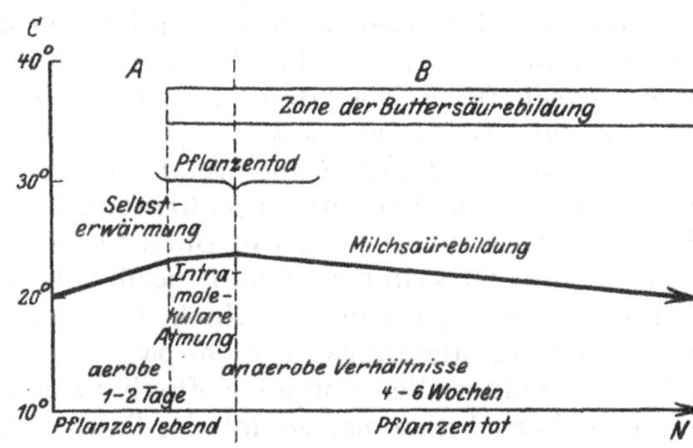

Abb. 3. Schema der Kaltvergärung. (Nach Naue.)

wonach höherer Wassergehalt die Essigsäurebildung und abnehmender Wassergehalt die Milchsäurebildung begünstigt. Ohne diese und andere geringfügige physiologische Einflüsse, die durch Änderungen des Wassergehaltes auf die Zellatmung und das Bakterienleben ausgeübt werden, irgendwie zu bestreiten, können wir die Frage des Wassergehaltes nicht als eine wesentliche ansehen. Besondere Maßnahmen, wie die Schweizersche *Entwässerungsanlage* für Silos, bieten nach eigenen Untersuchungen[85] auch keine Vorteile.

IV. Einfluß von Zusätzen verschiedener Art.

Versuche, den Wassergehalt des eingelagerten Pflanzenmaterials zu beeinflussen, sind auch immer wieder gelegentlich durch den

a) Zusatz von Salzen ausgeführt worden. Kühn[74], der bereits von diesem Einsalzen des Grünfutters berichtet, betrachtet dieses schichtweise Einstreuen von Salz als eine überflüssige Maßnahme. Ein Zusatz von Salz, z. B. *Viehsalz*, kann natürlich, falls die Konzentration genügend hoch ist, durch Plasmolyse fördernd auf die Abtötung der Pflanzenzellen und den Saftaustritt und hierdurch auf die schnellere Festlagerung (Völtz) wirken. Nach Schweizer würden hierfür aber etwa 1500—2000 g Kochsalz auf je 100 kg des eingelagerten Futters erforderlich sein, ein so stark salzhaltiges Futter würde aber von den Tieren nicht lange regelmäßig aufgenommen, und es würde z. B. für Schweine oder Pferde schädlich sein[124]. In Frankreich werden gelegentlich je 2 kg Salz pro Tonne Futter zugesetzt[12]. Auch *Chlorcalcium* in Lösung scheint hier und da verwendet worden zu sein S. 125[124]. Auch besondere *Konservesalze* sind angeboten worden, so ein Silozusatzpulver nach von Kapff[164] aus Kalk, Phosphorsäure, Kieselsäure usw., ferner ein solches für die Elektrosilage, anscheinend um durch die Saftentziehung die Leitfähigkeit für den elektrischen Strom zu verbessern. Nach unserer Untersuchung S. 9[85] wird dadurch kein besseres Sauerfutter erzielt, auch verliert diese Maßnahme mit dem Verlassen des Elektroverfahrens ohnehin ihre Bedeutung. Auch

b) Zusätze anderer Chemikalien als Desinfektionsmittel zur Bakterienabtötung, wie z. B. von *schwefliger Säure* (Aurich[3]) oder *Formalin*[12, 124] dürften sich kaum physiologisch bewähren und bei größerem Verzehr derartigen Sauerfutters schädlich wirken S. 118[124] und, da sie durchaus entbehrlich sind, auch kaum wirtschaftlich bewähren. Letzteres gilt wohl auch für den

1. Zusatz von Schwefelkohlenstoff, der zuerst von Greter in Zürich 1888, dann auch in Frankreich[12] angewendet und neuerdings von Löhnis und Hagemann[73] sowie von Aurich[2] empfohlen wird. Nach K. Schmidt[119] vermag der CS_2 die Bildung von Essigsäure, Buttersäure, Ammoniak herabzudrücken, auch Gerlach und Günther berichten bezüglich Buttersäure und NH_3 das gleiche, Hemprich[53] weniger günstig. Nach Scheunert und Schieblich[112] wirkt der CS_2 in der Silage allerdings gar nicht bactericid, trägt indessen zu einem günstigen Verlauf der bakteriellen Vorgänge offenbar durch Luftverdrängung und Schaffung anaerober Verhältnisse bei, so daß die Bakterienflora dann einer guten Kaltsilage entspricht.

Ebenso meinen sie, daß auch die *Ameisensäure*, die versuchsweise von Dierks[22] und von Zeiler und Egg[164] angewandt wurde, nach ihren bakteriologischen Prüfungen der aus Versuchen von Hansen stammenden Silagen sicher nicht bactericid wirkte, wohl aber die Umschichtung der Konservierungsflora begünstigte S. 203[112].

Auch Zusätze von *Salicylsäure*, Essigsäure, Salzsäure sind gelegentlich gemacht und vorübergehend empfohlen worden, die sich indessen meist ungleich in der Silage verteilen oder durch chemische Umsetzungen mit dem Futtermaterial gebunden werden[124]. Besonders für den

2. *Zusatz von Salzsäure* hat FINGERLING[34], nach unbefriedigenden Versuchen mit Benzoesäure, Phosphorsäure und Milchsäure, ein Verfahren als Bekämpfungsmittel gegen die unerwünschten Bakterienarten vorgeschlagen, bei dem als luftdichter Abschluß eine Ölschicht dient, die indessen nach GERLACH[44] unnötig sei, wenn das Futter gleichmäßig ausreichend mit 0,2% Salzsäure durchsetzt ist.

In orientierenden Laboratoriumsversuchen mit Rieselgras und Weißkohl konnte BRAHM[9] zeigen, daß durch die Konservierung unter verdünnter Salzsäure eine Beeinflussung der Buttersäuregärung herbeigeführt werden, nicht dagegen die Essigsäuregärung aufgehalten werden kann. In einem größeren praktischen Versuch mit Rieselgras konnte BRAHM[10] zeigen, daß selbst bei einem Zusatz von 1 kg konzentrierter Salzsäure, sogar von 1,5 kg Salzsäure pro Zentner Rieselgras eine einwandfreie Futterkonserve nicht erreichbar ist. Zu ähnlichen Resultaten kam RUTHS[103] in den praktischen Versuchen auf den Berliner Städtischen Gütern. Es zeigte sich auch hier, daß man die stürmische Gasentwicklung durch die Konservierung unter verdünnter Salzsäure nicht aufheben und ohne mechanische Pressung das Saftfutter nicht unter die Flüssigkeitsoberfläche bringen kann. Eine Ausschaltung der Buttersäure- und Essigsäuregärung wurde nicht beobachtet. Im Ausschuß der Herbsttagung der Deutschen Landwirtschafts-Gesellschaft in Heidelberg teilten GERLACH und FINGERLING über die Ergebnisse der Einsäuerungsversuche nach dem Verfahren FINGERLING mit, daß es noch weiterer Versuchsarbeiten bedarf, bevor es in die Praxis übertragen werden kann[44].

An weiteren Versuchen, die Vorgänge im Silo zu regulieren, ist die

c) Durchleitung von Kohlensäure nach ZEILER[162] zu nennen. Die CO_2 sollte dabei die Luft verdrängen, die Atmung der Pflanzenzellen sistieren und ihr Absterben beschleunigen und so wie auch durch Einfluß auf die Bakterientätigkeit die Nährstoffverluste herabsetzen. Wie SCHEUNERT[105] dargelegt hat, können indessen die anaeroben Bakterien, die bei Luftabschluß zu vegetieren vermögen, auch in einer Kohlensäureatmosphäre unerwünschte Gärungen veranlassen; allerdings ließ sich dabei die oxydative Temperatursteigerung im Silo verhindern; bei gewöhnlichen Silos entweicht aber ein großer Teil der CO_2 durch Diffusion durch die Poren der Wände.

Systematische Untersuchungen über die Anwendung der Kohlensäure sind von K. SCHMIDT[117, 118, 119] durchgeführt worden. SCHMIDT hatte mit *Evakuierung der Silos* und späterer Einleitung von CO_2 günstige Erfolge, besonders hinsichtlich der geringeren Bildung von Essigsäure und Ammoniak in der Silage. Auf eine Beherrschung der CO_2-Atmosphäre im Silo geht auch das Moraviaverfahren mit AURICH-CO_2-Silos[97] aus, das sich die Erhaltung der durch die Gärung erzeugten CO_2 durch absoluten Luftabschluß mittels hydraulischen Verschlusses zum Prinzip macht. Oft ist auch

d) Der Zusatz von Futterstoffen zum Silagematerial angewendet worden, weniger um den Nährstoffgehalt des Sauerfutters an sich zu erhöhen, als vielmehr zur Ernährung der Bakterien und Anregung einer stärkeren Milchsäurebildung. Hierin liegt ein gärungstechnologisch richtiger Gedanke, da tatsächlich durch Zusatz von *Melasse*, Rübenschnitzeln oder anderen zuckerhaltigen Rohstoffen eine erhöhte Milchsäurebildung erzielt werden kann (HAYDUCK[52]). So empfiehlt VÖLTZ[137] gelegentlich den Zusatz von *Zucker* in verschiedenartiger Form zu 1%, KIRSCH[65] Melasse zu 1—2% auf das Silagematerial, und hat HILDEBRANDT[55] mit Zusatz von Melasse oder Zuckerschnitzeln zur Sicherung des Gelingens bei Kleekaltsilage sehr gute Erfahrungen gemacht. Auch *Kartoffelflocken*, zum Teil auch zur Aufsaugung des Saftes[21] sind hinzugegeben worden, deren Verwendung für diesen Zweck allerdings durchaus unrentabel ist[135], neuerdings aber wieder empfohlen wird (Frölich[38]), ferner *Molken*[68]. Endlich wurde auch mit *Harnstoff* versucht, ob die Bakterien in der Silage etwa daraus höhere Stickstoffverbindungen aufbauen. Doch wurde in diesen Versuchen von Lemke[75] dabei zuviel Ammoniak gebildet, der durch die gleichzeitig entstandenen Säuren nicht neutralisiert wurde, so daß ein Harnstoffzusatz sich nicht bewährte.

e) Zusatz von Milchsäurebakterien. Endlich ist auch der bakteriologisch naheliegende Weg beschritten worden, *Reinkulturen von Milchsäurebakterien* zuzusetzen (Roux vom Institut Pasteur, Völtz und Henneberg), um der Milchsäurebildung gegenüber der Essig- und Buttersäuregärung das Übergewicht zu verleihen. Dabei ergaben sich auch günstige Säureverhältnisse S. 85[142], S. 47[12] und um einige Prozent geringere Nährstoffverluste[133]. Doch ist die Ersparnis gering, und diese jedenfalls im allgemeinen nicht notwendige Impfung sollte nach Völtz der Einsäuerung minderwertigen Futtermaterials vorbehalten bleiben, z. B. bei Schlempe oder Pülpe, zugleich mit Zuckerzusatz als Gärmaterial[133], oder bei faulen Kartoffeln, bei denen die Fäulnis durch die Milchsäuregärung überwunden werden kann.

B. Die ernährungsphysiologische Bedeutung des Sauerfutters.

I. Das Sauerfutter im Vergleich zum Ausgangsmaterial und zur Heubereitung.

1. Die Verluste im Vergleich zum Ausgangsmaterial.

a) Die Verluste an Nährstoffen.

Völlig verlustlose Aufbewahrung eines frisch geernteten Futters irgendwelcher Art hinsichtlich der in ihm enthaltenen Nährstoffe wäre nur bei momentaner Trocknung möglich, die jede Pflanzenatmung und jede Bakterienwirkung sofort und dauernd ausschließt. Abgesehen von der praktischen Schwierigkeit, ein solches Verfahren wirtschaftlich zu gestalten, würden dabei doch durch die Erwärmung Verluste an Verdaulichkeit, besonders der Eiweißstoffe, eintreten. Diese lassen sich bei der Einsäuerung fast völlig und günstigen Falles vollkommen vermeiden, während hierbei wieder einige Prozent an Verlusten der Nährstoffe kaum zu vermeiden sind.

Aus allem vorher Gesagten geht bereits genugsam hervor, worauf diese, schon Fry und Kühn bekannten Verluste beruhen, und daß sie durch feste Lagerung, völligen Luftabschluß, Niedrighaltung der Temperatur auf das unvermeidliche Minimum beschränkt werden können. Von Bedeutung sind dabei nur die Verluste an Gesamttrockensubstanz und an den einzelnen Nährstoffen. Hierüber sind von zahlreichen Autoren Versuche gemacht worden, indem die chemische Analyse zur Feststellung der

I. Nährstoffverluste im Vergleich zum Ausgangsmaterial

herangezogen wurde. Meist handelte es sich dabei darum, zwischen mehreren Einsäuerungsverfahren zu entscheiden, bei welchem die Verluste geringer seien. Auf Grund derartiger Erfahrungen rechnete man z. B. bei zementierten Gruben in Deutschland mit 20—36%[60], in Frankreich mit 30%[72, 12], bei Turmsilos in Deutschland mit 2—30%[77] und in Frankreich mit 3,5—7%[72], in England bei Turmsilos mit 5—6% und bei Mais mit 13—14%[12], in Amerika mit 10—15% Verlusten an Trockensubstanz der gesamten Nährstoffe. Häufig sind diese in der Literatur niedergelegten Werte indessen ohne Berücksichtigung des Saftabflusses, wie er früher vielfach gestattet wurde, gewonnen, so daß sie ungenau sind. Den hierdurch bedingten Unterschied hat schon KELLNER[62] festgestellt, der bei Rettigblättersilage *mit* Saftabschluß 45,77 %, *ohne* diesen nur 13,67 % Nährstoffverluste fand.

Ganz besonders aufklärend bezüglich der durch die Einsäuerung zu erwartenden Verluste haben die systematisch und außerordentlich gründlich durchgeführten Untersuchungen von WIEGNER und CRASEMANN[155–160, 20] gewirkt, in denen Sauerfutter verschiedener Art mit dem Ausgangsmaterial und zugleich auch mit der Heubereitung nach allen Richtungen hin ernährungsphysiologisch verglichen wurden. Aus der Fülle ihrer Ergebnisse können hier nur spärliche Beispiele folgen. So erhielten sie aus je 100 kg der Trockensubstanz frischen Grases im Preßsauerfutter 78,52 kg, im Elektrofutter 83,36 kg und im Heu 85,78 kg Trockensubstanz wieder S. 452[155] und fanden Verluste an verdaulicher Trockensubstanz im Sauerfutter zu 30,9, im Elektrofutter zu 38,4, im Heu zu 22,7 %[155].

II. Verluste bei Warm- und Kaltsäuerung.

Die geringsten Verluste ergibt die kalte Silage. Nach LEMKES[75] Vergleich der VÖLTZschen Normalsauerfuttermethode mit der Warmsäuerung ergaben sich bei einer Kleesilage z. B. folgende prozentischen Verluste an Nährstoffen des frischen Ausgangsmaterials.

Tabelle 11. Nährstoffverluste bei Kalt- und Warmsäuerung (nach LEMKE).

	Trocken-substanz	Asche	Orga-nische Substanz	Roh-protein	Eiweiß	Amide	Rohfett	Rohfaser	N-freie Extrakt-stoffe
Kaltsilage . .	— 5,15	+ 10,17	— 6,43	± 0	— 34,67	+ 300,00	+ 20,00	— 9,85	— 7,73
Warmsilage .	— 8,50	+ 23,53	— 11,15	± 0	— 30,38	+ 263,34	+ 17,31	+ 9,30	— 30,25

Bei der Kaltsilage brauchen also nach VÖLTZ und seinen Mitarbeitern[144] keine Verluste an Rohprotein zu entstehen, wie sie übrigens auch schon bei Warmsäuerung vermieden werden können (VÖLTZ[141]); dem Verlust an Reineiweiß steht ein entsprechender Gewinn an Amiden gegenüber. Auch Rohfett nimmt zu, nach HONCAMP[57] dadurch, daß neugebildete Stoffe wie Milch- und Buttersäure in den Ätherextrakt übergehen.

Noch weitere Beispiele aus den umfangreichen VÖLTZschen Versuchen über die kalte Normalsauerfutterbereitung[139, 133, 135, 134, 143–148] seien hier für die Verluste an Rohnährstoffen und verdaulichen Nährstoffen mitgeteilt:

Tabelle 12. Verluste bei Kaltsilage (nach VÖLTZ).

	Mais-Erbsen-Silage		Rotkleesilage		Rübensilage	
	Roh-nährstoffe	verdauliche Nährstoffe	Roh-nährstoffe	verdauliche Nährstoffe	Roh-nährstoffe	verdauliche Nährstoffe
Trockensubstanz	— 0,35	—	— 4,9	—	—	—
Organische Substanz . .	— 1,18	+ 3,0	— 5,1	—11,2	—7,2	—21,8
Rohprotein	+ 3,26	± 0	± 0	+ 13,6	± 0	± 0
Reineiweiß	— 16,18	—18,3	— 49,8	—	—	—
Amide	+ 103,0	—	+ 436,0	—	—	—
Rohfett	— 6,25	—	0,5	—	—	—
Rohfaser	— 4,23	+ 2,2	— 1,9	— 2,0	—2,5	—
N-freie Extraktstoffe . .	— 0,38	— 3,7	— 10,8	—27,8	—8,6	—19,7
Asche	+ 9,47	—	0	—	—	—

Das Maß der Nährstoffverluste, die bei der Einsäuerung auftreten, kann, abgesehen von dem Verfahren und dem Gelingen seiner praktisch zweckmäßigen Durchführung natürlich von mancherlei Einflüssen abhängen; so zunächst von der *Art des Ausgangsmaterials*. Schon je nach dessen Gehalt an Kohlenhydraten wird sich die zellphysiologische und bakterielle Milchsäuregärung verschieden stürmisch und ausgiebig vollziehen. Nach Zusatz von Zucker und *Impfung von Milchsäurebakterien* wurde mehrfach eine Verringerung der Verluste beobachtet (VÖLTZ[134, 142], BRÉTIGNIÈRE und GODFERNAUX S. 62[12]), während ein Zusatz von Melasse oder Molken *allein*, nach GERLACH und GÜNTHER[41], die Verluste nicht beeinflußte. Der *Zusatz von Salzsäure* (S. 373) bewährt sich nach BRAHM[9] zur Einschränkung der Verluste nicht. Auch

III. Der Einfluß des Vegetationsstadiums,

in dem sich die zu ensilierenden Futterpflanzen befinden sollen, damit der größte Gewinn aus ihnen erzielt wird, ist zu berücksichtigen[71, 124], sofern es sich um planmäßig für die Silage angebaute Pflanzen handelt, wie z. B. beim Silomais, der am zweckmäßigsten im Stadium der nahen Vollreife siliert wird, weil dann der größte Ertrag an Kohlenhydrat und Eiweiß erzielt wird[21]. DEICKE[21] empfiehlt dies für alle Körner- und Hülsenfrüchte. WOODMAN und AMOS[161] bevorzugen für Hafer, Wicken, Bohnen ein früheres bis mittleres Reifestadium. ZIELSTORFF und KELLER untersuchten den Einfluß des Vegetationsstadiums auf die Ensilierfähigkeit von Rotklee[169]. Während KUCHLER[73] für den infolge seiner eiweißreichen und kohlenhydratarmen Beschaffenheit schwer ensilierbaren Rotklee das Stadium der Vollreife empfiehlt, wird von anderer Seite angeraten, den Klee möglichst zu Beginn der Blüte zu konservieren. Die Forscher wählten einmal das Stadium der beginnenden Blüte und dann von derselben Parzelle den Klee 4 Wochen später gemäht. Die Einsäuerung erfolgte nach den Vorschriften der VÖLTZschen Normalsauerfutterbereitung, doch war die Einsäuerung der beiden Kleearten unbefriedigend, da Buttersäure und Essigsäure in größeren Mengen auftraten. Durch Ausnutzungsversuche mit Hammeln mit Kleeheu und Kleesaftfutter konnte gezeigt werden, daß der junge Klee an verdaulichen Nährstoffen dem älteren Klee überlegen war. Die weitere Überlegenheit des Kleeheus gegenüber dem Kleesaftfutter ist auf die schlechte Beschaffenheit des letzteren zurückzuführen. Durch Zugabe von 1—$1^1/_2$% Melasse hoffen die Forscher, das Säureverhältnis bei der Rotkleesilage zugunsten der Milchsäure verändern zu können. Vorläufig wird angeraten, sich der Rotkleesilage gegenüber abwartend zu verhalten. VÖLTZ[138] hat die Frage für Wicken durch Vergleich der Verluste bei Einsäuerung im grünen sowie im vollblühenden Zustande und zur Zeit des Schotenansatzes geprüft und als günstigstes ein zwischen beiden letztgenannten Zuständen liegendes Vegetationsstadium festgestellt. Bei diesen Versuchen hat er auch durch Stoffwechselversuche

b) die Verluste an Verdaulichkeit

untersucht, die neben den Verlusten an einzelnen Nährstoffen auch noch eine Rolle spielen. So fand VÖLTZ z. B. bei Rübensilage im Vergleich zu frischen Rüben folgende Verdaulichkeitswerte in Prozenten[148]:

Tabelle 13. Verdaulichkeit bei Frisch- und Sauerfutter (nach VÖLTZ).

	Organische Substanz	Rohprotein	Rohfaser	N-freie Extraktstoffe
Frische Rüben	83	30	63	90
Rübensilage	70	30	39	79
Verlust an Verdaulichkeit bei der Rübensilage	—15,6	±0	—	—12,2

Auch das Rohprotein kann hiernach die anfängliche Verdaulichkeit in der Silage beibehalten. Im großen und ganzen bleibt überhaupt die Verdaulichkeit bei der kalten Normalsauerfutterbereitung ziemlich unverändert (VÖLTZ[139]) oder zeigt danach höhere Werte nicht nur im Vergleich zur Warmsäuerung, sondern auch zum Frischmaterial. So fand z. B. LEMKE[75] bei beiden Verfahren die folgenden prozentischen Werte für die Verdaulichkeit im Vergleich zu derjenigen bei frischem Klee, die = 100% gesetzt wird:

Tabelle 14. Verdaulichkeit bei Kalt- und Warmsäuerung (nach LEMKE).

	Organ. Substanz	Rohprotein	Rein-Eiweiß	Amide	Rohfett	Rohfaser	N-freie Extraktstoffe
Kaltsilage . .	104,3	93,5	79,2	111,4	270,4	93,6	111,9
Warmsilage . .	94,8	85,4	62,3	104,6	179,9	101,0	94,3

Auch gegenüber der Elektrosilage erweist sich wieder die Kaltsilage hinsichtlich der Verdaulichkeit überlegen, wie durch WIEGNER und CRASEMANN[155, 158] und ZIELSTORFF[166] in vergleichenden Versuchen festgestellt wurde.

Von außerordentlicher Bedeutung für die Praxis ist natürlich hinsichtlich der Verluste an Nährstoffen und Verdaulichkeit besonders der

2. Vergleich der Verluste bei Sauerfutter und Heu,

worüber wir besonders WIEGNER und seinen Mitarbeitern[155—160, 20] eingehende Aufschlüsse und auch VÖLTZ[135, 138, 137] und ZIELSTORFF[165] wichtige Feststellungen verdanken. Im Mittel aus zahlreichen Versuchsreihen fanden WIEGNER und CRASEMANN S. 261[158] vergleichend folgende prozentische Verdauungskoeffizienten für Sauerfutter und Heu aus dem gleichen Grase:

Tabelle 15. Verdaulichkeit von Sauerfutter und Heu (nach WIEGNER, CRASEMANN, MAGASANIK).

	Trockensubstanz	Organ. Substanz	Rohprotein	Reinprotein	Rohfett	N-freie Extraktstoffe	Rohfaser	Rohasche	Calorien
Sauerfutter .	69,80	72,25	63,79	45,43	68,99	75,38	72,92	47,64	68,57
Heu	65,91	67,80	62,60	55,89	53,59	71,79	65,63	47,87	63,38

Hierbei handelte es sich um ein „Süßgrünfutter", also eine Warmsilage. Dieses Sauerfutter wurde in der Trockensubstanz, organischen Substanz, Rohfett, Rohfaser, N-freien Extraktstoffen und Calorien vom Hammel besser verdaut als das Dürrfutter. Die Trockensubstanz des Sauerfutters enthielt, außer im Reinprotein, mehr verdauliche Anteile als die des Dürrfutters. Bei kalter Silage würden sich zum Teil noch günstigere Resultate ergeben. Nach KIRSCH[65] kann man bei Grassilage mit einer gegenüber dem Gras um 50% und gegenüber dem Heu um 13% gesteigerten Verdaulichkeit rechnen.

WIEGNER hat zur Evidenz erwiesen, daß *die mit der Heuwerbung verbundenen Verluste im allgemeinen stark unterschätzt werden*, daß dabei schon bei günstigen Ernteverhältnissen mit Nährstoffverlusten von 25%, bei ungünstigen bis zu 40% zu rechnen ist. Auch nach VÖLTZ[137] können sie 50% oder mehr betragen. Im Vergleich hierzu erscheint die Einsäuerung als das mit größerer Sicherheit auf geringere Verluste, die besonders bei der Kaltsilage nicht mehr als 10—15% zu betragen brauchen, einschränkbare Verfahren. KIRSCH[66] folgert aus den Königsberger Untersuchungen bereits, daß es betriebswirtschaftlich von Vorteil sein muß, mehr und mehr die Heuwerbung durch Silofutterbereitung zu ersetzen. Allgemein wird die betriebswirtschaftliche Bedeutung der Silage hervorgehoben (KUCHLER[73]). Auch in Frankreich wird schon für die Warmsäuerung eine Gleichwertigkeit der Sauerfutter- und Heubereitung festgestellt, für ungünstige Ernteverhältnisse aber der Silage die Überlegenheit zuerkannt (BRÉTIGNIÈRE und GODFERNAUX[12]). Daß auch die *Vitamine* in der Silage erhalten bleiben, wurde oben bereits ausgeführt (S. 365). Gelegentlich ist auch

3. Die Frage der Verbesserung der Futterqualität durch Einsäuerung aufgeworfen worden. Im allgemeinen kann eine solche nicht erwartet werden; denn das frische Futter ist und bleibt das natürlichere, und neue Nährwerte können durch die Silage nicht hineingelangen. Wir sahen aber schon, daß z. B. faulende Kartoffeln durch Einsäuerung noch ein brauchbares Futter ergeben, also dadurch biologisch veredelt werden können (siehe oben S. 349). Ferner sollen nach Erfahrungen der Praxis die Schäden einer Durchsetzung mit *Schachtelhalm* im Wiesengras durch Silage stark vermindert werden (v. WENCKSTERN[153], VÖLTZ[137]). Hinsichtlich der *Lupinen* dagegen, deren Alkaloide nach Auffassung einiger Autoren (siehe KLIMMER[68]), im Gegensatz zu KÜHN S. 72[74], durch die Einsäuerung zerstört werden sollen, konnte BRAHM zeigen, daß eine solche Entgiftung nicht stattfindet. SCHIRWINSKI und WÖSTE[116] erhielten brauchbare Lupinen-Serradella-Silage durch Abfluß des Saftes, der dabei die Lupinengiftstoffe aufgenommen haben sollte.

II. Das Sauerfutter als Ersatz für Frischfutter und als kohlenhydrat- und eiweißreiches Futter.

Besonders der Saftreichtum und der Vitamingehalt machen die Silagenerzeugnisse als „Saftfutter" zum Ersatz für frisches Grünfutter in Jahreszeiten, wo es dieses selbst nicht gibt, wertvoll. In diesem Sinne hat sich ja das Einsäuerungsverfahren zur Futterkonservierung die Welt erobert. Neben der Konservierung des Überflusses aus der besseren Jahreszeit ist die Silage aber heute immer mehr Selbstzweck geworden, um kohlenhydrat- und eiweißreiches Futter verschiedenster Art in größerem Umfange anbauen und gewinnen zu können (S. 349), so daß ohne erhöhte Einfuhr konzentrierter Futtermittel eine Vermehrung des Viehstandes und Hebung der einzelnen und der Gesamtwirtschaft erzielt wird.

1. Die Sauerfutterrationen bei verschiedenen Tierarten.

In seiner Eignung als Viehfutter besitzt das Sauerfutter eine äußerste Vielseitigkeit und Universalität. Es kann bei *Rindern, Schafen* und *Ziegen, Pferd* und *Esel,* bei *Schweinen* und *Kaninchen* gegeben werden. Beim *Geflügel* kommt es wohl höchstens in kleinen Rationen als Winterfutter in Betracht[86], kommt aber für die Aufzucht von Junggeflügel immer mehr in Anwendung. Doch besitzt es noch für die *Hochwildfütterung* eine wenig beachtete, von NAUE[89] und von WAHL[150] hervorgehobene Bedeutung; hierfür kann besonders auch Laubsilage herangezogen werden; für *Rotwild* sind 10—15 kg Sauerfutter auf Stück und Tag zu rechnen. Für *Pferde* werden täglich 8—10 kg gegeben[89], besonders bei Arbeitspferden[68], und als Ersatz für einen großen Teil des Hafers[153]. Gerade für das Pferd sind indessen die Meinungen über die Eignung und das Vertragen des Sauerfutters etwas geteilt und widersprechend (vgl. z. B. S. 81[68] mit 82). EHRENBERG[27] hält nur eine mäßige Silagefütterung für gut und Futterrüben für zweckmäßiger. Nach KUCHLER kann ein Drittel gehäckselter Silage zu zwei Drittel Strohhäcksel als ausgezeichnetes Futter dienen[73].

Für *Schweine* eignet sich besonders Kartoffelsilage[89], und kann Sauerfutter durchschnittlich $2^1/_2$ kg je Tag und Kopf, aber selbst bis 10 kg, so auch bei tragenden Muttersauen oder bei Ebern zeitweise als Alleinfutter, bei der Mast dagegen nur bis 5 kg gegeben werden (EHRENBERG[27]). Serradellasilage soll nach Ruhlsdorfer Erfahrungen nicht günstig wirken.

Bei *Kaninchen* und *Geflügel* kann Sauerfutter mit Rüben oder Kartoffeln gemischt verabreicht werden.

Bei *Schafen* wird Sauerfutter von den einen zu 1—2 kg auf Kopf und Tag, von anderen 5—8, selbst 7—9 kg[27] oder zu 25—30 kg pro 1000 kg Lebendgewicht[60] empfohlen.

Die größte Bedeutung hat das Sauerfutter für das *Rindvieh*, für dessen Ernährung es geradezu die Grundlage bilden kann. Für Arbeitsochsen haben sich 40 kg je Kopf und Tag[68], für Mastochsen 10—20 kg je Kopf und Tag[68] oder auch 40—50 kg pro 1000 kg Gewicht[60, 61] bewährt. Und auch für *Kälber* stellt es ein gutes Futter dar, das je nach dem Alter zu 6—10 kg[89] oder 12—20 kg[68] gegeben wird[150, 151, 6, 53]; allerdings sollte dabei nur wirklich gutes Silofutter verwendet werden[27, 28]. Besonders viel wird es auch bei *Milchkühen* gegeben, zu 30—40 kg[60] oder selbst bis 60 kg auf 1000 kg Gewicht[68].

Alle diese Angaben können nur als ungefährer Anhalt dienen, da die Menge Sauerfutter, bis zu der man bei verschiedenen Tieren gehen kann, nicht nur von der Art der Tiere und dem Zwecke, der mit ihrer Aufzucht und Ernährung verfolgt wird, sondern vor allem auch jeweils von der Art der silierten Futterpflanzen und ihres Nährstoffgehaltes abhängt.

Ebenso können die gelegentlichen Feststellungen, für wieviel anderes Futter Sauerfutter als Ersatz dienen kann, und daß z. B. 60 kg Silage 100 kg Rüben[72] oder 100 kg Silofutter 170 kg Rüben oder 2 kg 1 kg Heu[124, 73] oder 5 kg 1 kg Gerste + 100 g Fischmehl[50] oder 20 kg 4 kg Kleeheu + 5 kg Rüben[165] ersetzen, oder daß ein Viertel bis ein Drittel der Rauhfutterration durch Silage ersetzt werden kann[69], natürlich nur ganz allgemein orientierende Bedeutung haben. Neuerdings hat HILDEBRANDT[55] an den gleichen 10 Kühen in zwei aufeinanderfolgenden Jahren nach dem Perioden- bzw. Gruppensystem Fütterungsversuche mit VÖLTZschem Normalsauerfutter aus Klee angestellt. Dabei hatten 1600 Ztr. Kleenormalsauerfutter dieselbe Futterwirkung wie 600 Ztr. Rüben + 160 Ztr. Timotheeheu + 40 Ztr. Soja + 40 Ztr. Palmkernschrot.

Ganz besonders ist das Verhältnis, in dem anderes Futter durch Silage ersetzt werden kann, von Bedeutung für den

2. Einfluß der Sauerfütterung auf die Milchproduktion,

aber auch hier vollkommen abhängig von der Beschaffenheit der Silage. So entsprechen 1 kg Rüben von einer eiweißreichen Wickensilage nach BÜNGER[14] $^1/_3$ kg, von einer weniger guten $^3/_4$ kg. Die Menge der Silagebeifütterung hängt aber auch noch von dem sonstigen Futter ab, und können z. B. bei einem sonst saftlosen Futter $2^1/_2$ Teile Silage besser sein als 1 Teil Heu[14].

Hinsichtlich der

a) Milchleistung bei Silagefütterung

darf zunächst hervorgehoben werden, daß ein großer Teil des Futters aus Silage bestehen kann, ohne daß etwa irgendeine Beeinträchtigung der Milchmenge oder des Fettgehaltes[15] zu befürchten wäre. Eine solche kann indessen bei vollständigem Ersatz, z. B. der Futterrüben, durch entsprechende Mengen von Rübenblättersilage eintreten (BÜNGER[15]). Auch hier wieder kommt es auf die Art des Sauerfutters an, und Maissilage wirkt auf den Milchertrag günstiger als Rübenblatt- und Grassilage (BÜNGER[15], HAYDEN[51]). Den *Fettgehalt* fand BÜNGER bei Silage meist höher als bei Rübenfütterung. Im großen ganzen läßt sich aber *keine Steigerung der Milchleistung durch Silagefütterung*, wie sie gelegentlich beobachtet (ROBERTSON und PITCHER[101]) und auch verallgemeinert worden ist[89], aus den vergleichenden Untersuchungen über die Milchleistung bei Fütterung mit und ohne Sauerfutter feststellen. ZIELSTORFF S. 34[165] fand dabei keine wesentlichen Unterschiede. SCHIRWINSKI und WÖSTE[116] konnten die Hälfte des Heues durch Silage ersetzen, ohne Änderung der Milchleistung. Auch VÖLTZ[137] fand den Milchertrag gleich, wenn nicht mehr als die Hälfte des Rauhfutters durch Silage ersetzt wird. In neueren Versuchen berichten VÖLTZ und KIRSCH[140] über ihre Erfahrungen beim Ersatz des Wiesenheus durch Silage derselben Herkunft bei der Fütterung des Milchviehs. Es konnte gezeigt werden, daß Heu und Silage der gleichen Herkunft denselben Futterwert für die Milchleistung besitzen. Die Milchfetterträge aus Heu und aus Silage waren fast die gleichen. Wurde nur $^1/_3$ bis $^1/_2$ der Heuration durch Silage ersetzt, so trat die Erniedrigung des Fettgehaltes der Milch, wie sie bei ausschließlicher Silagefütterung durch VÖLTZ und Mitarbeiter beobachtet wurde[147], nicht ein. Auch konnte gezeigt werden, daß wesentliche Unterschiede sowohl hinsichtlich des Geschmackes als auch der physikalisch-chemischen Konstanten bei der Milch bzw. Butter aus Silage und aus Heu nicht vorhanden sind, wie nachstehende, von GRIMMER festgestellte Werte zeigen.

Butter aus der Heuperiode		*Butter* aus der Silageperiode	
Milch: schwach salzig		Milch: normal	
Rahm: 15,5 % Fett, Säuregrad 29		Rahm: 14,5 % Fett, Säuregrad 28	
Butterungstemperatur: 16,5°		Butterungstemperatur: 16°	
Butterungsdauer: 40 Minuten		Butterungsdauer: 25 Minuten	
Geschmack der Butter: talgig und schwach hefig		Geschmack der Butter: schwach hefig	
Butterfett		*Butterfett*	
Schmelzpunkt	36,8°	Schmelzpunkt	37,6°
Erstarrungspunkt	18,6°	Erstarrungspunkt	18,7°
Refraktion bei 40°	43,00	Refraktion bei 40°	43,00
Verseifungszahl	227,2	Verseifungszahl	233,3
REICHERT-MEISSLsche Zahl	28,24	REICHERT-MEISSLsche Zahl	26,3
Jodzahl	36,2	Jodzahl	36,29

Amerikanische Versuche (MAC CANDLISH[81]), die durch 2 Jahre hindurch mit periodischer Grünfutter- bzw. Silagefütterung an 41 Kühen durchgeführt wurden, ergaben, daß die 41 Kühe des Jahres 1918 bei Silage 3% Milch und 6% Fett *weniger* und die 19 Kühe des Jahres 1919 3% Milch und 5% Fett *mehr* produzierten als bei Grünfutter; ein sehr lehrreiches Untersuchungsergebnis, das nicht nur zeigt, daß beide Fütterungsarten grundsätzlich völlig gleichartig in ihrer Wirkung sind, sondern auch die Wichtigkeit solcher durch mehrere Jahre durchgeführter Versuche erweist und zur Warnung davor dienen kann, Ergebnisse einzelner Versuchsperioden zu verallgemeinern. Auch CONVERSE[19] fand keine Steigerung der Milch- und Milchfettbildung durch Silagefutter. Nach diesen Erfahrungen kann auch kaum die Annahme einer *spezifischen Reizwirkung* des Sauerfutters auf die Milchdrüsentätigkeit aufrechterhalten werden, die zur Erklärung der vermeintlich erhöhten Milchleistung herangezogen wurde[153, 154]. Nur anfänglich beim Übergang zum Gärfutter macht sich eine die *Milchbildung vorübergehend steigernde Wirkung* geltend, die indessen nach STROBEL, NIKLAS, SCHARRER[125] im besten Falle 7 Tage anhielt, so daß es sich wohl nur um eine allgemeine und nicht spezifische Reizwirkung des an Saft und Säure reicheren Futters handelt.

Eine solche physiologische Reizung kommt ja auch in der abführenden Wirkung zum Ausdruck, die besonders bei Rübenkrautsilage auftreten (siehe z. B. LINCKH[78]) und hier auf die Oxalsäure und den beigemengten Schmutz zurückgeführt werden kann (vgl. HONCAMP[57]). Soweit auch eine abführende Wirkung der Silagesäuren in Betracht kommt, kann sie durch Schlemmkreide abgestumpft werden, wovon dann etwa 100 g auf 100 kg Sauerfutter gegeben werden[61].

BACKHAUS[5] fütterte an Kühe 5—10 g Buttersäure pro Kopf und Tag und konnte keinerlei Veränderung der Milch feststellen. Auch WEISKE[152] konnte durch tägliche Fütterung von 1 g Buttersäure neben Wiesenheu und Klee an eine Ziege keine buttersäurehaltige Milch erhalten. Wenn die Vorsichtsmaßregeln eingehalten werden, daß das Melken erst dann durchgeführt wird, nachdem die nicht verzehrten Sauerfutterreste aus dem Stall entfernt sind, dürfte kaum eine ungünstige Veränderung der Milch zu beobachten sein.

Die Frage nach der Eignung der

b) Silagemilch zur Käsebereitung

besitzt eine besondere wirtschaftliche Bedeutung. Während die *Silagemilch zur Butterherstellung* ohne weiteres tauglich ist, und diese Butter bezüglich Farbe und Geschmack mit der aus Weidemilch gewonnenen konkurrieren kann (ENGELS[30]), muß die Verwendung der Silagemilch für verschiedene Käsearten verschieden beurteilt werden. Nach WIEGNER[159] eignet sich die von der Fütterung mit „Süßgrünfutter", d. h. einem Warmsäuerungsfutter, herstammende Milch nicht zur Herstellung von Emmentaler Käse, weil sie nach BURRI vom Kote her Buttersäurebazillensporen enthält, die eine blasenbildende Gärung dieses Käses veranlassen (Abb. siehe KUCHLER[73]), so daß er nicht die für die Marktware notwendige regelmäßige Form behält und im Berichte der Versuchsstation Liebefeld[76] als für die Käserei untauglich erklärt wurde, während nach FARNY[68] Silage doch für Schweizerkäse geeignet sein soll. Mit andersartigem Sauerfutter, besonders Kaltsilage, ist der gleiche Versuch in der Schweiz wohl noch nicht gemacht worden. Schon VÖLTZ[137] weist darauf hin, daß die obenerwähnten nachteiligen Stoffe ja nicht aus der Milchdrüse, sondern nur durch Unsauberkeit in die Milch hineingelangen. Für andere Käsearten indessen hat sich aber die Silagemilch schon jetzt durchaus als brauchbar erwiesen. Dies gilt nach BÜNGER[13] und ZEILER, FEHR und KIEFERLE[163] für Limburger Weichkäse und Tilsiter vollfetten und Hartkäse, die danach eine durchaus normale Reifung durchmachen, mit relativ gutem Erfolge nach KÜRSTEINER und HOLL[163] für niedrig gewärmte Halbfettkäse und auch nach DORNER[23] unter Beachtung der Temperatureinflüsse.

In neuester Zeit prüften auch HILDEBRANDT und BEINERT[56] die Frage, ob aus Silofutter gewonnene Milch für die Verarbeitung zu Tilsiter Käse tauglich ist oder nicht. Es konnte gezeigt werden, daß die Verabreichung von Silage keine Veränderung in der Zusammensetzung der Milch, die einen Einfluß auf die Herstellung von Tilsiter Käse haben könnte, bewirkt. Der Säuregrad der Milch war nach einer Gabe von 50 kg Kleenormalsauerfutter pro Kopf und Tag normal. Auch nach Verfütterung von buttersäurehaltigem Silofutter (über 1 %, Buttersäure) zeigten sich keine nachteiligen Wirkungen bei der Käsebereitung.

Insbesondere interessiert natürlich auch die Eignung der

c) Silagemilch als Kindermilch.

Hierbei hat man zunächst die *Vitaminfrage* berücksichtigt und auf den antirachitisch wirkenden A-Faktor untersucht (S. 365). ECKSTEIN und ROMINGER[25] konnten in Versuchen an Ratten zeigen, daß täglich 10 cm^3 Milch von einer ausschließlich mit Sauerfutter ernährten Kuh ausreichen, um 2 Ratten, die im übrigen A-frei ernährt wurden, vor Rachitis zu schützen und bei normalem Wachstum zu halten. In entsprechenden Versuchen an Meerschweinchen fand MAC LEOD[82], daß Zulage von Silagefutter den antiskorbutischen Wert der Kuhmilch beträchtlich hob. Die Untersuchungen auf die Praxis der Kinderernährung übertragend, beobachteten ZOELLER[170] und TRENDTEL[127], daß bei Säuglingen auf rohe Silomilch hin in der Mehrzahl der Fälle Durchfälle auftraten, daß kurz aufgekochte Silagemilch aber gut vertragen wird. Nach ihren Erfahrungen konnte diese Milch jedoch Rachitis bei Säuglingen nicht heilen oder verhindern, während Oertel und Kieferle[94, 64] die Silomilch als hochwertig durch ihren Gehalt an A- und C-Vitamin bei 8 Säuglingen brauchbar befanden. Die gewöhnliche Silagemilch ist zwar offenbar der sonstigen Handelsmilch nicht überlegen, doch ärztlicherseits gegen eine teilweise Silagefütterung bei Kinder- und Vorzugsmilch liefernden Kühen nichts einzuwenden (Trendtel[127]). Darüber hinaus empfiehlt Trumpp[128], durch Anwendung des Silageverfahrens mit Auswahl des einzulagernden Futters und Verfütterung an die Milchkühe eine an Vitaminen, Phosphaten usw. reiche und dadurch hochwertige Milch für Säuglinge und Kleinkinder herzustellen.

Literatur.

(*1*) Albert, F.: Die Konservierung der Futterpflanzen. Berlin: Parey 1903. — (*2*) Aurich, R.: Ein Überblick über die Entwicklung der Grünfutterkonservierung bis zu unserem Kaltpreßverfahren. Silo- und Kulturtechnik. Dresden 1924. — (*3*) Denkschrift zum Problem der Konservierung von Grünfutter. Dresden 1924.

(*4*) Babcock u. Russell: Zbl. Bakter. II **9**, 81 (1902). — (*5*) Backhaus: Ber. landw. Universitätsinst. Königsberg i. Pr. Nr 5, S. 117. — (*6*) Blizzard: Exper. Stat. record **47**, 70 (1922). — (*7*) Brahm, C.: Über die bei der Sauerfutterbereitung entstehenden flüchtigen Fettsäuren I. Biochem. Z. **156**, 15 (1925). — (*8*) Über die bei der Sauerfutterbereitung entstehenden flüchtigen Fettsäuren II. Ebenda **186**, 232 (1927). — (*9*) Versuche, die Sterilisierung von Grünfutter durch Zufuhr flüssiger Stoffe zu erreichen I. Ebenda **181**, 96 (1927). — (*10*) Neue Versuche, die Sterilisierung von Grünfutter durch Zufuhr flüssiger Stoffe zu erreichen. Fortschr. Landw. **3**, 769 (1928). — (*11*) Brasch, W., u. C. Neuberg: Biochem. Z. **13**, 209 (1908); **18**, 380 (1909). — (*12*) Brétignière u. Godfernaux: L'ensilage des fourrages verts. Paris. Libr. Acad. Agricult. **1927**. — (*13*) Bünger: Illustr. landw. Ztg **45**, 581 (1925). — (*14*) Ergebnisse von Fütterungsversuchen mit Silofutter. Ebenda **1925**, 569. — (*15*) Bünger, Burr, Dibbern u. a.: Der Einfluß der Verfütterung verschiedener Arten eingesäuerten Grünfutters auf die Milchleistung und die Beschaffenheit der Milch, mit besonderer Berücksichtigung des Butterfettes. Fortschr. Landw. **1928**, 659. — (*16*) Burri, R.: Über Versuche, betreffend die bakteriologische und milchwirtschaftliche Seite der Süßgrünfutterfrage. Zbl. Bakter. **2**, 291 (1919).

(*17*) Caspersmeyer: Die Maissilowirtschaft. Illustr. landw. Ztg **1926**. — (*18*) Dtsch. landw. Presse **54**, 55, 499, 517 (1927). — (*19*) Converse: J. Dairy Sci. **11**, 179 (1928). — (*20*) Crasemann: Untersuchungen über Futterkonservierung. Landw. Versuchsstat. **102**, 123—217 (1924).

(*21*) Deicke u. Römer: Vorträge über Silofragen auf Grund amerikanischer Studien. Ber. 3. Vers. Ver. Fördg Futterkonserv. Berlin 1926. — (*22*) Dierks: Ebenda. — (*23*) Dorner, W.: Lait **8**, 379, 483 (1928). — (*24*) Duschek, F.: J. Landw. **76**, 197 (1928).

(*25*) Eckstein u. Rominger: Über den Vitamingehalt der Kuhmilch bei Verfütterung von elektrisch konserviertem Grünfutter. Münch. med. Wschr. **71**, 396—397 (1924). — (*26*) Edin, H., u. E. Sandberg: Medd. Nr 221 fran Centralanst. för försöksväsendet på jordbrukssomradet Husdjursavdelningen, Nr 33. Bakter. avdelningen, Nr 26, Stockholm **1922**, 4. — (*27*) Ehrenberg, P.: Silo und Silofutter und ihre Beziehungen zur Grünlandbewegung. Mitt. dtsch. landw. Ges. **1924**, 743. — (*28*) Milchleistung und Jungviehaufzucht bei Silofutter. 1925. — (*29*) Elfu-Mitt. Elektrofutterges. Dresden **1925**, Nr 6. — (*30*) Engels, O.: Süddtsch. landw. Tierzucht **22**, 374 (1918). — (*31*) Fingerling: Über eiweißreiche Silage und Elektrofutter. Ber. Ver. Fördg Futterkonserv., Berlin 1924. — (*32*) Grünfuttersilage mit besonderer Berücksichtigung der Elektrosilage. Elfu-Mitt. Elektrofutterges. Dresden **1925**, Nr 7. — (*33*) Zweck und Wert der Grünfutterkonservierung. Richtlinien für den Bau von Grünfutterbehältern, herausgegeben vom Ver. Fördg Futterkonserv., S. 4. Berlin: Parey 1925. — (*34*) Das neue Konservierungsverfahren der Versuchsanstalt Leipzig-Möckern. Ber. 3. Vers. Ver. Fördg Futterkonserv., Berlin 1926. — (*35*) Die Grundlagen der Kraftfutterkonservierung. Landbau u. Technik **4**, Nr 6 (1928). — (*36*) Flury, R.: Biochem. Z. **146**, 297 (1924). — (*37*) Frölich, G.: Z. Landw.kammer Schles. **1924**. — (*38*) Illustr. landw. Ztg **48**, Nr 50 (1928). — (*39*) Fry, G.: Die Einsüßung der Futtermittel. Theorie und Praxis der süßen Ensilage. Übersetzt von H. Geehl. Berlin: Parey 1885. — (*40*) The Theory and Practice of sweet ensilage. London 1885. —

(*41*) Gerlach: Die Grünfutterkonservierung. Ber. üb. Landw., herausgegeben vom Reichsmin. f. Ernährg u. Landw., Sonderheft. Berlin: Parey 1924. — (*42*) Gerlach u.

GÜNTHER: Ein Einsäuerungsversuch unter Verwendung von warmer Luft nach VIETZE. Mitt. dtsch. landw. Ges. **1926**, Nr 30, 631. — (*43*) Einsäuerungsversuche mit grüner Serradella. Die Futterkonservierung, H. 1, S. 33. Berlin: Parey 1927. — (*44*) GERLACH: Dtsch. landw. Ges. Heidelberg **1928**.

(*45*) HAHN, ED.: Wirtschaftliches zur Prähistorie. Z. Ethnol. **1911**, H. 5, 821. — (*46*) HAHN, H.: Das Silo in der Landwirtschaft Nordamerikas I. Z. ges. Mühlenwes. **4**, 196 (1928). — (*47*) Das Silo in der Landwirtschaft Nordamerikas II. Ebenda **5**, 59 (1928). — (*48*) HANSEN, ZIELSTORFF, VÖLTZ u. a.: Einsäuerungsversuche. Arb. dtsch. landw. Ges. Berlin **1923**, H. 323. — (*49*) HASELHOFF: Fühlings landw. Ztg **71**, 121 (1922). — (*50*) HAUBOLD: Versuche mit Elektrofutter. Arb. landw. Inst. Leipzig, Inst. f. Betriebslehre, H. 1. — (*51*) HAYDEN, C.: Silagemais oder Feldmais für die Silage? Exper. Stat. record **50**, 175 (1923). — (*52*) HAYDUCK, F.: Neue Ziele der Gärungstechnik. Z. angew. Chem. **1927**, Nr 26, 751. — (*53*) HEMPRICH, M.: Die Nebenprodukte des Zuckerrübenbaues und ihre rationelle Verwertung. Die Futterkonservierung, H. 3, S. 34, 51. Berlin: Parey 1928. — (*54*) HENNEBERG, W.: Z. Spiritusind. **1915**, Nr 48, 49. — (*55*) HILDEBRANDT, H.: Illustr. landw. Ztg **1928**, 654. — (*56*) HILDEBRANDT, H., u. B. BEINERT: Die Futterkonservierung, H. 4, S. 53. Berlin: Parey 1928. — (*57*) HONCAMP, F.: Landwirtschaftliche Fütterungslehre. Stuttgart: Ulmer 1921. — (*58*) Ergebnisse und Probleme der Grünfutterkonservierung durch Einsäuerung. Z. Tierzüchtg **8**, 229 (1927).

(*59*) JANY: Illustr. landw. Ztg **48**, 489 (1928).

(*60*) KELLNER, O.: Die Ernährung der landwirtschaftlichen Nutztiere. Lehrbuch, 9. Aufl. bearbeitet von FINGERLING. Berlin: Parey 1920. — (*61*) Grundsätze der Fütterungslehre. 7. Aufl. herausgegeben von FINGERLING. Berlin: Parey 1924. — (*62*) Untersuchungen über die Veränderung der Futtermittel beim Einsäuern in Mieten. Landw. Versuchsstat. **32**, 65 (1886). — (*63*) Ebenda **37**, 16 (1890). — (*64*) KIEFERLE: Der Einfluß der Verfütterung von Gärfutter auf die Zusammensetzung des Milchfettes. Milchw. Forschgn **1**, 2—14 (1923). — (*65*) KIRSCH, W.: Die physiologischen Grundlagen der Silofutterbereitung. Fortschr. Landw. **3**, 1019 (1928). — (*66*) Ergebnisse der Kaltvergärung. Illustr. landw. Ztg **48**, 675 (1928). — (*67*) KLEIBER, M.: Beitrag zur Frage der Einwirkung elektrischer Ströme auf Mikroorganismen. Biochem. Z. **100**, 312 (1925). — (*68*) KLIMMER: Fütterungslehre der landwirtschaftlichen Nutztiere. Veterinärhygiene **2**, 4. Aufl. Berlin: Parey 1924. — (*69*) KLUGE: Grundsätzliche Fragen der Saftfutterbereitung im Lichte der landwirtschaftlichen Praxis. Illustr. landw. Ztg **297** (1927). — (*70*) KRAUSE, H.: Erfahrungen über Einsäuerung von Grünfutter in Deutschland Anfang und Mitte des vergangenen Jahrhunderts. Mitt. dtsch. landw. Ges. **1927**, 1060. — (*71*) KUCHLER, L. F.: Zeitgemäße Grundlagen der Silofutterbereitung mit besonderer Berücksichtigung des Maises. Mitt. dtsch. landw. Ges. **1927**, 649. — (*72*) Der Stand der Futterkonservierung in Frankreich. Die Futterkonservierung, H. 2, S. 127. Berlin: Parey 1927. — (*73*) Die zeitgemäße Grünfutterkonservierung. Ein Ratgeber in Silofragen. Freising-München: Datterer 1926; Mitt. dtsch. landw. Ges. **44**, 82 (1929). — (*74*) KÜHN, JUL.: Das Einsäuern (Einmachen) der Futtermittel. Mentzel u. v. Lengerkes. landw. Kalender **38**, 31 (1885).

(*75*) LEMKE: Zur Kenntnis der Verdaulichkeitsverhältnisse von zwei bei verschiedenen Temperaturen fermentierten Silagen und ihrer Vitamine. Z. Tierzüchtg **7** (1926). — (*76*) LIEBEFELD: Tätigkeitsber. Schweiz. Anst. Bern-Liebefeld 1912—18. Schweiz. Milchztg **1920**. — (*77*) LIEHR u. S. GERLACH: Die Grünfutterkonservierung nach ihrem gegenwärtigen Stande auf Grund einer Umfrage des Reichsministeriums für Ernährung und Landwirtschaft. Ber. üb. Landw., Sonderheft. Berlin: Parey 1924. — (*78*) LINCKH, G.: Die Fütterung der landwirtschaftlichen Nutztiere. Stuttgart: Ulmer 1907. — (*79*) LÖHNIS: Zbl. Bakter. II **54**, 273 (1921).

(*80*) MACH, F.: Ber. staatl. landw. Versuchsanst. Augustenberg 1925/26, S. 21—23. Grötzingen 1928. — (*81*) MAC CANDLISH, A. C.: Wirkung von Ensilage und Schnittfutter auf die Milchproduktion im Sommer. Exper. Stat. record. **47**, 778 (1922). — (*82*) MAC LEOD, F. L.: Der Gehalt der Milch von Stallkühen an antiskorbutischem Vitamin im Verlauf eines Jahres. Beobachtungen der Möglichkeit, daß Ensilierung des Futters eine wesentliche Quelle dieses Vitamins darstellen kann. J. amer. med. Assoc. **88**, 1947 (1927). — (*83*) MANGOLD, E.: Über die bei der Sauerfutterbereitung auftretenden Säuren. Tagesfragen der Futtermittelversorgung, S. 98. Berlin: Parey 1925. — (*84*) Über die Grenzen von Leben und Tod. Illustr. landw. Ztg **44**, 141 (1924). — (*85*) MANGOLD, E., u. C. BRAHM: Untersuchungen zur Futterkonservierung (Sauerfutterbereitung). Die Futterkonservierung, H. 1, S. 1. Berlin: Parey 1927. — (*86*) MATENAERS, F. F.: Moderne Futtersilos, Silagebereitung und Silagefütterung. Berlin: Parey 1910. — (*87*) MEYER, D., KRANNICH, KRÜGER u. OBST: Vergleichende Untersuchungen über den Säure- und Nährstoffgehalt des Elektro- und Sauerfutters. Die Futterkonservierung, H. 2, S. 37. Berlin: Parey 1927. — (*88*) MORITZ, A.: Der Stand der Grünfutterkonservierung in Deutschland. Illustr. landw. Ztg **44**, 142 (1924); **48**, 479 (1928).

(*89*) NAUE, K.: Der deutsche Grünfuttersilo. Berlin: Parey 1927. — (*90*) NEIDIG (siehe LÖHNIS): Acidity o silage. J. agricult. Res. **14**, 395 (1918). — (*91*) NEUBERG, C., u. GOTTSCHALK: Biochem. Z. **151**, 167 (1924). — (*92*) NEUBERG, C., u. ARINSTEIN: Ebenda **117**, 269 (1921). — (*93*) NEUBERG, C., u. ROSENBERG: Ebenda **7**, 178 (1908). —

(*94*) ÖRTEL u. KIEFERLE: Ernährungsversuche mit Silomilch. Münch. med. Wschr. **72**, 2097 (1925). — (*95*) OSTEN, H.: Elektrofutter. Charlottenburg: Rom-Verlag 1923.

(*96*) PALLADIN: Biochem. Z. **18**, 176 (1909). — (*97*) PAVLAK u. BAYER: Das Moraviaverfahren. Silo- und Kulturtechnik. Dresden: R. Aurich 1927. — (*98*) PETERSON, HASTINGS u. FRED: Wisconsin Stat. res. Bull. **61**, 32 (1925). — (*99*) PREUSS, L. M., W. H. PETERSON u. E. B. FRED: Gasproduction in the making of Sauerkraut. Ind. Chem. **20**, 1187—1190 (1928).

(*100*) REETZ, B.: Zur Kenntnis des Eiweißabbaues bei der Ensilierung. Phil. Inaug.-Dissert., Königsberg 1928. — (*101*) ROBERTSON u. PITCHER: Silage für Milchkühe. J. Ministry Agricult. Lond. **28** (1921). — (*102*) RUSSEL, E. J.: The chemical changes taking place during the ensilage of maize. J. agricult. Sci. II **4**, 394 (1907/08). — (*103*) RUTHS Erfahrungen in der Futterkonservierung auf den städtischen Gütern Berlins. Ber. 4. Mitgliedervers. Ver. Fördg Futterkonservierung 31. Januar 1927, S. 16. Z. angew. Chem. **41**, 1325 (1928).

(*104*) SAMARANI: La preparazione del fieno con i silos. Milano 1924. — (*105*) SCHEUNERT: Zur Frage der Verwendung der Kohlensäure bei der Grünfutterkonservierung. Illustr. landw. Ztg **42**, Nr 53 (1922). — (*106*) Über die zur Zeit in Deutschland wichtigsten Fragen der Ernährungsphysiologie des Rindes. Ebenda **44**, 352 (1923). — (*107*) Die Bedeutung der Silagefütterung für die Ernährung und den Vitamingehalt einiger Silageproben. Arb. dtsch. landw. Ges. Berlin **1925**, H. 331. — (*108*) Die Bedeutung der Silagefütterung für die Ernährung und den Vitamingehalt einiger Silageproben. Ber. Vers. Ver. Fördg Futterkonservierung 1925. — (*109*) Über den Vitamingehalt der Silagefutter. Z. Tierzüchtg **8**, 349 (1927). — (*110*) SCHEUNERT u. SCHIEBLICH: Über die bei elektrischer Futterkonservierung ablaufenden Vorgänge. Illustr. landw. Ztg **43**, 57 (1923). — (*111*) Über die bakteriologischen Vorgänge bei der Silofutterbereitung. Tagesfragen der Futtermittelversorgung. Berlin: Parey 1925. — (*112*) Die bakteriellen Vorgänge bei der Grünfutterkonservierung. Arb. dtsch. landw. Ges. **1926**, H. 340, 145. — (*113*) SCHIEBLICH: Zwei aus Futterproben isolierte, bisher noch nicht beschriebene Bazillen. Zbl. Bakter. **58**, 204 (1923). — (*114*) Zur Frage der bakteriellen Vorgänge bei der Grünfutterkonservierung, unter besonderer Berücksichtigung des Eiweißabbaues. Mitt. dtsch. landw. Ges. **1926**, 586. — (*115*) SCHIEBLICH u. SCHULZE: Beiträge zur Einwirkung des elektrischen Stromes auf Bakterien. Biochem. Z. **168**, 192 (1926). — (*116*) SCHIRWINSKI u. WÖSTE: Erfahrungen über Verfütterung eingesäuerter Lupinenserradellagrünmasse an Rindvieh. Dtsch. landw. Presse **51**, 136 (1924). — (*117*) SCHMIDT, K.: Über den Einfluß von Gasen auf die Vorgänge beim Konservieren von Futtermitteln. Leopoldina Ber. (Halle) **1**, 69 (1926). — (*118*) Konservierung von jungem Grünfutter. Leopoldina **2**, 107 (1926). — (*119*) Studien über Säurebildung bei der Silage von Futtermitteln. Landw. Jb. **63**, H. 5, 776 (1926). — (*120*) SCHMIDT, K., u. G. FRÖLICH: Ber. Studienges. Futterkonservierung Halle, Abschnitt 1926/27. Die Futterkonservierung, H. 4, S. 6. 1928. — (*121*) SCHOTTEN, C.: Z. physiol. Chem. **7**, 380 (1883). — (*122*) SCHULZE: Grundlagen der Konservierung von Frischfutter. Illustr. landw. Ztg **43**, 355, 363 (1923). — (*123*) SCHULZE, E.: Landw. Versuchsstat. **35**, 195 (1888). — (*124*) SCHWEIZER, TH.: Die Verwendung der Elektrizität zur Konservierung frischer, saftiger Futtermittel. Elektroj. **2**, 85 (1922) — 25 Jahre Futterkonservierung. Halle a. d. S.: Gebr. Schweizer 1925. (*125*) STROBEL, A., NIKLAS u. SCHARRER: Fütterungsversuche mit Grünpreßfutter. Landw. Jb. **61**, 321 (1925).

(*126*) TRAUTWEIN, K.: Zur Biologie der Grünfutterbereitung. Zbl. Bakter. II, 1. Mitt., **74**, 1 (1928). — (*127*) TRENDTEL: Über den Fütterungseinfluß auf Kinder-, Vorzugs- und Rohmilch nach ärztlichen Gesichtspunkten. Milchw. Forschgn **6**, 59 (1928). — (*128*) TRUMPP: Silofutter, Silomilch. Münch. med. Wschr. **72**, 2048—2050 (1925).

(*129*) VÖLTZ: Vorschriften für die Normalsauerfutterbereitung. Insterburg 1924. — (*130*) Die Normalsauerfutterbereitung (Kaltsäuerung). Landbau u. Technik. Illustr. landw. Z. Berlin **1925**, Nr 4, 4. — (*131*) Die neuen Methoden der Konservierung usw. Fühlings landw. Ztg **71**, H. 9/10 (1922). — (*132*) Neuere Forschungen auf dem Gebiete der Fütterungslehre (Eiweißkörper, Vitamine). Dtsch. landw. Tierzucht **29**, 594 (1925). — (*133*) Die Entwicklung der Sauerfutterkonservierung. Arb. dtsch. landw. Ges. Berlin **1925/26**, H. 331, 7. — (*134*) Die Normalsauerfutterbereitung (Kaltsäuerung). Arb. Landw.kammer Prov. Ostpreußen **1926**, Nr 50. — (*135*) Wichtige Probleme zur Einsäuerungsfrage. Ber. 4. Vers. Ver. Fördg Futterkonservierung Berlin, 1927, 7. — (*136*) Zur Frage der Normalsauerfutterbereitung. Mitt. dtsch. landw. Ges. **1927**, 118. — (*137*) Praktische Fragen zur Sauerfutterbereitung. Verh. 48. Hauptvers. Verb. landw. Versuchsstat., Goslar 1927, S. 115—136. Berlin: Parey 1928. — (*138*) VÖLTZ, JANTZON u. KORSCH: Das für die Mahd der Saatwicke am besten geeignete Vegetationsstadium zwecks Verwendung als Grünfutter oder Silage und im Hinblick auf ihren Höchstgehalt an verdaulichem Rohprotein und Stärkewert. Die Futterkonservierung, H. 2, S. 51. Berlin: Parey 1927. — (*139*) VÖLTZ u. REISCH: Über die Verluste eines Mais-Erbsen-Gemisches an Rohnährstoffen und verdaulichen Nährstoffen bei der Normalsauerfutterbereitung. Mitt. dtsch. landw. Ges. **1926**, 183. — (*140*) VÖLTZ, W., u. W. KIRSCH: Der Ersatz des Wiesenheues durch Silage derselben Herkunft bei der Fütterung des Milchviehes. Die Futterkonservierung, H. 5, S. 81 (1928). — (*141*) VÖLTZ, JANTZON u. KORSCH: Über die Nährstoffverluste eines Wicken- und Hafergemisches bei der Warmsäuregärung. Z. Tierzüchtg **9**, 281 (1927). — (*142*) VÖLTZ u. DIETRICH: Einsäuerungsversuche. Mitt. dtsch. landw. Ges. **1923**. — (*143*) VÖLTZ u. JANTZON: Über die Nährstoffverluste bei der sachgemäßen Einsäuerung von Wiesengrummet. Einsäuerungsversuche. Arb. dtsch. landw. Ges. **1923**, H. 323, 95. — (*144*) VÖLTZ, REISCH u. JANTZON: Einsäuerungsversuche aus dem Jahre 1922. Mitt. dtsch. landw. Ges. **1924**, 831. — (*145*) Nährstoffverluste bei der Einsäuerung. Ebenda **1924**, 835. — (*146*) VÖLTZ: Ebenda **1924**, 479. — (*147*) VÖLTZ, REISCH u. JANTZON: Einsäuerungsversuche aus dem Jahre 1923. Arb. dtsch. landw. Ges. **1925/26**, H. 331, 15. — (*148*) Einsäuerungsversuche aus dem Jahre 1924. Ebenda **1925/26**, H. 331, 36. — (*149*) VÖLTZ: Verluste des Rotklees an Rohnährstoffen, verdaulichen Nährstoffen und Stärkewert bei der Normalsauerfutterbereitung. Mitt. dtsch. landw. Ges. **39**, 479 (1924).

(*150*) WAHL, H. v.: Milchleistung und Jungviehaufzucht bei Silofutter. Berlin: Verlag Illustr. landw. Ztg 1925. — (*151*) WARTH u. SHARI KANT MISSA: Experiments on the feeding of Sorghum silage. Mem. Dep. Agricult. India **9**, 125 (1927). — (*152*) WEISKE: J. Landw. **26**, 447 (1878). — (*153*) WENCKSTERN, H. v.: Das neue Süßpreßfutterverfahren in Silos, 2. Aufl. Berlin: Parey 1920. — (*154*) Die Bedeutung des Silofutters für die Milcherzeugung. Illustr. landw. Ztg **1926**, 6. — (*155*) WIEGNER, CRASEMANN u. KLEIBER: Die Verluste bei der Konservierung des Grases als Dürrfutter, Süßfutter und Elektrofutter. Landw. Jb. d. Schweiz **37**, 435—496 (1923). — (*156*) WIEGNER, GEORG, u. J. MAGASANIK: Die Bestimmung der flüchtigen Fettsäuren. Mitt. Lebensmittelunters. **10**, 156 (1919). — (*157*) WIEGNER, GEORG, u. HANS JENNY: Anleitung zum quantitativen agrikulturchemischen Praktikum, S. 254. (1926). — (*158*) WIEGNER, CRASEMANN u. MAGASANIK: Untersuchungen über Futterkonservierung. 1. Das sog. Süßgrünfutter. Landw. Versuchsstat. **100**, 143 (1923). — (*159*) WIEGNER: Konservierungsversuche mit Dürrfutter, sog. Süßgrünfutter und Elektrofutter in der Schweiz. Mitt. dtsch. landw. Ges. **1925**, 179. — (*160*) Vortrag d. dtsch. landw. Ges. Ebenda **1925**, 321. — (*161*) WOODMAN u. AMOS: Umsetzungen des Grünfutters während der Ensilage. J. agricult. Sci. **14**, 99 (1924).

(*162*) ZEILER: Illustr. landw. Ztg **1920**, Nr 49. — (*163*) ZEILER, K. FEHR u. KIEFERLE: Beeinflussung der Milchbeschaffenheit durch Verabreichung von Grünpreßfutter an Milchkühe. Landw. Jb. **61**, 353 (1925). — (*164*) ZEILER, K., u. EGG: Die Konservierung von Grünfutter mittels Säure nach Prof. Dr. v. KAPFF. Illustr. landw. Ztg **47**, 438 (1927). — (*165*) ZIELSTORFF, W., u. KELLER: Einsäuerungsversuche in Lindenberg im Sommer 1926. Die Futterkonservierung, H. 2, S. 3. Berlin: Parey 1927. — (*166*) ZIELSTORFF, HILDEBRANDT u. KELLER: Vergleichende Untersuchungen zwischen der Elektrofutterkonservierung und der Normalsauerfutterbereitung nach VÖLTZ. Ebenda, H. 2, S. 69. — (*167*) ZIELSTORFF: Vergleichende Konservierungsversuche im Elektro- und deutschen Futterturm. Mitt. dtsch. landw. Ges. **1924**, 637. — (*168*) Einsäuerungsversuche. Arb. dtsch. landw. Ges. Berlin **1923**, H. 323. — (*169*) ZIELSTORFF u. KELLER: Einsäuerungsversuche mit in verschiedenen Vegetationsstadien gemähtem Rotklee. Die Futterkonservierung, H. 4, S. 63. Berlin: Parey 1928. — (*170*) ZÖLLER, E.: Über Versuche mit Silomilch. Z. Kinderheilk. **44**, 517 (1927).

II. Die Trocknung.

Von

Dr. CARL BRAHM

Ehem. Abteilungsvorsteher des Tierphysiologischen Instituts der Landwirtschaftlichen Hochschule Berlin.

Mit 5 Abbildungen.

Im vorhergehenden Kapitel haben wir Verfahren kennengelernt, die mit Hilfe von Gärungsvorgängen wasserreiche Futterstoffe zu konservieren gestatten, und bei denen man bestrebt ist, an Stelle des sonst das Verderben beschleunigenden Wassers die Luft fernzuhalten. In den nachfolgenden Ausführungen sollen Verfahren geschildert werden, welche durch *Herabminderung des ursprünglichen Wassergehaltes* durch natürliche oder künstliche Wärme die Haltbarkeit der wasserreichen Futterstoffe gewährleisten.

Durch eine gute Aufbewahrung der Futtermittel wollen wir den Bestand derselben und vornehmlich den Nährstoffgehalt und die Nährwirkungen derselben für kürzere oder längere Zeit sicherstellen. Die Art und Weise des Abbringens der Futterpflanzen von den Feldern und Wiesen bezweckt entweder deren Gewinnung zur sofortigen Verfütterung im natürlichen Zustande oder es handelt sich darum, diese vegetabilischen Futterstoffe in eine solche Form überzuführen, daß sie lagerfähig werden. Die Grünfuttergewinnung ist mit keinen Veränderungen des Nährstoffgehaltes verbunden. Auf physikalischen Veränderungen beruhen alle *Trocken- oder Dürrheuwerbungsmethoden*. Die äußere Form der Futterstoffe wird dadurch verändert, daß der Gehalt derselben an Vegetationswasser soweit herabgesetzt wird, daß beim Aufbewahren des resultierenden Dürrheus oder anderer Futterstoffe keine zu starke Selbsterhitzung, keine Verschimmelung oder sonstige Veränderungen eintreten können. Das Grünfutter ist geneigt, beim Lagern zu verschimmeln, ein Prozeß, der durch die überall verbreiteten Schimmelsporen eingeleitet wird, wenn die grünen Futtermassen naß und kühl sich selbst überlassen bleiben. Bei dichterer Lagerung und höherer Anfangstemperatur geht das Grünfutter in einen Zersetzungszustand durch Selbsterhitzung über, der durch schon vorher darin vorhandene Schimmelpilz- und Bakteriensporen[12] ausgelöst wird. Beim *Trocknen an der Luft* treten aber auch gewisse chemische Veränderungen auf, die durch *Oxydations- und Zersetzungsprozesse* in den noch lebenden Pflanzenzellen hervorgerufen werden. Auch die den Pflanzenmassen anhaftenden Pilz- und Bakteriensporen tragen zu diesen Veränderungen bei. Bei einem richtig geleiteten, durch trockene Witterung begünstigten und rasch zu Ende geführten Dörrprozeß des Grünfutters sind die stofflichen Veränderungen relativ gering. Besonders charakteristisch für die Dürrheugewinnung ist der mit derselben verbundene Wasserverlust. Je wasserreicher die Futterpflanzen sind, um so größer ist derselbe. Bei jugendlichen Gewächsen ist er immer größer als bei alten Pflanzen. Nachstehende Zahlen geben ein Bild des *Wasserverlustes bei der Heugewinnung*:

	Rotklee	Futterwicken	Wiesengras
Grün	69—86 % Wasser	80—85 % Wasser	52—88 % Wasser
Trocken	13—22 % „	14—17 % „	10—22 % „

Durch den Prozeß der Dürrheugewinnung finden aber noch andere bedeutungsvolle stoffliche Veränderungen statt. Es tritt bei der Abwelkung und Trocknung des Grases *Gasentwicklung* auf. Die entstehenden Gase sind in der Hauptsache Kohlensäure, doch wurde auch das Auftreten von Ammoniak, aus leicht verdaulichen Stickstoffsubstanzen stammend, beobachtet. Ein sehr interessanter Versuch über die beim Lagern frisch gemähten Grases auftretenden Gase ist von Berthelot[1] beschrieben. Ein Haufen von 50 cm Höhe und 1,80 m Durchmesser frisch gemähten Grases wurde mit einem Tuche bedeckt und etwa 3 Wochen die Temperatur innerhalb des Haufens und die Außentemperatur bestimmt und die *Zusammensetzung der innerhalb der Grasmassen vorhandenen Gase* fortlaufend analysiert. (T^1 = Temperatur in der Mitte des Haufens, T = Temperatur der umgebenden Luft (s. Anm.).

Anm. Der Haufen setzt auf die Hälfte zusammen.

Datum	T °C	T^1 °C	CO_2 %	O_2 %	N %
1. früh . . .	20,5	37	1,2	19,5	79,3
1. abends . .	18,5	39	2,17	18,9	78,9
2.	—	—	2,3	19,3	78,4
3.	16,5	40,5	2,8	17,9	79,3
4.	—	—	2,4	18,1	79,5
5.	16,0	44	5,0	16,6	78,4
6.	17,0	50	10,8	10,9	78,3
7.	17,5	53	16,6	6,0	77,4
8.	21,0	49,5	19,4	3,0	77,6
10.	21,5	39	17,9	5,2	76,9
11.	13,0	29	8,5	13,9	77,6
14.	14,0	23	2,1	18,7	79,2
16.	12,0	19	2,9	17,3	79,8
19.	10,0	16	1,7	18,3	80,0

Die Nährstoffverluste vergrößern sich erheblich, falls die Heugewinnung unter schlechtem Wetter zu leiden hat und das geschnittene Gras längere Zeit auf dem Felde liegenbleibt. Die natürliche *Trocknung an der Luft* läßt sich bei vielen wasserreichen Futterstoffen, wie Kartoffeln, Rüben, Rübenblättern, Rübenschnitzeln, Pülpe, Blättern und Köpfen der Zuckerrüben nicht zur Anwendung bringen bzw. so weit durchführen, daß diese Stoffe genügende Haltbarkeit besitzen. Infolge des hohen Wassergehaltes und der dadurch bedingten langen Trocknungsdauer treten meistens Zersetzungen und Fäulnis auf. Auch handelt es sich häufig um sehr große Mengen dieser Stoffe, die dazu noch im Spätsommer oder Herbst anfallen, wo die Sonnenscheindauer schon erheblich herabgesetzt ist. Nehmen wir als Beispiel eines der wichtigsten Futtermittel, welches insbesondere in den Zuckerrüben bauenden Betrieben in großen Mengen anfällt, das *Rübenblatt.* In Deutschland wurden im Jahre 1925 26372542 ha Rüben angebaut. Im Durchschnitt fallen je Hektar etwa 200 dz Rübenblätter an. Es wurden also in dieser Ernteperiode 74508411 dz Rübenblätter gewonnen, die einen Nährstoffgehalt von 1266640 dz verdaulichem Rohprotein, 1043120 dz verdaulichem Eiweiß mit 5811660 dz Stärkewert aufzuweisen hatten. Setzt man einen Preis von 1 M. je Doppelzentner an[15], so ergibt sich eine Summe von 74508411 M.[4]. Es handelt sich also um ganz beträchtliche Futterwerte. Der Gesamtwert der im Jahre 1926 im Überschuß importierten Kraftfuttermittel belief sich z. B. auf 178679820 M.[14]. Diese gewaltigen Mengen Rübenblatt können natürlich nur zum Teil verwertet werden. Da dieselben, wie oben ausgeführt, leicht verderben, ist man bestrebt gewesen, dieselben zu konservieren. Früher, als Deutschland noch ein reiches Land war, ist man mit den Rückständen des Rübenbaues nicht immer sparsam umgegangen. Weniger in Verkennung der großen Bedeutung der Rübenblätter als Viehfutter als in Berücksichtigung der Tatsache, daß man das Blatt nicht entsprechend verwerten konnte, sind große Mengen davon untergepflügt worden. Heute würde ein Unterpflügen einem Verbrechen an der Volkswirtschaft gleichkommen. Vor dem Kriege war das Trocknen von Rübenschnitzeln und insbesondere von Rübenblättern noch recht unvollkommen. Einen Ansporn zum Umlernen haben uns die schwierigen Ernährungsverhältnisse im Kriege gegeben. Denn in dieser Zeit trocknete man alles, was trocknungsfähig war. Durch die dabei gewonnenen Erfahrungen und die Fortschritte, die in der Trocknungsindustrie erzielt wurden, nahm das Trocknen von Rübenschnitzeln einen gewaltigen Aufschwung. An dem Beispiel der Rübenblätter sollte gezeigt werden, welche Mengen wasserhaltiger Futtermassen zum Trocknen in Frage kommen. Um diese in ein lagerfestes Produkt überführen zu können, mußte man dazu übergehen, an Stelle des natürlichen Trocknungsprozesses durch die Sonne, die *Trocknung unter Benutzung künstlicher Wärme* durchzuführen. Nachdem man anfänglich mit der Trocknung der Rübenschnitzel gute Erfahrungen gemacht hatte, gelang es im weiteren Verlauf, auch die Schlempen, Biertreber und Pülpen in lagerfestes Trockengut überzuführen. Mit ausgezeichnetem Erfolg wurde das künstliche Trocknungsverfahren dann auch auf Kartoffeln, Zuckerrüben, Rübenblätter, entbitterte Lupinen und andere Futterstoffe übertragen. Die *Temperaturen*, die zum Trocknen der eben erwähnten Stoffe zur Anwendung kommen, sind recht wechselnd, je nach der Quelle, der die künstliche Wärme entstammt, und abhängig von dem Wassergehalt des zu trocknenden Materials. Durch diese Trocknungsprozesse besonders bei höheren Temperaturen treten gewisse *Nährstoffverluste* auf, die besonders durch eine *Herabsetzung der Verdaulichkeit der Eiweißstoffe* zum Ausdruck kommen. K. BÜLOW[2] konnte in vergleichenden Versuchen zeigen, daß das Protein eines Wiesenheues, welches in der Sonne getrocknet war, zu 64,6% verdaulich war. Nach viertägigem Trocknen bei 55—60° C betrug die Verdaulichkeit 65,5%, während nach viertägigem Trocknen bei 90° C die Verdaulichkeit auf 57,9% sank. Zu gleichen Ergebnissen kam J. VOLHARD[18]. Er fand:

Wiesenheu normal geerntet	74,3 %	Verdaulichkeit des Proteins
„ bei 40° C getrocknet . . .	70,9 %	„ „ „
„ „ 60° C „ . . .	67,4 %	„ „ „
„ „ 100° C „ . . .	61,6 %	„ „ „

Über *Trockenkartoffeln* liegen hierüber nachstehende Untersuchungen vor. Ein Versuch KELLNERS[8] an Schafen ergab für die organische Substanz eine Verdaulichkeit von 81,5%, für das Rohprotein von 19,5% und für die N-freien Extraktstoffe 92,0%. Die Kohlenhydrate sind von den Schafen in den Trockenkartoffeln ebenso hoch verdaut worden wie in den frischen Kartoffeln, deren Verdaulichkeit im Durchschnitt 90% beträgt, während das Rohprotein nur gering ausgenutzt wurde. In weiteren Versuchen von O. KELLNER, M. JUST, P. EISENKOLBE und M. POPPE[9], in welchen die Verdaulichkeit von Trockenkartoffeln, nach verschiedenen Verfahren getrocknet, bei Schafen und Schweinen festgestellt wurde, zeigte es sich, daß vom Schwein von der organischen Substanz 91,3% und von den N-freien Extraktstoffen 94,5% verdaut wurden, während die entsprechenden Werte für das Schaf zu 86,5% bzw. 94,4% gefunden wurden. *Die Verdaulichkeit des Rohproteins scheint durch die Trocknung etwas verringert zu werden, doch ist dies bei dem geringen Gehalt der Kartoffeln an verdaulichem Eiweiß von untergeordneter Bedeutung.* Für die *Preßkartoffeln* wurden von KELLNER und NEUMANN[10] ähnliche Werte beim Schwein festgestellt. Es wurden von der organischen Substanz 94,5%, vom Rohprotein 26,7%, von den N-freien Extraktstoffen 97,9% und von der Rohfaser 85,3% verdaut. Die Preßkartoffeln werden nach einem Verfahren mit teilweiser Abpressung des Fruchtwassers gewonnen. Das Verfahren konnte sich nicht durchsetzen. Durch eine Verbesserung der Pressen und die dadurch herabgeminderte Wassermenge bei dem nachfolgenden Trocknungsprozeß, dürfte dieses Verfahren berufen sein, die Wirtschaftlichkeit der Kartoffeltrocknung wesentlich günstiger zu gestalten. Die den ursprünglichen Preßkartoffeln anhaftenden Mängel werden dadurch beseitigt, daß das abgepreßte Fruchtwasser in eingedicktem Zustand den Trockenkartoffeln durch Verdüsen wieder zugeführt wird. Wenn erst die Ausnutzung der vorhandenen Apparaturen in landwirtschaftlichen Anlagen auf die volle Dauer eines Jahres dadurch erreicht sein wird, daß man z. B. die *Kartoffeltrocknung* mit 100 Tagen Arbeitsdauer an eine *Lupinenentbitterungsanlage* mit 200 Tagen Arbeitsdauer angliedert oder indem man eine Zuckerfabrik mit einer Kartoffeltrocknung und einer Lupinenentbitterung vereinigt, dann wird die zur Zeit schwer daniederliegende Kartoffeltrocknungsindustrie einer neuen Blüte entgegengehen.

Auch in den Versuchen von HONCAMP und GSCHWENDER[5] wurde eine Herabminderung der Verdaulichkeit des Rohproteins im Trockenprodukt gefunden.

Bei der *Trocknung von Rübenschnitzeln* wurden nachstehende *Veränderungen der Verdaulichkeit* festgestellt. Die Zusammensetzung der frischen Schnitzel ist nach O. KELLNER im Durchschnitt folgende:

Trockensubstanz	15,00 %
Rohprotein	1,30 %
Fett	0,10 %
N-freie Extraktstoffe	9,90 %
Rohfaser	3,00 %
Asche	0,30 %

Die Verdaulichkeit frischer Schnitzel ist infolge der unverholzten Zellwände eine recht hohe. Rohprotein 51,0%, N-freie Extraktstoffe 86%, Rohfaser 72%, organische Substanz 77% im Mittel. Die Verdaulichkeit des Rohproteins ist in frischen und getrockneten Schnitzeln die gleiche, wenn die *Trocknung bei niederer Temperatur* erfolgt. Sobald die Temperatur bei der Trocknung der Schnitzel 100° C wesentlich überstieg, war eine Verminderung der Verdaulichkeit des Rohproteins die Folge.

Verdaulichkeit des Rohproteins für

frische Schnitzel %	getrocknete Schnitzel %
76,3	79,7

Bei der Trocknung des Rübenblattes wurden nachstehende Veränderungen beobachtet. Die Verdaulichkeit der Nährstoffe in *frischem Rübenkraut* wurde von KELLNER zu 74% für das Rohprotein, 80% für die N-freien Extraktstoffe und 70% für die Rohfaser gefunden. Die Tatsache, daß die Trocknung des Rübenblattes nicht früher in größerem Umfange praktisch zur Ausführung kam, dürfte in der Hauptsache auf den hohen Sandgehalt zurückzuführen sein. SCHNEIDEWIND fand im Mittel von 15 aus dem Jahre 1901 stammenden Rübenblattproben in der Trockensubstanz einen Aschengehalt von 35,12%, in einer anderen Probe im Jahre 1906 41,23% bzw. 43,07%. Auch HONCAMP[6] fand im Durchschnitt mehrerer Untersuchungen einen Aschen- und Sandgehalt von 28,26% bzw. 15,69%. Durch eine gute Wäsche und Zerkleinerung des vom Felde kommenden Rübenblattes vor der Trocknung haben sich diese Zahlen wesentlich verschoben, wie nachstehende Tabelle zeigt:

Frische Schnitzel %	Trocknungstemperatur (75—80° C) %	Trocknungstemperatur (125—130° C) %
60,1	58,7	41,1

Versuchsansteller	Wasser %	Trockensubstanz %	Rohprotein %	Amide %	Reinprotein %	Fett %	Rohfaser %	N-freie Extraktstoffe %	Asche %	Sand %
KELLNER	14,00	86,00	9,10	2,00	7,10	0,80	11,10	34,80	30,20	—
FRÖHLICH u. WITT[3]	11,12	88,88	10,13	3,78	6,35	1,13	9,52	55,70	12,40	1,58
RÖMER[15a]	8,80	91,20	11,40	—	—	1,12	13,68	51,70	12,82	—
SCHEUNERT[15]	16,89	83,11	11,92	3,29	8,63	1,02	8,91	49,16	12,10	—
TEMPER[17]	13,06	86,94	10,67	2,40	8,27	1,75	12,11	49,61	12,82	—

Für die Verdaulichkeit des *getrockneten Rübenblattes* wurden von HONCAMP und KATAYAMA[7] folgende Werte bei Schafen festgestellt:

Organ. Substanz %	Rohprotein %	Rohfett %	N-freie Extraktstoffe %	Rohfaser %
72,1	41,3	30,0	81,7	67,1

Die Verdaulichkeit der N-freien Extraktstoffe und der Rohfaser leidet durch das Trocknen nicht, dagegen wird der Gehalt an verdaulichem Rohprotein durch das Trocknen mit Feuergasen durchschnittlich von 6,7% auf 3,8% herabgesetzt. In den Versuchen von Fröhlich und Witt (l. c.) wurde dieser Wert zu 4,86% gefunden, worin eine beachtliche Qualitätsverbesserung zu erblicken ist. Es soll jetzt noch kurz auf den nachteiligen *Einfluß eines zu hohen Wassergehaltes bei der Aufbewahrung von Körnerfrüchten* eingegangen werden. Feuchtes Getreide erleidet beim Lagern höhere Verluste an Trockensubstanz als trockenes, wie die Versuche von Kolkwitz[11] überzeugend dartun.

Wassergehalt %	Kohlensäure mg
11,0	0,35
14—15	1,40
19,6	123,0
20,5	359,0
30,0	2000,0

1 kg Gerste entwickelt in 24 Stunden bei Zimmertemperatur (18° C) folgende Mengen an Kohlensäure. Die *Temperatur* spielt hierbei eine erhebliche Rolle. 1 kg Gerste mit 14—15% Wasser entwickelte in 24 Stunden folgende Menge an Kohlensäure:

Temperatur °C	Kohlensäure mg
18	1,4
30	7,5
40	20—40
52	240

Auch die *Keimfähigkeit* des Getreides wird durch einen zu hohen Feuchtigkeitsgehalt stark beeinträchtigt, ebenso leidet die Backfähigkeit eines aus feuchtem Getreide ermahlenen Mehles. Um allen diesen Schädigungen zu begegnen, ist man bestrebt gewesen, den zu hohen Wassergehalt herabzusetzen. Anschließend sei auf die Beschreibung der Apparaturen eingegangen, die zum Trocknen landwirtschaftlicher Massengüter in Anwendung kommen. Es gibt manche Gründe, die bei der Bemühung, den Stoffen Feuchtigkeit zu entziehen, dazu veranlassen können, die Luft als Vermittlerin zu wählen. Man bevorzugt *Lufttrocknung*, weil entweder Gestalt und Art der zu trocknenden Stoffe es erschwert, denselben die zur Verdampfung notwendige Wärmemenge direkt zuzuführen oder weil die Bedingung besteht, die zu trocknenden Körper nicht über eine gewisse Temperatur zu erhitzen, da sie sonst an Aussehen und Verdaulichkeit Schaden leiden würden.

Die Luft, welche zum Trocknen verwendet werden soll, muß zunächst den zu trocknenden Stoff erwärmen, sodann dem zu verdampfenden Wasser die nötige Verdampfungswärme zuführen und endlich das verdunstende Wasser in sich aufnehmen. Die warm in den Trockenraum eintretende Luft verliert darin so viel von ihrem Wärmegehalt, als für die Erwärmung und Verdunstung verbraucht wird. Die atmosphärische Luft enthält stets mehr oder weniger Wasser, bei Sonnenschein weniger, bei Nebel ist sie damit gesättigt. Die Fähigkeit der Luft, Wasserdampf aufzunehmen, steigt in erheblichem Maße mit ihrer steigenden Temperatur. Damit eine möglichst kleine Menge Luft die möglichst größte Menge Wasser aus dem Trockenraum entfernt, muß sie den Raum so warm wie es angeht verlassen. Andererseits muß aber dieselbe Menge Luft so viel wärmer in den Trockenraum treten, daß ihre Abkühlung auf die Austrittstemperatur noch genügt, um den zu trocknenden Stoff zu erwärmen und sein Wasser zu verdampfen. Da der Wärmeaufwand beim Trocknen mit Luft gleich ist demjenigen für die Erhitzung der Luft, so folgt, daß umso weniger Wärme verbraucht wird, mit je weniger Luft die Trocknung erfolgt, und dies ist der Fall, wenn die Luft so warm wie zulässig ein- und austritt. Der Temperaturgrad, bis zu welchem die Luft vor ihrem Eintritt erhitzt werden kann, hängt von der Natur des Trockengutes ab und dann auch von dem Grade, bis zu welchem diesem das Wasser entzogen werden soll. Die nachstehende Tabelle gibt die Mengen Wasserdampf an, die 1 m^3 Luft bei einem bestimmten Wärmegrad höchstens enthalten kann. Die Zahlen stellen die sog. *Sättigung der Luft mit Wasserdampf dar.*

Wärmegrad der Luft	Höchster Wassergehalt in 1 m³ Luft in Gramm	Wärmegrad der Luft	Höchster Wassergehalt in 1 m³ Luft in Gramm
—15	1,46	45	65
—10	2,26	50	83
— 5	3,33	55	104
0	5	60	130
5	7	65	161
10	9	70	198
15	13	75	242
20	17	80	293
25	23	85	354
30	30	90	424
35	39	95	505
40	51	100	599

Neben dem Trocknen mit Wärme und Luft kommt auch das *Trocknen in strömender Luft* in Anwendung. Der Vorgang ist hierbei der, daß die nur zum Teil mit Wasserdampf beladene Luft noch so viel weitere Feuchtigkeit aufnimmt, bis sie gesättigt ist, d. h. bis ihr Wassergehalt die in obiger Tabelle angegebenen Grenzen erreicht hat. Diese Anwendungsform ist nur geeignet für Stoffe, die leicht Wasser abgeben und nur geringe Wasserprozente enthalten (bis ca. 30%). Erheblich vorteilhafter ist es, erwärmte Luft zum Trocknen zu benutzen, weil diese — wie obige Tabelle zeigt — viel mehr Feuchtigkeit aufzunehmen imstande ist.

Beim Trocknen wasserreicher landwirtschaftlicher Produkte ist man bestrebt, diesen Vorgang in der Weise zu leiten, daß das resultierende Trockengut möglichst wenig in seinen Eigenschaften beeinträchtigt wird. Nicht alle Forderungen, wie *Erhaltung der Form, der Farbe, des Geschmacks und der chemischen Zusammensetzung* lassen sich restlos erfüllen. Ein gleichmäßiger Ausfall des Trockengutes erfordert eine gleichmäßige Beschaffenheit des Naßgutes. Dies wird nur erreichbar durch eine möglichst gleichmäßige Zerkleinerung der feuchten Materialien. Für die Trocknung von Massengütern, wie sie besonders in landwirtschaftlichen Betrieben anfallen, eignen sich Rauchgase gut eingerichteter Feuerungen am besten, da sie auf kleinem Raum infolge der ausnutzbaren hohen Temperaturunterschiede eine schnelle Trocknung ermöglichen. Bei neueren Konstruktionen werden wir sehen, daß auch Frisch- oder Abdampf mit Vorteil verwendet werden kann. Zunächst seien einige Vorrichtungen erwähnt, die ein *Trocknen ohne Wärmezufuhr* ermöglichen. Es seien genannt Kanaltrockner, Trockentürme, Ranksilos und Schüttsilos.

Die *Kanaltrockner* dienen zum *Trocknen von Gras, Klee, Luzerne usw.* und können behelfsmäßig von Landbaumeistern ausgeführt werden.

Der Kanaltrockner besteht aus einem langen rechteckigen Kanal von 3 × 4 m, der an der Längsseite einer Feldscheune angebracht wird, an dessen Ende ein Holzturm als Kamin steht. Die Arbeitsweise kann derart geleitet werden, daß ganze Wagen mit Gras eingefahren und der trocknenden Wirkung der Luft ausgesetzt werden. Oder man bringt das Gras auf ein langsam bewegtes Band, das innerhalb des Trockners angebracht ist und so das Naßgut dem künstlichen Luftzug aussetzt. Für die Zwecke der Gemüsetrocknung werden ebenfalls Kanaltrockner benutzt, die aber mit durch Feuergase erwärmter Luft gespeist werden. Es wird sowohl nach dem Gleichstrom- wie nach dem Gegenstromprinzip gearbeitet.

Trockentürme können ebenfalls behelfsmäßig im eigenen Betriebe durch Landbaumeister erstellt werden. Ein viereckiger Turm aus vier langen Stämmen, in den Ecken durch Kreuzverband und horizontale Streben miteinander verbunden, wird mit Holzbrettern verschalt. Der Luftzug wird durch Jalousien reguliert. Die wie ein Kamin oder wie eine Rückkühlanlage für Kondenswasser wirkende Einrichtung wird beispielsweise zum Trocknen der Hopfenranken benutzt.

Ranksilos. Diese neuartigen Silos dienen hauptsächlich zur *Trocknung und Konservierung von Getreide.* Die Gewinnung von genügend trocknem und lagerfestem Getreide ist in Jahren mit reichlichen Niederschlägen während der Erntezeit ohne besondere Trockenvorrichtungen oft mit großen Schwierigkeiten verbunden. Feuchtes Getreide erleidet, wie oben ausgeführt, beim Lagern höhere Verluste an Trockensubstanz als trockenes. Getreide, dessen Wassergehalt noch nicht so weit herabgemindert ist, daß ohne besondere Lüftung eine Lagerung in stärkeren Schichten erfolgen kann, bedarf noch der öfteren Lüftung und Umlagerung. Das Werfen mit der Schaufel ist in landwirtschaftlichen Betrieben die einfachste Form der Durchlüftung. In Getreidelagerhäusern ist von Schütt ein einfaches Verfahren, die Bodenberieselung, eingeführt worden[19].

Die Böden sind von vielen Löchern durchbohrt, welche 30—50 cm auseinanderliegen und welche je nach der Frucht, die eingelagert werden soll, eine verschiedene Größe besitzen (4—6 cm). An der Unterseite der Böden befinden sich Blechschieber, welche Öffnungen von gleicher Größe und Entfernung enthalten wie die Böden. Durch einen Hebel kann jede Öffnung so eingestellt werden, daß die Öffnungen übereinanderliegen, so daß das Getreide durchfallen kann. Unterhalb der Schieber befindet sich ein Winkeleisen mit der Kante nach oben gerichtet, so daß ein sog. Spritzdach entsteht. Für gute Lüftung ist während der Rieselung zu sorgen. Durch diese veralteten Lagerungsmethoden gelingt es nur mit Aufwand von viel Mühe, Arbeit und Geld, die jährlichen Erntevorräte lagerfähig zu machen und zu erhalten.

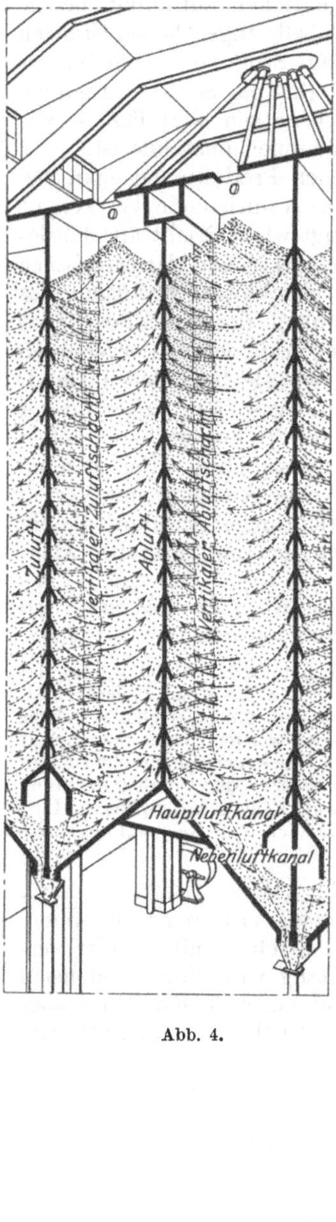

Abb. 4.

Ein wesentlicher Fortschritt in der Lagerung von Getreide und Sämereien überhaupt bildet der *Ranksilo.* In demselben kann ohne Rücksicht auf den Feuchtigkeitsgehalt Getreide eingelagert werden und infolge der Zellendurchlüftung während der Lagerung getrocknet und kühl erhalten werden, ohne daß dabei eine manuelle oder maschinelle Bewegung des Lagergutes notwendig wird.

Der Lüftungsvorgang ist denkbar einfach. Die Frischluft wird mittels Ventilator mit geringem Überdruck durch alle Teile des Siloinhaltes in horizontaler Richtung geblasen. Die klare und einfache Konstruktion des Silos gibt Gewähr dafür, daß alle Teile des Lagergutes von der durchströmenden Frischluft berührt werden. In kurzer Zeit ist bei günstigen Verhältnissen erfahrungsgemäß die Feuchtigkeit im Lagergut schon so weit heruntergetrocknet, daß es als lagerfähig bezeichnet werden kann. Ist die Außenluft sehr feucht, was häufig im Herbst der Fall ist, so kann die einzublasende Luft in einfacher Weise mittels eines Vorwärmers angewärmt bzw. vorgetrocknet werden. Für die Gesunderhaltung des getrockneten Lagergutes ist erfahrungsgemäß kühle Lagerung wichtig. Im Ranksilo wird dies auf einfachste und billigste Art dadurch erreicht, daß von Zeit zu Zeit Frischluft in die Silozelle eingeblasen wird. Kalte, trockne Nachtluft ist dazu am geeignetsten. In dieser Weise abgekühltes Lagergut hält sich monatelang ohne Selbsterhitzung. Alle Getreidearten: Mais, Grassamen, Lein-, Raps-, Rübensamen, Lupinen usw. können im Ranksilo mit sicherer Aussicht und verlustloser Dauerlagerung gespeichert werden. Die Bauart des Silos in Eisenbeton und eine äußere Isolierung sorgen dafür, daß die erreichte niedere Temperatur außerordentlich lange gehalten werden kann. Beim Lüftungssilo fällt also die kostspielige Handarbeit des Umschaufelns vollständig weg und wird ersetzt durch eine ständige, geringe Kraft erfordernde mechanische Belüftung. Ein Schema eines Getreidesilos mit Zellenlüftung zeigt nebenstehende Abb. 4.

Anschließend sollen noch die Einrichtungen für *Trocknung mit Wärme* — sei es durch Feuergase, Dampf oder Abdampf — besprochen werden.

Trommeltrockner. Dieselben dienen der Trocknung von Schnitzel aus Rüben, Kartoffeln, ferner von Rübenblättern und Köpfen.

Abb. 5. Büttner-Trocknungsanlage für Rübenblätter.

Die Konstruktion der Trommeltrockner besteht aus einem langen Walzenkessel, der sich um seine Längsachse dreht, und durch dessen Rieseleinbau das lose Gut dauernd durch die heißen Gase, die den Kessel durchstreichen, fällt. Die zur Trocknung notwendigen

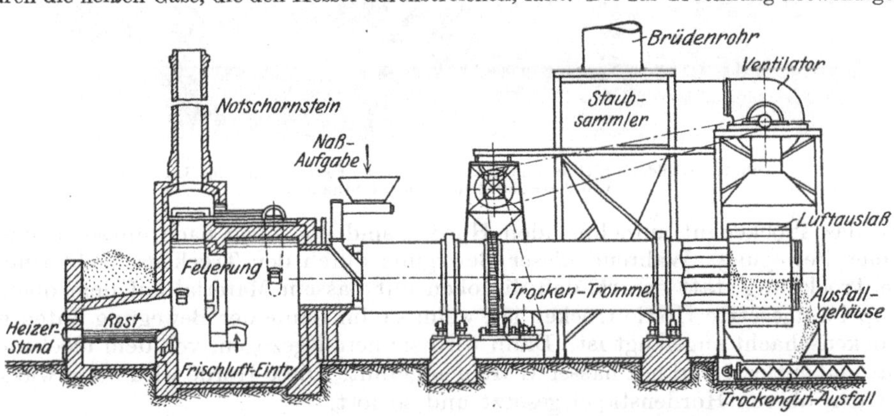

Abb. 6. Schematische Darstellung einer Büttner-Trocknungsanlage.

Heizgase werden auf Treppen- oder Muldenrosten für Rohbraunkohle oder Plan- bzw. Wanderrosten für Steinkohle erzeugt. Die hohe Verbrennungstemperatur der Kohlen wird durch Zumischen von Frischluft auf das für die Trocknung zulässige Maß herabgemindert. Die Verbrennungsgase durchwandern in der gleichen Richtung mit dem Trockengut, d. h. im Gleichstrom, den Trockner. Am meisten haben sich die Trommeltrockner der Büttner-Werke A. G., Ürdingen am Rhein, und der Drehtrommel-Allestrockner der Benno Schilde Maschinenbau-A.-G., Hersfeld, eingeführt.

Abb. 5 und 6 zeigen eine Rübenblatt-Trocknungsanlage und eine schematische Darstellung einer solchen Anlage.

Hordentrockner. Dieselben dienen der Trocknung wertvoller Naturprodukte, die ein mechanisches Durcharbeiten nicht vertragen. Dieselben bestehen aus einem aus Schmiedeeisen gebauten Trockenschacht in den Maßen der Horden, welche zur Aufnahme des Trockengutes bestimmt sind. Die Horden bilden in dem Trockenschacht zwei Stapel, die durch eine Heizbatterie getrennt sind. An der Rückseite des Trockenschachtes ist eine zweite Heizbatterie eingebaut. Oben auf dem Trockenschacht befindet sich ein Ventilator, der die Trockenluft der Reihe nach durch die erste Heizbatterie, den unteren Hordenstapel, durch die hintere Heizbatterie und den oberen Hordenstapel saugt und dann ins Freie bläst. Vor dem Trockenschacht führt ein Fahrstuhl automatisch auf und ab, auf welchem durch entsprechende Türen die Horden ausgefahren werden können.

Abb. 7. Schildes Früchte- und Gemüsetrockner „Favorit" für eine Leistung von 200—250 Zentner in 24 Stunden.

Die das Trockengut aufnehmenden Horden sind von oben nach unten in langsamer Bewegung. Während dieser Bewegung durch den Trockenschacht findet die Trocknung statt derart, daß die oben mit nassem Material auf dem oberen Stapel aufgesetzte Horde trocken ist, wenn sie im Laufe der Bewegung unten im Trockenschacht angelangt ist. Dann wird sie herausgezogen, von dem trockenen Material entleert und mit nasser Ware neu gefüllt. Diese Horde wird dann wieder auf den oberen Hordenstapel gesetzt und so fort.

Die Erwärmung der Luft erfolgt durch Kesseldampf jeder Spannung, durch Abdampf oder Niederdruckdampf, denn nur die Beheizung mit Dampf erlaubt eine so genaue Temperaturregelung, wie es die Rücksicht auf das verlangte Qualitätsprodukt gebietet. Die Warmluft wird durch den Ventilator zwangläufig durch das zu trocknende Material geführt. Die Hordentrockner werden in rationellster Ausführung von der Firma *Benno Schilde, Maschinenbau-A.-G., Hersfeld,* erbaut.

In Abb. 7 ist ein Hordentrockner für Früchte und Gemüsetrocknung zur Darstellung gebracht.

Zu erwähnen wären noch die *Röhrentrockner*, die zum Trocknen von Stoffen dienen, welche kein Quetschen vertragen, z. B. *gepreßte Kartoffeln, entbitterte*

Lupinen. Sie bestehen aus einem geneigt liegenden Walzenkessel, der sich um seine Längsachse dreht, und der von Röhren, wie ein Lokomotivkessel, durchzogen ist. Durch diese Röhren, die vom Dampf umspült sind, rieselt das zu trocknende Gut.

Die *Muldentrockner* dienen denselben Zwecken wie die Röhrentrockner.

Zum Schluß seien noch die *Walzentrockenapparate* erwähnt. Dieselben dienen zum *Trocknen breiiger Massen in dünner Schicht.* Hierfür kommen in Frage: *Kartoffeln, Eiweiß und auch Milch.* Die Walzentrockner bestehen aus ein bis zwei geheizten Walzen, die gegebenenfalls im Vakuum laufen, bis zu 1000 mm Durchmesser und 2800 mm Länge. Dieselben werden mit direktem Dampf von 6 Atmosphären geheizt. Während die ersten Apparate aus zwei sich berührenden Walzen bestanden, sind in den modernen Apparaten die mit Dampf beheizten Walzen mit reichlichem Zwischenraum voneinander gelagert.

Das Verbindungsglied beider Walzen bildet eine ausziehbare Mulde. Zwischen den Walzen befindet sich ein größerer Verdampfungsraum, in welchem besondere Rührwerke eine ständige, gleichmäßige Auftragung der Trockenmasse bewirkt und ebenso eine mechanische Ausscheidung von Fremdkörpern aus den zu trocknenden Massen. Die sich in der Mulde sammelnden Fremdkörper können dort von Zeit zu Zeit leicht entfernt werden. Die Walzen drehen sich nach außen. Die zwei oberen Auftragswalzen bilden den oberen Abschluß des Verdampfungsraumes. Diese Auftragswalzen drehen sich in der breiigen Kartoffelmasse, umhüllen sich mit einer Breischicht und geben die letztere gleichmäßig auf die Trockenwalze ab. Ununterbrochen arbeitende Abstreifer nehmen einen Teil dieser Breischicht von den Auftragswalzen ab und führen sie den darunterliegenden Ausgleichswalzen zu, welche letzteren eine abermalige Auftragung auf die Trockenwalze herbeiführen und gleichzeitig die nunmehr mehrfach übereinanderliegende Schicht glätten. Auf diese Weise wird der Flockenschleier gleichmäßig stark und gleichmäßig trocken. Der Wrasen, welcher sich nur oberhalb der Walze bildet, zieht frei durch die Dunstschlote ab. Die Flockenschicht wird von Abschabemessern als zusammenhängender dichter Schleier abgelöst.

Die Verarbeitung der Kartoffeln zu Flocken geschieht nach folgendem Arbeitsgang: Die vom Felde angelieferten Kartoffeln werden im Keller der Fabrik gestapelt, dann der Schwemmrinne zugeführt, in welcher sie durch das zufließende Wasser vom gröbsten anhaftenden Schmutz und Lehm befreit werden. Dann werden sie der eigentlichen Wäsche zugeführt, die aus einem gemauerten, mit gelochtem Siebblech versehenen Bottich besteht, in dem sich eine eiserne Welle mit Rührarmen dreht. Durch ein Becherwerk werden die völlig gereinigten Kartoffeln einem erhöht angebrachten Vorsatzkasten zugeführt. Darunter befindet sich der Dämpfer, in welchem die Kartoffeln durch Frisch- oder Abdampf gargekocht werden. Dann werden die gedämpften Kartoffeln in einen Schüttrumpf ausgestoßen. Hierin befindet sich eine Schnecke, welche die gedämpften Kartoffeln zu Brei zerkleinert und alsdann gleichmäßig den Trockenapparaten zuführt. In umstehender Abb. 8 findet sich eine schematische Anordnung einer *Kartoffeltrocknungsanlage* (*System* FÖRSTER).

Auch die *Büttner-Werke, A.-G., Ürdingen a. Rhein,* fabrizieren für *Trocknung von Kartoffeln, Schlempe* und anderen Materialien Walzentrockenapparate, deren Arbeiten sich sehr rationell gestalten. Viele Körper, besonders eiweißreiche, können überhaupt nicht im Heißluftstrom getrocknet werden, weil infolge der langen Trocknungsdauer bei Temperaturen von 50—65° C oder darüber feuchte, eiweißhaltige Stoffe verderben bzw. verschimmeln oder verfaulen. Ferner ist die erwärmte Luft zugleich Trägerin von Staub, Sporen u. dgl., so daß eine Infizierung bzw. Verderben des Trockengutes dadurch eintritt. Die Walzentrockner, die unter hoher Dampfspannung betrieben werden, arbeiten in dieser Beziehung günstiger, da das Wasser dabei nicht im heißen Luftstrom verdunstet, sondern auf der Heizfläche verkocht wird. Diese Apparate können aber nur dann zur Anwendung kommen, wenn die zu trocknenden Stoffe Temperaturen bis zu

100° C vertragen. Diese Nachteile fallen fort, wenn die Trocknung unter Vakuum ausgeführt wird. Die *Vakuumtrockner* sind gegen die äußere Luft vollkommen abgedichtete Behälter, die durch eine Luftpumpe luftleer gepumpt werden. Geschieht dies z. B. so weit, daß nur noch eine Spannung von 0,072 Atm. herrscht, so braucht das darin befindliche Wasser nur auf 40° C erwärmt zu werden, um zu verdampfen. Pumpt man jedoch die Luft auf eine Spannung von 0,023 Atm. aus, so wird schon bei einer Temperatur von 20° C das Wasser in Dampf verwandelt und kocht schnell aus dem Trockengut ab.

Kurz sei noch eine Trocknungsart erwähnt, die besonders zum *Trocknen von Milch, Molken, Hefe, Casein, Eiern* Anwendung gefunden hat.

Die Zerstäuber. In einem Trockenraum befindet sich eine durch eine Dampfturbine oder einen Elektromotor angetriebene Metallscheibe, die je nach der Art

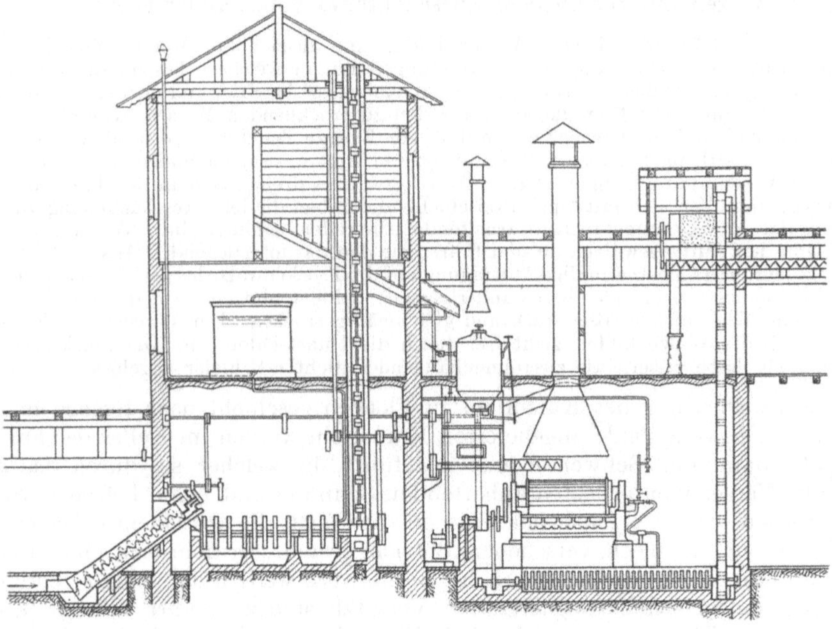

Abb. 8. Kartoffeltrocknungsanlage System Förster.

der zu zerstäubenden Flüssigkeit verschiedene Gestalt aufweist. Meistens sind es flach- oder schalenförmige Körper mit zwei oder mehreren radialen armartigen Austrittsöffnungen.

Die Scheibe dreht sich mit der außerordentlich hohen Geschwindigkeit von 5000 bis 24000 Umdrehungen in der Minute. Aus einem über dem Trockenraum angebrachten Gefäß fließt in stetigem Strahl die zu trocknende Flüssigkeit auf die Mitte der Zerstäubungsscheibe. Die Flüssigkeit kann auch von unten durch eine Pumpe der Scheibe zugeleitet werden. Durch die Zentrifugalkraft wird die Flüssigkeit nach dem Rande der Scheibe abgedrängt und von dort aus mit einer außerordentlich großen Geschwindigkeit in den Raum hinausgeschleudert und gleichzeitig zerstäubt. Es bildet sich dadurch um die Scheibe herum ein schleierförmiges Gebilde feinster Nebelteilchen. Um nun aus diesen den Wasserdampf zu entfernen, wird von unten oder von der Seite her ein Strom warmer Trockenluft zugeführt. Die Entfernung des Wasserdampfes erfolgt blitzartig. Die getrockneten Teilchen fallen z. T. auf den Boden des Trockenraums, z. T. werden sie durch eine Filteranlage von dem aufsteigenden Luftstrom getrennt und gesammelt.

Das zu trocknende Produkt wird als staubfeines Pulver mit einem Wassergehalt von 1—5 % erhalten. Dieses Trocknungsverfahren ist als *Krause-Verfahren*, dem Namen seines Erfinders, bekannt.

Literatur.

(*1*) BERTHELOT: C. r. **138**, 602 (1907). — (*2*) BÜLOW, K.: J. Landw. **48**, 27 (1900). (*3*) FRÖHLICH, G., u. F. M. WITT: Zur Frage der Rübenblatttrocknung. Landw. Wschr. Prov. Sachsen **1928**, H. 34.

(*4*) HOFFMANN, J. F.: Das Versuchskornhaus und seine wissenschaftlichen Arbeiten. Berlin 1904. — (*5*) HONCAMP, F., u. B. GSCHWENDNER: J. Landw. **1911**, **363**. — (*6*) HONCAMP, F.: Untersuchungen über den Futterwert von getrocknetem, frischem und eingesäuertem Rübenkraut und über Verluste an Roh- und verdaulichen Nährstoffen beim Einsäuern. Landw. Versuchsstat. **88**, 325 (1916). — (*7*) HONCAMP, F., u. KATAYAMA: Ebenda **67**, 433.

(*8*) KELLNER, O.: Dtsch. landw. Presse **1902**, Nr 85. — (*9*) KELLNER, O., M. JUST, P. EISENKOLBE u. M. POPPE: Landw. Versuchsstat. **68**, 39. — (*10*) KELLNER, O., u. R. NEUMANN: Ebenda **73**, 235. — (*11*) KOLKWITZ, R.: Das Versuchskornhaus und seine wissenschaftlichen Arbeiten, S. 262. Berlin 1904.

(*12*) MIEHE: Arb. dtsch. Landw.ges. **1905**, H. 3, Anh. — Mitt. dtsch. Landw.ges. **1910**, Stück 46. — Selbsterhitzung des Heues. Jena 1907. — (*13*) MORGEN, A.: J. Landw. **36**, 309 (1888). — (*14*) MÜNZBERG, H.: Deutschlands Verbrauch an Kraftfutter und Versorgung mit tierischen Erzeugnissen. Arb. dtsch. Landw.ges. Berlin **1928**, H. 355.

(*15*) RÖMER, TH.: Handbuch des Zuckerrübenbaues, S. 321. Berlin: Parey 1927. — (*15a*) Ebenda, S. 333.

(*16*) SCHEUNERT, A.: Wie sind Zuckerrübenblatt und Zuckerrübenschnitzel ernährungsphysiologisch zu beurteilen? Zuckerrübenbau **1926**, H. 9/10, 190.

(*17*) TEMPER, K.: Versuche über Verfütterung von frischen und getrockneten Rübenblättern an Arbeitspferde. Landw. Jb. **66**, H. 2 (1927).

(*18*) VOLHARD, J.: Landw. Versuchsstat. **58**, 433 (1903).

c. Industrielle Produkte.

I. Futtermittel der Müllerei.

Von

Professor Dr. KARL MOHS

Direktor des Instituts für Müllerei Berlin.

Die Futtermittel der Müllerei umfassen einen Teil der Verarbeitungs- bzw. Vermahlungsprodukte der Getreidearten, nämlich des Weizens, Roggens, der Gerste, des Hafers, Reises, Maises und der Hirse, weiter einiger Hülsenfrüchte, wie der Erbsen und Bohnen, und schließlich des Buchweizens. Zum größten Teil handelt es sich um *Abfall*produkte, die bei der Gewinnung zur menschlichen Ernährung dienender Genußmittel, wie Mehle, Grieße, Graupen, Grütze und Flocken, anfallen. Erst in zweiter Linie sind eigentliche *Müllerei*produkte, wie Schrot u. dgl., als müllerische Futtermittel anzusprechen.

Das hauptsächlichste Bestreben der Müllerei geht dahin, die wertvolleren Teile des Getreides von den minderwertigen und für den Menschen schwer verwertbaren zu trennen, d. h. den Mehlkern möglichst rein von der Schale abzusondern. Da die Schale des Korns mit dem Mehlkern fest verwachsen ist, bedarf die Müllerei einer großen Anzahl verschiedenartiger Spitz-, Schäl-, Bürst-, Polier-, Sieb-, Putz- und Vermahlungsmaschinen, um eine restlose und saubere Trennung der Schalenteile vom Mehlkern herbeizuführen, was bis heute, trotz aller hochentwickelten Mühlentechnik, nicht gelingt. Stärketeilchen des Mehlkerns sind stets in mehr oder minder starkem Umfange in der Kleie und umgekehrt Schalenteile oder Kleiefetzen im Mehl vorhanden. Man hat daher bei jeder Getreideart eine *Reihe* von Abfallprodukten zu unterscheiden, die eben in ihrem Mehlgehalt voneinander abweichen.

A. Futtermittel aus der Weizen- und Roggenmüllerei.

Jedes Getreide, das vom Landwirt oder Händler in die Mühle geliefert wird, muß, um zu menschlichen Nahrungsmitteln verarbeitet werden zu können, erst mittels eines durchgreifenden Reinigungsprozesses von vielen Fremdkörpern befreit werden. Zu diesem Zweck läuft es zuerst durch eine Maschine, die Aspirateur, Tarar oder Stauber genannt wird. Das einlaufende Getreide begegnet zunächst einem starken Luftstrom, der alle leichten Teile, wie Staub und Spreu, abführt; es wird dann über Rüttelsiebe von verschiedenen, aber solchen Lochweiten geführt, daß die Getreidekörner diese passieren, während wesentlich größere oder kleinere Verunreinigungen abgesondert werden. Der aus dem Aspirateur tretende Getreidestrom läuft über einen Magnetapparat, der etwa in ihm vorhandene Metallteile entfernt. Die Gesämeausleser oder Trieure, um ihre Achse sich horizontal drehende Zylinder, sind die letzten Maschinen der sog. Vorreinigung, die das zur Vermahlung kommende Gut durchläuft. Durch taschenartige Vertiefungen in der inneren Wandung der Trieurzylinder werden diejenigen Unkräuter, auch fremde Getreidesorten und Halbkörner aus dem Getreide herausgehoben und abgeführt, die in ihrer Form und Größe dem Getreide ähneln und infolgedessen durch die Rüttelsiebe des Aspirateurs nicht bereits aussortiert wurden.

Schon die *Vorreinigung des Getreides* liefert also neben völlig wertlosen Stoffen, wie Sand und Spreu, unter Umständen wertvolle Futtermittel; insbesondere sind die Trieurabgänge, in denen sich neben den Samen der Unkräuter auch Bruchkörner in großer Menge vorfinden, als *Geflügelfutter* beliebt. Sie werden allerdings meist gemahlen und dann der Kleie zugemischt. Ihre chemische Zusammensetzung ist natürlich stark abhängig von ihren Bestandteilen, die wiederum durch die Sorte und Herkunft des betreffenden Getreides bedingt sind.

Der Wert dieser Futtermittel ist daher sehr verschieden, ja der *Getreideausputz*, wie diese Trieurabgänge als Futtermittel genannt werden, ist mitunter — bei Vorhandensein von Sand und Ton oder schädlichen Unkräutern — von der Verfütterung ganz auszuschließen. Einige Analysen dieser Getreideabfälle seien angeführt (Tab. 1).

Tabelle 1. Zusammensetzung der Reinigungsabfälle der Vorreinigung.

	Wasser %	Roh-protein %	Roh-fett %	N-freie Extrakt-stoffe %	Roh-faser %	Asche %	Sand %	Zitiert nach:
Kriblon(-schrot) (s. Anm. 1)	11,1	14,0	3,0	58,8	4,5	8,6	5,6	Kling[31]
Ausputz (s. Anm. 2) . . .	11,7	19,2	3,5	55,8	6,4	3,4	0,6	Kling[28]
Vogelfutter (s. Anm. 3) .	9,9	13,2	8,2	42,9	14,2	11,6	7,4	Kling[29]

Die Vorreinigung, wie sie kurz geschildert wurde, ist, ohne Rücksicht auf das Endprodukt der Fabrikation, in großen Zügen bei allen Getreiden die gleiche. Die eigentliche Vermahlung oder Weiterverarbeitung muß sich naturgemäß einerseits nach der Getreideart, andererseits nach dem Fabrikat, das man herzustellen wünscht, richten. Der Vermahlungsgang wird daher bei Behandlung der Abfälle im einzelnen kurz gestreift werden müssen.

Anm. 1. Aus osteuropäischem, meist südrussischem Weizen mit (29,2—81,8 %) im Mittel 50,5 % Weizenbruch usw., (17,7—56,0 %) im Mittel 43,9 % Unkräutern (Windenknöterich ca. 30 %, Kornrade ca. 3 %, Ackersenf 2,5 % usw.) und (0,5—14,8 %) im Mittel 5,6 % anorganischen Beimengungen (Sand usw.).

Anm. 2. Aus Weizen der Pfalz mit 12,1 % Weizenbruch usw., 45,5 % Kornradesamen, 30,9 % Wickensamen, 6,0 % Windenknöterichsamen, 5,5 % anderen Unkrautsamen.

Anm. 3. Aus Weizen der Pfalz mit verschiedenen, meist kleinen Unkrautsamen, wie Gänsefuß, Senf, Knöterich, Wicken, Kornblume usw.

Tabelle 2. Zusammensetzung der Getreideschrote.

Getreideart	Wasser %	Rohprotein %	Rohfett %	N-freie Extraktstoffe %	Rohfaser %	Asche %	Zitiert nach
Weizenschrot	13,5	12,2	1,9	68,7	2,0	1,7	KLING S. 95[24]
„ vollkörnig	15,5	10,0	1,7	70,0	1,6	1,7	NEUMANN S. 113[38]
„ mittel	15,0	11,0	1,9	68,5	1,9	1,7	
„ flachkörnig	15,0	13,5	2,2	64,0	2,7	2,6	
„ Sommerweizen	15,0	13,2	2,0	66,1	1,8	1,9	
Roggenschrot	13,5	11,4	1,8	69,3	2,0	2,0	KLING S. 94[24]
„ vollkörnig	15,0	7,2	1,5	73,2	1,6	1,5	NEUMANN S. 113[38]
„ mittel	15,0	9,0	1,7	70,7	1,9	1,7	
„ flachkörnig	15,0	11,5	2,3	66,5	2,7	2,0	
Haferschrot	13,5	10,5	5,0	57,8	10,1	3,1	KLING S. 102[24]
Kanada-Hafer	13,2	12,4	4,7	56,2	10,4	3,1	SCHMITZ[42]
La-Plata-Hafer	12,5	9,6	5,8	56,6	11,8	3,7	
Hafer, vollkörnig	13,3	8,5	4,0	62,8	8,5	2,9	HOFFMANN Bd. 1, S. 225[17]
„ mittel	13,3	10,5	4,8	58,0	10,3	3,1	
„ flachkörnig	13,3	12,5	5,5	50,7	14,5	3,5	
Gerstenschrot:							
vollkörnig	14,3	8,7	1,8	70,2	2,7	2,3	FINGERLING-KELLNER I. Teil, S. 336[8]
mittel	14,3	9,4	2,1	67,8	3,9	2,5	
flachkörnig	14,3	10,2	2,5	63,7	6,5	2,8	
Futtergerste	14,3	12,0	2,4	63,7	5,0	2,6	
Maisschrot, Baden	14,4	10,1	5,6	62,2	6,1	1,6	REMY[40]
„ Pferdezahn-	10,5	6,3	3,9	76,5	1,6	1,2	GRIMME[10]
„ Rumänien	14,5	9,4	4,0	69,5	1,3	1,3	RICHARDSEN S. 506[41]
„ Südafrika	12,7	10,0	4,1	68,8	2,9	1,5	HAGEMANN[11]
„ Flint-corn	13,0	10,2	4,8	68,9	1,7	1,4	FINGERLING[8]
„ Sweet-corn	13,0	11,5	7,8	63,0	2,9	1,8	
Reis, poliert	12,5	7,5	0,5	77,7	1,3	0,5	VÖLTZ u. DIETRICH[47]
Bruchreis	12,9	8,1	1,2	75,9	0,9	1,4	CHRISTENSEN u. JÖRGENSEN[6]
Hirse, Rispen-	12,5	10,6	3,9	61,1	8,1	3,8	BERSCH S. 242 ff.[4]
„ Kolben-	13,1	13,0	3,0	57,4	10,4	3,1	
„ Mohr-	11,5	9,0	3,8	70,2	3,6	1,9	
„ Dari	11,1	9,8	3,8	71,0	1,9	2,4	
„ Zuckermohr-	14,3	9,6	2,8	68,7	2,8	1,8	
Buchweizenschrot	14,0	12,0	2,4	55,8	13,0	2,8	KLING S. 114[24]
Erbsenschrot, Deutsche	13,0	23,5	1,8	53,5	5,2	3,0	KLING S. 115[24]
„ Peluschken	16,3	23,6	1,2	50,8	5,4	2,7	SCHMÖGER[43]
Ind. Futtererbsen, groß	12,1	22,0	3,1	48,9	7,3	3,8	RICHARDSEN S. 628[41]
„ „ klein	12,1	27,3	0,7	63,8	6,2	4,8	
Russische Futtererbsen	i. Tr.	27,1	1,3	64,3	4,6	2,7	HONCAMP u. MONTAG[21]
Kichererbsenschrot	11,0	19,6	4,0	53,7	8,2	3,5	KLING S. 115[24]
Saubohnenschrot	14,3	25,4	1,5	48,4	7,1	3,2	DIETRICH u. KÖNIG II. Teil, S. 1254[7]
Sojabohnenschrot	9,8	34,0	17,7	29,2	4,5	4,8	KLING S. 123[24]
Buschbohnenschrot	8,2	21,5	1,3	60,6	4,3	4,1	GRIMME[10]
Linsenschrot	12,4	25,7	1,8	52,5	4,5	3,1	KLING S. 126[24]

Neben den Vorreinigungsabfällen spielen auch die *Schrote* und ähnliche Produkte aus der Müllerei als Futtermittel eine große Rolle. Das Getreide, wenigstens soweit Roggen oder Weizen in Betracht kommen, wird insbesondere dann verfüttert, wenn ein starker Überschuß an diesen Getreiden vorhanden ist oder wenn das Getreide infolge irgendwelcher Einflüsse für Vermahlungszwecke nicht mehr voll geeignet ist, wie dies z. B. bei stark auswuchshaltigem, besonders kleinkörnigem oder schwach muffigem Getreide der Fall ist. Das Korn wird selten unvermahlen verfüttert, meist wird es geschrotet. *Schrot*, das durch einfaches Zerkleinern des Getreides gewonnen wird, *muß sämtliche Teile des ganzen Kornes enthalten.* „Jede Veränderung durch Entnahme von Anteilen des Kornes oder irgendwelche Beimischung ist unzulässig" (§ 19 der Verordnung zur Ausführung des Futtermittelgesetzes vom 21. 7. 1927, Reichsgesetzbl. 1, 1927, 225).

Die *chemische Zusammensetzung der Getreideschrote* entspricht der des ganzen Kornes; sie erfährt nur insofern mitunter eine Veränderung, als wie erwähnt zuweilen die kleinen Körner (z. B. Ausputzgerste) als solche zur Verfütterung kommen (Tab. 2).

Für das Verständnis des verschiedenartigen Charakters der Müllereiabfälle ist eine kurze **Beschreibung des Arbeitsganges in der Müllerei** notwendig. Die *Verarbeitung von Roggen und Weizen zu Mehl* ist selbstverständlich der Hauptzweck des Müllereigewerbes. Das durch die beschriebene *Vorreinigung* nach Möglichkeit von allen anorganischen und organischen Fremdkörpern befreite Getreide wird durch die sog. *Hauptreinigung* für die weitere eigentliche Vermahlung zubereitet. Hierbei soll das Korn sowohl von noch anhaftendem Staub, besonders aber auch von einem Teil der äußeren Schale, dem Bart und Keimling befreit werden. Dies geschieht in den Spitz- und Schälmaschinen, die in der Hauptsache aus einem feststehenden, mit Schmirgel belegten Mantel bestehen, in dem sich ein Schlägerwerk mit 200 Touren in der Minute dreht. Das vom Schlägerwerk gegen den Schmirgelmantel geschleuderte Getreide durchläuft die Maschine in spiralförmigem Wege, wobei es, je nach der Schrägstellung der Lamellen des Schlägerwerks mehr oder weniger stark geschält wird. Die Wirkung der Schälmaschinen wird durch Bürstmaschinen ergänzt, die bei sonst gleicher Konstruktion die dem Korn noch anhaftenden gelockerten Schalenteile abbürsten bzw. abfegen sollen. Statt des Schmirgelmantels läßt ein durchlochter Blechmantel die abgebürsteten Schalenteilchen nach außen treten. Diese Art der Reinigung bezeichnet der Müller als Trockenreinigung; vor derselben schaltet man in neuzeitlichen Betrieben eine Getreidewäscherei ein, die besonders bei Hartweizen angewendet wird, um das Getreide durch Waschen von Staub, Schmutz, Bakterien und Brand noch besser zu befreien.

Die *bei der Hauptreinigung des Getreides anfallenden Abfälle* werden *meist* der Kleie, dem Abfall der eigentlichen Vermahlung, zugeführt, sie kommen aber auch an sich unter den Bezeichnungen Weizen-, Roggenhäutchen, *Spitzkleie* oder Koppstaub in den Handel. Ihr Futterwert ist maßgeblich von der Menge der in ihnen vorhandenen Keime abhängig. Bei diesen Produkten ist auf den Gehalt an Sand, Ton oder Brandsporen besonders zu achten, der unter Umständen bis zu 30 % beträgt und dann natürlich als wertvermindernd anzusehen ist. Die Menge dieser Abfälle beträgt etwa $2^1/_2$—4 % der verarbeiteten Getreidemenge.

Nach der Vor- und Hauptreinigung beginnt der *eigentliche Mahlprozeß*, der je nach der Beschaffenheit des beabsichtigten Fabrikates mehr oder weniger kompliziert ist. Das Getreide erhält zunächst zwischen den gleich schnell laufenden Walzen eines Quetsch- oder Brechstuhls einen kurzen Druck auf Bauch oder Rücken. Es wird hierdurch breit gequetscht, wodurch der in der Bauchfurche vorhandene Schmutz zum Herausfallen gebracht wird. Nach dem Durchlaufen eines Rundzylindergazesiebes, das diesen Schmutz als sog. Blaumehl abscheidet, wird das gequetschte Gut entweder Mahlgängen oder Walzenstühlen zugeführt, die dasselbe zu zerkleinern haben. Auf die technische Einrichtung eines Mahlganges bzw. Walzenstuhles kann hier nicht weiter eingegangen werden; nur so viel sei gesagt, daß diese Vermahlungsmaschinen immer ein Gemenge der verschiedensten Produkte verläßt. Die Mahlprodukte werden den Sichtmaschinen zugeführt, die heute fast allgemein Plansichter sind, und die das Gemenge mit Hilfe feiner Beutelseidengazen verschieden großer Maschenweite, entsprechend der Größe der Einzelteile, in Schalen, Schrot, Grieße, Dunste und Mehl trennen. Der den ersten Plansichter als sog. Überschlag verlassende Schrot wird erneut einem Walzenstuhl zur weiteren Zerkleinerung zugeführt. Die Grieße gehen bei der Weizenvermahlung über Grießputzmaschinen, die die Aufgabe haben, die in ihnen vorhandenen Schalenteilchen gleicher Größe durch einen Windstrom herauszuheben, was mittels Sieben nicht möglich ist. Die so „geputzten", also vollkommen schalenfreien Grieße werden dann auf Glattwalzenstühlen weiter zu Mehl aufgelöst. Der Vorgang des Schrotens mit den sich anschließenden Siebungen und Putzungen wiederholt sich sechs- bis achtmal, bis die Mehlteilchen praktisch restlos von der Schale abgeschnitten bzw. abgekratzt sind. Diese kurze Skizzierung der Vermahlung des Kornes läßt erkennen, daß bei jeder Sichtung und bei dem Putzen stets Schalenteile anfallen, die der Müller jedoch nicht aus jeder Maschine einzeln abfängt, sondern als „*Kleie*" zusammen führt und meist mit den Abfällen der Reinigungen vermischt in den Handel bringt.

Obgleich das *Getreidekorn durchschnittlich 80% Mehlkernanteile und 20% Anteile der den Kern umschließenden Schale* enthält, so gelingt es trotz der hochentwickelten Müllereitechnik nicht, die 80% an Mehlkern als schalenfreie Mehle zu gewinnen, sondern der Müller kann nur bis 68% Roggen- bzw. 74% Weizenmehl gewinnen. Bei den letzten Schrotungen fallen immer Mischungen von Mehlkernteilchen und Schalenstückchen an, die weder durch Sieben noch durch Putzen auseinandersortiert werden können. Diese *letzten Vermahlungsprodukte werden Nachmehle bzw. Futtermehle genannt.* Die Nachmehle liegen beim Roggen etwa zwischen dem 68. bis zum 75., beim Weizen etwa zwischen dem 74. bis zum 78. Ausbeuteprozent. Die Futtermehle greifen nur noch wenige Prozent über diese Grenzen hinaus. Die Nachmehle bestehen noch zum weitaus größten Teil aus Mehlteilen, bei den Futtermehlen überwiegen in der Mischung von Mehlkern- und Schalenteilchen gerade noch die Mehlanteile, während bei der Kleie bereits mehr Schalen- als Mehlanteile vorhanden sind. Die Grenzen zwischen diesen Nachprodukten sind fließend und man kann nur willkürliche Schranken errichten. Eine fein gemahlene Kleie kann den Eindruck eines Futtermehles machen, und umgekehrt kann ein Produkt, das technisch als Futtermehl anzusprechen ist, wegen seiner groben Beschaffenheit den Charakter einer Kleie tragen. Die *Unterscheidung dieser Produkte* wird noch erschwert durch die im Handel üblichen verschiedenartigen Bezeichnungen, wie Bollmehl, Rand, Dunstkleie, Grießkleie, feine, mittlere, grobe Kleie und Schalenkleie. Diese Produkte sind folgendermaßen zu gruppieren:

Kleie umfaßt nach Abzug der Mehle einschließlich der Nachmehle sämtliche verbleibenden Teile des Kornes, also alle Abfälle der Müllerei, auch die Spitzkleie und die futtermehlartigen Produkte. Die Bezeichnung feine, mittlere, grobe Kleie gibt meist nur den Feinheitsgrad der Ware an. Der Mindestaschegehalt (bezogen auf Trockensubstanz) derartiger Waren, die als Kleien anzusprechen sind, liegt bei Roggen bei 3,5%, bei Weizen bei 4,1% und überschreitet diese Werte erfahrungsgemäß nur um wenige Bruchteile von Prozenten. Zerlegt man derartige Kleien in einzelne Produkte, so gewinnt man folgende Abfälle, die in ihren Ausbeutegrenzen steigend und damit in ihrer Güte fallend angeordnet sind: *Futtermehle* (die schlechteren häufig als Bollmehle bezeichnet) — die Benennung in Verbindung mit Dunst für Abfälle ist zu vermeiden, da man darunter im allgemeinen noch ausbeutbare Zwischenprodukte der Müllerei versteht — dann *Grießkleie*, auch (Weizen-)Rand genannt, und schließlich *Schalenkleie*.

Tabelle 3. **Zusammensetzung der Abfälle der Weizenmüllerei.**

Weizen	Wasser %	Rohprotein %	Rohfett %	N-freie Extraktstoffe %	Rohfaser %	Asche %	Zitiert nach
Nachmehl (Ausbeute von 70—75 %)	12,5	17,0	3,5	63,9	1,0	2,1	Neumann S. 186[38]
Futtermehl (Ausbeute von 75—80 %)	12,0	18,0	4,0	60,4	2,7	2,9	
Futtermehl	12,5	14,5	3,3	62,7	4,2	2,8	Kling S. 201[24]
Grießkleie	13,5	17,1	4,6	57,8	3,3	3,7	Mach[35]
Feine Kleie (Ausbeute von 80—89 %)	12,0	16,1	4,8	53,4	8,6	5,1	
Grobe Kleie (Ausbeute von 89—93 %)	12,0	15,3	4,6	51,5	9,9	6,7	Neumann S. 186[38]
Schalenkleie (Ausbeute von 93—98,5 %)	12,0	15,3	4,6	53,0	8,5	6,6	
Schalenkleie	12,3	15,2	4,5	52,5	8,6	6,9	Mach[35]
Keime (rein)	11,0	36,3	10,7	34,9	2,2	4,9	Neumann S. 186[38]
Keimkleie (mit 40 % Kleieteilen)	9,9	24,7	7,1	48,3	5,3	4,7	Halenke u. Kling[12]
Schälabfall	8,5	13,4	3,2	54,1	16,8	4,0	Neumann S. 186[38]
Spitzkleie I (mit 7,0 % Sand)	8,1	10,4	2,0	42,5	26,5	10,5	Barnstein[2]
Spitzkleie II (mit 4,8 % Sand)	7,7	10,6	1,9	52,0	20,9	6,9	
Koppstaub (ohne Brandsporen)	13,0	18,8	3,4	46,7	12,3	5,8	Weiser[48]
Koppstaub (mit Brandsporen)	13,0	15,5	2,2	34,8	28,3	6,2	
Grünkernkleie	9,1	10,6	6,7	45,5	15,2	12,9	Hauptfleisch[16]

Tabelle 4. **Zusammensetzung der Abfälle der Roggenmüllerei.**

Roggen	Wasser %	Rohprotein %	Rohfett %	N-freie Extraktstoffe %	Rohfaser %	Asche %	Zitiert nach
Nachmehl (Ausbeute von 65—70 %)	12,5	14,5	2,4	67,7	1,1	1,8	Neumann S. 186[38]
Futtermehl	12,5	14,6	2,7	64,4	3,0	2,8	Kling S. 192[24]
Grießkleie	13,8	14,1	2,8	62,1	3,5	3,7	Mach[35]
Kleie (Durchschnittsware)	13,5	15,5	3,1	57,7	4,2	6,0	
Kleie (Ausbeute von 65—98 %)	13,1	13,5	2,9	64,4	3,0	3,1	
Kleie (Ausbeute von 84—98 %)	12,5	14,4	3,5	61,5	3,8	4,3	Honcamp u. Pfaff[22]
Kleie (Ausbeute von 94—98 %)	10,7	17,0	4,5	51,6	9,5	6,7	
Kleie (Ausbeute von 70—95 %)	12,5	15,4	3,2	59,6	5,1	4,2	Neumann S. 186[38]
Keime (rein)	8,5	40,9	11,0	31,0	3,6	5,0	
Keime (mit 1,5 % Sand und 13 % Beimengungen)	17,5	30,7	8,7	33,8	2,8	6,5	Kling u. Jürgens[32]
Schälabfall I	8,5	19,3	5,5	52,8	10,0	3,9	Neumann S. 186[38]
Schälabfall II	8,5	10,2	2,7	62,4	13,2	3,0	
Spitzkleie	13,0	16,2	4,5	49,3	10,6	6,4	Kellner S. 642[23]
Häutchen	13,5	11,7	3,1	58,3	10,1	3,3	Halenke u. Kling[13]

Der *Aschegehalt* der Nachmehle (bezogen auf Trockensubstanz) liegt für Roggen im Durchschnitt etwa bei 1,9%, für Weizen bei 2,2%; als Grenze ist

2,5 % bzw. 3,0 % zu setzen. Produkte, die einen höheren Aschegehalt aufweisen, sind als Futtermehle anzusehen, Mittelzahlen für diese sind etwa 3,5 % für Weizen und 3,0 % für Roggen. Der Aschegehalt der Grießkleien beträgt meist nur wenige Zehntelprozent weniger als der der üblichen Kleien. Schalenkleien erreichen meist einen Aschegehalt von 6—7 %.

Mitunter werden die in der Spitz- und Schälmaschine anfallenden Keime gesondert abgefangen, gequetscht und, mit mehr oder weniger Kleie vermischt, als *Keime oder Keimkleien* in den Handel gebracht.

Bei *Bewertung der Müllereiabfälle* ist, abgesehen von der chemischen Zusammensetzung (vgl. Tab. 3, 4), der Gehalt an wertvermindernden Teilen, wie Sand, Unkräutern, sofern diese schädlich oder noch keimfähig sind, und anderen schädigenden Beimengungen, wie Mutterkorn, Brand, Milben usw., in Betracht zu ziehen. Über die hierbei zu beachtenden Punkte gibt § 21 der Verordnung zur Ausführung des Futtermittelgesetzes vom 21. 7. 1927 (Reichsgesetzbl. 1, 1927, 225) Auskunft: „Kleie ist der Abfall der Verarbeitung reinen Getreides in der Müllerei. Im Sinne des Futtermittelgesetzes gilt Getreide als rein, wenn der Unkrautbesatz nicht mehr als $1^1/_2$ vom 100 beträgt. Erdige Stoffe, Bindfadenreste, Nägel, Glassplitter und ähnliche Beimengungen, Verunreinigungen jeder Art sowie giftige und schädlich wirkende Stoffe organischer Natur dürfen in der Kleie nicht enthalten sein . . . Die Menge der in der Kleie befindlichen artfremden Sämereien darf nicht durch Zusatz von anderen Sämereien erhöht werden . . . Die Sämereien müssen so zerkleinert sein, daß sie hierdurch ihre Keimkraft verlieren. Der Nährwert der Kleie richtet sich nach der Höhe des Mehlgehaltes. Bei ausländischer Kleie ist der Unkrautbesatz mitunter größer als bei inländischer Kleie . . .“

In der Praxis wird es sich allerdings kaum erreichen lassen, absolut sandfreie Kleie zu gewinnen. Auch wird man bei den Unkrautsamen, besonders den kleinen, die Keimkraft durch Zerkleinern nie ganz zerstören können. Etwas Nachsicht dem Müller gegenüber wäre bei dieser Bestimmung durchaus am Platze, um so mehr die kleinen, meist weichschaligen Sämereien durch die Magensäfte des Viehes ja doch so angegriffen werden, daß sie als nicht mehr keimfähig den Verdauungstraktus verlassen.

B. Futtermittel aus der Hafermüllerei.

In der *Hafermüllerei* werden als zur menschlichen Ernährung dienende Produkte Haferflocken, -grütze und -mehl gewonnen. Der Hafer ist wie die Gerste eine bespelzte Getreidefrucht; nackte Formen sind im Handel vorläufig noch ohne Bedeutung. Um die für die menschliche Ernährung verwertbaren Produkte zu gewinnen, muß der vorgereinigte Hafer zunächst von den Spelzen befreit werden. Zur Erleichterung der späteren Schälung wird der *Rohhafer zunächst gedarrt*, wobei er seine natürliche Feuchtigkeit bis auf wenige Prozent verliert. Danach wird er auf Auslesemaschinen in verschiedene Größen *sortiert* und jedes Sortierprodukt gesondert auf Schälgängen, die im Prinzip den Mahlgängen der Weizenmüllerei gleichen, entspelzt. Durch einen Aspirateur werden Spelzen und feine Teile, wie Staub und auch etwas Kleie, von dem entspelzten und grob geschälten Hafer, den sog. Haferkernen, abgesaugt. Diese durchlaufen abermals einen Ausleser, der die noch ungeschälten Körner dem Schälgang wieder zuführt. Meist begnügt man sich mit dieser einfachen Schälung des Hafers, nicht selten werden die Kerne jedoch auf dem sog. Polierkegel weitergeschält und *geputzt*. Hierbei fällt abermals *Kleie* an, die nur aus den Elementen der Frucht- und Samenschale und Teilchen des Mehlkernes besteht. Nachdem den Haferkernen in einem Dämpfer mit Hilfe von Wasserdampf die für die Vermahlung nötige Feuchtigkeit wieder zugeführt wurde, werden sie entweder zu Flocken gewalzt oder durch einen Grützeschneider zu Grütze zerschnitten oder endlich zu Mehl vermahlen. Die Ausbeuten an Flocken, Grütze, Mehl betragen je nach der Qualität des Hafers 50—55%; an Spelzen plus Kleie werden etwa 20—25% bzw. an Kleie 5—10% gewonnen.

Wie die obige kurze Beschreibung des Verarbeitungsganges zeigt, hat man *in der Hafermüllerei Abfälle verschiedenster Art* zu unterscheiden, die in ihrem Futterwerte stark voneinander abweichen. Die Produkte, die sämtliche Abfallstoffe der Vermahlung umfassen, also sowohl die Spelzen als auch die kleie- oder futtermehlartigen Teile, werden *Haferschälkleien* genannt. Sie fallen bei der Verarbeitung des bespelzten Hafers auf Haferkerne an. Ihr Wert richtet sich nach der Menge der in ihnen vorhandenen Stärketeilchen. Die *Spelzen,* auch Schalen genannt, werden jedoch meistens von den übrigen Teilen gesondert abgefangen. Sie dürfen in Deutschland *nicht unter der Bezeichnung „Kleie"* in den Handel gebracht werden, was jedoch nicht hindert, daß immer wieder versucht wird, sie vom Ausland, besonders in vermahlenem Zustand, unter irreführenden Bezeichnungen, wie z. B. Haferkleie, „nordisches Hafermehl", nach Deutschland einzuführen.

Nur die Abfälle, die bei der Verarbeitung des *entspelzten* Hafers zu Flocken, Grütze oder Mehl entstehen, dürfen mit dem Namen *Haferkleie* belegt werden. Unter *Haferfuttermehl* sind stark mehlhaltige Kleien zu verstehen, wie sie besonders bei der Mehlgewinnung anfallen. Die beiden letzten Produkte dürfen nur aus Teilen des eigentlichen Haferkornes, des „Kernes", bestehen, also nur aus Stärketeilchen und Elementen der Frucht- und Samenschale. Die Haferkerne tragen einen dichten Haarbesatz. Hierauf ist bei der Verfütterung der Abfallprodukte zu achten, da Zusammenballungen der Haare leicht zu Verdauungsstörungen führen können. Mitunter werden die Haare in der Mühle durch besondere Vorrichtungen abgeschieden, und sie kommen unter der Bezeichnung *Haferschlamm* dann auch zuweilen in den Handel.

Ein wertvolleres Futtermittel des Hafers sind *Haferkerne oder Futterhaferflocken.* Sie werden gewonnen durch Entspelzen des Hafers, wobei allerdings auf restlose Entfernung der Spelzen kein besonderer Wert gelegt wird. Der Spelzengehalt beträgt bei ihnen etwa 1—6%. Diese Kerne werden entweder direkt verfüttert oder noch zu Flocken gewalzt (Tab. 5).

Tabelle 5. Zusammensetzung der Futtermittel der Hafermüllerei.

Hafer	Wasser %	Roh-protein %	Roh-fett %	N-freie Extrakt-stoffe %	Roh-faser %	Asche %	Zitiert nach
Kerne	4,2	11,7	7,5	72,4	0,7	3,5	HASELHOFF[14]
Flockenfutter	7,8	12,5	6,7	67,8	3,2	2,0	—
Futtermehl	8,6	15,5	8,9	61,6	2,1	3,3	HASELHOFF[15]
Kleie	8,8	17,4	9,7	57,0	2,7	4,4	HASELHOFF[15]
Schälkleie	10,0	8,0	3,3	51,1	21,8	5,8	KLING S. 213[24]
Schlamm	8,4	11,1	5,5	49,9	18,1	7,0	MACH[33]
Spelzen	7,7	2,5	1,3	52,2	31,5	4,8	HASELHOFF[15]
Nord. Hafermehl	i. Tr.	4,0	2,0	58,2	30,6	5,2	HONCAMP u. BLANCK[19]

C. Futtermittel aus der Gerstenmüllerei.

Die *Gerste ist das Rohmaterial für die Graupenmüllerei.* Die Verarbeitung derselben bereitet größere Schwierigkeiten als die des Hafers, da die Spelzen der Gerste fest mit dem eigentlichen Gerstenkorn verwachsen sind, während sie beim Hafer den Kern nur lose umhüllen. Es werden hauptsächlich grobe und feine

Graupen, letztere als Perlgraupen bezeichnet, hergestellt, die sich nicht nur in der Form, sondern auch in der Güte unterscheiden, abgesehen davon, daß sie an sich auch in der Größe verschieden sind. Die groben C-Graupen sind schlechter geschält als die feinen runden B- (Perl-) Graupen. Um möglichst schalenfreie Graupen zu gewinnen, muß die Gerste mehrere Schälmaschinen durchlaufen, die im Gegensatz zum gewöhnlichen Mahlgang nicht mit stehender Welle, sondern bei liegender Welle arbeiten und „Holländer" genannt werden. Die Zahl der Schälmaschinen ist entsprechend der Leistung der Mühle sehr verschieden. Der *erste Schälabfall* besteht fast ausschließlich aus den Spelzen, während der letzte schon erhebliche Mengen von Mehl enthalten kann. Die einfach geschälte Gerste kann ohne weiteres zu *Grütze* geschnitten werden. Zur Herstellung von Handelsgraupen muß sie noch „gerollt" werden, was abermals auf Holländern geschieht. Um die besonders guten Perlgraupen, deren Ausbeute meist unter 25 % liegt, zu gewinnen, muß noch weiter poliert und gebürstet werden. Die *Abfälle vom Rollen und Polieren* sind mehr oder minder gute Mehle. Etwa 5 % des bei der Herstellung der Perlgraupen anfallenden Mehles sind so gut, daß sie sich noch zur menschlichen Ernährung eignen. Die kleinen Graupen werden nicht durch fortschreitende Schälung gewonnen, sondern durch Zerschneiden grober Graupen. Die Menge der Abfälle in der Gersten- bzw. Graupenmüllerei schwankt innerhalb großer Grenzen von 30—35 % bei der Mehlmüllerei und 40—70 % bei der Graupenmüllerei.

Obwohl demnach die Zahl der verschiedenartigen Abfälle bei der Graupenfabrikation an und für sich groß ist, kommen sie doch nicht alle einzeln in den Handel. Man handelt meist nur die *Gerstenkleie* und das *Gerstenfuttermehl*, ohne zwischen beiden eine scharfe Grenze zu halten. *Die Kleie ist mehlärmer und demnach schalenreicher als das Futtermehl.* Im übrigen ist die Zusammensetzung der im Handel befindlichen Gerstenabfallprodukte sehr schwankend. Es ist dies darauf zurückzuführen, daß ihre Herstellung in der Mühle durch Zusammenmischen der Abfälle erfolgt, die bald von der Herstellung grober, bald feiner Graupen stammen. Mitunter werden auch die *Spelzen* gesondert abgefangen, oder es werden die *Poliermehle* als solche unter der Bezeichnung „*Gerstenmehl 2 und 3*" als Futtermittel in den Handel gebracht. Das Institut für Müllerei steht auf dem Standpunkt, daß im allgemeinen *alle Gerstenabfälle*, aus denen durch Sieben mit Müllergaze Nr. 8 (34 Fäden auf den Quadratzentimeter) *45 % und mehr an Mehlanteilen abgesiebt werden können, als Futtermehle anzusprechen* sind. Wie beim Hafer, kommen auch die geschälten Gersten und daraus hergestellte *Gerstenfutterflocken* als wertvollere Futtermittel in den Handel (Tab. 6).

Tabelle 6. Zusammensetzung der Futtermittel der Gerstenmüllerei.

Gersten	Wasser %	Roh-protein %	Roh-fett %	N-freie Extrakt-stoffe %	Roh-faser %	Asche %	Zitiert nach
Futterflocken	12,8	12,1	1,8	70,7	1,1	1,5	BARNSTEIN[1]
Geschälte Gerste . . .	13,8	10,7	1,1	65,2	0,5	8,7	HASELHOFF[14]
Futtermehl	12,0	12,5	3,0	64,0	5,0	3,5	KLING S. 206[24]
Kleie	10,5	14,0	3,5	57,1	10,0	4,9	KLING S. 206[24]
Kleie von Mehlgewinng. (Mehlausbeute 65 %)	10,8	10,0	2,1	56,2	17,1	5,8 mit 1,8 Sand	KLING[29]
Spelzen	10,4	3,6	1,0	49,2	28,6	7,2	BARNSTEIN[3]

D. Futtermittel aus der Maismüllerei.

Die *Maismüllerei* ist in Deutschland nur wenig verbreitet, da der Mais eine Getreidefrucht ist, die in unseren Breiten kaum angebaut werden kann. Die Maisfuttermittel, die im deutschen Handel auftauchen, stammen meist aus Nordamerika oder aus Südafrika. Bei dem großen Überfluß, den diese Länder an Mais aufzuweisen haben, wird einer restlosen Höchstausbeute der für die Ernährung des Menschen nutzbaren Teile des Maiskornes keine allzu große Bedeutung zugemessen. Hieraus erklärt sich auch, daß ein großer Teil der zur Einfuhr nach Deutschland gelangenden sog. *Maiskleien* den im deutschen Zolltarif für *Kleien* festgelegten Anforderungen entweder nur bedingt oder überhaupt nicht entspricht. Sie nähern sich häufig den „Zwischenprodukten" der Müllerei, d. h. sie tragen *durchaus schrotartigen Charakter.* Letztere Waren sind nach Berichten importierender Handelsfirmen aus dem gesamten Mehlkörper des Kornes gewonnen, dem lediglich der Keimling zur Ölgewinnung entzogen wurde.

In der Maismüllerei wird mehr Wert auf die *Grießfabrikation* als auf die Gewinnung von Mehl gelegt. Die Körner werden zunächst in heißen Dämpfen erweicht und kommen dann in sog. Entkeimermaschinen. Diese bestehen aus einer konischen Walze, die auf ihrer Oberfläche zahlreiche Buckel trägt. Die Walze läuft mit großer Geschwindigkeit in einem ebenfalls mit Buckeln versehenen Mantel. Die Entkeimermaschinen trennen die Schale vom Mehlkern, brechen den großen *Keimling* heraus, quetschen den weichen Teil des Mehlkörpers aus und zerschlagen den hornigen Teil zu Grießen. Durch Rüttelmaschinen werden die Keimlinge meist ausgesondert, um in der Ölfabrikation Verwendung zu finden. Der menschlichen Ernährung dienen hauptsächlich nur die groben *Grieße*; sie werden entweder durch einfache Zerkleinerung zu marktgängigen Grießen weiterverarbeitet oder seltener zu Mehl vermahlen oder schließlich nach nochmaligem Dämpfen zu *Flocken* gewalzt. Das sog. *Entkeimermehl,* das aus dem weichen, mehligen Teil des Kornes mit geringen Mengen fein zerriebener Keime besteht, findet bei der ärmeren Bevölkerung noch als Nahrungsmittel Verwendung; es wird aber ebenso häufig in mehr oder minder starkem Umfange den anfallenden Maisschalen zugemischt. Derartige Waren sind dann, sofern sie aus Nordamerika kommen, unter dem Namen Hominyfeed als *Maisfutter* im Handel. Bezeichnungen wie Homco, Axa, Homy, Sejano, Vero, Queen, Simonis sind Namen, die von den Handelsfirmen zuweilen den Waren von der Beschaffenheit des Hominyfeed beigelegt werden. Hominy Chop ist die Benennung für Waren gleicher Beschaffenheit aus Südafrika.

Die zahlreichen *Analysen dieser Futtermittel des Maises* zeigen große Abweichungen in deren Zusammensetzung, die auf die stark wechselnde Beschaffenheit der Waren zurückzuführen sind. Die Hauptrolle spielt hierbei der *schwankende Mehl- bzw. Grießgehalt* der Produkte. Es ist meist schwer zu sagen, wieweit mangelhafte Ausbeutung, Schwierigkeiten bei der Verarbeitung besonders harter Sorten oder absichtliche Zusätze hierfür verantwortlich zu machen sind. Bei einem Vergleich mit den Abfallprodukten anderer Getreidearten kommt man zu der Überzeugung, daß *nur einem kleinen Teil derartiger Produkte die Benennung bzw. der Begriff „Kleie" zugebilligt* werden kann. Für dieselben sind daher auch meist die Namen Maisfutter oder auch *Maisfuttermehl* im Gebrauch. Der hohe Mehl- bzw. Grießgehalt der Waren bringt es mit sich, daß diese Maisfutter bei der Einfuhr nach Deutschland seitens der Zollbehörden meist mit 2% Kohlenstaub *vergällt* werden müssen, um ein Weiterverarbeiten zu Genußmitteln unmöglich zu machen.

Die Keime werden nicht immer den Mahlprodukten der Entkeimermaschinen entzogen, sondern verbleiben mitunter in den Abfällen. Derartige Waren haben dann einen höheren Fettgehalt und werden zumeist unter dem Namen *Maiskeimmehl,* Maize Germ Meal, gehandelt.

Als *Maiskleien* sind die Abfälle anzusehen, die bei rationeller Verarbeitung des Maises gewonnen werden, also den üblichen Kleien anderer Getreidearten in ihrer Zusammensetzung — mehr Schalenteile als Mehlteile — entsprechen. Andere Abfälle sind noch die *Maisschalen* und die *Maiskeime*, die allerdings selten im Handel auftreten.

Maisspitzkleie und *Maisspindelmehl* sind Abfälle, die nicht aus Teilen des Maiskornes, sondern der Maisspindel, des Trägers der Körner, bestehen. Die Maisspitzkleie enthält die feinen Häutchen, die Spelzen, die sich am Grunde des Kornes finden und bei seiner Reinigung in der Mühle anfallen. Das *Maisspindelmehl, auch Maiskolbenmehl genannt,* wird aus den verbleibenden Teilen des Maiskolbens hergestellt, aus dem die Körner durch das „Rebbeln" entfernt wurden. Derartiges Maisspindelmehl findet sich häufig als Zusatz (bis zu 20 und 30%) in den Maisfutterprodukten, denen es zugesetzt wurde, um eine Ware herzustellen, welche die Anforderungen des deutschen Zolltarifs bezüglich der Menge ihres Mehlgehaltes nicht überschreitet. Ein derartiger *Zusatz von Maisspindelmehl ist natürlich als Verfälschung anzusehen.* Waren, bei denen seitens der Zollbehörde das Vorhandensein von mehr als 5% Spindelmehl festgestellt wird, werden dafür gewissermaßen bestraft, da ihnen noch 2% Kohlenstaub zugesetzt werden muß. Derartige Maisfutter sind meist unter dem Namen Victoria-, Diamond-, Star- oder Toledofeed im Verkehr (Tab. 7).

Tabelle 7. Zusammensetzung der Abfälle der Maismüllerei.

Mais	Wasser %	Rohprotein %	Rohfett %	N-freie Extraktstoffe %	Rohfaser %	Asche %	Zitiert nach
Hominyfeed	10,5	9,4	6,2	68,0	3,8	2,1	BUCHWALD S. 151ff.[5]
Keimmehl	10,5	10,3	8,4	61,1	6,9	2,8	BUCHWALD S. 151ff.[5]
Victoriafeed	10,0	7,5	5,0	64,4	10,9	2,2	BUCHWALD S. 151ff.[5]
Axa	12,4	10,2	7,3	62,9	4,7	2,5	SCHOLL[45]
Kleie	9,9	10,8	14,4	50,7	10,2	4,0	KLING[26]
Schalen	9,0	14,0	0,5	61,7	10,5	4,3	HONCAMP u. BLANCK[19]
Spitzkleie	8,2	2,2	0,8	70,4	16,6	1,8	VOIGT u. BRUNNER[46]
Spindelmehl	8,0	2,8	0,7	54,7	32,8	1,0	HONCAMP[20]
Keime	11,9	12,2	17,2	47,3	6,2	5,2	HONCAMP[18]

E. Futtermittel aus der Reismüllerei.

Der *Reis* gehört ebenfalls zu den bespelzten Getreidefrüchten. Seine Spelzen werden aber meistenteils schon im Produktionslande entfernt, nur selten kommt der *Rohreis, Paddy* genannt, bis zu uns. Die Schälung des „Paddy" verläuft in ähnlicher Weise wie bei Hafer und Gerste auf Schälgängen. Die Spelzen werden durch Aspirateure von den geschälten Körnern abgesaugt. Die ungeschälten Körner werden durch Paddy-Auslesetische absortiert und auf die Schälgänge zurückgebracht. Die *weitere Bearbeitung des Reises* hat in der Hauptsache das Ziel, den geschälten Reis zu veredeln, ihn marktgängiger zu machen. Er wird daher einem wiederholten Schleifprozeß unterworfen. Dem Schleifen folgt ein weitgehendes Polieren mit Hilfe von mit Leder belegten Kegeln in langsam rotierenden durchlochten Trommeln. Der *fertigpolierte Reis* wird durch Siebe in mehrere Größen sortiert, wobei insbesondere der *Bruchreis* abgesondert wird. Letzterer wird meist zu *Reisgrieß* oder *Reismehl* weiterzerkleinert. Die Abfälle der Reismüllerei sind infolge ihres *hohen Fett- und Proteingehaltes* geschätzte Futtermittel. Ihr Wert hängt allerdings in hohem Maße von dem Gehalt an Reisspelzen ab. Der Handel kennt *Reisschalen* und *-spelzen* (*fälschlich auch „Reiskleie" genannt*), *gelbes und weißes Reisfuttermehl und Reisabfälle.* Die *Reisschalen* sind lediglich die grob zerkleinerten oder staubfein zermahlenen Spelzen. Über die übrigen Abfälle der Reismüllerei sagt § 33 der Verordnung zur Ausführung des Futtermittelgesetzes vom 21. 7. 1927 (Reichsgesetzbl. 1, 1927, 225) folgendes: „Reisfuttermehl ist der beim Schälen und Polieren des bis auf einen unerheblichen Bruchteil enthülsten Reises gewonnene Abfall. Bei den ersten Schälgängen fällt ein *gelblichbraunes Reisfuttermehl* an, das einen höheren Protein- und Fettgehalt hat und weniger stickstoffreie Extraktstoffe enthält. In den späteren Schälgängen und beim Polieren des Reiskornes entsteht als weiterer Abfall das *weiße Reisfuttermehl*, das weniger Protein und Fett, aber mehr stickstoffreie Extraktstoffe enthält. Der Protein- und Fettgehalt der gelben Reisfuttermehle schwankt, er steigt bis zu 28%. Die Reisindustrie pflegt durch entsprechenden Zusatz von gemahlenen Reisspelzen (Egalisieren) sog. marktgängige Ware mit etwa 24% Protein und Fett herzustellen. Gelbe Abfälle mit weniger als 22% Protein und Fett dürfen nicht als Futtermehle, sondern müssen als *Reisabfälle* benannt werden" (Tab. 8).

Tabelle 8. Zusammensetzung der Abfälle der Reismüllerei.

Reis	Wasser %	Rohprotein %	Rohfett %	N-freie Extraktstoffe %	Rohfaser %	Asche %	Zitiert nach
Futtermehl, weiß . . .	10,5	13,2	8,9	62,2	2,4	2,8	GÄUMANN[9]
„ gelb . . .	10,6	12,1	11,9	46,3	9,0	10,1	KLING S. 221[24]
„ spelzenfrei	10,6	13,1	14,8	47,4	6,0	8,1	MACH[36]
Abfall	10,5	8,2	5,6	46,0	17,9	11,8 mit 1,1 Sand	SCHMÖGER[43]
Spelzen	8,1	2,7	0,4	31,9	40,8	16,1 mit 0,7 Sand	KLING[27]

Der Rohreis liefert etwa 60% an Tafelreis, ca. 20% an Spelzen und Abfällen; der Rest ist Bruchreis und Reismehl.

F. Futtermittel aus der Hirsemüllerei.

Die *Hirse* wird nach sorgfältiger Schälung meist als ganzes Korn zur menschlichen Ernährung verwendet, selten werden Grütze oder Mehl aus ihr hergestellt. Der Verarbeitungsvorgang ist kurz folgender. Die sauber vorgereinigte Hirse wird auf Schälgängen von üblicher Bauart enthülst und nach Absaugen der Schalen poliert. Der wichtigste Vorgang in der Hirsemüllerei ist eben dieses *Polieren*, durch das die Körner ihr glänzendes Aussehen erhalten. Die Samenschale des Hirsekornes wird hierbei abgeschält und der sehr fetthaltige Keimling gleichzeitig zerrieben, wodurch den Hirsekörnern der Glanz gegeben wird. Die Maschine zum Polieren der Hirse besteht aus einer Trommel mit wellenförmigen Schlagleisten, die in einem entsprechend gebauten, feststehenden Mantel rotiert. Die Futtermittel der Hirseschälerei sind das *Hirsefuttermehl*, das zu etwa 3%, und die *Hirseschalen*, die zu etwa 15% anfallen. Die *Hirseschalen* sind als Viehnahrung völlig wertlos. Das *Futtermehl* darf lediglich aus den Abfällen bestehen, die sich beim Polieren der entspelzten Hirse ergeben. Es soll also, abgesehen von geringen Mengen, frei von Hirsespelzen sein. Die gemahlenen Schalen werden aber trotzdem häufig dem Poliermehl zugesetzt, wobei der Anteil natürlich sehr schwankt. Derartige Ware wird dann vom Handel meist als „*Hirsekleie*" bezeichnet, eine Bezeichnung, die keinesfalls zulässig ist. Die *Hirsefuttermehle* weisen meist einen hohen Fettgehalt auf, der ihr leichtes Verderben bedingt. — Zu erwähnen ist noch ein Abfall der Hirseverarbeitung, die *Hirsekuchen oder Hirsebrocken*, die zwar nicht als direkte Müllereiabfälle angesprochen werden können, aber doch zu den Futtermitteln der Hirseverarbeitung zählen. Sie werden gewonnen durch Zusammenpressen des Hirsepoliermehles mit den sich in den Poliermaschinen festsetzenden und diese leicht verschmierenden, fetthaltigen Rückständen (Tab. 9).

Tabelle 9. Zusammensetzung der Abfälle der Hirsemüllerei.

Hirse	Wasser %	Roh-protein %	Rohfett %	N-freie Extrakt-stoffe %	Roh-faser %	Asche %	Zitiert nach
Futtermehl	9,5	17,5	16,5	40,9	8,6	7,0	KLING S. 225[24]
Spelzen	9,4	5,6	2,5	24,7	48,8	9,0	POTT S. 181[39]
Kuchen	7,9	17,8	18,9	39,1	8,3	8,0	POTT S. 182[39]
Mohrhirsekleie . . .	9,4	9,2	11,9	50,0	12,5	7,0	MEISSNER u. FILTER[37]

G. Futtermittel aus der Buchweizenmüllerei.

Die *Buchweizenmüllerei* kann wohl als die einfachste Müllerei bezeichnet werden. Sie bedarf nur weniger Maschinen, wie solche auch in den anderen Betrieben der Schälmüllerei Anwendung finden. Nach einem längeren *Darren der Früchte* werden die braunen Schalen der dreikantigen Samen auf einem einfachen Schälgang losgelöst und abgesondert. Beim Schälen wird ein großer Teil der Samen zerbrochen, was den Anfall einer mehr oder minder großen Menge Mehl zur Folge hat. Dieses Mehl, das mit Schalenteilen durchsetzt ist, wird vor dem Absaugen der Schalen abgesichtet und bildet einen Bestandteil des *Buchweizenfuttermehles*. Die *Kerne, auch Grütze genannt*, werden zur Herstellung handelsüblicher Grütze noch weitergeschält und -gebürstet. Aus der Grütze kann dann auch noch Mehl ermahlen werden. Von den Abfällen der Buchweizenverarbeitung sind die meist von den anderen Abgängen getrennt abgefangenen *Buchweizenschalen* für die Viehfütterung fast völlig wertlos. Werden sie mit allen übrigen Abfällen zusammengeführt, so erhält man die *Buchweizenkleie*. Diese ist im allgemeinen wertvoller, wenn sie von der Mehlgewinnung stammt, da dann der Gehalt an Stärketeilchen größer und damit die Menge der Schalen geringer ist. Das *Buchweizenfuttermehl* fällt beim Sichten der geschälten und zerkleinerten Buchweizensamen an. Es setzt sich also hauptsächlich aus Stärketeilchen, Keimen usw. zusammen und dürfte im allgemeinen nur einen geringen Schalengehalt aufweisen. Zu erwähnen ist noch, daß bei der Vorreinigung des Buchweizens größere Mengen an Unkräutern und kleinen Samen des Buchweizens anfallen. Die Ausbeute an Grütze und Mehl beträgt etwa 50%, 30—40% kommen auf Schalen, Kleie und Futtermehl (Tab. 10).

Tabelle 10. Zusammensetzung der Abfälle der Buchweizenmüllerei.

Buchweizen	Wasser %	Roh-protein %	Rohfett %	N-freie Extrakt-stoffe %	Roh-faser %	Asche %	Zitiert nach
Kleie	13,0	13,3	4,0	42,9	23,0	3,8	KLING S. 227[24]
Futtermehl, grob . .	12,0	31,8	8,4	38,3	4,8	4,7	KELLNER S. 641[23]
„ fein . . .	14,7	8,6	1,9	72,6	0,8	1,4	
Schalen	10,8	4,3	0,4	41,3	41,5	1,7	KLING[25]

H. Müllereiprodukte aus Hülsenfrüchten.

Von den *Hülsenfrüchten* werden hauptsächlich die *Erbsen* müllerisch verarbeitet. Man begnügt sich dabei meist nur mit einer *Schälung der Erbse*, während die Herstellung von *Mehl* eine untergeordnete Rolle spielt. Die Erbsenschälerei ähnelt, infolge der Verwendung gleicher Maschinen, der Fabrikation von Graupen aus Gerste. Vor dem Schälen auf den Holländern werden die Erbsen jedoch gewaschen bzw. gedämpft, um dann auf Darren wieder getrocknet zu werden. Hierdurch wird die Schale gelockert und springt schon infolge geringer Reibung im Schälgang vom Kern ab. Die Erbsen dürfen beim Schälen auch nicht zu scharf angegriffen werden, weil sie sich sonst spalten. Eine Sortierung nach der Größe vor der Schälung ist aus dem gleichen Grunde vorzunehmen. Wie bei der Graupenfabrikation wird die Schälung der Erbse mehrmals wiederholt. Die Schälabfälle werden durch Sichtzylinder von den Erbsen abgezogen. Aus den einfach geschälten Erbsen wird durch Zerkleinern und Vermahlen das Erbsenmehl gewonnen. Die geschälten Erbsen des Handels sind jedoch noch weiter bearbeitet. Sie werden in Bürstmaschinen oder Poliermaschinen, ähnlich denen der Reismüllerei, poliert. Dieses Polieren hat nicht nur den Zweck, die Schalenteilchen zu entfernen, sondern durch Verreiben bestimmter äußerer Schichten der Erbse, die stark fetthaltig sind, diese auch zu glätten; außerdem werden dadurch auch die Poren des Mehlkörpers verstopft, was eine Erhaltung des Aromas und eine bessere Haltbarkeit der Ware zur Folge haben soll. An Abfällen ergeben sich in der Erbsenmüllerei Schalen, Futtermehl und Kleie, von denen letztere die beiden ersten umfaßt. Die *Kleie* soll aus sämtlichen Abfällen von der Roherbse bis zur polierten Erbse bestehen. Die *Schalen* sind der erste Schälabfall, enthalten also lediglich die äußeren Hüllen. Das *Futtermehl oder Poliermehl* ist der Abfall vom Polieren, in dem also keine oder nur sehr wenig Bestandteile der Schale vorhanden sein dürfen.

Aus den *Bohnen* (Saubohnen) wird Mehl, das sog. *Kastormehl*, gewonnen. Die Vermahlung ist sehr einfach, es bedarf dazu nur eines Mahlganges und Sichtzylinders. Die *Bohnenkleie* ist das Abfallprodukt dieser Vermahlung, von dem die *Schalen*, lediglich der Abfall der ersten Schälung, zu unterscheiden sind (Tab. 11).

Tabelle 11.
Zusammensetzung der Abfälle von der Verarbeitung der Hülsenfrüchte.

Hülsenfrüchte	Wasser %	Roh-protein %	Rohfett %	N-freie Extrakt-stoffe %	Roh-faser %	Asche %	Zitiert nach
Erbsenkleie	11,5	16,6	1,6	46,9	20,0	3,4	KLING S.229[24]
Erbsenfuttermehl . .	13,6	23,0	2,0	51,6	6,8	3,0	KLING S.230[24]
Erbsenschalen	11,6	7,8	1,1	34,0	42,5	3,0	KLING S. 33[24]
Saubohnenkleie . . .	10,1	13,7	1,8	52,5	18,2	3,7	KLING[28]
Saubohnenschalen . .	11,3	6,3	0,3	41,9	36,4	3,8	MACH[34]
Sojabohnenschalen .	i. Tr.	5,9	1,5	49,5	33,7	9,4	WEISKE[49]
Buschbohnenschalen .	10,2	4,5	1,4	37,0	44,8	2,1	POTT S. 185[39]

Literatur.

(*1*) BARNSTEIN, F.: Jber. landw. Versuchsstat. Möckern **1913**. — (*2*) Die Futtermittel des Handels, herausgegeben vom Verb. landw. Versuchsstat., S. 665. 1906. — (*3*) Ebenda, S. 1052. — (*4*) BERSCH, WILHELM: Die Futtermittel des Handels, herausgegeben vom Verb. landw. Versuchsstat., S. 242, 249. 1906. — (*5*) BUCHWALD, JOHANNES: Die Versuchsanstalt für Getreideverarbeitung, Sammelber. **1911**, Erg.-Bd. d. Z. ges. Getreidewes.

(*6*) CHRISTENSEN, F., u. G. JÖRGENSEN: V. STEINS anal.-chem. Labor. Kopenhagen **1923**.

(*7*) DIETRICH, TH., u. J. KÖNIG: Zusammensetzung und Verdaulichkeit der Futtermittel. 1891.

(*8*) FINGERLING, G., u. O. KELLNER, in O. MENTZEL u. A. v. LENGERKE: Landwirtschaftlicher Kalender, Teil 1. **1924**.

(*9*) GÄUMANN: Landw. Jb. d. Schweiz **1926**, 536. — (*10*) GRIMME, CLEMENS: Z. Unters. Nahrgsmitt. usw. **40**, 39, 41 (1920).

(11) HAGEMANN, O.: Illustr. landw. Ztg 44, 391 (1924). — (12) HALENKE, A., u. MAX KLING: Vjschr. bayer. Landw.rates 11, 669 (1906). — (13) Jber. landw. Versuchsstat. Speyer 1909. — (14) HASELHOFF, E.: Jber. landw. Versuchsstat. Harleshausen 1914/15. — (15) Fühlings landw. Ztg 63, 737 (1914). — (16) HAUPTFLEISCH, P.: Die Futtermittel des Handels, herausgegeben vom Verb. landw. Versuchsstat., S. 839. 1906. — (17) HOFFMANN, J. F.: Das Getreidekorn 1. 1912. — (18) HONCAMP, F.: Landwirtschaftliche Fütterungslehre und Futtermittelkunde. 1921. — (19) HONCAMP, F., u. E. BLANCK: Landw. Versuchsstat. 91, 97ff. (1918). — (20) HONCAMP, F.: Ebenda 94, 153 (1919). — (21) HONCAMP, F., u. K. MONTAG: Ebenda 99, 41 (1922). (22) HONCAMP, F., u. C. PFAFF: Ebenda 103, 259 (1925).

(23) KELLNER, O.: Die Ernährung der landwirtschaftlichen Nutztiere, 10. Aufl. von G. FINGERLING. 1924. — (24) KLING, MAX: Die Handelsfuttermittel. 1928. — (25) Landw. Bl., herausgegeben vom Landw. Kreisausschuß Pfalz 1909, 196. — (26) Ebenda 1913, 306. — (27) Ebenda 1915, 158. — (28) Ebenda 1916, 139. — (29) Landw. Jb. Bayern 8, 421 (1918). — (30) Ebenda 10, 144 (1920). — (31) Landw. Versuchsstat. 78, 189 (1912). — (32) KLING, MAX, u. W. JÜRGENS: Landw. Jb. Bayern 17, 127 (1927).

(33) MACH, F.: Jber. landw. Versuchsstat. Augustenberg 1908. — (34) Ebenda 1911. — (35) Ebenda 1912. — (36) Ebenda 1913. — (37) MEISSNER u. FILTER: Der Landbote, Z. Landw.kammer Prov. Brandenburg 39, 696 (1918).

(38) NEUMANN, M. P.: Brotgetreide und Brot, 2. Aufl. 1923.

(39) POTT, EMIL: Handbuch der tierischen Ernährung und der landwirtschaftlichen Futtermittel 3. 1909.

(40) REMY, E.: Z. Unters. Nahrgsmitt. usw. 44, 209 (1922). — (41) RICHARDSEN, A.: Landw. Jb. 49, 418ff. (1916).

(42) SCHMITZ, B.: Jber. Versuchsstat. Örlikon-Zürich 1920/23. — (43) SCHMÖGER, M.: Jber. landw. Versuchsstat. Danzig 1909/10. — (44) Ebenda 1914/15. — (45) SCHOLL, A.: Jber. landw. Versuchsstat. Münster 1911.

(46) VOIGT, A., u. E. BRUNNER: Jber. landw. Versuchsstat. Hamburg 1914/15. — (47) VÖLTZ, W., u. W. DIETRICH: Landw. Jb. 58, 357 (1923).

(48) WEISER, STEPHAN: Fortschr. Landw. 1, 169 (1926). — (49) WEISKE, H., vgl. HONCAMP: Landw. Versuchsstat. 73, 271 (1911).

II. Futtermittel aus der Gärungsindustrie und Stärkefabrikation.

Von

Professor Dr. FRITZ HAYDUCK
Direktor des Instituts für Gärungsgewerbe und Stärkefabrikation Berlin

und

Dr. G. STAIGER
Nahrungsmittelchemiker, Wissenschaftliches Mitglied am Institut für Gärungsgewerbe und Stärkefabrikation Berlin.

Die Rückstände, die in der Gärungsindustrie und bei der Fabrikation von Stärke anfallen, stellen vorwiegend wertvolle Futtermittel dar, die teils am Produktionsort selbst Verwendung finden, teils als Handelsfuttermittel auf den Markt kommen.

Sie lassen sich in folgende Gruppen einteilen: A. Rückstände der Brauerei, B. Rückstände der Brennerei und Preßhefeerzeugung, C. Rückstände der Wein- und Obstweinbereitung, D. Rückstände der Kartoffelstärkefabrikation, E. Rückstände der Getreidestärkefabrikation.

A. Rückstände der Brauerei.

1. Malzkleie. Nach den Ausführungsvorschriften zum Futtermittelgesetz §47 ist unter Malzkleie keine eigentliche Kleie zu verstehen, sondern Malzstaub, der beim Vermahlen von Malz anfällt.

Die als Malzkleie abfallenden Mengen sind verhältnismäßig gering.

Meist enthält der Malzstaub auch die Rückstände, die beim Putzen und Polieren des Malzes verbleiben, so daß er in der Hauptsache aus Malzmehl, Spelzen, Malzbruch und etwas Malzkeimen besteht. Nicht selten wird noch Gerstenausputz hinzugemischt. Der Gehalt an anorganischen Verunreinigungen

(Sand, Ton) soll nicht über 1 % betragen. Nach F. MACH[14] ergaben die vorbenannten, nur als Rauhfuttermittel geeigneten, mittlerem Wiesenheu ungefähr gleichwertigen Rückstände, die nach Herkunft und Mischung verschiedene Zusammensetzung besitzen und durchschnittlich etwa 13 % Protein und 2 % Fett aufweisen, folgende chemische Daten:

Chemische Zusammensetzung von Malzkleie usw. (MACH).

	Malzkleie %	Malzabfälle %	Malzpoliermehl %
Wasser	9,1	10,4	12,6
Rohprotein	8,3 *a*	12,9 *a*[1]	17,6 *a*[2]
Rohfett	1,3	2,7	1,8
Stickstoffreie Extraktstoffe	52,3	50,8	50,8
Rohfaser	23,7	16,6	10,8
Asche	5,3	6,6	6,4

a davon 5,8 % verdauliches Rohprotein, 8,2 % Reineiweiß.
a[1] davon 10,9 % Reineiweiß.
a[2] davon 13,9 % Reineiweiß.

2. Malzkeime. Malzkeime bestehen — Ausführungsvorschriften zum Futtermittelgesetz § 46 — im wesentlichen aus den bei der Malzbereitung gewonnenen Keimen verschiedener Getreidearten, die größtenteils schon in der Malzdarre, vollständiger durch die Putzmaschine von dem Malzkorn abgetrennt werden. Die aus Gerste gewonnenen Malzkeime sind nur Wurzelkeime, dagegen enthalten die Malzkeime aus Weizen neben den Wurzelkeimen noch Blattkeime, da diese beim Keimvorgang aus der Samenschale des Kornes hervorbrechen und beim Putzen abgeschlagen werden. Je nach der Art des hergestellten Malzes und der für die Erzeugung eines bestimmten Malztypus notwendigen Darrbehandlung wird die Farbe heller oder dunkler und der aromatische Geruch schwächer oder stärker. Der Nährwert der hellen Keime ist etwas höher als der der dunklen. Der Gehalt an Sand und anderen mineralischen Beimengungen soll im allgemeinen 1 % nicht übersteigen. Der Wassergehalt der Trockenware erreicht im Durchschnitt 11 %.

Die von der Wachstumsdauer des Malzes abhängige Menge der beim Mälzen anfallenden Malzkeime beträgt 3—5 % des Gesamtgewichtes der vermälzten Gerste, berechnet auf Trockensubstanz. Die Zusammensetzung der Keime schwankt je nach Art des Rohstoffes sowie der Mälzungsmethode und ist ungefähr folgende:

Mittlere Zusammensetzung von Malzkeimen.

	Gerstenmalzkeime %	Weizenmalzkeime (E. POTT[18]) %
Wasser	10,0	11,0
Rohprotein	24,0	27,0
Rohfett	2,0	4,0
Stickstoffreie Extraktstoffe	43,0	39,8
Rohfaser	14,0	12,0
Asche	7,0	6,2

Ein erheblicher Teil (12—13 %) der Kohlenhydrate besteht aus Zucker (Rohrzucker, Invertzucker, Maltose) und organischen Säuren. An Einzelbestandteilen sind Ameisensäure, Essigsäure, Oxalsäure, Milchsäure, Bernsteinsäure, Apfelsäure, eine Fettsäure, Gerbsäure, Bitterstoff, Cholesterin, fettes Öl, Harz, Gummi, Wachs gefunden worden. SCHULZE[19] und JOSHIMURA[38] konnten aus Malzkeimen Cholin und Betain gewinnen, aber nicht Arginin und Asparagin. Auffallend niedrig ist der Kalkgehalt der anorganischen Stoffe, der nach Feststellungen von

STAIGER[21] nur 0,21 % beträgt. An Phosphorsäure ermittelte derselbe 1,64 %. In der stickstoffhaltigen Substanz sind viel (ca. 30 %) Amidoverbindungen enthalten. Nach KELLNER[8] und VÖLTZ[24] werden im Mittel vom Rohprotein 80 %, vom Fett 71 %, von den stickstoffreien Extraktstoffen 73 % und von der Rohfaser 55 % durch Wiederkäuer verdaut. 100 kg entsprechen einem Stärkewert von etwa 39 kg. Da Malzkeime stark hygroskopisch sind und infolgedessen durch Schimmelbildung leicht verderben, bewahrt man sie an luftigen und trocknen Orten in Säcken auf. Gute Malzkeime sind locker, von hellbrauner Farbe und finden auch ihrer anregenden Wirkung wegen hauptsächlich zur Fütterung des Milchviehes Verwendung. Man verabreicht sie zweckmäßig in angebrühtem oder eingeweichtem Zustande, wobei normalerweise ein angenehmer, würziger Geruch sich bemerkbar macht. Milchvieh und Mastvieh erhalten bis zu 3 kg pro Tag und Stück, ebenso aber in trockener Form Arbeitspferde, Mastschweine bis zu 1 kg. Auch Fohlen und Kälber gedeihen mit Gaben von 0,5—2 kg pro Tag und Kopf je nach Alter, in trockner oder angebrühter Form verabreicht, gut, indessen bei tragenden und säugenden Tieren Vorsicht geboten ist, da Verkalben und Durchfall beobachtet worden sind, wozu möglicherweise das Hordenin, ein aus Gerstenkeimen isoliertes Alkaloid, welches allerdings für Säugetiere nur wenig giftig sein soll (O. KELLNER[9]), beiträgt.

Sehr dunkle Malzkeime lassen auf Überhitzung oder wiederholtes Trocknen beschädigter Keime schließen. Die Verdaulichkeit der Nährstoffe solcher Malzkeime ist meist viel geringer; sie sind nicht selten, ebenso wie die säuerlich riechenden Malzkeime, als verdorben zu bezeichnen. Ab und zu werden derartige Keime, um ihnen eine hellere Farbe und einen besseren Geruch zu verleihen, noch geschwefelt.

Wenn auch Malzkeime infolge ihrer charakteristischen Form von anderen Futtermitteln und Surrogaten leicht zu unterscheiden sind und Verfälschungen deshalb wenig vorkommen, so sind sie doch nicht selten wegen erheblicher Beimengungen von Gersten- und Malzausputz, Spelzen, Schalenbestandteilen, Holzmehl, Unkraut- und schädlichen Samen, Kehricht von Böden und Darren und auch wegen ihres hohen Gehaltes an Sand und anderen erdigen Verunreinigungen zu beanstanden. Malzkeime, die, wie z. B. bei der Hefefabrikation, ausgelaugt und wieder getrocknet wurden, sind als extrahierte Malzkeime zu kennzeichnen.

In Süddeutschland kommen auch fein gemahlene Malzkeime, sog. Malzkeimabfall, auf den Markt (M. KLING S. 304[10]). Sie bestehen im wesentlichen aus Malzkeimen neben Malz- und Gerstenausputz in fein gemahlenem Zustand. Bei nicht zu hohem Gehalt an Sand u. dgl. steht einer Verwendung dieser fein gemahlenen Keime, die etwa $^1/_2$—$^2/_3$ normaler Ware kosten, nichts im Wege.

Beim Einkauf von Malzkeimen ist es ratsam, Garantie für Herkunft, Reinheit, Frische und Proteingehalt zu verlangen (Gehalt an Sand und anderen mineralischen Beimengungen nicht über 1 %).

Malzkeimmelasse. Die Malzkeimmelasse wird aus etwa gleichen Teilen Malzkeimen und Melasse zusammengemischt. NEUER-BUSCHMANN[16] verabreichten sie mit gutem Ergebnis Pferden in Mengen von 4 kg je Stück und Tag an Stelle von Hafer.

3. Biertreber. In den Begriffsbestimmungen für Futtermittel, Titel V § 44, werden Biertreber wie folgt definiert:

„Biertreber sind die Rückstände aus ausgebrautem Malz. Die künstliche Beimengung von Hopfenrückständen ist unzulässig. Weißbierbrauereien maischen den Hopfen gleichzeitig mit dem Malz ein; Treber dieser Brauereien enthalten daher regelmäßig Hopfenrückstände. Der Wassergehalt der Trockenware beträgt im Durchschnitt 11 %."

a) Frische Biertreber. Zwecks Herstellung der Bierwürze wird das geschrotene Malz im Maischbottich mit warmem Wasser behandelt, wobei die Stärke in lösliche Zuckerarten und Dextrine übergeführt und nebst anderen löslichen Teilen des Malzes vom Wasser aufgenommen wird. Durch Abläutern und Nachwaschen trennt man alsdann die klare Würze von dem Rückstande, welch letzterer die frischen oder nassen Biertreber darstellt. Dieselben enthalten von den Bestandteilen des verwendeten Malzes noch: sämtliche Spelzen und Schalen, fast alles Fett (ca. 80 %), Stärkereste, Aleuronzellen und neben an sich unlöslichen inneren Teilen des Malzkornes (stickstoffreie Extraktstoffe) noch etwa $^3/_4$ der Eiweißstoffe, die teils unlöslich, teils löslich sind, aber beim Maischen gerinnen und als schmieriger Oberteig auf den Trebern sich absetzen. Die Menge der Treber ist um so größer, je extraktärmer das Malz ist und je schlechter es ausgebeutet wird. Im Mittel ergeben 100 kg Malz 125—130 kg frische Treber (Brauereilexikon 6, Bd. 1, S. 135), wobei lichte Malze im allgemeinen zwar weniger aber im Futterwert höher stehende Treber liefern als dunkle Malze. Selbstverständlich sind auch die Qualität der Braugerste bzw. des Brauweizens und das Maischverfahren von Einfluß auf die Zusammensetzung der Treber.

Im Mittel bestehen frische Biertreber aus:

Mittlere Zusammensetzung frischer Biertreber.

Wasser	77,0 %	Stickstoffreie Extraktstoffe	11,0 %
Rohprotein	5,3 %	Rohfaser	4,0 %
Rohfett	1,4 %	Aschenbestandteile	1,3 %

(0,34 % Phosphorsäure, 0,027 % Kali, 0,10 % Kalk.)

Die Verdaulichkeit der frischen Biertreber bei Wiederkäuern beträgt (O. KELLNER[8]) beim Rohprotein 73, beim Rohfett 86, bei den stickstofffreien Extraktstoffen 62 und bei der Rohfaser 40 % neben einer Wertigkeit von 86, ca. 3,5 % verdaulichem Eiweiß und einem Stärkewert von 12,7 kg je 100 kg.

Frisch verfüttert bilden die Biertreber ein gedeihliches und schmackhaftes Milchfutter in Mengen von 10—20 kg pro Tag und Kuh. Bekömmlich sind sie ebenfalls für Mastrinder und Schweine (bis 25 kg je 1000 kg Lebendgewicht), indessen sie für Pferde und Schafe des hohen Wassergehaltes wegen nur als Nebenfutter in Betracht kommen. Im Gegensatz zu den Trockentrebern besteht bei den Naßtrebern nicht die Möglichkeit, daß ihre Verdaulichkeit etwa durch den Trocknungsprozeß gelitten haben oder ihnen durch Abpressen wertvolle Bestandteile entzogen sein könnten. Aber sie stellen einen guten Nährboden für Mikroorganismen dar, unterliegen selbst bei kurzer Aufbewahrung einer raschen Säuerung und Schimmelung und verursachen, in solchem Zustand verfüttert, Durchfall sowie Verminderung und Verschlechterung der Milch.

Ist man genötigt, nasse Biertreber einige Tage aufzubewahren, so geschieht es am besten unter Wasser, da in diesem Falle nur eine reine Milchsäuregärung einzutreten pflegt.

b) Getrocknete Biertreber. Um den Übelstand der raschen Verderbnis nasser Treber zu beseitigen und eine Dauerware zu erhalten, hat man verschiedene Konservierungsmethoden in Anwendung gebracht, unter denen die Trocknung in besonders konstruierten Trockentreberapparaten allgemeine Anerkennung und in zahlreichen größeren Brauereibetrieben Deutschlands Aufnahme gefunden hat. Die daneben aus dem Ausland, besonders aus Amerika, eingeführten getrockneten Biertreber enthalten je nach Art des Ausgangsmaterials neben den Rückständen von Gerstenmalz noch solche von Mais oder Reis und mitunter auch Roggen-, Weizen- und Haferabfälle.

Als Mittelzahlen für getrocknete Biertreber können nachstehende gelten:

Getrocknete Biertreber.

Wasser	11,0 %	Stickstoffreie Extraktstoffe	41,0 %
Rohprotein	21,5 %	Rohfaser	15,8 %
Rohfett	6,7 %	Aschenbestandteile	4,0 %

Der Stärkewert getrockneter Biertreber beträgt je 100 kg etwa 50,0 kg neben einem Gehalt von 14,0 % verdaulichem Eiweiß. Wertigkeit 84. Die Verdauungswerte bei Wiederkäuern und Schweinen betragen für Rohprotein 71, für Rohfett 88 bzw. 53, für stickstoffreie Extraktstoffe 60 bzw. 48 und für Rohfaser 48 bzw. 15 % (O. KELLNER[8]).

Bei sorgfältiger Trocknung wird ein hellfarbiges Produkt erzielt und die Verdaulichkeit nicht beeinträchtigt, indessen durch zu hohe Temperaturen eine teilweise Röstung und Dunkelfärbung und damit eine Entwertung der Eiweißstoffe verursacht werden. Getrocknete Biertreber sind für alle Tiergattungen verwendbar. So lassen sich bei Pferden 50 % des Hafers durch sie ersetzen, während Kühe und Mastrinder 2—3 kg und Mastschafe bis 0,5 kg pro Kopf und Tag schwach angefeuchtet in Mischung mit Häcksel u. dgl. erhalten. Von Schweinen werden sie weniger gut ausgenutzt. Die im Handel befindlichen getrockneten Biertreber weisen im Protein- und Fettgehalt starke Schwankungen auf. Amerikanische Treber sind meist proteinreicher und enthalten im Mittel ca. 25 % Rohprotein (öfter über 30 %) und 7 % Fett. Beim Einkauf getrockneter Treber ist auf reine, hellfarbige, möglichst spelzarme Ware zu achten und eine Garantie für Protein- und Fettgehalt anzustreben, und zwar bei deutschen Trebern mindestens 20 % Rohprotein, bei amerikanischen 24 % neben 6 % Fett. Außerdem ist bei Auslandsware Angabe der Herkunft zu verlangen.

Gute getrocknete Biertreber erinnern geruchlich an Brot und dürfen nicht sauer oder schimmelig riechen oder Milbenbesatz aufweisen.

An groben Verunreinigungen sind in getrockneten Biertrebern Getreide- und Malzausputz, ausgebrauter Hopfen, Unkrautsamen, hoher Sandgehalt, Viehsalz, Malzkeime, Spreu u. dgl. neben Schalenbestandteilen verschiedener Herkunft festgestellt worden. Zuweilen wird auch gute Ware mit verbrannter verschnitten oder Brennereitreber als Biertreber bezeichnet und geliefert.

c) Biertrebermelasse. Sie stellt ein Gemisch von 40—50 % getrockneten Biertrebern mit 50—60 % Melasse dar und eignet sich gut für Pferde, denen pro Kopf und Tag etwa 3 kg verfüttert werden. An Verunreinigungen und Verfälschungen der Biertrebermelasse sind Getreideausputz, Spreu, Torfmehl u. dgl., ebenso die Zumischung verdorbener und angekohlter Biertreber schon festgestellt worden (M. KLING[10]).

4. Hefe, Futterhefe. Gemäß § 45 Titel V der Ausführungsvorschriften zum Futtermittelgesetz ist Hefe oder Futterhefe die bei der Bier- und Brenngärung gewonnene, als Anstellhefe nicht mehr verwendete Hefe, die entweder im frischen, nassen Zustand nach vorherigem Kochen oder besser als Trockengut Futterzwecken dient. Der Wassergehalt der Trockenware beträgt im Durchschnitt 12 %.

a) Frische Bierhefe. Die nach Vergärung der Bierwürze sich abscheidende Hefe ist in ihrem wasserreichen Zustande eng begrenzt haltbar. Ihre Verfütterung in den den üblichen Trockenhefegaben entsprechenden Mengen kommt deshalb nur ganz frisch an Ort und Stelle, wo die Hefe zur Verfügung steht oder in allernächster Umgebung, in Betracht. Vor ihrer Verwendung ist die Hefe abzukochen, um unerwünschte Gärungserscheinungen im tierischen Organismus zu verhindern. Man kann frische Bierhefe auch auf zusammengemischtes Futter einwirken lassen, um eine Art Vorverdauung einzuleiten, muß aber dann vor dem Verfüttern die ganze Futtermasse durch Kochen sterilisieren. Gelangen nur geringe Mengen lebender Hefe zur Verfütterung, wie z. B. bei der Gärfutterbereitung nach GRELCK, so kann auch ohne besondere Gefahr das Kochen unterlassen werden.

Frische, dickbreiige Bierhefe enthält etwa 85 %, abgepreßte Hefe ca. 75 % Wasser.

Ihre chemische Zusammensetzung ist im Mittel folgende:

Zusammensetzung frischer Bierhefe (WLOKKA[37]).

Wasser	85,7 %	Stickstoffreie Extraktstoffe	5,9 %
Rohprotein	6,9 %	Rohfaser	0,4 %
Rohfett	0,2 %	Asche	0,9 %

Die Verdaulichkeit der frischen Hefe ist mindestens dieselbe wie diejenige der Trockenhefe. Wenn auch des bitteren Geschmackes wegen anfangs die Aufnahme des hefehaltigen Futters nur zögernd erfolgt, so wird es späterhin nach Gewöhnung doch gern genommen, und zwar sowohl vom Rindvieh (Kühe 10—20 kg pro Kopf und Tag) als auch von Schweinen (1,5—6 kg, je nach Gewicht). Beiden Tierarten wird die frische Hefe zweckmäßig gekocht verabfolgt.

b) Getrocknete Bierhefe. Der Überschuß an Hefe in der deutschen Brauindustrie ist gegenwärtig derart, daß ungefähr 100000 dz Trockenhefe hergestellt werden können.

Das Trocknen der frischen, dickbreiigen Bierhefe erfolgt auf mit Dampf geheizten, rotierenden Walzenapparaten, wobei eine gelblichbraune, feinblättrige Masse von brotigem Geruch und würzigem, leicht bitterem Geschmack anfällt, die im gemahlenen Zustande ein rehbraunes, angenehm duftendes Mehl darstellt und nachstehende Zusammensetzung besitzt: Wasser 8—12 %, Rohprotein 43—55 %, Rohfett 2—3 %, stickstoffreie Extraktstoffe 25—35 %, Rohfaser 0,4—1,7 %, Aschenbestandteile 6—8 %.

Mit ihrem hohen Gehalt an Rohprotein, das zudem leicht verdaulich ist, steht die getrocknete Bierhefe unter den hochwertigen pflanzlichen Futtermitteln mit an erster Stelle, zumal sie noch reich ist an Vitaminen, Nucleinen und Lecithinen und viel Phosphorsäure (3—6 %), teils in anorganischer, teils organischer Bindung enthält.

Nach VÖLTZ[24a, 27—30] sind die stickstoffreien Extraktstoffe bis 100 % verdaulich, und die Verdaulichkeit des Rohproteins bei Pferden, Schafen und Schweinen beträgt durchschnittlich 88 %, während Versuche an Hammeln sogar 95 % ergaben. KELLNER[8] gibt bei einer Wertigkeit von 100 einen Stärkewert von 68,2 kg an bei 42,2 % verdaulichem Eiweiß. Auch als Ergängungsfuttermittel zur besseren Ausnutzung eiweißarmer Futtermischungen ist Trockenhefe sowohl bei Wiederkäuern als auch bei Schweinen und Geflügel bestens geeignet und bewährt (Futterfibel 2). Milchkühen wird sie in Mengen von 1—2 kg pro Stück und Tag verabfolgt, Pferde erhalten 0,5—1 kg pro Kopf und Tag, wobei in Verbindung mit stärkehaltigen Produkten die Hefe 50 % der Haferration zu ersetzen vermag, und z. B. 150 g Trockenhefe mit 700 g Trockenkartoffeln 1 kg Hafer gleichgestellt werden können (M. KLING S. 311[10]). Je nach Gewicht gibt man Schweinen täglich pro Kopf 150—600 g Trockenhefe, vorteilhaft angebrüht mit gekochten Kartoffeln und Gerstenschrot. Sie wurde bei Versuchen von Schweinen mit besonderer Vorliebe verzehrt und anderen eiweißreichen Futtermitteln, wie Fleisch- und Fischmehl, vorgezogen (O. KELLNER[8]).

Beim Einkauf von Trockenhefe ist auf Reinheit der Ware zu achten. Eine dunklere Farbe derselben weist darauf hin, daß die Hefe vor dem Trocknen nicht mehr ganz frisch war oder bei zu hoher Temperatur getrocknet worden ist. Für den Gehalt an Protein (50 %) und für Fett sind Garantien zu verlangen.

Aus zahlreichen praktischen Fütterungsversuchen ergibt sich eine besondere diätetische Wirkung der Hefe, die sich in gesteigerter Freßlust der Tiere und besonders schneller Gewichtszunahme äußert.

c) Extrahierte Trockenhefe. Nach ULEX[23] weist extrahierte Trockenhefe die besonderen Vorzüge der unextrahierten Trockenhefe nicht auf und verdient auch nicht den Vorzug eines besonders hochwertigen Futtermittels. Sie besitzt meist ein gelbbraunes, stumpfes Aussehen bei fadem, nur schwach bitterem Geschmack. Derselbe Autor fand bei extrahierten Hefen im Mittel etwa 35 % Protein, wasserlösliche Extraktstoffe ca. 16 % (nichtextrahierte Hefen 36 %) neben 6,6 % Fett, während im Gehalt an Phosphorsäure und Kochsalz nur unwesentliche Unterschiede festgestellt werden konnten.

ULEX führt den höheren Fettgehalt der extrahierten Hefe darauf zurück, daß bei der Extraktion alles Fett in der Hefe bleibt, indessen sie bedeutende Extraktmengen verliert, wodurch der Fettgehalt sich entsprechend erhöht.

BARNSTEIN[1] hat ebenfalls in Trockenhefen, die er für extrahiert hält, einen niedrigeren Proteingehalt (bis 38 %) festgestellt.

Bei den von ULEX untersuchten Trockenhefen handelt es sich vornehmlich um importierte Hefen, bei denen Zweck und Art der Extraktion nicht angegeben sind.

Neben der Extraktion zwecks Gewinnung chemischer bzw. chemisch-pharmazeutischer Präparate finden wir vor allem die Verwendung der Bierhefe auch zur Herstellung von Suppenwürzen, wobei man sie nach besonderen Verfahren teils unter Einwirkung von Säuren und bei hohen Temperaturen, teils bei niedriger Temperatur dem Abbau unterwirft. Die hierbei anfallenden Preßrückstände werden getrocknet und als eiweißreiches hochverdauliches Futtermittel in den Handel gebracht. Sie nähern sich bezüglich ihrer Bewertung und Verfütterung der normalen Trockenhefe, es ist aber der durch die Verarbeitungsmethode bedingte Kochsalzgehalt in der täglichen Ration und der Beigabe von Viehsalz zu berücksichtigen.

Nach HONCAMP[4] war die Zusammensetzung solcher getrockneter Heferückstände einer Münchner Suppenextrakt-Gesellschaft in der Trockensubstanz folgende:

Getrocknete Heferückstände (HONCAMP).

Rohprotein	56,1 %
Rohfett	3,3 %
Stickstoffreie Extraktstoffe	34,5 %
Rohfaser	0,1 %
Aschenbestandteile	6,0 %, davon 3,6 % Kochsalz.

Die Verdaulichkeit am Hammel ergab nach den genannten Forschern 86,6 % beim Rohprotein, 38,2 % beim Fett und 81,5 % bei den stickstoffreien Extraktstoffen (M. KLING[10]).

Extrahierte Hefe ist ausdrücklich als solche zu bezeichnen (Gesetz über den Verkehr mit Futtermitteln vom 22. Dezember 1926, §§ 3 und 4) unter Angabe des Gehaltes der wertbestimmenden Bestandteile.

d) Trub. „Nach § 48 Titel V des Nachtrages zum Futtermittelgesetz besteht der Trub in der Hauptsache aus Eiweißstoffen, die beim Kochen und Kühlen der Bierwürze ausgefällt werden, und aus geringen Mengen von Hopfenrückständen."

Häufig wird der Trub noch mit ausgebrautem Hopfen gemischt und dann getrocknet.

Die Würze in der Hopfenpfanne enthält als feste beim Abläutern zurückbleibende Stoffe außer dem Hopfen die durch das Kochen koagulierten Eiweißstoffe in gröberer oder feinerer Form. Während der Hopfen im Hopfenseiher zurückgehalten wird, gelangen die feineren Ausscheidungen auf das Kühlschiff oder den Würzesammelbottich, wo sie sich beim Stehen allmählich absetzen in Form einer grauen, schmierigen Masse, dem Trub oder Kühlgeläger. Neben den in der Hitze gerinnbaren Eiweißstoffen enthält der Trub noch andere in der Kälte unlöslich werdende Stoffe, wie harzige und sonstige Hopfen-, Zellstoff- und Aschenbestandteile, Gerbstoff-Eiweiß-Verbindungen neben Resten von Zucker, Dextrinen, Albumosen usw. Die Menge und Zusammensetzung des Trubes schwanken je nach Qualität und Art des Malzes, nach Art und Weise des Maischprozesses, der Vollständigkeit des Abläuterns usw. Im allgemeinen ergeben 100 kg Malz 2 kg trockengepreßten Trub (LEBERLE[13]).

Nach VÖLTZ[25] ist die chemische Zusammensetzung des getrockneten Kühlschifftrubes folgende:

Getrockneter Kühlschifftrub (VÖLTZ).

Wasser	8,5 %	Stickstoffreie Extraktstoffe	32,9 %
Rohprotein	43,6 %	Rohfaser	6,8 %
Rohfett	3,9 %	Aschenbestandteile	4,3 %

Nach denselben Autoren wurden bei Versuchen an Schafen 62,2 % vom Rohprotein, 19,4 % des Fettes und 75,0 % von den stickstoffreien Extraktstoffen des Trubes verdaut, während Schweine das Rohprotein etwas schlechter, die stickstoffreien Extraktstoffe dagegen etwas besser ausnützen als Wiederkäuer. Der Stärkewert des Trubes beträgt bei 90 % Trockensubstanz 39 kg je 100 kg (M. KLING[10]).

e) Faßgeläger. Das Faßgeläger besteht aus den bei der Nachgärung und Lagerung im Bier noch zur Abscheidung gekommenen Bestandteilen, also im wesentlichen aus Hefe, Eiweiß und Hopfenharzen. Es wird nach dem Abfüllen des Bieres möglichst rasch aus dem Faß entfernt. Je nach der Art des Absetzens beträgt die Menge dieses Gelägers je Hektoliter Bier 0,3—0,4 Liter (H. LEBERLE[13]). Ähnlich wie der Trub des Kühlgelägers, so wird auch dieses Geläger in der Trubpresse ausgepreßt und getrocknet.

Nach HONCAMP[3] enthält es in der Trockensubstanz 55,4 % Rohprotein, 4,5 % Rohfett, 31,5 % stickstoffreie Extraktstoffe und 8,6 % Asche, wovon der Hammel 72,9 des Rohproteins, 73,5 % vom Rohfett und 71,4 % der stickstofffreien Extraktstoffe verdaut. Beim Schwein liegen die Verdauungswerte niedriger. Der Stärkewert des getrockneten Faßgelägers berechnet sich auf 47,3 kg je 100 kg bei 10 % Wassergehalt und einer Wertigkeit von 100 (M. KLING[10]).

f) Hopfentreber. Hopfentreber sind die im Hopfenseiher zurückbleibenden Treber, welche die im Kochprozeß ungelöst gebliebenen Bestandteile des Hopfens neben geringen Mengen der beim Kochen ausgeschiedenen Eiweißstoffe enthalten. Die Hopfentreber des Handels sind in der Regel mit Trub vermischt.

VÖLTZ[25] gibt die chemische Zusammensetzung der getrockneten Hopfentreber wie folgt an:

Zusammensetzung von Hopfentrebern (VÖLTZ).

Wasser	6,2 %	Stickstoffreie Extraktstoffe	37,4 %
Rohprotein	23,0 %	Rohfaser	24,5 %
Rohfett (Harzstoffe)	3,6 %	Asche	5,3 %

Nach den von VÖLTZ und seinen Mitarbeitern durchgeführten Fütterungsversuchen mit Hopfentrebern werden von Schafen 38,6 % vom Rohprotein, 2,4 % vom Rohfett, 57,5 % von den stickstoffreien Extraktstoffen und 41,1 % der Rohfaser verdaut. Der Stärkewert (90 % Trockensubstanz) ist auf 24,8 kg berechnet, so daß hinsichtlich ihres Futterwertes die Hopfentreber mittlerem Wiesenheu etwa gleichwertig sind. Sie wirken appetitanregend, werden aber des bitteren Geschmackes wegen von den Tieren nur in kleinen Mengen gern genommen; zweckmäßig reicht man sie mit Biertrebern, Rüben oder mit Melasse zusammen.

Als Futtermittel für junge und tragende Tiere und auch für Schweine sind Hopfentreber nicht geeignet.

Beimengungen von Gerste und Malzausputz, ebenso über 1 % Sand, sollen in ihnen nicht enthalten sein.

g) Hefemischfuttermittel (M. KLING[10]). Um das Trocknen frischer Bierhefe zu vereinfachen und zu verbilligen, wird sie zuvor mit anderen Futtermitteln vermischt und nach dem Trocknen in gemahlenem Zustand oder auch in Brotform in den Handel gebracht. Zweckmäßig verwendet man hierzu nur *ein* Futtermittel als „Hefeträger". Das hergestellte Mischfutter ist seiner Zusammensetzung entsprechend schriftlich zu kennzeichnen unter Angabe von Protein und Fett. Nicht zu billigen ist es, wertlose Abfallstoffe, wie Torfmehl oder Holzkohle u. dgl., als Hefeträger zu gebrauchen. Eine solche Torfmehl-Holzkohle-Hefe hat sich, wie VÖLTZ berichtet[26], als wertlos erwiesen.

Als Beispiele guter Hefemischfuttermittel seien nachstehende angeführt:

Strohhäckselhefe: 62 % Strohhäcksel, 38 % Trockenhefe. Die Analyse einer solchen Mischung ergab nach VÖLTZ[26] 8,8 % Wasser, 22,1 % Rohprotein, 1,9 % Rohfett, 40,8 % stickstoffreie Extraktstoffe, 21,3 % Rohfaser und 5,1 % Aschenbestandteile.

Hefebiertreber: 70—75 % Biertreber, 30—25 % Hefe, wobei die (getrockneten) Biertreber mit der nassen Hefe gemischt und getrocknet werden. KLING[11] fand in einer solchen Mischung folgende Werte: Wasser 7,2 %, Rohprotein 30,8 %, Rohfett 5,6 %, stickstoffreie Extraktstoffe 37,6 %, Rohfaser 13,6 %, Aschenbestandteile 5,2 %.

Hefebrote: Man verbäckt die Hefe zusammen mit Trockenkartoffeln oder Malzabfällen.

B. Rückstände der Brennerei und Preßhefeerzeugung.

1. Schlempe. § 49 Titel VI des Nachtrages zum Futtermittelgesetz besagt: „Schlempe ist der in den Spiritusbrennereien bei der Destillation der vergorenen Maische verbleibende Rückstand. Sie enthält alle Nährstoffe der verarbeiteten Rohstoffe (z. B. Kartoffeln, Getreide und Malz) mit Ausnahme des in Alkohol umgewandelten Stärkemehls bzw. Zuckers. Trockenschlempe wird durch Eindicken und nachheriges Trocknen der frischen Schlempe gewonnen. Der Wassergehalt der Trockenware beträgt im Durchschnitt 11 %.

Melasseschlempe ist der für Futterzwecke ungeeignete Rückstand der Verarbeitung von Melasse auf Spiritus."

Je nach Art der verarbeiteten stärkehaltigen Rohstoffe, die ihrerseits die Beschaffenheit der Schlempe wesentlich beeinflussen, unterscheidet man: Kartoffelschlempe, Maisschlempe, Roggenschlempe, Weizenschlempe, Darischlempe usw. In der Schlempe finden sich in günstig veränderter Form die durch die Rohstoffe dem Acker entzogenen stickstoffhaltigen und mineralischen Bestandteile vor und gelangen durch sie bei der Verfütterung als wertvoller Dünger wieder in den Boden zurück, während allein die durch Assimilation von Wasser und Kohlensäure entstandenen Kohlenhydrate der Rohstoffe durch die Gärung in Alkohol und Kohlensäure umgewandelt werden. Ferner ist zu beachten, daß bei der Entstehung der Schlempe die chemische Zusammensetzung der organischen Substanz des Ausgangsmaterials durch Wirkungen von Malz und Hefe tiefgreifende Veränderungen erfahren hat, die in der chemischen Futtermittelanalyse nur unscharf hervortreten.

Die in quantitativer Hinsicht bedeutendste Abweichung hinsichtlich der Zusammensetzung der Schlempe und ihres Rohmaterials ist der geringe Gehalt der Schlempe an stickstoffreien Extraktstoffen, der verursacht ist durch Vergärung von über 80 % der Kohlenhydrate des Rohstoffs. Dementsprechend muß der Gehalt an Eiweiß und anderen restierenden Bestandteilen in der Schlempe prozentual ansteigen. So enthält nach VÖLTZ[32] das Ausgangsmaterial für Kartoffelschlempe (Kartoffeln + Malz + Hefe) in 100 Trockensubstanz ca. 8,0 % Rohprotein, die daraus hergestellte Schlempe dagegen über 25 %, so daß die Schlempe im Gegensatz zum Ausgangsmaterial die Eigenschaft eines eiweißreichen Kraftfuttermittels erhält. Die durch die Hefe bewirkte Überführung von etwa $^1/_3$ der Amide in Eiweiß ist von nicht wesentlicher Bedeutung, da die Amidstoffe den stickstoffhaltigen Nährstoffen zuzurechnen sind. Hinsichtlich des Gehaltes an Rohfett, Rohfaser und Mineralstoffen treten wesentliche Veränderungen durch die Schlempebereitung nicht ein.

Notwendig für eine gedeihliche Schlempefütterung sind außer sachkundiger Herstellung, Fortleitung und Aufbewahrung, zweckmäßige Verabreichung neben entsprechender Wahl des Beifutters und zuträglicher Bemessung der Tagesrationen bei Vermeidung einer Überschreitung des normalen Wasserbedürfnisses der Tiere. Infolge des hohen Wassergehaltes der Schlempen, dessen Grenzwerte zwischen 92 und 96 % liegen, muß die Verfütterung in frischem, noch warmem Zustande stattfinden, da sonst wie bei allen wasserreichen Futtermitteln Säuerung und Zersetzung eintreten, die gesundheitsschädlich wirken. Vornehmlich im Auge zu halten sind größte Sauberkeit aller Einrichtungen und Behälter, die mit Schlempe in Berührung kommen, sowie Heißhaltung bei mindestens 70° C. Mit Häcksel bis zur dickbreiigen Konsistenz durchmengt, führt die heiße Schlempe eine gewisse Vorweichung dieses Materials herbei. Schlecht geerntetes und von den Tieren verschmähtes Rauhfutter, Spreu, Kaff u. dgl. werden schmackhaft und gern genommen, wenn sie zuvor mit heißer Schlempe überbrüht worden sind, wie überhaupt die frische, warme und angenehm riechende Schlempe die Freßlust anregt. Abgekühlte Schlempe muß vor der Verfütterung erneut bis zum Siedepunkt erhitzt und in möglichst warmem Zustande in die Krippen gebracht werden. Nachteile der Heißfütterung, für die diätetische und hygienische Gesichtspunkte den Ausschlag geben, sind nicht erwiesen, und die manchmal darauf zurückgeführten Schäden, wie Schlempehusten, Verkalben, Kolik u. dgl. stehen damit nicht in unmittelbarem Zusammenhang.

In Verbindung mit Kraftfuttermitteln wird die Schlempe vom Tiermagen weniger vollkommen ausgenutzt; ebenso ist gleichzeitige Verfütterung roher Kartoffeln, Rübenblätter oder Sauerfutter nicht zweckmäßig. Besondere Kochsalzgaben erübrigen sich bei Schlempefütterung. Hinsichtlich einer Zumischung von Schlämmkreide ist zu bemerken, daß sie erst in den Krippen zu erfolgen hat, da neutrale Schlempe besonders leicht zur Verderbnis neigt. Unbedingt zu verwerfen ist das unnötige Strecken der Schlempe durch nachträglichen Wasserzusatz.

Mastschlempen sind an Nährstoffen besonders reiche Schlempen, die unter Verzicht auf möglichst vollständige Ausnutzung der Kohlenhydrate gewonnen worden sind. Bei ihrer Herstellung wird neben weniger Malz die Diastase des letzteren durch hohe Maischtemperaturen absichtlich geschwächt, so daß nur die beim Maischen gebildete Maltose = 70—80 % der eingemaischten Stärke zur Vergärung gelangt, indessen eine Nachverzuckerung der Dextrine bei der Gärung kaum stattfindet. Dadurch wird der Gehalt der Schlempe an stickstoffreien Extraktstoffen um 50—70 % erhöht.

Um die Schlempe in eine haltbare und marktfähige Dauerware überzuführen, findet ein Trocknen statt. Die Schlempetrocknung kommt in Deutschland nur in Betracht für gewerbliche, Kartoffeln oder Getreide verarbeitende Brennereien, welche für die frische Schlempe keinen hinreichenden Absatz haben; für landwirtschaftliche Brennereien, die ihre Schlempe nicht veräußern dürfen, ist das Schlempetrocknen meist unlohnend. Bei den in der Praxis angewandten Verfahren trocknet man die Schlempe entweder so, wie sie den Destillierapparat verläßt, so daß die Gesamtmenge der in ihr enthaltenen gelösten und ungelösten Stoffe in der Trockenschlempe gewonnen wird, oder man trennt die flüssigen Bestandteile der Schlempe durch Absetzenlassen oder Abfiltrieren bzw. Abpressen von den Trebern und trocknet nur letztere, wodurch aber nicht unwesentliche Nährstoffverluste entstehen. In ausländischen Brennereien wird das vorgenannte Verfahren mit dem Unterschied angewandt, daß man die abgepreßten flüssigen Anteile der Schlempe nicht fortlaufen läßt, sondern zur Sirupdicke einengt und sodann mit getrockneter Schlempe vermischt, worauf das Gemenge in rotierenden Trommeln nochmals zur Trocknung gelangt. Durch die verschiedenen Trocknungsmethoden wird die Zusammensetzung der Trockenschlempe außerordentlich beeinflußt. Je nachdem die Rohstoffe gedämpft oder gemahlen zur Verarbeitung gelangen, ist die Struktur der Trockenschlempe mehr grobschalig oder körnig und die Farbe dunkler oder heller, je nachdem die Gesamtschlempe oder nur ihre festen Anteile getrocknet worden sind. Zwecks Schonung der Trockenapparate wird der Schlempe zur Abstumpfung ihres Säuregehaltes vor dem Eindicken kohlensaurer Kalk zugesetzt, dessen Menge aber 1—2 % nicht übersteigen soll.

In Deutschland wird Schlempe nur in geringer Menge getrocknet, so daß die auf dem deutschen Markt gehandelten Trockenschlempen meist ausländischen Ursprungs sind (Amerika, Belgien, England, Ungarn).

a) Kartoffelschlempe. Die Zusammensetzung der frischen Kartoffelschlempe wechselt mit der Beschaffenheit der verarbeiteten Rohkartoffeln und der Menge des verwendeten Malzes. Der Stärkegehalt der Kartoffeln schwankt in weiten Verhältnissen (12—24 %); dementsprechend werden für gleiche Maische- und Schlempemengen mehr oder weniger Kartoffeln gebraucht, so daß bei gleichen Mengen vergärbarer Stoffe sehr wechselnde Mengen unvergärbarer stickstofffreier Stoffe, Proteine und Aschebestandteile in die Maische und Schlempe übergehen. Hierzu treten die von den Betriebsverhältnissen abhängigen Schwankungen der besseren oder schlechteren Vergärung der Kohlenhydrate sowie der wechselnde Gehalt an Trockensubstanz.

Als Anhaltspunkte für die chemische Zusammensetzung der Kartoffelschlempe mögen nachstehende Werte dienen:

Zusammensetzung der Kartoffelschlempe.

Wasser	92—96 %	Stickstoffreie Extraktstoffe	2,6—3,2 %
Rohprotein	1,3 —1,4 %	Rohfaser	0,4—0,6 %
Rohfett	0,04—0,10 %	Aschenbestandteile	0,7—0,9 %

Zufolge der vorgenannten Umstände ist es zweckmäßig, von der üblichen Methode, die Zusammensetzung und den Nährwert von 100 kg Schlempe anzugeben, abzusehen, und statt dessen den Nährstoffgehalt des Ausgangsmaterials (Kartoffeln + Malz + Hefe) in Vergleich zu setzen mit dem Nährstoffgehalt der aus dem Ausgangsmaterial gewonnenen Schlempe.

Nach Versuchen von Zuntz, Völtz[31] und Mitarbeitern kommen folgende Werte dem wirklichen Durchschnittswert für die Zusammensetzung des Ausgangsmaterials für die Schlempebereitung und dem mittleren Gehalt der Kartoffelschlempe an verdaulichen Nährstoffen nahe:

1. **Nährstoffgehalt von 100 kg Ausgangsmaterial (Kartoffeln + Malz + Hefe)** (VÖLTZ):

Trockensubstanz	25 %	
Asche	1,04 %	
Organische Substanz	23,94 %	
Rohprotein	1,96 %	(70,4 % Eiweiß und 29,6 % Amide)
Rohfett	0,06 %	
Rohfaser	0,42 %	
Stickstoffreie Extraktstoffe	21,50 %	

2. **Nährstoffgehalt der aus dem unter 1 angeführten Ausgangsmaterial gewonnenen Schlempe (aus 100 kg Rohmaterial).**

Trockensubstanz	7,54 kg	
Asche	1,01 „	
Organische Substanz	6,53 „	
Rohprotein	1,96 „	(79,6 % Eiweiß und 20,4 % Amide)
Rohfett	0,05 „	
Rohfaser	0,56 „	
Stickstoffreie Extraktstoffe	3,96 „	

Die Verdauungswerte der unter 2 mitgeteilten Schlemperohnährstoffe erreichen am Schaf für die organische Substanz 74—84, für Rohprotein 61—66, für Rohfaser 66 und für stickstoffreie Extraktstoffe 80 %, indessen beim Rind die organische Substanz nur mit 67 und das Rohprotein mit 57 % verdaut werden. Der Stärkewert beträgt 2,8—3,2 kg je 100 kg Schlempe. Die über die Verwertung der Nährstoffe ausgeführten exakten Bilanzversuche zeigen, daß die Verdauungswerte neben anderen wesentlich abhängig sind von der Komposition der dargebotenen Futtergemische und der Art der vorausgegangenen Fütterung. Die beste Verwertung der Schlempe findet statt, wenn sie zu Heu und leicht löslichen Kohlenhydraten gereicht wird. Das zuträgliche Maß der täglichen Kartoffelschlempemengen ist begrenzt und beträgt bei Milchkühen bis 40 Liter, bei Zugochsen 40—50 Liter, bei schwerem Mastvieh bis 60 Liter, bei Mastschafen und Mastschweinen 2—3 Liter pro Kopf und Tag. Bei hochtragenden Tieren ist nur wenig oder keine Schlempe angezeigt.

Da die Kartoffelschlempen in den Brennereien fast ausschließlich in frischem Zustand zur Verfütterung gelangen, kommen getrocknete Kartoffelschlempen sehr selten in den Verkehr.

b) Maisschlempe. Maisschlempe ist die bei Verarbeitung von Mais und Gerstenmalz in den Brennereien anfallende Schlempe, deren Menge je 100 kg Maischmaterial 400—450 Liter beträgt. Frische Maisschlempe enthält im Mittel 92—94 % Wasser, ca. 2 % Rohprotein, 0,9 % Rohfett, 4,3 % stickstoffreie Extraktstoffe, 0,7 % Rohfaser und 0,5 % Asche.

Der Futterwert der Maisschlempe ist erheblich höher wie derjenige der Kartoffelschlempe. Nach KELLNER[8] betragen bei frischer Maisschlempe die Verdauungswerte geprüft an Wiederkäuern für Rohprotein, 65 %, für Rohfett 89 %, für stickstoffreie Extraktstoffe 71 % und für Rohfaser 50 % bei einer Wertigkeit von 90 und einem Stärkewert von 5,5 für 100 kg.

Die im Handel vorkommenden getrockneten Maisschlempen werden nach Beschaffenheit des Rohstoffes und Art der Trocknung in dunkel- und hellfarbige unterschieden.

Die dunkle, getrocknete Maisschlempe ist grobschalig und meist französischer oder ungarischer Herkunft. Zur Trocknung gelangen sowohl die festen wie die flüssigen Anteile der Schlempe. Ein zu hoher Gehalt an Kreide, der zuweilen festgestellt wurde, ist zu beanstanden. In der hellen und wertvolleren amerikanischen Maistrockenschlempe liegen die Maiskörner teilweise entschält vor. Häufig ist noch Roggen mitverarbeitet worden. Ein oft vorkommender geringer

Gehalt an Haferspelzen läßt sich auf deren Verwendung bei der Abläuterung der vergorenen Würze zurückführen. Die Trocknung geschieht bei niedriger Temperatur in Vakuumapparaten.

Die chemische Zusammensetzung der getrockneten Maisschlempen variiert stark. Bei einem Wassergehalt von etwa 8 % bewegen sich die stickstoffreien Extraktstoffe zwischen 30 und 40 %, und es werden bei dunklen Schlempen 36 % und bei hellen bis 40 % Protein und Fett garantiert. Niedriger Fettgehalt weist auf vorausgegangene Extraktion des Fettes hin.

Auch hinsichtlich ihrer Verdaulichkeit zeigen die genannten Trockenprodukte große Differenzen. SCHULZE[20a] gibt die Verdaulichkeit des Rohproteins mit 45—70 %, HONCAMP und GSCHWENDENER[5] stellten bei Versuchen am Hammel 61 % von Rohprotein, 91 % von Fett, 68 % der stickstoffreien Extraktstoffe, 64 % der Rohfaser als verdaulich fest, und KELLNER[8] nennt für helle amerikanische Maisschlempe bei Wiederkäuern als mittlere Verdauungskoeffizienten für Rohprotein 64 %, Fett 93 %, stickstoffreie Extraktstoffe 70 % und Rohfaser 67 %.

Die Schwankungen der Verdauungswerte, die besonders bei Rohprotein festgestellt worden sind, werden hauptsächlich durch die Art der Trocknung (mit oder ohne Verwendung der flüssigen Anteile, Zeitdauer und Hitzegrade) verursacht.

Die Verfütterung erfolgt in ähnlicher Weise wie bei den Biertrebern. Milchkühe erhalten 2—4 kg, Mastvieh 4—6 kg pro Tag und Tonne Lebendgewicht, Pferde 2,5—3,5 kg pro Tag und Kopf als Haferersatz. Bei Schweinen ist die Ausnutzung des Fettes und der stickstoffreien Extraktstoffe niedriger.

Als Verfälschungen wurden bei Trockenschlempen Schalen verschiedenster Herkunft, Getreideausputz, Reisspelze, zerkleinerte Maisstengel, Heuabfälle u. dgl. neben anorganischen Beimengungen (Kreide, Sand, Viehsalz) beobachtet.

c) Roggenschlempe. Roggenschlempe wird in der Kornbrennerei gewonnen bei der Verarbeitung von Roggen auf Kornbranntwein, wobei die Verzuckerung teils mit, teils ohne Gerstenmalz durchgeführt wird und je 100 kg Maischmaterial etwa 550 Liter Schlempe anfallen. Die von STAIGER[22] in letzter Zeit untersuchten Roggenschlempen zeigten nachstehende Durchschnittszahlen:

Roggenschlempe (STAIGER).

Wasser	93,20 %	Rohfaser	1,07 %
Rohprotein	1,66 %	Stickstoffreie Extraktstoffe	3,38 %
Rohfett	0,34 %	Aschenbestandteile	0,35 %

Nach Fütterungsversuchen von VÖLTZ[33] an Wiederkäuern und Schweinen können als Verdauungswerte angenommen werden: für Rohprotein 64 bzw. 78 %, für Rohfett 94 bzw. 56 %, für Rohfaser 61 bzw. 36 % und für stickstoffreie Extraktstoffe 80 bzw. 51 %. Die Wertigkeit beträgt 87 %, so daß ein Stärkewert von etwa 4,1 resultiert. Die Verfütterung erfolgt in derselben Art und Weise, wie dies bei Kartoffelschlempe angegeben ist, wobei für die Bemessung der Futterrationen dem höheren Nährwert der Roggenschlempe Rechnung zu tragen ist. Die im Handel sich befindlichen getrockneten Roggenschlempen kommen meist aus dem Ausland und enthalten bei einem Wassergehalt von 8—11 % 15—25 % Protein und 3—8 % Fett. Beim Einkauf sind Garantie für Reinheit sowie Gehalt an Protein und Fett zu verlangen und hellere Schlempen der leichteren Verdaulichkeit wegen den dunkleren hochgetrockneten vorzuziehen. HONCAMP und GSCHWENDENER[5] fanden bei zwei Sorten getrockneter Roggenschlempe bei Verfütterung an vier Hammeln folgende mittlere Verdauungswerte: Rohprotein 58,6, Rohfett 61,6, stickstoffreie Extraktstoffe 49,1 und Rohfaser 49,8 %. Die von KELLNER[8] für getrocknete Roggenschlempe angegebenen Werte kommen den vorstehenden nahe. Hinsichtlich Verfütterung gilt dasselbe wie bei den getrockneten Biertrebern.

Im Handel oft als Getreideschlempen bezeichnete Trockenschlempen weisen hinsichtlich Zusammensetzung und Verdaulichkeit außerordentliche Schwankungen auf, die, abgesehen von den verschiedenen Ausgangsmaterialien vornehmlich bedingt sind durch Entfernung oder Mitverwendung der flüssigen Schlempeanteile beim Trockenprozeß, durch die bei letzterem vorherrschenden Hitzegrade und die Zeitdauer der Trocknung.

d) Darischlempe. Nicht selten wird in neuerer Zeit auch Dari in Brennereien verarbeitet. Für die hierbei erhaltene Schlempe hat STAIGER wiederholt folgende Werte ermittelt:

Darischlempe (STAIGER).

Wasser	94,70 %	Rohfaser	1,19 %
Rohprotein	1,99 %	Stickstoffreie Extraktstoffe	1,32 %
Rohfett	0,43 %	Asche	0,37 %

Als sehr niedrig fällt der Gehalt an stickstoffreien Extraktstoffen auf, der einerseits auf weitgehende Verzuckerung und Vergärung der Daristärke schließen läßt, andererseits aber den Futterwert der Schlempe herabsetzt. Hinsichtlich des letzteren dürfte Darischlempe der Roggenschlempe ungefähr gleichwertig sein. Darischlempe wird von den Tieren gern genommen. Exakte Versuche über den Wert dieser Schlempe als Futtermittel liegen nicht vor.

e) Weizenschlempe. Zu Zeiten, in denen der Preis für Roggen hoch liegt, wird in Kornbrennereien auch Weizen an Stelle von Roggen verarbeitet. Die verbleibende Weizenschlempe kommt in ihrer Zusammensetzung der Roggenschlempe nahe, weist aber in der Regel einen etwas höheren Gehalt an Rohprotein und Fett auf. Getrocknete Weizenschlempen sind im Handel selten.

f) Reisschlempe. Reisschlempe ist ein Abfallprodukt der Reisstärkefabrikation (s. S. 434).

g) Melasseschlempe. Als Melasseschlempe bezeichnet man sowohl die in den Melasseentzuckerungsanstalten als auch in den Melassebrennereien anfallenden, von Zucker möglichst befreiten Melasserückstände. Die in der Brennerei gewonnene Melasseschlempe enthält je nach Konzentration der Maische und Art der Destillation 8—12 % Trockensubstanz, deren Zusammensetzung abhängig von der Verarbeitungsmethode und den hierbei erforderlichen Zusätzen sehr wechselt. Bei den als Futtermittel zur Verfügung stehenden Melasseschlempen handelt es sich einerseits um eingedickte Schlempen mit ca. 75 % Trockensubstanz, andererseits um wasserreiche Schlempen mit etwa 7—12 % Trockensubstanz.

Der Gehalt an Rohnährstoffen, verdaulichen Nährstoffen und der Stärkewert sind nach VÖLTZ[34, 35] folgende:

Melasseschlempen (VÖLTZ).

100 kg Melasseschlempe mit 75% Trockensubstanz enthalten	Asche kg	Organ. Subst. kg	Rohprotein kg	Stickstoffreie Extraktstoffe kg
Rohnährstoffe	18,2	56,8	18,3	38,5
Verdauliche Nährstoffe	—	36,4	8,4	22,5

Stärkewert 30 kg

100 kg Melasseschlempe mit 7,8% Trockensubstanz enthalten	Asche kg	Organ. Subst. kg	Rohprotein kg	Stickstoffreie Extraktstoffe kg
Rohnährstoffe	1,9	5,9	1,9	4,0
Verdauliche Nährstoffe	—	3,8	0,9	2,3

Stärkewert 3,1 kg

Der hohe Gehalt der Melasseschlempe an Mineralstoffen und insbesondere an Kali verbietet ihre Verabreichung an empfindliche Tiere, an junge, säugende und trächtige Tiere und an Pferde. Pro 1000 kg Lebendgewicht und Tag können Milchkühe bis zu 1 kg, Zugochsen und Hammel bis zu 2 kg und Mastochsen bis zu 2,5 kg eingedickte Melasseschlempe oder gleiche Trockensubstanzmengen wasserreicher Melasseschlempe erhalten, indessen größere Gaben zu vermeiden sind. Um die Amidsubstanzen, aus denen das Rohprotein hauptsächlich besteht, bestmöglich auszunützen, verabreicht man gleichzeitig zuckerhaltige Futterstoffe, wie Melasse, Zuckerrüben, Kohlrüben, Möhren u. dgl. Eine zweckmäßige Mischung, die sorgfältig herzustellen ist, setzt sich nach VÖLTZ aus zwei Teilen eingedickter Melasseschlempe, einem Teil Melasse und drei Teilen Strohhäcksel zusammen.

Bezüglich weiterer günstiger Erfahrungen bei sachkundiger Verfütterung von Melasseschlempe sei auf die Berichte von FOTH, PALLAS, GEIST und SELKE in der Zeitschrift für Spiritusindustrie 1917 verwiesen.

Als Futtermittel, wie Kartoffel- oder Getreideschlempe, kann Melasseschlempe jedoch nicht bewertet werden. Infolge ihres bereits erwähnten hohen Gehaltes an Mineralstoffen bzw. Kalisalzen ist bei ihrer Verfütterung in jedem Falle Vorsicht geboten. Die in den Brennereien anfallende Melasseschlempe wird daher zumeist auf Schlempekohle bzw. Pottasche und Cyanverbindungen verarbeitet oder als Düngemittel verwendet.

h) Melasseschlempe-Mischfuttermittel. Zur Überführung der Melasseschlempe in feste Form dienen als Träger häufig geringwertige Rauhfuttermittel. So fand KLING[10] in solchen Gemischen, die nicht selten fälschlicherweise als „Melassefutter" benannt werden, Strohmehl, Schilfrohrmehl, Obsttrestermehl, Spelzenmehl usw. Der Futterwert derartiger Gemische ist so gering, daß ihre Herstellung am besten unterbleiben sollte.

i) Rübenschlempe. Die Schlempe der Rübenstoffe verarbeitenden Brennereien, in denen die Rüben meist nach vorherigem Dämpfen zur Vergärung gelangen, nähert sich in der Trockensubstanz hinsichtlich ihres Nährstoffgehaltes der Kartoffelschlempe. Infolge der schwächeren Konzentration ist ihr Futterwert aber geringer wie derjenige der Kartoffelschlempe. Rübenschlempe wird von den Tieren als bekömmliches Futter gern genommen, sie ist jedoch zweckmäßig in kleineren Mengen als Kartoffelschlempe zu verfüttern. Wegen des niedrigen Futterwertes wird sie auch nicht selten nur als Dünger verwendet.

In großen Rübenbrennereien des Auslandes erfolgt die Verarbeitung von Rüben auf Spiritus auch in der Weise, daß nur der Rübensaft, den man durch Auslaugen von Rübenschnitzeln gewinnt, vergoren wird. Die ausgelaugten Schnitzel werden durch Abpressen auf einen Trockensubstanzgehalt von 10—15 % gebracht, worauf sie entweder frisch verfüttert oder eingesäuert oder getrocknet werden. Bei abgepreßten Schnitzeln ist auf ihre einwandfreie Beschaffenheit besonders zu achten, da leicht Zersetzungen eintreten, die Verdauungsstörungen hervorrufen.

Bezüglich ihrer Zusammensetzung und ihres Futterwertes kommen die in den Brennereien anfallenden Schnitzel den Diffusionsschnitzeln der Zuckerfabriken gleich.

k) Obstschlempen. Die bei der Herstellung von Obstbranntwein durch Abdestillieren der vergorenen Obstmaische erhaltenen Rückstände sind in ihrer Zusammensetzung abhängig von der Art und Verarbeitung des als Ausgangsmaterial verwendeten Obstes (Steinobst, Kernobst oder Beeren).

Nachteilig für die Verfütterung dieser Schlempen ist ihr häufig sehr hoher Säuregrad.

Die chemische Zusammensetzung verschiedener Obstschlempen gibt WINDISCH[36] wie folgt an:

Zusammensetzung verschiedener Obstschlempen (WINDISCH).

	Kirschenschlempe (mit Steinen) %	Zwetschenschlempe %	Heidelbeerschlempe %
Wasser	81,1	93,4	92,1
Rohprotein	1,6	0,4	0,7
Rohfett	0,9	0,2	0,3
Stickstoffreie Extraktstoffe	8,4	4,8	4,8
Rohfaser	7,0	0,6	1,5
Asche	1,0	0,6	0,6

Ausnutzungsversuche mit Obstschlempen liegen nicht vor. Frische Steinobstschlempen werden an Schweine, frische Kernobstschlempen mit niedrigem Säuregrad auch an Rindvieh in kleinen Mengen als Beifutter verfüttert. Zufolge ihres geringen Nährwertes finden sie häufig nur als Dünger Verwendung.

Wesentlich günstiger als Futtermittel ist die Schlempe der gleichfalls in Obstbrennereien ab und zu zur Verarbeitung kommenden Topinamburs zu beurteilen. Dieselben gleichen in ihrer Zusammensetzung, abgesehen von der Art der Kohlenhydrate, den Kartoffeln, so daß normale Tompinamburschlempe der Kartoffelschlempe nahesteht.

l) Brennereitreber. „§ 50 Titel VI des Nachtrages zum Futtermittelgesetz bezeichnet als Brennereitreber Rückstände der Hefe- und Spiritusbereitung, die in Beschaffenheit und Gehalt den Biertrebern ähneln.“

Brennerei- oder Hefetreber sind die ungelösten festen Bestandteile, welche in den nach dem Lüftungsverfahren arbeitenden Hefefabriken beim Abläutern der Maische zurückbleiben. Früher wurden zur Gewinnung von Preßhefe vorwiegend stärkehaltige Materialien wie Roggen, Weizen, Buchweizen, Mais, Gerste (als Grün- oder Darrmalz) und Kartoffeln verarbeitet, während heute zuckerhaltige Produkte, vor allem Melasse, den Hauptmaischrohstoff der Hefefabriken abgeben. Ergänzende Zusätze als Nährstoffe und Filtermaterial sind hierbei Malzkeime und anorganische Salze. Nach den neuen Verfahren wird Preßhefe fast ausschließlich aus Melasse und Salzen hergestellt. Bei Verarbeitung stärkehaltiger Rohstoffe ist die Zusammensetzung der Treber je nach dem prozentischen Verhältnis der einzelnen eingemaischten Materialien, je nach Art der Verarbeitung und dem Grade der Auslaugung erheblich schwankend. LANGE (Brennerei-Lexikon 7, 728) und POTT[18] ermittelten für Frischtreber nachstehende Zusammensetzung:

Chemische Zusammensetzung frischer Brennereitreber.

	LANGE %	POTT %		LANGE %	POTT %
Wasser	85,10	81,2	Stickstoffreie Extraktstoffe	6,90	7,7
Rohprotein	3,28	4,0	Rohfaser	3,08	5,5
Rohfett	0,89	1,2	Aschenbestandteile	0,75	0,4

Nasse Treber sind frisch aber abgekühlt zu verfüttern, da sie einerseits leicht der Verderbnis ausgesetzt sind, andererseits im warmen Zustande durch Lähmung der Magenwände schwere Verdauungsstörungen verursachen können (M. KLING S. 324[10]).

m) Getrocknete Brennereitreber. Für Aufbewahrung werden die Frischtreber konserviert durch Einstampfen in Gruben unter Zugabe von Chlornatrium u. dgl. oder eingesäuert oder als Dauerware für den Handel getrocknet. Hierbei gewinnt man aus 350—400 kg Naßtrebern etwa 75 kg Trockentreber mit einem Wassergehalt von 6—8 %. Beim Trocknen sind hohe Temperaturen möglichst zu vermeiden, um die Verdaulichkeit des Eiweißes nicht herabzusetzen. Entsprechend den verarbeiteten Ausgangsmaterialien enthalten die Trockentreber die Rückstände verschiedener Getreidearten oder auch im wesentlichen nur ausgelaugte Malzkeime. Nach Analysen des Instituts für Gärungsgewerbe in Berlin ist die chemische Zusammensetzung der getrockneten Brennerei- bzw. Hefetreber folgende:

Chemische Zusammensetzung getrockneter Brennereitreber (Brennerei-Lexikon[7]).

Wassergehalt	6,0— 8,0 %	Rohfett	8,0—12,0 %
Rohprotein	18,0—26,0 %	Stickstoffreie Extraktstoffe	38,0—48,0 %
Rohfaser	12,0—20,0 %	Aschenbestandteile	2,0— 4,0 %

Nach KELLNER[8] sind das Rohprotein zu etwa 70 %, das Rohfett mit ca. 88 %, die stickstoffreien Extraktstoffe zu 62 % und die Rohfaser mit 50 % verdaulich. Stärkewert je 100 kg 51,3 kg.

Hinsichtlich der Verwendung von Brennereitrebern zur Fütterung und bezüglich ihrer Verunreinigungen gelten dieselben Richtlinien wie bei den Biertrebern. Die in den Handel kommenden Brennereitreber stammen zum geringsten Teil aus deutschen Betrieben.

C. Rückstände der Wein- und Obstweinbereitung.

1. Weinhefe. Das bei der Vergärung des Traubensaftes im Wein sich abscheidende Geläger besteht neben zufälligen Verunreinigungen des Mostes wie Hülsen, Traubenkernen, Sand u. dgl., unlöslich gewordenen Eiweiß- und Farbstoffen im wesentlichen aus Hefe, Weinstein und weinsaurem Kalk. Außerdem enthält die flüssige Weinhefe noch etwa die Hälfte ihres Volumens an Wein. Die Verarbeitung erfolgt in der Weise, daß man den Wein aus dem Geläger abpreßt oder den Alkohol abdestilliert, um sodann die weinsauren Salze zu gewinnen, aus deren Lösung die Hefe zuvor entfernt wird. Der resultierende Hefekuchen gelangt als solcher oder in Trockenform gebracht als Futtermittel zur Verwertung.

KLING[12] führte eingehende Untersuchungen über die chemische Zusammensetzung von Weinhefekuchen aus und fand in zwei Proben nachstehende Werte: Wasser 60,3 bzw. 64,1 %, Rohprotein 12,9 bzw. 8,1 %, Rohfett 5,5 %, stickstofffreie Extraktstoffe 17,7 bzw. 18,5 %, Rohfaser 0,7 bzw. 0,1 % und Asche 2,9 bzw. 3,4 %. Die Verdaulichkeit des Rohproteins, festgestellt auf künstlichem Wege mittels Pepsinsalzsäure, betrug 32 bzw. 42 %. Daneben wurden 1,65 bzw. 0,20 % Weinsäure nachgewiesen, deren Mengen aber keine nachteiligen Wirkungen auslösen dürften. Die Verfütterung geschieht zweckmäßig zusammen mit gekochten Kartoffeln und Gerste unter Zugabe von wenig Kreide, nachdem die Hefe zuvor aufgekocht und das Kochwasser abgegossen worden ist, an Schweine in Gaben von 200 g bis 1 kg. Auch Milchkühe können $1^1/_2$—2 kg pro Tag und Kopf erhalten.

Da die frischen Weinhefekuchen leicht in Zersetzung übergehen, werden sie, um eine haltbare Dauerware zu erzielen, getrocknet. KLING[12] ermittelte in getrockneter Weinhefe mit ca. 7 % Wasser eine ähnliche Zusammensetzung und Verdaulichkeit, bezogen auf denselben Wassergehalt wie beim Weinhefekuchen. Zu beanstanden war aber ein 6,2 % betragender Gehalt an anorganischen Beimengungen (Sand, Ton usw.). Nach HAGER (M. KLING[12]) kann getrocknete Weinhefe mit Erfolg auch an Pferde in Mengen von 100 g pro Kopf und Tag verfüttert werden. Hingewiesen sei auf Untersuchungen von SCHÄTZLEIN (M. KLING[12]), der in einem Kilo Weinhefetrockensubstanz 16,9—74,2 mg Arsen und 13,2 bis 78,5 mg Blei feststellte, herrührend von arsen- und bleihaltigen Mitteln zur Schädlingsbekämpfung auf den Trauben. Derartige Hefen werden zweckmäßig nicht verfüttert, sondern nur als Düngemittel verwendet.

2. Weintrester. Weintrester sind die Rückstände, welche beim Auspressen der Weintrauben anfallen. Sie bestehen aus deren Schalen, den Kernen, den Fruchtfleischresten und evtl. noch den Kämmen, sofern man letztere, die besonders schwer verdaulich sind, vorher nicht entfernt hat. Die Trester werden in unverändertem Zustande oder gebrannt verfüttert, wobei letztere den Vorzug verdienen, da sie alkoholfrei sind und nur wenig Weinsäure enthalten, wenn man die in der Destillationsblase überstehende heiße Flüssigkeit abgießt. Behufs späterer Verfütterung werden die Trester mit Kochsalz konserviert und unter Wasser gesetzt oder wechselweise mit Häckselschichten in Holz- oder Zementbehälter dicht eingebracht und mit einer Lehmdecke abgeschlossen oder in Trockenware übergeführt. KELLNER[9] gibt für frische Weintrester mit Kämmen und getrocknete Weintrester, die beide nur geringen Nährwert besitzen, folgende Zusammensetzung und Verdaulichkeit an:

Zusammensetzung frischer Weintrester mit Kämmen und getrockneter Weintrester (KELLNER).

	Rohnährstoffe		Verdauliche Nährstoffe	
	frische Trester %	getrocknete Trester %	frische Trester %	getrocknete Trester %
Wasser	70,0	10,0	—	—
Rohprotein	3,4	10,5	0,5	1,6
Rohfett	2,4	7,3	1,3	4,0
Stickstoffreie Extraktstoffe	11,9	36,1	4,3	13,0
Rohfaser	9,4	28,2	0,8	2,1
Asche	2,9	7,9	—	—
Stärkewert je 100 kg	—	—	2,5	7,5 kg

Man verabfolgt Trester an Wiederkäuer und kann Kühen bis zu 12 kg, Mastochsen bis 20 kg pro Kopf und Tag (getrocknet 2,5 bzw. 4 kg) und Schafen und Ziegen bis zu $2^1/_2$ kg bzw. $^1/_2$ kg trockene darreichen. Vor Verfütterung sich zersetzender, angeschimmelter, alkohol- oder essigsäurehaltiger oder stark weinsteinhaltiger Trester ist zu warnen, da sie Durchfall und andere Krankheiten verursachen können. Zweckmäßig ist es, sowohl die nassen wie auch die getrockneten Treber vor ihrer Verwendung zu dämpfen oder mit heißem Wasser anzubrühen und mit Häcksel zu vermengen. Bezüglich der Verwendung von Weintrestern, die von Trauben aus Weinbergen stammen, in denen zur Bekämpfung der Rebschädlinge arsen- oder bleihaltige Schutzmittel verwendet wurden, gilt dasselbe wie bei Weinhefe.

3. Trestermehle. Im Verlauf des Weltkrieges wurden aus den getrockneten Weintrestern durch Ausdreschen die Kerne möglichst entfernt, um deren Ölgehalt nutzbar zu machen, während der übrigbleibende hauptsächlich aus Schalen und Kämmen bestehende Anteil gemahlen und als Trestermehl in den Verkehr kam. Auch die extrahierten Kerne wurden gemahlen und als Traubenkernkuchenmehl oder auch gemischt mit Trestermehl verfüttert. Der Futterwert der Trestermehle ist ein sehr geringer. Auch die mit Natronlauge unter Druck aufgeschlossenen Trestermehle ergaben in Ausnutzungsversuchen nur eine sehr geringe Verdaulichkeit (M. KLING[10]).

4. Traubenkämme, Traubenstiele und Traubenkerne. Traubenkämme und Traubenstiele sind sehr nährstoffarm und ihres hohen Gerbstoff- und Rohfasergehaltes wegen schwer verdaulich. Zudem widerstehen sie den Tieren und führen in größeren Gaben zu Verdauungsstörungen, so daß ihre Entfernung aus den Trestern von Vorteil ist. In den gemahlenen zwecks Ölgewinnung nicht ausgepreßten Traubenkernen sind bis zu 14,5 % Rohfett festgestellt worden; die

Ausnutzung wird aber stark herabgemindert durch den hohen Rohfasergehalt, so daß die Kerne nur ein besseres Rauhfutter darstellen, das für Schafe und Geflügel empfohlen wird (M. KLING[12]).

5. Apfeltrester. Apfeltrester sind die frischen oder eingesäuerten oder getrockneten Rückstände der zerkleinerten Äpfel, aus denen der Saft ausgepreßt oder ausgelaugt worden ist. Für frische Apfeltrester gibt POTT[18] folgende Mittelwerte an:

Zusammensetzung frischer Apfeltrester (POTT).

Trockensubstanz	27,1 %	Stickstoffreie Extraktstoffe	15,2 %
Stickstoffhaltige Stoffe	1,5 %	Rohfaser	7,7 %
Rohfett	1,4 %	Asche	1,3 %

Zufolge ihres säuerlich-aromatischen Geruches und Geschmackes regen sie den Appetit der Tiere an. Je nach Art und Zusammensetzung des Obstes und dessen Verarbeitungsmethode schwankt der Nährwert, der hauptsächlich bedingt ist durch die stickstoffreien Extraktstoffe, innerhalb weiter Grenzen. Apfeltrester werden als geschätztes Beifutter Milchvieh und Schafen gereicht. In Gärung begriffene, essigsaure oder schimmlige Trester verursachen jedoch erhebliche Verdauungsstörungen.

Die beste Konservierung der leicht verderblichen Trester ist die Trocknung bei nicht zu hohen Temperaturen. Gute, normal getrocknete Trester haben eine hellbraune Farbe und einen angenehm säuerlichen Geruch. Ihr Wassergehalt beträgt im Mittel 11 %. Nach Versuchen von F. HONCAMP und E. BLANCK (M. KLING[10] S. 333) an Hammeln sind das Rohfett zu 55,5 %, die stickstoffreien Extraktstoffe mit 73,3 und die Rohfaser zu 51,7 % verdaulich, indessen das Rohprotein nicht verwertbar ist. Apfeltrester können mit Wiesenheu mittlerer Güte verglichen werden. Man verabfolgt sie zusammen mit eiweißreichen Futtermitteln in Tagesrationen von 1—3 kg bzw. $^1/_2$ kg an Milchvieh und Schafe (M. KLING[10]).

6. Birnentrester und Obsttrester. Die Birnentrester gelangen teils als solche, teils beim Zusammenverarbeiten von Äpfeln und Birnen als „Obsttrester" sowohl frisch als auch getrocknet als Futtermittel zur Verwertung. Als Durchschnittszahlen für die Zusammensetzung getrockneter Birnentrester können folgende Werte gelten:

Mittelwerte getrockneter Birnentrester.

Wasser	9,0 %	Stickstoffreie Bestandteile	51,0 %
Rohprotein	5,0 %	Rohfaser	29,0 %
Rohfett	3,0 %	Asche	3,0 %

Hinsichtlich ihrer Verfütterung und Ausnutzung sind Birnen- und Obsttrester den Apfeltrestern gleichzustellen.

D. Rückstände der Kartoffelstärkefabrikation.

1. Kartoffelpülpe. Im Nachtrag zum Futtermittelgesetz III. Titel § 35 werden die nassen oder getrockneten Rückstände der Kartoffelstärkegewinnung als „Kartoffelpülpe" bezeichnet. Die Benennung „Kartoffelkleie" an Stelle von „Kartoffelpülpe" ist unzulässig. Der Wassergehalt getrockneter Pülpe soll 12 % nicht übersteigen, und der aus dem Fabrikationsprozeß zurückgebliebene Gehalt an Kalk soll nicht höher sein als 1,3 % CaO, entsprechend 2,3 % $CaCO_3$.

Die Abfälle bei der Stärkegewinnung aus Getreide sind als Gersten-, Mais-, Reis-, Weizen- usw. Pülpe zu kennzeichnen.

Gemäß § 4 des Futtermittelgesetzes vom 22. Dezember 1926 sind bei Abfällen der Stärkefabrikation, ausgenommen bei Kartoffelpülpe, Benennung und

Gehalt an wertbestimmenden Bestandteilen bei Veräußerung in Mengen von 50 kg und mehr dem Erwerber schriftlich anzugeben.

Zwecks Verarbeitung auf Stärke werden die Kartoffeln gereinigt und in Apparaten mannigfaltiger Konstruktion zerkleinert bzw. zerrieben, um die in den Zellen eingeschlossenen Stärkekörner durch Zerreißung der Zellmembranen freizulegen. Das von der Reibe und den Breimühlen kommende Reibsel besteht aus dem mit Wasser verdünnten Fruchtsaft, freien Stärkekörnern und den zerrissenen Kartoffelfasern, „der Pülpe“. Zur Abscheidung der Stärke aus dem Brei bedient man sich verschiedener Siebvorrichtungen unter Zufluß von Wasser, wobei die Stärkekörner, das Fruchtwasser, Eiweißstoffe und feinste Faserteilchen als Stärkemilch abfließen, während die Pülpe auf den Siebmaschen zurückbleibt. Die Trennung der Stärke von den übrigen Substanzen erfolgt durch Absitzenlassen oder durch Zentrifugieren.

Die Pülpe oder Schürpe hat in frischem Zustand einen Wassergehalt von etwa 94 %, und nach SAARE (E. PAROW[17]) kann angenommen werden, daß 100 Zentner Kartoffeln 75 Zentner Pülpe ergeben. Beim Liegen derselben auf durchlässigem Boden oder beim Einmieten kann die Trockensubstanz auf 20 bzw. 40 % sich erhöhen. Um die Pülpe rasch auf einen Trockensubstanzgehalt von 20—30 % zu bringen, wird sie in Pülpepressen der besseren Entwässerung wegen häufig unter Zusatz von etwas Kalk abgepreßt, wobei die im Preßwasser sich befindliche Stärke noch gewonnen werden kann.

Man verwendet die Pülpe als Futtermittel frisch, eingesäuert oder getrocknet. Bei Verfütterung von Frischpülpe ist vorheriges Anwärmen, Ankochen oder Dämpfen erforderlich. Damit sie von den Tieren entsprechend ausgenutzt und vertragen wird, sind daneben, um ein geeignetes Nährstoffverhältnis herbeizuführen, eiweißreiche Trockenfuttermittel zu reichen. Pülpe findet vornehmlich Verwendung bei der Rinder- und Schweinemast und ist auch für Milchvieh geeignet in Mengen von 15—25 kg für letzteres und bis 30 bzw. 10 kg für die vorgenannten Tiere pro Kopf und Tag. Nach HOLDEFLEISS, Halle (Illustr. Landw.-Ztg. **1925**, Nr 71) ist die frisch und heiß auch in größerer Menge verfütterte Kartoffelpülpe ein bekömmliches Futter für Milchvieh mit spezifischer Wirkung auf den Milchertrag.

Die mittlere Zusammensetzung kurz gelagerter Kartoffelpülpe ist etwa folgende:

Mittlere Zusammensetzung kurz gelagerter Kartoffelpülpe.

Wasser	85—86,0 %	
Rohprotein	0,6—0,8 %	
Rohfett	ca. 0,1 %	
Stickstoffreie Extraktstoffe	11—12 %	(davon ca. 80 % verdaulich)
Rohfaser	1—1,8 %	
Asche	0,3—0,6 %	

Beim Einmieten in richtig angelegten Gruben kann neben Anreicherung der Trockensubstanz ein annehmbares Sauerfutter erhalten werden. Die Säuerung hat aber auch einen Verlust an Trockensubstanz zur Folge, der nach SAARE (E. PAROW[17]) im Verlauf von sieben Monaten durch wilde Säuerung bis auf 34 % gestiegen war. Zur Vermeidung dieser großen Verluste an Trockensubstanz und zwecks reiner Säuerung empfiehlt VÖLTZ die Einsäuerung in gemauerten Gruben unter Verwendung rein gezüchteter Milchsäurebakterien.

Die Herstellung von Trockenpülpe geschieht in großen Stärkefabriken, nachdem die Pülpe zuvor die Presse passiert hat, in besonderen Trommelapparaten. Das so gewonnene Dauerfutter enthält im Mittel:

Mittlere Zusammensetzung getrockneter Pülpe.

Wasser	ca. 12,0 %	
Rohprotein	„ 5,0 %	
Rohfett	bis 0,6 %	
Stickstoffreie Extraktstoffe	ca. 70,0 %	(50—60 % Stärke)
Rohfaser	„ 10,0 %	
Aschenbestandteile	„ 4,0 %	

Verdaut werden in der Trockenpülpe 80—90 % der stickstoffreien Extraktstoffe und 30—40 % von der Rohfaser. Der Stärkewert beträgt etwa 56 kg pro Doppelzentner. Als Futterration dienen bei Pferden und Mastrindern 2,5—3,5 kg und bei Milchkühen 1—2 kg pro Kopf und Tag. Auch bei Schweinen hat sich die Trockenpülpe gut bewährt, so daß sie in Verbindung mit eiweißreichen Futtermitteln allen landwirtschaftlichen Haustieren dargereicht werden kann.

Die im Handel befindlichen Trockenpülpen haben wiederholt wegen zu hohen Kalkgehaltes (nicht über 1,3 % CaO) und viel Sand zu Beanstandungen geführt.

2. Kartoffelstärkefutter. Nach Mitt. der DLG. **1916,** 656 ist Kartoffelstärkefutter gesäuerte, getrocknete und gemahlene ausländische Kartoffelpülpe mit 9—13 % Protein, 1—2 % Fett und ca. 50 % Kohlenhydraten (M. Kling[10]).

E. Rückstände der Getreidestärkefabrikation.

1. Rückstände der Weizenstärkefabrikation.

a) Weizentreber und Weizenstärkeschlempe. Bei der Weizenstärkefabrikation unterscheidet man drei Arbeitsweisen, das Sauer-, das Süß- und das Martinsche Verfahren. Nach der erstgenannten Methode wird der quellreife Weizen auf einem Quetschwerk zerrissen und nach Zugabe von Sauerwasser einer zehn- bis vierzehntägigen Säuerung unterworfen, wonach man die gegorene Masse in gelochten, rotierenden Trommeln auswäscht. Hierbei läuft die Stärke als Stärkemilch ab, indessen die Schalen, Keime und nichtgelöster Kleber als *Weizentreber* (Weizenpülpe) zurückbleiben. Aus der Stärkemilch gewinnt man durch wiederholtes Sieben und Absitzenlassen oder Zentrifugieren die Stärke sowie die kleber- und stärkehaltige *Weizenstärkeschlempe.* Beim süßen, elsässischen oder ungarischen Verfahren wird der Weizen nach mehrtägigem Weichen gequetscht, die Stärke ausgewaschen und durch die Kleberwaschtrommel der zusammengeballte Kleber von den Hülsen und Keimen getrennt. Das Martinsche Verfahren unterscheidet sich von dem vorgenannten dadurch, daß Weizen*mehl* das Ausgangsmaterial bildet. Es wird mit Wasser in Knetmaschinen zu einem Teig verknetet und dieser nach kurzer Ruhe in einem besonderen Auswaschapparat in Stärke und Kleber getrennt.

Die bei den vorstehenden Verfahren erhaltenen Abfallprodukte finden in frischem, wasserhaltigem und getrocknetem Zustand zur Fütterung von Mastrindern, Milchvieh und Schweinen unter Beigabe von phosphorsaurem Kalk Verwendung.

Mittlere Zusammensetzung frischer und getrockneter Weizentreber.

	Frische %	Getrocknete %
Wasser	74,0—84,0	10,0—13,0
Rohprotein	2,0— 4,0	7,0—14,0
Rohfett	1,0— 2,0	3,0— 7,0
Stickstoffreie Extraktstoffe	10,0—15,0	50,0—75,0
Rohfaser	2,0— 5,0	7,0—13,0
Aschenbestandteile	0,5— 0,7	1,5— 2,5

Die Verdaulichkeit der Treber mit etwa 85% beim Rohprotein, 54% beim Rohfett und 90% bei den stickstoffreien Extraktstoffen zeigt sie als wertvolle Futtermittel, die in getrocknetem Zustand allen Tieren zuträglich sind.

Von geringerem Futterwert ist die frische Weizenstärkeschlempe, die, wie erwähnt, beim Reinigen der Rohstärke anfällt. Sie ist im gekochten Zustande als Nebenfuttermittel für Mastschweine und auch beim Rindvieh verwendbar. Getrocknet stellt sie ein gutes Futtermittel dar und kann ebenso wie Weizentreber unter Zugabe von phosphorsaurem Kalk an alle landwirtschaftlichen Tiergattungen verfüttert werden.

Zusammensetzung frischer und getrockneter Weizenstärkeschlempe (Dietrich u. König, E. Pott[18]).

	Frisch %	Getrocknet %		Frisch %	Getrocknet %
Wasser	84,6	12,9	Stickstoffreie Extraktstoffe	10,5	74,6
Rohprotein	2,0	8,7	Rohfaser	1,6	0,8
Rohfett	0,9	1,7	Aschenbestandteile	0,4	1,3

b) Weizenkleber. „Der Nachtrag zum Futtermittelgesetz definiert in Titel III § 36 den Kleber bzw. das Kleberfutter als ein getrocknetes Nebenerzeugnis der Stärkegewinnung, das je nach den verarbeiteten Rohstoffen als Weizen-, Mais-, Reis- usw. Kleber zu benennen ist.“

Der bei der Herstellung von Weizenstärke restierende Kleber wird abhängig vom Fabrikationsverfahren und dem Reinheitsgrad als Nahrungsmittel oder als Wiener-Leim oder als Futtermittel verwertet.

Der getrocknete Kleber ist ein hochwertiges und bekömmliches Futtermittel sowohl für Milchkühe und Mastrinder als auch für Schweine. Er wird in Mischung mit Zucker- bzw. stärkereichen Futtermitteln verabreicht. Die Verdaulichkeit seines Rohproteins beträgt über 90% und diejenige für Fett und stickstoffreie Extraktstoffe etwa 80 bzw. 90%.

Mittelwerte der chemischen Zusammensetzung von getrocknetem Weizenkleber (Kling).

Wasser	8,5%	Stickstoffreie Extraktstoffe	17,0%
Rohprotein	70,0%	Rohfaser	0,5%
Rohfett	2,0%	Aschenbestandteile	2,0%

2. Rückstände der Maisstärkefabrikation.

Maisstärke wird hauptsächlich in Amerika hergestellt, daneben in geringerem Umfange auch in Europa. Den zuvor gereinigten Mais weicht man unter Zugabe von schwefliger Säure in warmem Wasser ein und trennt nach der Zerkleinerung durch Separatoren den stärkehaltigen Anteil mit Kleber und Schalen von den Keimen. Letztere werden zur Ölgewinnung getrocknet und gepreßt. Sie enthalten im Preßrückstand noch Öl und bilden als Maisölkuchen ein geschätztes Futtermittel. Die aus Stärke, Kleber und Schalen bestehende Masse wird unter Wasserzusatz fein gemahlen und aus dem Mahlgut die Schalen mit Teilen des Klebers auf Schüttelsieben abgetrennt. Die noch Kleber enthaltende Rohstärkemilch läßt man auf besonderen Tischen absitzen, indessen der Kleber mit anderen spezifisch leichten Verunreinigungen abfließt, um eingedampft und getrocknet das Klebermehl (Glutenmehl) zu liefern. Die abgesetzte Stärke wird zwecks weiterer Reinigung sauer oder alkalisch behandelt, gewaschen, gesiebt, auf Rinnen entwässert und getrocknet.

Als Rückstände verbleiben demnach bei der Maisstärkefabrikation einmal die Ölkuchen und die auf den Schüttelsieben abgesonderten Schalen mit Kleberanteilen, sodann die Faser- und Kleberteile, welche auf den zweiten Sieben haften, und die beide zusammen die Maisstärkeschlempe bilden, und drittens die Abwässer, welche die Hauptmenge des Klebers und die nicht zum Absitzen gelangte Stärke neben feinsten Faserteilen enthalten; hinzu tritt noch das Weichwasser, welches die wasserlöslichen Bestandteile des Maiskorns aufgenommen hat. Die Entwässerung der Rückstände erfolgt auf besonderen Apparaten.

a) Maizenafutter. „Maizenafutter besteht (Nachtrag zum Futtermittelgesetz, Titel III § 37) aus den getrockneten, bei der Stärkeauswaschung abgeschwemmten Maisschalen und Kleberteilen. Der Gehalt an Protein soll im Durchschnitt 24 %, an Fett 2 % betragen."

Maizenafutter, auch Maissana, Maisolin und Glutenfeed genannt, ist von gelblicher Farbe mit schwach säuerlichem Geschmack. Bei seiner Herstellung werden die von den Keimen befreiten angesäuerten Maisrückstände gemahlen und mit Wasser auf sog. Schütteltischen durch seidenes Beuteltuch geseiht, wobei die Schalenbestandteile zurückbleiben, indessen Stärke und Kleberstoffe hindurchgehen. Durch Absitzenlassen wird alsdann die Stärke abgetrennt, die spezifisch leichteren Kleberbestandteile gesammelt, gepreßt, mit den Seihrückständen vereinigt und getrocknet.

Mittlere chemische Zusammensetzung von Maizenafutter.

Wasser	9,70 %	Stickstoffreie Extraktstoffe	51,90 %
Rohprotein	24,80 %	Rohfaser	6,80 %
Rohfett	3,30 %	Asche	3,50 %

Maizenafutter hat sich bei der Mast der Rinder, bei Milch- und Jungvieh, ebenso bei Schweinen gut bewährt. Seine Verdaulichkeit ist hoch und beträgt bei Wiederkäuern im Mittel 86 % vom Rohprotein, 60 % vom Rohfett und 82 % bei den stickstoffreien Extraktstoffen. Stärkewert ca. 62,0 kg pro Doppelzentner.

b) Maiskleber. Der aus der Rohstärkemilch anfallende Kleber enthält neben wenig Schalenbestandteilen noch wechselnde Mengen an Stärke und kommt getrocknet als Maiskleberfutter auf den Markt. In seiner Zusammensetzung und Verwendung steht es dem Maizenafutter nahe, das es aber durch einen im Mittel 9 % betragenden Fettgehalt und auch durch meist höheren Gehalt an Protein übertrifft. Ähnlich zu beurteilen ist das von der Maizenagesellschaft Hamburg in Barby a. d. Elbe in den Verkehr gebrachte Maisproteinfutter, in welchem in der Trockensubstanz 54 % Rohprotein (verdaulich 89 %), 1,0 % Rohfett und 43 % stickstoffreie Extraktstoffe (verdaulich 91 %) ermittelt worden sind (M. Kling[10]).

c) Maisstärkeschlempe. Die auf den Auswaschsieben verbleibenden Rückstände bilden zusammen die Maisstärkeschlempe, welche in getrockneter Form ähnlich zu bewerten ist wie Maizenafutter. Nach F. Barnstein, A. Halenke und M. Kling[10] enthält Maisstärkeschlempe bei 10 % Wasser im Mittel etwa 55 % stickstoffreie Extraktstoffe, ca. 20 % Protein und etwa 5,0 % Fett.

d) Maisölkuchen. Die bei der Maisstärkefabrikation abgetrennten Keime werden zwecks Gewinnung ihres Öles getrocknet und ausgepreßt. Die Preßrückstände bilden den Maisöl- oder Maiskeimkuchen und in gemahlener Form das Maiskeimkuchenmehl, welches neben den Keimen noch wechselnde Mengen an Stärke und Schalen enthält.

Die chemische Zusammensetzung, deren wesentliche Schwankungen bedingt sind durch die Art der Pressung, durch das Vorhandensein von mehr oder weniger Schalen- und Mehlanteilen und auch durch Verfälschungen, wie Maiskolbenmehl, Maisstengelmehl, Spelzen u. dgl. ist aus nachstehenden Analysen zu ersehen:

Zusammensetzung von Maisölkuchenmehl (PAROW).

	I. %	II. %	III. %
Wasser	7,08	8,78	12,0
Rohprotein	27,59	25,46	21,0
Rohfett	3,69	10,23	2,0
Stickstoffreie Extraktstoffe	48,33	42,38	54,0
Rohfaser	9,14	9,69	7,0
Aschenbestandteile	4,17	3,46	4,0
Stärke	33,23	24,25	19,0

Nach Versuchen von HONCAMP und GSCHWENDENER[5] und KELLNER[8] sind vom Rohprotein 78, vom Fett 91, von den stickstoffreien Extraktstoffen 84 und von der Rohfaser 74 % verdaulich. Gemahlene Maisölkuchen haben sich zur Mast und auch zur Fütterung von Pferden, Milch- und Jungvieh bewährt. Zu beachten ist jedoch ihre fett- und fleischerweichende Eigenschaft bei Verfütterung großer Gaben.

e) Maisflocken. Maisflocken bestehen aus Mais, dem bei der Verarbeitung auf Stärke nur ein Teil derselben entzogen worden ist. Die Rückstände werden gepreßt, sterilisiert und wie Kartoffelflocken getrocknet. Ihre chemische Zusammensetzung ist abhängig von der Fabrikationsmethode und kommt mehr oder weniger dem Mais nahe. Sie sind leicht verdaulich und ebenso wie Mais bzw. Maisschrot zu bewerten und zu verfüttern (M. KLING[10]).

3. Rückstände der Reisstärkefabrikation.

Als Rohmaterial zur Gewinnung der Reisstärke dient der in den Reisschälereien entstehende Bruchreis; derselbe wird hauptsächlich nach dem alkalischen Verfahren verarbeitet. Hierbei hat die Verwendung von Natronlauge einmal den Zweck, das Korn aufzuweichen und durch Lösung der Proteine mahlfähig zu machen, und zum anderen, die Trennung des Klebers von der Stärke zu ermöglichen. Der alkalisch geweichte Reis wird zwischen Mahlsteinen zerkleinert und die Stärkemilch auf Sieben, Zentrifugen, Absetzbassins und Filterpressen gereinigt, entwässert und getrocknet.

a) Reispülpe. Die Reispülpe (Reisschlempe) besteht aus dem beim Reinigen der Reisstärke anfallenden Schlamm. Sie enthält Bestandteile der Samenschalen, Keime, neben mehr oder weniger Kleber und Stärke. Man verfüttert sie frisch oder gepreßt (Reispreßfutter) oder getrocknet. Im frischen Zustande ist ihr Wassergehalt reichlich, so daß sie nur als Weich- oder Brühflüssigkeit für grobes Rauhfutter in Betracht kommt.

Besser verwendbar ist sie in gepreßter Form. Der Proteingehalt des Reispreßfutters schwankt zwischen 8—20 % bei einem Fettgehalt von 0,5—3,0 %, welche beide beim Verkauf anzugeben sind. Reispreßfutter ist nicht lange haltbar (Wassergehalt 60—30 %) und kommt in frischer und guter Beschaffenheit hauptsächlich als Mastfutter für Schweine in Betracht.

Die meist unter Kalkzusatz getrocknete Reispülpe ist ein nährstoffreiches Futtermittel, das sowohl als Milchfutter wie auch zur Schweinemast verwertet werden kann. KLING[10] gibt folgende chemische Zusammensetzung an:

Mittelzahlen für getrocknete Reispülpe (KLING).

Wasser	14,0 %	Stickstoffreie Extraktstoffe	55,3 %
Rohprotein	26,0 %	Rohfaser	1,2 %
Rohfett	2,0 %	Aschenbestandteile	1,5 %

Die Verdaulichkeit der Rohnährstoffe liegt hoch und beträgt nach KELLNER[8] beim Rohprotein 82, beim Fett 48 und bei den stickstoffreien Extraktstoffen 91 %. Stärkewert 61 kg pro Doppelzentner.

b) Reiskleber. Der durch Zusatz von Salzsäure oder besser durch Einleiten von Kohlensäure aus den alkalischen Weich- und Waschwässern abgeschiedene Rückstand wird getrocknet und in gemahlenem Zustand als Reiskleber in den Futtermittelhandel gebracht. Ähnlich in seiner Zusammensetzung und Verdaulichkeit wie Weizenkleber, stellt er ein hochwertiges, sehr eiweißreiches, gut verdauliches Futtermittel dar, das in Mischung mit kohlenhydratreichen Produkten an Rindvieh (Milchkühe) und Schweine verabfolgt werden kann.

Kastanienrückstände.

Die bei der Verarbeitung von Roßkastanien auf Stärke erhaltenen Rückstände besitzen, abgesehen vom Rohprotein, eine befriedigende Verdaulichkeit und sind gut bekömmlich. A. MORGEN (M. KLING[10]) untersuchte die beim GIESSLER-RITTERschen Verfahren gewonnenen Abfälle und fand neben 11 % Wasser 5,8 % Rohprotein, 3,7 % Fett, 62,7 % stickstoffreie Extraktstoffe, 15,4 % Rohfaser und 1,4 % Asche. Hiervon erwiesen sich 0 % des Rohproteins, 63 % vom Rohfett, 62,0 % der stickstoffreien Extraktstoffe und 14 % der Rohfaser bei Versuchen an Hammeln als verdaulich. Der Stärkewert berechnet sich auf 42 kg pro 100 kg bei einer Wertigkeit von 90.

Tapiokarückstände.

Die Fabrikation der Tapiokastärke erfolgt hauptsächlich in Ostindien, aber auch in Deutschland und Schweden wird Tapiokastärke aus Kassavawurzeln im Mahlprozeß hergestellt. Die rückständigen Produkte gelangen getrocknet und gemahlen unter verschiedenen Benennungen, wie Kassavafuttermehl, Maniokwurzelmehl, Strumbin, Schlempemehl usw., auf den Markt. Sie enthalten neben den verholzten Wurzelfragmenten viel Stärke. Öfters wurden auch wesentliche Mengen an kohlensaurem Kalk darin festgestellt. Die chemische Analyse dieser Abfälle (M. KLING[10]) ergab einen unbedeutenden Gehalt an Eiweiß und Fett, hingegen 65—75 % stickstoffreie Extraktstoffe, vorwiegend Stärke. Die Verfütterung erfolgt zweckmäßig zusammen mit proteinreichen Futtermitteln. Der bei minderwertigen Produkten bis 10 % ansteigende Rohfasergehalt läßt dieselben als Futtermittel für Jungtiere wenig zuträglich erscheinen.

Literatur.

(*1*) BARNSTEIN, F.: Jber. über die Tätigkeit der landw. Versuchsstat. Leipzig-Möckern **1914**.

(*2*) Futterfibel, Flugschr. dtsch. Landw.-Ges., H. 12. Berlin: Dtsch. Landw.-Ges. 1927.

(*3*) HONCAMP, F.: Landw. Versuchsstat. **96**, 143 (1920). — (*4*) HONCAMP, F., M. POPP u. J. VOLHARD: Ebenda **63**, 263 (1906). — (*5*) HONCAMP, F., u. B. GSCHWENDENER: Landw. Jb. **40**, 731 (1911).

(*6*) Illustr. Brauerei-Lexikon, herausgegeben von F. HAYDUCK. Berlin: P. Parey 1925. — (*7*) Illustr. Brennerei-Lexikon, herausgegeben von M. DELBRÜCK. Berlin: P. Parey 1915.

(*8*) KELLNER, O.: Die Ernährung der landwirtschaftlichen Nutztiere. Herausgegeben von G. FINGERLING. Berlin: P. Parey 1924. — (*9*) KELLNER, O.: Grundzüge der Fütterungslehre. Herausgegeben von G. FINGERLING. Berlin: P. Parey 1920. — (*10*) KLING, M.: Die Handelsfuttermittel Stuttgart: E. Ulmer 1928. — (*11*) Landw. Jb. f. Bayern **6**, 500 (1916). — (*12*) KLING, M., u. CHR. SCHÄTZLEIN: Die Verwertung der Weinrückstände. Wien u. Leipzig: A. Hartleben 1923.

(*13*) LEBERLE, H.: Die Bierbrauerei. Stuttgart: F. Enke 1925.

(*14*) MACH, F.: Jber. über die Tätigkeit der landw. Versuchsstat. Augustenberg **1911—15**. — (*15*) MAERCKER, M.: Handbuch der Spiritusfabrikation. Herausgegeben von M. DELBRÜCK. Berlin: P. Parey 1908.

(*16*) NEUER, H., u. F. BUSCHMANN: Dtsch. landw. Presse **54**, 175 (1927).

(*17*) PAROW, E.: Handbuch der Stärkefabrikation. Berlin: P. Parey 1928. — (*18*) POTT, E.: Handbuch der tierischen Ernährung und der landwirtschaftlichen Futtermittel. Berlin: P. Parey 1904, 1907, 1909.

(*19*) SCHULZE, E.: Landw. Versuchsstat. **46**, 66 (1896); Z. physiol. Chem. **57**, **73** (**1908**). — (*20*) SCHULZE, B.: Die Futtermittel des Handels. Herausgegeben vom Verb. landw. Versuchsstat. i. Dtsch. Reich. Berlin: P. Parey 1906. — (*20a*) SCHULZE, B.: Jber. über die Tätigkeit der landw. Versuchsstat. Breslau **1896**. — (*21*) STAIGER, G.: Brennereiztg Berlin **1924**, Nr 1610. — (*22*) Ebenda **1928**, Nr 1834.

(*23*) ULEX, H.: Chemiker-Ztg Cöthen **1926**, 475.

(*24*) VÖLTZ, W.: Nährstoffbilanzen für Rohstoffe und ihre Erzeugnisse bei der alkoholischen Gärung. Biochem. Z. **69**, H. 5/6 (1915). — (*24a*) Chemiker-Ztg Cöthen **1910**, 1143. — PAECHTNER, J.: Trockenhefe, Eigenschaft und Bedeutung als Kraftfutter. Berlin: Inst. Gärungsgewerbe 1913. — (*25*) VÖLTZ, W., N. MUHR, A. BAUMANN u. W. DRAUZBURG: Landw. Jb. **47**, 639 (1914). — (*26*) VÖLTZ, W., W. DIETRICH u. A. DEUTSCHLAND: Ebenda **45**, 1 (1913). — (*27*) VÖLTZ, W.: Verwendung von Trockenhefe und Trockenkartoffeln als Futtermittel für Pferde. Z. Spiritusind. Berlin **1910**, Nr 47. — (*28*) Verwertung der Trockenhefe im tierischen Organismus. Ebenda **1910**, Nr 48 u. 49. — (*29*) Verwertung der Trockenhefe bei der Schnellmast des Schweines. Ebenda **1912**, Nr 1—4. — (*30*) VÖLTZ, W., J. PAECHTNER u. A. BAUDREXEL: Verwertung der Trockenhefe durch landwirtschaftliche Nutztiere. Landw. Jb. **42**, 193 (1912). — (*31*) VÖLTZ, W., u. N. ZUNTZ: Untersuchungen über den Nährwert der Kartoffelschlempe. Ebenda **44**, 681f. (1913). — (*32*) VÖLTZ, W.: Veränderungen der Nährstoffe der Kartoffeln durch die Schlempebereitung. Z. Spiritusind. Berlin **1914**, Nr 23 u. 24. — (*33*) Nährstoffverluste bei der Kornbrennerei. Ebenda **1915**, Nr 27. — (*34*) VÖLTZ, W., W. DIETRICH u. A. DEUTSCHLAND: Verwertung der Melasseamide usw. Landw. Jb. **52**, 431 (1919). — (*35*) Futterwert der Melasseschlempe. Z. Spiritusind. Berlin **1917**, Nr 21.

(*36*) WINDISCH, K.: Die Obstbrennerei. Stuttgart: E. Ulmer 1923. — (*37*) WLOKKA, A.: Zusammenstellung und Wertberechnung gekochter Hefe. Wschr. f. Brauerei Berlin **1912**, Nr 5.

(*38*) YOSHIMURA: Biochem. Z. **31**, 221 (1911).

III. Futtermittel aus Rübenbau und Zuckerindustrie.

Von

Dr. OSKAR SPENGLER

Direktor des Instituts für Zucker-Industrie Berlin.

Schon lange vor der Zeit, als es zum erstenmal gelungen war, aus der Rübe ein dem Kolonialzucker gleichwertiges Produkt zu gewinnen, wurde in Deutschland der Rübenbau betrieben, wenn auch nur in geringem Umfang. Zum Teil wurden die *Rüben* als Viehfutter benutzt, zum Teil fanden sie Verwendung als Gemüse und zur Herstellung von Sirupen für den Hausgebrauch. Als eigentliches Süßungsmittel diente neben *Honig* fast ausschließlich der aus dem Zuckerrohr gewonnene *Rohrzucker*.

Durch die epochemachende Entdeckung von MARGGRAF[10], welcher im Jahre 1747 der Berliner Akademie der Wissenschaften mitteilte, daß er aus der Runkelrübe einen Zucker isoliert habe, welcher in allen Eigenschaften dem bekannten Kolonialzucker gleichwertig sei, wurde für die deutsche Volkswirtschaft und insbesondere für die Landwirtschaft ein neues Zeitalter vorbereitet. Infolge des geringen Zuckergehaltes der von MARGGRAF verwendeten Rüben konnte die von ihm gemachte Beobachtung nicht ausgenutzt werden, und fast 50 Jahre lang wurden keine Versuche unternommen, diese wichtige Entdeckung technisch auszubeuten. Erst seinem Schüler FRANZ KARL ACHARD[1] gelang es zum ersten Male, den in der Rübe enthaltenen Zucker in größerem Maßstabe zu isolieren. Die Erkenntnis, daß es leichter war, den Zucker aus zuckerreichen Rüben technisch herzustellen, bewog ihn, sich systematisch damit zu beschäftigen, die Runkelrüben auf ihren Zuckergehalt zu untersuchen und diejenigen zum weiteren Anbau auszuwählen, welche gegenüber ihren Geschwistern besonders zuckerreich waren. Durch mühevolle Arbeit glückte es ihm, allmählich Rüben heranzuzüchten, deren Gehalt an Zucker das Mehrfache von dem der MARGGRAFschen Rüben betrug. ACHARD ist somit als der eigentliche Begründer der deutschen Zuckerindustrie zu betrachten, und er kann gleichzeitig das Verdienst für sich in Anspruch nehmen, auch der Begründer des deutschen Zuckerrübenbaues zu sein. Es ist für das Genie dieses Mannes außerordentlich bezeichnend, daß viele der von ihm aufgestellten Anbauregeln auch heute noch volle Geltung haben.

Der *Zuckerrübenbau* entwickelte sich nach Bekanntgabe der ACHARDschen Versuche in erheblichem Ausmaße und gelangte nach mehrfachen Störungen, die durch politische und wirtschaftliche Verhältnisse bedingt waren, auf seine heutige Höhe. Die Einführung des Rübenanbaues bewirkte gleichzeitig eine Steigerung der Erträgnisse an Getreide und anderen Früchten, die dem Landwirt eine größere Viehhaltung gestatteten, und zwar insbesondere dadurch, daß bei dem Zuckerrübenanbau und bei der Verarbeitung der Rüben auf Verbrauchszucker Nebenprodukte abfielen, die für die Landwirtschaft von hervorragender Bedeutung sind.

Wie groß die Bedeutung des Zuckerrübenbaues für die Volkswirtschaft ist, geht aus einem von LILIENTHAL[8] ermittelten Ergebnis der Einführung des Zuckerrübenbaues hervor. Er stellte fest, daß durch den Zuckerrübenbau

eine Vermehrung	des Viehstandes im Verhältnis von	100 : 115
„ „	der Körnerproduktion im Verhältnis von . . .	100 : 111
„ „	der Düngerproduktion im Verhältnis von . . .	100 : 132
„ „	des toten Inventars im Verhältnis von	100 : 125
„ „	der Arbeitslöhne im Verhältnis von.	100 : 141
„ „	der Reinerträgnisse im Verhältnis von	100 : 134

möglich wurde. KNAUER[8] schreibt infolgedessen in seinem Buch über Rübenbau: „Selbst wenn also die *direkten* Erträgnisse des Zuckerrübenbaues auf ein Minimum herabsinken sollten, bleibt zugunsten einer Weiterführung desselben immer noch die Tatsache bestehen, daß seine *indirekten* Vorteile beträchtlich sind."

Über die *Bildung des Zuckers in der Rübe* sind wir trotz vieler Forschungen auch heute noch im unklaren. Sicher ist nur, daß aus der Kohlensäure der Luft im Blatt der Rübe einfache Zuckerarten, sog. Monosaccharide (Fructose und Glucose) gebildet werden, die dann weiter eine Kondensation zu Saccharose erfahren und im Rübenkörper aufgespeichert werden. Mit beginnender Reife läßt der Zuckerbildungsprozeß allmählich nach, und die im Rübenkörper enthaltenen Nichtzuckerstoffe wandern zum Teil in die Blätter zurück. Eingehende Untersuchungen haben gezeigt, daß der Zuckergehalt in der Rübe an den verschiedenen Stellen ein unterschiedlicher ist. Die sog. Schwänze der Rüben enthalten sehr wenig Zucker, ebenso ist der Zuckergehalt des Kopfes — das ist diejenige Stelle, an welcher die Blätter sitzen — gegenüber dem des übrigen Rübenkörpers ein relativ geringer. Da nun der Kopf außerdem verhältnismäßig mehr Nichtzuckerstoffe enthält als die übrige Rübe, so lohnt sich eine Verarbeitung des Rübenkopfes in der Fabrik auf Zucker nicht. Der Landmann nimmt deshalb schon auf dem Felde das Köpfen der Rüben vor, und hier haben wir die ersten Abfälle des Rübenbaues, welche für die Viehhaltung von erheblicher Bedeutung sind.

A. Rübenblätter und -köpfe.

Das Köpfen der Rübe geschieht meist von Hand mit Köpfmessern. Sowohl die Blätter als auch die Rübenköpfe bilden ein hochwertiges Futtermittel, das auf verschiedene Weise verwertet werden kann, und zwar

1. durch *Abweiden,* besonders durch Schafe. Man kann jedoch mit dem Abweiden erst beginnen, wenn die Rüben von dem Felde abgefahren sind. Bei

dem Abfahren der Rüben läßt es sich nicht vermeiden, daß die Köpfe und Blätter durch Wagen und Tiere stark verschmutzt werden. Auch wenn die Köpfe und Blätter anderweitig verwertet werden, wird es sich immer lohnen, die zurückgebliebenen Reste abweiden zu lassen.

Der Futterwert des Rübenkrautes wird mit fortschreitender Jahreszeit allmählich erheblich vermindert, namentlich durch Frost und späteres Wiederauftauen, die Nährstoffe des Krautes werden daher bedeutend besser ausgenutzt, wenn das Kraut abgefahren und entweder in frischem oder konserviertem Zustande verfüttert wird.

2. *Grünfütterung.* Das Verfüttern frischer Blätter und Köpfe ist ebenfalls zeitlich begrenzt. Durch verschmutztes Kraut, das oft auch viele Bakterien enthält, können leicht Verdauungsstörungen und andere Krankheiten bei den Tieren hervorgerufen werden.

Soweit die Blätter und Köpfe nicht frisch verfüttert werden können, müssen sie konserviert werden. Dies geschieht durch Einsäuern oder Trocknen.

3. *Einsäuern.*

a) In Silos: Zum Einsäuern in Silos verwendet man zweckmäßigerweise die Blätter und Köpfe in gut gereinigtem Zustand.

b) In Erdmieten oder Gruben: Wo eine Waschvorrichtung für das Kraut nicht vorhanden ist, genügt das Einmieten in Erdmieten oder Gruben auf dem Felde. Dies erfordert weniger Arbeit als das Heranfahren der Blätter und Köpfe nach den Silos.

Als zweckmäßigste Haltbarmachung kommt

4. das *Trocknen* in Betracht. Auch hier sollten die Blätter vorher gut gewaschen werden. Das Trocknen erfolgt in den üblichen Trommeltrocknern. Die getrockneten Blätter sind haltbar und können beliebig lange aufbewahrt werden. Sie bilden eine begehrte Handelsware. Der Verlust an Nährstoffen durch die Trocknung ist verhältnismäßig gering. Allerdings wird sich die Einrichtung einer Blättertrocknung wegen der damit verbundenen erheblichen Kosten im allgemeinen nur für große Rübenwirtschaften oder Genossenschaften lohnen. Teilweise übernehmen daher auch die Zuckerfabriken das Trocknen des Krautes für die Landwirte. Die getrockneten Rübenblätter und -köpfe eignen sich am besten zum Verfüttern an Wiederkäuer (Milch- und Mastvieh).

Über die *Zusammensetzung der frischen bzw. getrockneten oder eingesäuerten Rübenblätter und -köpfe* liegen eine Anzahl von Untersuchungen vor, die wir in den folgenden Tabellen wiedergeben.

So fand Wodarz[22]

	in frischen		
	Rübenblättern %	Rübenköpfen %	Rübenblättern und -köpfen zusammen %
Organische Substanz	80,12	95,71	84,02
Rohprotein	13,94	8,00	12,45
Reinprotein	9,72	3,91	8,27
Amide	4,22	4,49	4,18
Rohfett	3,28	0,25	2,52
N-freie Extraktstoffe	51,79	82,05	59,35
Zucker	20,20	62,21	30,60
Verdauliches Rohprotein	11,83	6,93	10,60
Verdauliches Reinprotein	7,61	2,92	6,44
Mineralstoffe	19,88	4,29	15,98
Stärkewert	—	—	52,92

HEMPRICH[4] fand in frischen Rübenblättern:

	In der Trockensubstanz %	In der frischen Substanz %
Wassergehalt	—	81,60
Rohasche	27,17	5,00
Rohprotein	17,68	3,25
Reinprotein	12,99	2,39
Amide	4,69	0,86
Rohfett	3,30	0,61
Rohfaser	14,05	2,59
Stickstoffreie Extraktstoffe	37,77	6,95
Zucker	3,10	0,57
Oxalsäure	2,55	0,47

In *getrockneten Rübenblättern* fanden:

REDLICH[15]:

	Durchschnittsanalysen %
Wasser	12,86
Rohprotein	8,11
Rohfett	1,15
N-freie Extraktstoffe	50,88
Rohfaser	8,94
Reinasche	9,46
Sand	8,60
	100,00
Eiweißartige Verbindungen (nach STUTZER)	5,72
Prozent von Rohprotein	70,60
Verdauliches Eiweiß (nach Pepsinverdauung)	3,57
Stärkewert (nach KELLNER)	43,3

SCHEUNERT[17]:

	Originalprobe %	Trockensubstanz %
Wasser	16,89	
Rohprotein	11,92	14,34
Verdauliches Rohprotein	9,10	10,95
Reineiweiß	8,63	10,38
Verdauliches Reineiweiß	5,81	6,99
Rohfett	1,02	1,23
Rohfaser	8,91	10,72
Rohasche	12,10	—
Davon Sand	1,65	—
N-freie Extraktstoffe	49,16	59,15

In *eingesäuerten Rübenblättern* fand ZAITSCHEK[24]:

Durchschnittlicher Wassergehalt 71,64 %.

	In 100 g Trockensubstanz g	Verdauungskoeffizient
Asche	35,38	—
Rohprotein	9,88	46
Reinprotein	6,05	—
Rohfett	3,31	—
Rohfaser	13,66	52
N-freie Extraktstoffe	37,77 (s. Anm.)	73

Anm. Darin 3,51 % Zucker.

B. Rübenschwänze.

Beim Verladen der auf dem Felde gewonnenen Rüben und beim Entladen derselben in der Fabrik, sowie bei den nachfolgenden Operationen bricht ein erheblicher Teil der Rübenschwänze ab. Ihre Menge beträgt etwa 2 % des Rübengewichtes. Die Schwänze gelangen durch die Roste und Siebe der Fördereinrichtungen in die Schwemmen und Waschwässer und werden daraus durch besondere Schwanzfänger abgefangen. Der Zuckergehalt der Schwänze beläuft sich auf etwa 8—10 %, und deshalb werden die Schwänze in einigen Fabriken nach vorheriger Zerkleinerung zusammen mit den frischen Schnitzeln in der Diffusionsbatterie auf Zucker verarbeitet. In diesem Falle gelangen die ausgelaugten Schwänze in die ausgelaugten Schnitzel und finden in Form der frischen oder trockenen Schnitzel als Viehfutter Verwendung. Die Reinheit der aus den Schwänzen erhaltenen Säfte ist zwar niedrig, aber immerhin nach Scheidung und Saturation noch so hoch, daß man aus ihnen noch gut kristallisierbare Füllmassen erhalten kann. In anderen Fabriken werden die Schwänze entweder direkt an die Landwirte abgegeben und frisch verfüttert, oder sie werden den ausgelaugten Schnitzeln beigemischt und mit diesen zusammen eingesäuert bzw. getrocknet.

C. Ausgelaugte Schnitzel.

Die Hauptmenge der bei der Zuckerfabrikation abfallenden wertvollen Nebenprodukte bilden die ausgelaugten Schnitzel, die zu einem Teil in nassem, zum anderen in getrocknetem Zustande an die Landwirte abgegeben werden.

Nach der Verordnung zur Ausführung des Futtermittelgesetzes vom 21. Juli 1927 sind ausgelaugte Schnitzel (Diffusionsschnitzel) die bei der Gewinnung des Rübenrohsaftes verbleibenden, mehr oder minder stark abgepreßten Rückstände.

Bei dem Diffusionsverfahren werden die gewaschenen Zuckerrüben mittels geeigneter Schneidvorrichtungen in schmale Streifen, die sog. Schnitzel, zerlegt und in Auslaugeapparaten (den Diffuseuren, von denen 8—12 zu einer Batterie vereinigt sind) durch Diffusion mit Wasser nach dem Prinzip des Gegenstromes von ihrem Saft befreit. Die von der Hauptmenge des Zuckers befreiten Rückstände heißen „ausgelaugte Schnitzel". Man erhält im Durchschnitt auf 100 Teile Rübe etwa 90 % ausgelaugte Schnitzel mit einer Trockensubstanz von etwa 5—7 % und einem Zuckergehalt von 0,2—0,4 % Die Höhe der Auslaugung ist eine Frage der Wirtschaftlichkeit und hängt u. a. ab von der Dicke der Schnitzel, der Menge des Saftabzuges, der Temperatur, der Zahl der Diffuseure, über die gearbeitet wird, und von sachgemäßer Arbeit. Von den Abfällen der Zuckerfabrikation gehören die Schnitzel zu den Futtermitteln, bei denen die Benennung und die wertbestimmenden Bestandteile nicht schriftlich anzugeben sind (RGBl. I, 1926: 527). Wegen ihres hohen Wassergehaltes von etwa 93—95 % eignen sich die ausgelaugten Schnitzel nicht ohne weiteres zum Transport, auch nicht auf nahe Entfernungen. Sie werden daher in der Zuckerfabrik in Schnitzelpressen von einem Teil des in ihnen enthaltenen Wassers befreit und auf etwa 15 % Trockensubstanz abgepreßt. Man erhält so, auf Rübe berechnet, etwa 33 % *Preßlinge*, deren Zuckergehalt um etwa 50 % höher ist als der der ausgelaugten Schnitzel (ein Teil des Zuckers der ausgelaugten Schnitzel geht in das abfließende Preßwasser und ist als Verlust anzusehen). Die Preßlinge können direkt verfüttert werden; jedoch bezüglich ihrer Haltbarkeit gilt dasselbe wie von den Blättern und Köpfen. Sollen die Schnitzel nicht sofort verfüttert werden, so müssen sie eingesäuert oder getrocknet werden. Das *Einsäuern der Schnitzel* erfolgt auf die gleiche Weise wie das Einsäuern der Köpfe und Blätter. Will man wilde Gärung (z. B. Buttersäuregärung) vermeiden, so kann man die Schnitzel beim Einmieten mit Reinkulturen von Milchsäurebakterien impfen. Teilweise werden sie auch mit Blättern und Köpfen zusammen eingemietet. Da beim Einsäuern Nährstoffverluste unvermeidlich sind, werden die meisten Schnitzel heute getrocknet.

Ausgelaugte Schnitzel (nach Untersuchungen im Institut für Zucker-Industrie):

	Frische	Abgepreßte				
	1.	2.	3.	4.	5.	6.
Trockensubstanz	6,90	12,69	12,95	11,80	13,90	13,16
Asche (kohlensaure)	0,30	0,62	0,58	0,48	0,46	0,44
Rohprotein (N · 6,25)	0,66	1,31	1,44	1,13	1,24	1,17
Rohfaser	1,11	2,20	2,43	1,94	2,20	1,64
Fett (ätherlösliches)	0,01	0,07	0,042	0,009	0,012	0,015
Zuckergehalt	0,20	0,30	0,40	0,40	0,05	0,30
Andere stickstoffreie Extraktstoffe	4,62	8,25	8,06	7,87	9,94	9,59
Stärkewert	5,62	10,10	10,29	9,65	11,51	11,16

Je nach dem Grad der Abpressung wird naturgemäß die Zusammensetzung der ausgelaugten Schnitzel weitgehend verändert. Bei einer Pressung auf 15 % Trockensubstanz können wir mit einem Proteingehalt von etwa 1,4—1,5 % rechnen. Der Fettgehalt kann dann 0,1 % erreichen. Die stickstoffreien Extraktstoffe gehen bis etwa 9,8 %, während die Werte für Rohfaser und Asche bei etwa 3,1 bzw. 0,7 % liegen.

D. Trockenschnitzel.

Nach der Verordnung zur Ausführung des Futtermittelgesetzes vom 21. Juli 1927 sind Trockenschnitzel getrocknete, ausgelaugte Schnitzel. Der Wassergehalt soll 13 % nicht übersteigen.

Trockenschnitzel sind bei Aufbewahrung unter normalen Bedingungen ein fast unbegrenzt haltbares Futter, das sich wegen seines geringen Wassergehaltes gut zum Transport eignet und als Handelsware gilt. Nach Untersuchungen, die im Institut für Zucker-Industrie von HERZFELD und PAAR[6] ausgeführt wurden, ist es zweckmäßig, die Schnitzel auf einen Wassergehalt von 11—13 % zu trocknen. Bei schwächerer Trocknung tritt auf dem Lager durch Verdunstung des Wassers so lange eine Nachtrocknung ein, bis der Wassergehalt wieder auf etwa 13 % gesunken ist. Hierbei muß berücksichtigt werden, daß in diesem Falle der zu hohe Wassergehalt der getrockneten Schnitzel zu Bränden Veranlassung geben kann, besonders dann, wenn die feuchten Schnitzel zu hohen Haufen geschichtet werden. Es genügen unter Umständen schon relativ geringe Mengen etwas zu feuchter Schnitzel, die sich im Innern eines Haufens genügend trockener Schnitzel befinden, um Brände hervorzurufen. Um sich in den Zustand des Trockenschnitzellagers Einsicht zu verschaffen, wird am zweckmäßigsten von Zeit zu Zeit ein Thermometer in den Haufen eingeführt, wobei an einer Temperaturerhöhung in den tiefen Schichten festgestellt werden kann, ob die Trockenschnitzel anfangen zu fermentieren. Die Fermentation geht dem Brande voraus. Eine starke Fermentation kann schließlich die Temperatur so weit steigern, daß das ganze Lager in Brand gerät. Kommen die getrockneten Schnitzel aus dem Ofen mit einem Wassergehalt, der unterhalb 11—13 % liegt, so nehmen diese Schnitzel beim Lagern in gut ventilierten Räumen so lange an Gewicht zu, bis ihr Wassergehalt wieder — je nach dem Feuchtigkeitsgehalt der Luft — auf 11—13% gestiegen ist. Man unterscheidet zwei Arten der Trocknung:

1. Trocknen mit Feuergasen in Öfen mit Wendern oder in Trommeltrocknern. Diese Art der Trocknung ist heute so weit durchgebildet, daß Schnitzelbrände kaum noch vorkommen.

2. Trocknen mit Dampf. Um die Leistungsfähigkeit dieser Trockenanlagen zu erhöhen, müssen die Preßlinge vor dem Trocknen zerkleinert werden. Die Betriebskosten der Dampftrocknung sind höher als die der Feuertrocknung. Die dampfgetrockneten Schnitzel zeigen häufig eine hellere Farbe als die feuergetrockneten. Ihr Quellungsvermögen ist im allgemeinen ein größeres als das anderer Trockenschnitzel. 200 g Schnitzel nehmen folgende Wassermengen auf (nach HOLDEFLEISS[9]):

	Feuerschnitzel (System Büttner u. Meyer) cm^3	Dampfgetrocknete Schnitzel (System Sperber) cm^3
1. Aufguß von 500 cm^3	200	390
2. Aufguß von 500 cm^3	230	250
3. Aufguß von 500 cm^3	250	190
In Summa	680	830

Die Trockenschnitzel enthalten außer dem Cellulosegerüst, dem Rübenpektin, organischen Nichtzuckerstoffen — z. B. Aminosäuren — und anorganischen Salzen noch Zucker. Der Zuckergehalt der Trockenschnitzel hängt einerseits von dem Grade der Auslaugung der feuchten Schnitzel in der Batterie und andererseits von dem Grade der Abpressung der ausgelaugten Schnitzel in der Schnitzelpresse ab. Er schwankt dementsprechend innerhalb weiter Grenzen. Hat man z. B. in der Batterie die frischen Schnitzel auf einen durchschnittlichen Gehalt von 0,2% ausgelaugt und diese ausgelaugten Schnitzel mit einem Gehalt von etwa 6% Trockensubstanz in der Presse auf etwa 15% Trockensubstanz abgepreßt, so erhält man daraus Trockenschnitzel, die bei einem Wassergehalt von 13% etwa 2% Zucker enthalten. Dabei ist vorausgesetzt, daß bei dem Trocknungsvorgange eine Zuckerzersetzung nicht stattgefunden hat. Da man je nach den örtlichen Verhältnissen mit der Auslaugung des Zuckers nicht so weit heruntergeht, ist der Zuckergehalt der Trockenschnitzel im allgemeinen ein wesentlich höherer. Nimmt man eine Auslaugung auf nur 0,5% Zucker an, so steigt unter der Annahme, daß auf 15% Trockensubstanz abgepreßt wird und das Preßwasser 0,35% Zucker enthält, der Zuckergehalt in den Trockenschnitzeln auf etwa 4,8% an. Es muß ausdrücklich betont werden, daß ein bestimmter Zuckergehalt der Schnitzel nicht gefordert werden kann und auch vom Handel nicht gefordert wird. Häufig wird den Trockenschnitzeln vor oder nach dem Trocknen Melasse zugesetzt. Je nachdem die Melassen den ausgelaugten oder den bereits getrockneten Schnitzeln zugesetzt werden, haben wir zu unterscheiden zwischen *Melasseschnitzeln und melassierten Schnitzeln.*

Wenngleich die mit Dampf getrockneten Schnitzel häufig eine hellere Farbe haben, so läßt sich doch nicht leugnen, daß auch diejenigen Schnitzel, welche mit Feuergasen getrocknet worden sind, bei sorgfältiger Führung der Trocknung sehr hell ausfallen.

Die Trockenschnitzel des Handels weisen eine weißliche bis gelblichgraue Farbe auf, sie sollen mit Wasser leicht aufquellen, wobei sie etwa das Fünffache ihres Gewichtes an Wasser aufzusaugen vermögen. Der Geruch der frischen Trockenschnitzel ist angenehm.

Trockenschnitzel (nach Untersuchungen im Institut für Zucker-Industrie):

Trockensubstanz	86,61	89,55
Asche (kohlensaure)	3,42	3,89
Rohprotein (N · 6,25)	8,00	8,63
Rohfaser	13,56	16,24
Fett (ätherlösliches)	0,141	0,150
Zuckergehalt	2,10	4,20
Andere stickstoffreie Extraktstoffe	59,39	56,44
Stärkewert	69,12	55,62

Die chemische Zusammensetzung unterliegt auch hier ziemlich weitgehenden Schwankungen. Neben den obengenannten Bestandteilen sind stets kleine, aber wechselnde Mengen von Phosphorsäure bzw. Kali und Kalk in den Trockenschnitzeln nachzuweisen. Der Phosphorsäuregehalt bewegt sich um etwa 0,1 bis 0,2 %, während der Kaligehalt etwa $^1/_2$ % beträgt.

E. Melasseschnitzel und melassierte Schnitzel (Trockenschnitzelmelasse).

1. Melasseschnitzel. Die mit Feuergasen zu trocknenden Schnitzel werden vor dem Trocknen mit heißer Melasse versetzt. Dies erfolgt unmittelbar, nachdem die ausgelaugten Schnitzel abgepreßt worden sind. In vielen Fällen verfahren die Fabriken gemäß der nachstehend beschriebenen Methode. Die Preßlinge fallen in eine Rinne, in der sie durch eine Schnecke vorwärts bewegt werden, wobei gleichzeitig Melasse in dünnem Strahl zufließt. Die Schneckenbewegung besorgt das Vermischen der Schnitzel mit der Melasse. Darauf erfolgt die Trocknung in den üblichen Apparaten. Man kann auf diese Weise fast die gesamte in der Fabrik anfallende Melasse verwerten. Die Melasseschnitzel sind meist ziemlich dunkel, da sich eine geringe Karamelbildung aus dem Zucker der Melasse beim Trocknen nicht vermeiden läßt. Allerdings kommen im Handel auch sehr häufig Melasseschnitzel vor, deren Farbe von gewöhnlichen, nicht mit Melasse versetzten Trockenschnitzeln nicht zu unterscheiden ist. Die dunklere Farbe beeinflußt den Futterwert dieser Schnitzel in keiner Weise.

2. Melassierte Schnitzel. Diese werden hergestellt, indem man mit Feuergasen oder Dampf getrocknete Schnitzel in dem warmen Zustande, wie sie aus dem Ofen kommen, mit heißer Melasse vermengt. Auch hier ist es möglich, den Schnitzeln die gesamte anfallende Melasse beizumischen.

Melasseschnitzel und melassierte Schnitzel sind ebenso gut haltbar wie Trockenschnitzel. Ihr Zuckergehalt beträgt etwa 20—25 %; er hängt von dem Mengenverhältnis ab, in dem Schnitzel und Melasse zusammengepreßt werden.

Getrocknete Melasseschnitzel (nach MÄRCKER[11]).

Wasser	8,5 %	Stickstoffreie Extraktstoffe	62,0 %
Stickstoffhaltige Stoffe	8,7 %	Rohfaser	14,0 %
Rohfett	0,3 %	Asche	6,5 %

Melassierte Trockenschnitzel (nach Untersuchungen im Institut für Zucker-Industrie).

Feuchtigkeit	7,70	6,80
Asche (kohlensaure)	4,93	6,50
Fett (roh)	0,51	0,30
Rohprotein (N · 6,25)	6,20	4,20
Zucker — durch Inversion und Gewichtsanalyse als Rohrzucker gerechnet	16,62	14,00
Rohfaser	13,50	12,20
Andere stickstoffreie Extraktstoffe	50,54	56,00

Die Analysenzahlen für die beiden melassehaltigen Trockenschnitzel stellen nur Mittelwerte dar. Abweichungen nach oben bzw. unten kommen vor und haben keinen Einfluß auf die Güte und den Handelswert der Schnitzel.

F. Steffenschnitzel.

Eine besondere Art von Trockenschnitzeln sind die Zucker- oder Steffenschnitzel. In den Ausführungsbestimmungen zum Futtermittelgesetz heißt es: „Steffenschnitzel sind die nach dem Verfahren der Gesellschaft zur Verwertung STEFFENscher Patente hergestellten Zuckerschnitzel, die durch Brühen und wiederholtes Auspressen unter Einmaischen nicht vollständig ausgelaugter Schnitzel mit Zuckersäften niederer Reinheit bei nachfolgender Trocknung gewonnen werden. Sie enthalten im Durchschnitt 30% Zucker. Der Wassergehalt soll 13% nicht übersteigen."

Die Steffenschnitzel werden bei der Saftgewinnung nach dem STEFFENschen Brühverfahren[21] gewonnen. Bei diesem Verfahren werden die Rübenschnitzel nicht wie bei dem Diffusionsverfahren mit Wasser im Gegenstrom ausgelaugt, sondern mit Rohsaft bzw. Säften niederer Reinheit gebrüht und abgepreßt. Vielfach werden bei der Zuckergewinnung nach dem STEFFENschen Brühverfahren die Rüben nicht in die üblichen feinen Schnitzel zerschnitten, sondern sie werden in dünne Scheiben zerlegt und diese dann dem Auslaugungsprozeß unterworfen. Die abgepreßten Schnitzel sind naturgemäß noch sehr zuckerreich und enthalten bei etwa 30% Trockensubstanz ungefähr 9% Zucker. Ein Einsäuern kommt für die so gewonnenen Schnitzel nicht in Frage, weil dabei der Zucker völlig zersetzt werden würde, z. B. bei Milchsäuregärung nach den Formeln:

$$\underset{\text{Rohrzucker}}{C_{12}H_{22}O_{11}} + H_2O = \underbrace{\overset{\text{Fructose}}{C_6H_{12}O_6} + \overset{\text{Glucose}}{C_6H_{12}O_6}}_{\text{Invertzucker}}$$

$$C_6H_{12}O_6 = \underset{\text{Milchsäure}}{2\,C_3H_6O_3}$$

Die Steffenschnitzel, die man *auch vielfach als Zuckerschnitzel bezeichnet*, sind im Äußeren nur wenig von den Trockenschnitzeln zu unterscheiden. Sie enthalten meist über 30% Zucker, quellen leicht auf und bilden ein hochwertiges, stark begehrtes Futtermittel, für welches höhere Preise gezahlt werden als für Trocken- bzw. Melasseschnitzel.

Steffenschnitzel.

Über die chemische Zusammensetzung seien einige Zahlen von SCHMÖGER[18] und KLING[7] angeführt:

	Mittelzahlen %	1. Nach SCHMÖGER %	2. Nach KLING %
Wasser	8,9	9,7	9,3
Rohprotein	7,0	6,3	6,7
Rohfett	0,4	0,5	0,5
Stickstoffreie Extraktstoffe	67,9	68,5	70,1
Rohfaser	11,7	10,5	10,2
Asche	4,1	4,5	3,2

Außer diesen Substanzen enthalten (nach NEUBAUER[12]) die Steffenschnitzel auch geringe Mengen Phosphorsäure, Kalk und Kali.

G. Rübenheu.

Das Produkt, das man erhält, wenn Rübenblätter und -köpfe mit ausgelaugten Zuckerrübenschnitzeln zusammen getrocknet werden, heißt „Rübenheu" oder auch „Trockenschnitzel-Trockenblätter". Die Beimengung von Naßschnitzeln beträgt 20—50 %. Durch die großen Mengen Wasserdampf, die sich bei Beginn der Trocknung aus den Naßschnitzeln entwickeln, sollen die Blätter weniger leicht verkohlen; auch soll die noch anhaftende Erde nach dem Trocknen leichter zu entfernen sein, da sich die Blatteile beim gleichzeitigen Trocknen mit den feuchten Schnitzeln weniger stark zusammenrollen.

H. Getrocknete Zuckerrübenschnitzel.

Nach der Verordnung zur Ausführung des Futtermittelgesetzes vom 21. Juli 1927 werden getrocknete, sog. vollwertige Zuckerrübenschnitzel durch Trocknen frischer, geschnitzelter, unausgelaugter Zuckerrüben gewonnen. Der Wassergehalt soll 14 % nicht übersteigen.

J. Melasse.

In der Verordnung zur Ausführung des Futtermittelgesetzes vom 21. Juli 1927 heißt es unter Melasse: „Rübenzuckermelasse ist das sirupartige Enderzeugnis der Rübenzuckererzeugung oder der Zuckerraffination, aus dem sich durch Kristallisation kein fester Zucker mehr gewinnen läßt, wohl aber durch Anwendung eines Melasseentzuckerungsverfahrens. Der bei der Melasseentzuckerung verbleibende Endsirup wird auch Restmelasse genannt. Melasse soll gegen Lackmus alkalische Reaktion zeigen; für Futterzwecke soll ihre Dichte 40,5 alte Baumé-Grade nicht unterschreiten. Ihr Zuckergehalt soll normal 48 % (nach der Polarisationsmethode bestimmt) betragen. Eine Dichte von 40,5 alten Baumé-Graden entspricht ungefähr einem Wassergehalt von 23 bis 24 %."

Die Melasse entsteht als letzter Ablauf bei der Fabrikation des Zuckers aus der Rübe. Ihre Entstehung ergibt sich aus dem nachstehend kurz skizzierten Herstellungsgang des Zuckers. Die gereinigten dünnen zuckerhaltigen Lösungen, die sog. Dünnsäfte, werden in der Verdampfstation eingedickt und dann in den Vakuumapparaten auf Füllmasse I verkocht, die in Sudmaischen weiterkristallisiert. Die Füllmasse I besteht aus Zuckerkristallen und Sirup. In den Zentrifugen werden die Zuckerkristalle vom Sirup (Ablauf) getrennt. Aus dem Ablauf wird noch eine Füllmasse II und unter Umständen aus deren Ablauf eine Füllmasse III gekocht und ebenfalls in Zentrifugen in Nachproduktzucker und Ablauf zerlegt. Der Ablauf vom *letzten* Produkt heißt Melasse.

Unter *Melasse* im praktischen Sinne gesprochen versteht CLAASSEN[2] den letzten Ablauf der Zuckerfabrikation, aus welchem unter Einhaltung aller für die Kristallisation günstigen Bedingungen durch weiteres Eindicken und Kristallisierenlassen kein Zucker mehr gewonnen werden kann. Dies rührt daher, daß die in der Melasse enthaltenen Nichtzuckerstoffe den Zucker bei jeder beliebigen Dichte und Temperatur in Lösung zu halten vermögen.

Eine im Sinne des Zuckertechnikers ideale Melasse ist also die, bei welcher gerade so viel Zucker in der Melasse enthalten ist, als die gleichfalls darin enthaltenen Nichtzuckerstoffe Zucker zu lösen vermögen. Eine derartige Idealmelasse wird in den Fabriken wohl niemals erreicht werden, die Fabriken sind aber bestrebt, ihre Melassen diesem Idealzustand wenigstens zu nähern.

Über den *Zuckergehalt im Verhältnis zur Trockensubstanz der Melasse* gibt der Reinheitsquotient oder kurz *die Reinheit* Aufschluß. Die niedrigste Reinheit, welche in der Rübenzuckermelasse nachgewiesen worden ist, liegt bei etwa 54, d. h. es sind in 100 Teilen Trockensubstanz 54 Teile Zucker. Tatsächlich haben jedoch die meisten Rübenzuckermelassen einen wesentlich höheren Reinheitsquotienten. Sie sind daher im CLAASSENschen Sinne nicht als wahre Melassen anzusprechen, d. h. sie enthalten mehr Zucker, als die in den Melassen enthaltenen Nichtzuckerstoffe zu lösen vermögen. Sie sind im physikalischen Sinne als an Zucker übersättigt anzusehen. Nur durch die hohe Zähigkeit und sonstige physikalische Beschaffenheit wird dieser Zucker am schnellen Auskristallisieren verhindert. Die bei der Fabrikation anfallende Melasse enthält — je nach der Endtemperatur bei der Kristallisation — etwa 15—17 % Wasser. Da eine solche Melasse so außerordentlich zähflüssig ist, daß ihre Behandlung und ihr Versand große Schwierigkeiten bereiten würde, so muß sie in einen Zustand gebracht werden, der sie für den Handel geeignet macht. Dies geschieht dadurch, daß man den Wassergehalt etwas erhöht, und zwar erfolgt dies nach dem Abschleudern aus den Zentrifugen in den Sammelkästen der Fabrik durch Einführen von direktem Dampf. Hierdurch wird die Melasse angewärmt und so weit verdünnt, daß ihr Wassergehalt auf etwa 20—23 % steigt. Dementsprechend sinkt die Trockensubstanz auf 77—80. Die Reinheitsquotienten der Melasse hängen von der Qualität der Nichtzuckerstoffe ab, und da letztere sich nach den Witterungsverhältnissen in den verschiedenen Jahren richtet, so schwanken naturgemäß die Reinheitsquotienten der anfallenden Melassen mit den Jahren ganz erheblich. Melassen, deren Quotienten bei etwa 60 liegen, sind als normale Betriebsmelassen anzusehen, vielfach liegen jedoch die Quotienten erheblich darüber, zum Teil liegen sie auch unter 60.

Wenn man sich mit der Frage der *Zusammensetzung der Melassen* näher beschäftigen will, so muß man zunächst einmal berücksichtigen, daß ein großer Teil der in den Rüben vorhandenen Nichtzuckerstoffe beim Auslaugungsprozeß in die Säfte übergeht. Weiterhin wird ein Teil dieser Nichtzuckerstoffe bei den Reinigungsprozessen der Scheidung und Saturation ausgeschieden und gelangt in den Scheideschlamm. Ein anderer Teil wird durch diese Prozesse weitgehend verändert, während ein weiterer Anteil der Nichtzuckerstoffe unverändert in den Säften verbleibt. In die Melasse gelangen somit alle diejenigen Bestandteile der Rohsäfte, die nicht während des Reinigungsprozesses unlöslich abgeschieden und durch Filtration entfernt werden.

Die Natur des Vorganges der Zuckergewinnung bedingt es, daß die Melassen des Handels im allgemeinen keine homogenen Flüssigkeiten sind, sondern man kann in diesen, allerdings in verschwindender Menge, schwebende Bestandteile nachweisen, deren Art und Menge — je nach der Herstellungsweise — stark wechseln.

Vor allen Dingen zeigt eine *mikroskopische Untersuchung* in vielen Fällen das Vorhandensein von feinsten Zuckerkristallen, die entweder durch die Siebe der Zentrifugen in die Melasse gelangen oder nachträglich durch Auskristallisation entstehen. Ferner gelangen durch Undichtigkeiten der Filtereinrichtungen Spuren von kohlensaurem Kalk und sonstige Aschebestandteile mit in die Melasse hinein. Der Wert der Melasse als Viehfutter für den Handel wird jedenfalls durch diese verschwindend kleinen Mengen von Begleitstoffen in keiner Weise beeinträchtigt.

Die *Nichtzuckerstoffe der Melasse* zerfallen in anorganische, die kurz als Asche bezeichnet werden können, ferner in stickstoffreie organische Bestandteile und schließlich in stickstoffhaltige. Eine normale Handelsmelasse enthält etwa 10 % an anorganischen Bestandteilen (als Asche bestimmt). Den Hauptbestandteil der *Melassenasche* stellen Kaliumverbindungen dar, und eingehende Untersuchungen haben gezeigt, daß die Menge der Kaliumverbindungen in den Melassenaschen etwa um 50 % herum liegt (als K_2O berechnet). Es ist vielfach behauptet worden, daß die *Rübenzuckermelasse* für die Verfütterung weniger gut geeignet sei als die *Rohrzuckermelasse*. Als Grund wird angegeben, daß die

Rübenmelassen einen höheren Kaligehalt aufweisen sollen als die Rohrmelassen. Daß dieses durchaus nicht in dem behaupteten Maße zutrifft, ergibt sich aus nachstehender Tabelle:

a) Kaligehalt der Rübenmelasse.

1. Wohryzek[23]	4,93—5,88 %
2. Saillard[16]	4,00—5,1 %
3. Deutsche Zuckerindustrie[3]	5,07 %

b) Kaligehalt der Rohrmelasse.

Prinsen Geerligs[13]: Javamelasse	3,34—5,48 %
Prinsen Geerligs[13]: Javamelasse	3,17—4,68 %
Prinsen Geerligs[14]: Tucumanmelasse	2,96—5,18 %

Die vorstehende Tabelle beweist, daß der Kaligehalt der Rübenmelassen geringere Schwankungen aufweist, daß aber die Höchstbeträge an Kali in der Rohrmelasse die in der Rübenmelasse übersteigen. Tatsächlich hat eine jahrelange Erfahrung bei der Verfütterung mit Melasse gelehrt, daß Schädigungen infolge des Kaligehaltes nicht vorkommen, wenn nicht übermäßig große Mengen Melasse pro Tag verfüttert werden.

In wesentlich kleineren Mengen sind Natriumverbindungen vorhanden, deren Menge etwa zwischen 7 und 10% der Asche schwankt. Ferner finden sich in den Aschen der Melassen stets kleine Mengen Calcium-, Magnesium-, Aluminium- und Eisenverbindungen. Außer diesen basischen Bestandteilen werden stets in den Melassenaschen Verbindungen der Phosphorsäure, Schwefelsäure, schwefligen Säure, des Chlors und der Kohlensäure nachgewiesen. Während die meisten der bisher genannten Bestandteile aus der Rübe stammen, sind andere durch die Fabrikationsprozesse in die Säfte und damit auf dem weiteren Fabrikationswege in die Melasse gelangt. Hierher gehört u. a. der Gehalt der Melassen an Verbindungen der schwefligen Säure, welche aus dem Saturationsprozeß stammt. Besonders in neuerer Zeit wird schweflige Säure in ziemlich erheblichem Maße zur Klärung und Reinigung der Dünnsäfte benutzt. Wenngleich der größte Teil der schwefligen Säure im Fabrikationsprozeß durch die Filterpresse als unlösliches schwefligsaures Calcium entfernt wird und ein anderer Teil eine Oxydation zu schwefelsaurem Calcium erfährt, verbleibt ein kleiner Teil als schwefligsaures Natrium bzw. Calcium in den Säften und gelangt dann später in die Melasse.

Unter den *stickstoffreien Bestandteilen der Melasse* sind neben der *Saccharose*, auf welcher der Hauptfutterwert der Melasse beruht, zunächst noch einige andere Zuckerarten zu erwähnen. Eine dieser Zuckerarten, welche infolge stärkerer Rechtsdrehung bei der Untersuchung auf Zuckergehalt mehr Zucker vortäuscht, als in der Melasse vorhanden ist, ist die *Raffinose*. Sie ist ein normaler Bestandteil deutscher bzw. europäischer Rübenzuckermelassen, während sie in Rübenzuckermelassen, die aus in sehr trockenem, heißem Klima angebauten Rüben stammen, fehlen kann. Neben der Raffinose kommt auch *Invertzucker* in den Melassen vor. Dieser ist jedoch erst durch eine nachträgliche Spaltung aus dem Rohrzucker entstanden. Er wird stets vorhanden sein, wenn die Melassen eine saure Reaktion zeigen. Außerdem sind *Pektinsubstanzen* und die aus dem Zucker durch Kondensation entstandenen *Karamelkörper* sowie die aus Fructose bzw. Glucose und Aminosäuren gebildeten gefärbten Kondensationsprodukte darin vorhanden. Die beiden letzten Substanzen bedingen die *Farbe der Melasse*. Fernerhin finden sich in den Melassen in wechselnder, aber kleiner Menge die *Salze bzw. Äther folgender Säuren*: Ameisensäure, Essigsäure, Propionsäure, Buttersäure, Oxalsäure, Oxyglutarsäure, Milchsäure, Bernsteinsäure, Valeriansäure, Glucinsäure, Saccharinsäure u. a. m. Es ist hier nicht der Ort, noch auf weitere, in noch geringerer Menge nachgewiesene organische stickstoffreie Substanzen einzugehen.

Von *stickstoffhaltigen Substanzen* kommen, wie schon erwähnt, in der Melasse solche *sowohl anorganischer als auch organischer Natur* vor. Zu den ersteren gehören die Salze der Salpetersäure und Ammoniakverbindungen. Während die Salze der Salpetersäure durch die Düngung in den Rübenkörper und damit in die Zuckersäfte gelangen und im Verlaufe der Fabrikation keine Veränderung erfahren, entsteht das Ammoniak in der Hauptsache durch Zersetzung organischer Verbindungen. Es ist selbstverständlich, daß das frei werdende Ammoniak während des Fabrikationsvorganges, d. h. während Scheidung, Saturation bzw. in den Verdampfern, dauernd abgeführt wird und dementsprechend in der Melasse nur in ganz unbedeutenden Mengen auftreten kann. Wenn trotzdem zuweilen etwas größere Mengen von Ammoniak in der Melasse nachgewiesen werden können, so rühren diese offenkundig von einer nachträglichen Zersetzung organischer Stickstoffverbindungen her.

Die in den Rübensäften vorhandenen *organischen Stickstoffverbindungen* erfahren in der Fabrikation zum Teil eine erhebliche Veränderung. Hierher gehören vor allen Dingen das *Asparagin* und das *Glutamin*, welche zum großen Teil bei der Scheidung und im späteren Verlaufe der Fabrikation gespalten werden in Asparaginsäure bzw. Glutaminsäure, während Ammoniak in Freiheit gesetzt wird. Dementsprechend findet man in den Melassen beträchtliche Mengen Asparagin- und Glutaminsäure sowie Körper analoger Konstitution. Von denjenigen Stickstoffverbindungen, die durch die Scheidung bzw. Saturation nicht verändert werden, haben wir als Haupttyp das *Betain*. Von diesem Körper sowie anderen Pflanzenbasen finden sich in der Melasse relativ große Mengen. Die Menge des Betains ist sehr schwankend. Von dem Gesamtstickstoff der Melasse entfallen auf Betain und Protein zwischen 24 und 80%. Außer den bisher genannten Körperklassen sind in den Rübenzuckermelassen stets noch Körper zum Teil unbekannter Konstitution vorhanden, die ihre Entstehung einer Zersetzung der Albuminstoffe verdanken.

Eine normale *Rübenzuckermelasse soll alkalisch sein*, da andernfalls die Melasse durch einen Gehalt an Säure sehr bald invertiert werden und damit eine weitergehende Zersetzung erleiden würde.

Ihrer *Herkunft* nach zerfallen die Rübenzuckermelassen in solche, die aus *Rohzuckerfabriken* stammen, in solche, die bei der Fabrikation des *Weißzuckers* entstehen und zuletzt in diejenigen, welche als Endprodukt der *Raffination* des Rohzuckers in den Raffinerien erhalten werden. Es muß gleich vorweg betont werden, daß ein *qualitativer Unterschied zwischen diesen drei Melassearten nicht besteht*, trotzdem der Handel in letzter Zeit geneigt ist, die Raffineriemelassen als minderwertiger anzusehen, da sie angeblich für Hefefabrikation wenig geeignet sein sollen. Untersuchungen[5], welche im Institut für Zucker-Industrie über die Beschaffenheit der deutschen Melassen der Kampagnen 1924/25, 1925/26 und 1926/27 ausgeführt worden sind, zeigen mit absoluter Klarheit, daß analytisch nachweisbare Unterschiede zwischen diesen drei Melassearten nicht festzustellen sind und daß auch kein Unterschied bezüglich der Eignung für die Hefefabrikation besteht. Daraus kann man folgern, daß auch für die Verfütterung der Melasse, sei es direkt oder in Mischung mit anderen Stoffen, keinerlei Unterschiede zwischen den genannten drei Melassearten zu machen ist. Es wird dies ohne weiteres verständlich, wenn man den *Fabrikationsgang im Rohzucker-, Weißzucker- und Raffinationsbetrieb* vergleicht. In der Rohzuckerfabrikation fällt als letzter Ablauf die Melasse an, daneben wird Rohzucker-I-Produkt und -Nachprodukt erhalten. An dem I-Produkt haftet noch Sirup, welcher eigentlich nichts weiter darstellt als eine mit Zucker versetzte Melasse. An dem Nachprodukt haftet gleichfalls ein Sirup, der mit der Rohzuckermelasse identisch ist. Beide Produkte, d. h. sowohl I-Produkt als auch Nachprodukt, werden im Raffinationsbetriebe auf Raffinade verarbeitet. Dabei werden naturgemäß die beiden Produkten anhaftenden Sirupe zum größten Teil zum Schluß wieder als Melasse gewonnen. Dies bedeutet, daß die Raffineriemelasse eigentlich nichts weiter ist als eine Rohzuckermelasse, die noch in dem Raffinationsbetrieb längere Zeit im Umlauf gewesen ist. Da die Weißzuckerfabrikation im wesentlichen als ein besonders sorgfältig arbeitender Rohzuckerbetrieb bezeichnet werden kann, in welchem der zunächst anfallende Rohzucker durch Abwaschen mit Wasser in gebrauchsfähigen Weißzucker übergeführt wird, so haben wir es auch hier im wesentlichen mit derselben Melasse zu tun, wie sie in einer Rohzuckerfabrik anfallen würde. Aus diesen Überlegungen heraus war es vorauszusehen, daß prinzipielle Unterschiede zwischen den drei Melassen nicht zu machen sind. Deutsche Melassen sind bis vor einigen Jahren in größerem Umfange nicht untersucht worden. Erst durch die Arbeiten von HERZFELD[5], SPENGLER, PAAR und ZABLINSKY[19, 20] sind die *Zusammensetzungen* einer größeren Anzahl *Raffinerie-, Weißzucker- und Rohzuckermelassen* bekanntgeworden. Aus dem reichhaltigen Analysenmaterial sei einiges herausgegriffen.

Stickstoffgehalt der Melassen aus der Kampagne 1924/25.

Laufende Nr.	Gesamtstickstoff	Gesamtstickstoff, berechnet auf Trockensubstanz	Gesamtstickstoff, berechnet auf Gesamtnichtzucker	Gesamtstickstoff, berechnet auf organischen Nichtzucker
		a) Rohzuckermelassen.		
1	1,53	1,92	5,00	8,13
2	1,69	2,17	6,05	9,69
3	1,59	2,03	5,80	9,29
4	1,57	2,05	6,01	9,64
5	1,60	2,10	6,22	10,15
6	1,58	2,06	6,27	10,06
7	1,38	1,83	5,65	8,76
8	1,37	1,79	5,85	9,70
		b) Weißzuckermelassen.		
9	1,39	1,74	4,64	7,33
10	1,37	1,73	4,79	7,79
11	1,59	2,07	5,86	8,87
12	1,29	1,67	4,81	7,50
13	1,36	1,75	5,23	8,24
14	1,38	1,78	5,39	8,81
15	1,34	1,72	5,56	9,48
		c) Raffineriemelassen.		
16	1,41	1,86	4,93	8,16
17	1,48	1,95	5,44	8,91
18	1,43	1,84	5,25	8,73
19	1,19	1,55	4,76	9,21

Wasserstoffionenkonzentration der Melassen aus der Kampagne 1924/25 (in p_H-Werten ausgedrückt) bei 30° Brix.

a) Rohzuckermelassen.	*b) Weißzuckermelassen.*	*c) Raffineriemelassen.*
8,8	8,4	8,8
8,8	7,3	6,9
8,8	8,3	9,1
8,1	8,5	8,8
9,5	8,2	
8,8	9,2	
8,8	9,4	
9,4		

Kampagne 1924/25.

Laufende Nr.	Trockensubstanz, Refraktometer, direkt bestimmt	Direkte Polarisation	Quotient	Asche	Polarisation nach der Inversion bei 20° C	Zucker nach der Raffinoseformel	Raffinose nach der Raffinoseformel	Kalkasche	Reaktion gegen Phenolphthalein	% CaO	Reduktionsvermögen mg Cu	Invertzucker	Quotient (Zucker nach der Raffinoseformel)
						a) Rohzuckermelassen.							
1	79,6	49,0	61,6	11,80	—14,20	46,66	1,26	2,478	alkalisch =	0,070	25	0,00	58,6
2	77,6	49,7	64,0	10,46	—13,80	46,61	1,67	0,515	alkalisch =	0,100	26	0,00	60,1
3	78,0	50,6	64,9	10,30	—13,25	46,51	2,21	0,656	alkalisch =	0,065	34	0,12	59,6
4	76,4	50,3	65,8	9,82	—13,05	46,09	2,28	1,169	alkalisch =	0,035	37	0,15	60,3
5	76,2	50,5	66,3	9,94	—14,80	48,29	1,19	0,491	alkalisch =	0,270	24	0,00	63,4
6	76,6	51,4	67,1	9,50	—15,05	49,13	1,23	0,780	alkalisch =	0,090	24	0,00	64,1
7	75,2	50,8	67,6	8,65	—14,60	48,23	1,39	1,726	alkalisch =	0,085	24	0,00	64,1
8	76,4	53,0	69,4	9,28	—14.15	49,04	2,14	0,438	alkalisch =	0,235	27	0,05	64,2
						b) Weißzuckermelassen.							
9	79,6	49,7	62,4	10,96	—14,50	47,45	1,22	2,685	alkalisch =	0,055	36	0,14	59,6
10	79,0	50,4	63,8	11,02	—14,05	47,34	1,65	2,210	sauer =	0,025	60	0,39	59,9
11	76,8	49,7	64,7	9,19	—14,55	47,50	1,19	1,410	alkalisch =	0,035	44	0,23	62,2
12	77,2	50,4	65,3	9,60	—15,35	48,88	0,82	0,779	alkalisch =	0,040	179	1,69	63,3
13	77,4	51,4	66,4	9,50	—14,00	47,89	1,90	2,173	alkalisch =	0,020	52	0,31	61,9
14	77,2	51,6	66,8	9,95	—14,85	49,02	1,39	1,008	alkalisch =	0,110	31	0,09	63,5
15	77,6	53,5	68,9	9,97	—14,50	49,76	2,02	0,288	alkalisch =	0,230	17	0,00	64,1
						c) Raffineriemelassen.							
16	75,8	47,2	62,3	11,33	—13,35	44,56	1,43	2,202	alkalisch =	0,055	22	0,00	58,8
17	76,6	49,4	64,5	10,59	—12,60	45,01	2,37	1,134	sauer =	0,035	56	0,35	58,8
18	77,6	50,4	64,9	10,83	—13,80	47,04	1,82	1,184	alkalisch =	0,080	40	0,18	60,6
19	76,6	51,6	67,4	12,09	—15,10	49,31	1,24	0,356	alkalisch =	0,050	33	0,11	64,4

Kampagne 1925/26.

Laufende Nr.	Trockensubstanz, Refraktometer, direkt bestimmt	Direkte Polarisation	Quotient	Asche	Polarisation nach der Inversion bei 20° C	Zucker nach der Raffinoseformel	Raffinose nach der Raffinoseformel	Kalkasche	Reaktion gegen Phenolphthalein	% CaO	Reduktionsvermögen mg Cu	Invertzucker	Quotient (Zucker nach der Raffinoseformel)
						a) Rohzuckermelassen.							
1	77,8	46,10	59,3	10,72	—14,20	44,90	0,65	1,896	alkalisch =	0,0150	27	0,05	57,7
2	81,8	50,00	61,1	9,55	—15,00	48,22	0,96	1,176	sauer =	0,0100	15	0,00	58,9
3	78,6	48,60	61,8	10,90	—12,80	44,76	2,08	2,153	alkalisch =	0,1100	19	0,00	56,9
4	80,8	50,30	62,3	11,09	—15,10	48,52	0,96	2,625	alkalisch =	0,2500	45	0,24	60,0
5	79,0	49,70	62,9	8,91	—14,40	47,33	1,28	1,414	sauer =	0,0250	43	0,22	59,9
6	76,0	48,10	63,3	10,50	—12,80	44,45	1,97	0,780	alkalisch =	0,2000	15	0,00	58,5
7	78,2	50,30	64,3	9,23	—15,00	48,40	1,03	0,567	alkalisch =	0,0800	15	0,00	61,9
8	81,2	52,60	64,8	9,25	—14,10	48,73	2,09	0,371	alkalisch =	0,1650	15	0,00	60,0
9	83,6	55,10	65,9	10,92	—15,10	51,44	1,98	0,117	alkalisch =	0,2900	13	0,00	61,5
10	74,6	49,80	66,8	9,40	—14,10	47,03	1,50	0,682	alkalisch =	0,0500	35	0,13	63,0
11	77,9	52,90	67,9	8,40	—15,70	50,82	1,12	1,154	alkalisch =	0,1550	25	0,00	65,2
						b) Weißzuckermelassen.							
12	82,3	50,50	61,4	11,60	—15,00	48,53	1,06	0,965	sauer =	0,0250	25	0,00	59,0
13	78,1	49,10	62,9	9,67	—15,40	48,15	0,51	2,534	alkalisch =	0,0850	22	0,00	61,7
14	81,1	51,80	63,9	10,58	—15,70	50,15	0,89	1,976	alkalisch =	0,1850	36	0,14	61,8
15	77,5	50,00	64,5	10,88	—14,30	47,39	1,41	0,752	alkalisch =	0,1150	25	0,00	61,1
16	77,1	50,10	65,0	9,34	—15,20	48,52	0,85	0,623	alkalisch =	0,1000	16	0,00	62,9
17	79,9	52,30	65,5	10,04	—15,60	50,33	1,06	0,842	alkalisch =	0,0600	25	0,00	63,0
18	76,4	51,10	66,9	9,24	—15,70	49,72	0,75	1,118	alkalisch =	0,0100	51	0,30	65,1
						c) Raffineriemelassen.							
19	79,0	48,10	60,9	10,77	—13,70	45,52	1,39	1,691	sauer =	0,0600	55	0,34	57,6
20	78,1	47,80	61,2	10,61	—13,70	45,34	1,33	0,794	alkalisch =	0,0450	24	0,00	58,1
21	79,7	50,00	62,7	10,79	—14,60	47,75	1,22	0,652	sauer =	0,0550	36	0,14	59,9
22	76,9	49,00	63,7	11,68	—14,20	46,66	1,26	0,710	alkalisch =	0,0550	28	0,06	60,7
23	76,9	49,60	64,5	10,71	—13,80	46,55	1,65	0,704	sauer =	0,0400	44	0,23	60,5

Kampagne 1926/27.

Laufende Nr.	Trockensubstanz, Refraktometer, direkt bestimmt	Direkte Polarisation	Quotient	Asche	Polarisation nach der Inversion bei 20° C	Zucker nach der Raffinoseformel	Raffinose nach der Raffinoseformel	Kalkasche	Reaktion gegen Phenolphthalein	% CaO	Reduktionsvermögen mg Cu	Invertzucker	Quotient (Zucker nach der Raffinoseformel)
						a) Rohzuckermelassen.							
1	80,1	48,9	61,0	11,63	—13,80	46,13	1,50	1,487	alkalisch =	0,1200	19	0,00	57,6
2	85,1	52,7	61,9	10,84	—17,10	52,36	0,18	1,754	alkalisch =	0,0800	32	0,10	61,5
3	75,1	47,5	63,2	10,22	—14,20	45,75	0,95	0,200	alkalisch =	0,2150	18	0,00	60,9
4	73,5	47,2	64,2	9,35	—13,70	44,98	1,20	0,409	alkalisch =	0,3450	12	0,00	61,2
5	77,7	50,5	65,0	10,29	—14,10	47,46	1,64	0,418	alkalisch =	0,2200	25	0,00	61,1
6	80,2	52,6	65,6	10,02	—15,20	50,04	1,38	0,651	alkalisch =	0,1600	19	0,00	62,4
7	78,3	51,7	66,0	10,07	—15,40	49,73	1,06	0,286	alkalisch =	0,2750	15	0,00	63,5
8	75,2	50,0	66,5	10,17	—14,30	47,39	1,41	0,015	alkalisch =	0,3750	19	0,00	63,0
9	79,5	55,0	69,2	9,52	—16,00	52,45	1,38	0,555	alkalisch =	0,2200	12	0,00	66,0
						b) Weißzuckermelassen.							
10	81,0	47,9	59,1	11,59	—14,10	45,88	1,09	2,114	alkalisch =	0,1150	36	0,13	56,6
11	82,6	52,6	63,7	10,71	—13,40	47,90	2,54	1,258	alkalisch =	0,0600	33	0,11	58,0
12	79,9	52,2	65,3	10,43	—15,80	50,51	0,91	0,212	alkalisch =	0,0750	33	0,11	63,2
13	76,4	50,3	65,8	9,92	—14,80	48,17	1,15	0,236	alkalisch =	0,1950	11	0,00	63,0
14	78,2	52,0	66,5	9,81	—14,40	48,73	1,77	0,388	alkalisch =	0,1000	31	0,09	62,3
15	80,3	54,1	67,4	10,27	—16,00	51,90	1,19	0,096	alkalisch =	0,3500	19	0,00	64,6
						c) Raffineriemelassen.							
16	77,2	48,3	62,2	10,37	—14,60	46,71	0,86	0,842	sauer =	0,0350	126	1,10	60,5
17	77,3	48,8	63,1	10,74	—13,60	45,83	1,61	0,636	alkalisch =	0,0200	28	0,06	59,3
18	79,0	50,3	63,7	11,49	—13,60	46,74	1,92	1,324	alkalisch =	0,0700	22	0,00	59,2
19	83,4	54,9	65,8	12,14	—15,50	51,80	1,68	0,506	alkalisch =	0,3100	19	0,00	62,1

Wie schon erwähnt, sind in der vorliegenden Zusammenstellung die Analysenergebnisse der Melasseuntersuchungen, die während der Kampagnen 1924/25, 1925/26 und 1926/27 im Institut für Zucker-Industrie ausgeführt wurden, nur auszugsweise wiedergegeben.

Berücksichtigt man das gesamte in den erwähnten Arbeiten niedergelegte Analysenmaterial, so zeigt sich, daß die refraktometrischen Trockensubstanzzahlen bei den

	1924/25	1925/26	1926/27
Rohzuckermelassen zwischen	74,6 u. 79,6	74,1 u. 85,2	73,1 u. 85,1
Weißzuckermelassen zwischen . . .	73,2 u. 80,2	74,9 u. 82,3	73,4 u. 82,6
Raffineriemelassen zwischen	73,4 u. 78,8	76,1 u. 83,4	75,7 u. 83,4

schwanken.

Das Mittel der refraktometrischen Trockensubstanz beträgt bei den

	1924/25	1925/26	1926/27
Rohzuckermelassen . .	76,9	78,9	78,4
Weißzuckermelassen . .	77,4	78,9	78,3
Raffineriemelassen . .	76,3	78,1	78,0

Die Zahlen für die Polarisationen schwanken bei den

	1924/25	1925/26	1926/27
Rohzuckermelassen zwischen	47,0 u. 53,4	45,5 u. 55,1	46,9 u. 55,2
Weißzuckermelassen zwischen . . .	47,7 u. 53,5	47,6 u. 53,8	47,9 u. 51,1
Raffineriemelassen zwischen	46,9 u. 52,1	47,3 u. 52,5	48,0 u. 54,9

Im allgemeinen ist die Polarisation der Rohzuckermelassen höher als die der Raffineriemelassen, doch kann von einem prinzipiellen Unterschied nicht gesprochen werden, da die Differenzen gering sind und die Polarisation einer größeren Anzahl Raffineriemelassen über 50 hinausgeht. Die Zahlen für die gewöhnlichen Quotienten aus der refraktometrischen Trockensubstanz und Polarisation zeigen dementsprechend keine prinzipiellen Unterschiede. Sie schwanken bei den

	1924/25	1925/26	1926/27
Rohzuckermelassen zwischen	61,6 u. 70,5	59,3 u. 68,3	61,0 u. 69,2
Weißzuckermelassen zwischen . . .	62,4 u. 69,4	61,4 u. 67,8	59,1 u. 67,9
Raffineriemelassen zwischen	62,3 u. 69,5	60,9 u. 67,8	62,2 u. 65,8

Die Aschen schwanken bei den

	1924/25	1925/26	1926/27
Rohzuckermelassen zwischen	8,65 u. 11,80	8,40 u. 11,46	9,33 u. 11,83
Weißzuckermelassen zwischen . . .	8,52 u. 11,78	8,47 u. 11,60	9,25 u. 11,59
Raffineriemelassen zwischen	9,00 u. 12,09	8,95 u. 11,68	10,37 u. 12,14

Auch hier ist kein prinzipieller Unterschied zu konstatieren.

Die Kalkaschen schwanken außerordentlich stark, und zwar bei den

	1924/25	1925/26	1926/27
Rohzuckermelassen zwischen	0,102 u. 2,688	0,117 u. 3,389	0,015 u. 1,767
Weißzuckermelassen zwischen . . .	0,261 u. 2,685	0,317 u. 2,534	0,096 u. 2,114
Raffineriemelassen zwischen	0,217 u. 2,202	0,460 u. 1,885	0,313 u. 1,324

Ein prinzipieller Unterschied ist auch hier nicht vorhanden.

K. Restmelassen

sind die Endmelassen, die bei der Melasseentzuckerung gewonnen werden. Sie enthalten meist viel Raffinose. Die Restmelassen werden bei der Melasseentzuckerung zunächst immer wieder in den Betrieb zurückgenommen, bis sie so reich an Raffinose sind, daß sich ihre weitere Entzuckerung nicht mehr lohnt. Nicht zu verwechseln sind die Restmelassen mit der Melasseschlempe, die bei der Melasseentzuckerung abfällt.

L. Melassefuttermittel.

Als Melassefuttermittel sind außer den bereits beschriebenen Melasseschnitzeln und melassierten Schnitzeln zu nennen: Bier- bzw. Brennereitrebermelasse, Palmkernmelasse, Weizenkleiemelasse, Malzkeimmelasse, Haferabfallmelasse, Heu-, Häcksel- und Strohmelasse, Torfmelasse.

Es ist hier nicht der Ort, näher auf diese Produkte einzugehen, da sie nicht als direkte Abfallprodukte der Zuckerfabrikation anzusehen sind.

Nach den Ausführungsbestimmungen zum Futtermittelgesetz ist bei Melasse sowie bei Mischungen aus Melasse und einem oder mehreren weiteren Gemengteilen der Gehalt an Zucker anzugeben.

Literatur.

(*1*) ACHARD: Anleitung zum Anbau der zur Zuckerfabrikation anwendbaren Runkelrüben und zur vorteilhaften Gewinnung des Zuckers aus denselben. Breslau: Korn 1803.

(*2*) CLAASSEN: Die Zuckerfabrikation, 5. Aufl., S. 273. Magdeburg: Schallehn & Wollbrück 1922.

(*3*) Dtsch. Zuckerind. **1916**, 900.

(*4*) HEMPRICH: Nebenprodukte des Zuckerrübenbaues, S. 20. Berlin: P. Parey 1928. — (*5*) HERZFELD: Ztschr. Ver. Dtsch. Zuckerind. **1925** (Techn. Teil), 951. — (*6*) HERZFELD u. PAAR: Ebenda **1912** (Techn. Teil), 497.

(*7*) KLING: Landw. Blätter, herausgegeben vom Landw. Kreisausschuß der Pfalz, Speyer. — (*8*) KNAUER-HOLDEFLEISS: Rübenbau, 10. Aufl., S. 4. Berlin: P. Parey 1912. — (*9*) Rübenbau, 11. Aufl., S. 124. Berlin 1917.

(*10*) LIPPMANN, v.: Abhandlungen und Vorträge zur Geschichte der Naturwissenschaften **1**, 275. Leipzig 1906.

(*11*) MÄRCKER: Waage, Futtermittelbuch, 3. Aufl., S. 960. Berlin: Schlegel 1924.

(*12*) NEUBAUER: Die Futterpreistafel, 2. Aufl. Berlin: P. Parey 1927.

(*13*) PRINSEN GEERLIGS: Cane Sugar, 2. Aufl., S. 302, 303. London: Rodger 1924. — (*14*) Fabrikatie van Suiker uit Suikerriet, 4. Aufl., S. 422. Amsterdam: De Bussy 1924.

(*15*) REDLICH: Österr.-Ung. Ztschr. Zuckerind. Landw. **1914**, 400.

(*16*) Saillard: Betterave, 3. Aufl., **1**, S. 432. Paris: Baillière 1923. — (*17*) SCHEUNERT: Zuckerrübenbau **1926**, 190. — (*18*) SCHMÖGER: Jahresber. über die Tätigkeit der landw. Versuchsstat. Danzig **1903/04**. — (*19*) SPENGLER, O.: Ztschr. Ver. Dtsch. Zuckerind. **1926** (Techn. T.), 695. — (*20*) SPENGLER, PAAR, ZABLINSKY: Ebenda **1927** (Techn. T.), 817. — (*21a*) STEFFEN: DRP. Nr 149593. Preßverfahren zur Gewinnung reiner konzentrierter Rübenrohsäfte und wasserarmer, zuckerhaltiger Preßrückstände. Ebenda **1904** (Techn. T.), 649. — (*21b*) DRP. Nr 153856, Zusatz zum Patente 149593. Preßverfahren zur Gewinnung reiner konzentrierter Rübenpreßsäfte und zuckerreicher Preßrückstände. Ebenda **1904** (Techn. T.), 1126. — (*21c*) DRP. Nr 165795, Zusatz zum Patente 149593. Preßverfahren zur Gewinnung reiner konzentrierter Rübensäfte und wasserarmer zuckerhaltiger Preßrückstände. Ebenda **1906** (Techn. T.), 144. — (*21d*) DRP. Nr 179635. Verfahren zur Gewinnung reiner konzentrierter Rübenrohsäfte und wasserarmer, zuckerhaltiger Preßrückstände. Ebenda **1907** (Techn. T.), 242. — (*21e*) DRP. Nr 193600. Verfahren zur Gewinnung von Rohsaft und nährstoffreichen zuckerhaltigen Preßrückständen aus Zuckerrüben oder anderen zuckerhaltigen Pflanzen. Ebenda **1908** (Techn. T.), 222. — (*21f*) DRP. Nr 204197. Vorbereitungsverfahren für die Diffusion oder das Auslaugen von zuckerhaltigen Pflanzenschnitten. Ebenda **1909** (Techn. T.), 125. — (*21g*) DRP. Nr 217303. Verfahren zur Rohsaftgewinnung und Erzielung zuckerhaltiger Nährstoffrückstände mittels eines in einer Mehrkörperbatterie auszuführenden Auslauge- oder Diffusionsvorganges. Ebenda **1910** (Techn. T.), 182.

(*22*) WODARZ: Ztschr. Ver. Dtsch. Zuckerind. **1923**, 17. — (*23*) WOHRYZEK: Chemie der Zuckerindustrie, Tabelle S. 531. Berlin: Julius Springer 1914.

(*24*) ZAITSCHEK: Landw. Versuchsstat. **78**, 452 (1912).

IV. Futtermittel aus der Ölindustrie.

Von

Dr. Carl Brahm

Ehem. Abteilungsvorsteher des Tierphysiologischen Instituts
der Landwirtschaftlichen Hochschule Berlin.

I. Gewinnung, Eigenschaften und Verwendung der Ölkuchen und Ölkuchenmehle.

Die Öle und Fette aus pflanzlichen Stoffen werden vornehmlich nach zwei Verfahren gewonnen, durch *Pressen* und durch *Extraktion*. Vor der Pressung oder Extraktion ist das Saatgut, welches durch Erde, Staub, Steine, Eisenteile, Holz, Stengelteile, taube Körner, Spelzen usw. verunreinigt ist, zu reinigen. Die Apparate, welche zur Reinigung dienen, sind Siebapparate, Ventilationsapparate, Trieure, Bürsten- und Waschapparate und zur Entfernung der Eisenteile Magnete. Dann werden die Ölsaaten zerkleinert. In kleineren Ölmühlen benutzt man dazu Kollergänge, in modern arbeitenden Ölmühlen Walzenstühle. Die Samen der Sonnenblume, Erdnuß und Ricinusbohne müssen vor der Entfettung geschält, Kopra und Kokosnüsse aufgebrochen werden, und die Baumwollsaat muß mit den sog. Linters von der Baumwollfaser gereinigt werden. Beim Preßverfahren gewinnt man zwei im Handel strikt getrennt deklarierte Öle, *kalt und warm gepreßte Öle*. Die kalt gepreßten Öle dienen fast ausschließlich Speisezwecken. Das Kaltpreßverfahren hat den Vorzug, daß Geruchsstoffe, Farbstoffe und Geschmacksstoffe der Samen nicht in das Öl gelangen. Kalt gepreßte Öle enthalten nur ganz geringe Mengen Eiweiß und Schleimstoffe und nur Spuren von Wasser. Die warm gepreßten Öle sind dunkler gefärbt, schmecken im Gegensatz zu den mild schmeckenden kalt gepreßten Ölen scharf und sind unraffiniert zu Speisezwecken ungenießbar. Die Vorteile des Warmpressens der Ölsaaten bestehen hauptsächlich in höherer Ausbeute. Zum Anwärmen der Ölsaaten dienen mit Rührvorrichtung versehene Wärmpfannen. Das so vorbereitete Saatgut kommt dann in die Pressen, von welchen man Spindelpressen, hydraulische Pressen und kontinuierliche Pressen unterscheidet. *Die Rückstände dieses Preßvorganges bilden die Preßkuchen.* Die Ölsamen bzw. Ölfrüchte erleiden bei diesem Fabrikationsgang keinerlei chemische Veränderungen, und die nach der Ölentziehung verbleibenden Rückstände weisen die gleiche qualitative Zusammensetzung auf wie die analogen Rohmaterialien. Der reduzierte Fettgehalt der Rückstände bedingt nur eine Verschiebung in der quantitativen Zusammensetzung. Dieselben erinnern in ihrer Form an Kuchen und werden daher auch *Öl-, Preß- oder Ölpreßkuchen* genannt. In Frankreich nennt man sie *tourteaux*, vom lateinischen Namen *torta* = Kuchen abgeleitet. In England ist die Bezeichnung *cakes* und in Italien *panelli* gebräuchlich. Je nach der Abstammung bezeichnet man im Handel die Preßkuchen als Lein-, Raps-, Palmkern-, Sesamkuchen.

In der nachfolgenden Tabelle 1 sind die wichtigsten Pflanzenfamilien zusammengestellt, die zur Herstellung von Pflanzenölen dienen.

Die Ölkuchen stellen feste, mehr oder weniger harte, rechteckige, trapezförmige oder runde, 1—2 cm dicke Platten von weißgrauer, grünlicher, brauner bis schwarzer Färbung dar. *Ihre Form* wird durch die Konstruktion der Pressen oder Preßbehälter bestimmt, die zur Gewinnung benutzt werden. Wenn moderne Ölpreßanlagen rationell arbeiten sollen, muß der Preßanlage noch eine Extraktionsanlage angegliedert sein, da es viel rationeller ist, keine Zweitpressung der Kuchen vorzunehmen, sondern an deren Stelle die Extraktion treten zu lassen. *Die Farbe* hängt von der Art der Ölsaat ab, von welcher sie stammen, doch hat

Tabelle 1.

Pflanzenfamilie	Art	Deutscher Name der Pflanze	Bezeichnung des Fettes oder Öles	Pflanzenteil, der zur Ölgewinnung dient	Ölgehalt in Prozenten
Gramineen (Gräser)	Zea Mays L.	Mais	Maisöl	Maiskeime	40—50
Cyperaceen (Riedgräser)	Cyperus esculentus	Erdmandel	Erdmandelöl	Samen	20—30
Palmen	Cocos nucifera L.	Kokospalme	Kokosöl	Fruchtschale	40—45
	Cocos butyracea L.	”	”	”	—
	Attalea Cohune Mart.	Cohunepalme	Cohuneöl	”	—
	Elaeis guinensis L.	Ölpalme	Palmöl	Fruchtfleisch	65—72
	El. melanococca Gärt.	”	Palmkernöl	Samenkerne	45—50
	Astrocargum vulg. Mart.	Steinnuß	Acuaraöl	Fruchtfleisch	40—45
Juglandeen (Walnußbäume). . .	Juglans regia L.	Walnußbaum	Nußöl	Samenkerne	63—65
Betulaceen (Birken)	Corylus avellana L.	Haselnuß	Haselnußöl	”	50—60
Fagaceen (Buchen).	Fagus silvatica L.	Buche	Buchenkernöl	Samen	27—29
Moraceen (Maulbaum)	Cannabis sativa L.	Hanf	Hanföl	”	30—35
Papaveraceen (Mohn)	Papaver somniferum L.	Mohn	Mohnöl	”	41—50
Cruciferen (Kreuzblütler)	Brassica nigra L.	Schwarzsenf	Senföl	”	22—28
	Brassica campestris L.	Kohlsaat	Rüböl	”	33—43
	Brassica Napus L.	Raps	”	”	35—43
	Brassica Rapa L.	Rübsen	”	”	35—40
	Brassica Juncea D. C.	—	Indisches Senföl	”	—
	Sinapis alba L.	Senf	Senföl	”	25—26
	Camelina sativa Fr.	Leindotter	Leindotteröl	”	31—34
	Raphanus sativus L.	Rettig	Rettigöl	”	45—50
	Raphanus Raphanistrum L.	Hederich	Hederichöl	”	35—40
Rosaceen	Prunus Amygdalus	Mandelbaum	Mandelöl	Samenkerne	48—50
Leguminosen	Arachis hypogaea L.	Erdnuß	Erdnußöl	Samen	45—50
	Glycine hispida Maxim.	Sojabohne	Sojabohnenöl	”	18
Linaceen	Linum usitatissimum	Lein	Leinöl	”	35—42
Pedaliaceen	Sesamum indicum	Sesam	Sesamöl	”	50—58
	Sesamum orientale	”	”	”	50—55
Cucurbitaceen	Cucurbita Pepo L.	Kürbis	Kürbiskernöl	”	20—25
Compositen	Madia sativa Mol.	Ölmadie	Madiaöl	”	32—33
	Helianthus annuus L.	Sonnenblume	Sonnenblumenöl	”	21—22
Malvaceen	Gossypium herbaceum	Baumwolle	Baumwollsamenöl	”	24—26
Polygalaceen	Ricinus communis L.	Rizinus	Rizinusöl	”	46—53

auch die Fabrikationsweise einen gewissen Einfluß auf die Farbe der Rückstände. Je sorgfältiger die Saat gereinigt, je weniger heiß dieselbe gepreßt wird, um so heller wird der erhaltene Kuchen. Bei vielen Preßkuchen, z. B. Baumwollsaat-, Sonnenblumen-, Kürbiskern- und Erdnußkuchen, unterscheidet man im Handel eine aus *geschälter* und eine aus *ungeschälter* Saat gepreßte Qualität, zwei Sorten, die sich nicht nur durch äußeres Ansehen, sondern auch durch ihre quantitative Zusammensetzung voneinander unterscheiden. Nur in seltenen Fällen ist die *Oberfläche der Ölkuchen* glatt, meist zeigt sie deutliche Abdrücke von der Struktur der Preßtücher, welche bei der Fabrikation verwendet werden. Nur solche Kuchen, welche ohne Einschlag- oder Zwischentücher gepreßt werden, sind glatt. Häufig haften an den Kuchenrändern und auch an der Kuchenoberfläche von den Preßtüchern herrührende größere oder kleinere Faser- oder Haarbüschel. *Die Härte der Kuchen* hängt von der Höhe des Preßdruckes sowie von dem Feuchtigkeitsgrad und dem Temperaturgrad des Preßgutes ab. Die *Größe und Schwere der Kuchen* ist sehr variabel und wird im wesentlichen von der Konstruktion der Pressen bestimmt. Die Ölkuchen müssen, welcher Verwendung sie auch zugeführt werden, zerkleinert werden. Dies wird teils in den Ölfabriken, zum Teil von den Landwirten selbst auf Schrotmühlen ausgeführt. In verschiedenen Feinheitsgraden kommen die *Ölkuchenmehle* auf den Markt. Das Zerkleinern erfolgt in den Ölmühlen auf Desintegratoren, Mahlgängen und Kollergängen. Vor dem Einfüllen in Säcke wird noch eine Siebpassage eingeschaltet zur Entfernung etwa vorhandener Haare oder sonstiger Fremdkörper.

Durch keine der möglichen Varianten des Preßverfahrens läßt sich das Öl aus den Samen vollständig gewinnen, weil ein Teil desselben (5—10 % vom Gewicht des Rückstandes) durch Oberflächenanziehung von den Zellwänden festgehalten wird. Infolgedessen brachte man Verfahren, welche eine absolute Entfettung der ölhaltigen Samen versprachen, das lebhafteste Interesse entgegen.

Die Ölgewinnung durch *Extraktion* ist ein Verfahren, durch welches eine viel gründlichere Entfettung als durch das Auspressen erzielt wird. Dieselbe beruht darauf, daß die zerkleinerten Ölsamen oder Ölfrüchte in geeigneten, häufig kontinuierlich arbeitenden Extraktionsapparaten mit Fettlösungsmitteln behandelt werden. Als solche werden benutzt: Schwefelkohlenstoff, Benzin, Benzol, Äther, Trichloräthylen, Tetrachlorkohlenstoff und schweflige Säure. Die Extraktion geschieht z. B. nach dem *Verdrängungsverfahren* dadurch, daß das wie bei der Pressung zerkleinerte Material, welches vorgebrochen und dann zu Plättchen ausgewalzt wird, mit dem Lösungsmittel in dem Extraktor übergossen wird. Nachdem sich das Lösungsmittel völlig mit Öl gesättigt hat, wird es in ein Destillationsgefäß unter dem Extraktor abgelassen, wird hier abgedampft und das reine Lösungsmittel kehrt dann durch einen Kühler kondensiert in den Lösungsmittelvorbehälter zurück. Die in den mehligen Samenrückständen verbliebenen Reste der Extraktionsflüssigkeit lassen sich durch Dampf abblasen. Eine Hauptbedingung für die *Gewinnung geruchloser Extraktionsmehle* besteht in der Benutzung möglichst reiner Lösungsmittel und im genügenden Nachtrocknen der Rückstände. Ein Grund für die Abneigung gegen Extraktionsmehle war der, daß noch vielfach Spuren von Lösungsmitteln in den Rückständen verblieben waren. Heute ist nach Ansicht der Techniker dieser Einwand gegenstandslos, da es ohne größere Unkosten möglich ist, ein Extraktionsmehl herzustellen, das keine Spur von Lösungsmitteln mehr enthält. Daß aber trotzdem auch heute noch solche Verunreinigungen mit dem Lösungsmittel vorkommen können, beweist das Auftreten der sog. *Dürener Krankheit* nach Verfütterung von Sojaschrot, welches mit Trichloräthylen entfettet war[10] und Spuren davon noch enthielt. Vielleicht beruhten die aufgetretenen Schädigungen beim Verfüttern auf der Bildung von Salzsäuren beim Abblasen mit Dampf. Die bei dem Extraktionsverfahren erhaltenen körnigen oder pulverförmigen Mehle bezeichnet man als *Extraktionsmehle*. Sie unterscheiden sich durch ihren geringeren Fettgehalt von den ölreicheren *Ölkuchenmehlen*, die durch Zerkleinern der Preßkuchen gewonnen werden.

Wie alle stickstoff- und fettreichen Produkte unterliegen auch die Ölkuchen beim unzweckmäßigen Lagern Veränderungen (Verschimmeln, Ranzigwerden), auch bilden sie eine Ansiedlungsmöglichkeit verschiedener Schmarotzer. Durch *geeignetes Aufbewahren* läßt sich dem Verderben der Ölkuchen wirksam vorbeugen. Es ist vor allem nötig, daß die aus der Presse kommenden Kuchen gut auskühlen und die Extraktionsmehle richtig austrocknen, bevor sie gelagert werden. Der Aufbewahrungsraum muß trocken, kühl und luftig sein. Die Speicherung der Extraktionsmehle erfolgt in gut trocknem Zustande am besten in Säcken. Von den nachteiligen Veränderungen der Ölkuchen oder Extraktionsmehle ist vor allem das *Schimmeln* zu erwähnen. Die Ursache desselben kann verschiedenen Ursprungs sein. Einmal kann das Rohmaterial schon mit Pilzsporen befallen gewesen sein, oder die aus gesunder Saat gewonnenen Kuchen oder Mehle können von außen infiziert werden. Die an den Ölkuchen beobachteten Schimmelflecke erscheinen in Form eines weißlichen, blaugrünen, intensiv gelben bis roten, ja selbst schwarzen Belages und sind meist Kulturen von *Penicillium glaucum* (Pinselschimmel), *Aspergillus glaucus* und *Aspergillus niger* (Kolbenschimmel) und *Mucor stolonifer*. Raps-, Kokos- und Palmkernkuchen zeigen nur geringe Neigung zum Schimmeln, während Sesam- und Mohnkuchen viel leichter verderben. Ob die Rückstände der Ölfabrikation *unverdorben* sind, läßt sich schon oft durch deren Geruch, Farbe und Geschmack feststellen. Im übrigen ist das Auftreten größerer Mengen freier Fettsäuren im Ölkuchenfett noch kein Zeichen dafür, daß die betreffenden Rückstände verdorben sind. Man muß unterscheiden zwischen der *Acidität*, d. h. dem Gehalt der Kuchen an freien Fettsäuren und der *Ranzidität*. Erstere ist im allgemeinen ziemlich hoch, doch hat dieselbe wenig auf sich, solange eine hinzutretende Oxydation nicht das Ranzigwerden veranlaßt. Ranzige Preßkuchen lassen sich durch Extraktion noch verwendbar machen.

Gegen die *Verwendung der Extraktionsmehle* wurde anfänglich der Einwand erhoben, sie seien zu fettarm, da im Durchschnitt die Extraktionsmehle 1 % Fett, die Preßkuchen dagegen 6—10 % enhalten. Nun gilt aber für den Verbraucher, daß er bei Extraktionsmehl die gleichen Nährstoffprozente erhält. Wenn auch das Rohprotein an Nährwert zahlenmäßig etwas geringer angeschlagen wird, so wird dies dadurch wieder ausgeglichen, daß das Rohprotein der Extraktionsmehle zu 80—90 % resorbiert wird; wenn der Verbraucher statt 1 % Fett 1 % Protein erhält, so erleidet er keinerlei Nachteile. *Das extrahierte Mehl* ist, wie nachstehende Zusammenstellung zeigt, an Nährstoffen um so reicher, je vollständiger es vom Öl befreit ist. So enthalten beispielsweise:

	Protein %	N-freie Extraktstoffe %	Fett %
Baumwollsamen, geschält:			
Preßkuchen	43,6	19,7	14,9
Extrahiertes Mehl . . .	49,7	22,8	0,9
Leinsaat:			
Preßkuchen	28,7	32,1	10,7
Extrahiertes Mehl . .	33,2	38,7	2,3
Palmkerne:			
Preßkuchen	16,1	41,9	9,5
Extrahiertes Mehl . .	19,0	45,2	1,5
Maiskeime:			
Preßkuchen	13,5	50,1	10,8
Extrahiertes Mehl . .	14,8	55,1	0,8

In E. Wolfs Landwirtschaftlicher Fütterungslehre, 6. Aufl. (1894) finden sich folgende Angaben über die *Werte für Preßkuchen und extrahiertes Mehl*:

Berechneter Futterwert von 50 kg.

	Raps M.	Lein M.	Palmkern M.	Kokosnuß M.	Sesam M.
Preßkuchen	6,26	6,77	6,50	5,90	7,67
Extraktionsmehl	6,13	6,85	6,33	5,92	8,18

Hieraus ist ersichtlich, daß der Wertunterschied zwischen Preßkuchen und Extraktionsmehlen nur gering ist. Die *prozentuale Zusammensetzung der Ölkuchen* bestimmter Abstammung ist keineswegs feststehend, sondern wechselt nach Herkunft, Jahrgang usw. Diese Schwankungen können so weit gehen, daß der Gehalt der nämlichen, aber aus Rohstoffen verschiedener Produktionsgebiete hergestellten Ölkuchen an Nährstoffen auffallende Unterschiede zeigt.

Die Verwendung der Ölkuchen. Die *Rückstände der Ölfabrikation* können als Düngemittel, *als Viehfutter* und zu Heizzwecken verwendet werden. Die Verwendung zu Heizzwecken wurde bei den Römern besonders für Ricinuskuchen geübt. Heute werden nur noch in einigen weinbautreibenden Gegenden die Traubenkernpreßkuchen zu Heizzwecken benutzt. Die ersten Versuche, Ölkuchen als Dünger zu verwerten, dürften um die Mitte des 18. Jahrhunderts gemacht worden sein. Heute werden bei uns zu solchen Zwecken nur jene Kuchen verwendet, welche ihrer Giftigkeit wegen als Futtermittel sich nicht eignen, oder auch solche, die durch Verschimmeln, Ranzigwerden zur Verfütterung ungeeignet sind. Dagegen werden in Japan große Mengen Sojapreßkuchen zu Düngezwecken benutzt. Im Jahre 1925 wurden zu diesem Zwecke aus der Mandschurei 50 Millionen runde Sojapreßkuchen importiert[27]. Der Düngewert beruht auf dem Gehalt an Stickstoff und Phosphor. Die *Verwendung der Ölkuchen zur tierischen Ernährung* ist verhältnismäßig alt. Sie beschränkte sich lange Zeit nur auf wenige in der Viehzucht fortgeschrittene Länder. Die Holländer dürften die ersten gewesen sein, welche den hohen Wert des Ölkuchens als Futtermittel erkannten. Die *Ölkuchen können als die wertvollsten Kraftfuttermittel* angesehen werden, über die der Landwirt verfügt. Den Anforderungen, welche man an ein Kraftfutter stellt, entsprechen sie in vollkommenster Weise, *denn sie enthalten in geringem Volumen verhältnismäßig große Mengen leicht verdauliche Nährstoffe.* Bezüglich der Verfütterung der Ölrückstände läßt sich im allgemeinen sagen, daß sie sich zu den verschiedensten Zwecken mehr oder minder gut eignen. Im besonderen richtet sich die Verwendung ganz nach dem Ursprung der betreffenden Rückstände, so daß sie bald besser als Milch-, bald besser als Mastfutter, zu Aufzuchtzwecken oder zur Fütterung der Arbeits- und Zuchttiere Verwendung finden. Als empfehlenswert hat es sich herausgestellt, *mehrere Ölkuchensorten resp. mehrere Kraftfuttermittel zugleich zu verfüttern.* Während in Dänemark Mischungen aus acht verschiedenen Ölkuchen zur Verwendung kommen, haben sich in Deutschland nachstehende Mischungen sehr gut eingeführt:

Zur Erhöhung des Fettgehalts der Milch: Ölkuchenschrot-Mischfutter DLG. I, bestehend aus Sojaschrot, Kokoskuchen und Palmkernkuchen.

Zur Erhöhung der Milchmenge: Ölkuchenschrot-Mischfutter DLG. II, bestehend aus Erdnußkuchen, Sojaschrot und Rapskuchen. — Ölkuchenschrot-Mischfutter DLG. IIa, bestehend aus Erdnußkuchen, Sojaschrot und Baumwollsaatkuchen. — Ölkuchenschrot-Mischfutter DLG. IIb, bestehend aus Erdnußkuchen, Sojaschrot und Sonnenblumenkuchen.

Für Jungvieh: Ölkuchenschrot-Mischfutter DLG. III, bestehend aus Sesamkuchen, Sojaschrot und Leinkuchen.

Tabelle 2.

Name des Ölkuchens oder Schrotes	Wasser %	Rohprotein %	Rohfett %	N-freie Extraktierstoffe %	Rohfaser %	Asche %
Baumwollsaatkuchen,						
ungeschält	10,8	24,7	6,4	26,6	24,9	12,4
geschält	9,6	43,9	12,9	20,5	5,7	6,6
Bucheckernkuchen,						
ungeschält	10,0	23,9	4,2	31,8	24,0	6,1
geschält	9,5	36,7	9,2	28,6	6,6	9,4
Erdnußkuchen,						
ungeschält	9,2	31,6	8,9	20,7	22,7	6,9
geschält	9,8	49,0	8,0	23,5	4,1	5,6
Hanfkuchen	11,9	29,8	8,5	17,3	24,7	7,8
Hanfkuchenmehl, *Extraktionsmehl*	10,5	36,0	3,2	21,0	21,0	8,3
Kokoskuchen	10,3	19,7	11,0	38,7	14,4	5,9
Kürbiskernkuchen . . .	9,5	36,1	22,7	11,8	14,1	5,8
Leinkuchen	11,8	28,7	10,7	32,1	9,4	7,3
Leinschrot, *extrahiert* . .	11,4	34,5	3,0	35,4	2,0	6,7
Leindotterkuchen	10,4	33,1	9,7	29,1	11,2	6,5
Leindotterschrot, *extrahiert*	11,8	43,5	2,9	26,4	8,7	6,7
Madiakuchen	10,8	31,8	9,0	21,7	19,2	7,5
Maiskeimkuchen	11,3	19,5	9,0	44,8	8,8	6,6
Mandelkuchen	9,5	41,3	15,2	20,6	8,9	4,5
Mohnkuchen	11,4	36,5	11,5	18,4	11,2	11,0
Nigerkuchen	11,5	33,1	4,4	23,4	19,6	8,0
Nußkuchen,						
geschält	13,8	34,6	12,2	27,6	6,7	5,1
ungeschält	9,5	9,5	9,0	46,3	23,7	2,0
Palmkernkuchen	10,4	16,8	9,5	35,0	24,0	4,3
Palmkernmehl, *extrahiert*.	10,9	17,4	4,5	36,9	25,9	4,4
Rapskuchen	11,5	30,9	9,6	29,8	11,0	7,2
Rapsschrot, *extrahiert* . .	10,0	34,0	5,0	31,0	12,2	7,8
Rübsenkuchen	10,4	31,4	9,0	33,8	8,2	7,2
Sesamkuchen, ...						
hell	9,9	39,5	10,5	22,0	8,5	9,6
dunkel	12,0	37,5	9,5	23,0	8,5	9,5
Sojakuchen	13,4	40,3	7,5	28,1	5,2	5,2
Sonnenblumenkuchen,						
geschält	9,2	39,4	12,6	20,7	11,8	6,3
ungeschält	11,28	29,12	8,21	—	—	—
Traubenkernkuchen . . .	10,4	15,4	10,60	20,5	36,5	6,6
Sojaschrot, *extrahiert* . .	11,60	45,46	0,85	—	—	5,74

Zusammenfassend läßt sich sagen, daß der *Nutzwert der Ölkuchen* mit deren hohem Gehalt an verdaulichem Eiweiß zusammenhängt. Aus diesem Grunde eignen sie sich in erster Linie für Milchkühe, um deren hohen Eiweißbedarf zu decken. Infolgedessen werden hoch eiweißreiche Kuchen, wie Erdnuß-, Soja-, Baumwollsaat-, Sonnenblumen- und Rapskuchen an Milchvieh verfüttert. Ein weiterer wesentlicher Faktor der Wertschätzung der Ölkuchen ist deren hoher Gehalt an leicht aufnehmbarem Fett. Darum füttert man dieselben mit Vorteil an Jungvieh. Zur Regulierung des Eiweißbedarfes von Mastvieh, Pferden und Schweinen lassen sich Ölkuchen immer verwenden. Für Pferde eignen sich am besten Lein- und Sonnenblumenkuchen, für Schweine Palm-, Kokos-, Erdnuß- und Sojakuchen. Man hat unter allen Umständen darauf zu achten, daß den Öl kuchen nur dann der hohe Futterwert zuzuschreiben ist, wenn sie so angewendet werden, daß die Eiweißbestandteile vollkommen ausgenutzt werden. Ölkuchen sollen immer gequetscht oder geschroten verfüttert werden. Am besten werden

Mischungen mehrerer Ölkuchen verabreicht, weil dadurch am besten die Vollwertigkeit des Eiweißes erzielt wird. Außer der produktiven Wirkung im Tierkörper hat die Ölkuchenfütterung noch eine Verbesserung des Düngers zur Folge, denn der in den Ölkuchen enthaltene Gehalt an Stickstoff, Phosphorsäure und Kali wird nur zum Teil vom tierischen Organismus resorbiert. Je nach Alter und Art der Tiere gehen wechselnde Mengen in Harn und Kot, durchschnittlich gegen 50% des in den Futtermitteln enthaltenen Stickstoffs und 66% der Phosphorsäure und des Kalis in die Exkremente über.

In bezug auf den *Vitamingehalt* liegen nachstehende Erfahrungen vor:

	Vitamin		
	A	B	C
Erdnußkuchen	0 — +	+ +	—
Baumwollsaatkuchen . . .	0 — +	+ +	—
Sonnenblumenkuchen . .	0 — +	+ +	—
Leinkuchen	+ +	+ +	—
Sojabohnenkuchen	0 — +	+ +	—
Kokosnußkuchen	0 — +	+ +	—

0 — + = ungenügend. + + = ausreichend.

Es folgt nun eine Beschreibung der hauptsächlich in Frage kommenden Ölkuchen und Ölkuchenmehle. In Tabelle 2 ist die durchschnittliche chemische Zusammensetzung der wichtigsten Ölkuchen und Extraktionsmehle zusammengestellt.

II. Die einzelnen Ölkuchen und Ölkuchenmehle.

1. Baumwollsaatkuchenmehle.

Die *Baumwollsaatrückstände* resultieren bei der Verarbeitung der entfaserten und entschälten Samen der verschiedenen Arten von *Gossypium* (Baumwollstaude), einer zur Familie der Malvaceen, Malvengewächse, gehörenden Pflanzengattung, welche uns wertvolle Fasern liefert und fast über die ganze Erde verbreitet ist. Nach Entfernung der Baumwolle, die als 1—4 cm lange Fasern und als kurze, nur 0,5—3 mm lange Grundwolle auftritt, bleibt der eiförmige etwa erbensgroße Same zurück, der aus einer spröden schwarzbraunen Samenschale und dem ölreichen Kern besteht. Vor dem Pressen werden die Samen entschält. Der Nährwert dieser *Baumwollsaatschalen* entspricht etwa dem der Weizenspreu. In Amerika dient dieser Schalenabfall in ausgedehntem Maße zur Fütterung der Mastrinder. Ein Teil der Schalen wird dem zerkleinerten und erwärmten Preßgut wieder zugesetzt, da hierdurch das Ablaufen des Öles erleichtert werden soll. In dem aus Amerika importierten Baumwollsaatmehl finden sich noch größere oder geringere Fasern- und Schalenmengen, so daß diese Produkte vielfach nochmals zerkleinert und gereinigt werden. Letzteres Produkt stellt das früher als doppelgesiebtes, *entfasertes deutsches Baumwollsaatmehl* angebotene Produkt dar, zum Unterschied von dem nicht nochmals behandelten „*Amerikanischen Baumwollsaatmehl*". Durch die nachträgliche Reinigung werden hauptsächlich die Fasern entfernt. Die *Baumwollsaatkuchen* bzw. das Kuchenmehl aus nichtentschälten Kernen besitzen eine grünliche, gelbe bis braune Farbe, in der makroskopisch die Schalenreste zu erkennen sind. Die Kuchen aus entschälter Saat besitzen eine hellgelbe Farbe, die beim Lagern etwas nachdunkelt, und nußartigen Geschmack und angenehmen Geruch zeigen. Eine dunklere Farbe kann häufig als Anzeichen starker Erhitzung, schlechter Lagerung und hohen Alters angesehen werden. Es empfiehlt sich immer, die aus geschälter Saat erhaltenen

Baumwollsaatmehle zu verwenden, da dieselben trotz höheren Preises, weil leichter verdaulich, wirtschaftlicher sind.

Nach den letzten brieflichen Auskünften der National Cottonseed Products Corporation zu Memphis, Tennessee, U. S. A., an den Verfasser ist die Zusammensetzung der jetzt in Amerika erzeugten und gehandelten Baumwollsaatprodukte nachstehende:

	Wasser %	Protein %	Fett %	Rohfaser %	N-freie Extraktstoffe %	Asche %
Cottonseed kernel without hulls (Baumwollsamen geschält [Kerne]) . . .	6,7	32,8	32,6	3,1	17,5	5,3
Cottonseed meal choice (Baumwollsaatmehlauszug)	7,5	44,1	9,1	8,1	25,0	6,2
Cottonseed meal, prime (Baumwollsaatmehl, I. Sorte)	7,8	39,8	8,3	10,1	27,4	6,6
Cottonseed meal good (Baumwollsaatmehl, II. Sorte)	7,9	37,6	8,2	11,5	28,4	6,4
Cottenseed feed 24% (Baumwollsaatmehl 24proz.)	8,3	24,5	6,3	21,4	34,6	4,9
Cottonseed feed 20% (Baumwollsaatmehl 20proz.)	7,6	20,8	3,6	22,0	41,1	4,9
Cottonseed hulls (Baumwollsamenschalen)	9,7	4,6	1,9	43,8	37,3	2,7
Cottonseed hulls bran (Baumwollsamenschalenkleie)	8,4	3,4	1,2	34,8	49,7	2,5

Die *Verfütterung von gutem Baumwollsaatmehl* empfiehlt sich bei Mastrindern in Mengen von 2—3 kg pro Haupt und Tag. An Milchvieh gibt man am besten 1 kg, da größere Mengen die Butter hart, trocken und farblos machen. An Pferde werden 1—$1^1/_2$ kg, an Schafe 0,25 kg und an Mastschweine für 50 kg Lebendgewicht bis zu 0,5 kg verabreicht. Bei Jungvieh ist von der Verfütterung von Baumwollsaatmehl abzusehen, da dieselben gegen das *Gossypol*, einen im Baumwollsaatmehl vorkommenden Giftstoff, besonders empfindlich sind[51]. Verfälschungen von Baumwollsaatmehlen sind selten.

2. Bucheckernkuchen.

Als Rückstände der Gewinnung des Buchenkernöls werden die *Bucheckernkuchen* aus den Samen der *Rotbuche, Fagus silvatica*, gewonnen. Man unterscheidet geschälte und ungeschälte Kuchen[16]. Erstere sind ein leicht verdauliches und hochwertiges Futtermittel. Dieselben können *an Schweine und Milchkühe anstandslos verfüttert* werden, ebenso an *Schafe*. An Kühe verabreicht man 2—4 kg auf 1000 kg Lebendgewicht, an Schafe und Schweine 0,25 kg und mehr. *Für alle Einhufer, Pferde, Esel* und *Maultiere* kommen die Bucheckernkuchen als Futtermittel *nicht in Frage*, weil auf diese Tiere das *Alkaloid Fagin*, welches in den Buchenkernen enthalten ist, nachteilig wirkt[1]. Der Anwesenheit von Trimethylamin wird ebenfalls die schädliche Wirkung zugeschrieben, andere Forscher halten das Fagin mit Cholin identisch[40]. An Geflügel, mit Ausnahme der Tauben, können Bucheckernkuchen verfüttert werden. Die Kuchen aus ungeschälten Bucheckern gehören zu den geringwertigsten Abfällen der Ölindustrie. Der *Stärkewert* entschälter Kuchen beträgt 72 kg pro 100 kg bei einem Gehalt von 30% verdaulichem Eiweiß.

3. Erdnußkuchen.

Die Preßrückstände der Erdnußölfabrikation sind die *Erdnußkuchen.* Sie werden gewonnen bei der Verarbeitung der Früchte der *Erdnuß* (*Arachis hypo-*

gaea L.), einer einjährigen, tropischen, krautartigen Leguminose. Die Früchte der Erdnußpflanze, meist als Erdnüsse bezeichnet, auch Erdmandeln oder Peanuts genannt, sind 2—3 cm lange, 1—1,5 cm dicke strohgelbe Hülsenfrüchte, die meist zwei, manchmal aber auch einen Samen enthalten. Das Reifen unter der Erde bedingt, daß die Hülse zum Teil die Farbe des Bodens annimmt, in den sie gepflanzt ist. Die haselnußgroßen, rundlichen Samen sind von einer pergamentartigen, leicht ablösbaren Samenhaut überzogen, die gelbrot, kupferrot bis braun ist. Vor der Verarbeitung auf Öl werden die Erdnüsse entschält, entkeimt und dann im zerkleinerten Zustande gepreßt. Das Extraktionsverfahren kommt nicht zur Anwendung. Die Erdnußkuchen sind in Aussehen und innerer Qualität je nach dem verarbeiteten Material und der dabei angewandten Sorgfalt sehr verschieden[53, 17, 48]. Die *Mittelwerte für Erdnußkuchen* von Tausenden von Analysen einer der größten kontinentalen Ölmühlen (*Harburger Ölwerke Brinkmann & Mergell*) sind nachstehende:

Erdnußkuchen	Wasser %	Protein %	Fett %	Asche %
Bissao	11,32	—	7,16	—
Coromandel	11,09	48,93	6,95	4,79
Ostafrika	10,28	49,88	7,21	—
Niger	10,08	45,83	6,87	—
Rubisque	11,06	—	7,16	—
Gambia	10,98	—	6,37	—
China	11,89	45,62	5,95	—

Die Erdnußkuchen, die aus schon enthülst importierten Erdnüssen erhalten werden, sind von grauweißer bis bräunlichgelber Farbe und zeigen deutlich die Fragmente des roten Samenhäutchens, auch enthalten sie häufig mit bloßem Auge sichtbare Splitter der Erdnußhülsen. Die in europäischen Fabriken gewonnenen Kuchen sind von hellgelber, fast weißer Farbe und zeigen an der Oberfläche nur ganz feine Splitter der roten Samenschale, dagegen fast keine Hülsenfragmente. Gute Erdnußkuchen haben einen süßen, an Bohnen erinnernden, angenehmen Geschmack und einen süßlichen Geruch. Die Erdnußkuchen sind mit die proteinreichsten Ölrückstände. Gute enthülste *Erdnußkuchen* sind gut bekömmlich und werden hoch ausgenutzt. Sie *werden von allen Tieren gern genommen.* Man verfüttert täglich an ein Stück Milch- oder Mastrind bis zu 2 kg, an Pferde bis zu 1,5 kg (als Ersatz für etwa 3—4 kg Hafer), an Schweine und Mastschafe 0,5—0,75 kg sowie kleinere Mengen, anfangend mit 100 g an Jungvieh. Auf die Beschaffenheit der Milch und Butter übt die Verfütterung von Erdnußkuchen einen günstigen Einfluß aus. *Erdnußkuchenmehle* werden mit Erdnußschalenmehl, einem grünlichen wertlosen Pulver verfälscht, ferner mit Rückständen von Mohnsamen, Niger-, Ricinus-, Senf- oder Rapssamen.

4. Hanfkuchen.

Als *Hanfkuchen* bezeichnet man die Rückstände von der Verarbeitung der Früchte des *Hanfes, Cannabis sativa L.* In Europa wird der Hanf hauptsächlich in der Ukraine und den Ostseeprovinzen kultiviert. Die Hanfsamen werden durch Stampfen zerkleinert, über freiem Feuer erwärmt (geröstet) und dann ohne Entfernung der Schalen das Öl ausgepreßt. Die Hanfkuchen sind von dunkelbrauner, auch dunkelgraugrüner Farbe mit grünlichem Reflex und mattem Glanz. Man begegnet indessen auch Kuchen, die fast schwarz sind, sowie solchen, die im großen und ganzen normales Aussehen besitzen, aber größere Partikeln verkohlter Saat eingeschlossen enthalten. Da ein Schälen der Hanfsaat nicht üblich ist, enthalten die Preßrückstände bedeutende Mengen an Rohfaser. Die Verdaulichkeit der Hanfkuchen ist keine besonders gute[32]. Jedoch sind gesunde Kuchen, in nicht zu großen Mengen verabreicht, ein ganz brauchbares Futter, welches am besten mit Rüben, Kartoffeln und Strohhäcksel gegeben wird. Manche Hanfkuchen enthalten größere Mengen narkotisch wirksamer Stoffe, weshalb man die Verfütterung an Jungvieh und tragende Tiere am besten vermeidet. An Mastrinder verabreicht man 1,5 kg, an Pferde ebenfalls 1,5 kg, an Mastschafe höchstens 0,5 kg. An Schweine und Milchvieh ist die Verfütterung von Hanfkuchen nicht zu empfehlen. Hanfkuchen sind selten verfälscht, dagegen infolge mangelhafter Vorreinigung vor dem Pressen häufig stark verunreinigt.

5. Kokoskuchen.

Die *Kokoskuchen* sind die Rückstände der Kokosölgewinnung aus den Samen der *Kokospalme* (*Cocos nucifera L.*). Als Rohprodukt dient das getrocknete Fruchtfleisch der Kokosfrüchte, das unter dem Namen *Kopra* bekannt ist. Die Kokospalme wird besonders auf Ceylon, den Sundainseln, den Philippinen, den afrikanischen Küsten, soweit diese zwischen den Wendekreisen liegen, und auf der Insel Sansibar kultiviert. Auch die Nordküste Südamerikas weist zahlreiche Kokospflanzungen auf. Vor dem Pressen wird die Kopra gereinigt, geschnitzelt, ausgewalzt und dann gepreßt. Die Koprah des Handels enthält je nach Herkunft und Austrocknungsgrad 60—70% Fett. Die Kokoskuchen (Zusammensetzung s. Tabelle II) zeigen eine fast weiße bis hellrötlichgelbe Farbe und einen angenehmen nußartigen Geruch. Die Verdaulichkeit der Kokoskuchen ist eine recht gute. Gesunde normale Kokoskuchen werden von allen Tieren gern genommen, doch werden dieselben bei der Fütterung des Milchviehs bevorzugt. Man kann sie als spezifisches Milchviehfutter bezeichnen, da sie, in genügenden Mengen gereicht, einen günstigen Einfluß auf die Güte und Menge des Milchfettes ausüben[17]. Man gibt pro 1000 kg Lebendgewicht 4 kg der Kokosrückstände.

6. Kürbiskernkuchen.

Die Rückstände der ölhaltigen Samen des gemeinen *Kürbis* (*Cucurbita Pepo L.*), welcher in Ungarn, Polen und Südösterreich, ferner in Nordamerika angebaut wird, bilden die *Kürbiskernkuchen.* Dieselben schwanken in ihrer Zusammensetzung sehr stark, weil man in den verschiedenen Betrieben auf die Hülsenentfernung vor der Pressung nicht die gleiche Sorgfalt verwendet[34]. Im Gegensatz zu den auf S. 6 mitgeteilten Mittelzahlen finden sich nachstehende Schwankungen:

Protein	18,1—55,6%
Fett	4,8—28,9%
Rohfaser	4,6—24,4%

Die Kürbiskernkuchen stellen ein eiweiß- und fettreiches Futtermittel dar von recht guter Verdaulichkeit[19]; doch ist die Aufnahme durch die Tiere keine allzu gute. Am besten füttert man dieselben in mäßigen Gaben an Zug- und Mastochsen.

7. Leinkuchen.

Bei der Gewinnung des Leinöls durch Pressung aus den Samen der *Flachspflanze* (*Linum usitatissimum*) hinterbleiben die *Leinkuchen,* bei der Extraktion der zerkleinerten Leinsamen das *Leinkuchenmehl* oder *Leinkuchenschrot.* In den Hauptproduktionsländern Südrußland, Nordamerika, Argentinien und Indien wird der Flachs oder Lein teils zur Fasergewinnung, teils als Ölpflanze angebaut. Charakteristisch für den Leinsamen und die Leinkuchen ist deren Schleimgehalt, dessen Vorhandensein die spezifische diätische Wirkung zugeschrieben wird.

Die beim Pressen erhaltenen Rückstände sind von grünlichbrauner bis braunroter Farbe. Sie lassen mit bloßem Auge deutlich die braune Samenschale neben dem grünlichen Samenfleisch erkennen. Der *Proteingehalt der Leinkuchen* hängt sowohl von der mehr oder minder guten Reinigung der Leinsaat vor der Verarbeitung ab als auch von deren Herkunft. Infolgedessen beobachtet man sehr starke Schwankungen zwischen 16 und 43 %. Ähnliche Unterschiede finden sich auch bei dem *Fettgehalt*, der zwischen 5 und 22 % schwanken kann. Auffallend ist der niedrige Gehalt des Leinkuchenfettes an freien Fettsäuren. HASELHOFF[13] fand auf Grund eingehender Untersuchungen, daß das Leinkuchenfett selbst länger gelagerter Kuchen unter 7 % freier Fettsäure aufweist. Auch stark verschimmelte Kuchen überschritten kaum diese Grenze, so daß ein Schluß auf die Frische des Kuchens aus der Acidität nicht zu ziehen ist. Der Gehalt an *stickstoffreien Extraktstoffen* sowie an *Rohfaser* hängt von der Reinheit der Leinsaat ab. Auch der *Gehalt an Mineralstoffen* ist von der Reinheit der Saat abhängig. Die früher üppig blühenden Verfälschungen von Leinkuchen sind noch nicht ganz verschwunden. In Kuchen aus schlecht gereinigter Saat finden sich Raps, Leindotter, Ackersenf, Spörgel, Knöterich, Lolch. Deren Menge darf 12 % nicht übersteigen. Außer diesen natürlichen Verunreinigungen fanden sich Zusätze von Erdnußhülsen, Mohnkapseln, Reisspelzen, Buchweizenschalen, Baumwollsamenschalen, Kaffee- und Kakaoschalen, Olivenkernmehl, Hirsespelzen, Johannisbrot, Eicheln, Steinnußabfällen, Sägespänen, Torf und andere. Charakteristisch für die Leinkuchen ist die Bildung eines konsistenten Schleimes beim Anrühren des zerkleinerten Kuchens mit Wasser. Spuren von Glucosiden sollen eine anregende Wirkung ausüben. Doch wurden auch Kuchen gefunden, welche beim Stehen mit Wasser Blausäure abspalteten, in Mengen von 0,24—0,669 pro Kilogramm[4]. Die Leinkuchen erfreuen sich seit langem bei den Viehzüchtern einer großen Beliebtheit. Man schreibt ihnen ausgesprochene diätetische Wirkungen zu. Spezifische Wirkungen auf bestimmte Leistungen des tierischen Organismus kommen den Leinkuchen zwar nicht zu, wohl aber steht fest, daß ihr Genuß infolge günstiger Wirkung auf die Verdauung das Wohlbefinden der Tiere in der besten Weise beeinflußt. Als Beifutter zu einem schwer verdaulichen, wenig anschlagenden Hauptfutter verabreicht, leisten Leinkuchen recht Ersprießliches, wie sie auch bei kranken oder in der Ernährung zurückgebliebenen Tieren zu empfehlen sind. Die Wirkung ist in solchen Fällen *verdauungsfördernd und appetitanregend*. Bei *Milchvieh* sollen reichlichere Mengen die Konsistenz des Butterfettes etwas erhöhen, auch soll der Geschmack der Butter leiden. Bei Verfütterung von Kuchen treten diese Wirkungen mehr auf als bei extrahierten Leinmehlen. Leinkuchen lassen sich sehr gut an Jungvieh, Pferde, Mastvieh, Milchkühe und Schafe verfüttern. Sie eignen sich vorzüglich für Fütterung der Kälber beim Übergang von Vollmilch zur Magermilch.

8. Leindotterkuchen.

Bei der Gewinnung des Leindotteröles aus den Samen des *Lein- oder Flachsdotters* (*Camelina sativa*), einer Crucifere, die in Mitteleuropa, ferner im Kaukasus und in Sibirien wächst, fallen die *Leindotterkuchen* an. Dieselben zeichnen sich durch eine gelbe bis orangerötliche Farbe aus. Beim Zusammenbringen mit Wasser sondern sie, ähnlich wie Leinkuchen, Schleim ab, doch ist derselbe nicht so zähe wie der von Leinsamen. Beim Anfeuchten entwickelt sich ein senfölartiger Geruch[45]. Die Leindotterkuchen des Handels enthalten fast immer mehr oder weniger Beimengungen von Unkrautsamen, namentlich Brassica- und Sinapisarten, Schottendotter, Klee und Flachsseide. Es ist vielfach die Ansicht verbreitet, daß Leindotterkuchen bei trächtigen Tieren Abortus erzeugen und bei

Milchkühen die Qualität der Milch und Butter nachteilig beeinflussen sollen. Nach BÖHMER[2] sind dieselben zur Verfütterung ganz gut geeignet und können in eine Stufe mit gutem Rapskuchen gestellt werden. Zur gleichen Ansicht kommen auf Grund ihrer Fütterungsversuche HONCAMP, ZIMMERMANN und NOLTE[22]. Tagesrationen von 1 kg dürften kaum unerwünschte Schädigungen hervorrufen. Bei Pferden und Jungvieh ist eine Verfütterung nicht zu empfehlen.

9. Madiakuchen.

Bei der Verarbeitung der Früchte der *Ölmadie* (*Madia sativa L.*), einer in Chile heimischen, auch in Nordamerika (Californien) angebauten Composite werden die *Madiakuchen* gewonnen. Dieselben sind grau bis grauschwarz und enthalten, da eine Entschälung nicht stattfindet, reichliche Mengen Rohfaser. In den Madiakuchen sollen Spuren eines narkotischen Stoffes vorhanden sein, so daß eine gewisse Vorsicht bei der Verfütterung geboten erscheint.

10. Maiskeimkuchen.

Bei der Verarbeitung von Mais auf Maisstärke (Maizena) und auf Glucose werden als Abfallprodukte die Maiskeime gewonnen, durch deren Auspressung oder Extraktion der *Maiskeimkuchen* oder *Maisölkuchen* und das *Maiskeimmehl* resultieren. Dieselben werden aus den Vereinigten Staaten von Nordamerika eingeführt, werden aber seit einiger Zeit auch in Deutschland aus ausländischem Mais durch die Deutsche Maizenagesellschaft in ihrer Fabrik in Barby a. Elbe fabriziert. Der Mais wird, besonders bei dickschaligen Sorten, geschält, mit wäßriger schwefliger Säure eingequollen, dann wird der gequollene Mais gebrochen und der quellreife Mais durch Entkeimer von den Keimen befreit. Letztere werden nach dem Trocknen gepreßt oder extrahiert. Die *Maiskeimkuchen* bzw. die *Maisölkuchenmehle* enthalten außer den Keimbestandteilen noch Schalenteile des Maiskornes und Stärkemehl. Die Farbe ist hellgelb, der Geruch angenehm brotartig. Die Verdaulichkeit ist gut[20]. Es kann sowohl als Mastfutter gereicht werden, ebenso auch als Kraftfutter für Milchvieh und Pferde. Es ist jedoch zu berücksichtigen, nicht allzu große Mengen zu geben, da sonst die Bildung von weichem Speck, weichem Fleisch und weicher Butter aufzutreten pflegt. Man vermischt daher für Milchvieh am besten Palmkern- oder Kokoskuchen, für Mastrinder und Schweine Erbsen- oder Bohnenschrot mit den Maiskeimkuchen.

11. Mandelkuchen.

Die Rückstände bei der Gewinnung des fetten Mandelöls stellen die *Mandelkuchen* dar. In gemahlenem Zustande führen dieselben die in keiner Weise zutreffende Bezeichnung *Mandelkleie*. Ausgangsmaterial bilden die geschälten Samenkerne des *Mandelbaumes* (*Amygdalus communis L.*), die in den Mittelmeerländern gewonnen werden. Man unterscheidet süße und bittere Mandeln. Letztere bilden beim Zusammenbringen mit Wasser Blausäure. Die bitteren Mandeln sind ölärmer als die süßen. Die Blausäurebildung beruht auf der Spaltung des in den Mandeln vorkommenden Glucosids *Amygdalin* durch das ebenfalls darin vorhandene Ferment *Emulsin*. Die Mandelkuchen zeichnen sich durch ihren hohen Gehalt an Eiweiß und Fett aus und durch eine ebenfalls hohe Verdaulichkeit.

12. Mohnkuchen.

Die Preßrückstände der Mohnölgewinnung bilden die *Mohnkuchen*. Verarbeitet werden die Samen des *Mohns* (*Papaver somniferum L.*). Die heute für den Mohnbau in Betracht kommenden Länder sind Indien, China, Persien und die Türkei, ferner, wenn auch in geringerem Maße, Nordamerika, Nordafrika, Ägypten, Rußland und Südeuropa[41]. Der Mohn wird teilweise zur Samengewinnung angebaut, aber auch zur Gewinnung des Opiums, des eingetrockneten Milchsaftes der Kapseln. Die Mohnkultur befaßt sich mit zwei Hauptformen des Mohnes, mit *Papaver album C. D.* und *Papaver nigrum D. C.*, von denen erstere Varietät weiße, die zweite graue, blaue bis schwarze Samen liefert. Je nach der Art der verarbeiteten Saat schwanken die Preßrückstände in ihrer Farbe zwischen grauweiß, gelblich, dunkelbraun und dunkelblau. In Deutschland, wo man den schwarzen oder blauen Mohn anbaut, erfreuen sich die dunklen Kuchen wegen ihrer vermeintlichen deutschen Abstammung größerer Beliebtheit als helle Ware. Dieses Vorurteil gegen hellfarbige Kuchen entbehrt nicht einer gewissen Berechtigung, weil die dunklen Kuchen, falls sie tatsächlich aus deutscher Mohnsaat stammen, einen größeren Reinheitsgrad zeigen, als die Preßrückstände der meist recht unreinen indischen oder Levantesaat. Mohnkuchen verdienen als Futtermittel die volle Beachtung der Landwirte, sobald sie aus gesunder und entsprechend gereinigter Saat stammen. Sie eignen sich vortrefflich *als Kraftfutter* für *Mastvieh*, welchem es bis zu Tagesrationen von 2—3 kg gegeben werden kann. An Milchvieh vermeidet man größere Gaben wie 1—1,5 kg pro Haupt und Tag, da ein Sinken des Fettgehaltes der Milch nach größeren Gaben beobachtet wurde. An Jungvieh soll man Mohnkuchen überhaupt nicht füttern, ebensowenig an Zuchttiere. An Pferde kann Mohnkuchen bis 1 kg pro Tag gegeben werden. Mohnkuchen äußern *schwach narkotische Eigenschaften* infolge der Anwesenheit geringer Mengen von Opiumkaloiden. Hierauf beruht auch die Eignung zu Mastzwecken, da sie die Tiere träge machen. Die *Verdaulichkeit* der Mohnkuchen ist gut. Untersuchungen liegen darüber vor von Kühn und Mitarbeitern[36] und in neuerer Zeit von Honcamp und Mitarbeitern[21].

13. Nigerkuchen.

Boi der Verarbeitung der Früchte der *Nigerpflanze* oder *Öltrespe* (*Guizotia oleifera D.*, einer in Abessinien, Ost- und Westindien zwecks Ölgewinnung angebauten Composite, hinterbleiben die *Nigerkuchen*. Dieselben zeigen eine dunkelbraune bis schwarze Farbe. Die Verdaulichkeit ist gut, wie Versuche von Honcamp und Gschwendener zeigen[19]. Hansen[11] empfiehlt die Nigerkuchen zur Verfütterung an Milchvieh, und zwar in Mengen bis zu 5 kg pro 1000 kg Lebendgewicht. Auch zur Mast von Rindern und Hämmeln werden Nigerkuchen empfohlen.

14. Nußkuchen.

Die *Walnußkuchen* bilden den Preßrückstand bei der Ölgewinnung aus *Walnüssen*, den Früchten der *Juglans regia L.*, des *Walnußbaumes*. Die Nußkuchen zeigen gelbe bis braune Farbe und zählen zu den an Holzfaser ärmsten Ölkuchen. Zur Pressung werden nur 2—3 Monate abgelagerte Nüsse verwandt, da frische Nüsse ein trübes Öl liefern. Nach Pfister[46] hat die Erzeugung von Nußöl in den letzten Jahren bedeutend abgenommen. Die Preßrückstände sind sehr verdaulich und stellen ein hochwertiges Futtermittel dar, welches zur Fütterung an Milchvieh (bis 1,5 kg) geeignet ist. Neuere Ausnutzungsversuche wurden von Honcamp und Mitarbeitern an Hämmeln angestellt[24]. Nach Raynaud[49] herrscht in gewissen Gegenden Frankreichs ein stillschweigendes Übereinkommen, nach welchem mit Nußkuchen gefütterte Tiere vom Fleischmarkt ausgeschlossen sind, weil der durch diese Futtermittel dem Fleisch und dem Fette der betreffenden Tiere erteilte Geruch und Geschmack die Produkte schwer verkäuflich machen.

15. Palmkernkuchen.

Die Preßkuchen, die bei der Verarbeitung der Samenkerne der *afrikanischen Ölpalme* (*Elaeis Guineensis*) und der *schwarzkörnigen Ölpalme* (*Elaeis melanococca*) zwecks Gewinnung von Palmkernöl erhalten werden, stellen die *Palmkernkuchen*, die Extraktionsrückstände das *Palmkernschrot* dar. Der *Fettgehalt* der Palmkerne schwankt bei den einzelnen Produkten erheblich. Alte Palmkernrückstände stellen eine vorwiegend weißgraue, von schwarzen Krümchen durchsetzte, eigentümliche grießartige Masse dar, die sich fettig anfühlt. Kuchen, die zu reichliche Mengen dieser dunkel gefärbten Fragmente enthalten, lassen auf einen reichlichen Gehalt an Steinschalenteilchen schließen und sind daher von geringer Güte. Die Acidität der Palmkernrückstände bzw. ihres Fettes nimmt beim Lagern nicht in so rascher Weise zu, wie dies bei anderen Ölkuchen der Fall ist. Eine besondere Neigung zur Schimmelbildung besitzen die Palmkernrückstände nicht, sie sind überhaupt als *eine der haltbarsten Ölkuchen* zu betrachten. Hierauf, wie auch vornehmlich auf ihrer Schmackhaftigkeit, auf den ihnen eigenen Nährwirkungen und ihrer großen Verdaulichkeit beruht der Wert der Palmkuchenrückstände. Sie werden von den Tieren sofort und gern genommen und auch in größeren Mengen leicht vertragen. Die Futtereinheit wird in den Palmkernkuchen hoch bezahlt, daher ist es unrationell, dieselben an Zugtiere oder zur Mast zu verabreichen. Als Futter für Milch- und Jungvieh sind sie um so geeigneter. Schon durch KÜHN[37] und MÄRCKER[42] wurde nachgewiesen, daß die Palmkernrückstände nicht nur die Quantität der Milch vermehren, sondern auch deren Fettgehalt erhöhen und der Butter eine festere Konsistenz verleihen. Eine Beigabe derselben hebt die nachteilige Wirkung von Mais-, Reisschlempefütterung usw. auf die Konsistenz und den Geschmack der Butter auf. Man verabreicht an Milchvieh pro Tag und Haupt 2—2,5 kg. An Schweine verfüttert, erhöhen sie die Konsistenz des Specks.

16. Raps- und Rübsenkuchen.

Die Rückstände der Ölgewinnung aus den zu den Cruciferen gehörenden *Rapsarten* bilden die *Raps- bzw. Rübsenkuchen.* Die europäischen Rapsarten sind auf zwei Grundarten zurückzuführen, *Brassica napus L. Raps und Brassica rapa L. Rübsen.* Neben diesen Rückständen kommen aber auch solche aus den Samen in Indien angebauter Rapsarten im Handel vor. Die *indischen Rapssorten* sind *Brassica glauca Roxb.*, *Guzerat — oder gelber indischer Raps*, *Brassica dichotoma — brauner indischer Raps*, *Brassica ramosa — punktierter indischer Raps*, *Brassica juncea — Sareptasenf.*

Die indischen Rapsarten sind zwar reicher an Protein und Fett, enthalten dafür aber auch größere Mengen von *Sinigrin* und *Myrosin*, Körper, die beim Zusammenbringen mit Wasser ätherisches Senföl entwickeln. Während Raps und Rübsen 0,123% bzw. 0,131% Senföl entwickeln, fand sich in B. glauca 0,72%, B. dichotoma 0,32% und B. ramosa 0,39% Senföl[8]. Alle Cruciferensamen enthalten *Sinigrin* (myronsaures Kali), welches zu den Glucosiden gehört, d. h. zu Verbindungen, welche durch Einwirkung bestimmter Fermente bei Gegenwart von Wasser in Traubenzucker und andere, meistens charakteristische Eigenschaften zeigende, Produkte zerfallen. So spaltet sich das *Sinigrin* unter der Einwirkung des Fermentes *Myrosin*, ebenfalls im Senfölsamen enthalten, in Glucose, ätherisches Senföl und Kaliumbisulfat im Sinne der Formel

$$\underset{\text{Sinigrin}}{C_{10}H_{18}KNS_2O_{10}} = \underset{\text{Glucose}}{C_6H_{12}O_6} + \underset{\substack{\text{Senföl}\\ \text{(Allylsenföl)}}}{C_3H_5NCS} + \underset{\text{Kaliumbisulfat}}{KHSO_4}$$

Im weißen Senf kommt ein anderes Glucosid vor, das *Sinalbin*, welches bei der fermentativen Aufspaltung durch Myrosin neben Glucose das *Sinalbinsenföl* bildet, welches dem Allylsenföl ähnlich ist, aber nicht so heftige Eigenschaften und Wirkungen aufweist. *Raps-* bzw. *Rübsenkuchen* zeigen eine grünliche, graugrüne bis graubraune Farbe, haben einen eigentümlichen, fast zwiebelartigen Geruch und zeigen je nach der Art der benutzten Pressen verschiedene Formen. Die Rapskuchen sind wegen ihrer Schmackhaftigkeit und ihrer *hohen Verdaulichkeit als Futtermittel* sehr gut geeignet, doch muß man auf die in diesen Ölkuchen enthaltenen senfölbildenden Stoffe stets Rücksicht nehmen. Da sich beim Verfüttern der Rapskuchen durch diese auch im Tierkörper *ätherisches Senföl* bildet, bzw. dieses, wenn auch vorher bereits entstanden, doch in den Magen gelangt, kann es infolge seiner ätzenden Eigenschaften für die Gesundheit der Tiere höchst nachteilig werden. Rapskuchen, die große Mengen von Senföl zu entwickeln vermögen, sind daher von der Verwendung als Futtermittel auszuschließen, wie aus demselben Grunde auch Preßkuchen von schwarzem Senf nicht verfüttert werden dürfen, ebenso nur mit Vorsicht die Preßkuchen aus weißer Senfsaat. Bemerkt sei noch, daß die aus den verschiedenen Cruciferensamen entwickelten Senföle nicht von gleicher Zusammensetzung sind und auch eine verschiedene Wirkung gegen die Schleimhäute zeigen. Die Mittelwerte von vielen Tausenden von Analysen von Rapskuchen einer großen norddeutschen Ölfabrik (*Harburger Ölwerke Brinkmann & Mergell*) sind nachstehende:

Rapskuchen (Toria-Raps).

Wasser	10,03 %
Protein	31,97 %
Fett	7,75 %

Die *Ermittlung des Gehaltes eines Rapskuchens an senfölbildenden Bestandteilen*, d. h., ob der Kuchen als Futtermittel verwendbar ist oder nicht, kann durch eine einfache Geruchsprobe geschehen. Man rührt zu diesem Zwecke die Kuchen in warmem Wasser (*nicht über 70° C*) an und beobachtet die Stärke des bald auftretenden Senfölgeruches. Die allgemein verbreitete Ansicht, daß die aus *heimischer Saat* gepreßten Raps- und Rübsenkuchen weniger Senföl entwickeln als Kuchen aus *indischem Raps*, ist weder durch die Bestimmung des sich bildenden Senföles, noch durch praktische Fütterungsversuche bestätigt worden. Wenn dennoch gegen die Verwendung von Rapskuchen aus indischer Saat eine gewisse Voreingenommenheit herrscht, so ist daran der Umstand schuld, daß Saaten, die stark mit schwarzem Senf und Hederich verunreinigt waren, als indischer Raps auf den Markt kamen. Von Hansen und Hecker[12] liegt eine Arbeit vor, wonach indische Kuchen ebensogut wirken wie deutsche Rapskuchen. Wegen des bitteren Geschmackes der Milch und Butter und der weichen Beschaffenheit der letzteren und reichlichen Gaben von Raps- oder Rübsenkuchen ist es ratsam, an Milchvieh pro Tag und Haupt nicht mehr als 1 kg zu verabreichen, am besten in trockenem Zustande. An Arbeitsvieh, Jungvieh, Pferde und Zuchtsauen sollten Rapskuchen nicht verfüttert werden. Es wird empfohlen, senfölbildende Rapskuchen vor dem Füttern zu kochen oder zu dämpfen, weil dadurch das flüchtige Senföl wenigstens zum Teil entfernt wird.

17. Ackersenfkuchen.

Auch aus den Samen des *Ackersenfes*, *Sinapis arvensis L.*, fälschlich auch als *Hedrich*, *wilder Raps*, *Ravison* bezeichnet, wird Öl gewonnen. Die Rückstände kommen als *Ackersenfkuchen*, *Hedrichkuchen* oder *Ravisonkuchen* im Handel vor. Von Honcamp, Zimmermann und Blank[23] wurden Ackersenfkuchen untersucht und nachstehende Zusammensetzung in der Trockensubstanz gefunden:

Wasser	—	N-freie Extraktstoffe	35,5 %
Protein	33,2 %	Rohfaser	14,7 %
Fett	6,9 %	Asche	10,9 %

Der Wert ist etwas geringer als Rapskuchen. Die Verdaulichkeit wurde von HONCAMP und Mitarbeitern[23] an Hämmeln geprüft und als recht gut befunden.

Von KLING[29] wurden ebenfalls Ackersenfkuchen untersucht und nachstehende Zusammensetzung gefunden:

Wasser	6,7 %	9,5 %	N-freie Extraktstoffe	13,5 %	13,8 %
Protein	34,5 %	30,5 %	Asche	7,8 %	10,2 %
Fett	6,9 %	5,5 %	Darin Sand	2,0 %	4,4 %
Rohfaser	30,6 %	30,5 %			

Ackersenfkuchen entwickeln nicht mehr Senföl als Rapskuchen. Sie können auch in der gleichen Weise wie diese verfüttert werden.

18. Sesamkuchen.

Die *Sesamkuchen* sind die Rückstände von der Gewinnung des Sesamöles aus den Samen der Sesampflanzen (*Sesamum indicum* bzw. *Sesamum orientale*), welche in Ostasien, Kleinasien, Ägypten, Somaliküste, Sansibar, Natal, Griechenland, Brasilien, Mexiko, Westindien und in den südlichen Teilen von Nordamerika angebaut werden. Die Farbe der Samen der verschiedenen Spielarten von Sesamum indicum (indische Saat) ist weiß, gelblich, braun, rotbraun, braunschwarz oder tiefschwarz. In den Oberhautstellen finden sich Calciumoxalatdrusen[14]. Die Samen von *Sesamum orientale*, als Levantiner Saat im Handel, zeigen gelblich weiße Farbe, ferner ebenfalls Oxalsäureverbindungen, sind ölreicher als die indischen Saaten und liefern bessere Qualitäten an Öl und Preßkuchen. Die Sesamkuchen variieren in der Färbung je nach dem verarbeitetem Ausgangsmaterial. Weiße Sesamsaat liefert gelblichgraue Kuchen, braune Saaten liefern braunrote bis grauschwarze Rückstände, während die Kuchen von dunkelfarbigen Samen schwarzbraun bis schwarz sind. Die Sesamkuchen zeigen eine recht gute Verdaulichkeit (HONCAMP und GSCHWENDENER[33]). Die Mineralstoffbestandteile weisen einen hohen Gehalt an Phosphorsäure und Kalk auf. Als Mittelwerte von Tausenden von Analysen wurden in den Harburger Ölwerken Brinkmann & Mergell nachstehende Zahlen gefunden:

Wasser	10,63 %
Protein	38,74 %
Fett	5,89 %

Sesamkuchen werden von allen Tieren gern gefressen. Als Mastfutter angewendet, wirken sie nicht nur günstig auf die Vermehrung des Körpergewichtes, sondern auch auf die Fleisch- und Fettproduktion. Als Milchfutter sind sie am besten in Gaben von 1 kg pro Haupt und Tag zu geben, als Beifutter zu Rübenblättern, Palmkern- und Kokoskuchen (DETTWEILER[3]), da größere Mengen ein Weichwerden der Butter bewirken (SCHLUCKEBIER[50], DETTWEILER[3]). Als Mastfutter für Schafe sind Sesamkuchen sehr geeignet wegen der erweichenden Wirkung derselben auf den Hammeltalg. Als Hafterersatz für Pferde sind die Sesamrückstände gut brauchbar, ebenfalls in Gaben von 1 kg pro Tag und Haupt.

19. Sojabohnenkuchen.

Bei der Verarbeitung der *Sojabohnen*, einer in China und Japan kultivierten Papilionacee, resultieren die *Sojabohnenkuchen*. Die Stammpflanze wurde früher *Glycine hispida* bezeichnet. Nach den internationalen Regeln der botanischen

Nomenklatur heißt jetzt die Pflanze *Glycine Maxim.* oder nach der amerikanischen Nomenklatur *Soja Maxim.* (PIPER und MORSE[47], LI-YU-YING et GRANDVOINNET[39]. In der Mandschurei werden zur Zeit etwa 500 verschiedene Arten kultiviert, deren Zusammensetzung je nach den Kulturbedingungen und klimatischen Verhältnissen starken Schwankungen unterworfen sind. Es kommen im Fettgehalt Schwankungen bis 6 % vor, im Proteingehalt bis 7 %. China erzeugt 80 % der gesamten Weltproduktion an Sojabohnen, davon 70 % in der Mandschurei. Die Form und das Gewicht der Sojakuchen wechselt je nach der Art der Pressen. Der runde mandschurische Kuchen hat ein Gewicht von 61 Pfund (engl.). Der Kuchen aus englisch-chinesischen Mühlen wiegt 15,3 Pfund (engl.). Die Zusammensetzung des ersteren ist 15,6 % Wasser, 41,3 % Protein und 8,26 % Fett, die letzteren enthalten 9,12 % Wasser, 41,04 % Protein und 5,78 % Fett. Geringe Mengen werden im Ursprungsland an das Vieh verfüttert, die Hauptmengen gehen als Dünger nach Japan, so daß in einem Bericht des Economic Bureau of the Chinese Railway die Anschauung ausgesprochen wird: „Es scheint, daß in der Mandschurei die Soja nur angebaut wird, um die Felder des Nachbarlandes zu düngen.“ Der Import von Sojabohnenkuchen nach Japan betrug im Jahre 1927/28 995375 Tonnen (HORWATH[27]). In England und Deutschland werden seit einigen Jahren Sojabohnen auch auf Öl durch Pressung oder Extraktion verarbeitet. Der Gehalt im deutschen Extraktionsschrot an Protein und Fett nach Angaben der obenerwähnten großen Harburger Ölmühle beträgt:

Wasser 11,60%, Protein 45,46%, Fett 0,85% und Asche 5,74%.

Weitere Analysenergebnisse von *Sojabohnenkuchen* und *Sojaextraktionsschrot* finden sich bei KLING[31]. Die Sojabohnenrückstände zeichnen sich durch einen hohen Gehalt an Protein von hoher Verdaulichkeit aus (HONCAMP[18], KELLNER und NEUMANNS[28]). Auch die übrigen Nährstoffbestandteile sind gut verdaulich. Die *Sojabohnenrückstände eignen sich zur Verfütterung an alle Nutztiere.* An Milchvieh gibt man pro Tag und Haupt 2—3 kg, an Pferde 2 kg, an Schweine 0,5 kg. Auch an Jungvieh können die Rückstände mit Vorteil verfüttert werden. Nach Mitteilungen von HORWATH[27] werden in China geschrotene Sojabohnen mit Vorteil zur Aufzucht von Junggeflügel benutzt, da in den Samen sowohl das wasserlösliche wie fettlösliche Vitamin vorhanden ist. Nach Untersuchungen von HORNEMANN[26] sind die Sojapreßkuchen vitaminhaltig, während die Extraktionsschrote absolut vitaminfrei sind, *so daß die Sojakuchen zu Fütterungszwecken zu bevorzugen sind.* Die Sojakuchen zeichnen sich dadurch noch ganz besonders aus, daß das Eiweiß derselben nahezu vollwertig ist, im Gegensatz zu den Eiweißen der übrigen Leguminosen (OSBORN und MENDEL[44]). Eine Beifütterung von Kochsalz ist empfehlenswert, da die Sojabohne sehr arm daran ist. Durch Verfütterung von Sojaextraktionsschrot, welches durch Behandlung mit Trichloräthylen gewonnen war und infolge ungenügender Entfernung des Trichloräthylens noch Spuren dieses Extraktionsmittels enthielt, wurden vor einigen Jahren Erkrankungsfälle an Milchvieh beobachtet, die unter dem Namen *Dürener Krankheit* beschrieben wurde[10]. Nachdem in den Fabriken das Lösungsmittel gewechselt wurde, verschwand diese Krankheit.

20. Sonnenblumenkuchen.

Bei der Gewinnung des Sonnenblumenöles aus den Samen der *Sonnenblume* (*Helianthus annuus*) werden als Preßrückstände die *Sonnenblumenkuchen* erhalten. Die Sonnenblume wird hauptsächlich in Rußland, China und Indien, ferner in Ungarn und Rumänien in geringen Mengen in Deutschland und Italien angebaut[35]. Im Handel kennt man hauptsächlich russische und ungarische Saat.

Dieselbe wird in kleineren Betrieben ungeschält gepreßt, während in rationellen Betrieben überall geschält wird. Trotzdem bleiben immer noch ca. 10 % Schalen bei den Kernen, doch findet man diesen Gehalt nicht störend, da er zum besseren Pressen und leichterem Abfließen des Öles notwendig sei. Daher ist auch die Zusammensetzung der Preßkuchen großen Schwankungen unterworfen. Die Werte für Protein schwanken zwischen 21,44 und 50,10 %, für Fett zwischen 4,9 und 29,58 % und für Rohfaser zwischen 6,05 und 23,58 %. Die Mittelwerte von Kuchen aus ungeschälter Saat der großen Norddeutschen Ölfabrik sind 29,12 % Protein und 8,21 % Fett. Infolge ihres Gehaltes an Schalen haben die Sonnenblumenkuchen eine sehr harte Konsistenz, die Farbe ist grau bis grauschwarz. Die Verdaulichkeit dieser eiweißreichen Kuchen ist eine recht gute. Neuere Untersuchungen von Honcamp und Gschwendener[19, 20] konnten die früheren Werte von Wolf[56] bestätigen. Gute frische Sonnenblumenkuchen sind ein vorzügliches Kraftfutter für alle landwirtschaftlichen Nutztiere und kann man Zug-, Zucht- und Mastvieh damit füttern. Besonders in Schweden und Dänemark werden die Sonnenblumenkuchen russischer Herkunft in ausgedehnter Weise als Futtermittel benutzt. Wegen des angenehmen milden Geschmackes werden sie vom Rindvieh sehr gern genommen. Mit Wasser angerührt und als schleimige, ölige Masse verabreicht, sollen sie ähnliche diätetische Wirkungen aufweisen wie Leinkuchen. Auf die Milchproduktion wirken Sonnenblumenkuchen vorteilhaft ein, doch soll daraus erzeugte Butter sehr weich sein, so daß die Verfütterung an Milchvieh nur dann ratsam erscheint, wenn die Milch direkt verkauft und nicht verbuttert wird. Auch bei der Schweinemast machen Sonnenblumenkuchen den Speck weich. Bei Hämmeln wurde eine günstige Beeinflussung des Fleischgeschmackes konstatiert. An ältere Kälber und Jungvieh lassen sich Sonnenblumenkuchen mit Vorteil als Ersatz für Leinkuchen verfüttern. An Milchvieh gibt man pro Tag und Haupt 2—2,5 kg, an Mastrinder kann man bis 5 kg füttern. An Pferde gibt man 2—5 kg, an Schweine 1—1,5 kg, an Schafe 0,15 kg pro Kopf und Tag. Mit Vorteil werden Sonnenblumenkuchen auch an Geflügel verfüttert.

III. Rückstände der ätherischen Ölgewinnung.

Kurz seien noch die *Rückstände bei der Gewinnung ätherischer Öle* erwähnt[25, 52]. Es kommen in der Hauptsache die Rückstände von Anis-, Fenchel-, Coriander- und Kümmelsamen in Frage. Die gequetschten Samen werden mit Dampf behandelt und dadurch die flüchtigen ätherischen Öle abdestilliert. Die entölten Rückstände werden entweder direkt verfüttert oder in getrocknetem Zustande in den Handel gebracht. Der natürliche Gehalt an fettem Öl ist in den Rückständen noch erhalten.

1. Anissamenrückstände.

Die Anissamenrückstände stammen von der Gewinnung des ätherischen Anisöles aus den Samen des *Anis* (*Pimpinella Anisum*[52]). Die Zusammensetzung beträgt im Mittel Wasser 6,5 %, Protein 17,7 %, Rohfett 19,4 %, N-freie Extraktstoffe 32,0 %, Rohfaser 11,4 %, Asche 13,0 %. Die Anisrückstände sind geeignet zur Fütterung von Milchkühen und Mastochsen in Gaben von 1 kg pro Tag und Haupt.

2. Fenchelsamenrückstände.

Bei der Herstellung des ätherischen Fenchelöles aus den Samen des Fenchels (Foeniculum officinale) hinterbleiben die *Fenchelsamenrückstände.* Die Rückstände werden entweder in feuchtem Zustande oder getrocknet als Viehfutter benutzt. Sie werden auch als Kuchen gepreßt, wobei sie etwas von den in den

Samen enthaltenen fetten Ölen verlieren. Die Zusammensetzung der *Fenchelsamenkuchen* ist im Mittel nachstehende:

Wasser	10,4 %	N-freie Extraktstoffe	29,7 %
Protein	17,7 %	Rohfaser	19,8 %
Fett	13,9 %	Asche	10,4 %

Lufttrockene *Fenchelrückstände* zeigen nachstehende Zusammensetzung:

Wasser	8,2 %	N-freie Extraktstoffe	30,9 %
Protein	17,0 %	Rohfaser	18,0 %
Fett	15,6 %	Asche	10,4 %

Diese Rückstände können als Nebenfutter für Milch- und Mastvieh Verwendung finden. Sie befördern wie die Anissamen die Milchsekretion[25, 5, 6, 7]. Als tägliche Gaben dient 1 kg pro Tag und Haupt.

3. Kümmelsamenrückstände.

Die Samen des *Feld-* und *Wiesenkümmels* (*Carum carvi*) dienen zur Herstellung des ätherischen Kümmelöles. Die Rückstände werden getrocknet und in diesem Zustande verfüttert. Die mittlere Zusammensetzung ist nachstehende[25]:

Wasser	7,4 %	N-freie Extraktstoffe	31,6 %
Protein	20,9 %	Rohfaser	15,3 %
Fett	17,0 %	Asche	7,8 %

Die Verdaulichkeit wird durch den Rohfasergehalt und die Anwesenheit von Harzen beeinträchtigt. Die Kümmelrückstände werden als gutes Milchfutter angesehen. Es werden pro Kopf und Tag 1 kg verabreicht. Auch Pferde fressen diese Rückstände gern.

4. Coriandersamenrückstände.

Die bei der Verarbeitung der Samen von *Coriander* (*Coriandrum sativum*) auf ätherisches Corianderöl hinterbleibenden Rückstände werden ebenfalls zu Fütterungszwecken benutzt. Die mittlere Zusammensetzung ist nachstehende:

Wasser	6,0 %	N-freie Extraktstoffe	29,0 %
Protein	15,0 %	Rohfaser	24,0 %
Fett	17,0 %	Asche	9,0 %

Die Verdaulichkeit wurde von HONCAMP und KATAYAMA an Hämmeln geprüft[25].

Literatur.

(*1*) BÖHM: Arch. f. exper. Path. **19**, 87. — (*2*) BÖHMER: Kraftfuttermittel, S. 471. Berlin 1903.

(*3*) DETTWEILER: Milchztg **25**, Nr. 50 (1897). — (*4*) DUSSERE: Landw. Jb. d. Schweiz, S. 793 (1925).

(*5*) FINGERLING, G.: Untersuchungen über den Einfluß von Reizstoffen auf die Milchsekretion. Dissert., Marburg a. Lahn 1904. — (*6*) Untersuchungen über den Einfluß von Reizstoffen auf die Futteraufnahme; Verdaulichkeit und Milchsekretion bei reizlosem und normalem Futter. Landw. Versuchsstat. **62**, 11 (1905). — (*7*) Weitere Untersuchungen über den Einfluß von Reizstoffen auf die Milchsekretion. Ebenda **67**, 261 (1907). — (*8*) FOERSTER, OTTO: Rapskuchen. Ebenda **50**, 371 (1898).

(*9*) GRAM, BILLE: Über Rapskuchen und deren Verunreinigung. Landw. Versuchsstat. **50**, 449 (1898).

(*10*) HAGER, G.: Über die Dürener Krankheit und ihre Ursache. Landw. Versuchsstat. **104**, 221 (1921). — (*11*) HANSEN: Mitt. dtsch. landw. Ges. **1911**, 396. — (*12*) HANSEN u. HECKER: Landw. Jb. **32**, 371 (1908). — (*13*) HASELHOFF: Über Leinsamkuchen und Mehl. Landw. Versuchsstat. **41**, 55 (1892). — (*14*) HEBEBRAND, A.: Über den Sesam. Ebenda **51**, 53 (1898). — (*15*) HEINRICH: Ber. landw. Versuchsstat. Rostock **1894**, 343. — (*16*) HONCAMP, F.: Über Bucheckernkuchen und Obstkernkuchenmehl. Landw. Versuchsstat. **93**, 97 (1919). — (*17*) Arb. dtsch. landw. Ges. **1920**, H. 303, 53. — (*18*) Die Sojabohnen und ihre Abfallprodukte. Landw. Versuchsstat. **73**, 241 (1910). — (*19*) HONCAMP, F., u. B. GSCHWENDENER: Untersuchungen über die Zusammensetzungen und Verdaulichkeit einiger Futtermittel. Landw. Jb. **40**, 731 (1911). — (*20*) Z. Tierzüchtg **8**, 265 (1927). —

(21) HONCAMP, F., H. ZIMMERMANN u. E. BLANCK: Ausnutzungsversuche mit Mohnkuchen und Walnußkuchen. Landw. Versuchsstat. **93**, 77 (1919). — (22) HONCAMP, F., H. ZIMMERMANN u. O. NOLTE: Leindotterkuchen und entfettete Senfrückstände, ihre Zusammensetzung und ihre Verdaulichkeit. Ebenda **96**, 339 (1920). — (23) HONCAMP, F., H. ZIMMERMANN u. E. BLANCK: Über die Zusammensetzung und Verdaulichkeit einiger Kriegsfuttermittel. Ebenda **89**, 425 (1917). — (24) Ausnutzungsversuche mit Mohnkuchen und Walnußkuchen. Ebenda **93**, 77 (1919). — (25) HONCAMP, F., u. T. KATAYAMA: Untersuchungen über die Zusammensetzung und Verdaulichkeit einiger Rückstände der ätherischen Ölfabrikation. Ebenda **67**, 117 (1907). — (26) HORNEMANN: Z. Unters. Nahrgsmitt. usw. **49**, 114 (1925). — (27) HORWATH: The soybean as human food. Chinese Government Bureau of Economie information, Peking, S. 39.

(28) KELLNER, O., u. R. NEUMANN: Fütterungsversuche mit Schweinen über die Verdaulichkeit getrockneter Kartoffeln und des entfetteten Sojabohnenmehles. Landw. Versuchsstat. **73**, 235 (1910). — (29) KLING: Landw. Blätter, herausgegeben vom Landw. Kreisausschuß der Pfalz, Speyer **1915**, 232. — (30) Landw. Jb. f. Bayern 8, 425 (1918). — (31) Die Handelsfuttermittel, S. 398. 1928. — (32) KNIERIEM, W. v.: Untersuchungen betreffend den Wert verschiedener Kraftfuttermittel. Landw. Jb. **1898**, 584. — (33) Ebenda **1897**, 819; **1898**, 568; **1903**, 559. — (34) KOSUTANY, TH.: Die Kürbiskernkuchen. Landw. Versuchsstat. **43**, 264 (1893). — (35) Über Sonnenblumenkuchen. Ebenda **43**, 264 (1893). — (36) KÜHN, GUSTAV, O. BÖTTCHER, R. SCHODER, W. ZIELSTORFF u. F. BARNSTEIN: Versuche über die Verdaulichkeit von Mohnkuchen. Ebenda **44**, 177 (1894). — (37) KÜHN: J. Landw. **1877**, 373.

(38) LEHMANN: Mitt. dtsch. landw. Ges. **1910**, 203. — (39) LI YU YING AND GRANDVOINNET: Le Soja. Paris 1921. — (40) LITHY: Illustr. landw. Ztg **37**, 58 (1917).

(41) MACH, F.: Mohn und Mohnkuchen. Landw. Versuchsstat. **57**, 420 (1902). — (42) MÄRCKER: Landw. Jb. **27**, 188 (1898). — (43) MERKEL, F.: Untersuchungen über die Beeinflussung der Milchsekretion durch Nähr- und Reizstoffe. Inaug.-Dissert., Breslau 1906.

(44) OSBORN u. MENDEL: J. of biol. Chem. **32**, 369 (1917).

(45) PESCH, E. J. VAN: Über Fabrikation, Verunreinigung von Leinkuchen und deren Nachweis. Landw. Versuchsstat. **41**, 73 (1892). — (46) PFISTER, RUDOLF: Walnußkuchen. Ebenda **43**, 448 (1894). — (47) PIPER u. MORSE: The soybean. New York 1923. — (48) POTT: Handbuch der tierischen Ernährung **3**, S. 50, 85.

(49) RAYNAUD: Rev. vet. **1879**, 498.

(50) SCHLUCKEBIER: Einfluß des Futterfettes auf das Körperfett bei Schweinen. Inaug.-Dissert., Münster i. W. 1908. — (51) SHERWOOD: Biedermanns Zbl. Agrikulturchem. **55**, 413 (1926).

(52) ULITSCH, P.: Rückstände der Fabrikation ätherischer Öle. Landw. Versuchsstat. **42**, 215 (1893).

(53) VÖLTZ: Biochem. Z. **130**, 345 (1922).

(54) WEIDMANN: Biochem. Z. **130**, 345, 804 (1925). — (55) WINDISCH, R.: Über Sonnenblumensamenkuchen. Ebenda **57**, 305 (1902). — (56) WOLFF, E. VON: Über die Verdaulichkeit verschiedener Arten von ausländischen Ölkuchen. Landw. Versuchsstat. **26**, 417 (1881), **27**, 215 (1882).

2. Die animalischen Futtermittel.

a. Milch und Milchprodukte.

Von

Dr. WALTER LENKEIT und Privatdozent Dr. WOLFGANG LINTZEL

Assistenten des Tierphysiologischen Instituts der Landwirtschaftlichen Hochschule Berlin.

Mit 3 Abbildungen

A. Die Milchbildung.

Von Dr. WALTER LENKEIT.

I. Anatomie der Milchdrüse.

Die Milchdrüse ist wie die Schweiß- und Talgdrüsen eine Derivat des Ektoderms. Sie wird als eine modifizierte Schweißdrüse angesehen (HEIDENHAIN[95a], BENDA[29], ZIETZSCHMANN[207, 209]); sie ist aber nicht wie diese ein einfaches Drüsenorgan mit einem Ausführungsgang, sondern ein Komplex aus Einzeldrüsen.

Schon frühzeitig treten bei den placentalen Säugern in der *ontogenetischen Entwicklung* an der seitlichen Leibeswand leistenartige Epithelwucherungen, die sog. „*Milchleisten*" auf. Aus den Milchleisten entwickeln sich die *Milchhügel* unter Verschwinden der verbindenden Stücke. Die Basis der Milchhügel geht knospenartig in die Tiefe, dadurch entsteht an der Oberfläche allmählich eine Vertiefung, die *Mammartasche*, um die sich ein wulstiger Rand erhebt, der *Cutiswall*. Dieser wird im Laufe der Entwicklung schmäler und länger, die Mammar- oder Zitzentasche wird dadurch über die Hautoberfläche gehoben und abgeflacht; die ganze Anlage stellt so bereits die Zitze dar. Vom Boden der Mammartasche wachsen solide Epithelsprossen (*primäre Sprossen*) — beim Rind eine, beim Pferd und Schwein zwei bis drei (MARTIN[125]) — in die Tiefe, welche die Hauptausführungsgänge mit deren Erweiterungen, den *Milchsinus* oder *Zisternen*, liefern. Aus den durch Weiterwucherung entstehenden *sekundären Sprossen* entwickeln sich die kleinen Milchdrüsengänge, die Endtubuli und aus diesen zur Zeit der Geschlechtsreife, besonders nach Eintritt einer Schwangerschaft, die Drüsenbläschen (*Alveolen*).

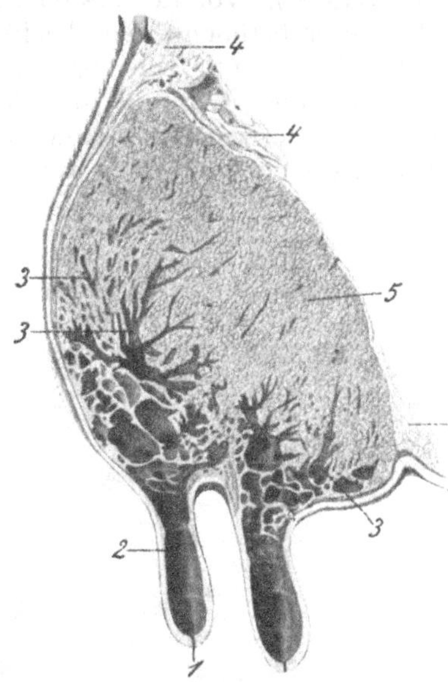

Abb. 9. Längsschnitt durch das Euter einer Kuh. 1 Strichkanal; 2 Zisterne; 3 Milchgänge; 4 Fett und Bindegewebe; 5 Drüsengewebe (ELLENBERGER-BAUM: Handbuch d. vergl. Anat. 16. Aufl.).

Makroskopisch sind an der ausgebildeten, tätigen Drüse zu unterscheiden der eigentliche Drüsenkörper und das System der Ausführungsgänge (Abb. 9).

Die Drüsenmasse, die aus den Milchdrüsenkanälchen und den Alveolen besteht, zeigt deutlich eine Aufteilung in *Läppchen (Lobuli mammae)*, wodurch auf der Schnittfläche die körnige Beschaffenheit bedingt ist. Die Kanälchen eines Läppchens bilden einen Ausführungsgang, der mit denen anderer Läppchen sich allmählich zu größeren Sammelkanälen, den *Milchgängen*, vereinigt. Diese münden, und zwar zu je acht bis zwölf beim Rinde, in den Milchsammelraum, die *Zisterne* (Sinus lactiferi). Die Zisterne besteht aus einem die Zitze ausfüllenden Abschnitt, dem *Zitzenteil*, und einem in die Drüsenmasse hineinragenden, dem *Drüsenteil*. Ihre gelbliche Schleimhaut zeigt deutliche, vorwiegend längs verlaufende Falten und setzt sich gegen die ebenfalls längsgefaltete weiße Schleimhaut des nach außen führenden *Strichkanals* scharf ab. Jeder Zisterne entspricht eine für sich abgeschlossene Drüsenabteilung. Bei den einzelnen Haustieren besteht in der Zahl und Anordnung dieser Abteilungen ein Unterschied (Abb. 10). Bei den

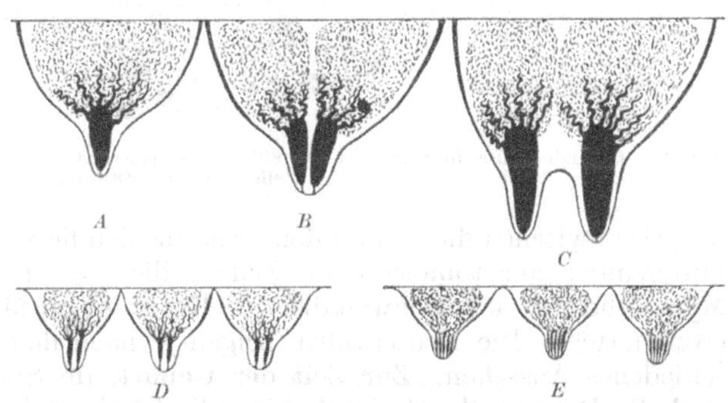

Abb. 10. Schema der Zitzen, Zisternen und Milchgänge der Haussäuger (MARTIN[125]). *A* Beim kleinen Wiederkäuer einfache Zitze und Zisterne jederseits. *B* Beim Pferd einheitliche Zitze, zwei Zisternen und Drüsenabteilungen jederseits. *C* Beim Rind doppelte (bis dreifache) Zitze und entsprechende Zahl der Zisternen und Drüsenabteilungen auf jeder Seite. *D* Beim Schwein mehrfache Einzeldrüsen mit je einer Zitze, in der je 2—3 Ausführgänge mit Andeutungen von Zisternenbildung verlaufen. *E* Beim Fleischfresser ähnliches Verhalten, aber vielfache Ausführgänge in jeder Zitze.

Wiederkäuern ist in jeder Zitze nur *eine* Zisterne (und Strichkanal) vorhanden, beim Pferd und beim Schwein *zwei* bis *drei*, bei den Fleischfressern fünf bis zwölf (MARTIN[125]).

Mikroskopisch erweist sich die tätige Mamma als eine tubulo-alveoläre Drüse (MARTIN[125]). Vor der ersten Schwangerschaft besteht sie, mehr den tubulären Charakter betonend, aus Ausführungsgängen, den von diesen ausgehenden zum Teil soliden, zum Teil englumigen Epithelsprossen und in der Hauptsache aus Bindegewebe. Während der Schwangerschaft und nach der Geburt wird das eigentlich sezernierende Gewebe, die Alveolen und die kleinen Gänge, entwickelt. Die Alveolen sind umgeben von einer ganz strukturlosen, hellen Membrana

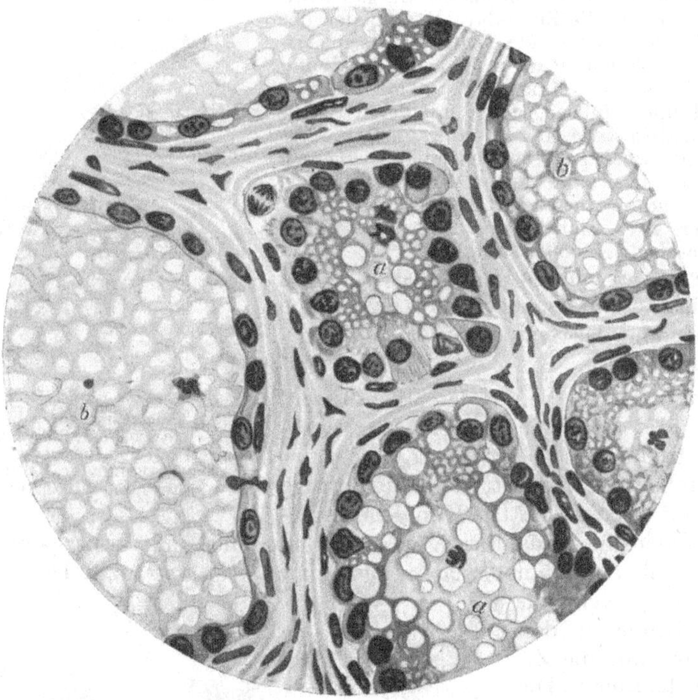

Abb. 11. Gesunde Drüse in Sekretion. 1×800. *a* Sezernierende Drüsenalveolen. *b* Alveolen mit ruhenden Zellen. (Nach ERNST[6]).

propria; zwischen dieser und den Drüsenzellen liegen eigentümliche sternförmige, miteinander anastomosierende Zellen, die sog. *Korbzellen*, denen analog den Myoepithelien der Schweißdrüsen Kontraktionsfähigkeit zugesprochen wird (BERTKAU[31]). Die Drüsenzellen zeigen je nach dem Sekretionsstadium ein verschiedenes Aussehen. Zur Zeit der Geburt, im Stadium der *Colostrumbildung*, sind die Drüsenzellen kubisch bis zylindrisch und enthalten in dem nach dem Lumen gerichteten Teil feine Fetttröpfchen, die confluieren und schließlich in das Lumen ausgestoßen werden. Die zahlreich durch das Epithel in das Lumen hindurchgetretenen Leukocyten bilden sich zum Teil durch Aufnahme von Fett zu Colostrumkörperchen um. Auf der Höhe der Sekretion (Abb. 11) sind die Epithelzellen zylindrisch oder pyramidenförmig, oft mit kuppel- oder turmförmigen Fortsätzen in das Lumen hineinragend, und sehr fett- und kernreich. Die Leukocyten sind spärlicher geworden. Nach Ausstoßung des Sekrets sind die Zellen niedrig, mitbedingt vielleicht auch durch Ausdehnung des sich im

Lumen ansammelnden Sekrets (BIZZOZERO und VASSALE[35]). Die Vorgänge der Sekretion kann die Zelle mehrmals durchmachen, ohne daß sie ihre Lebensfähigkeit einbüßt. In der sezernierenden Drüse findet man, worauf OTTOLENGHI[138], MARTIN[125a], ZIMMERMANN[210] hindeuten, die verschiedenen Sekretionsstadien nebeneinander (Abb. 11). Gegen Ende der Lactationsperiode und im Alter nimmt die Zahl der außer Funktion gesetzten Drüsenläppchen zu (OTTOLENGHI[138], LENFERS[116]); über ein „Stadium des Colostrierens“ (ZIETZSCHMANN[209]) kommt es zur Involution der Drüse unter Zurücktreten des sezernierenden Epithels und mit Zunahme des interstitiellen Gewebes.

Die kleinen *Ausführungsgänge* tragen niedriges einschichtiges, die größeren zweischichtiges zylindrisches Epithel. In der Zisterne ist ebenfalls zweischichtiges Cylinderepithel, während der Strichkanal mit einem mehrschichtigen, auf einem kräftig entwickelten Papillarkörper liegenden, verhornten Pflasterepithel ausgekleidet ist. In der Zitzenwand ist ein ausgedehntes, starkwandiges Venennetz vorhanden (FÜRSTENBERG[78], RUBELI[155]).

II. Die Entstehung der Milch.

Nach einer der ältesten Annahmen sollte die Milch ein Filtrationsprodukt des Blutes sein, und zwar sollte nach FOURCROY[72] das Blut die Proteinstoffe, die Lymphe das Serum und das Körperfett das Milchfett liefern. Nachdem aber die Milchbestandteile, Milchzucker und Casein, als nur in der Milch vorkommend erkannt worden waren, konnten die Substanzen auch nur in der Milchdrüse entstehen; die alte Theorie fiel. Man ging nun vorwiegend den morphologisch faßbaren Vorgängen der Milchbildung in der Drüse nach. VIRCHOW[194a], FÜRSTENBERG[78] u. a. kamen dadurch zu der lang anerkannt gewesenen folgenden Auffassung. Sowohl das Fett wie die übrigen Bestandteile des Sekrets wären im wesentlichen Zerfallsprodukte des Drüsenepithels; der Vorgang der Sekretbildung würde danach der gleiche sein wie in der Talgdrüse. HEIDENHAIN[95a] nahm unter Hinweis auf die morphologisch-histologische Übereinstimmung der Milchdrüse mit den Schweißdrüsen an, daß die Milchbildung auf einer teilweisen Verflüssigung der Drüsenzelle auf ihrem nach dem Lumen gerichteten Ende beruhe; der Kern bleibt dabei erhalten und regeneriert den verlorengegangenen Teil der Zelle. OTTOLENGHI[138] dagegen deutet auf Grund seiner histologischen Studien die Milchsekretion als eine „vitale Funktion der Milchdrüsenzellen“; auftretender Zellzerfall ist nach ihm nicht für die Ursache, sondern für eine Folge der Sekretion, also für eine Abnutzungserscheinung zu halten. Auch ARNOLD[25] kam durch seine Versuche zu der Auffassung, daß die Milchbildung keineswegs auf Zellzerfall von Drüsenzellen beruhe, vielmehr durch deren Aktivität bedingt sei.

Diese Vorstellung ist heute allgemein gültig (SCHLOSSMANN[18]). Die Arbeitsleistung der Milchdrüse während der Sekretion konnte DYROFF[59] durch Messen der Temperatur der Drüse mit einem Tiefenthermometer feststellen. Er fand in der sezernierenden Brustdrüse die Temperatur um 2° höher als in der ruhenden, und um 0,3° höher als die Bluttemperatur.

Wie nun aber die Drüsenzellen die ihnen zur Verfügung stehenden Stoffe zu den eigentlichen Milchbestandteilen umwandeln, darüber ist wenig bekannt.

Für die *Entstehung des Caseins* nahm man vor der Kenntnis seiner Zusammensetzung das Lactalbumin als Muttersubstanz an. Nach einer späteren Ansicht sollte das Casein intraalveolär durch Bindung der „bei der Tätigkeit der Drüsenzellen frei werdenden“ Nucleinsäure mit dem transsudierten Serum entstehen (BASCH[2a]). Auch die Untersuchungen über das proteolytische Ferment (HILDEBRAND[99a]), das besonders in der sezernierenden Milchdrüse reichlich vorhanden ist (GRIMMER[9a]), haben keine weitere Klärung gebracht. Eine Förderung hat die

Frage der Caseinbildung durch die Untersuchungen von Cary[45] erfahren. Er fand, daß der Aminosäurenstickstoff im Venenblut des lactierenden Euters um 16—34 % geringer ist als im Venenblut der nicht lactierenden Drüse. Der Tryptophangehalt nimmt gegenüber der Jugularvene in der Eutervene bei einer milchenden Kuh um 17 % ab (Cary und Meigs[45a]). Diese Differenz entspricht ungefähr der von der Milchdrüse zur Eiweißsynthese verbrauchten Menge. Es ist danach wahrscheinlich, daß das Casein synthetisch durch die Tätigkeit der Drüsenzellen aus den ihnen zur Verfügung stehenden Bausteinen entsteht; auch eine der Synthese vorausgehende fermentative Spaltung der Eiweißkörper durch die Milchdrüse (Grimmer[9a]) kann daneben nicht ausgeschlossen sein.

Über die *Bildung des Milchzuckers* sind unsere Kenntnisse auch nicht sehr befriedigend. Als seine Muttersubstanz nahm man ursprünglich einen glykogenartigen Stoff (Bert[30]), auch ein „tierisches Gummi“ (Landwehr[111a]) an. Auch galten als Bildungsmaterial des Milchzuckers dessen Spaltprodukte Glucose und Galaktose. Müntz[131a] nahm an, daß die Laktose ein synthetisches Produkt von Glucose und Nahrungsgalaktose sei, nachdem er in verschiedenen Pflanzen, besonders Leguminosen, Zucker fand, die bei Inversion Galaktose lieferten. Für die Fleischfresser würde diese Entstehungsweise vollkommen fortfallen.

Da der Körper die Fähigkeit besitzt, Polysaccharide in Monosaccharide und umgekehrt zu verwandeln, so ist die Annahme fast zwingend, daß der *Traubenzucker das Ausgangsmaterial zur Bildung des Milchzuckers* ist. Mehrere Beobachtungen sprechen sehr dafür. Nach den Untersuchungen von Porcher[146a] trat nach Exstirpation der Milchdrüsen bei milchenden Tieren eine etwa 24 bis 48 Stunden dauernde Hyperglykämie und Glucosurie ein. Infolge der allmählichen Anpassung des Körpers wird der Drüse auch noch einige Zeit nach dem Eingriff reichlich Traubenzucker zugeführt, aber, da er nicht mehr verwertet werden kann, als überschüssig ausgeschieden. Den gleichen Effekt erhielten Widmark und Carlens[201a] durch Lufteinblasen in das Euter. Andererseits kann bei Milchstauungen infolge unvollständigen Ausmelkens, infolge von Euterentzündungen, Laktosurie auftreten (Porcher[146b]). Auch ist der Zuckergehalt im abströmenden Blute des Euters nach den Untersuchungen von Kaufmann und Magné[105a] bei lactierenden Tieren geringer als im Blut der Vena jugularis, während er bei nichtmilchenden Tieren im Euter- und Halsvenenblut übereinstimmt. In gleichem Sinne ist die von Carlens und Krestownikoff[44] gefundene Hypoglykämie — bis 0,038 % Blutzucker — während des Melkaktes und bis eine halbe Stunde danach zu deuten, und zwar scheint sie bei hochmelkenden Kühen besonders deutlich und um so ausgesprochener zu sein, je größer die ausgemolkene Milchmenge ist. Die Umwandlung der Glucose in Laktose ist an eine Reihe komplizierter Prozesse geknüpft. Da der Milchzucker aus Glucose und Galaktose zusammengesetzt ist, ist es im hohen Grade wahrscheinlich, daß die zu seiner Entstehung notwendige, im Körper nirgends vorhandene Galaktose ebenfalls aus dem Traubenzucker hervorgeht. Röhmann[153] konnte in mehreren Arbeiten zeigen, daß diese Umwandlungen vorwiegend durch Einwirkung von mehreren Fermenten sich vollziehen, wie schon Thierfelder[187] vermutet hatte. Und zwar wird danach Glucose in der Drüse in einer noch unbekannten Zwischensubstanz deponiert und je nach dem Tätigkeitszustand der Drüse aus dieser wieder gebildet. Zuerst soll dann die Glucose durch eine *Glucofructokinase* in *Lävulose*, diese durch eine *Stereokinase* in *Galaktose* übergeführt werden. Durch eine *Galaktosidoglucese* wird die Galaktose mit der Glucose zu Milchzucker vereinigt.

Nach der rein morphologischen Betrachtungsweise sollte das *Milchfett* durch *totale* (Virchow[194a]) oder *partielle* (Heidenhain[95a]) fettige Entartung der Drüsenzellen entstehen. Gegenüber den anderen tierischen Fetten zeigt jedoch das Milchfett in seinem hohen Gehalt an niederen Fettsäuren eine spezifische Eigenschaft, die nur in beschränktem Maße von außen zu beeinflussen ist. ZUNTZ und USSOW[213] fanden bei Verfütterung von Natriumbutyrat keine Erhöhung der Zahl der flüchtigen Fettsäuren im Milchfett, und sie schlossen daraus, daß die Milchfettbildung ein durch die Aktivität der Drüsenzellen bedingter synthetischer Vorgang ist. Durch weitere Versuche von ARNOLD[25] ist diese Anschauung gefestigt und heute allgemein gültig geworden.

Die *Nahrungsfette*, richtiger Bausteine von ihnen, können in die Milch übergehen, wie durch zahlreiche Versuche erwiesen ist. Bei Verfütterung von Leinöl (HENRIQUES und HANSEN[97]) verändert sich sowohl der Schmelzpunkt wie die Jodzahl des Milchfettes. Nach Aufnahme von Arachisöl trat Arachinsäure in der Milch auf (BOWES[38]). ENGEL[63] bekam nach Verfütterung von Sesamöl die Baudouinsche Reaktion in der Milch. Bei Verfütterung von jodierten und bromierten Fetten traten diese zum Teil in der Milch wieder auf (CASPARIE und WINTERNITZ[46]). Nach obiger Darlegung ist keineswegs anzunehmen und auch durch diese Versuche noch nicht bewiesen, daß das Nahrungsfett unverändert die Milchdrüse passiert; sie deuten aber auf das Nahrungsfett als eine Quelle des Milchfettes hin.

Daß *Eiweiß* zur Milchfettbildung herangezogen werden kann, ist nicht nur theoretisch, sondern unter gewissen Umständen (Tierart, Futterzusammensetzung) auch praktisch möglich. Fleischfresser liefern z. B. eine fettreiche Milch. Die Fütterungsversuche mit Jodeiweiß von JANTZEN[104] machen es wahrscheinlich.

Zweifellos haben eine große praktische Bedeutung die *Kohlenhydrate als Muttersubstanz des Milchfettes*, besonders bei Herbivoren, wie JORDAN und JENTER[105] bei ihren Untersuchungen an Kühen und GRUMME[88] an Ziegen gefunden haben. Neuerdings kommt BUSCHMANN[43] bei seinen eingehenden Untersuchungen über den Anteil der Futterbestandteile an der Bildung des Milchfettes bei Milchkühen zu dem Schluß, daß beim Rinde „sämtliches oder nahezu sämtliches Milchfett aus den Kohlenhydraten des Futters entstehen kann“. In Anlehnung an KELLNERS Berechnungen ergibt sich nach ihm folgender Anteil der einzelnen Nährstoffe an der Milchfettbildung, bereits unter Berücksichtigung des Erhaltungsbedarfs an Eiweiß und des zur Milcheiweißbildung verbrauchten Eiweiß:

Tabelle 1. Milchfettbildung (nach BUSCHMANN[43]).

	Kuh Nr.							
	1		2		3		4	
	kg	%	kg	%	kg	%	kg	%
Milchfett im ganzen	38,72 =	100,0	34,71 =	100,0	31,86 =	100,0	24,41 =	100,0
Hiervon:								
Aus dem Eiweiß des Futters . . .	5,87 =	15,2	5,17 =	14,9	5,59 =	17,5	7,17 =	29,4
„ „ Fett des Futters	7,14 =	18,4	6,65 =	19,2	7,21 =	22,6	6,63 =	27,2
„ „ Kohlenhydrat des Futters	25,71 =	66,4	22,89 =	65,9	19,06 =	59,9	10,61 =	43,4

Das Futterfett hat für die Milchfettentstehung bei der Kuh keine hervorragende Bedeutung. BUSCHMANN fand die Menge des ausgeschiedenen Milchfettes zwei bis dreimal größer als die Menge des aufgenommenen Futterfettes. Noch weniger bedeutungsvoll ist für das Rind das Eiweiß als Quelle des Milchfettes. Daß es hier gar die Hauptquelle sein soll (nach RIEVEL[17, 152]), ist unwahrscheinlich; es wird dazu in viel zu geringer Menge aufgenommen.

Der Grad der Beteiligung der einzelnen Stoffe an der Milchfettbildung wird sich danach auch nach ihrem quantitativen Vorhandensein im Futter richten.

Zu erwähnen wäre noch die Annahme von MEIGS, BLATHERWICK und CARY[126], daß das Milchfett aus Phosphatiden seinen Ursprung nimmt. Sie fanden nämlich im Eutervenenblut bei lactierenden Kühen einen geringeren Phosphatidgehalt als im Blut der Halsvene, und die Fettmenge der Milch soll dieser Differenz entsprechen.

III. Die Ursache der Lactation.

Unter dem Einfluß der Schwangerschaft sind besonders bei erstgebärenden Tieren an der Milchdrüse Veränderungen festzustellen, die deutlich in zwei Phasen ablaufen; 1. das während der Schwangerschaft einsetzende *Wachstum der Drüse*, bedingt durch die intensive Bildung des sezernierenden Gewebes, der Milchdrüsenkanälchen und Alveolen (S. 476), und 2. die folgende *Milchsekretion*. Zweifellos deuten diese Vorgänge auf einen physiologischen Zusammenhang zwischen Milchdrüse und Genitalapparat hin. Eine *nervöse* Beeinflussung als entscheidend anzusehen, ist am naheliegendsten. Aber GOLTZ und EWALD[83] sahen eine Hündin mit reseziertem unterem Brust- und Lendenmark normal gebären und normal lactieren. RIBBERT[151], BASCH[28] transplantierten die Milchdrüse nach anderen Körpergegenden, und es trat trotzdem Sekretion ein. Diese Versuche weisen eindeutig auf chemische Einwirkungen auf die Milchdrüse hin.

Und zwar nimmt man heute an, daß es *hormonale Einflüsse* sind. Das Vorhandensein solcher Hormone im Blut ist durch Beobachtungen und Experimente gesichert. Berühmt ist das Beispiel der zusammengewachsenen Schwestern Blazek (BASCH[28b]), bei denen durch die Gravidität der einen Schwester auch bei der anderen nicht graviden eine Hypertrophie der Brustdrüse und Milchsekretion eintrat. ERNST[66] gelang es durch parabiotische Vereinigung virgineller Ratten mit trächtigen Ratten die Milchdrüsen der virginellen Tiere zu einer Hyperplasie anzuregen.

Als Ursprungsquelle dieser Hormone ist natürlich zuerst das O v a r i u m zu vermuten. STEINACH[177] und KRAUSE[110] implantierten männlichen Meerschweinchen homologe Ovarien, und es trat eine deutliche Hypertrophie der Milchdrüsen, also die erste Phase, ein, manchmal auch mit einer folgenden Sekretion. Gleiche Wirkungen konnten bei weiteren Differenzierungsversuchen nach Injektionen von Liquor folliculi bei virginellen, auch kastrierten Tieren festgestellt werden (VINTEMBERGER[194], HARTMANN, DUPRE und ALLEN[95]); in einem Falle war sogar Colostrumbildung zu beobachten (CHAMPY und KELLER[47]). Auch das Corpus luteum regt die Mamma zum Wachstum an, nach mehreren Beobachtungen und Experimenten (HERRMANN[98], HERRMANN und STEIN[98], FRANK und UNGER[73], CHAMPY und KELLER[47], DRUMMOND und ASDELL[58]). Das gesamte Ovarium scheint danach vorwiegend nur eine wachstumsfördernde Wirkung zu haben, dagegen das Eintreten der zweiten Phase, der Milchsekretion, zu hemmen. Es ist allgemein bekannt, daß Kastration der Kühe nach dem Kalben, wie Erkrankungen und Verletzungen der Ovarien (HALLAUER[92], FOGES[71]) die Lactationsperiode verlängern. Durch Injektion von Ovarialextrakten konnte IKEGAMI[101a] die Lactation unterbrechen.

Eine bedeutende Rolle für die Entstehung der Milchsekretion spielt sicher auch die *Placenta*. Ihr innersekretorischer Einfluß kommt nach HALBAN[91] in einer nur wachstumsfördernden Wirkung auf die Milchdrüse zum Ausdruck, die stärker sein soll als von seiten des Ovariums. Nach Injektion von Placentarextrakten bzw. -brei konnte mehrfach bei virginellen Tieren eine deutliche Vergrößerung der Milchdrüsen, ja sogar bisweilen ein Eintreten des zweiten Stadiums der Milchsekretion beobachtet werden (ASCHNER und GRIGORIU[27], NIKLAS[134], CHAMPY und KELLER[47]). Durch orale Verabfolgung von Placentarsubstanz war im allgemeinen bei virginellen Tieren entgegen den positiven Befunden von Bouchacourt[37a] keinerlei Wirkung festzustellen (Fieux[68b], Niklas[134]); auch bei milchgebenden Tieren war bei dieser Applikation die Sekretionssteigerung bedeutend geringer (Niklas[134]) als nach der Injektion von Placentarsubstanz (Lederer und Pribram[114], Basch[28a]). Eine Wirkung nach der *Placentophagie* ist danach nicht anzunehmen und auch noch nicht einwandfrei beobachtet worden (Lenkeit[117]). Von einigen Autoren wird der Placenta zwar eine wachstumsfördernde, aber den Eintritt der Sekretion hemmende Wirkung auf die Milchdrüse zugeschrieben (Frankl[74], Lahm[111]).

Die durch Injektion von *Fötal*extrakt hervorgerufene Hypertrophie der Mamma (Starling[176a]) beruht vielleicht auch nur auf der Anwesenheit von Placentahormonen im Fötus (Wernery[198]).

Von den anderen Drüsen innerer Sekretion geht ebenfalls ein Einfluß auf die Mamma aus. Nach Exstirpation der *Schilddrüse* kommt es zur Atrophie der Milchdrüse (Zietzschmann[208], Trautmann[189]). Nach Injektion von Schilddrüsen- (Siegmund[169]), *Hypophysen-* (Ott und Scott[139]) wie *Epiphysen*extrakten (Trautmann[190] u. a.) sind Steigerungen der Milchsekretion beobachtet worden.

Sicher wird die Milchdrüse in Bau und Funktion nicht von einer Inkretdrüse entscheidend beeinflußt, sondern sie untersteht dem gesamten innersekretorischen System. Die Zusammenhänge sind allerdings noch sehr dunkel. So ist auch das spontane Auftreten der Milchabsonderung bei jungfräulichen Tieren (Andersen[24], Fröhner[76], Spann[174]), wie bei männlichen Tieren (vorwiegend bei Ziegenböcken) noch recht unklar. Die Hexenmilchsekretion der Neugeborenen soll durch die gleichen hormonalen Einwirkungen wie die mütterliche Sekretion veranlaßt werden (Basch[28]).

Ergänzend wurden diesen Hormontheorien der Entstehung der Milchsekretion die *Nährstofftheorien* (Pfaundler[143]) angereiht. Die während der Schwangerschaft dem Fötus durch die Placenta zugeführten Nährstoffe wirken nach der Geburt, da sie nun in reichlichen Mengen im Blut vorhanden sind, anregend auf die Milchdrüsensekretion und werden zu Milch verarbeitet (Schein[159]).

IV. Milchströmung und Milchausscheidung.

Die Drüsenzelle scheidet periodisch, immer bei der maximalsten Sekretfüllung, das Sekret aus. Diese Ausscheidung geht mit einem gewissen Druck vor sich; das ist der *Sekretionsdruck.* Er kann eine nicht geringe Höhe erreichen, wie es beim Übergehen einer oder mehrerer Melkzeiten durch die schmerzhafte Dehnung des Euters zum Ausdruck kommt. Tgetgel[184] fand am Ende einer zwölfstündigen Pause im Euter einen Füllungsdruck („Milchdruck") von 22 bis 25 mm Hg. Der Sekretionsdruck der Gesamtdrüse wird noch höher sein und dem höchstmöglichen Maximum des Füllungsdruckes entsprechen. Bei dieser Druckhöhe tritt eine Hemmung und schließlich ein Aufhören der Sekretion ein.

Zur Fortbewegung des Sekrets gibt der Sekretionsdruck den Hauptanstoß. Von Bedeutung für die Weiterbeförderung können vielleicht noch die eigene Schwere des Sekrets und die contractilen Elemente (Ziegler[206]) sein. Allmählich tritt so die Milch zu dem Drüsenteil der Zisterne herab; ein Eintreten in den Zitzenraum (= Zitzenteil der Zisterne) findet infolge Lumenverengerung durch Füllung des submucösen Venennetzes (Rubeli[155]), nach Zschokke[212], Tgetgel[184] durch Zurückhalten der Milch durch Adhäsion, nur in beschränktem Maße statt. Der Strichkanal bleibt stets frei von Milch. Beim Reizen der Zitzen durch Melken, Saugen soll nun reflektorisch eine Kontraktion jenes submucösen Schwellkörpers (Zietzschmann[207]) eintreten und, weiter begünstigt durch Druck von oben, Milch in die Zitze fließen. Die Milch ist dann „*eingeschossen*". Die Zitze erscheint jetzt glatt, groß und prall gefüllt. Beim Einschießen steigt nach TGETGEL[184] der Milchdruck gegenüber demjenigen am Ende der Melkpause um 15—25 mm Hg. Bedingt wird diese Druckerhöhung, infolge reflektorischer Reizwirkung von der Zitze aus, durch Kontraktion der Milchausführungsgänge, durch Hyperämie und durch „stark" einsetzende Sekretion (TGETGEL[184]). Sie ist also nicht dem Sekretionsdruck gleichzusetzen, wie es TGETGEL trotz der von ihm gegebenen Erklärung der Steigerung tut. Durch weitere Manipulationen an der Zitze kommt es nun zur Überwindung des Sphincterverschlusses im Strichkanal, und die Milch wird nach außen gedrückt. Nach der Entleerung der Drüse wird die Zitze wieder kleiner und schlaffer, und ihre Haut ist leicht gefaltet.

Über die Beziehungen zwischen der Intensität der Milchbildung und der Milchausscheidung beim Rinde sind heute die Ansichten geteilt. Die verbreitetste Auffassung ist die, daß die Milchsekretion in zwei sich durch die Intensität der Sekretion deutlich unterscheidenden Phasen verläuft (ZSCHOKKE[212], NÜESCH[135], ZIETZSCHMANN[207] u. a.). In der *ersten Phase*, das ist in der *Melkpause*, soll die Sekretion langsam vor sich gehen, um in der *zweiten*, das ist *während des Melkaktes*, unter der Reizwirkung der Melkmanipulationen einen „stürmischen" Verlauf (ZIETZSCHMANN[207]) zu nehmen. In der zweiten Phase soll die gleiche Menge an Milch (NÜESCH[135], ZIETZSCHMANN[207], ZWART[214]) oder gar noch mehr (RIEVEL[152]) wie in der ersten abgesondert werden. Als Beweise werden der geringere Trockensubstanzgehalt der ersten Milch eines Gemelkes (NÜESCH[135]) und besonders das Fassungsvermögen des Euters herangezogen. Dieses soll nämlich bedeutend geringer sein als die Menge der in einem Melkakt gewonnenen Milch (NÜESCH). Die Unwahrscheinlichkeit dieses angenommenen Arguments konnten ZWART[214], in neuerer Zeit SWETT[181] und FILIPOVIC[169] zeigen. Sie fanden, daß das Fassungsvermögen des Euters noch über die bei einem Melkakt erhaltene Milchmenge hinausgehen kann.

Eine gesteigerte Sekretion während des Melkaktes, also in der zweiten Phase, ist höchstwahrscheinlich vorhanden. Das kommt auch in der von CARLENS und KRESTOWNIKOFF[44] gefundenen Hypoglykämie während des Melkaktes zum Ausdruck. Ob die Druckverminderung durch die Entleerung, oder ob das Melken reflektorisch von der Zitze aus einen Sekretionsreiz ausüben, ist ungewiß. Es ist aber noch nicht bewiesen, daß die Hälfte des Gemelkes in der zweiten Phase gebildet wird. Vielmehr geht aus neueren Untersuchungen (GOWEN und TOBEY[84], SWETT[181], FILIPOVIC[69]) hervor, daß der größte Teil eines Gemelkes schon im Euter bei Beginn des Melkaktes vorhanden ist. Nach GOWEN und TOBEY[84] kann der Sekretionsanteil der zweiten Phase höchstens 20% der Gesamtmilch betragen. GAINES und SANMANN[81] untersuchten den Milchzuckergehalt zuerst im Gemelke des lebenden Tieres und dann, nach Tötung des unausgemolkenen Tieres zur Melkzeit in der im Euter vorhandenen Milch und im Eutergewebe und fanden ihn gleich. Ob diese Übereinstimmung ein Beweis dafür ist, daß das Euter die ganze zu ermelkende Milchmenge zur Melkzeit enthält, ist fraglich. FILIPOVIC[69] kommt auf Grund seiner Untersuchungen über die Dehnbarkeit des Euters zur Ablehnung der zweiten Phase der Milchsekretion.

Die Milchsekretion hört auf, sobald keine Milch mehr entzogen wird, gleich, ob durch das Junge oder durch Melken. Nach einer gewissen Zeit (etwa acht Tage nach ERNST[6]) nach dem Aufhören kann sie auch durch erneutes Melken nicht mehr hervorgerufen werden. Bei häufigen periodischen Entleerungen der Drüse — zwei- bis dreimal am Tage — kann die Lactation ein bis zwei Jahre dauern, wenn das Tier nicht wieder trächtig wird.

V. Morphologie der Milch.

Die Milch besteht aus dem Milchplasma, den Milch- oder Fettkügelchen und einigen zelligen Elementen.

Die Milchkügelchen (LEEUWENHOEK 1644) bedingen zum Teil die weiße Farbe der Milch. Ihre Größe und Zahl schwankt nach Individuum, nach Rasse und nach dem Stadium der Lactation; der Durchmesser beträgt in der Kuhmilch 0,76—22 μ, im Mittel 2,5—3 μ (FLEISCHMANN[7]) die Zahl 1000000—11000000 in 1 mm^3. Im Laufe der Lactationsperiode nimmt die Größe ab, die Zahl zu (GUTZEIT[89], SCHELLENBERGER[160], BÜRKI[42]). Beim Aufrahmen steigen die kleinen Milchkügelchen langsamer nach oben als die großen. Recht häufig sind sie zu traubenförmigen Gebilden vereinigt (RAHN[150]). Beim Erhitzen bis zu 60° tritt ebenfalls eine Zusammenballung ein, doch darüber hinaus können die großen Kügelchen in kleinere zerrissen werden (RAHN[150a]).

Die Milchkügelchen der Schafmilch haben einen Durchmesser von 4,76, 9,2 bis 21,42 μ (BESANA[34]), die der Ziegenmilch bis 3 μ (HUCHO[101]). Am kleinsten sind sie in der Stuten- und Eselinnenmilch (PIZZI[145]).

Die zelligen Elemente sind Epithelien, aus dem Drüsenparenchym und den Ausführungsgängen stammend (ERNST[6]), und Leukocyten. PRATI[149] unterscheidet in der Kuhmilch vier Zellgruppen: 1. Die *weißen Blutkörperchen*, und zwar Lymphocyten, große mononucleäre Zellen und neutrophile plynucleäre Leukocyten, oft mit phagocytierten Milchkügelchen. 2. Kubische oder ovaläre *Epithelzellen* mit ungleichmäßigem Kern. 3. *Riesenzellen* mit großem, bald zentral, bald peripher liegendem Kern von netzförmiger Struktur; sie enthalten häufig Fettkügelchen und sind wahrscheinlich desquamierte Drüsenepithelien (PRATI). 4. *Kernlose Zellen*, manchmal Fetttröpfchen tragend.

Das *Colostrum*, ein gelblichbräunliches zähes Sekret, ist mikroskopisch neben den genannten Zellen durch die *Colostrumkörperchen* gekennzeichnet. Diese bis 16 μ großen Gebilde enthalten massenhaft Fetttröpfchen, so daß der Kern vollkommen verdeckt ist. Sie sind als Leukocyten anzusehen (CZERNY[51]), die das Fett durch Phagocytose aufgenommen haben. Einige Autoren wollen sie als Derivat des sezernierenden Drüsenparenchyms, also als Epithelzellen, gedeutet wissen (POPPER[148], SCHULZ[163a], ERNST[6]). Erst durchschnittlich nach zwei bis drei Wochen verschwinden sie aus der Milch (RIEVEL[152]); gegen Ende der Lactation oder bei Eutererkrankungen treten sie wieder auf (ERNST[6]). Den Milchkügelchen können halbmondförmige Kappen aufsitzen, welche Protoplasmareste zerfallener fetthaltiger Zellen darstellen (ERNST[6]).

B. Die Zusammensetzung der Milch und der Milchprodukte.

Von Privatdozent Dr. W. LINTZEL.

I. Die Bestandteile der Milch.

Die Milch kann als eine Salzlösung aufgefaßt werden, in der Kolloide und Fett in mehr oder weniger fein verteiltem Zustande enthalten sind. Die fettfreie Flüssigkeit wird *Milchplasma* genannt; wird ihr auch der Käsestoff entzogen, so resultiert das *Milchserum*. Diese Bezeichnungen werden allerdings meist nicht mit voller Strenge angewendet, und besonders als Milchserum werden sehr verschiedene Flüssigkeiten bezeichnet, die durch mehr oder weniger weitgehende Enteiweißung aus der Milch erhalten werden. Dem Milchplasma entspricht annähernd die durch Entrahmen erhaltene *Magermilch*, während die bei der Käserei abfallenden süßen und sauren *Molken* dem Begriff des Milchserums nahekommen.

Die *Reaktion der Milch* liegt nahe am Neutralpunkt (DAVIDSOHN[52]). Durch ihren Gehalt an Phosphaten, Citraten, Carbonaten und salzartigen Verbindungen der Eiweißstoffe ist die Milch „gepuffert" (MÜLLER[129]) und ändert daher bei Zusatz kleinerer Mengen Säure oder Alkali ihre Reaktion nur wenig. Die bis zum Umschlag von Phenolphtalein erforderliche Alkalimenge dient als Maß für die Acidität oder den *Säuregrad* der Milch (THÖRNER[186], SOXHLET-HENKEL[173]), während die Menge Säure, die den Umschlag von Lackmus in Rot bewirkt, einen Ausdruck für die Alkalität der Milch darstellt. Die Acidität und Alkalität der Milch sind Größen von im wesentlichen konventionellem Charakter. Das *spezifische Gewicht* der Milch wird durch den Fettgehalt und die fettfreie Trockensubstanz in entgegengesetztem Sinne beeinflußt. Die Werte schwanken bei verschiedenen Tierarten wie auch bei Individuen der gleichen Tierart, die Extreme liegen etwa bei 1,028 und 1,048.

Die Milch enthält alle zur Ernährung des neugeborenen Tieres erforderlichen Nahrungsstoffe, in erster Linie Eiweiß, Fett, Kohlenhydrat, Vitamine, Wasser und Salze, die in wechselnden Mengenverhältnissen gemischt vorliegen.

1. Caseinogen (s. Anm.).

Der typische Eiweißstoff der Milch ist das *Caseinogen*, das mit allen charakteristischen Eigenschaften bisher nur in der Milch mit Sicherheit nachgewiesen wurde. Wegen seines Phosphorgehaltes gehört es zur Gruppe der Phosphorproteide, von den gleichfalls phosphorhaltigen Nucleoproteiden ist es durch die Abwesenheit von Kohlenhydrat-, Purin- und Pyrimidingruppen im Molekül scharf unterschieden (HAMMARSTEN[93a]). Das Caseinogen liegt im Milchplasma vorwiegend in Verbindung mit Calcium vor, mit dem es infolge seiner Säurenatur Salze bildet. Die Dispersion ist so grob, daß durch Filtration mittels Tonfilter alles Caseinogen abgetrennt werden kann (ZAHN[204], LEHMANN[115], LAQUEUR und SACKUR[112a], W. A. OSBORNE[136]). Neben den Milchkügelchen ist das Caseinogencalcium, wie seit langem bekannt, für die weiße Farbe der Milch verantwortlich (SCHÜBLER). Hierfür spricht das milchähnliche Aussehen der Magermilch, vor allem aber die Tatsache, daß auch reine Caseinogencalciumlösungen von weißer Farbe sind.

Auf der Fällbarkeit des Caseinogens durch Säuren beruht das spontane Gerinnen der Milch beim Stehen, wobei durch Bakterien aus dem Milchzucker hauptsächlich Milchsäure, daneben auch Bernsteinsäure, Buttersäure, Essigsäure und andere flüchtige Säuren gebildet werden. Während hier das ursprüngliche Caseinogen gefällt wird, ist das Gerinnen unter der Einwirkung von Lab ein komplizierter Vorgang.

Das *Labferment*, Chymosin, wird im großen für gewerbliche Zwecke aus Kälbermagen gewonnen. Labähnliche Fermente kommen weit verbreitet im Tier- und Pflanzenreiche vor. Die Vermutung PAWLOWS, daß Lab- und Pepsinwirkung von dem gleichen Substrat ausgehen, ist viel umstritten worden. Durch die Abtrennung eines peptischen und eines Labfermentes mittels spezifischer Adsorbentien scheinen GRIMMER und HINKELMANN[85] die Frage in dem Sinne entschieden zu haben, daß Pepsin und Lab verschiedene Fermente sind.

Die Milchgerinnung mit Lab verläuft in zwei Phasen. Das Ferment führt zuerst Caseinogen in Casein über, und dieses fällt dann bei Gegenwart von Calciumionen als unlösliches Caseincalcium aus (HAMMARSTEN[93], ARTHUS und PAGÉS[26], SPIRO[175], FULD[79], LAQUEUR[112]). Der Niederschlag aus Milch enthält regelmäßig

---

Anm. Die Nomenklatur dieser Substanz ist nicht einheitlich. Im Einklang mit vielen neueren Autoren wird die native Substanz hier als Caseinogen, das Produkt der Labwirkung als Casein bezeichnet. Andere Autoren nennen den ursprünglichen Stoff Casein, das durch Labung in Paracasein übergeht.

auch Calciumphosphat, das jedoch in keiner engeren Beziehung zu dem Gerinnungsvorgang steht, sondern nur mitgerissen sein soll (SOXHLET und SÖLDNER[172], COURANT[49]). Die chemischen Vorgänge beim Übergang des Caseinogens in Casein werden heute meist mit HAMMARSTEN[93] als fermentativer Spaltungsprozeß angesehen, bei dem das Caseinogen hydrolytisch in Casein und *Molkeneiweiß* zerfällt. Das Molkeneiweiß ist offenbar keine einheitliche Substanz. GRIMMER, KURTENACKER und BERG[85] fanden, daß es bei kurz dauernder Labwirkung noch durch Hitze koagulierbar war, bei längerer Einwirkung dagegen nicht. Es dürfte sich dann um peptonartige Substanzen handeln. Das sog. Molkeneiweiß tritt auch auf, wenn mit reinen Caseinogenlösungen gearbeitet wird (SCHMIDT-NIELSEN[162], BENJAMIN[33] u. a.). Das Labferment kann auf Grund dieser Erfahrungen als proteolytisches Ferment angesehen werden, das auf eine spezifische Wirkung, die Spaltung von Caseinogen in Casein und Molkeneiweiß, eingestellt ist und sich dadurch von anderen Proteasen unterscheidet.

Eine andere Auffassung des Labvorganges wurde von VAN SLYKE und BOSWORTH[170, 37] vertreten, die eine Spaltung des Caseinogens in 2 Moleküle annehmen, ähnlich etwa, wie ein Disaccharid in zwei Monosaccharide zerfallen kann.

Andere Autoren wollen in der Caseinbildung lediglich physikalische Vorgänge sehen und leugnen chemische Veränderungen des Caseinogens (LINDET und AMMAN[118], COUVREUR[50], PEROFF[142], INICHOFF[102], PERTZOFF[141]).

2. Lactoglobulin und Lactalbumin.

Während das Caseinogen einen für die Milch spezifischen Eiweißstoff vorstellt, stehen *Lactoglobulin* und *Lactalbumin* anderen Eiweißstoffen des Tierkörpers, namentlich dem Albumin und Globulin des Blutserums, chemisch recht nahe. Beide Substanzen wurden zuerst von SEBELIEN[167], Globulin fast gleichzeitig auch von EMMERLING[62] dargestellt und untersucht. Das Milchalbumin ist ebenso wie Albumine anderer Herkunft in krystallisiertem Zustande erhalten worden (WICHMANN[201]). Vom Serumalbumin ist es durch geringeres optisches Drehungsvermögen unterschieden. Das Milchglobulin enthält eine geringe Menge Phosphor, die vielleicht auf der Beimischung eines Phosphatides beruht. Zum Unterschied von den anderen Eiweißstoffen der Milch enthält es als Baustein auch Glykokoll (ABDERHALDEN und HUNTER[21]).

Von den zahlreichen Eiweißstoffen, die aus der Milch gewonnen worden sind, haben viele keine Anerkennung als chemische Individuen gefunden und brauchen hier nicht erwähnt zu werden. Besser charakterisiert sind jedoch das *Opalisin* VON WROBLEWSKI[203], das durch seinen hohen Schwefelgehalt auffällt und auch als Spaltprodukt des Caseins angesehen worden ist, sowie eine von OSBORNE[137] beschriebene Substanz, die ähnlich wie das Gliadin des Weizens in verdünntem Alkohol löslich ist.

3. Sonstige stickstoffhaltige Bestandteile.

Die nach Entfernung der Eiweißstoffe im Milchserum noch vorhandene Stickstoffmenge, gewöhnlich als Reststickstoff bezeichnet, entspricht einer ganzen Reihe verschiedenartiger Substanzen, die jedoch sämtlich nur in geringer Menge vorhanden sind. Das früher vermutetem Vorkommen von Peptonen in der Milch wird heute von den meisten Autoren geleugnet, doch sind neuerdings BLEYER und KALLMANN[36] wieder auf die alte Annahme zurückgekommen. Auch die Existenz einer der Phosphorfleischsäure ähnlichen Substanz, die SIEGFRIED gefunden hatte, wird bestritten (OSBORNE und WAKEMAN[137]). Sicher nachgewiesen sind Harnstoff (VOGEL[195], SCHÖNDORFF[163]), Harnsäure, Allantoin

(FUNK[80]), Purinbasen, Kreatin (WEYL[199]), Kreatinin, Rhodanide. Aminostickstoff wurde wiederholt nachgewiesen (MADER[121]). Nach VIALE[193] kommen Tryptophan und Cystin in Frage. Nach VIALE enthält frische Kuhmilch keine Spur von Ammoniak, während es von LISK[120] in Handelsmilch gefunden wurde.

Die *Farbstoffe der Milch* sind verschiedener Natur. Die gelbgrüne Farbe des Milchserums beruht auf einem fluorescierenden Farbstoff, der von DESMOULIÈRES und GAUTRELET[54] isoliert wurde. Es scheint sich um ein Eiweißderivat, und zwar einen dem Urochrom nahestehenden Phenylalaninabkömmling zu handeln (BLEYER und KALLMANN). Die Farbstoffe des Milchfettes, deren Herkunft aus dem Futter schon PALMER und ECKLES[140] und LAXA[113] angenommen hatten, wurden von GRIMMER und SCHWARZ[85] als *Chlorophyll*, *Xanthophyll* und *Carotin* erkannt. Der Gehalt an diesen Farbstoffen hängt aufs engste mit der Art der Fütterung zusammen (DOAN[56]).

Das Vorkommen von Phosphatiden wird von SCHLOSSMANN[161] und NJEGOVAN[132] bezweifelt, andere Autoren haben jedoch derartige Substanzen in der Milch gefunden. OSBORNE und WAKEMANN[137] unterscheiden zwei verschiedene Phosphatide, die der Gruppe der Lecithine nahestehen. Erhebliche Lecithinmengen fanden GRIMMER und SCHWARZ[85] im Zentrifugenschlamme.

4. Fett.

Das Milchfett liegt in Form feinster Tröpfchen, der *Milchkügelchen*, vor. Aus Veränderungen, die das spezifische Gewicht der frischen Milch nach einigem Stehen erleidet, ist geschlossen worden, daß das Milchfett, das bei Körpertemperatur flüssig ist, diesen Zustand auch bei der Abkühlung zunächst beibehält, sich also im unterkühlten Zustande befindet, dann aber teilweise erstarrt (TOYANAGA[188], FLEISCHMANN und WIEGNER[68]). Der Schmelzpunkt des Milchfettes bei verschiedenen Tieren liegt etwa bei 28—40°, während der Erstarrungspunkt erheblich niedriger, etwa bei 12—24° gefunden wird.

Das Zusammenfließen der Fetttröpfchen sollte nach älteren Anschauungen durch eine *Eiweißhülle*, die *Haptogenmembran*, verhindert werden. In der Tat lassen sich die Fettkügelchen durch Waschen mit Wasser nicht vollständig von Eiweiß befreien. ABDERHALDEN und VÖLTZ[22] fanden in diesem Eiweiß Glykokoll, so daß es sich nicht ausschließlich um Casein handeln kann, das glykokollfrei ist. Dagegen ist die Anwesenheit von Milchglobulin wahrscheinlich. Man nimmt jetzt meist an, daß es sich nicht um eine Membran, sondern um Eiweißstoffe der Milch handelt, die sich an der Grenzfläche Fett—Plasma angereichert haben, und daß ein Zusammenfließen der Tröpfchen durch die Oberflächenspannung verhindert wird, ohne daß indessen eine endgültige Klarstellung der Sachlage gegeben werden kann.

Das Milchfett besteht aus Glycerinestern verschiedener *Fettsäuren*, unter denen besonders Ölsäure und Palmitinsäure sowie einige niedermolekulare Fettsäuren eine Rolle spielen, während Stearinsäure fast gar nicht vertreten ist. Hierin liegt ein wesentlicher Unterschied zwischen Milchfett und Körperfett. Bisher sind die folgenden Fettsäuren im Milchfett nachgewiesen:

Ameisensäure,	Kaprylsäure	Palmitinsäure,
Essigsäure,	Kaprinsäure,	Stearinsäure,
Buttersäure,	Laurinsäure,	Ölsäure.
Kapronsäure,	Myristinsäure,	

Weitere Fettsäuren sind gelegentlich, vermutlich im Zusammenhang mit einer entsprechenden Fütterung, im Milchfett gefunden worden. Mit Ausnahme der nur in Spuren vorkommenden Ameisensäure handelt es sich um Fettsäuren mit gerader Kohlenstoffzahl, eine Tatsache, die von besonderem Interesse für die Frage des intermediären Fettstoffwechsels ist. Strittig ist die Frage, ob Fettsäuren mit zwanzig und mehr Kohlenstoffatomen vorkommen, ferner ob außer Ölsäure noch andere ungesättigte Fettsäuren vorhanden sein können (FROG und SCHMIDT-NIELSEN[77]).

Zur näheren Kennzeichnung der Glyceride des Milchfettes versuchte AMBERGER[23] gehärtetes Butterfett durch fraktionierte Krystallisation aufzuteilen. Er konnte feststellen, daß es sich ganz überwiegend um gemischte Glyceride handelt, bei denen die drei Hydroxylgruppen des Glycerins durch verschiedene Fettsäuren verestert sind. Die ungeheure Zahl von Kombinationsmöglichkeiten von Glycerin einerseits, den verschiedenen Fettsäuren andererseits, schließt es aus, ein vollständiges Bild der Zusammensetzung des Milchfettes zu entwerfen.

Die beim Ranzigwerden des Butterfettes sich abspielenden Reaktionen sind höchst komplizierter Natur und in ihrer Gesamtheit bisher keineswegs geklärt. Nach den verschiedenen Theorien handelt es sich um rein chemische und biologische Prozesse. Die chemischen Vorgänge beruhen auf der Einwirkung von Wasser und Sauerstoff, durch die eine Spaltung des Fettes in Glycerin und Fettsäuren und Oxydation der Ölsäure bewirkt werden. Man nimmt an, daß Licht und die Gegenwart bestimmter Katalysatoren wie Eisen (SCHWARZ[166]) diese Vorgänge beschleunigen. Ferner wird angenommen, daß Fermente oder Mikroorganismen bei den Umsetzungen beteiligt sind. Nach STÄRKLE[176] findet eine Bildung von Ketonen aus Fettsäuren statt, die durch Schimmelpilze verursacht wird.

5. Milchzucker.

Wie die Milch im Caseinogen einen eigentümlichen Eiweißstoff aufweist, so enthält sie auch ein typisches Kohlenhydrat, den Milchzucker, Lactose $C_{12}H_{22}O_{11} + H_2O$. Es handelt sich um ein Disaccharid, das bei der Hydrolyse die Monosaccharide d-Glucose und d-Galaktose liefert. Das Ferment Laktase, das diesen Zerfall katalysiert, kommt im Organismus der Carnivoren und Omnivoren während des ganzen Lebens, bei den Herbivoren nur in der Säuglingszeit vor (PLIMMER[146]). Die Rolle, die der Milchzucker bei der Spontangerinnung der Milch spielt, wurde schon erwähnt. Außer der bakteriellen Bildung von Milchsäure und anderen Säuren, die aus Milchzucker die Gerinnung veranlaßt, ist auch eine alkoholische Gärung des Milchzuckers bekannt, die bei der Bereitung bestimmter Milchprodukte, wie Kumys, Kefir, Yoghurt, eine Rolle spielt. Der Alkohol tritt hier stets zusammen mit Milchsäure auf. Unsere Kenntnisse bezüglich des chemischen Mechanismus des biologischen Zuckerabbaues gehen im wesentlichen auf die Untersuchungen von C. NEUBERG zurück (siehe NEUBERG und LÜDTKE in diesem Bande des Handbuches).

6. Sonstige stickstoffreie Bestandteile.

Außer dem Milchzucker sind noch andere Kohlenhydrate in der Milch beschrieben worden, die allerdings nur in minimalen Mengen vorhanden sein sollen. Einigermaßen gesichert scheint das Vorkommen einer Pentose zu sein, die nach SEBELIEN[167] zu 0,25—0,35 % in Kuhmilch, in etwas größerer Menge im Colostrum enthalten sein soll.

Das Vorkommen einer organischen Säure in der Milch wurde schon früher vermutet, da das Tonzellenfiltrat der Milch einen merklichen Überschuß anorganischer Basen enthält (SÖLDNER[171]). Von HENKEL[96] wurde dann als regelmäßiger Bestandteil der Milch die *Citronensäure*, $CH_2COOH \cdot C(OH)COOH \cdot CH_2COOH + H_2O$, aufgefunden. Durch spätere Untersuchungen (SCHEIBE[158], SUPPLEE und BELLIS[179] u. a.) ist bewiesen worden, daß die Citronensäure nicht unmittelbar aus dem Futter stammt, sondern im intermediären Stoffwechsel gebildet wird, also endogenen Ursprungs ist. Neuerdings haben BLEYER und SCHWAIBOLD[36], gestützt auf eine vervollkommnete Methodik, Angaben über den Gehalt verschiedener Milcharten gemacht. Kieferle, Schwaibold und Hackmann[107] stellten Beziehungen der Citronensäure zu der Milchzuckermenge fest, in dem Sinne, daß im allgemeinen einem höheren Milchzuckergehalt auch ein vermehrter Gehalt an Citronensäure entsprach. Öfters ist die Vermutung ausgesprochen worden, daß die Citrate der Milch als Dispergierungs- und Peptisierungsmittel für die kolloiden Milchbestandteile, besonders das Caseinogencalcium, dienen; auch das Milcheisen sollen sie in Lösung halten. Ihre Pufferwirkung wurde schon erwähnt. Die Citronensäure ist ein vorzüglicher Nährstoff für viele Mikroorganismen, es tritt daher beim Stehen der Milch eine rasche Abnahme der Citronensäure ein, und im Serum spontan geronnener Milch fehlt sie fast vollständig (Kickinger[108]). Für die Tierernährung ist sie insofern von einem gewissen Interesse, als sie die Resorption des Eisens hemmt (Lintzel[119]) und somit für die Erklärung gewisser Anämien, die bei vorwiegender Milchkost beobachtet worden sind, herangezogen werden kann.

In geringen, höchstens einige Milligramm im Liter betragenden Mengen kommt nach Engfeldt[65] *Aceton*, $CH_3CO \cdot CH_3$, in der Milch vor.

Cholesterin ist in verschiedenen Milcharten oft nachgewiesen und quantitativ bestimmt worden. Die Menge beträgt etwa 0,2 g im Liter. Erhebliche Mengen, deren Herkunft sie auf zerfallene Milchdrüsenzellen oder Leukocyten zurückführen, haben Grimmer und Schwarz[85] im Fette des Zentrifugenschlammes gefunden.

7. Mineralstoffe.

Die Mineralstoffe der Milch liegen teils im ionisierten Zustande bzw. als Salze, teils in organischer Bindung vor. Die Bemühungen älterer Autoren, die Menge der einzelnen Salze, Chlorkalium, Monokaliumphosphat, Dicalciumphosphat usw. näher anzugeben, waren zur Erfolglosigkeit verurteilt. Diese Verhältnisse müssen vom Standpunkt der physikalischen Chemie betrachtet werden. Es handelt sich um Gleichgewichtszustände, die jedoch durch die große Zahl der Komponenten und durch die Anwesenheit von Kolloiden und adsorbierenden Oberflächen (Milchkügelchen) derartig verwickelt werden, daß an eine theoretische Erfassung zur Zeit nicht gedacht werden kann.

Die Alkalien, *Natrium* und *Kalium*, liegen wohl ausschließlich in ionisierter Form vor, ebenso *Magnesium*. Kupfer in unbekannter Verbindung wurde zu etwa 0,25 mg pro Liter in Kuhmilch gefunden (Rost und Weitzel[154a]). Das Verhalten des *Calciums* ist am eingehendsten studiert. Nach Rona und Michaelis[154] und György[90] betragen die Werte für das diffusible, im wesentlichen wohl ionisierte Calcium 40—50 % der Gesamtmenge, während der Rest vorwiegend in kolloider Form, besonders als Caseinogencalcium vorhanden ist. Wha[200], der diesen Befund bestätigte, fand in spontan sauer gewordener Milch die Hauptmasse des Calciums diffundierbar. In gekochter Milch ist dagegen der diffusible Anteil verringert (Grosser[87], van Slyke und Bosworth[170]). Die Annahme, daß ungelöstes Calciumphosphat vorliege, wurde durch Versuche von Grimmer und Schwarz[85] nicht bestätigt. In kleiner Menge wurden *Zink* (Ghighliotto[82], Delezenne[53], Giaja[82a], Rost und Weitzel[154a]) und *Bor* (Bertrand und Agulhon[32]) in der Milch festgestellt. *Kieselsäure* wurde von Klettmann[106] in allen untersuchten Milchproben gefunden, sie liegt hier in größeren Submikronen vor. Die Mengen sollen mit dem Kieselsäuregehalt des Futters schwanken, indem Heu, Stroh, Spreu den Kieselsäuregehalt der Milch steigern.

Das Vorkommen des *Phosphors* als Bestandteil des Caseins und der Phosphatide wurde schon erwähnt. Freie Glycerinphosphorsäure wurde von Winterstein und Strickler[202] im Kuhcolostrum aufgefunden. Im übrigen handelt es sich um anorganische Phosphate. Die Hauptmenge des *Schwefels* ist in den

Eiweißstoffen der Milch enthalten, während das Vorkommen von Sulfaten bestritten wird (BUNGE[40], vgl. aber STEINEGGER und ALLEMANN[178]). Von den Halogenen ist *Chlor* reichlich vorhanden, und zwar wohl ausschließlich in ionisierter Form. Neuerdings ist der *Jod*gehalt der Milch im Zusammenhang mit dem Kropfproblem eingehender untersucht worden (V. FELLENBERG[67]). Das Jod findet sich nach SCHARRER und SCHWAIBOLD[157] teils in anorganischer Form, teils organisch gebunden im Milchserum vor. Die Menge des Milchjodes läßt sich durch Verfütterung jodgedüngter Pflanzen und durch Zusatz von Jodid zur Nahrung vermehren, doch scheint diese Wirkung sehr unregelmäßig zu sein. *Fluor* wurde von TAMMANN[182] in der Kuhmilch nachgewiesen.

In kleiner Menge wurde *Mangan* in der Milch gefunden (NOCHMANN[133]). Auch *Eisen* ist nur spärlich vorhanden. Der Eisengehalt der Handelsmilch dürfte obendrein zum Teil auf nachträglicher Verunreinigung beim Aufbewahren der Milch in eisenhaltigen Gefäßen beruhen. Die Form, in der das Eisen vorliegt, ist unbekannt. GRIMMER S. 164[9a] hat niemals Eisenionen nachweisen können. Man hat an ein komplexes Eisencitrat und an organische Eisenverbindungen gedacht.

8. Vitamine.

Der Vitamingehalt der Milch ergibt sich aus der Übersicht der Tabelle 2, die nach Angaben von STEPP[180] zusammengestellt ist.

Tabelle 2. Vitamingehalt der Milch (nach STEPP).

Vitamin	Kennzeichnung	Vollmilch Grünfutter	Vollmilch Winterfutter	Buttermilch	Magermilch	Sauermilch	Colostrum
A	fettlöslich, antixerophthalmisch	+++	+	+	+	+	+++
B	wasserlöslich, antineuritisch, wachstumsfördernd	++	+	+	++	+	+++
C	wasserlöslich, antiskorbutisch	++	—	+	+	+++	++
D	fettlöslich, antirachitisch	+					

Hierin zeigt + lediglich das Vorhandensein des Vitamins an, ++ bedeutet, daß 50% der Milch in der Nahrung diese hinsichtlich des Vitamins vollwertig machen, +++, 20% machen die Nahrung vollwertig. Bezüglich des Vitamins D ist noch zu erwähnen, daß es durch Bestrahlung der Milch mit der Quecksilberlampe erzeugt werden kann.

9. Fermente.

Die Anwesenheit von Fermenten in der Milch scheint ohne besondere Bedeutung für die Tierernährung zu sein. Die Fermente gehen vermutlich bei der Sekretionstätigkeit der Milchdrüse mit zelligen Bestandteilen in die Milch über, dürften zum Teil auch bakteriellen Ursprungs sein. Beobachtet wurden *proteolytische, diastatische* und *lipolytische Fermente,* ferner *Katalase* und *dehydrierende* (oxydierende, reduzierende) Fermente, auf deren Anwesenheit die praktisch wichtige *Schardingersche Reaktion* beruht.

10. Antikörper.

Von Bedeutung für die Ernährung des Säuglings ist der Gehalt der Milch an Antikörpern, durch die eine passive Immunisierung des jungen Tieres zustande kommen kann. Manche günstige Wirkungen der Muttermilch können hierauf zurückgeführt werden. Das Studium dieser Verhältnisse ist dadurch kompliziert, daß schon intrauterin ein Übergang von Antikörpern in das Blut des Fötus möglich ist. EHRLICH[61] vermochte indessen den Nachweis von Antikörpern in der Milch zu erbringen und konnte auch zeigen, daß diese in das Blut des Säuglings übergingen. Er ließ weibliche Mäuse etwa zu gleicher Zeit befruchten und immunisierte einen Teil davon mit Ricin oder Abrin. Nach der Geburt tauschte er die Jungen aus, so daß die immunisierten Mütter die Jungen der nicht immunisierten Tiere säugten. Bei den von der immunisierten Amme gesäugten Jungen entwickelte sich eine Immunität. Der Übergang der *Antitoxine* in das Blut des Säuglings beruht auf einer eigentümlichen Durchlässigkeit der Magendarmwand für Eiweiß, die bereits nach den ersten Lebenswochen verlorengeht (RÖMER S. 448[18a]). Der Übergang findet nur bei Verfütterung arteigener Milch statt. Für die Antitoxine liegen die Verhältnisse besonders günstig, doch ist auch für *Agglutinine* die Anwesenheit in der Milch und der Übergang in das Blut des Säuglings erwiesen. Die *bactericide* Wirkung der Milch ist schwieriger zu demonstrieren, da es sich hier nach EHRLICH um das Zusammenwirken zweier Substanzen, Amboceptor und Komplement, handelt. Eine Übertragung der Bactericidie auf den Säugling kann nun schon dadurch zustande kommen, daß *einer* dieser Faktoren übertragen wird, wenn nämlich der andere im Blute des Säuglings schon vorhanden ist. In diesem Sinne kann man auch von der Anwesenheit bactericider Substanzen in der Milch und von der Übertragung der Bactericidie auf den Säugling sprechen (RÖMER S. 493[18a]).

II. Die Zusammensetzung der Milch bei verschiedenen Tierarten.

Oft ist die Frage diskutiert worden, ob die Bestandteile der Milch verschiedener Tiere qualitativ die gleichen seien. Für die einfacher zusammengesetzten Stoffe, auch für den *Milchzucker*, ist diese Frage zu bejahen. Eiweiß und Fett zeigen dagegen Verschiedenheiten, wenn auch der allgemeine chemische Charakter dieser Stoffe in allen bekannten Milcharten gewahrt ist. Bezüglich des *Caseins* der Pferde- und Eselsmilch einerseits, dem der Wiederkäuer andererseits, fanden TANGL und CSÓKAS[183] gewisse Unterschiede im Stickstoff-, Schwefel- und Phosphorgehalt. Mit Recht weist HAMMARSTEN[93] darauf hin, daß selbst große Übereinstimmung in der Elementaranalyse und im Gehalt an Aminosäuren für eine Identität nicht beweisend wäre, da mannigfache Isomerien möglich sind. In der Vermutung, daß es verschiedene Caseine gibt, gehen HUGO MEYER[127] und TRENDTEL[191] noch weiter, indem sie die Möglichkeit von Verschiedenheiten des Caseins sogar bei einzelnen Individuen derselben Art diskutieren und ein Versuchsmaterial beibringen, das diese Vermutung stützt. Auch die serologischen Untersuchungen weisen auf Unterschiede des Caseins wenigstens bei verschiedenen Tierarten hin, denn sie haben ergeben, daß jede Milchart, parenteral injiziert, die Bildung spezifischer Antikörper hervorruft. Die Verschiedenheit des Caseins bei den einzelnen Tierarten wird heute recht allgemein angenommen, unbeschadet einer gewissen Ähnlichkeit der Caseine verwandter Gruppen.

Die Unterschiede, die das *Milchfett* bei verschiedenen Tierarten, aber auch bei gleichen Individuen unter wechselnden Lebensbedingungen aufweist, werden am besten durch die von GRIMMER S. 143[9a] gegebene Zusammenstellung der chemischen und physikalischen Konstanten des Milchfettes illustriert. Allgemein läßt sich sagen, daß bei den Wiederkäuern ein Milchfett mit beonders hohem Gehalt an niedermolekularen Fettsäuren vorliegt, während diese bei Herbivoren (Pferd, Esel), Carnivoren und Omnivoren mehr zurücktreten. Mit Sicherheit kann man annehmen, daß es sich nicht nur um ein verschiedenes

Mischungsverhältnis der gleichen Fettsäureglycerinester, sondern z. T. auch um typische Glyceride handelt.

Nach dem Verhältnis der einzelnen Eiweißstoffe der Milch untereinander unterscheidet man *Caseinmilcharten* mit starkem Überwiegen des Caseins über Albumin und Globulin und *Albuminmilcharten*, bei denen neben Casein auch erhebliche Albuminmengen vorhanden sind. Caseinmilch liefern die Wiederkäuer, Eiweißmilch wird durch Frauenmilch und die Milch der Einhufer (Pferd, Esel), Hund, Katze u. a. repräsentiert. Aus den Zahlen der Tabelle 3 nach KÖNIG[11] ist dieser Unterschied zu erkennen.

Tabelle 3. Caseinmilch und Albuminmilch.

Milchart	Casein %	Albumin %	Casein / Albumin
Caseinmilch:			
Kuh	2,78	0,51	5,4
Ziege	2,81	0,75	3,7
Schaf	4,46	0,98	4,6
Büffel	5,02	0,53	9,5
Renntier	8,48	1,56	5,4
Albuminmilch:			
Frau	0,67	0,89	0,7
Stute	1,36	0,75	1,8
Esel	0,79	1,06	0,7

Erhebliche Schwankungen des *Verhältnisses Casein-Albumin* kommen auch bei derselben Tierart vor (HOYBERG[100]). Der Globulingehalt der Milch ist vergleichsweise meist sehr gering und beträgt z. B. bei Kuhmilch nur etwa 0,1 % (GRIMMER[9a]). Einen erheblicheren Globulingehalt stellte GRIMMER[85d] in der Hundemilch fest, in der er 26 % vom Gesamteiweiß betragen kann, und er vermutet, daß es noch mehr Milcharten mit unerwartet hohem Globulinanteil geben könnte.

Über den *Nährstoffgehalt* der Milch der wichtigsten landwirtschaftlichen Nutztiere und einiger anderer Arten orientiert die Tabelle 4 (nach KÖNIG[11]).

Tabelle 4. Zusammensetzung der Milch (Prozentgehalt der ursprünglichen Milch).

Milchart	Wasser	N-haltige Substanz	Fett	Milchzucker	Asche
Frau	87,62	1,56	3,75	6,82	0,25
Kuh (Niederungsvieh)	87,97	3,29	3,25	4,78	0,71
Kuh (Höhenvieh)	87,08	3,42	3,95	4,84	0,72
Ziege	87,05	3,56	3,93	4,65	0,81
Milchschaf	82,82	5,44	6,12	4,73	0,89
Nicht-Milchschaf	85,44	5,13	3,74	4,73	0,96
Larzacschaf	80,25	5,99	7,75	5,05	0,96
Büffelkuh	82,04	5,55	6,93	4,61	0,87
Zebu	86,13	3,03	4,80	5,34	0,70
Kamel	87,37	3,44	4,13	4,34	0,72
Lama	86,55	3,90	3,15	5,60	0,80
Renntier	65,40	10,04	19,05	4,05	1,46
Esel	89,90	1,85	1,25	6,58	0,42
Stute	89,96	2,11	0,88	6,67	0,38
Maultier	89,23	2,63	2,25	4,37	0,65
Kaninchen	69,50	15,54	10,45	1,95	2,56
Schwein	82,56	6,66	5,61	4,13	1,04
Elefant	68,14	3,45	20,58	7,18	0,65
Hund	77,94	8,76	8,92	3,38	1,00
Meerschwein	41,11	11,19	45,80	1,33	0,57
Walfisch	69,80	9,43	19,40	0,38	0,99

Die Zahlen stellen mittlere Werte dar, die erheblichen Abweichungen unterliegen können (GROSSFELDT[86]).

Veränderungen der Milch während der Lactationsperiode spielen eine besondere Rolle in den ersten Tagen nach der Geburt. Das zu Beginn der Lactation abgesonderte Sekret, das Colostrum, ist in wesentlichen Punkten von der späteren, reifen Milch verschieden. Der Unterschied ist schon durch die intensiv gelbe bis braungelbe Farbe und den unangenehmen Geruch und Geschmack erkennbar. Bezüglich des Geruches werden allerdings widersprechende Angaben gemacht. Die Konsistenz ist dickflüssig, schleimig, klebrig (ENGEL und SCHLAG[64]). Das erste Gemelk rahmt nicht auf, die späteren verhalten sich ähnlich wie reife Milch. Die Milchkügelchen verkleben zum Teil und sind von verschiedener Größe. Durch Lab läßt sich Colostrum in derselben Weise zur Gerinnung bringen wie normale Milch (ZAYKOWSKY[205]). Die Beschaffenheit des Colostrums, Farbe usw., nähert sich bei der Kuh in 36—48 Stunden der einer reifen Milch. Die Zusammensetzung des Kuhcolostrums zu verschiedenen Zeiten der Lactation ergibt sich aus Tabelle 5 (nach ENGEL und SCHLAG[64]).

Tabelle 5. Zusammensetzung des Colostrums (Kuh) (Prozentgehalt).

Zeit nach dem Kalben	Wasser	N-haltige Substanz	Casein	Albumin	Fett	Milchzucker	Asche
Unmittelbar	66,4	23,14	5,57	16,92	6,5	2,13	1,37
12 Stunden	79,1	13,73	4,47	8,98	2,5	3,51	1,04
24 „	84,4	7,11	4,23	2,63	3,6	4,24	0,97
36 „	80,8	5,96	4,08	1,64	2,1	4,14	
48 „	86,3	5,40	3,91	1,23	3,7	4,51	
60 „	86,0	4,89	3,62	1,08	3,7	4,38	0,91
72 „	86,0	4,77	3,55	1,06	3,9	4,63	0,99
96 „	85,8	4,31	3,30	0,90	4,5	4,70	0,91
5 Tage	86,8	3,90	3,12	0,69	3,5	4,89	0,92
6 „	87,0	3,56	2,76	0,75	3,7	4,78	0,90
12 „	88,3	2,85	2,22	0,54	3,2	5,07	0,77

Weitere Zahlen für die Zusammensetzung des Colostrums bei verschiedenen Tieren finden sich bei KÖNIG S. 215[11], SIEGFELD[168], SCHULZE[164], WEBER[197], MROZEK und SCHLAG[128] u. a.

Der hohe Eiweißgehalt des Colostrums, der hauptsächlich auf der Anwesenheit von *Globulin* beruht (MROZEK und SCHLAG[128]), geht rasch zurück. Aber auch die Menge aller anderen Bestandteile wird beim Übergang von reifer Milch von Tag zu Tag verändert. Die Änderungen der Mineralstoffe sind von TRUNZ[192] näher untersucht. Hier fällt besonders der rasche Abfall des Natrium- und Chlorgehaltes auf.

In späterer Zeit der Lactation finden nur weniger einschneidende Veränderungen in der Milchzusammensetzung statt. So beobachteten FLEISCHMANN und HITTCHER in den ersten drei Monaten ein geringes Abnehmen des Fettgehaltes, dem dann ein dauerndes Ansteigen bis zum Ende der Lactation folgte. Derartige kleine Verschiebungen können leicht durch Veränderungen der Milchzusammensetzung überlagert und verdeckt werden, die durch wechselnde Zusammensetzung des Futters verursacht sind.

Milchprodukte.

Die ursprüngliche Milch, Vollmilch, wird nur in seltenen Fällen zur Tierernährung herangezogen, wenn man von dem neugeborenen Tier absieht, für das sie die physiologische Nahrung darstellt. Von Bedeutung für die Tierernährung sind dagegen die Abfälle der Aufarbeitung der Milch, die für die menschliche

Ernährung nicht aufgebraucht werden und auch für industrielle Zwecke nicht restlos verwertet werden können, da sie in außerordentlicher Masse anfallen.

Als *Magermilch* bezeichnet man die durch Aufrahmen oder Zentrifugieren erhaltene Flüssigkeit, die sich von der Vollmilch fast nur durch den geringeren Fettgehalt unterscheidet. Wie für die menschliche Ernährung ist sie auch für die Tierernährung am besten in ganz frischem Zustande geeignet. Auch in dicksaurem Zustande wird sie verfüttert, während vor der Verfütterung in schwachsaurem, blausaurem Zustande gewarnt wird. Die Magermilch aus Molkereien ist durch Erhitzen keimfrei gemacht. Eine hierdurch verursachte Verminderung der Verdaulichkeit wird von manchen Autoren angenommen, von anderen geleugnet (vgl. FLEISCHMANN S. 288[7]).

Der Magermilch sehr ähnlich ist die *Buttermilch*, die beim Verbuttern des Rahmes erhaltene Flüssigkeit. Ist sie sehr sauer, so wird sie nach FLEISCHMANN S. 333[7] bei Kälbern zweckmäßig in kleineren Einzelmengen und in gekochtem Zustande verfüttert.

Bei der Verarbeitung der Vollmilch und Magermilch auf Käse wird der Käsestoff entweder durch Lab oder, nach spontaner Säuerung, durch Erwärmen abgeschieden. Bei der Labkäserei erhält man die *Käsemilch*, auch *süße Molken* genannt, aus der nach Abscheidung der Käsemilchbutter und der übrigen Eiweißstoffe (Zigerkäse) die eigentlichen *Molken* erhalten werden. Bei der Sauermilchkäserei resultiert als Nebenprodukt das *Quarkserum*, das auch als *sauere Molken* bezeichnet wird. Die verschiedenen Abfälle der Molkerei weisen demnach in ihrem Nährstoffgehalt wesentliche Unterschiede auf, die sich auf Eiweiß und Fettgehalt erstrecken. Die saueren Molken enthalten auch mehr Calcium und Phosphor, die dagegen bei der Labkäserei in größerem Umfang in den Käse übergehen. Die Zusammensetzung der als Futtermittel in Frage kommenden Produkte der Milchverarbeitung ergibt sich aus der Tabelle 6 (nach KÖNIG[11]). Die Zahlen beanspruchen keine allgemeine Gültigkeit, da gewisse Unterschiede sich aus der speziellen, lokal verschiedenen Verarbeitung der Milch ergeben müssen.

Tabelle 6. Zusammensetzung der Molkereiprodukte (in Prozenten).

	Wasser	N-haltige Substanz	Fett	Milchzucker	Milchsäure	Asche
Käsemilch	93,36	0,73	0,38	4,93	0,12	0,60
Molken aus Käsemilch .	93,79	0,60	0,07	5,10	0,12	0,44
Quarkserum	93,52	1,07	0,15	4,48	0,12	0,78
Magermilch (Zentrifuge) .	90,59	3,65	0,15	4,78	0,10	0,75
„ (Satten) . . .	90,15	3,55	0,80	4,61	0,14	0,75
„ (SWARTZ) . .	90,10	3,61	0,70	4,72	0,12	0,75
Buttermilch	90,94	3,71	0,65	3,65	0,35	0,70
Zentrifugenschlamm . . .	67,30	25,90	1,10	2,10		3,60
Molkenflocken (s. Anm.) .	10,00	12,00	3,00	25,00	3,00	6,00

Die Verfütterung der Milchabfälle kann wegen ihres großen Volumens im allgemeinen nur an Ort und Stelle in Frage kommen. KNOCH[10], der ein Gegner der landwirtschaftlichen Nebenbetriebe, Schweinemästerei usw., der Molkereien und Käsereien ist, sieht die Zukunft der Verwertung der Milchabfälle in der Herstellung konzentrierter Futtermittel, besonders aus den Molken. In der Tat lassen sich durch Eindampfen der Molken im Vakuum und Verarbeitung der Masse mit Kleie, Kartoffelflocken u. dgl. hochwertige und bekömmliche Futtermittel herstellen. Die Zusammensetzung derartiger Molkenflocken ist in der Tabelle 6 nach MÜLLER, OPETZ, WOWRA und HERBST[131] angegeben. Die Verfütterung an

Anm. Ferner: verdauliches Eiweiß 10 %, Rohfaser 1 %, stickstoffreie Extraktstoffe 70 %.

Ferkel ergab ein vorzügliches Resultat. Dennoch glauben die Autoren, daß dieses Futtermittel kaum Eingang für die Schweinemast finden wird, solange es viel teurer als Gerste ist.

Kondensierte und getrocknete Buttermilch wurde von ECKLES und GULLICKSON[60] an Stelle entrahmter Frischmilch neben Heu und Körnerfutter an Kälber mit gutem Erfolge verfüttert. Ein gleichfalls aus Buttermilch hergestelltes Futtermittel für die Schweinemast und Geflügelhaltung ist unter der Bezeichnung *halbfeste Buttermilch* (Habu) im Handel. Es handelt sich um eine Buttermilch, in der die Hauptmenge des Milchzuckers in Milchsäure umgewandelt ist, und der 75 % ihres Wassergehaltes entzogen worden sind. Nach Untersuchungen von MÜLLER-RUHLSDORF[130], HANSEN[94], VÖLTZ, JANTZON und KIRSCH[196] ist das Produkt als vorzügliches Eiweißfuttermittel anzusehen, das jedoch wegen seines hohen Preises als solches nicht in Frage kommen kann. Der eigentliche Wert des Produktes soll auf seinem Gehalt an Vitaminen und an Milchsäure beruhen, der man eine günstige Wirkung auf die Verdauung zuschreibt. FRÖHLICH und LÜTTGE[75] hatten mit Habu zwar keine besseren Erfolge als mit anderen Futtermitteln, möchten es aber nicht ohne weiteres ablehnen. In bezug auf den Vitamingehalt der halbfesten Buttermilch stellten BRIGL, EULER und HELD[39] fest, daß kein fettlösliches Wachstumsvitamin darin enthalten war. Bei vitaminfreier Kost konnte jedoch Keratomalacie bei Ratten durch Verfütterung von Habu verhütet werden. Mag es auch nicht berechtigt sein, die Verfütterung der halbfesten Buttermilch unbedingt abzulehnen, so ist doch kaum ein Zweifel, daß man dieselben Wirkungen auch mit gewöhnlicher Buttermilch erzielen kann, deren ausgiebigere Verfütterung von VÖLTZ[196] im Zusammenhang mit der Habufrage empfohlen wurde.

Seit langem sind Versuche gemacht worden, die Aufzucht der Kälber dadurch zu verbilligen, daß man das wertvolle Milchfett bei der Ernährung des Kalbes durch andere Nährstoffe ersetzt und so für die menschliche Ernährung frei macht. Das alte Verfahren, Magermilch mit Kartoffelmehl, Haferschrot, Leinsamen u. dgl. zusammen zu verfüttern, schützt nicht vor Fehlschlägen, da dem Milchfett außer seinem Nährwert vielleicht auch bestimmte diätetische Wirkungen zukommen (FINGERLING[70]). DICKSON und MALPEAUX[55] fanden bei derartig ernährten Kälbern eine fettlose Nierenpartie. Mit besserem Erfolge wurde Magermilch mit verzuckerter Stärke verwendet. Auch Dorschlebertran, Erdnußöl, Leinöl und Rüböl, Kalbsnierenfett, Margarine wurden mit Magermilch kombiniert. In dieser Richtung erstrecken sich auch die neueren Versuche, die Magermilch vollwertig für die Kälberaufzucht zu machen. Gute Erfolge sind besonders mit *Kälbermaiszucker* gemacht worden, während tierische und pflanzliche Fette und Öle sich als weniger günstig oder unbrauchbar erwiesen haben (HANSEN[94], MARTENS[124], KLUGE[109], ZORN und RICHTER[211], BÜNGER und LAMPRECHT[41]). HONCAMP[99] kann Kälbermehle und Lebertranemulsion nicht empfehlen, ZORN und RICHTER fanden bei der Darreichung von Kälbermaiszucker mangelhaften Fettansatz in der Nierengegend. Bezüglich der Kälberaufzucht mit Vollmilchersatzmitteln machen sie darauf aufmerksam, daß eine befriedigende Gewichtszunahme nicht allein entscheidend ist. Die spätere Leistung des Tieres muß abgewartet werden. Im ganzen kann gesagt werden, daß das Problem der Magermilchverwertung bei der Aufzucht des Kalbes bisher keineswegs restlos gelöst ist und fortgesetzter Bemühungen seitens der experimentellen Wissenschaft dringend bedürftig ist.

Literatur.

Zusammenfassende Darstellungen und Lehrbücher.

(*1*) ALTROCK, V.: Milchwirtschaftliches Taschenbuch. Berlin.

(*2*) BARTHEL: Die Methoden zur Untersuchung von Milch und Molkereiprodukten. — (*2a*) BASCH: Erg. Physiol. I **2**, 326 (1903). — (*3*) BURR: Kurzer Grundriß der Chemie der Milch und Milcherzeugnisse. Hildesheim 1927.

(*4*) DIBBERN: Einführung in die Chemie und Untersuchungsmethoden für Molkereipraktiker. Hildesheim.

(*5*) EBERLEIN: Die neueren Milchindustrien. Dresden u. Leipzig. — (*6*) ERNST: Grundriß der Milchhygiene für Tierärzte. Stuttgart 1926.

(*7*) FLEISCHMANN: Lehrbuch der Milchwirtschaft. Berlin 1920. — (*8*) FUNK: Die Milchwirtschaft. Herausgegeben von GRIMMER. Berlin 1926.

(*9*) GRIMMER: Milchwirtschaftliches Praktikum. Leipzig 1926. — (*9a*) Lehrbuch der Chemie und Physiologie der Milch. Berlin 1926. — (*9b*) Vgl. FUNK (8).

(*10*) KNOCH: Handbuch der neuzeitlichen Milchverwertung. Berlin. — (*11*) KÖNIG: Chemie der menschlichen Nahrungs- und Genußmittel **1**, Nachtrag. Berlin 1919. — (*11a*) Chemie der menschlichen Nahrungs- und Genußmittel **3**. 2. Untersuchung von Nahrungs-, Genußmitteln und Gebrauchsgegenständen. Berlin 1914. — (*11b*) Chemie der Nahrungs- und Genußmittel sowie der Gebrauchsgegenstände, 5. Aufl. Berlin 1920. — (*11c*) Untersuchung landwirtschaftlich und gewerblich wichtiger Stoffe. Berlin 1926.

(*12*) MORRES: Praktikum der Milchuntersuchung. Berlin. — (*13*) MÜLLER-LENHARTZ, v. WENDT, LÖNIS: Hygienische Milchgewinnung mit besonderer Berücksichtigung der Vitamine und Mineralstoffe des Futters. Berlin 1925.

(*14*) PETER: Milchwirtschaftliche Betriebslehre. Berlin.

(*15*) RAHN u. SHARP: Physik der Milchwirtschaft. Berlin 1928. — (*16*) RAUDNITZ: Erg. Physiol. I **2**, 193 (1903). — (*17*) RIEVEL: Handbuch der Milchkunde. Hannover.

(*18*) SCHLOSSMANN u. SINDLER: Milchdrüse und Milch. In OPPENHEIMER: Handbuch **4**. 1925. — (*18a*) SOMMERFELD: Handbuch der Milchkunde. Wiesbaden 1909.

(*19*) TEICHERT: Methoden zur Untersuchung von Milch und Milcherzeugnissen. Stuttgart 1924.

(*20*) WEIGMANN: Die Pilzkunde der Milch. Berlin.

Originalarbeiten.

(*21*) ABDERHALDEN u. HUNTER: Z. physiol. Chem. **47**, 404 (1906). — (*22*) ABDERHALDEN u. VÖLTZ: Ebenda **50**, 13 (1909). — (*23*) AMBERGER: Z. Unters. Nahrgsmitt. usw. **135**, 313 (1918). — (*24*) ANDERSEN: Berl. tierärztl. Wschr. **1905**, 451. — (*25*) ARNOLD: Münch. med. Wschr. **1905**, 841. — (*26*) ARTHUS u. PAGÈS: Arch. de Physiol. **1**. — (*27*) ASCHNER u. GRIGORIO: Arch. Gynäk. **94**, 766 (1911).

(*28*) BASCH: Mschr. Kinderheilk. **8**, 513 (1909). — (*28a*) Dtsch. med. Wschr. **1910**, 987. — (*29*) BENDA: Dermat. Z. **1**, 4 (1893/94). — (*30*) BERT: Gaz. méd. Paris **1879**, Nr 12. — (*31*) BERTKAN: Anat. Anz. **30**, 161 (1907). — (*32*) BERTRAND u. AGULHON: C. r. **156**, 246 (1913). — (*33*) BENJAMIN: Virchows Arch. **145**, 30. — (*34*) BESANA, zitiert nach KOEPPE in SOMMERFELD: Handbuch der Milchkunde, S. 135. — (*35*) BIZZOZERO u. VASCALE: Virchows Arch. **110**, 155 (1887). — (*36*) BLEYER u. KALLMANN: Biochem. Z. **153**, 459 (1924); **155**, 54 (1925). — (*36a*) BLEYER u. SCHWAIBOLD: Milchwirtsch. Forschgn **2**, 260 (1925). — (*36b*) Zitiert nach KIEFERLE, SCHWAIBOLD, HACKMANN (107). — (*37*) BOSWORTH: J. of biol. Chem. **15**, 231 (1913); **19**, 397 (1914). — (*37a*) BONCHACOURT: C. r. Soc. Biol. Paris **1902**, 133. — (*38*) BOWES: J. of biol. Chem. **22**, 11 (1915). — (*39*) BRIGL, EULER u. HELD: Fortschr. Landw. **2**, 147 (1927). — (*40*) BUNGE: Z. Biol. **10**, 295 (1874). — (*41*) BÜNGER u. LAMPRECHT: Landw. Ztg **47** (1927). — (*42*) BÜRKI: Landw. Jb. d. Schweiz **1896**, 21. — (*43*) BUSCHMANN: Z. Tierzüchtg **10**, 47 (1927).

(*44*) CARLENS u. KRESTOWNIKOFF: Biochem. Z. **181**, 176 (1927). — (*45*) CARY: J. of biol. Chem. **43** (1920). — (*45a*) CARY u. MEIGS: Ebenda **78**, 399 (1928). — (*46*) CASPARI u. WINTERNITZ: Z. Biol. **49**, 588 (1907). — (*47*) CHAMPY u. KELLER: C. r. Acad. Sci. Paris **185**, 302 (1927). — (*48*) COSMOVICI: C. r. Soc. Biol. Paris **91**, 649 (1924). — (*49*) COURANT: Pflügers Arch. **50**, 109 (1896). — (*50*) COUVREUR: C. r. Soc. Biol. Paris **69**, 579 (1910); **70**, 23 (1911). — (*51*) CZERNY: Prag. med. Wschr. **1890**.

(*52*) DAVIDSOHN: Z. Kinderheilk. **9**, 11 (1913). — (*53*) DELEZENNE: Ann. Inst. Pasteur **23**, 68 (1919). — (*54*) DESMOULIERES u. GAUTRELET: C. r. Soc. Biol. Paris **55**, 632. — (*55*) DICKSON u. MALPEAUX, zitiert nach POTT **3**, S. 462 (147). — (*56*) DOAN: J. Dairy Sci. **7**, 147 (1924). — (*57*) DORLENCOURT u. PALFY: C. r. Soc. Biol. Paris **92**, 239 (1925). — (*58*) DRUMMOND u. ASDELL: J. of Physiol. **61**, 108 (1926). — (*59*) DYROFF: Arch. Gynäk. **129**, 308 (1926).

(60) ECKLES u. GULLICKSON: J. Dairy Sci. **7**, 3 (1924). — (61) EHRLICH: Hyg. **12**, 183 (1892). — (62) EMMERLING: Zbl. Agrikulturchem. **1888**. — (63) ENGEL: Chemiker-Ztg **1905**, Nr 27. — (64) ENGEL u. SCHLAG: Milchwirtsch. Forschgn **2** (1925). — (65) ENGFELDT: Z. physiol. Chem. **95**, 337 (1914). — (66) ERNST, M.: Dtsch. Z. Chir. **202**, 231 (1927).

(67) FELLENBERG, V.: Erg. Physiol. **25**, 205 (1926). — (68) FLEISCHMANN u. WIEGNER: J. Landw. **1913**, 283. — (68a) FIEUX: Bull. méd. **1903**. Ref.: Klin. Wschr. **1904**, Nr 3. — (69) FILIPOVIC: Milchwirtsch. Forschgn **6**, 4 (1928). — (70) FINGERLING: Landw. Versuchsstat. **1908**, 141. — (71) FOGES: Wien. klin. Wschr. **1908**. — (72) FOURCROY, zitiert nach FLEISCHMANN (7). — (73) FRANK u. UNGER: Arch. int. Med. **7**, 812 (1911). — (74) FRANKL: Mschr. Geburtsh. **64**, 94 (1923). — (75) FRÖHLICH u. LÜTTGE: Z. Schweinezucht **5**, 60 (1927). — (76) FRÖHNER: Dtsch. tierärztl. Wschr. **1909**, 170. — (77) FROG u. SCHMIDT-NIELSEN: Biochem. Z. **127**, 168 (1922). — (78) FÜRSTENBERG: Die Milchdrüse der Kuh, ihre Anatomie, Physiologie und Pathologie. Leipzig 1868. — (79) FULD: Erg. Physiol. **1** (1902). — (80) FUNK: Biochem. J. **7**, 211 (1913).

(81) GAINES u. SANMANN: Amer. J. Physiol. **80**, 691 (1927). — (82) GHIGHLIOTTO, zitiert nach GRIMMER (9a). — (82a) GIAJA: C. r. **170**, 906 (1920). — (83) GOLTZ u. EWALD: Pflügers Arch. **63**, 385 (1896). — (84) GOWEN u. TOBEY: J. gen. Physiol. **10**, 949 (1927). — (85) GRIMMER u. HINKELMANN: Milchwirtsch. Forschgn **6**, 274 (1928). — (85a) GRIMMER, KURTENACKER u. BERG: Biochem. Z. **137**, 465 (1923). — (85b) GRIMMER u. SCHWARZ: Milchwirtsch. Forschgn **2**, 163 (1925). — (85c) GRIMMER: Biochem. Z. **68**, 311 (1915). — (86) GROSSFELD: Z. Unters. Nahrgsmitt. usw. **43**, 204 (1922). — (87) GROSSER: Biochem. Z. **48**, 427 (1913). — (88) GRUMME: Z. exper. Path. **14**, 549 (1913). — (89) GUTZEIT: Landw. Jb. **24**, 539 (1895). — (90) GYÖRGY: Biochem. Z. **142**, 1 (1923).

(91) HALBAN: Arch. Gynäk. **75** (1905). — (92) HALLAUER: Verh. d. Gynäk., Berlin 1909. — (93) HAMMARSTEN: Lehrbuch der physiologischen Chemie. — (93a) Z. physiol. Chem. **19**, **22**. — (94) HANSEN: Lehrbuch der Rinderzucht. Berlin. — (95) HARTMANN, DUPRE u. ALLEN: Endocrinology **10**, 291 (1926). — (95a) HEIDENHAIN in HERMANN: Handbuch der Physiologie **5**, T. 1, S. 374. 1883. — (96) HENKEL: Landw. Versuchsstat. **39**, 143 (1891). — (97) HENRIQUES u. HANSEN: Milchztg **1899**, 690. — (98) HERRMANN: Mschr. Geburtsh. **41**, 1 (1915). — (98a) HERRMANN u. STEIN: Zbl. Gynäk. **45**, 425 (1919). — (99) HONCAMP: Dtsch. landw. Tierzucht **16**, 289 (1927). — (99a) HILDEBRAND: Hofm. Beitr. **5**, 463 (1904). — (100) HOYBERG: Z. Fleisch- u. Milchhyg. **35**, 38 (1925). — (101) HUCHO, zitiert nach KOEPPE in SOMMERFELD: Handbuch, S. 135.

(101a) IKEGAMI: Jap. med. Z. **1915**, Nr 2/3. — (102) INIKOFF: Biochem. Z. **131**, 97 (1922). — (103) IKEDA: Sci. Rep. Gov. Inst. inf. Dis. Tokyo **3**, 29 (1924).

(104) JANTZEN: Zbl. Physiol. **15**, 505 (1901). — (105) JORDAN u. JENTER: New York agricult. exper. stat. Bull. **1897**.

(105a) KAUFMANN u. MAGNÉ: C. r. **143**, 779 (1906). — (106) KETTMANN: Milchwirtsch. Forschgn **5**, 73 (1928). — (107) KIEFERLE, SCHWAIBOLD u. HACKMANN: Ebenda **2**, 312 (1925). — (108) KICKINGER: Biochem. Z. **132**, 210 (1922). — (109) KLUGE: Dtsch. landw. Tierzucht **1926**. — (110) KRAUSE: Dtsch. med. Wschr. **1923**, 1330. — (110) KÜLZ: Z. Biol. **32**, 180 (1895).

(111) LAHM: Handbuch inn. Sekretion **2**, S. 407. — (111a) LANDWEHR: Pflügers Arch. **40**, 21. — (112) LAQUEUR: Hofm. Beitr. **7**, 273 (1906). — (112a) LAQUEUR u. SACKUR: Ebenda **3**, 193 (1902). — (113) LAXA: Milchwirtsch. Zbl. **42**, 663 (1913). — (114) LEDERER u. PRIBRAM: Pflügers Arch. **134**, 531 (1910). — (115) LEHMANN: Liebigs Ann. **358** (1896). — (116) LENFERS: Z. Fleisch- u. Milchhyg. **17**, 340, 383 (1908). — (117) LENKEIT: Med. Welt **1929**, 324; Berl. tierärztl. Wschr. **1929**, 190. — (118) LINDET u. AMMANN: Rev. gén. du lait **1906**; zitiert nach GRIMMER. — (119) LINTZEL: Über die Resorption und Assimilation des Eisens. Habilitationsschrift. Berlin: Landw. Hochschule 1928. — (120) LISK: J. Dairy Sci. **7**, 74 (1924).

(121) MADER: Jb. Kinderheilk. **101**, 281 (1923). — (122) MAGEE u. HARVEY: Biochem. J. **20**, 873 (1926). — (123) MAGEE, CRICHTON u. HARVEY: 12. Internat. Kongr., Stockholm 1926, S. 101. — (124) MARTENS: Dtsch. landw. Presse **13**, 14 (1926). — (125) MARTIN: Lehrbuch der Anatomie der Haustiere **1**. — (125a) MARTIN in ELLENBERGER: Handbuch der vergleichenden mikroskopischen Anatomie der Haustiere **1**, S. 234. — (126) MEIGS, BLATHERWICK u. CARY: J. of biol. Chem. **37** (1919). — (127) MEYER, HUGO: Biochem. Z. **178**, 83 (1926). — (128) MROZEK u. SCHLAG: Milchwirtsch. Forschgn **4**, 183 (1927); **5**, 134 (1928). — (129) MÜLLER: Z. Kinderheilk. **35**, 285 (1923). — (130) MÜLLER-RUHLSDORF, zitiert nach VÖLTZ (196). — (131) MÜLLER, OPETZ, WOWRA u. HERBST: Z. Schweinezucht **34**, 707 (1927). — (131a) MÜNTZ: C. r. **102**, 683.

(132) NJEGOVAN: Biochem. Z. **54**, 78 (1913). — (133) NOCHMANN: Z. Unters. Nahrgsmitt. usw. **37**, 59 (1914). — (134) NIKLAS: Mschr. Geburtsh. **38**, Erg.-H. (1913). — (135) NÜESCH: Über das sogenannte Aufziehen der Milch. Dissert., Zürich 1904.

(*136*) OSBORNE, W. A.: J. of Physiol. **27**, 398 (1901). — (*137*) OSBORNE u. WAKEMANN: Biochem. J. **21**, 539 (1915); J. of biol. Chem. **28** (1916). — (*138*) OTTOLENGHI: Arch. mikrosk. Anat. **58**, 581 (1901). — (*139*) OTT u. SCOTT: Ther. Gaz. **1911**, 689; Proc. Soc. exper. Biol. **12**, 47 (1915).

(*140*) PALMER u. ECKLES: J. of biol. Chem. **17**, 191 (1914). — (*141*) PERTZOFF: J. gen. Physiol. **10**, 987 (1927). — (*142*) PEROFF: Ber. milchwirtsch. Inst. Wologda **2**, 1 (1918); zitiert nach INICHOFF. — (*143*) PFAUNDLER, v., in SOMMERFELD: Handbuch (18a). — (*144*) PFLÜGER: Pflügers Arch. **2**, 156 (1896). — (*145*) PIZZI, zitiert nach GRIMMER (9a), S. 135. — (*146*) PLIMMER: J. of Physiol. **35**, 20 (1907). — (*146a*) PORCHER: C. r. Acad. Sci. Paris **140**, 73 (1905). — (*146b*) Biochem. Z. **23**, 370 (1910). — (*147*) POTT: Handbuch der tierischen Ernährung. Berlin 1909. — (*148*) POPPER: Pflügers Arch. **1904**, 105. — (*149*) PRATI: Arch. ital. Biol. **79**, 36 (1928).

(*150*) RAHN: Forschgn Milchwirtsch. u. Molkereiwes. **1**, 213 (1921). — (*150a*) Milchwirtsch. Forschgn **2**, 383 (1925). — (*151*) RIBBERT: Arch. Entw.mechan. **1898**. — (*152*) RIEVEL in ELLENBERGER-SCHEUNERT: Vergleichende Physiologie der Haustiere, S. 183. 1925. — (*153*) RÖHMANN: Biochem. Z. **93**, 237 (1919). — (*154*) RONA u. MICHAELIS: Ebenda **21**, 114 (1909). — (*154a*) ROST u. WEITZEL: Arb. Reichsgesdh.amt **51**, 494 (1919). — (*155*) RUBELI: Schweiz. Arch. Tierheilk. **58**, 357 (1916).

(*156*) SALGE: Jb. Kinderhelk. **60**, 1; Z. Kinderheilk. **61**. — (*157*) SCHARRER u. SCHWAIBOLD: Biochem. Z. **207**, 232 (1929). — (*158*) SCHEIBE: Z. Biol. **33**, 567 (1896). — (*159*) SCHEIN: Theorie der Milchsekretion. Wien 1908. — (*160*) SCHELLENBERGER: Milchztg **22**, 817 (*1893*). — (*161*) SCHLOSSMANN: Z. physiol. Chem. **47**, 327 (1906). — (*162*) SCHMIDT-NIELSEN: HAMMARSTEN-Festschr. 1906. — (*163*) SCHÖNDORF: Pflügers Arch. **74**, 358 (1899). — (*163a*) SCHULZ, P.: Z. Fleisch- u. Milchhyg. **19**, 55, 132 (1908/09). — (*164*) SCHULZE: Milchwirtsch. Forschgn **6**, 445 (1928). — (*165*) SCHRODT u. HANSEN: Landw. Versuchsstat. **31**, 55 (1885). — (*166*) SCHWARZ: Milchwirtsch. Forschgn **3**, 468 (1926). — (*167*) SEBELIEN: HAMMARSTEN-Festschr. 1906; Z. physiol. Chem. **9**, 445 (1885). — (*167a*) SEBELIEN u. SUNDE: Z. angew. Chem. **21**. — (*168*) SIEGFELD: Molkereiztg Hildesheim **1908**, 1293. — (*169*) SIEGMUND: Zbl. Gynäk. **43**, 1391 (1910). — (*170*) SLYKE, VAN, u. BOSWORTH: J. of biol. Chem. **14**, 207 (1913); **24**, 191 (1916). — (*171*) SÖLDNER: Landw. Versuchsstat. **35**, 351 (1888). — (*172*) SOXHLET: Ebenda **19**, 118 (1876). — (*173*) SOXHLET u. HENKEL: Chem. Zbl. **1887**, 229. — (*174*) SPANN: Z. Züchtungskde **4**, 77 (1929). — (*175*) SPIRO: Hofm. Beitr. **6**, **7**, **8**. — (*176*) STÄRKLE: Biochem. Z. **151**, 371 (1925). — (*176a*) STARLING: Erg. Physiol. **1906**, 664. — (*177*) STEINACH: Zbl. Physiol. **1913**, 27. — (*178*) STEINEGGER u. ALLEMANN: Landw. Jb. d. Schweiz **1908**, 268. — (*179*) SUPPLEE u. BELLIS: J. of biol. Chem. **48**, 453 (1921). — (*180*) STEPP: Die Vitamine. Im Handbuch der normalen und pathologischen Physiologie **5**, 1143 (1928). — (*181*) SWETT: J. Dairy Sci. **10**, 1 (1927).

(*182*) TAMMANN: Z. physiol. Chem. **12**, 322. — (*183*) TANGL u. CSÓKÁS: Pflügers Arch. **121**. — (*184*) TGETGEL: Schweiz. Arch. Tierheilk. **68**, 335, 369 (1926). — (*185*) THÖRNER: Milchztg **22**, 58 (1893). — (*186*) Chemiker-Ztg **18**, 1845 (1894). — (*187*) THIERFELDER: Dissert., Rostock 1883; Pflügers Arch. **1884**, 629. — (*188*) TOYANAGA, zitiert nach GRIMMER (9a), S. 79. — (*189*) TRAUTMANN: Pflügers Arch. **177**. — (*190*) Dtsch. tierärztl. Wschr., Festschr. **1928**, 26. — (*191*) TRENDTEL: Biochem. Z. **190**, 371 (1927). — (*192*) TRUNZ: Z. physiol. Chem. **40**, 261 (1904).

(*193*) VIALE: Arch. ital. Biol. **73**, 116 (1924). — (*194*) VINTEMBERGER: Archives de Biol. **35**, 125 (1925). — (*194a*) VIRCHOW: Zellularpathologie. Berlin 1859. — (*195*) VOGEL: Sitzgsber. bayer. Akad. Wiss. **30**, 379. — (*196*) VÖLTZ, JANTZON u. KIRSCH: Z. Züchtungskde **2**, 85 (1927).

(*197*) WEBER : Milchwirtsch. Zbl. **6**, 447 (1910). — (*198*) WERNERY: Die Beeinflussung der Laktation durch das endokrine Drüsensystem. Preisarbeit. Hannover 1927. — (*199*) WEYL: Ber. chem. Ges. **11**, 2175 (1878). — (*200*) WHA: Biochem. Z. **144**, 278 (1923). (*201*) WICHMANN: Z. physiol. Chem. **27**, 575 (1899). — (*201a*) WIDMARK u. CARLENS: Biochem. Z. **158**, 3 (1925). — (*202*) WINTERSTEIN u. STRICKLER: Ebenda **47**, 58 (1906). — (*203*) WROBLEWSKI: Ebenda **26**, 308 (1898).

(*204*) ZAHN: Pflügers Arch. **2**, 598 (1869). — (*205*) ZAYKOWSKY: Biochem. Z. **146**, 189 (1924). — (*206*) ZIEGLER: Schweiz. Arch. Tierheilk. **69**, 121 (1927). — (*207*) ZIETZSCHMANN: Dtsch. tierärztl. Wschr. **31**, 109 (1923). — (*208*) Arch. Tierheilk. **23**, 461 (1907). — (*209*) In GRIMMER: Lehrbuch (9a), S. 17. — (*210*) ZIMMERMANN: Z. Fleisch- u. Milchhyg. **19**, 311 (1909). — (*211*) ZORN u. RICHTER: Mitt. dtsch. landw. Ges. **43**, 36 (1928); Dtsch. andw. Presse **55**, 279 (1928). — (*212*) ZSCHOKKE, zitiert nach ZIETZSCHMANN (207). — (*213*) ZUNTZ u. USSOW: Arch. f. Anat. **1900**, 382. — (*214*) ZWART: Z. Fleisch- u. Milchhyg. **26**, 231, 246 (1916).

b. Tierische Mehle und Futtermittel aus niederen Tieren.

Von

Geh. Reg.-Rat Professor Dr. Franz Lehmann

Direktor des Instituts für Tierernährungslehre der Universität Göttingen.

I. Fische.

Fische, sowohl Seefische als Süßwasserfische und Fischabfälle, sind seit alter Zeit als Futtermittel benutzt worden und kommen auch heute noch gelegentlich zur Verwendung. In Norwegen gibt man Seefische an Rindvieh und Schweine, in der Umgegend der deutschen Seefischereihäfen werden Fischabfälle, und im ganzen norddeutschen Seengebiet Süßwasserfische vor allem an Schweine gefüttert. Neuerdings scheint diese Verwendung sogar zu steigen, da fast jeder Fischladen Abfälle abzugeben hat, weil sich der Gebrauch, die Fische küchenfertig zu verkaufen, immer mehr verbreitet.

Schweine und Geflügel fressen Fische gekocht und mit dem anderen Futter gemengt sehr gern, die Qualität der Erzeugnisse solcher Fütterung ist jedoch nicht beliebt. Es tritt gelegentlich Trangeschmack bis zur Ungenießbarkeit ein. Der Fischgeruch selbst, der sich aus der Zersetzung der Stickstoffsubstanz (s. Anm.) herleitet, scheint an dieser Schädigung wenig oder gar nicht beteiligt zu sein; vielmehr ist fast ausschließlich der Fettgehalt hierfür verantwortlich zu machen. Deshalb soll zunächst eine Darstellung über den *wechselnden Fettreichtum der Fische* gegeben werden.

Es gibt Fische, welche immer fettreich sind, z. B. der *Flußaal*[10], dessen nutzbares Fleisch enthält:

Wasser	Stickstoff-substanz	Fett	Asche
58,21	12,24	27,48	0,87

Andere Arten zeigen wechselnden Fettgehalt je nach der Jahreszeit, z. B. die *Makrele*[1]:

	Wasser	Stickstoff-substanz	Fett	Asche
Frühjahr 1879	78,67	18,29	2,20	1,00
April 1882	75,44	19,43	4,21	1,28
April 1882	73,68	19,50	5,86	1,21
Mai 1880	74,14	18,18	6,99	1,30
Dezember 1880	64,01	19,08	16,30	1,48

Hierher gehört auch der Hering. In einigen Fällen steht der Fettgehalt mit dem Laichen im Zusammenhang, z. B. beim *Lachs*. Atwater[1] fand im Mittel aus fünf Analysen für das frische Fleisch die Zusammensetzung:

Wasser	Stickstoff-substanz	Fett	Asche
63,61	22,39	13,38	1,41

für abgelaichten Lachs im Mittel aus zwei Analysen

76,74	18,39	3,60	1,14

Der wechselnde Fettgehalt ist in den meisten Fällen von der Reichlichkeit der Nahrung abhängig. Fische können gemästet werden. Ein Beispiel hierfür ist

Anm. Stickstoffsubstanz im Sinne vom Rohprotein gleich N · 6,25.

der *Karpfen.* Nach eigenen Analysen[16] ergab sich die Zusammensetzung des frischen nutzbaren Fleisches:

	Wasser	Stickstoff-substanz	Fett	Asche
1. Ungefüttert	78,85	17,38	2,57	1,22
2. Gefüttert mit Lupinen	74,92	17,11	6,82	1,16
3. Gefüttert mit Fleischmehl und Mais . . .	73,89	16,73	8,34	1,13
4. Gefüttert mit Lupinen und Mais	71,60	16,17	11,13	1,12

Eine große Menge von Fischen haben niemals größere Mengen von Fett im Fleisch. Zu diesen „*Magerfischen*" gehören die Gadusarten: Schellfisch, Dorsch (Kabeljau), Köhler usw. Das nutzbare Fleisch enthält[10]:

	Wasser	Stickstoff-substanz	Fett	Asche
Schellfisch	81,50	16,93	0,26	1,31
Dorsch	82,42	15,97	0,31	1,29

Allein auch diese Fische zeigen Fett in etwas größeren Mengen, sofern der *ganze Körper* analysiert wird[23]. So enthält:

Schellfisch	78,90	17,25	1,14	3,59
Dorsch	79,42	15,75	0,91	3,75

Der höhere Fettgehalt findet sich fast ausschließlich in der Leber[23]. So ergab sich im Mittel aus drei Schellfischen für den Gesamtinhalt der Leibeshöhle (272 g) ein Fettgehalt von 23,45 %. Die Leber allein (104 g) enthielt 59,31 %; die Gedärme usw. (168 g) aber nur 1,25 %. —

Die ungünstige *Beeinflussung der tierischen Produkte durch Verfütterung von Fischen* ist ebenso oft behauptet wie bestritten worden. Soweit nicht die Verdorbenheit der Fische mitspricht und der Fettgehalt ausschließlich oder hauptsächlich die Ursache ist, hängt die Meinungsverschiedenheit von zwei Punkten ab. Meistens wird von diesem Abfallmaterial zuviel gefüttert. Wenn richtige Mengen gegeben sind, wird es aus vorstehenden Zahlen verständlich, daß gelegentlich keine ungünstige Wirkung auftritt. So sind in Norwegen oftmals Prüfungen angestellt und nur ausnahmsweise ist eine Beeinflussung des Geschmacks von Milch, Butter oder Schweinefleisch festgestellt worden. Das gilt da, wo Gadusarten oder ihre Abfälle gefüttert werden. Schellfisch und Dorsch kommen immer ausgeweidet an Land, bieten also ein fettarmes Material. Heringe[10], deren Fleisch die durchschnittliche Zusammensetzung hat:

79,09	15,44	7,63	1,64

erzeugen Trangeschmack in den Mastprodukten, und das gleiche gilt für die Fische, welche in den norddeutschen Seengebieten zur Verfütterung kommen.

Seit Mitte des vorigen Jahrhunderts beobachtete man in Berlin alljährlich zu bestimmten Zeiten das Auftreten von Schweinefleisch, welches nach Tran schmeckte. Nachweislich werden in Norddeutschland die kleinen Fische, z. B. Stint und Uklei[1], an Schweine gefüttert. Die Zusammensetzung dieser Fische ist:

	Wasser	Stickstoff-substanz	Fett	Asche
Stint	81,50	15,72	1,00	0,76
Uklei	72,80	16,81	8,13	3,25

Der Fettgehalt des letzteren ist so hoch, daß er das Schweinefleisch bestimmt ungünstig beeinflussen muß. Man prüft das Auftreten des Trangeschmacks und

Geruchs am besten mit Hilfe der Kochmethode. Etwa 100 g Fleisch werden in einem kleinen Topf mit Wasser bei aufgelegtem Deckel erhitzt. Sobald das Wasser kocht, hebt man den Deckel und prüft den Geruch. Auch kann Trangeschmack erst nachträglich bei konserviertem Fleisch auftreten. So bei geräuchertem Schinken und Wurstwaren.

Frische Fische sind in einem Fall auf ihre Verdaulichkeit untersucht worden. Dr. GERD WEBER[22] fütterte 1927 kleine Heringe der Unterelbe (Spitzen) an Schweine. Die Tagesration bestand aus 2000 g Gerstenschrot + 2000 g frischen Heringen. Die Zusammensetzung der frischen Heringe war:

	Wasser	Stickstoff-substanz	Fett	Asche
	78,9	15,0	2,55	3,33

Als Verdauungskoeffizient wurde gefunden:

	—	92,9	81,2	52,3

Demnach sind in den frischen Fischen, welche 21,1 % Trockensubstanz besaßen, an verdaulichen Bestandteilen:

	—	13,9	2,07	1,74

Rund vier Gewichtsteile frischer Fische haben den gleichen Gehalt an Stickstoffsubstanz wie ein Teil Fischmehl. Die Verfütterung frischer Fische hat nur lokale Bedeutung, weil das Material zu rasch verdirbt und darum einen weiteren Transport unmöglich macht. Aber sie ist die billigste Art, Schweinen und Geflügel genügende Mengen von Eiweiß zuzuführen.

Gelegentlich werden auch Seefische zur Schweinefütterung abgegeben. Sie kommen in diesem Falle ausgeweidet, sowie die Fischdampfer landen, zum Versand, und die Zusammensetzung ganzer Körper (also genießbarer und ungenießbarer Teile des Handelsfisches) ist[23]:

für Schellfisch . . .	79,7	16,4	0,53	3,32
Kabeljau	79,29	16,8	0,53	3,50
Mittel	79,5	16,6	0,53	3,41

Wendet man hierauf die vorhin gefundenen Verdauungskoeffizienten an, dann ergibt sich bei 20,5 % Trockensubstanz als Gehalt an verdaulichen Bestandteilen:

	—	15,4	0,43	1,8

Für die Fische der norddeutschen Seen kann im Mittel die Zusammensetzung angenommen werden:

	77,2	16,3	4,57	2,00

Hierin sind, unter Benutzung der gleichen Verdauungskoeffizienten, an verdaulichen Bestandteilen bei 22,8 % Trockensubstanz:

	—	15,1	3,71	1,0

Trotz des hohen Fettgehaltes und der daraus entstandenen Schäden bezüglich der Qualität der Mastprodukte gibt es merkwürdigerweise einen Fall von Qualitätsmast[2] mit Hilfe von frischen Fischen. Südlich von Hamburg, ganz besonders im Kreise Winsen a. d. Luhe, wird mit großem Erfolge Kückenmast getrieben. Man verwendet hierbei gekochte und gehackte Elbfische (Stint) und erklärt, daß ohne solche die Mast nicht gelänge. Diese Behauptung ist allerdings nicht zutreffend, aber es besteht die Tatsache, daß hier mit Fischen von mittlerem Fettgehalt eine ungewöhnlich gute Fleischqualität erzeugt wird.

II. Fischmehl.

1. Entwicklung der Fischmehlproduktion.

Es lag nahe, aus Fischen eine Dauerware herzustellen und sie als Handelsfuttermittel zu vertreiben; allein dem stand jahrzehntelang das im vorstehenden charakterisierte Vorurteil entgegen, zumal Unterschiede zwischen fettreich und fettarm nicht gekannt und nicht gemacht wurden. In den nordischen Ländern wurden allerdings die aus reichen Fängen abfallenden Abgänge zusammen mit unbrauchbar gewordenen Fischen getrocknet. Allein diese Ware kam nach Deutschland lediglich als Düngemittel und trug den Namen Fischguano. Dieser ist, als das südamerikanische Fleischmehl sich in Deutschland zu verbreiten begann, zum erstenmal im Jahre 1876 auf seine Brauchbarkeit als Futtermittel untersucht worden. Zu einer stärkeren Verwendung kam es jedoch zunächst noch nicht, und zwar deshalb, weil man merkwürdigerweise zunächst nur von der Verfütterung an Wiederkäuer sprach (KELLNER). Im Jahre 1891 erwähnte CURT WEIGELT in seiner großen, von dem Deutschen Seefischereiverein angeregten Arbeit „Die Abfälle der Seefischerei" die Möglichkeit der Herstellung von Futter aus Fischabfällen deutscher Fischereihäfen, kommt jedoch über Gedanken und Laboratoriumsversuche nicht hinaus und endet mit zahlreichen Vorschlägen, die wiederum nur die Gewinnung von Düngemitteln betreffen.

Fast zu gleicher Zeit wurde aber die erste deutsche Fabrik gegründet, welche Fischmehl herstellte, und zwar in *Pillau* (Ostpreußen). Sie hatte lediglich lokale Bedeutung und ging nur auf die Verwertung der in der Ostsee vorkommenden Seestichlinge hinaus. Wenige Jahre später entstanden in Schlutup bei Lübeck und fast zugleich in Geestemünde neue Fabriken. Von da ab entwickelte sich eine deutsche *Fischmehlindustrie*. Ihr ging der Aufschwung voraus, welcher um diese Zeit für die deutsche Seefischerei einsetzte. Dem Beispiel Englands folgend, baute man Fischdampfer, den ersten 1885. Im Jahre 1914 waren etwa 400 vorhanden. Hiermit entwickelte sich ein starker Seefischversand. Auf der anderen Seite beginnt um die Mitte der achtziger Jahre das Aufblühen der Viehzucht, besonders der Schweinezucht in Deutschland. Wohl kein Zufall war es, daß von derselben Stelle, welche durch Analysen usw. den Handel mit Seefischen begleitet hat, nun auch die Einführung des Fischmehls in die Landwirtschaft gefördert worden ist. 1893 und 1894 sind die ersten ausführlichen Arbeiten der landwirtschaftlichen Versuchsstation Göttingen hierüber erschienen. Im Jahre 1900 konnte der Stand der Produktion von Fischmehl bereits zusammengefaßt werden. Der Verwendung wurde jetzt ein festes Ziel gegeben: das Fischmehl eignet sich in erster Linie zur Verfütterung an Schweine. In keinem Lande hat es sich so rasch und so stark verbreitet wie in Deutschland. Bis zu dieser Zeit konnte man vier Arten unterscheiden: 1. Abfälle der Klippfischfabrikation, 2. die ähnlichen Abfälle des Fischversandes der Seefischereihäfen, 3. Abfälle der Konservenfabriken der Ostsee und 4. Fischmehle aus extrahierten fettreichen Fischen (z. B. Pillau). Daneben entwickelten sich deutsche Unternehmungen, welche aus Fischen und Fischabfällen im Ausland Fischmehl gewinnen, z. B. in Island. Die ganze Fischmehlfabrikation großen Stiles war erst möglich, als geeignete Trockenapparate konstruiert waren, wie sie zuerst zur Verarbeitung von Biertrebern, Rübenschnitzeln, Rübenblättern benutzt worden sind. Von Anfang an wurde außerdem Fischmehl importiert, ursprünglich nur aus Norwegen und in kleinem Maße aus Schweden; etwa seit 1900 kam die Einfuhr aus England hinzu.

Im letzten Jahrzehnt hat der deutsche Bedarf nach Fischmehl auf Canada, Nordamerika, Südamerika, ja sogar Indien und Afrika übergegriffen. Wenn auch alle diese Länder wohl einen Teil der dort getrockneten Fische und Abfälle selbst verfüttern, muß man doch feststellen, daß Deutschland sehr erhebliche Teile hiervon auf sich zieht. Die Verwendung von Fischmehl zur Fütterung an Schweine ist recht eigentlich eine deutsche Methode geworden. Neuerdings nimmt auch die Verfütterung des Fischmehls an Geflügel rasch zu. Die Entwicklung ist noch nicht abgeschlossen, obwohl die Zahlen einen hohen Stand dieser jungen Industrie erkennen lassen. Deutschland kann für seinen Schweinebestand rund 8000000 dz Fischmehl aufnehmen, und wenn der Bedarf für Geflügelfütterung auf 2000000 dz geschätzt wird, kann der Gesamtbedarf auf 10000000 dz angegeben werden.

2. Übersicht über die verschiedenen Arten von Fischmehlen.

Man kann die *Fischmehle nach ihrem Gehalt an Fett und an Salz* einteilen und hiernach in folgende Klassen bringen:

I. Fettarme Fischmehle,

a) aus Magerfischen hergestellt,

b) durch Extraktion aus fettreichem Material gewonnen,

c) aus salz- und fettreichen Abfällen der Fischkonservenindustrie durch Extraktion von Salz und Fett gewonnen.

II. Fettreiche Fischmehle (bis zu 12 %),

a) einfach getrocknet und bei höherem Fettgehalt eventuell mit fettarmem Material gemischt,

b) aus fettreichem Material durch Pressen des gedämpften Materials und nachträgliches Trocknen hergestellt.

III. Salzhaltige Fischmehle,

a) durch Mischen mit salzarmem Material auf einen erträglichen Salzgehalt gebracht (5—8 % Salz),

b) konserviertes frisches Material, welches nachträglich gepreßt wird (Westlandmehl).

In dieses Schema lassen sich die nachfolgenden Untersuchungen nicht einfach einordnen, vielmehr wird zunächst geschildert, was an wissenschaftlichen Untersuchungen in Deutschland über Fischmehl veröffentlicht worden ist.

3. Untersuchungen über Fischmehl.

a) Fischguano. WEISKE[24] hat im Jahre 1876 Fischmehl zum erstenmal gefüttert, und zwar an Schafe. Einen ähnlichen, aber exakteren Versuch hat KELLNER[7] im folgenden Jahre veröffentlicht. Beide sprechen von Fischguano.

Zusammensetzung des Fischguanos in Prozenten der lufttrockenen Substanz.

	Wasser	Stickstoffsubstanz	Fett	Asche
1. Fischguano (WEISKE 1876)	12,8	54,2	2,00	29,0
2. Fischguano (KELLNER 1877)	12,8	51,4	1,84	36,5

Zu der Angabe über Stickstoffsubstanz ist zu bemerken, daß manche Autoren die korrekte Berechnung aus der Differenz vorziehen, nämlich Trockensubstanz minus Asche und Fett. Diese Berechnung ist jedoch bei Verdauungsversuchen unbrauchbar, ebenso bei Kontrollanalysen der Fischmehle des Handels. In der hier gegebenen Darstellung ist die Stickstoffsubstanz in allen Fällen aus dem Stickstoff durch Multiplikation mit dem Faktor 6,25 berechnet.

Über die Beschaffenheit und Herkunft des Fischguanos sagt WEISKE: „Diese als Futtermittel bisher wohl noch nicht verwendete Substanz besteht der Hauptsache nach aus getrockneten und pulverisierten Fischen (Dorsch), deren Fleischteile behufs anderweitiger Verwertung (Stockfischbereitung) zum großen Teil entfernt sind. Es bildet ein trockenes, feinkörniges, nur wenig riechendes Pulver.

KELLNER arbeitete mit einem aus der gleichen Quelle bezogenen Fischguano, den der Händler jetzt aber schon als „Futterfischmehl" bezeichnet; dieses ist im Gegensatz zu dem körnigen Erzeugnis jenes ersten Versuches sehr gut zerkleinert und hat ein mehlartiges Aussehen. Auf Grund seines Versuches empfiehlt WEISKE den Fischguano „als Kraftfutter bei der Ernährung unserer Haustiere, ganz besonders in futterarmen Jahren, in denen es an Heu gebricht, als Zusatz zu stickstoffarmen Futtermitteln, Stroh, Rüben, Kartoffeln usw."

KELLNER führte den ersten exakten Verdauungsversuch, und zwar an Hammeln, aus. Er findet als Verdauungskoeffizienten im Mittel zweier Tiere:

Stickstoff-substanz	Fett
89,95	76,43

Bezüglich der Verdauung der Mineralsubstanz gibt er eine interessante Aufstellung. (Das Fischmehl war zusammen mit Luzerneheu und Haferschrot, deren Verdaulichkeit in gesonderten Versuchen ermittelt war, gefüttert worden.)

	Phosphorsäure g
Aufgenommen in Luzerneheu	4,91
„ „ Haferschrot	5,20
„ „ Fischmehl	20,91
Summe der Aufnahme	31,02
Ausgeschieden in 442,90 g trockenem Exkrement mit 7,04 % Phosphorsäure	31,18
Davon kommen auf Luzerneheu und Haferschrot berechnet nach Periode II	9,89
Ausgeschieden von Fischmehl	21,29

Hieraus folgt, daß die Phosphorsäure, und zwar als phosphorsaurer Kalk, quantitativ im Darmkanal wieder ausgeschieden ist. Diese Erscheinung war zwar bekannt, aber KELLNER knüpft hieran eine weitere interessante Ermittlung. Er stellt fest, daß das im Kot enthaltene Calciumphosphat bei Fischguanofütterung zu 87,36 % in citronensaurem Ammoniak löslich war, im Fischguano selbst aber nur zu 66,84 %. Noch drastischer erwies sich die Löslichkeit in Wasser, welches mit Kohlensäure gesättigt war. Im Fischmehlkot war löslich: Tier I 68,78 %, Tier II 66,30 % Phosphorsäure; im Fischmehl nur 18,35 %.

Für die praktische Verwendung des Fischmehls leitet KELLNER ab: „Die stickstoffhaltigen Bestandteile sind sehr leicht verdaulich und werden von Schafen zu 90 % resorbiert. Die phosphorsäurehaltigen Aschenbestandteile finden sich im Kot in feiner Verteilung und sind leichter auflösbar als im ursprünglichen Fischmehl; es empfiehlt sich danach nicht als Düngemittel, sondern unter allen Umständen als Futtermittel zu verwenden, weil es so einerseits zum Aufbau des Körpers beiträgt und andererseits in bezug auf seinen Düngewert vorteilhafter verändert wird."

Merkwürdigerweise denken beide Autoren nur an die Fütterung der Wiederkäuer; von Schweinen oder Geflügel wird nichts erwähnt.

b) Pillauer Stichlingsmehl. Die erste deutsche Fischmehlfabrik wurde im Jahre 1891 zu Pillau gegründet und wird heute noch von der Deutschen Seefischerei-Gesellschaft Germania betrieben. Sie verarbeitet hauptsächlich Seestichlinge, Gasterosteus aculeatus. Diese enthalten nach der Analyse von WEIGELT:

	Wasser	Stickstoff-substanz	Fett	Asche
In der frischen Substanz	72,54	13,94	7,26	3,15
In der Trockensubstanz	—	50,81	26,45	18,66

Das Material wird zerkleinert, in Trockenapparaten getrocknet, hierauf durch Extraktion entfettet. Das Unternehmen ist auf persönliche Anregung des damaligen Vorsitzenden des Deutschen Seefischereivereins, Präsident Herwig, geschaffen worden, zunächst in dem Gedanken, die reichlichen Schwärme von Seestichlingen überhaupt zu verwerten. Bei der Frage, ob als Dünger oder als Futtermittel, hat die Versuchsstation Göttingen mitgewirkt und sich für Futtermehl entschieden. Angesichts der schlechten Erfahrungen, welche mit der Fütterung fettreicher Fische gemacht waren und der Unmöglichkeit, ein fettreiches Fischmehl in der Landwirtschaft abzusetzen, wurde der Rat gegeben, das Material zu entfetten. Als Grenze des Fettgehaltes wurde als technisch möglich etwa 2—3 % Fett der lufttrockenen Substanz bezeichnet. Hieraus sind später Vorschriften für den Fettgehalt brauchbarer Fischmehle (3—4 %) entstanden. So wurde ein graugelbliches trockenes Pulver gewonnen, „welches zwar fischartig, jedoch nicht in dem Maße unangenehm riecht, daß man gegen seine Verwendung Bedenken tragen könnte“. Das Pillauer Stichlingsmehl enthält in der lufttrockenen Substanz nach Göttinger Analysen:

	Wasser	Stickstoff-substanz	Fett	Asche
	11,7	62,2	1,5	22,5

Fast genau dieselbe Zusammensetzung fand die Versuchsstation Königsberg mit dem Zusatz, daß in der Asche 9,5 % Phosphorsäure = 19,75 % phosphorsaurer Kalk ist. Die Asche besteht hiernach zu rund 88 % aus phosphorsaurem Kalk. Ein *Verdauungsversuch* wurde in Göttingen mit zwei Hammeln angestellt. (1. Versuch Wiesenheu, 2. Versuch Wiesenheu und 200 g Fischfuttermehl.) Die gefundenen Verdauungskoeffizienten waren

		85,5	100	

Hiernach ist in dem lufttrockenen Fischmehl an verdaulichen Bestandteilen enthalten

		53,2	1,5	

Schon 1892 ist in den Göttinger Abhandlungen auf die Verwendung bei der Fütterung von Schweinen hingewiesen worden, zugleich aber auch darauf, daß die deutsche Küsten- und Hochseefischerei ein bedeutendes Rohmaterial zur Fabrikation von Fischmehl zu liefern imstande ist und sich hiermit für die Landwirtschaft eine einheimische Quelle für Protein eröffne. Im selben Jahre 1892 ist in Göttingen der erste vergleichende *Mästungsversuch mit Schweinen* ausgeführt worden. Zwei Abteilungen erhielten die gleiche Menge von Nährstoffen, eine Abteilung eine Zulage von Erdnußkuchen, die zweite Abteilung aber je Tag und Stück 300 g Fischmehl. Die Lebendgewichtszunahme war je Tag und Stück bei der Erdnußkuchenabteilung 705 g, bei der Fischmehlabteilung 763 g. Hieraus und aus Fütterungsversuchen an Wiederkäuern ergab sich das Urteil, „daß die Wiederkäuer sich ähnlich wie bei Fleischmehl an das Futter gewöhnen und es in der Regel gut aufnehmen, während bei Schweinen die *Freßbegier durch das Fischmehl gesteigert wird*“. Die Menge für die Schweinemast wurde auf 200 bis 300 g je Tag und Stück normiert. Fütterungsversuche mit Kühen fielen weniger günstig aus; in der Folgezeit ist davon abgesehen worden, es an Wiederkäuer zu füttern. Eine Prüfung der Qualität der erzeugten Produkte zeigte, daß die Milch nicht ungünstig beeinflußt war, daß ferner bei der Schweinemast mit einer Ausnahme ein Trangeschmack nicht festgestellt werden konnte. Im besonderen ergab der Göttinger Mastversuch mit Schweinen, bei welchem 250—300 g Fischmehl während der ganzen Dauer der Mast gefüttert worden sind, keinerlei Geschmacksverschlechterungen.

c) Fischmehle aus Abfällen der deutschen Hochseefischerei. Der Voraussage entsprechend hat sich bald in Geestemünde und später auch in Cuxhaven eine Fischmehlindustrie entwickelt. In dem neugeschaffenen Seefischereihafen zu *Geestemünde* wurde die erste dieser Anlagen aufgestellt. Sie nahm die Fischabfälle, ganz besonders die Köpfe, und minderwertige Versandfische auf, trocknete sie in Trockentrommeln mit direkter Hitze, also so, daß ein Luftstrom mit dem Ventilator über Koksfeuer und von dort durch die Trommel gesogen wurde. Nachträglich weiter zerkleinert, kam das Material in mehreren Qualitäten in den Handel. Drei Proben, welche im Jahre 1899 in Göttingen untersucht worden sind, zeigen die Zusammensetzung:

	Wasser	Stickstoff-substanz	Fett	Asche
Feines Fischmehl, hauptsächlich aus Schellfischen hergestellt	14,34	68,55	1,75	16,67
Feines Fischmehl aus Köpfen hergestellt	13,62	59,82	5,47	21,51
Grobes Fischmehl hauptsächlich aus Köpfen hergestellt	14,44	57,08	4,55	25,46

Zugleich konnte die Verwendung schärfer präzisiert werden: „Wenn sie ihres niedrigen Preises wegen wohl auch an Wiederkäuer aller Art gefüttert werden können, so wird ihre Hauptrolle doch in der Schweinefütterung liegen. Aus zwei Gründen. Die deutsche Schweineproduktion entwickelt sich seit 20 Jahren in gewaltiger Weise und ist längst nicht mehr von dem Vorhandensein größerer Mengen von Molkereiprodukten abhängig. Überall aber, wo die Milch als Proteinträger zurücktritt, fehlt es an proteinreichen Futtermitteln. Hier findet das Fischmehl seinen Platz. Die Geestemünder Fabrik braucht ihren Absatz also nicht weit zu suchen. Die Provinz Hannover, die die blühendste Schweinehaltung in Deutschland besitzt, und die Nachbarprovinzen Westfalen und Schleswig-Holstein sind das gegebene Absatzgebiet. Dazu kommt der zweite Punkt, der nicht zu unterschätzen ist. Viele der Futtermittel, welche dem Schwein bei Milchmangel gereicht werden, sind arm an Kalk und Phosphorsäure. Das Fischmehl ist wie kaum ein anderes geeignet, diesem Mangel abzuhelfen, da es durchweg reich und zum Teil überreich daran ist. Das Steifwerden kräftig gefütterter junger Schweine dürfte sich durch Fischmehl verhindern lassen. Man mag sich an die Regel halten, daß bei Körner- oder Kartoffelmast 300 g Fischmehl je Tag und Tier allen Anforderungen genügen. Größere Mengen würden in der Regel eine Proteinverschwendung bedeuten."

d) Neue Verdauungsversuche mit Fischmehl. Im Jahre 1908 sind sowohl von KELLNER[3] als auch in der Göttinger Versuchsstation[3] von neuem Verdauungsversuche mit Fischmehl ausgeführt worden, dieses Mal an Schweinen. KELLNER untersuchte zwei Proben, deren Herkunft nicht angegeben ist. Das Fischmehl A ist „ein dunkelfarbiges, fettarmes Gemisch von Fleischteilen der Fische mit vielen grob zerkleinerten, anscheinend aus Köpfen herrührenden Knochenteilen von starkem, aber nicht unangenehmem Geruch". Das Fischmehl B ist „ein helles, ebenfalls fettarmes, gut zerkleinertes Gemisch von Fischen, Fleisch und Gräten mit starkem Fischgeruch".

Zusammensetzung der lufttrockenen Substanz

	Wasser	Stickstoff-substanz	Fett	Asche
A	16,9	57,5	2,4	23,4
B	12,1	52,9	1,0	34,6

Es wurde zusammen mit Gerstenschrot gefüttert 250 g Fischmehl je Stück und Tag.

Die Verdauungskoeffizienten waren:

A	—	94,0	45,0	—
B	—	90,1	—	—

In der Versuchsstation Göttingen wurde das Fischmehl Marke Ideal der Geestemünder Fischmehlfabrik geprüft. Es war ein graues Pulver, hergestellt aus dem beim Handel mit Seefischen abfallenden Köpfen ohne besondere Entfettung.

	Wasser	Stickstoff-substanz	Fett	Asche
Zusammensetzung	7,6	59,1	4,94	29,8
Verdauungskoeffizienten .	—	91,3	45,3	44,5

Die von der gleichen Fabrik Lüllich & Co. gelieferte Marke Ideal ist 1928 nochmals untersucht worden[22]:

Zusammensetzung der lufttrockenen Substanz . .	11,2	59,9	4,81	24,9
Verdauungskoeffizienten im Mittel aus zwei Versuchen	—	90,8	74,4	48,2

Bemerkenswert ist die Gleichartigkeit beider Proben. Die Geestemünder Fabrik liefert heute ein Material von derselben Beschaffenheit wie vor 20 Jahren. Von dieser Fabrik ist außerdem ein Fischmehl ungewöhnlicher Herkunft geliefert worden. Gelegentlich werden größere Mengen ganz frischer Fische auf Fischmehl verarbeitet, nämlich dann, wenn infolge zufällig hoher Anfuhren die Fische als Nahrungsmittel unverkäuflich werden. Die hier untersuchte Probe rührt von reinem, ganz frischem *Seelachs* her.

	Wasser	Stickstoff-substanz	Fett	Asche
Zusammensetzung	12,5	59,4	5,94	24,2
Als Verdauungskoeffizienten wurden gefunden .	—	94,4	75,2	41,7

Im Jahre 1912 sind in Göttingen wiederum zwei Proben von Geestemünder Fischmehlen untersucht worden; die Zusammensetzung der lufttrockenen Substanz war:

	Wasser	Stickstoff-substanz	Fett	Asche
A	12,8	62,3	2,07	22,9
B	12,8	56,9	6,00	24,2

Verdauungsversuche an je zwei Schweinen ergaben die Koeffizienten:

A	—	92,4	96,6	41,8
B	—	91,9	78,7	45,1

e) Elbheringsmehl. Es unterscheidet sich von den bisher aufgeführten Fischmehlsorten durch den Fettgehalt sowie dadurch, daß hier ganze Fische verarbeitet werden. In der Unterelbe, aber auch an der Wesermündung und in der Ostsee treten im Winter große Schwärme von sehr kleinen Heringen (sog. Spitzen) auf, häufig gemischt mit Sprotten. Sie werden unmittelbar nach dem Fang getrocknet und gemahlen und kommen entweder in dieser Form oder gemischt mit fettarmem Material, an anderen Orten, nachdem das Fett extrahiert ist, in den Handel. Die Ware wird ungewöhnlich fettreich, wenn viel Sprotten vorhanden sind, doch soll um der Verwendung willen der Fettgehalt 12 % nicht übersteigen. Einen Maßstab für die Beurteilung des Rohmaterials bieten die Analysen:

	Wasser	Stickstoffsubstanz	Fett	Asche
Hering	78,9	15,0	2,55	3,33
Sprott	74,82	15,5	9,65	2,37
In der lufttrockenen Substanz:				
Hering	10,8	63,6	10,8	14,1
Sprott	10,8	54,8	34,2	8,4

Es sind zwei Proben Elbheringsmehl untersucht worden[22]. Die Verdauungsversuche sind an Schweinen ausgeführt. Es ergab sich für Elbheringsmehl, mäßig fett,

	Wasser	Stickstoffsubstanz	Fett	Asche
Zusammensetzung	13,0	57,2	9,91	18,4
Verdauungskoeffizienten im Mittel von zwei Versuchen	—	89,2	79,6	64,3
Fettreiches Elbheringsmehl hat die Zusammensetzung	15,9	47,9	22,6	13,4
Verdauungskoeffizienten	—	90,9	84,0	74,0

Fettreiches Fischmehl (Elbheringsmehl) hat also im Mittel

Die Verdauungskoeffizienten . .	—	90,1	81,8	69,0

Hiermit läßt sich die oben S. 500 angegebene Verdaulichkeit der frischen Heringe vergleichen[22]. Sie war

	—	92,9	81,2	52,3

Sie entstammten denselben Fängen, aus welchen die beiden Elbheringsmehle hergestellt worden sind. Diese Gegenüberstellung gestattet, einen Schluß auf den Einfluß des Trocknens zu ziehen. Das Fett ist in beiden Versuchen gleich gut resorbiert. Die Stickstoffsubstanz ist im Mittel aus beiden Proben Elbheringsmehl zu 90,1 % verdaulich; in dem frischen Material dagegen zu 92,9 %. Die Differenz beträgt 2,8 %. Der *Trocknungsprozeß* hat die *Verdaulichkeit* hiernach etwas herabgesetzt. Das ist zwar für weitere Verbesserungen der Trocknung beachtenswert, aber verhältnismäßig wenig und entspricht nicht im geringsten dem Schaden, welcher durch künstliche Trocknung z. B. in Rübenschnitzeln, Rübenblättern usw. der Stickstoffsubstanz zugefügt wird, wie die Zusammenstellung zeigt[19]:

Futter	Tierart	In frischem Futter	In künstlich getrocknetem Futter	Differenz	Differenz in %
Kartoffeln	Schaf	51	33	18	35
Kartoffeln	Schwein	76	55	21	28
Zuckerrüben . . .	Schwein	52	26	26	50
Rübenblätter . . .	Schwein	65	35	30	46
Rübenblätter . . .	Schaf	74	48	26	35

Die Verschlechterung der Verdaulichkeit der Stickstoffsubstanz durch die Trocknung beträgt also im Mittel dieser Beispiele 39 %!

Diese Futtermittel sind durchweg mit direkter Hitze getrocknet worden. Ebenso das Elbheringsmehl, doch ist das hier benutzte Verfahren bereits erheblich vorsichtiger, da es mit zwei Trommeln arbeitet, also in Vortrocknung und Nachtrocknung getrennt ist. Aus dieser Beobachtung, die leider einstweilen vereinzelt dasteht, läßt sich die Möglichkeit nicht von der Hand weisen, daß auch nachlässig getrocknete Fischmehle in den Handel gebracht werden können, deren Stickstoffsubstanz erheblicher geschädigt ist als die hier untersuchten Erzeugnisse der deutschen Industrie. Die Analysengarantie genügt zur Beurteilung nicht (vgl. auch Blutmehl).

Diese wissenschaftlichen Untersuchungen lassen drei Sorten von Fischmehlen erkennen, die nach ihrem Fettgehalt geordnet werden, wie nachstehende Tabelle zeigt. Aus den Mittelzahlen ergibt sich, daß das Absinken der Verdaulichkeit der Stickstoffsubstanz in den drei Klassen gering ist, doch ist vielleicht ein leises Absinken der Verdauungskoeffizienten mit steigendem Fettgehalt bemerkbar. Unzweifelhaft ist aber der Unterschied der Verdaulichkeit des Fettes. Je höher der Fettgehalt, um so höher auch die Verdaulichkeit des Fettes. Das aus Seelachs hergestellte Material ist deshalb, weil es ein außergewöhnliches Vorkommen darstellt, in dieser Tabelle nicht benutzt worden.

Ort der Untersuchung	Lufttrockene Substanz				Verdauungskoeffizienten		
	Wasser	Stickstoff-substanz	Fett	Asche	Stickstoff-substanz	Fett	Asche
1. Möckern 1907 . .	12,1	52,9	1,0	34,6	90,1	—	—
Möckern 1907 . .	16,9	57,5	2,4	23,4	94,0	45,0	—
Göttingen 1912 .	12,8	62,3	2,1	22,9	92,4	96,6	41,8
Mittel	13,9	57,5	1,8	28,6	92,2	47,2	—
2. Göttingen 1907 .	7,6	59,1	4,9	29,8	91,3	45,3	44,5
Göttingen 1928 .	11,2	59,9	4,8	24,9	90,8	74,4	48,2
Göttingen 1912 .	12,8	56,9	5,0	24,2	91,9	78,7	45,1
Mittel	10,5	58,6	5,2	26,3	91,3	66,1	45,9
3. Göttingen 1928 .	13,0	57,2	9,9	18,4	89,2	79,6	64,3
Göttingen 1928 .	15,9	47,9	22,6	13,4	90,9	84,0	74,0
Mittel	14,4	52,5	16,2	15,9	90,0	81,8	69,2

Zur Berechnung der *Verdaulichkeit der Fischmehle* werden wir hiernach die drei Klassen unterscheiden:

	Verdauungskoeffizienten		
	Stickstoff-substanz	Fett	Asche
1. Fettarm, 2 % Fett . .	92,2	47,2	41,8
2. 5—6 % Fett	91,3	66,1	45,9
3. Fettreich	90,9	81,8	69,2

f) Fischmehl aus Abfällen der Fischkonservenindustrie. An der Ostsee findet sich eine blühende Fischkonservenindustrie, hauptsächlich Marinier- und Fischräuchereibetriebe. Die Abfälle aus diesen werden in origineller Weise von einer Fabrik in Schlutup bei Lübeck verarbeitet[21], welche bereits im Jahre 1894 gegründet und 1910 erheblich ausgebaut ist. Das salz- und fettreiche Rohmaterial ist der Herstellung eines tadellosen Fischmehles nicht gerade günstig, allein es ist gelungen, alle Schwierigkeiten zu überwinden. Das getrocknete Material wurde ursprünglich nur entfettet, konnte aber seines hohen Salzgehaltes wegen in dieser Form nur schwer untergebracht werden, wurde deshalb mit salzarmem

Fischmehl gemischt. Eine Extraktion des Salzes verbot sich wegen der hohen Proteinverluste (es sei daran erinnert, daß hierbei nicht bloß die wasserlöslichen Eiweißstoffe verlorengehen, sondern die entstehende Kochsalzlösung auch das Globulin extrahiert). Erst in letzter Zeit ist es geglückt, die Eiweißstoffe verlustlos aus der Salzlösung wieder auszufällen. Nach diesem neuen Verfahren können salzhaltige Abfälle vollständig entsalzt werden, ohne daß nennenswerte Eiweißverluste entstehen. Das Material wird hierauf getrocknet und entfettet. Ein andernfalls wertloser Abfall wird auf diese Weise noch in ein brauchbares Futtermittel verwandelt. Die Fabrik hat ein eigentümliches Absatzgebiet für ihre Produkte gefunden. Nicht bloß, daß Schweine hiermit gefüttert werden können, es hat sich ergeben, daß es auch mit ganz besonderem Erfolg in der Teichwirtschaft zur Fütterung von Karpfen usw. benutzt werden kann.

g) Wirtschaftliche Entwicklung der deutschen Fischmehlindustrie. Aus den kleinen Anfängen im Jahre 1891 hat sich in Deutschland eine ansehnliche Industrie entwickelt; die Fabriken haben sich zu einem Verband zusammengeschlossen. Ihm gehören an: Bremerhavener Fischmehlfabrik G.m.b.H., Bremerhaven; Chemische Fabrik Schlutup, Dr. Max Stern, Lübeck-Schlutup; Deutsche Dampffischerei-Ges. „Nordsee", Nordenham; Deutsche Seefischerei-Ges. Germania m.b.H., Pillau II, Ostpreußen; Dierking-Werke A.-G., Cuxhaven; Eidelstedter Extraktions- und Fischmehlwerke G.m.b.H., Altona-Eidelstedt; Erste Deutsche Stock- und Klippfischwerke G.m.b.H., Wesermünde; Fischmehlfabrik Norddeich, A. Beckmann, Norddeich; Geestemünder Fischmehlfabrik, Lüllich & Co., Wesermünde; Kohlenberg & Putz, Seefischerei-A.-G., Wesermünde; Gustav Meyer, Wesermünde; Neue Fischmehlvertriebsgesellschaft, Haselhorst m.b.H., Cuxhaven; Norddeutsche Tran- und Fischmehlwerke, G.m.b.H., Hamburg; J. H. Wilhelms G.m.b.H., Wesermünde.

Allein diese Industrie deckt den Bedarf der Landwirtschaft nicht annähernd. Von Anfang an wurde Fischmehl aus Norwegen eingeführt. Die Einfuhr an Fischguano betrug im Jahre 1897 55000 dz. Im Jahre 1927, nunmehr als Fischmehl (einschließlich Walmehl) bezeichnet, 1135000 dz. Gelegentlich ist die Frage gestellt worden, wie hoch sich die deutsche Fischmehlproduktion stelle. Es wurde von einer Seite die Einfuhr zu 85%, die deutsche Produktion zu 15%, von einer anderen aber das Verhältnis von 75 : 25 angegeben. Die letztere als die äußerste Höhe angenommen, betrüge hiernach die deutsche Produktion an Fischmehl 378000 dz, so daß im ganzen in Deutschland zur Zeit 1513000 dz Fischmehl zur Verfütterung kommen.

h) Ausländische Fischmehle. Die Einfuhr von Fischmehl aus dem Ausland liefert eine in ihrer Herkunft und Zusammensetzung fast unübersehbare Anzahl von Sorten[19].

Luftgetrocknetes Dorschmehl. Norwegen liefert einen Teil der Abfälle der Klippfischfabrikation noch immer in der ursprünglichen Form. Klippfische werden aus Dorsch und verwandten Gadusarten hergestellt. Dabei fallen Köpfe, Flossen und Fischknochen ab; das Material wird *an der Luft* getrocknet und dann in kleinen, meist durch Wasserkraft getriebenen Mühlen gemahlen. So entsteht ein faseriges Produkt, „*flockiges Dorschmehl*", welches angeblich besonders geschätzt wird.

	Stickstoffsubstanz %	Phosphors. Kalk %	Fett %	Salz %
Basis für Garantie	55	20—30	1—3	1—3

An anderer Stelle wird das Rohmaterial in Darren nachgetrocknet und dann vermahlen. Hierdurch entsteht ein körniges Erzeugnis ungefähr gleicher Zusammensetzung („*Dorschmehl körnig*"). Diese echten norwegischen Dorschmehle haben meist noch das weiße Aussehen der Proben, wie sie schon vor 40 Jahren nach Deutschland kamen. Sie zeichnen sich durch niedrigsten Gehalt an Fett aus. Da sie unbedenklich bis zum Schluß der Mast und auch in unvorsichtig großen Mengen gefüttert werden können, die Landwirtschaft sie auch bereits die längste Zeit kennt, haben sie den höchsten Preis. Mitte März dieses Jahres wurden diese beiden Sorten bei ladungsweisem Verkauf in Hamburg mit 40,50 Mk. je Doppelzentner verkauft.

Trockenapparate. In Norwegen selbst, so aber auch in England, ist an Stelle dieser primitiven Methode die Trocknung in Apparaten getreten. Diese Trocknungsapparate, welche vielfach aus Deutschland bezogen werden, arbeiten entweder mit direkter Hitze (einfache Trommeltrockner, eventuell geschieden in Vor- und Nachtrockner) oder mit direkter Beheizung.

Die ältesten Trockenapparate, welche in der Fischmehlindustrie verwendet worden sind, waren einfache Trockenapparate, wie sie von den Fabriken Petry & Hecking, Büttner usw. gebaut wurden. Die liegende, auf Rollen laufende Trommel ist an beiden Seiten offen, auf der einen endet sie in ein Mauerwerk, welches den Zuführungstrichter trägt und in das der Koksofen eingebaut ist. Auf der anderen Seite ist sie mit einem Ventilator verbunden. Er saugt durch den ganzen Apparat Luft hindurch, diese passiert zunächst den Koksofen und wird dort auf eine sehr hohe Temperatur, bis zu 800° C erhitzt; sie kommt mit dem feuchten Fischmaterial in Berührung und trocknet dasselbe in verhältnismäßig sehr kurzer Zeit. Die Endtemperatur der abziehenden Gase ist meist noch über 100° C. Diese Apparate bewältigen sehr große Mengen, haben aber den Nachteil, daß das Eiweiß unter Umständen in seiner Verdaulichkeit geschädigt wird. Gelegentlich können kleinere Mengen des Trockengutes verbrennen, wenn der Prozeß nicht gut beaufsichtigt wird. Dagegen ist die Ausnutzung des Brennstoffes außerordentlich günstig. In der Wärmeökonomie werden sie von keinem anderen Apparat übertroffen. Erheblich bessere Qualität des Trockengutes erzeugen die indirekt geheizten Trockenapparate, wie sie zur Zeit für die Fischmehlindustrie z. B. in vollendeter Form von der Maschinenfabrik Schlotterhose & Co. in Wesermünde gebaut werden. Der eigentliche Trockner besteht aus liegenden Zylindern mit Dampfmantel und hat im Innern drehbare Heizwellen ,an welchen sich Rühr- und Transportschaufeln befinden. Die Heizung erfolgt, soweit es möglich ist, mit Abdampf, doch ist eine Vorrichtung vorhanden, damit Frischdampf als Vorsatz zur Verwendung gelangen kann. Das Material wird in einem Zerreißwolf zerkleinert, passiert dann eine mit Dampf geheizte Sterilisierschnecke und fällt von dort in den Trockenzylinder. Ein Ventilator saugt auch hier die erwärmte Luft durch den Apparat, doch passiert der abgesogene Wasserdampf Kondensatoren, so daß eine geruchlose Verarbeitung garantiert wird. Der getrocknete Fischabfall wird in Schlagkreuzmühlen zerkleinert und durch Sichtmaschinen in Mehle von verschiedener Feinheit zerlegt. Die Temperatur, welcher das Trockengut hierbei ausgesetzt wird, bleibt erheblich unter 100° C. Eine Verschlechterung der Verdaulichkeit der Stickstoffsubstanz kann hier selbst bei empfindlichem Material kaum eintreten. Vorsichtig getrocknete Ware hat eine hellere Farbe als die mit direkter Hitze getrocknete. Unter Umständen kann hieran erkannt werden, nach welcher Methode getrocknet ist, doch läßt sich im großen und ganzen sagen, daß die Preisunterschiede zwischen hellen und dunklen Mehlen erheblich größer sind als die eventuelle Schädigung durch direkte Erhitzung.

Das in solchen Apparaten getrocknete Dorschmehl wird unter der Bezeichnung *dampfgetrocknetes Dorschmehl* oder *gekochtes Dorschmehl* verkauft. Die Zusammensetzung unterscheidet sich von den oben angeführten nicht wesentlich. „Gekocht" bedeutet nicht, daß dieses Material vorher noch einen besonderen Dämpfungsprozeß durchmacht.

Weißfischmehl u. a. Eine neue Sorte von Fischmehl entsteht, wenn nicht bloß Abfälle der Klippfischfabrikation, sondern Abfälle aller Art des Fischgroßhandels der Fischereihäfen verarbeitet werden. Der Name „Whitefishmeal" kommt aus England. Hieraus ist die deutsche Bezeichnung *Weißfischmehl* entstanden. Zur Verarbeitung gelangen die Abfälle von Kabeljau, Schellfisch, Leng, Seelachs, Wittling, Plattfischen aller Art usw. Diese Fischmehlsorten enthalten etwas mehr Stickstoffsubstanz, etwas weniger phosphorsauren Kalk, überschreiten aber in den weitaus meisten Fällen den bekannten Mindestgehalt an Fett um ein geringes. Garantiert wird z. B.:

Stickstoff-substanz %	Phosphors. Kalk %	Fett %	Salz %
55—65	15—20	2—4 manchmal bis 5	2—3 manchmal bis 4

Es darf hierzu bemerkt werden, daß dieser Fettgehalt, wenn es auch in den Offerten nicht hervortritt, gelegentlich noch höher ist. So hat die Versuchsstation Göttingen in den Jahren 1911—1914 Fischmehle, welche zum Teil aus Grimsby, zum Teil aus Geestemünde stammten, gefüttert, die 5—7 % Fett und im Mittel aller Proben Oktober 1911 bis Juli 1914 5,85 % Fett besaßen. Neuerdings kommen solche Dorschmehle auch aus *Island.* Sie werden angeboten mit 50 % Protein, 18 % phosphorsaurem Kalk, bis 3 % Fett, bis 3 % Salz. In Island befinden sich deutsche Unternehmungen, welche Fischmehl herstellen.

Sogar Afrika liefert heute Weißfischmehl. Hamburger Firmen bieten es mit

Stickstoff-substanz %	Phosphor-saurer Kalk %	Fett %	Salz %
68	13	3	3

an. Im Gegensatz zu den sonstigen Weißfischmehlen handelt es sich hier nicht um Fischabfälle, sondern um ganze Fischkörper. Hierdurch wird der hohe Gehalt an Stickstoffsubstanz verständlich. Er ist nach drei dem Referenten vorliegenden Analysen

67,7 %	68,9 %	74,4 %

Zu den Magerfischmehlen müssen schließlich auch die extrahierten Fischmehle gerechnet werden, z. B. extrahiertes Heringsmehl unbestimmter Herkunft. Analyse:

Stickstoff-substanz %	Phosphor-saurer Kalk %	Fett %	Salz %
60—70	10—15	2—4	1—3

Einen Übergang zu den fettreichen Fischmehlen bildet das *amerikanische Frischfischmehl* (aus Pillchards). Diese an der Westküste Amerikas massenhaft vorkommenden Fische sind zwar fettreich, doch gelingt es mit starken Pressen, die Hauptmenge des Trans zu entfernen. Getrocknet und gemahlen geben sie ein Produkt von der Zusammensetzung

60—70	10—15	5—7	1—3

Der norwegische *Heringsfang* liefert eine Anzahl von Fischmehlarten, die durchweg, sofern sie nicht nachträglich in Deutschland entfettet werden, einen höheren Fettgehalt besitzen. Sie werden als *Frischheringsmehle* bezeichnet. Sie sind jedoch nicht, wie es die Cuxhavener Elbheringsmehlfabrik versucht hat, durch einfaches Eintrocknen entstanden, sondern sind vorher durch Abpressen teilweise entfettet. Der Hering durchschnittlicher Zusammensetzung würde ein Fischmehl von nicht unter 25 % Fett liefern. In Wirklichkeit werden die Heringe gedämpft, dann in starke hydraulische Pressen gebracht und die entstehenden Preßkuchen getrocknet. Solche Ware kommt z. B. als norwegisches Frischheringsmehl „*Nordlandsmehl*" in den Handel. Analyse:

60—70	8—12	10—14	1—3

Ähnlicher Zusammensetzung ist das *Isländische* Frischheringsmehl, für welches garantiert wird:

Stickstoff-substanz %	Phosphor-saurer Kalk %	Fett %	Salz %
60	8	12	5

Canadisches Fischmehl:

56	10	12	1

An der Westküste Norwegens werden die unverkauft gebliebenen Heringe gesalzen. Sie halten sich dann auf Jahresfrist, und die Fischmehlfabriken können die Vorräte entsprechend ihrer Leistungsfähigkeit nach dem Preßverfahren aufarbeiten. Diese Fischmehle unterscheiden sich von den vorgenannten durch einen höheren Salzgehalt. Er beträgt bei gut eingerichteten Fabriken 6—8 %; schlechter arbeitende liefern eine Ware mit 8—10 % Salz. Die Analyse lautet für solche Ware, die als *norwegisches Westlandsmehl* bezeichnet wird:

55—65	8—12	8—10	6—8

Der Handel nennt wegen dieses Unterschiedes im Salzgehalt die salzarmen norwegischen Frischheringsmehle *Nordlandsmehl.*

i) Fischmischfutter. Alle hier aufgezählten Fischmehle entstammen ausschließlich Fischen oder Fischabfällen; gelegentlich werden auch Mischungen angeboten, z. B. *Fischfleischmehle*; die Fabrik (Eidelstedter Extraktionswerke) gibt selbst an, daß das Erzeugnis zur Hälfte aus südamerikanischem Fleischmehl und zur Hälfte aus deutschem Fischmehl besteht. Ähnlich ist es mit *Knochenfischmehl.* Es besteht zu 50 % aus „Knochenfuttermehl", zu 50 % aus Fischmehl.

Erheblich größere Berechtigung haben *Mischfutterarten,* welche teilweise aus pflanzlichem Eiweißfutter bestehen, z. B. *Sojafischmehl,* aus gleichen Teilen Sojaschrot und Fischmehl bestehend, und *Lupinenfischmehl,* in der Hauptsache aus entbitterten Lupinen und Fischmehl zusammengesetzt. Das letztere wird von den *Holsatiawerken* in Nortorf, aber auch von einigen Hamburger Firmen hergestellt. Es ist durch zahlreiche Versuche geprüft, so daß es nachweislich sowohl in der Schweinemast als in der Geflügelfütterung mit Erfolg verwendet werden kann.

Verfälschungen. Das Fischmehl ist kein billiges Futtermittel. In Deutschland läßt es sich nicht wohlfeiler herstellen, und die deutschen Fischmehlfabriken haben unter der Konkurrenz mit dem Ausland schwer zu leiden. Am bedenklichsten ist jedoch, daß der Zwischenhandel versucht, besondere Vorteile aus dem Vertrieb von Fischmehl dadurch herauszuholen, daß es mit Tiermehl versetzt wird. Sofern dies offen geschieht, kann dagegen nichts eingewendet werden, allein es sind Fälle nachzuweisen, die als echte Verfälschungen bezeichnet werden müssen. Auch der Zusatz von Knochenmehl kommt vor, und hier ist ganz besonders die Verfälschung mit indischem Knochenmehl gefürchtet. Nicht ohne Grund bringt man die Verfütterung von solchem „Fischmehl" mit dem Auftreten von Milzbrand in Zusammenhang.

Verwendung des Fischmehls. Die *Nachteile des Fischmehls* sind bereits hervorgehoben. Alle Fischmehle riechen nach Fisch, oft sogar nach verdorbenen Fischen. Der Geruch ist Wiederkäuern unangenehm, Schweinen jedoch nicht. Fischmehle, die aus faulendem Rohmaterial hergestellt werden, sind schädlich. Die Fabrikanten sollten dieses Rohmaterial nur auf Dünger verarbeiten. Alle Fischmehle bewirken Qualitätsschädigungen, wenn davon in zu großen Mengen gefüttert wird. Fettreiche Fischmehle sind in dieser Hinsicht immer bedenklich, doch verschwindet der Trangeschmack und -geruch im Schweinefleisch, wenn die Tiere mindestens sechs Wochen vor dem Schlachten nicht mehr mit solchem Fischmehl gefüttert worden sind. Die strengere Vorschrift besagt, wie sie z. B. von Göttingen aus für Elbheringsmehl gegeben worden ist: „Es eignet sich für die Fütterung an Sauen zur Aufzucht und für die erste Hälfte der Mast. In der zweiten Hälfte der Mast soll es durch fettarmes Fischmehl ersetzt werden."

Die *Vorzüge des Fischmehls* liegen nicht bloß in seinem hohen Proteingehalt, sondern darin, daß es das Auftreten von Rachitis verhindert. Mit aller Sicherheit ist dies für Dorschmehl festgestellt. Schon 1911 konnte die landwirtschaftliche Versuchsstation Göttingen aussprechen, daß 800 Schweine intensiv gemästet und kein einziger Fall von Rachitis beobachtet sei; alle Schweine hatten je Tag und Stück von Anfang bis zum Schluß der Mast 100 g Fischmehl erhalten. Zur Erklärung reicht der Hinweis auf den hohen Gehalt an phosphorsaurem Kalk nicht aus, denn die gleiche Menge von Dicalciumphosphat verhindert Rachitis nicht in allen Fällen.

Ein weiterer Vorzug der Fischmehle ist, daß sie in der Schweinemast appetitanreizend wirken. In der Fütterung an Wiederkäuer spielt dies nur eine geringe Rolle, doch ist es bei der Kälberaufzucht mit allerbestem Vorteil benutzt worden. Den Ferkeln verschafft es starke Knochen; in der Schweinemast werden häufig 200—300 g je Tag und Tier gefüttert, nach Göttinger Vorschriften nur 100 g. Diese verleihen dem Mastfutter bereits genügend anreizenden Geschmack. Der Rest des Eiweißbedarfs wird durch andere Eiweißfuttermittel, z. B. Fleischmehl, Trockenhefe, Ölkuchen gedeckt. Als Verwendungsbeispiel für Schweinemast sei auf die Göttinger Futtergleichung hingewiesen; Schweine werden in 140 Tagen Mast von 20 kg bis zur Schlachtreife (rund 110 kg) gebracht. Bei Körnermast geben 312 kg Getreideschrot + 11 kg Fleischmehl + 14 kg *Fischmehl* = 93,5 kg Zunahme.

In der Kartoffelschnellmast[15]:

105 kg Gerstenschrot + 27 kg Fleischmehl + *14 kg Fischmehl* + 800 kg Kartoffeln = 90,5 kg Zunahme.

Dauernd nimmt der *Fischmehlverbrauch in der Geflügelhaltung* zu. Es ist nachgewiesen, daß zu größtmöglicher Eierproduktion animalisches Eiweiß notwendig ist. Zum Beispiel erzielte die Lehrwirtschaft Cröllwitz in einem vergleichenden Versuch bei vegetabilischem Eiweiß 22300 g Eier, bei tierischem Eiweiß, welches durch Fischmehl vertreten war (15 g je Tag und Stück), 51200 g Eier. Ebenso bewährt sich das Fischmehl in der Geflügel*mast*. Die Frage, ob es sich nicht durch pflanzliches Eiweiß, z. B. durch Ölkuchen, ersetzen läßt, bleibt trotz der dem Fischmehl günstigen Versuche noch offen. Die Synthese des Vitamins D und neuere Anschauungen über den Mineralstoffwechsel lassen dieses Problem aussichtsvoll erscheinen. Es kann einmal die Schicksalsfrage der Fischmehlindustrie werden.

III. Fleischmehle.

1. Rückstände von der Fleischextraktfabrikation.

Die industrielle Herstellung von Fleischextrakt hat sich aus Anregungen von Liebig entwickelt. 1847 erschien seine Arbeit über das Fleisch und seine Zubereitung[17]. Hierauf stützen sich die späteren Hinweise der Möglichkeit einer fabrikmäßigen Darstellung von Fleischextrakt[18]. Im besonderen wies er auf solche Länder hin, in denen das Fleisch damals fast ohne Wert war. Der Ingenieur Giebert hat im Jahre 1863 daraufhin in Fray Bentos in Uruguay die erste Fleischextraktfabrik unter dem Namen „Liebig Extract of Meat Company“ gegründet. Ähnliche Fabriken entstanden in Argentinien, Nordamerika und Australien. Die Industrie widerspricht den Gesetzen der Ökonomie der Nährstoffe, konnte deshalb wohl vorübergehend Konjunkturen ausnutzen, ist aber heute längst überholt. Doch befinden sich die Fabriken noch in Tätigkeit und liefern das als Liebigsches oder argentinisches Fleischmehl bekannte Erzeugnis.

In der Hauptsache werden Rinder verarbeitet. Das Fleisch wird von den Knochen getrennt, auch vom Fett möglichst befreit, dann mit Hilfe von Maschinen zerkleinert und mit Wasser digeriert. Man wendet entweder eine Temperatur von 70 bis 80° an, oder man digeriert anfangs mit kaltem Wasser und erhitzt später. Es kommt darauf an, das Albumin zum Koagulieren zu bringen, jedoch die Temperatur nicht so hoch steigen zu lassen, daß die glutinogene Substanz in Leim übergeführt wird. Die entstandene Brühe wird abgelassen, nach dem Erkalten filtriert, in dieser Weise von dem erstarrten Fett getrennt. Hierauf wird sie eingekocht, geklärt und schließlich das letzte Wasser vorsichtig entfernt, so daß der Fleischextrakt nahezu in fester Konsistenz zurückbleibt. Das extrahierte Fleisch wird gedarrt und gemahlen. Es enthält also alle Bestandteile des Fleisches, soweit sie in Wasser unlöslich sind. Es fehlen die wasserlöslichen Fleischextraktstoffe (Fleischbasen) sowie die wasserlöslichen Salze. Da man auf letztere zur Zeit LIEBIGS besonderen Wert legte, sind vorübergehend dem Fleischmehl die wasserlöslichen Kalium- oder Natriumphosphate zugesetzt worden, in der Annahme, das Fleischmehl hiermit zu verbessern. Allgemein hat sich dieser Zusatz nicht eingebürgert. Die übertriebenen Vorstellungen LIEBIGS über die Rolle des Fleischextraktes in der Ernährung brachte es mit sich, daß das von Extrakt befreite Fleisch zunächst unbeachtet blieb und noch lange unterschätzt wurde. Erst die 1877 angestellten Verdauungsversuche von WILDT, denen sich 1879 die von WOLFF anschlossen, zeigten die überraschend hohe Verdaulichkeit.

Eigenschaften. Das Fleischmehl ist ein gelblichgraues oder braunes Pulver von charakteristischem, den Tieren nicht besonders zusagendem Geruch. Es ist frei von Knochen, arm an phosphorsaurem Kalk, aber ungewöhnlich reich an Protein.

Zusammensetzung. Die deutschen Analysen reichen bis zum Jahre 1873 zurück. Das Mittel der ältesten im Jahre 1874 ausgeführten Analysen ist:

Wasser	Stickstoff-substanz	Rohfett	Asche
10,94	73,44	11,45	3,59

Als Mittel aller in den achtziger Jahren ausgeführten Analysen geben DIETRICH und KÖNIG an:

10,14	70,61	14,91	4,34

SCHENKE berechnet aus 263 Analysen das Mittel:

—	72,3	13,17	—

Bis hierher ist das Fleischmehl ein in der Zusammensetzung sehr gleichmäßiges Erzeugnis.

Verdauungsversuche sind von E. WILDT mit Schafen[25], von G. KÜHN mit Ochsen[4] und von E. WOLFF mit Schweinen[27] ausgeführt worden. Es ergaben sich für die Verdauungskoeffizienten die Mittelzahlen:

	Stickstoffsubstanz	Fett	Organische Substanz
Schaf	94,9	98,1	95,1
Ochse	96,1	99,1	93,3
Schwein	94,2	95,5	98,6

Hiernach sind die *Grundzahlen für die Fütterung an Wiederkäuer*:

	Wasser	Stickstoffsubstanz	Fett	Asche	Organische Substanz
Zusammensetzung	10,7	72,3	13,2	4,1	85,3
Verdauungskoeffizienten	—	95,5	98,6	—	94,2
Verdauliche Bestandteile	—	69,0	13,0	—	80,4

An *Schweinen* sind drei Versuche angestellt worden, die zu etwas abweichenden Ergebnissen geführt haben. Die Analysenzahlen sind der Vergleichbarkeit halber auf die Durchschnittstrockensubstanz 89,5 % berechnet worden.

Zusammensetzung.

	Wasser	Stickstoffsubstanz	Fett	Asche
1879	10,5	73,4	12,1	3,8
1909	10,5	81,9	9,3	1,0
1910	10,5	81,2	7,4	0,9

Die Verdauungsversuche sind an je zwei Schweinen ausgeführt worden. Es wurde gefunden:

1879[27]	—	97,0	85,7	—
1909[8]	—	91,0	83,2	—
1910[16]	—	87,6	92,2	38,9

Das Fleischmehl Liebigs ist also weder nach Zusammensetzung noch Verdaulichkeit das alte. Es muß sich in der Fabrikation etwas geändert haben. Der Gehalt an Fett und Asche ist gesunken, der an Stickstoffsubstanz gestiegen.

Bedenklich ist die Verschlechterung der Verdaulichkeit der Stickstoffsubstanz, ursprünglich 97 %, jetzt nur noch 87,6 %.

Mit obiger Zusammensetzung stimmen die Angaben der Hamburger Importfirma überein, welche alleiniger Importeur für Deutschland ist. Sie gibt als Gehalt an etwa 80—85 % Eiweiß und 9—11 % Fett.

Als Mittel kann für heutiges Fleischmehl angesetzt werden:

	Wasser	Stickstoffsubstanz	Fett	Asche
Zusammensetzung	10,5	81,6	8,4	1,0
Verdauungskoeffizienten	—	89,5	87,7	—
Verdauliche Bestandteile	—	73,0	7,3	—

Anwendung: Das Fleischmehl ist anfangs an alle landwirtschaftlichen Nutztiere verfüttert worden. Wiederkäuer und Pferde haben des Geruchs wegen eine Abneigung dagegen und müssen daran gewöhnt werden. Sehr bald ist es an Schweine gegeben worden, und hier findet es die beste Verwendung. Da in Deutschland die meisten zur Schweinemast benutzten Futtermittel eiweißarm sind (Kartoffeln, Körnerschrot), war im Fleischmehl das beste Mittel gegeben, die Rationen eiweißreich zu machen. Die Schweine fressen Futtergemische, welche nicht mehr als 200—300 g Fleischmehl enthalten, recht gern. Doch wirkt es im Gegensatz zum Fischmehl nicht appetitsteigernd. Oft wurde das Auftreten von Rachitis beobachtet. Es ist deshalb notwendig, phosphorsauren Kalk beizumischen. *Gegenüber frischem Fleisch bedeutet dieses Fleischmehl eine Entwertung*, weniger wegen der Entziehung der Extraktstoffe und der wasserlöslichen Salze, als deshalb, weil es durch das Darren unsympathischen Geruch annimmt. Auch ist für die Bewertung zu berücksichtigen, daß mit der Extraktion lebenswichtige Stoffe entfernt sind. Es ist lediglich Träger der Nährstoffe. *Von allen Eiweißfuttermitteln allerdings das eiweißreichste.*

Der Bedarf in der Schweinemast ist dauernd größer geworden und kann schon seit Jahrzehnten aus der Fabrikation nicht gedeckt werden. In absehbarer Zeit wird es jedoch ganz aus dem Handel verschwinden. Es ist um der historischen Bedeutung willen beachtenswert, zumal zahlreiche Mastversuche mit ihm in Deutschland ausgeführt worden sind.

2. Rückstände aus der Fleischkonservenindustrie. (Gefrierfleisch usw.).

An Stelle der Verwertung des Rind- und Schaffleisches zur Extraktgewinnung ist längst die Fleischkonservenindustrie getreten. Sie liefert die Hauptmenge des gegenwärtig nach Deutschland eingeführten Fleischmehles.

Die Firma Swift & Company stellt es unter dem Namen „Carnarina" her und gibt bezüglich ihrer Herstellung an: Die zu der Fleischmehlerzeugung verwendeten tierischen Teile fallen bei der Herstellung von Gefrierfleisch ab; sie werden gewaschen, dann in großen Kesseln mehrere Stunden unter leichtem Druck gekocht. Als mittlere Temperatur kann 116° C angenommen werden. Das geschmolzene Fett wird während des Kochens in geeigneter Weise entfernt, das gekochte Produkt in Maschinenpressen gebracht, wodurch weitere Mengen von Fett und ebenso Wasser abfließen. Diese Preßkuchen „Expeller Cracklings" werden getrocknet und zu Mehl gemahlen. Das so entstandene Mehl ist hiernach frei von Haaren, Hörnern oder Hufen und absolut steril; da nur gesunde Tiere zur Verarbeitung kommen, kann es vom sanitären Standpunkt aus nicht beanstandet werden.

Im Gegensatz zum LIEBIGschen Fleischmehl enthält es jedoch Knochenbestandteile. Die Höhe derselben läßt sich regulieren, und dies wird der Grund sein, weshalb die Preßkuchen dauernd durch Analysen kontrolliert werden. Das deutsche Futtermittelgesetz unterscheidet drei Arten der hierher gehörenden Abfälle nach dem *Gehalt an phosphorsaurem Kalk*. Hiervon dürfen enthalten:

Fleischmehl	bis 12 %
Fleischknochenmehl . .	12—32 %
Knochenschrot	über 32 %

Die neue Fleischmehlindustrie hat sich hiernach gerichtet und stellt diese Erzeugnisse durch Zumischen von Knochenabfällen auf diese Zahlen ein. So enthielt früher Carnarina „Old Style" nach einer Analyse der Versuchsstation Kiel:

Wasser	Stickstoff-substanz	Fett	Asche
6,7	61,7	13,1	16,1

Das jetzt gehandelte Carnarina „New Style" enthält:

Laboratorien	Wasser	Stickstoff-substanz	Fett	Asche	Phosphor-saurer Kalk
Kiel	7,28	66,21	9,25	16,54	—
Rostock	—	66,2	9,5	16,4	—
Oldenburg	8,82	66,72	11,32	11,90	7,99
Harleshausen . . .	—	69,21	8,27	—	11,40
Helsingfors	8,6	67,8	8,6	14,2	—
Posen	—	65,0	8,42	17,24	6,56
Mittel	8,1	66,71	9,1	15,14	8,65

Dieses neue Fleischmehl wird von nordamerikanischen Firmen eingeführt, stammt aber aus Südamerika. Die Anlagen sind nach Angabe von Swift & Company in Buenos Aires und Montevideo. Sie geben als Analysenbeispiele für drei Fabriken an:

	Stickstoff-substanz	Fett	Phosphor-saurer Kalk
Buenos Aires . . .	68,3	8,9	11,9
Rosario	67,6	9,9	11,2
Montevideo	67,0	9,8	11,5

Sie schaffen also trotz des äußerst ungleichartigen Rohmaterials ein Erzeugnis von konstanter Zusammensetzung, wobei die Geschicklichkeit zu beachten ist, mit welcher sie die vorgeschriebene Grenze von 12 % phosphorsaurem Kalk (dem billigsten Bestandteil des Materials) nahezu erreichen, ohne sie zu überschreiten.

Am besten lernt man das Erzeugnis aus dem Urteil amerikanischer Forscher kennen. Hiernach[5] liefert die Fleischwarenindustrie (Packing houses) ein Produkt, welches als Fleischmehl oder Tankage bezeichnet wird. Es ist anscheinend in der Herkunft mit dem in Deutschland „Carnarina" genannten Futtermittel identisch. Weniger fein gemahlene Fleischabfälle werden als „Meat scraps" bezeichnet. Sie dienen zur Geflügelfütterung, sind aber in der Zusammensetzung anscheinend mit Tankage gleich.

In den Fabriken werden die Fleischabfälle in stählernen Tanks mit Dampf unter Druck erhitzt, wobei ein Teil des Fettes entfernt wird. Der Rückstand wird gepreßt, die ablaufende Flüssigkeit (nach Entfernung des Fettes) zum Sirup eingedampft. Den feuchten Preßrückständen werden wechselnde Mengen dieses Sirups, manchmal auch getrocknetes Blutmehl, beigemengt, die ganze Masse dann getrocknet und gemahlen. Das erzielte Produkt ist erheblich weniger gleichmäßig als das zur Zeit nach Deutschland eingeführte. Es enthält 40—60 % Rohprotein, 1—10 % Fett. Die starken Unterschiede im Protein rühren von den verschiedenen Mengen von Knochen her, welche zugesetzt werden. Hiernach unterscheidet der Amerikaner mehrere Sorten Tankage, und zwar je nach dem garantierten Gehalt an Stickstoffsubstanz.

Garantierte Stickstoff-substanz %	Wasser	Stickstoff-substanz	Rohfaser	Stickstoff-freie Extrakt-stoffe	Fett	Asche
60	7,9	60,4	5,3	3,7	7,4	15,3
50—60	9,0	51,7	6,6	3,9	10,4	18,4
40—50	8,5	46,0	3,3	4,6	15,9	21,7
unter 40	9,1	36,9	4,1	10,8	14,4	24,7

Diese Erzeugnisse sind also nur in den proteinreichsten einigermaßen vergleichbar mit Carnarina.

Verdauungsversuche sind in Deutschland mit dem neuen Fleischmehl noch nicht angestellt, wohl aber in Amerika. Die Verdauungskoeffizienten (a. a. O. S. 727) sind (Mittel aus fünf Verdauungsversuchen mit Schweinen):

Stickstoff-substanz	Rohfaser	Stickstoffreie Extraktstoffe	Fett
71	—	100	100

Wieso die Analyse Rohfaser und stickstoffreie Extraktstoffe enthält, warum hiervon die stickstoffreien Extraktstoffe völlig verdaulich sind, die Rohfaser aber völlig unverdaulich, wird nicht angegeben. Immerhin geht hieraus hervor, daß das amerikanische Fleischmehl in sehr stark wechselnder Zusammensetzung und mit bedenklicher Qualität auf den Markt kommt. Das deutsche Futtermittelgesetz hat anscheinend die segensreiche Wirkung gehabt, eine konstantere Zusammensetzung der aus Amerika zu uns kommenden Tankage herbeizuführen. Es ist den großen Packing Plants ein leichtes, solchen Anforderungen nachzukommen, sofern sie nur durch Gesetze gefördert werden.

Für die Bewertung der Carnarina-Tankage kann das Mittel der deutschen Analysen zugrunde gelegt werden:

Stickstoff-substanz	Fett
66,7%	9,1%

Bezüglich der Verdaulichkeit mag sie besser als die amerikanische sein. Aber sicherlich erreicht sie das Liebigsche Fleischmehl in seinem niedrigsten Koeffizienten. Wir nehmen mangels eigener Bestimmungen das Mittel und setzen somit als *Verdauungskoeffizienten* ein:

79,3% 96,1%

Demnach enthält Carnarina-Tankage für Schweine an verdaulichen Bestandteilen in lufttrockener Substanz:

52,9% 8,7%

3. Tiermehl.

Hierunter wird das aus deutschen Tierkörperverwertungsanstalten und aus Schlachthofabfällen durch Trocknen gewonnene Erzeugnis verstanden. Den früher gebrauchten Ausdruck *Kadavermehl* hat man fallen lassen. Da es größtenteils von an Krankheiten und Seuchen eingegangenen Tieren herrührt, hat man in der Landwirtschaft starke Vorurteile dagegen, nimmt es deshalb nur ungern und zu niedrigen Preisen ab. Das Material ist heute erheblich besser als sein Ruf. Eine weitere Verbesserung der Qualität ist möglich, wenn in strengster Form solche Kadaver, welche sich nicht mehr zur Herstellung von Futtermitteln eignen, ausgeschieden und auf Düngemittel verarbeitet werden.

Als Ausgangsmaterial kommen in Betracht:

1. Schlachthofabfälle, unter Umständen einschließlich Blut.
2. Tierkadaver, welche enthäutet und ausgenommen werden.
3. Kadaver von Tieren, welche an Seuchen verendet sind und deshalb mit Haut und Haar ohne Zerlegung verarbeitet werden müssen.

Es ist hiernach verständlich, daß die Tiermehle je nach der Herkunft ziemlich stark in ihrer *Zusammensetzung* abweichen. Das beste und höchstwertige Erzeugnis müßte sich aus reinen Schlachthofabfällen gewinnen lassen. Es ist dem Referenten nicht bekannt, ob solche Erzeugnisse getrennt in den Handel kommen.

Die Kadaver werden enthäutet und ausgenommen, dann ganz oder zerstückelt in die Autoklaven eingebracht und hier einer mehrstündigen Einwirkung mit gespannten Wasserdämpfen ausgesetzt. Die Temperatur von rund 140° C tötet alle Krankheitskeime absolut sicher ab.

An Seuchen gefallene Tiere werden mit Haut und Haaren und einschließlich des Darminhalts verarbeitet. Das ganze Material wird im Apparat weich gekocht (selbst die Knochen werden mürbe) und scheidet sich hierbei in a) Fleisch und Knochen, b) Leimbrühe, c) Fett. Bei den sog. kombinierten Tierkörperverwertungsapparaten wird das Auslaugen und Zerkochen der Tierkörper und die Trocknung in ein und demselben Apparat besorgt. Die ganze Anlage enthält also nur einen Extraktions- und Trockenapparat, einen Fettabscheider und einen Verdampfer. Die fett- und leimgebende Brühe läuft aus dem Dämpfapparat in den Fettabscheider, die vom Fett befreite Leimbrühe gelangt in den Verdampfer, wird dort eingedickt und kann nun entweder direkt verwertet oder in den Trockenapparat zurückgegeben werden. In größeren Anlagen wird das Dämpfen und Trocknen von getrennten Apparaten ausgeführt. Das Material kommt also zunächst in den Extraktionsapparat und muß von dort in die Trockentrommel übergeführt werden. Das hat den Vorteil, daß mit diesen Anlagen kontinuierlich gearbeitet werden kann. Das Trockengut wird nachträglich gemahlen und entweder als einheitliches Produkt abgegeben oder durch Sieben in feinere Mehle und gröbere Schrote getrennt. Daneben wird Fett und unter Umständen Leimbrühe gewonnen[20].

Es dürfte sich empfehlen, überall die *Erzeugung eines einheitlichen Futtermehls anzustreben,* welches sämtliche Knochen in tunlichst feiner Zerkleinerung enthält, und welchem auch die ganze Leimbrühe zugesetzt ist. Der Futterwert des Tiermehls wird hierdurch gesteigert. Es gibt also im Grunde nur *zwei Arten von Tiermehl, je nachdem, ob der ganze Kadaver oder ob der enthäutete, ausgenommene Kadaver verwertet wird.*

1. Beispiel für Tiermehl aus unzerlegten Kadavern.

Einzelanalysen sind[9]:

Autor	Wasser	Stickstoff-substanz	Fett	Stickstoff-freie Extraktstoffe	Rohfaser	Asche
WEHNERT . . .	6,5	46,8	19,0	2,2	0,4	25,1
WEHNERT . . .	7,2	30,0	11,8	4,8	6,5	39,7
KLING	8,9	45,1	11,4	3,8	1,9	28,9
Mittel	—	40,6	14,1	3,6	3,0	31,2

2. Die Zusammensetzung des heute im Handel angebotenen Tiermehls ist aus nachstehender Tabelle zu ersehen[20].

Ort der Untersuchung	Stickstoff-substanz	Phosphor-saurer Kalk	Fett
Landwirtschaftskammer Breslau	61,10	—	6,97
Landwirtschaftliche Versuchsstation Kiel	55,56	—	7,78
„ „ Rostock	50,58	18,85	7,55
„ „ Görlitz	54,89	24,89	11,10
Landwirtschaftskammer Breslau	59,40	15,13	11,99
„ Breslau	61,10	17,79	6,67
Landwirtschaftliche Untersuchungsstelle Görlitz	50,38	23,97	11,69
Landwirtschaftskammer Kiel	49,50	15,75	10,91
Chemisches Institut Brandenburg a. d. Havel	48,25	—	14,00
Landwirtschaftliche Versuchsstation Hildesheim	52,19	14,60	21,85
Chemisches Laboratorium Hamburg	48,50	—	16,10
Landwirtschaftl.-chemische Untersuchungsanstalt Breslau	58,60	16,30	12,40
„ „ „	49,03	20,54	16,50
„ „ „	54,21	21,41	10,54
„ „ „	61,08	16,41	12,39
„ „ „	54,01	17,63	18,12
„ „ „	56,70	18,81	12,89
„ „ „	49,16	26,31	11,80
„ „ „	52,44	22,54	12,52
Mittel aus 19 Analysen	*54,10*	*19,39*	*12,20*

Bei der Wichtigkeit des Gegenstandes sind sämtliche dem Referenten zugänglich gewordenen Analysen aufgeführt. Im Mittel aus 19 Analysen enthält das heutige Tiermehl also:

Stickstoff-substanz	Phosphorsauren Kalk	Fett
54,1	19,39	12,2

Nach einem Überschlag des Reichsverbandes deutscher Abdeckereiunternehmer konnte die Erzeugung von Tiermehl berechnet werden in Doppelzentnern:

1926	1925	1913
169,572	165,750	183,085

Wenn angenommen wird, daß der ganze Tierkörperextrakt mit verarbeitet wird, erhöht sich die Erzeugung auf

220,443	215,474	238,011

Ohne Einrechnung des technisch verwertbaren Fettes und in der Annahme, daß 100 kg den gegenwärtigen Durchschnittspreis von 26,— Mk. erzielt haben, repräsentiert die Tiermehlproduktion des Deutschen Reiches in Mark: 1913 6,2 Mill.; 1925 5,6 Mill.; 1926 5,7 Mill.

Zur Wertbstimmung des *Tiermehls* sind drei *Verdauungsversuche* an Schweinen ausgeführt, die in nachstehender Tabelle zusammengefaßt sind. Zu den Analysen sei bemerkt, daß sie um der Einheitlichkeit willen auf die Trockensubstanz von 91,4% umgerechnet sind.

Autor	Jahr	Stickstoffsubstanz	Fett	Asche
1. Kellner[8] . . .	1909	54,5	14,3	19,9
2. F. Lehmann[16] .	1910	49,7	15,2	25,6
3. F. Lehmann[16] .	1910	61,7	8,2	21,6

Gefunden wurden als *Verdauungskoeffizienten*:

1.	78,0	100,0	—
2.	77,2	97,7	—
3.	86,5	94,6	—

Hiervon ist die Probe Nr. 3 gesondert zu betrachten; sie entstammt dem eigenartigen Verfahren Grottkas, welches sich nicht weiter verbreitet hat. Die Kadaver wurden hier bei entsprechend hoher Temperatur mit hochsiedenden Petroleumdestillaten gedämpft und extrahiert. Die Zahlen sowohl der Analyse wie der Verdaulichkeit liegen ungewöhnlich hoch. Dieses Ergebnis zeigt, welche Höhe unter Umständen das deutsche Tiermehl bezüglich seines Nährwertes erreichen kann. Zu beachten ist, daß hier die ganze Menge der Stickstoffsubstanz verarbeitet ist, also keine Leimbrühe abgeflossen ist. Dies ist die Ursache für die bessere Verdaulichkeit, nicht etwa die Behandlung mit Benzin. Für Mittelwerte heutiger Fabrikation kommen nur die beiden anderen Versuche in Betracht.

	Stickstoffsubstanz	Fett
Mittlere Verdauungskoeffizienten für Schweine	77,6	98,8

Hiermit stimmen die Ergebnisse zweier Verdauungsversuche überein, welche Honcamp an Schafen angestellt hat. Die eine Probe war normales Tiermehl, die andere benzinentfettetes (Grottkas?). Es wurden als Verdauungskoeffizienten gefunden:

Normales Tiermehl	78,9	93,0
Mit Benzin entfettet	84,1	99,2

Die weitaus wichtigste Verwendung findet das Tiermehl in der Schweinemast. Hier gelten die Mittelzahlen:

Zusammensetzung bei durchschnittlicher Qualität	54,1	12,2
Als Verdauungskoeffizienten	77,6	98,8
Somit verdauliche Nährstoffe . . .	42,2	12,1

Für die Gewinnung von Tiermehl kommen ferner die *Schlachthausabfälle* (Fleischbeschaukonfiskate) in Betracht. Eine soeben erschienene Arbeit von E. W. Rhode, Brandenburg a. d. Havel, *schätzt* die Menge des hieraus gewinnbaren Tiermehls auf 41581 dz im Werte von rund 1000000 Mk. Er berechnet den Gehalt an Stickstoffsubstanz auf 62,6% in der Annahme, daß die Leimbrühe mit eintrocknet. Das stimmt genau mit der Zusammensetzung des Grottkasschen Tiermehls überein. Hiernach kann der *Nährwert der Tiermehle aus Schlachthausabfällen* durch die Zahlen angegeben werden:

	Stickstoff-substanz	Fett	Asche
Zusammensetzung	61,7	8,2	21,6
Verdauungskoeffizient . .	86,5	94,6	—
Verdauliche Bestandteile .	53,4	7,8	—

Dieselben Zahlen gelten auch für alles Tiermehl, welches unter Beimischung der ganzen Leimbrühe eingetrocknet ist. Ihm steht als mindere Qualität lediglich das aus ganzen Kadavern (Seuchenkadavern) gewonnene Tiermehl gegenüber.

Diese Berechnungen führen zu einem etwas überraschenden Ergebnis. Das Tiermehl bester Qualität (Verfahren GROTTKAS) ist nach seinen verdaulichen Bestandteilen mit dem amerikanischen Fleischmehl Carnarina gleichwertig. Das Tiermehl durchschnittlicher Zusammensetzung, wie es nach den heute gebräuchlichen Apparaten in Deutschland gewonnen wird, hat zwar deutlich einen geringeren Nährwert als das Fleischmehl Carnarina, aber immerhin ist das Verhältnis wie 100 : 80, wenn lediglich nach dem verdaulichen Eiweiß geschätzt wird, 100 : 88,2, wenn Eiweiß und Fett zugrunde gelegt werden. Die letztere Zahl ist die wahrscheinlichere.

Nach Hamburger Offerten kostet das amerikanische Fleischmehl Carnarina dort je 100 kg = 39,— Mk. Es würde hiernach das deutsche Tiermehl 31,20—34,40 wert sein. Da es bei Berechnungen des Reichsverbandes deutscher Abdeckereiunternehmer mit 26,— Mk. eingesetzt ist, wird es etwas unter seinem Werte bezahlt.

Die Abfälle der großen amerikanischen Fleischwarenfabriken werden allgemein als *Tankage* bezeichnet. Auch die in dem „Year Book" der Firma Swift & Company enthaltenen Abbildungen der Säcke tragen diese Bezeichnung: „Tankage manufactures by Swift & Company". Die unter Tankage angegebenen Zusammensetzungen amerikanischer Herkunft lassen vermuten, daß diese Abfälle nur in ihren besseren Sorten mit deutschem Tiermehl gleichwertig sind, aber vielleicht aus ähnlicher Herkunft stammen. Es läuft im Handel heute offenbar viel als Fleischmehl, was diese Bezeichnung nicht verdient.

Verwendung. Das deutsche Tiermehl ist mit Erfolg sogar an *Milchvieh* gefüttert worden, im großen und ganzen kommt es jedoch nur zur Ernährung der *Schweine* und des *Geflügels* in Betracht. Es ist auf Grund vielfach gemachter Erfahrungen ein unbeliebtes Futter. Referent hat festgestellt, daß tragende Sauen, welche 200 g Tiermehl, aus der Göttinger Kadaververwertungsanstalt bezogen, erhalten hatten, verferkelten. Dies wurde im ganzen bei zwölf Sauen beobachtet. Das Verferkeln hörte im Stall auf, etwa zwei Wochen, nachdem die Fütterung mit diesem Tiermehl sistiert war. Von tierärztlicher Seite wird aber immer wieder bestritten, daß solche im Einzelfall gesehenen ungünstigen Erscheinungen öfter auftreten. Vielmehr wird behauptet, daß auch die Toxine durch den Dämpfungsprozeß vernichtet würden. Das Vorurteil gegen deutsches Tiermehl ist jedoch noch so stark vorhanden, daß es im Handel kaum erscheint, sondern bestenfalls in Futtergemischen oder anonym als Bestandteil der vielen sog. Fischmehle, welche unter Phantasienamen im Handel auftreten. Bei den hohen Werten, um welche es hier geht, verdient die Frage des Handels mit deutschem Tiermehl ernstlich weiter bearbeitet zu werden.

Bezüglich der Verwendung läßt sich allgemein sagen, daß es an jeder Stelle Fleischmehl oder Fischmehl in den Rationen ersetzen kann. Mastschweine dürfen bis zu 300 g erhalten; in den Futtergemischen des Geflügels darf 10%

Tiermehl vorhanden sein. Der erfahrene Tierhalter wird die Verwendung nicht bis zur oberen Grenze treiben. *100 g Tiermehl je Tag und Schwein, 15 g je Henne* sind praktisch Erfolg garantierende Zahlen.

4. Fleischmehl aus Fleisch geschlachteter, gesunder Tiere.

Im Nachtrag zum Futtermittelgesetz § 53 wird dieses als die dritte Art von Fleischmehlen aufgeführt. Es kommt zwar im Handel nicht vor, aber es empfiehlt sich doch, seinen Wert zu berechnen, zumal solche Zahlen für Tiermehl und normales Fleischmehl als Maßstab dienen können. LAWES und GILBERT[12] haben Rinder, Schweine und Schafe analysiert und die *prozentische Zusammensetzung ganzer Tiere* (ohne Darminhalt) angegeben. Einige Beispiele sind:

	In Prozenten der Trockensubstanz		
	Stickstoff-substanz	Fett	Asche
Kalb	45,0	43,8	11,2
Ochs, mittelfett	41,2	47,4	11,6
Ochs, fett	29,9	62,1	8,1
Schwein, mager	34,5	58,7	6,8
Schwein, fett	19,9	77,2	3,0

In der Annahme, daß das Fett der Trockensubstanz bis auf 10 % entfernt würde (durch Pressen oder Extrahieren), ist die Zusammensetzung der lufttrockenen Substanz bei 89,5 % Trockensubstanz:

	Wasser	Stickstoff-substanz	Fett	Asche	Phosphor-saurer Kalk
Kalb	10,5	64,4	8,9	16,1	13,6
Rind	10,5	63,1	8,9	17,5	15,0
Schwein	10,5	68,6	8,9	11,9	9,5
Im Mittel aus allen Tieren	10,5	65,4	8,9	15,2	12,7

Als Verdauungskoeffizienten müssen die der ursprünglichen LIEBIGschen Fleischmehle gewählt werden.

	Verdauungskoeffizienten		Verdauliche Bestandteile	
	Stickstoff-substanz	Fett	Stickstoff-substanz	Fett
Wiederkäuer	95,5	98,6	62,5	8,8
Schwein	94,2	95,5	61,6	8,5

5. Fleischknochenmehl und Knochenschrot.

Das Futtermittelgesetz verlangt für alle Fleischmehle mit mehr als 12 % phosphorsaurem Kalk die Bezeichnung *Fleischknochenmehl,* und für solche mit mehr als 32 % den Namen *Knochenschrot.* Diese Grenzen sind notwendig, weil andernfalls minderwertige Fleischmehle durch Hinzusetzung des billigeren Knochenschrotes hergestellt werden können. Zur Beurteilung dienen die Zusammensetzungen lufttrockener Knochen, z. B. der Rinderknochen. Nach HOLDEFLEISS ist die *Zusammensetzung des ganzen Skeletts:*

Wasser	Stickstoff-substanz	Fett	Asche (Knochenerde)	Darin phosphor-saurer Kalk
11,3	24,6	14,6	48,5	44,4

Mischfuttermittel, welche *aus Fleischmehl und Knochenmehl* bestehen, werden von Hamburg aus massenhaft angeboten, z. B.:

	Stickstoff-substanz	Fett	Phosphor-saurer Kalk
Englisches Fleischknochenmehl	40	5	32
Englisches Fleischknochenmehl („laut Futtermittelgesetz Knochenschrot genannt") . .	37	12	35
Indisches Knochenschrot („sehr gern gekauft")	20	4	40

Eine andere Firma bietet an:

Südamerikanisches Fleischknochenmehl . . .	50—55	2—4	ca. 30
Fleischknochenschrot	ca. 40	bis 10	über 30

Diese Materialien sind sehr beliebt zum Vermischen mit Fischmehl, zumal sie diesem eine hellere Farbe geben. Da das Futtermittelgesetz für Fischmehl eine obere Grenze an phosphorsaurem Kalk nicht vorschreibt, ist für den unreellen Zwischenhandel hiermit ein starker Anreiz gegeben, solche Mischungen herzustellen.

IV. Blutmehl.

Das Blut wird in besonders konstruierten Apparaten getrocknet, doch können auch die Autoklaven der Kadaververwertungsanstalten benutzt werden. Es wird in die Dämpfgefäße gebracht und hier durch Einleiten mit Dampf zunächst koaguliert. Nachdem das ausgeschiedene Blutwasser abgedrückt ist, wird das Koagulum getrocknet. Je nach der Höhe der hierbei angewendeten Temperatur ist das Blut von verschiedener Verdaulichkeit. Im allgemeinen kann man sagen, daß es heute zu unvorsichtig getrocknet wird. Analyse und Verdauungsversuche sind schon in älterer Zeit ausgeführt worden, und zwar von E. Wildt[26]. *Zusammensetzung* der Trockensubstanz:

Stickstoff-substanz	Fett	Stickstofffreie Extraktstoffe
91,9	0,65	2,93

Das Material ist sowohl an Schweine als auch an Schafe gefüttert worden. Als *Verdauungskoeffizienten* ergaben sich:

	Organische Substanz	Stickstoff-substanz	Fett	Stickstoff-freie Extraktstoffe
Schwein	71,7	71,6	0	91,6
Schaf	63,4	62,0	100	100,0

Eine Arbeit von Honcamp[6] ergab als durchschnittliche Zusammensetzung:

Wasser	Stickstoff-substanz	Fett	Asche
9,8	87,9	0,4	3,5

Verdaulich wurde gefunden im Mittel sämtlicher Versuche von Honcamp

	Stickstoff-substanz
bei Schafen	86,4

für eine als „wasserlöslich" bezeichnete Probe aber

96,5

Erstere Probe ist in der oben geschilderten Weise hergestellt, letztere jedoch so, daß das defibrinierte Blut in dünnen Schichten bei möglichst niedriger Temperatur eingetrocknet ist. Der Versuch zeigt, daß eine Verbesserung der Trocknung möglich ist. GERD WEBER fand als Zusammensetzung:

Wasser	Stickstoffsubstanz	Fett	Asche
12,1	84,5	0,36	2,7

Im Mittel aus drei Versuchen an Schweinen die Verdaulichkeit:

—	67,9	—	—

Hiernach ist für die Zusammensetzung des Blutmehls im Mittel aus den brauchbaren Analysen[10] anzunehmen:

9,2	87,9	0,30	2,7

Für die Verdaulichkeit kommt bei der Geringfügigkeit der anderen Bestandteile nur die der Stickstoffsubstanz in Betracht. Sie ist für Schweine im Mittel aus zwei Versuchen

	Stickstoffsubstanz	Verdaulich an lufttrockener Substanz
Verdauungskoeffizient	69,8	59,0

Bei den Versuchen mit Schafen machen sich die Qualitätsunterschiede besonders bemerkbar. Die älteste Probe (WILDT) war zu 62 % verdaulich. Das unlösliche Blutmehl von HONCAMP zu 86,4 %, das wasserlösliche Blutmehl von HONCAMP zu 96,5 %. Die Verarbeitung des Blutmehls in den Schlachthäusern ist heute noch ein nicht vollkommen gelöstes Problem. Die Verdauungsversuche zeigen, daß die *Gewinnung eines hochverdaulichen Futters aus Blut durchaus möglich* ist. Freilich kommen hierzu nur Apparate mit indirekter Beheizung in Betracht. Da Dampf immer vorhanden ist, sollten alle Schlachthöfe solche Anlagen besitzen. In Wirklichkeit bleibt heute viel Blut unverwertet.

Das Blutmehl wird von *Wiederkäuern* und auch von *Schweinen* nicht besonders gern aufgenommen. Es wirkt, wenn man mehr als 100 g je Tag und Stück gibt, konsumherabsetzend und kann somit in der Schnellmast nicht verwendet werden. 50—100 g sind jedoch in der Mastration durchaus nützlich. In ähnlichen geringen Mengen bei der *Geflügelfütterung* erweist sich das Blutmehl sogar als vorteilhaft, wahrscheinlich wirkt es günstig auf die Befiederung ein.

Seit längerer Zeit hat man *Futtermittel aus Blut* unter Benutzung von geschmacksverbessernden Mitteln hergestellt. Hierher gehören Robos, Körnerblutfutter, besonders aber die mit Melasse hergestellten Mischungen. Zur Zeit liefert die Hannoversche Kraftfutterfabrik ein solches Erzeugnis in tadelloser Form „Überzuckertes Futterbluteiweiß, Sachsengold". Es besteht aus 85 % Blutmehl, 10 % Melasse, 5 % kohlensaurem Kalk, eine gute und in der Praxis bereits bewährte Mischung.

V. Walmehl.

Das beim Walfischfang abfallende Walmehl wird in der Einfuhrstatistik heute noch mit Fischmehl vereinigt. Nach dem Futtermittelgesetz darf es jedoch nur unter der korrekten Bezeichnung und nicht als Fischmehl verkauft werden. Es kam seit langer Zeit in geringen Mengen aus Norwegen, stellt ein dunkelbraunes, nach Fischtran riechendes Pulver dar mit verhältnismäßig großen Mengen von Fett. Der Gehalt an Asche hängt davon ab, ob und wieviel von den Knochen beigemengt ist.

Neuerdings wird das Walmehl im antarktischen Gebiet auf dem Dampfer hergestellt und kann unter Umständen eine größere Rolle spielen, weil es hier aus frischem Material gewonnen werden kann. Das bisherige Walmehl ist kein erfreuliches Produkt, kann zwar als *Schweinefutter* verwendet werden, und ist bis zu $^1/_2$ kg je Tag und Stück auch an Kühe gegeben worden, wird aber von keiner Tierart gern genommen. Es sollte bleiben, was es bis jetzt gewesen ist, Düngemittel.

Zusammensetzung[9]

	Wasser	Stickstoff-substanz	Fett	Asche	Phosphor-saurer Kalk
Knochenarm	8,0	62,5	25,0	5,0	—
Knochenreich	5,8	50,0	22,0	—	19,5
Walknochenmehl . . .	—	23—28	10—15	45—50	—

Von besseren Walmehlen findet sich in den Offerten als Basis angenommen:

	Stickstoff-substanz	Fett	Phosphor-saurer Kalk
a)	50	14	16
b)	40	15	25

Die *Verdaulichkeit* ist von HONCAMP bei einem proteinreichen und aschearmen Walmehl an Hammeln ermittelt worden.

75,1	100	—

Dies sind fast dieselben Zahlen, welche bei Fleischmehl beobachtet sind. Beim Schwein werden sie nicht nennenswert anders sein.

VI. Garnelen.

Garnelen sind zwar ein geschätztes Nahrungsmittel, doch werden kleine und minderwertige Tiere auf Futtermittel verarbeitet. Da sie sehr rasch verderben, geschieht die Trocknung jetzt direkt auf dem Dampfer. Ihre *Zusammensetzung* ist bei 86,9 % Trockensubstanz:

Wasser	Stickstoff-substanz	Fett	Asche
13,1	59,2	3,4	22,1

Ein *Verdauungsversuch* mit Schweinen[22] ergab die Koeffizienten:

—	86,5	86,5	28,7

Getrocknete Garnelen werden trotz ihres hohen Preises ganz besonders in der Geflügelzucht viel verwendet; daß sie sich auch zur Fütterung von Schweinen eignen, zeigt der vorliegende Versuch. Es wurde je Tag und Schwein 600 g Garnelenschrot neben Gerstenschrot gegeben. Das Futter wurde von den Tieren begierig aufgenommen.

Der Handel bietet daneben Garnelenschalenschrot an, z. B. amerikanisches Garnelenschrot mit der bedenklichen Empfehlung „Guter Ersatz für ganze Garnelen und bedeutend billiger". Handelsbasis über 40 % Protein; in der Tat zeigt eine Analyse von WEHNERT von Krabbenschalen[9] (wahrscheinlich Garnelen) eine ähnliche Zusammensetzung:

Wasser	Stickstoff-substanz	Fett	Asche
14,2	41,2	4,50	26,0

Frische Garnelen enthalten nach Weigelt[23]:

Wasser	Stickstoff-substanz	Fett	Asche
83,1	10,6	1,18	4,1

VII. Tiere des Nebenfangs der Hochseefischerei.

Von einigen anderen gelegentlich als Futter verwendeten Seetieren seien aus gleicher Quelle die Analysen angegeben:

	Wasser	Stickstoff-substanz	Fett	Asche
Taschenkrebs	62,6	12,0	2,99	16,5
Seestern	76,1	9,1	2,00	13,5
Welhornschnecke, ganzes Tier	41,3	4,2	—	53,2
Miesmuschel, ganzes Tier	55,5	3,4	0,17	39,6
Austernschalen	15,8	2,4	—	80,2
Gelegentlich sind als Handelsfuttermittel aufgetreten:				
Seesternmehl	12,1	31,6	6,90	43,9
Miesmuscheln	1,7	10,6	1,10	83,1

Ihr Wert als Futtermittel ist äußerst zweifelhaft. Das Miesmuschelmehl und ebenso die Austernschalen haben nur um ihres Gehalts an kohlensaurem Kalk gelegentlich Beachtung gefunden, ganz besonders bei der Fütterung des Geflügels, doch kann es hier durch die erheblich billigere Futterkreide vollwertig ersetzt werden.

VIII. Maikäfer.

In schlimmen Maikäferjahren hat man wiederholt den Versuch gemacht, die Tiere zu sammeln und auf ein Kraftfutter zu verarbeiten. Frische Maikäfer enthalten z. B.:

Wasser	Stickstoff-substanz	Fett	Stickstofffreie Extraktstoffe	Chitin	Asche
70,5	19,7	3,6	0,17	4,7	1,4

Die Tiere werden entweder durch heißes Wasser oder empfehlenswerter durch Schwefelkohlenstoff abgetötet, dann auf einer Malzdarre getrocknet und hierauf zerkleinert. Solches Futter enthält:

14,5	57,0	10,3	0,50	13,7	4,0

E. Wolf[28] fütterte Schweine hiermit und fand die Verdauungskoeffizienten:

—	69,0	83,0	—	—	—

Größere Bedeutung hat dieses Futter nicht. Es kann aber als Beispiel für den Nährwert von Insekten aller Art gelten, wie sie etwa vom Geflügel gesammelt werden. In *frischen* Maikäfern sind an verdaulichen Bestandteilen:

—	13,2	3,0	—	—	—

Literatur.

(*1*) Atwater: Chemical Comp. of food-fishes. United States Com. of fish and fisheries, Commissioner Report 1892, S. 727.

(*2*) Bergmann: Die Winterkückenzucht, 3. Aufl. Berlin: F. Pfenningstorff. — (*3*) Ber. über Landw. Reichsamt d. Inneren, H. 15; Fütterungsversuche mit Schweinen, S. 11, 53.

(*4*) Dietrich u. König: Zusammensetzung und Verdaulichkeit der Futtermittel 2, S. 1125. 1891.

(5) HENRY u. MORISON: Feeds and Feeding, 18. Ausg., S. 185. Madison Wisc. 1923. — (6) HONCAMP: Landw. Versuchsstat. 75, 178.

(7) KELLNER, O.: Versuche über die Verwertung des norwegischen Fischguanos. Landw. Versuchsstat. 20, 423. — (8) KELLNER: Ber. über Landw., H. 15, 52. — (9) KLING, M.: Handelsfuttermittel, S. 434 u. a. 1928. — (10) KÖNIG: Chemie der Nahrungs- und Genußmittel, 5. Aufl., 2, S. 820.

(11) Landw. Kalender. Berlin: Paul Parey. — (12) LAWES u. GILBERT: Experiment Inquiry into Composition etc. Philosophic. Trans. II 1859, 520. — (13) LEHMANN, FRANZ (Göttingen): Hann. landw. Ztg 1892, 384; 1893, 310. — Das Fischmehl und seine Zukunft in Deutschland. Ebenda 1900, 193. — Auch Mitt. d. Seefischereiver. 1900, Nr 3. — (14) LEHMANN, F.: Ertragreiche Schweinemast in drei Beispielen. Hann. landw. Ztg 1911, 548. — (15) Bestmögliche Schweinemast mit Kartoffeln. Arb. Kartoffelbauges. Berlin 1924, H. 25. — (16) Originalmitteilungen. — (17) LIEBIG, JUSTUS v.: Chemische Untersuchungen über das Fleisch usw. Heidelberg 1847. — (18) LIEBIG: Chemische Briefe, 6. Aufl., S. 286. 1878.

(19) Mitt. d. Futterstelle d. Dtsch. Landw.-Ges., sowie Hamburger und Geestemünder Fabrikanten.

(20) Prospekte der Maschinenfabriken: Venuleth u. Ellenberger, Darmstadt; Gebr. Karges, Braunschweig; R. Hartmann, Berlin S 42, Genthiner Straße.

(21) STERN-SCHLUTUP: Mitteilungen.

(22) WEBER, GERD: Animalische Futtermittel und ihr Ersatz, S. 17. Dissert., Göttingen 1928. — (23) WEIGELT: Die Abfälle der Seefischerei. Sonderbeil. zu d. Mitt. d. Sekt. f. Küsten- u. Hochseef. 1891, 22. — (24) WEISKE: J. Landw. 1876, 265. — (25) WILDT, E.: Landw. Versuchsstat. 20, 20. — (26) Landw. Jb. 1877, 177. — (27) WOLFF, E.: Ebenda 8 (Suppl.), 200 (1879). — (28) Landw. Versuchsstat. 19, 241.

3. Die mineralischen Futtermittel.

Von

Privatdozent Dr. WOLFGANG LINTZEL

Assistent des Tierphysiologischen Instituts der Landwirtschaftlichen Hochschule Berlin.

In der Reihe der Futtermittel nehmen die rein mineralischen eine besondere Stellung ein, weil sie für den Energieumsatz nicht unmittelbar in Frage kommen. Als Material für den Aufbau der Körpersubstanz, für gewisse Produktionsleistungen und für die Aufrechterhaltung der Stoffwechselvorgänge reihen sie sich dagegen an die dem Pflanzen- und Tierreich entstammenden organischen Futtermittel an. Unter den Verhältnissen, die die Tiere in freier Natur vorfinden, scheint das *Wasser* fast das einzige mineralische Futtermittel zu sein, das eine erhebliche Rolle spielt, wenn man von dem Sauerstoff der Luft absieht, der von manchen Autoren gleichfalls zu den mineralischen Futtermitteln gezählt wird. Die Leistungssteigerung bei unseren landwirtschaftlichen Nutztieren und die dadurch notwendig gewordene Verabreichung calorisch hochwertiger, vielfach aber mineralstoffarmer Nahrungsstoffe, ferner die Verfütterung von gewerblichen Abfällen bringt es im Verein mit einer gewissen Einseitigkeit der Ernährung mit sich, daß in vielen Fällen ein Mangel an bestimmten Mineralstoffen eintritt, der durch rein anorganische Beifütterung behoben werden kann. Da die mineralischen Futtermittel somit nur als Ergänzungsstoffe in Frage kommen, werden sie zu den Beifuttermitteln gerechnet, eine Klassifizierung, mit der indessen kein Urteil über ihre Bedeutung bei der Tierernährung gefällt werden soll. Als Beispiel für die Wichtigkeit eines mineralischen Futtermittels kann das Tränkwasser angeführt werden, dessen Fehlen in der Nahrung von den Tieren viel kürzere Zeit hindurch ertragen wird, als das Fehlen aller anderen Nahrungsstoffe zusammen.

Von Futtermitteln mineralischer Herkunft sind neben dem Wasser Calciumsalze, dabei auch Phosphate, und Chlornatrium von allgemeinerer Bedeutung.

Einige andere beanspruchen nur für bestimmte Zwecke ein Interesse. Aus praktischen Gründen beschränkt sich die Darstellung nicht ausschließlich auf rein mineralische Substanzen. In einigen Fällen war es notwendig, auch auf Beifuttermittel animalischen Ursprungs hinzuweisen, die wie Knochenmehl lediglich wegen ihres Gehaltes an Mineralstoffen verfüttert werden.

I. Wasser.

Das unentbehrlichste mineralische Futtermittel ist das Wasser, dessen Funktionen im tierischen Organismus in einem späteren Kapitel dieses Handbuches behandelt werden.

1. Die verschiedenen Wasservorkommen.

Nahezu alles in der Natur vorkommende Wasser stammt aus dem Meere, aus dem es unter der Wirkung der Sonnenwärme als Dampf entweicht, zum Teil auch von den Winden in Form feinster Tröpfchen verstäubt wird. In der Atmosphäre wird bei Abkühlung der Wasserdampf kondensiert und gelangt in Form der Niederschläge zu Boden. Solches Wasser wird wenig treffend als *Meteorwasser* bezeichnet. Während ein Teil davon bald wieder verdunstet, fließt ein anderer Teil oberflächlich weiter, sammelt sich in Tümpeln oder gelangt in die Flüsse, ein weiterer Teil dringt in den Boden ein, bis er auf undurchlässige Schichten stößt und fließt hier als *Grundwasserstrom* langsam weiter und gleichfalls den Flüssen zu, die er unterirdisch erreicht. Wo eine undurchlässige Schicht mit darüberfließendem Grundwasserstrom durch einen Geländeeinschnitt getroffen wird, tritt das Grundwasser als *Quelle* zutage. Ebenso kann der Grundwasserstrom auch künstlich durch *Brunnenschächte* angeschnitten werden. Unter einer undurchlässigen Schicht kann von der Seite her ein tieferer Grundwasserstrom eintreten, so daß mehrere Ströme etagenförmig übereinanderliegen. Je nach der Lage des mit einem Brunnen angezapften Grundwassers werden *Flachbrunnen* und *Tiefbrunnen* unterschieden. Steht das Grundwasser infolge einer Kommunikation mit einem höher gelegenen ober- oder unterirdischen Wasserbecken unter Druck, so tritt es in einem Bohrloch als *artesischer Brunnen* von selbst an die Oberfläche.

Über die Beschaffenheit der gelösten und suspendierten Stoffe in den einzelnen Wasservorkommen läßt sich Bestimmtes von allgemeiner Gültigkeit nicht sagen, da überall lokale Eigentümlichkeiten zur Geltung kommen. Nur in großen Umrissen ist eine Charakterisierung möglich.

Das *Meteorwasser,* obgleich aus Wasserdampf kondensiert, ist keineswegs rein. Es enthält verstäubte Salze des Meeres, besonders Chlornatrium, es hat aus der Atmosphäre Salpetersäure und Ammoniak, die bei elektrischen Entladungen entstanden sind oder Rauchgasen entstammen, ferner Schwefelsäure und schweflige Säure aufgenommen. Es enthält Jod, das allenthalben aus Erdboden und Gewässern in Dampfform entweicht und hat sich mit den gasförmigen Bestandteilen der Luft, besonders Stickstoff, Sauerstoff und Kohlendioxyd beladen. Es reißt ferner Staubteilchen, die in der Luft bis zu großen Höhen vorhanden sind, und anorganischer oder organischer Natur sein können, mit herab. Von Lebewesen werden besonders Bakterien, Schimmelsporen und Hefearten in den Niederschlägen gefunden. Bei lange dauernden Regengüssen wird die Atmosphäre immer mehr ausgewaschen, so daß dann die Verunreinigungen im Niederschlagwasser geringer sind.

Das in die Erde eindringende Wasser, das dem *Grundwasserstrom* zufließt, macht im Boden einen Filtrationsprozeß durch, bei dem die geformten Bestandteile eliminiert werden. Auch gelöste Substanzen, besonders Stickstoff- und

Phosphorverbindungen, werden durch ihre Affinität zu den eigenartigen Komplexverbindungen des Bodens und durch Adsorption an Bodenkolloide zurückgehalten, organische Substanzen werden von den Mikroorganismen des Bodens abgebaut und mineralisiert. Andererseits nimmt das eindringende Wasser Bestandteile des Bodens auf, teils durch Austausch und teils durch die lösende Wirkung der absorbierten Kohlensäure. Die Aufnahme von Gasen, die in den Bodencapillaren in großer Oberfläche mit dem einsickernden Wasser in Berührung kommen, schreitet weiter fort, besonders wird Kohlendioxyd aufgenommen, an dem die Bodenluft reich ist. Das Quellwasser und ebenso das durch Brunnen gehobene Grundwasser sind daher durch ihren Gehalt an Gasen und an gelösten Salzen, ferner durch ihre Armut an organischen Stoffen, auch geformter und belebter Natur, gekennzeichnet. Die Zusammensetzung der gelösten Salze hängt von der chemischen Beschaffenheit der durchströmten Schichten ab, kann aber selbst bei nahe zusammenliegenden Brunnen und Quellen schon Verschiedenheiten zeigen. Allerdings können diese Eigenschaften eines Grundwassers unter Umständen stark modifiziert sein, indem ein Wasser, das dicht unter der bewachsenen Oberfläche oder in Schichten fließt, in denen noch Leben vorhanden ist oder das sich unterirdisch in Spalten fortbewegt, sich in seinen Eigenschaften mehr oder weniger dem Oberflächenwasser nähert. Auch bei sehr starken Regenfällen kann die Bodenfiltration unvollkommen sein, so daß ein verändertes Grundwasser resultiert. Viele Quellen liefern dann ein trübes Wasser.

Das oberflächlich ablaufende Meteorwasser macht auf seinem Wege zu den großen Flüssen mannigfache Veränderungen durch, indem es, je nach der Beschaffenheit der immer neuen Bodenflächen, mit denen es in Berührung kommt, dauernd Stoffe abgibt und andere aufnimmt. Mit dem Quell- und Grundwasser zusammen bildet es *Bäche* und *Flüsse*. Die Zusammensetzung des Flußwassers ist schon dadurch einem dauernden Wechsel unterworfen, daß es je nach der Menge der Niederschläge bald weniger mit oberflächlich abgelaufenem Wasser gemischt ist. Mit größerer Entfernung vom Quellgebiet nimmt der Kohlensäuregehalt des Flußwassers immer mehr ab, so daß die gelösten Bicarbonate der Erdalkalimetalle, des Eisens, Mangans und andere in die unlöslichen Carbonate bzw. Hydroxyde übergehen und ausfallen. Flußwasser ist daher weiches Wasser. Der Sauerstoffgehalt des Flußwassers ist dagegen hoch. Von der Geschwindigkeit der Strömung hängt es ab, ob die ausgefallenen Carbonate und sonstigen Teilchen in der Schwebe bleiben oder abgelagert werden. In letzterem Falle wird vielfach durch die Hochwasser das Flußbett wieder reingefegt. Stark verändert wird das Flußwasser in dicht bewohnten Gegenden, in denen es die Abgänge von Menschen und Tieren, sowie gewerbliche und industrielle Abwässer aufnehmen muß. Die Verunreinigungen sind organischer und anorganischer Art und treten je nach der Wasserführung des Flusses zu verschiedenen Jahreszeiten mehr oder weniger stark in Erscheinung. Die organischen Verunreinigungen rufen ein lebhaftes Wachstum von Mikroorganismen hervor. Dabei wird der im Wasser gelöste Sauerstoff verbraucht und höheren Organismen des Wassers der Aufenthalt unmöglich gemacht. Bei den Fäulnisprozessen werden die organischen Verunreinigungen abgebaut und schließlich mineralisiert. Ist die organische Substanz verbraucht oder abgesetzt worden, so gehen die Fäulniserreger an Nahrungsmangel zugrunde, sie gehen ebenso wie die anorganischen Produkte der Umsetzungen zu Boden, so daß schließlich der Fluß durch sog. Selbstreinigung seinen alten Zustand annähernd wiedergewinnt (SPITTA[47], FICKERT[4], SCHMIDT[36], PRITZKOW[32], WILHELMI[45]). In bezug auf die Verunreinigung mit gewissen Salzen, besonders des Magnesiums, liegen die Dinge weniger günstig, unter Umständen findet hie keine Selbstreinigung statt.

Die Selbstreinigung ist um so wirksamer, je langsamer das Wasser fließt. Besonders günstige Verhältnisse liegen daher in größeren *Binnenseen* vor, die ein hygienisch vorzügliches Wasser zu führen pflegen. Ähnlich verhalten sich auch die großen Talsperren, die zur Wasserversorgung der Städte angelegt werden. In kleinen *Tümpeln* und *Teichen* mit ihren geringen Wassermengen ist dagegen zu einer außerordentlichen Entwicklung tierischen und pflanzlichen Lebens Gelegenheit geboten, die eine hygienisch sehr bedenkliche Beschaffenheit des Wassers bedingen kann.

2. Eigenschaften eines guten Tränkwassers.

Um zu einem Urteil zu gelangen, wieweit die verschiedenen Wasserarten für die Tierernährung geeignet sind, ist es notwendig, die Eigenschaften zu präzisieren, die von einem guten Tränkwasser verlangt werden müssen. Die meisten Autoren stimmen darin überein, daß man eine gewisse *Reinheit und Klarheit, Geruchlosigkeit, Geschmacklosigkeit, nicht zu große Härte, nicht zu niedrige Temperatur und die Abwesenheit von schädlichen Bestandteilen* fordern muß. Das Wasser soll von den Tieren *gern aufgenommen* werden. Mit Rücksicht darauf, daß außer für die Tränkung auch sonst für die Haltung und Pflege des Viehes ein gutes Wasser benötigt wird, kommen als weitere wichtige Forderungen dazu, daß das Wasser *in ausreichender Menge vorhanden* und *billig sei* (POTT III S. 549[41], KLIMMER[16], KELLNER-FINGERLING[14] u. a.).

Die *Farbe des reinen Wassers*, die erst in sehr dicker Schicht zur Beobachtung kommt und hier vernachlässigt werden kann, ist blau. Stärkere Färbungen werden durch gelöste und suspendierte Teilchen hervorgerufen. Eine deutliche Blaufärbung wird auch durch feinste Tonteilchen verursacht (GÄRTNER[7]). Ein grünlicher bis grüngelber Schimmer kann auf Spuren von Ferrihydroxyd beruhen. Gelbliche bis braune Farbtöne weisen auf Bestandteile des Humus, Huminstoffe hin, wie sie in Tümpeln, Brunnen und Bächen der Moore und Marschen sowie waldreicher Gegenden enthalten sind.

Färbung und *Trübung des Wassers* lassen sich nicht immer leicht unterscheiden. Trübungen können durch anorganische Teilchen, meist Ton, hervorgerufen sein, auch manche gewöhnlich klare Quellen fließen nach starkem Regen trübe und erscheinen dann grau, gelb oder rötlich. Klar aufgefangenes Wasser, das sich beim Stehen trübt, pflegt Ferrobicarbonat zu enthalten, beim Entweichen der Kohlensäure an der Luft fällt unlösliches Hydroxydul aus, das sich rasch zum Hydroxyd oxydiert. Solches Wasser ist trotzdem für die Tierernährung, gegebenenfalls nach Lüftung und Filtration, durchaus brauchbar. Bedenklicher sind Trübungen durch massenhaftes Bakterienwachstum oder durch höhere pflanzliche Organismen, besonders Algen, wobei das Wasser grün aussieht. Im allgemeinen ist die Trübung des Wassers ein Kennzeichen ungenügender Filtration, womit die Möglichkeit einer Beimischung von Krankheitskeimen gegeben ist, auch wenn die beobachtete Trübung harmloser Natur ist. In diesem Sinne ist die aufgestellte Forderung der Reinheit und Klarheit zu verstehen, denn an sich nehmen die Tiere, im Gegensatz zum Menschen, auch trübes Wasser gern auf, besonders Rind und Schwein sind in dieser Beziehung nicht empfindlich.

Die Tiere verlassen sich offenbar vornehmlich auf *Geruch und Geschmack des Wassers*. Ein Gehalt an Huminstoffen verleiht dem Wasser einen dumpfig-moorigen Geruch. Schädlich ist solches Wasser nur insofern, als es von geringerem Genußwert ist und unter Umständen in ungenügender Menge aufgenommen wird. Ein dumpfiger, muffiger Geruch zeigt sich auch, wenn Wasser mit modernden Holzteilen, abgestorbenen Wasserpflanzen und -Tieren in Berührung kommt. Das Wasser der Flüsse und Seen kann durch Verunreinigung mit Abfallstoffen, faulenden Tieren und Pflanzen, industriellen Abwässern einen unangenehmen Geruch annehmen, Auch stark eisenhaltige Wässer sollen sich durch einen besonderen Geruch verraten (KLUT S. 25[18]). Als Produkt der Zersetzung organischer Stoffe kann Schwefelwasserstoff im Wasser enthalten sein und einen üblen Geruch entwickeln. Aus größerer Tiefe kommende, schwefelwasserstoffhaltige Quellen, sog. Schwefelquellen, die in manchen Gegenden häufig sind, sind gleichfalls wegen ihres Geruches für Tränkzwecke unbrauchbar. Das Wasser kann auch durch darin lebende Organismen einen Geruch annehmen. So ruft nach KOLKWITZ S. 187[21] Synura einen Geruch nach frischen reifen Gurken, Asterionella Fischgeruch hervor. Weitere Lebewesen, die dem Wasser bestimmte Gerüche mitteilen, werden von GÄRTNER S. 66[7] aufgezählt.

Der erfrischende *Geschmack* guten Wassers beruht auf seinem Gehalt an gelösten Salzen, von denen besonders Calciumsalze mit Ausnahme des geschmacklich indifferenten Bicarbonats, ferner Magnesium-, Natrium- und Kaliumsalze zu nennen sind. Magnesiumsalze in größerer Menge verursachen einen bitteren Nachgeschmack. Eisenoxydulverbindungen selbst in der geringen Konzentration von 0,3 mg pro Liter schmecken nach Tinte; sind gleichzeitig Huminstoffe zugegen, so ist der Geschmack moorig (GÄRTNER[7]). Calciumsulfat wird erst in recht hohen Konzentrationen unangenehm, während Calciumbicarbonat, wie erwähnt, nicht schmeckbar ist. Destilliertes oder sehr weiches Wasser schmeckt fade. Daß die in Wasser gelösten gasförmigen Bestandteile der Luft einen Geschmackswert haben, also zu dem erfrischenden Geschmack des Wassers beitragen sollen, wird heute allgemein geleugnet. Besonders auch Kohlensäure wird erst in Konzentrationen schmeckbar, die in gewöhnlichem Wasser nicht vorkommen. Bei Wässern, die durch in Zersetzung begriffene organische Substanzen, durch Abwässer industrieller und gewerblicher Betriebe verunreinigt sind, gehen Geschmacks- und Geruchsempfindungen sehr ineinander über, so daß hier das früher vom Geruch Gesagte auch für den Geschmack gelten kann.

Als *Härte des Wassers* bezeichnet man die Menge der darin gelösten Calcium- und Magnesiumsalze, und zwar werden 10 mg CaO oder 7,19 mg MgO in einem Liter als 1 deutscher Härtegrad bezeichnet. Dieser ist gleich 1,25 englischen und 1,79 französischen Härtegraden. Wird die Härte durch die Bicarbonate der Erdalkalimetalle hervorgerufen, so bezeichnet man sie als *Kohlensäurehärte* oder Carbonathärte. Beim Kochen solchen Wassers wird Kohlendioxyd ausgetrieben und die Bicarbonate gehen in die unlöslichen Carbonate über, die ausfallen. Das Wasser verliert also beim Kochen seine Härte, die deswegen auch als *vorübergehende* oder *transitorische Härte* bezeichnet wird. Beruht die Härte auf der Anwesenheit von Sulfaten, Chloriden, Nitraten usw. der Erdalkalien, so wird sie *Mineralsäurehärte* genannt. Da diese auch beim Kochen bestehen bleibt, wird sie als *bleibende oder permanente Härte* von der transitorischen unterschieden. Wann kann man nun sagen, daß ein Wasser *zu große Härte* habe und demnach den oben gestellten Forderungen für die Tierernährung nicht genügt? Es herrscht hier keine Übereinstimmung in den Ansichten. Zunächst ist nach Erfahrungen am Menschen zu sagen, daß bei Gewöhnung an weiches Trinkwasser die Härte unangenehm empfunden wird, daß aber umgekehrt bei Gewöhnung an hartes Wasser ein weiches fade schmeckt. Auch bezüglich der Bekömmlichkeit spielt Gewöhnung eine Rolle, indem Änderungen in der Wasserbeschaffenheit leicht zu vorübergehenden Verdauungsstörungen Anlaß geben. Erst sehr hartes Wasser von 50—100 Härtegraden wird dauernd unangenehm empfunden, wenn es sich dabei um Mineralsäurehärte handelt. Die Sulfate und Chloride des Calciums und Magnesiums sind die störenden Bestandteile, während Calciumbicarbonat auch bei dieser hohen Konzentration indifferent ist. Im allgemeinen ist eine Härte von

10—20° am günstigsten, doch kann diese Grenze fast beliebig überschritten werden, wenn es sich hauptsächlich um Kohlensäurehärte handelt.

Auch die Gefahren eines *zu weichen Wassers* sind meist übertrieben worden. Freilich haben wachsende und produzierende Tiere einen hohen Calciumbedarf, zu dessen Deckung auch das Calcium im Trinkwasser herangezogen wird. Aber die Tiere sind auf diese Calciumquelle nicht angewiesen. Bei den Fällen von Knochenbrüchigkeit bei Tränkung mit weichem Wasser, über die verschiedentlich berichtet wird (KLIMMER und SCHMIDT[17], POTT S. 536[31]) ist eben auch das Futter calciumarm gewesen. Das weiche Wasser hat den dadurch hervorgerufenen Calciummangel nur begünstigt. Man wird ein im übrigen hygienisch einwandfreies Wasser nicht beanstanden, wenn es sehr weich ist, sondern die Nahrung durch eine entsprechende Beifütterung von Calciumsalzen ergänzen. Der Wirkung des Calciumbicarbonates im Wasser würde eine Beigabe von Calciumcarbonat zum Futter entsprechen.

Für den Genußwert und die Bekömmlichkeit des Tränkwassers entscheidend ist ferner seine *Temperatur*, die am besten um 10° betragen soll. Während einem zu warmen Wasser der Genußwert fehlt und ihm eher eine erschlaffende als eine erfrischende Wirkung zukommt, wird andererseits über mannigfache Schädigungen durch zu kaltes Wasser berichtet (KLIMMER S. 60[16]). Da das Wasser im Organismus auf Körpertemperatur gebracht werden muß, wird eine entsprechende Menge Calorien unproduktiv verbraucht. Dieser Verlust findet allerdings nur in der kalten Jahreszeit statt. Im Sommer bringen die normalen Stoffwechselvorgänge einen Wärmeüberschuß hervor, der auf jeden Fall abgeführt werden muß. Es ist dann für die Stoffwechselökonomie gleichgültig, ob die produzierte Wärme zur Erwärmung des aufgenommenen Trinkwassers dient oder mit Hilfe der physikalischen Wärmeregulation entfernt wird. Während also im Sommer ein Wasser von der oben bezeichneten Temperatur am zweckmäßigsten ist, wird es sich im Winter empfehlen, etwas höher temperiertes Wasser zu geben, um Futter zu sparen.

Gesundheitsschädliche Bestandteile des Wassers können anorganischer, organischer und belebter Natur sein. Von anorganischen Bestandteilen, die gelegentlich Giftwirkungen verursachen, bedarf nur das *Blei* besonderer Erwähnung, das in weichem Wasser gefunden wird, wenn es längere Zeit in Bleirohren gestanden hat. Durch Ablaufenlassen des ersten Wassers am Morgen kann man der meist nicht erheblichen Gefahr begegnen. Zweckmäßig wird man in solchen Fällen die Bleirohre durch solche aus Eisen ersetzen. Andere Bestandteile des Wassers, bei denen an eine Giftwirkung zu denken wäre, Kupfer, Zink, Arsen, Nitrate und andere treten stets nur in harmloser Menge auf. Ein Eisen- und Mangangehalt des Wassers, so unangenehm er für die meisten Verwendungen des Wassers in Haus und Gewerbe ist, gilt als harmlos für die Tierernährung. Organische schädliche Stoffe können mit Fabrikabwasser in das Wasser gelangen. Infolge seines Geschmackes ist derartiges Wasser in der Regel vollkommen ungenießbar, so daß eine Gefahr von dieser Seite nicht droht.

Die größte Beachtung ist dagegen den *belebten Bestandteilen des Wassers*, und zwar den *pathogenen Bakterien* und den *tierischen Parasiten* zu schenken. Die tierpathogenen Bakterien und ein erheblicher Teil der Parasiten vermehren sich nicht im Wasser, sie gehen darin über kurz oder lang zugrunde. Die meisten werden durch das Wasser nur verschleppt, und zwar vorzugsweise dadurch, daß die Abgänge und sonstigen Ausscheidungen kranker oder infizierter Tiere in das Tränkwasser gelangen. Die Hauptaufgabe aller *Tränkwasserhygiene* ist es, diese Möglichkeiten auszuschalten. Schon durch gemeinsames Tränken des Viehes aus einem Gefäß können solche Krankheiten übertragen werden, bei denen die

Nasen- und Rachensekrete infektiös sind. Hygienisch einwandfrei sind in dieser Beziehung die *Selbsttränken*, jedes Tier oder je zwei haben ihr eigenes Tränkbecken und durch ein Ventil ist dafür gesorgt, das kein Wasser zurücktreten und in ein anderes Becken gelangen kann.

Die *Erreger des Milzbrandes* leben und vermehren sich im Boden. Beim Aufwirbeln von Schlamm, bei starkem Auspumpen von Brunnen, gelangen die Sporen, die die Infektion bewirken, in das Tränkwasser. Für *Schweinerotlauf* ist Infektion durch Tränkwasser nachgewiesen, ferner für eine Reihe von Infektionskrankheiten, die als *hämorrhagische Septicämien* bezeichnet werden: Schafrotz, Schweineseuche, Büffelseuche, Geflügelcholera. *Tuberkulose* kann durch Tränkwasser übertragen werden, ebenso die *Maul- und Klauenseuche* der Rinder und die ansteckende *pustulöse Maulentzündung* der Pferde. Auch für die Gehirnrückenmarkseuche der Pferde (*Bornasche Krankheit*) kommt Tränkwasserinfektion in Frage, seit es OSTERTAG und PROFÉ gelang, aus dem Wasser eines von der Jauchegrube her verunreinigten Brunnens einen Streptococcus zu züchten, den sie als Erreger dieser Krankheit ansahen. Infektion durch Tränkwasser wird ferner für Rinderpest, Rauschbrand, Rotzkrankheit, infektiöse Blutarmut und Druse der Pferde für möglich gehalten. Weiterhin sind auch die Coccidiosen des Geflügels und des Kaninchens sowie die rote Ruhr der Rinder durch Tränkwasser übertragbar (HUTYRA und MAREK[13]).

Beinahe noch zahlreicher sind die *parasitären Erkrankungen*, die durch das Wasser erworben werden. Zahlreiche *Strongyliden* leben jahrelang im Wasser und in feuchter Erde. Die Zufuhr der Wurmbrut kann durch Hochwasser erfolgen. *Spulwürmer, Dochmien, Trichinen, Palisadenwürmer* bzw. ihre Brut werden mit verunreinigtem Wasser aufgenommen. Ferner sind *Echinococcen, Leberegel, Finnen* hier zu nennen, schließlich auch der *Pferdeegel*, der bis zum Rachen vordringen, sich hier festsetzen und zu Schädigungen führen kann.

3. Die Wasserversorgung.

In größeren Gemeinden wird die Wasserversorgung in immer größerem Umfange durch *zentrale Anlagen* übernommen. Die mannigfachen Nutzungen, denen solches Wasser zu genügen hat, besonders die Verwendung für die menschliche Ernährung, bedingen eine Beschaffenheit, die es auch für die Tierernährung geeignet erscheinen läßt (WEYRAUCH[41]). Besondere Aufmerksamkeit verdient dagegen die Wasserversorgung in Einzelbetrieben. Für die Verwendung als Tränkwasser wird hier *Tiefenwasser* und *Oberflächenwasser* herangezogen, wobei als Oberflächenwasser alle Wässer bezeichnet werden, die mit der Atmosphäre und ihren Verunreinigungen in direkter Verbindung stehen, das Wasser der Flüsse, Teiche, Seen, das Regenwasser, aber auch das Wasser von Brunnen, in die solches Oberflächenwasser unfiltriert eindringen kann. Das beste Tränkwasser wird in der Regel von *Brunnen und Quellen* geliefert, wenn sie sachgemäß angelegt bzw. gefaßt sind. Quellen müssen so gefaßt werden, daß Zutritt von Oberflächenwasser mit Sicherheit ausgeschlossen ist. Die Ableitung kann durch ein Bleirohr erfolgen, wenn das Wasser eine genügende Kohlensäurehärte hat. Es bildet sich dann eine Schutzschicht von Bleicarbonat in dem Rohre aus. Für weiches Wasser finden verzinnte Bleirohre oder Eisenrohre Verwendung. Die Rohre sind zweckmäßigerweise ständig mit Wasser gefüllt und müssen unter der Frostgrenze (1,5 m) im Boden liegen.

Flachbrunnen entnehmen das Wasser der obersten wasserführenden Bodenschicht. Steht das Grundwasser sehr hoch, so fließt es in Bodenschichten, in denen noch Leben vorhanden ist, und führt Mikroorganismen mit sich. Die Gefahr unzureichender Filtration einsickernden Oberflächenwassers ist hier gegeben.

Tiefbrunnen sammeln das Wasser aus tiefen Bodenschichten. Ist durch gute Ausmauerung des Schachtes und dichte Abdeckung des Brunnens der Zufluß von Oberflächenwasser von oben und von der Seite ausgeschlossen, liegen *Dungstätten* u. dgl. in ausreichender Entfernung (10 m), so bieten diese Brunnen die beste Gewähr für ein hygienisch einwandfreies Wasser (Schenkel[34], Pengel[30], Kisskalt[15]). Die Gefahr seitlicher Zuflüsse ist auch ausgeschlossen bei den *Abessinier-* oder *Rohrbrunnen,* bei denen ein Rohr den Boden direkt bis zum Grundwasser durchsetzt. Da sich in diesen Brunnen Wasser in größerer Menge nicht ansammeln kann, sind sie jedoch weniger leistungsfähig.

In weiten Gebieten, in denen gutes Brunnenwasser in ausreichender Menge nicht zur Verfügung steht, in Marsch- und Moorgegenden und im Gebirge, ist man darauf angewiesen, das *Regenwasser* zur Tränkung des Viehes zu verwenden. Man sammelt hierzu das von den Dächern abfließende Wasser in *Zisternen* (Nikolai[7]). Durch künstliche Filtration durch Sand kann solches wegen der verschiedenen Verunreinigungen an sich minderwertiges Wasser auch im kleinsten Hausbetriebe erheblich verbessert werden. Neben einfachen, selbst hergestellten Sandfiltern sind käufliche Filtrieranlagen in Gebrauch. Die Zisterne ist gemauert und muß dann wasserdicht auszementiert sein, oder sie ist aus emailliertem Eisen. Sie liegt an einem schattigen Platz in der Erde oder im Keller, um sie vor den Temperaturschwankungen der Außenwelt zu schützen. Von Zeit zu Zeit muß sie gründlich gereinigt werden. Das Wasser wird mit einer Pumpe entnommen.

Von *natürlichen Wasservorkommen* ist das Wasser größerer Binnenseen sowie von Bächen in dünn besiedelten Gebirgs- und Waldgegenden in der Regel hygienisch einwandfrei und kann ohne weiteres für die Tierernährung verwendet werden. *Flußwasser* ist stets minderwertig und ist erst nach künstlicher Filtration hygienisch einwandfrei. Besonders gefährlich ist das *Wasser kleiner Teiche und Tümpel.* Beim Hineinwaten rühren die Tiere den Schlamm auf und verunreinigen das Wasser durch ihre Abgänge. Die Gefahr der Infektion mit Krankheitskeimen und Parasiten ist damit unmittelbar gegeben. Um die Gefahr herabzusetzen, empfiehlt Pott S. 556[31III] besonders empfindliche Tiere, Jungvieh und Schafe, vor dem Austreiben zu tränken, damit sie nicht vom Durst getrieben werden, schmutziges Pfützenwasser aufzunehmen. Wo man bei dem Weidebetrieb auf Wasser von Tümpeln angewiesen ist, empfiehlt Klimmer S. 83[16], die *Wasserstellen* so zu umfriedigen, daß die Tiere saufen, aber nicht in das Wasser hineinwaten und es verunreinigen können. Das Verfahren ist freilich nicht anwendbar bei Tieren, wie z. B. Büffeln, zu deren Wohlbefinden das Sielen im Wasser erforderlich ist, oder bei Rindern bei heißem Wetter. Die theoretischen Forderungen der Trinkwasserhygiene werden sich mit den Bedürfnissen der Praxis oft nur auf dem Wege des Kompromisses vereinbaren lassen.

4. Untersuchung und Beurteilung des Wassers.

Die Frage, ob ein Wasser für das Tränken des Viehes geeignet ist oder nicht, kann mit Sicherheit nur durch eine Untersuchung entschieden werden, die nach physikalischen und chemischen, bakteriologischen und biologischen Methoden ausgeführt wird.

Den wichtigsten, vielfach schon entscheidenden Anhaltspunkt für die Beurteilung des Wassers bietet die *Lokalinspektion,* die Besichtigung der örtlichen Verhältnisse durch einen Sachverständigen. Ist ein *Brunnenschacht* sachgemäß gebaut, bemerkt man beim Ableuchten der Wandung keine hellen oder dunklen Streifen, die auf Zuflüsse von oben und von der Seite hinweisen, ist er staubdicht abgedeckt und ist die Dungablagerungsstätte in ausreichender Entfernung, so entspricht er im allgemeinen allen Anforderungen, und eine weitere Untersuchung über die einfachsten Feststellungen hinaus, die Klarheit, Geruch und Geschmack, Temperatur und Härte des Wassers betreffen, wird sich erübrigen. In weniger klar liegenden Fällen ist es mitunter sehr schwierig, eine Verunreinigung des Wassers nachzuweisen. Der *chemische quantitative Nachweis* von Stoffen, die als Bestandteile tierischer und menschlicher Abgänge charakteristisch sind, und von denen Chlor, Salpetersäure, Ammoniak und organische Stickstoffverbindungen die Hauptrolle spielen, ist für eine Verunreinigung nicht immer beweisend, da auch hygienisch einwandfreies Wasser aus größeren Tiefen diese Bestandteile enthalten kann, so besonders in Moorgegenden, in der Nähe von Braunkohle- und Salzlagerstätten u. dgl. Die Entscheidung, ob eine Verunreinigung vorliegt, kann dann nur durch den Vergleich mit einem sicher nicht verunreinigten Brunnen- oder Quellwasser derselben Gegend getroffen werden.

Zur *bakteriologischen* Beurteilung wird in der Regel die Zahl der Keime durch eine Plattenkultur ermittelt. Eine bestimmte Grenze, wieviel Keime höchstens vorhanden sein dürfen, läßt sich nicht angeben, gewöhnlich nimmt man 100 Keime pro Kubikzentimeter als obere Grenze. Damit soll indessen nicht gesagt sein, daß ein größerer Gehalt an den ja meist ganz harmlosen Bakterien gesundheitsschädlich sei. Die Keimzahl dient hier nur als Maß der Filtration des Wassers durch den gewachsenen Boden oder durch eine Filtriereinrichtung. Sind mehr Keime vorhanden, so ist die Filtration ungenügend und die Möglichkeit vorhanden, daß bei Gelegenheit, z. B. in der Zeit von Seuchen, auch einmal pathogene Bakterien in das Wasser gelangen können. Von der Suche nach bestimmten Erregern sieht man in der Regel ab, und ein negatives Resultat ist hier ganz ohne Bedeutung.

Die *biologische Untersuchung* des Wassers gibt Aufschluß über die Natur der darin *lebenden Organismen*. Die neuerdings sehr ausgebauten Kenntnisse auf diesem Gebiet ermöglichen es, aus den vorhandenen Arten Rückschlüsse auf die sich im Wasser abspielenden Vorgänge, Fäulnis, Mineralisierung organischer Substanzen usw., zu ziehen (Kolkwitz[21], Wilhelmi[46]).

Zur *Bestimmung der Temperatur* hält man das Thermometer in das aus dem Brunnen ausfließende oder aus einem Gewässer mit einem Eimer geschöpfte Wasser. Die Ablesung hat zu erfolgen, während sich das Thermometer im Wasser befindet (Klut S. 11[18]).

Die *Reinheit und Klarheit des Wassers* prüft man in einem etwa 30 cm hohen Glaszylinder mit ebenem Boden, in dem das Wasser in dicker Schicht beobachtet werden kann, wenn man senkrecht hindurchblickt. Zum Vergleich verwendet man einen zweiten Zylinder mit destilliertem Wasser. Ein anfangs klares Wasser, das sich beim Stehen trübt, enthält in der Regel Eisen. Für die zahlenmäßige Angabe des Trübungsgrades sind zahlreiche Methoden in Gebrauch (Ohlmüller und Spitta S. 6[29], Klut S. 11[18]). Auch die Farbe des Wassers kommt bei dem angegebenen Verfahren gut zur Geltung. Von den kolorimetrischen Apparaten, die zur näheren Bestimmung der Farbintensität Verwendung finden, sei das Diaphanometer von König S. 131[20a]) genannt.

Die *Prüfung des Wassers auf Geruch* wird an einer normal temperierten und an einer auf 40—50° erwärmten Probe vorgenommen. Den *Geschmack* prüft man ebenfalls bei ursprünglicher Temperatur und nach schwachem Erwärmen. Auf die individuellen Verschiedenheiten der Geschmacksempfindung und die Rolle, die hier die Gewöhnung spielt, wurde schon hingewiesen. Das Ergebnis der Prüfung wird daher individuell verschieden ausfallen.

Ein einfaches Mittel, sich über die *Härte des Wassers* zu orientieren, wird von Klut S. 111[18] angegeben. Tritt bei Zusatz von 3—4 Tropfen Nesslers Reagens zu einem Reagensglas Wasser ein Niederschlag von Calciumcarbonat auf, so ist das Wasser härter als 18°. Eine Bestimmung der Gesamthärte mit ausreichender Genauigkeit ist mit der Clarkschen Seifenlösung möglich (Tillmanns S. 245[40]). Beim Zusatz dieser Lösung aus einer Bürette zu 100 cm³ des zu untersuchenden Wassers fallen die Calcium- und Magnesiumsalze, auf denen die Härte beruht, als fettsaure Salze aus. Nach vollständiger Ausfällung zeigt sich der geringste Überschuß der Seifenlösung durch Schaumbildung beim Schütteln an. Die Titration ist beendet, wenn der Schaum 5 Minuten hindurch bestehen bleibt. Die Ablesung des Härtegrades erfolgt nach der Menge der verbrauchten Seifenlösung aus einer Tabelle. Für die Tierernährung ist es besonders wichtig, auch den Anteil der Gesamthärte, der auf die *Kohlensäurehärte* entfällt, zu kennen, die ja hier im Gegensatz zur Mineralsäurehärte ganz unschädlich, ja sogar nützlich ist, da sie den Zusatz von kohlensaurem Kalk zum Futter zum Teil ersetzt. Nach KLUT S. 113[18] setzt man zu 100 cm^3 des Wassers 2 Tropfen Methylorange als Indikator zu, das in Gegenwart von Bicarbonaten gelb gefärbt ist. Tritt sogleich Orangefärbung auf, so liegt nur Mineralsäurehärte oder sogar freie Mineralsäure vor. Man läßt nun, falls die Flüssigkeit gelb ist, aus der Bürette n/10 Salzsäure zufließen, bis der Umschlag eintritt. 1 cm^3 verbrauchte n/10 Salzsäure entspricht 2,8° Kohlensäurehärte.

Mit diesen Nachweisen und Bestimmungen ist im allgemeinen eine ausreichende Charakteristik eines Tränkwassers gegeben. Für weitere Untersuchungen sei auf die umfassenden Lehrbücher hingewiesen (KLUT[18], OHLMÜLLER-SPITTA[29], KÖNIG[20], KROEBER[22]).

Für den in der landwirtschaftlichen Praxis häufigsten Fall, daß eine Wasserprobe an ein staatliches oder privates Institut zur Untersuchung eingesendet wird, sind eine Reihe von Punkten zu beachten, die aus der folgenden *Anweisung der preußischen Landesanstalt für Wasser-, Boden- und Lufthygiene zu Berlin* ersichtlich sind:

„Von jeder zu untersuchenden Probe sind mindestens *2 Liter* zu senden. Zur Versendung sind vollkommen reine, mit dem zu untersuchenden Wasser wiederholt (mindestens dreimal) vorgespülte Glasflaschen zu verwenden, möglichst solche mit Glasstopfen. In Ermangelung derartiger Flaschen sind die Flaschen mit neuen Korken zu verschließen. Im allgemeinen sind die Flaschen nicht zu versiegeln. Ist eine Versiegelung der Flasche angezeigt, so ist der Kork zu verschnüren und das Siegel nicht auf dem Korke, sondern an der Verschnürung anzubringen. Ort und Zeit der Entnahme sind auf den Flaschen anzugeben. Auf dem Begleitschein muß angegeben sein, wer den Auftrag zur Untersuchung erteilt, wie die Flasche bezeichnet ist und wohin das Untersuchungsergebnis zu senden ist.

Bevor das Wasser zur Untersuchung aufgefangen wird, muß der *Brunnen* unmittelbar vorher mindestens 20 Minuten hindurch langsam und gleichmäßig abgepumpt werden, wobei bei Kesselbrunnen darauf zu achten ist, daß das ausgepumpte Wasser nicht wieder in den Brunnenkessel zurückläuft.

Hat der Brunnen nur wenig Wasser, oder ist kurz vor der Entnahme zu irgendwelchen anderen Zwecken schon eine größere Wassermenge abgepumpt worden, so kann die Zeitdauer des eben geforderten Abpumpens entsprechend beschränkt werden.

Bei *Wasserleitungen* muß man das Wasser unmittelbar vor der Entnahme mindestens 20 Minuten lang ablaufen lassen.

Bei *Brunnen ohne Pumprohr* wird ein vorher sorgfältig innen und außen gereinigter, zweckmäßig unmittelbar vor der Benutzung mit heißem Wasser ausgespülter Eimer in den Brunnenkessel hinabgelassen und so zum Schöpfen des Wassers benutzt.

Quell-, Fluß-, Teichwässer werden ohne weiteres in die oben näher beschriebenen Flaschen gefüllt."

II. Chlornatrium.

Wegen der Natrium- und Chlorarmut der meisten vegetabilischen Futtermittel ist das Chlornatrium, *Kochsalz* NaCl, das diesen Mangel ausgleicht, *eins der notwendigsten Beifuttermittel.* Im Meerwasser ist es zu 2,6—2,9% enthalten, kann aber in dieser Form nicht verfüttert werden, da es hier mit den Chloriden des Kaliums und Magnesiums und anderen gesundheitsschädlichen Salzen vermischt ist. In Salzquellen, Salzsolen kommen bis zu 26% Chlornatrium vor, und es wird daraus durch Einkochen krystallisiert erhalten. Die Hauptmenge des Salzes wird in Bergwerken gewonnen, hier wird es entweder bergmännisch abgebaut oder durch Auslaugen des Lagers und Eindampfen der erhaltenen Sole gewonnen. Für die Tierernährung wird das in feineren Krystallen vorliegende, daher voluminöse und leichter lösliche Siede- bzw. Salinensalz bevorzugt (AGRICOLA[1]). Für Futterzwecke wird das Salz durch Zusätze, Wermutkrautpulver, Eisenoxyd und andere, denaturiert, wodurch es für den menschlichen Genuß wertlos wird und der Steuer nicht unterliegt. Weitere Verunreinigungen sind Magnesiumsalze, die das Salz hygroskopisch machen. Der Chlornatriumgehalt des Viehsalzes muß mindestens 95% betragen. Die Verfütterung erfolgt durch *Zusatz zum Futter oder in Form von Lecksteinen und Salzlecken,* von denen die Tiere Salz nach Bedarf entnehmen sollen. Es besteht hier aber die Gefahr, daß sie durch Abnahme größerer Brocken zuviel bekommen. Auch begibt man sich dabei des Vorteils, der sich aus dem Schmackhaftmachen ungern aufgenommenen Futters durch Salzzusatz ergibt.

Als *Vollsalz* wird ein Kochsalz bezeichnet, dem 5 mg Kaliumjodid pro Kilogramm zugesetzt sind. Es soll damit eine gleichmäßige und unschädliche Zufuhr von Jod in jodarmen Gegenden bewirkt werden. Die Anwendung des Vollsalzes, das für die menschliche Ernährung in den Kropfgegenden schon in großem Maßstabe verwendet wird, wird auch in der Tierernährung in neuerer Zeit von verschiedenen Forschern befürwortet und hat nach v. WENDT[44] in Finnland zu guten Erfolgen bezüglich der Milchleistung und der Fruchtbarkeit geführt. Es muß aber betont werden, daß das Jodieren des Salzes nur in jodarmen Gegenden begründet und berechtigt ist.

III. Calciumsalze.

Die Erfahrung, daß eine ganze Reihe von Erkrankungen der landwirtschaftlichen Nutztiere mit dem Mangel an Calcium in der Nahrung zusammenhängt, hat zu der Erkenntnis geführt, daß auch Calciumsalze als Beifutter gegeben werden müssen. Die verwendeten Salze sind Calciumcarbonat und Calciumphosphat, daneben in neuerer Zeit Calciumchlorid.

Calciumcarbonat $CaCO_3$ kommt in der Natur in großer Menge als derber Kalkstein, fein kristallisiert als Marmor, als Kalksinter aus Wasser abgeschieden, ferner als Ablagerung von Meeresorganismen, Kreide, und in Form von fossilen Muschelschalen als Muschelkalk vor. Weitere calciumcarbonathaltige Materialien sind Muschel- und Austerschalen und Eierschalen.

In grob geschrotener Form finden *Kalkstein und Muschel- und Austerschalen* bei der Fütterung des Geflügels Verwendung. Für die Ernährung der übrigen Nutztiere wird der kohlensaure Kalk in feiner Verteilung verwendet. Am meisten eingebürgert hat sich die *Kreide*, die durch Schlämmen von groben Teilchen, Sand u. dgl. befreit wird. Billiger ist *gemahlener Kalkstein*. Für die Beurteilung des kohlensauren Kalkes für Futterzwecke ist der Gehalt an $CaCO_3$ maßgebend. Der Wert wird vermindert durch eine Beimengung von anderen Salzen und von Sand. Eine Bevorzugung der *Schlämmkreide* vor gemahlenem Kalkstein erscheint nicht gerechtfertigt, da auch Kalkstein durch die Magensalzsäure leicht gelöst und in resorbierbare Form gebracht wird. In Anbetracht des geringeren Preises scheint die vermehrte Verwendung gemahlenen Kalksteins angezeigt zu sein (SCHEUNERT[35]).

Liegt außer Calciummangel auch Phosphorarmut der Nahrung vor, so verwendet man als Beifutter den *phosphorsauren Kalk*, auch als *Futterkalk* schlechthin bezeichnet (HASELHOFF[9]). Er wird durch Extraktion entleimter Knochen mittels Salzsäure oder schwefliger Säure und Fällung mit Kalkmilch erhalten. Die ausfallenden Calciumsalze sind das sekundäre Phosphat $CaHPO_4$ und das tertiäre $Ca_3(PO_4)_2$. Je größer der Überschuß der Kalkmilch bei der Darstellung ist, desto mehr wird von dem tertiären Salz gebildet. In Analogie zu den Erfahrungen bei der Pflanzenernährung, wo ein Gemisch des Mono- und Diphosphates, wie es im Superphosphat vorliegt, die beste Wirkung zeigt, hat man auch in der Tierernährung dem *Diphosphat* eine bessere Verwertbarkeit zugeschrieben als dem Triphosphat. Als wertbestimmender Faktor des Futterkalkes gilt daher sein *Gehalt an Dicalciumphosphat*, der durch die Citratlöslichkeit bestimmt wird.

Nach der Vorschrift des *Verbandes der Landwirtschaftlichen Versuchsstationen*[24] werden 2,5 g der fein zerriebenen Substanz in eine trockene Flasche von ca. 400 cm^3 Inhalt gebracht, mit 250 cm^3 PETERMANNscher Citratlösung übergossen und $^1/_2$ Stunde im Rotierapparate geschüttelt. Die erhaltene Lösung wird durch ein trockenes Filter in ein trockenes Gefäß gegossen. Vom Filtrat werden 50 cm^3 = 0,5 g Substanz mit 20 cm^3 konzentrierter Salpetersäure, darauf mit ca. 50 cm^3 Wasser versetzt und 10 Minuten gekocht. Sodann wird die Phosphorsäure gefällt.

Vom physiologischen Standpunkt ist die *höhere Einschätzung des Diphosphates nicht gerechtfertigt,* denn dem tierischen Organismus steht in der Magensalzsäure ein viel energischeres Lösungsmittel zur Verfügung, als es die Petermannsche Flüssigkeit darstellt. Was für die Ernährung der Pflanze gilt, darf nicht ohne weiteres auf die Tierernährung übertragen werden. Als wertbestimmender Bestandteil des Futterkalkes dürfte richtiger der *Gehalt an salzsäurelöslicher Phosphorsäure* anzusehen sein. Besondere Aufmerksamkeit muß den öfters beobachteten schädlichen *Verunreinigungen des Futterkalkes* geschenkt werden. Arsen, Fluoride, Sulfite (Emmerling[3]) sind darin zuweilen gefunden worden.

Als Ersatz des verhältnismäßig teuren phosphorsauren Futterkalkes kommen *andere Produkte aus Knochen,* die jedoch weniger umständlich herzustellen und darum billiger sind, in Frage, und zwar entleimte, gedämpfte Knochen und geglühte, calcinierte Knochen. Das für die Verfütterung bestimmte entleimte *Knochenmehl* muß von hygienisch einwandfreier Beschaffenheit sein. Da es neben den Salzen des Knochens, Calcium- und Magnesiumphosphat und -carbonat noch organische Substanz enthält, ist es im Gegensatz zu dem rein mineralischen Futterkalk eher dem Verderben ausgesetzt.

Ein Calciumphosphat, das nicht, wie der Futterkalk, präzipitiert, sondern durch Vermahlen von *Mineralphosphat* gewonnen war, wurde von der *Ohio-Versuchsstation*[28] für die Tierernährung herangezogen. Es erwies sich als unbrauchbar für diesen Zweck. Die natürlich vorkommenden Mineralphosphate, Phosphorite und Apatite sind schon durch ihren Gehalt an Verunreinigungen für die Tierernährung wertlos.

Auf Grund der Tatsache, daß die Calciumsalze im Magen, wo ein Überschuß von Salzsäure vorhanden ist, zum großen Teil in das Chlorid übergeführt werden, ist neuerdings das *Calciumchlorid* $CaCl_2$ in die Tierernährung eingeführt worden (Loew[24]). Da das Salz stark hygroskopisch ist, läßt es sich für Futterzwecke nicht in reiner, krystallisierter Form in den Handel bringen. Diese Schwierigkeit hat sich indessen durch Vermahlen mit organischem, besonders cellulosehaltigem Material überwinden lassen. Auch in gelöstem Zustande ist es im Handel. Die betreffenden Präparate sind konzentrierte Salzsolen, die außer Calciumchlorid noch eine Reihe anderer Salze, besonders Lithium, Jod, Brom und andere enthalten (Gabriel[6]). Wie Calciumcarbonat und Phosphat bzw. Mischungen von beiden ihr ganz bestimmtes Anwendungsgebiet in den verschiedenen Zweigen der Tierernährung haben, so wird sich vielleicht auch das Chlorid ein Wirkungsfeld erobern, in dem es durch die anderen Calciumsalze nicht ersetzt werden kann. Aufgabe der experimentellen Forschung ist es, festzustellen, welches der genannten Salze im einzelnen Falle, bei jungen Tieren, bei Lecksucht usw. am zweckmäßigsten verfüttert wird. Der verhältnismäßig hohe Preis der *Calciumchloridpräparate* dürfte keine Rolle spielen, wenn sie in bestimmten Fällen sich tatsächlich als unentbehrlich, durch die anderen Calciumsalze nicht ersetzbar, erweisen würden.

Als *Würzfutterkalk* werden Präparate bezeichnet, die mit 5% einer Droge versetzt sind, um die Freßlust der Tiere anzuregen. Als Drogen werden Fenchelspreu, Wacholderbeeren, Fenchelfrüchte, Enzian, Kümmel u. dgl. verwendet. Im übrigen soll der Würzfutterkalk aus einwandfreiem Futterkalk bestehen. Die sog. *Vieh-, Freß-, Mastpulver* usw. enthalten außer diesen Bestandteilen in der Regel noch Chlornatrium und andere Salze (Kling[19]); der Preis dieser Präparate übersteigt regelmäßig den Marktwert der einzelnen Bestandteile ganz erheblich. Da sich ein Bedürfnis, die mineralischen Futtermittel zu würzen, nicht hat nachweisen lassen und auch die Mischung der verschiedenen Bestandteile meist ganz willkürlich erfolgt und bei demselben Fabrikat selbst bei amtlicher Kontrolle dauernd wechseln kann (Haselhoff S. 182[10II]), ist die Ablehnung solcher Präparate von seiten der Wissenschaft allgemein (HASELHOFF[9], HOFFMANN[12], GERLACH[8] und andere). Sollte in Ausnahmefällen die Würzung des Futters angezeigt sein, so setzt man die reine Droge dem Futter zu (FINGERLING[5]).

IV. Sonstige mineralische Futtermittel.

Außer den bisher genannten, eine große praktische Bedeutung beanspruchenden mineralischen Futtermitteln sind noch eine Reihe von Mineralstoffen in Gebrauch, die zum Teil schon zu den reinen *Reizstoffen* bzw. medikamentös gebrauchten Stoffen gehören.

In seltenen Fällen soll *Kaliumarmut* der Nahrung vorkommen; man kann dann nach POTT S. 599[31III] *Kaliumsulfat, Kainit* K_2SO_4 bis zu 10 g pro 100 kg Lebendgewicht verfüttern. Nach Versuchen von LUER[25] wird Kainit von Kaninchen, Taube, Huhn, Schwein, Rind, Pferd freiwillig nur in geringen Mengen aufgenommen. Es verursachte Durst, war aber unschädlich. Andererseits ist aber auch über Vergiftung von Hühnern berichtet worden, die auf frisch mit Kainit gedüngte Felder gelassen wurden.

Bei *Hühnern* hat sich ein *Zusatz von Ferrosulfat* $FeSO_4$ zum Tränkwasser besonders in der Mauser und bei Verdauungsstörungen in der Menge von einigen Gramm pro Liter Tränkwasser bewährt (RAATZ[33], DÜRIGEN[2]). Einen Zusatz des Eisensalzes zum Futter empfiehlt POTT S. 625[31III] bei Lämmern und Jährlingsschafen, wenn zu reichlich Kartoffeln verfüttert wurden.

Die Verfütterung von elementarem *Schwefel, Schwefelblume, an Geflügel in der Mauserzeit* ist verschiedentlich empfohlen worden, ausgehend von dem Gedanken, daß der Ansatz des schwefelreichen Gefieders eine vermehrte Schwefelzufuhr bedinge. In den Federn findet sich der Schwefel in der Hauptsache in Form der schwefelhaltigen Aminosäure Cystin. Durch Verfütterung von Cystin läßt sich nun in der Tat die Federbildung bei mausernden Hühnern günstig beeinflussen (LINTZEL, MANGOLD, STOTZ[23a]). Der tierische Organismus ist aber nicht imstande, aus elementarem Schwefel oder organischen Schwefelverbindungen Cystin aufzubauen (WESTERMAN und ROSE[43], LEWIS und LEWIS[23]). Die Verfütterung von Schwefel ist daher zwecklos und kann sogar schädlich sein, da er Anlaß zur bakteriellen Bildung des giftigen Schwefelwasserstoffs im Darm geben kann. Ebensowenig scheint die Verfütterung von Grauspießglanz, *Schwefelantimon* Sb_2S_2 an Schweine zur Beförderung der Mast und an heruntergekommene Pferde zweckmäßig zu sein. Auch die Verwendung von *Arsenik* As_2O_3 als Beifuttermittel für ähnliche Zwecke hat in der Praxis keine Bedeutung gewonnen, was in Anbetracht der damit verbundenen Gefahren zu begrüßen ist.

Zu rein therapeutischen Zwecken, *als Abführmittel*, wird *Glaubersalz* Na_2SO_4 verwendet, vielfach gemischt mit *Magnesiumsulfat* $MgSO_4$. Bei cellulosereichem, holzigem Futter, das die Kotanschoppung begünstigt, kann eine regelmäßige Darreichung, etwa jede Woche, zweckmäßig sein. Man gibt Pferden 250—500 g, Rindern 500—1000 g, Schafen und Ziegen 50—100 g, Schweinen 25—50 g, Kaninchen und Hühnern 1—5 g mit dem Futter oder in etwa 5proz. Lösung (HUTYRA und MAREK[13]). Bei Milchkühen sind Veränderungen in der *Beschaffenheit der Milch nach Glaubersalzgabe* beobachtet worden, so daß hier dies Salz weniger zweckmäßig zu sein scheint.

Gleichfalls bei Kotanschoppung wird, auch zusammen mit Natrium- und Magnesiumsulfat, *Brechweinstein*, Kaliumantimonyltartrat verfüttert. Man gibt 10—20 g für Rinder, 0,2—2 g für Ziegen.

Eisensulfat, Glaubersalz, Soda und andere der hier erwähnten Salze werden auch als Mischungsbestandteile der Salzlecken neben dem Viehsalz, das deren wesentlichster Bestandteil ist, verwendet.

Zu nennen sind schließlich noch einige mineralische Substanzen, die nicht als Nährstoffe oder Medikamente, sondern *ausschließlich mechanisch wirken.* Hierzu gehören *Steinkohle,* die schlackenfrei sein muß, und *Holzkohle.* Die Wirkung beruht auf der Anregung der Peristaltik des Darmes und auf der Adsorption und Unschädlichmachung von Bakterien und Darmgiften. Besonders bei *Schweinen,* die überhaupt gern unverdauliche mineralische Substanzen, Erde u. dgl., aufnehmen, findet die Kohle Anwendung. An *Geflügel* verfüttert man scharfkantige Ziegel-, Glas-, Prozellan- und Steinstücke, sog. *Grit,* der in der Hauptsache im Muskelmagen liegenbleibt und bei der Zerkleinerung der Körner gewissermaßen als Zahnersatz mitwirkt. Die minimalen Spuren von Mineralstoffen, die von diesen Materialien, die chemisch im wesentlichen Silikate des Aluminiums, Calciums usw. darstellen, abverdaut werden können, spielen im Vergleich zu den Mineralstoffen, die selbst in mineralarmen pflanzlichen und tierischen Futtermitteln immer noch vorhanden sind, überhaupt keine Rolle (MANGOLD[26]). Hat man doch bei Hühnern, die Grit erhalten hatten und dann dauernd gritfrei ernährt wurden, noch nach Jahresfrist fast unveränderte Gritstücke mit immer noch scharfen Kanten im Magen vorgefunden.

Literatur.

(*1*) AGRICOLA: Dtsch. landw. Presse **49**, 292 (1922).
(*2*) DÜRIGEN: Geflügelzucht II. Berlin 1927.
(*3*) EMMERLING: Zbl. Agrikulturchem. **33**, 575 (1904).
(*4*) FICKERT: Die Verunreinigung und Selbstreinigung der fließenden Gewässer. Bautzen 1919. — (*5*) FINGERLING: Landw. Versuchsstat. **64**, 299 (1906).
(*6*) GABRIEL: Württemb. Wbl. f. Landw. **24** (1921). — (*7*) GÄRTNER: Die Hygiene des Wassers. Braunschweig 1915. — (*8*) GERLACH: Mitt. dtsch. landw. Ges. **37**, 765 (1922).
(*9*) HASELHOFF: Landw. Versuchsstat. **1920**. — (*10*) Lehrbuch der Agrikulturchemie IV. Berlin 1929. — (*11*) HENTSCHEL: Grundzüge der Hydrobiologie. Jena 1923. — (*12*) HOFFMANN: Flugschr. dtsch. landw. Ges. Nr 10. — (*13*) HUTYRA u. MAREK: Spezielle Pathologie und Therapie der Haustiere. Jena 1920.
(*14*) KELLNER-FINGERLING: Die Ernährung der landwirtschaftlichen Nutztiere. Berlin 1920. — (*15*) KISSKALT: Brunnenhygiene. Leipzig 1916. — (*16*) KLIMMER: Veterinärhygiene. Berlin 1908. — (*17*) KLIMMER u. SCHMIDT: Mh. prakt. Tierhkde **1906**. — (*18*) KLUT: Untersuchung des Wassers an Ort und Stelle. Berlin 1927. — (*19*) KLING: Landw. Jb.: Bayern **12**, 215 (1922). — (*20*) KÖNIG: Die Untersuchung landwirtschaftlich wichtiger Stoffe. Berlin 1923. — (*20a*) Chemie der menschlichen Nahrungs- und Genußmittel **3**, S. 1. Berlin 1920. — (*21*) KOLKWITZ: Pflanzenphysiologie. Jena 1921. — (*22*) KROEBER: Anleitung zur Untersuchung des Trinkwassers unter besonderer Berücksichtigung der Brunnenhygiene. München 1919.
(*23*) LEWIS u. LEWIS: J. of biol. Chem. **74**, 515 (1927). — (*23a*) LINTZEL, MANGOLD u. STOTZ: Arch. Geflügelkde **3** (1929). — (*24*) LOEW: Der Kalkbedarf von Mensch und Tier. München 1927. — (*25*) LUER: Dtsch. tierärztl. Wschr. **29**, 67 (1921).
(*26*) MANGOLD: Arch. Geflügelkde **1**, 145 (1927). — (*26a*) MANGOLD, LINTZEL u. STOTZ: Ebenda **3** (1929).
(*27*) NIKOLAI: Arch. f. Hyg. **86**, 318 (1917).
(*28*) Versuchsstat. Ohio. Ref.: Dtsch. landw. Presse **49**, 305 (1922). — (*29*) OHLMÜLLER u. SPITTA: Die Untersuchung des Wassers und Abwassers. Berlin 1921.
(*30*) PENGEL: Der praktische Brunnenbauer. Berlin 1924. — (*31*) POTT: Handbuch der tierischen Ernährung und der landwirtschaftlichen Futtermittel. Berlin 1907. — (*32*) PRITZKOW: Verunreinigung und Selbstreinigung der Gewässer in chemischer Beziehung. In WEYL: Handbuch der Hygiene **2**, 467. Leipzig 1914.
(*33*) RAATZ: Neuzeitliche Fütterung des Hausgeflügels. Leipzig: Verlag d. Geflügel-Börse. — (*33a*) RUBNER: Lehrbuch der Hygiene.
(*34*) SCHENKEL: Die Kleinwasserversorgung. Wien u. Leipzig 1914. — (*35*) SCHEUNERT: Vortrag auf der Wintertagung d. dtsch. landw. Ges., Berlin 1929. — (*36*) SCHMIDT, C. W.: Der Fluß. Leipzig 1917. — (*37*) SPITTA: Arch. f. Hyg. **38**, 233 (1900); **46**, 64 (1903). — (*38*) Grundriß der Hygiene. Berlin 1920. — (*39*) STEINER: Untersuchungsverfahren und Hilfsmittel zur Erforschung der Lebewelt der Gewässer. Stuttgart 1919.

(40) TILLMANS: Die chemische Untersuchung von Wasser und Abwasser. Halle 1915. (41) WEYRAUCH: Wasserversorgung der Ortschaften. Sammlung Göschen 1921. — (42) Verb. landw. Versuchsstat., Landw. Versuchsstat. 72, 357 (1910). — (43) WESTERMAN u. ROSE: J. of biol. Chem. 75, 533 (1927). — (44) WENDT, v.: Z. Inf.krkh. Haustiere 33, 129 (1928). — (45) WILHELMI: Die biologische Selbstreinigung der Flüsse. In WEYL: Handbuch der Hygiene 2, 503. Leipzig 1914. — (46) Kompendium der biologischen Beurteilung des Wassers. Jena 1915.

4. Futtermischungen.

Von

Dr. FRANZ HONCAMP

ord. Professor a. d. Landesuniversität und Direktor der Landwirtschaftlichen Versuchsstation Rostock.

Es ist eine der wichtigsten Aufgaben der tierischen Ernährungslehre, zu zeigen, wie und in welchen Mengen die Futterstoffe zu einem richtigen Gesamtfutter zu vereinigen sind. Das Futter der landwirtschaftlichen Nutztiere setzt sich aus Stoffen pflanzlichen und tierischen Ursprungs, gegebenenfalls unter gleichzeitiger Verabfolgung gewisser Mineralstoffe zusammen. Es muß alle Bestandteile und Nährstoffe enthalten, welche der tierische Organismus zum Aufbau und zur Erhaltung seines Körpers und zur Erzeugung von Fett, Fleisch, Milch, Wolle usw. bedarf. Als Futtermittel sind demnach alle nicht gesundheitsschädlichen Produkte organischer und anorganischer Natur anzusprechen, die jene für die tierische Ernährung notwendigen Nährstoffe in einer aufnehmbaren und verdaulichen Form enthalten. Als Nährstoff pflegt man einen solchen anzusprechen, der selbst einen konstituierenden Bestandteil des tierischen Organismus zu bilden oder doch den Verlust eines solchen zu verhindern vermag. Es kommen als Nährstoffe stickstoffhaltige und stickstoffreie in Betracht. Erstere sind unerläßlich für die Erzeugung aller stickstoffhaltigen tierischen Produkte (Fleisch, Milch, Wolle). Die stickstoffreien Bestandteile der Futtermittel dienen, abgesehen von ihrer Aufgabe als Energielieferanten, in erster Linie als Fettbildner. Vom Stärkewert hängt also die Erzeugung von Muskelkraft und von stickstoffreier Körpersubstanz ab. Gewisse Futtermittel, wie die sog. Kraftfuttermittel, enthalten die Nährstoffe in konzentrierter Form. Solche Futterstoffe besitzen nur ein geringes Volumen. Andere, wie die Rauhfutterstoffe, enthalten mehr oder weniger große Mengen schwer oder überhaupt unverdaulicher Substanzen. Sie sind ballastreiche Futtermittel von einem geringeren Gehalt an verdaulichen Nährstoffen, die aber trotzdem zur Füllung des Magens, zur Anregung des Wiederkauens und der Darmperistaltik usw. unentbehrlich sind und in dem Futter der Wiederkäuer niemals fehlen dürfen.

I. Futtermischungen.

Je nach dem Nutzungszweck sind Art und Menge der Nährstoffe und demgemäß auch die Futtermischungen verschieden zu gestalten. Proteinreich ist alles wachsende und milchgebende Vieh zu ernähren, während die Futtermischungen für Arbeits- und Masttiere vorwiegend reich an stickstoffreien Nährstoffen und in Sonderheit an Kohlehydraten sein sollen. Das Verhältnis, in dem sich die stickstoffhaltigen zu den stickstoffreien Nährstoffen in einer Futtermischung vorfinden, und zwar in verdaulicher Form, bezeichnet man als *Nährstoffverhältnis.* Entfallen in einer Futtermischung auf ein Teil verdauliches Protein sechs bis sieben Teile verdaulicher stickstoffreier Stoffe, so ist das Nährstoffverhältnis 1 : 6—7. Dieses gilt als ein mittleres. Ein solches von 1 : 2—4 wird als ein enges und von 1 : 8—12 als ein weites Nährstoffverhältnis angesprochen. Um bei Berechnung des Nährstoffverhältnisses die Gesamtmenge der verdaulichen stickstoffreien Nährstoffe auf eine Zahl zu bringen, setzte man früher das Fett, seinem höheren Verbrennungs- oder Wärmewert entsprechend, mit dem 2,4fachen Betrage ein. Später hat dann aber O. KELLNER[12] gezeigt, daß der Sauerstoffverbrauch bei der Oxydation der Kohlehydrate oder Fette keineswegs immer dem Wirkungswerte dieser Stoffe entspricht, sondern daß sich in bezug auf die Produktion vielmehr ein Teil Fett als gleichwertig mit 2,2 Teilen Kohlehydraten erweist. Angenommen, in einer Futtermischung sind in verdaulicher Form 12,0 % Rohprotein, 5,0 % Rohfett und 45,4 % stickstoffreie Stoffe enthalten, so ist das Nährstoffverhältnis:

$$12{,}0 : 5{,}0 \times 2{,}2 + 45{,}4$$
$$12{,}0 : 56{,}4$$
$$1{,}0 : 4{,}7$$

Das Nährstoffverhältnis einer Futtermischung oder das Verhältnis des verdaulichen Eiweißes zum Stärkewert in derselben ist von wesentlichem *Einfluß auf Verdauung und Verwertung* der einzelnen Nährstoffe. Ist das Verhältnis z. B. bei der Mast ein zu weites, so tritt eine Verdauungsdepression bei den Kohlehydraten ein. Bei der Milcherzeugung wiederum liegen die Verhältnisse so, daß je nach der Zufuhr von hochverdaulichen, stickstoffreien Nährstoffen der tierische Organismus mit dem ihm zur Verfügung stehenden Eiweiß sehr sparsam umzugehen vermag, da der Erhaltungsbedarf an Eiweiß erheblich auf Kosten der Kohlehydrate usw. eingeschränkt werden kann. So hat G. FINGERLING[2] auf Grund älterer Untersuchungen von O. KELLNER gezeigt, daß bei reichlicher Stärkewertfütterung hinsichtlich der erforderlichen Eiweißmenge auf ein Drittel des Bedarfes zurückgegangen werden konnte, als z. B. bei knapper Stärkewertfütterung zur Erzeugung der gleichen Milchmengen notwendig war. Eine zweckmäßige Futtermischung hat also ein richtiges Verhältnis von stickstoffhaltigen zu stickstoffreien Nährstoffen zur Voraussetzung.

Die Futtermischungen dürfen jedoch nicht einseitig nach ihrem Nährstoffgehalt und Nährstoffverhältnis zusammengestellt werden. In gleichem Maße sind auch *biologische Wertigkeit*, Bekömmlichkeit, Schmackhaftigkeit der einzelnen Futterstoffe sowie einzelne denselben zukommende spezifische Wirkungen zu berücksichtigen. Die Eiweißstoffe in den verschiedenen Futterstoffen besitzen nicht den gleichen Wert für die tierische Ernährung. So sind z. B. die Leguminosenkörner wahrscheinlich wegen des geringen Gehaltes ihrer Eiweißstoffe an Cystin nicht vollwertig in ernährungsphysiologischem Sinne. Das gleiche gilt auch für die Getreidekörner. Derartige Futtermittel wird man nur in Mischung mit solchen Futterstoffen verabfolgen, deren Eiweißstoffe nachweisbar eine hohe biologische Wertigkeit besitzen. Man wird also Bohnenschrot an Wiederkäuer in Mischung mit hochwertigen Ölkuchen, wie Erdnußmehl, Leinkuchen usw., verabfolgen. Schweine erhalten Getreide- und Leguminosenschrot zusammen mit Milch und Molkereiprodukten, Fisch- und Fleischmehl, Blutmehl usw. Futtermischungen oder Futterrationen, die in der Hauptsache aus scharf getrockneten oder ausgelaugten Fabrikabfällen bestehen, sind meist arm an Vitaminen und Mineralstoffen. Die Zufuhr von jungem Grünfutter, gutem Silofutter oder Leguminosenheu in ausreichender Menge pflegt meist den Bedarf an lebenswichtigen Stoffen zu decken, während hierfür beim Omnivor in erster Linie die Futtermittel tierischen Ursprungs, wie namentlich Fischmehl und Molkereiprodukte, in Frage kommen.

Die Vollwertigkeit einer Futtermischung bzw. Futterration wird aber nicht nur durch das Gehalts- und Mischungsverhältnis der organischen Nährstoffe bedingt, sondern in gleichem Maße auch durch das Vorhandensein *anorganischer Bestandteile,* und zwar in ausreichender Menge und in einem richtigen Verhältnis zueinander. Die Aufgabe der *Mineralstoffe* im Tierkörper ist eine außerordentlich mannigfaltige und wichtige. Hierüber wird an anderer Stelle berichtet werden. In erster Linie handelt es sich um Kalk und Phosphorsäure. Eine richtig zusammengesetzte Futterration wird in der Regel die zur Erhaltung notwendigen Kalk- und Phosphorsäuremengen enthalten, häufig freilich nicht für wachsende und für sehr milchergiebige Tiere. Eine Kuh von 500 kg Lebendgewicht und einer täglichen Milchleistung von 20 kg benötigt insgesamt 120 g CaO und 100 g P_2O_5 in der täglichen Futtermischung. Eine solche, bestehend aus 4 kg Wiesenheu und 40 kg Futterrüben neben 4 kg einer Kraftfuttermischung von je vier Teilen Erdnußmehl und Sonnenblumenkuchen sowie zwei Teilen Weizenkleie, enthält zwar rund 130 g P_2O_5, aber nur 70—75 g CaO. In diesem Falle muß also diese Futterzusammenstellung noch einen Zusatz von mindestens 50 g Schlämmkreide erhalten. Noch ungünstiger pflegen die Verhältnisse bei jenen Tieren zu liegen, die, wie z. B. das Schwein, hauptsächlich nur Futtermischungen aus Körnerfrüchten und aschearmen Hackfrüchten (Kartoffeln) erhalten. Hier ist ein Mangel an Kalk, und bei Verfütterung von vorwiegend Hackfrüchten auch an Phosphorsäure immer vorhanden. In letzterem Falle ist Beifütterung von phosphorsaurem Futterkalk oder von solchen Futterstoffen erforderlich, die, wie z. B. das Fischmehl, Tierkörpermehl usw., reich an phosphorsaurem Kalk zu sein pflegen.

Es müssen aber nicht nur Kalk, Phosphorsäure und alle übrigen *unentbehrlichen Mineralbestandteile* überhaupt in ausreichender Menge, sondern *auch in einem richtigen Verhältnis* zueinander in der Futtermischung enthalten sein. Die einzelnen Mineralstoffe sollen sich im Futter in einem derartigen Mengenverhältnis vorfinden, daß die Futterration jedenfalls reicher an Kationen als an Anionen ist. Durch einen Überschuß an Basen sollen die beim Stoffwechsel entstehenden Säuren neutralisiert werden. Ein Überwiegen der alkalisch wirkenden Oxyde gegenüber der äquivalenten Menge an Säure in der Futtermischung ist also für einen regelmäßigen Ablauf des Mineralstoffwechsels wichtig. Bei einem ungünstig zusammengesetzten Mineralstoffgemisch kann durch Basenaustausch die Resorbierbarkeit der Alkalien beeinträchtigt und infolgedessen eine schädliche Herabsetzung der Blutalkalescenz verursacht werden. In dem oben angeführten Beispiel einer Futtermischung für eine Milchkuh von 500 kg Lebendgewicht und einem täglichen Milchertrag von 20 kg ist z. B. nicht nur ein erheblicher Mangel an Kalk vorhanden, sondern auch das Mengenverhältnis von Kalk zu Phosphorsäure ist ein ungünstiges. Es handelt sich infolgedessen hier um eine Ergänzung der Kalkmenge in der Futtermischung. Eine solche in Form von Chlorcalcium oder von phosphorsaurem Futterkalk wäre aber physiologisch unrichtig, weil wohl ein gewisser Überschuß von Erdalkalien herbeigeführt, dagegen die Zuführung neuer Säurereste unter allen Umständen vermieden werden soll. Der Gehalt einer *Futtermischung an Mineralstoffen in ausreichender Menge und in einem richtigen Verhältnis* der einzelnen anorganischen Bestandteile zueinander ist also von gleich großer Bedeutung und Wichtigkeit wie der an organischen Nährstoffen, auch wenn erstere keine Energielieferanten sind. Die Mineralstoffzufuhr durch die Futterstoffe selbst ist naturgemäß die beste und einfachste. Für die Zusammenstellung von Futtermischungen und Futterrationen mögen hinsichtlich des *Gehaltes der wichtigsten Futtermittel an Kalk und Phosphorsäure* u. a. nachstehende Angaben dienen:

Kalk- und phosphorsäurereich	Kalkarm, aber phosphorsäurereich	Kalk- und phosphorsäurearm
Wiesenheu	Biertreber	Kartoffeln
Kleeheu	Spreu von Getreide	Kartoffelschlempe
Serradellaheu	Maiskörner	Kartoffelpülpe
Esparsetteheu	Weizenkörner	Futterrüben
Kleegrasheu	Roggenkörner	Rübenschnitzel
Erbsenstroh	Gerstenkörner	Melasse
Bohnenstroh	Haferkörner	Gerstenstroh
Baumwollsaatmehl	Malzkeime	Haferstroh
Leinkuchen	Weizenkleie	Roggenstroh
Sesamkuchen	Roggenkleie	Weizenstroh

Können ausreichende Mengen von gutem Heu, und zwar namentlich Leguminosenheu, in die Futterration eingestellt werden, so ist der Kalkbedarf zur Erhaltung in der Regel gedeckt. Das gleiche gilt hinsichtlich des Bedarfes an Phosphorsäure, wenn reichlich Kraftfutter in Form von Körnerschrot und deren Mahlabfällen oder Rückständen der Ölindustrie gegeben wird. Im allgemeinen wird es den Futtermischungen auch nicht an Phosphorsäure, sondern an genügenden Kalkmengen fehlen. St. Weiser empfiehlt den Kalkbedarf in erster Linie von der Menge des verabfolgten Kraftfutters abhängig zu machen. Hiernach soll beim wachsenden Schwein die Menge des zu verabreichenden Futterkalkes etwa 2 %, bei Verabreichung von viel Kleie 2,5 % des Kraftfuttergemisches ausmachen, während man beim ausgewachsenen Tiere schon mit 1—1,5 % auskommen wird. An Milchkühe sind bei genügender Heufütterung pro 1 kg Kraftfuttergemisch 10 g und bei hauptsächlicher Verfütterung von Stroh, Spreu, Sauerfutter usw. 15 g kohlensaurer Kalk zu verfüttern. Die gleichen Mengen von kohlensaurem Kalk wird man zweckmäßigerweise an Kälber und Fohlen auch bei Verfütterung ausreichender Mengen von gut geworbenem Heu verabfolgen.

Außer Kalk und Phosphorsäure hält man bislang für die Fütterung des landwirtschaftlichen Nutzviehes auch noch eine *Beigabe von Chlornatrium* für erforderlich. Das Futter des Pflanzenfressers ist reich an Kali. Dieses hat nach dem Gesetz der chemischen Massenwirkung das Bestreben, die Natronsalze aus dem Tierkörper zu verdrängen. Infolgedessen ist für eine regelmäßige Wiederzufuhr von Natrium Sorge zu tragen, was am einfachsten und zweckmäßigsten durch *Zufuhr von Kochsalz,* und zwar in Mengen von 40—50 g pro Kopf und Tag für das Rind, etwa 20 g für das Pferd und 5 g für das Schaf erfolgt.

Bei der Zusammenstellung von Futterrationen ist selbstverständlich auch der *Bekömmlichkeit und Schmackhaftigkeit der Futtermischungen* weitgehendst Rechnung zu tragen. Hinsichtlich der Bekömmlichkeit ist auf die bei Beschreibung der einzelnen Futterstoffe gemachten Angaben zu verweisen. Es gilt dies namentlich für solche Futtermittel, die, wie z. B. die Lupinen, vor der Verfütterung erst entbittert werden müssen oder die, wie Bucheln und Bucheckernkuchen für Pferde oder wie stark salzhaltige Futtermittel für Schweine angeblich schädlich sind. Rapskuchen sind häufig wegen ihres hohen Gehaltes an Senföl wenig bekömmlich. Infolgedessen soll in einer Futtermischung nur soviel Rapskuchen enthalten sein, daß bei Verfütterung an Rinder allerhöchstens 1 kg Rapskuchen auf das Tier pro Tag entfällt. Kleie, wenn in großen Mengen verfüttert, wirkt erschlaffend auf die Verdauungsorgane. Sehr große Gaben stark wasserhaltiger Futterstoffe sind aus dem gleichen Grunde wie bei der Kleie zu vermeiden. Bei Rübenkrautfütterung muß die etwa durch den hohen Gehalt des Krautes an Oxalsäure bedingte stark abführende Wirkung berücksichtigt und nach Möglichkeit durch Beifütterung genügender Rauhfuttermengen und Schlämmkreide kompensiert werden. Demgegenüber werden Möhren, aufgebrühte Leinsamen,

Melasse u. a. als besonders bekömmliche und in diätetischer Beziehung günstig wirkende Futterstoffe angesprochen. Allen diesen Umständen ist bei der Zusammensetzung von Futtermischungen unter Berücksichtigung der Tiergattung eingehend Rechnung zu tragen. Die geringe Schmackhaftigkeit gewisser Produkte und namentlich der Rauhfutterstoffe, wie Stroh, Spreu usw., kann vielfach durch Brühen, Dämpfen, Einweichen usw. verbessert werden. Oder aber, man mischt diese Stoffe mit Saftfutter, wie Rüben und Schnitzeln, oder mit anderen wohlschmeckenden Futterprodukten, wie Melasse usw. Bekömmlichkeit und Schmackhaftigkeit einer Futtermischung sind von großem Einfluß auf deren Verwertung durch den tierischen Organismus und auf die Größe der aufgenommenen Futtermenge. In ersterem Falle darf freilich Bekömmlichkeit nicht mit Verdaulichkeit verwechselt werden. A. MORGEN[17] charakterisiert erstere als eine subjektive Verdaulichkeit im Gegensatz zu der objektiven Verdaulichkeit, die sich aus der analytischen Differenz zwischen Zusammensetzung der Nahrung und des Kotes ergibt.

Was die *spezifischen Wirkungen einzelner Futterstoffe* anbetrifft, die sich in einem günstigen oder ungünstigen Einfluß auf Menge und Zusammensetzung der Milch, auf die Schlachtqualität usw. äußern können, so sind diese selbstverständlich bei der Zusammenstellung von Futtermischungen und Futterrationen weitgehend zu berücksichtigen und nach Möglichkeit auszugleichen. Es ist bekannt, daß z. B. Reismehl sowohl Milchmenge als auch den Fettgehalt herabdrückt. Man wird demgemäß Reismehl in eine Futtermischung für Milchkühe grundsätzlich nicht aufnehmen. Hafer und Mais sowie deren Abfallprodukte wirken zwar günstig auf die Milchmenge ein, drücken aber den prozentischen Fettgehalt derselben herab. Das gleiche gilt für den Sesamkuchen. Derartige Futtermittel wird man daher in *Futtermischungen für Milchkühe* nur dort verwenden, wo es in erster Linie auf die Milchmenge, aber weniger auf den Fettgehalt derselben ankommt. Schlempe und besonders Maisschlempe erzeugen zwar viel, aber wäßrige und sehr fettarme Milch. Hier sind solche Futterstoffe in die Mischung aufzunehmen, die erfahrungsgemäß den Fettgehalt der Milch günstig beeinflussen, wie z. B. die Kokos- und Palmkernkuchen. Unter den Rückständen der Ölfabrikation sind die letztgenannten überall dort zu bevorzugen, wo es sich um die Gewinnung einer fettreichen Milch handelt. Zahlreiche Versuche haben ergeben, daß die Rückstände der Palmkern- und Kokosnüsse in Mindestgaben von 1,5 kg pro Kopf und Tag den Fettgehalt der Milch um 0,3—0,4 % zu erhöhen vermögen[7, 13, 26, 9]. Der gleiche Nachweis ist neuerdings von F. HONCAMP[10] für das Babassuschrot erbracht worden. Die Futtermittel beeinflussen aber auch häufig die Qualität der tierischen Produkte. Es trifft dies namentlich dann zu, wenn die betreffenden Futterstoffe in größerer Menge verfüttert werden. So können besonders *Butter- und Körperfett* ungünstig beeinflußt werden. Haferschrot, Mais und Maisabfälle, Leinkuchen, Rapskuchen, Reisfuttermehl, fettreiche Sonnenblumenkuchen u. a. erzeugen ein weiches Fett. Umgekehrt wirkt die Verabfolgung großer Mengen von Kartoffeln und Rüben, Bohnen- und Erbsenschrot, Gersten- und Roggenschrot usw. auf die Bildung und Ablagerung eines festen Fettes hin. Man wird diese Eigenschaften gewisser Futterstoffe bei der Zusammenstellung von Mischungen und Rationen insofern nicht unbeachtet lassen, als man durch Aufnahme von zwei in entgegengesetzter Richtung wirkender Futterstoffe in die Mischung die Nachteile der einzelnen auszugleichen versuchen wird.

Die Aufstellung von Futtermischungen und Futterrationen hat also von mancherlei Gesichtspunkten aus zu erfolgen. Die natürlichen Futterstoffe (Heu, Stroh usw.) und die wirtschaftseigenen Produkte haben zunächst die Grundlage der Fütterung abzugeben. Erstere werden in der Regel auch den Hauptanteil des Futtervolumens ausmachen. Inbezug auf die ungefähren *Grenzzahlen bezüglich der erforderlichen Mengen lufttrockenen Rauhfutters* gelten für Tiere mittleren Gewichtes etwa folgende Werte:

	Minimum	Maximum
Erwachsenes Pferd	2—3 kg	8—10 kg
„ Rind	3—4 „	10—15 „
„ Schaf	0,5—1 „	1—2 „

Eine Abgrenzung nach unten wird im allgemeinen nur in sehr futterarmen Jahren in Frage kommen. Es muß aber auch dann mindestens noch so viel Rauhfutter verabfolgt werden, daß eine normale Verdauung und vor allen Dingen das Wiederkauen gewährleistet ist bzw. die Darmperistaltik in genügender Weise angeregt wird. Der Rauhfutteraufnahme ist nach oben schon durch das natürliche Aufnahmevermögen der Tiere eine gewisse Grenze gesetzt. *Die täglich zu verabreichende Futtermenge* richtet sich nach dem Lebendgewicht der Tiere und wird ausgedrückt durch die in der Futtermischung enthaltene Trockensubstanzmenge. Man pflegt letztere immer auf 1000 kg Lebendgewicht zu beziehen, indem man z. B. sagt: Eine Kuh braucht täglich auf 1000 kg Lebendgewicht etwa 20—25 kg Futtertrockenmasse. Letztere muß die für den jeweiligen Nutzungszweck erforderlichen Mengen Eiweiß, Fett, Kohlehydrate und Mineralstoffe in einem richtigen Verhältnis zueinander enthalten. Bei der Zusammenstellung der Futtermischung ist endlich die Bekömmlichkeit, Schmackhaftigkeit und die Sonderwirkung der einzelnen Futterstoffe zu berücksichtigen, wie dies oben schon andeutungsweise geschehen ist und wozu die Beschreibungen der einzelnen Futterstoffe die erforderlichen weiteren Unterlagen liefern (siehe Abschnitt „*Futtermittel*").

Auf Grund von praktischen und wissenschaftlichen Fütterungsversuchen hat man festzustellen versucht, *welche Mengen an Nährstoffen für die einzelnen Zweige der landwirtschaftlichen Viehhaltung bei den verschiedenen Nutzungsrichtungen erforderlich sind.* Hierauf beruhen die sog. *Futter- oder Nährstoffnormen*, die angeben, welche Mengen an Trockensubstanz, an verdaulichem Eiweiß und Fett sowie an Stärkewerten je 1000 kg Lebendgewicht notwendig sind. Dementsprechend sind die Futtermischungen unter Berücksichtigung aller oben angeführten weiteren Umstände zusammenzustellen. Es soll dies in nachstehendem an einigen Futtermischungen erläutert werden:

Der *Erhaltungsbedarf einer Kuh* von 500 kg Lebendgewicht wird veranschlagt auf 0,25—0,30 kg verdauliches Eiweiß und 3,0 kg Stärkewert. Außerdem sind für 10 kg Milch 0,45—0,50 kg verdauliches Eiweiß und 2,5—3,0 kg Stärkewert erforderlich. Als Grund- und Erhaltungsfutter aus Wirtschaftsfuttermitteln würden folgende Mischungen in Betracht kommen:

Grund- und Erhaltungsfutter	Trockensubstanz kg	Verdauliches Eiweiß kg	Stärkewert kg
4 kg Wiesenheu	3,2	0,18	1,40
2 „ Trockenschnitzel . . .	1,8	0,08	1,06
30 „ Futterrüben	3,8	0,03	2,19
4 „ Getreidespreu	3,2	0,04	0,61
Insgesamt	*12,0*	*0,33*	*5,26*

Diese Grundfutterration deckt den Bedarf an Erhaltungsfutter hinsichtlich des Gehaltes an verdaulichem Eiweiß ausreichend und den an Stärkewert reichlich.

Als *Produktionsfutter*, d. h. in diesem Falle zur Erzeugung von 10 kg Milch ist nun noch eine aus mehreren Ölkuchen oder anderen eiweißreichen Futterstoffen bestehende Mischung in einer solchen Menge erforderlich, daß hiermit dem tierischen Organismus die noch fehlenden Mengen an verdaulichem Eiweiß und an Stärkewert zugeführt werden. Als eine *auf Milchmenge hinzielende Futtermischung* käme eine solche in Betracht, die z. B. besteht aus je vier Teilen Erdnuß- und Sojabohnenmehl und zwei Teilen Weizenkleie. Eine solche Mischung enthält:

	Trockensubstanz kg	Verdauliches Eiweiß kg	Stärkewert kg
4 kg Erdnußmehl	3,6	1,71	3,14
4 „ Sojabohnenmehl	3,5	1,61	2,97
2 „ Weizenschalenkleie	1,7	0,17	0,92
In 10 kg der Mischung sind enthalten	8,8	3,49	7,03
In 1 kg der Mischung „ „	*0,9*	*0,35*	*0,70*

Da nun eine Kuh von 500 kg Lebendgewicht und einer täglichen Milchleistung von 10 kg für Erhaltung und Produktion insgesamt etwa 0,7—0,8 kg verdauliches Eiweiß und etwa 6 kg Stärkewert benötigt, so würde zur Erreichung dieser Nährstoffmengen die Beifütterung von 1,25 kg der angeführten Kraftfuttermischung notwendig sein. Es ergibt sich dann:

	Trockensubstanz kg	Verdauliches Eiweiß kg	Stärkewert kg
Erhaltungsfuttermischung	12,0	0,33	5,26
Produktionsfuttermischung	1,1	0,44	0,88
Insgesamt	*13,1*	*0,77*	*6,14*

Eine Kraftfuttermischung, die in erster Linie den *Fettgehalt der Milch* günstig beeinflußt, muß sich in der Hauptsache aus Kokos- und Palmkernkuchen zusammensetzen. Eine solche Futtermischung würde zweckmäßigerweise bestehen aus:

	Trockensubstanz kg	Verdauliches Eiweiß kg	Stärkewert kg
1 kg Erdnuß- oder Sojabohnenmehl	0,9	0,43	0,78
4 „ Kokoskuchen	3,6	0,64	3,15
4 „ Palmkernkuchen	3,6	0,58	3,08
1 „ Weizenkleie	0,9	0,09	0,46
10 kg Futtermischung enthalten	9,0	1,74	7,47
1 „ Futtermischung enthält	*0,9*	*0,17*	*0,75*

Zu dem gleichen Grundfutter wie oben müssen von dieser Futtermischung mindestens 2 kg verabfolgt werden, um hiermit die notwendigen Mengen an verdaulichem Eiweiß und Stärkewert zuzuführen. Die gesamte Futtermischung enthält dann:

	Trockensubstanz kg	Verdauliches Eiweiß kg	Stärkewert kg
Grund- und Erhaltungsfutter	12,0	0,33	5,26
Produktionsfutter	1,8	0,34	1,50
Insgesamt	*13,8*	*0,67*	*6,76*

Hierbei ist die Gesamtmenge an verdaulichem Eiweiß etwas knapp, dafür aber die Stärkewertmenge mehr als ausreichend, wodurch, wenigstens nach den FINGERLING-KELLNERschen Beobachtungen, zweifelsohne ein gewisser Ausgleich geschaffen werden kann.

Bei der Aufstellung von *Futtermischungen für Schafe* geht man zweckmäßigerweise gleichfalls von einem Grund- bzw. Erhaltungsfutter aus. Letzteres ist beim Schaf größer als beim Rind, weil kleinere Tiere infolge ihrer verhältnismäßig größeren Oberfläche und der hierdurch bedingten stärkeren Wärmeausstrahlung schon an und für sich mehr Nährstoffe benötigen. Auch müssen die Futtermischungen für Schafe schon für die Erzeugung der dem Eiweiß ähnlich zusammengesetzten und daher auch nur aus dem Futterprotein erzeugbaren Wolle eiweißreicher sein. Als *Grund-* und *Erhaltungsfutter* für das Schaf genügt schon gutes Dürrheu. Als *Produktionsfutter* eignen sich in erster Linie alle Arten von Körnerschrot und Kleien, die meisten Ölrückstände sowie Trocken- und Melasseschnitzel. Größere Mengen sehr wäßriger Futtermittel sind für das Schaf weniger bekömmlich. Kokos- und Palmkernrückstände sind wegen ihres verhältnismäßig geringen Eiweißgehaltes und ihrer spezifischen Wirkung auf den Fettgehalt der Milch, letzteres in Hinsicht auf die an und für sich schon sehr fettreiche Schafmilch, gleichfalls nicht für Futtermischungen an Schafe zu empfehlen. Im Gegensatz zu dem anderen landwirtschaftlichen Nutzvieh vertragen Schafe Rapskuchen und Lupinen. Letztere werden auch unentbittert aufgenommen. Lupinenkörner sind jedoch wegen der geringen biologischen Wertigkeit ihrer Eiweißstoffe (W. VÖLTZ[27]) in Gemeinschaft mit den in dieser Beziehung hochwertigen Ölrückständen zu verabfolgen. Die Futternormen bezeichnen *für volljährige Wollschafe* auf 1000 kg Lebendgewicht etwa 22—26 kg Trockensubstanz, 1,25 kg verdauliches Eiweiß und 8—9 kg Stärkewert als notwendig. Als zweckentsprechende Futtermischung würde hierfür beispielsweise nachstehende in Betracht kommen:

	Trockensubstanz kg	Verdauliches Eiweiß kg	Stärkewert kg
10 kg Haferstroh	8,9	—	1,67
8 „ Wiesenheu	6,8	0,32	2,80
8 „ Serradellaheu	6,8	0,60	2,28
1 „ Rapskuchen	0,8	0,22	0,50
1 „ Lupinenschrot	0,9	0,26	0,72
	24,2	*1,40*	*7,97*

Diese Futtermischung würde hinsichtlich ihres Nährstoffgehaltes und ihrer Zusammensetzung allen Forderungen entsprechen. Das Haferstroh liefert vorwiegend das notwendige Futtervolumen, während Serradella- und Wiesenheu außerdem noch entsprechende Nährstoffmengen beitragen und zusammen mit Rapskuchen die biologische Unterwertigkeit des Lupineneiweiße auszugleichen vermögen.

Eine Sonderstellung nimmt hinsichtlich der *Futterzusammenstellung das Schwein* unter den landwirtschaftlichen Nutztieren insofern ein, als es bei seinem unvollkommenen Kauen sowie infolge seines einfachen Magens und des kürzeren Dünn-, Grimm- und Mastdarmes nicht in der Lage ist, Rauhfutterstoffe oder überhaupt ballastreiche Futtermittel in nennenswerter Menge aufzunehmen und auch nur einigermaßen zu verwerten. Nur Kaff und Spreu werden vielfach aus diätetischen Gründen und zur Erzielung des zur Sättigung notwendigen Futtervolumens der Futtermischung zugefügt. Demgemäß kommen für das Schwein in der Hauptsache nur Futtermischungen in Frage, die aus hochverdaulichen, ballastarmen Stoffen bestehen. *Für das säugende Mutterschwein* mit 8—10 Ferkeln werden pro 1000 kg Lebendgewicht 2,6—3,0 kg verdauliches Eiweiß und etwa 16—18 kg Stärkewert als unbedingt notwendig erachtet, welche Nährstoffmengen z. B. enthalten sind in:

	Trockensubstanz kg	Verdauliches Eiweiß kg	Stärkewert kg
25 kg Gerstenschrot	21,5	1,57	16,20
1,5 „ Fischmehl	1,4	0,71	0,74
1,5 „ Tierkörpermehl . . .	1,4	0,39	1,06
	24,3	*2,67*	*18,00*

Diese Futtermischung hat noch den Vorteil, daß Fisch- und Tierkörpermehl reich an phosphorsaurem Kalk sind. Da ersteres etwa 16% und das Tierkörpermehl etwa 20% phosphorsauren Kalk enthält, so weist die angeführte Futtermischung einen Gehalt von rund 0,5 kg phosphorsauren Kalk auf, so daß ein weiterer Zusatz von mineralischen Stoffen zur Futtermischung überflüssig ist.

Bei der Mast wachsender Schweine ist bei Aufstellung der Futtermischung zu berücksichtigen, daß diese genügende Mengen eiweißreicher Futterstoffe enthält. Wird nur mit Körnerschrot gemästet, so soll dieses in den zwei ersten Monaten der Mast 15%, in den nächsten beiden 10% und in der Schlußmast auch noch mindestens 5% eines hochwertigen Eiweißfutters, wie z. B. Fischmehl, Fleischmehl usw., enthalten. Bei vorwiegender Kartoffelmast wird man nach dem Vorschlage von F. Lehmann eine eiweißreiche Futtermischung zufüttern. Als solche führt F. Lehmann u. a. folgende pro Kopf und Tag an:

1. 700 g Getreideschrot, je 150 g Fisch- und Fleischmehl.
2. 700 g Getreideschrot, 100 g Fischmehl und 200 g Trockenhefe bzw. letztere beiden umgekehrt.
3. 500 g Gerstenschrot, 400 g Kleie und 250 g Fischmehl.
4. 400 g Gerstenschrot, 450 g Bohnenschrot und 150 g Fischmehl.
5. 400 g Gerstenschrot, 400 g Bohnenschrot, 2 kg Magermilch und 20 g Schlämmkreide.
6. 400 g Bohnenschrot, 500 g Kleie und 100 g Fischmehl.

Bei diesen Mischungen ist stets ein Teil des Eiweißes in Form von Futtermitteln tierischen Ursprunges vorhanden, was hinsichtlich der hohen Eiweißwertigkeit dieser von Wichtigkeit für die Zusammensetzung der ganzen Futtermischung ist. Wo als eiweißreiche Futterstoffe Fischmehl oder Tierkörpermehl in ausreichender Menge in Frage kommen, wird der Bedarf an Mineralstoffen durch diese in der Regel gedeckt. Nur bei der Verfütterung von Milch und Milchabfällen ist der Zusatz von 20—30 g Schlämmkreide pro Tag und Tier zur Futtermischung erforderlich. Für die Mast ausgewachsener Schweine können die Futtermischungen einen geringeren Gehalt an verdaulichem Eiweiß aufweisen. Je Tag und 1000 kg Lebendgewicht werden als erforderlich bezeichnet:

	Verdauliches Eiweiß kg	Stärkewert kg
1. Mastperiode	2,0—2,3	26—28
2. Mastperiode	1,5—2,0	20—26

Dem würden etwa folgende Futtermischungen entsprechen, wobei für die beiden Mastperioden absichtlich verschiedene Futtermischungen als Beispiele gewählt worden sind:

	Verdauliches Eiweiß kg	Stärkewert kg
1. Mastperiode:		
10 kg Gerstenschrot	0,63	6,46
5 „ Roggenschrot	0,39	3,73
4 „ Bohnenschrot	0,77	2,70
70 „ Kartoffeln	0,67	14,49
Insgesamt	*2,46*	*27,38*
2. Mastperiode:		
5 kg Gerstenschrot	0,31	3,23
5 „ Roggenschrot	0,39	3,73
10 „ Magermilch	0,37	0,94
70 „ Kartoffeln	0,77	14,49
Insgesamt	*1,84*	*22,39*

Alle vorstehend angeführten Futtermischungen sollen als Beispiele dafür dienen, wie für die einzelnen Tiergattungen und entsprechend dem jeweiligen Nutzungszwecke solche Mischungen aus Rauhfutterstoffen, Hackfrüchten und den verschiedenen Kraftfutterstoffen zusammenzustellen sind. Im übrigen lassen sich solche Futtermischungen in der mannigfaltigsten Weise variieren, wobei außer den hier als grundsätzlich betonten und hervorgehobenen Gesichtspunkten, wie Nährstoffgehalt, Nährstoffverhältnis usw., selbstverständlich auch Preiswürdigkeit und Wirtschaftlichkeit der einzelnen Futterstoffe in weitgehendstem Umfange zu berücksichtigen sind.

II. Mischfuttermittel oder Mischfutter

sind nach der Definition von O. KLING[14] *Gemenge von zwei oder mehreren Futtermitteln des Handels.* In diesem Sinne sind also als Mischfuttermittel alle fabrik- und gewerbsmäßig hergestellte Mischfutter zu verstehen, und zwar im Gegensatz zu den vorher besprochenen Futtermischungen, für deren Zusammensetzung ausschließlich wirtschaftliche und wissenschaftliche Gesichtspunkte maßgebend sind. Seitens des „*Verbandes landwirtschaftlicher Versuchsstationen im Deutschen Reiche*" ist von jeher gegen die fabrikmäßige Herstellung und den Handel mit Mischfuttern Stellung genommen worden[15]. Zunächst unter Hinweis darauf, daß die gewerbsmäßige Herstellung von Mischfuttern vielfach den Zweck verfolgt, geringwertige oder verdorbene bzw. überhaupt als Futtermittel nicht brauchbare Produkte noch für die tierische Ernährung zu verwerten und zu möglichst hohen Preisen abzusetzen. Wenn das auch heute durch das Futtermittelgesetz nur noch in gewissem Umfange möglich sein wird, so bleiben doch die weiteren Einwände bestehen, daß nämlich die gewerbsmäßige Herstellung von Mischfuttern naturgemäß eine Verteuerung des ganzen Futters bedingt und ferner sehr oft eine unsachgemäße und unzweckmäßige ist. Begründet wird heute die *Herstellung von Mischfuttermitteln,* bei denen es sich meist um ein Gemisch von Ölkuchen oder anderen eiweißreichen Futterstoffen handelt, mit dem Hinweis auf die verschiedene Wertigkeit der Eiweißstoffe, die spezifische Wirkung von einzelnen dieser Futtermittel usw. Daß diesen Verhältnissen selbstverständlich bei der Zusammenstellung von Futterrationen weitgehend Rechnung zu tragen ist, wurde bereits vorher eingehend dargelegt und begründet. Hierzu ist es aber nicht notwendig, Mischfutter aus 6, 8, 9 und noch mehr Einzelbestandteilen herzustellen. Umfangreiche Untersuchungen von H. BÜNGER und Mitarbeitern[1], J. HANSEN[5] und A. RICHARDSEN u. a. haben in durchaus eindeutiger Weise gezeigt, daß bei gleichem Nährstoffgehalt Mischfutter aus zwei bis drei

Bestandteilen den gleichen Erfolg und Nutzungseffekt besitzen, wie solche aus acht und mehr Einzelbestandteilen. Infolgedessen besteht die Auffassung des „*Verbandes landwirtschaftlicher Versuchsstationen im Deutschen Reiche*“ über die Mischfutter nach wie vor zu Recht; sie lautet[16]: „Ganz abgesehen davon, daß es große Schwierigkeiten bereitet, in den Mischfuttern die Beschaffenheit und Unverdorbenheit der vermischten Futtermittel zu erkennen, kann mit diesen käuflichen Mischfuttern niemals ein Futter hergestellt werden, das in Gehalt und in der Beschaffenheit der Nährstoffe immer dem Grundfutter der Wirtschaft angepaßt ist. Dieses ist aber notwendig, wenn wir der allgemein anerkannten Forderung der Fütterung nach Leistungen nachkommen wollen. Wenn es nicht geschieht, werden Nährstoffe verschwendet. Daher schließt die Verwendung der Mischfutter immer eine Verteuerung der Fütterung in sich, ohne daß ein besserer Erfolg erreicht wird. Es muß deshalb nach wie vor von der Verwendung von Mischfuttern abgeraten und empfohlen werden, die in den Wirtschaftsfuttern fehlenden Nährstoffe in den dazu geeigneten Futtermitteln zu geben, diese Futtermittel aber getrennt zu kaufen und selbst zu mischen. Die Verwendung von käuflichen Mischfuttern ist aus ernährungsphysiologischen und wirtschaftlichen Gründen zu verwerfen. Diese Ausführungen über Mischfutter im allgemeinen treffen nach E. HASELHOFF[8] für alle durch eine besondere Tätigkeit hergestellten künstlichen Mischungen von zwei oder mehreren Stoffen zu.“ Gemische mehrerer Futterstoffe, die als einheitliches Erzeugnis auf dem gleichen Boden gewachsen oder bei einem Mahlverfahren oder einem anderen technischen Vorgange gewonnen sind, zählen nicht zu den eigentlichen Mischfuttermitteln. So ist z. B. ein Gemengschrot, das aus Bohnen, Erbsen, Gerste und Hafer besteht und als solches angebaut, gewachsen und geerntet wurde, kein Mischfutter. Dasselbe gilt für eine Mais-Roggen-Schlempe, wenn beide Körnerfrüchte gemeinsam als Maischgut Verwendung gefunden haben. Einige wenige zur Zeit *gebräuchlichen Handelsmischfutter* sollen nachstehend hinsichtlich ihrer Zusammensetzung angeführt und die Wirtschaftlichkeit und Zweckmäßigkeit derselben kritisch erörtert werden.

1. Ölkuchenschrotmischung, die auf Milchmenge wirken soll:

	Verdauliches Eiweiß kg	Stärkewert kg
40 Teile Erdnußmehl	17,12	31,40
40 Teile Sojabohnenmehl	16,12	29,68
20 Teile Rapskuchen	4,34	10,80
In 100 kg sind enthalten	*37,58*	*71,88*
In 1 kg „ „	0,38	0,72

Bei dieser Mischung ist der Rapskuchen zu beanstanden, und zwar vom diätetischen wie vom wirtschaftlichen Standpunkt aus. Infolge des häufigen Gehaltes des Rapskuchens an Senföl ist derselbe nicht immer bekömmlich, so daß man dessen Verwendung, wenn es irgend möglich ist, am besten ganz vermeidet. Ferner kommt hinzu, daß im Preise das Kiloprozent Eiweiß (auf dieses kommt es hier allein an) im Rapskuchen sich mit am höchsten unter den Ölkuchen stellt. Im Durchschnitt der ersten Monate des Jahres 1929 kosteten (s. Anm.):

Anm. Die jeweiligen Tagespreise werden allmonatlich in den Mitteilungen der Deutschen Landwirtschafts-Gesellschaft bekanntgegeben.

	Je 100 kg M.	Das Kiloprozent verdauliches Eiweiß M.
Erdnußmehl	27,00	0,60
Sojabohnenmehl	23,20	0,60
Sesamkuchen	24,85	0,70
Rapskuchen	20,95	0,91
Leinkuchen	25,75	0,95
Kokoskuchen	21,65	1,33
Palmkernkuchen	19,95	1,50

Demgemäß kosten 100 kg der oben angeführten Mischung 24,17 M. und das Kiloprozent verdauliches Eiweiß 0,64 M. Eine Mischung aus gleichen Teilen Erdnußkuchen und Sojabohnenmehl hätte nicht nur der biologischen Wertigkeit der Eiweißstoffe voll und ganz Rechnung getragen, sondern wäre vom diätetischen Standpunkt aus bekömmlicher gewesen. Der Eiweißgehalt war höher, trotzdem aber das Kiloprozent verdauliches Eiweiß um 0,04 M. billiger.

2. *Ölkuchenmischungen zur Erhöhung des Fettgehaltes der Milch*:

	Verdauliches Eiweiß kg	Stärkewert kg
40 Teile Sojabohnenmehl	16,12	29,68
30 Teile Kokoskuchen	4,80	23,64
30 Teile Palmkernkuchen	4,32	23,13
In 100 kg sind enthalten	*25,24*	*76,45*
In 1 kg „ „	0,25	0,77

Wenn diese Futtermischung einen Einfluß auf den Fettgehalt der Milch ausüben soll, so müssen pro Kuh und Tag mindestens 2,5 kg der Mischung verfüttert werden, da Kokos- und Palmkernkuchen in der Mehrzahl der Fälle erst bei Mindestgaben von 1,5 kg einen nachweisbaren Einfluß auf den prozentischen Fettgehalt der Milch ausüben. In einer Menge von 2,5 kg enthält dieses Mischfutter rund 0,6 kg verdauliches Eiweiß, was als Produktionsfutter zur Erzeugung von 12 kg Milch ausreicht. Kühe mit einem wesentlich höheren Milchertrag müßten dementsprechend mehr Eiweiß erhalten. Dieses stellt sich aber in dieser Mischung zu teuer, zumal mit höheren Kokos- und Palmkernkuchengaben die prozentische Steigerung des Milchfettgehaltes durchaus nicht proportional verläuft. Unter Zugrundelegung der obigen Preise kosten 100 kg dieser Mischung zwar nur 21,78 M., aber das Kiloprozent verdauliches Eiweiß kostet hierin 0,87 M. Um ferner die gleiche Menge verdauliches Eiweiß wie mit einem Kilogramm des ersten Mischfutters zu geben, müßten vom zweiten 1,53 kg verabfolgt werden. Die Verwendung dieses zweiten Mischfutters ist also teuerer und wird sich nur dort bezahlt machen, wo die mehr erzeugte Fettmenge so hoch bewertet wird, daß hierdurch der Mehraufwand an Futterkosten gedeckt wird. In diesem Falle ist es dann zweckmäßig, pro Kuh und Tag 1,5 kg eines nur zu gleichen Teilen aus Kokos- und Palmkernkuchen bestehenden Gemisches zu verabfolgen, das der Futterration dann aber noch fehlende Eiweiß in Form von Erdnußkuchen oder Sojabohnenmehl zuzuführen. Im übrigen ist rein vom ernährungsphysiologischen Standpunkt aus gegen dieses zweite Mischfutter nichts einzuwenden.

Wenn dagegen Mischfutter zu dem gleichen Zwecke hergestellt werden, die sich aus je 30 Teilen Erdnußkuchen und Sojabohnenmehl, 15 Teilen Sonnenblumenkuchen, 10 Teilen Baumwollsaatmehl und je $7^1/_2$ Teilen Kokoskuchen und Palmkernschrot zusammensetzen, so sind solche Mischfutter von vornherein zu verwerfen. Die Beimischung von Baumwollsaatmehl und Sonnenblumenkuchen verteuert diese Mischung und setzt zum Teil den Eiweißgehalt herab. Die Rückstände der Kokos- und Palmkerne können aber in dieser Zusammensetzung einen spezifischen Einfluß auf den Fettgehalt der Milch nur dann ausüben, wenn von diesem Mischfutter mindestens 9 kg pro Kuh und Tag verfüttert werden. Eine Menge, die unter praktischen Verhältnissen kaum jemals in Frage kommt.

3. Ölkuchenmischung, bestimmt zur Jungviehaufzucht.

	Verdauliches Eiweiß kg	Stärkewert kg
30 Teile Leinkuchen	7,26	21,60
35 Teile Sesamkuchen	11,76	27,65
35 Teile Sojabohnenmehl	14,11	25,97
In 100 kg sind enthalten	*33,13*	*75,22*
In 1 kg „ „	0,33	0,75

Gegen diese Mischung ist nichts einzuwenden. Soweit bisher Untersuchungen vorliegen, besitzen die Eiweißstoffe der hier verwandten Ölkuchen eine hohe biologische Wertigkeit. Der Sesamkuchen gilt unter den Ölrückständen als besonders reich an anorganischen Bestandteilen und ist ebenso wie das Sojabohnenmehl sehr eiweißreich und selten Verfälschungen unterworfen. Leinkuchen von guter Qualität ist von jeher ein gutes Aufzuchtfuttermittel gewesen und namentlich durch seine günstigen diätetischen Wirkungen gekennzeichnet.

Als eiweißreiche Beifutter für die Aufzucht und Ernährung des Schweines werden häufig Mischfutter hergestellt, die aus Fischmehl, Fleischmehl, Tierkörpermehl, Trockenhefe usw. bestehen. Gegen diese ist, gleichgültig, ob sie nun aus allen den genannten Futterstoffen oder nur aus mehreren derselben bestehen, in Hinsicht auf die Versorgung des tierischen Organismus mit hochwertigen Eiweißstoffen und zum Teil auch mit Mineralstoffen und Vitaminen nichts einzuwenden. Auch eine Kombination von Futtermitteln tierischen Ursprunges (z. B. Fischmehl) mit Leguminosenschrot (Bohnen, Erbsen, Lupinen) kann, rein wissenschaftlich betrachtet, nur gutgeheißen werden, da sich hier pflanzliche und tierische Eiweißstoffe hinsichtlich ihrer Wertigkeit in günstiger Weise ergänzen. Neuerdings werden auch fertige Mischfutter für Schweine hergestellt.

Das Prinzip, das hiermit verfolgt wird, ist zunächst, dem noch wachsenden Schwein ein geeignetes eiweißreiches Beifutter, bestehend aus pflanzlichem und tierischem Eiweiß, zu verabfolgen. Als solche gelten nach dem Vorschlage von F. LEHMANN Mischfutter, die sich wie folgt zusammensetzen:

1.		2.	
34 Teile	fettreiches Fischmehl	17 Teile	Dorschmehl
30 „	Trockenhefe	15 „	Trockenhefe
30 „	extrahiertes Sojabohnenschrot	15 „	extrahiertes Sojabohnenschrot
6 „	Futterkalk	3 „	Futterkalk
100 Teile	mit ca. 50 % Protein und 3 % Fett	25 „	geschrotener Mais
		25 „	geschrotene Gerste
		100 Teile	mit ca. 28 % Protein und 2 % Fett

Hierzu erhalten die Tiere Getreideschrot bzw. Kartoffeln bis zur vollen Sättigung. Das Eiweißmischfutter 1 soll in den ersten 12 Wochen zu Beginn der Mast nach dem Absetzen der Tiere gegeben werden. Hier ist fettreiches Fischmehl vorgesehen, mit dem nach neueren Erfahrungen bei jungen, noch in vollem Wachstum begriffenen Tieren in der Regel bessere Lebendgewichtszunahmen als mit den fettarmen Fischmehlen erzielt werden. Die Trockenhefe gilt besonders wegen ihres Vitamingehaltes als ein ausgezeichnetes, eiweißreiches Beifutter für wachsende Schweine. Gegen die Mischung ist vom wissenschaftlichen Standpunkt nichts zu sagen. Die Verfütterung von 2, das wie 1 auch in Mengen von 400 g pro Kopf und Tag gegeben werden soll, ist im Anschluß an die ersten drei Monate der Mast gedacht und soll bis zum Schluß gereicht werden. Hier ist an Stelle des fettreichen Fischmehles Dorschmehl gewählt worden, obwohl gutes, fettarmes Heringsmehl die gleichen Dienste getan haben dürfte und sich wirtschaftlich billiger gestellt haben würde. Auch deuten die Ergebnisse neuerer Versuche darauf hin, daß ein Fischmehl mit 10 % Fett bis zum Schluß der Mastperiode verfüttert, wahrscheinlich die Schlachtqualität nicht ungünstig beeinflußt. Viel eher dürfte dies hier für den Mais zutreffen, der mit 25 % an der Mischung beteiligt ist. Die bekannte nachteilige Wirkung des Maises auf die Fleisch- und namentlich Speckqualität wird noch mehr in Erscheinung treten, wenn das eigentliche bis zur vollen Sättigung gegebene Mastfutter, wie es die Vorschrift empfiehlt, zu gleichen Teilen aus Gerste- und Maisschrot besteht. Auch wird von Fall zu Fall die Preiswürdigkeit des Maises und damit die des ganzen Mischfutters zu prüfen sein. Wenn in 2 ein Beifutter hergestellt wird, das nicht einmal zu 50 % aus eiweißreichen Futterstoffen besteht, so soll hierdurch dem geringeren Eiweißbedürfnis der älteren Tiere in wirtschaftlicher Weise Rechnung getragen werden.

Außerdem werden, und zwar gleichfalls nach den Angaben von F. LEHMANN, noch zwei *fertige Schweinemischfutter* hergestellt, die als solche bis zur vollen Sättigung gegeben werden, und bei denen sich eine weitere Zufütterung von Getreideschrot oder Kartoffeln erübrigt.

3.

39,00	Teile	geschrotenen Mais
39,00	„	geschrotene Gerste
7,48	„	fettreiches Fischmehl
6,60	„	Trockenhefe
6,60	„	extrahiertes Sojabohnenschrot
1,32	„	Futterkalk
100,00	Teile	mit 18 % Protein und 3 % Fett

4.

47,00	Teile	geschrotenen Mais
47,00	„	geschrotene Gerste
2,04	„	Dorschmehl
1,80	„	Trockenhefe
1,80	„	extrahiertes Sojabohnenschrot
0,36	„	Futterkalk
100,00	Teile	mit 14 % Protein und 3 % Fett

Ersteres soll in den ersten drei Monaten, das zweite Futter bis zum Schluß der Mast verabreicht werden. Es muß das ziemlich erhebliche Vorwalten des Maisschrotes in Hinsicht auf die zu erzielende Fleisch- und Speckqualität als bedenklich angesehen werden. Berücksichtigt man ferner, daß für die eigentlichen landwirtschaftlichen Betriebe in der Regel die Kartoffel das beste und billigste Mastfuttermittel zu sein pflegt, so kann man die Herstellung solcher fertiger Mastmischfutter nur bei sehr niedrigen Getreidepreisen oder für gewerbsmäßige Mästereien als zweckmäßig ansehen.

Die Tatsache aber, daß auch brauchbare und einwandfreie Mischfutter hergestellt werden, schließt nicht die Verteuerung und sehr häufig die Unzweckmäßigkeit der Fütterung mit solchen fabrikmäßig hergestellten Futterprodukten aus. Auch bleibt für die Mischfutter die Gefahr in der Unsicherheit der Zusammensetzung und der Verwendung von nicht mehr ganz einwandfreien Stoffen stets bestehen. Kritisch sind vom ernährungsphysiologischen Standpunkt aus aber alle jene Futtermittel usw. zu betrachten, denen man infolge eines durchgemachten Fermentationsprozesses, durch Bestrahlung mit ultraviolettem Licht usw. ganz besondere Eigenschaften und Wirkungen zuspricht. Bei solchen *biologisch veredelten Futtermitteln* werden nach den Angaben von J. STOKLASA[25] an Eiweiß und Stärke reiche pflanzliche Stoffe durch Impfung mit Reinkulturen von Bakterien und Hefen einem Fermentationsprozeß unterworfen. Hierbei sollen die vorhandenen Eiweißstoffe und Kohlehydrate hydrolysiert und abgebaut werden, so daß der tierische Organismus mit solchen biologisch veredelten Futterstoffen stickstoffhaltige und stickstoffreie Nährstoffe in leicht abbaufähiger Form zugeführt erhält. Während dieser Vitalprozesse sollen weiterhin die mineralischen Bestandteile wie Calcium-, Eisen-, Kali- und Magnesiumverbindungen sowie von Phosphaten und Sulfaten durch die Bakterien und Hefen in organische Form umgewandelt werden und dann die organischen Verbindungen bilden, in denen die biogenen Elemente vertreten sind. Derartige Futterstoffe (z. B. Biovita) fördern angeblich den gesamten Aufbau neuer lebender Tiermasse sowie den ganzen Kraft- und Stoffwechsel in hervorragender Weise. K. MÜLLER[20] und Mitarbeiter haben bei Schweinemästungsversuchen Biovita im Vergleich mit Weizenkleie und Mais verfüttert, wobei letzterer am besten abschnitt. Ferner haben J. HANSEN[6] und Mitarbeiter den Futterwert von Biovita durch Fütterungsversuche mit Milchkühen und Mästungsversuche mit Schweinen geprüft. In allen diesen Versuchen hat das Produkt Biovita nur seinem Nährstoffgehalt entsprechend gewirkt und sich wirtschaftlich als zu teuer erwiesen. Ebensowenig konnte A. SCHEUNERT[8] feststellen, daß Biovita hinsichtlich seines Vitamingehaltes sich von anderen Erzeugnissen ähnlicher Herkunft und Herstellung besonders vorteilhaft unterscheidet. Selbst wenn tatsächlich durch die sog. biologische Veredelung die Verdaulichkeit des Hauptbestandteiles (Weizenkleie) auch etwas gehoben sein sollte, so ist dies doch nicht ausreichend, um durch eine bessere Futterwirkung die erhöhten Kosten auszugleichen.

Weiterhin hat die Tatsache, daß durch *Bestrahlung mit der Quarzquecksilberlampe* das antirachitisch wirksame Vitamin D erzeugt werden kann, dazu Veranlassung gegeben, auch Mischfuttermittel zu gleichen Zwecken zu bestrahlen. Selbstverständlich haben die Vitamine eine große Bedeutung für die Ernährung des landwirtschaftlichen Nutzviehes und die Erzeugung tierischer Produkte. Der *Vitaminbedarf des tierischen Organismus* ist aber in erster Linie auf natürlichem Wege, d. h. durch Verfütterung solcher Stoffe, die von Natur aus vitaminreich sind, zu decken. Auch darf nicht vergessen werden, daß durch eine direkte Bestrahlung mit ultraviolettem Licht wahrscheinlich andere Stoffe, so z. B. in der Milch die Vitamine A und C zerstört werden können. Der ganze hierauf Bezug habende Fragenkomplex ist jedenfalls zur Zeit noch so wenig geklärt und experimentell erforscht, daß eine Ultraviolettbestrahlung von Futtermitteln oder Mischfuttern für praktische Verhältnisse jedenfalls noch nicht in Betracht kommen kann.

Zu den Mischfuttern zählen auch alle *Freß-, Mast-, Milchpulver, Kälbermehle, Viehpulver und ähnliche Produkte.* Was diese, mit Ausnahme der Kälbermehle, anbetrifft, so handelt es sich in der Regel um Mischfutter, die unter einer volltönenden, im übrigen aber nichts besagenden Bezeichnung angepriesen, und denen alle möglichen Eigenschaften nachgerühmt werden, wie Steigerung der Milchergiebigkeit bei Kühen, große Lebendgewichtszunahmen der Masttiere u. dgl. m. Häufig enthalten diese Mischfutter wertlose oder verdorbene animalische und vegetabilische Stoffe, und zwar meist unter Zusatz von Glaubersalz, Viehsalz, Schlämmkreide usw. Sie sind auch vielfach mit Anis, Bockshornklee, Fenchel, Johannisbrot, Wacholderbeeren bzw. deren Rückständen gewürzt. Diese Stoffe mögen zum Teil wohl die Freßlust steigern. Bei der geringen in Betracht kommenden Menge führen sie aber dem tierischen Organismus weder Material zum stofflichen Aufbau des Körpers noch Energie zu. Einwandfreie Versuche, so von G. FINGERLING und A. MORGEN[23], haben in eindeutiger Weise dargetan, daß die Verfütterung solcher Stoffe bei Verabreichung eines normalen Futters nicht den geringsten Einfluß auf die Verdauung und Verwertung der anderen Futterstoffe ausübt. Wo ausnahmsweise vorwiegend größere Mengen von ausgelaugten, faden und geschmacklosen Futtermitteln verabfolgt werden, da kann die Beifütterung von Würzstoffen, wie Kochsalz, Wacholder usw., angebracht sein. In solchen Fällen vermögen sie zu einer größeren Futteraufnahme anzuregen. Sie wirken dann als Reizstoffe, auf deren Bedeutung und Unentbehrlichkeit für den tierischen Organismus schon C. VOIT, E. POTT[21] und andere ausdrücklichst hingewiesen haben.

Die *Kälbermehle* wechseln in ihrer Zusammensetzung außerordentlich. Nach den Angaben von O. KLING[14] bestehen sie gewöhnlich aus einem Gemenge von Leinsamenschrot und Zerealienmehl, meistens von Gerste und Hafer, manchmal auch von Weizen. Vielfach wird diesen Mehlen nachgerühmt, daß die Verdaulichkeit der einzelnen Nährstoffe durch einen Röstprozeß erhöht sein soll. Außer den genannten Futterstoffen dienen auch andere, wie Erdnuß- und Leinmehl, Leinsamenschrot, Sesamkuchen, Roggen- und Weizenkleie, Kartoffelmehl, Reisspelzen, Spelzspreu, Kreide, zur Herstellung von Kälbermehlen. Die Mischungen bestehen in der Regel nicht aus dem, was sie enthalten sollen. Kälbermehl F. F. sollte z. B. eine Mischung sein, bestehend aus 40 % Lein- und Rapskuchen, 30 % Mais-, Kartoffel- und Reismehl, 20 % Getreidekleie und 10 % Zuckerschnitzel. Rapskuchen, Reismehl und Zuckerschnitzel sind zunächst überhaupt keine Aufzuchtfutterstoffe für Kälber. Ersterer namentlich ist wegen seines Senfölgehaltes hierzu nicht geeignet. Das betreffende Kälbermehl wies aber in Wirklichkeit gar nicht genau die oben angeführte Zusammensetzung auf. Es enthielt Weizenkleie und wenig Roggenkleie, dagegen Gerste- und Haferabfälle, Maismehl, spelzenreiches Reisfuttermehl, Leinmehl, Rapskuchen sowie getrocknete und gemahlene Kartoffeln. Ein anderes Kälbermehl SZ sollte aus feinsten Futtermehlen zusammengesetzt sein. In Wirklichkeit bestand es aus 60 % gemahlenen Reisspelzen und 40 % Futterkalk. Aber selbst, wenn solche Futtermittel aus brauchbaren und guten Futterstoffen hergestellt sind, werden sie niemals die Muttermilch ersetzen können. Ist das junge Tier erst von dieser entwöhnt, so genügen die üblichen Futterstoffe in richtiger Zusammensetzung durchaus zur Erzielung einer normalen Entwicklung, ohne daß es hierzu besonderer Mischfutter bedarf. Alle Nachteile, die diesen anhaften, wirken sich gerade bei der Ernährung des jungen tierischen Organismus mit solchen Ersatzfuttern in erster Linie aus. Nährsalze sind meist gleichfalls Futtergemische, welche die mannigfaltigsten Zusammensetzungen aufweisen. Es wurden in ihnen gefunden: kohlen- und phosphorsaurer Kalk, schwefelsaurer Kalk, Kochsalz, Schwefel, Antimon, Glaubersalz und Gewürzstoffe der verschiedensten Art, wie Fenchel, Majoran, Anis, ferner Getreide- und Sojaabfälle u. dgl. m. Diese Beispiele genügen, um die Mannigfaltigkeit und Verschiedenartigkeit der Mischungen zu zeigen. Berücksichtigt man hierbei, daß ein und dasselbe Mischfutter zu verschiedenen Zeiten oft ganz andere Zusammensetzungen aufweist, und auch die Einzelbestandteile nicht immer einwandfrei sind, so wird man die hier gegen die Mischfutter geäußerten Bedenken als gerechtfertigt anerkennen müssen.

III. Mischfutterverordnungen und Futtermittelgesetze.

Was die fabrikmäßige Herstellung und den Handel mit Mischfuttern anbetrifft, so sind diese in Deutschland heute gesetzlich geregelt. Bis zum 15. Oktober 1916 durften Mischfutter ohne weiteres hergestellt und im freien Verkehr gehandelt werden. Die Mischfutter waren damals meist von sehr fragwürdiger Beschaffenheit. Sie bestanden vielfach aus wertlosen oder verdorbenen Futterstoffen. Mit Vorliebe wurden diese mit Melasse gemischt, um das Erkennen der einzelnen Formbestandteile zu erschweren und durch den süßen Geschmack über die Minderwertigkeit oder Verdorbenheit der Futterstoffe hinwegzutäuschen.

Von dem genannten Zeitpunkt an war jedoch die Herstellung von Mischfuttermitteln nur noch dem Kriegsausschuß für Ersatzfuttermittel und den Landesfuttermittelstellen gestattet. Diese Privilegien wurden durch die Verordnung vom 8. April 1920[21] aufgehoben, und die Herstellung und der Vertrieb von Mischfuttern gesetzlich geregelt. Als Mischfutter galten hiernach auch Futterwürzen, Mastpulver, Viehpulver und andere Erzeugnisse.

Die *Mischfutterverordnung* besagte, daß zur Herstellung von Mischfuttermittel, außer zum Gebrauch in der eigenen Wirtschaft sowie zum Absatz an das Ausland, die Genehmigung des Reichsministeriums für Ernährung und Landwirtschaft einzuholen ist. Allgemein erlaubt war nur das Vermischen von Melasse mit einem Träger, also z. B. das Vermischen der Melasse mit Weizenkleie zur Herstellung von Weizenkleiemelasse. Zur Mischfutterbereitung durften ferner nur solche Stoffe verwendet werden, welche die organischen und mineralischen Nährstoffe in einer vom Tierkörper verwertbaren Form enthielten. Diese Stoffe sollten rein und unverdorben sein. In der Regel durften nicht mehr als drei verschiedene Gemengteile Verwendung finden. Kochsalz und phosphorsaurer Kalk bis zu 2 % galten nicht als Gemengteil. Sie mußten aber ausdrücklich angegeben werden. Bei der Veräußerung bzw. Weitergabe der Mischfutter waren schriftliche Angaben über Bezeichnung und Zusammensetzung derselben zu machen. Der Erlaß der Mischfutterverordnung war erfolgt, weil man eingesehen hatte, daß nach Aufhebung der Zwangswirtschaft für Futtermittel vor allem der Mischfutterverkehr unter behördliche Kontrolle zu stellen sei, denn es hatten sich auf diesem Gebiete schon früher ganz besonders große Mißstände geltend gemacht. Die Erfahrung lehrte jedoch sehr bald, daß die Mischfutterverordnung nur ein vorläufiger Notbehelf sein konnte und eine endgültige Regelung des gesamten Handels mit Futtermitteln allein durch ein Futtermittelgesetz möglich war. *Das deutsche Futtermittelgesetz* (FMG.) trat am 1. November 1927 zugleich mit dem vom Reichsminister für Ernährung und Landwirtschaft erlassenen Ausführungsbestimmungen in Kraft. Durch dieses ist die Mischfutterverordnung vom 8. April 1920 aufgehoben und die Herstellung von Mischfuttern im Gesetz genau geregelt worden.

Eine gesetzliche Regelung des Futtermittelverkehrs in anderen Ländern ist schon zum Teil seit Jahrzehnten durchgeführt worden. Die nachstehenden Angaben über die Futtermittelgesetzgebung in den einzelnen Ländern sind den Angaben von A. Moritz[18] entnommen:

„*Belgien* regelte die Frage durch ein Gesetz, betreffend Verfälschung von Dünge- und Futtermitteln vom 21. Dezember 1896, Kgl. Verordnung vom 8. März 1897 (30. April 1897). Den gesetzlichen Vorschriften sind unterworfen Lieferungen von industriell hergestellten Futtermitteln in Mengen von mindestens 25 kg. Auf der Rechnung ist die Bezeichnung der Futtermittel, der Nährstoff-(mindest-)gehalt und der Verwendungszweck anzugeben. Die Nährstoffangabe darf unterbleiben für Melasse, Schnitzel, Kartoffelpülpe, Treber, Trester und Obstrückstände. Bei Mischfutter ist außerdem die Angabe der einzelnen Gemengteile erforderlich. Als Mischfutter gelten auch Waren mit mehr als 12 % natürlichen Verunreinigungen. „Rein" sind nur solche Futtermittel, die weniger als 2 % solcher Verunreinigungen aufweisen. Das In-den-Verkehr-Bringen bestimmter tierschädlicher oder verdorbener Waren, z. B. Ricinuskuchen, ist verboten.

Canada hat ein Gesetz zur Regelung des Absatzes der Handelsfuttermittel, der Kleie usw. vom 19. Mai 1909 (1. Juli 1920). Dem Gesetz unterliegen die „Handelsfuttermittel" (commercial feeding stuffs), d. h. alle Stoffe, die zwecks Verfütterung an das Vieh (einschließlich des Geflügels) in den Verkehr gebracht werden. Auch die Heil- und Nährmittel (nutritives) gehören hierzu. Ausgenommen sind Heu, Stroh, Getreide und Leinsamen, Kleie und Futtermehle, Naßtreber, Wurzeln und Stoffe mit mehr als 60% Wassergehalt. Jedes in den Verkehr gebrachte Handelsfuttermittel muß zur Eintragung in ein besonderes Register des Landwirtschaftsministeriums angemeldet werden (Registerzwang). Der Landwirtschaftsminister kann die Eintragung bei unzureichender Bezeichnung (Täuschungsgefahr) ablehnen. An den etwaigen Verpackungen der Handelsfuttermittel müssen Zettel angebracht sein, die die Bezeichnung (auch das Warenzeichen, Fabrikmarke), den Namen des Herstellers, die Bezeichnuung der im Futtermittel enthaltenen Gemengteile, den Protein-, Fett- und Rohfasergehalt sowie die Registernummer enthalten (bei Mischungen auch die einzelnen Gemengteile). Bei Massenverladungen kann die Bezettelung durch Aushändigung *eines* Zettels (zusammen mit der Rechnung oder Frachtbrief) ersetzt werden. Für Kleie und Futtermehle sind Begriffsbestimmungen vorgesehen, an die sich der Händler im Verkehr halten muß. Der Landwirtschaftsminister kann nähere Bestimmungen über den zulässigen Fremdbesatz (Unkrautsamen u. ä.) treffen und die Einfuhr von Futtermitteln verbieten, bei denen Fälschungen oder ungenaue (irreführende) Bezeichnungen festgestellt sind. Die Futtermittelkontrolle (Untersuchung) liegt in den Händen von beamteten Chemikern.

Dänemark hat ein Gesetz über Handel mit Dünge- und Futtermitteln vom 26. März 1898. Dem Gesetz unterliegen Futtermittel nur bei Veräußerungen von mehr als 100 kg. Der Verkäufer ist verpflichtet, dem Käufer *schriftliche* Angaben zu machen über seinen eigenen Namen, die Bezeichnung des Futtermittels und den Preis. Bei Ölkuchen kommt die Erklärung hinzu, ob sie von geschälten oder ungeschälten Samen stammen. Bei Mischfuttermitteln sind die Namen der einzelnen Gemengteile anzugeben. Wird ein Futtermittel unter Gewähr für einen bestimmten Inhalt von Nährstoffen verkauft, so sollen in Hundertteilen angegeben werden: der Gehalt a) an stickstoffhaltigen Stoffen, b) an Fett, c) bei Kleie und anderen — stärkereichen — Futtermitteln außerdem an stickstofffreien Extraktstoffen. Verboten sind unrichtige Angaben in Preislisten, Zirkularen u. a. über Gehalt und Beschaffenheit der Futtermittel, die den Zweck haben, den Futtermitteln größeren Wert beizulegen, als sie tatsächlich besitzen. Der Käufer ist berechtigt, die Futtermittel in einem staatlich anerkannten Laboratorium zu ermäßigten Gebühren untersuchen zu lassen und bei vertragswidriger Lieferung Schadenersatz zu fordern.

England hat ein Düngemittel- und Futtermittelgesetz seit 1906. Bei künstlich hergestellten Futtermitteln muß der Verkäufer dem Erwerber die Benennung und den Nährstoffgehalt der Futtermittel schriftlich angeben. Die Benennung muß erkennen lassen, ob das Futtermittel aus einem einheitlichen Stoff oder mehreren Stoffen besteht. Bei Futtermitteln, die nicht durch Mischen, Brechen, Mahlen oder Schroten gewonnen werden, sind die Gehaltszahlen für Protein und Fett mitzuteilen. Die Angaben über die Benennung und den Nährstoffgehalt haben den Rechtscharakter der Gewähr hierfür (warranty). Geringe Abweichungen vom garantierten Nährstoffgehalt sind zugelassen (natürliche Fehlergrenze). Der Verkäufer haftet für die Unschädlichkeit (Brauchbarkeit) der als Futtermittel angebotenen Stoffe.

An Stelle des Gesetzes aus dem Jahre 1906 ist mit Wirkung vom 1. Juli 1927 das Dünge- und Futtermittelgesetz vom 15. Dezember 1926 getreten. Es hat in seinem inneren Aufbau und Inhalt viel Ähnlichkeit mit dem deutschen Futtermittelgesetz, erstreckt sich jedoch nur auf gewerbliche Erzeugnisse (Abfälle). Bei Veräußerung von Kleie (aus Getreide oder Hülsenfrüchten), Ölkuchen, Abfällen der Zuckerfabrikation, Abfällen der Maisverarbeitung, Fleischmehl, Fischmehl, Knochenmehl, Abfällen des Gärungsgewerbes, Blutmehl und Kleemehl muß schriftlich angegeben werden a) die Benennung, b) die Zusammensetzung der Futtermittel und ihre Beschaffenheit (Gehalt an Nährstoffen), c) künstliche Zusätze von Schalen, Spelzen, Hülsen u. ä., Strohteilen, Torfmehl Holzspänen u. a. Ausgenommen hiervon sind Mischfuttermittel, die auf besondere Bestellung des Erwerbers hergestellt werden, und Futtermittel im Kleinverkauf (Verkauf von Mengen unter 56 engl. Pfund). Im zweiten Falle ist jedoch Voraussetzung, daß die verkaufte Menge in Gegenwart des Erwerbers einer Packung entnommen wird, die eine Etikette mit der vorgeschriebenen Bescheinigung enthält. Der Gehalt an angabepflichtigen Nährstoffen ist je nach den einzelnen Futtermitteln verschieden, so bei Ölkuchen Protein und Fett, bei Mischungen aus Ölkuchen (Compound cakes) Protein, Fett und Rohfaser, bei den zuckerhaltigen Futtermitteln Zucker und Rohfaser usw. Die Angaben haben den rechtlichen Charakter einer Garantie. Diese erstreckt sich auch auf die Eignung der Stoffe als Futtermittel. Für eine Reihe von Futtermitteln sind Begriffsbestimmungen aufgestellt. Werden Waren unter den hiernach in Betracht kommenden Benennungen in den Verkehr gebracht, so hat dies ebenfalls die Wirkung einer Garantie, und zwar dafür, daß die Ware der Begriffsbestimmung entspricht. Abweichungen von den Angaben über die Benennung, die Zusammensetzung, den Nährstoffgehalt usw. geben dem Erwerber nur dann einen Anspruch auf Gewährleistung wegen Mängel, wenn gewisse Spielräume (Fehlergrenze) überschritten sind. Etwaige Ansprüche sind zu stützen auf Untersuchungen der Futtermittel von seiten eines Agrikulturanalytikers (agricultural analyst), dem hierfür amtliche Probenehmer die Proben vorzulegen haben. Der Besitzer von Futtermitteln macht sich wegen des Vorhandenseins schädlicher Stoffe in diesen strafbar, wenn er nicht beweist, daß er das Vorhandensein dieser Stoffe nicht gekannt hat oder nicht kennen konnte, und wenn er nicht beweisen kann, daß er sich genau an die Angaben des Vorbesitzers gehalten hat. Das Strafverfahren muß auf vorschriftsmäßiger Probenahme und Untersuchung der betreffenden Futtermittel beruhen. Der Erwerber von den eingangs erwähnten Futtermitteln hat das Recht, auf seine Kosten eine Probe durch einen amtlichen Probenehmer entnehmen und die Probe durch einen Agrikulturanalytiker untersuchen zu lassen sowie von diesem ein Attest über das Untersuchungsergebnis zu erhalten. Für eine Reihe der oben aufgezählten Futtermittel (nicht Abfälle des Gärungsgewerbes, Blutmehl und Kleemehl) gilt die Bezettelungspflicht. Jede Packung muß eine äußere Kennzeichnung (mark) erhalten, die die oben genannten Angaben enthalten. Bei Lieferungen solcher Futtermittel unmittelbar ab Schiff oder Kai ist anstatt dessen ein Verzeichnis zu führen, in welchem der Tag des Versands, der Bestimmungsort, das Verladezeichen und die Angaben über Benennung, Nährstoffgehalt usw. einzutragen sind. Verletzungen aller hier gekennzeichneten Angabepflichten stehen unter Strafschutz. An der Durchführung des Gesetzes sind beteiligt besondere Überwachungsbeamte, amtliche Probenehmer, die Agrikulturanalytiker und der oberste (Regierungs-)Analytiker. Den Überwachungsbeamten sind besondere Rechte eingeräumt bezüglich des Betretens von Verkaufsräumen usw.

In *Finnland* gilt das Gesetz, betreffend Herstellung und Einfuhr sowie Handel mit Kraftfutter, Kunstdünger und anderen landwirtschaftlichen Bedarfsgegenständen, vom 25. Januar 1924, Ausführungsbestimmungen hierzu sind vom 10. Mai 1924. Wer zu Verkaufszwecken Kraftfuttermittel herstellt oder aus dem Ausland einführt, muß dies unter Angabe des Namens und der Beschaffenheit der Ware der landwirtschaftlichen Verwaltung anzeigen (Registerzwang). Den Lieferungen von mindestens 100 kg müssen Garantiescheine beiliegen, die Aufschluß geben über Ort und Zeit der Ausstellung dieser Scheine, über den Namen des Verkäufers und der Ware sowie den Gehalt an wertbestimmenden Bestandteilen. Durch besondere Bestimmungen der landwirtschaftlichen Verwaltung kann die Angabe über den Ursprung der Ware vorgeschrieben werden. Der Landwirtschaftsminister ist befugt, Einfuhr und Handel von Futtermitteln bei mangelnder Eignung oder bei Schädlichkeit zu verbieten. Die Kontrolle (Untersuchung) obliegt dem staatlichen agrikulturchemischen Laboratorium in Helsingfors.

Frankreich hat ein Gesetz über den Verkehr mit Futtermitteln vom 5. Juli 1907 (ergänzt 1911).

Griechenland vom Jahre 1914/15.

Holland erließ am 31. Dezember 1920 ein Gesetz, betreffend Bekämpfung des Betruges im Handel mit Düngemitteln, Saatgut und Viehfutter; dazu Verordnungen vom 8. April 1921 und 19. Mai 1924. Das Gesetz regelt nur den Verkehr zwischen dem Verbraucher (Tierhalter) und seinen Lieferanten, läßt also den Verkehr zwischen den Händlern frei. Wer Futtermittel an Verbraucher zum Kauf anbietet, verkauft oder abliefert, ist zu möglichst genauer Bezeichnung sowie dazu verpflichtet, bei Waren, die a) Abweichungen von der üblichen Form und dem üblichen Zustand aufweisen, b) nicht verfütterungsfähig sind, c) nicht frisch und gesund sind, d) nicht frei von giftigen und schädlichen Bestandteilen sind, e) anormalen Fremdbesatz haben, f) durch irgendeine Behandlung in ihrem Gehalt verändert worden sind, diese Tatsachen dem Verbraucher mitzuteilen. Für Ölkuchen, Getreideabfälle, Melasse, Fleischmehl, Pülpe und Futterkalk sind Begriffsbestimmungen getroffen; Abweichungen müssen angegeben werden. Bei Mischfutter ist die Angabe der einzelnen Gemengteile in Hundertteilen der Gesamtmischung notwendig. Durch besondere Bestimmung der Staatsregierung kann die Probenahme bei Futtermitteln angeordnet werden, die aus dem Auslande eingeführt werden. Gegebenenfalls werden die Futtermittel von den örtlich zuständigen staatlichen Versuchs- und Kontrollstationen untersucht. Der Befund kann veröffentlicht werden. Bei Strafverfahren wegen Verstoßes gegen die vorgeschriebenen Garantien werden durch staatliche Beamte Proben der betreffenden Futtermittel entnommen und ebenfalls von den Versuchsanstalten untersucht. Erfolgt Verurteilung, so kann das Urteil veröffentlicht werden.

Italien erließ am 15. Oktober 1925 das Gesetz betreffend Bekämpfung von Verfälschungen (Betrugsfällen) bei Herstellung und Handel von landwirtschaftlichen Erzeugnissen und Waren, die beim Ackerbau verwendet werden. Wer Ölkuchen in den Verkehr bringt, muß ihre genaue Bezeichnung und Herkunft, ihren Gehalt an Nährstoffen sowie ihre Reinheit und das Freisein von schädlichen Bestandteilen angeben. Die Gehaltsangabe darf gegenüber der etwaigen Analyse um 2% Protein und 1% Fett abweichen. Die hierdurch vorgeschriebenen Angaben müssen schriftlich erfolgen (Rechnung, Frachtbrief, Konnossement usw.). Wird die Ware in Verpackungen geliefert, so müssen die vorgeschriebenen Erklärungen außerdem auf einer besonderen Kennzeichnung an der Verpackung wiederholt werden. Die Untersuchung der Futtermittel erfolgt grundsätzlich in staatlichen Versuchsanstalten, die auf ihre Verantwortung hin das Recht der Untersuchung auf andere Untersuchungstechniker übertragen können. Entsprechen die untersuchten Waren nicht den Vorschriften (Bedingungen), so geht der Analysenbefund zur Strafverfolgung des Lieferanten an die zuständige Strafverfolgungsbehörde. Das Urteil kann auf Kosten des Verurteilten in zwei Tageszeitungen veröffentlicht werden.

In *Nordamerika* haben die einzelnen Staaten schon seit Jahrzehnten Futtermittelgesetze, deren Kern auch stets der Deklarationszwang ist.

Norwegen hat das Gesetz über den Handel mit Kraftfutter, Kunstdünger und Sämereien vom 27. Juni 1924. Das Gesetz enthält im wesentlichen die Ermächtigung an den König, die Herstellung und Einfuhr sowie den Umsatz der Waren besonderen Kontrollvorschriften zu unterwerfen. Es kann insbesondere Einfuhr, Herstellung und Verkauf minderwertiger Futtermittel und Mischfuttermittel verbieten, die Herstellung und den Verkauf von Mischfutter besonderen behördlichen Vorschriften unterwerfen und die Anmeldepflicht für Einfuhr, Herstellung und Verkauf von Futtermitteln sowie endlich die Buchkontrolle vorschreiben. Das Gesetz führt weiterhin den allgemeinen Deklarationszwang ein und enthält noch Vorschriften über die Untersuchung aller in das Inland eingeführten Futtermittel (bei Mengen von mindestens 500 kg). Die Kontrolle ist den staatlichen landwirtschaftlichen Kontrollstationen (sowie den Polizei- und Zollbehörden) übertragen. Das Landwirtschaftsdepartement erläßt die Vorschriften über die Probenahme und Untersuchung. Der Verkäufer von Futtermitteln muß bei der Lieferung von mindestens 200 kg dem Verkäufer auf der Rechnung oder einem anderen Schriftstück Angaben über den Namen des Futtermittels, über die Partienummer der Lieferung (gemäß den Handelsbüchern des Lieferanten), den Prozentgehalt an wertbestimmenden Bestandteilen bei Heringsmehl, Walfischmehl, Lebermehl, Baumwollsaat-, Raps-, Lein-, Erdnuß-, Kokos- und Sojabohnenkuchen, -schrot und -mehl und Melassefutter machen. Für Mischfutter sind außerdem die Gemengteile in Hundertteilen der Gesamtmischung anzugeben. Bei Lieferung der Futtermittel in Verpackungen sind, sofern es sich nicht um Warenmengen von mindestens 5000 kg handelt, äußerlich Kennzeichen anzubringen, die den Namen des Verkäufers und des Futtermittels sowie die Partienummer des Futtermittels enthalten müssen. Für eine Reihe von Futtermitteln, die zum Teil oben genannt sind, müssen die Höchst- und Mindestsätze oder nur die Mindestsätze von wertbestimmenden Bestandteilen angegeben werden (z. B. für Melasse mindestens 48 % Zucker und höchstens 25 % Wasser). Mühlenabfälle müssen frei sein von Unkrautsamen jeder Art. Die Einfuhr von Mischfutter ist verboten.

Portugal hat ein Gesetz aus dem Jahre 1915.

In der *Schweiz* gilt die Verordnung vom 9. Juni 1913, betreffend die Überwachung des Handels mit Düngemitteln, Futtermitteln, Sämereien und anderen in der Landwirtschaft und deren Nebengewerben Verwendung findenden Hilfsstoffen durch die schweizerischen landwirtschaftlichen Versuchs- und Untersuchungsanstalten. Zum Zweck der Kontrolle des Handels mit Futtermitteln schließt die Zentralverwaltung der schweizerischen landwirtschaftlichen Versuchs- und Untersuchungsanstalten laufend mit Fabrikanten, Genossenschaften und Händlern („Kontrollfirmen") „Kontrollverträge" ab. Die Kontrollfirmen sind verpflichtet, Garantie zu leisten für Echtheit, Reinheit, Unverfälschtheit, Freisein von schädlichen Bestandteilen, bei Ölkuchen außerdem für einen bestimmten Gehalt an Protein und Fett, bei Melassefuttermitteln für Zuckergehalt und Art des Melasseträgers, für Kartoffelflocken einen bestimmten Gehalt an Trockensubstanz, für Futterkalk den Gehalt an citratlöslicher Phosphorsäure. Die Futtermittel müssen ihrer Zusammensetzung und — soweit von Bedeutung — der Herkunft entsprechend bezeichnet werden. Eine Kontrollfirma darf Geheimmittel weder herstellen noch in den Verkehr bringen. Wer Futtermittel von Kontrollfirmen kauft, hat das Recht auf kostenfreie Untersuchung der Futtermittel durch die zuständige landwirtschaftliche Versuchs- und Untersuchungsanstalt. Für die Kontrollfirmen sind die Untersuchungsergebnisse bindend bei Berechnung des Minderwertes usw. Unzuverlässigkeit der Kontrollfirmen führt zu ihrer Streichung in dem Verzeichnis der Kontrollfirmen; für die Probenahme und Untersuchung bestehen einheitliche Vorschriften (vgl. außerdem schweiz. Bundesratsbeschluß vom 22. Dezember 1917, betreffend Förderung und Überwachung der Herstellung und des Vertriebes von Düngemitteln, Futtermitteln usw. und Verfügung des schweiz. Volkswirtschaftsdepartements vom 7. Januar 1918, betreffend Überwachung der Herstellung und des Vertriebes von Düngemitteln, Futtermitteln usw.).

Endlich hat *Spanien* ein Gesetz aus dem Jahre 1910."

In *Deutschland* ist der *Handel und Verkehr mit Futtermitteln* seit 1926 gesetzlich geregelt. Aber schon vor annähernd 40 Jahren setzten in Deutschland die ersten Bestrebungen hierzu ein. Es wurden damals seitens des Handels Bedenken erhoben. Dieser erklärte die Schaffung eines derartigen Gesetzes nicht nur für überflüssig, sondern auch für undurchführbar. In den Jahren 1909, 1910 und 1913 hat sich der Reichstag, 1913 der Bayrische und 1914 auch der Preußische Landtag eingehend mit dieser Frage befaßt. Anlaß hierzu gaben die zahlreichen Verfälschungen und die vielen minderwertigen Produkte von Dünge- und Futtermitteln sowie Saatwaren, mit denen die Landwirtschaft beglückt wurde. Das preußische Abgeordnetenhaus nahm im Januar 1914 folgenden Antrag an: „Die Kgl. Staatsregierung zu ersuchen, bei dem Herrn Reichskanzler dahin zu wirken, daß entsprechend der vom Reichstag angenommenen Resolution vom 26. April 1913 möglichst bald dem Reichstag ein dem Grundgedanken des Nahrungsmittelgesetzes sinngemäß nachgebildeter Gesetzentwurf vorgelegt werde, welcher, dem Schutze der Landwirtschaft ebenso wie demjenigen des reellen Handels Rechnung tragend, geeignet erscheint zur Beseitigung der auf dem Gebiete des Handels mit Futtermitteln, Düngemitteln und Sämereien herrschenden Mißstände." Durch eine besondere Gesetzgebung sollte also der Handel mit Dünge- und Futtermitteln und Sämereien in der Weise geregelt werden, daß objektiv die notwendigen und erforderlichen Eigenschaften für die einzelnen Verkaufsartikel im Gesetz festgelegt würden und der Verkauf derjenigen Artikel, welche diesen Eigenschaften nicht entsprachen, an sich verboten und strafbar sei. Die nach Kriegsende namentlich im Handel mit Futtermitteln mehr denn je hervortretenden Mißstände forderten aber gebieterisch eine Beseitigung dieser Mißstände auf gesetzlichem Wege. Der deutsche Landwirtschaftsrat sprach sich „mit aller Entschiedenheit für die sofortige Inangriffnahme einer gesetzlichen Regelung des Handels mit Düngemitteln, Futtermitteln und Saatwaren aus". Gleichzeitig wurde auch im Reichstage bei Behandlung des Antrages (Dezember 1920) Trimborn und Genossen die gesetzliche Regelung der Deklarationsfrage im Futtermittelverkehr für notwendig erachtet.

Der Forderung, der Landwirtschaft *analog dem Nahrungsmittelgesetz auch ein Futtermittelgesetz* zu schaffen, wurde stattgegeben. Die Begründung wie folgt anerkannt: „Zwar werden durch nicht einwandfreie Lebensmittel Gesundheit und Leben des Menschen selbst gefährdet, während Unregelmäßigkeiten im Futtermittelhandel in der Regel nur zu wirtschaftlichen Schädigungen der Menschen führen können. Dafür wiegt andererseits die Tatsache um so schwerer, daß als Futtermittel gewöhnlich nicht in einer bestimmten Reinheit hergestellte Erzeugnisse, sondern Abfälle in den Verkehr kommen, welche darum die in den Rohstoffen enthaltenen Verunreinigungen in stark erhöhtem Maße enthalten." So entstand das deutsche Futtermittelgesetz, das man vielfach als „einen Kompromiß zwischen den widerstreitenden Interessen der Hersteller und Händler auf der einen Seite und des verbrauchenden Landwirtes auf der anderen Seite" bezeichnet hat. Die deutsche Futtermittelgesetzgebung selbst gliedert sich in drei Teile, nämlich in das eigentliche Gesetz (FMG.), die Verordnung zur Ausführung des Futtermittelgesetzes und die Verordnung über die Probeentnahme.

Bezüglich näherer Einzelheiten ist auf das Gesetz selbst und die hierzu erschienenen Kommentare und Erläuterungen von A. MORITZ[19], E. SIMM[24] sowie von F. SCHNEIDER und S. SCHULHÖFER[23] zu verweisen. Hier sollen nur kurz *Mischungen und Mischfutter, die Begriffsbestimmungen für Futtermittel usw.* erörtert werden. *Futtermittel im Sinne des Gesetzes* sind organische oder mineralische Stoffe oder Mischungen solcher Stoffe, die der Verfütterung an Tiere dienen sollen. Ausgenommen sind Stoffe, die überwiegend zur Beseitigung oder Linderung von Krankheiten dienen. Heilmittel gelten hiernach nicht als Futtermittel. Dagegen werden ausdrücklich als solche auch Mischungen von organischen und mineralischen Stoffen bezeichnet. Demgemäß sind auch die Melassefuttermittel, z. B. Melasse mit Weizenkleie, Mischfutter im Sinne des Gesetzes. Unter der Voraussetzung, daß die Zweckbestimmung der Verfütterung an Tiere gegeben ist, sind somit Futtermittel (siehe A. MORITZ[19]):

1. Organische einheitliche Futterstoffe, wie z. B. Baumwollsaatmehl.
2. Mineralische einheitliche Stoffe, wie phosphorsaurer Futterkalk (Dicalciumphosphat).
3. Mischungen von organischen Stoffen (Erdnußkuchen, Sojabohnenmehl und Weizenkleie).
4. Mischungen von anorganischen Stoffen (kohlensaurer und phosphorsaurer Kalk, Kochsalz).
5. Mischungen von organischen und anorganischen Stoffen (Erdnußmehl, Leinmehl und phosphorsaurer Futterkalk).

Futtermittel, die bisher nicht im Verkehr waren, sind anzumelden. Die Anmeldung muß enthalten: 1. die Benennung, unter der das betreffende Futtermittel in Verkehr gebracht wird; 2. den Gehalt an wertbestimmenden Bestandteilen und 3. die Art der Herstellung. Bei Mischungen sind außerdem 1. die Gemengteile und 2. das Mischungsverhältnis der Gemengteile in Hundertsätzen anzugeben.

Die *Benennungspflicht* verlangt, daß der Name des betreffenden Futtermittels der Natur entsprechend angegeben wird. Hierfür geben die *für die einzelnen Futtermittel herausgegebenen Begriffsbestimmungen* genaue Angaben. Es dürfen also z. B. *Ölkuchen oder Kleien* nicht mehr unter diesen allgemeinen Namen gehandelt werden, sondern es ist in jedem Falle anzugeben, um was für Arten von Ölkuchen, also z. B. Baumwollsaatmehl, Erdnußkuchen, Palmkernkuchen, Rapskuchen usw., oder um was für Kleien, wie Roggenkleie, Weizenkleie usw., es sich handelt. Die Benennung darf jedoch nicht mißbraucht werden, um hierdurch bei den betreffenden Futtermitteln einen ihnen tatsächlich nicht zukommenden höheren Futterwert vorzutäuschen. Hiernach ist es unzulässig, z. B. Weizenkleie als Weizenfuttermehl, gemahlene Haferspelzen als Haferkleie usw. zu bezeichnen und zu handeln. Letztere sind vielmehr direkt als gemahlene Haferspelzen zu benennen. Getreideschrot sind die zerkleinerten Körner, denen nichts entzogen (Mehl), aber auch nichts zugesetzt (Ausputz) sein darf. Sie sind z. B. als Gerstenschrot, als Haferschrot usw. zu bezeichnen. Kartoffelpülpe darf nicht Kartoffelkleie genannt werden. Von den *Abfällen der Zuckerrübenfabrikation* sind die ausgelaugten und getrockneten Diffusionsschnitzel als Trockenschnitzel, die nach dem STEFFEN'schen Verfahren gewonnenen als Steffensschnitzel (bei einem Durchschnittsgehalt von 30 % Zucker), die aus nicht ausgelaugten Zuckerrüben bzw. Futterrüben gewonnenen als getrocknete Zuckerrüben- bzw. Futterrübenschnitzel zu bezeichnen. Von besonderer Bedeutung und Wichtigkeit ist die Festlegung der Begriffe und Benennungen Fleischfuttermehl bzw. *Fleischmehl und Tierkörpermehl bzw. Tiermehl.* Unter ersterer Benennung, d. h. also als Fleischmehl, dürfen nur Rückstände geschlachteter, gesunder Tiere und die bei der Fleischextraktgewinnung verbleibenden Rückstände sowie Fleischabfälle von

Fleischgefrieranstalten und Dauerwarenfabriken gehandelt werden. Diese Futterstoffe dürfen nicht mehr als 12 % phosphorsauren Kalk enthalten. Ist der Gehalt ein höherer, so sind sie als Fleischknochenmehle zu bezeichnen und bei einem Gehalt an phosphorsaurem Kalk von 32 % und mehr als Knochenschrote zu handeln. Tierkörpermehl bzw. Tiermehl sind dagegen die mit gespanntem Wasserdampf getrockneten und gemahlenen Tierkörper oder Fleischabfälle der Tierkörpervernichtungsanstalten und die Schlachthofabfälle. Bei den Fischmehlen wird unterschieden zwischen dem Fischmehl als solchem, das aus Dorschen, Weißfischen und anderen Fischen besteht, und dem überwiegend aus Heringen hergestellten Mehl, das als Heringsmehl bezeichnet werden muß. Walfleischmehl, Walmehl oder Waltiermehl muß als solches bezeichnet werden, und sind hierfür alle solche Benennungen zu unterlassen, auf Grund derer es für Fisch- oder Fleischmehl angesehen werden könnte. Alle *allgemeinen Benennungen* aber, wie z. B. Vitaschrot usw., sind unzulässig, weil sie die Art und das Wesen des betreffenden Futtermittels überhaupt nicht, bzw. nicht genügend erkennen lassen.

Außer der Benennung wird für eine Reihe von Futterstoffen auch noch die *Herkunftsangabe* verlangt. Es gilt dies für Baumwollsaatmehl, Biertreber, Erdnußkuchen, Fischmehl aller Arten, Fleischfuttermehl, Gerste, Hanfkuchen, Kleien, Kokoskuchen, Leinkuchen, Maisfuttermehl, Malzkeime, Palmkernkuchen, Rapskuchen, Reisfuttermehl, Sesam- und Sonnenblumenkuchen. Die Angabe über die Herkunft eines Futtermittels soll in erster Linie klarstellen, ob es sich um ein in- oder ausländisches Produkt handelt. Es ist also bei den im Ausland hergestellten bzw. gewonnenen Futterstoffen der Herkunftsort anzugeben, so z. B. Manila-Kokosbruch, Rangoon-Reisfuttermehl, rumänische Kleie, russische Gerste usw. Im allgemeinen ist aber nach F. Honcamp[11] dieser Herkunftsangabe eine geringere Bedeutung beizumessen, da für den Wert eines Futterstoffes der Nährstoffgehalt sowie Reinheit und Unverdorbenheit ausschlaggebend sind. Die über die Art der Herstellung geforderten Angaben beziehen sich in der Hauptsache auf die Rückstände der Ölindustrie, für die anzugeben ist, ob sie auf dem Wege des Preßverfahrens (z. B. Kokoskuchen, Kokoskuchenschrot, Kokoskuchenmehl) oder der Extraktion (z. B. extrahiertes Leinsamenmehl) gewonnen worden sind. Ferner ist z. B. bei aus Lupinen hergestellten Futtermitteln anzugeben, ob die Lupinen entbittert sind oder nicht.

Angaben über den *Gehalt an wertbestimmenden Bestandteilen* sind nur für bestimmte Futtermittel zu machen. Es fallen nicht hierunter von ganzen Futtermittelgruppen: alle Arten von Rauhfutter, alle heilen oder zerkleinerten Körner, Ölfrüchte und Samen, alle Hack- und Knollenfrüchte, die Abfälle der Müllerei, von denen der Stärkefabrikation die Kartoffelpülpe und von jenen der Zuckerfabrikation die Schnitzel, von den Abfällen der Gärungsindustrie Malzkeime, frische Schlempen, Treber, Trester und Trub, von tierischen Futtermitteln Buttermilch, Magermilch, Molken und Vollmilch und endlich alle Küchenabfälle. Für alle übrigen hier nicht angeführten Futterstoffe sind Angaben hinsichtlich des Gehaltes an wertbestimmenden Bestandteilen zu machen. Hierbei handelt es sich in erster Linie um die stickstoffhaltigen Stoffe, wie die Eiweißstoffe und die stickstoffhaltigen Verbindungen nichteiweißartiger Natur, die man beide unter dem Namen Rohprotein zusammenzufassen pflegt, und weiterhin um stickstoffreie Stoffe, von denen in erster Linie Fette und Öle, Rohfaser und die stickstoffreien Extraktstoffe in Betracht kommen. *Die wichtigsten wertbestimmenden Bestandteile sind Protein und Fett,* die bei einer Anzahl von Futtermitteln, wie namentlich den Rückständen der Ölfabrikation, zusammengefaßt und in einer Zahl angegeben werden können. So gilt z. B. für einen Sonnenblumenkuchen die Angabe 52 % Protein und Fett. In Hinsicht darauf, daß dem Protein im tierischen Organismus andere physiologische Aufgaben zufallen als dem Fett, kann diese Bestimmung nicht gutgeheißen werden. Eine getrennte Angabe beider Nährstoffe muß angestrebt werden. So kann z. B. ein Sonnenblumenkuchen mit 52 % Protein und Fett in dem einen Falle 44 % Protein und 8 % Fett, in einem anderen aber 35 bzw. 17 % enthalten. In beiden Fällen ist die Gewährleistung erfüllt, obwohl die Ölrückstände in erster Linie wegen ihres Proteingehaltes gekauft werden. Bei anderen Futtermitteln, wie Fischmehl, Fleischmehl, Kleber, Maizenafutter, Tiermehl, Waltiermehl usw., ist die getrennte Angabe von Protein und Fett erforderlich. Bei weißem Reisfuttermehl sind Angaben hinsichtlich des Gehaltes an stickstoffreien Extraktstoffen zu machen. Für Melasse und Melassemischfutter ist der Gehalt an Zucker sowie an Wasser anzugeben, wenn letzteres gewisse Grenzen überschreitet. Für Ölkuchen und Ölkuchenmehl ist der Sandgehalt namhaft zu machen, wenn er 2 % (Lein-, Leindotter-, Raps- und Sesamkuchen sowie Reismehl), bzw. wenn er 3 % (Hanf- und Mohnkuchen) übersteigt[1]. Der Gehalt an Rohfaser muß angegeben werden, wenn er bei gelbem Reismehl 13 %, bei Haferkleie und Haferfuttermehl 6 % und bei Haferschälkleie 17 % übersteigt. Bei den mineralischen Futterstoffen sind Gehaltsangaben zu machen bei kohlensaurem und phosphorsaurem Kalk an kohlensaurem Kalk bzw. an citratlöslicher Phosphorsäure (bestimmt nach Petermann), bei Chlorcalcium an wasserfreiem Chlorcalcium und bei Futterknochenmehlen und Knochenschroten an Gesamtphosphorsäure. Bei Fischmehlen aller Art ist der Gehalt an Salz und an phosphorsaurem Kalk bei mehr als 30 % anzugeben.

Ein Futtermittel soll aber nicht nur einen bestimmten Gehalt an Nährstoffen aufweisen. Es soll auch rein und unverdorben sein, d. h. fremde Bestandteile nicht enthalten und auch nicht gesundheitsschädlich wirken. Eine in der ausländischen Gesetzgebung mehrfach vorkommende Vorschrift hinsichtlich der Reinheit und Unverdorbenheit findet sich im deutschen FMG. nicht. Hier heißt es nur: „Macht der Veräußerer bei der Veräußerung von Futtermitteln keine Angaben über die Beschaffenheit, so übernimmt er damit die Gewähr für die handelsübliche Reinheit und Unverdorbenheit." Sofern also der Verkäufer bei der Veräußerung eines Futterstoffes nicht ausdrücklich angibt, daß Abweichungen von der handelsüblichen Beschaffenheit des betreffenden Futtermittels vorliegen, übernimmt er hierdurch ohne weiteres die Gewähr für eine Ware von handelsüblicher Beschaffenheit und Reinheit. Als „handelsüblich" aber gilt das, was der den Handelsverkehr beherrschenden, tatsächlichen Übung, den im Handelsverkehr geltenden Gewohnheiten und Bräuchen entspricht. Handelsübliche Reinheit und Unverdorbenheit würden dann als gegeben anzusehen sein, wenn die Futtermittel so beschaffen sind, wie sie im ehrlichen Futtermittelverkehr gehandelt werden. Das Futtermittel soll auch unverdorben sein. Der allgemeine *Begriff „Unverdorbenheit"* ist schwer zu definieren. Nach Schneider-Schulhöfer[23] ist ein Futtermittel verdorben, wenn seine normale Verwendbarkeit „erheblich verringert" ist. Dagegen ist nach E. Simm[24] eine Ware nur dann verdorben, wenn sie sich zur Verfütterung „überhaupt nicht mehr" eignet. Demgegenüber vertritt A. Moritz[19] den Standpunkt, daß man die Frage, ob und wann ein Futtermittel verdorben ist, nur unter Berücksichtigung der Anforderungen beurteilen kann, die man an die Ware vom Standpunkt der Fütterungslehre aus stellt. Im übrigen geben die bei den einzelnen Futtermitteln erörterten Begriffsbestimmungen gewisse Anhaltspunkte für die handelsübliche Reinheit und Unverdorbenheit der verschiedenen Futterstoffe. Als *„gesundheits-*

[1] Bei den übrigen Futtermitteln ist die Höchstgrenze für Sand 1 %.

schädlich" ist aber ohne weiteres jedes Futtermittel zu bezeichnen, nach dessen Verfütterung die Tiere erkranken. Ob diese Erkrankung auf den Gehalt des betreffenden Futterstoffes an giftigen oder schädlichen Beimengungen, wie z. B. Ricinusbestandteile, oder auf Fremdkörper, wie Eisenstücke, Nägel, Schrauben usw., zurückzuführen ist, bleibt gleichgültig. Mit der Begriffsbestimmung „handelsüblich gesund" ist nichts anzufangen. Deshalb müssen alle Stoffe, deren Verfütterung an Tiere ihre Gesundheit zu schädigen geeignet sind, unbedingt als gesundheitsschädlich im Sinne des Gesetzes angesprochen werden.

Die hier für die Futtermittel im allgemeinen wiedergegebenen Bestimmungen des FMG. finden selbstverständlich auf die fabrikmäßig hergestellten Mischfutter des Handels sinngemäße Anwendung. Außerdem gelten für Mischfutter noch besondere Bestimmungen. Zunächst ist zu unterscheiden zwischen „*Mischungen und Mischfuttern*". Unter letzteren sind die eigentlichen Mischfutter zu verstehen, die sich hauptsächlich aus organischen Futterstoffen, wie Kleien, Ölkuchen usw., zusammensetzen. Dagegen sind als Mischungen die Beifutter, Futterkalke usw., wie überhaupt solche Futterzusammensetzungen zu bezeichnen, bei denen die Gemengteile überwiegend, d. h. also zu mindestens 50 % mineralischer Natur sind. Auf beide finden aber die Bestimmungen über Mischfutter Anwendung, da es sich hier mehr um eine Wortauslegung als um eine sachliche Unterscheidung handelt. Beide sind Futtermischungen, die nicht einen einheitlichen Stoff darstellen, sondern aus zwei und mehreren Stoffen bestehen und künstlich miteinander vermischt sind. Demgemäß ist auch für die Definition des Begriffes Mischung die für Mischfutter gegebene Begriffsbestimmung maßgebend, nämlich: „Als Mischfutter im Sinne der Verordnung über Mischfutter (8. April 1920) ist ein Futtermittel dann anzusehen, wenn durch eine besondere Tätigkeit verschiedene Futterstoffe (organischer und anorganischer Natur) miteinander in der Absicht vermengt werden, in einem mehr oder weniger genau bestimmten Mischverhältnis eine Mischung herzustellen." Emulsionen gelten gleichfalls als Mischfutter. Ebenso sind alle Melassefuttermittel, also auch die nur aus Melasse und einem Träger bestehenden, als Mischfutter im Sinne des Gesetzes anzusprechen. Auch ist es für die Begriffsbestimmung Mischfutter ohne Belang, nach welchem Verfahren die Mischung hergestellt worden ist.

Die *Mischfutter* können nun aus zwei oder mehr Gemengteilen bestehen. Als Gemengteile einer Mischung sind die einzelnen, zur Herstellung verwandten Stoffe anzusehen. Für jedes Mischfutter sind nicht nur der Gehalt an Nährstoffen, sondern auch die einzelnen Gemengteile und deren Mischungsverhältnis anzugeben. Besteht ein Mischfutter nur aus zwei Gemengteilen, so muß dasselbe so benannt werden, daß aus der Bezeichnung sowohl die Gemengteile selbst als auch deren Anteil durch Voranstellung des am stärksten vertretenen zu erkennen ist. So ist ein Mischfutter, das aus 60 % entbitterten Lupinen und 40 % Fischmehl besteht, als ein entbittertes Lupinenfischmehl, nicht aber als Fischmehl-Lupinen-Futter zu bezeichnen. Bei Mischungen aus drei oder mehr Gemengteilen darf die Aufzählung der in ihnen enthaltenen Gemengteile in der Benennung unterbleiben. Es genügen also für ein Ölkuchenmischfutter neben den Angaben über den Nährstoffgehalt die weiteren, daß dasselbe z. B. aus je 40 Teilen Erdnußkuchen und Baumwollsaatmehl und 20 Teilen Rapskuchen besteht. Die Hervorhebung einzelner Gemengteile eines mehr als zweiteiligen Mischfutters in der Benennung ist jedoch unzulässig, wenn hierdurch irreführende Vorstellungen über den Wert entstehen können. So darf eine Mischung aus 30 % entbittertem Lupinenschrot, 20 % Fleischmehl und 50 % Haferschalen nicht als Lupinen-Fleischmehl-Futter bezeichnet werden. Wenn auch durch alle diese Bestimmungen in die Mischfutter gegenüber früheren Zeiten etwas Ordnung insofern gekommen ist, als nicht nur gewisse Sicherheiten über Nährstoffgehalt, Reinheit, Unverdorbenheit sowie über die Zusammensetzung zu gewährleisten sind, so werden doch hierdurch keineswegs die Nachteile der Mischfutter inbezug auf Verteuerung, unsachgemäße Zusammensetzung u. dgl. mehr aufgehoben. Rein vom ernährungsphysiologischen Standpunkt aus besteht aber bei sonst sachgemäßer Zusammenstellung der Futterration überhaupt keinerlei Veranlassung, Mischfuttermittel in der Ernährung des landwirtschaftlichen Nutzviehes zu verwenden.

Literatur.

(*1*) Bünger, H.: Landw. Jb. **66** (Erg. I), 117 (1927).

(*2*) Fingerling, G.: Jb. dtsch. Landw.-Ges. **35** (1920). — (*3*) Fingerling, G., u. A. Morgen: Landw. Versuchsstat. **61**, 1; **62**, 11 (1905); **67**, 253 (1907); **71**, 373 (1909); **74**, 163 (1911); **77**, 17 (1912).

(*4*) Hansen, J.: Landw. Jb. **47**, 1 (1914). — (*5*) Dtsch. landw. Presse **54**, 431 (1927). — (*6*) Dtsch. landw. Tierzucht **34**, 475, 657 (1928). — (*7*) Hansson, Nils: Medd. Centralanst. Stockholm **1924**, Nr 236. — (*8*) Haselhoff, E.: Agrikulturchemie **4**. Berlin: Gebr. Bornträger 1929. — (*9*) Honcamp, F.: Arb. dtsch. Landw.-Ges. **1920**, H. 303. — (*10*) Z. Züchtungsbiol. **15** (**1929**). — (*11*) Mitt. dtsch. Landw.-Ges. **43**, 234 (1928).

(*12*) Kellner, O.: Die Fütterung der landwirtschaftlichen Nutztiere. Berlin: P. Parey. — (*13*) Ber. über Landw., herausgegeben vom Reichsamt des Innern, **1911**, H. 21 u. 24. — (*14*) Kling, O.: Die Handelsfuttermittel. Stuttgart: E. Ulmer 1928.

(*15*) Landw. Versuchsstat. **68**, 121 (1908); **71**, 175 (1909); **105**, 158 (1927). — (*16*) **68**, 123 (1908).

(*17*) Morgen, A.: Agrikulturchemie **4**. Heidelberg: Carl Winter 1925. — (*18*) Moritz, A.: Tierheilkunde und Tierzucht **4**, S. **143**. Berlin: Urban & Schwarzenberg 1927. — (*19*) Kommentar zum Futtermittelgesetz. Berlin: C. Heymann 1927. — (*20*) Müller, K.: Dtsch. landw. Presse **54**, 461 (1928).

(*21*) Pott, E.: Unsere Ernährungschemie. München: Th. Ackermann 1895.

(*23*) Schneider, F., u. S. Schulhöfer: Das Futtermittelgesetz und seine Ausführungsbestimmungen mit Erläuterungen. Stuttgart: E. Ulmer 1927. — (*24*) Simm, E.: Verordnungen und Ausführungen zum Futtermittelgesetz. Berlin: O. Schlegel 1927. — (*25*) Stoklasa, J.: Dtsch. landw. Presse **54**, 144 (1928).

(*26*) Völtz, W.: Landw. Jb. **47**, 573 (1914). — (*27*) Züchtungskde **1**, 589 (1926).

Sachverzeichnis.

Handbuch der
Ernährung und des Stoffwechsels der landwirtschaftlichen Nutztiere
als Grundlagen der Fütterungslehre

Inhalt der folgenden Bände.

Tierphysiologisches Praktikum für Studierende der Landwirtschaft und Veterinärmedizin. Von Dr. med. et phil. E. Mangold, Professor der Physiologie und Direktor des Tierphysiologischen Instituts der Landwirtschaftlichen Hochschule Berlin. IV, 53 Seiten. 1928. RM 3.—

Chemie der Nahrungs- und Genußmittel. Von Dr.-Ing. h. c. Dr. phil. nat. h. c. J. König, Geh. Regierungsrat, o. Professor an der Westfälischen Wilhelms-Universität Münster i. W. In 3 Bänden nebst Nachträgen.

Erster Band: Chemische Zusammensetzung der menschlichen Nahrungs- und Genußmittel. Nach vorhandenen Analysen mit Angabe der [illegible] zusammengestellt von J. König. Vierte, verbesserte Auflage. Bearbeitet von Dr. A. Bömer, Privatdozent an der Universität und Abteilungsvorsteher der Agrikultur-Versuchsstation Münster i. W. Mit in den Text gedruckten Abbildungen. XXXII, 1535 Seiten. 1903. Unveränderter Neudruck 1921. Gebunden RM 48.—

Nachtrag zu Band I: A. Zusammensetzung der tierischen Nahrungs- und Genußmittel. Bearbeitet von Dr. J. Großfeld, Untersuchungsamt in Recklinghausen, Dr. A. Splittgerber, [illegible] Dr. W. Sutthoff, Landwirtschaftliche Versuchsstation Münster i. W. VIII, 237 Seiten. 1919. Gebunden RM 12.—

Nachtrag zu Band I: B. Zusammensetzung der pflanzlichen Nahrungs- und Genußmittel. Bearbeitet von Dr. J. Großfeld und Dr. A. Splittgerber. XIX, 1416 Seiten. 1923. Gebunden RM 47.—

Zweiter Band: Die Nahrungsmittel, Genußmittel und Gebrauchsgegenstände, ihre Gewinnung, Beschaffenheit und Zusammensetzung. Fünfte, umgearbeitete Auflage. XXV, 832 Seiten. 1920. Gebunden RM 32.—

Dritter Band: Untersuchung von Nahrungs-, Genußmitteln und Gebrauchsgegenständen. Vierte, vollständig umgearbeitete Auflage. In Gemeinschaft mit zahlreichen Fachmännern bearbeitet von Geh. Reg.-Rat Prof. Dr. J. König.

I. Teil: Allgemeine Untersuchungsverfahren. Mit 405 in den Text gedruckten Abbildungen. XLV, 772 Seiten. 1910. Zweiter, unveränderter Neudruck 1923. Gebunden RM 30.—

II. Teil: Die tierischen und pflanzlichen Nahrungsmittel. Mit 260 Abbildungen im Text und 14 lithographischen Tafeln. XXXVI, 987 Seiten. 1914. Unveränderter Neudruck 1923. Gebunden RM 36.—

III. Teil: Genußmittel, Wasser, Luft, Gebrauchsgegenstände, Geheimmittel und ähnliche Mittel. Mit 351 Abbildungen im Text und 6 lithographischen Tafeln. XX, 1158 Seiten. 1918. Unveränderter Neudruck 1923. Gebunden RM 78.—

Nahrung und Ernährung des Menschen. Kurzes Lehrbuch von Dr.-Ing. h. c. Dr. phil. nat. h. c. J. König, Geh. Regierungsrat, o. Professor an der Westfälischen Wilhelms-Universität Münster i. W. Gleichzeitig 12. Auflage der „Nährwerttafel". VIII, 248 Seiten. 1926. RM 10.50; gebunden RM 12.—

Lehrbuch der Lebensmittelchemie. Von Prof. Dr. J. Tillmans, [illegible] Professor an der Universität Frankfurt a. M. Mit 47 Abbildungen. [illegible] 368 Seiten. 1927. RM 21.—; gebunden RM 22.50

Verlag von J. F. Bergmann, München

Anleitung zur Untersuchung der Lebensmittel. Von Dr. J. Großfeld, Nahrungsmittelchemiker am Untersuchungsamte in Recklinghausen. Mit 56 Abbildungen. XII, 409 Seiten. 1927. RM 22.50; gebunden RM 24.—

GPSR Compliance

The European Union's (EU) General Product Safety Regulation (GPSR) is a set of rules that requires consumer products to be safe and our obligations to ensure this.

If you have any concerns about our products, you can contact us on ProductSafety@springernature.com

In case Publisher is established outside the EU, the EU authorized representative is:

Springer Nature Customer Service Center GmbH
Europaplatz 3
69115 Heidelberg, Germany

Batch number: 10697685

Printed by Printforce, the Netherlands